Hans-Ulrich Koecke

Allgemeine Zoologie 1

Bau und Funktion tierischer Organismen

vieweg studium

Grundkurs Biologie

Hans-Ulrich Koecke
Allgemeine Zoologie
Bd. 1 Bau und Funktion tierischer Organismen

Günter Tembrock
Grundlagen der Tierpsychologie

Christiane Buchholtz
Grundlagen der Verhaltensphysiologie

Helmut Kindl
Biochemie – Ein Einstieg

Klaus-Jürgen Götting / Ernst. F. Kilian / Reinhard Schnetter
Einführung in die Meeresbiologie
Bd. 1 Marine Organismen – Marine Biogeographie

Aufbaukurs Biologie

Georges Cohen
Die Zelle – Der Zellstoffwechsel
und seine Regulation, Bd. 1

Georges Cohen
Die Zelle – Der Zellstoffwechsel
und seine Regulation, Bd. 2

Günter Tembrock
Biokommunikation

Heinz Geiler
Ökologie der Land- und
Süßwassertiere

Hans-Ulrich Koecke

Allgemeine Zoologie 1

Bau und Funktion tierischer Organismen

Mit 135 Bildern

V

Springer Fachmedien Wiesbaden GmbH

Prof. Dr. phil. Hans-Ulrich Koecke, Studium 1948–53 (Zoologie, Botanik, Physiologische Chemie) an der Universität Köln, Promotion 1953, Habilitation 1959, 1964 Professor und Wissenschaftlicher Rat für Zellforschung an der Universität Köln; Auslandsaufenthalte in der Schweiz, USA, Niederlande, 1967 Berufung auf den Lehrstuhl für Allgemeine Zoologie und Direktor des Zoologischen Instituts der Universität Marburg, 1971 Auflösung der Institute und Fakultäten durch das Hessische Hochschulgesetz, Entbindung von allen Leitungsfunktionen, seitdem C 4 Professor für Allgemeine Zoologie im Fachbereich Biologie der Universität Marburg.

CIP-Kurztitelaufnahme der Deutschen Bibliothek

Koecke, Hans-Ulrich:
Allgemeine Zoologie/Hans-Ulrich Koecke. –
Braunschweig; Wiesbaden: Vieweg
(Vieweg-Studium; ...)
Bd. 1. → Koecke, Hans-Ulrich: Bau und Funktion
tierischer Organismen

Koecke, Hans-Ulrich:
Bau und Funktion tierischer Organismen/Hans-
Ulrich Koecke. – Braunschweig; Wiesbaden.
Vieweg, 1982.
(Allgemeine Zoologie/Hans-Ulrich Koecke; Bd. 1)
(Vieweg-Studium; 40: Grundkurs Biologie)
ISBN 978-3-663-05252-4 ISBN 978-3-663-05251-7 (eBook)
DOI 10.1007/978-3-663-05251-7
NE: 2. GT

1982

Ursprünglich erschienen bei Friedr. Vieweg & Sohn Verlagsgesellschaft mbH, Braunschweig 1982

ISBN 978-3-663-05252-4

Vorwort

Ein wallisisches Sprichwort sagt: „Der Mensch, der keine Fehler macht, macht auch nichts Gescheites". In einer solchen Lage befindet sich heute der Autor eines wissenschaftlichen Buches. Es ist unmöglich, nach dem Prinzip einer Enzyklopädie möglichst umfassend zu berichten. Immer muß eine gezielte Auswahl getroffen werden, die natürlich Anlaß zur Kritik gibt. Das Ziel dieser Darstellung einer „Allgemeinen Zoologie" ist, unter Einarbeitung vieler neuer Ergebnisse der Zellbiologie, den Bauplan eines tierischen Organismus, Einzeller oder Vielzeller, auf typische Funktionen zu beziehen und unter dem Gedanken der Evolution die Entstehung dieser Funktionen zu erklären. Immer wieder muß auf physiologische und biochemische Sachverhalte eingegangen werden. Das Buch ist kein Nachschlagewerk zur Systematik oder zu den Bauplänen, sondern ein Versuch, Verständnis für die Entstehung der Komplizierung bei tierischen Organismen und für das Verharren auf einmal erreichten erfolgreichen Organisationsmerkmalen zu wecken. Daher wendet sich die Allgemeine Zoologie an Studierende in den ersten Semestern und ist auch zur Ergänzung im Schulunterricht gedacht. Abbildungen sollen den Text ergänzen, vor allem im morphologischen Bereich.

Marburg, Juni 1982 *H.-U. Koecke*

Inhaltsverzeichnis

Vorwort V

1 Wann sind zellulär organisierte Lebewesen entstanden? 1

2 Die solitäre Zelle, Funktionen und Probleme: Protozoa (Einzeller) 5

2.1 Zellen mit veränderlicher Gestalt: Rhizopoda 5
2.1.1 Die amöboide Bewegung 5
2.1.2 Chemotaxis und Phagocytose 16
2.1.3 Osmoregulation und zelluläre Homöostase 22
2.1.4 Die Gewinnung chemischer Energie in Form des ATP-Moleküls 23
2.1.5 Die Sekretion von Zellprodukten: Schalenbildungen 34
2.1.6 Ontogenie der Zelle: Gametenbildung und Generationswechsel 37
2.2 Zellen mit fester Zellgestalt und Differenzierungen der Zellperipherie . . 51
2.2.1 Bau und Funktion von Flagellen bzw. Cilien 53
2.2.2 Protozoen mit Geißeln: Zooflagellaten (Zoomastigonten) . . . 58
2.2.2.1 Endoparasitismus und der Zellzyklus (Polymorphismus) bei Trypanosomen 62
2.2.3 Ciliata: Konsequenzen des Antriebs durch Cilienbewegung und der festen Zellgestalt 71
2.3 Apicomplexa (Sporozoa): die Entwicklung des permanent intrazellulären Parasitismus 87

3 Der Zellverband: Histozoa = Metazoa (Gewebetiere oder Vielzeller), Strukturen und Funktionen 108

3.1 Aufbau eines reversiblen Zellkörpers: die Parazoa (Porifera = Schwämme) 111
3.1.1 Die Leistungen der differenzierten Zelltypen im Schwammkörper 113
3.1.2 Die erste Stufe der entscheidenden Erfindungen zur Organisation der Histozoa 122

3.2 Aufbau eines stabilen Zellkörpers: die Coelenterata als epitheliale Organismen 140
3.2.1 Die zweite Stufe der Erfindungen zur Organisation der Histozoa: der Epithelverband 145
3.2.2 Entstehung von Muskelfunktion und Verdauungssystem 149
3.2.3 Die Nervenzellen und die Grundfunktionen eines Nervensystems 169
3.2.4 Stammzellen, Regeneration und Alterungsprozesse 189
3.2.5 Die Meduse als frei beweglicher Organismus 192

4 **Urformen der Histozoa? Die Mesozoa** 205

4.1 Die Mesozoa als Besiedler einer ökologischen Nische 205

5 **Die Entstehung des Mesoderms und des bilateralen Körperbaus: die Parenchymia (Platyhelminthes)** 209

5.1 Gewebedifferenzierung und Organentstehung bei den Platyhlminthes . . 211
5.1.1 Die Gewebedifferenzierung und der Flüssigkeitsstrom 211
5.1.2 Die Zentralisierung des Nervensystems 230
5.1.3 Der Aufbau von Organsystemen: die Geschlechtsorgane 239
5.1.4 Regeneration und vegetative Vermehrung 241

6 **Die Aushöhlung des Körpers: die Entstehung der Coelomaten und der Nematoden** 245

6.1 Die Coelomaten: Träger von primär gegliederten Flüssigkeitskammern (sekundäre Leibeshöhle: Coelom) 246
6.1.1 Coelomaten mit segmentiertem Körperbautypus: die Articulata (Gliedertiere) 246
6.1.2 Grundfunktionen bei gegliederten Coelomaten am Beispiel der Annelida (Ringelwürmer) 248
6.1.2.1 Die Motorik: hydrostatisches Skelett, Muskulatur und Nervensystem als Einheit 251
6.1.2.2 Die Trennung der Gewebeflüssigkeit von der Coelomflüssigkeit: die Entstehung des Blutkreislaufs und der Metanephridien 267
6.1.2.3 Die Fortpflanzung und ihre Abhängigkeit von Neurohormonen 288
6.1.2.4 Die Entwicklung von Lichtsinnesorganen in Abhängigkeit von der Lebensweise 293

6.2 Die Nematoden: der zweite Weg zur Aushöhlung des Körpers 299
6.2.1 Die Bedeutung des Pseudocoels als ungegliederte Druckkammer 299
6.2.2 Die Häutung 307
6.2.3 Die Exkretionszellen (H-Zellen) und der Stoffwechsel 311
6.2.4 Die Sinnesorgane 313

7 Die Cuticula als Exoskelett und die Reduktion des Coeloms: die Arthropoda 314

7.1 Die Cuticula (Exoskelett) und die Mobilität des Körpers 320
7.1.1 Aufbau der Cuticula 320
7.1.2 Die Extremitäten 322
7.1.3 Die Propriozeptoren zur Kontrolle der Bewegungen 336
7.1.4 Die Flügel der Insekten und die Flugmuskeln 352
7.1.5 Hormone für Wachstum und Häutung 360
7.2 Die Funktionseinheit Kreislaufsystem – Exkretion – Atmung 368
7.3 Die Komplexaugen der Arthropoden 387

8 Reduktion der Metamerie durch Bildung einer Mineralschale: die Mollusca 400

8.1 Der Mantel und die Schalenbildung 401
8.2 Der Fuß und die Hydraulik der Hämolymphe 408
8.3 Die Fluchtreaktion bei schalenlosen Cephalopoden 412

Literatur zu den Bildern 414

Sachwortverzeichnis 421

Farbteil 429

1 Wann sind zellulär organisierte Lebewesen entstanden?

Die Entwicklung vermehrungsfähiger einzelliger Organismen fällt in die frühe Erdgeschichte (Präcambrium) und ist an das Wasser als Lebensraum gebunden. Voraussetzung muß gewesen sein, daß große Moleküle als spezifische Enzyme bereits „erfunden" worden waren ebenso wie die Möglichkeit, Informationen zum Aufbau solcher Enzymmoleküle speichern zu können. Denn biologische Reaktionen werden in einzelnen Schritten vollzogen, indem jeder Schritt eine kleine Modifikation am reagierenden Molekül bewirkt, bis schließlich ein bestimmtes Molekül am Ende dieser Reaktionsschritte gebildet worden ist. Aus solchen Einzelvorgängen besteht im Grunde der gesamte Stoffwechsel einer Zelle. Die Reaktionsketten haben entweder das Ziel, die notwendige Energie zur Verfügung zu stellen, welche eine Zelle für die Aufrechterhaltung aller ihrer Reaktionen benötigt; die zweite Aufgabe ist, mehr an chemischen Verbindungen zu erzeugen, so daß es zu einer Massenzunahme der Substanzen in der Zelle kommen kann: es erfolgt Wachstum. Die Vermehrungsfähigkeit nach vorgegebenen Informationen und damit der geordnete Ablauf der biologischen Einzelreaktionen ist also Voraussetzung für die Entwicklung von Zellen, die man auch als gegen ihre Umgebung abgegrenzte Wachstumseinheiten bezeichnen kann.

Konkrete Angaben über Form und Entstehungszeit lassen sich nur durch die Auffindung von fossilen Resten erbringen. Tatsächlich geben solche Funde in sehr alten Gesteinsschichten einen Aufschluß über die Entstehungszeiten dieser ersten zellulären Formen. Tabelle 1 gibt eine Übersicht.

In Gesteinsschichten des Präcambrium mit einem Alter von 3 Milliarden bis 2,2 Milliarden Jahren sind sogenannte Stromatoliten eingelagert. Es handelt sich um carbonathaltige Ausscheidungen von Zellkolonien aus Cyanobakterien (früher Blaualgen genannt). Da sie Photosynthese mittels spezieller Membranen in der Zelle und den darauf verankerten Farbstoffen machen konnten, hatten sie bereits eine lange Entwicklungsphase hinter sich. Ihre weltweite Verbreitung zeigt sich heute an der Lage der Fundorte: im zentralen Australien, in Südafrika und im nördlichen Kanada. Auf die geochemischen Grundlagen und die Entstehung der Kontinentalkrusten kann hier nicht eingegangen werden. Vergesellschaftet mit den Cyanobakterien finden sich auch andere Bakterienformen, die anscheinend auf diesen Kolonien gelebt haben. In etwas jüngeren Schichten (1,4 Milliarden Jahre) sind sehr große Zellen vorhanden (zwischen 20–80 μm Durchmesser), in denen ein Zellkern zu sehen ist und eine deutliche Zellwand die Zelle umgrenzt. Auch Fibrillenreste der Zellwand sind zu identifizieren. Diese Fossilien werden als die ersten echten Algen angesehen.

Der gute Erhaltungszustand und die Möglichkeit des Nachweises organischer Kohlenstoffverbindungen kommt daher, daß zur damaligen Zeit die große Menge der Bakterien noch nicht existierte, die heute fast alle Stoffe zersetzen.

Die Zellgröße ist bei der Beurteilung solcher Mikrofossilien wichtig. Die heute lebenden Organismen werden nach den Kriterien ihres Zellaufbaues in die beiden großen Gruppen der Prokaryonten und Eukaryonten unterteilt. Die Prokaryonten enthalten keinen Zellkern, zu ihnen gehören die Bakterien und Cyanobakterien; die Zellgrößen liegen

Tabelle 1 Die Ur-Reiche und das Alter der Organismen*

I	II	III
Archaebacteria	Prokaryota	Eukaryota
(Methanbildner) keine Peptidoglykane in Zellwand keine D-Glutaminsäure in Zellwand, sondern 50 % Anteil von L-Glutaminsäure besondere 16S rRNA Methanbildung zur Gewinnung von ATP	kein Zellkern ringförmiges Chromosom ↓ Eubacteria 1) Cyanobacteria (Cyanophyceae) Blaugrüne „Algen" Photosynthese 3000–2500 Millionen Jahre 2) Grampositive Bakterien komplizierte Zellwand 3) Gramnegative Bakterien	große Zellen mit Zellkern und komplizierten Chromosomen Algen: 1400 Millionen Jahre Tierische Organismen: Chitinozoa, Präkambrium ca. 800 Millionen Jahre erste Histozoa, Kambrium Foraminifera, spätes Kambrium 600 Millionen Jahre Ciliata, Ordovicium 500 Millionen Jahre Radiolaria, Ordovicium 500 Millionen Jahre erste Wirbeltiere, Ordovicium 480 Millionen Jahre (Australien)

* zellähnliche Mikrofossilien (20–40 μm), Alter 3800 Millionen Jahre (Grönland)
Einordnung noch ungewiß

zwischen 1–15 μm und erreichen im Maximum 55 μm bei einigen wenigen Arten der Cyanobakterien. Die Eukaryonten enthalten mindestens einen Zellkern in ihren Zellen, und die Zellgrößen sind ein Vielfaches von dem der Prokaryonten und können bei spezialisierten Zellen, wie z. B. großen Protozoen, mehrere Millimeter betragen; bei den Nervenzellen der Wirbeltiere werden vom Zellkörper Zellfortsätze von mehr als 1 m Länge gebildet.

Eine Gruppe von Bakterien hat einen sehr altertümlichen Stoffwechsel und ist wahrscheinlich aus der Entstehungszeit der zellulären Organismen überhaupt übriggeblieben: die Archaebakteria oder methanbildenden Bakterien (vgl. Tab. 1). Aufgrund des ihnen eigentümlichen Energiestoffwechsels und verschiedener anderer Kriterien werden sie heute als eines der drei Urreiche zusammengefaßt und den eigentlichen Prokaryonten und Eukaryonten gegenübergestellt.

Unter den Eukaryonten ist die Entstehung der ersten Protozoen besonders wichtig, weil sich aus diesen einzelligen Lebewesen später die vielzelligen Tiere (Histozoa) entwickelt haben müssen. Bei den heute lebenden Protozoen gibt es unter den amöbenähnlichen Einzellern auch solche, die einfache Schalen bilden oder bei schlechten Wachstumsbedingungen eine Zyste herstellen (s. S. 34). In den Schichten des späten Präcambrium (ca. 800 Mill. Jahre) sind als Mikrofossilien die sogenannten Chitinozoa zu finden (Bild 1). Es sind organische Schalen von einer Länge von 48–145 μm mit einer Öffnung, aus denen das Cytoplasma ähnlich wie bei heute lebenden beschalten Amöben ausfließen konnte. Sie sind bereits in verschiedenen Formen existent und können in bestimmten Gesteinsschichten bis zu 10 000 pro cm^3 Material gefunden werden. Große schalenbildende Protozoen vom Typ der Foraminiferen und Radiolarien sind erst im späten Cambrium bzw. im Ordovicium vorhanden, also 200 Mill. Jahre später.

Zu Beginn des Cambrium sind vielzellige Tiere, die sich in mehrere hochentwickelte Stämme gliedern, mit charakteristischen Merkmalen vorhanden. Ihre Entstehung ist bisher nicht bekanntgeworden; sie muß aber in der Zeit zwischen dem Auftreten der ersten eukaryotischen Zellen und der Existenz der Chitinozoa liegen. Die ersten Fossilien echter Wirbeltiere sind in Gesteinsschichten von etwa 480 Mill. Jahre (Ordovicium) aus Fundorten im zentralen Australien belegt. Die bekanntgewordenen Formen sind schon so kompliziert, daß eine sehr lange Entwicklungszeit vorhergegangen sein muß.

Die Entstehung der Eukaryonten ist unmittelbar verbunden mit der Veränderung der Erdatmosphäre. Es wird heute als sicher angenommen, daß die Atmosphäre während der frühen Erdentwicklung sehr wenig freien Sauerstoff (O_2) in Gasform enthalten hat. Erst durch die Tätigkeit der Photosynthese in den Cyanobakterien wurde Sauerstoff produziert und an die Umgebung abgegeben. Einige besonders wichtige Vorgänge in den eukaryotischen Zellen, wie z.B. die Energiegewinnung, die Teilungsvorgänge, der Aufbau von ungesättigten Fettsäuren und von bestimmten Aminosäuren (Hydroxyprolin, Tyrosin) und die aus Hydroxyprolin hervorgehende Kollagensynthese, sind an die Aufnahme von O_2 gebunden. Die ersten eukaryotischen Zellen müssen daher aerob gelebt haben. Die ersten Formen der Bakterien, die Methanbildner, sind tatsächlich bis heute strikt anaerob, und ihre Besonderheiten zeigen, daß diese Eigenschaft primär ist. Später hat dann durch die Masse der entstehenden Landpflanzen und ihrer Photosynthese der Gehalt an gasförmigem Sauerstoff in der Luft schnell zugenommen. Der erste geologisch mögliche Nachweis freien Sauerstoffs bilden die Gesteinsschichten der sogenannten "old red beds": rot gefärbte, Eisenoxid enthaltende Sedimentgesteine. Die ältesten bekannten Schichten des Präcambrium sind etwa 2 Milliarden Jahre alt. Nach diesen Überlegungen ist es selbstverständlich, daß in den Kolonien der sauerstoffproduzierenden Cyanobakterien auch der Ort der ersten eukaryotischen Zellen zu suchen sein muß. Dort war die Sauerstoffversorgung am besten. Überspitzt formuliert könnte man sagen, daß die Entwicklung eukaryotischer Zellen als Folge einer Lebensgemeinschaft zu deuten ist (s. S. 27).

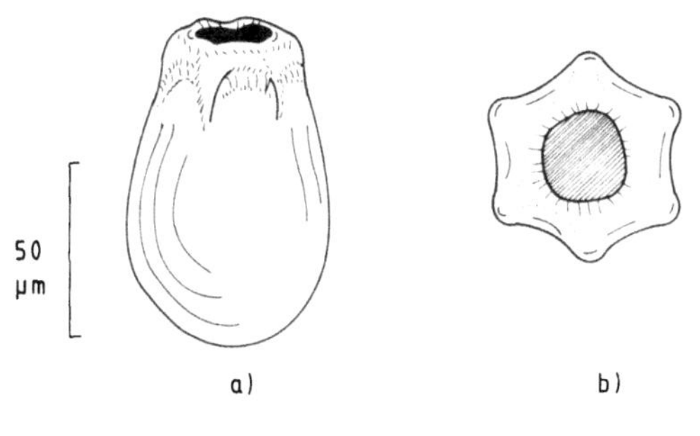

Bild 1
Chitinozoa, Gehäuse,
a) Seitenansicht, Länge ca. 100 μm
b) Aufsicht auf die Gehäuseöffnung mit hexagonaler Verstärkungsleiste
Nach SEM-Photos von Bloeser, Schopf et al., 1977, umgezeichnet

Auf einen weiteren wichtigen Punkt im Kreislauf der Stoffe muß hingewiesen werden: der für die Organismen unentbehrliche Kohlenstoff wird im allgemeinen in einem bestimmten Zyklus durch den Abbau der organischen Stoffe nach dem Tode der Lebewesen aus seiner Bindung wieder für die Umgebung freigesetzt. Mit der Entwicklung von schalenbildenden Amöbenformen, vor allem der Foraminiferen, und später von riffbildenden Korallentieren und schalenbildenden Mollusken, werden sehr große Mengen an Kohlenstoff in Form von Carbonaten gebunden und als Sedimentgesteine oft von vielen hundert Metern Mächtigkeit abgelagert. Damit wird der Kohlenstoff dem allgemeinen Kreislauf entzogen. Die Menge von kohlenstoffhaltigen Gesteinen auf der Erde wird auf 20×10^{15} Tonnen geschätzt!

2 Die solitäre Zelle, Funktionen und Probleme: Protozoa (Einzeller)

2.1 Zellen mit veränderlicher Gestalt: Rhizopoda

Die Rhizopoda (Wurzelfüßer) stellen sozusagen das Grundmodell einer Zelle dar, die mit den Bedingungen einer freien Umwelt fertig werden muß; sie ist nicht wie die Zellen vielzelliger Tiere allseitig von speziellen Körperflüssigkeiten und ähnlich gestalteten Zellen umgeben. Die Rhizopoda sind daher auf das Wasser als Lebensraum angewiesen, sie haben eine Reihe von Spezialeinrichtungen entwickelt, die z. B. als komplizierte Schalen den Körper stützen können, als Axopodien die Aufrechterhaltung relativ dauerhafter langer Zellausläufer möglich machen. Die heute lebenden Formen sind sehr vielfältig in der Zellgestalt und zeigen sehr verschiedene Lebensweisen in ganz unterschiedlichen Lebensräumen. Die komplizierten Schalen bei den Radiolarien und die langen Schwebfortsätze der Heliozoen geben den Zellen einen solchen Auftrieb, daß sie in der Oberflächenschicht des Wassers als Plankton leben und ihre Bewegung überwiegend durch die Wasserströmung bedingt ist. Die mit dichteren Schalen versehenen Foraminiferen und die beschalten und unbeschalten Amöben dagegen können auf einer Unterlage kriechen und sich aktiv fortbewegen; sie schweben nicht im Wasser, sondern sind bodenbewohnend.

Die einfachsten Formen der Rhizopoden sind die Amöben. Sie zeigen als Grundtypus alle Funktionen, welche die Zelle zum Überleben benötigt: Fortbewegung mit dem Mechanismus der amöboiden Bewegung, Auffinden von Nahrung, Aufnahme von Nahrung, Ausscheiden von nicht mehr verwendungsfähigen Stoffen (Exkretion), Aufrechterhaltung einer intrazellulären Homöostase durch Osmoregulation, Wachstum und Vermehrung durch Zellteilung. Die Rhizopoda sind gewissermaßen „Modellerfindungen", die während der weiteren Evolution beibehalten worden sind. Die genannten Funktionen der „Modellzelle" sind bei allen tierischen Zellen in ihrem Ablauf ähnlich, auch wenn sie einem komplizierten vielzelligen Organismus angehören. Die Grundlagen der Informationen über die „Erfindungen" sind in den *Erbanlagen (Genen)* fixiert. Die Gesamtheit der Gene in einem Organismus, das *Genom*, ist also die während der Evolution fixierte Folge von Erfindungen, welche den heutigen Bauplan, die Lebensweise und die Reaktionsfähigkeit eines Organismus bestimmen. Daher sollen im folgenden einige der wichtigsten Funktionen am Beispiel der Amöben dargestellt werden.

2.1.1 Die amöboide Bewegung

Charakteristisch für die Amöben ist die wechselnde Gestalt der Zelle und die damit verbundene Bildung von Zellausläufern: *Pseudopodien*. Je nach lokaler Beanspruchung oder auch je nach Art können verschiedene Formen von Pseudopodien gebildet werden (Bild 2a). Sie entstehen durch einen Druckflußmechanismus, der durch ein vielschichtiges kontraktiles Netz aus Muskelproteinen erzeugt wird (Bild 2b). Alle tierischen Zellen synthetisieren wie die Rhizopoda mehrere Proteine vom Typ der Muskeleiweiße. Die Bezeichnung „amöboide Bewegung" stammt daher, daß an großen, frei lebenden Arten von Amöben, die bis zu 2 mm Länge während des Kriechvorganges erreichen können, die Vorgänge der Zellbewegung zuerst weitgehend geklärt werden konnten. Diese Zellen dienten also als Modelle. 10–20 % des Gehaltes an Proteinen kann in Zellen aus Muskeleiweiß bestehen; Actine und Myosine machen den Hauptanteil aus. Die Actine bestehen aus 375 Aminosäuren und sind während der Evolution sehr stabil gehalten worden. Es gibt mehrere Gene (wahrscheinlich 5), die durch Duplikationen entstanden sind und durch nachfolgende Mutationen kleine Veränderungen erfahren haben. Daher ist Actin in Muskelzellen von Säugetieren in 25 Positionen der Aminosäurensequenz anders aufgebaut als die beiden Actine, die in Nicht-Muskelzellen vorkommen. Actine von Amöben und Schleimpilz-Amöben unterscheiden sich nur durch fünf Aminosäurepositionen, und der Unterschied von Schleimpilz-Actin gegenüber Säugermuskelactin beträgt zwölf Aminosäuren. Die Myosine sind lange Moleküle (Bild 3), die an einer Seite einen abgeknickten Teil mit einem „Köpfchen" haben, der die enzymatische Aktivität einer ATPase hat, also ATP in ADP und Phosphat radikal spalten kann und damit gebundene chemische Energie freisetzt, die in Bewegungsenergie (eines Gleitvorganges, s.u.) umgesetzt wird. Auch für Myosin gibt es mehrere Gene, und es können mindestens zwei Formen von Myosin produziert werden.

Actine und Myosine können zu Filamenten polymerisieren (Bild 3). Actin liegt in der monomeren Form als G-Actin (= globuläres) vor. Durch ein Protein (Profilin) wird es an einer Polymerisation gehindert. In Anwesenheit von Ca^{2+} wird das Profilin abgestoßen,

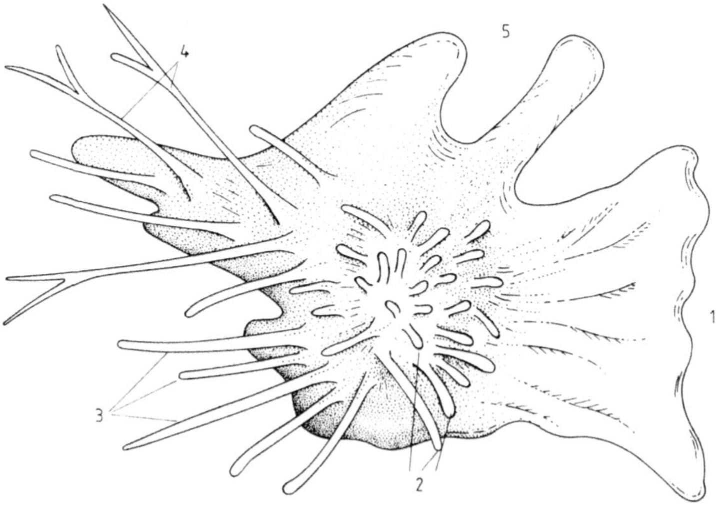

Bild 2

Schematische Darstellung verschiedener Formen von Pseudopodien;

a) die hier gezeigten Formen treten nicht alle an einer Zelle gleichzeitig auf und sind z.T. zelltypisch.

1 Lamellipodium mit undulierender Membran
2 verschiedene Formen von nicht resorptiven Mikrovilli
3 Filopodien
4 Rhizopodien
5 Lobopodien

Inset 1

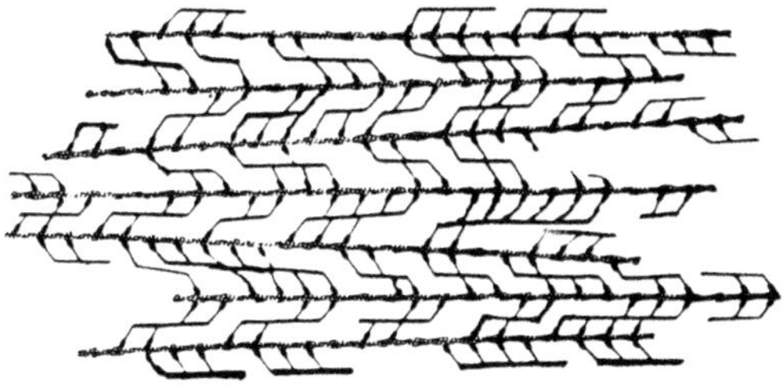

Inset 2

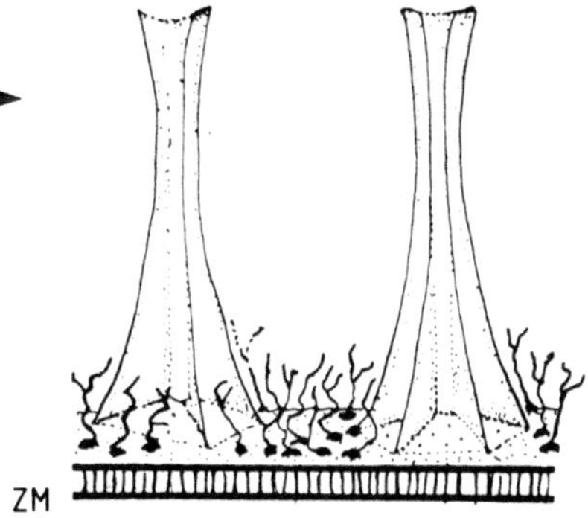

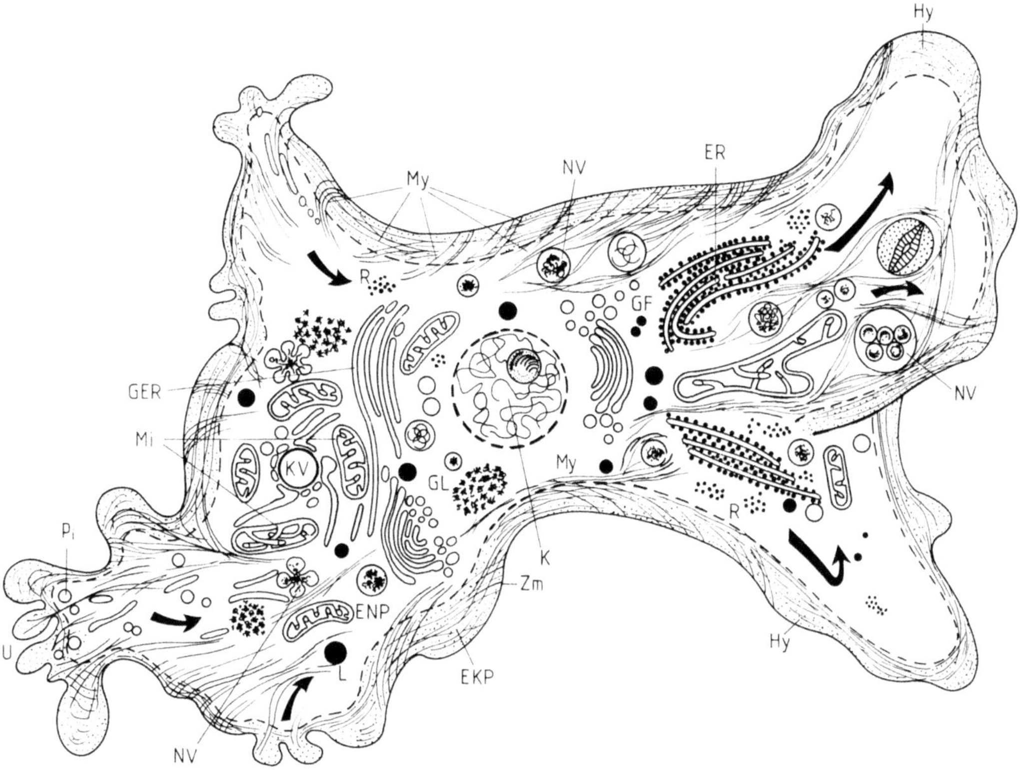

Bild 2

Schematische Darstellung verschiedener Formen von Pseudopodien;

b) Schema einer großen Amöbe (z.B. A. Proteus, Chaos)

Im Ektoplasma die Netze der Myofilamente (s. Inset 1), die z.T. an der Zellmembran ansetzen, z.T. sich in weiter reichende Filamentbündel fortsetzen. Im Endoplasma liegen die Zellorganellen. Pfeile geben die Strömungsrichtungen im Endoplasma an. Zwei seitliche Pseudopodien werden zurückgezogen. Die komplizierte Glykokalix ist nicht mitgezeichnet, sie wird im Inset 2 abgebildet.

Inset 1 Ausschnitt aus dem peripheren Netz der Myofilamente im Ektoplasma

Inset 2 Ausschnitt aus den Strukturen der Glykokalix (Vanella)

EKP	Ektoplasma	L	Lipidtropfen
ENP	Endoplasma	Mi	Mitochondrien
ER	rauhes endoplasmatisches Reticulum	My	Myofilamente
GER	glattes endoplasmatisches Reticulum	NV	Nahrungsvakuolen in verschiedenen Zuständen der intrazellulären Verdauung
GF	Golgi Feld	Pi	Pinocytose
GL	Glykogen	R	Ribosomen
Hy	Hyaloplasma	U	Uroid
KV	kontraktile Vakuole	Zm	Zellmembran
K	Zellkern		

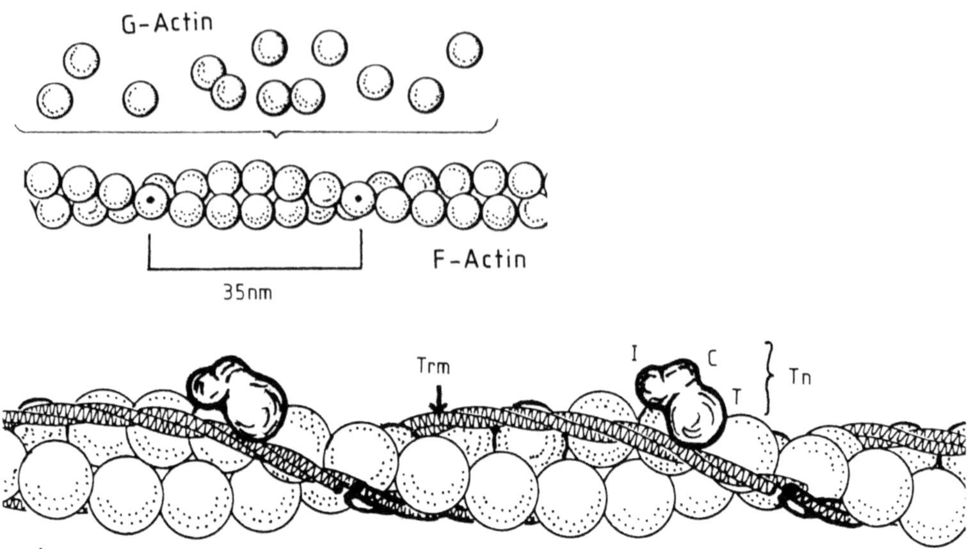

a)

Bild 3

Actin und Myosin

a) oben: die globuläre Form des Actins (G-Actin) kann zur filamentösen Form (F-Actin) in kettenförmigen helicalen Doppelsträngen polymerisieren;
darunter: in funktionsfähigen Myofilamenten lagern sich auf F-Actin zwei Stränge von Tropomyosin (Trm) an, dessen Moleküle als zwei α-Helices umeinander gewunden sind. An jedem 7. Actin wird der Troponin-Komplex (Tn) aus drei Molekülen (C, I und T) gebunden.

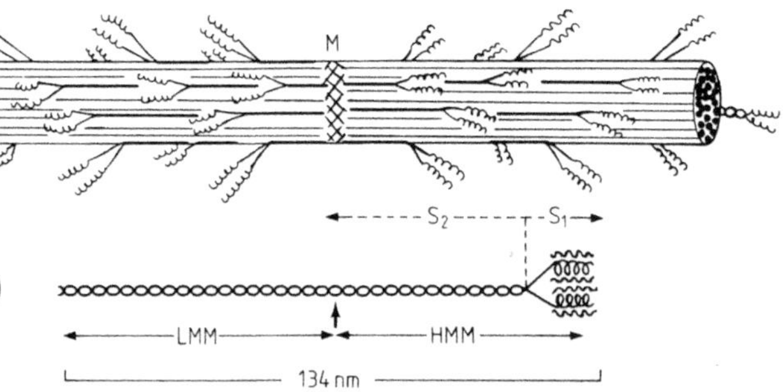

b)

Bild 3

Actin und Myosin

b) oben: Polymerisation von Myosin zu stäbchenförmigen Filamenten. Durch die Anordnung werden in einem bestimmten Abstand und in einer bestimmten Winkelstellung die ATPase-Köpfe mit den leichten Ketten aus dem Stab herausragen, um Kontakt mit den Actin-Filamenten zu machen. Die polare Richtung der Myosinmoleküle ergibt ein polares Stäbchen mit einer Mittelzone (M), in der die Myosine durch eine gitterförmige Struktur festgehalten werden
darunter: natives Myosin ist ein Doppelmolekül, das an verschiedenen Stellen enzymatisch gespalten werden kann und Bruchstücke ergibt: S_1 bzw. S_2 oder LMM = light meromyosin und HMM = heavy meromyosin, rechts die beiden „Köpfchen" als ATPasen mit angelagerten leichten Ketten

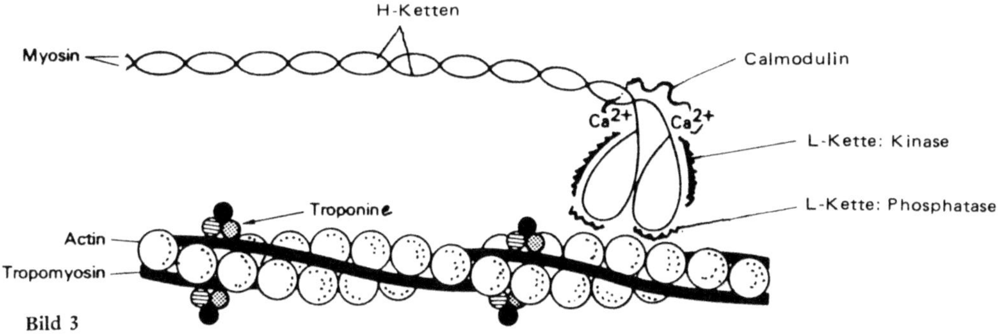

Bild 3

Actin und Myosin

c) Schema der Anordnung von Myosin und Actin in Myofilamenten. Das ATPase aktive Köpfchen des H-Myosin trägt die leichten Myosin-Ketten (L), die durch Kinasen phosphoryliert und durch Phosphatasen dephosporyliert werden. Die Regulation erfolgt durch Ca^{++}, das aus dem angeschlossenen Calmodulin frei gesetzt werden kann. Die Regulation des Actin geschieht über das Troponin-Tropomyosin System. (in Anlehnung an Adelstein und Eisenberg, 1980)

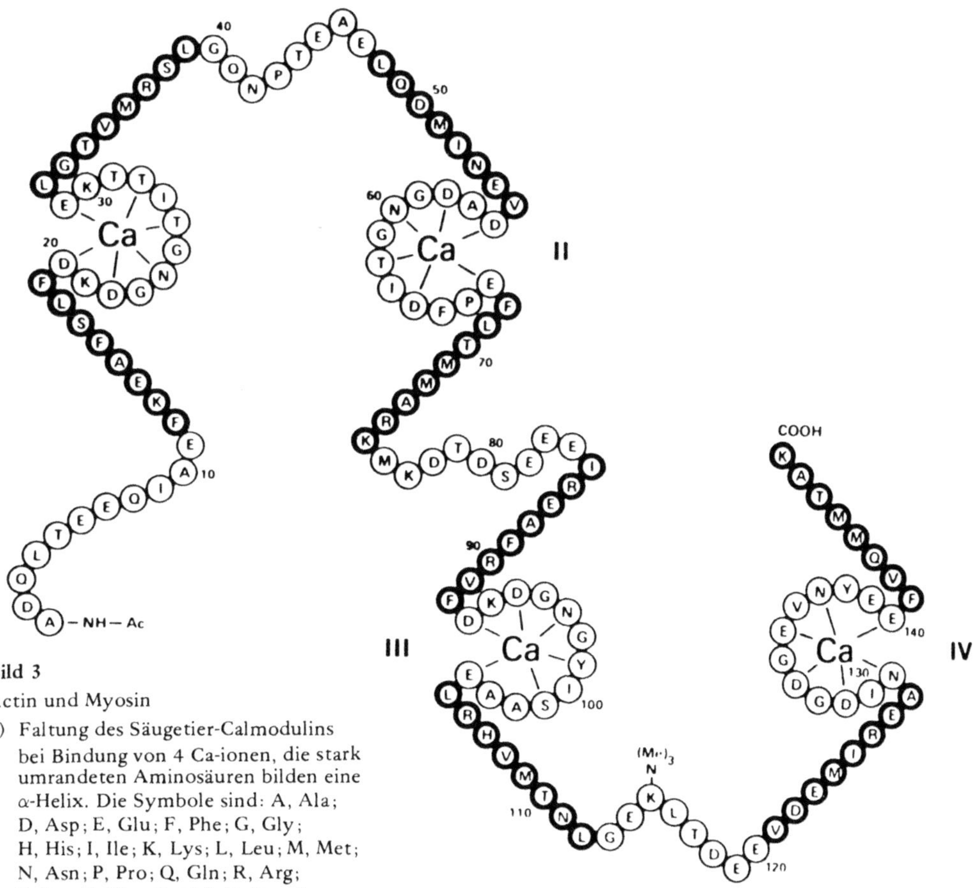

Bild 3

Actin und Myosin

d) Faltung des Säugetier-Calmodulins bei Bindung von 4 Ca-ionen, die stark umrandeten Aminosäuren bilden eine α-Helix. Die Symbole sind: A, Ala; D, Asp; E, Glu; F, Phe; G, Gly; H, His; I, Ile; K, Lys; L, Leu; M, Met; N, Asn; P, Pro; Q, Gln; R, Arg; S, Ser; T, Thr; V, Val; Y, Tyr. (aus Klee, Crouch und Richman, 1980)

und ein zweites Protein, das Actinogelin (bei Amöben: Gelactin) verursacht den Zusammenschluß zu den Filamenten des F-Actin (= filamentöses A.). Myosine polymerisieren zu Stäbchen, aus denen die abgewinkelten Teile in gesetzmäßiger Weise herausragen. Durch den polaren Aufbau der Moleküle müssen sie in den Stäbchen in entgegengesetzten Richtungen eingebaut werden, so daß in einer Mittelzone (M) nur gestreckte Molekülteile vorhanden und gegeneinander gerichtet sind; dort werden sie durch besondere Proteine in einem hexagonalen Komplex zusammengehalten.

F-Actinfilamente lagern sich an die Köpfchen der Myosine an (Bild 2b und 6b), es entstehen lange Aktomyosinfilamente (Myofilamente). Bei einer Temperatur von 15–20 °C können in weniger als einer Minute weitreichende fibrilläre Netze aus Myofilamenten entstehen, wobei der Richtungsverlauf der Filamentbündel wechselt. Durch die Polymerisation geht das Cytoplasma dieser Zone in einen viskösen Gelzustand über: Ektoplasma; die periphere Schicht dieser Netze kann bis zu 1 μm dick sein. Das darunter folgende Endoplasma ist dünnflüssig (Solzustand) und enthält die Zellorganellen und nicht polymerisiertes (monomeres) Actin und Myosin. Kleine Bündel von Actinfilamenten werden durch ein stäbchenförmiges Protein, das α-Actinin, untereinander verbunden und so zu weitreichenden Fibrillen vereinigt (Bild 6b). α-Actinin übernimmt auch die Verknüpfung mit den Membranproteinen.

Für die Bewegungsaktivität des Fibrillensystems sind weitere funktionell wichtige Proteine notwendig. Die feste Bindung von Actin an Myosin wird durch Tropomyosin verhindert (Bild 3). Es wird als Kettenmolekül spiralig auf das F-Actin aufgelagert und durch Troponine in dieser Position gehalten. Troponin besteht aus drei Anteilen (C, I und T), und der C-Teil enthält methylierte Aminosäuren und bindet reversibel Ca^{2+}. Bei der Bindung ändert sich die Konformation: der Troponin-Tropomyosinkomplex gibt die aktiven Teile der Actine frei. Die Ca-Ionen werden aus dem endoplasmatischen Reticulum ausgeschleust, das große Mengen an Ca speichern kann und auf Reiz hin die Ca-Poren öffnet. Die Aktivität der Myosin-ATPase wird ebenfalls durch Ca^{2+} ausgelöst, und zwar auf zwei Wegen. Calmodulin, ein cytoplasmatisches Protein, dient als reversibler regulatorischer Ca-Speicher, der schon in den Zellen von Coelenteraten nachgewiesen wurde. Calmodulin und freie Ca-Ionen aktivieren eine Kinase, welche dann die leichte Kette des Myosins phosphoryliert. Ist freies Ca auch an der ATPase vorhanden, so wird sie aktiviert. Jetzt also bindet Actin an Myosin, und unter Spaltung von ATP kommt es zu einer Gleitbewegung der Actinfilamente in Richtung auf die M-Zone. Der Stop der Kontraktion und eine Erschlaffung, d.h., Lösen der Filamente wird durch Rückpumpen von Ca^{2+} in das ER und durch Dephosphorylierung des Myosins durch eine Phosphatase verursacht. Im einzelnen sind diese Regulationsvorgänge aber noch nicht bekannt.

Durch die einsetzende gleitende Verschiebung der Filamentnetze kommt es zu einer Kontraktion im Ektoplasma, dessen visköser Schlauch auf das Endoplasma drückt. So kommt unter Druck ein Fließen des Cytoplasmas zustande. Die Regulation der Bewegungsrichtung muß lokal erfolgen, nämlich durch das Angebot an Ca^{2+} und durch eine Polymerisation bzw. Depolymerisation der Actine und Myosine. Die Reversibilität der Filamentbildung bietet in der Zelle die Möglichkeit zur schnellen Bildung der kontraktilen Netze oder weitreichender Einzelstränge bzw. ihrer Einschmelzung.

An der Amöbe sind während der Fortbewegung drei Zonen zu unterscheiden. Die vordere Front mit der Bildung der Pseudopodien gibt die Bewegungsrichtung an und schiebt die Pseudopodien vor. Durch dicht unter dem Ektoplasma gelegene Kanäle und Zisternen des endoplasmatischen Reticulums wird durch Membrantransport ionales Calcium in den Raum des Reticulums gepumpt und daher den Actin-Myosin-Netzen entzogen. Es kommt zu einer Erschlaffung und Lockerung des Netzverbandes. Eine gürtelförmige mittlere Zone ist die Kontraktionszone; hier wird durch die Calcium-Poren in den Membranen des endoplasmatischen Reticulums Calcium aus einer gespeicherten Form in das Ektoplasma gepumpt, so daß dort die ATPase aktiviert wird. Die Actin-Myosin-Filamente können dadurch eine Gleitbewegung einleiten. Über die Bedeutung des Calmodulins ist bei Amöben noch nichts bekannt. Die dritte Funktionszone an der Amöbe ist das physiologische Hinterende (Uroid). Dort bleiben die Actin-Myosin-Komplexe unbewegt und erstarrt, weder Kontraktion noch Erschlaffung findet statt, und dem entstandenen Druck der mittleren Kontraktionszone wird Widerstand entgegengesetzt: das Endoplasma kann nur nach vorne fließen; dadurch werden die Pseudopodien gebildet. Die Zone des Uroids kann auch durch Kontraktion der Actin-Myosin-Netze diesen Vorgang beschleunigen.

Bei kleineren Amöbenformen (z.B. Hyalodiscus, Thecamoeba, Mayorella) kommt eine rollende Bewegung zustande (Bild 4). Bei den großen Amöben (z.B. Amoeba Proteus) sind je nach dem physiologischen Zustand der Zellen verschiedene Bewegungstypen an der Ausbildung der Pseudopodien zu erkennen. Als monopodial wird die Zellform einer Amöbe dann bezeichnet, wenn ein steter Cytoplasmastrom in einer Richtung nach vorne fließt und ein breites frontales Pseudopodium ausgebildet wird; die Zone des Uroids ist stark entwickelt und heftet die Amöbe mit sehr kleinen Microvilli auf der Unterlage an (s. unten). Durch Asymmetrie des Endoplasmastromes kann die Zelle sich krümmen und eine Änderung der Bewegungsrichtung erreichen. Da die Amöben in diesem Zustand nicht auf Lichtreize oder mechanische Reize reagieren und auch nur locker auf der Unterlage festgeheftet sind, wird heute dieser Bewegungsvorgang als monotaktisch bezeichnet (Bild 4b). Polypodial sind solche Amöben, die mehrere große Pseudopodien in verschiedene Richtungen fließen lassen. Sie zeigen ein sehr verschiedenes Bewegungsverhalten; beim orthotaktischen Typ dominiert zwar ein vorderes Pseudopodium, zahlreiche kleinere Pseudopodien verankern zusätzlich die Zelle auf der Unterlage, und die Cytoplasmaströmung ist unregelmäßig. Auf Reize (mechanisch oder durch Licht) reagieren sie mit einer Veränderung der Bewegungsrichtung oder sogar einer Richtungsumkehr. Verzweigt sich der Strom des Endoplasmas, so entstehen mehrere, nach verschiedenen Seiten gerichtete Pseudopodien: die Amöbe ist polytaktisch. Sie ändern die Bewegungsrichtung häufig und sind ebenfalls auf Reize ansprechbar. Auch sie sind durch sehr kleine Pseudopodien auf der Unterlage festgeheftet, und eine Richtungsänderung bedeutet, daß ein vorströmendes Pseudopodium zuerst Kontakt mit der Unterlage haben muß. Völlig anders sieht der heterotaktische Bewegungstyp aus: sehr lange, dünne Pseudopodien strahlen radiär vom Zellkörper aus, die Spitzen dieser Pseudopodien haben Kontakt mit der

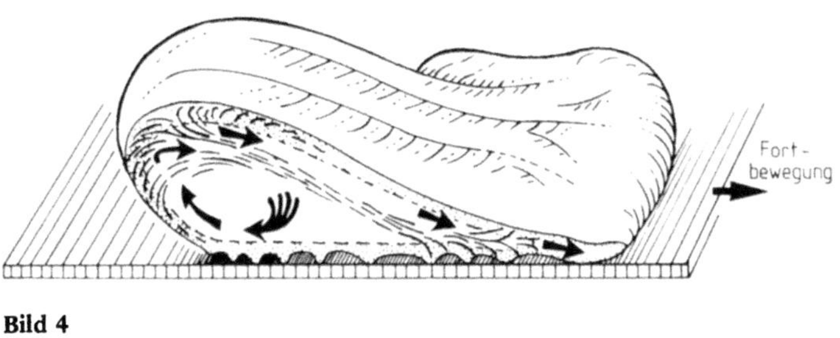

Bild 4

a) „Rollfluß-Bewegung" einer kleineren Amöbe (z.B. Thecamoeba) mit lobopodialer Front in schematisiertem Schnitt und in Aufsicht, Pfeile geben die Fließrichtung des Cytoplasmas an. Grenze des Ektoplasma punktiert und mit einstrahlenden Actin-Myosin-Filamenten aus weitreichenden Bündeln; auf der Oberseite entstehen dadurch typische leistenförmige Erhebungen. Festheftung auf den Untergrund durch Mikrovilli (vgl. Bild 6) (verändert nach Haberey, 197:

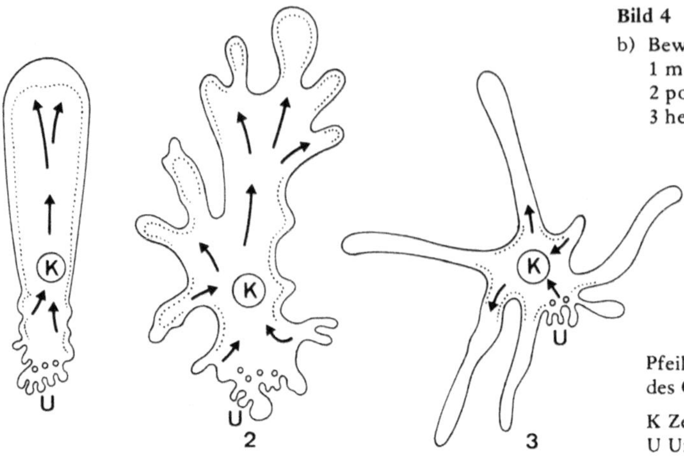

Bild 4

b) Bewegungsformen bei Amöben:
1 monopodial = monotaktisch
2 polypodial = polytaktisch
3 heterotaktisch

Pfeile geben die Fließrichtung des Cytoplasmas an.

K Zellkern
U Uroid mit Endocytose

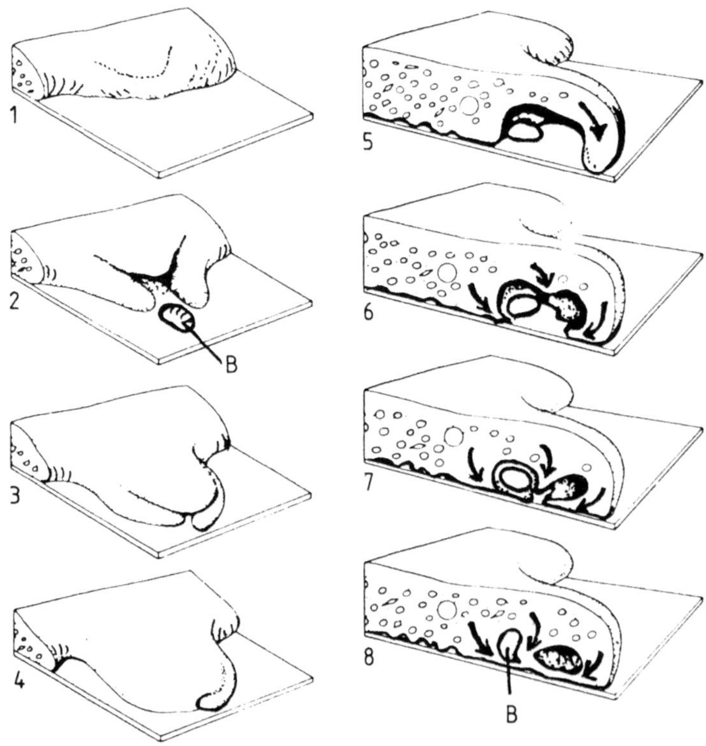

Bild 4

c) Phagocytose durch Überfließen der Nahrung mit Lobopodien, li. in Aufsicht, re. im Schnitt. Mehrere lappenförmige Zellausläufer werden koordiniert vorgeschoben, so daß die Beute mit einer offenen Vakuole überdeckt wird, dann erfolgt die vollständige Phagocytose, B = Bakterium (verändert nach Stockem, 1973).

Unterlage, so daß sie nicht vorfließen können; auf Reize wird die Zelle kugelig abgerundet. Die heterotaktische Form wird bei Wärme oder mechanischen Reizungen, bei Einwirkung verschiedener Chemikalien und bei Veränderung des pH-Wertes im umgebenden Medium (in Richtung auf alkalische Werte) gebildet. Messungen des Membranpotentials an den verschieden geformten Amöben ergibt, daß bei der monotaktischen Form etwa − 70 mV, bei dem orthotaktischen und polytaktischen Typ etwa − 50 mV und bei dem heterotaktischen Typ − 30 mV vorliegen. Die Bewegungsform hängt damit offensichtlich vom Ionentransport der Zellmembran ab.

Der Druck, mit dem Pseudopodien vorwärtsströmen, liegt zwischen 15–25 mm Wassersäule. In den Plasmodialsträngen von Schleimpilzen (z. B. Physarum), in denen die Cytoplasmaströmung vergleichbar mit der in Pseudopodien vor sich geht, lassen sich auch die Spannungskräfte der Actin-Myosin-Netze messen: sie liegen zwischen 30–50 mg bei isometrischer Kontraktion.

Während das dünnflüssige Endoplasma nach vorne strömt, kontrahiert sich der Ektoplasmaschlauch. Als Konsequenzen dieses Fließvorganges werden Falten in der Kontraktionszone entstehen, und es kommt zu einer relativen Verschiebung der Kontraktionszone in die Zone des Uroids hinein. Die flüssige Zellmembran wird dagegen über das Ektoplasma hinweg nach vorne gezogen, weil die sich ausdehnenden Pseudopodien die Membran mitnehmen. Soll die Bewegung fortgeführt werden, so muß am Uroid erneut Ektoplasma zu Endoplasma verflüssigt werden und eine neue mittlere Kontraktionszone im Ektoplasma der Zelle aufgebaut werden. Das Uroid wird also kontinuierlich eingeschmolzen und durch die nachrückenden Ektoplasmateile der Kontraktionszone ergänzt (Bild 5). Die Sol-Gel-Transformation von Endoplasma und Ektoplasma ist in kürzester Zeit möglich. Die Zellmembran der Pseudopodien stammt zu einem Teil aus den Falten der Kontraktionszonen, ein Teil kommt aus den Dictyosomen der Golgi-Felder, welche neue Membran liefern. Denn durch die Einschmelzungsvorgänge am Uroid wird durch Endocytosen ständig Zellmembran ins Zellinnere verlagert, so daß bei einer großen Amöbe

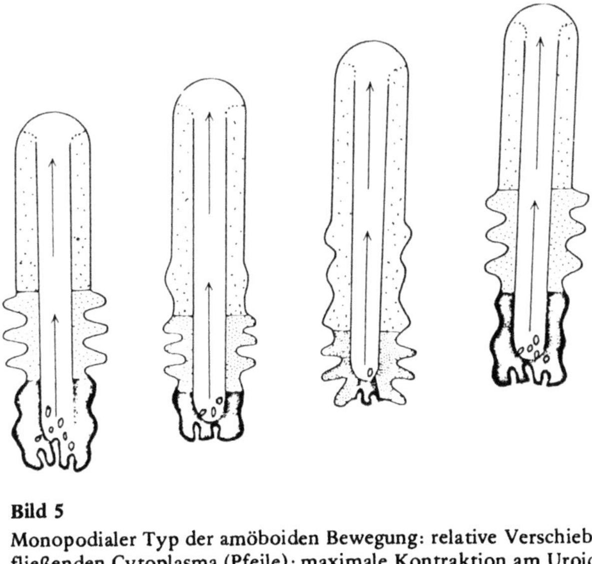

Bild 5
Monopodialer Typ der amöboiden Bewegung: relative Verschiebung der Kontraktionszone zum vorfließenden Cytoplasma (Pfeile); maximale Kontraktion am Uroid (schwarze Zone) mit Endocytose, in der angrenzenden Kontraktionszone entstehen Oberflächenfalten (punktiert). Vorne Übergang zur Bildung des Ektoplasmas (verändert nach Wohlfarth-Bottermann et al., 1969)

(Amoeba Proteus) in 30 Minuten etwa 4 bis 6 % der Zellmembran verschluckt wird, bei kleineren Amöben (Hyalodiscus) geht die Verlagerung der Membran etwas langsamer vor sich. Innerhalb von 10 bis 12 Stunden kann bei einer aktiven Amöbe die gesamte Zellmembran ersetzt sein. Bei Haylodiscus dauert dieser Prozeß 8 Stunden (Membranregeneration s. S. 17 Endocytose).

Die amöboide Zellbewegung kann nur einen Effekt haben, wenn zwei Vorbedingungen erfüllt sind:

1. Die Pseudopodien oder anderc Teile der Zelle müssen während des Fließvorganges auf der Unterlage verankert werden können, d.h. es müssen stabile intrazelluläre Strukturen durch die Zellmembran hindurch eine Festheftung auf einer Unterlage ermöglichen.
2. Die Bewegung muß auf ein Ziel zu richten sein, z.B. Nahrung oder andere Zellen zum Zwecke der Kontaktaufnahme, d.h., es müssen chemische Sinnesleistungen möglich sein, die in eine Bewegungsrichtung umgesetzt werden können: *Chemotaxis*.

Die Festheftung des Zellkörpers auf der Unterlage erfolgt mit Mikrovilli oder kleinen Vorwölbungen der Zelloberfläche. Die sich bewegende Zelle besitzt also mehrere Polaritäten: einen physiologischen Vorderpol mit den sich vorschiebenden Pseudopodien

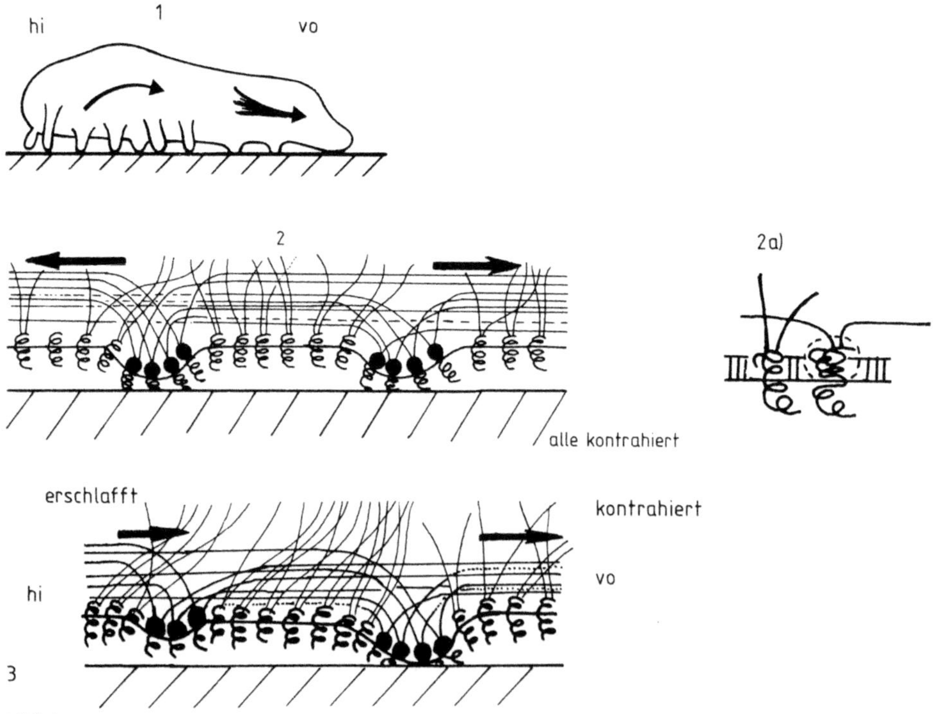

Bild 6

Adhäsion einer Zelle auf dem Substrat durch Mikrovilli und Membranglykoproteinen in Verbindung mit dem Zytoskelett.

a) Schema der Anheftung: 1 Übersicht über die Lage, vo = Vorderpol, hi = hinterer Pol der Zelle; 2 und 3 Phasen der Substratkontakte; in 2 erfolgte Anheftung mit Berührung der Mikrovilli und Kontraktion der Actin-Myosinnetze, Organisation des Zytoskeletts; in 3 Beginn einer Loslösung von der Unterlage, zum Hinterpol erfolgt Erschlaffung der Myofilamente, nach vorne bleibt die Kontraktion, dadurch werden die Kontaktflächen vom Substrat gelöst.

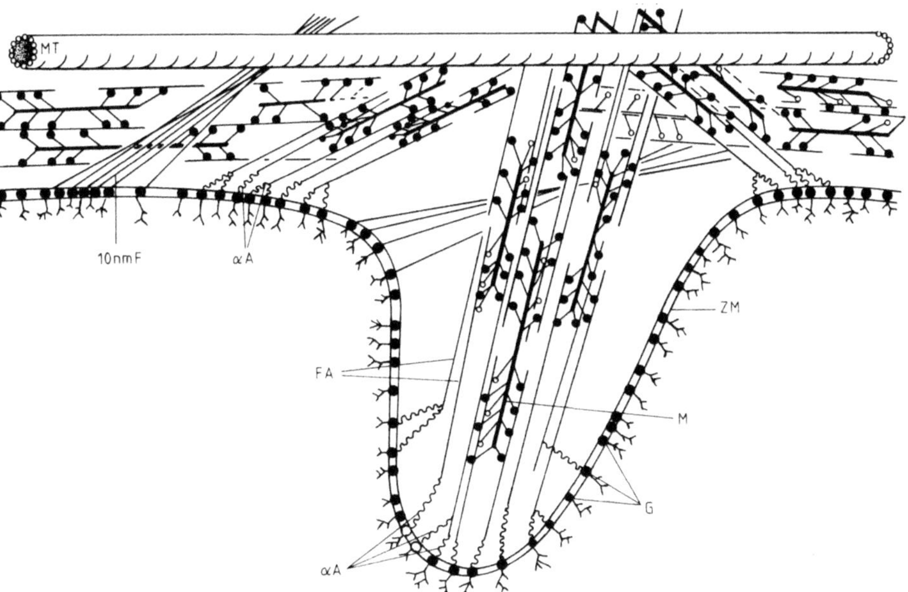

Bild 6

Adhäsion einer Zelle auf dem Substrat durch Mikrovilli und Membranglykoproteinen in Verbindung mit dem Zytoskelett.

b) Zytoskelett in Beziehung zur Membran im Bereich eines Mikrovillus und der corticalen Zone des Cytoplasmas (Ektoplasma); α-Actinin bindet F-Actinfilamente an integrierte Membranglykoproteine an drei Stellen, davon ist eine an der Spitze des Mikrovillus gelegen. Myosinstäbe fassen die Actinfilamente zu Myofilamenten zusammen. Das periphere Netz unterlagert die Zellmembran parallel zur Oberfläche. Stabilisierung durch Mikrotubuli, die eingeschmolzen werden können (disassembly). Bindung von Gruppen aus 10 nm Filamenten durch Glykoproteine. Bei den meisten Amöben sind diese Glykoproteine auf der Membranoberseite zu regelmäßigen Strukturen zusammengefaßt (vgl. Bild 2b)

αA α-Actinin
FA F-Actinfilamente
G Glykoproteine der Zellmembran
10 nmF 10 nm Filamente
MT Mikrotubulus
M Myosin
ZM Zellmembran

und das Uroid als Hinterpol; eine freie Zelloberfläche ohne Berührung mit der Unterlage und eine Unterseite zur Ausbildung der Haftungspunkte. Die rollende Bewegung mit einer entsprechenden speziellen Strömungsrichtung des Endoplasmas (vgl. Bild 4a) ist bei kleineren Amöben die notwendige Folge der funktionellen Polaritäten. Die Versteifung und Form des Zellkörpers wird durch die Elemente des Zytoskeletts verursacht. Es besteht aus einer Kombination von Mikrotubuli, Actin- und Myosinfilamenten und α-Actinin (Bild 6).

Mikrotubuli bestehen aus zwei verschiedenen Proteinen, dem α-Tubulin und dem β-Tubulin, die als globuläre Untereinheiten im Zytoplasma in großer Menge vorhanden sind. Durch Anlagerung von weiteren Proteinen (MAP = microtubule associated Protein) polymerisieren diese Tubuline zu langgestreckten Röhren, die auch wieder von den Enden her durch Zerfall in die Untereinheiten abgebaut werden können (assembly-disassembly). Es handelt sich um die gleichen Grundstrukturen wie die Tubuli in den Axopodien der Heliozoen, in Cilien und in der Mitosespindel. Bündel von Mikrotubuli dienen zur Stabilisierung der Zellform, indem sie Zellausläufer stützen oder flache Zellteile durch überkreuzte Bündelsysteme festigen. Die Anheftung auf der Unterlage erfolgt über die großen

Moleküle (Glykoproteine oder Glykolipide) der Zellmembran; sie reichen durch die Lipidschicht der Membran hindurch bis zum Cytoplasma und werden dort durch α-Actinin an die Actinfilamente gebunden. Es entstehen fokale Haftpunkte, die als Ansatz für die Actin-Myosinfilamentbündel dienen können.

Bei einer mittelgroßen Amöbenform (Naegleria, Länge 30–40 μm) ist die Unterseite etwa 100–150 μm^2 groß und mit 15–25 Filopodien als Haftpunkte auf der Unterlage befestigt. Bei den großen Amöben (z.B. Amoeba Proteus) legt sich der größte Teil der Unterfläche wie eine Platte auf die Unterlage, nur wenige kleine Pseudopodien am Hinterende bilden fokale Haftpunkte. Die Verbindung von Membranproteinen mit dem inneren Mikrofilamentnetz ergibt eine weitere Möglichkeit: die Glykoproteine können in der Membran bewegt und damit zu kleinen Gruppen zusammengeschlossen werden: *capping*. So entstehen auch auf einer breiten Unterfläche Haftpunkte. Während der amöboiden Bewegung müssen im Bereich des Uroides die fokalen Kontakte eingeschmolzen bzw. in der vorderen Fließzone erneut aufgebaut werden. Aufbau und Funktionen des Transmembran-Cytoskelettes sind bei allen tierischen Zellen ähnlich und von großer Bedeutung. Seine Entstehung muß mit der ersten Entwicklung der Eucyte zusammenhängen.

2.1.2 Chemotaxis und Phagocytose

Das Bewegungsverhalten, d.h. die Bewegungsauslösung und Bewegungsausrichtung wird weitgehend durch äußere chemische Faktoren im Medium beeinflußt, so daß die Zelle eine *chemosensorische Leistung* vollbringen muß. Das Überleben der Zelle kann nur gewährleistet werden, wenn die amöboide Bewegung zum Aufsuchen und Erreichen von Nahrungsbestandteilen führt. Die Zellmembran als äußere Grenzschicht muß daher Rezeptoren tragen, die bestimmte Moleküle binden können und darauf eine Reaktion auslösen. Es gibt Signalstoffe, z.B. Peptide aus wenigen Aminosäuren, verschiedene Zucker, Fettsäuren, die mit den Rezeptoren reagieren können und damit den chemosensorischen Vorgang einleiten. Die Signalstoffe müssen keineswegs identisch mit den Nahrungsstoffen sein. Wird durch das umgebende Medium kein Signalstoff an eine Amöbe herangebracht, so ist die Festlegung der Bewegungsrichtung zufällig und wechselnd; es werden gewissermaßen Suchbewegungen ausgeführt. Ist ein Signalstoff vorhanden, so wird der Bewegungsablauf aktiviert: *Chemokinese*. Es handelt sich um die Auslösung nicht gerichteter Bewegungsvorgänge, die Suchbewegungen werden also intensiviert.

Nehmen aber die Signalstoffe in irgendeiner Form ihre Entstehung aus einem Substrat, das als Nahrung geeignet ist, so wird im Medium ein Konzentrationsgefälle entstehen. Die Regulation der Bewegungsrichtung muß also dem Konzentrationsgefälle des Signalstoffes folgen können. Eine gerichtete Bewegung, die einem Konzentrationsgradienten eines Stoffes folgt, bezeichnet man als *Chemotaxis*. Eine positive Chemotaxis führt die Bewegung in Bereiche mit höherer Konzentration des Signalstoffes, bei negativer Chemotaxis führt die Bewegung in niedrigere Konzentrationsbereiche. Bei der Chemotaxis müssen also folgende Zelleistungen vorliegen: Durch die Absättigung von Rezeptoren in der Membran muß das Konzentrationsgefälle feststellbar sein, ein Übertragungsmechanismus gibt diese Richtungsinformation in das Zellinnere weiter, und ein Effektor-Mechanismus muß die Lage der Kontraktionszonen und damit die Strömung des Endoplasmas steuern. Wird die Nahrung (z.B.Bakterienkolonie oder Algen) erreicht, so werden durch Phagocytose während der Bewegung die Nahrungspartikel aufgenommen. Es entsteht also eine Kombination von Bewegung und Phagocytose: *Phagokinese*.

Die positive Chemotaxis ist darauf gerichtet, die Amöbe mit Nahrung in Kontakt zu bringen. Nahrungsteilchen (z.B. Bakterien, Algen, andere Protozoen, zerfallende Pflanzenstoffe und anderes) kommen mit der Zellmembran in Kontakt und lösen einen Prozeß der Nahrungsaufnahme aus. Das Material wird durch die Moleküle der Glykokalix an der Oberfläche adsorbiert, die Zellmembran an dieser Zelle wird eingesenkt und bildet eine Blase, die ins Zellinnere verlagert wird: *Endocytose*. Die entstandene intrazelluläre Blase ist ein *Phagosom*. Hat das Phagosom einen Mindestdurchmesser von 1 μm oder mehr, so wird der Prozeß der Nahrungsaufnahme als *Phagocytose* bezeichnet.

Die Chemotaxis hat sehr große Bedeutung, auch bei den Zellen vielzelliger Organismen: bei der Entstehung von Geweben und bei der Embryonalentwicklung ist die gerichtete Bewegung meistens die Voraussetzung zur Entstehung von Zellkontakten. Bei den phagocytären Zellen des Organismus in Körperhöhlen oder in Blutflüssigkeiten oder Gewebsflüssigkeiten verhalten sich die entsprechenden Zellen in ihren Funktionen wie Amöben auf Nahrungssuche. Daher sind die Faktoren, die bei der Chemotaxis eine Rolle spielen, an solchen Zellen (z.B. Leukocyten, Makrophagen, Monocyten und Fibrocyten) sehr genau untersucht worden. Die Bindung des Signalstoffes an den Rezeptor löst eine Veränderung in der Zellmembran aus, so daß Calcium-Poren geöffnet werden, und der Einstrom von Calcium in die Zelle verursacht eine nur wenige Sekunden andauernde lokale Depolarisation. Werden die Zellen in Calcium-freiem Medium gehalten, so wird die chemotaktische Reaktion unterbunden, weil kein Calcium einströmen kann. Der weitere Weg bei der Regulation der Bewegungsrichtung ist allerdings unklar.

Möglich wäre, daß sich ähnlich wie in Muskelzellen die Depolarisation auf Teile des endoplasmatischen Reticulums überträgt und die Membranen ihrerseits Calcium-Ionen in das Ektoplasma transportieren. Damit ist aber nicht das Zustandekommen der richtigen Lage von Kontraktionszonen erklärt. Vielmehr scheint bei der Chemotaxis ein ähnlicher Reaktionsprozeß notwendig zu sein, wie bei der Wirkung des cAMP als second messenger; hierbei wird durch Phosphorylierung von Enzymen ihre Aktivierung vollzogen, und eine Reihe von Stoffwechselvorgängen können ablaufen. Für Chemotaxis ist die Übertragung von Methylgruppen (Methylierung) notwendig, die entweder auf Phospholipide der Membran oder an Proteine innerhalb der Zelle erfolgt. Die Reaktion verläuft so, daß vom S-Adenosyl-L-Methionin die Methylgruppe auf das Substrat übertragen wird, und es entsteht S-Adenosyl-L-Homocystein. Durch eine Hydrolase wird diese Verbindung in Adenosin und L-Homocystein gespalten und das Adenosin durch Adenosindeaminase in Inosin überführt. Diese Reaktionen sind für den Ablauf der Chemotaxis entscheidend, denn das S-Adenosyl-L-Homocystein wirkt als kompetitiver Hemmer auf die Methylierung, und die Konzentration von Adenosin hemmt den Abbau von S-Adenosyl-L-Homocystein. Bei Anhäufung dieser beiden Produkte wird also die Methylierung gehemmt. Der Reaktionsablauf ist noch einmal zusammengefaßt:

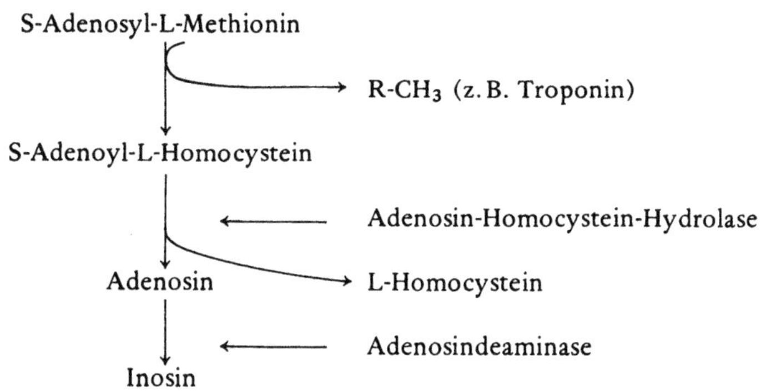

Die bei der Übertragung der CH_3-Gruppen beteiligten Methyltransferasen sind in der Zellmembran lokalisiert und verändern die benachbarten Phospholipide, vor allem Phosphatidylcholin, sie werden sukzessive mehrfach methyliert. Dadurch wird die Viskosität der Membran herabgesetzt und die veränderten Moleküle auf die Innenseite der Membran verlagert. Es kommt zu einem Einstrom von Ca-Ionen; bei Säugetierzellen ist das Maximum der Methylierungen bereits nach 15 Sekunden nach der Bindung des chemotaktisch wirksamen Stoffes erreicht. Die Ca-Ionen können von Calmodulin aufgenommen werden oder die Bildung von cAMP als second messenger auslösen. Die methylierten Phospholipide werden durch Phospholipasen zu Arachidonsäure abgebaut. Eine Inhibition der Methyltransferasen bzw. Phospholipasen durch spezifische Hemmstoffe bringt die Chemotaxis zum Erlöschen, beide von den Enzymen katalysierten Reaktionen müssen also unmittelbar mit der Chemotaxis verbunden sein.

Bei der Phagocytose sind drei funktionelle Typen zu unterscheiden:

a) Die Polysaccharide der Glykokalix tragen zumeist eine negative elektrische Ladung. Dadurch können Substrate wie Ionen oder größere Moleküle reversibel gebunden werden. Durch die Verlagerung der so beladenen Glykokalixmoleküle in der Membran durch die Mikrofilamente kommt es zur lokalen Anreicherung (capping), die dann zur Einsenkung der Membran und der Bildung eines Phagosoms führt. Bei diesem Prozeß kommt es zu einer selektiven Anreicherung von Molekülen, z.B. bestimmten Aminosäuren, Zuckern, Peptiden etc. Die Internalisierung von Rezeptoren bei den Zellen vielzelliger Organismen entspricht diesem Vorgang. Eine Adsorption von Beute an der Glykokalix ist besonders deutlich bei den Foraminiferen zu erkennen, die mit ihren verzweigten Rhizopodien die Nahrung in ihren Schalenraum hineinziehen und dort verdauen.
b) Größere Nahrungsteile, wie z.B. Algen, Bakterien werden durch die Einsenkung der Zellmembran in einer Blase eingeschlossen und als Phagosom in das Zellinnere transportiert.
c) Im Vergleich zur Amöbe relativ große Objekte (andere Protozoen, kleinere Kolonien von Bakterien oder Algen) werden von mehreren Pseudopodien umschlossen, deren Membranen verschmelzen. Dadurch entsteht eine große Nahrungsvakuole, die nicht durch eine Membraneinsenkung entstanden ist.

Die Abtötung lebender Beute geht sehr schnell (oft in wenigen Sekunden) vor sich und kann sehr gut beobachtet werden. Pantoffeltierchen, die von den Pseudopodien einer Amöbe umschlossen wurden, sind nach wenigen Sekunden bewegungslos; auch an Foraminiferen verfütterte Hefezellen zeigen schon während der Anheftung an die Rhizopodien Veränderungen der Zellwandstruktur. Wahrscheinlich wird die Abtötung durch Wasserstoffperoxid (H_2O_2) vorgenommen. Aus der Untersuchung phagocytierender Zellen bei Wirbeltieren ist bekannt, daß die Enzyme NADH-Oxidasen und NADPH-Oxidasen unter anderem auch in der Zellmembran vorhanden sind. Sie werden bei der Endozytose in die Membran des Phagosoms verlagert. Die reduzierten Formen der Enzyme können mit molekularem Sauerstoff direkt reagieren, und es entsteht Wasserstoffperoxid, das durch seine starke Oxidationswirkung hochgiftig ist. Der Nachweis von Katalase, dem H_2O_2 spaltenden Enzym, in jungen Nahrungsvakuolen der kleinen Süßwasseramöbe Hartmanella beweist, daß der Prozeß der Abtötung durch Wasserstoffperoxid tatsächlich bei den Protozoen ausgebildet ist. Die schnelle Reaktion ist schon deshalb notwendig, weil Bakterien sich mit ihren Glykokalixmolekülen an die Zellmembran anheften und ihrerseits Exoenzyme ausschütten, so daß die Zellmembran im Bereich des Phagosoms aufgelöst würde. Die Verdauung der Nahrung, d.h. der enzymatische Aufschluß, kann erst einsetzen, wenn die primären Lysosomen der Zelle mit dem Phagosom verschmolzen sind: es entsteht ein

Phagolysosom. Bei Protozoen spricht man auch von einer Ingestionsvakuole. Um zu kennzeichnen, daß es sich um fremdes aufgenommenes Material handelt, werden die Nahrungsvakuolen als *Heterophagolysosomen* gekennzeichnet. Als Gegensatz dazu gibt es Autophagolysosomen, in denen die Zelle eigenes Zellmaterial (Zellorganellen, Cytoplasma, Membranen) auflösen kann (vgl. Alterungsprozeß). Die Lysosomen enthalten ein Spektrum von verschiedenen Hydrolasen, mit denen die Proteine, Lipide, Nukleinsäuren, Kohlenhydrate usw. gespalten werden können. *Lysosomen* entstehen im Bereich der Dictyosomen von Golgi-Feldern, ihre Enzyme werden auf dem Weg der Proteinbiosynthese im Endoplasmatischen Reticulum hergestellt und in das Golgi-Feld transportiert. Große Nahrungsvakuolen können in der Zelle zu mehreren kleineren Vakuolen zerschnürt werden, hierbei kann es zu einer Trennung (Segregation) verschiedener Nahrungsbestandteile kommen. Die Enzyme der Lysosomen haben ihren optimalen Wirkungsbereich in saurem Medium (pH-Wert ca. 5,0). Durch Indikatorfarbstoffe läßt sich daher die Veränderung des pH-Wertes in den Nahrungsvakuolen in lebenden Protozoen sehr gut darstellen. Mit dem Beginn der Verdauung wird die Nahrungsvakuole zur Digestionsvakuole, und der Überschuß an Zellmembran, der bei der Verschmelzung mit den Lysosomen entsteht, verursacht durch Bildung von Falten oder Mikrovilli eine Vergrößerung der resorbierenden Membranoberfläche innerhalb der Vakuolen. Die Resorptionsvakuole schließlich enthält nur noch Reste der Nahrungsbestandteile und transportiert durch Abschnürung kleiner Vesikel und Membrantransport die bei der Verdauung aufgespaltenen Moleküle ins Cytoplasma. Nicht zerstörbare Materialien, wie z. B. Kieselschalen von Algen bleiben zurück, und die verkleinerte Vakuole wird als Egestionsvakuole an die Zelloberfläche transportiert. Dort verschmilzt die Vakuolenmembran mit der Zellmembran, und es kommt zum Ausstoß (*Exocytose*) des nicht verwertbaren Materials. Die Exocytose ist ein Prozeß, der der Endocytose entspricht, aber in umgekehrter Richtung verläuft: Membranvesikel werden vom Inneren der Zelle an die Oberfläche transportiert und öffnen sich nach außen durch Verschmelzen der Membranen. Die eingebaute Membran ist als Teil der Zellmembran an der Zelloberfläche beständig. Der Prozeß der Exocytose muß nicht mit dem Ausstoßen nicht verwertbarer Materialien verbunden sein, auch Substrate für Gehäuse und andere wichtige Produkte bei vielzelligen Tieren, z. B. Sekrete, Hormone und viele andere Produkte werden durch Exocytose aus der Zelle ausgeschleust. Die funktionelle Veränderung der Nahrungsvakuolen, die in einer Protozoenzelle ablaufen muß und sich auch im Leben beobachten läßt, ist die *Cyclose*. Durch ein reiches Nahrungsangebot oder den Zusatz von Stoffen, wie z. B. Aminosäuren oder Hühnereiweiß zu einer Kulturlösung, lassen sich Amöben zu einer sogenannten induzierten Endocytose anreizen. Dabei können innerhalb von einer halben Stunde soviel Nahrungsvakuolen gebildet werden, daß etwa 50 % der Zellmembran in das Zellinnere verlagert worden ist. Dann wird die Endocytose eingestellt, weil die Möglichkeit zur Membranregeneration (s. unten) erschöpft ist. Durch induzierte Endocytosen läßt sich die Segregation bei der Aufteilung von Nahrungsvakuolen beweisen. Die Lysosomen einer Zelle enthalten nicht alle das gleiche Spektrum an Enzymen, es gibt mehrere Populationen von Lysosomen mit verschiedenem Enzymgehalt. Ein Teil der lysosomalen Enzyme ist außerdem membrangebunden, d. h. als integrierte Membranproteine im Golgi-Feld in die Phospholipidschichten eingelagert worden. Über die Regulationen, die bei Verteilung und Einbau notwendig sein müssen, ist nichts bekannt.

Die *Pinocytose* ist die zweite Möglichkeit der Zelle, durch Membranverlagerung ins Innere Flüssigkeiten oder Moleküle in größerer Menge aufzunehmen. Bei Pinocytose werden kleine Vesikel der Zellmembran unter 1 μm Durchmesser ins Zellinnere verlagert. Da der Vorgang sehr schnell abläuft, kann es zur Bildung langer Kanäle kommen, an deren Enden die kleinen Vesikel abgeschnürt werden. Bei der Mikropinocytose beträgt ihr

Durchmesser 100 nm. Auch hier ist die Adsorption von Molekülen an der Zelloberfläche auslösend für Beginn der nachfolgenden Invagination der Membran mit anschließender Vesikulation für die Aufnahme. Die Vesikel können miteinander verschmelzen und mit Lysosomen zusammengebracht werden, sie können sich aber auch anderen Nahrungsvakuolen anschließen. Durch Pinocytose werden in wenigen Sekunden oder wenigen Minuten große Mengen von Flüssigkeit und Membran in die Zelle hineintransportiert. Ein Teil der Membran wird in das Golgi-Feld zurückgeführt, ein anderer Teil durch Vesikulation aus den Nahrungsvakuolen direkt der Zellmembran an der Oberfläche wieder zugeführt. Eine freilebende Zelle muß ihre Zellmembran ergänzen können, wenn sie sich bewegt oder endocytiert. Die *Membranregeneration* geschieht im wesentlichen durch das System der Golgi-Felder. Sie bestehen aus membranumschlossenen Räumen, die zu einzelnen Komplexen, den *Dictyosomen*, funktionell zusammengeschlossen sind (Bild 7). An den Rändern der Zisternen bilden die Membranen Kanäle oder Vesikel, die in das Cytoplasma abgeschnürt werden. Jede Form der Endocytose bedeutet auch intrazelluläre Flüssigkeitsaufnahme, die kompensiert werden muß (Homöostase). Der Anteil an gelösten Stoffen und an Wasser muß dem Volumen der Zelle entsprechend angepaßt werden. Die Kontrolle geschieht durch Osmoregulation (s. S. 22). Bei der amöboiden Bewegung erfolgt in der Region des Uroids eine permanente Endocytose. Bei kleineren Amöbenformen kann ein Teil der Nahrungsaufnahme dadurch gedeckt werden. Durch Membranfluß (Bild 7) werden die Dictyosomen-Membranen aus dem endoplasmatischen Reticulum ergänzt. Im glatten endoplasmatischen Reticulum erfolgt die Synthese der für die Membranen notwendigen Phospholipide (Bild 7b), die entweder durch Kanalsysteme weitergeleitet werden oder direkt durch Einlagerung zur Vergrößerung der Kanäle des endoplasmatischen Reticulums beitragen.

Im Bereich des rauhen endoplasmatischen Reticulums werden die notwendigen Proteine durch die Biosynthese an den Ribosomen hergestellt und ebenfalls in das Innere der Kanäle eingeschleust. In der einem Dictyosom zugewendeten Seite der Kanäle des endoplasmatischen Reticulums werden Transportvesikel abgeschnürt, die untereinander oder schon mit bestehenden Membranen im Dictyosom verschmelzen. Dadurch werden die „inneren" Schalen eines Dictyosoms aufgebaut. Durch den Stoffstrom im endoplasmatischen Reticulum und den Einschluß in Transportvesikel werden zugleich Enzyme und Zucker in die Zisternen transportiert. Ein Teil der Enzyme wird in die Membran eingebaut; Zuckermoleküle werden durch Glykosyltransferasen an Proteine gebunden: es entstehen die Glykoproteine für die Glykokalix. Durch eine zyklische Tätigkeit werden mehrere Schalen innerhalb eines Dictyosoms gebildet, deren Ausdehnung begrenzt bleibt. Die Membranen und der Zisterneninhalt werden also eine enzymatische Differenzierung zeigen, je nach dem Alter der entsprechenden Schale. Die Membranen der inneren Schalen sind noch sehr ähnlich denen des endoplasmatischen Reticulums, und es finden sich auch noch Enzyme im Innenraum, die ebenfalls im ER vorhanden sind. Je weiter aber die Schalen abgedrängt werden, umso mehr verändert sich das Spektrum der Enzyme und die Zusammensetzung der Membran, so daß an den Seitenzonen schließlich zwei Typen von Vesikeln abgeschnürt werden können: die Lysosomen und Membranvesikel für die Zelloberfläche. Die Ausdehnung und Zahl der Dictyosomen hängt von der Aktivität der Zelle ab. Bei einer Chemokinese oder Beschleunigung der Bewegungsvorgänge durch Erhöhung der Temperatur oder bei induzierter Endocytose werden innerhalb weniger Minuten die Dictyosomen vergrößert und vermehrt. Die Membranregeneration hängt auch direkt von der Proteinsynthese ab, eine Hemmung der Synthese zeigt nach wenigen Minuten die Verkleinerung der Dictyosomen und eine Reduzierung der Membranregeneration. Bei manchen Amöben liegen die Dictyosomen schalenförmig in der Nähe des Kernes zusammengeschlossen und bilden die „Centrosphäre".

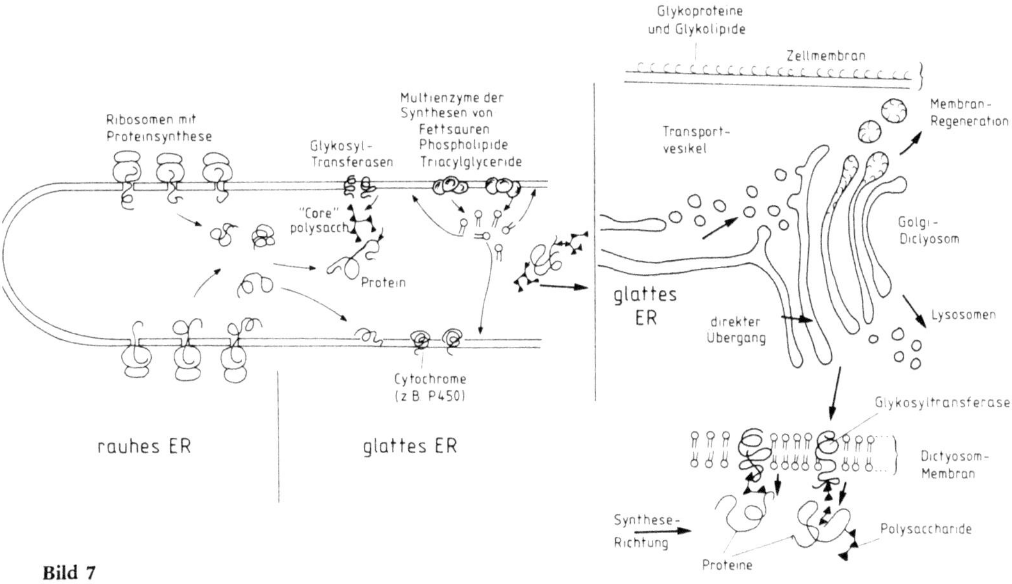

Bild 7

a) Schema des Membranflusses und der Membranregeneration. Synthese der Proteine am rauhen ER, Synthese von Lipiden im glatten ER sowie Herstellung eines Polysaccharid-"core" für die Bindung an Proteine (Glykoproteine). Fluß von Membranen und Produkten in die Zone eines Dictyosoms durch Abschnürung von Transportvesikeln aus dem glatten ER oder durch direkte Umwandlung der Membranen des ER in Teile der Dictyosomen. Glykosyltransferasen in den Dictyosomen modifizieren die Heteropolysaccharidcores, Abgabe von Membranvesikel zur Verschmelzung mit der Zellmembran.

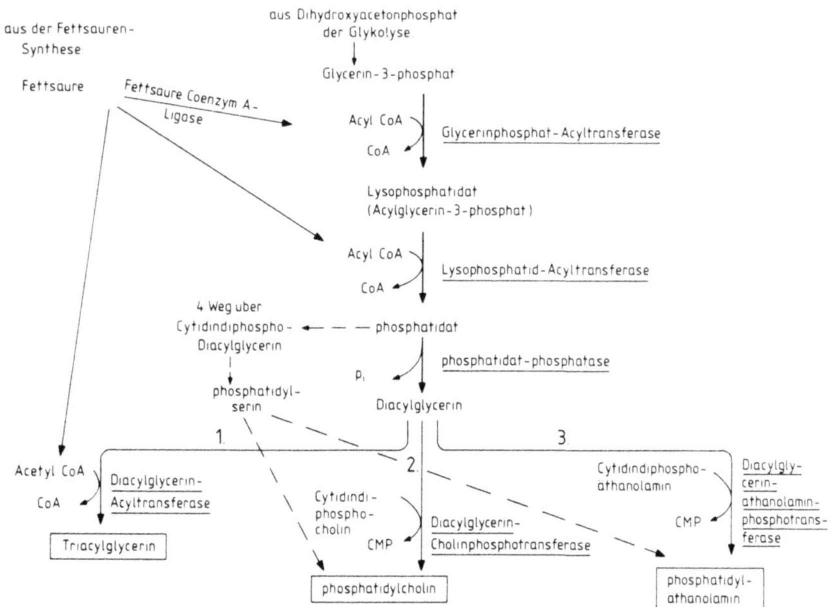

Bild 7

b) Schema der Beteiligung der Enzyme im glatten ER für die Biosynthese von Phosphatidylcholin, Phosphatidyläthanolamin und Triacylglyceriden. Die durch Unterstreichung kenntlich gemachten Enzymproteine durchsetzen als Komplexe die Membranen von der cytoplasmatischen bis zur luminalen Seite.

2.1.3 Osmoregulation und zelluläre Homöostase

Zellen enthalten eine hohe Zahl von verschiedenartigen Stoffen, die osmotisch wirksam sind. Bei Protozoen, die in einem hypotonischen Medium liegen, wird Wasser osmotisch durch die Zellmembran in das Cytoplasma gesogen. Mit den Nahrungsvakuolen bzw. bei der Pinocytose wird weitere Flüssigkeit in die Zelle hineintransportiert. Außerdem entsteht Stoffwechselwasser.

Vor allem muß das durch die Zellmembran eindringende Wasser wieder aus der Zelle heraustransportiert werden. Bei allen Protozoen, die in einem hypotonischen Medium, also vor allem im Süßwasser oder in der Feuchtigkeit des Bodens leben, ist ein besonderes Zellorganell für die Osmoregulation vorhanden: die *pulsierende Vakuole (kontraktile Vakuole)*. Es handelt sich um eine mit Zellmembran ausgekleidete Blase, die zusammengepreßt und wieder erweitert werden kann und mit einer Pore an der Zelloberfläche mit dem Außenmedium in Verbindung steht. In der Vakuole wird eine gegenüber dem Cytoplasma hypotonische Lösung angesammelt, die vor allem Na-Ionen enthält. Der aktive Transport von Wasser durch intraplasmatische Membranen oder durch die Zellmembran wird mit dem Transport von Na-Ionen gekoppelt. Die Osmoregulation der Protozoenzelle bedeutet also, die intrazelluläre Homöostase durch eine Ionenregulation und quantiative Regulation des Lösungswassers aufrechtzuerhalten. Davon zu unterscheiden ist die Exkretion: die Ausscheidung von Stickstoffverbindungen oder schwefelhaltigen Substanzen, vor allem des Aminosäurestoffwechsels und des Abbaus der Purine und Pyrimidine. Die Exkretion geht über die Zellmembran durch Ausscheidung von Ammoniak in das umgebende Wasser; Harnstoff- oder Harnsäurederivate werden in Kristallform durch Exocytose ausgeschleust. Die Funktion der pulsierenden Vakuolen läßt sich schon aus der Tatsache schließen, daß bei solchen Amöben, die in Salzwasser, Brackwasser und im Süßwasser lebensfähig sind, die Vakuolen nur in Brackwasser geringer Salinität bzw. im Süßwasser ausgebildet werden. Parasitär lebende Formen, die in Körperflüssigkeiten anderer Tiere oder intrazellulär leben, haben aufgrund der isotonischen Umgebung keine kontraktile Vakuole. Bei marinen Foraminiferen kann durch Veränderung des Salzgehaltes einer Kulturflüssigkeit die allmähliche Einschränkung der Tätigkeit der pulsierenden Vakuole mit steigender Salinität bestimmt werden. Bei dem Flagellaten Euglena, von dem eine große Zahl genetisch bestimmter Zellstämme in Laboratorien zu züchten sind, gibt es eine Zellform, die durch Mutation die Fähigkeit zur Bildung einer pulsierenden Vakuole verloren hat. In isotonischen Kulturflüssigkeiten sind die Zellen lebens- und teilungsfähig, in hypotonischen Medien dagegen schwellen sie durch die Aufnahme des Wassers an und platzen. Durch die Verwendung von Na-Isotopen ist bei verschiedenen Amöben der Weg über Pinocytose und Transport durch die Zellmembran verfolgt worden; das markierte Natrium sammelt sich nach kurzer Zeit in der pulsierenden Vakuole an und wird mit dem Strom des Wassers ausgestoßen. Bereits ältere Versuche an Amöben und Foraminiferen hatten ergeben, daß ein Zusammenhang der Tätigkeit der Vakuole mit dem Natriumgehalt des Mediums besteht. Die Zeit, in der eine Vakuole gefüllt und wieder entleert wird (Diastole und Systole) läßt sich sehr gut bestimmen, ebenso die Größe der Vakuole. Vergleicht man die Tätigkeit der pulsierenden Vakuole in verschiedenen Medien (destilliertes Wasser, NaCl-Lösungen von 0,07–0,3 % oder entsprechend verdünnte Seewasserlösungen), so arbeiten die pulsierenden Vakuolen nicht im destillierten Wasser am schnellsten, sondern in Lösungen von etwa 0,14 % Salzgehalt. Der Ausstoß beträgt etwa das Doppelte von dem im destillierten Wasser. Erst bei den hohen Konzentrationen (0,3 %) erlischt die Tätigkeit der Vakuole fast vollständig. Die Füllung der Vakuole geschieht durch Membrantransport und Membranfluß. Sie ist umgeben von zahlreichen Kanälen des glatten endoplasmatischen Reticulums, von denen sehr zahlreiche kleine Transportblasen abgeschnürt werden können. Die abzuscheidende Flüssigkeit wird also aus dem Cytoplasma durch die Membranen des Reticulums transportiert und in den Blasen gesammelt. Diese verschmelzen mit der Membran der Vakuole, so daß sie sich vergrößert. Umhüllt wird die Vakuole von einem Netz der Filamente aus Actin und Myosin, und durch Kontraktion wird die Vakuole ausgepreßt. Sie öffnet sich durch einen Porus an der Zelloberfläche, dort liegt in der Regel ein feiner Ring aus Filamenten wie ein Schließmuskel im Ektoplasma. Löst man pulsierende Vakuolen aus den Zellen heraus, so werden sie beim Zusatz von ATP Kontraktionen durchführen, weil das dicht anliegende Netz der Mikrofilamente ihnen noch anhaftet. Umgeben ist diese komplizierte Funktionszone einer pulsierenden Vakuole von einer Schale von Mitochondrien, welche das für Kontraktion und Ionentransport notwendige ATP liefern. Die Aufrechterhaltung des Wasser- und Ionengleichgewichts ist abhängig von der Energie, die durch die oxidative Phosphorylierung geliefert wird. Durch Hemmung der Atmung oder durch Sauerstoffmangel gerät die Zelle unter Energiemangel, und es kommt zu einem intrazellulären Ödem. Die Zellen vergrößern das Volumen, und schließlich kommt es zu einer Entmischung im Cytoplasma, es entstehen Flüssigkeitsvakuolen und die Zellmembran reißt auf, die Zelle stirbt ab.

2.1.4 Die Gewinnung chemischer Energie in Form des ATP-Moleküls

Die bisher geschilderten Vorgänge in der Zelle erfordern Energie. Bei der amöboiden Zellbewegung werden über das System der Actin-Myosinfilamente chemische Energien in mechanische Energie transformiert. Der Membrantransport benötigt Energie. Der Aufbau der großen Proteinmoleküle wie Enzyme, der Moleküle für die Glykokalix, die enzymatische Zusammensetzung von Polysacchariden erfordert Energie. Und diese Energie muß an allen Stellen der Zelle frei verfügbar sein. Die chemische Energie steht in Form des kleinen Moleküls Adenosintriphosphat (ATP, Bild 8) zur Verfügung. Die chemische Energie, die in den aufgenommenen Nahrungsstoffen enthalten ist, wird über Umwege in die chemische Energie dieser transportablen Moleküle transformiert. Über mehrere Stoffwechselwege werden die verschiedenen Substrate schließlich in den Mitochondrien in einigen wenigen zentralen Reaktionskreisen zusammengefaßt und durch die Enzyme der Atmungskette ATP hergestellt. Diese Form der Reaktionen ist die *oxidative Phosphorylierung*, weil sie Sauerstoff benötigt (siehe unten). Ein zweiter Weg ist der der

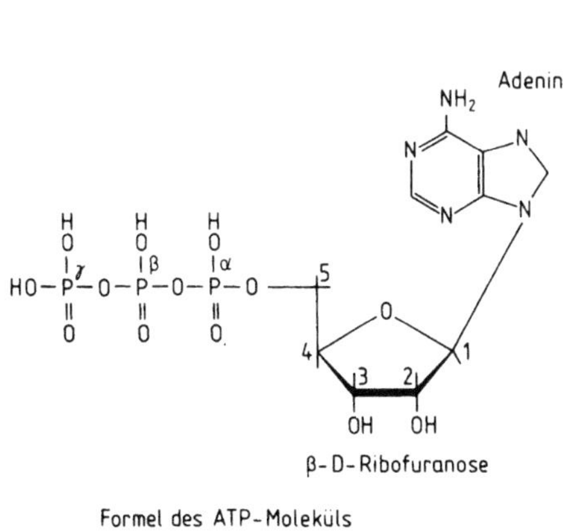

Bild 8
Formelbild des Adenosintriphosphats (ATP)

Substratphosphorylierung: die Vorstufe ADP (Adenosindiphosphat) wird über eine energiereichere Phosphatverbindung enzymatisch phosphoryliert, und es entsteht ATP. Dieser Vorgang ist ein Teil der Glykolyse und läuft im Cytoplasma und nicht in den Mitochondrien ab. Die im Stoffwechsel ablaufenden biologischen Reaktionen, also z.B. der Umbau der Nahrungssubstrate zur Lieferung der chemischen Verbindungen für die zentralen Reaktionsabläufe, gehen schrittweise vor sich und modifizieren das reagierende Molekül jeweils nur an einer Stelle; die Reaktionen werden durch spezifische Enzyme katalysiert. Wenn eine geordnete Reaktionskette aufgebaut werden soll, dann müssen die katalytischen Aktionen auf engstem Raum zusammengefaßt sein; es entstehen sogenannte Enzymgruppen, wie z.B. für die Glykolyse. Die Enzyme werden also nicht völlig frei im Cytoplasma umherschwimmen, sondern sind durch Wechselwirkungen als sogenannte *Multienzymkomplexe* verbunden. Die Enzyme reichen das schrittweise veränderte Molekül weiter. Auch wenn das Plasma einer Amöbe durch den Bewegungsrhythmus fließt, im submikroskopischen Bereich werden die Vorgänge der Reaktionsabläufe dadurch nicht gestört. Ein großer Teil der Enzyme, wie z.B. in den Mitochondrien, wird auf Membranen fixiert und ist die Grundlage dafür, daß die verschiedenen Funktionszonen des endoplasmatischen Reticulums und der Golgi-Felder überhaupt zustandekommen (vgl. Bild 7).

Die Rhizopoda sind darauf angewiesen, den Nachschub an chemischer Energie durch die Endocytose organischer Nahrungsbestandteile zu ergänzen. Vor allem müssen sie den Kohlenstoff und den Stickstoff aus organischen Quellen zugeführt bekommen. Sie sind *chemoorganotroph*, d.h. sie müssen Kohlenstoff aus organischen Molekülen verwenden, und sie gewinnen die Energie für die Herstellung von ATP durch die Verschiebung von Elektronen (s. unten) aus den Molekülen der Nahrungssubstrate. Die Rhizopoden, insbesondere die Amöben, gleichen hierin allen übrigen Zellen der vielzelligen Tiere und stellen gewissermaßen das Stoffwechsel-Grundmodell dieser Zellen dar. Die solitär lebende Zelle muß bei der Energieversorgung noch ein wichtiges zweites Problem bewältigen. Nicht immer steht im Lebensraum Nahrung zur Verfügung, die gefressen werden kann. Stunden oder Tage können vergehen, bis eine Nahrungsquelle gefunden worden ist. Dennoch darf der Energiefluß in der Zelle nicht abreißen, auch wenn die Nahrungssubstrate in allen Phagosomen längst verdaut und resorbiert worden sind. Bildlich gesprochen darf man nicht von der Hand in den Mund leben. Es müssen vielmehr Reservestoffe aufgebaut und in der Zelle deponiert werden, um eine Zeit ohne Nahrungsaufnahme überbrücken zu können. Denn der solitär lebenden Zelle fehlt die Möglichkeit, die den Zellen im Verband eines vielzelligen Organismus zur Verfügung steht, nämlich aus Reservestoffzellen durch direkten Kontakt oder über Körperflüssigkeiten ein kontinuierliches Angebot von Nahrungssubstraten zu erhalten. Die Fähigkeit zur Kondensierung von Reservestoffen in der Zelle ist also eine der Voraussetzungen für das Überleben der freien, solitär lebenden Protozoenzelle und damit ein primäres Merkmal.

Die wichtigsten Reservestoffe sind folgende: Einschlüsse aus Polysacchariden verschiedener Formen enthalten vor allem Polymere der D-Glucose, sowie einige andere Zucker (Mannose, Galaktose, Fucose und Glucosamin). An Glucosamin können auch Peptide aus einigen wenigen Aminosäuren angeschlossen sein. Neutralfette und Glycerophosphatide kommen in Form kleiner Tröpfchen als sehr wichtige Reservestoffe in den Zellen vor. Sie haben im Vergleich zu den Polysacchariden einen sehr viel höheren Anteil an chemischer Energie gebunden, und ihre Unlöslichkeit in Wasser bedingt, daß sie konzentriert vorliegen und damit wenig Raum beanspruchen. Die dritte Klasse an Reservestoffen stellen die Proteine dar, die meist in Kristallform in Vakuolen gespeichert sind. Sie spielen wahrscheinlich für den Energiestoffwechsel keine Rolle, sondern stellen den Pool für Aminosäuren dar, die bei dem Ersatz der Enzymmoleküle auf dem Wege der Proteinsynthese notwendig sind. Außerdem stellen Aminosäuren die einzige Quelle für den im

Stoffwechsel benötigten Stickstoff dar. Die Nukleinsäuren, die ebenfalls Stickstoff enthalten, werden nicht als Reservestoffe benutzt und auch nicht in den Energiestoffwechsel einbezogen. Sie sind als die Informationsmoleküle im Aufbaustoffwechsel unentbehrlich und werden nicht angetastet.

Die Verwertung der in den Nahrungssubstraten bzw. Reservestoffen gebundenen chemischen Energie zur Herstellung von ATP ist in Bild 9 schematisch zusammengefaßt. Die Moleküle der Nahrungsstoffe liefern Elektronen (e), sie sind Elektronendonoren (El. donatoren). Diese Elektronen können nicht frei im Wasser verbleiben, sondern müssen von einem anderen Molekül, dem Elektronenakzeptor übernommen werden. Während des Überganges von einem auf das andere Molekül können die Elektronen freie Energie abgeben. Denn zwischen dem Donator und dem Akzeptor muß ein Energiegefälle bestehen, das sich als elektrisches Potential ausdrückt. Da man ganz allgemein die Abgabe von Elektronen aus einem Atom oder einem Molekül als Oxidation und die Aufnahme von Elektronen in ein Atom oder in ein Molekül als Reduktion bezeichnet, trägt dieses Potentialgefälle den Namen des Redoxpotentials. Die Tendenz eines Elektronendonators, Elektronen abzugeben, ist sein Normalpotential und kann als elektromotorische Kraft in Volt gemessen werden. Umgekehrt ist das Normalpotential eines Elektronenakzeptors die Tendenz, die freien Elektronen an das Molekül zu binden. Je größer also die Differenz der beiden Normalpotentiale ist, umso größer ist das Redoxpotential und damit die freiwerdende Energie beim Elektronenübergang, die als Ausbeute zur Verfügung steht. Die Enzyme, die am Elektronentransport beteiligt sind, sind die sogenannten Redoxenzyme. Bild 9 zeigt, daß die Gewinnung der Redoxenergie aus dem Elektronenfluß von den primären Nahrungssubstraten weit entfernt ist. Auf einer ersten Stufe werden im Cytoplasma die aus den Phagosomen oder den Reserveeinschlüssen stammenden Proteine, Polysaccharide und Lipide in kleinere Moleküle zerteilt. Die Proteine liefern die Aminosäuren, die Polysaccharide ergeben die verschiedenen Hexosen, und die Lipide werden in Glycerin und die einzelnen Fettsäuren auseinandergenommen. Ein Teil dieser Prozesse findet durch die Enzyme der Lysosomen in den Phagolysosomen statt, und das Cytoplasma enthält nur einen Pool von kleinen Molekülen, die in die zweite Stufe des Stoffwechsel einbezogen werden. Im intermediären Stoffwechsel werden die Aminosäuren zu Acetyl-CoA umgebaut oder sie gelangen an verschiedenen Stellen in den Reaktionskreis des Tricarbonsäure-Zyklus. Bei der Glykolyse werden die Hexosen über Glucose-6-Phosphat und eine Reihe von Zwischenschritten zu Pyruvat und weiter zu Acetyl-CoA umgebaut, wobei durch Substratphosphorylierung das erste ATP entsteht. Die aus der Spaltung der Fette entstandenen Fettsäuren werden durch die β-Oxidation verkürzt und liefern ebenfalls Acetyl-CoA. Die Enzyme für die β-Oxidation sind innerhalb der Mitochondrien lokalisiert, die Fettsäuren ebenso wie das Pyruvat können durch die Membranen der Mitochondrien in das Innere, die Matrix eintreten. Damit ist die dritte Stufe des Stoffwechsels zur Energiegewinnung erreicht, die in den Mitochondrien abläuft. Mit dem Acetyl-CoA ist die zentrale Verbindung des intermediären Stoffwechsels gebildet worden. Zusammen mit einigen Aminosäuren geht das Acetyl-CoA in den Tricarbonsäurezyklus ein, aus dem die Elektronen und die Protonen für die Atmungskette stammen. Aus dem Tricarbonsäurezyklus und dem Umbau des Pyruvat zu Acetyl-CoA stammt auch das CO_2, das von der Zelle an die Umgebung abgegeben wird. Die Stickstoffatome aus den Aminosäuren, die während des Abbaues abgespalten werden müssen, gehen in die oben erwähnten Exkretstoffe ein (Ammoniak, Harnsäure oder Harnstoff). Die Entstehung von Kohlendioxid und stickstoffhaltiger Exkrete sind also unmittelbare Folgen aus der Energiegewinnung im intermediären Stoffwechsel.

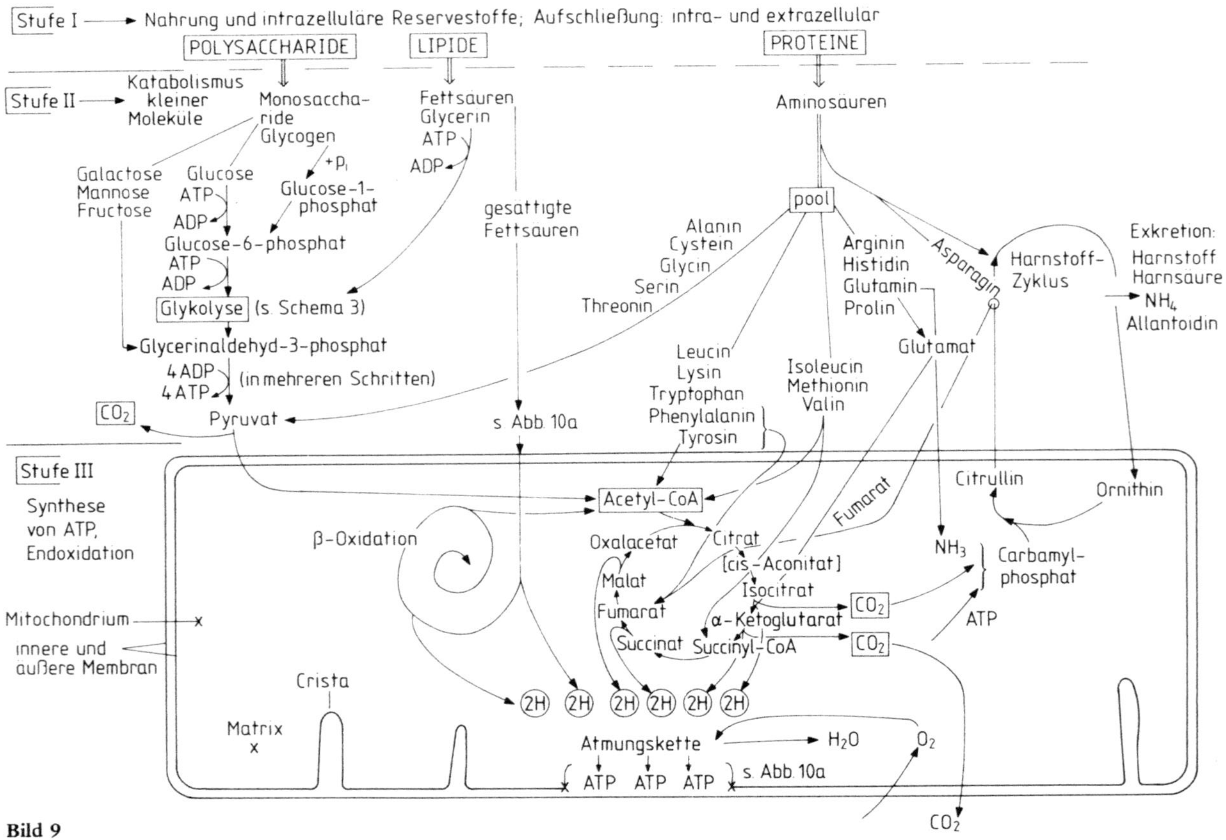

Bild 9

Schema des Katabolismus. In drei Stufen angeordnet lassen sich die Wege der aus den Nahrungsbestandteilen stammenden Moleküle beim Abbau verfolgen. In Stufe II wird bei der Glykolyse mehr ATP hergestellt als beim Umbau verbraucht wird. Ein Teil der kleinen Moleküle (z. B. Aminosäuren) wird zur Biosynthese direkt wiederverwendet, ein anderer Teil dagegen liefert in Stufe III wenige Endprodukte, die in die Mitochondrien gebracht werden und dort bei der oxidativen Phosphorylierung zur Synthese von ATP einbezogen sind. Zelleigene Nukleinsäuren werden niemals als Reservestoffe in den Katabolismus einbezogen, mit der Nahrung aufgenommene Nukleinsäuren werden hydrolisiert; die Pyrimidine werden zu Harnstoff oder NH_4 abgebaut, die Purine können zur Synthese von Nukleotiden erneut eingesetzt werden.

Die innere Membran der Mitochondrien ist durch die dort angeordneten Enzyme der Atmungskette hochspezialisiert und mit keiner anderen Membran in einer Zelle zu vergleichen (Bild 10a). Sie enthält besondere Transportsysteme (Translokatoren), welche die Aminosäuren, Phosphat, ADP und ATP, Dicarbonsäuren, Tricarbonsäuren sowie Ca-Ionen auch gegen das Konzentrationsgefälle transportieren. Bei vier Reaktionen im Tricarbonsäurezyklus und bei der Überführung von Pyruvat in Acetyl-CoA werden Wasserstoffpaare durch Dehydrogenasen freigesetzt, wobei ein Wasserstoffatom und die zugehörigen Elektronen an den Kofaktor gebunden werden und ein Proton frei bleibt. Am Beginn der Atmungskette steht ein Enzym; auf der Innenseite der inneren Mitochondrienmembran besteht daher ein Überschuß an Protonen. Das erste Enzymglied der Atmungskette übernimmt vom Kofaktor das Elektronenpaar, ein Proton und aus der Matrix ein freies Proton. Das Elektronenpaar wird nun an das benachbarte Redoxenzym der Atmungskette weitergereicht und die Protonen durch den Tunnel des ersten Enzyms zur äußeren Seite der Membran gebracht. Die Elektronen werden auf der Innenseite der Membran durch die anderen Redoxenzyme weitergetragen, so daß ein Potentialgefälle an der Innenseite der Membran entsteht. Dadurch werden an zwei weiteren Komplexen zwei positiv geladene Protonen durch die Membran hindurchgezwungen und gelangen an die Außenseite der Membran. Am Ende der Atmungskette werden die Elektronen auf Sauerstoff übertragen, so daß dieser aktivierte Sauerstoff sich mit Protonen verbinden kann: es entsteht Wasser. Die auf der äußeren Membranseite angereicherten Protonen werden durch einen Protonenkanal (F_0) eines weiteren aus zahlreichen Proteinen zusammengesetzten Komplexes übernommen und in Richtung Matrix transportiert. Dabei passieren sie den auf F_0 aufgesetzten Komplex F_1, der wie ein Köpfchen in die Matrix des Mitochondriums vorragt. Die Proteine von F_1 katalysieren unter der antreibenden Kraft des Protonenstroms aus ADP und anorganischem Phosphat das ATP. Die freie Energie der Elektronen, die in der Redoxkette transportiert worden sind, erhalten den Protonenstrom aufrecht. An drei Stellen dieser Atmungskette kann der Rückstrom in die Matrix aufgrund des bestehenden Gradienten und damit die Herstellung von ATP erfolgen. Jedoch wird nur etwa die Hälfte der frei werdenden Energie in die Synthese übernommen, etwa die Hälfte wird in Wärmeenergie umgewandelt. Die Gewinnung von Wärme ist bei größeren vielzelligen Tieren ein sehr wichtiger Faktor bei der Ausweitung eines Lebensraumes und bei der Regulation von Temperaturzonen innerhalb des Körpers.

Bei der Evolution der eukaryotischen Zelle hat sich also eine Methode der Energiegewinnung herausgebildet, die darin besteht, chemische Energie in ein kleines anorganisches phosphatreiches Molekül zu überführen, wobei Elektronen aus den organischen Molekülen des Tricarbonsäurezyklus mittelbar die Phosphorylierung antreiben und Sauerstoff als terminaler Elektronenakzeptor verwendet wird: *oxidative Phosphorylierung*. Die Zellatmung ist die Voraussetzung für eine Energiegewinnung, und da sie an die Verfügbarkeit von Sauerstoff gebunden ist, handelt es sich um eine aerobe Atmung. Die bei vielzelligen Tieren ausgebildeten Atmungsorgane dienen nur dazu, den notwendigen Sauerstoff aus dem Medium aufzunehmen und in irgendeiner Form an die Zellen heranzubringen. Sehr oft wird die Sauerstoffaufnahme dann mit der Abgabe von CO_2 verbunden (s. Entstehung von Kreislauf, Atmungspigmente, Tracheen).

Bild 10b faßt schematisch Verwendungsmöglichkeiten von ATP in der Zelle zusammen. Vier nach ihrer Funktion unterschiedliche Gruppen der Verwendungsmöglichkeiten sind erfaßt; beim Aufbau (Biosynthese) neuer Moleküle für die Zelle sind die verschiedenen Stoffgruppen aufgeführt, deren organische Verbindungen zum größten Teil zum Aufbau von Zellorganellen Verwendung finden. Diese Prozesse stellen den *Anabolismus* dar.

Die zweite Funktionsgruppe stellen Phasen des *Katabolismus* dar, d.h. der Reaktionsschritte zum Abbau von großen Molekülen. Die dritte und vierte Gruppe der Verwendungsmöglichkeiten werden durch die Transportvorgänge an der Zellmembran bzw. an intrazellulären Membranen eingenommen und durch die Möglichkeiten der zellulären Bewegungsvorgänge (amöboide Zellbewegung und Cilienbewegung). Die Entwicklung entsprechender Funktionsstrukturen wie der Mikrofilament-Netze, der Geißeln mit den Tubuli, der Ausbildung von Zellteilungsspindeln zur Bewegung von Chromosomen sind also erst nach der Evolution der Zellatmung möglich gewesen.

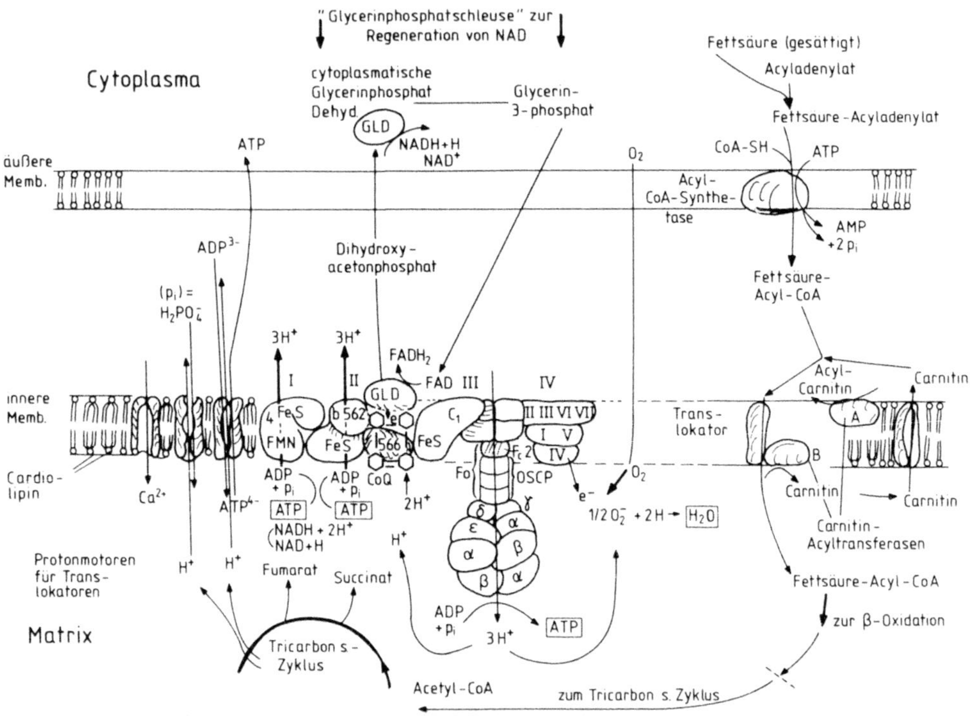

Bild 10

a) Schema der äußeren und inneren Mitochondrienmembranen. Hypothetische Anordnung der Enzyme der Atmungskette und einiger wichtiger Translokatoren in der inneren Membran. Die Atmungskette ist auf die zweidimensionale Papierebene auseinandergezogen, in Wirklichkeit sind die Enzyme in der Membran räumlich umeinander und um das gestielte Köpfchen der ATPase gruppiert. Sie müssen Berührungszonen für die Weitergabe der Elektronen besitzen. Angeschlossen ist die Glycerin-3-phosphatdehydrogenase, die Elektronen an den Ubichinon-Zyklus abgibt. Das Coenzym Q dieses Zyklus ist durch das Symbol eines Ringmoleküls eingezeichnet. I–IV stellen die zusammengehörigen Komplexe der Atmungskette dar. Die Cytochromoxidase (Komplex IV) besteht aus 7 Polypeptiden, die bisher als Cytochrome c, a, a_3 und ein Cu-Protein bezeichnet wurden, ihre Anordnung in der hier gezeigten Form ist wahrscheinlich.

CoQ	Ubichinon
FeS	Eisen-Schwefelkomplex
FMN	Flavinmononucleotid der NADH-Dehydrogenase
FAD	Flavinadenindinucleotid
GLD	Glycerin-3-phosphatdehydrogenase

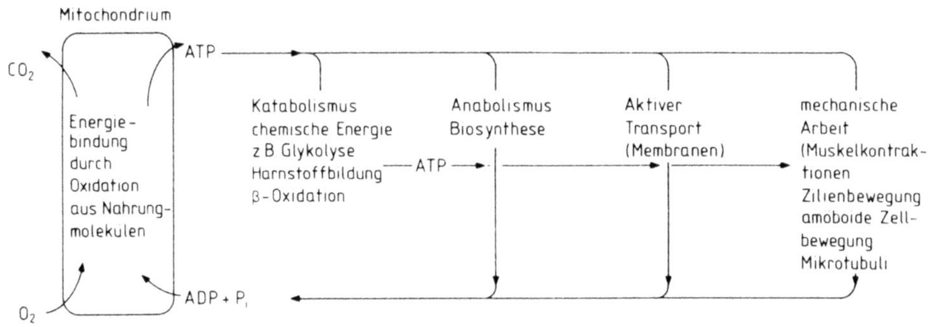

Bild 10

b$_1$) Schema des Kreislaufs von Synthese und Verbrauch von ATP in verschiedenen Funktionskreisen, die Glykolyse liefert mehr ATP als bei den Reaktionen verbraucht wird, stellt also die zweite Quelle neben der Synthese in Mitochondrien dar. Die Regeneration von ATP aus ADP in Muskelzellen über Kreatinphosphat ist nicht berücksichtigt worden.

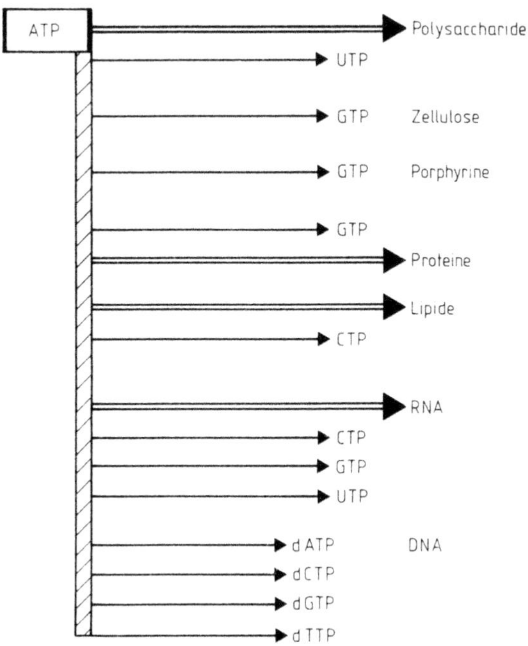

Bild 10

b$_2$) Schema der Verwendung von ATP in Biosynthesen als Energielieferant und als Phosphatdonator für Ribo- bzw. Deoxyribonukleotidtriphosphate

CTP Cytidintriphosphat, GTP Guanosintriphosphat d = deoxy ...
TTP Thymidintriphosphat, UTP Uridintriphosphat

Bevor freier Sauerstoff in der Atmosphäre zur Verfügung stand, (s. S. 3), mußten die vor mehreren Milliarden Jahren lebenden prokaryontischen Zellen primitive und einfache Wege zur Energiegewinnung im Stoffwechsel entwickeln: *anaerobe Fermentationen*. Der Stammbaum, der zu den in der Atmungskette zusammengeschlossenen Molekülen der Zellatmung bei Eukaryonten geführt hat, ist heute gut durchschaubar (Bild 11a). Die Typ-c-Cytochrome sind Proteine, die in kovalenter Bindung eine Hämgruppe tragen und daher charakteristische Absorptionsbanden im sichtbaren Licht zeigen. Die genaue Untersuchung der Cytochrome c bei mehr als 70 Eukaryonten und Prokaryonten hat die Sequenz der Aminosäuren und die Faltungsstruktur (Konformation) der Moleküle aufgeklärt, so daß ein Stammbaum rekonstruiert werden kann. Cytochrom c nimmt in der Atmungskette und bei der Photosynthese als elektronenübertragendes Protein eine zentrale Stellung ein (vgl. Bild 10a). Cytochrom b und c_1 übertragen die Elektronen auf das Cytochrom c, sind also der Cytochrom-c-Reduktase-Komplex; die Cytochrome a und a_3 nehmen dem Cytochrom c die Elektronen wieder ab und übertragen sie auf den terminalen Akzeptor: das Sauerstoffatom. Entscheidend war dann die Erfindung von lichtempfindlichen grünen oder roten Farbstoffen, mit denen man zusätzlich Energie einfangen konnte: Photosynthese. Die Farbstoffmoleküle sind in der Zellmembran eingebaut und stets an bestimmte Proteine gebunden. Der rote Farbstoff der Purpurbakterien ist das Bakteriorhodopsin, welches aus Retinal als dem eigentlichen lichtempfindlichen Molekül und dem Opsin als dem Träger besteht (Bild 11b). Die Absorption von Lichtenergie (Photonen) ändert die Konformation des Retinals, und diese Veränderung erzeugt durch einen nicht näher bekannten Verstärkungsmechanismus einen Protonenstrom durch die Membran nach außen. Dadurch entsteht auf der Innenseite der Membran ein negatives Potentialgefälle, welches von der Atmungskette durch den Elektronentransport übernommen wird. Durch den Rückstrom von Protonen wird ADP in ATP umgesetzt. Photosynthese und Atmungskette hängen also in der Entstehung primär zusammen. Da der Sauerstoff als terminaler Elektronenakzeptor nicht zur Verfügung stand, wurden Schwefelverbindungen (H_2S, Sulfate) zur Oxidation in freien Schwefel benutzt. Diese Form des Stoffwechsels ist bei den Purpurschwefelbakterien und den grünen Schwefelbakterien heute noch vorhanden (Bild 11a). Der Tricarbonsäurezyklus entstand unabhängig, um Glutamat und damit andere Kohlenstoffverbindungen herstellen zu können bzw. um Kohlendioxid durch Umkehrung des Zyklus zu fixieren. Bei der Entstehung der Atmungskette in Verbindung zur Photosynthese wurden auch die ersten Cytochrom-c-Moleküle erfunden. In ihrer heutigen Form, wie sie in den verschiedenen Gruppen der Prokaryonten vorhanden sind, setzen sie sich aus 82 bis 112 Aminosäuren zusammen. Als Protonenträger wird NAD^+ benutzt, das die Protonen aber nicht aus dem Tricarbonsäurezyklus, sondern durch die Reduktion der Schwefelverbindungen erhält. Eine Alternative in der Photosynthese ist durch die Cyanobakterien entwickelt worden, indem sie Wasser spalten und damit Sauerstoff freisetzen. Damit beginnen zwei völlig neue Entwicklungen. Einmal werden sich in Symbiose mit großen sauerstoffabscheidenden Kolonien der Cyanobakterien Lebensformen entwickeln können, die den Sauerstoff zur Energiegewinnung der Atmungskette benutzen und damit die Photosynthese verlieren. Zum zweiten wird allmählich der Sauerstoff in die Atmosphäre entweichen und sich dort allmählich anreichern. Je länger dieser Prozeß dauert, umso unabhängiger wurden die Organismen mit Sauerstoffatmung von der Nachbarschaft der Kulturen der Cyanobakterien; die Trennung der Photosynthese von der Zellatmung wird vollständig. Während sich alle pflanzlichen Organismen auf die Entstehung aus den Cyanobakterien über Grünalgen zurückführen, ist bei den tierischen Organismen der Verlust der Photosynthese und die Verlagerung der Energiegewinnung auf die Zellatmung ganz charakteristisch (Bild 11a).

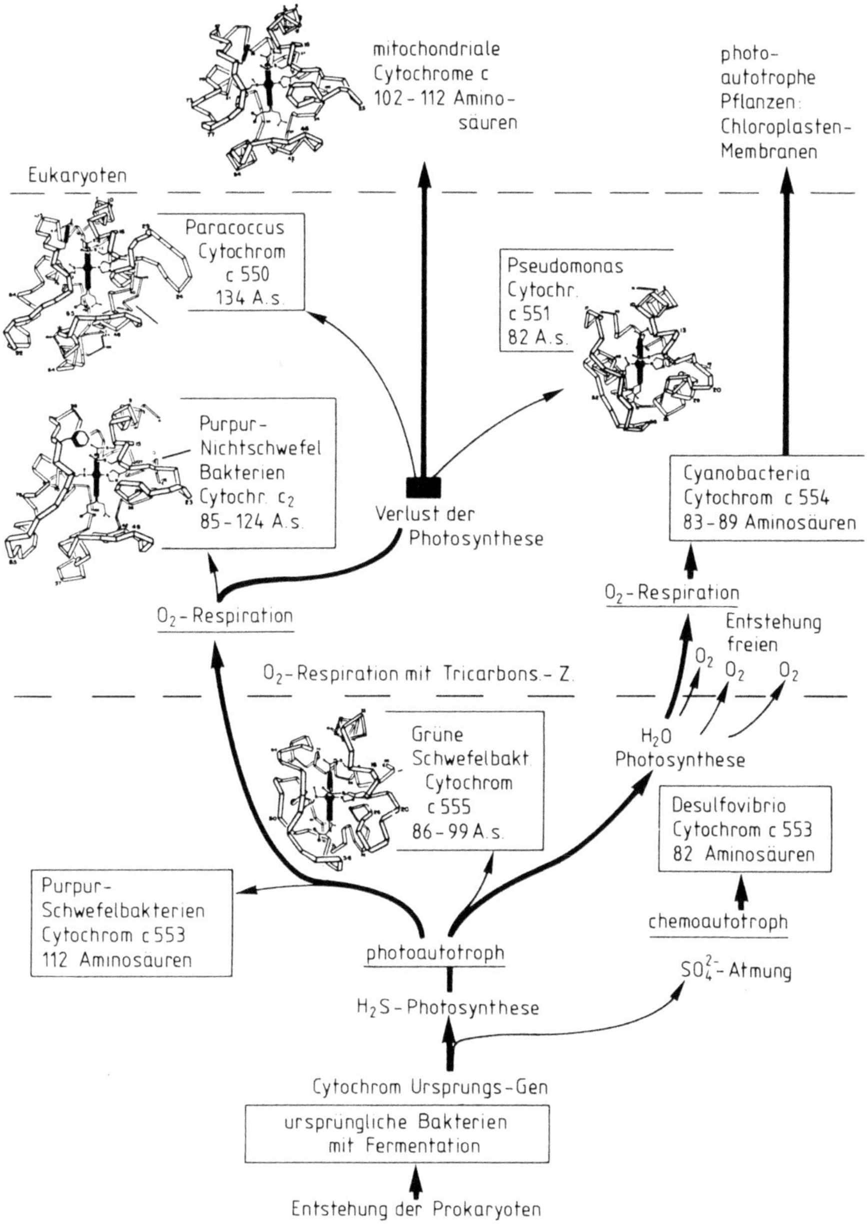

Bild 11

a) Stammbaum der Cytochrome c in Beziehung zur Entstehung eukaryotischer Zellen. Die Proteinstruktur des Enzyms ist durch die Faltbänder dargestellt, wenn sie bekannt ist, die zentrale Hämgruppe wird durch die dunklen Balken symbolisiert. Alle hier aufgeführten Bakterien gehören zur gramnegativen Gruppe (vgl. Tab. 1) (in Anlehnung an Almassy und Dickerson, 1978).

Schema der Lage des Rhodopsins in der Membran von Lichtsinnesorganen (Wirbeltiere); die α-Helices durchsetzen die Membran und tragen auf der Außenseite Oligosaccharide.

R Retinal

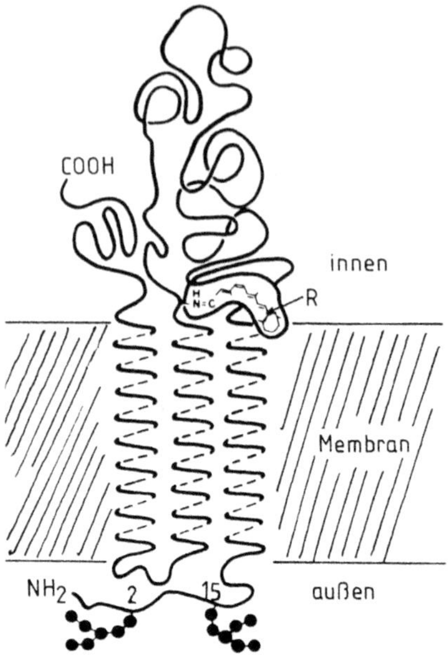

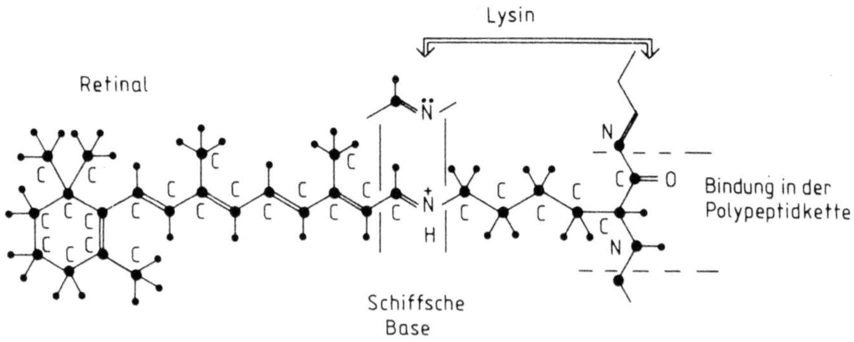

Bild 11

b) Struktur des Bakteriorhodopsin, Retinal ist in der trans-Form an die Aminosäure Lysin des tragenden Proteins (Opsin) gebunden, das ein integriertes Membranprotein ist. Die Bindung erfolgt in Form der Schiffschen Base: NH_2-Gruppe reagiert mit der Aldehydgruppe. Durch Lichtreaktion wird ein Proton abgegeben (oberer Teil der Formel).

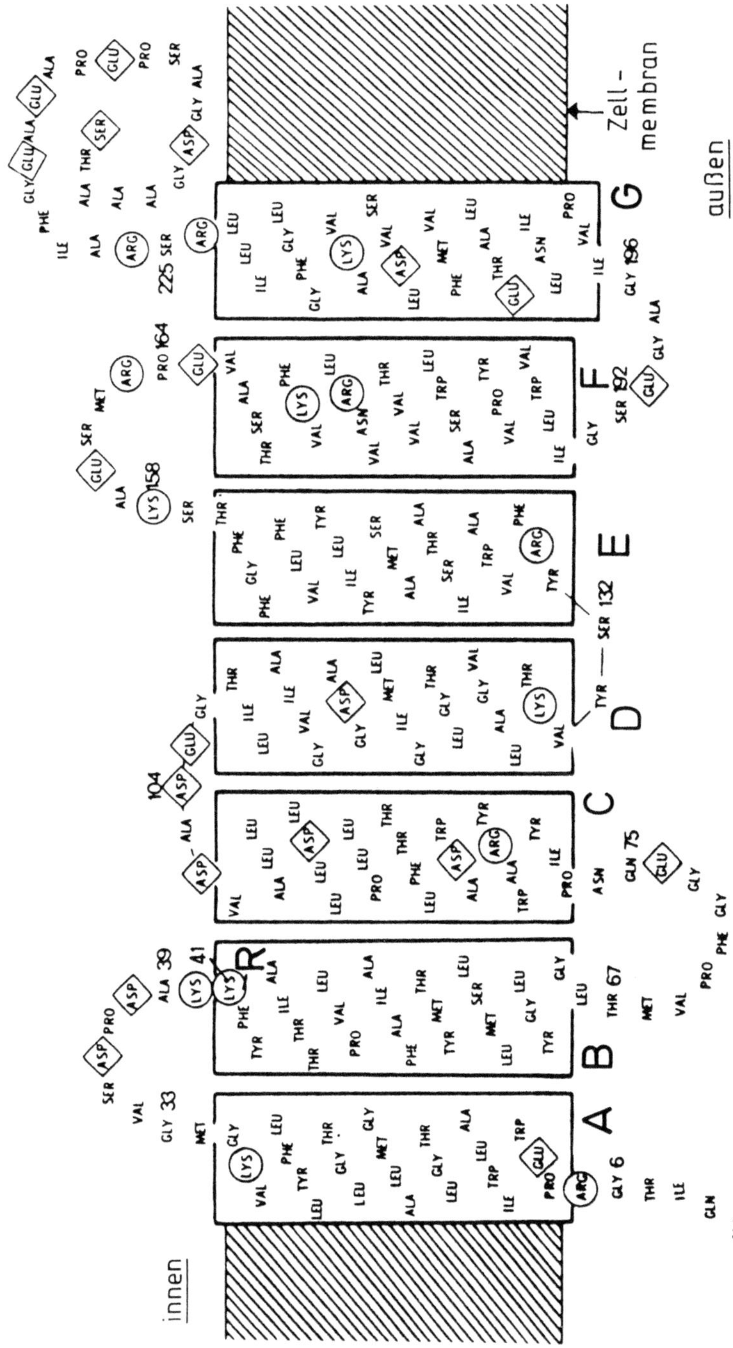

Bild 11
c) Schema der Lage des Proteins zum Bakteriorhodopsin; das Protein ist in 8 α-Helices (A–G) in der Zellmembran eingelagert, am Lysin der Pos. 41 ist das Retinal (R) angefügt (nach Engelmann und Zacai, 1980).

Die erfolgreichen Cytochrom-c-Moleküle bleiben weitgehend in ihren Wirkungszentren unverändert, können aber durch einen zusätzlichen Anbau von Aminosäuren noch vergrößert werden. Der Tricarbonsäurezyklus wird vollständig in die Zellatmung eingebaut und ist damit notwendiger Bestandteil für die Energiegewinnung, hat aber die alte Bedeutung für den Umbau der Substrate nicht verloren. Die Fixierung der Atmungskette in speziellen Membranen geht auf die alte Verknüpfung mit der Photosynthese zurück und kann wegen des komplexen Vorganges der dicht aneinandergelagerten Multienzymkomplexe nicht aufgegeben werden. Zugleich ist die Möglichkeit für einen kurzfristigen anaeroben Stoffwechsel das alte Erbe aus den ursprünglichen Fermentationen. Damit werden die phylogenetischen Zusammenhänge bei der Entstehung der verschiedenen Zellformen (heutige Prokaryonten, chemoorganotrophe Eukaryonten und photoautotrophe Eukaryonten) durch den Vergleich von Molekülstrukturen, Stoffwechselvorgängen und molekularem Aufbau von Zellorganellen mit einiger Sicherheit rekonstruierbar.

2.1.5 Die Sekretion von Zellprodukten: Schalenbildungen

Viele Protozoen synthetisieren Substanzen, die durch Exocytose aus der Zelle ausgeschleust und als extrazelluläre Schalen organisiert werden. Bei den Rhizopoden handelt es sich entweder um temporäre Schalen, sogenannte Zysten, die bei Verschlechterung der Lebensbedingungen (z.B. Nahrungsmangel, Sauerstoffmangel, Absinken der Umgebungstemperatur) in wenigen Stunden aufgebaut und bei Veränderungen der Bedingungen auch wieder verlassen werden können; oder um Dauerschalen, die bei den beschalten Amöben und bei den Foraminiferen als kompliziert aufgebaute Gehäuse artspezifisch ausgeformt sind. Nicht nur spezialisierte Zellen von vielzelligen Tieren (z.B. Drüsenzellen, Nervenzellen, Bindegewebszellen) können also exportable Materialien herstellen und an die Umgebung abscheiden, sondern auch auch die solitäre Zelle kann ihren Stoffwechsel zeitweilig auf die Herstellung solcher Produkte umstellen.

a) Bildung von Zysten. Verschiedene Amöbenformen reagieren auf die Verschlechterung von Umweltbedingungen, die man auch in Kulturbedingungen künstlich erzeugen kann, durch die Bildung einer dickwandigen Zyste, in welche die Zelle eingeschlossen wird (Enzystierung). Zu Beginn des Prozesses stellen die Amöben ihre Bewegung ein und runden sich ab. Bereits während dieser Phase werden Glykoproteine mit Vesikeln aus Dictyosomen an die Zelloberfläche transportiert, wo sie zu den äußeren Wandschichten der Zyste (Exozyste) zusammenfließen. Die Umstellung des Stoffwechsels ist von größter Bedeutung. In der Regel werden die Oligosaccharide für Glykoproteine (z.B. Glykokalix) durch spezielle Glykosyltransferasen im Bereich der Dictyosomen an die Polypeptidketten angehängt. Für die Zystenwandbildung wird ein anderer Weg eingeschlagen, der an die Methode der Zellwandbildung von Bakterien und Cyanobakterien anschließt. In der Amöbe liefert Glykogen unter Beteiligung des Nukleotid-Zuckercarriers Uridindiphosphat (UDP) große Mengen von UDP-D-Glukose. Während der ersten Phase der Zystenwandbildung wird Glukose auf ein phosphatiertes Lipid übertragen, und es entsteht ein Glykolipid. Durch die hydrophoben Eigenschaften sind Glykolipide stets Bestandteile von Membranen, unter anderem auch der Zellmembran bei Amöben. Während der Abscheidung der Proteine werden dann die Oligosaccharidketten als ganze abgelöst und auf die Proteine übertragen, und damit entstehen Glykoproteine. Die beiden Wege zur Synthese eines Glykoproteins werden also getrennt, indem die Herstellung der Polysaccharidketten mit einem Lipid verknüpft sind und unabhängig von der Anwesenheit entsprechender Peptide durchgeführt werden kann. Eine schrittweise Glykolysation im Golgi-Feld ist in diesem

Fall entweder zu spezifisch oder nimmt zuviel Zeit in Anspruch. Es ist nicht bekannt, durch welche Faktoren die Regulation des Stoffwechsels auf diesen alten Prokaryontenweg gebracht wird. Während der zweiten Phase der Enzystierung wird eine Endozyste gebildet, die aus Cellulose-Fibrillen (reines β-1-4-Glukan) besteht. Ausgangsmaterial ist wieder der Abbau von Glykogen und die Überführung der Glukose in UDP-D-Glukose. Das polymerisierte Polysaccharid wird als feine Fibrille auf die Innenwand der Exozyste abgelagert und verstärkt damit die Zystenwand. Die Länge der Fibrillen ist relativ kurz und gleicht den Cellulosefibrillen in primären Zellwänden bei Pflanzen. Die Ausscheidung der Cellulose erlischt, wenn etwa 20 Std. nach Beginn der Enzystierung die Aktivität der Enzyme nachläßt. Während der Zystenbildung wird auch die zelluläre Struktur der Amöbe stark verändert; durch Ausscheidung von Wasser über die kontraktile Vakuole und den Abbau von Cytoplasma und Zellorganellen durch Autolysosomen verkleinert sich das Zellvolumen auf etwa 1/3 des Ausgangswertes. Das Cytoplasma wird sehr dicht und in einen Gelzustand überführt, und auch die Mitochondrien zeigen durch Strukturveränderungen eine weitgehende Inaktivierung. An Reservestoffen ist das Glykogen fast vollständig aufgebraucht, es bleiben vor allem die Lipidtropfen. Die Synthese des Materials für die Wandung ist von einer funktionsfähigen Proteinsynthese abhängig, da sowohl die beteiligten Enzyme als auch die Proteine der Exozyste hergestellt werden müssen. Obwohl die Zysten sehr widerstandsfähig sind, ist die Amöbe keineswegs von der Umgebung vollständig abgeschlossen. An mehreren Stellen sind kleine runde Poren (Ostiolen) bei der Wandbildung ausgeprägt worden, die durch einen Deckel verschlossen werden. Durch die Anwesenheit von Bakterien oder von Gemischen von Aminosäuren wird die Amöbe aktiviert und schlüpft nach Auflösung der Porendeckel aus der Zyste aus. Für die Einleitung und den ungestörten Fortgang des Exzystierens ist eine intakte Proteinsynthese in der Zelle notwendig. Nach dem Verlassen der Hülle nimmt die Amöbe sehr viel Wasser auf und beginnt aufgrund der chemotaktischen Einflüsse mit ihren Kriechbewegungen. Vor allem werden Zysten von solchen Amöben gebildet, die im Boden oder in Flüssigkeiten leben, die von Moosen festgehalten werden. Bei den parasitischen Formen (z.B. Entamoeba) wird die Zystenbildung mit einer Vermehrungsteilung gekoppelt, so daß vier oder acht kleine Amöben in einer Zyste eingeschlossen sind. Das Zystenstadium kann dann einen Wirtswechsel überleben.

b) Echte Schalen. Beschalte Amöben (Thekamöben oder Testacea) und die Foraminiferen können feste Schalen unter Verwendung von Mineralstoffen aufbauen. Im Gegensatz zur Zystenbildung wird die Protozoenzelle zeitlebens von einer solchen selbstgebildeten Schale umschlossen, die durch eine oder mehrere Öffnungen das Ausfließen von Pseudopodien ermöglicht. Die Festigkeit der Schale wird durch die Verwendung von Mineralstoffen (Kieselsäuren, Calciumkarbonat) beim Aufbau der Schale erreicht. Die Mineralbestandteile werden in eine organische Grundsubstanz (Proteine) eingelagert, so daß eine Auflösung durch Ionenaustausch mit dem umgebenden Medium verhindert wird. Die Protozoenzelle muß also bei der Herstellung einer Schale das organische Material synthetisieren und in geordneter Form an der Oberfläche ablagern können, und sie muß die zur Mineralisierung bestimmten Ionen selektiv in membranumschlossenen Räumen anreichern, so daß es dort zur Kristallbildung kommt. Bei einer Reihe von Formen unterbleibt die Mineralisierung, so daß Schalen allein aus Gerüstproteinen entstehen. Im Gegensatz zur Zystenbildung, bei der eine kurzfristige Umstellung im Stoffwechsel erfolgt, muß bei der Schalenbildung der gesamte Herstellungsprozeß bei jeder Zellteilung einer Thekamöbe ablaufen; bei den Foraminiferen wird vor jedem Wachstumsschub die Anlage einer neuen größeren Kammer an das alte Gehäuse angesetzt. Über die Auslösung der Regulationen ist nichts bekannt.

Bevor sich eine beschalte Amöbe in zwei Tochterzellen teilen kann, wird eine neue Schale nach dem Muster der bereits vorhandenen hergestellt. Der eigentliche Prozeß der Gehäusebildung dauert nur kurze Zeit (je nach Art zwischen 10 und 75 Min.). Die Synthese des Schalenmaterials ist bereits während der Wachstumsphase erfolgt. Das organische Material wird in Form der thekagenen Grana von Golgimembranen umschlossen. Die Grana sind kompliziert aufgebaut, lassen mehrere Substanzzonen und eine Polarität ihrer Verteilung erkennen. Bei den Arten mit mineralisiertem Gehäuse werden die Kristalle in sogenannten Idiosomen abgelagert und zeigen ihre typische Struktur, z.B. flache Platten oder gestielte Knöpfchen aus amorpher Kieselsäure (Bild 12). Bei Euglypha z.B., deren Gehäuse bis 50 μm lang sind, werden etwa 130 solcher Blättchen von ca 8 μm Länge für die Schale bereitgestellt. Sind die Kristalle kleiner (z.B. bei Difflugia), so können bis zu 6 000 Idiosomen in der Zelle gespeichert werden. Bei größeren Arten der Gattung Euglypha steigt der Anteil der Blättchen entsprechend der Oberfläche auf etwa 270. Die Zahl der thekagenen Grana kann bei den größeren Formen bei 50 000 liegen. Die Amöben weisen also eine Syntheseleistung und eine Fähigkeit zur Speicherung auf, die durchaus vergleichbar ist mit der von hochspezialisierten Drüsenzellen. Bei Beginn der Schalenbildung werden durch Cytoplasmaströmungen die Granula mit den Schalensubstanzen aus der Speicherzone in die Zellperipherie verfrachtet, und dort entsteht ein großes Pseudopodium. Fast die gesamte Zelle fließt aus der alten Schale aus, und die Schalensubstanzen werden durch Exocytose ausgestoßen. Durch die Bildung lappenförmiger Pseudopodien und Entstehung eines komplizierten Lakunensystems wird das ausfließende Material an der Oberfläche offenbar enzymatisch verändert, denn die thekagenen Granula zeigen Umformungen ihrer Strukturen. Durch die gleichzeitige Exocytose sind mehrere Tausend Grana auf der Oberfläche gleichzeitig vorhanden, stoßen mit ihren Grenzen aneinander und bilden regelmäßige Muster. Sind kristalline Platten vorhanden, so ordnen sie sich in

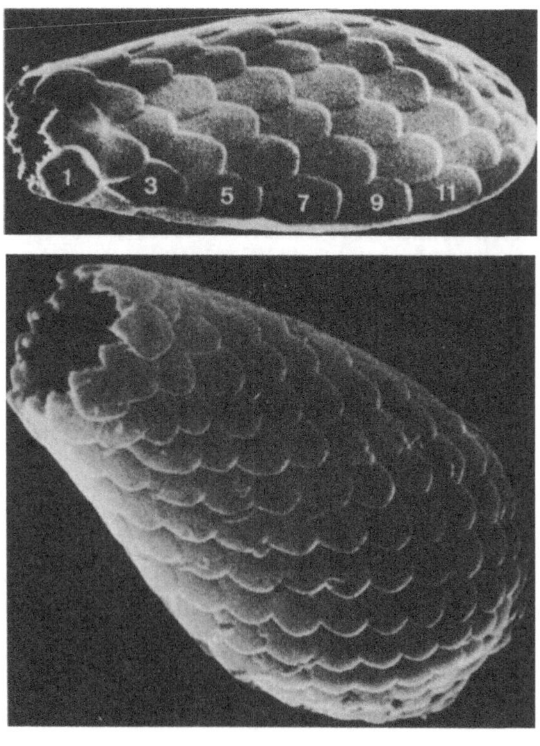

Bild 12
Gehäuse einer schalentragenden Amöbe (Euglypha) mit dachziegelförmigen Plättchen, rasterelektronenmikroskopische Bilder der Aufsicht und Seitenansicht mit Öffnung (aus Netzel, 1970)

regelmäßige Reihen an. Der Volumenverlust wird durch eine sehr starke Flüssigkeitsaufnahme in große Vakuolen ergänzt, also durch eine Umverteilung der Osmoregulation. Das in wenigen Minuten erreichte Volumen übertrifft meist das der Amöbe vor dem Verlassen der alten Schale. Durch Cytoplasmaströmungen wird die Form der neuen Schale mit dem noch plastisch verformbaren Material allmählich erreicht, und Größe und Organisation gleichen fast völlig der alten Schale. Bei den Gehäusen ohne Mineralisierung wird durch eine oder durch mehrere Schichten der umgeformten thekagenen Grana die ausgehärtete Schale aufgebaut, bei den mineralisierten Schalen sind die Kristalle durch das organische Material eingekittet worden. Nach der Fertigstellung des Gehäuses teilt sich die Amöbe, eine der Tochterzellen übernimmt die alte Schale, und die andere zieht sich in die neue Schale zurück. Eine nachträgliche Veränderung oder ein Wachstum der Schale findet nicht statt. Durch erhöhte Aktivität der kontraktilen Vakuolen wird die vorher zusätzlich aufgenommene Flüssigkeit wieder ausgeschleust, so daß das Volumen der Zelle verkleinert wird. Dadurch wird ein erneutes Wachstum innerhalb der Schale ermöglicht.

Bei den Foraminiferen dagegen wird die Schale dem Zellwachstum angepaßt. Bei den meisten Arten wird auf die ursprüngliche Schale nach einem Wachstumsschub eine neue Kammer aufgesetzt, so daß sich eine ganz spezifische Architektur des Gehäuses ergibt. In zahlreichen Entwicklungsschritten wird so Kammer auf Kammer angelegt, so daß die Gehäuse sehr groß werden: der Durchmesser liegt zwischen 2 bis 3 mm und 2 bis 3 cm. Ausgestorbene Formen hatten Schalen mit einem Durchmesser von 5 bis 10 cm. Die Vermehrung der Zellen kann auch nicht mehr durch einfache Zweiteilung mit einer nachfolgenden Schalenbildung vor sich gehen; es sind komplizierte Generationswechsel entstanden, so daß die Schalenbildung mit der Entwicklungsgeschichte der Zelle direkt verbunden ist. Alle Foraminiferen zeigen besondere Fortpflanzungszyklen, die in den Grundzügen mit der geschlechtlichen Fortpflanzung bei vielzelligen Tieren unter Bildung von Gameten übereinstimmen. Im folgenden Abschnitt werden daher Fortpflanzung und Schalenbildung der Foraminiferen diskutiert.

2.1.6 Ontogenie der Zelle: Gametenbildung und Generationswechsel

Die einfachste Form der Vermehrung ist die Zweiteilung einer Zelle. Die entstehenden Tochterzellen sind gleichwertig und gleichförmig. Sind jedoch besondere Zelldifferenzierungen vorhanden, wie z.B. bei den Ciliaten (s. unten), so muß eine der Tochterzellen die Funktionsstrukturen ergänzen. Bei den schalenbildenden Amöben ist die Neubildung einer zweiten Schale die Voraussetzung für eine Teilung. Bei den komplizierten Gehäusen der Foraminiferen ist eine einfache Teilung und Neubildung des Gehäuses nicht mehr möglich. Für die Vermehrung muß daher ein neuer Weg eingeschlagen werden. Die Zellen liefern durch besondere Teilungen eine neue Generation von Zellen mit völlig anderen Eigenschaften: die *Gameten oder Geschlechtszellen*. Aus der vegetativen Wachstumsform entstehen durch differentielle Teilungen zumeist kleine und mit Geißeln bewegliche spezielle Vermehrungszellen. Eine *differentielle Teilung* ist eine Zellteilung, in der die entstehenden Tochterzellen ungleichwertig sind oder bei der die Ausgangszelle andere Eigenschaften hat als die entstehenden Tochterzellen. Gameten können nur dann eine weitere Entwicklung durchmachen, wenn sie mit einem anderen Gameten verschmolzen sind und eine Zygote gebildet haben. Hierbei werden zuerst die Membranen der beiden Gameten in Kontakt kommen, es folgt eine Verschmelzung der Cytoplasmakörper und Vermischung der Zellorganellen, und als letzte Phase findet eine Verschmelzung der beiden Kerne der Gameten (*Karyogamie*) statt. Aus der Zygote entwickelt sich dann eine Zelle mit komplizierten Strukturen, d.h. es setzt eine Zelldifferenzierung ein.

Ohne Verschmelzung sind die einzelnen Gameten nicht entwicklungsfähig. Der gesamte Vorgang wird als *sexuelle Vermehrung (Fortpflanzung)* bezeichnet; die zur Gametenbildung befähigten Zellen der Protozoen sind die *Gamonten*. Diese Verhältnisse sind nicht nur bei den Foraminiferen vorhanden, sondern sie finden sich bei allen Protozoenstämmen, bei denen komplizierte Zellstrukturen ausgebildet worden sind. Diejenigen Zellen, die keine Gameten produzieren können und sich nach einer Wachstumsphase durch Zellteilung vermehren (*vegetative Vermehrung*), sind die *Agamonten*. Die differentiellen Teilungen zur Gametenbildung können sich bei den Gamonten in schneller Folge wiederholen; eine andere Form sind die multiplen Teilungen: mehrere Kernteilungen werden durchgeführt, und erst dann erfolgt eine entsprechende Zerteilung des Cytoplasmas, so daß jeder Zellkern eine kleine Portion mit einem Anteil an Organellen der ursprünglichen Zelle mitbekommt. Diese Phase der Gametenbildung wird als *Gamogonie* bezeichnet. Das Ergebnis ist eine größere Zahl von kleinen Gameten. Auch der Agamont kann multiple Teilungen durchführen, so daß eine größere Anzahl kleiner neuer Zellen entsteht. Diese Form der Vermehrung wird als *Agamogonie* bezeichnet. Damit eine größere Zahl von Gameten oder Tochterzellen bei den Agamonten entstehen können, muß die Mutterzelle eine Wachstumsphase durchlaufen. Bei den Protozoen wird nun die gesamte Phase – Wachstumsform des zukünftigen Gamonten, entwickelter Gamont und die daraus entstandenen Gameten – als eine *Generation* bezeichnet, es ist gewissermaßen die Zellgeneration der sexuellen Differenzierung. Entsprechendes gilt für die Formen des Agamonten. Nicht die Tochterzellen aus einer Teilung von einer Mutterzelle her werden als Generation zusammengefaßt, sondern die sexuelle bzw. vegetative Phase der Differenzierung.

Es besteht also ein wesentlicher Unterschied zu den Verhältnissen der sexuellen Fortpflanzung bei vielzelligen Organismen. Der Unterschied in der Bezeichnung kommt schon daher, daß bei den Protozoen aus der Zygote kein neuer Organismus entsteht, sondern nur eine einzige größere Zelle mit Differenzierungsmöglichkeiten. In der Regel stehen die Generationen in einem festen Entwicklungszyklus in Abhängigkeit voneinander, so daß eine Agamogonie auf eine Gamogonie folgt. Der Wechsel der Generationen wird als *Generationswechsel (Metagenese)* bezeichnet. Ganz allgemein ist in einem Generationswechsel die Folge von vegetativer und sexueller Fortpflanzung gegeben.

Zwei wichtige Tatsachen dürfen nicht übersehen werden. Die Protozoen haben eine durch viele Hundert Millionen Jahre fortgeschrittene Evolution hinter sich, also auch in ihrer sexuellen Fortpflanzung sehr zahlreiche einzelne Besonderheiten und Anpassungen entwickelt. Fortpflanzungszyklen bei Protozoen pflegen sehr kompliziert zu sein. Die extreme Entwicklung stellt die Reduktion der Gametenbildung dar, indem der Gamont seine physiologischen Eigenschaften umstellt und zum Gameten selbst wird; es werden keine Gameten mehr gebildet, sondern der Zellkörper selbst bekommt die Eigenschaft, mit einem anderen Gamonten zu verschmelzen (*Gamontogamie*, s. Sporozoa). Ein wesentlicher Unterschied zwischen der vegetativen Form des Agamonten und dem Gamonten bzw. dem Gameten ist die Möglichkeit, durch Kontakte der Zellmembran zu einem Zusammenfließen dieser Membranen zu gelangen und das Cytoplasma in der Zygote zu verschmelzen. Die vegetativen Formen der Protozoen werden, wenn sich ihre Zelloberflächen berühren, niemals zu einer Verschmelzung kommen. Darum trifft auch die Bezeichnung der Generation für diese besonderen Gruppen von Zelltypen tatsächlich den Kernpunkt der physiologischen Umformung. Die zweite wichtige Tatsache betrifft den Unterschied zu den vielzelligen Organismen. Bei diesen führt das Verschmelzungsprodukt der Gameten, also die Zygote, zur Entwicklung eines Embryo, und dieser wird eventuell zu besonderen Jugendstadien, den Larven. Dabei wird ein Zellstamm für die spätere Bildung der Geschlechtszellen gesondert behandelt und frühzeitig determiniert: die *Urgeschlechtszellen (Gonocyten)*. Sie ergeben eine Population von *Stammzellen* im vielzelligen Organismus, die wiederum durch differentielle Teilungen die Gameten liefern. Die Gonocyten und Stammzellen übernehmen also die Rolle der Gamonten bei den Protozoen; die übrigen aus der Embryonalentwicklung stammenden Zellen des Körpers (Soma) sind nicht mehr in der Lage, Gameten zu bilden. Damit ergibt sich eine Trennung in der sogenannten *Keimbahn* der vielzelligen tierischen Organismen, wobei im übertragenen Sinne die Zellen des Soma dem Agamonten der Protozoen entsprechen würde. Auch hier kann durch Zellteilungen (vegetative Vermehrung) in den verschiedensten Formen z.B. bei Knospenbildung, Bildung von Dauerformen, Sprossung u.a. ein neuer Organismus gebildet werden, der eine eigene Generation darstellt. Es wird eine Generationenfolge entstehen, die entweder durch vegetative Vermehrung oder durch die Embryonalentwicklung einer Zygote, also voraufgegangene sexuelle Fortpflanzung, entstanden sein kann. Darum ist auch bei den vielzelligen Organismen ein Generationswechsel möglich und verwirklicht. Während der Gamont der Protozoen durch die Teilung in Gameten aufgezehrt wird und damit am Ende des Prozesses nicht mehr existiert, werden bei den vielzelligen Organismen die Gameten über lange Zeit hin produziert, wobei der Organismus als Individuum weiterbesteht.

Jede Protozoenzelle und jeder Organismus am Beginn seiner Entwicklung enthält zumindest einen vollständigen Satz von Erbinformationen (Genen). Sie sind in der Form der Struktur der DNA (Desoxyribonukleinsäure) in den Chromosomen des Zellkerns und in einer kleinen Anzahl in der DNA der Mitochondrien – bei pflanzlichen Organismen auch der Plastiden – gespeichert. Bei der Verschmelzung von Gameten zur Zygote und der nachfolgenden *Karyogamie* werden also die *Genbestände der beiden Gametenkerne* vereinigt. Würde sich dieser Vorgang mehrfach wiederholen, so käme es zu einer Vermehrung des Bestandes an Genen in Form einer geometrischen Reihe: Vom einfachen Bestand auf den doppelten, auf vier, acht, sechzehn, zweiunddreißig usw. Der einfache vollständige Genbestand (Genom) wird als *haploid* bezeichnet, wobei man sich auf die Zahl der Chromosomen und der darauf fixierten Genorte beschränkt. Die Generation mit dem haploiden Chromosomensatz ist die *Haplophase*. Nach der Vereinigung zweier haploider Gameten entsteht der doppelte Chromosomensatz (*diploid*) in der Zygote; Zellen mit dem diploiden Satz an Genen in den Zellkernen stellen die *Diplophase* dar. Bei dem Wechsel zwischen der vegetativen und sexuellen Generation kann also auch ein Wechsel hinsichtlich der Zahl des Genbestandes vorliegen (*heterophasischer Generationswechsel*), indem eine Generation diploid und die andere Generation haploid ist. Damit es jeweils nicht zu einer Verdoppelung des Genbestandes kommt, mußte notwendigerweise ein neuer Verteilungsmechanismus für die im Zellkern vorhandenen Chromosomen eingerichtet werden, mit dem Ziel, wieder den einfachen Genbestand vollständig zu erreichen und zu erhalten. Dieser Mechanismus liegt in den *Reifeteilungen* vor (*Meiose*), die als eine besondere Form der Kernteilung durch zwei aufeinanderfolgende Phasen die Reduktion der Chromosomenzahl vom diploiden auf den haploiden Zustand erreicht. Der Ablauf der Meiose hat die Funktion, in der ersten Reifeteilung durch eine Paarung der einander entsprechenden Chromosomen (Homologe) eine nachfolgende und exakte Trennung dieser Chromosomen vorzunehmen (*Reduktionsteilung*). Dadurch ist der Genbestand wieder auf den haploiden Zustand im Zellkern reduziert worden. In einer unmittelbar anschließenden Kernteilung werden wie in einer normalen Kernteilung die beiden bereits vorher in einer S-Phase verdoppelten Chromosomen-Spalthälften (*Chromatiden*) auf zwei Tochterkerne verteilt (*Äquationsteilung*), so daß im Endergebnis vier haploide Zellen entstehen.

Erste Reifeteilung (Reduktionsteilung) und zweite Reifeteilung (Äquationsteilung) sind immer unauflöslich miteinander gekoppelt. Bei den vielzelligen Organismen sind durch die Sonderung der Gonocyten die Reifeteilungen immer gleichbedeutend mit der Entstehung der Gameten. Die Protozoen dagegen zeigen die ursprünglicheren Zustände, die differentielle Teilung zur Gametenbildung selbst muß keineswegs mit dem Ablauf der Meiose gekoppelt sein. Drei Möglichkeiten sind bei den Protozoen verwirklicht:

1. Die Zelle enthält einen diploiden Zellkern (z. B. Ciliaten), und die Meiose wird bei den Teilungen für die Gametenbildung durchgeführt bzw. bei den Kernteilungen für die Konjugation bei den Ciliaten. Der Zeitpunkt der Meiose entspricht also dem bei den vielzelligen Organismen; die Reifeteilung wird als *gametische Meiose* bezeichnet.
2. Bei zahlreichen Formen der Protozoen sind die beiden ersten Teilungen, die der Zygotenbildung folgen, als Meiose ausgebildet (*zygotische Meiose*). Die entstehende Generation von Protozoen ist daher haploid.
3. Eine dritte Möglichkeit ist bei den Foraminiferen entwickelt: die beiden letzten Teilungen zwischen dem Umschwung der Generationen, also die beiden letzten vegetativen Teilungen des Agamonten, sind als Meiose ausgebildet, so daß die reduzierte Chromosomenzahl bereits in den Gamonten vorhanden ist (*intermediäre Meiose*). In diesem Falle sind die Agamonten und ihre Teilungsprodukte diploid, die Gamonten und die Gameten haploid.

Bild 13 gibt in einem Schema die Verteilungsmöglichkeiten der Kernphasen wieder.

Die Vorgänge bei den Reifeteilungen verlaufen bei allen Eukaryonten sehr ähnlich und führen im Grundsatz zu den gleichen Ergebnissen. Sieht man von der besonderen Organisation der meisten Protozoenzellen ab, die keine Entsprechungen bei den Gonocyten und ihren Teilungsprodukten der vielzelligen Organismen haben, so wird klar, daß die Erfindung der Reifeteilungen schon auf der einzelligen Stufe parallel zur Entwicklung von Gameten erfolgt sein muß. Das Überwiegen der sexuellen Fortpflanzung bei allen Eukaryonten muß das Resultat besonderer Vorteile für eine Durchsetzung in der Evolution gewesen sein.

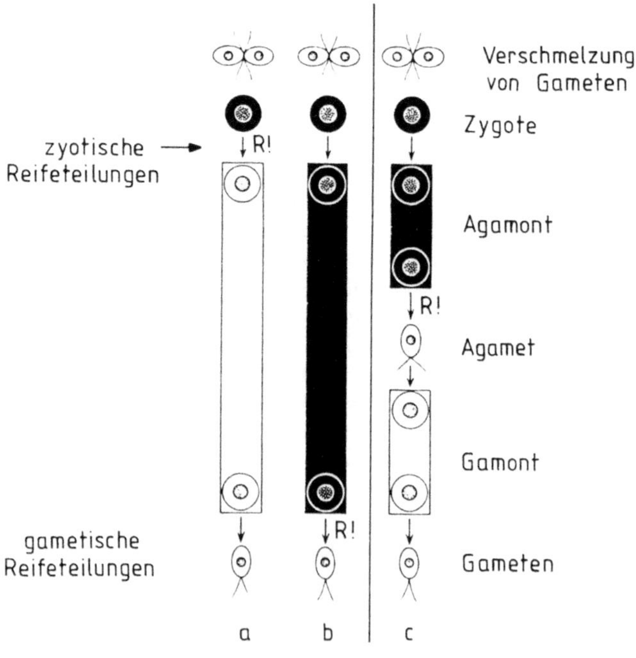

Bild 13
Schema der Kernphasen in Lebenszyklen von Protozoen
a) Haplonten mit haploidem Chromosomensatz, nur die Zygote ist diploid
b) Diplonten mit diploidem Chromosomensatz
c) Generationswechsel (heterophasisch)
R = Zeitpunkt der Reifeteilungen
schwarz = Diplophase
weiß = Haplophase
(verändert nach Grell, 1956)

Worin können solche Vorteile liegen? Jede Verschmelzung von Gameten und die Weiterentwicklung aus der Zygote bedeuten einen völligen Neubeginn und einen neuen Aufbau von Funktionsstrukturen in der Zelle und des Enzymbestandes für den Stoffwechsel. Für die vielzelligen Organismen ergibt sich die Möglichkeit einer großen Anzahl von Nachkommen, weil ein Individuum während seines Lebens eine sehr große Zahl an Geschlechtszellen produzieren kann. Vergleichbar hohe Zahlen an Nachkommen lassen sich durch vegetative Vermehrungen von einem Individuum nicht erzielen. Sind Veränderungen im Genbestand eingetreten (Mutationen), so können sie mit Neubeginn der Entwicklung durch die Zygote voll wirksam werden. Darüberhinaus werden sie nach den Wahrscheinlichkeitsregeln der Mendelschen Gesetze über die vom Individuum gebildeten Gameten an die Nachkommen weitergegeben. So können Populationen von Organismen der gleichen Art entstehen, deren Individuen sich in ihrem Genbestand unterscheiden. Da die Bedingungen der Umwelt als Selektionsfaktoren wirken können, hat diese Art die Möglichkeit, sich auf Veränderungen der Umgebung einzustellen, allmähliche Veränderungen der Umgebung durch bestimmte Individuen zu überleben oder sogar neue ökologische Bereiche für sich zu erschließen. Mit anderen Worten, die Heterogenität des Genbestandes einer Art wirkt einem möglichen Aussterben entgegen und führt schließlich zu einer sogenannten *Diversifikation*, d.h. der Entstehung neuer Arten. Stammen die Gameten, wie es bei vielzelligen Organismen die Regel ist, von zwei verschiedenen Individuen (Männchen bzw. Weibchen), so wird dieser Vorgang durch die Mischung zweier Genbestände noch unterstützt. Bei der vegetativen Vermehrung geht ein neuer Organismus fast ausnahmslos aus einer ganzen Gruppe von Zellen hervor, so daß eine Mutation in einer Zelle nachher nur eine untergeordnete Rolle spielen kann. Der Organismus wird ein *Mosaik* hinsichtlich des Genbestandes darstellen, und beim Übergang zu einer Phase der sexuellen Fortpflanzung muß die Mutation keineswegs in die Geschlechtszellen eingehen. Der einheitliche Neubeginn mit neuen Faktoren fällt also fort. Bei Andauern der vegetativen Vermehrung kann die Art keine notwendige Diversifikation vornehmen, um veränderte Umweltverhältnisse zu überleben.

Nur die sehr kleinen Prokaryonten kommen ohne weit verbreitete Sexualvorgänge aus. Ihre geringe Größe bedeutet geringes Wachstum bis zur nächsten Zellteilung und damit eine außerordentlich kurze Generationszeit (z.B. bei vielen Bakterien unter optimalen Bedingungen ca. 30 Minuten). Dadurch werden zahlenmäßig außerordentlich große Populationen mit extremer Populationsdichte erzeugt. Außerdem ist durch die weltweite Verbreitung die Gefahr des Aussterbens durch eine weiträumige Veränderung der Umweltbedingungen nicht gegeben. Dennoch haben sich auch bei den Prokaryonten Austauschvorgänge für das genetische Material (genetische Rekombination) entwickelt, die ohne Bildung von Gametenformen vor sich geht. In der Form der Resistenzfaktoren gegen Antibiotika oder andere Stoffe ist der Selektionsvorteil des Austausches von Genmaterial direkt greifbar. Für die Protozoen dagegen gelten andere Bedingungen, sie sind zumeist in engen Grenzen an bestimmte ökologische Verhältnisse angepaßt und nur dort lebensfähig. Bei der Entstehung einer Mutation wird die Erbänderung aber unterschiedlos bei vegetativer wie bei sexueller Fortpflanzung auf die Tochterzellen weitergegeben. Die Einschränkungen, die sich für die vegetative Vermehrung bei den vielzelligen Organismen ergeben, haben hier also keine Bedeutung. Die außerordentlich vielfältigen und meist in den Entwicklungszyklus und der Lebensweise eingepaßten Fortpflanzungsverhältnisse der Protozoen lassen aber vermuten, daß der ursprüngliche Zustand die Erzeugung zahlreicher kleiner Gameten aus einer Protozoenzelle und die Kombination von Gameten, die aus zwei verschiedenen Zellen stammten, eine genetische Rekombination ermöglichen. Nur unter diesen Bedingungen ist zu verstehen, daß auch bei den Protozoen die Diversifikation und damit das Überleben unter veränderten Umweltbedingungen verwirklicht ist.

Der Neubeginn der Zellentwicklung aus der Zygote und damit der neue Aufbau der Zellstrukturen muß einen wichtigen Faktor für das Überleben darstellen, da bei der vegetativen Zweiteilung die vorhandenen Strukturen nur ergänzt und damit nur teilweise bei Vorliegen einer Mutation nach der neuen Geninformation aufgebaut werden. Denn Auswirkungen der Mutation in der Zelle würden sich durch einen Verdrängungsmechanismus erst allmählich durchsetzen können.

Bei Protozoen sind verhältnismäßig wenig Gene analysiert worden, bei wenigen Flagellaten und Ciliaten sind zahlreiche Stämme mit Mutationen bekannt. Für die Rhizopodien sind nur bei einer Bodenamöbe Mutationen entdeckt worden, von denen drei die Resistenz gegen bestimmte Antibiotika (Erythromycin, Oligomycin und Chloramphenicol) betreffen. Diese Faktoren wirken über die Mitochondrien, indem die Proteinsynthese in den Mitochondrien gehemmt wird bzw. durch Oligomycin der OSF-Teil der ATP-Synthetasekörperchen (siehe Bild 10) bei der Synthese von ATP behindert wird. Für die im Boden lebenden Amöben müssen diese Resistenzfaktoren von großer Bedeutung sein, da sie in Konkurrenz mit den Mikroorganismen treten, welche entsprechende Antibiotika herstellen und an die Umgebung ausscheiden. Bis heute sind aber keine sexuellen Fortpflanzungsweisen bei Amöben bekanntgeworden; die Beurteilung der Bedeutung der sexuellen Fortpflanzung bei Einzellern ist daher sehr schwierig.

An zwei Beispielen sollen Generationswechsel und Fortpflanzungszyklus bei Foraminiferen dargestellt werden.

A. *Myxotheca* (Bild 14)

Diese Form hat ein einfaches, nicht gekammertes Gehäuse (monothalam), dessen Wandung aus mehreren differenzierten Schichten von feinen Fibrillen besteht, die als organisches Material im endoplasmatischen Reticulum synthetisiert und über die Golgi-Felder durch Exocytose ausgeschleust werden. Es erfolgt keine Verhärtung durch eine Einlagerung von Mineralstoffen, so daß die Schale plastisch bleibt und beim Wachstum der Zelle während des Fortpflanzungszyklus in der Ausdehnung und in der Dicke verändert wird. Durch eine Öffnung tritt Cytoplasma in Form feiner Pseudopodien nach außen, so daß Algen und Bakterien eingefangen und phagocytiert werden können.

Der Fortpflanzungszyklus bei den Foraminiferen hat die einfachste Form und zeigt die Probleme der Zelldifferenzierung und des physiologischen Wechsels deutlich auf. Die größte Form mit 1 mm Durchmesser ist der erwachsene Gamont (Bild 14/1), also die Zellgeneration, die allein die Gameten durch Teilung erzeugen kann. Der Gamont ist nicht in der Lage, durch Zweiteilung Tochterzellen zu bilden und unter Synthese einer neuen Schale ähnlich wie bei den Thekamöben neue Gamonten zu bilden. Die Zelle besitzt einen Kern mit einem einfachen Chromosomensatz, ist also haploid. Die Pseudopodien können bis zu mehreren Zentimetern in die Umgebung ausgestreckt werden und sind durch die Cytoplasmaströmung veränderlich. Während der Phase der Nahrungsaufnahme werden im Cytoplasma sehr zahlreiche Lipidtropfen als Reservestoffe eingelagert. Anscheinend in Abhängigkeit von der Zellgröße setzen dann im Gamonten aufeinanderfolgende Kernteilungen ein, so daß mehrere Hundert Zellkerne entstehen. Die Kernteilungsspindeln werden in der für Protozoen typischen Weise im Zellkern ausgebildet, und es kommt nicht zur Auflösung der Kernhülle. Die Teilungspole werden durch je ein Paar Centriole festgelegt. Während dieser mehrere Stunden dauernden Phase müssen also Hunderte von Centriolen neu gebildet werden. Das außerhalb des Gehäuses liegende Cytoplasma ist zurückgezogen und Flüssigkeits- und Nahrungsvakuolen sind eingeschmolzen worden. Die Bildung der Gameten wird dadurch erreicht, daß überall zwischen den Zellkernen größere Vesikel gebildet werden, in welche die aus der letzten Kernteilung verbliebenen

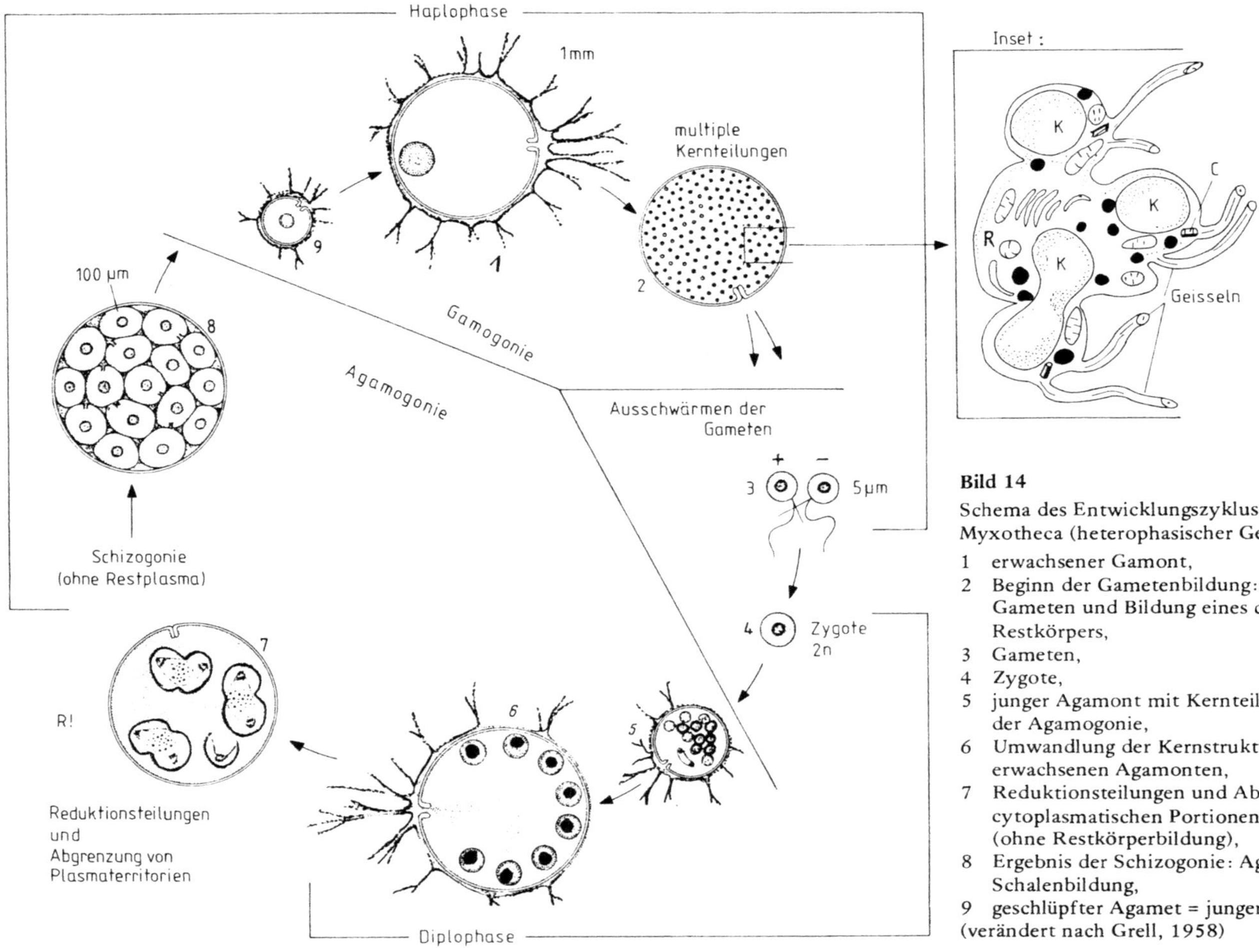

Bild 14

Schema des Entwicklungszyklus der Foraminifere Myxotheca (heterophasischer Generationswechsel)

1 erwachsener Gamont,
2 Beginn der Gametenbildung: Abgrenzung der Gameten und Bildung eines cytoplasmatischen Restkörpers,
3 Gameten,
4 Zygote,
5 junger Agamont mit Kernteilungen, erste Phase der Agamogonie,
6 Umwandlung der Kernstrukturen im vielkernigen erwachsenen Agamonten,
7 Reduktionsteilungen und Abgrenzung von cytoplasmatischen Portionen = Schizogonie (ohne Restkörperbildung),
8 Ergebnis der Schizogonie: Agameten mit Schalenbildung,
9 geschlüpfter Agamet = junger Gamont

(verändert nach Grell, 1958)

Centriole als Basalkörper die Bildung von zwei Geißeln induzieren. Durch Ausweitung der Membran der Vakuolen grenzen sich Partien des Cytoplasmas um die Zellkerne ab, sie enthalten dabei zahlreiche Lipidtropfen als Reservestoffe. Schließlich ist der größte Teil des Plasmas durch die Zerklüftung in mehr als 1 000 Gameten aufgeteilt worden, und nur ein kleinerer Teil bleibt ohne Kerne und ungeteilt als Restkörper zurück. Die Gameten haben also zwei Geißeln, einen Durchmesser von 4–6 μm und sind morphologisch alle gleichförmig gestaltet. Von anderen Foraminiferen sind Gameten mit drei Geißeln bekannt, wieder andere haben keine Geißeln und sind amöboid beweglich. Bei Hastigerina wird die Zahl der Gameten auf mehr als 100 000 geschätzt, sie sind 3 bis 4 μm im Durchmesser groß. Die Gameten verlassen durch die röhrenförmige Öffnung das Gehäuse und schwimmen im Wasser umher, bis sie aufeinander treffen. Der Gamont existiert also nicht mehr. Normalerweise verschmelzen Gameten von zwei verschiedenen Gamonten miteinander, aber bei Myxotheca können auch die Gameten eines Gamonten verschmelzen. Aus Filmaufnahmen bei anderen Foraminiferen kann man analysieren, daß nur Gameten aus verschiedenen Gamonten fusionieren können. Man bezeichnet sie daher als +Gameten und −Gamenten. Bei Myxotheca werden die beiden Typen der Gameten anscheinend durch eine differentielle Kernteilung bestimmt. Auch wenn keine morphologischen oder leicht nachzuweisenden Kennzeichen einen Unterschied zwischen den beiden Gametenformen erkennen lassen, muß bereits eine sexuelle Differenzierung erfolgt sein. Diese drückt sich zuerst durch das Verhalten der Zellmembran aus. Je zwei Gameten verschmelzen an einer bestimmten Stelle mit den Zellmembranen, weitere Gameten können an dieser Doppelzelle dann nicht mehr angelagert werden. Die Zellmembran löst sich unter Ausbildung von Vesikeln zwischen den beiden Gameten auf, und es kommt zu einer vollständigen Verschmelzung des Cytoplasmas, der die Kernverschmelzung (Karyogamie) folgt. Die Gameten enthalten neben den Lipidtropfen alle Zellorganellen (auch Golgi-Felder, endoplasmatisches Reticulum). Aus der vollständigen Fusion entsteht die Zygote, deren Kern nun den zweifachen Chromosomensatz besitzt, also diploid ist. Die Geißeln werden eingeschmolzen, und es beginnt die Bildung einer dünnen, plastischen Gehäuseschale. Es werden Pseudopodien ausgestreckt und ein langsames Wachstum beginnt: der junge Agamont ist entstanden. Mehrere Kernteilungen liefern zentral gelegene Zellkerne, und unter Nahrungsaufnahme wird weiteres Zellwachstum durchgeführt. Der erwachsene Agamont hat etwa einen Durchmesser von 1/2 mm und unterscheidet sich außerdem durch seine Vielkernigkeit vom Gamonten. Alle Kerne sind aber gleichwertig geblieben, der Agamont ist homokaryotisch. Nach Erreichen der endgültigen Größe werden die Zellkerne in die Meiose eintreten, d.h. erst jetzt werden durch die beiden aufeinanderfolgenden Reifeteilungen die Kerne wieder haploid (Bild 14/8). Die Zahl der Kerne wird vervierfacht. Bei diesem Vorgang hat, ähnlich wie bei der Gametenbildung, die Zelle ihre Pseudopodien und das Cytoplasma in das Gehäuse zurückgezogen. Dann wird durch Neubildung von Zellmembran eine Zerklüftung in Cytoplasmaportionen vorgenommen, in denen jeweils einer der haploiden Kerne enthalten ist. Ein Restplasma bleibt nicht übrig. Nach der Meiose ist also eine Vielteilung des Agameten erfolgt: die *Schizogonie*. Da es sich bei den neuen Zellen nicht um Gameten handelt, stellen sie *Agameten* dar; der Vorgang ihrer Bildung ist die *Agamogonie*. Die neuen Zellen umgeben sich sofort mit einer dünnen Schale in der typischen Struktur und haben keine Geißeln. Ihr Durchmesser liegt bei 100 bis 120 μm. Sie verlassen mittels der Pseudopodien die alte Schale und stellen die neue Gamontengeneration dar. Der Entwicklungsbeginn der beiden Generationen unterscheidet sich also erheblich: Der Agamont entsteht als diploide Zygote und wächst unter Kernteilung. Der junge Gamont ist wesentlich größer, bleibt einkernig und wächst allmählich unter Nahrungsaufnahme zum großen Gamonten heran.

B. Glabratella (Bild 15)

Bei den vielkammrigen Foraminiferen (polythamale Formen) wird durch die Mineralisierung der Schalen und die beim Zellwachstum notwendige Neubildung von Kammern der Fortpflanzungszyklus komplizierter. Außerdem können sich die Gehäuse der verschiedenen Generationen morphologisch unterscheiden. Bei Glabratella ist der Gamont (Bild 15/1) mit einem Gehäusedurchmesser von etwa 150 μm größer als der Agamont, der auch weniger Kammern bildet. Der Gamont hat nur einen haploiden Kern. Zur Vorbereitung der Gametenbildung muß eine Paarung von Gamonten stattfinden, d.h., je zwei Protozoen kriechen aufeinander zu und legen sich mit dem freien Cytoplasma auf der Unterseite der Gehäuse aneinander. Sie sezernieren eine feine organische Hülle, so daß der Raum der gepaarten Gamonten vom umgebenden Wasser abgeschlossen ist. Die dann einsetzende Entwicklung verläuft in den beiden Zellen synchron: Zunächst werden die Wände der Gehäusekammern aufgelöst und eine Reihe schnell aufeinanderfolgender Kernteilungen folgt. Es werden etwa 100 bis 150 Kerne gebildet. Durch die Aufteilung des Cytoplasmas (siehe oben) werden etwa 100 bis 150 Gameten aus jeder Protozoenzelle hergestellt, sie besitzen drei Geißeln. Es ist wahrscheinlich, daß entsprechend den Befunden bei anderen Foraminiferen die beiden Gamonten einen +Typ und einen −Typ darstellen, also eine physiologische sexuelle Differenzierung erfolgt ist. Ein Teil der entstandenen Gameten fusioniert innerhalb des abgeschlossenen Raumes zu Zygoten. Übriggebliebene Gameten werden von den Zygoten phagocytiert. Der diploide Zygotenkern teilt sich mehrfach, so daß bis 24 Kerne entstehen. Damit ist ein junger Agamont gebildet worden, der sofort eine Schale bildet: die erste Kammer wird als Proloculus bezeichnet. Da bei vielen Foraminiferen mit einem vergleichbaren Entwicklungszyklus die erste Kammer der Zygote kleiner ist als die erste Kammer des Gamonten (siehe unten), wurde die Generation mit der kleineren Kammer als die mikrosphärische, die Generation mit der größeren Anfangskammer die makrosphärische (= megalosphärische) Generation genannt. Das Material zur Wandbildung wird von den Zygoten aus dem aufgelösten Kammerwandmaterial des Gamonten genommen. Nach der Bildung einer zweiten Kammer sprengen die herumkriechenden jungen Agamonten die umgebende Hülle und schlüpfen ins Wasser aus. Mit der beginnenden Wachstumsphase differenzieren sich die Zellkerne in zwei verschiedene Typen: zuerst einer und später weitere Kerne werden größer und zeigen Nukleolen, es sind die somatischen Kerne für den Zellstoffwechsel. Die übrigen Zellkerne bleiben in einem kondensierten Zustand ähnlich wie Spermienkerne; es sind die generativen Kerne. Die Ursachen für die Differenzierung der Zellkerne in zwei Funktionstypen sind nicht bekannt. Arten mit zwei Kernformen sind heterokaryotisch. Während des Wachstums werden einzelne Kerne von einem Zustand in den anderen wechseln. Hat der wachsende Agamont seine verschiedenen neuen Kammern gebildet und die endgültige Größe erreicht, so werden die generativen Kerne meiotische Teilungen durchführen. Die somatischen Kerne zerfallen und verschwinden. Um die zahlreichen neu entstandenen haploiden Kerne grenzen sich Plasmaportionen ab, es kommt zur Schalenbildung der ersten Kammer: junge Gamonten sind durch diese Agamogonie, d.h. Schizogonie des Agamonten entstanden. Die jungen Gamonten wachsen unter Neubildung von Kammern des Gehäuses in der typischen Weise. Bei einigen großen (2 mm ϕ) Foraminiferen können Gamonten das Gehäuse verlassen und multiple Teilungen außerhalb der Schale vornehmen; es entstehen junge Gamonten, die eine neue Schale aufbauen. In diesem Fall unterscheidet sich die erste Kammer (Proloculus) nicht in den beiden Generationen. Unter natürlichen Bedingungen überwiegen in einer Population die Gamonten.

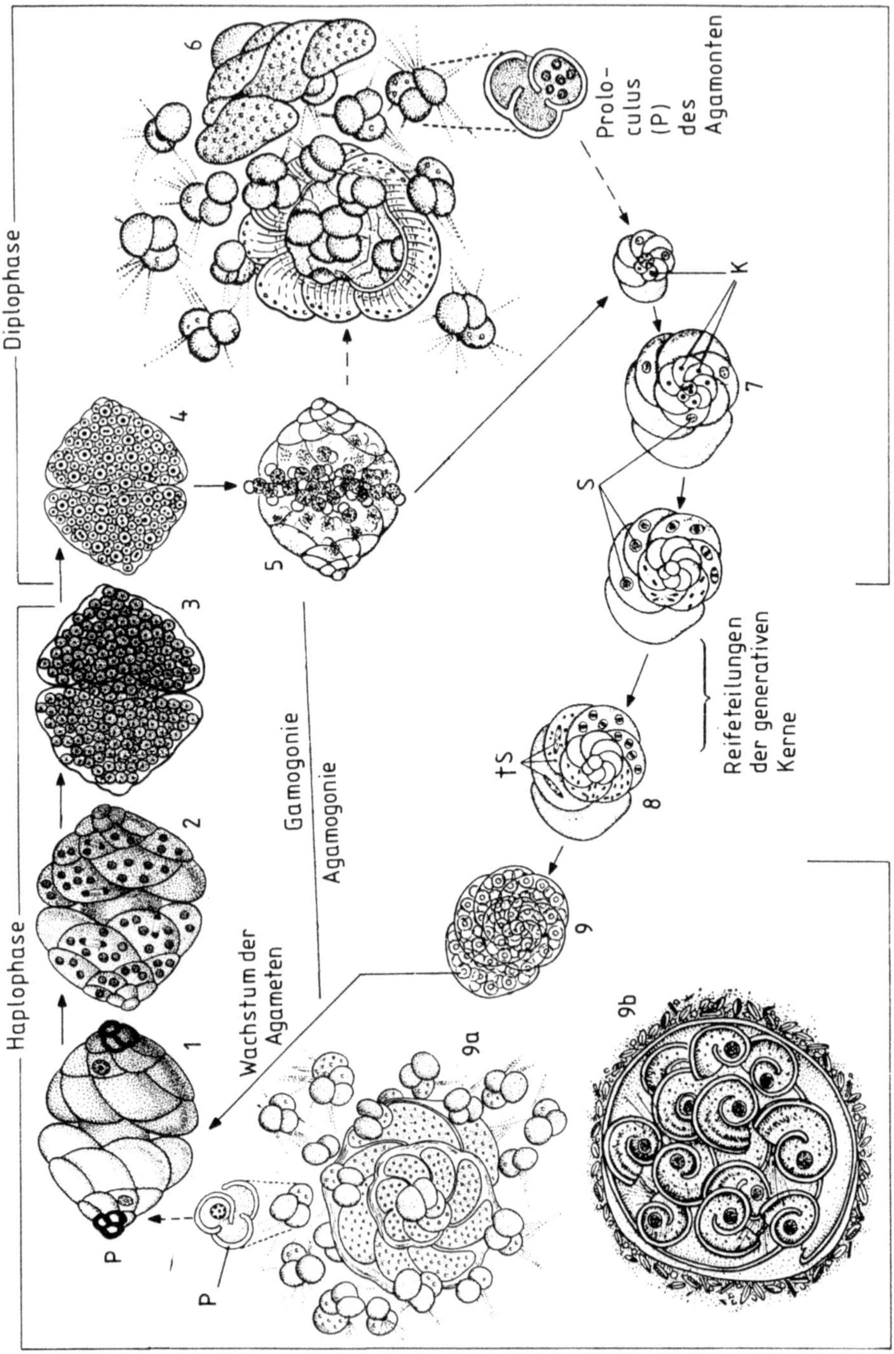
Haplophase
Diplophase
Gamogonie
Agamogonie
Wachstum der Agameten
Proloculus (P) des Agamonten
Reifeteilungen der generativen Kerne
K
S
†S
P
1
2
3
4
5
6
7
8
9
9a
9b

Bild 15

Schema des Entwicklungszyklus der Foraminifere Glabratella, Paarung von Gamonten und Kerndimorphismus (heterokaryotische Art) mit generativen und somatischen Kernen im Agamonten

1 einkernige erwachsene Gamonten in Paarungsberührung, Gehäuse aus 16–22 Kammern aufgebaut, davon die ältesten drei Windungen als Proloculus (P) ausgebildet,
2 multiple Kernteilungen zur Vorbereitung der Gametenbildung,
3 Gameten innerhalb der Gehäuse (+ bzw. – Typen),
4 Verschmelzung der Gameten: Bildung der Zygoten,
5 Ausschlüpfen der mehrkernigen jungen Agameten,
6 der gleiche Vorgang wie in 5 für Discorbis: junger Agamont mit Schale als Proloculus P und mehreren Kernen in der ersten Kammer,
7 Wachstum des Agamonten und Differenzierung von somatischen Kernen (S) und generativen Kernen (K): Entstehung des heterokaryotischen Zustandes, Bildung von gestreckten Kammern,
8 Reifeteilungen der generativen Kerne und Abbau der somatischen Kerne,
9 Schizogonie: Entstehung neuer dreikammeriger Agameten, die mit Wachstum zu Gamononten (1) reifen, 9a für Discorbis und 9b für Spirellina: Entstehung der gekammerten bzw. ungekammerten Schizonten

(verändert nach Grell, 1958, und Myers, 1940)

Die beiden Beispiele zeigen, daß auch bei den Protozoen ein unterschiedlicher Grad der Zelldifferenzierung erreicht werden kann und daß die Zelle eine Ontogenie durchläuft. Veränderungen in der Zellmembran zur Verschmelzung von Zellen, die Ausbildung von Geißeln, die Vermehrung der zur Kernteilung notwendigen Centriole, Zyklen der Schalenbildung, die Differenzierung von verschiedenen Kerntypen sind Merkmalsstufen, die im Genbestand verankert sind, aber zu verschiedenen Zeiten des Zyklus benutzt werden. Ebenso wichtig ist die Tatsache, daß der einfache (haploide) Genbestand, zusammengefaßt in einem Zellkern eines Gamonten, ebenso leistungsfähig ist wie der diploide Zustand mit mehreren Zellkernen bei den Agamonten. Eine andere wichtige Tatsache wird sichtbar: die Gene für die Bildung der Geißelstrukturen sind in der Evolution bis zu den Zellen der höchst entwickelten Säugetiere über mehrere Hundert Millionen Jahre konserviert und festgehalten worden, und sie können ebenso bei den Rhizopoden auf Abruf aktiviert werden wie bei speziellen Zellen vielzelliger Organismen.

An diesem Beispiel wird eines der Charakteristika der Evolution sichtbar, das oft hinter den fortschreitenden Veränderungen von Bauplantypen vergessen wird: die Fixierung einmal gemachter Erfindungen, welche dann die Lebensfähigkeit von Organismen grundlegend bestimmen. Evolution ist also nur eine Auswahl von möglichen Veränderungen, während ein Grundbestand von Merkmalen und damit von Genen nicht mehr angetastet werden dürfen. Der wesentlichste Schritt der Evolution war getan, als die eukaryotische Zelle mit ihrem Grundstoffwechsel, den Vorgängen der Reizbarkeit und den Grundlagen des Wachstums und der Vermehrung entstanden war. Mit anderen Worten, die Evolution hatte den entscheidenden Schritt getan, als Protozoen auf der Erde lebensfähig waren. Die weiteren Phasen der Entwicklung betreffen immer wieder Regulationen bei den Zusammenlagerungen zahlreicher Zellen und damit eine Ausweitung der Charakteristika der einzelnen Zellen. Die Zelldifferenzierung im einzelnen kann noch verändert werden und als Ergebnis auch die Zusammenlagerung von Millionen oder Milliarden dieser Zellen in einem funktionierenden Organismus.

Die Beurteilung einer Evolution geht nicht von einzelnen Merkmalen aus, sondern von einer *Gruppe von Merkmalen*, die man bei Organismen untereinander vergleichen kann. Die Struktur und die Funktionsfähigkeit z. B. einer Geißel sowie ihre Entstehung hängt nicht von einem Gen, sondern von einer Reihe von Genen ab. Im einzelnen können Geißeln in ihrer Form, Länge usw. Abwandlungen erfahren, die Grundstruktur und die daraus sich ergebende Funktion bleibt zunächst unverändert. Ist ein solcher Merkmalskomplex außerordentlich stabil geblieben und über lange Zeit konservativ fixiert geblieben, so handelt es sich um *Plesioseme*.

Nicht nur morphologische Strukturen spiegeln alte Erfindungen wieder, sondern auch zahlreiche biochemische Vorgänge und ihre Enzyme sind als Plesioseme einzustufen. So ist das Vorhandensein und die Struktur des Enzymmoleküls des Cytochroms c (siehe Bild 11b) ein solches altes Merkmal, an dem zahlreiche Prozesse der Bioenergetik angeschlossen sind.

Die Verwendung von Zuckermolekülen in den Makromolekülen der Zellmembran, von Zellwänden, in Reservestoffen in Form der Polysaccharide, in den Nukleinsäuren und bei der Glykolyse des intermediären Stoffwechsels in allen Zellen (Prokaryonten und Eukaryonten) ist zusammen mit den zum Aufbau der Moleküle notwendigen Enzyme ebenfalls eine Merkmalsgruppe vom Charakter eines Plesiosems. Vermehrungsfähige Lebewesen mit dem Charakter einer Zelle können nur unter Verwendung von Kohlenhydraten entstanden sein. Die abiotische Entstehung von Zuckern aus Formaldehyd (HCHO) als autokatalytische Reaktion ist gesichert:

(1) $2\ CH_2O \rightarrow HOCH_2 \cdot CHO$ (Glykolaldehyd)
(2) $HCHO + HOCH_2 \cdot CHO \rightarrow HOCH_2 \cdot CHOH \cdot CHO$
(3) $HOCH_2 \cdot CHOH \cdot CHO \rightleftharpoons HOCH_2 \cdot CO \cdot CH_2OH$
(4) $HCHO + HOCH_2 \cdot CO \cdot CH_2OH \rightarrow HOCH_2 \cdot CHOH \cdot CO \cdot CH_2OH$
(5) $HOCH_2 \cdot CHOH \cdot CHOH \cdot CHO$ (Zucker)

Diese Zucker konnten aus der Umgebung aufgenommen und von den Zellen verwertet werden. Tatsächlich gibt es heute noch Gruppen von Bakterien (vor allem methylotrophe Bakterien), welche durch einen besonderen Stoffwechselzyklus (Ribulosemonophosphat-Zyklus) Formaldehyd C_1-Körper durch Einbau in Ribulose fixieren können und damit zu Hexosen kommen. Bild 16 gibt diesen sehr wichtigen Zyklus an, in dem man

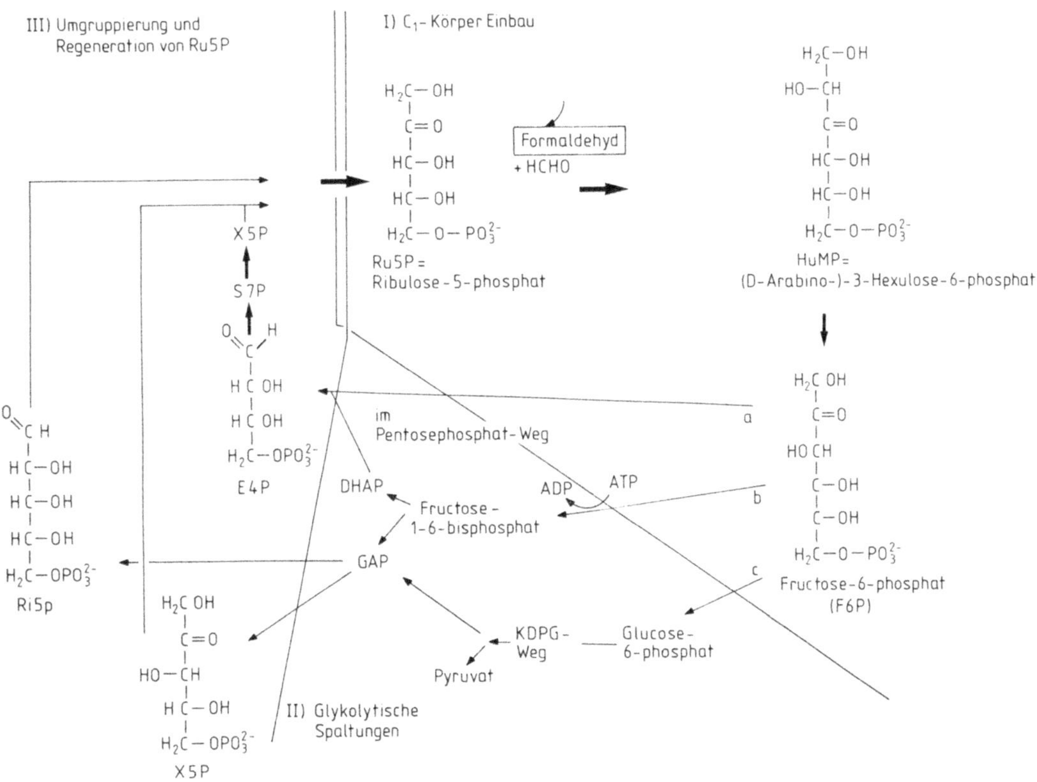

Bild 16

Schema des Verlaufs des Ribulose-monophosphat-Zyklus (z.B. bei Pseudomonas methanica oder Methylococcus capsulatus). Durch Markierungen mit C 14-Verbindungen wurde die Fixierung von C 1-Körpern, z.B. Formaldehyd, Methan, Methanol in Zuckerphosphate nachgewiesen, sodaß C 1-Körper als einzige Quelle zum Aufbau organischer Verbindungen ausreichen. Im hier gezeigten Beispiel wird Formaldehyd in Ribulose-5-monophosphat eingebaut und durch Umlagerung des Reaktionsproduktes Fructose-6-phosphat gewonnen, von dem mehrere Stoffwechselwege ausgehen (in Anlehnung an Quayce und Ferenci, 1978).

DHAP	Dihydroxyacetonphosphat	Ri5p	Ribose-5-phosphat
E4P	Erythrose-4-phosphat	S7P	Sedulose-7-phosphat
GAP	Glycerinaldehyd-3-phosphat	X5P	Xyglose-5-phosphat
KDPG	2-Keto-3-deoxy-6-phosphogluconat		

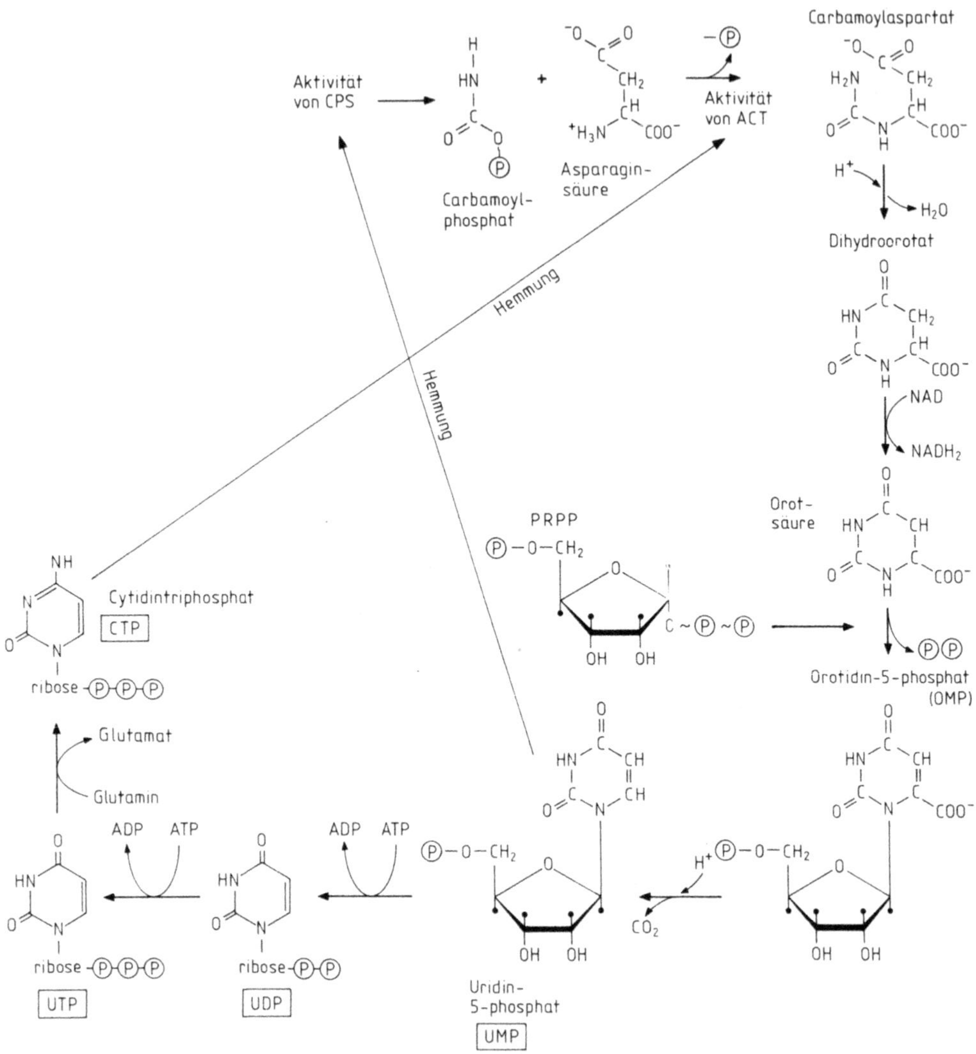

Bild 17

Schema der Biosynthese von Pyrimidinnukleotiden. Durch Carbamoyl-phosphat-Synthase (CPS) wird Carbamoylphosphat aus CO_2 (oder HCO_3) und ATP gebildet, indem NH_4 oder NH_2 (aus Glutamin) gebunden wird. Durch Aspartat-Transcarbamylase (ACTase = Aspartat-Carbamoyltransferase) wird Carbamoylphosphat und Asparaginsäure zusammengeschlossen; aus dieser Verbindung kann der Pyrimidinring gebildet werden. Erst dann wird Phosphoribosylpyrophosphat (PRPP) angelagert. Cytidintriphosphat (CTP) wird durch Aminierung mit Glutamin als NH_2-Donor aus Uridintriphosphat (UTP) gebildet. CPS bzw. ACT werden durch UMP bzw. CTP gehemmt, es entsteht als ein Rückkoppelungseffekt.

heute einen der ganz alten und primitiven Stoffwechselwege sieht, die Zelle mit den notwendigen Kohlenhydraten zu versorgen. Die Fixierung von Formaldehyd an Ribulosemonophosphat ist eine Aldolkondensation und entspricht der Wirkung der Aldolase in der Glykolyse. Aus diesem altertümlichen Zyklus oder einem vergleichbaren Vorgang müssen sich auch die Reaktionsketten entwickelt haben, die über die Biosynthese der Purin-Nukleotide und der Pyrimidin-Nukleotide den Aufbau der Nukleinsäuren ermöglicht. So verläuft bei allen Prokaryonten und Eukaryonten der Aufbau der Pyrimidin-Nukleotide (Uridintriphosphat: UTP und Cytosintriphosphat: CTP) in der gleichen Biosynthesekette aus Carbamylphosphat und Aspartat (Bild 17). Auch hier liegen also grundlegende Reaktionswege vor, die beibehalten werden und die obendrein voneinander abhängen.

Werden Merkmalsgruppen in der Evolution stärker abgewandelt, so handelt es sich um *Aposeme*. Sie entstehen nur auf der Grundlage bereits vorhandener Merkmale durch Veränderung oder Hinzufügung weiterer Gene. Ein Beispiel ist die Form der Sekretion; der Vorgang der Proteinbiosynthese, die Funktionen des endoplasmatischen Reticulums und der Golgi-Felder sind heute Merkmalsgruppen. Bereits bei den Amöben wurde das Schalenmaterial als Sekretionsprodukt hergestellt und durch Exocytose ausgeschieden. Bei den vielzelligen Organismen werden in den spezialisierten Drüsenzellen die alten Grundlagen benutzt, um eine Vielzahl von Sekreten herzustellen und auszuschleusen, z. B. Verdauungsenzyme, Schleimstoffe usw. Auch Hormone werden auf dem gleichen Wege synthetisiert und transportiert. Die Abwandlung von Struktur und Funktion von Cilien ist ein zweites wichtiges Beispiel. Mit der Entwicklung von Sinneszellen werden Cilien als Rezeptorstrukturen zur Aufnahme von Licht, von chemischen oder mechanischen Reizen modifiziert. Sie verlieren ihre Bewegungsfähigkeit, nicht aber die ursprüngliche Reizbarkeit, und sie werden in der Feinstruktur z.T. erheblich umgebaut.

Als *Neoseme* gelten Merkmalsgruppen, die echte Neuerungen darstellen, also grundlegende neue Erfindungen während der Evolution. Sie müssen durch Vermehrung des Genmaterials oder durch tiefgreifende Umformung bestehenden Genmaterials durch zahlreiche Mutationen erreicht werden. Als Beispiele können die Cuticularbildungen bei Wirbellosen, insbesondere Arthropoden gelten, bei den Wirbeltieren die Entstehung von Knochengewebe, für das es bei anderen Tiergruppen keine Entsprechungen gibt. Die extrazelluläre Ablagerung von Kollagen ist bereits seit der Entstehung der Schwämme und Coelenteraten vorhanden (s. unten). Aber die Mineralisierung im Zusammenhang mit Kollagen innerhalb eines Gewebes im extrazellulären Raum und der erneute Abbau und Umbau nach funktionellen Beanspruchungen durch besondere Zellen ist nur bei den Wirbeltieren vorhanden und daher ein Merkmal dieser ganzen Bauplangruppe.

2.2 Zellen mit fester Zellgestalt und Differenzierungen der Zellperipherie

Eine zweite Bewegungsform von Zellen ist die Fortbewegung mit fadenförmigen, speziell differenzierten Fortsätzen: Bewegung durch Cilien oder Geißeln. Sind diese Fortsätze im Verhältnis zur Zellgröße sehr lang, so spricht man von *Geißeln (Flagellen, Mastigonten)*; sind es kürzere Fortsätze, die oft zahlreich und in Reihen auf der Zelloberfläche angeordnet sind, so sind es *Wimpern (Cilien)*. Die Bewegungsfähigkeit der Gameten bei den meisten Protozoen geht auf die Funktion von Geißeln zurück. Im Laufe der Evolution können Cilien bei den verschiedenen Tierformen zu Sinnesrezeptoren umgeformt werden, d.h. ihre Erregbarkeit wird ausgenutzt, ihre Bewegungsfähigkeit abgebaut. Auch hier wird also eine durch einen alten Genbestand funktionell zusammengefaßte Merkmalsgruppe durch Neuerungen eine völlig andere Funktion bekommen. Man kennzeichnet daher bei den tierischen Organismen diejenigen Cilien, die ihre ursprüngliche Funktion, also ihre Bewegungsfähigkeit beibehalten haben, als *Kinocilien*. Eine Cilienbewegung hat wie die amöboide Zellbewegung zur Voraussetzung, daß die Zellen sich in Flüssigkeit befinden. Dort ist die Bewegungsweise so effektiv, daß die männlichen Gameten (Spermien) der überwiegenden Mehrzahl der vielzelligen Organismen die Bewegung durch ein oder zwei lange Geißeln beibehalten haben (Bild 18). Allgemein gelten für alle Zellen mit Cilienbewegung für die Orientierung der Bewegungsrichtung vergleichbare Bedingungen wie bei der amöboiden Zellbewegung, die Richtung kann durch Modifizieren der Cilienbewegung abgeändert werden und ist durch äußere Bedingungen beeinflußbar.

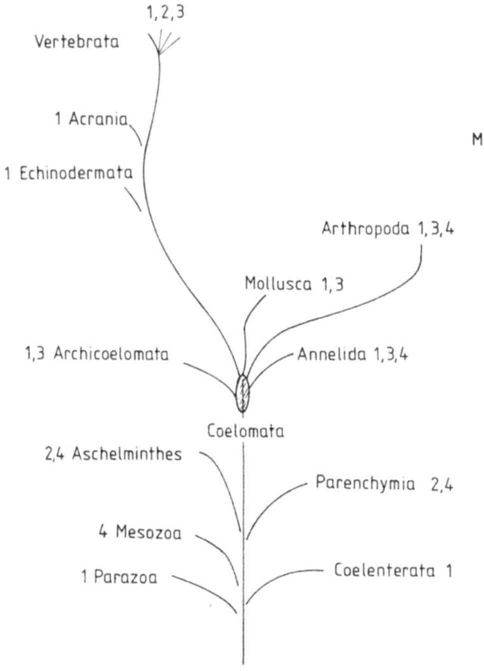

Bild 18a

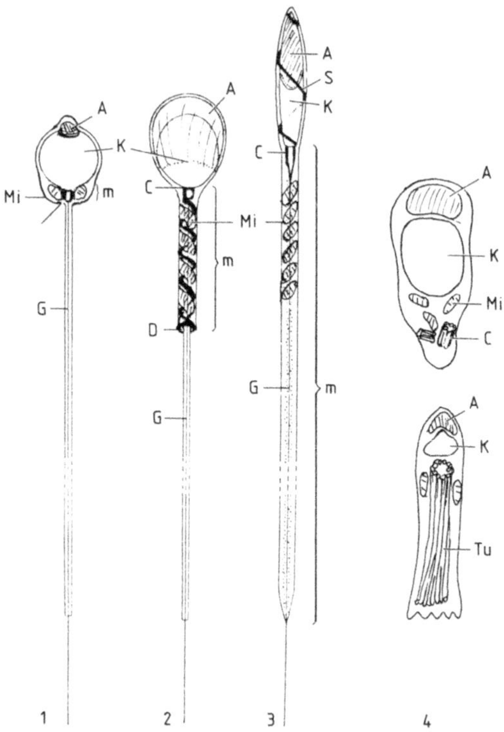

Bild 18b

Bild 18

Vereinfachter Stammbaum der Tierstämme (vgl. S. 110) mit den vorhandenen Typen von Spermien. Trotz des Vorkommens sehr spezialisierter Spermienformen hat die Mehrzahl der Tiere begeißelte Spermien vom primitiven Typ oder davon entwickelte Formen beibehalten. (in Anlehnung an Franzen, 1977)

a) Stammbaum der Tiere mit den vorkommenden Spermientypen

b) Spermientypen:
   1 primitives Spermium mit kurzem Mittelstück (vgl. Bild 18c) und langer einfacher Geißel,
   2 Spermium der Säuger mit abgeflachtem Kopf,
   3 abgewandeltes Spermium mit fadenförmigem Kopf und langem Mittelstück,
   4 zwei unbegeißelte (sog. akinetische) Spermien, die amöboid beweglich sein können oder durch Tubuli eine feste Gestalt besitzen

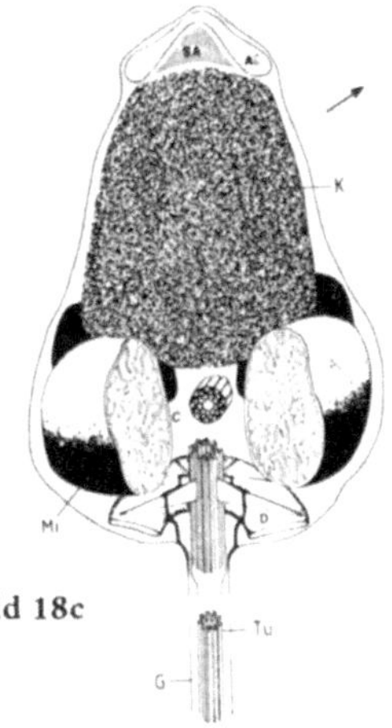

Bild 18c

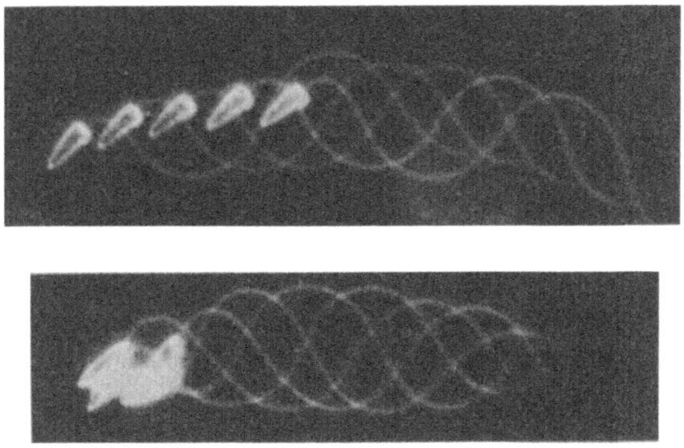

Bild 18d

Bild 18

c) Kopfteil und Mittelstück eines primitiven Spermientyps

d) Bewegungsfolge eines primitiven Spermientyps mit schraubenförmiger oder wellenförmiger Verbiegung der Geißel (c aus Baccetti, 1977, d aus Brokaw, 1974).

A	Acrosom	m	Mittelstück
C	Centriol	Mi	Mitochondrien
D	distaler Verstärkungsring	Tu	Tubuli
G	Geißel	SA	subacrosomales Cytoplasma
K	Kern	S	verstärkende Strukturen

Durch Chemotaxis (siehe S. 16) kann entsprechend einem Konzentrationsgefälle eines Stoffes eine bestimmte Bewegungsrichtung ausgelöst und beibehalten werden. Auch hier muß der Stoff durch Rezeptoren erkannt und die Konzentration der auftreffenden Moleküle festgestellt werden. Ähnlich wie bei den Amöben muß eine gewisse kurzfristige Gedächtnisleistung bei der Beibehaltung der Bewegungsrichtung gewährleistet sein. Ein neues Problem betrifft die Transformation der aufgenommenen Informationen in die Änderung oder Beibehalten der Bewegungsform der Geißeln. Über diese wichtigen physiologischen Vorgänge ist so gut wie nichts bekannt. Bereits Konzentrationsgradienten des gelösten Sauerstoffs können zu einer Chemotaxis führen. Andere Faktoren, die zu einer Beeinflussung der Bewegungsrichtung führen können, sind die Einstrahlung von Lichtenergie, Bewegungsreize, elektrische Potentialgefälle u.a.

2.2.1 Bau und Funktion von Flagellen bzw. Cilien

Cilien haben eine Länge zwischen 5 bis 10 μm, Flagellen bis zu 150 μm oder mehr. Der Durchmesser dieser fadenförmigen Gebilde beträgt etwa 250 nm. Ihre innere Struktur stimmt bei allen Organismen in den Grundzügen überein, denn sie ist die Voraussetzung für die Bewegungsfähigkeit. Im einzelnen können die Formen der Cilien oder Geißeln etwas variiert werden, indem z.B. durch eine Verbreitung an einer Seite eine undulierende Membran entsteht, oder durch zahlreiche in der Membran verankerte große Molekülketten ein fadenförmiger Besatz (Mastigonemen) den Reibungswiderstand der Geißel erhöht.

Die für die Funktion wichtige Grundstruktur (Bild 19) besteht aus einer bestimmten Anzahl von Mikrotubuli in fester Anordnung, sowie zusätzlichen geformten Strukturen aus Proteinen. Zwei getrennte zentrale Mikrotubuli werden von einer komplizierten Zentralscheide umgeben, in denen in regelmäßigen Abständen Vorsprünge sitzen. Die Peripherie wird durch einen Kreis von neun Doppeltubuli eingenommen: einen vollständigen A-Tubulus und einem auf dessen Wandung aufgesetzten B-Tubulus. Vom A-Tubulus des einen Doppelröhrenpaares erstrecken sich stiftchenförmige Brücken zum B-Tubulus des benachbarten Paares, die Dynein-Arme. Von den Doppeltubuli gehen radiär gestellte Speichen zur zentralen Scheide; in der Längsachse betrachtet bilden je 3 Speichen eine Funktionseinheit, ehe durch eine Lücke getrennt wieder eine Gruppe von 3 Speichen folgt. Die gesamte Cilie ist von einer spezialisierten Zellmembran überzogen und endet in einer Spitze, an der die Mikrotubuli in komplizierter Weise enden. An der Basis setzt sich die Membran der Cilie in die Zellmembran fort, und diese Ansatzstelle (neck) ist durch sehr komplizierte und sehr verschieden ausgeformte Zusatzstrukturen gekennzeichnet. Darunter folgt in der Zelle der Basalkörper (Kinozentrum), ein Centriol. Durch die Annäherung eines Centriols an die Zelloberfläche wird das Auswachsen einer Geißel induziert, wobei in einer entstehenden Cytoplasmaknospe die Organisation der Mikrotubuli einsetzt und ein distales Wachstum beginnt. Die Mikrotubuli bestehen aus den beiden Proteinen Tubulin α und β, sie bilden ein Heterodimer ($\alpha\beta$) als Untereinheit. Bei der Polymerisation sind noch weitere Proteine (MAP = microtubules associated proteins) notwendig und beteiligt, und es entsteht durch die regelmäßige spiralige Anlagerung der Heterodimeren eine Röhre, die an einem Ende weiterwächst. Am Aufbau der vollständigen Geißel sind außer den Tubulinen noch mindestens 200 weitere Proteine beteiligt, die unabhängig voneinander im Zellkörper synthetisiert werden. Für einzelne dieser Proteine sind Mutationen bekannt, so daß die Bedeutung der Anteile für den Bewegungsvorgang bekannt ist.

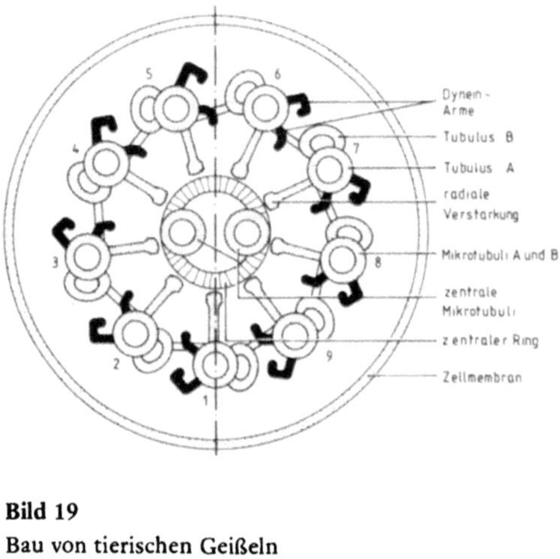

Bild 19

Bau von tierischen Geißeln

a) Querschnitt mit der Anordnung der Mikrotubuli-Doubletten in der typischen 9 + 2 Aufreihung (vgl. Text)

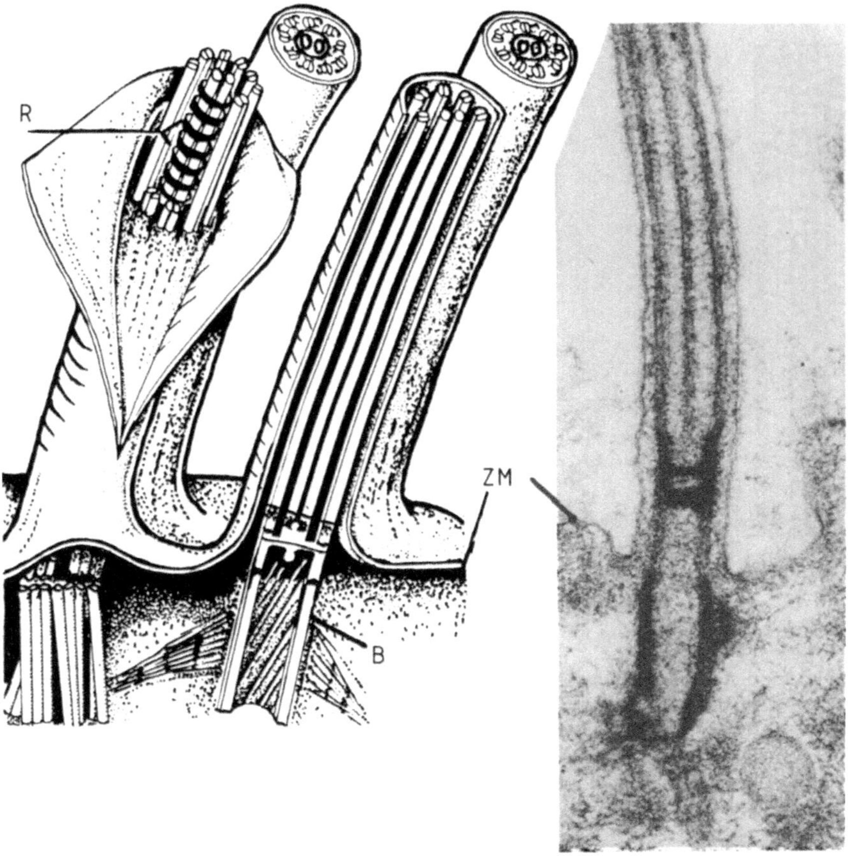

Bild 19

Bau von tierischen Geißeln

b) Rekonstruktionszeichnung von aufgeschnittenen Geißeln an der Basis mit Übergang ins Cytoplasma
  - B Basalkörper mit Verankerungen und Verstärkungen der Geißel
  - R zentrale Ringe
  - ZM Zellmembran

daneben: Längsschnitt durch Geißelbasis, Kieme einer Salamanderlarve, Elektronenmikr. Photo, 56 000/1

Bei der Einschmelzung von Geißeln (z. B. Verschmelzung der Gameten, Verletzung der Zelloberfläche mit nachfolgendem Umbau, Verschmelzung von Ciliaten bei der Konjugation zum Zweck des Austausches von Zellkernen) werden die Geißelproteine von der Zelle wieder aufgenommen und neu verwendet. Die hohe Zahl der beteiligten Proteine für den Aufbau einer funktionellen Geißel hat eine entsprechende Zahl von Genen zur Voraussetzung, und an dieser Stelle wird klar, daß ein solcher Genbestand als eine Merkmalsgruppe konservativ festgehalten wird.

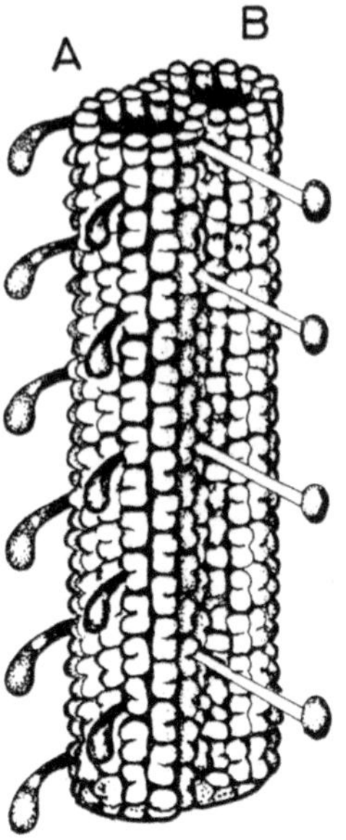

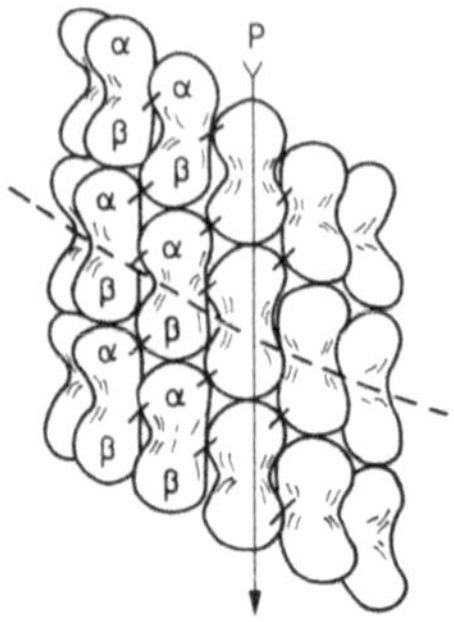

Bild 19c

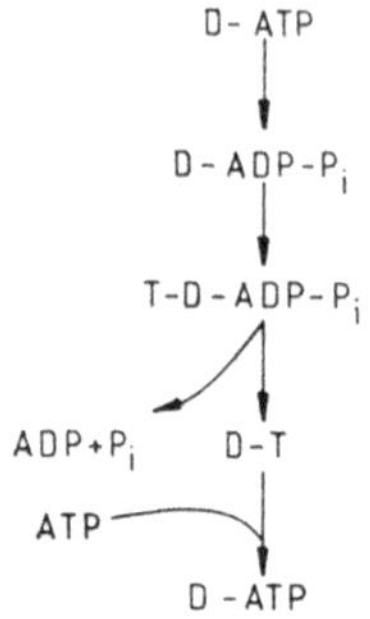

Bild 19d

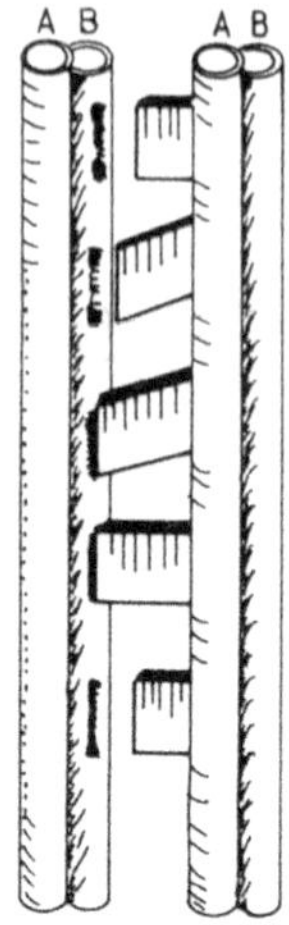

d)

Bild 19

Bau von tierischen Geißeln

c) Modellzeichnung eines Doppeltubulus mit Dynein-Armen (links) und den radialen Stützen (rechts) in Dreiergruppe, die durch einen Abstand von ca 40 nm von der ersten Stütze der folgenden Gruppe getrennt ist (verändert nach Satir, 1979)

daneben: Anordnung der Tubuline α und β in der Wand eines Tubulus, spiralförmige Windung (gestrichelte Linie) durch versetzte Lage der Heteromeren, die als Protofilamente (P) in der Längsachse aufgereiht erscheinen

d) Zyklus der Dynein-Arme beim Gleitmechanismus der Doppeltubuli: Ablösen-Abknickung und neues Ansetzen-Streckung-Ablösen. Links die dazugehörigen biochemischen Vorgänge (verändert nach Satir, 1979).

D Dynein
T Ansatzregion der Dynein-Armen am Tubulus

Die Bewegung von Geißeln bzw. Cilien erfolgt von der Basis her durch eine wellenförmige Verbiegung, die zur Spitze durchläuft (Bild 20). Dadurch kommt ein effektiver Schlag und ein langsames Zurückholen in die gestreckte Position zustande. Eine andere Möglichkeit ist, daß die wellenförmige Verbiegung spiralig über die Geißel fortläuft, also eine flache schraubenförmige Bewegung erzeugt wird. Bei den vielzelligen Tieren sind die Geißeln in der Regel zahlreich in Reihen auf der Zelle angeordnet, so daß der effektive Schlag nur in eine Richtung geführt wird. Bei den Protozoenzellen dagegen kann die Verbiegungsrichtung wechseln und nach allen Richtungen möglich sein. Liegen die Cilien (wie bei den Ciliaten) in Reihen angeordnet, so kann als eine dritte Bewegungsmöglichkeit eine wellenförmige Verbiegung in einer Ebene (Schlängelbewegung) erfolgen. Die Bewegung selbst beruht auf dem Gleitmechanismus der Doppelröhrenpaare. Die Dyneinarme an den A-Tubuli sind schräg zur Basis geneigt (Winkel etwa 32°). In Anwesenheit von ATP stehen die Arme mit dem benachbarten B-Tubulus in Verbindung. Ist kein ATP vorhanden, so wird diese Verbindung gelöst. Dynein funktioniert als ATPase, spaltet also

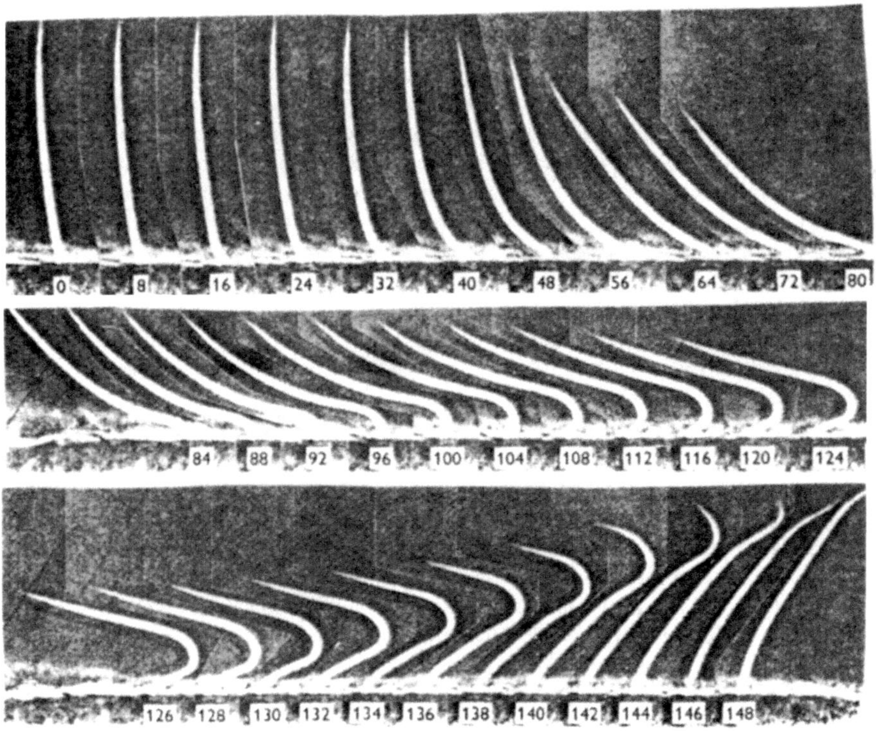

Bild 20
Bewegungszyklus einer Geißel (Kieme der Muschel Mytilus), photographiert mit 450 Bildern/s., die Numerierung gibt die betreffende Zahl des Bildes an. Die Bewegung beginnt an der Geißelbasis und läuft unter Verbiegung als „Peitschenschlag" weiter bis zur Spitze, dadurch Wiederaufrichtung der Geißel (aus Baba und Hiramoto, 1970)

ATP zu ADP und Phosphorsäure. Durch die freigewordene Energie wird der Gleitmechanismus der benachbarten Doppeltubuli in Gang gesetzt. Durch die Anwesenheit von Adenylatkinase kann ADP wieder zu ATP reorganisiert werden. Die Übersetzung der Verschiebung erfolgt durch die radiären Speichen, die wie sich bewegende Beinchen auf den Vorsprüngen der Zentralscheide angesetzt werden und eine Verbiegung derjenigen Seite erzeugen, an der der Gleitmechanismus einsetzt. Die Aktivität des Dyneins wird durch Ca-Ionen ausgelöst, die von Membranproteinen als Ca-Poren aus dem Medium in die Geißel eingeschleust werden. Besonders zahlreich sind diese Ca-Poren an der Geißelbasis nachzuweisen. Fehlen durch eine Mutation diese Membranproteine, so wird die Geißel unerregbar. Sind die Proteine der Dyneinarme durch eine Mutation abgeändert oder fehlen sie ganz, so ist die Geißel nicht bewegungsfähig. Fehlen Teile der radiären Speichen oder die Zentralscheide, so kann zwar der Gleitmechanismus der Tubuli funktionieren, aber nicht die Übersetzung in eine effektive Verbiegung. Diese verschiedenen Fehler sind als Mutationen bekannt. Der Komplex der Mikrotubuli und der zugehörigen Strukturen werden daher funktionell als Axonema zusammengefaßt.

2.2.2 Protozoen mit Geißeln: Zooflagellaten (Zoomastigonten)

Einzellige Eukaryonten, also Protozoen, welche Geißeln in Ein- oder in Vielzahl zu ihrer Fortbewegung benutzen und daher ständig ausgebildet haben, sind die Gruppe der Flagellaten. Diese Organismen sind in ihrem heutigen Aufbau sehr heterogen, so daß der Versuch, eine Einteilung aufgrund verwandtschaftlicher Ordnungen vorzunehmen, auf große Schwierigkeiten stößt. Zwei große Stämme lassen sich aber voneinander trennen. Es existieren Flagellaten, die durch den Besitz von Photopigmenten in Plastiden Lichtenergie ausnützen können, um CO_2 zu fixieren; sie sind autotroph. Als autotroph sind solche Organismen definiert, die ihre organischen Zellbestandteile aus Kohlendioxyd als Ausgangsmolekül zu synthetisieren vermögen, also keine Zufuhr von organischen kohlenstoffhaltigen Molekülen benötigen. Die autotrophen Flagellaten wurden früher als Phytoflagellaten zusammengefaßt; heute werden sie wegen des vermuteten Evolutionszusammenhanges als einzellige bewegliche Algen eingestuft. Die *Zooflagellaten* dagegen sind primär nicht autotroph, sondern als typische tierische Zellen an die Aufnahme organischer Nahrung gebunden, sind also in der Anpassung an ihre Umgebung vom Licht abhängig. Es konnte eine Erweiterung der Lebensräume erfolgen, wenn durch Abwandlung der alten Merkmalsgruppen oder durch neue Erfindungen eine entsprechende Anpassung an die neuen Lebensräume möglich war. Mit der Entwicklung vielzelliger Organismen konnte die Lebensweise des Parasitismus entstehen, indem z.B. Protozoen die Körperhöhlen oder Zellen dieser vielzelligen Organismen als Lebensraum benutzten. Damit entfiel das Erkennen, Aufsuchen und Verschlingen von Beute im ursprünglichen abiotischen Milieu, dem Wasser, ebenso wie die Abhängigkeit von einer Lichtzufuhr.

Der Besitz des Geißelapparates bestimmt die strukturellen Charakteristika eines Zooflagellaten. Das Bewegungsorganell muß verankert werden, und die Zelle ist mehr oder minder stromlinienförmig gestaltet. Die Länge des Zellkörpers liegt in der Regel zwischen 10 bis 20 μm; nur einige Formen erreichen 200 bzw. 300 μm Länge; die Zahl der Geißeln ist dann sehr hoch und ihre Anordnung kompliziert. Man kann sagen, daß der Besitz des Geißelapparates bei den Flagellaten die weitere Entwicklung der Zelle vollständig beherrscht hat. Die Zellform wird durch längs verlaufende Mikrotubuli im peripheren Cytoplasma bestimmt; die Zelloberfläche kann entsprechend leistenförmig gewölbt sein. Diese periphere Zone dient zur Stabilisierung und ist das Periplasma oder der Periplast (Bild 22). Durch einen spiraligen Verlauf wird der Effekt der Mikrotubuli verstärkt. Die Geißeln entspringen nahe einer Spitze des stromlinienförmigen Körpers in einer Einsenkung, dem Geißelsäckchen. Von dieser Zone können weitere Verstärkungselemente in Form von Fibrillen oder Mikrotubuli (Axostyl) oder als solide Stäbe aus speziellen Gerüsteiweißen (Costa) die Längsachse der Zelle stützen. Die Struktur im Bereich des Periplasten verhindert Phagocytose und Pinocytose, so daß die Zone für die Aufnahme von Nahrungsstoffen auf eine begrenzte Region ohne Mikrotubuli beschränkt werden muß: es entsteht in der Nähe der Geißelbasis ein Cytostom. In vielen Fällen senkt sich an dieser Stelle die Zellmembran in Form einer Röhre (Cytopharynx) in die Tiefe, und die Zone der für Phagocytose verformbaren Membran liegt am Grunde dieser Röhre. Der Cytopharynx kann ebenfalls durch Schichten von Mikrotubuli gestützt werden. Durch diese Strukturen erhalten die Zellen zum ersten Male eine Polarität (Bild 21). Der Ansatz der Geißeln bezeichnet den Vorderpol, die Einsenkung des Cytostombereiches die ventrale Seite. Ist eine kontraktile Vakuole vorhanden, so liegt sie am Geißelsäckchen, und der Porus zur Entleerung mündet dort. Die dem Cytostom gegenüberliegende Fläche der Zelle ist die dorsale Seite. Wenn eine Zellteilung erfolgen soll, so muß sie unter Berücksichtigung dieser Polarität und dem Vorhandensein des Geißelapparates als Längsteilung erfolgen. An der vorderen Seite muß zunächst der Geißelapparat verdoppelt werden, indem durch neue Centriole und die Anlage eines Geißelsäckchens neue Geißeln erzeugt werden.

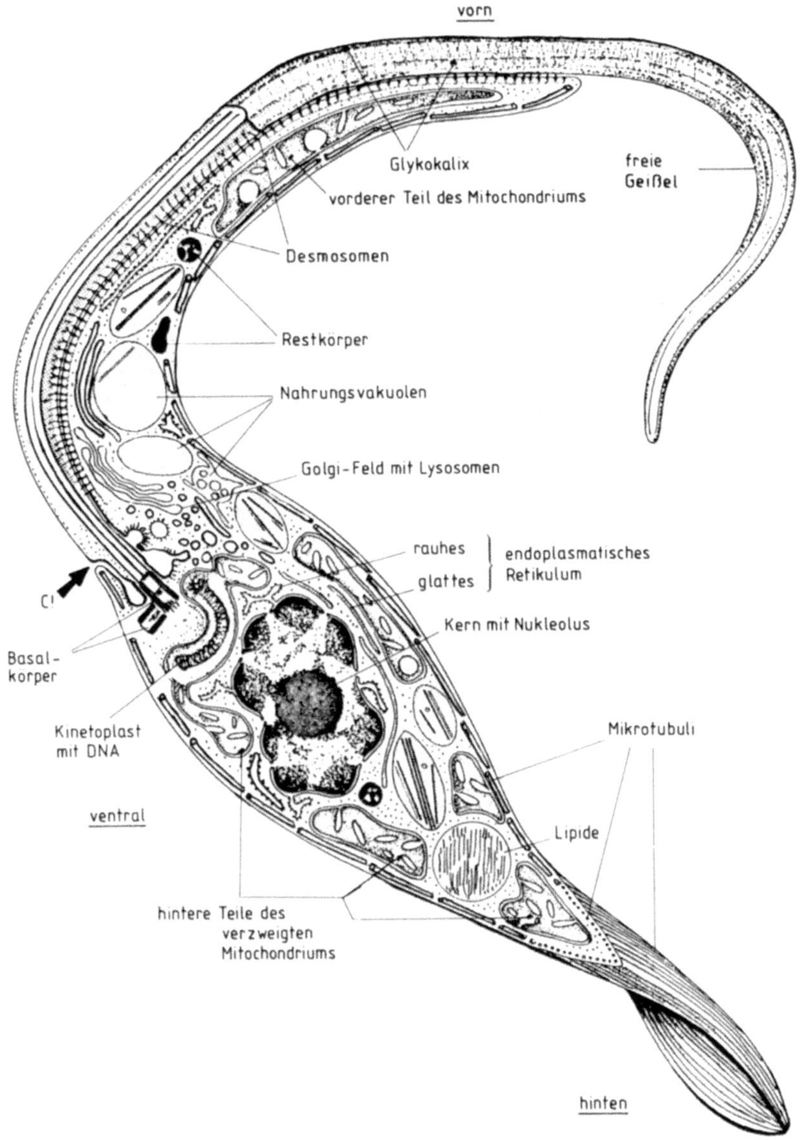

Bild 21

a) Trypanosoma vivax, epimastigote Form als Beispiel für den Zellbau eines Flagellaten mit Polaritäten der Zellgestalt.
C! Lage des Cytostoms im Geißelsäckchen mit Pinocytose (verändert nach Vickerman, 1973)

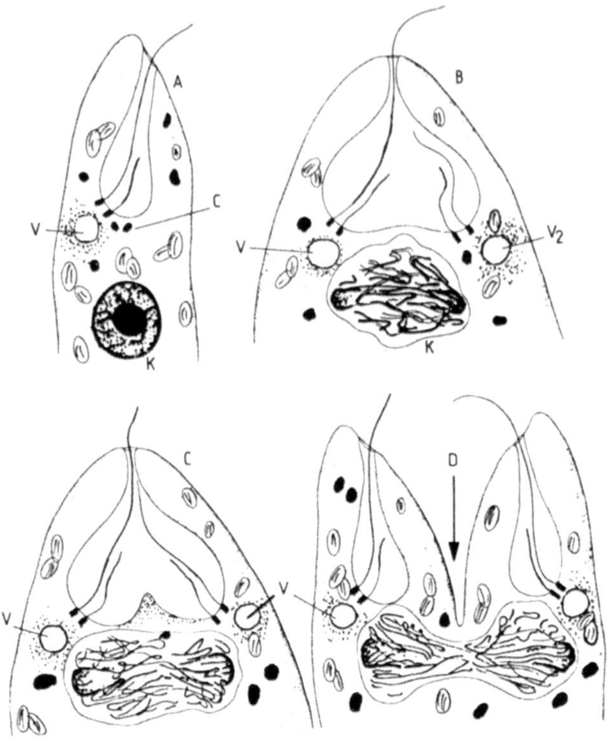

Bild 21

b) Vorderer Teil eines Flagellaten mit zwei verschieden langen Geißeln im Geißelsäckchen, kontraktiler Vakuole (V), Nahrungsvakuolen (hell) und Reservestoffeinschlüssen (dunkel)

A Vermehrung der Centriolen (C) zur Bildung neuer Basalkörperchen

B Beginn der Kernteilung und Anlage einer neuen kontraktilen Vakuole (V_2), Auswachsen der neuen Geißeln

C Trennung des Geißelsäckchens in zwei Kammern

D Einsetzende Längsteilung des Zellkörpers und Kernteilung

Die Zellteilung erfolgt dann von dieser verdoppelten Spitze aus und zerschnürt die Zelle in der Längsachse. Die Konsequenz ist, daß auch der Zellkern in der Nähe des Geißelapparates lokalisiert ist, weil die Kernteilung vor der Zellteilung ablaufen muß (Bild 21).

Die Zelldifferenzierung von Cytostom bzw. Cytopharynx und von Periplast sind echte Neuerwerbungen im Sinne der Evolution, also Neoseme, die nur noch bei Ciliaten und Sporozoen (siehe unten) übernommen bzw. weiter entwickelt worden sind. Bei Rhizopoden oder den von ihnen entwickelten begeißelten Gameten sind sie nicht vorhanden. Man muß daher annehmen, daß der Besitz und der Gebrauch des Geißelapparates die Entwicklung von mindestens zwei weiteren neuen Merkmalsgruppen notwendig gemacht hat, damit die Funktionen der Zelle als Mikrokonsument, d.h. als beutemachender Organismus, überhaupt beibehalten werden konnten. Rhizopoden zeigen kein Cytostom, und Flagellaten können keine Pseudopodien ausbilden.

Am Beispiel der Trypanosomen soll die *Umgestaltung des Zellkörpers in Abhängigkeit von der Lebensweise* und die Anpassung an die *Bedingungen des Parasitismus* gezeigt werden (Bild 22). Die Trypanosomen gehören wegen des Aufbaues ihrer Mitochondrien (siehe unten) zur Gruppe der Kinetoplastida: relativ einfach gebaute Flagellaten eines primitiven Typus mit nur einer Geißel. Alle Trypanosomen sind Endoparasiten, d.h. sie leben im Inneren von vielzelligen Organismen, entweder extrazellulär in Körperhöhlen oder im Bindegewebe, oder intrazellulär, z.B. in Muskelzellen. Trypanosomenarten kommen in Pflanzen (z.B. in Milchröhren) vor, in wirbellosen Tieren ebenso wie in allen Klassen der Wirbeltiere von den Selachiern und Fischen bis zu den Säugetieren und beim Menschen.

Bild 22

Trypomastigote Form von Trypanosoma congolense, im Vergleich zur epimastigoten Form in Bild 21. Die Geißel enthält eine Verstärkung in Form eines paraxialen Stabes (p) aus Fibrillen und eine Verbreiterung und ist an Ausbuchtungen des Zellkörpers durch die Glykokalix (Gl) angeheftet, so daß die Wirkung einer „undulierenden Membran" entsteht (verändert nach Vickerman, 1969, und Langgreth und Balber, 1975)

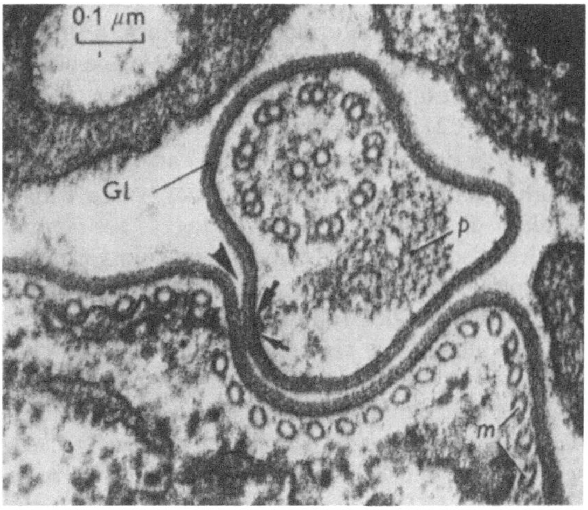

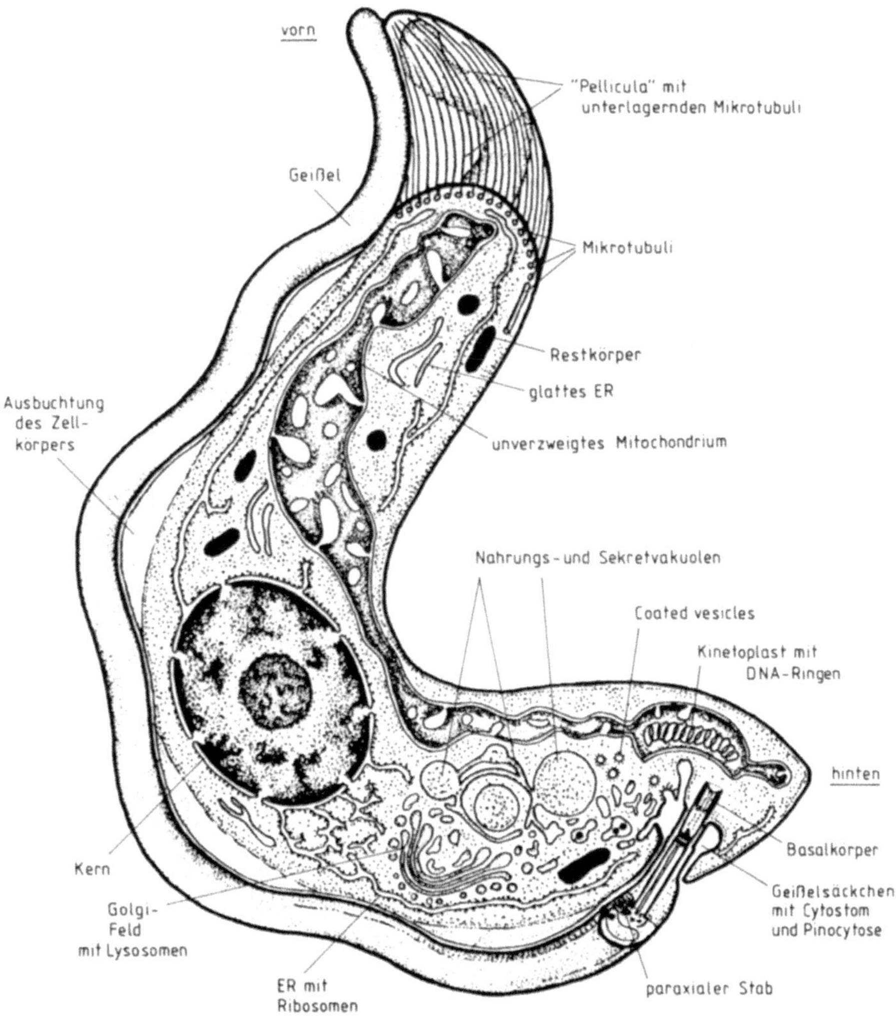

Ihr Entwicklungszyklus der Vermehrung und Übertragung von Tier zu Tier enthält spezielle Anpassungsformen der Zellform und der Zellorganellen bzw. des Stoffwechsels an die Bedingungen im Wirtstier, aber keine sexuelle Fortpflanzung und damit auch keinen Generationswechsel. Den Aufbau der Zelle und die Verteilung der Zellorganellen zeigt Bild 22. Eine zentrale Zone des Mitochondriums nahe der Geißelbasis enthält die gesamte mitochondriale DNA in Form sehr zahlreicher (mehrere Tausend bis mehrere Zehntausend) ringförmiger Moleküle. Diese Ringe sind nicht von einheitlichem Aufbau, sondern die Größe des Kreisumfanges kann von 0,3 μm bis 24 μm reichen. Auch in der Nukleotidsequenz, d.h. dem Informationsgehalt unterscheiden sich die DNA-Moleküle, so daß mehrere Gruppen getrennt werden können. Die Ringe sind ineinander verschränkt und müssen vor der Teilung einer Zelle in einem eigenen Zyklus vermehrt werden. Durch den Teilungsmodus wird die Replikation der mitochondrialen DNA mit der der Kern-DNA gekoppelt. Diese Zone des Mitochondriums ist bereits frühzeitig durch mikroskopische Färbemethoden als sogenannter Blepharoplast im Lichtmikroskop erkennbar gewesen. Sie wird heute einheitlich als Kinetoplast bezeichnet, weil sie auch bei den Abwandlungen der Zellformen immer unmittelbar am Geißelansatz zu finden ist; die Lieferung von ATP für die Bewegung der Geißel muß gesichert bleiben. Die plastische Verformung und das Wachstum der mitochondrialen Arme (siehe unten) geht bei der Umwandlung der Zellformen vom Kinetoplasten aus. Die kleineren Ringe (Miniringe) können nur die Informationen für zwei oder drei Proteinmoleküle tragen, die für eine Mitochondrienfunktion unbedingt notwendigen Gene sind auf den größeren Ringen (Makroringe) lokalisiert. Bei verschiedenen Trypanosomen (z.B. Tr. equiperdum, Erreger einer Pferdeseuche) werden in Anpassung an die Lebensweise nur noch unvollständige Mitochondrien gebildet, und die oligomycin-empfindliche ATP-Synthetase fehlt. Der Energiestoffwechsel wird auf einem anderen Wege gelöst. Im Kinetoplasten fehlen die großen Ringe. Gehen schließlich durch Mutationen die Informationen des mitochondrialen Genoms vollständig verloren (Dyskinetoplastie), so sind die entstandenen Formen nicht mehr teilungsfähig und auf längere Zeit nicht überlebensfähig.

2.2.2.1 Endoparasitismus und der Zellzyklus (Polymorphismus) bei Trypanosomen

Bei der endoparasitischen Lebensweise existiert ein Organismus, der Parasit, nur in einem anderen Organismus: in dessen Körperhöhlen, Geweben (extrazellulär) oder sogar in den Zellen (intrazellulär). Voraussetzung für die Verbreitung des Parasiten und der Erhaltung seiner Art ist die Möglichkeit, den Wirt verlassen zu können und auf irgendeine Weise auf einen anderen Organismus übertragen zu werden. Die Bedeutung vieler Parasiten für die Gesundheit des Menschen und seiner Haustiere und die Aufklärung der Entwicklungszyklen von Parasiten in Laborversuchen hat die Begriffsbestimmung geprägt. Man bezeichnet ganz allgemein als *Zoonosen* solche Infektionen mit Parasiten und den sich daraus ergebenden Erkrankungen, deren Übertragungen unter natürlichen Bedingungen zwischen Tieren einschließlich des Menschen erfolgt. Nach dem Übertragungsweg kann man verschiedene Zoonosen unterscheiden.

Direkte Zoonosen liegen vor, wenn die Übertragung des Parasiten von einem Wirbeltier auf ein anderes (oder den Menschen) durch Kontakt oder mit der Nahrungsaufnahme geschieht. Der gesamte Entwicklungszyklus des Parasiten läuft im Wirt ab. Beispiele sind für die Protozoen das oben erwähnte Tr. equiperdum, das zwischen Pferden durch den Geschlechtsakt übertragen wird; ferner die Toxoplasmen, die in Katzen ihren vollständigen Entwicklungszyklus durchlaufen und vom Menschen durch Kontakt oder mit der

Nahrung aufgenommen werden und zur Toxoplasmose führen (siehe: Sporozoa). Unter den vielzelligen Parasiten trifft die direkte Zoonose z.B. auf Trichinella (Trichinose) zu, die parasitischen Nematoden werden durch die Nahrung (infiziertes Fleisch mit Larven) aufgenommen.

Die *zyklischen Zoonosen* sind dadurch gekennzeichnet, daß der Entwicklungsgang des Parasiten an mindestens zwei (oder mehr) verschiedene Wirbeltierwirte gebunden ist, so daß die Übertragung ein notwendiger Bestandteil des gesamten Entwicklungszyklus ist. Ein Teil des Zyklus wird in dem einen Wirt, der andere Teil in einem anderen Wirt ablaufen. Beispiel ist der Parasitismus der verschiedenen Bandwurmarten. In der Regel wird die Übertragung bei zyklischen Zoonosen durch die Nahrungsaufnahme vollzogen (infiziertes Fleisch; beim Hundebandwurm: Aufnahme von Eiern).

Bei den *Metazoonosen* wird ein Teil des Entwicklungszyklus des Parasiten in wirbellosen Tieren ablaufen, ein anderer Teil bei Wirbeltieren als Wirten. Die Übertragung erfolgt also von einem Wirbellosen auf ein Wirbeltier. Übertragungsmechanismus und Verbreitung des Parasiten hängen damit unauflöslich mit der Lebensweise des wirbellosen Tieres zusammen, das dem Parasiten als Wirt dient. Das wirbellose Tier dient als Träger und Überträger: *Vektor*. Durch einen Trick kann der Parasit überleben: der Vektor kann den Parasiten ohne schwere Schäden ertragen, erleidet also keine Erkrankungen im engeren Sinne. Erst im Wirbeltierwirt zeigt der Parasit seine Pathogenität, d.h. schwere Erkrankungen sind die Folge einer Infektion. Auf diese Weise können wirbellose Tiere ein Dauerreservoir an Parasiten darstellen, das unabhängig von der Anwesenheit einer Population von Wirbeltierwirten weiterbestehen bleiben kann. Der Übertragungsmechanismus kann sehr verschieden sein; direkte Aufnahme des Parasiten mit der Nahrung oder durch Berührung, Eindringen des Parasiten durch kleine Verletzungen, Übertragung des Parasiten beim Stich während des Blutsaugens von Arthropoden. Beispiele bei den Protozoen sind die Infektionen durch die Erreger der Malaria, durch Trypanosomen und Leishmania; Beispiele von wirbellosen Tieren sind die verschiedenen Formen von Leberegeln (Trematoden) und einige Nematoden (Filarien).

An zwei Beispielen soll gezeigt werden, wie wandlungsfähig bestimmte Formen der Trypanosomen in Anpassung an den Endoparasitismus geworden sind. Afrikanische Trypanosomen verursachen gefährliche Erkrankungen des Menschen und der Haustiere. Trypanosoma brucei rhodesiense verursacht beim Menschen die akute Form der Schlafkrankheit, Trypanosoma brucei gambience die chronische und langsamer verlaufende Form der Schlafkrankheit.

Trypanosoma brucei brucei und Trypanosoma congolense und T. vivax sind die Erreger von Viehseuchen und haben damit eine große ökonomische Bedeutung. Die Übertragung erfolgt durch die Tse-tse Fliege (Glossina), in deren Mundwerkzeugen, im Mitteldarm und in der Speicheldrüse sie eine Vermehrung und Entwicklung durchlaufen. Beim Stich der Tse-tse Fliege wird die infektionsfähige Form in das Blutplasma des Säugers bzw. des Menschen übertragen (Bild 23). Wegen der Reifung in der Speicheldrüse des Vektors werden die Trypanosomen dieses Übertragungsweges als *Speicheldrüsen-Trypanosomen* zusammengefaßt (vgl. unten Trypanosoma cruzi). Die im Blutplasma des Wirbeltieres vorhandenen Flagellaten stellen die trypomastigote Form dar (Bild 24). Sie entwickeln sich zu schlanken, etwa 20 μm langen Flagellaten (LS-Form = long slender). Ihre schnelle Teilungsfolge bewirkt die Überschwemmung des Wirtsorganismus mit den Parasiten (Parasitämie). Die Trypanosomen und die ihnen verwandten Trypanoplasmen, die im Blut von Fischen parasitieren und durch Blutegel übertragen werden, sind die einzigen Protozoen, die im Blutplasma von Wirbeltieren leben können.

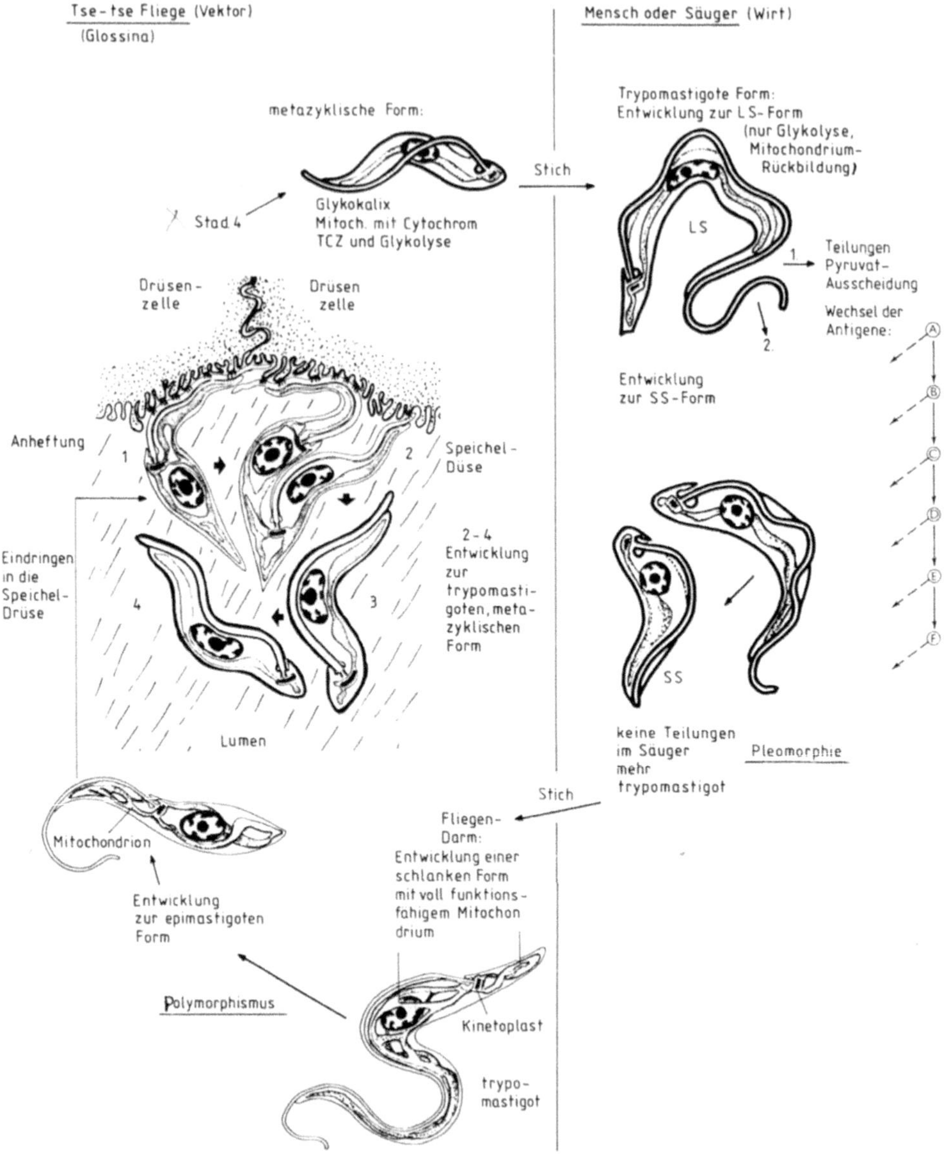

Bild 23

Zyklus der Übertragung und der Entwicklung bei Trypanosomen der Säugern und im Vektor (vgl. Text)

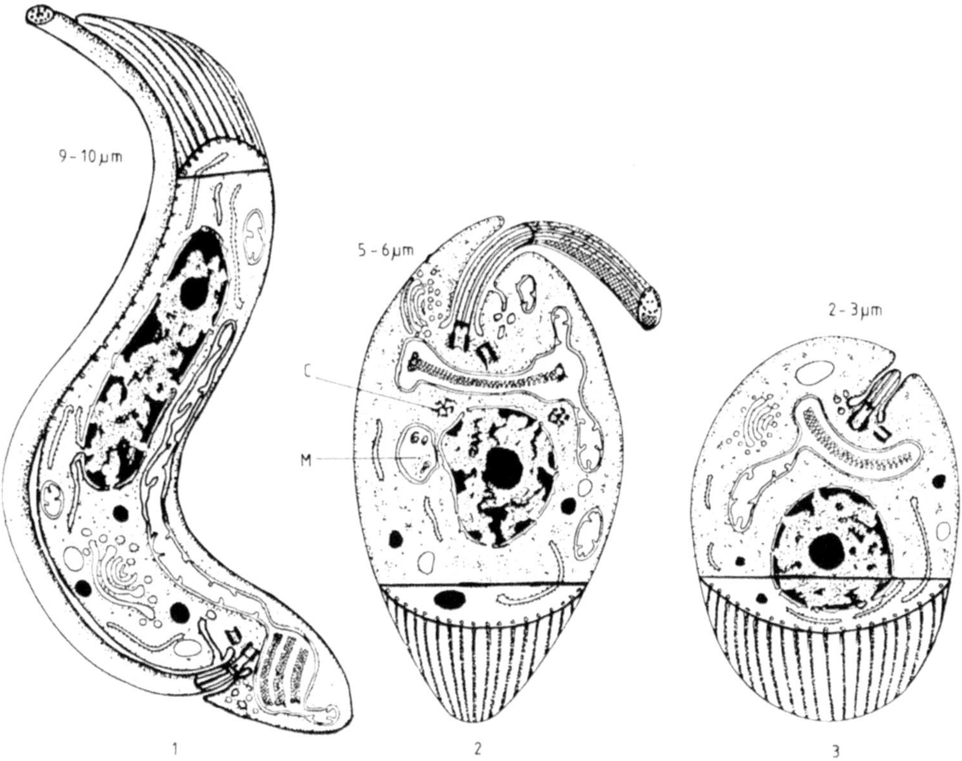

Bild 24

Gestaltveränderung (Polymorphismus) bei Trypanosoma cruzi.

1 trypomastigote Form, die epimastigote Form S. Bild 21;

2 promastigote Form (bei M Abbau von Teilen des Mitochondriums, bei C Centriole für eine Zellteilung;

3 mikromastigote Form (amastigot) mit Geißelanlage (verändert nach Mehlhorn et al., 1977)

Der Bau der trypomastigoten Form geht aus Bild 22 hervor, einige wichtige Details sollen hervorgehoben werden. Die Trypanosomen besitzen nur eine Geißel, die durch einen paraxialen Stab aus feinen Fibrillen eine Verstärkung erfährt. Die Geißel ist bis zum vorderen Ende des Zellkörpers durch die Glykokalix und eine Reihe besonderer Haftzonen (Maculae adhaerentes) am Zellkörper befestigt, so daß der Effekt einer undulierenden Membran entsteht, indem auch Teile des Zellkörpers die wellenförmige Verbiegung der Geißel mitmachen. Im Bereich des Geißelsäckchens liegt die Zone des Cytostoms, dort wird durch Pinocytose das Blutplasma des Wirtes aufgenommen. Ähnlich manchen Protozoen besitzen auch die Trypanosomen nur ein großes verzweigtes Mitochondrium, dessen Fortsätze, von der Region des Kinetoplasten ausgehend, die Zelle durchziehen. Die Zellmenbran wird von einer etwa 12 nm dicken Glykokalix überzogen. Bei der LS-Form wird sie nur von einem bestimmten Glykoprotein gebildet, das antigene Eigenschaften hat. Die Zellmembran ist trotz der unterlagernden Mikrotubuli nicht starr, also keine Pellicula wie bei den Ciliaten; sie wird durch einen Membranfluß in Form perlschnur-artig aufgereihter Blasen abgestoßen und aus dem Zellinneren ersetzt. Dadurch gelangt das Antigen in den Kreislauf des Wirtes. Seine Reaktion ist die Bildung eines entsprechenden Antikörpers. Da sich die frei umherschwimmenden Membranvesikel mit dem Glykoprotein des Trypanosoms auch an die Erthrozyten des Wirtes anheften, wird dort die ganze Kaskade der Komplementbindung mit der nachfolgenden Auflösung der Zellen in Gang gesetzt: Die Cytolyse von wirtseigenen Blutzellen beginnt. Es entsteht die für den Krankheitsverlauf typische hämolytische Anämie. Die Trypanosomen selbst entgehen zum größten Teil der Wirkung der Antikörper, indem sie bei der Regeneration der Membran ein anderes Gen für das Glykoprotein einschalten. Dadurch wird während der Membranregeneration eine andere Glykokalix eingebaut, dessen Glykoprotein als ein neues Antigen wirkt. Auch gegen dieses wird vom Wirt ein Antikörper gebildet, und die Trypanosomen reagieren erneut mit dem Wechsel einer Genaktivität. Bisher sind etwa 20 solcher Typenwechsel bekannt. Man bezeichnet die Trypanosomenformen, die einen solchen Wechsel vollziehen, als VAT = variable Antigentypen. Der Wirt kann also keine Immunität aufbauen, und die Trypanosomen überleben die Abwehrreaktion des Wirtes. Durch diesen Mechanismus ist auch eine passive Immunisierung als Schutzimpfung gegen die entsprechenden Erkrankungen nicht möglich. Es handelt sich um eine extrem vorteilhafte Anpassung an die endoparasitische Lebensweise im Blutplasma von Wirbeltieren. Bereits die aus der Speicheldrüse des Vektors stammenden infektionsfähigen Flagellaten besitzen eine Heterogenität der antigenen Moleküle, es handelt sich also nicht um eine einheitliche Population, die alle das gleiche Antigen in der Glykokalix besitzen. Auch dieser Tatbestand macht eine vorbeugende Immunisierung unmöglich.

Die trypomastigote LS-Form besitzt noch andere Anpassungen. Als Energielieferant für den Stoffwechsel steht vor allem die aus dem Blutplasma aufgenommene Glucose zur Verfügung, und ATP wird durch Substratphosphorylierung gewonnen (s. Schema 1; vgl. auch 2.1.4). Das Mitochondrium wird durch Einschmelzung der Fortsätze auf etwa 1/5 seines Volumens und der Membranoberfläche reduziert. Die Atmungskette und damit die ATP-Synthese wird unterbrochen, weil kein Cytochrom mehr synthetisiert wird. Auch der Tricarbonsäurezyklus ist funktionsunfähig, weil die Enzyme Citrat-Synthetase und Succinatdehydrogenase nicht mehr hergestellt werden.

Die Entwicklung zur LS-Form geht also mit einer Inaktivierung verschiedener Gene für den Grundstoffwechsel einher. Da auch keine Lactatdehydrogenase mehr entsteht, kann das eine Endprodukt der Glykolyse, das Pyruvat, nicht zu Lactat umgebaut werden und steht damit auch nicht mehr zur Resynthese von Glucose zur Verfügung. Glucose wird durch die Nahrung in unbegrenzter Menge aufgenommen. Da die Zellmembran für Pyruvat durchlässig ist, diffundiert es ins Blutplasma, die Trypanosomen scheiden also Pyruvat aus. Die notwendige Reoxidation von NADH wird auf einem ungewöhnlichen Wege vorgenommen: durch das Enzym L-Glycerin 3-phosphat Oxidase, das im Cytoplasma in kleinen Vesikeln (Microbodies) lokalisiert ist. Der zweite Weg im Cytoplasma führt vom Dihydrooxyacetonphosphat zum L-Glycerin 3-phosphat durch die Aktivität der Glycerin 3-phosphatdehydrogenase. Diese Stoffwechselwege sind von Bedeutung, weil heute durch die Hemmung des einen oder anderen Enzyms mit Chemotherapeutika (z.B. Salicylhydroxyaminsäure) der Versuch gemacht wird, das Wachstum der Parasiten zu hemmen. Ein weiteres wichtiges Ergebnis der Glycose bei den Trypanosomen ist die Möglichkeit eines spezifischen Abbaus von der Aminosäure Tryptophan (Schema 2). In Abhängigkeit von der hohen Konzentration des reduzierten NADH wird die Reoxidation durch die Bildung der Indolderivate unterstützt. In einem nicht näher geklärten Mechanismus scheinen diese Abbauwege eine wesentliche Regulation für die Reduktions- und Oxidationsvorgänge zu spielen. Das entstehende Tryptophol erweist

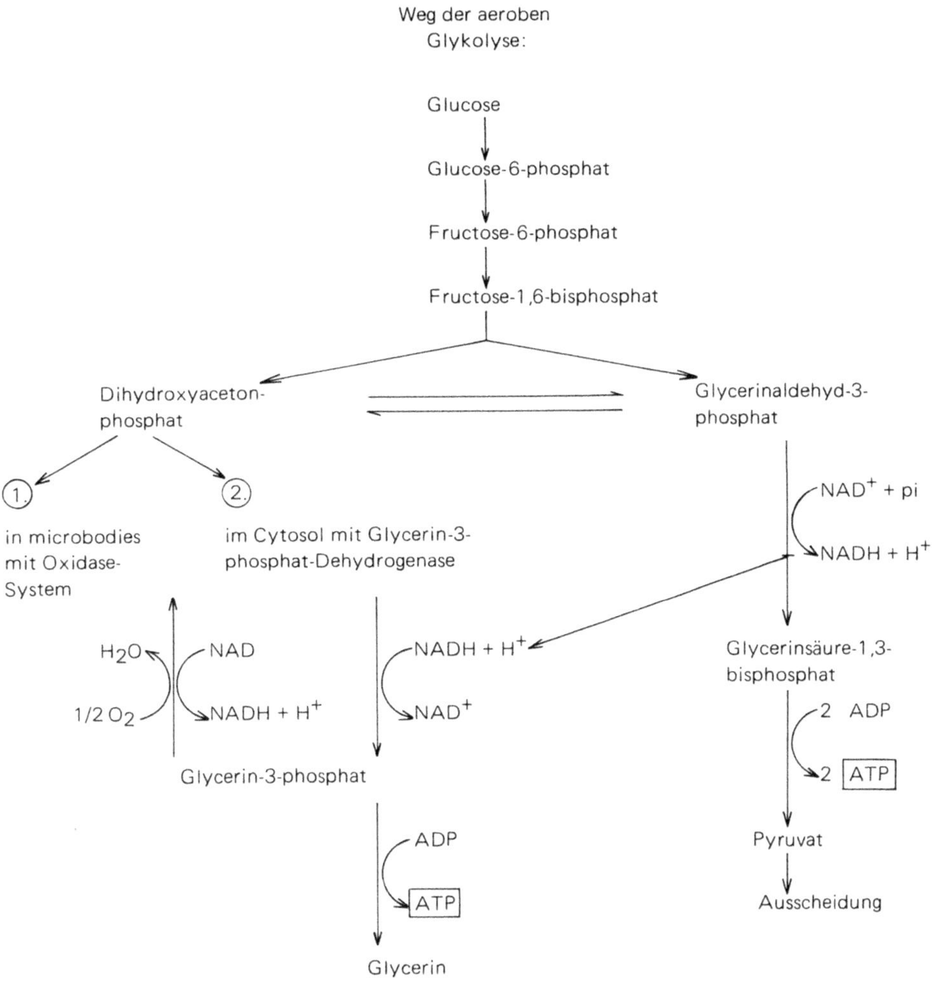

Schema 1

sich dabei als eine für den Wirtsorganismus toxische Substanz: sie wirkt auf das zentrale Nervensystem, senkt die Körpertemperatur und führt zu einem schlafähnlichen Lähmungszustand. Durch die Schädigung der Zellmembran von Gefäßwandzellen verlassen die Trypanosomen auch die Blutgefäße und dringen in das umgebende Gewebe vor (z. B. Leber, Niere, Gehirnhäute). Sie sind auch außerhalb der Blutgefäße lebensfähig und erzeugen Entzündungsherde im Gewebe. Die LS-Form der Trypanosomen ist spezialisiert auf eine schnelle Vermehrung. Eine Rückinfektion der Vektoren ist mit ihnen nicht möglich. Daher entwickelt sich im Blut des Wirtes eine zweite Form mit einem kürzeren und voluminöseren Zellkörper: die SS-Form (short stumpy). Diese Flagellaten sind kürzer und gedrungener in ihrer Zellgestalt (Länge ca. 12 μm). Ihr Zellvolumen ist um mehr als doppelt so groß wie das der LS-Form. Sie teilen sich nicht mehr, und ihr Mitochondrium wächst durch die Vergrößerung seiner Fortsätze. Stoffwechselphysiologisch sind

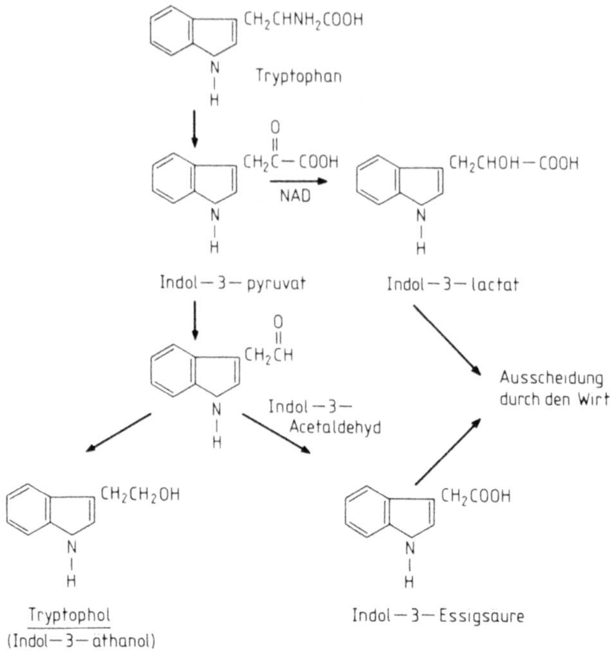

Schema 2

sie für den Übergang vom Wirt in den Vektor vorbereitet, indem der Tricarbonsäurezyklus jetzt vollständig funktioniert, aber in den Mitochondrien noch keine Cytochrome eingebaut worden sind. Sie gehören noch zur trypomastigoten Form, d.h., der Geißelansatz und der Kinetoplast befinden sich hinter dem Kern, also im hinteren Teil der Zelle. Das Auftreten zweier morphologisch und physiologisch verschiedener Typen eines Trypanosomenstammes in einem Wirt wird als *Pleomorphismus* bezeichnet.

Sticht eine Tse-tse Fliege einen infizierten Wirt und saugt dessen Blut, so nimmt sie beide Trypanosomenformen auf. Für die Flagellaten erfolgt ein tiefgreifender Wechsel ihrer Lebensbedingungen hinsichtlich Temperatur und chemischer Zusammensetzung ihres Milieus. Nur die SS-Formen überleben den Weg durch den Verdauungskanal des Vektors; sie besitzen zahlreiche große Vakuolen mit Reservestoffen. Sie gelangen schließlich in den Mitteldarm, wo sie sich in die typische Mitteldarmform umwandeln. Sie verlieren die dicke Glykokalix, werden zu einer langen und schlanken Zellform, wobei der Zellkern in die Mitte der Zelle verlagert wird und das Mitochondrium zahlreiche Fortsätze entwickelt. Geißelansatz und Region des Kinetoplasten werden bis fast zur Mitte der Zelle verlagert, bleiben aber noch hinter dem Kern; die Form ist also noch trypomastigot. Die Trypanosomen teilen sich und verlassen schließlich den Mitteldarm wieder, indem sie entweder die Darmwand durchdringen und mit der Hämolymphe bis zu den Speicheldrüsen getragen werden. Oder sie wandern den Darm aufwärts bis zur Region der Mundwerkzeuge und dringen von dort aus in die Speicheldrüsen ein. Dort erfolgt die dritte Umwandlung in die epimastigote Form (Bild 24). Die Geißel wird verkürzt, indem Kinetoplast und Geißelansatz zur Mitte der Zelle vor den Kern rücken, die Fortsätze des Mitochondriums machen diese Umgestaltung plastisch mit. Das Cytosom bleibt immer in der Region des Geißelsäckchens erhalten. Die Umgestaltung der Zelle erfolgt wahrscheinlich im Zusammenhang mit Zellteilungen und muß auch die Anordnung der Mikrotubuli betreffen. Die epimastigoten Flagellaten haften sich durch Zellkontakte mit ihrer Geißel an der Oberfläche der Drüsenzellen fest, die Tse-tse Fliege bleibt zeitlebens infiziert.

Der Entwicklungszyklus führt zu einer neuen infektionsfähigen Trypomastigotenform, denn durch Zellteilungen entstehen sogenannte metazyklische Trypanosomen. Bei der Teilung verlagert sich der Geißelansatz wieder zum Ende der Zelle, und das geteilte Mitochondrium beibt auf einer reduzierten, nicht verzweigten Form der Entwicklung stehen. Der Flagellat löst sich von den Drüsenzellen und bildet die dicke Glykokalix aus, die der epimastigoten Form fehlt. Die im Sekret der Drüse liegenden freien Trypanosomen sind für eine neue Übertragung fertig und infektionsfähig. Die Anpassung an den Stoffwechsel im Blutplasma ist vollzogen. Das Vorkommen von morphologisch und physiologisch unterschiedlichen Zellformen im Entwicklungszyklus ohne Einschaltung von sexueller Fortpflanzung wird bei den Trypanosomen als *Polymorphismus* bezeichnet.

Eine noch stärkere Umformung in Abhängigkeit von einem Wechsel zum intrazellulären Parasitismus läßt sich bei der südamerikanischen Trypanosomenart Trypanosoma cruzi zeigen. Dieser Flagellat ist pathogen für den Menschen und der Erreger der Chagas-Krankheit. Überträger (Vektoren) sind große Wanzen der Gattung Triatoma, Rhodnius, und Panstrongylus. Die Reservoire stellen zahlreiche infizierte wild lebende Säugetiere in Südamerika, aber auch Haustiere wie Hunde und Katzen dar. Die Bedeutung für den Menschen geht aus der Tatsache hervor, daß in verschiedenen Regionen von Brasilien und Argentinien bis zu 70 % der Bevölkerung infiziert sein könnten. Da der größte Teil der Erkrankungen chronisch ist, atypische Symptome macht und über lange Zeit als latente Erkrankung keine auffälligen Beschwerden entstehen, ergibt sich für die Gesundheit des Menschen noch eine wichtige Konsequenz. Bei Bluttransfusionen können von anscheinend gesunden Spendern Trypanosomen auf den Empfänger übertragen werden. Untersuchungen einer brasilianischen Blutbank haben ergeben, daß etwa 20 % der Blutkonserven mit Trypanosomen verseucht sind.

Die Übertragung der infektionsfähigen Trypanosomen erfolgt anders als bei den afrikanischen Formen. Die Wanzen als Vektoren sind vor allem nachtaktiv und bevorzugen beim Blutsaugen weiche Hautstellen vor allem der Schleimhäute (z. B. Lippenrand, Augenlid). Während oder unmittelbar nach dem Blutsaugen legen sie ein Tröpfchen Kot ab, in dem sich die infektionsfähigen Trypanosomen befinden. Die Flagellaten können direkt durch die Schleimhaut eindringen oder durch kleine oberflächliche Wunden in der Haut eingerieben werden, z. B. aufgrund des Juckreizes nach dem Wanzenstich. Die Infektion ist also eine Schmierinfektion; die infektionsfähige Trypansomenform entwickelt sich im Darm des Vektors. Aufgrund des Entwicklungszyklus werden die Trypanosomen als *Stercoraria* zusammengefaßt und gegenüber den *Speicheldrüsen-Trypanosomen* abgegrenzt. Da sie nicht mit dem Stich des Vektors in die Blutbahn injiziert werden, sondern in die Hautgewebe eindringen, geht auch der Entwicklungszyklus völlig anders vor sich und zeigt die Anpassungsfähigkeit der Flagellaten an die Lebensbedingungen.

Die eingedrungene trypomastigote Form von etwa 20 μm Länge dringt in einer bisher nicht genau bekannten Weise in die Zellen der umgebenden Gewebe ein und wandelt sich intrazellulär vollständig um. Die Geißel wird eingeschmolzen, die Glykokalix verschwindet, die langen Fortsätze der Mitochondrien werden resorbiert, und ein Cytostom in der Nähe der Geißelbasis entsteht. Das Ergebnis ist die amastigote (sphäromastigote, besser: promastigote) Form, die im Cytoplasma der Wirtszelle liegt. Die

Amastigoten sind klein und haben einen Durchmesser von 4–5 μm; durch ihre abgerundete Zellgestalt hat sich aber die Zahl der peripheren Mikrotubuli erhöht. Der gesamte Aufbau der Zelle ist also umgestaltet worden. Diese Form macht Vermehrungsteilungen in der Wirtszelle durch, wobei sie das Cytoplasma als Nahrung auffrißt. Die befallene Wirtszelle vergrößert sich, enthält in einer zentralen Vakuole die zahlreichen Trypanosomen und stellt eine Pseudozyste dar. Nach einer Inkubationszeit von 1 bis 3 Wochen folgt mit Zellteilung erneut eine Umwandlung der Flagellaten: es entstehen Übergangsformen zur epimastigoten und schließlich zur trypomastigoten Form. In allen Stadien ist die Zellatmung vollständig, die Cytochrome a, a_3, b und c sind vorhanden. Es besteht also ein wesentlicher Unterschied zu den afrikanischen polymorphen Trypanosomen. Eine dicke Glykokalix wird ausgebildet, und schließlich platzt die Pseudozyste, und die trypomastigoten Formen gelangen in den Blutstrom. Damit wird der akute Teil der Erkrankung beginnen, indem die Überschwemmung des Organismus mit den Trypanosomen charakteristische Krankheitssymptome auslöst. Das Ergebnis ist eine Streuung der Parasiten innerhalb des befallenen Wirtes, und der Zyklus des Eindringens in Wirtszellen und die Umwandlung in amastigote Formen beginnt erneut. Bevorzugte Lokalisierung der Trypanosomen sind die Muskelzellen, z. B. der großen Gefäße, des Herzens, der Speiseröhre und von Teilen des Darmkanals. Die Blutstromform der Trypanosomen besitzt kein Cytostom und nimmt wie die anderen Blutstromtrypanosomen die Nahrung durch Pinocytose im Bereich des Gleißelsäckchens auf. Nach einigen Wochen klingt die akute Phase ab, und die Trypanosomen haben sich in großer Menge intrazellulär eingenistet. Es beginnt die chronische Phase, in der nur noch vereinzelt Trypanosomen den Zyklus neu beginnen und für kurze Zeit im Blutstrom vorhanden sind; sie kann Jahrzehnte dauern. Die Blutstromformen werden beim Blutsaugen vom Vektor übernommen. Es gibt also keine besondere Vermehrungsform und keine Dauerform wie bei den afrikanischen Trypanosomen. Die Flagellaten werden nicht verdaut, sondern heften sich im Mitteldarm an die Epithelzellen an und wandeln sich in die epimastigote Form um. Sie machen Vermehrungsteilungen durch, und nach etwa 2 bis 4 Wochen werden ähnlich wie in den Speicheldrüsen der Fliegen durch Teilung aus den epimastigoten wieder trypomastigote Flagellaten, die eine Glykokalix ausbilden. Sie wandern in den Enddarm und sind die infektionsfähigen Trypanosomen, bereit für die Übertragung. Mit der Ablage von Kot werden sie ausgeschieden, und der Kreislauf im Wirt kann beginnen.

Die extreme Reaktionsfähigkeit durch den fast vollständigen Umbau der Zelle und Einstellung ihres Stoffwechsels auf die wechselnden Lebensbedingungen befähigt diese Protozoen, extreme Bedingungen einer endoparasitischen Lebensweise auszunutzen: die invasive trypomastigote Form ist im Blutplasma der Wirbeltiere, und sie ist fähig, intrazellulär in die Zellen des Wirtes einzudringen. Die amastigote Form hat die extreme Lebensweise des intrazellulären Parasitismus angenommen, kann aber durch Zellteilungen jederzeit Formen entwickeln, welche die Zelle verlassen können. Die trypomastigote Form übersteht die Bedingungen beim Wirtswechsel und das Milieu im Darmkanal des Vektors. Die nicht invasive epimastigote Form im Vektor überlebt die Bedingungen im Darmkanal und bleibt dort teilungsfähig, kann aber im Vektor nicht intrazellulär vordringen, ist daher auch nicht infektionsfähig bei der Übertragung auf den Wirbeltierwirt. Sie liefert aber die wieder invasive trypomastigote Form, die als invasives Stadium auf den Wirbeltierwirt übertragen wird.

2.2.3 Ciliata: Konsequenzen des Antriebs durch Cilienbewegung und der festen Zellgestalt

Die Ciliaten (Wimpertierchen) haben auf der Grundlage der alten Gengruppen für die Merkmale des Geißelbaues eine Sonderentwicklung eingeschlagen, indem sie die Bewegungsform durch Geißeln in einer extremen Form ausnutzen. Sie haben die Geißeln zu Cilien verkürzt, und ihre Zahl beträgt mehrere Hundert bis zu mehreren Tausend. Sie können die ganze Zelloberfläche bedecken oder in besonderen Zonen zusammengezogen sein. Nach der Anordung der Cilien, auch vor allem im Bereich des Cytostoms und des Cytopharynx, wird eine systematische Untergliederung dieser Protozoengruppen vorgenommen. Die charakteristischen Merkmale eines Ciliaten sind am Beispiel von Paramaecium in Bild 25 dargestellt. Die Konsequenzen aus der Vermehrung der Cilien sind ihre mechanische Verankerung und die Verfestigung der Zellperipherie. Es entsteht die sogenannte Pellicula, die aus verschiedenen Elementen zusammengesetzt ein kompliziertes Ordnungsmuster erhält (Bild 25 b).

Die Zelle muß sich selbst in einen Verstärkungspanzer einsperren, dessen Struktur weitgehende Konsequenzen für die Lebensweise hat. Die Cilien werden in regelmäßigen Reihen angeordnet, ihre Basis durch fibrilläre Proteine in Form von Kinetodesmen verankert. Zwischen die Cilien werden Membranvesikel (Alveolen) im peripheren Plasma so angeordnet, daß die Zelloberfläche durch Längsreihen oder komplizierte (z.B. hexagonale) Muster vorgewölbt ist. Unterlagert wird die Struktur der Peripherie von einer Schicht gebündelter Mikrotubuli, die sich überkreuzen. Morphologisch und funktionell zeigt die Zelle eine klare Polarität: vorderer und hinterer Pol; die Seite mit Cytopharynx und Cytostom ist die ventrale, die gegenüberliegende Seite die dorsale Fläche. Bei festsitzenden Ciliaten (z.B. Vorticella, Stentor) werden diese Polaritäten durch die Anlage einer breiten Mundplatte abgewandelt. Die Grundlage der Differenzierung der Zelloberfläche in Form einer Pellicula ist die kortikale Einheit; sie besteht aus ein oder zwei Cilien und den sich darum gruppierenden Strukturen, die sich in jeder Einheit in ähnlicher Weise wiederholen. Beim Zellwachstum und nach einer Zellteilung müssen diese kortikalen Einheiten neu aufgebaut werden. Neben den Genen für die Struktur der Cilien (siehe oben) sind zahlreiche weitere Gene für den Aufbau bestimmter kortikaler Proteine notwendig. Es sind mehrere Proteine nachweisbar, die nur in der Pellicula vorkommen und im übrigen Cytoplasma nicht eingebaut sind. Eine Ergänzung (Regeneration) beginnt in der Regel damit, daß die Basalkörper (Kinetosomen als Derivate der Zentriole) vermehrt werden, sich in die Anpassung an die bereits bestehenden Muster der Pellicula anordnen und dann die Organisation der umgebenden Struktur einsetzt. Die Einordnung der kortikalen Einheiten muß sich nach der Zellpolarität ausrichten. Die Bewegungsrichtung der Cilien wird durch ihren Ansatz in der kortikalen Einheit bestimmt und kann nicht mehr verändert werden. Bei einer fehlerhaften Verschmelzung zweier Zellen während der Konjugation, des speziellen Sexualvorganges der Ciliaten, kann bei einem der beiden Zellen ein um 180° gedrehtes Stück einer Pellicula des Partners ausgetauscht werden. Der Fehler in der Anordnung der Cilien, die jetzt gegen die Richtung der übrigen Cilien schlagen, kann nicht korrigiert werden; bei Zellteilungen wird diese falsche Orientierung auf die Tochterzellen weitergegeben. Das einmal entstandene gedrehte Muster wird bei den Teilungs- und Wachstumsvorgängen immer wieder ergänzt. Die Ergänzung kortikaler Einheiten beim Wachstum kann durch eine Hemmung der Proteinsynthese gestoppt werden, so daß unvollständige Strukturen entstehen. Wird die Hemmung aufgehoben, so werden die unfertigen Strukturen eingeschmolzen, und ein neuer Satz vollständiger kortikaler Einheiten entsteht.

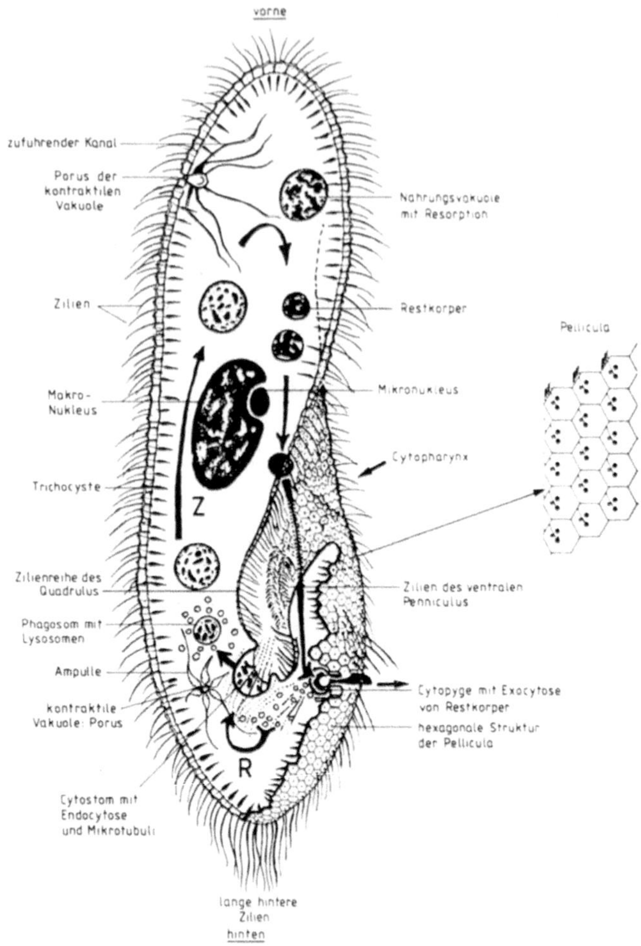

Bild 25a$_1$

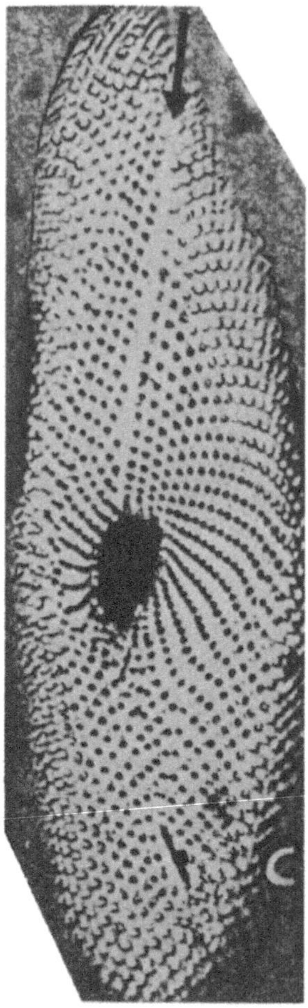

Bild 25a$_2$

Bild 25

Ciliaten und ihre Oberflächenstruktur

a$_1$) Paramaecium (Pantoffeltierchen) mit Bewimperung auf der gesamten Zelloberfläche, halbschematisch teils im Schnitt, teils von der Oberfläche gesehen; ventraler Cytopharynx, der zum Cytostom führt. Pfeile und Z geben den Weg der Phagosomen bzw. der Heterophagolysosomen durch den Zellkörper bis zur Exocytose an der Cytopyge an: sog. Zyklose. Bei R = Rücknahme von Zellmembran durch Endocytose und Weitergabe an das Cytostom. Inset re: Ausschnitt aus der corticalen Pelliculastruktur mit zentralem Ansatz der Geißeln und den unterlagernden Fibrillen (vgl. Bild 25c)

a$_2$) Ventrale Ansicht mit Darstellung der corticalen Einheiten durch Silberimprägnation, am Pfeil die Ventralnaht,
C Cytopyge; reihenförmige Anordnung der Einheiten (aus Tamm et al., 1975)

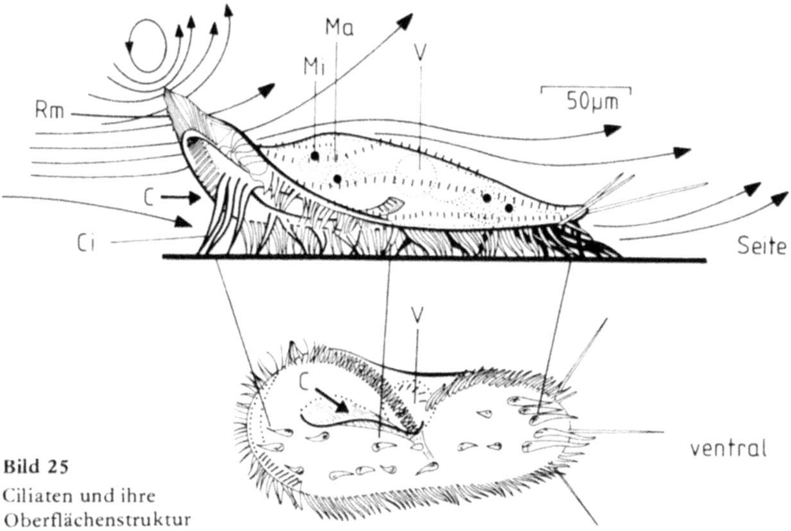

Bild 25
Ciliaten und ihre Oberflächenstruktur

b) Stylonychia, Ansichten von der Seite und von ventral; stark abgeflachte Form mit ventralen modifizierten Geißeln (Ci = Cirren) zur Fortbewegung auf einer Unterlage, Rm = Randmembranellen zur Wasserbewegung (Pfeile) und zum Einstrudeln von Nahrungsteilchen in den ventral gelegenen Cytopharynx (C) mit Cytostom. Ma Makronukleus, Mi Mikronukleus, V kontraktile Vakuole (aus Machemer, 1977)

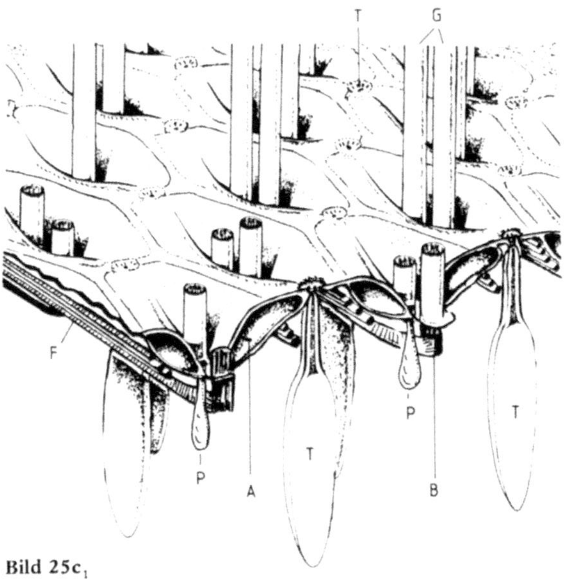

Bild 25c$_1$

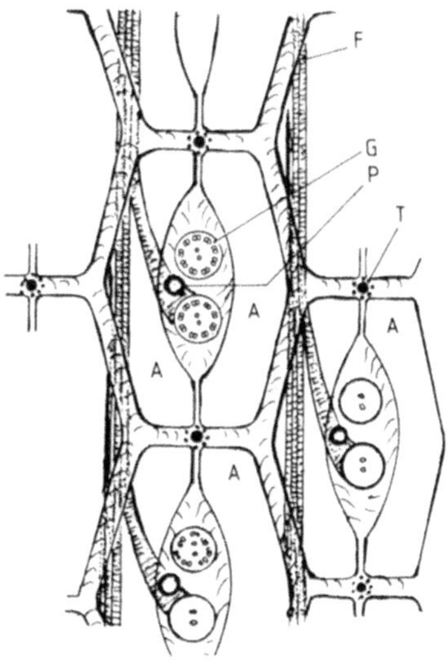

Bild 25c$_2$

c) Struktur der Pellicula bei Paramaecium

1 halbschematische Aufsicht auf die eröffnete Pellicula; durch die Alveolen (A) wird ein hexagonales Muster von gewölbten Feldern erzeugt, in deren Einsenkungen die Geißeln (G) stehen, alternierend dazu liegen die Ansatzstellen der Trichocysten (T). Die Basalkörper (B) der Geißeln sind durch Fibrillen (F) der sog. Kinetodesmen verankert (verändert nach Jurand, 1969)

2 Aufsicht auf die corticalen Einheiten und die Lage der Alveolen sowie den Verlauf der Fibrillenbündel (Kinetodesmen)

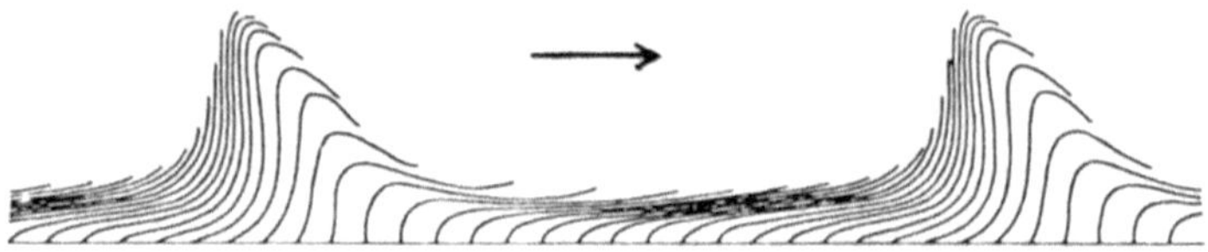

Bild 25c$_4$

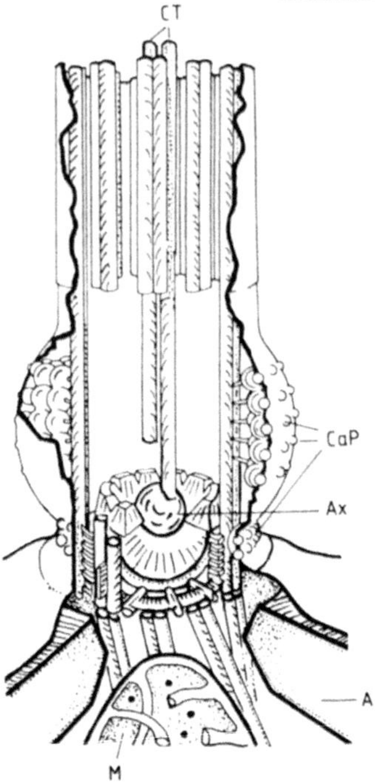

Bild 25c$_3$

Bild 25

Ciliaten und ihre Oberflächenstruktur

c) Struktur der Pellicula bei Paramaecium

3 Basis einer Geißel, halbschematisch und geöffnet; an der Basis die Ca-Poren (CaP) in der Zellmembran, aufgeschnittene Alveolen (A), zwischen die sich Mitochondrien (M) zur Versorgung der Geißel mit ATP schieben. Einer der zentralen Tubuli (CT) ist im Axosom (Ax) verankert, das von platten- und ringförmigen Verstärkungselemten unterlagert wird (vgl. Bild 19), (verändert nach Dute und King, 1978)

4 Darstellung des wellenförmigen Cilienschlages auf der Oberfläche von Paramaecium, der durch zeitliche Folge der Verbiegung der in einer Reihe angeordneten Geißeln als Metachronie entsteht (aus Machemer, 1974)

Die komplizierte Struktur der Pellicula und die Notwendigkeit ihrer Erhaltung schränken bei der Ciliatenzelle die Möglichkeiten einer Plastizität, wie sie bei den Trypanosomen vorhanden ist, ein. Der selbst hergestellte Käfig der Pellicula macht eine Reihe von neuen Erfindungen notwendig, um das Überleben zu ermöglichen; es handelt sich um echte Neoseme, deren Merkmalsgruppen bei anderen Protozoenstämmen nicht vorhanden sind. Die Abstammung der Ciliaten ist bis heute nicht geklärt, fossile Funde fehlen. An drei Beispielen soll gezeigt werden, durch welche zellbiologischen Anpassungen das Überleben der bestehenden Formen ermöglicht wird.

a) Es gibt heute nur etwa 10000 Arten von Ciliaten; ihr Aufbau ist in den Grundzügen gleichförmig. In ihrer Lebensweise sind sie ökologischen Nischen angepaßt, die zum Teil extreme Lebensbedingungen bieten. So kommen Ciliaten als lebenswichtige Symbionten im Magensaft von Wiederkäuern vor, aber auch in der Verdauungsflüssigkeit von fleischfressenden Pflanzen. Sie sind in antarktischen Seen ebenso zu finden wie in tropischen Lagunen mit extrem hohem Salzgehalt. Schließlich gehören einige Ciliaten zu den wenigen Eukaryonten, die obligate Anaerobier sind, d.h. freien Sauerstoff nicht ertragen können. Solche Formen leben im Faulschlamm oder in der sauerstofflosen Zone unter dem Sand einer Sedimentationsschicht. Sie können auch durch langsame Umstellung unter Kulturbedingungen nicht an Sauerstoff gewöhnt werden.

Die kortikalen Einheiten bilden auf der Zelloberfläche ein Muster, das die Grundlage für eine geordnete Fortbewegung durch die in Reihen angeordneten Cilien ist. Diese schlagen nicht alle gleichzeitig (synchron), sondern durch eine von vorn nach hinten durchlaufende Welle von Erregung (siehe unten) in geordneter Weise nacheinander (metachron). Durch die Bewegung der Cilien entsteht ständig ein hoher Verbrauch von ATP; ein Stillstand der Cilien im lebenden Tier ist nicht möglich. Die Schlagfrequenz der Cilien liegt bei 20–40 Hz, in den Reihen des Oralapparates werden sehr viel schnellere Cilienschläge (bis 100 Hz) erreicht. Daher sind Mitochondrien in unmittelbarer Nähe der Geißelwurzel zwischen die Strukturen der Kortex eingelagert. Der hohe Energieverbrauch erzwingt eine unaufhörliche Nahrungsaufnahme (z.B. von Blaualgen, Bakterien, Algen oder von Protozoen).

Die Zellen haben keine Gelegenheit, Reservestoffe aufzubauen und einzulagern (nur in wenigen Fällen sind Lipidtropfen bekannt); die Zellen befinden sich in einem Dauerzustand des Hungers. Nahrung muß entweder aktiv aufgesucht werden, wie z.B. bei räuberischen Ciliaten, die andere Protozoen als Nahrungsquelle benutzen, oder sie muß durch die Bewegung der Cilien herangestrudelt werden. Die Region des Zellmundes (Oralapparat) wird daher kompliziert aufgebaut und ist sehr leistungsfähig. Gruppen von Cilien werden zusammengefaßt und durch Verschmelzung der Glykokalix als Schlageinheiten (Cirren) benutzt. Reihen von Cilien können verklebt werden und wie eine undulierende Membran wirken: Membranellen. Für den Freßvorgang selbst und die Exkretion müssen neue Systeme des Membranflusses eingeführt werden, da die Zellmembran auf der Oberfläche nicht mehr verschieblich ist. Die für eine Phagocytose zur Verfügung stehende Membranfläche beschränkt sich auf einen ganz kleinen Bereich im Grunde des Oralapparates (Gastriole), so daß dort auch die Membran sofort ergänzt werden muß. Dies geschieht durch den Zufluß von Membranvesikeln, die aus alten Nahrungsvakuolen stammen und durch eine gerichtete Anordnung von Mikrotubuli in die Zone des Oralapparates zurückströmen. Es entsteht also ein spezielles recycling der bei der Endocytose verwendeten Membran. Vakuolen mit nicht verwertbaren Nahrungsresten müssen in der Nähe des Oralapparates an einer besonderen Zone exocytiert werden, weil die kortikale Struktur eine Ausschleusung an andere Stellen der Zelloberfläche unmöglich macht: es entsteht ein Zellafter (Cytoproct). Durch die fixierte Lage der Stellen für Endo- bzw. Exocytose werden die Nahrungsvakuolen (Phagosomen) mit der Plasmaströmung in einem regelmäßigen Zyklus durch die Zellen transportiert (Zyklose), um sie mit Lysosomen in Verbindung zu bringen und die Resorption der aufgelösten Nahrung zu ermöglichen. Auch hier werden durch gerichtete Mikrotubuli die für die Exocytose bestimmten Vakuolen an die Zelloberfläche herangeführt, so daß nur an dieser präformierten Stelle eine Exocytose der Nahrungsreste erfolgt. Die überschüssige Membran wird durch Mikropinocytose sofort ins Zellinnere zurückgeholt. Die Membranregeneration auf der Zelloberfläche und auf den Wimpern wird durch kleine, ebenfalls an bestimmten Stellen der kortikalen Einheiten liegende Pinocytoseblasen (parasomale Säcke) durchgeführt, so daß auch in dieser Hinsicht die kortikalen Einheiten selbständig sind. Die Zelloberfläche des Ciliaten ist also in verschiedene festliegende Funktionszonen eingeteilt.

Die Zellteilung wird dementsprechend zu einem komplizierten Unternehmen. Das Cytoskelett aus den verschiedenen Typen von Fibrillen ist in Form eines Epiplasmas auf eine dünne Schicht unmittelbar unter der Zellmembran zusammengezogen, weil die übrigen kortikalen Strukturen keinen Platz lassen. Die Schicht wird bei der Zellzerschnürung durch die Mobilisierung der Actin- und Myosin-Filamente aktiv. Der polare Aufbau der Ciliatenzelle macht eine gleichförmige Zellteilung unmöglich; wie immer auch die Teilungsebenen liegen, es müssen ungleichwertige Tochterzellen entstehen. Charakteristisch ist daher für alle Ciliaten eine Querteilung, so daß eine vordere Zelle (Proter) und eine hintere Zelle (Opisthe) als Tochtertiere entstehen (Bild 26). Nach der Teilung der Zellkerne (s. unten) und ihrer Verteilung in den vorderen und hinteren Teil der Zelle werden die Wimpern im Bereich einer Querfurche eingeschmolzen. Der alte Oralapparat bleibt erhalten und gehört zur vorderen Tochterzelle. In einer bestimmten Zone der Ventralseite im hinteren Abschnitt der Zelle wird ein vollständig neuer Oralapparat als Anlage ausgebildet. Durch die Neubildung von Kinetosomen

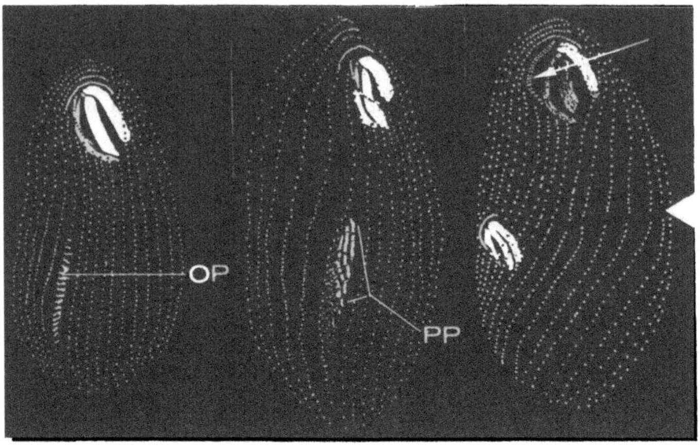

Bild 26

Teilung von Ciliaten

a) Glaucoma, Lage der Basalkörper (dargestellt durch Versilberung), von li. nach re.: Anlage des neuen Mundfeldes (OP = orales Primordium) auf der ventralen Seite der Zelle; Auswachsen zu geordneten Cilienreihen PP; Beginn der Teilung in der Mitte (Pfeil) und Umorganisation der alten Oralregion (dünner Pfeil) und einer neuen Oralregion (aus Peck, 1974)

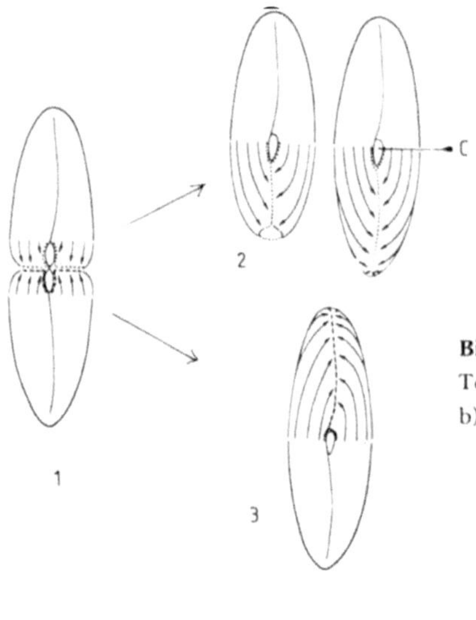

Bild 26

Teilung von Ciliaten

b) Paramaecium, Wachstum nach der erfolgten Querteilung.
   1 Teilungsfurche und die beiden Oralapparate
   2 Wachstum im hinteren Teil des Proter
   3 Wachstum im vorderen Teil des Opisthe
   C Cytopharynx
   (aus Schwartz, 1973)

im Bereich einer ventralen Cilienreihe entstehen neue Centriolderivate, die sich an die Zelloberfläche verschieben. Unter Verdrängung der alten Cilienreihen organisieren sie hier das Muster eines neuen Oralapparates, der von einem entsprechenden Netz neuer Mikrobutuli unterlagert wird. Das alte Muster der ventralen Zelloberfläche wird also im Bereich der Oralanlage umgeformt und zu dem feststehenden Muster der Reihen von Cirren und Membranellen umgewandelt. Dieser Vorgang steht unter der Kontrolle eines Genes, das in einer nicht näher bekannten Weise die Induktion einer ganzen Anlage bewirkt. Durch die Mutation dieses Genes können Zellstämme (z.B. bei Tetrahymena) entstehen, deren Individuen spiegelbildlich aufgebaut sind und zwei Oralapparate tragen. Nach der Durchschnürung durch einen aktivierten Ring von Actin- und Myosin-Filamenten trägt die vordere Tochterzelle den alten und die hintere den neu aufgebauten Oralapparat. Beide Tochterzellen regenerieren auf der Teilungsfläche das kortikale Muster im Anschluß an das erhalten gebliebene alte Muster; sind kontraktile Vakuolen vorhanden, so müssen auch diese ergänzt werden.

Die besondere Struktur der Zellmembran wird auch in der Anlagerung der sogenannten Extrusionsorganellen sichtbar. Darunter versteht man membranumschlossene spezielle Sekretstoffe, die in der Zelle synthetisiert werden. Sie dienen z.B. in Form der Trichocysten, Mucocysten als Abwehrstoffe gegen andere Protozoen, in Form von Toxicysten bei räuberischen Ciliaten zur Lähmung des Beutetieres. Solche Organellen werden in die Kortex transportiert und dort in die kortikalen Einheiten eingebaut. Die Stelle, an der sie die Zellmembran berühren, ist durch einen doppelten Kranz aus großen integrierten Membranproteinen gekennzeichnet. Sie funktionieren bei einer Reizung der Membran als Ca-Poren; werden sie geöffnet, so wird Calcium in die Zelle hineintransportiert, so daß durch aktivierte ATPase ATP gespalten werden kann. Als Resultat verschmelzen Zellmembran und Membran des Organells und innerhalb von 1 ms kommt es zum Ausstoßen des Sekretproduktes. Aufbau und Einlagerung dieser Extrusionsorganelle werden von Genen bestimmt, von denen zahlreiche Mutationen bekannt sind. Bei Paramaecium werden normalerweise etwa 4 000 Trichocysten eingebaut. Fehlen bei einer Mutation die Trichozysten oder werden sie unvollständig ausgebildet und nicht an die Oberfläche transportiert, so ist in der kortikalen Einheit trotzdem die Stelle des vorgesehenen Einsatzes durch den Doppelring der Moleküle markiert. Aufbau der kortikalen Einheit und Herstellung der Trichocysten werden also von verschiedenen Genen kontrolliert. Die Lage des Trychocysteneinsatzes ist innerhalb der kortikalen Einheit festgelegt.

b) Die Notwendigkeit des Besitzes einer Pellicula zur Verankerung des Bewegungsapparates hat es offensichtlich unmöglich gemacht, daß die Ciliaten für einen Sexualvorgang Gameten bilden können. Die Entstehung einer kleinen Zygote mit den nachfolgenden Wachstumsvorgängen ist wahrscheinlich mit der Herstellung einer neuen Pellicula unvereinbar gewesen. Die Ciliaten haben daher einen speziellen Sexualvorgang entwickelt: die *Konjugation*. Für eine kurze Zeit (mehrere Stunden) werden die Zellen zu Gamonten, verschmelzen teilweise mit den Zelloberflächen und tauschen wechselseitig Zellkerne und Cytoplasma aus. Es wird damit das gleiche erreicht wie mit der Verschmelzung von Gameten, nämlich eine genetische Rekombination. Mit dem Zellkern erhält jede Zelle einen vollständigen (haploiden) neuen Chromosomensatz. Die Vorgänge der sexuellen Fortpflanzung sind hier gewissermaßen konzentriert worden auf den entscheidenden Vorgang einer neuen Kombination von zwei Gensätzen. Die eigentlichen Aufgaben der Gameten, nämlich Aufsuchen des Partners, die Verschmelzung und die daraus resultierende Folge von Vermehrungsteilungen des neuen Individuums werden von den Gamonten selbst übernommen. Der bei der Konjugation übernommene Zellkern des Partners verschmilzt mit dem in der Zelle verbliebenen anderen Zellkern zum diploiden Synkaryon. Voraussetzung ist, wie bei der Gametenbildung, daß vor der Verschmelzung der Partner die Kerne die Reifeteilung durchmachen. Tatsächlich werden während des Konjugationsvorganges durch die beiden Reifeteilungen vier Zellkerne entstehen, von denen drei aufgelöst werden und der eine verbleibende sich noch einmal teilt: es entstehen der für den Austausch vorgesehene sogenannte Wanderkern und der in der Zelle verbleibende stationäre Kern. Nach dem Kernaustausch trennen sich die beiden Konjugationspartner wieder. Sie beginnen mit einer ersten vegetativen Vermehrungsteilung, es folgen dann noch über einen Zeitraum von mehreren Wochen oder sogar Monaten Hunderte von weiteren Vermehrungsteilungen, ehe wieder eine Konjugationsphase eingeschoben wird. Ein Generationswechsel ist also nicht vorhanden. Da die Zelle nach der Konjugation mit ihrem neuen Genbestand eine große Zahl von Individuen mit dem gleichen Genbestand erzeugt, entsteht ein neuer Zellstamm: ein Klon. Die Individuen führen sich alle auf Zellen mit einem neuen Genbestand zurück.

Die Ciliaten zeichnen sich durch einen *Kerndualismus* aus: die Zellen haben mindestens einen *Mikronukleus* und einen *Makronukleus* (vgl. Bild 25 a). Der Genbestand für den Kernaustausch und die vorhergehenden Reifeteilungen ist im Mikronukleus zusammengefaßt; er ist diploid und stammt in direkter Folge aus dem Verschmelzungskern (Synkaryon). Damit ist eine der Keimbahn vergleichbare Sonderung des genetischen Materials für den Sexualvorgang erfolgt. Die Gene werden in einem inaktiven Zustand gehalten und haben mit den Aktivitäten der Zelle zunächst nichts zu tun. Der Makronukleus stammt als sogenannte Makronukleusanlage aus der ersten Kernteilung, die nach der Konjugation von dem neu entstandenen Synkaryon durchgeführt wurde. Vor der ersten Zellteilung werden beide Kerne noch einmal geteilt. Im einzelnen können bei den verschiedenen Formen der Ciliaten die Zahlen von Mironukleus und Makronukleus und ihre Teilungsfolgen variiert sein. Wie diese Verhältnisse entstanden sein können, zeigt noch eine sehr primitive Art (Stephanopogon) einer Ciliatengruppe (Gymnostomatida), die als sehr ursprünglich angesehen wird. Stephanopogon hat zwei gleichwertige Kerne, und Sexualvorgänge in Form einer Konjugation sind nicht ausgebildet. Statt dessen können beim Wachstum durch Kernteilungen bis zu 16 Zellkerne entstehen. Darauf kapselt sich die Zelle ab, und durch eine multiple Zellteilung bekommen die Zellkerne Plasmaportionen zugeteilt, und es entstehen in der Zyste 16 neue kleine Individuen. Sie enthalten alle einen Teil der kortikalen Grundeinheiten, und das weitere Wachstum wird dadurch eingeleitet, daß der Zellkern sich teilt und damit zweikernige Individuen entstehen. Dieser Vorgang ist mit der Agamogonie der Vermehrungsteilungen bestimmter Rhizopoden (siehe oben) vergleichbar. Die Entwicklung eines Makronukleus bei allen anderen Ciliaten zeigt zellbiologisch außerordentlich aufschlußreiche Phänomene. Für die komplizierte Differenzierung und die Stoffwechselaktivität genügt offensichtlich der diploide Genbestand, der durch den Mikronukleus eingebracht worden ist, nicht. In der Anlage des Makronukleus wird der Genbestand vervielfältigt. Die DNA der Chromosomen besteht nur z.T. aus den Nukleotidsequenzen der Informationseinheiten der Genabschnitte, sie machen aber nur etwa 45% der DNA aus. Mehr als die Hälfte wird durch repetitive DNA eingenommen, welche die Genabschnitte voneinander trennt. Dieser Zustand des komplexen Chromosomenaufbaus wird im Mikronukleus beibehalten. Während der Entwicklung der Makronukleusanlage zerfallen die Chromosomen durch den Abbau der repetitiven DNA in zahlreiche kleinere Genabschnitte. Bei Stylonychia (Bild 25) sind die Prozesse des Umbaus genauer bekannt. Sie entsprechen im wesentlichen dem, was in der Makronukleusanlage aller Ciliaten geschieht. Schließlich sind etwa 10000 einzelne Genabschnitte im Makronukleus vorhanden, bei anderen Arten sind es 17000 Genabschnitte. Sie werden durch eine spezielle Synthesephase vermehrt (Genamplifizierung), so daß schließlich etwa 15000 Kopien eines jeden Genabschnittes vorhanden sind, also 150 Mill. Chromosomenstücke! Die hohe Zahl von Nukleolen in einem Makronukleus zeigt, daß auch die ribosomale RNA (rRNA) an Chromosomenstücken hergestellt wird, in denen etwa 40 bis 50 Gene für rRNA hintereinander verbunden bleiben. Nur die im Makronukleus vermehrten Gene werden für den Stoffwechsel verwendet und bestimmen damit das Aussehen und die Physiologie. Daraus ergibt sich eine sehr wesentliche Konsequenz: Bei den Zellteilungen werden die Makronuklei nicht durch eine reguläre Mitose geteilt, sondern durch eine Zerschnürung des Kernes (Amitose). Wie im einzelnen die Verteilung des Genmaterials in den Kernen bei der Teilung sich vollzieht, ist unbekannt. In den Tochterzellen werden die Genabschnitte in den Makronuklei erneut vermehrt. Dadurch kommt es zu einer zufallsmäßigen Verteilung des Genbestandes, die nach einigen Zellteilungen in den Zellen sichtbar wird. Nach etwa 40 bis 50 Teilungen entstehen Zellstämme (Unterklone), deren Zellen nur noch eines der möglichen Allele in den Merkmalen zeigt, bzw. nur noch eines in einer bestimmten Kombination mit anderen Merkmalen vorhanden ist. Nimmt man zunächst den heterozygoten (mischerbigen) Zustand im Mikronukleus an: die Eigenschaft soll durch zwei Varianten (Allele), nämlich A und a, vorhanden sein. Eine andere Eigenschaft ist im heterozygoten Zustand durch die Merkmalspaare B und b gekennzeichnet. Die Gene gehen in den Makronukleus ein, wo sie vermehrt werden. Durch die merkwürdige Art der Amplifizierung und der Verteilung auf die Tochterzellen überwiegt schließlich bei den Zellen eines Unterklons nur noch A und b. Die Merkmalsausprägung gehorcht also diesen beiden Genfaktoren, und es sieht aus, als ob diese Allele dominant seien. Andere Stämme werden die Allele a und b zeigen, wieder andere A und B usw. Im allgemeinen bleibt jedoch trotz dieser Zufallsverteilung der Genbestand vollständig; bei vielen Ciliaten ist aber bekannt, daß nach mehreren Hundert Teilungen (500 oder mehr) Alterungserscheinungen auftreten, so daß die Zellstämme sich nicht mehr teilen und schließlich absterben, wenn keine neue Konjugation eingeleitet wird. Das läßt darauf schließen, daß über eine gewisse Zeitspanne hinweg die Regulation zur Erhaltung des vollen Genbestandes nicht ausreicht. Die Konjugation führt über die Verschmelzung der Mikronuklei der Konjuganten wieder zur Regeneration einer neuen Makronukleusanlage und damit zu einer erneuten Vervollständigung des Genbestandes, und zwar für den Zellstoffwechsel. Der Mikronukleus konserviert also den vollständigen diploiden Genbestand, der Makronukleus amplifiziert den Genbestand für die Aktivität der Zelle während der schnellen vegetativen Vermehrungsphasen.

Eine weitere Konsequenz muß sich aus dem Besitz zweier verschieden aktiver Kerne und dem Entstehen des Sexualvorganges ergeben haben. Die Paarung der Zellen in der Konjugation und der Kernaustausch nehmen Prozesse vorweg, die für die vielzelligen Organismen lebensnotwendig sind: Zellkontakte; bei den Ciliaten führen sie zur Auswahl von Partnern für eine genetische Rekombination. Es würde sich keine Veränderung ergeben, wenn Zellen eines Klons untereinander zur Konjugation kämen und damit genetisch identische Kerne austauschten. Nur Mutationen, die in einem Tier entstehen, würden auf eine zweite Zelle übertragen werden können und in einem begrenzten Klon weitergegeben werden. Eine weitergehende Rekombination fände nicht statt. Zellkontakte und nachfolgende partielle Zellverschmelzung hängen von der Anwesenheit bestimmter Glykoproteine in der Membran ab. Diese Moleküle sind während des vegetativen Wachstums und der Teilungsphasen nicht vorhanden, sondern werden erst vor dem Beginn der Konjugationsbereitschaft synthetisiert. Auslöser der Synthese sind spezifische Geschlechtsstoffe: *Gamone*, die von anderen Individuen hergestellt werden und in vielen Fällen ausgeschüttet werden können. Die Auslösung zur Gamonbildung wird durch äußere Faktoren (z. B. Tag-Nachtrhythmus, Nahrungsmangel u.a.) bedingt. Wesentlich ist dabei, wie schon oben erwähnt, die Zahl der bereits abgelaufenen Zellteilungen in einem Klon, d.h. das Alter des Zellstammes. Es muß erst gewissermaßen ein Reifestadium erreicht sein, ehe die Auslösung zur Konjugationsbereitschaft einsetzen kann. Die Gamone können Glykoproteine sein, aber auch relativ einfache Moleküle (Bild 27). Im letzten Fall erfolgt ihre Herstellung durch Umbau der Aminosäure Tryptophan, und es ergibt sich eine sehr wichtige Parallele zu Neurotransmittern von vielzelligen Organismen.

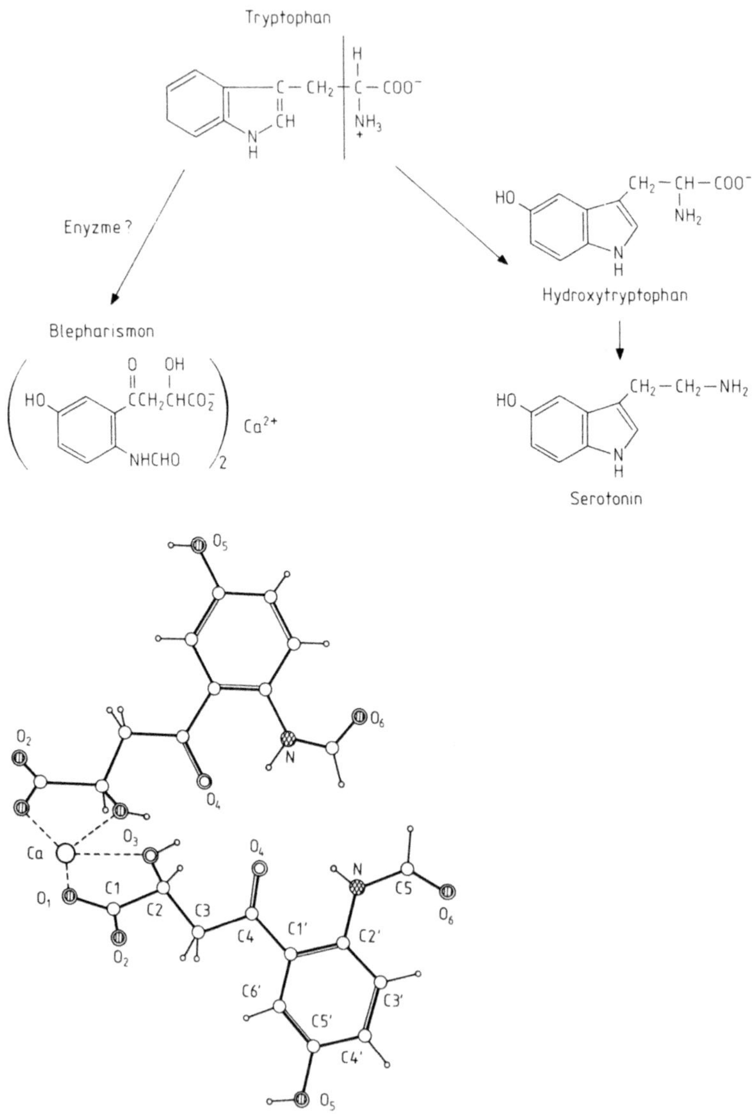

Bild 27
Das Gamon Blepharismon (2 Moleküle an Ca gebunden) im Vergleich zu Tryptophan als Ausgangssubstanz und Serotonin als Neurotransmitter (nach Miyake, 1978)

Außer dem Gamon enthalten Ciliaten auch weitere Monoamine, nämlich Epinephrin (Adrenalin) und Serotonin, beides Neurotransmitter vom Catecholamintyp. Abbauende Enzyme (Monoaminoxidase und Catechol-o-methyltransferase) sind in Ciliaten vorhanden. Auch Acethylcholin muß eine Rolle spielen, da man das Enzym zum Abbau, die Acetylcholinesterase, ebenfalls gefunden hat. Mit der Aufnahme des Gamons beginnt für die Zelle die physiologische Umstimmung auf den Zustand des Gamonten. In wenigen Minuten setzt eine intensive Proteinsynthese ein, es entstehen spezifische Membranproteine. Durch eine Hemmung dieser Synthese läßt sich die Entstehung der Konjugationsbereitschaft verhindern, sie ist also unbedingt für den weiteren Ablauf der Vorgänge notwendig. Die Proteine werden nun nicht gleichmäßig in die Zellmembran eingebaut, sondern entsprechend der Polarität nur auf der Ventralseite, und dort bevorzugt in die Zellmembran der Cilien. Bei anderen Ciliaten, z.B. Paramaecium, werden keine Gamone in die Umgebung ausgeschieden, sondern die in der Membran der Ventralseite vorhandenen Glykoproteine wirken bei der Berührung mit einer anderen Zelle. Entscheidend ist bei allen Ciliaten, daß die für die Konjugationsvorbereitung spezifischen Membranproteine sich bei den verschiedenen Individuen unterscheiden, d.h. sie müssen komplementär zueinander sein. Nur dann können die Cilien der Ventralseite der beiden Protozoen aneinander haften. Die Synthese unterschiedlicher Membranproteine wird entweder durch verschiedene Genorte oder durch Allele eines Genortes bedingt. Da die amplifizierten Gene des Makronukleus für den Stoffwechsel der Ciliatenzelle allein maßgebend sind, kommt es also nur zur Ausbildung eines solchen typischen Membranproteins, wenn im heterozygoten Zustand zwei Allele im Mikronukleus vorhanden sind (siehe oben). Durch die Spezifität der Zellmembran entstehen sogenannte Paarungstypen. Ihre Zahl kann bei den verschiedenen Ciliatenformen unterschiedlich groß sein: bei Stylonychia sind 48, bei Euplotes minuta 14, und bei Euplotes vannus 7 Paarungstypen festgestellt. Für einen Genort können also zahlreiche Allele die verschiedenen Membranproteine als Paarungssubstanzen in ihrem Aufbau bestimmen. Die Konsequenzen sind außerordentlich wichtig. Die Abwandlungsmöglichkeit hat Grenzen; unterscheiden sich die Paarungssubstanzen zu sehr voneinander, so sind sie nicht mehr komplementär, eine Reaktion wird damit ausgeschlossen. Durch die Abwandlung der Paarungssubstanzen sind Grenzen für die Möglichkeit zur Konjugation entstanden. Es liegt eine echte *Fortpflanzungsisolation* vor, indem Individuen mit bestimmten Paarungstypen keine Zellkerne mehr austauschen können, d.h. keine genetische Rekombination vornehmen. Diese Schranke entspricht bei den vielzelligen Organismen der Isolation, die in der Regel zwischen zwei verschiedenen Arten besteht!

Die Gruppe von Paarungstypen, die untereinander zur Konjugation kommen können, aber gegen andere Paarungstypen durch die Fortpflanzungsisolation abgegrenzt sind, stellen ein *Syngen* dar. Da sich die Individuen der verschiedenen Paarungstypen weder morphologisch noch physiologisch unterscheiden lassen, ist dieser Begriff sozusagen der Ersatz für den Begriff einer Art. Treffen Individuen zusammen, die verschiedenen Syngenen angehören, so erfolgt entweder überhaupt keine Reaktion, oder bei verschiedenen Arten wird eine Art Konjugation durch Verklebung der Zellen eingeleitet, die Austauschvorgänge der Kerne finden nicht statt. Diese Abgrenzung von Populationen ist sehr wichtig, denn auch bei der Gametenbildung der vielzelligen Tiere tritt eine sogenannte Selbststerilität auf (Inkompatibilität). Dadurch wird verhindert, daß Gameten eines zwittrigen Individuums miteinander verschmelzen bzw. Gameten von Gruppen sehr nahe verwandter Nachkommen zur genetischen Rekombination kommen. Auch hier sind die Barrieren durch Membranproteine bestimmt, welche die Voraussetzungen zur Verschmelzung der beiden Gameten darstellen. Innerhalb eines

Syngens sind mindestens zwei komplementäre Paarungstypen vertreten; meistens sind aber zahlreiche komplementäre Paarungstypen in einem Syngen vertreten.

Ist bei der Reaktion zwischen zwei Zellen mit komplementären Paarungstypen der erste Kontakt mit den Zelloberflächen der Cilien erfolgt, so werden in einem eng begrenzten Bereich der ventralen Seite die Cilien resorbiert. Hier zeigt sich erneut die Spezialisierung und polare Gliederung der Zellmembran. Eine solche Resorption kann 1 bis 2 Stunden in Anspruch nehmen. Dann erfolgt die Verschmelzung der beiden Zellmembranen und ihre Einschmelzung in Form kleiner Vesikel. Damit ist eine Cytoplasmabrücke zwischen den beiden „Konjuganten" hergestellt. Die Konjugationsbereitschaft wird nur während der G_1-Phase des Intermitosezyklus aufgebaut; denn durch die Vereinigung der Zellen werden die Mikronuklei zur Reifeteilung veranlaßt. Durch besondere Versuchsanordnungen lassen sich bei Blepharisma Ketten von mehreren konjugierenden Tieren (bis zu 10) herstellen. Dadurch gelingt der Nachweis, daß ein austauschbarer Stoff die Zellkerne zur Reifeteilung bringt, da in einer zeitlichen Abstufung die Reifeteilung in den Konjuganten dieser Reihe nacheinander ablaufen. Werden die Zellen frühzeitig getrennt, so unterbleiben in den zuletzt angelagerten Konjuganten die Reifeteilungen. Durch eine Hemmung der Proteinsynthese ist die Reifeteilung zu unterbinden, da nach der G_1-Phase zunächst die S-Phase in den Mikronuklei einsetzen muß, wobei eine ganze Reihe spezifischer Enzyme und anderer Proteine (z.B. Histone) gebraucht werden. Während der Konjugation kommt es über die Zellbrücke auch zum Austausch von geringen Mengen Cytoplasma und von Zellorganellen, z.B. Mitochondrien. Durch die eingebrachten mitochondriale DNA kann es also zu einem Austausch von mitondrialen Genen bzw. ihrer Mutationen kommen. Dadurch können Eigenschaften des einen Zellstammes auf den anderen Zellstamm übertragen werden, z.B. Resistenz gegen bestimmte Antibiotika. Nach Abschluß der Konjugation wird zwischen den Zellen erneut Zellmembran aufgebaut, und die Ciliaten trennen sich (Exkonjuganten). Die neue Zellfläche auf der ventralen Seite wird durch die kortikalen Einheiten in das Pellicular-Muster gebracht, und neue Cilien werden gebildet. Die komplizierte Umstellung des Gamonten auf die Bedingungen der Konjugation wird auch dadurch sichtbar, daß während der Vorgänge der Makronukleus aufgelöst wird, also eine Reihe von proteolytischen und nukleinsäureauflösenden Enzymen aktiviert werden müssen. Der gesamte Konjugationsvorgang dauert je nach Art mehrere Stunden.

c) Die relativ hohe Fortbewegungsgeschwindigkeit durch den Cilienschlag bei den Ciliaten (zwischen 0,1 mm bis 3 mm/s) macht eine besonders effektive Sinnesorientierung der Zelle in ihrer Umgebung notwendig. Die Fortbewegungsgeschwindigkeit ist abhängig von der Richtung der Cilienbewegung und von der Schlagfrequenz. Letztere ist wie alle chemischen Vorgänge temperaturabhängig; bei Paramaecium wird bei einer Absenkung der Temperatur von 25 auf 5 °C die Schlagfrequenz der Cilien von 30/s auf 10/s sinken. Die Fortbewegungsgeschwindigkeit von Ciliaten hängt also weitgehend auch von der Temperatur des Mediums ab. Sie können in einem Temperaturgradienten die für sie optimale Temperatur aktiv aufsuchen. Das bedeutet aber, daß die Temperaturunterschiede wahrgenommen werden und Änderungen in der Fortbewegungsrichtung durch die Motorik der Cilienbewegung vorgenommen werden. Tatsächlich werden bei einer Richtungsänderung der Fortbewegung bestimmte Zonen von Cilienreihen eine Änderung ihrer Schlagfrequenz oder Schlagrichtung vornehmen. Es kommt zu Suchbewegungen. Sie werden so lange fortgesetzt, bis eine optimale Temperaturzone des Mediums erreicht ist. Stößt die Protozoenzelle an ein Hindernis, so erfolgt eine Umkehr der Bewegungsrichtung (avoidance reaction); die nach vorn gerichtete Bewegung wird nach hinten umgepolt. Man kann überspitzt sagen, daß die Ciliaten relativ große, schnell schwimmende und hungrige Sinneszellen darstellen. Ihre Zellmembran ist eine erregbare Membran, wie sie bei den vielzelligen Organismen nur noch bei spezialisierten Zellen (Sinnes- und Nervenzellen, Muskelzellen, sezernierende Zellen) vorkommt. Die Ciliaten müssen eine erregbare Zellmembran besitzen, da sie auf andere Weise die Bewegung der Cilien nicht regulieren könnten. Die physiologischen Unterschiede gegenüber der Bewegung von Flagellaten und der amöboiden Bewegung von Rhizopoden sind deutlich. Bei den Flagellaten ist durch den Ansatz der Geißeln nur ein eng begrenzter Ausschnitt der Zelle in die Regulation von Bewegungsrichtung und Bewegungsfrequenz der Geißeln einbezogen. Bei der amöboiden Bewegung verlaufen die Prozesse relativ langsam, und die Richtung der Bewegung hängt vom komplexen Aufbau von Kontraktionszonen im Ektoplasma ab. In beiden Fällen sind durch die sehr geringe Größe der Zellen bzw. durch die Verschiebung der Zellmembran während der amöboiden Bewegung technische Schwierigkeiten zur Messung der an der Membran ablaufenden Vorgänge gegeben. Die relativ großen Ciliaten mit ihrer festen Zellgestalt dagegen erlauben direkte Messungen, z. B. von elektrischen Potentialen oder von Ionenkonzentrationen.

Bei der Betrachtung der Erregungsfähigkeit der Zellmembran muß man folgendes berücksichtigen. Die Zellmembran stellt eine Grenzschicht zwischen einem wäßrigen Außenmedium und einem wäßrigen Innenmedium dar. Sie ist nicht einfach von den Stoffen zu durchdringen, sondern sie hält große Moleküle (Makromoleküle) in der Zelle fest und hat außerdem eine Selektionsfähigkeit für Stoffe, die in die Zelle hinein oder aus der Zelle heraustransportiert werden. Die Zellmembran ist also selektiv semipermeabel. Die Masse der Makromoleküle im Cytoplasma wird durch Nukleinsäure und durch die Proteine gebildet, die bei neutralem pH-Wert in der Regel eine negative Ladung tragen, also Anionen darstellen. Um einen elektrisch neutralen Zustand herzustellen, werden diesen negativen Ladungen entsprechend positiv geladene Ionen (Kationen) in einer bestimmten Konzentration gegenübergestellt. Für den Transport solcher Ionen, vor allen Dingen K^+, Na^+ und Ca^{2+}, sind besondere Poren („gates") in der Membran vorhanden, die geöffnet oder geschlossen werden können. Auch im Außenmedium sind Ionen vorhanden, aber durch den selektiven Transport verhindert die Zelle, daß sich ein Konzentrationsausgleich einstellen kann. Der Transport wird unter Aufwendung von Energie durch Spaltung von ATP solange aufrechterhalten, wie eine Zelle lebt. Zwischen dem Cytoplasma und dem Außenmedium besteht also ein chemischer Konzentrationsgradient. Da die Ionen elektrische Ladungen haben, bedeutet aber der Transport von Ionen durch die Membran gleichzeitig einen Durchfluß von elektrischen Ladungen. Die Konzentrationsgradienten an Ionen im Cytoplasma, dicht unterhalb der Membran gegenüber denen im wäßrigen Außenmedium, sind also gleichzeitig elektrochemische Gradienten. Während im Inneren des Cytoplasmas sich die Ladungen aufheben, also elektrisch neutrale Zustände herrschen, wird durch den Fluß der Ionen dicht unter der Membran ein elektrisches Potential aufgebaut: das *Membranpotential*. Solange sich keine Änderungen in der Konzentration der Ionen im Außenmedium oder in der Transportkapazität der Membran ergeben, bleibt dieses Potential relativ konstant, es heißt daher *Ruhepotential*. Seine Spannung wird durch die Summe aller elektrisch geladenen Teilchen dicht unter der Membran bestimmt. Das Ruhepotential bei Ciliaten liegt bei −40 bis −50 mV und wird vor allen Dingen durch die Konzentration von K^+ bestimmt, da die Zellmembran aktiv K^+ in das Cytoplasma pumpt. Ca^{2+} ist dagegen nur in sehr geringer Konzentration vorhanden; es wird von der Zellmembran nach außen transportiert, und es wird in der Zelle sofort von Ca-Speichern (z. B. Mitochondrien, endoplasmatisches Reticulum) aus dem Cytoplasma entfernt. Die geringe Konzentration freier Ca^{2+}-Ionen im Cytoplasma ist notwendig, weil zahlreiche Vorgänge durch die Anwesenheit von Ca^{2+} reguliert werden, so z. B. die Gleitmechanismen der Actin-Myosin-Filamente, der Mikrotubuli, die Sekretion der Extrusionsorganellen wie Trichocysten. Das Ruhepotential ist in allen Zonen der Zelle gleich, weil der geringe Widerstand des unterlagerten Cytoplasmas den Aufbau eines lokalen Spannungsgradienten nicht erlaubt.

Bei einem *mechanischen Reiz*, etwa durch das Anstoßen des schwimmenden Ciliaten an einen Gegenstand im Wasser, werden die Transportverhältnisse der Zellmembran verändert. Was im einzelnen diese Umstellung in der Membran verursacht, ist bisher bei keiner erregbaren Zelle bekannt. Bei den Ciliaten wird die Polarität der Zelle auch durch die Reaktionsweise der erregbaren Membran ausgedrückt, die ihre Grundlage in einem unterschiedlichen Aufbau der Zellmembran ihre Ursache haben muß. Erfolgt die mechanische Reizung am Vorderende, so werden innerhalb von 5 ms die Ca-Poren geöffnet, und es erfolgt ein massiver Einstrom vom Ca^{2+}. Das Ergebnis ist eine Veränderung des Membranpotentials von −50 mV bis nahe 0 mV, also eine *Depolarisation*. Der Ca-Einstrom betrifft vor allem die Cilien, und das Ergebnis ist eine Umkehr ihrer Schlagrichtung (*avoidance reaction*, Bild 28). Verbunden mit der Schlagumkehr ist eine Erhöhung der Schlagfrequenz. Dadurch schwimmt die Zelle sehr schnell rückwärts. Die Reaktion folgt nicht einem Alles-oder-nichts-Gesetz, sondern hängt von der Stärke der mechanischen Reizung ab: Je stärker der Reiz, umso stärker ist auch die Depolarisierung. Sie breitet sich sehr schnell über die gesamte Oberfläche des Ciliaten aus, so daß am Ende der Reaktion alle Cilien rückwärts schlagen. Diese Form der Potentialänderung gleicht der bei hochdifferenzierten Sinneszellen, und man bezeichnet diese Änderung als *Rezeptorpotential*. Da es sich um die aktive Antwort der Zelle auf den Reiz handelt, die in eine Bewegung umgesetzt wird, kann man in diesem Falle die Potentialänderung auch als *Aktionspotential* bezeichnen. Die Potentialänderung ist nicht nur von der Stärke des mechanischen Reizes abhängig, sondern naturgemäß auch von der Konzentration der Ca-Ionen im umgebenden Medium. Bringt man Ciliaten in Ca-freies Medium, so unterbleibt die Reaktion. Wenige ms nach dem Einstrom von Ca^{2+} erfährt die Membran eine weitere Veränderung: sie öffnet K-Kanäle; es erfolgt ein intensiver Ausstrom von K-Ionen aus der Zelle. Durch die Konzentrationsverschiebungen werden allmählich das Ruhepotential wieder eingestellt und die Umkehrung des Cilienschlages aufgehoben. Das Rückwärtsschwimmen hört auf, es erfolgt eine kurze Drehung durch den Umschlag der Cilienbewegung und erneut ein Vorwärtsschwimmen (Bild 28).

Wird dagegen ein mechanischer Reiz am hinteren Ende der Zelle gesetzt, so werden dort nach wenigen ms die K-Kanäle ohne vorhergehenden Einstrom von Ca^{2+} geöffnet, und es kommt zu massivem Ausstrom von K-Ionen. Dadurch erfolgt ein Absinken des Membranpotentials auf −70 bis −80 mV. Es erfolgt also eine *Hyperpolarisation*. Diese Veränderung, ebenfalls ein Aktionspotential, ändert nicht die Schlagrichtung der Cilien, aber sie beschleunigt die Schlagfrequenz. Dadurch schwimmt die Zelle schneller von der mechanischen Reizquelle fort. Die physiologische Zellpolarität bei diesen Reaktionen läßt sich direkt zeigen, indem man durch Elektroden die Potentialänderungen während der Reizung mißt und die regionalen Unterschiede aufzeichnet (Bild 28b). In der Mitte der Zelle stoßen die beiden gegensätzlichen Zonen aufeinander, dort erfolgt überhaupt keine Reaktion.

Die Umkehrung des Cilienschlages läßt sich auch durch Anlegen eines elektrischen Feldes erreichen (Bild 28). Der im Medium vorhandene äußere Potentialgradient zwischen Anode und Kathode führt in der Zellmembran zu einer Veränderung des Ionentransportes und bewirkt lokale Hyper- bzw. Depolarisation und damit eine entsprechende Veränderung der Cilienschlagrichtung bzw. Schlagfrequenz. Die Ciliaten schwimmen zur Kathode. Es ist eine große Zahl von Mutationen bekannt, deren Auswirkungen den Aufbau der Membran betreffen und daher den Cilienschlag beeinflussen. Die sogenannten Pawn-Mutanten (Pawn = Bauer des Schachspiels, der nicht zurückgesetzt

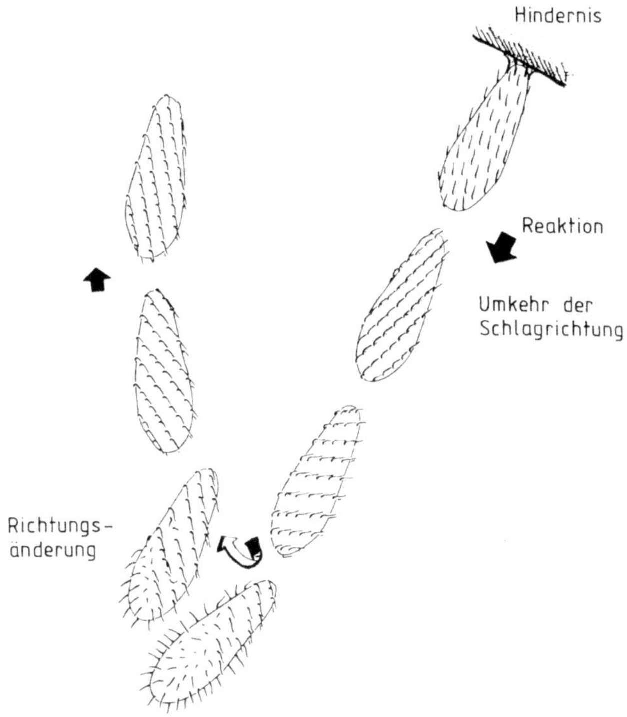

Bild 28

„Avoidance"-Reaktionen bei Paramaecium

a) Auftreffen auf ein Hindernis und Umkehr der Schlagrichtung der Cilien (vorne beginnend), gefolgt von Rückwärtsschwimmen mit Rotation und Richtungsänderung

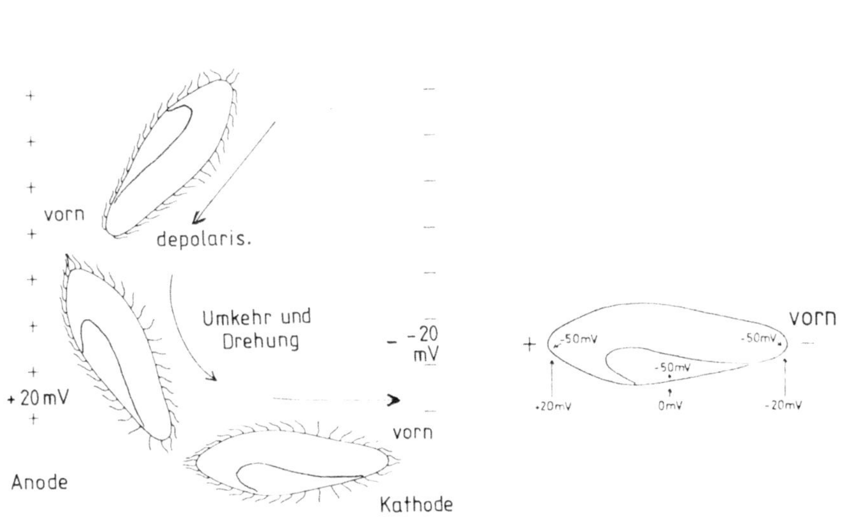

b) Umkehr der Schlagrichtung der Cilien im elektrischen Feld (verändert aus Machemer, 1977)

werden kann) haben keine avoidance-Reaktion, schwimmen also nicht rückwärts. Die teilweise Zerstörung der Zellmembran durch Einwirkung von Detergentien und eine nachfolgende Ca-Behandlung zeigt aber, daß die Cilien unter der Ca-Zufuhr ihre Schlagrichtung umkehren können. Die Paranoia-Mutanten dagegen schwimmen nach der avoidance-Reaktion sehr lange rückwärts, wobei der Ca-Einstrom fehlt, dafür ein Einstrom von Na^+-Ionen und ein extrem langer Ausstrom von K^+-Ionen erfolgt. Bei normalen Cilien sind an der Basis mehrere Reihen großer Moleküle in die Membran eingebaut, die bei den Paranoia- und Pawn-Mutanten fehlen. Man nimmt daher an, daß es sich um die großen integrierten Proteine der Ca-Poren handelt. Die entsprechenden Mutationen hätten also verhindert, daß ein funktionsfähiges entsprechendes Protein synthetisiert werden kann. Die Rosetten aus großen Molekülen in der Membran am Ansatz der Trichocysten (siehe oben) könnten die entsprechenden Ca-Poren für die Aktivierung der ATPase und den Abschuß der Extrusionsorganellen darstellen.

Die schnelle Schwimmbewegung der Ciliaten hat auch die Notwendigkeit einer Orientierung im Raum zur Folge. Werden Ciliaten gezwungen, durch eine mechanische Dauerreizung (Wasserbewegung, thermische Gradienten oder ähnliche Reize) kontinuierlich in eine Richtung weiterzuschwimmen, so zeigen sie eine negative Geotaxis, d.h. sie schwimmen aufwärts. Das ist unter natürlichen Bedingungen in bewegtem Wasser eine Notwendigkeit, um nicht in lichtlose und damit nahrungsarme Zonen abgetrieben

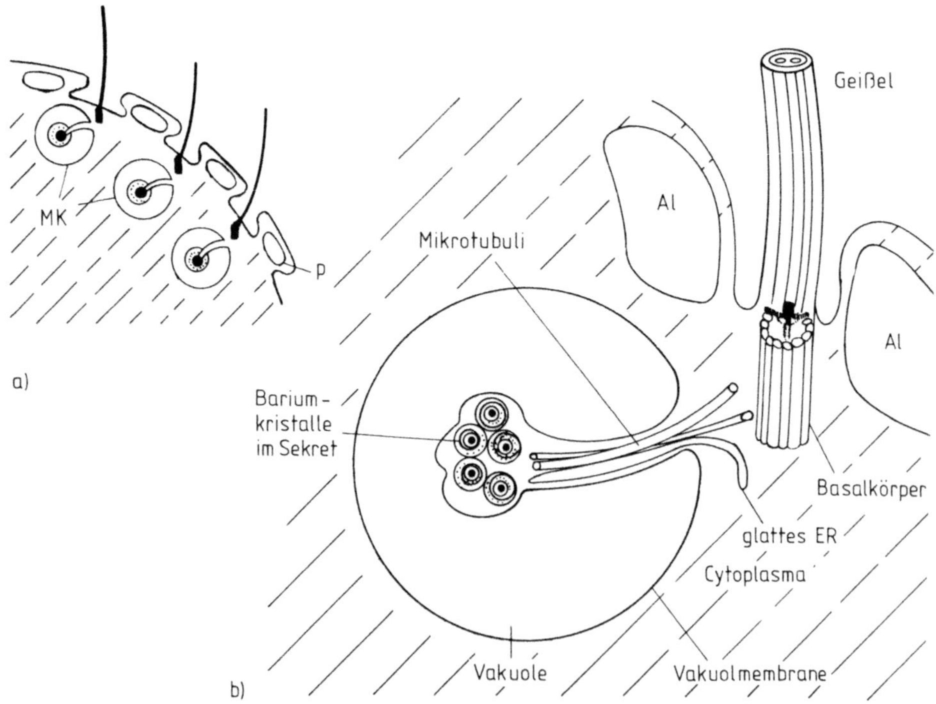

Bild 29

Sinnesorgane bei Ciliaten, sog. Müllersche Organe MK (Loxodes, Holotricha)

a) Lage der Körperchen in Beziehung zu Cilien als Reihe von Vakuolen

b) Bau eines Sinnesorganes, die als Schweresinnesrezeptoren gelten; Lage an der Geißelbasis und Verbindung zum Basalkörper (zur Beeinflussung der Schlagrichtung?). (nach Ott und Rider, 1978)

Al Alveolen

zu werden. Unter *Geotaxis* versteht man ganz allgemein die Ausrichtung einer Bewegung nach der Gravitation. Die Registrierung der Schwerkraft setzt besondere Sinnesorgane voraus. Sie sind in der Regel bei vielzelligen Tieren als sogenannte Statocysten konstruiert: in einem Hohlraum ist ein schwerer Körper, meist eine Gruppe von Kristallen, eingebettet, die in allen Lagen des Körpers die Richtung zum Erdmittelpunkt durch die Schwerkraftanziehung zeigen. Der Hohlraum wird ganz oder doch teilweise von Sinneszellen ausgekleidet, die abgewandelte Cilien tragen. Die Lage von schweren Körperchen wird daher genau registriert (s. S. 210). Bei den Ciliaten wurde bereits um die Jahrhundertwende die Funktion solcher intrazellulärer Statocystenorganellen vermutet. Tatsächlich sind bei Loxodes die sog. Müllerschen Körperchen seit langem bekannt und in ihrer Funktion den vielzelligen Statocysten vergleichbar (Bild 29). Die Ciliatenzelle ist also nicht nur eine schwimmende Sinneszelle, sondern hat auch noch besondere sinnesorganähnliche Strukturen im Inneren ausgebildet. Die Müllerschen Körperchen liegen zu mehreren aufgereiht dicht unter der Pellicula und bestehen aus einer großen Vakuole. Darüber entspringt auf der Zelloberfläche ein kurzer abgewandelter Geißelstumpf, der unbeweglich ist. An ihrer Basis wird durch ein zweites Basalkorn eine kurze abgewandelte Cilie in die Vakuole hinein gebildet. Neben den Mikrotubuli sind zahlreiche Membrankanäle dort vorhanden. Auf einer Seite trägt diese Cilie unter einer Vorwölbung ihrer Membran eine Reihe kleiner Vesikel, in denen Bariumsulfat-Kristalle liegen. Die Kristalle folgen der Anziehung durch die Schwerkraft und verbiegen die kurze Geißel entsprechend der Lage der Zelle im Raum. Dadurch werden die Tubuli bzw. Membranen verbogen und gedehnt, und wahrscheinlich kommt es dadurch zu einer entsprechenden Auslösung von Ionenpumpen, wie in der Zellmembran nach mechanischer Reizung. Durch die lokale Potentialdifferenz kann die Bewegung der benachbarten Cilien beeinflußt werden. Ob sich vergleichbare, aber weniger auffallende Statocystenorganellen in den übrigen Ciliaten im Zellinneren verbergen, ist bisher nicht bekannt.

2.3 Apicomplexa (Sporozoa): die Entwicklung des permanent intrazellulären Parasitismus

Diejenigen Protozoen, die nach gemeinsamen Merkmalen heute als Apicomplexa zusammengefaßt werden, sind ausnahmslos Endoparasiten und haben teils sehr komplizierte Entwicklungszyklen. Zu ihnen gehören die früher als Sporozoa klassifizierten Protozoen und die Piroplasmen. Die früher als Cnidosporidia (Microspora und Myxospora) zu den Sporozoen gestellen Protozoen dagegen haben aufgrund ihrer Zellstruktur keine Gemeinsamkeit mit den Apicomplexa. Der Lebenszyklus der Apicomplexa wird durch einen Generationwechsel bestimmt (Bild 30): Die Agamonten können durch ungeschlechtliche Vermehrungsteilungen (Schizogonie oder Merogonie) sehr zahlreiche Tochterzellen bilden, die sich im Wirt ausbreiten. Eine Generation der Gamonten wird dann eingeschoben, und es werden Gameten gebildet, die zur Zygote verschmelzen. Die ersten Teilungen der Zygote sind die speziellen Kernteilungen zur Reduktion des Chromosomensatzes, also die Reduktionsteilungen. Dann erfolgt erneut eine vegetative Vielteilung: die Sporogonie. Sie ist charakteristisch für alle Apicomplexa, während die vor der Gamontenbildung liegende vegetative Vermehrungsphase bei den primitiveren Formen (z.B. Gregarinen) nicht vorhanden ist. Der Generationswechsel besteht dann nur aus Gamonogie und Sporogonie.

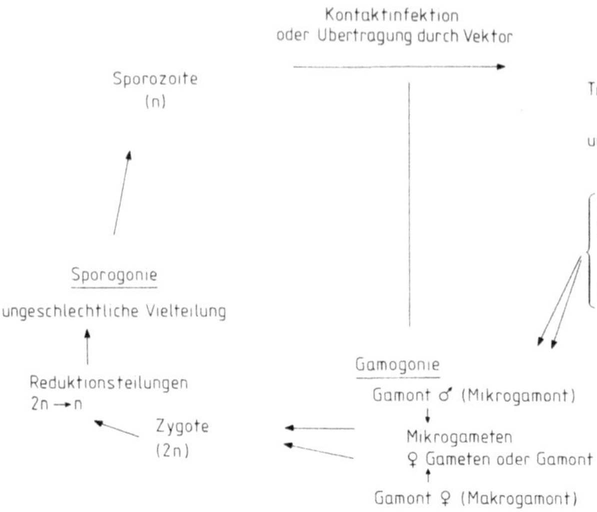

Bild 30
Schema des Generationswechsels der Apikomplexa

Für den Generationswechsel der Apicomplexa ist kennzeichnend, daß der Zeitpunkt der Reifeteilung auf die ersten Zygotenteilungen festgelegt ist, und daß auf die Zygote eine spezifische vegetative Vermehrungsteilung, die Sporogonie, folgt. Die Tochterzellen, die aus vegetativen Vermehrungsteilungen (Sporogonie bzw. Merogonie) entstehen, sind sehr kleine (nur wenige μm lange) polar gebaute bewegliche Protozoen. Ihre Zellstrukturen stimmen bei den verschiedenen Gattungen weitgehend überein und sind am Beispiel eines Merozoiten in Bild 31 dargestellt. Sie haben, vergleichbar den Bedingungen bei den Trypanosomen, eine extreme Anpassungsfähigkeit an die verschiedenen Stoffwechselbedingungen ihrer parasitischen Lebensweise entwickelt. Sie können innerhalb des befallenen Wirtes einen Ortswechsel vornehmen und werden durch weitere Vielteilungen für die schnelle Vermehrung der Parasiten sorgen. Charakteristisch ist der am Vorderpol der Zelle ausgebildete apikale Komplex, von dem die ganze Gruppe der Protozoen ihren Namen bekommen hat. Eine zentrale, zylindrische Versteifungsstruktur: das Conoid, das vom sogenannten Polring aus dichtem Material umgeben wird. Das Conoid öffnet sich mit einer runden Pore nach außen und kann aktiv vorgestreckt werden. In das Conoid münden zwei Organellen: die paarigen Organellen oder Rhoptrien, die gewissermaßen intrazelluläre Drüsen darstellen. Sie enthalten ein histidinreiches Protein und sind von weiteren membranumschlossenen Kanälchen oder Tropfen, den Mikronemen, umgeben. Diese Strukturen sind für das Eindringen des Parasiten in die Wirtszellen notwendig (siehe unten). Die gestrecke Zellgestalt wird durch eine Pellicula aufrechterhalten; unter der Zellmembran sind spiralig verlaufende Mikrotubuli angeordnet, die am vorderen Ende im Bereich des Polringes aufhören. Sie werden von einem zweiten Membransystem unterlagert, das bei der multiplen Teilung (Schizogonie) durch die Abgrenzung der einzelnen Portionen von Cytoplasma für die Tochterzellen aus Membranen des endoplasmatischen Reticulums entsteht. An einer Stelle an der Seite der Zelle ist die Pellicula durch die Einsenkung eines Cytostoms (Mikropore) unterbrochen, bei verschiedenen Formen sind mehrere Cytostome ausgebildet. Am hinteren Zellpol ist die Pellicula unvollständig, weil dort bei der Schizogo-

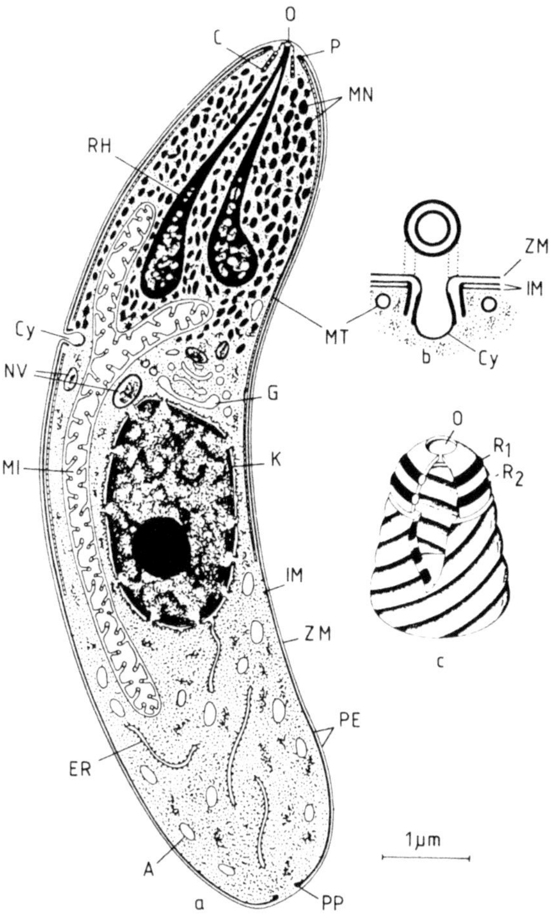

Bild 31
Merozoit
a) Zellkörper mit Feinstruktur der Zellorganellen
b) Ausschnitt aus der Regin des Cytostoms
c) zeichnerische Rekonstruktion des Conoids (aus Scholtyseck und Mehlhorn, 1973)

A Reservestoffe
C Conoid
Cy Cytostom (Mikropore)
ER Endoplasmatisches Reticulum
G Golgi-Feld
IM innere Membran
K Zellkern mit Nukleolus
MI Mitochondrium
MN Mikronemen
MT Mikrotubuli
NV Nahrungsvakuolen
O Öffnung der Rhoptrien
P vorderer Polring
PP hinterer Polring
PE periblast
R_1 und R_2 Conoidringe
RH Rhoptrien
ZM Zellmembran

nie die Abnabelung der Zelle vom Cytoplasma des Restkörpers vor sich geht. Ähnlich wie bei den Trypanosomen ist nur ein großes Mitochondrium vorhanden. Die übrigen Zellorganellen entsprechen denen bei anderen Protozoen.

Die Apicomplexa sind ausnahmslos Endoparasiten, von denen Tiere aller Stämme der Wirbellosen (mit wenigen Ausnahmen) und alle Wirbeltiere befallen werden können. Ausgehend von den Formen, die noch extrazellulär in Körperhöhlen (z.B. Darm, Coelom, Geschlechtsorgane) leben wie die Gregarinen, hat sich die extreme Form des intrazellulären Parasiten entwickelt. Der Lebenszyklus dieser Protozoen läuft nur innerhalb der Wirtszellen ab; nur die Gameten werden, um sich zu treffen und verschmelzen zu können, extrazellulär entwickelt. Die sexuelle Differenzierung der Gameten ist sehr häufig ausgeprägt vorhanden, ein großer Makrogamet entsteht aus einem Gamonten; die Mikrogameten entstehen durch Vielteilung aus einem Gamonten und sind begeißelt, so daß sie den Makrogameten aufsuchen können. Über die Begriffe des Vektors und der Zoonosen s. Seite 62f. Die Lebensweise des intrazellulären Parasitismus ergibt für den Stoffwechsel folgende Besonderheiten.

Die Stoffwechselaktivitäten sind mit denen der Wirtszelle unmittelbar verbunden. Der Parasit muß sich kurzfristig auf einen Wechsel in Körperflüssigkeiten umstellen können, wenn nach einer Vielteilung die Zelle verlassen wird. Der Parasit muß sich

Bild 32
Entwicklungszyklus von Plasmodium im Menschen (oder Affen) und im Vektor; vgl. Text. Die Darstellungen sind an verschiedenen Stellen des Zyklus nicht maßstabgerecht aufeinander bezogen!

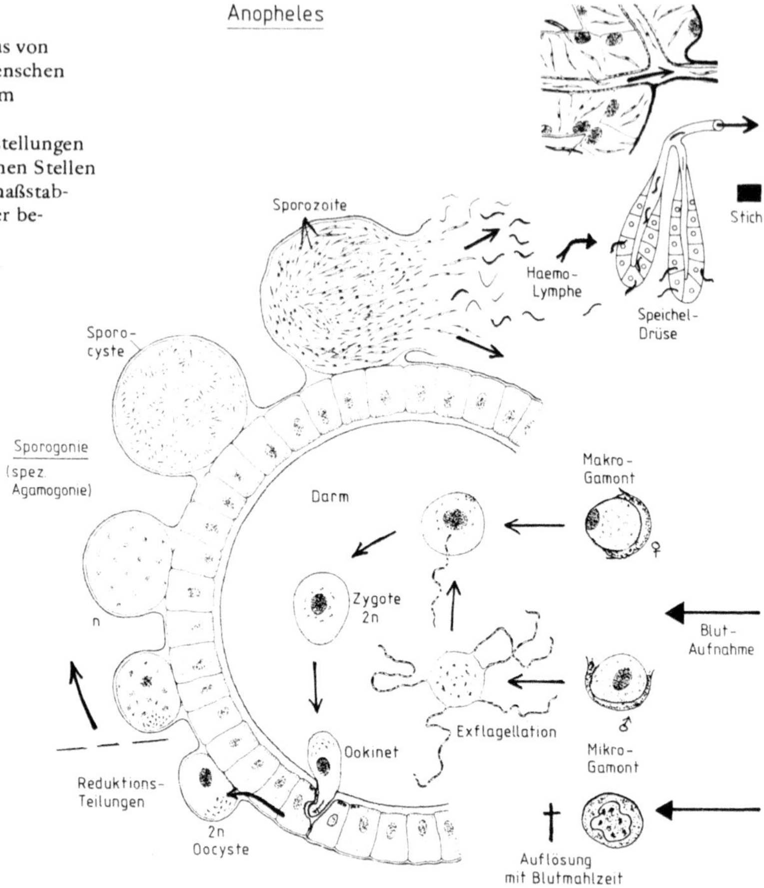

kurzfristig auf einen Wechsel in einen anderen Zelltyp einstellen können (z.B. von Knochenmarkszelle oder Leberzelle in rote Blutkörperchen). Der Parasit muß sich kurzfristig auf einen Wechsel in ein wirbelloses Tier als Vektor einstellen können, sowohl auf dessen Körperflüssigkeiten als dessen Zellen. Wenn der Parasit in einem endothermen (homöothermen) Tier (Vogel oder Säugetier) existiert, muß auch der Temperaturunterschied beim Wechsel in einen wirbellosen Vektor überlebt werden. Und schließlich gibt es ein Problem der Zelldifferenzierung: ist ein Merozoit in eine Zelle eingedrungen, so wandelt sich der Parasit in einen Trophozoiten (Freßtier) um, indem die Pellicula eingeschmolzen wird, die Zellgestalt wird unregelmäßig, und durch die Nahrungsaufnahme erfolgt ein starkes Wachstum. Ist die Wirtszelle fast vollständig aufgezehrt, so werden in Vorbereitung für die Schizogonie multiple Kernteilungen und eine Verzweigung des Mitochondriums vorgenommen, um aus der großen Cytoplasmamasse durch die Anlage von Membransystemen und Mikrotubuli die neuen Merozoiten abzugrenzen (Bild 38). Es erfolgt also eine Neubildung und Modellierung der Generation.

An zwei Beispielen soll der Entwicklungszyklus von Parasiten erläutert werden, die für die Gesundheit des Menschen von besonderer Bedeutung sind.

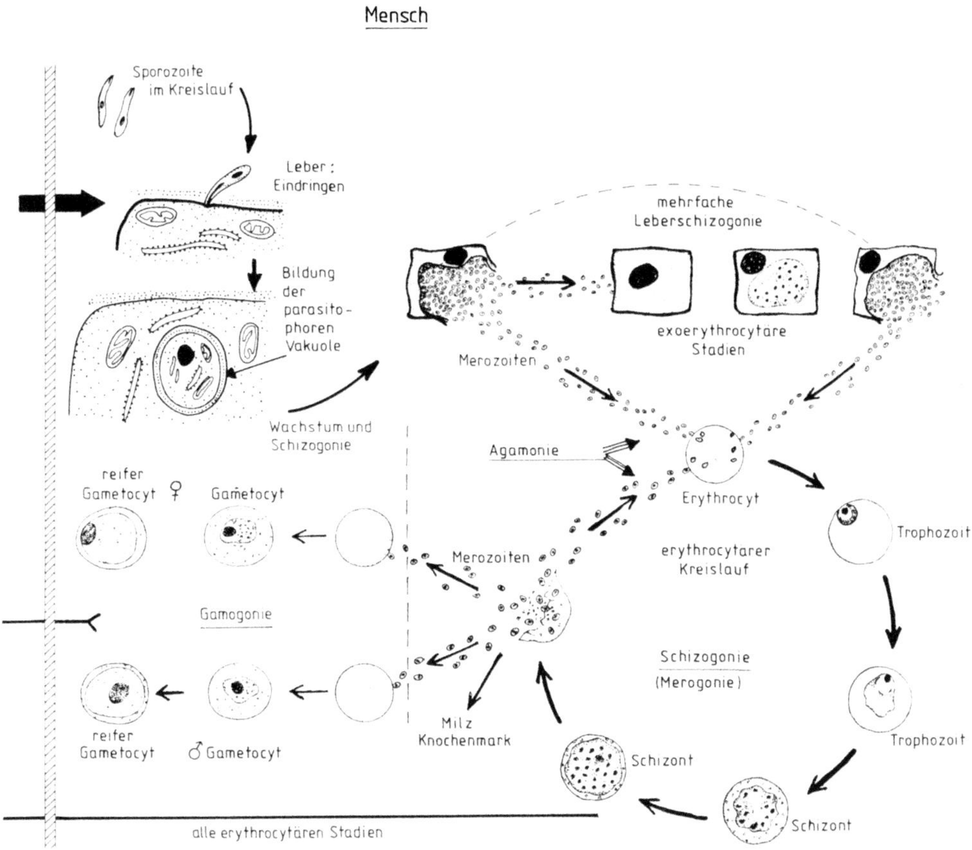

Bild 32

A) Erreger der Malaria: Plasmodium

Etwa 2 Milliarden Menschen leben in Klimazonen, in denen die Übertragung von Malaria-Parasiten möglich ist. In den afrikanischen Staaten gab es 1975 jährlich etwa 90 Millionen Fälle von Malaria; etwa 1 Million Todesfälle traten dabei ein. In Indien ist die jährliche Zahl der Erkrankungen von 1,7 Millionen im Jahre 1972 auf 5,8 Millionen im Jahr 1976 gestiegen. Die Zunahme der Zahl an Erkrankungen geht vor allem auf ein Nachlassen in der Bekämpfung des Vektors, der Mücke Anopheles zurück. Selbst in relativ überschaubaren Gebieten wie in Sri Lanka hat das Nachlassen der Vorbeugung katastrophale Folgen: 1963 gab es nur noch einige Hundert Malaria-Fälle, im Jahre 1968 lag die Zahl bereits wieder bei 1 Million.

Die Gattung Plasmodium ist weit verbreitet und kommt in Reptilien (Eidechsen und Schlangen), in Vögeln und in Säugetieren vor. Für den Menschen sind folgende Formen die Erreger der verschiedenen Typen der Malaria-Erkrankungen: Plasmodium vivax in verschiedenen Stämmen und Plasmodium ovale (Malaria tertiana), Plasmodium malariae (Malaria quartana); und Plasmodium falciparum (Malaria tropica = Tertiana maligna; sie ist die gefährlichste Form mit einer progressiven Anämie). Bild 32 gibt den Entwicklungszyklus von Plasmodium wieder.

Übertragen werden die Protozoen von Mücken der Gattung Anopheles, von denen etwa 60 Arten als Vektoren die notwendigen Lebensbedingungen für die Parasiten bieten. Nur die weiblichen Mücken saugen Blut und sind daher Überträger der Infektion, da sie die Blutmahlzeiten nicht nur als Nahrung, sondern auch zur Auslösung der Eireifung benötigen. Die in den Speicheldrüsen der Mücke lebenden Sporozoiten verlassen die Zellen und gelangen in die Speichelflüssigkeit, die beim Stechvorgang injiziert wird. Die Sporozoiten werden mit dem Blutstrom in die Leber transportiert, wo sie in Leberzellen eindringen und die exoerythrozytäre Generation entwickeln. Das Eindringen in die Wirtszelle beginnt mit einem Zellkontakt am vorderen Pol des Sporozoiten und einer Ausschüttung von Material aus den Rhoptrien. Wahrscheinlich durch einen Einbau der ausgeschiedenen Proteine in die Membran der Wirtszelle werden an der Kontaktstelle die Eigenschaften der Zellmembran verändert, und es kommt zu einer Einstülpung, in welche der Parasit eindringt. Das Ergebnis ist eine parasitophore Vakuole, in welcher der eingedrungene Sporozoit allseitig von der Zellmembran der Wirtszelle umhüllt ist. Dieser Zustand bleibt bis zur Zerstörung der Wirtszelle erhalten. Unter teilweisem Abbau der Pellicula wandelt sich der Sporozoit in den Trophozoiten um. Die Nahrungsaufnahme erfolgt in komplizierter Weise durch das Cytostom (s. unten).

Nach mehreren Tagen (P. falciparum 5 Tage, P. vivax 8 Tage, P. ovale 9 Tage, P. malariae 15 Tage) hat der sehr stark angewachsene Trophozoit nach einer multiplen Kernteilung eine Schizogonie durchgeführt, so daß mehrere Hundert Merozoite entstanden sind. Diese zerstören die Leberzelle und gelangen in den Blutstrom, wo sie bei Berührung mit einem Erythrozyten einen Zellkontakt mittels ihres apikalen Komplexes herstellen. Durch die Ausscheidung des Materials der Rhoptrien wird die Erythrozytenmembran verändert, und es kommt zum Einstrom von Wasser, so daß das rote Blutkörperchen sich zu einem Sphärocyten abrundet. Der Zellkontakt zwischen Blutkörperchenmembran und Parasit bleibt bestehen, so daß der Merozoit durch die Bewegung innerhalb des Blutkreislaufs nicht abgespült werden kann. An der Stelle des Kontaktes wird eine Invagination in den Erythrozyten hinein gebildet, so daß der Merozoit in eine Vakuole einsinkt (Bild 33). Durch Verschmelzung an der Oberfläche wird die parasitophore Vakuole geschlossen. Der eingedrungene Merozoit wandelt sich zu einem jungen Trophozoiten um (siehe unten); damit beginnen die erythrozytären Stadien des Zyklus. Die Bedingungen für das Wachstum des Parasiten sind ganz andere als in den Leberzellen. Als Nahrung steht im wesentlichen nur noch das Hämoglobin des roten Blutkörperchens zur Verfügung, und die Größe der befallenen Zelle läßt nur ein geringfügigeres Wachstum zu, so daß wesentlich weniger Schizonten gebildet werden können als in einer Leberzelle. Beide Formen, die exoerythrozytären wie die erythrozytären Stadien, gelangen niemals direkt in das Cytoplasma der Wirtszelle. Die befallene Zelle bleibt durch ihre eigene Zellmembran vom Parasiten getrennt. Hier liegt ein sehr wesentlicher Unterschied zu den intrazellulären Formen der Trypanosomen vor. Im strengen Sinne haben die Protozoen der Apicomplexa keine intrazelluläre parasitische Lebensweise entwickelt, sondern sie schaffen sich als extreme Endoparasiten einen mit der Wirtszelle eng verknüpften eigenen Lebensraum: die parasitophore Vakuole. Durch die Entwicklung besonderer intrazellulärer Drüsenbestandteile in Form des Apikalkomplexes sind völlig neue Erfindungen gemacht und genetisch fixiert worden, also echte Neoseme entwickelt worden. Nicht das Zerstören der Zellmembran der Wirtszelle und das Eindringen sind das Ziel, sondern die Schaffung eines Lebensraumes, der einen direkten Kontakt mit der Wirtszelle garantiert. Daraus ergeben sich sehr wesentliche Konsequenzen. Die Wirtszellen erhalten für ihren eigenen Energiestoffwechsel genügend Sauerstoff, der durch Diffusion auch den Parasiten erreicht. Daher haben alle Stadien normal funktionierende Mitochondrien. Als energieliefernde Moleküle werden vorwiegend Zucker aufgenommen, vor allem Glucose. Sie werden der Wirtszelle

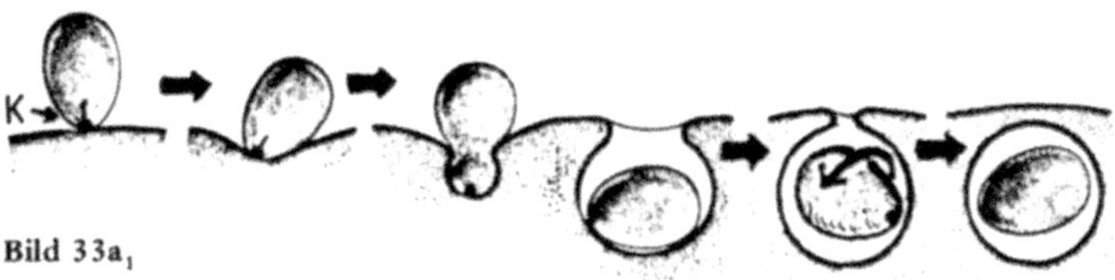

Bild 33a$_1$

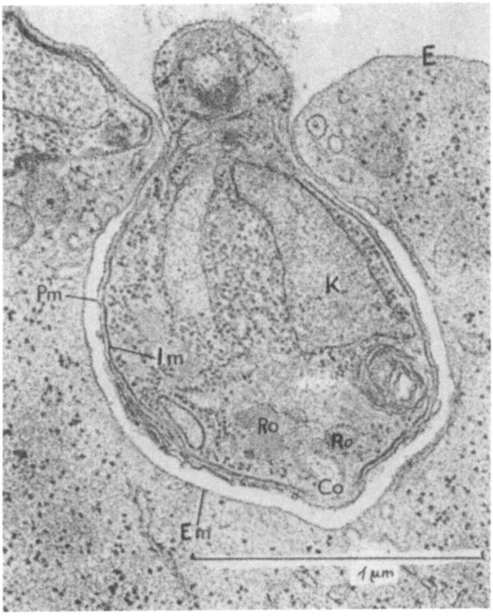

Bild 33a$_2$

Bild 33

Eindringen eines Merozoiten von Plasmodium in einen Erythrozyten, schematisch die Phasen der Anheftung und der Bildung der parasitophoren Vakuole zusammengestellt

a$_1$) Eindringen eines Merozoiten von Plasmodium in einen Erythrozyten, schematisch die Phasen der Anheftung und der Bildung der parasitophoren Vakuole zusammengestellt. K = Kontakt

a$_2$) Elektronenmikroskopische Aufnahme dieses Vorganges

a$_3$) Rasterelektronenmikroskopische Aufnahme der Anlagerung von Merozoiten von Eperythrozoon an Erythrozyten des Rindes. Vergr. 600/1 (aus Dvorak et al., 1975; Ladda et al., 1969; Aikawa, 1978; Keeton, 1973)

Co Conoid
E Erythrozyt
EM Erythrozytenmembran
Im innere Membran des Parasiten
Pm Zellmembran des Parasiten
K Kern

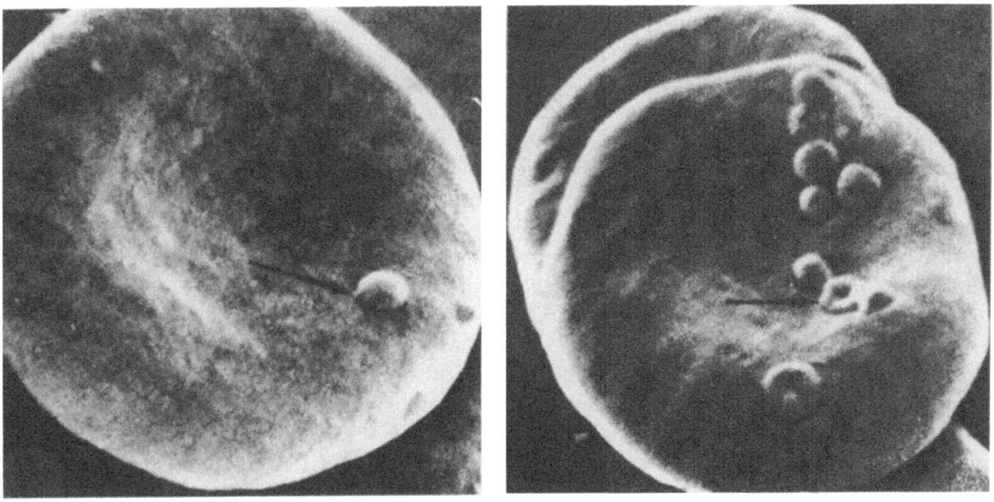

Bild 33a$_3$

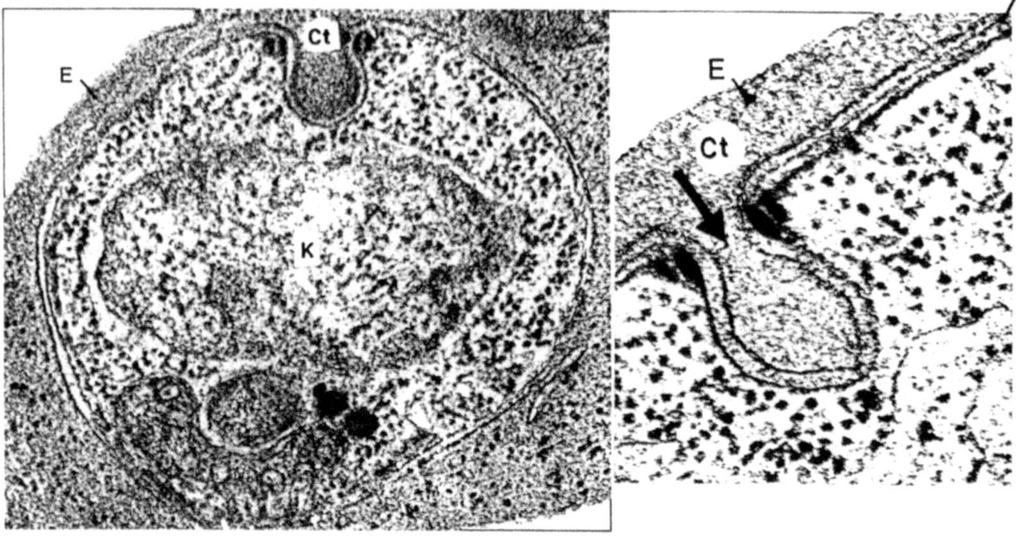

Bild 33

Eindringen eines Merozoiten von Plasmodium in einen Erythrozyten, schematisch die Phasen der Anheftung und der Bildung der parasitophoren Vakuole zusammengestellt

b) Cytostom (Ct) eines jungen Trophozoiten von Nager- bzw. Vogelmalariaerregern; Aufnahme von Cytoplasma des befallenen Erythrozyten, Querschnitte durch die Ringe aus Myofilamenten um das Cytostom, die Verklebungsschicht der beiden Glykokalices (aus Aikawa, 1969)

Ct Cytostom G Glykokalix
E Erythrozyt K Kern

entzogen, so daß letztere eine verstärkte Aufnahme von Glucose zeigt. Sie kann bei den befallenen Erythrozyten den zehnfachen Wert des Normalen erreichen. Schließlich sind die Parasiten durch den Schluß in die Vakuole für den größten Zeitabschnitt ihres Entwicklungszyklus für den Abwehrmechanismus des Wirtstieres unangreifbar. Die Parasiten haben in allen Stadien zwar eine dicke Glykokalix, aber sie wird nur während des kurzen Zeitraums nach dem Verlassen der Wirtszelle mit den Körperflüssigkeiten des Wirtes in Berührung kommen. Daher wird der Abwehrmechanismus durch die Bildung von Antikörpern nur sehr langsam in Gang gebracht. Eine Immunität kann nur dann entwickelt werden, wenn eine Infektion überstanden wurde und weitere leichte Infektionen folgen. In den Gebieten mit einer hohen Erkrankungsdichte an Malaria in der Bevölkerung werden bei den erwachsenen Personen solche Immunvorgänge allmählich aufgebaut; es sind also bevorzugt die Kinder, welche die schweren Erkrankungsformen zeigen. In einer Zone mit weniger häufigen Übertragungsmöglichkeiten dagegen wird die Entwicklung einer Immunität nur selten in Gang gesetzt. Die Bemühungen, durch eine Serumbehandlung, ähnlich wie bei bakteriellen Infektionen, eine Bekämpfung der Infektion durch Malaria-Erreger zu erreichen, haben durch die kontinuierliche Züchtung der Plasmodien in Blutkulturen einen wesentlichen Fortschritt gemacht. Die für den Menschen pathogenen Formen von Plasmodien können in Blutkulturen des Menschen über lange Zeit gehalten werden, und sie durchlaufen alle erythrozytären Entwicklungszyklen. Ein zweiter wichtiger Schritt war die Feststellung, daß auch Menschenaffen (Schimpanse) und der südamerikanische Nachtaffe (Aotus trivirgatus) mit den Erregern der menschlichen Malariaformen infiziert werden können und umgekehrt ein Reservoir für eine menschliche Malaria-Infektion darstellen. Durch die Verwendung der Blutkulturen werden zur Zeit mit Aotus Experimente durchgeführt, um ein gegen Malaria wirksames Affenserum zu erzeugen. Außerdem sind die Langzeitblutkulturen geeignet, neue wirksame Chemotherapeutika gegen die Malaria-Erreger zu testen. In zunehmendem Maße werden die verschiedenen Plasmodien-Arten gegen die bisher verwendeten Chemotherapeutika resistent, d.h. die auf die Entwicklungsstadien spezifisch eingesetzten chemischen Mittel wirken entweder gar nicht mehr oder nur in unzureichendem Maße. Das seit Jahrhunderten verwendete Pflanzenalkaloid Chinin (Bild 34) wurde wegen seiner zahlreichen gefährlichen Nebenwirkungen durch andere Verbindungen ersetzt (z.B. Chloroquin = Resochin, Primaquin = 8-Aminochinolin, Bild 34). Die südamerikanischen und asiatischen Stämme von Plasmodium falciparum sind gegen Chloroquin resistent. Als resistent bezeichnet man die Fähigkeit eines Parasitenstammes, eine Konzentration eines chemischen Mittels zu überleben und sich zu vermehren, die vergleichbare Stämme desselben Parasiten abtötet oder eine Vermehrung verhindert. Die afrikanischen Stämme von Plasmodium falciparum sind dagegen nicht resistent. Die relativ geringe Giftigkeit von Chloroquin und die ursprüngliche drastische Wirkung auf die erythrozytären Stadien machten dieses Chemotherapeutikum zu einem der wichtigsten Medikamente bei der Bekämpfung der Malaria. Die Entstehung einer Resistenz ist also nicht auf Mikroorganismen wie Bakterien und Pilze beschränkt; auch die eukaryotischen tierischen Zellen können eine Resistenz ausbilden. Die Chloroquin-Resistenz läßt sich bei Plasmodium falciparum in den Langzeitblutkulturen sogar künstlich erzeugen. In Experimenten von mehr als 6 Monaten Dauer werden die Plasmodien mit steigenden Dosen von Chloroquin in den Kulturen behandelt. Die erreichte Resistenz der Protozoen ist bisher über 1 Jahr in der Blutkultur stabil geblieben; sie ist also genetisch bedingt. Das erreichte Ausmaß der Resistenz kann direkt mit frisch isolierten Erregerstämmen aus Infektionen von Südostasien verglichen werden. Die schwerwiegenden und gefährlichen Krankheitserscheinungen bei der Malaria werden durch die erythrozytären Zyklen des Parasiten verursacht. Es entsteht eine schwere hämolytische Anämie, die eine Belastung für Herz, Lunge, Knochenmark und vor allem die Nieren bedeutet. Der akute Tod wird oft durch Nierenversagen ausgelöst. Es muß daher das Ziel einer Chemotherapie sein, vor allem die erythrozytären Stadien schnell und wirksam abzutöten. Da etwa 50 % der Malaria-Erkrankungen durch Plasmodium falciparum verursacht werden, ist die Resistenz gegen Chloroquin nicht ohne weiteres durch andere Medikamente auszuschalten und stellt damit ein äußerst wichtiges Problem für die Bevölkerung der malariagefährdeten Gebiete dar.

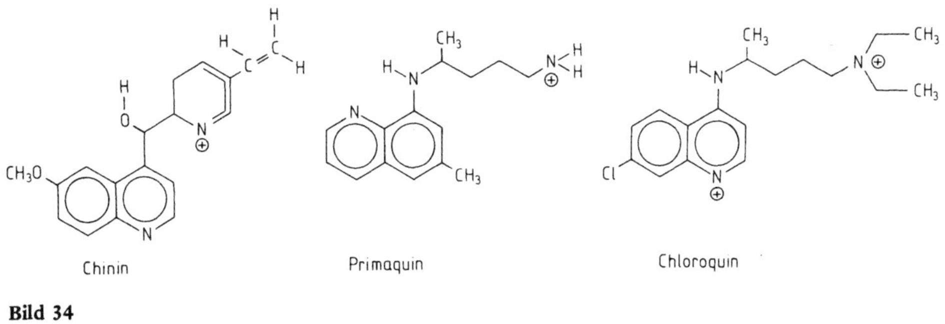

Bild 34
Wirksame chemische Verbindungen gegen Malariaparasiten

In den Malaria-Gebieten Afrikas findet seit mehreren tausend Jahren ein großartiges genetisches Naturexperiment statt. Dort hat die Infektion mit Plasmodium falciparum, also dem Erreger der gefährlichen Malaria tropica, als Selektionsfaktor für eine Mutation des Blutfarbstoffs Hämoglobin sich ausgewirkt. Bei der berühmten Mutation Sichelzellanämie ist durch die Veränderung der genetischen Information folgende Situation entstanden.

Das Hämoglobin bei erwachsenen Menschen besteht aus zwei verschiedenen Polypeptidketten, dem α- und dem β-Hämoglobin. Jede Polypeptidkette trägt eine Hämgruppe, das Wirkungsmolekül für die reversible Sauerstoffbindung. Die Faltung der Polypeptidketten und die Bindung des Häms hängen von der genauen Reihenfolge der Aminosäuren ab. In einem funktionsfähigen Molekül werden zwei α- und zwei β-Ketten zu einem Tetramer zusammengeschlossen. Bei der Bindung von Sauerstoff, d.h. im oxygenierten Zustand, verändert sich ein wenig die Faltung der Polypeptidketten. Dadurch wird die Abgabe des Sauerstoffes erleichtert. Bei der Mutation Sichelzellanämie ist in der β-Polypeptidkette das Glutamin in der Pos. 6 durch die Aminosäure Valin ersetzt worden. Dieser einzelne Austausch bewirkt, daß die β-Polypeptidkette in deoxygeniertem Zustand eine physikalische Veränderung erfährt. Bei Sauerstoffmangel über längere Zeit (einige Minuten) verbinden sich die β-Ketten zu Strängen und bilden dünne Röhrchen. Durch eine genügende Sauerstoffzufuhr ist diese Polymerisation zunächst noch reversibel. Bei länger anhaltendem Sauerstoffmangel dagegen werden die Röhrchen immer länger, und die Erythrozyten verformen sich grob sichelförmig. Dadurch werden sie starr und verstopfen die Kapillaren, so daß es zu Mikroinfarkten kommt. Ist die Mutation homozygot verhanden, d.h. auf beiden entsprechenden Chromosomen sind die Genorte in dieser Mutation vorhanden, dann sind die betroffenen Individuen vermindert lebensfähig und von einer schweren Anämie bedroht, da die Sichelzellerythrozyten rasch abgebaut werden. Ist die Mutation aber im heterozygoten Zustand vorhanden, also ein gesunder Erbfaktor und eine Mutation Sichelzellanämie in einem Menschen vereinigt, dann enthalten die Erythrozyten zwischen 25 bis 47 % des veränderten Hämoglobins. Die heterozygoten Individuen sind weitgehend von den Krankheitssymptomen verschont, nur bei starken Anstrengungen, d.h. entstehendem Sauerstoffmangel in den Geweben, werden die typischen Sichelzellformen gebildet. Unter normalen Bedingungen müßten wegen der geringen Lebensfähigkeit der homozygoten Sichelzellträger die heterozygoten in der Bevölkerung immer stärker abnehmen und die Mutation allmählich ausgelöscht sein. Das ist aber nicht der Fall. In den Malaria-Gebieten können bis zu 40 % der Bevölkerung heterozygot für Sichelzellanämie sein. Die Ursache liegt in der Wirkung der Mutation auf die Lebensfähigkeit des Malaria-Erregers. Zwar sind die heterozygoten Träger der Sichelzellmutation empfänglich für die Überimpfung der Sporozoiten, und auch die exoerythrozytäre Leberschizogonie verläuft normal. Nach dem Eindringen der Merozoiten in die roten Blutkörperchen verläuft das weitere Wachstum etwa 36 Stunden normal. Dann aber werden bei Plasmodium falciparum (nur bei diesem Malaria-Erreger) die befallenen Erythrozyten in Knochenmark und Milz gespeichert, wo die letzte Phase der Schizogonie (etwa 12 Stunden) ablaufen soll. Die Sichelzellerythrozyten sind damit aus dem sauerstoffreichen peripheren Blutkreislauf herausgezogen worden, und die Sauerstoffversorgung wird schlechter. Außerdem entzieht der wachsende Schizont dem Erythrozyten Sauerstoff. Dadurch wird die Situation für das Sichelzellhämoglobin geschaffen, durch eine zunehmende Deoxygenierung den Beginn der Fibrillenbildung einzuleiten. Obwohl es nicht zur vollen Sichelzellbildung kommt, wird durch das polymerisierende Hämoglobin der Schizont an der weiteren Nahrungsaufnahme und damit an der Reifung gehindert. Der erythrozytäre Entwicklungszyklus kann nur verzögert oder überhaupt nicht zu Ende geführt werden. Damit ist der Krankheitsverlauf nur leicht, und die Infektion kann ganz erlöschen. Die Überlebenschancen der Heterozygoten sind daher ungleich größer als die der Bevölkerungsanteile mit normalem Hämoglobin. Die Infektion wirkt sich also als ein Selektionsfaktor zugunsten der Heterozygoten aus. Der hohe Anteil ist auch noch bei den ursprünglich afrikanischen Anteilen der farbigen Bevölkerung in den USA nachzuweisen. Die vergangenen zweihundert Jahre haben also nicht ausgereicht, die Verteilungsquote der Heterozygoten vollständig zu normalisieren.

Mit dem Eindringen eines Schizonten (Merozoiten) in ein rotes Blutkörperchen beginnt der *erythrozytäre Zyklus* (siehe oben). Der junge Throphozoit erfährt eine Differenzierung, indem die Pellicula (innere Membransysteme + Mikrotubuli) vollständig abgebaut und die spindelförmige Zellgestalt verändert wird. Durch eine Oberflächenvergrößerung wird der Trophozoit sichelförmig oder fast ringförmig abgeflacht, so daß sich Teile des befallenen Erythrozyten in Ausbuchtungen des Parasiten vorwölben; dadurch entsteht im Lichtmikroskop die klassische Ringform. Mehrere Cytostome (bis 5) werden ausgebildet; durch Kontraktionen saugen sie Zellmembran und Cytoplasma des befallenen Erythrozyten an und schnüren Nahrungsvakuolen ab. Dabei wird die Zellmembran des Erythrozyten immer wieder versiegelt, so daß kein Cytoplasma auslaufen kann (Bild 35). Die Phagosomen verschmelzen mit Lysosomen aus dem Golgi-

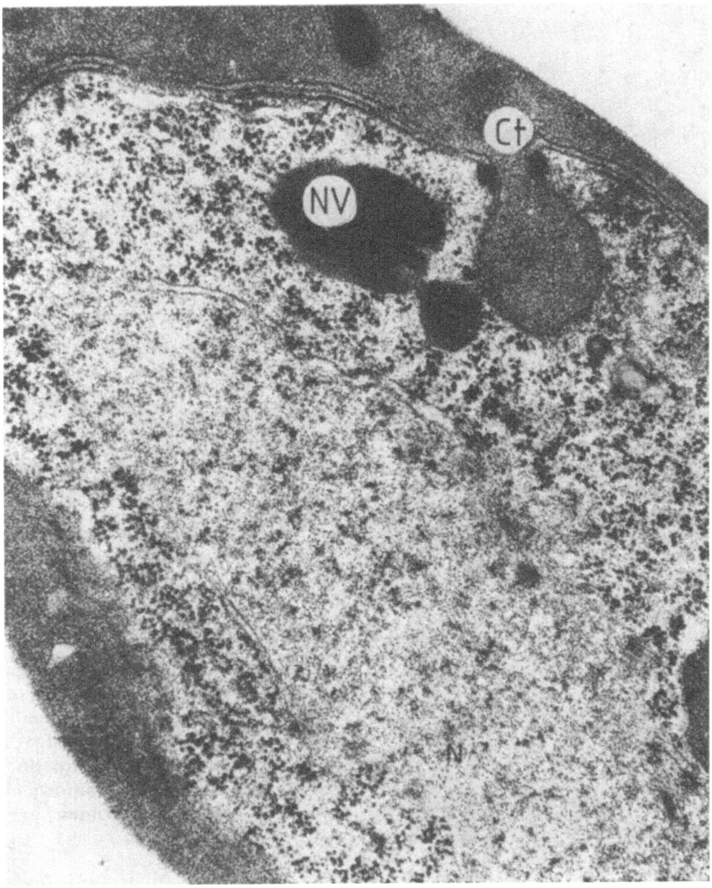

Bild 35

a) Wachsender Trophozoit von Plasmodium mit Cytostom und Nahrungsvakuolen, gefüllt mit dem dichten Cytoplasma des befallenen Erythrozyten (aus Aikawa et al., 1966)

Ct Cytostom
NV Nahrungsvakuole

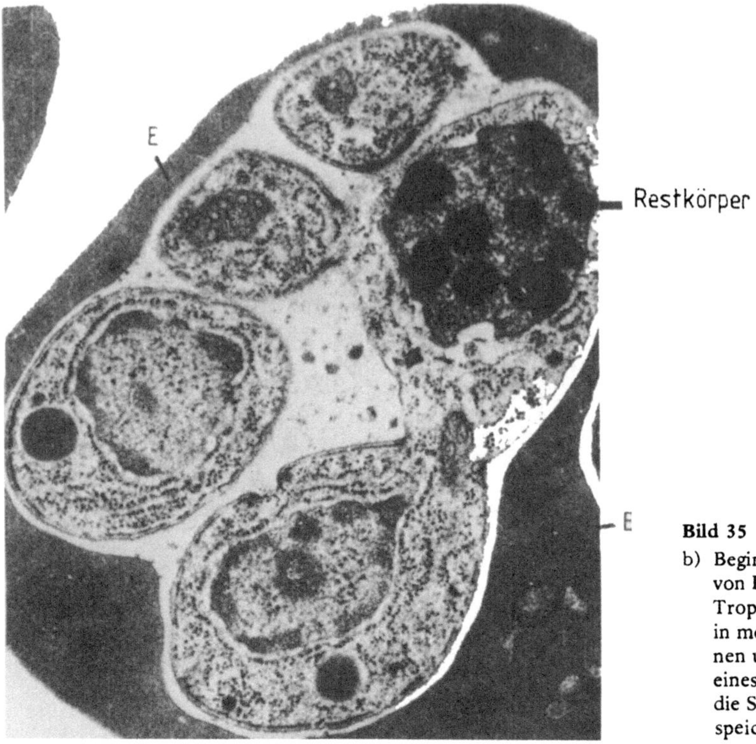

Bild 35

b) Beginnende Schizogonie von Plasmodium; der Trophozoit zerteilt sich in mehrere Plasmaportionen unter Entstehung eines Restkörpers, der die Stoffwechselprodukte speichert. E Erythrozyt

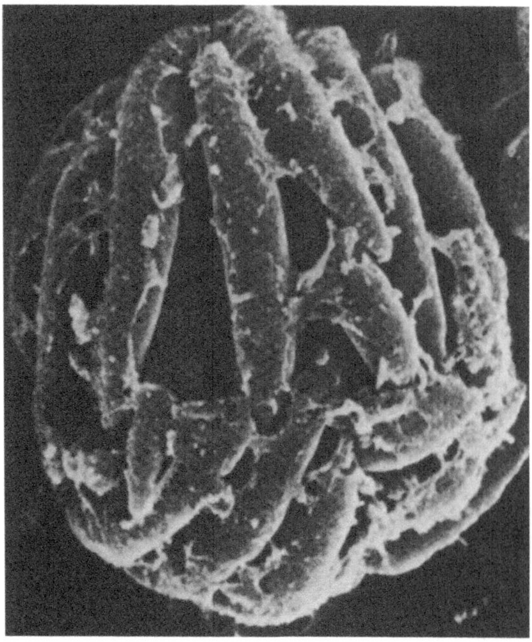

Bild 35

c_1) Vollzogene Schizogonie von Eimeria, rasterelektronenmikroskopische Aufnahme einer aufgebrochenen parasitophoren Vakuole, mit den länglich geformten Schizonten

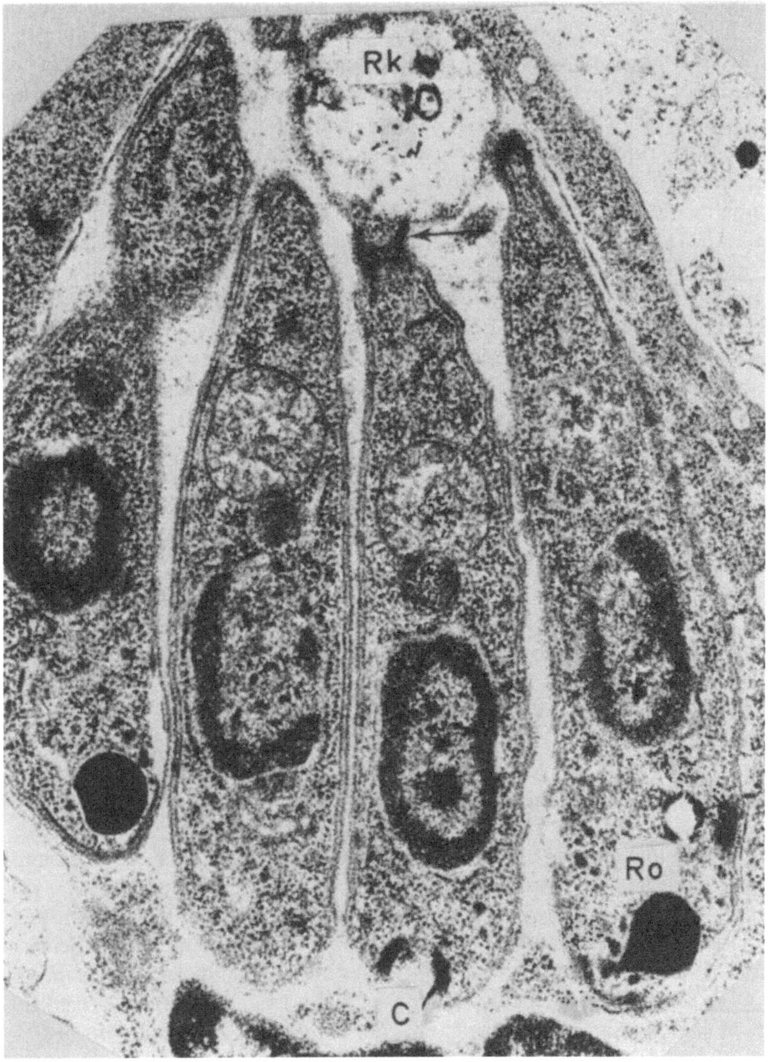

Bild 35

c_2) Vollzogene Schizogonie von Plasmodium: die Schizonten (Merozoiten) haben ihre Zellform ausdifferenziert und sind infektionsfähige Protozoen (aus Madden und Vetterling, 1978)

Rk Restkörper C Conoid Ro Rhoptrien

Feld und untereinander, so daß größere Nahrungsvakuolen entstehen. Eisenhaltige Bestandteile des Hämoglobins können nicht verdaut werden und bleiben als dichte Pigmentkörnchen (Hämatin, Hämozoin, Malariapigment) in den Nahrungsvakuolen bestehen. Durch das Wachstum bekommt der Trophozoit eine unregelmäßige Gestalt, und schließlich finden mehrere Kernteilungen statt. Damit beginnen die Vorbereitungen zur Schizogonie (Merogonie).

Bei Plasmodium falciparum entstehen unter der Einwirkung des Trophozoiten an der Oberfläche der befallenen Erythrozyten kleine knöpfchenförmige Ausstülpungen, angefüllt mit einem dichten Material. Die Erythrozyten dieser Stadien heften sich an die Gefäßwandzellen der Blutgefäße in tiefer gelegenen Geweben an (Knochenmark, Milz, Herz, Fettgewebe). Die Bedeutung dieses Vorganges bei der Sichelzellanämie wurde oben erörtert. Im reifen Trophozoiten entstehen dann die neuen Schizonten: in knospenförmigen Ausstülpungen des Cytoplasmas werden aus dem Golgi-Feld neue Rhoptrien angelegt, und Doppelmembranen des endoplasmatischen Reticulums grenzen eine spindelförmige Cytoplasmamasse mit einem Zellkern ab. Dadurch wird unter Anlagerung von Mikrotubuli die typische Pellicula geschaffen. Schließlich hängen die entstandenen Merozoiten nur noch mit dem hinteren Zellpol an einer übrig bleibenden Cytoplasmamenge, dem Restkörper, in dem auch das Malariapigment verbleibt. Bei Plasmodium vivax und falciparum entstehen 16–24 Merozoiten, bei Plasmodium ovale und malariae etwa 10 Merozoiten. Sind die Merozoiten vom Restkörper vollständig abgetrennt, so beginnt der Erythrozyt anzuschwellen und reißt schließlich auf, so daß die Merozoiten frei ins Blutplasma gelangen. Charakteristisch ist der synchrone Ablauf dieses Zyklus im befallenen Wirt. Durch den Stich haben die Sporozoiten gleiche Ausgangssituationen und gleiche Entwicklungsbedingungen; die ausschwärmenden Merozoiten der 1. Generation finden ebenfalls völlig gleichförmige Entwicklungsbedingungen vor, die Wachstums- und Teilungsvorgänge werden daher zur gleichen Zeit durchgeführt. Der Zyklus dauert 48 Stunden bei den Erregern der Malaria tertiana und 72 Stunden bei den Erregern der Malaria quartana. Die Ausschüttung der Stoffwechselprodukte aus den platzenden Erythrozyten löst die charakteristischen Fieberanfälle aus. Die frei gewordenen Merozoiten können nun erneut Erythrozyten befallen. Durch die Wiederholung des Zyklus wird eine hohe Verseuchung des Blutes erreicht, so daß auf dem Höhepunkt des Krankheitsverlaufes etwa 50000 Erythrozyten/mm^3 Blut infiziert sein können (bei einer normalen Zahl von 4,5–5 Mill. Erythrozyten pro mm^3). Bei Plasmodium falciparum kann diese Zahl auf 500000 ansteigen, so daß die Erkrankung lebensgefährlich ist.

Die Wirkung von Chloroquin auf die Parasiten (siehe oben) geht über die Atmungskette der Mitochondrien. Die Ähnlichkeit der Molekülstruktur mit der des Coenzyms Q (Ubichinon) in der Mitochrondrien-Membran bewirkt eine kompetitive Hemmung (Bild 36). Das Ubichinon enthält ein reversibel reduzierbares Chinon mit einer Seitenkette aus mehreren Isopren-Untereinheiten. Beim Plasmodium sind es acht Isopren-Einheiten, daher wird das Coenzym Q 8 genannt. Durch die lange lipophile Seitenkette ist das Ubichinon in der Membran der Mitochondrien eingelagert und kann beweglich sein. Das Ubichinon erhält aus den der Atmungskette vorgeschalteten Prozessen Elektronen, indem es reduziert wird, es ist gewissermaßen eine Sammelstelle für Elektronen. Diese werden dann auf die Cytochromreihe übertragen. Durch die kompetitive Hemmung bricht also die Atmungskette an dieser Stelle ab. Die relative Ungiftigkeit für die Wirtszellen erklärt sich aus der Struktur des mitochondrialen Coenzyms Q, das zehn Isopren-Anteile enthält. Die genetische Resistenz der Parasiten muß also auf einer Veränderung von solchen Genen beruhen, welche die mitochondriale Atmungskette dieses Bereiches betreffen.

Die *Gamogonie* beginnt durch die sexuelle Differenzierung von Merozoiten zu Gametocyten. Nach dem Eindringen in einen Erythrozyten wächst ein Merozoit langsamer und differenziert sich nicht zu Schizonten, sondern wird zu einem einkernigen großen Gametocyten (Gamonten). Diese Reifungsphase dauert etwa 9–12 Tage. Die multiplen Kernteilungen, die für das Stadium der Schizogonie typisch ist, unterbleibt. Es wird

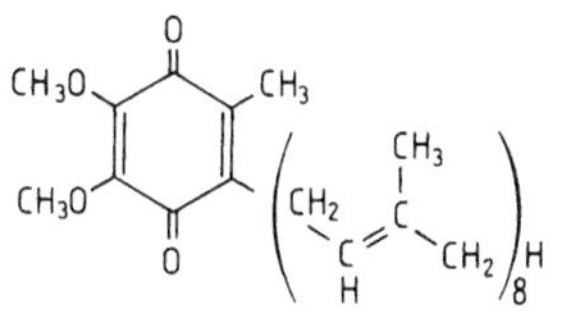

Bild 36
Formel des Coenzyms Q_8 (mit n = 8 Isopreneinheiten)

eine Pellicula aufgebaut, und zahlreiche Einschlußkörper entstehen im Cytoplasma. Schließlich füllt der Gametocyt fast den ganzen Erythrozyten aus. Entsprechend der sexuellen Differenzierung gibt es Makrogametocyten, die bei der endgültigen Reifung ungeteilt bleiben. Die Mikrogametocyten lassen bei der endgültigen Reifung acht begeißelte Gameten entstehen. Die Gamonten können die Erythrozyten nicht verlassen, sie zirkulieren also im strömenden Blut. Bei Plasmodium falciparum haben sich die Erythrozyten mit den reifenden Gametocyten von den Gefäßwänden gelöst, so daß die letzten Differenzierungsstadien innerhalb von 24 Stunden im strömenden Blut ablaufen. Die endgültige Umwandlung zu reifen Makrogameten bzw. zur Ausbildung von begeißelten Mikrogameten kann nur durch eine Erhöhung des pH-Wertes des Blutes z.B. in Kulturen auf 7,7 bis 8 ausgelöst werden. Verbleiben die reifenden Gametocyten im Wirt, so sterben sie nach wenigen Stunden ab. Sie stellen die Parasitengeneration dar, welche für die Übertragung auf den Vektor vorgesehen ist. Während der Blutmahlzeit eines Anopheles-Weibchens gelangen sie in den Insektendarm, wobei durch die veränderte CO_2-Spannung der pH-Wert des aufgenommenen Blutes ansteigt. Damit ist der auslösende Faktor für die Reifung der Gameten gegeben. In wenigen Minuten schlüpfen die Makrogameten aus den Erythrozyten. In 10 bis 20 Minuten finden in den Mikrogametocyten drei Kernteilungen statt, und es entstehen acht begeißelte männliche Gameten, wobei der größte Teil der Zelle als Restkörper übrigbleibt. Alle übrigen erothryzytären Stadien werden mit der Blutmahlzeit im Darm aufgelöst. Die aktiv schwimmenden Mikrogameten treffen auf Makrogameten, und es kommt zur Verschmelzung von Makro- und Mikrogamet zur Zygote, die jetzt einen diploiden Kern hat. Die Gamonten stellen für die Mücke die infektionsfähige Generation dar. Beim Übertragungsmechanismus hat sich bei den Säugetieren eine sehr genaue Zeitabstimmung entwickelt. Die Gametocyten werden nur während einiger Stunden der Nacht (um Mitternacht) das entscheidende Reifungsstadium erreichen, wahrscheinlich ist die erhöhte Körpertemperatur des Tiefschlafes eine der auslösenden Ursachen. Die Anopheles-Mücken stechen vor allem in den Nachtstunden, bekommen also ihre Blutmahlzeit in der Zeitspanne, in der reife Gametocyten zirkulieren. Da aus jedem Schizogoniezyklus neue Merozoiten für die sexuelle Differenzierung geliefert werden und da die Reifung der Gametocyten 9–12 Tage beträgt, so stehen bereits nach wenigen Fieberschüben jede Nacht Gametocyten zur Verfügung.

Die Entwicklungszyklen im Vektor beginnen also mit einer *diploiden Zygote*, die mehrere Anpassungen an die neuen Lebensbedingungen aufweist: der Rückgang der Temperatur von 37 °C auf Werte der Außentemperatur in der Mücke wird überstanden, die Zygote ist resistent gegen die Verdauungsenzyme des Magen-Darmkanals, die aerobe Lebensweise im Erythrozyten wird gegen die anaeroben Bedingungen im Mückendarm eingetauscht. Noch im Darminhalt differenziert sich die entstandene diploide Zygote zum *Ookineten* aus. Während der Makrogametozyt eine kugelförmige Zelle war, wird jetzt ein Vorderpol mit einem apikalen Komplex entwickelt, Mikrotubuli verstärken die Pellicula, und die ganze Zelle wird birnenförmig. Der vordere Abschnitt ist beweglich, so daß der Ookinet durch die Reste der Blutmahlzeit an die Mikrovilli des Mitteldarmepithels gelangt, nachdem er die peritrophe Membran durchbohrt hat. Mit dem apikalen Komplex dringt der Ookinet in eine Epithelzelle vor, dort verläuft zunächst die weitere Entwicklung. Sie ist sehr stark abhängig von der Temperatur und dauert mehrere Stunden. Bei Temperaturen unter 16 °C oder über 33 °C besteht für den Parasiten keine weitere Entwicklungsmöglichkeit mehr. Da die Mücken in ihrer Körpertemperatur fast vollständig von der Außentemperatur abhängig sind und nur eine kurze Erwärmung während der Flugphase erfolgt, sind mit diesen Temperatur-Grenzen auch die Grenzen der Übertragungsmöglichkeit der Malaria erreicht. Da der Makrogamont als ganze Zelle in die Zygote übergegangen ist, findet sich im Ookinet auch Hämozoin. Zusätzlich werden im endoplasmatischen Reticulum kristalline Einschlußkörper gebildet, die wahrscheinlich das erste Schalenmaterial für die Zystenbildung darstellen. Eine entscheidende Phase in der weiteren Entwicklung des Ookineten sind die ersten Kernteilungen, die als Reifeteilungen durchgeführt werden. Es entstehen vier Zellkerne, die durch dünne Brücken noch miteinander in Verbindung stehen.

Die Zahl der Chromosomen ist nicht bekannt, da die Kerne sehr klein sind und in einer für Protozoen typischen Weise bei der Mitose nicht aufgelöst werden. Der gesamte Spindelapparat wird also intranukleär die Verteilung der Chromosomen erreichen. Die vier Zellkerne sind haploid; durch die erste Reifeteilung sind die homologen Chromosomen zufallsmäßig verteilt worden, so daß der Bestand an Allelen in den einzelnen Kernen unterschiedlich sein kann. Da eine Reihe Enzyme des Grundstoffwechsels bei den Plasmodien bekannt sind, haben sich die Verteilungen bestimmter Enzymgene auf die einzelnen Kerne und damit auf die daraus entstehenden Zellen einwandfrei nachweisen lassen. Nach einer Wachstumsphase von etwa 4 Tagen wird die Epithelzelle zerstört, und der Parasit liegt auf der Basalmembran der Darmwandung. Dort umgibt sich die Zelle mit einer dünnen Kapsel (Zystenwand) und wird damit zur Oozyste. Während dieser Zeit werden auch zahlreiche Tochterkerne durch multiple Teilungen gebildet, es muß also eine Polyploidisierung stattgefunden haben, die eine rasche Verteilung der Chromosomen möglich macht. Durch weiteres Wachstum der Oozyste werden die Fibrillen der Basalmembran beiseite gedrängt, so daß die Zystenwand teilweise in das Hämocoel der Mücke vorragt. Nach etwa 7 Tagen der Gesamtentwicklung beginnt durch Zerklüftung der Zelloberfläche die Bildung der Sporozoiten. Die Oozyste ist zum Sporoblasten geworden. Diese Form der Zellbildung und multiplen Vermehrung ist die Phase der Sporogonie. Ähnlich wie bei der Bildung der Merozoiten werden Zellkerne in kleine Plasmaportionen eingeschlossen, an deren Oberfläche ein apikaler Komplex und eine Pellicula sich ausdifferenzieren. Jedoch sind die entstehenden Sporozoiten sehr viel kleiner als Merozoiten. Die durch die Zellzerklüftung entstandenen Sporozoiten sind haploid, und für sie gilt also nicht, daß Gene dominant oder recessiv sein können. Die Aktivität des Sporoblasten zur Sporozoitenbildung erstreckt sich über mehrere Wochen; die Zahl der nach und nach entstehenden Sporozoiten liegt bei mehreren Tausend. Sie durchbohren einzeln die Zystenwand und gelangen in die Hämolymphe der Mücke. Eine besondere Öffnung in der Zyste zum Schlüpfen von Sporozoiten ist nicht vorhanden. Es kommt aber vor, daß gegen Ende der Entwicklungsphase die Zystenwand platzt und alle Sporozoiten frei werden. Mit der Hämolymphe werden Sporozoite durch den Körper der Mücke transportiert, Erfolgsorgane sind aber nur die Speicheldrüsen. Nur an diesem Zelltyp wird ein Zellkontakt die Sporozoiten festhalten, und sie dringen mit dem Apikalkomplex wieder in die Speicheldrüsenzellen ein. Dort können sie mehrere Wochen bleiben. Einzelne Sporozoite verlassen die Epithelzellen und werden in das Sekret der Speicheldrüse übertreten. Mit dem Stich der Mücke für eine Blutmahlzeit werden sie in einen neuen Wirt injiziert und gelangen dort in den Blutstrom. Damit beginnt ein neuer parasitärer Kreislauf. Einmal infizierte Mücken bleiben etwa 3 bis 4 Monate infektionsfähig.

Ein wichtiger Unterschied zwischen den Sporozoiten und den Merozoiten besteht noch hinsichtlich der Zellspezifität. Die Sporozoiten können nicht in die Erythrozyten vordringen, sondern nur in die Leberzellen der Säugetiere bzw. des Menschen. Die Merozoiten können nicht in die Leberzellen eindringen, sondern nur in die Blutkörperchen. Eine Rückinfektion der Leber durch Merozoiten der erythrozytären Phase ist also nicht möglich. Wenn es zu Rückfällen nach der Ausheilung einer Malaria kommt, so beruht das auf latenten Stadien der exoerythrozytären Parasiten, die noch in Leberzellen überdauert haben. Ein wichtiger Unterschied ist auch gegenüber den Formen bei Reptilien und Vögeln vorhanden. Bei diesen werden die Sporozoiten in Bindegewebszellen oder Zellen des Reticulo-Endothels und in Gefäßwandzellen die erste Schizogonie durchmachen. Bei den Vögeln können die Bindegewebszellen und die Gefäßwandzellen in der Nähe des Insektenstiches befallen sein. Obwohl in allen Fällen die apikalen Komplexe außerordentlich ähnlich gebaut sind, müssen durch die Moleküle der Glykokalix bestimmte Zellspezifitäten für die ersten Kontakte zu den Wirtszellen vorhanden sein.

Die Anpassungsfähigkeit der Protozoen vom Typ der Apicomplexa läßt sich folgendermaßen zusammenfassen. Der Generationswechsel wird benutzt, mit der sexuellen Generation der Gamonten einen Wechsel vom Wirt in den Vektor mit einer entsprechenden tiefgreifenden Veränderung der Lebensbedingungen zu überleben. Die Gamogonie spielt als Vermehrungsphase keine entscheidende Rolle, sondern ist Ausgangszustand einer neuen extrem ausgeweiteten Vermehrungsphase asexueller Natur: der Sporogonie. Die Sporozoiten sorgen für eine Verbreitung des Parasiten; im Falle der besprochenen Plasmodien wird der Vektor verseucht, und durch seine Bewegungsfähigkeit und lang anhaltende Infektion kann eine starke räumliche Ausbreitung des Parasiten erfolgen. Bei Gregarinen können die Sporozoite in dauerhafte Kapseln eingeschlossen werden, und durch die Zerstreuung im Lebensraum der Wirte wird eine Infektion weiterer Wirtstiere durch die direkte Aufnahme z.B. mit der Nahrung möglich.

B) Erreger der Toxoplasmose: Toxoplasma gondii

Die Krankheitsformen der Toxoplasmose sind auch in Europa weit verbreitet. Der vollständige Entwicklungszyklus des Erregers Toxoplasma gondii kann nur in Katzen (Hauskatze, Wildkatze) oder katzenartigen Raubtieren, wie z.B. Luchs, Serval, Ozelot, Tiger u.a. vollständig ablaufen. Diese Tiere stellen also Hauptwirte dar. Durch eine Aufnahme der infektionsfähigen Generation der Sporozoiten durch verunreinigte Nahrung bzw. direkte Kontakte mit den Hauptwirten kann aber auch der Mensch infiziert werden, ebenso die meisten seiner Haustiere (Hunde, Schafe, Ziegen) oder andere Wildtiere, wie Hamster, Mäuse u.a. Ein Vektor in Form eines übertragenen wirbellosen Tieres ist also nicht eingeschaltet. Damit gehört die Toxoplasmose zur Gruppe der direkten Zoonosen, indem die Erreger von einem Wirbeltier auf ein anderes direkt übertragen werden können. Die befallenen Menschen und Säugetiere sind gewissermaßen Nebenwirte, in denen der Zyklus der Gamogonie und der nachfolgenden Sporogonie nicht stattfinden kann. Der Unterschied zum Entwicklungszyklus von Plasmodium besteht also darin, daß für die Einleitung der Gametenbildung und der aus der Zygote hervorgehenden Sporozoiten nicht der Wechsel in ein anderes Tier notwendig ist und die infektionsfähige Form der Sporozoiten eigentlich wieder den Hauptwirt treffen soll, aber auch Lebensbedingungen für die asexuellen Vermehrungsphasen der Schizogonie in anderen Säugern vorfindet. Ein Schema des Entwicklungszyklus gibt Bild 37.

Beim Menschen tritt eine akute Toxoplasmose meistens als eine Entzündung der Lymphknoten auf, kann sich aber auch als schwere Gehirnhautentzündungen äußern. Besonders gefährlich ist eine Erstinfektion bei Frauen in der Schwangerschaft, da die Toxoplasmen auch den Embryo befallen und durch die mangelnde Abwehrlage eine Reihe von Mißbildungen (vor allem der Augen) verursachen. Die Infektion erfolgt durch die orale Aufnahme der Sporozoiten, die von der Katze in Form der Oozysten als widerstandsfähige Kapsel mit dem Kot ausgeschieden werden.

Eine Katze kann im Laufe mehrerer Jahre Millionen von Oocysten ausscheiden. Sie sind unter normalen Temperaturen in feuchten Medien ein Jahr oder länger lebensfähig und infektionsfähig und werden erst bei hohen Temperaturen abgetötet. Durch Insekten (vor allem Fliegen, Schaben) kann Nahrung mechanisch mit Oozysten verunreinigt werden, weil sie an Borsten oder Extremitäten anhaften und von diesen Trägern weitergeschleppt werden. Spielende Kinder in Sandkästen, die von Katzen als Kotablageplätze benutzt werden, sind besonders gefährdet. Auch das Verzehren von rohem oder nur wenig gekochtem Fleisch (Rind, Schwein, Schaf) kann zur Infektion führen, da auch die vegetativen Dauerphasen der Schizogonie (siehe unten) infektionsfähig sind.

Der Entwicklungszyklus bei der Katze (Bild 37) beginnt mit der Aufnahme von Sporozoiten, eingeschlossen in der Kapsel der Oozysten, die von anderen bereits infizierten Katzen ausgeschieden werden. Häufiger scheint der zweite Infektionsweg zu sein, bei dem infizierte Beutetiere (z.B. kleine Nager) gefressen werden, dabei werden die typischen Ruhestadien des vegetativen Vermehrungszyklus in Gehirn und Muskel der Beutetiere aufgenommen. Eine Oozyste enthält zwei Sporozysten, in denen je vier Sporozoiten durch die Reifeteilung bei der Sporogonie entstanden sind. Die Zystenwandungen sind sehr widerstandsfähig, es handelt sich um das einzige Stadium mit einer echten Wandbildung. Nach der Aufnahme der Oozyste in den Darm werden die

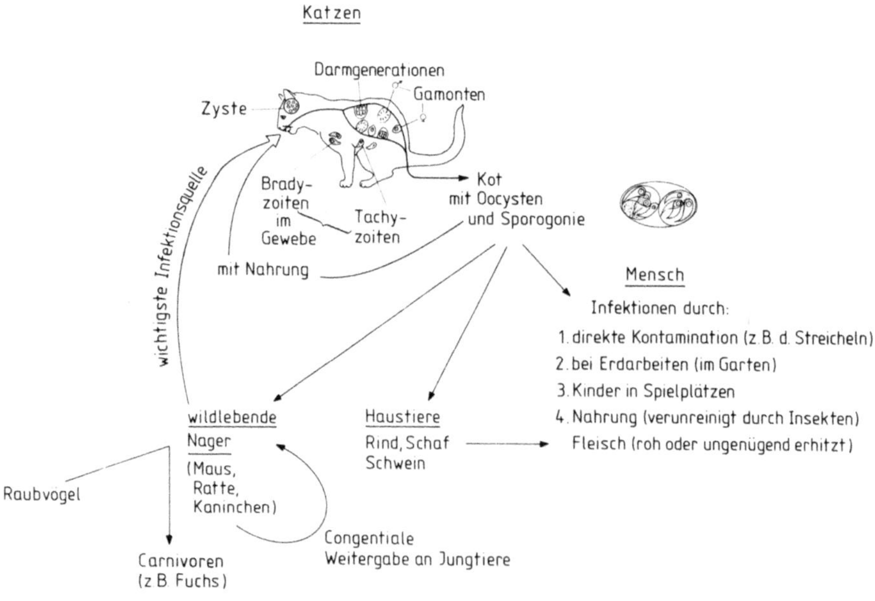

Bild 37 Entwicklungszyklus von Toxoplasma

Sporozoiten sehr beweglich, und an besonderen vorgefertigten Stellen sprengen sie die Sporozystenwand, worauf auch die Oozyste eröffnet wird. Die Sporozoiten enthalten den typischen apikalen Komplex und sind beweglich. Sie dringen durch das Darmepithel in die Blut- und Lymphgefäße vor und werden vom Strom der Körperflüssigkeiten in alle Gewebe verteilt. Sie können in alle Zelltypen vordringen, eine Gewebsspezifität wie bei Plasmodium besteht also nicht. Das Eindringen in die Zelle geschieht wieder mit Hilfe der Rhoptrien und Mikronemen, und es wird eine parasitophore Vakuole gebildet.

Die Nahrungsaufnahme geschieht durch ein Cytostom. Der Sporozoit rundet sich ab und wird zu einem Tachyzoiten, der eine besondere Form der Zweiteilung, die Endodygenie, durchführt (Bild 38). Es ist eine vegetative Vermehrungsteilung und entspricht der Schizogonie. Für die Zelldifferenzierung ist diese Form der Teilung besonders aufschlußreich. Zunächst wird das Golgi-Feld in der Nähe des Kerns in zwei Partien geteilt, und die Anlagen für die Rhoptrien und Mikronemen entstehen dort. Innerhalb der Mutterzelle werden damit zunächst die apikalen Komplexe angelegt. Durch Membranen des endoplasmatischen Reticulums grenzt sich eine spindelförmige Cytoplasmamasse ab, und eine beginnende Kernteilung gibt die entstehenden Tochterkerne in diese Cytoplasmaportion ab. Durch die weiter auswachsende Membran werden auch die Mitochondrien zerklüftet, so daß schließlich zwei vollständige Merozoite = Tachyzoite vorhanden sind, die durch den Rest der Mutterzelle zusammenhängen. Nach der vollständigen Zerteilung beginnt der Zyklus aufs neue, so daß in einer immer

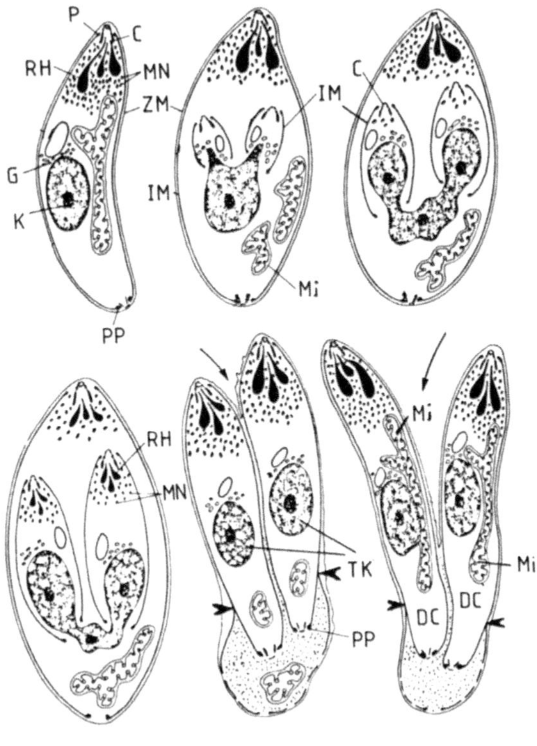

Bild 38
Vorgang der Endodyogenie: Organisation von zwei Tochterzellen im Meronten und nachfolgende Zerteilung (aus Scholtyseck, 1979)

C Conoid
G Golgi-Feld
IM innere Membran
K Zellkern mit Nukleus
Mi Mitochondrium
MN Mikronemen
P vorderer Polring
PP hinterer Polring
RH Rhoptrien
TK Tochterkerne
ZM Zellmembran

lange Pfeile: Zerteilung des Zellkörpers
kurze Pfeile: Verschmelzung der inneren Membranen IM
Restkörper der alten Zelle punktiert

größer werdenden parasitophoren Vakuole (Pseudozyste oder Gewebszyste) eine größere Anzahl von Tachyzoiten zusammenliegt, die alle auf eine ursprüngliche Mutterzelle zurückgehen. Es liegt also ein Klon vor. Wie bei Plasmodium sind die Tachyzoiten haploid. Alle entstandenen Parasiten müssen also den gleichen Genbestand besitzen. Man nennt daher dieses Stadium einer Pseudozyste auch das Gruppenstadium. Befallen werden vor allem Zellen in Leber und Lunge, die Muskulatur und die Submucosa des Darmes. Nach der Zerstörung der Wirtszelle werden die Tachyzoiten frei und dringen in andere Zellen ein. Ein Teil wandelt sich dann in den Bradyzoiten um, indem Glykogen als Reservematerial eingelagert wird und der Kern sich weiter zum hinteren Zellpol verlagert. Auch die Bradyzoiten teilen sich durch Endodyogenie. Im Gegensatz zu den Tachyzoiten werden mehrere hundert bis tausend neuer Tochterzellen gebildet, so daß die sich vergrößernde Vakuole von einer dünnen Schicht von Material umhüllt wird, es ist die sogenannte Gewebezyste entstanden. Ihr Durchmesser kann mehr als 100 μm betragen, sie ist eine Dauerform und kann über mehrere Jahre im Gewebe der Wirte lebensfähig bleiben. Bei allen infizierten Säugetieren mit Ausnahme der Katzen und katzenartigen Raubtiere sind Tachyzoiten und Bradyzoiten die Endstation der Entwicklung des Parasiten. Eine Darmgeneration zur Bildung von Gameten kann nicht entstehen. Werden bei Katzen Bradyzoiten von Beutetieren aufgenommen, so werden die Zysten durch die Enzyme des Darmsaftes aufgelöst, und die Parasiten werden frei. Sie sind durch ihre Oberflächenstruktur resistent gegen die verdauenden Enzyme. Die Bradyzoiten dringen in die Epithelzellen der Darmwand ein, sie stellen dort die intraepitheliale Generation dar. Ebenso können Sporozoiten aus der Oozyste nicht nur in Blut- und Lymphbahn vordringen, sondern ebenfalls Epithelzellen befallen und dort auch zur intraepithelialen Generation werden. Auch die mit Beutetieren aufgenommenen Tachyzoiten einer akuten Infektion können in Epithelzellen vordringen und ebenfalls Formen der intraepithelialen Generation liefern. Für die Katze sind also alle Generationen des Zyklus infektionsfähig.

Die intraepithelialen Formen unterscheiden sich in ihrer Zellform und der Art der Teilungen, so daß man mehrere Generationen (A–E) unterscheiden kann. Es ist bisher nicht bekannt, ob sie entwicklungsmäßig hintereinander gestaffelte echte Generationen darstellen oder ob sie aus den verschiedenen Infektionsformen hervorgehen. Aus der zeitlichen Verschiebung, mit der die Generationen nacheinander in den Epithelzellen erscheinen, könnten es Entwicklungsstadien sein. Jedoch sind die Zeitspannen relativ kurz und überlappen sich weitgehend. Die erste Generation (A) ist bereits 12–18 Stunden nach einer Infektion der Katzen vorhanden. Nach 12–54 Stunden erscheint die Generation B, und nach 28 bis 54 Stunden die Generation C. Der wichtige Unterschied ist, daß sich die erste Generation nur durch Endodyogenie teilt, die entstehenden Merozoiten also relativ groß sind. Der Übergang zur Generation C vollzieht sich durch einen allmählichen Wechsel zur typischen Vielteilung in Form der Schizogonie, so daß auch die Merozoiten sehr viel kleiner sind. Die beiden letzten Generationen D und E zeigen eine echte Schizogenie und sehr kleine Merozoiten. Man kann diese Differenzierungsfolge auch so interpretieren, daß durch einen Wechsel des Zellstoffwechsels eine multiple Kernteilung, d.h. eine beschleunigte DNA-Synthese ermöglicht und der komplizierte Prozeß der Endodyogenie aufgegeben wird.

Merozoiten der Generation D und E verlassen die Epithelzellen und dringen in neue Epithelzellen des Wirts ein. Dort können sie zu Gamonten werden. Der Makrogamont entwickelt eine neue Hülle und lagert Reservestoffe ein. Der Mikrogamont teilt sich in zahlreiche begeißelte Gameten, die Vereinigung von Makro- und Mikrogameten, d.h. die Befruchtung findet wahrscheinlich im Darmlumen statt, und die Zygote wird mit dem Kot ausgeschieden. Erst außerhalb des Darmes werden die ersten Kernteilungen als Reifeteilung durchgeführt; es beginnt die Sporogonie. Aus dem mitgeführten Material des Makrogamonten werden je zwei Zellen in eine Hülle, die Sporozysten, eingeschlossen, wo eine erneute postmeiotische Teilung insgesamt vier Zellen entstehen läßt. Die ursprüngliche und gedehnte Hülle um den Makrogamonten ist die Oozyste (siehe oben). Die Vermehrungsteilungen sind also auf die vegetativen Phasen des Entwicklungszyklus konzentriert, teils zur Vermehrung des Parasiten innerhalb des Wirtes, teils als intraepitheliale Generation zur Herstellung sehr zahlreicher Gamonten. Die Sporogonie dagegen ist vor allem durch die Reifeteilungen charakterisiert und trägt nicht wesentlich zur Erhöhung der Zahl infektionsfähiger Parasiten bei. Die hohe Zahl der ausgeschiedenen Oozysten des infizierten Wirtes geht auf die hohe Zahl der Merozoiten der intraepithelialen Generation indirekt zurück.

3 Der Zellverband: Histozoa = Metazoa (Gewebetiere oder Vielzeller), Strukturen und Funktionen

Die Existenz und die Entstehung mehrzelliger Organismen ist nicht so sehr ein Problem der Zahl der Zellen, sondern ein Problem des speziellen Zusammenschlusses dieser Zellen auf Dauer, d.h. der Kontakte und der Koordination der Zellen untereinander. Bei den Protozoen gibt es keinen dauernden Zusammenschluß von Zellen zu einer Arbeitsgemeinschaft. Ein zweiter wichtiger Unterschied gegenüber den Verhältnissen bei Protozoen ist, daß die vielzelligen Organismen alle auf einen sexuellen Fortpflanzungszyklus mit Keimzellen angewiesen sind. Die aus der Vereinigung der Keimzellen hervorgehenden Organismen bleiben diploid, und die Reifeteilungen finden erst bei der Gametenbildung statt. Alle vielzelligen tierischen Organismen sind also mit einem doppelten Satz von Chromosomen und damit einem doppelten Satz von Genen ausgestattet, während die meisten Protozoen während ihrer Wachstums- und Teilungsphase nur einen einfachen Chromosomensatz (haploid) besitzen. Der diploide Bestand an Genorten bedeutet einen ungeheuren Vorteil, denn bei einer Zerstörung eines Genortes oder bei einer Veränderung eines Genortes (Mutation) bleibt der andere Genort noch intakt. Durch die Notwendigkeit der Keimzellenbildung und der damit verbundenen Reifeteilungen können Veränderungen am Genmaterial, die sich in den Auswirkungen gegenüber den Bedingungen der Umwelt als nachteilig erweisen, ausgeschieden werden. Nur ein Teil der Nachkommen erhält den defekten Bestand an Genmaterial. Durch die Aufteilung der Aufgaben (Arbeitsteilung), die sich in einem vielzelligen Organismus zwischen den Zellen ausbildet und sich zumeist nach ihrer Lage im Bauplan des Organismus richtet, wird der größte Teil der Zellen von der Fortpflanzung ausgeschlossen. Die vegetative Vermehrung der Zellen durch Teilungen erhält also in einem vielzelligen Organismus völlig andere Aufgaben: die des Wachstums und der Organbildung innerhalb des Bauplanes und des Ersatzes (physiologische Regeneration) von absterbenden Zellen. Die Zellen sind nicht mehr untereinander gleichwertig, sondern haben auf dem Wege der Zelldifferenzierung, d.h. der Abwandlung ihrer Zellorganellen, einen begrenzten Umfang an stoffwechselphysiologischen Aufgaben übernommen. Bei der Entwicklung aus der Zygote (*Ontogenese*) werden bei einem vielzelligen Organismus Zellstämme entwickelt. Bei der Vermehrung solcher Zellstämme müssen differenzierte Teilungen entwickelt werden, d.h. Zellteilungen, bei denen die beiden entstehenden Tochterzellen nicht mehr gleichwertig sind. Die Veränderungen, die bei den vielzelligen Organismen im Laufe der Erdgeschichte eingetreten sind, sind daher viel weniger schwierig zu durchschauen und zu begreifen als die Tatsache, daß ein Teil der Ausgangsformen über viele Millionen oder Hunderte von Millionen Jahren unverändert geblieben sind. Das Erstaunliche an der Evolution ist also nicht die Veränderlichkeit und Umwandlung der Organismen, sondern vielmehr das Beharren zahlreicher Organismenformen auf einem Zustand ihrer Organisation, der eigentlich längst verlassen sein müßte. Um es überspitzt zu sagen: eigentlich dürfte es keine Amöben mehr geben. Da die Möglichkeiten zur Umwandlung ihrer ursprünglichen Formen im Erdaltertum zu vielzelligen

Organismen bestanden haben, so ist es bis heute unerklärlich, warum so zahlreiche Protozoenstämme 800 Millionen Jahre oder mehr als Einzelzellen überlebt haben. Denn daß Veränderungen möglich gewesen sind, zeigen die zahlreichen Anpassungen der solitären Zellen an bestimmte spezielle Lebensbedingungen.

Die Größe der meisten vielzelligen Organismen und damit die für den Menschen gegebene Erfaßbarkeit hat bereits vor langer Zeit zu Versuchen geführt, in die Vielfalt der größeren Organismen eine Ordnung zu bringen und damit eine bessere Überschaubarkeit in Kategorien zu erreichen. Aus der Ähnlichkeit der äußeren Gestalt (Isomorphie) wurde auf eine Zusammengehörigkeit geschlossen, zumindestens eine Zusammengehörigkeit, die man registrieren konnte. Auf diese Weise konnten die ersten Gedankengebäude einer künstlichen Systematik entstehen. Es sind Einteilungsversuche, mit Hilfe bestimmter Kriterien eine Ordnung in die große Menge und Vielfalt der lebenden Organismen zu bringen.

Als sich die Erkenntnis von der Evolution allmählich durchzusetzen begann und ein kritischer Vergleich der Grundzüge der Baupläne der Organismen mit denen der als Fossilien bekannt gewordenen ausgestorbenen Gruppen vollzogen wurde, konnte man allmählich begreifen, daß Ähnlichkeiten in der Regel auf einer Verwandtschaft beruhten. Lebende (rezente) Organismen sind das Ergebnis einer sehr langen Entwicklungsreihe von Formen, die eine gemeinsame Wurzel in bestimmten Vorfahren haben. Damit erhielten die Einteilungsversuche der Systematik einen völlig andersartigen und neuen Hintergrund: es entstand die Verwandtschaftssystematik unter der Idee der Evolution. Die klassifizierende und Kategorien schaffende Einteilung wurde zum Stammbaum. Anders ausgedrückt bedeutet diese Auffassungsweise, daß größere Organismen mit vielgestaltigeren Organsystemen von kleineren Organismen mit einfacheren Bauplänen abstammen müssen. Je mehr Zeit für die Evolution zur Verfügung steht, umso komplizierter können Organismen gebaut sein. Ist einmal der dauerhafte Zusammenschluß von Zellen in Geweben und Organen mit einer Arbeitsteilung erreicht, so wird auch die Zahl der beteiligten Zellen entscheidend. Die Wandelbarkeit der eukaryotischen Zellen und ihrer Zusammenlagerung gibt die Möglichkeit, Grundmodelle lebensfähiger Organismen zu entwickeln, um sie dann durch die Anreicherung von immer neuen Erfindungen leistungsfähiger zu machen. Der verwandtschaftliche Stammbaum der Organismen bedeutet also, daß eine Kette von nacheinander erfolgten Erfindungen genetisch fixiert worden ist und den Bauplan eines Organismus immer leistungsfähiger, größer und komplizierter hat werden lassen. Nur von der Leistungsfähigkeit der einzelnen Organe hängt es ab, ob Organismen einen neuen Lebensraum besiedeln können und ihre Lebensweise auf neue Bedingungen einstellen werden. Ist einmal eine bestimmte Zahl von Zellen, d.h. eine bestimmte Körpergröße erreicht, so gibt es keinen Weg mehr zurück in Form einer Verkleinerung. Sind bestimmte Abwandlungen am Organsystem oder neue Organsysteme als Erfindungen fixiert worden, so sind sie außerordentlich zählebig und kaum wieder aus dem Bauplan auszutilgen. Sie bleiben als Anlagen (Rudimente) oder in verkümmerter Form noch über viele Millionen Jahre im Bauplan realisierbar. Die Funktionen in einem Organismus sind also eine Ansammlung von alten Erfindungen oder deren Resten und der fortschreitenden Veränderung dieser Erfindungen, welche eine bessere Anpassung an die inzwischen veränderten Lebensbedingungen erreichen können.

Der Gegensatz zwischen der Erhaltung der überkommenen Erfindungen und den Veränderungen der alten Erfindungstypen bzw. der Fixierung neuer Erfindungen ist also ein Charakteristikum von Bauplänen der Organismen. Dieser Gegensatz ist schon früh erkannt worden und wurde durch die Formulierung des sogenannten biogenetischen Grundgesetzes ausgedrückt. Es besagt, daß während der Embryonalentwicklung eines

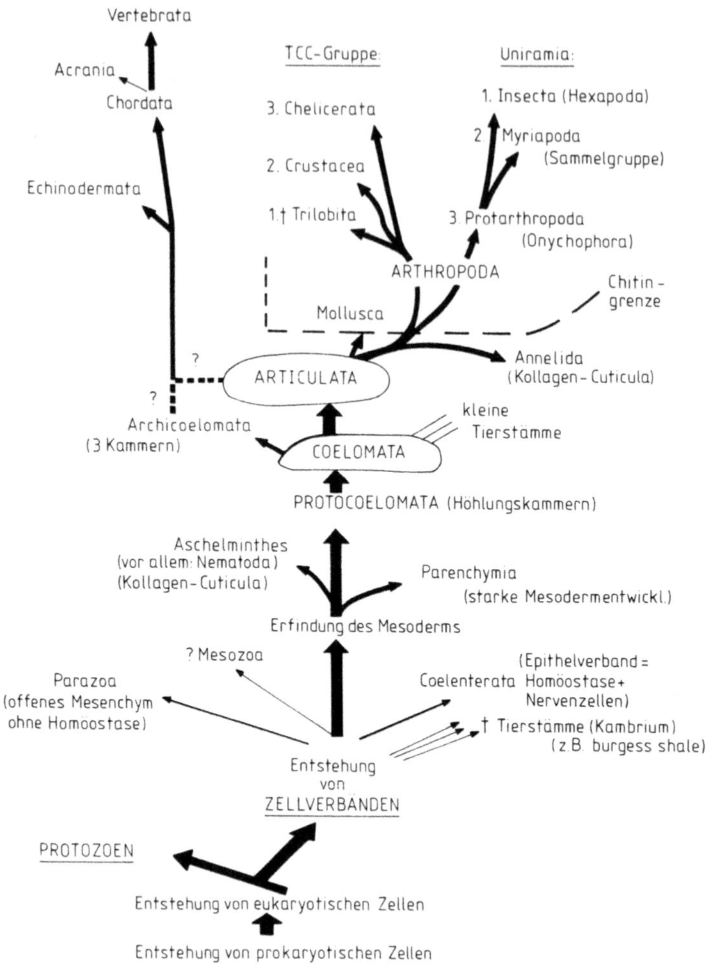

Bild 39
Versuch eines Stammbaumes der wichtigsten Tiergruppen

Organismus dessen wesentliche Abstammungsformen rekapituliert würden. Als Caenogenese wurden die neuen Anpassungen in der Embryonalentwicklung bezeichnet, die auf die derzeitigen Lebensbedingungen abgestimmt sind.

Die heutigen Kenntnisse der physiologischen Vorgänge, des Stoffwechsels und des Feinbaues der Zellen und der Organe machen es möglich, die Stufen der Erfindungen für die funktionierenden Organsysteme und ihre schrittweise Einführung in den Bauplan der Organismen besser zu erkennen.

Bild 39 gibt einen Stammbaum über den Entstehungszusammenhang der großen Tierstämme wieder. Dabei ist zu berücksichtigen, daß die dort aufgeführten, heute existierenden Stämme (rezenten Stämme) nur in Vertretung der eigentlichen ausgestorbenen Urformen stehen, die zum Teil gar nicht oder nur unvollständig aus der Fossilgeschichte bekannt sind. Ein solcher Stammbaum, wollte man ihn exakt aufstellen, müßte die

Stämme also auf der gleichen Ebene anordnen, aber dabei ginge der Augenschein des verwandtschaftlichen Systems verloren. Gerechtfertigt ist allerdings die aufsteigende Anordnung innerhalb eines Stammbaumes durch die zeitliche Reihenfolge des Auftretens in der Erdgeschichte von einigen Tierstämmen, von denen man Fossilfunde kennt. Man muß sich bei einem Vergleich von Bauplänen der Organismen klarmachen, daß alle Aktivitäten von Organismen allein auf die Leistungen der Zellen selbst, ihrer Syntheseprodukte und ihrer Anordnung zueinander zurückgehen. Veränderungen im Bauplan können nur über Veränderungen der Zellen und ihrer Anordnung und Regulationen untereinander erreicht werden. Veränderungen müssen auf dem Wege der sexuellen Fortpflanzung erst einmal auf Nachkommen weitergegeben werden, wenn sie sich überhaupt bei einer großen Zahl von Organismen des gleichen Bauplanes allmählich durchsetzen sollen. Eine solche genetische Fixierung von Veränderungen, die sich gegenüber den Einflüssen der Umwelt als vorteilhaft erweisen, benötigt Hunderttausende oder Millionen von Jahren. Den Faktoren der Umwelt kommt dabei der Wert eines Auswahlverfahrens (Selektion) zu. Erreicht die Veränderung einen Vorteil für ihre Träger, d.h. eine bessere Lebensfähigkeit, so kann sich z.B. wegen der längeren Lebensdauer der Organismen eine höhere Zahl von fruchtbaren Nachkommen ergeben, die ebenfalls diese Veränderung tragen. Sie können allmählich die übrigen Organismen der gleichen Art, welche die Veränderungen nicht tragen, verdrängen. Hinzu kommt, daß durch die Entstehung des Zellkerns in den eukaryotischen Zellen eine Vermehrung der Desoxyribonukleinsäure (DNA) möglich wurde, welche die Entwicklung neuer Genorte ermöglicht. Die Menge an DNA reicht auch bei den Säugetieren und beim Menschen dazu aus, das Zehn- bis Hundertfache an Genorten zu entwickeln, als bisher vorhanden sind. Die molekulare Struktur der Genorte selbst ist sehr viel komplizierter, als man noch vor wenigen Jahren anzunehmen gewagt hätte. Soweit die genauen Sequenzen von Genorten bisher bekanntgeworden sind, enthalten sie ausnahmslos mehr als das doppelte an DNA, als für die eigentliche Speicherung der Information notwendig ist. Tatsächlich besteht also der Grundvorgang der Evolution darin, aus der als Rohmaterial reichlich zur Verfügung stehenden DNA neue Informationen aufzubauen, so daß den Zellen die Synthese neuer Moleküle ermöglicht wird. Solche Moleküle müssen in den Stoffwechsel der Zelle einbeziehbar sein, und das Ergebnis wird dann von den Umweltbedingungen einem Test unterzogen, den man seit langer Zeit als Selektion bezeichnet. Es wird also ganz zwanglos verständlich, warum die Veränderung der Baupläne im Verlauf der Evolution sehr lange Zeiträume in Anspruch nimmt und immer nur auf der Basis des bereits Erreichten weitergeführt werden kann. Es wird weiter zwanglos verständlich, daß die einmal fixierten Erbfaktoren nicht wieder einfach zum Verschwinden gebracht werden können, sondern nur durch Veränderungen selbst einer neuen Situation angepaßt werden müssen. Die scheinbare Zielstrebigkeit der Evolution ist das Ergebnis einer zufälligen Veränderung der Moleküle und eines rigorosen Auswahltests durch die Lebensbedingungen in der Umwelt.

3.1 Aufbau eines reversiblen Zellkörpers: die Parazoa (Porifera = Schwämme)

Die vielzelligen tierischen Organismen sind nach ihren Konstruktionsmerkmalen in drei Formenkreise zu unterteilen:

1. **Die Parazoa**; sie bestehen aus verschiedenen differenzierten Zelltypen, die in einem reversiblen lockeren Verband zusammengeschlossen sind und in dem ein Teil der Zellen sich amöboid fortbewegt. Es werden keine festen Organe gebildet, und die

Körpergestalt ist eine durch Außenbedingungen weitgehend mitbestimmte zufällige Wachstumsform ohne Symmetrie oder Achsenverhältnisse. Nervenzellen und Sinnesorgane fehlen vollständig. Durch den Aufbau extrazellulärer Substanzen (Kollagen) und die Konzentration von Mineralsalzen (Kalk bzw. Siliciumoxyd) als Skelettanteile wird eine dauerhafte Stütze für den Zellverband geschaffen.

2. **Die Mesozoa**; die bestehen nur aus relativ wenigen Zellen (ca. 30), die sich zu einem festen Verband nach einem bestimmten Konstruktionsmuster zusammenschließen. Organe werden nicht ausgebildet, und auch Nervenzellen und Sinnesorgane fehlen vollständig. Extrazellulär ausgeschiedene Stützsubstanzen fehlen ebenfalls.
3. **Die Eumetazoa**; ihre verschiedenen Zelltypen sind zu dauerhaften Geweben zusammengeschlossen. Sie besitzen Nervenzellen, die zu Nervensystemen zusammengeschlossen werden können, sowie Sinnesorgane. Der Körper weist einen nach Achsen und Symmetrieverhältnissen bestimmten Bauplan auf, es werden anatomisch lokalisierbare Organe gebildet. Verschiedene Zelltypen können extrazelluläre Gerüstsubstanzen ausscheiden, unter denen das Kollagen eine besonders große Bedeutung hat; Mineralsubstanzen verschiedener Zusammensetzung können konzentriert und als Skelettsubstanzen verwendet werden. Unter den Eumetazoa stellen die *Coelenterata* eine besondere Stammgruppe dar, die in ihrem Aufbau mit dem der Parazoa und Mesozoa verglichen werden kann.

Diese drei Formengruppen stellen gewissermaßen Reste von alten Modellversuchen dar, durch den Zusammenschluß von Zellen zu einem vielzelligen funktionsfähigen und überlebensfähigen Organismus zu kommen. Jede der genannten Formengruppen hat einzelne Erfindungen mitbekommen, aber nicht die Gesamtheit der notwendigen Konstruktionsmerkmale, die für die Weiterführung in hochleistungsfähige größere Organismen notwendig sind. Die Parazoa haben zwar das extrazelluläre Gerüst, aber nicht den geschlossenen Gewebeverband. Die Mesozoa haben den geschlossenen Gewebeverband, aber keine extrazellulären Stützelemente. Keine der beiden Gruppen hat Nervenzellen entwickelt. Die Coelenteraten haben dauerhafte Gewebe nur in Form von Epithelien entwickelt sowie die extrazellulären Stützsubstanzen und die Nervenzellen.

Ein ganz entscheidendes Kriterium in der Unterscheidung der vielzelligen Organismen von den Protozoen ist die *Embryonale Entwicklung (Ontogenie)* der Zygote: die befruchtete diploide Eizelle kann nicht wie bei den Protozoen durch eine Vielteilung zahlreiche gleichwertige Tochterindividuen erzeugen. Vielmehr muß die Zygote bei den vielzelligen Organismen durch die Zellteilungen Zellstämme entstehen lassen, welche die Grundlage für den Zusammenschluß differenzierter Zellen in Geweben sind. Die mehrzelligen Entwicklungsstadien beginnen also komplizierte Sonderungen von Zellschichten, so daß typische Embryonalstadien entstehen. Diese können als Larvenformen eine völlige andere Lebensweise als die erwachsenen Organismen haben, und sie werden zum Teil ohne Nahrungsaufnahme aus den Reservestoffen der Eizelle zunächst ihren Energiebedarf decken. Das Ergebnis einer sexuellen Fortpflanzung bedeutet bei den vielzelligen Organismen also immer eine komplizierte Embryonalentwicklung und damit einen völligen Neubeginn der Konstruktion des Individuums. Der Zusammenschluß von Zellen in besonderen Geweben muß neu aufgebaut werden, und auch die Arbeitsteilung zwischen den Zellen untereinander muß durch die Zelldifferenzierung in Gang gesetzt werden. Unter Zelldifferenzierung kann man ganz allgemein einen Vorgang bezeichnen, der zu einem stabilen Zellphänotyp führt. Innerhalb einer relativ kurzen Zeitspanne werden aus den Tochterzellen, die durch Zellteilungen aus der Zygote entstanden sind, bestimmte Zelltypen wie Nervenzellen, Muskelzellen, Drüsenzellen und viele andere, d.h. Zellen mit besonderen Funktionsstrukturen.

Eine Reihe von Genen wird dabei bevorzugt aktiviert, andere Gene bleiben dagegen inaktiv oder werden auf Dauer inaktiviert. Dieses Verfahren ist ja schon bei den Protozoen ausgeprägt: die vegetativen Phasen können sich im Bestand der Zellorganellen erheblich von den Gamonten und den entstehenden Gameten unterscheiden. Die Möglichkeiten zu einer Zelldifferenzierung selbst, d.h. dem zeitweiligen Aktivieren bzw. Inaktivieren bestimmter Genbestände, ist also eine alte Erfindung und keineswegs erst mit der Entstehung der vielzelligen Tiere geschaffen worden. Durch den größeren Genbestand wirkt sich die Zelldifferenzierung bei den Metazoa allerdings sehr viel stärker aus und bestimmt die Konstruktionsmerkmale des Organismus. Neben der sexuellen Fortpflanzung kann auch eine vegetative Fortpflanzung bei vielzelligen Organismen durchgeführt werden. Die Entwicklung eines neuen Individuums geht dann nicht von der Zygote aus, sondern von einer Ansammlung teilungsfähiger Stammzellen. Sie müssen gewissermaßen durch eine abgewandelte Embryonalentwicklung ebenfalls das Individuum durch die Bildung von Zellverbänden in Form von Geweben allmählich aufbauen, und es entstehen wieder besondere Jugendstadien. Nicht mehr das ganze Tier kann in zwei geteilt werden, sondern Ausgangsmaterial muß eine Gruppe von Zellen sein, deren Genbestand durch die Zelldifferenzierung noch nicht zum Teil inaktiviert worden ist, sondern zunächst voll genutzt werden kann.

Bei allen Metazoen müssen also infolge der Entwicklung Phasen verschiedener Ausbildung des Körperzustandes durchlaufen werden: *Embryonalstadien*, *Larven-* oder *Jugendstadien*, und schließlich der *erwachsene Zustand (adulter Zustand).* Mit dieser Entwicklung beginnt auch der Prozeß der *Alterung* (s. unten).

Das Problem der Entstehung vielzelliger Tiere aus Protozoen liegt also nicht nur im Zusammenschluß von Zellen zu Geweben und zur Arbeitsteilung zwischen den Zellen, sondern vor allem auch in der Entstehung einer Embryonalentwicklung aus den Tochterzellen der Zygote. Da die vegetative Fortpflanzung nicht zu einer Durchmischung von Genmaterial und einer entsprechenden Ausbreitung von Erbveränderungen führt (s. oben), ist eine endgültige und dauerhafte Fixierung im Genbestand an die sexuelle Fortpflanzung und damit die Geschlechtsdifferenzierung von Zellen gebunden. Die Erhaltung des diploiden Zustandes in der Zygote nach der Vereinigung der Gameten ist offensichtlich eine zweite Voraussetzung. Das Problem der Entstehung der vielzelligen Tiere liegt also auch in den Möglichkeiten zur Weitergabe von Informationen bei der sexuellen Fortpflanzung und der Embryonalentwicklung. Die älteren Hypothesen zur Erklärung des Entstehens der Metazoen durch Koloniebildungen, durch die verschiedenen Ableitungen aus den frühen Embryonalstadien und viele andere Versuche gehen daher von falschen Voraussetzungen aus. Auch die Einbeziehung bestimmter Flagellaten (Choanoflagellaten) in die Hypothese der Zellkolonien kann nicht zutreffend sein, da sie keine sexuelle Fortpflanzung besitzen und daher auch ihren Genbestand nicht in eine Zygote einbringen können. Und gerade darum geht es bei der Entstehung der vielzelligen Tiere: die Zygote muß den gesamten Genbestand für alle Zellstämme speichern.

3.1.1 Die Leistungen der differenzierten Zelltypen im Schwammkörper

Der Körper eines Schwammes ist in gewisser Weise ein durch flache Zellen abgegrenzter Raum, in dem andere Zelltypen wie in einer Kulturkammer leben können. Durch die Ausscheidung extrazellulärer Substanzen und den Aufbau von Skelettnadeln schaffen sich die Zellen eine eigene Unterlage zur Fortbewegung und stützen durch diese Gerüstsubstanzen die Kulturkammer. Durch die Erzeugung eines Wasserstroms wird die Versorgung mit Sauerstoff und Nahrungsteilchen aufrechterhalten.

Die Organisation eines kleinen Schwammes gibt Bild 40 wieder. Die äußere Begrenzung ist das Pinacoderm. Es besteht aus flachen Zellen, den Pinacocyten, die in einem epithelartigen Gewebeverband zusammengeschlossen sind. Der Zusammenhalt wird durch besondere Kontaktzonen erreicht: Desmosomen dienen zur mechanischen Festigung; gap junctions sorgen für die elektrische Koppelung der Zellen untereinander. An der basalen Seite haben diese Zellen extrazelluläre Substanzen und ein Gerüst aus Kollagenfibrillen (siehe unten) in Form einer Basalmembran ausgeschieden, auf der sie verankert sind. Die an der Oberfläche des Schwammkörpers liegenden Zellen sind die Exopinacocyten; sie besitzen eine dicke Glykokalix, und anhaftende Bakterien, Algen oder Pilzsporen werden phagocytiert und intrazellulär verdaut. Auf diese Weise wird die Oberfläche des Schwammes von Kolonien aus Bakterien, Algen oder Pilzen freigehalten. An zahlreichen Stellen lassen die Exopinacocyten kleine Zwischenräume frei, die als Poren von weniger als 1 mm Durchmesser in einen darunter liegenden Subdermalraum führen. Es handelt sich um ein flaches Lakunensystem, das von den Endopinacocyten ausgekleidet wird und durch Skelettnadeln bzw. Bündel von Kollagenfibrillen gestützt wird. Die Endopinacocyten führen den Subdermalraum in Form einführender Kanäle weiter in das Innere des Schwammgewebes. Ebenfalls öffnen sich zahlreiche Poren direkt in das Innere des darunter liegenden Gewebekomplexes. Dieser Innenraum mit

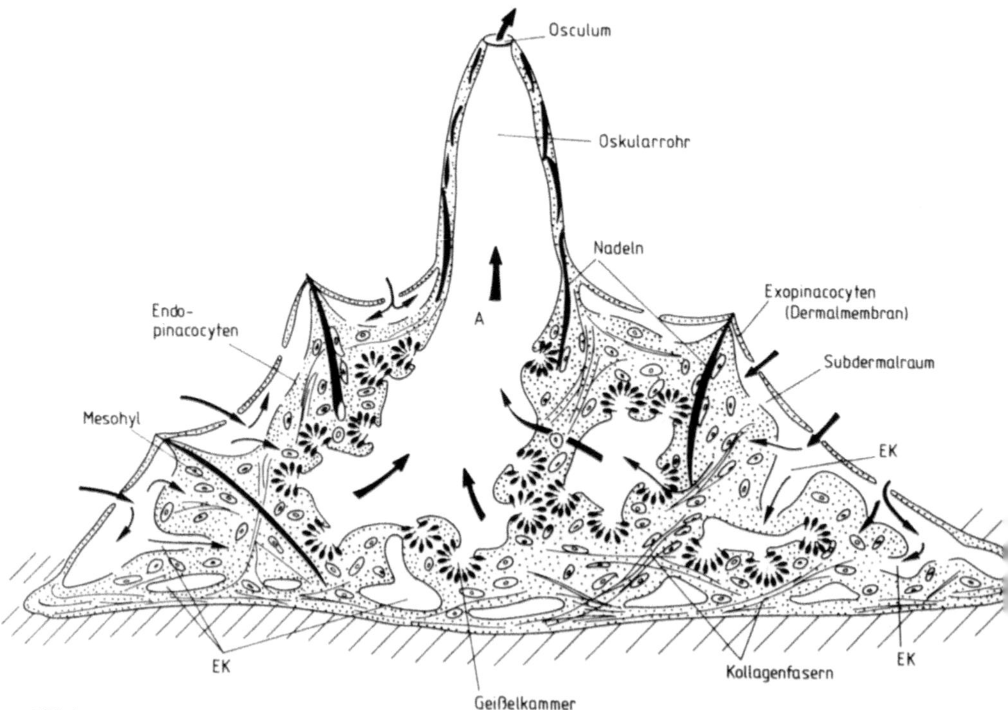

Bild 40

Organisation der Porifera

a) Schematischer Schnitt durch einen jungen Schwamm mit einfachem zentralen Atrium (A) und langem Oscularrohr zur Ausnutzung von Wasserströmungen; Kollagenfasern und Skelettnadeln stützen das Mesophyl und die Dermalmembran, die von Poren durchsetzt ist; darunter der Subdermalraum. Einzelne einführende Kanäle (EK) beschleunigen den Durchstrom des Wassers, der durch den Sog des Oscularrohrs und die Tätigkeit der Choanocyten in den Geißelkammern erzeugt wird (in Anlehnung an Weissenfels, 1975 und 1976)

seinen Zellen und Stützsubstanzen ist das Mesohyl. Im Inneren sind kugelförmige Hohlräume, deren Wand durch locker angeordnete spezielle Zellen, die Choanocyten (Kragengeißelzellen), ausgekleidet sind. Durch die Bewegung ihrer Geißeln wird ein Wasserstrom erzeugt, der durch die Poren des Pinacoderms in das Gewebe bzw. als Hauptströme durch die einführenden Kanäle zu den Geißelkammern gesogen wird. Der Abfluß des Wassers geschieht durch ausführende Kanäle, die in das Oscularrohr als einen großen zentralen Raum münden. An der Spitze öffnet sich dieser Raum durch das Osculum nach außen. Die Anordnung der Choanocyten in Kammern oder Schichten, die Ausdehnung des Mesohyls und die Form des Subdermalraums bzw. des Kanalsystems

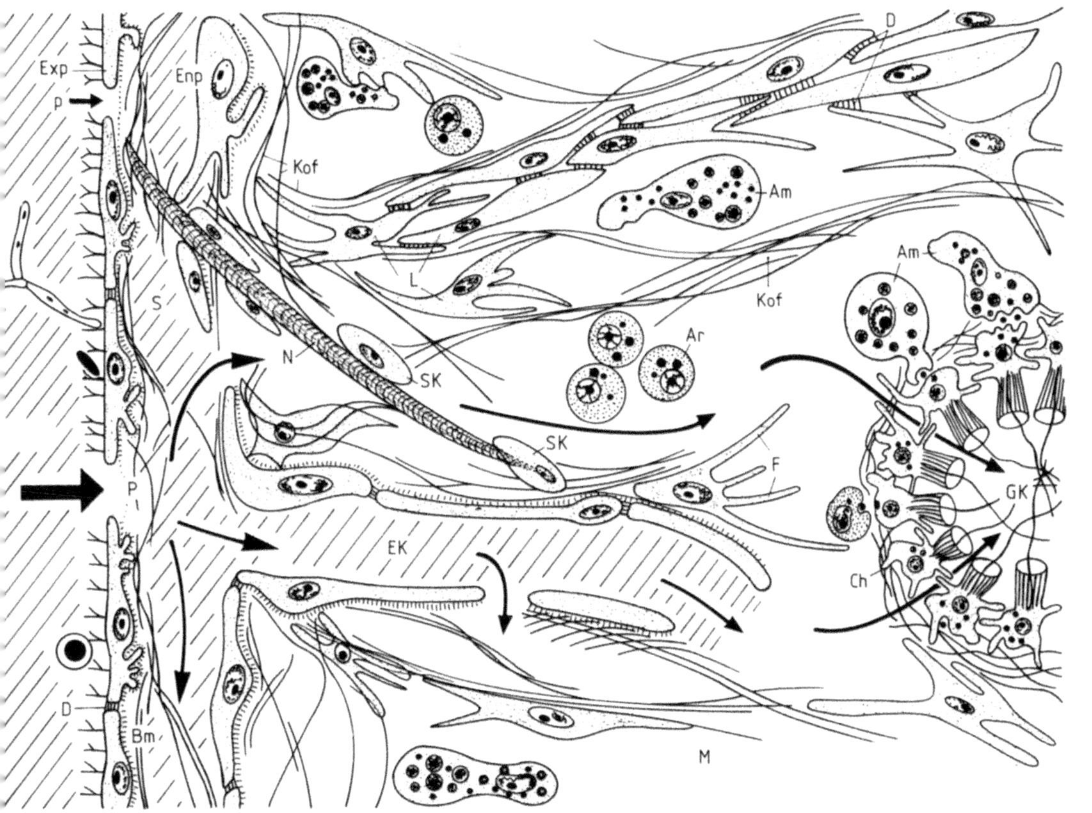

Bild 40
Organisation der Porifera
b) Gewebeorganisation eines Schwammes

Ar Archaeocyten
Am Amöbocyten = Trophocyten
Bm Basalmembran
Ch Choanocyt
D Desmosom
EK einführender Kanal
Enp Endopinacocyten
Exp Exopinacocyten
F Filopodien der Lophocyten
GK Geißelkammer
Kof kollagene Fasern
L Lophocyt
M Mesohyl
N Nadel
P Pore
S Subdermalraum
SK Skleroblasten

BM Basalmembran
FP Filopodien
G Golgi-Feld
Ge Geißel
B Basalkörper
K „Kragen"
Mi Mikrovilli
Mu Mucinbelag
My Myofilamente
NV Nahrungsvakuole
P Phagocytose
Pi Pinocytose
V kontraktile Vakuole

Bild 40c

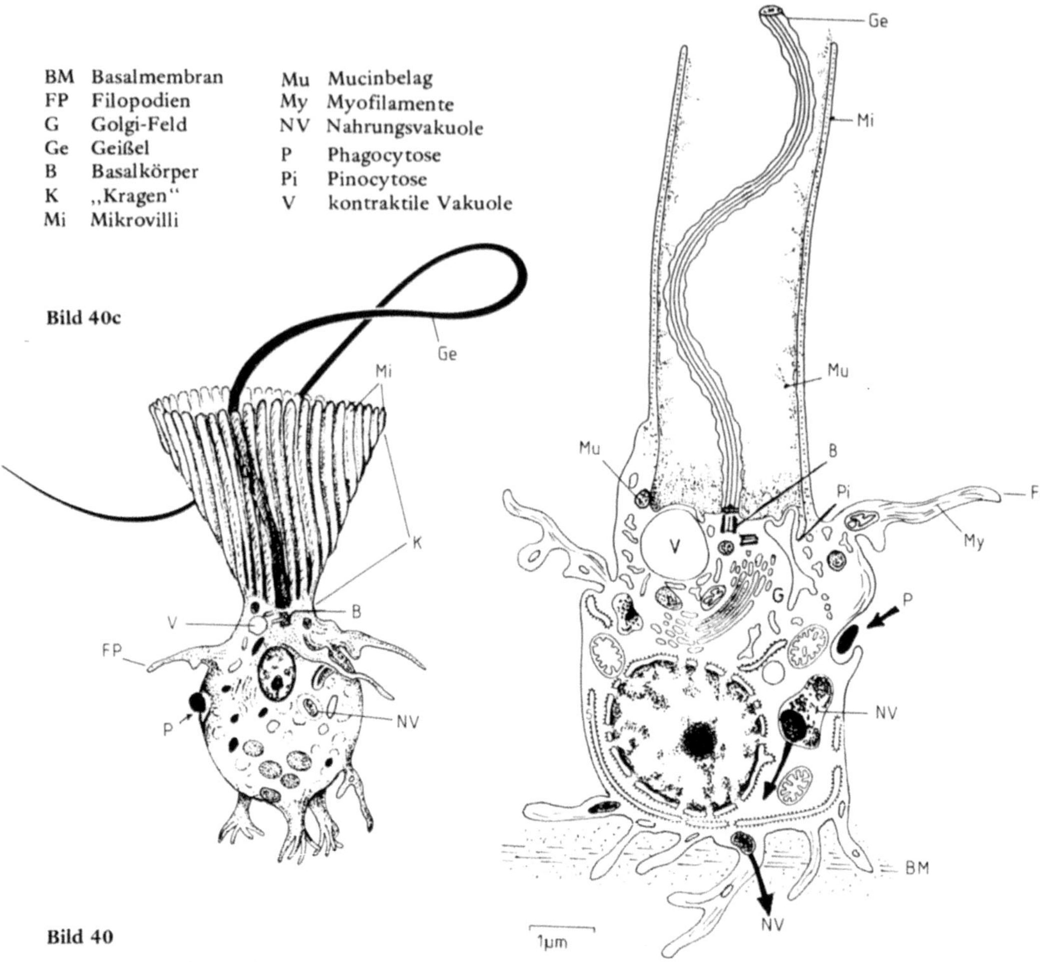

Bild 40

Organisation der Porifera

c) Choanocyt, li: räumliche Darstellung, re: Schnitt durch die Zelle mit Feinstruktur; der „Kragen" (K) besteht aus kreisförmig angeordneten Mikrovilli (Mi) mit Mucinbelag (Mu), der als Sekretionsprodukt im distalen Teil der Zelle im Golgi-Feld (G) gesammelt und ausgeschleust wird. Distale Filopodien (FP) verbinden die Zelle locker mit ihren Nachbarzellen, basale Filopodien verankern die Zelle in der Basalmemban (BM).

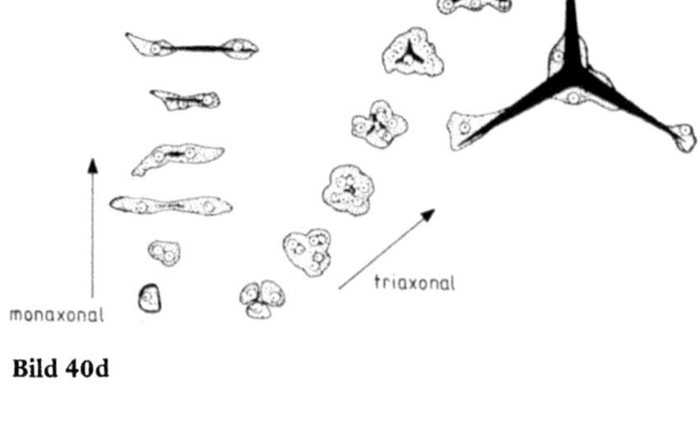

Bild 40d

d) Wachstum von Skelettnadeln bei Kalkschwämmen
li. Reihe: monaxonale Nadel, der Skleroblast teilt sich nach der Anlage einer Nadel, so daß sie zuerst an den Enden verlängert wird und erst dann eine Verdickung erfolgt.
re. Reihe: Dreistern-Nadel (triaxonal), drei Skleroblasten bilden unter Zusammenlagerung eine Einheit, nach Teilungen beginnen sie mit den Anlagen der drei Achsen, die verschmelzen; aus den Teilungen sind Skleroblasten für das Längenwachstum und solche für ein Dickenwachstum entstanden (aus Ziegler und Rietschel, 1970)

bestimmen verschiedene Konstruktionstypen von Schwämmen (Bild 41). Der lebensnotwendige Wasserstrom, den ein Schwamm in Gang halten muß, ist überraschend groß. Pro Tag wird etwa das 10000- bis 20000-fache des Körpervolumens an Wasser durch den Schwamm transportiert. Der Einstrom wird durch geringe Wasserströmungen der Umgebung sehr stark unterstützt, es genügen bereits Wassergeschwindigkeiten von 10 bis 20 cm pro Sekunde, um den Einstrom zu verdoppeln. Durch die Lage des Subdermalraumes werden auch kleinere Strömungen gleichmäßig innerhalb des Schwammkörpers verteilt und erreichen alle Gewebezonen. Durch die Kontraktion von ringförmig angeordneten Zellen im Bereich des Osculum und der einführenden Kanäle kann der Wasserstrom aber reguliert werden. Durch die geringe Größe der Poren im Pinacoderm werden nur sehr kleine Nahrungspartikeln, vor allem Bakterien und kleine einzellige Algen sowie zerfallende organische Schwebstoffe, mit dem einströmenden Wasser in das Innere des Schwammes gelangen.

Das Mesohyl ist der Lebensraum für die Zellen, die zwischen dem Pinacoderm und den Geißelzellen die Hauptmasse des Körpers aufbauen. Sie stellen verschieden differenzierte Zelltypen mit unterschiedlichen Funktionen dar und sind in ihren Charakteristika klar gegeneinander abgegrenzt, also nicht durch Übergangsstadien auswechselbar. Die Lophocyten (Collencyten) sind lang gestreckte Zellen mit zahlreichen Zellausläufern, oder sie haben eine sternförmig verzweigte Form. Sie bilden das feine Gerüst aus Kollagenfibrillen und scheiden die Mucopolysaccharide der extrazellulären Grundsubstanzen aus. Wegen der verzweigten Zellform, ihrer lockeren Anordnung und des Vorhandenseins der in verschiedenen Richtungen angeordneten Faserbündel wurde früher das Gewebe der Schwämme als Mesenchym bezeichnet. Bei Verletzungen oder bei einer Umorganisation von Teilen des Schwammkörpers können Pinacocyten ins Innere verlagert werden und zu Lophocyten weden, umgekehrt breiten sich Lophocyten an der Oberfläche zu Pinacocyten aus. In größeren Schwämmen sind zahlreiche Lophocyten zu langen Zellsträngen zusammengeschlossen. Sie sind durch Kontaktzonen (Desmosomen und gap junctions) verbunden. Die Lophocyten sind amöboid beweglich, sie können ihren Platz verlassen und im Schwammkörper umherkriechen, wobei sie das Geflecht aus kollagenen Fibrillen als Unterlage benutzen. Die lang gestreckten Bündel der verbundenen Zellen leiten über längere Wege Erregungen fort, da sie elektrisch gekoppelt sind. Sie reagieren auf Stoffe, wie sie im Nervensystem als Übertragungsstoffe (Neurotransmitter) vorkommen, z.B. Katecholamine (siehe unten). Sie können mit den Actin-Myosin-Fibrillen ihres Zellkörpers eine lokale Kontraktion des Schwammkörpers durchführen, die nicht nur auf Reizung, sondern auch spontan mehrmals am Tage eintritt. Sie verfügen also über ein primitive Form der Koordination von Zellgruppen, die durch Zellkontakte erreicht wird. Die sternförmigen Lophocyten und die langen Bündel gestreckter Lophocyten sind früher oft als Anzeichen für ein Nervensystem mißdeutet worden.

Die dickeren Bündel aus Kollagen (sog. Spongin), die als ein elastisches Gerüst den Aufbau des Schwammkörpers stützen und an der Basis große Platten bilden können, werden von spezialisierten Zellen, den Spongioblasten (Spongocyten), aufgebaut. Sie sitzen zu Hunderten auf einem Kollagenstrang und synthetisieren Grundsubstanz und Kollagen. Auch sie sind amöboid beweglich und folgen dem Wachstum des von ihnen aufgebauten Gerüsts. Die Nadeln des Mineralskelettes (sog. Sklerite oder Spicula) werden je nach der Art des Schwammes aus Kalk oder aus Siliciumoxyd durch die Skleroblasten (Sklerocyten) ausgeschieden. Dieser Prozeß ist ein intrazellulärer Akkumulationsprozeß der entsprechenden Mineralstoffe. Sie werden aktiv durch die Zellen aus dem durchstömenden Wasser im Schwammgewebe entnommen und in gestreckten membranumschlossenen Vakuolen des Zellkörpers konzentriert. Die Form der Nadel wird in der Vakuole durch

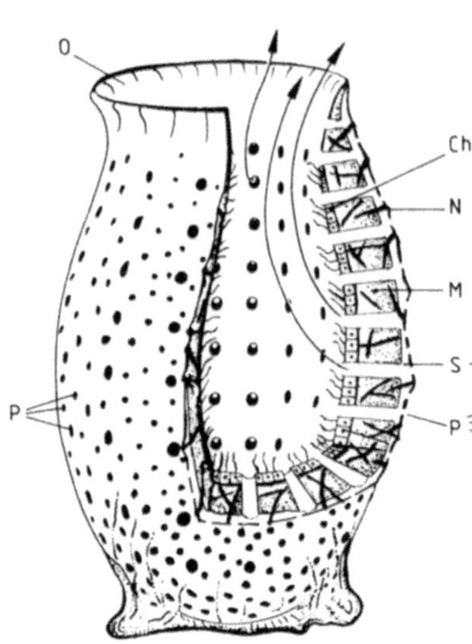

Bild 41a

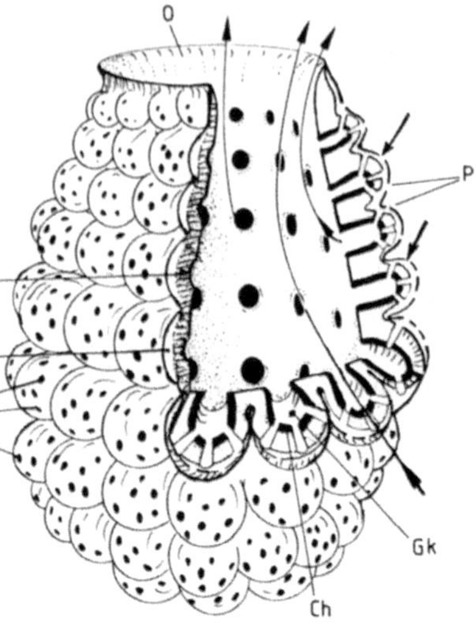

Bild 41b

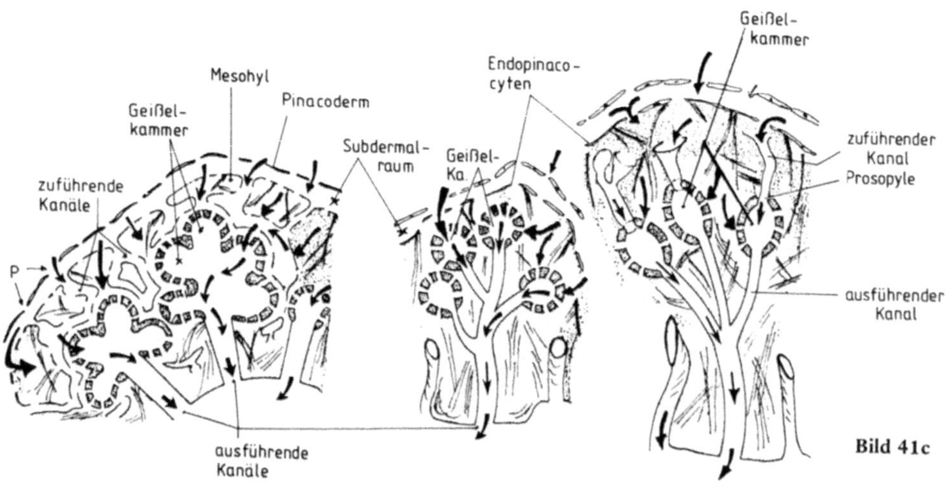

Bild 41c

Bild 41

Bautypen von Schwämmen, Pfeile geben die Durchströmungsrichtungen an

a) Ascontyp: einfache Wandung mit zentralem, von Choanocyten ausgekleidetem Hohlraum

b) Leucontyp: Geißelröhren durch radiale Vorwölbungen mit Choanocyten

c) Sycontyp: Ausschnitt aus verschiedenen Bauformen und Durchströmungstypen; im ausgedehnten Mesohyl mit Stützelementen sind zahlreiche Kanäle, Lakunen und einführende Kanäle in die Geißelkammern mit Prosopylen dargestellt (in Anlehnung an Sherman und Sherman, 1970)

Ch	Choanocyten	O	Osculum
Gk	Geißelkammer	P	Pore
M	Mesohyl	S	Subdermalraum
N	Nadel		

die Synthese einer organischen Substanz vorgebildet, auf die dann durch Kristallwachstum das Mineral aufgelagert wird. Nach der Fertigstellung werden die Skelettelemente von den Zellen ausgestoßen und durch Kollagen und Mucopolysaccharide zu größeren Skeletten zusammengekittet. Werden junge Schwämme in Wasser kultiviert, in dem Silicium oder Calcium-Karbonat fehlt, so können die Skleroblasten keine Skelettnadeln bilden.

Die Trophocyten (Amöbocyten) spielen eine wesentliche Rolle bei der Verteilung von Nahrungsstoffen. Es sind amöboid bewegliche Zellen, die Nahrungspartikel phagocytieren können, Dotterstoffe bzw. Glykogen aufbauen und speichern können und schließlich Nahrungsstoffe an andere Zellen weitergeben. Sie stellen gewissermaßen den Ersatz für einen Kreislauf und für ein Verdauungssystem dar.

Die Aufnahme und Verteilung der Nahrung sowie der Zusammenhalt des Gewebes im Mesohyl und im Pinacoderm stellen gewissermaßen die Grundzüge dessen dar, was man als Zellsoziologie umschreiben könnte. Die Nahrungszufuhr hängt vom Wasserstrom ab. Der stabile Gewebeverband der Pinacocyten bildet die äußere Begrenzung mit den Poren, das Kanalsystem und das ausführende Oscularrohr. Nur durch die frei gelassenen Poren zwischen den Pinacocyten kann Wasser in das Innere eindringen. Die Anordnung der begeißelten Choanocyten als innere Begrenzung der Gewebeschicht dient durch die Tätigkeit der Geißeln als Ansaugevorrichtung. Die Choanocyten sind nicht in einem festen Verband organisiert, sondern durch verzweigte Filopodien untereinander vernetzt und an der Basis im kollagenen Fibrillennetz verankert. Die Schichten der Choanocyten sind also keine abgeschlossenen Epithelien, sondern durchlässige Filtrierapparate. Der Kragen aus Mikrovilli wird durch die sezernierten Schleimstoffe zu einem feinen Ultrafilter, so daß die Zone des Geißelmotors von Partikeln völlig frei gehalten werden kann und in seiner Tätigkeit nicht gestört wird. Die sehr kleinen Nahrungspartikel, vor allem Bakterien, werden an den Kragengeißelzellen aufgefangen und phagocytiert. Die hohe Effektivität des Filtersystems wird dadurch bewiesen, daß man im Experiment markierte Bakterien oder Algen in definierten Mengen anbietet, um die Ausnutzung durch den Ausstoß aus dem Oscularrohr festzustellen. Tatsächlich werden zwischen 80 und 90 % der angebotenen Partikel vom Schwammkörper festgehalten. Durch die anfallende Menge von Nahrungspartikeln ist es unmöglich, daß die Choanocyten die Verdauung selbst übernehmen. Hier greifen die Trophocyten ein. Die Nahrungsvakuolen werden von den Choanocyten durch Exocytose abgegeben und von angelagerten Trophocyten übernommen. Nur ein kleiner Teil wird von den Choanocyten selbst verdaut, um ihren Energiebedarf zu decken. Sie speichern Reservestoffe in Form von Glykogen, weil die Bewegung der Geißel nicht aufhören darf. Die Trophocyten können die Nahrungspartikel verdauen, sie enthalten zahlreiche Lysosomen mit den darin nachgewiesenen Hydrolasen. Ein Teil des verdauten Materials wird als Reservestoffe abgelagert, der größte Teil wird jedoch an andere Zellen weitergegeben. Dazu wandern die Trophocyten wie Amöben durch das Mesohyl, treffen auf die anderen spezialisierten Zellen wie Lophocyten usw. und geben dort die Vakuolen in Form einer Exocytose an die Zellen weiter. Sie phagocytieren auch die mit dem Wasserstrom außerhalb des Kanalsystems ins Gewebe eingeschwemmten Bakterien oder Algen. Eine zweite Funktion der Trophocyten ist die Entfernung nicht verdaulicher Nahrungsreste (Defäkation). Die nicht aufschließbaren Nahrungsreste werden von den Zellen ebenfalls auf dem Wege der Exocytose an die Trophocyten zurückgegeben. Diese wandern in den Bereich der ausführenden Kanäle und geben die Restvakuolen an die Pinacocyten weiter. Die Pinacocyten übernehmen sie und befördern sie durch eine Transcytose in das ausführende Kanalsystem. Das ist deshalb notwendig, weil sonst die Reste durch den Filtermechanismus wie Nahrungspartikel behandelt und von den Choanocyten phagocytiert werden. Die Trophocyten besorgen also einen Pendelverkehr zwischen dem Ort des stärksten Nahrungsangebotes und den verbrauchenden Zellen sowie zurück zu den ausführenden Kanälen zum Zwecke der Entschlackung. Die drei anderen Zelltypen sind mit dem Ausbau des Gerüsts des Schwammkörpers beschäftigt und werden gefüttert. Die Pinacocyten ihrerseits erhalten das Nahrungsangebot unmittelbar durch den Wasserstrom. Die Durchdringung des gesamten Schwammgewebes mit dem einströmenden Wasser zur Sauerstoffversorgung hat bei den Süßwasserformen zur Konsequenz, daß alle Zelltypen kontraktile Vakuolen besitzen. Diese Zellen fressen also nicht nur wie Amöben, sie haben auch die gleichen Probleme der Osmoregulation. Das Gewebe ist nicht abgeschlossen, sondern offen und kann deshalb keine eigene Ionenkonzentration aufrechterhalten. Das kann auch der Grund dafür sein, daß es keine Nervenzellen geben kann. Deren Leistungen hängen vom Aufbau und der Weiterleitung von Membranpotentialen ab, die durch bestimmte Ionen-Gradienten aufgebaut werden. Die entsprechenden Vorgänge sind wahrscheinlich erst in einer Gewebeflüssigkeit möglich, deren Ionenkonzentration weitgehend konstant gehalten wird.

Eine besondere Zellgruppe sind die Archäocyten. Es sind Zellen, die bei der Sonderung der differenzierten Zellstämme in der Entwicklung übriggehalten wurden, um den embryonalen Charakter beizubehalten. Es sind die Stammzellen, aus denen andere Zelltypen hervorgehen können. Sie sind amöboid beweglich und übernehmen Nahrungspatikel von den Choanocyten. Sie können Reservestoffe aufbauen und im Cytoplasma ablagern. Sie stellen eine große Zellpopulation innerhalb des Schwammkörpers dar (zwischen 20 und 40% der Zellen) und sind für die vegetative Vermehrung und die sexuelle Fortpflanzung notwendig. Die Bildung der Gameten hängt mit einer besonderen Ausbildung von Zellkontakten zusammen. Wird ein Archäocyt zu einer Eizelle, so ist sie, entsprechend der Eireifung bei allen Metazoen, auf die Nahrungszufuhr durch andere Zellen mit entsprechenden Reservestoffen angewiesen. Sie kann also nicht durch Phagocytose und Synthese selbst tätig werden und entsprechende Mengen an Dotterstoffen aufbauen. Die ersten Anzeichen der Umwandlungen in eine Eizelle sind aus dem Verhalten gegenüber den Trophocyten zu erkennen. Der Archäocyt, der jetzt eine Oocyte darstellt, wird von den Trophocyten umgeben und beginnt, sie zu phagocytieren. Dabei werden die Zellen in der Vakuole aber nicht aufgelöst, sondern bleiben intakt. Schließlich enthält die Oocyte sehr zahlreiche Trophocyten und hat eine Größe von etwa 200 μm erreicht. Sie wird von einer epithelartig angeordneten Schicht aus Trophocyten umgeben, die man mit einem Follikelepithel vergleichen kann. Damit sind also neben dem ursprünglichen Merkmal der Phagocytose bereits die für die Metazoen charakteristischen Merkmale des Eiwachstums ausgeprägt: Zufuhr von Dotterstoffen von außen und Formierung eines Follikelepithels. Die Nährzellen werden erst allmählich während der ersten Entwicklungsschritte der Zygote zerstört und die Dotterstoffe abgebaut. Bei Beginn der Reifung einer männlichen Geschlechtszelle, eines Spermiums, dringen die Archäocyten in eine Choanocyte als Trägerzelle ein. Sie werden von einer tiefen Einsenkung der Zellmembran umschlossen, von der Choanocyte ernährt und können die komplizierten Umwandlungsprozesse bei der Differenzierung zu einem begeißelten Spermium durchlaufen. Auch diese speziellen Verhältnisse von Trägerzellen zu reifenden Spermien werden bei den Metazoen weiterhin verwendet; in den männlichen Geschlechtsorganen der Eumetazoen werden stets spezielle Zellen eine Gruppe von Spermien tragen und für ihre Ernährung sorgen.

Bei der vegetativen Fortpflanzung sind zwei verschiedene Wege zu unterscheiden. Durch *Knospenbildung* aus Ansammlungen von Archäocyten werden neue Teile des Schwammkörpers gebildet, der dadurch also ein Größenwachstum zeigt und die typische verzweigte Gestalt einer zusammenhängenden Stammkolonie erhält. Der neu aufgebaute

Teil eines Schwammkörpers löst sich hierbei nicht ab, die entstandenen differenzierten Zellen bauen also an dem bereits bestehenden Teil des Organismus weitere Stücke an. Die zweite Form der vegetativen Fortpflanzung ist die Bildung einer *Gemmula* als Dauerstadium für eine Überwinterung. Ein Zentrum mit mehreren Tausend, von Reservestoffen erfüllten Archäocyten innerhalb des Mesohyls zieht zahlreiche Skleroblasten und Spongioblasten an. Sie umgeben den Zellkomplex mit einer Reihe spezieller Skelettnadeln, die durch organische Grundsubstanzen verkittet werden. An einer Stelle wird eine kleine Öffnung gelassen, die nur durch die organischen Materialien verschlossen wird. Diese geschützte Ansammlung von Stammzellen kann bei niedrigen Temperaturen 1 bis 2 Jahre lang lebensfähig überdauern und tiefe Temperaturen ertragen. Während der übrige Schwammkörper durch die ungünstigen Witterungsbedingungen wie Kälte, Nahrungsmangel, Sauerstoffmangel abstirbt, bleiben die Gemmulae im Gerüst des toten Schwammes hängen oder werden von der Strömung ausgespült und weiterverbeitet. Treten wieder günstigere Lebensbedingungen ein, so teilen sich die Archäocyten innerhalb der Hülle, der organische Verschluß wird aufgelöst, und eine Zelldifferenzierung beginnt innerhalb der Tochterzellen. Ein Teil wird als besondere Gewebezellen aus der Hülle auskriechen und den Beginn eines neuen Schwammkörpers bilden, ein anderer Teil bleibt als Archäocyten erhalten und stellt damit die Reserven der Stammzellen. Es wird also eine ungleichwertige Teilung (differenzielle Teilung) vorgenommen, so daß Histoblasten für die Bildung der spezifischen Zelltypen und embryonale Archäocyten entstanden sind. Über die Ursachen und die Zellbeziehungen bei der Entstehung der Gameten, der Gemmulae und der Knospung ist bisher nur sehr wenig bekannt.

Die sexuelle Fortpflanzung und die Vereinigung der Gameten führt zur Bildung eines Embryo, der sich in eine Larve fortentwickelt (siehe oben); bei den Schwämmen der gemäßigten Klimazonen liegt also ein Generationswechsel vor (Bild 42), der einen

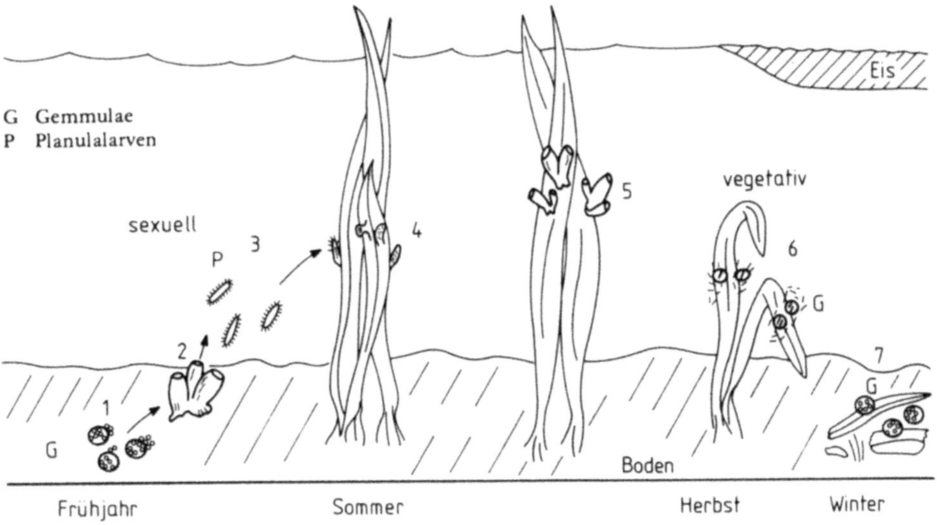

Bild 42

Generationswechsel bei Schwämmen der gemäßigten Klimazonen

1 keimende Gemmula
2 daraus entstandene Schwämme
3 ausschwärmende Larven nach der Fortpflanzungsperiode
4 Larven an Wasserpflanzen angeheftet, Umwandlung zu jungen Schwämmen
5 Schwämme an Wasserpflanzen
6 Zerfall der Schwämme nach Bildung von Gemmulae
7 überwinternde Gemmulae

Wechsel in den Lebensbedingungen auffängt. Beide Entwicklungszyklen (Zygote bzw. Gemmula) liefern einen neuen Schwamm-Organismus. Bei einem Teil der Schwämme werden Spermien und Eizellen in einem Körper gebildet, bei einem anderen Teil werden nur Eizellen oder nur Spermien gebildet, die Organismen sind also getrenntgeschlechtlich. Über die Art der Geschlechtsbestimmung ist nichts bekannt.

3.1.2 Die erste Stufe der entscheidenden Erfindungen zur Organisation der Histozoa

Die oben dargestellten Konstruktionsmerkmale der Parazoa und der Funktionen ihrer Zellen lassen die Neuerwerbungen erkennen, die als Neoseme im Genbestand fixiert werden konnten und die Möglichkeit gegeben haben, den Fortbestand eines dauerhaften Zellverbandes vorzubereiten. Die Zellen der Parazoa bewegen sich wie Protozoen, fressen wie Protozoen, haben eine Osmoregulation wie Protozoen, und sie können Mineralstoffe akkumulieren und in Form von Skelettelementen konzentrieren wie schalenbildende Rhizopoden. Was also ist neu?

Das zentrale Phänomen ist das Zusammenleben der Zellen auf unbegrenzte Zeit, d.h. solange der Organismus lebt, und das Zusammenwirken verschieden funktionierender Zelltypen. Drei extrem wichtige Neuentwicklungen sind damit verbunden.

a) Zellerkennung und Zellaggregation

Werden Zellen einer Schwammart experimentell in den Schwammkörper einer anderen Art eingebracht, so sammeln sich diese Zellen zu einem kugelförmigen Komplex im artfremden Gewebe. Nach wenigen Stunden durchwandern sie amöboid in Form zusammenhängender Zellstränge das ihnen fremde Gewebe, erreichen das Pinacoderm und verlassen den Schwamm durch die Poren an der Oberfläche, oder, wenn sie tiefer eingebracht worden sind, durch das Oscularrohr. Es kommt niemals zu einem Einbau der Zellen in den als Träger verwendeten Schwammorganismus. Die transplantierten Zellen erkennen sich untereinander als zusammengehörend, und sie erkennen die umgebenden Zellen als fremd. Werden die Zellen eines Schwammes experimentell aus dem Gerüst entfernt und zum Überleben in eine entsprechende Kulturlösung gebracht, so schließen sich die dissoziierten Zellen in wenigen Minuten zu kleinen vielzelligen Komplexen zusammen (Aggregation). Eine zweite Phase nach einigen Stunden besteht darin, daß mehrere Komplexe zusammenfließen und unter Bildung von Zellkontakten große Aggregate entstehen. Eine dritte Phase, die mehrere Tage dauert, besteht in der Organisation der Zellen zu einem typischen Schwammgewebe: die Außenseite erhält ein Pinacoderm; Kanäle und Geißelkammern werden organisiert. Ein Oscularrohr entsteht, und Gerüstsubstanzen stützen das Gewebe. Nimmt man im Dissoziationsexperiment Zellen von zwei verschiedenen Schwammarten, so bildet jede Zellgruppe einen eigenen kleinen Organismus, eine Mischorganisation kommt nicht vor. Die Schwämme bleiben also getrennt und bauen bei Berührung eine Trennzone zwischen sich auf, in der eingewanderte Zellen abgetötet werden. Auch bei Schwämmen der gleiche Art kann eine solche Trennzone vorhanden sein, denn innerhalb einer Art bestehen verschiedene genetische Stämme. Werden die Zellen von Schwämmen der gleichen Art, aber von verschiedenen Stämmen experimentell dissoziiert und wie oben beschrieben zusammengebracht, dann verhalten sie sich wie artverschiedene Zellen; sie trennen sich und bilden zwei Aggregate. Die Spezifität der Zelloberflächen ist also außerordentlich streng. Sie läßt sich mit der Spezifität der Gameten der Protozoen vergleichen; der wesentliche Unterschied liegt aber darin, daß bei den Protozoen eine Verschmelzung der Zellmembran erreicht wird.

Das Zusammenfinden der Zellen in den Aggregaten beruht auf der Wirkung eines Aggregationsfaktors. Für jede Art und jeden Stamm gibt es einen spezifischen Faktor. Es sind Glykoproteine von einem Molekulargewicht um 20 000, sie sind ringförmig und haben aus Polysacchariden aufgebaute Seitenketten. Die Moleküle des Faktors werden von den Zellen aus der Zellmembran in die Umgebung abgeschieden. Die Reaktion erfolgt über einen Aggregationsrezeptor, ebenfalls ein sehr großes Glykoproteinmolekül in der Zellmembran. Beim Kieselschwamm Geodia konnte die Zahl der Rezeptoren pro Zelle bestimmt werden, es handelt sich um etwa 18 Millionen Rezeptormoleküle. Nach der Bindung des Aggregationsfaktors werden Zellkontakte aufgebaut; ein zweiter Effekt ist die Steigerung der RNA-Synthese und als Folge eine Steigerung der Proteinsynthese. Die Zellen verdoppeln den Gehalt an DNA, und Zellteilungen finden statt.

Die dritte Phase beginnt bei günstiger Temperatur (18–25 °C) nach zwei bis vier Tagen und besteht in der Organisation der Zellen zu einem geordneten Verband (siehe oben). Dabei beeinflussen sich die Zellen offenbar untereinander ebenso wie bei der Embryonalentwicklung und bei der Bildung der Zellstämme während des Schlüpfens aus einer Gemmula. Eine Beeinflussung von Zellen auf andere Zellen während der Entwicklungsvorgänge nennt man eine *embryonale Induktion*. Sie führt dazu, daß die mit einem vollen Genbestand versehenen Zellen nur einen Teil ihrer Informationen benutzen und in Funktionsstrukturen umsetzen. Es entstehen also Zellstämme mit typischen Funktionen. Über die Ursachen und einzelnen Schritte der Induktion ist bis heute immer noch nichts Gesichertes bekannt. Der Vorgang der Induktion ist aber unauflöslich mit Entwicklungsprozessen verknüpft. Man kann sie bei den Schwämmen relativ einfach nachweisen. Zentrales Element ist das Oscularrohr, welches von den Pinacocyten überzogen und von kollagenen Fibrillen bzw. Skelettnadeln gestützt wird. Wird ein Oscularrohr vom Schwammkörper abgeschnitten, so organisieren sich die Zellen des abgeschnittenen Teiles zu einer Hohlkugel. Legt man eine solche Kugel auf das Pinacoderm eines jungen Schwammes, so entsteht durch die Aggregationsfaktoren ein zellulärer Kontakt. Die unterlagernden Schwammgewebe organisieren sich neu, und es werden ausführende Kanäle an die Kugel heranwachsen, die sich als ein neues Oscularrohr wieder öffnet. Die Kontaktzone hat also in die darunter liegenden Gewebeteile hinein gewirkt, so daß die Zellen eine neue Organisation aufgebaut haben.

Die Aggregationsfaktoren sind wahrscheinlich nur eine Form aus einer großen Gruppe von Faktoren, die an die Zellmembran gebunden sind und als Histokompatibilitätsfaktoren (H-Faktoren) oder Gewebeverträglichkeitsfaktoren funktionieren. Sie ermöglichen die Selbsterkennung der Zellen untereinander als zu einem Stamm gehörig und sind die Ursachen für den Zusammenhalt der Zellen in einem Gewebe. Trägt eine fremde Zelle andere Faktoren auf der Membran, so wird sie als nicht zugehörig erkannt, und es beginnen zelluläre Immunitätsreaktionen. Bei einigen Schwämmen kann schon der isolierte Aggregationsfaktor die Zellen anderer Schwämme bewegungsunfähig machen oder bei bestimmten Schwammarten sogar abtöten. Werden die Gewebe zweier Schwammarten in engen Kontakt gebracht und in dieser Lage festgehalten, so kommt es nicht zu einer Vereinigung der Gewebe oder einer Zellwanderung in die jeweils andere Seite, sondern zu einer toten Zone als Barriere zwischen den beiden Gewebetypen. Zellen in dieser Kontaktzone werden abgetötet. Es ist noch nicht bekannt, welcher Zelltyp für die zelluläre Reaktion in Form einer Immunität verantwortlich ist. Die Histokompatibilitätsfaktoren müssen schon bei den Schwämmen sehr kompliziert sein und entsprechen denen der höheren Eumetazoen (siehe unten). Denn auch die Vereinigung von Schwammgeweben innerhalb einer Art ist nicht ohne weiters möglich, wenn genetische Stämme bereits verschiedene Membranfaktoren besitzen. Werden Individuen einer Schwammart, die am gleichen Standort wachsen, also wahrscheinlich den gleichen

Ursprung haben, in engen Gewebekontakt gebracht und so festgehalten, dann verschmelzen die Organismen in vier bis fünf Tagen. Werden aber Schwammindividuen kombiniert, die von verschiedenen Standorten stammen, also nicht dem gleichen genetischen Stamm angehören, so erfolgt keine Verschmelzung der Gewebe. Es kommt auch in diesen Fällen zu einer zellulären Immunitätsreaktion, so daß die Zellen in der Kontaktzone abgetötet werden und zerfallen.

Die zahlreichen Kombinationsversuche, die bisher mit verschiedenen Schwammarten und mit verschiedenen Stämmen jeweils der gleichen Art durchgeführt wurden, zeigen eindeutig, daß die Gewebeunverträglichkeitsreaktionen denen der Wirbeltiere entsprechen müssen. Denn die zelluläre Reaktion kann beschleunigt werden und zeigt einen Erinnerungseffekt. Werden Schwammindividuen der gleichen Art, aber von verschiedenen Stämmen an Schnittflächen mit ihren Geweben zusammengebracht, so tritt der oben beschriebene Effekt nach einigen Tagen ein. Der Höhepunkt der Reaktionen ist je nach der Kombination der Stämme zwischen 7 bis 12 Tagen erreicht. Wird den so zusammengefügten Schwämmen ein zweites weiteres Stück transplantiert, so verkürzt sich die Reaktionszeit auf 3 bis 4 Tage. Auch 2 bis 3 Wochen nach der erfolgten ersten Zusammenfügung ist bei einer dritten Transplantation die Reaktion der zellulären Immunität nach 4 bis 5 Tagen durchgeführt worden.

Die auf den Zelloberflächen vorhandenen Moleküle der Gewebespezifität wirken also in einem fremden Gewebe als Antigene, werden als solche erkannt und lösen in den art- oder stammfremden Zellen die Herstellung eines zytotoxischen Stoffes aus. Dieser Stoff bindet an die fremden Antigene, wirkt aber nicht auf die Zellen desjenigen Stammes, in dem sie hergestellt werden. Die sogenannten Transplantationsantigene, die ursprünglich durch die Versuche zur Organverpflanzung bekanntgeworden sind, sind unter natürlichen Bedingungen bereits ein notwendiger Bestandteil zur Bildung primitivster Gewebeformen.

b) Zellkontakte

Die Entwicklung spezifischer Kontaktzonen zwischen Zellmembranen von Zellen (Zell-zu-Zellkontakt) ist die zweite wichtige Voraussetzung, um Zellen in einem Gewebeverband zusammenzuhalten. Bereits die Parazoa zeigen solche Kontaktzonen zwischen den Pinacocyten und zwischen benachbarten Lophocyten; sie gleichen in ihrer Struktur denen bei den Geweben der höheren Eumetazoen völlig. Die heute bei allen vielzelligen tierischen Organismen vorhandenen Kontaktzonen müssen also auf eine gemeinsame Entstehung zurückgehen, die auch schon den Parazoa mitgegeben worden ist. Struktur und Funktion der Zellkontakte müssen so zweckmäßig und erfolgreich gewesen sein, daß sie in der einmal entstandenen Form während der Evolution neuer Organismenformen immer wieder übernommen werden konnten und keine wesentlichen Veränderungen mehr erfahren haben. Sie gehören zum Grundbestand der Zellen der Histozoa, die den Entwicklungsschritt der Zellerkennung vollzogen hatten und den zweiten Schritt zur Koordination zahlreicher Zellen untereinander während eines dauernden Zusammenlebens beginnen mußten.

Zellkontakte stellen lokal begrenzte Differenzierungen der Zellmembran dar. Sie haben entweder die Funktion, den mechanischen Zusammenhalt zwischen Nachbarzellen zu festigen, oder sie dienen dem Stoffaustausch zwischen benachbarten Zellen. Bei den Parazoen sind zwei Typen von Zellkontakten ausgebildet. Die *Desmosomen* (Bild 43a) sind runde oder ovale Membrandifferenzierungen von 0,1 bis 0,5 μm Durchmesser und dienen zur mechanischen Festigung. Sie können sehr zahlreich sein und werden an den entsprechenden Kontaktstellen von beiden Zellen spiegelbildlich aufgebaut. Es sind keine Dauergebilde, sondern sie können den Verformungen der Zellen plastisch angepaßt werden, indem sie eingeschmolzen werden oder an neuen Kontaktstellen in wenigen Stunden ausdifferenziert sind. Die beiden Zellmembranen der benachbarten Zellen haben in dieser Zone einen gleichmäßigen Abstand von 300 nm und sind durch eine besonders ausgebildete Glykokalix miteinander verbunden. Die 10 nm-Filamente (s.o. Zytoskelett) werden zu Bündeln unter der Membran durch eine plattenförmige Zone aus Filamenten von α-Actinin gebunden. Die auslösenden Faktoren für die Ausbildung von Desmosomen an bestimmten Membranzonen sind bisher nicht bekannt.

Die zweite Form der Zellkontakte sind die *Nexus* oder *gap junctions*. In ovalen oder runden Membranzonen wird die Glykokalix weitgehend reduziert, und es werden große Tunnelproteine in die Membran eingelagert. Diese integrierten Proteine stehen sich in den beiden Zellmembranen genau gegenüber, so daß die Tunnel von einer Zelle in die Nachbarzelle reichen (Bild 43 b). Durch die Poren können Ionen oder auch größere Moleküle bis zu einem Molekulargewicht von 10000 zwischen den Zellen ausgetauscht werden.

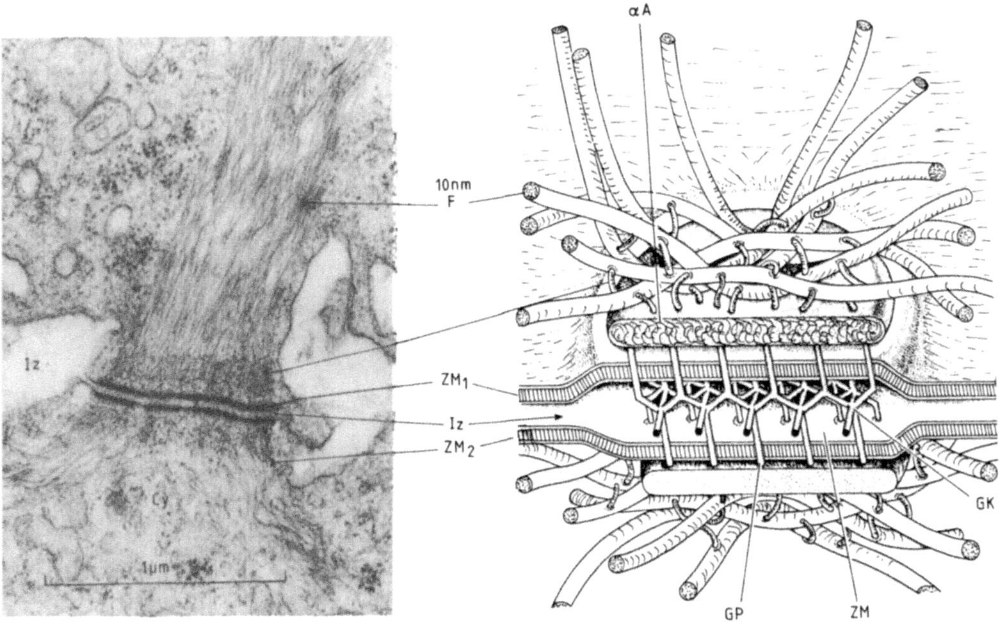

Bild 43 Zellkontakte

a) Desmosom, li. elektronenmikroskopisches Bild (Epithelzelle vom Salamander): einstrahlendes Bündel von 10 nm-Filamenten (Cytokeratin) oben und Verteilung der Filamente in verschiedene Richtungen unten.
re. schematische Rekonstruktion eines typischen Desmosoms (verändert nach Staeheling und Hull, 1979)

10 nmF	10 nm-Filamente
α A	Actinin-Platte
Cy	cytoplasmatische Seite
GK	Glykokalix-Vernetzung
GP	Glykoproteine
Iz	Interzellularraum
ZM	Zellmembran
ZM_1 und ZM_2	Zellmembranen benachbarter Zellen

Bild 43b$_1$

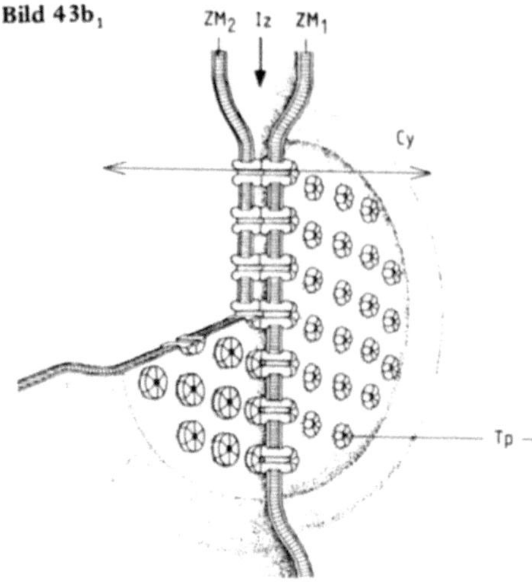

Bild 43b$_2$

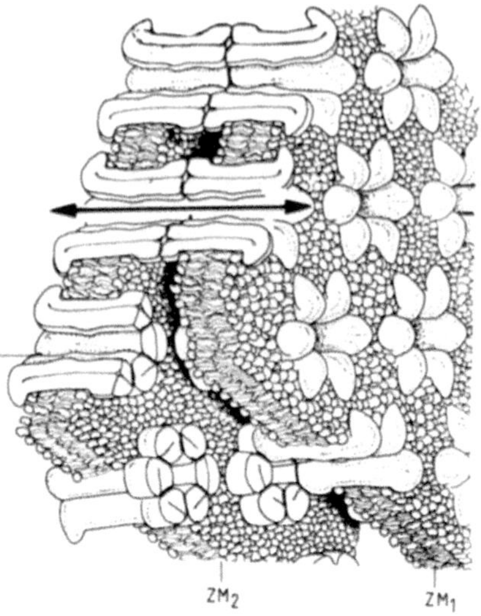

Bild 43 Zellkontakte

Nexus (gap junction)

b$_1$ schematische Rekonstruktion: Annäherung der Zellmembranen (ZM_1, ZM_2) benachbarter Zellen und regelmäßige Anordnung von Tunnelproteinen (Tp), Überbrückung des Interzellularspaltes (Iz); Cy cytoplasmatische Seite

b$_2$ Lage der Tunnelproteine in den Zellmembranen, bimolekularer Lipidfilm

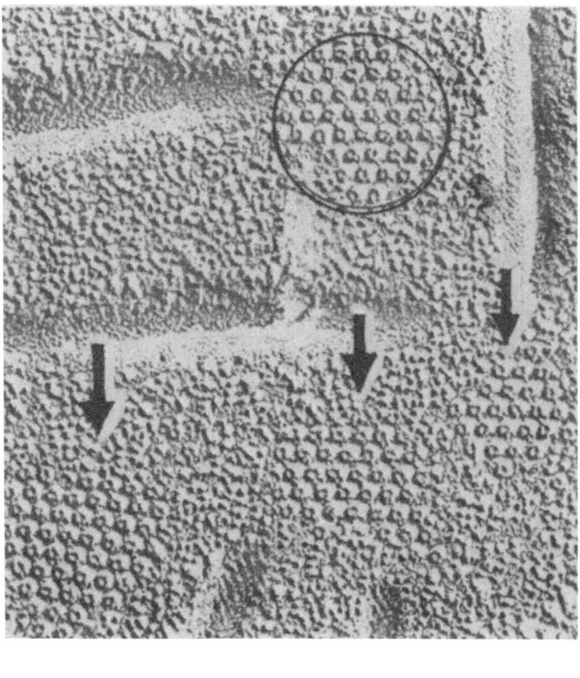

Bild 43b$_3$

Bild 43 Zellkontakte

b$_3$ Aufsicht auf vier kleine gap junctions (Kreis und Pfeile) im Gefrierätzbild, cytoplasmatische Seite wie oben im Schema; das hexagonale Muster der Anordnung der Tunnelproteine ist sichtbar (aus Staehelin und Hull, 1979, und Makowski et al., 1977)

Die Nexus haben also die Funktion der Signalübermittlung oder der Stoffwechselkooperation. Sie sind besonders zahlreich an den Zellen der weitreichenden Zellstränge vorhanden, so daß eine koordinierte Kontraktion möglich ist. Signalstoffe oder elektrische Potentiale durch Ionenverschiebungen können von Zelle zu Zelle weitergegeben werden. Auch Nexus können kurzfristig aufgebaut und wieder eingeschmolzen werden; über die auslösenden Faktoren ist ebenfalls nichts bekannt.

Die Bildung von Zellkontakten ist nur möglich, wenn die beteiligten großen Moleküle in die Zellmembran eingebaut und dort auch bewegt werden können. Denn die lokal umgrenzte Ansammlung der spezifischen, am Kontakt beteiligten Makromoleküle, wie z.B. in gap junctions, setzt ein Verfahren eines genauen Einpassens voraus. Die Zellmembran besteht in ihrer Grundstruktur aus einer Doppelschicht von Phospholipidmolekülen (bimolekularer Lipidfilm). Darin eingesenkt sind die anderen großen Moleküle, die am Membranbau beteiligt sind: sie schwimmen in Lipidfilm und sind daher beweglich. Der Flüssigkeitszustand ist abhängig von der Temperatur und von der Art der Fettsäuren, die in den Phospholipiden gebunden sind. Für die lebenden Zellen ist also das Problem, die Zellmembran in den Temperaturgrenzen flüssig zu halten, die durch ihre Lebensbedingungen gegeben sind. Die Zellen eines Schwammes, auch wenn sein Durchmesser 20 bis 30 cm beträgt, leben noch wie Protozoen, wenn sie auch einen Gewebezusammenhang zeigen. Durch das einströmende Wasser wird die eigene Stoffwechselwärme sofort abgeführt. Die Zellen unterliegen also vollständig der Außentemperatur. Ein jahreszeitlicher Wechsel der Wassertemperatur zwischen 6 °C und 24 °C ist keine Seltenheit. Tatsächlich wechseln nun die Schwammzellen die am Membranbau beteiligten Fettsäuren je nach der Umgebungstemperatur aus. Sie können also die Lipidschicht ihrer Zellmembran bei absinkender Temperatur flüssig halten. Die in den Phospholipiden tierischer Zellen vorkommenden Fettsäuren haben 14 bis 24 C-Atome. Am häufigsten kommen Fettsäuren mit 16 und 18 C-Atomen vor; normalerweise werden nur gradzahlige Fettsäuren synthetisiert. Hat eine Fettsäure 18 C-Atome (also eine C 18-Fettsäure), so wird sie durch das Symbol 18 : 0 gekennzeichnet. Hat sie eine Doppelbindung, so schreibt man 18 : 1; hat sie zwei Doppelbindungen, so wird sie 18 : 2 gekennzeichnet usw. (Bild 44). Der Schmelzpunkt von Lipiden hängt wesentlich von den beteiligten Fettsäuren und ihrer Kettenlänge sowie von der Anzahl der zwischen C-Atomen eingetretenen Doppelbindungen ab. Fettsäuren mit Doppelbindungen (ungesättigte Fettsäuren) besitzen einen niedrigeren Schmelzpunkt als Fettsäuren von der gleichen Kettenlänge ohne Doppelbindungen. Sind mehrfache Doppelbindungen vorhanden, so erniedrigt sich der Schmelzpunkt noch weiter. Je kürzer also die beteiligten Fettsäuren sind und je mehr Doppelbindungen sie aufweisen, umso niedriger liegt der Schmelzpunkt der Lipide, die sie aufbauen. Die Schwammzellen enthalten während der Sommermonate in den Zellmembranen einen Anteil an C_{24}- bis C_{30}-Fettsäuren, der zwischen 30 bis 60% schwanken kann. Die nähere Analyse zeigt aber, daß der Anteil an langkettigen Fettsäuren von der Wassertemperatur abhängt (Bild 44c) und durch die Kombination von Fettsäuren mit Doppelbindungen eine weitere Feinregulierung eintritt. Die Schwammzellen halten offensichtlich den Flüssigkeitscharakter ihrer Zellmembran durch einen komplizierten Wechsel der in den Zellen aufgebauten Phospholipide aufrecht.

c) *Kollagene und die Verankerung der Zellen im Fasergerüst*

Eine der entscheidenden Erfindungen zur Unterstützung von Zellen in einem Gewebeverband ist die Synthese der *Kollagene*. Diese Gerüstproteine können zur Verankerung der Zellen, als Unterlage bei der amöboiden Fortbewegung und als Stütze beim Aufbau größerer Gewebeverbände eingesetzt werden. Die Zellen bauen sich selbst eine

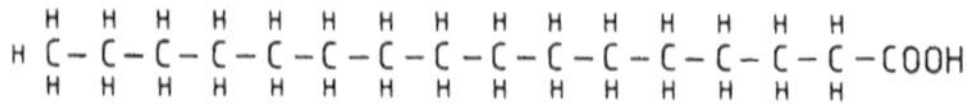

16:0

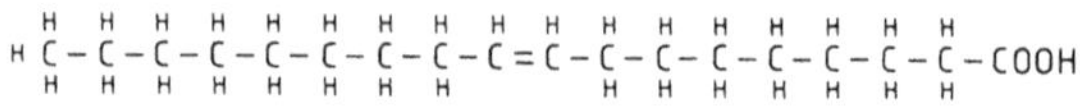

18:1

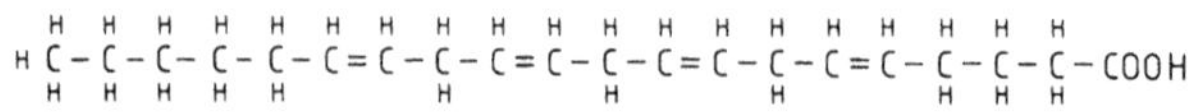

20:4

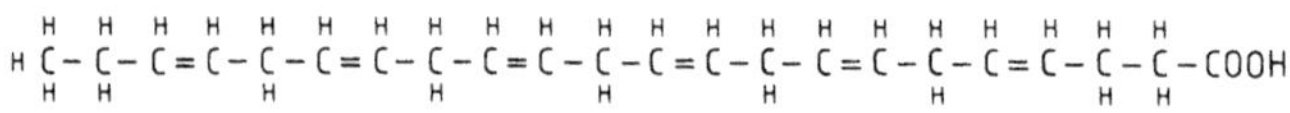

22:6

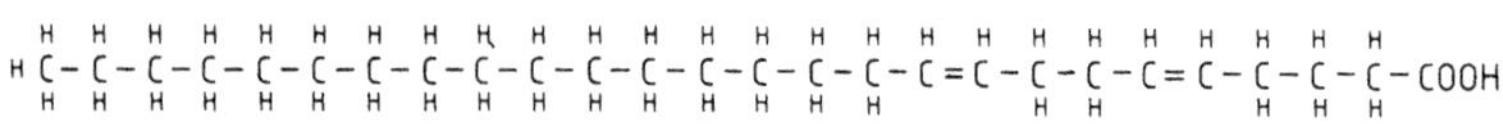

26:2

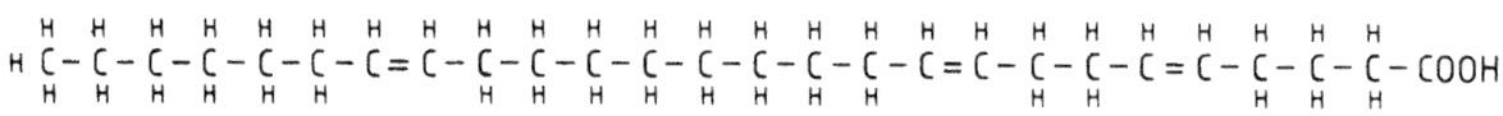

26:3

Bild 44

a) Formeln einiger typischer Fettsäuren, die in Zellmembranen von Schwämmen vorkommen; charakteristisch ist das überwiegende Vorkommen sehr langkettiger Fettsäuren

12 : 0	14 : 0	16 : 0	18 : 0	20 : 0	22 : 0	24 : 0	26 : 0
12 : 1	14 : 1	16 : 1	18 : 1	20 : 1	22 : 1	24 : 1	26 : 1
12 : 2	14 : 2	16 : 2	18 : 2	20 : 2	22 : 2	24 : 2	26 : 2
12 : 3	14 : 3	16 : 3	18 : 3	20 : 3	22 : 3	24 : 3	26 : 3
	14 : 4	16 : 4	18 : 4	20 : 4	22 : 4	24 : 4	26 : 4
		16 : 5	18 : 5	20 : 5	22 : 5	24 : 5	26 : 5
flüssig			18 : 6	20 : 6	22 : 6	24 : 6	26 : 6

Bild 44

b) Tabelle von Fettsäuren, die in Zellmembranen vorkommen; Angabe der Zahl der Doppelbindungen. Stark umrandetes Feld: die häufigsten vorkommenden Fettsäuren, mit denen eine Anpassung an notwendige Flüssigkeitszustände in der Membran erreicht werden kann

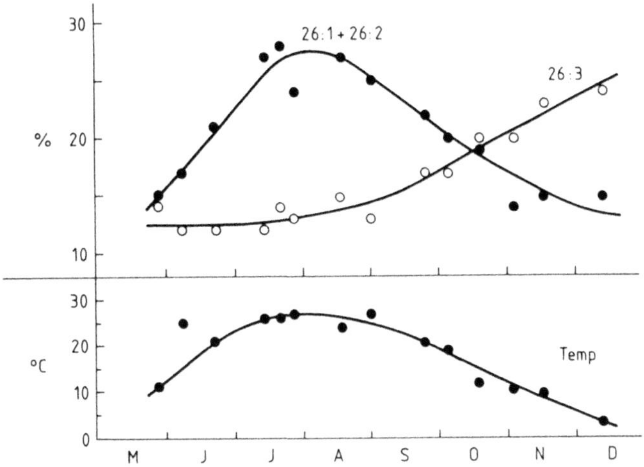

Bild 44

c) Anpassung des Gehaltes an Fettsäuren in den Membranen des Schwammes Microconia im Verlauf des Jahres von Mai–Dezember, Abhängigkeit von der Wassertemperatur; den Hauptanteil bilden C_{24}- bis C_{30}-Fettsäuren (aus Lichtfield und Morales, 1976)

Unterlage auf, die der Ausdehnung des Gewebes angepaßt werden kann. Die Vorteile bei der Verwendung der Kollagene sind zahlreich. Als Gerüstproteine können sie von den Zellen auf dem Weg der Proteinbiosynthese zu jeder Zeit und in beliebiger Menge hergestellt werden. Die fadenförmigen Moleküle werden durch Exocytose an die Umgebung abgegeben, wo sie zu größeren Einheiten polymerisieren (Fibrillen und Fasern); Kollagen kann mit Mucopolysacchariden kombiniert werden; die aus Kollagen gebildeten Fasern sind sehr zugfest; und schließlich können Kollagene durch Enzyme wieder abgebaut werden.

Die Kollagene sind spezifisch für die Histozoen. Weder bei den Protozoen noch bei Bakterien oder Algen und anderen pflanzlichen Organismen kommen Kollagene vor. Sie stellen eine Proteinfamilie dar, die durch mehrere Gene in den tierischen Zellen kodiert werden. Die einzelnen Polypeptidketten haben eine Länge von ca. 1000 Aminosäuren, wobei in jeder 3. Position Glycin vorhanden ist. Die Aminosäuresequenz folgt also dem Schema X-Y-Gly-X-Y-Gly usw. Die verschiedenen Kollagene unterscheiden sich in der Folge der Aminosäuren in den Positionen X bzw. Y. Zwei weitere, sehr wichtige Aminosäuren sind Prolin und Lysin; wenn sie in der Position Y eingebaut sind (also X-Pro-Gly- oder X-Ly-Gly-), so können sie durch Enzyme modifiziert werden (siehe unten).

Die Zellen synthetisieren Kollagene, da sie aus der Zelle exportiert werden sollen, an den Ribosomen des rauhen endoplasmatischen Reticulums. Es entsteht jedoch nicht das funktionsfähige Kollagenmolekül, sondern ein sehr viel längerer Polypeptidstrang: das *Prokollagen*. Bild 45 gibt schematisch die Vorgänge bei der Biosynthese wieder. Das Molekül beginnt mit einem Signalpeptid, dessen Reihenfolge und Zahl von Aminosäuren bisher nicht bekannt ist. Seine Funktion ist es, den Durchtritt durch die Membran des endoplasmatischen Reticulums in den Zisternenraum vorzunehmen. Die Signalpeptidstrecke wird bei der weiteren Synthese sofort wieder abgetrennt. Es folgt dann ein Teil des Polypeptidstranges, der als Propeptid bezeichnet wird und in der Aminosäuresequenz nicht dem Schema des funktionsfähigen Kollagens folgt. Er besteht aus mehreren hundert (bis zu 300) Aminosäuren. Glycin kommt nur vereinzelt vor, dagegen sind Tryptophan,

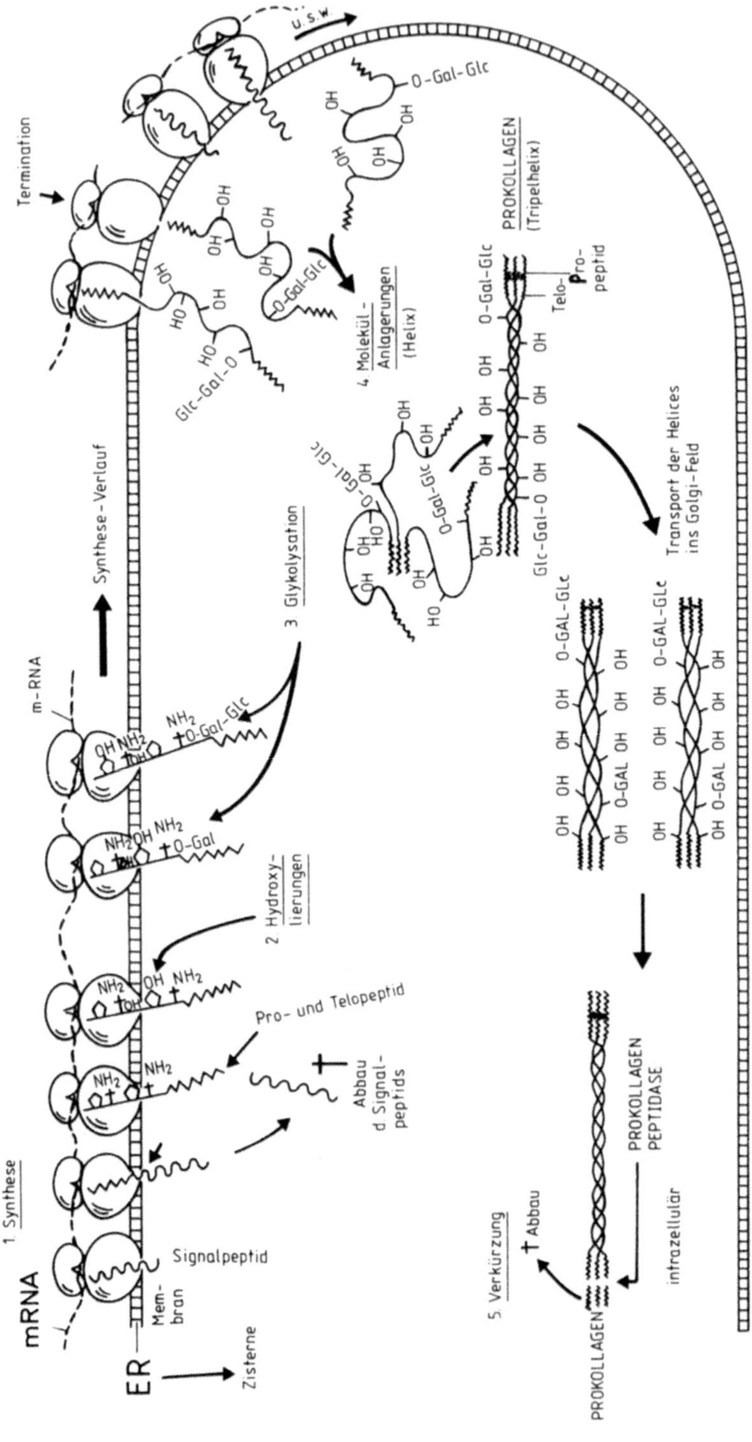

ER
Zisterne
mRNA
Mem-
bran
Signalpeptid
1. Synthese
Abbau
d. Signal-
peptids
Pro- und Telopeptid
2. Hydroxy-
lierungen
3. Glykolysation
m-RNA
Synthese-Verlauf
Termination
u.s.w.
4. Molekül-
Anlagerungen
(Helix)
PROKOLLAGEN
(Tripelhelix)
Telo-
Pro-
peptid
Transport der Helices
ins Golgi-Feld
O-GAL-GLc
5. Verkürzung
Abbau
PROKOLLAGEN
PROKOLLAGEN
PEPTIDASE
intrazellulär

Bild 45a

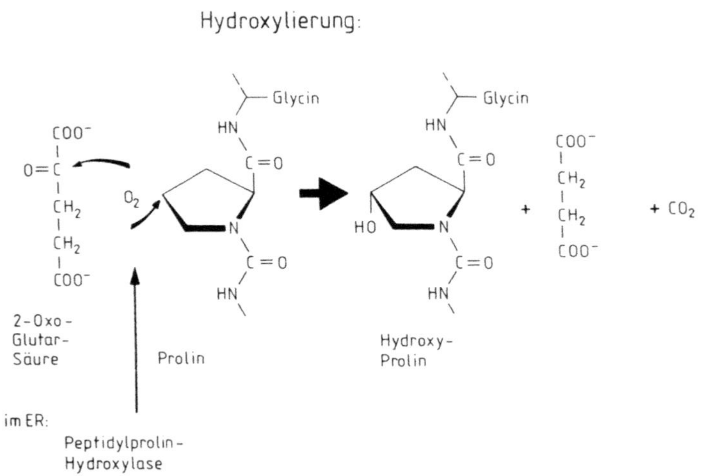

Bild 45b

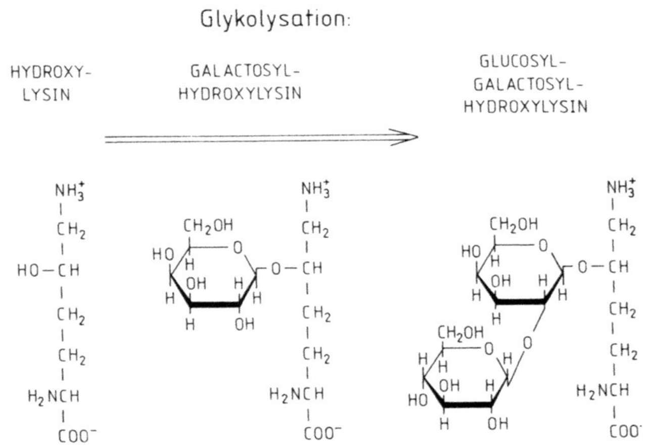

Bild 45 Kollagen

a) Biosynthese an Polyribosomen des rauhen endoplasmatischen Reticulums und Modifizierung der entstehenden Polypeptidkette; je drei Moleküle treten zur Prokollagen-Tripelhelix im Zisternenraum zusammen und werden durch Transportvesikel ins Golgi-Feld gebracht. Noch in der Zelle werden durch Endopeptidasen am Aminoende die Propeptidsequenzen abgetrennt und zerstört.

b) Modifizierung der wachsenden Polypeptidkette; Hydroxylierung: Prolin bzw. Lysin werden durch Enzyme im ER mit O_2 hydroxyliert, wobei 2-Oxo-Glutarsäure als weiterer Sauerstoffacceptor dient und decarboxyliert wird. Glykolysation: ebenfalls enzymatisch werden am bereits hydroxylierten Lysin schrittweise Galaktose und Glukose angehängt.

c) Struktur des Prokollagens, vgl. Text

Gal Galactose
Glc Glucose

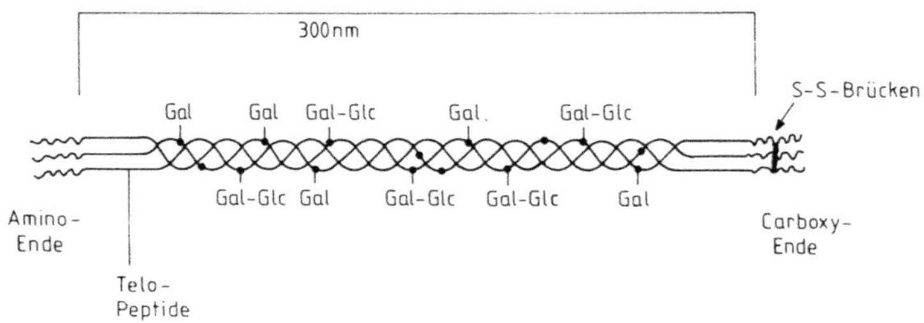

Bild 45c

Glutaminsäure und Asparaginsäure häufig. Es folgt eine kurze Strecke von ca. 20 Aminosäuren, das sogenannte Telopeptid. Dann erst beginnt die typische Sequenz des Kollagenmoleküls im Kernstück.

Tabelle 2

Kollagen Typ	Zusammensetzung	Moleküle
I	$[\alpha\,1\,(I)]_2\,\alpha\,2$	$\alpha\,1\,(I)$ $\alpha\,2$
II	$[\alpha\,1\,(II)]_3$	$\alpha\,1\,(II)$
III	$[\alpha\,1\,(III)]_3$	$\alpha\,1\,(III)$
IV	$[\alpha\,1\,(IV)]_3$	$\alpha\,1\,(IV)$
V	$\alpha\,A\,(\alpha\,B)_2$ oder $(\alpha\,A)_3\,(\alpha\,B)_3$	$\alpha\,A$ $\alpha\,B$

Noch während der Synthese beginnt die enzymatische Modifikation der meisten Prolin- und Lysinanteile. Die Membranen des rauhen endoplasmatischen Reticulums enthalten das Enzym Prolyl-Hydroxylase, das an der entstehenden Kette die Prolin-Reste hydroxyliert (Bild 45 b). Ebenso werden die Lysinreste hydroxyliert durch das Enzym Lysin-Hydroxylase. Beide Enzyme benötigen Ascorbinsäure (Vitamin C) als Cofaktoren. Die Bedeutung des entstandenen Hydroxyprolins ist unbekannt, das Hydroxylysin dagegen wird durch Glykosidasen aus dem endoplasmatischen Reticulum weiter verändert. Entweder wird durch Galactosyltransferase aus UDP-Galactose als Spender die Galactose auf das Hydroxylysin übertragen. Oder aber es werden nacheinander zuerst Galactose und daran durch Glucosyltransferase aus UDP-Glucose die Glucose an die Galactose kovalent gebunden, so daß ein Disaccharid als Seitenkette am Hydroxylysin sitzt. Disaccharide sind für die spätere Verknüpfung mit den Polysacchariden der Grundsubstanz wichtig. Bei den Kollagenen der Wirbellosen sind auch andere Zucker, nämlich Fucose, Xylose, Mannose und Hexosamin, als Seitenketten vorhanden. Die eigentliche Kollagenstrecke des Polypeptids wird durch die Folge der Aminosäuren in eine ungewöhnliche und sehr enge α-Helix gedreht. Das ist deshalb möglich, weil das Glycin-Molekül sehr klein ist und sich nach innen in die Spirale orientiert. Es entsteht also ein stabförmiges Proteinmolekül (im Gegensatz zu den meisten globulär gefalteten Proteinmolekülen). Am Ende der Kollagenhelix folgt erneut eine aus wenigen Aminosäuren bestehende Telopeptidstrecke, der wieder ein langes Propeptid folgt. Auch bei diesen Anteilen wird nicht die typische Kollagenfolge der Aminosäuren eingehalten, und es wird Cystin verwendet. Da diese Strecken am Carboxylende des eigentlichen Kollagens angeschlossen sind, werden sie als die Carboxylpropeptide bzw. Carboxyltelopeptide bezeichnet; entsprechend heißen die am Anfang stehenden Vorstrecken die Aminopropeptide und Aminotelopeptide. Die Funktionen dieser langen Vorspannanteile sind sehr wichtig; das unverhältnismäßig lange Molekül erhält eine bessere Löslichkeit, wird an einer Faltung gehindert und kann mit anderen Kollagenmolekülen noch keine Polymerisation beginnen.

Da eine Zelle mehrere Gene zur Codierung von Kollagen besitzt, können verschiedene Kollagenmoleküle produziert werden, die sich im einzelnen in der Aminosäuresequenz unterscheiden, aber alle die gleiche Grundstruktur und die α-Helix aufweisen, so daß sie untereinander kombinierbar sind. Von den Wirbeltieren sind mehrere Kollagentypen (siehe Tabelle 2) bekannt, die sich aus den verschiedenen oder aus gleichen α-Helices zusammensetzen. Auch bei den Wirbellosen gleichen die bisher analysierten Kollagene denen der Wirbeltiere, und nur bei den Nematoden und Anneliden sind längere Moleküle mit einer höheren Beteiligung von Prolin und Lysin vorhanden. Die Kombinationen werden noch innerhalb der Zelle vorgenommen. Je drei Prokollagenmoleküle werden durch die Carboxylpropeptide kombiniert und im Bereich der Cystinanteile durch Disulfidbrücken aneinandergebunden. Die drei α-Helices der zentralen Kollagenteile ordnen sich dann zu einer Superhelix zusammen, in der die Windungen der einzelnen α-Helices um eine zentrale Achse gelegt werden (Bild 45 c).

Diese Dreierkombination wird durch die Wasserstoffbrücken der Glycinreste zusammengehalten. Es handelt sich also nicht um kovalente Bindungen, und daher kann das Kollagen durch eine Erhöhung der Temperatur geschmolzen werden. Bekanntlich wird aus Bindegewebe durch Kochen Leim hergestellt; dieser Vorgang ist nichts anderes als die Trennung der labilen Wasserstoffbrücken und das Auseinanderfallen der α-Helices. Durch die Kombination der drei Moleküle entsteht ein sehr festes stäbchenförmiges Proteingebilde, das zu den längsten Proteinmolekülen gehört, die bekannt sind. Durch zwei Endopeptidasen (Prokollagen-Peptidasen) werden an der Grenze der Propeptide zu den Telopeptiden dann die Peptidbindungen aufgebrochen und die Propeptide abgebaut. Das Aminopropeptid wird noch innerhalb der Zelle, das Carboxylpropeptid erst außerhalb der Zelle im extrazellulären Raum abgetrennt. Das entstandene Molekül ist das *Tropokollagen.* Es stellt die Grundeinheit dar, aus der nun durch chemische Vernetzung längere Fibrillen und Fasern aufgebaut werden können. Das Tropokollagen wird aus den Membransystemen der Zelle durch Exocytose in den extrazellulären Raum ausgeschüttet.

Bei den Säugetieren wird in 6 bis 7 Minuten ein vollständiges Prokollagenmolekül hergestellt, und der weitere Umbau ist nach 10 bis 15 Minuten beendet. Da die Zahl der an der Synthese beteiligten Polysomen bei 20 liegt, wird bei Einsetzen der Synthese nach ca. 7 Minuten das erste Prokollagenmolekül fertig, und nach weiteren 7 Minuten werden weitere 20 Moleküle vorhanden sein. Nimmt man einmal eine niedrige Anzahl von gleichen Polysomengruppen mit 10000 an, so wären 7 Minuten nach Beginn der Synthese bereits 210000 Prokollagenmoleküle und wenige Minuten später etwa 700000 Tropokollagenmoleküle vorhanden. Wird die Synthese für eine Stunde aufrechterhalten, so könnte eine Zelle ca. 5000000 Tropokollagenmoleküle ausschütten. Entsprechend der niedrigeren Temperatur werden bei den Parazoen die Synthesezeiten länger dauern.

Die Polymerisation der Tropokollagenmoleküle erfolgt durch Quervernetzung an bestimmten Stellen, so daß eine kabelähnliche Organisation entsteht, in der die Moleküle eine ganz genau orientierte Anordnung haben. Da bei den meisten Typen von Kollagen kein Cystin vorhanden ist, können auch keine intermolekularen Disulfidbrücken hergestellt werden, die sonst bei Proteinen sehr häufig sind. Zugleich müssen die kovalenten Bindungen so stabil sein, daß ein Gleiten der Moleküle unmöglich ist und der Kabelstrang die Festigkeit der einzelnen Tropokollagenmoleküle als Zugfestigkeit übersetzt. Die Prozesse der Vernetzung laufen außerhalb der Zelle ab und werden durch ausgeschiedene Enzyme im extrazellulären Raum katalysiert. Der Lysinrest des Aminotelopeptides des einen Moleküls wird mit einem Hydroxylysinrest eines benachbarten Tropokollagenmoleküls in einer bestimmten Stellung zusammengebracht und verknüpft (Bild 46 a). Das beteiligte Enzym ist die Lysyloxidase. Die Reaktion dehnt sich auf benachbarte Lysin-

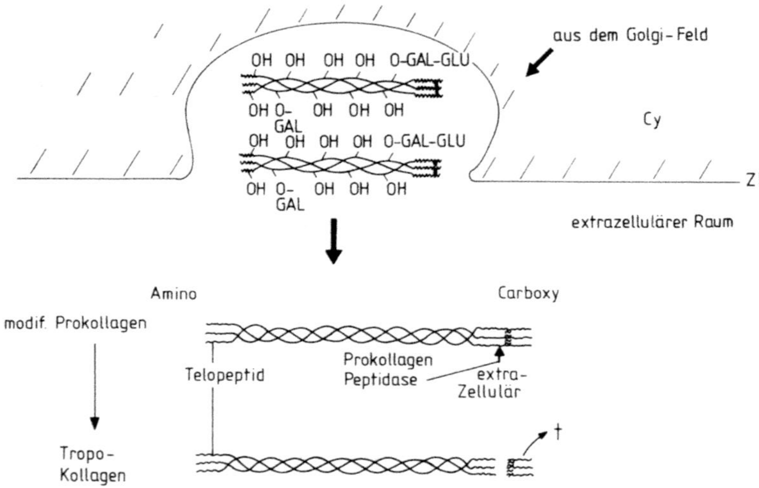

Bild 46

Ausschleusung von Kollagen aus der Zelle und Organisation extrazellulärer Fibrillen

a) Die endgültige Form des Tropokollagens entsteht erst durch enzymatische Abtrennung der Carboxy-Propeptide im extrazellulären Raum (vgl. Bild 45a). Tropokollagenmoleküle lagern sich zusammen, und durch das Enzym Lysyloxidase wird eine schrittweise Quervernetzung längs der Moleküle eingeleitet, deren Brücken durch Umlagerung der Doppelbindung stabilisiert werden: es entsteht die fixierte Lage der Moleküle in der Mikrofibrille, die als Querstreifung sichtbar gemacht werden kann.

Cy cytoplasmatische Seite
Gal Galactose
Glu Glucose
ZM Zellmembran

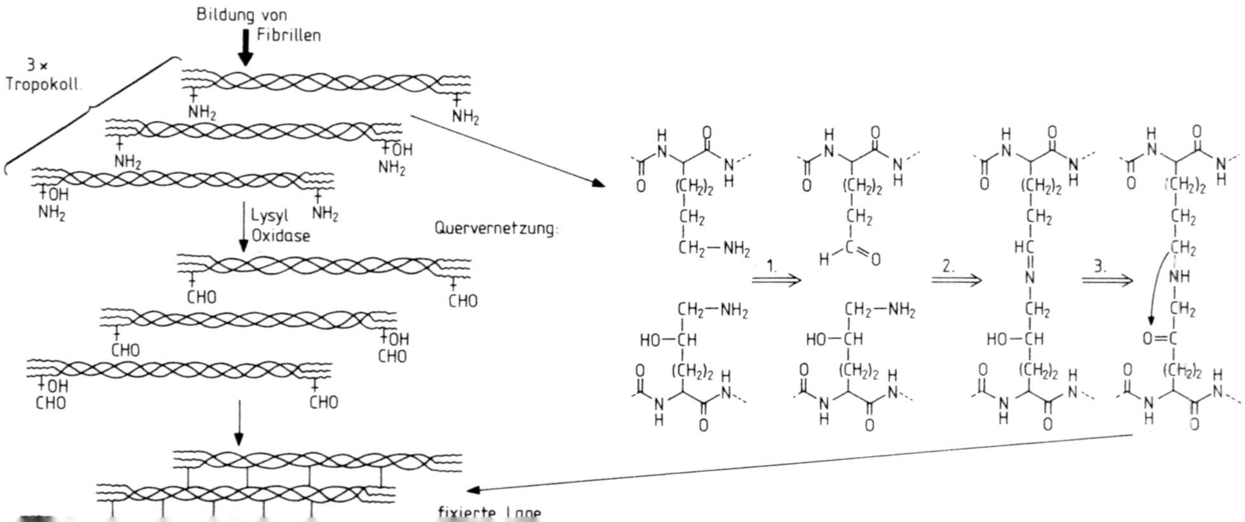

Bild 46a

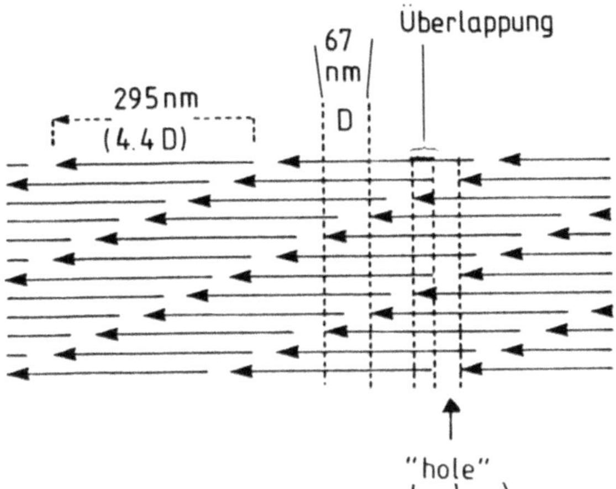

Bild 46b

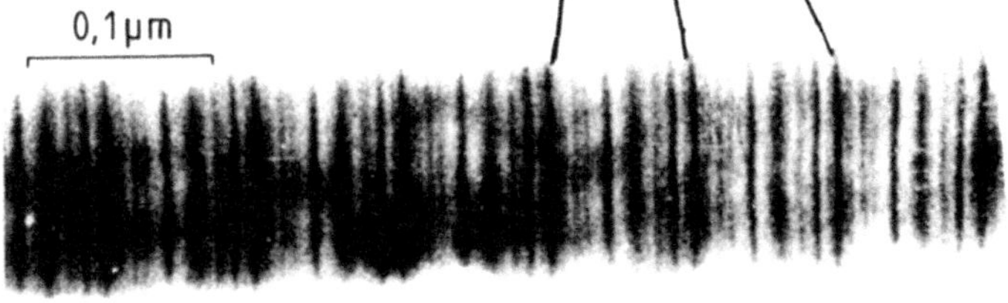

Bild 46c$_1$

Bild 46
Ausschleusung von Kollagen aus der Zelle und Organisation extrazellulärer Fibrillen

b) Lage der Tropokollagenmoleküle in der Fibrille (Pfeile, Spitze = Aminoende); der Versetzungsabstand D zwischen den Molekülen beträgt 67 nm, und entspricht 234 Aminosäuren (1/4,4 der Gesamtlänge des Moleküls). In räumlicher Anordnung ist jedes Molekül 1, 2, 3 oder 4 D-Perioden gegen seine Nachbarn versetzt

c$_1$) Kollagenfibrille nach „negativ staining" mit Phosphorwolframsäure, Querstreifung durch Einsickern des Schwermetallsalzes in die Molekülzonen: helle Streifen entsprechen der dichten Überlappung, dunkle Streifen den weniger dichten Zonen (sog. hole)

bzw. Hydroxylysinreste in der Helix aus, so daß mehrere stabile Verbindungen entstehen. Die glykolisierten Anteile werden durch Esterbindungen im Bereich der Zucker ebenfalls stabilisiert. Durch den Beginn des Prozesses an bestimmten Positionen der Aminosäuren erhalten die Tropokollagenmoleküle eine sehr genaue Orientierung (Bild 46b), so daß sie schließlich in der Kabelstruktur einer Fibrille die Positionen der größeren Aminosäuren als dichtere Querbänder erkennen lassen (Bild 46c).

Diejenigen Zellen, die Kollagene aufbauen, können auch Kollagen wieder zerstören. Das geschieht durch die Abgabe des Enzyms Kollagenase in den extrazellulären Raum. Es sind sehr spezifische Peptidasen, welche die Dreifach-Helix des Tropokollagenmoleküls im Bereich der Positionen der Aminosäuren 750 spaltet, so daß ein kleines und ein großes Fragment entstehen. Die Restmoleküle fallen auseinander und entfalten sich, so daß sie gegen andere Proteasen im Gewebe anfällig sind und zerstört werden können.

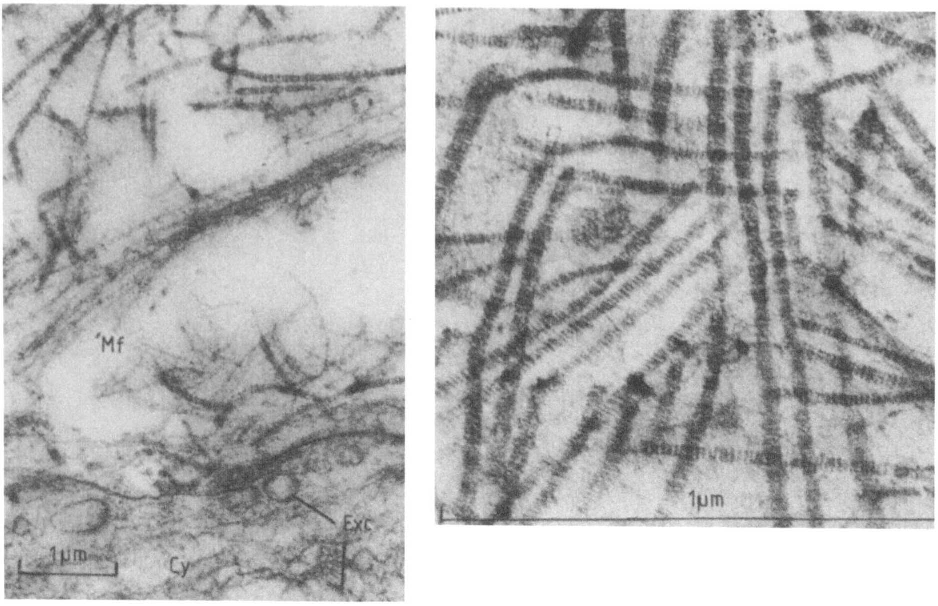

Bild 46

Ausschleusung von Kollagen aus der Zelle und Organisation extrazellulärer Fibrillen

c_2) elektronenmikroskopische Aufnahmen von der Organisation kollagener Fibrillen im Bindegewebe einer jungen Salamanderlarve: Exocytose (Exc) von Prokollagen und Aggregation zu Mikrofibrillen (Mf), die zu dickeren Fibrillen angelagert werden; daneben die Überkreuzungslagen der quergestreiften dickeren Fibrillen

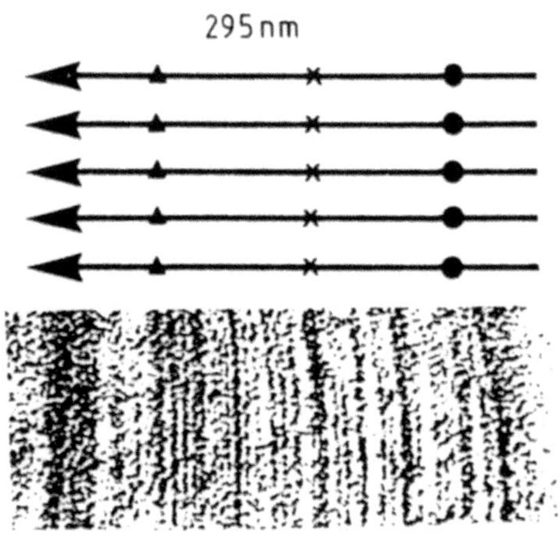

Bild 46

Ausschleusung von Kollagen aus der Zelle und Organisation extrazellulärer Fibrillen

d) Präzipitat von Tropokollagen aus einer Lösung: SLS- (segment long spacing) Aggregat; die Moleküle sind auf gleicher Höhe und parallel polymerisiert (unter Zusatz von ATP); bei negativ staining zeigt sich die verschiedene Dichte der Molekülregionen als Querstreifungsmuster mit der Gesamtlänge.

Ein zweiter Weg ist die Phagocytose der zerfallenden Moleküle durch Zellen und ihre weitere intrazelluläre Verdauung. Auch Mikroorganismen können Kollagenasen produzieren und ausscheiden, obwohl sie niemals selbst Kollagen herstellen. Durch die Auflösung des Kollagengerüsts können solche Mikroorganismen in die Gewebe von Tieren eindringen und sich dort vermehren und ausbreiten. Diese Kollagenasen unterscheiden sich aber von tierischen dadurch, daß sie das Molekül an vielen Stellen aufbrechen können, und die Fibrillen auch ohne Einwirkung von gewebeeigenen Zellen völlig zerfallen.

Kollagene werden von den Zellen nicht allein ausgeschieden, sondern extrazellulär mit einer weiteren Gruppe spezifischer Makromoleküle kombiniert. Diese in den gleichen Zellen wie die Kollagene synthetisierten Stoffe wurden früher summarisch als *Mucopolysaccharide* bezeichnet. Wenn sie durch ihre Struktur besonders stark wasserbindend sind, so rechnete man sie zu den *Schleimstoffen (Mucine)*. Es handelt sich um Stoffklassen, die heute weitgehend bekannt sind und mit eindeutigen Namen belegt werden. Die *Glykosaminoglykane* sind sehr große, zusammengesetzte Zuckermoleküle (Polysaccharide), die Aminozucker enthalten und deren Grundbausteine die Saccharide darstellen. In dieser Einheit ist immer ein N-acetyl-Hexosamin vertreten (z.B. N-acetyl D-Glucosamin oder N-acetyl-D-Galactosamin, Bild 47). Das durchgehende Rückgrat des Moleküls wird entweder von diesen Aminozuckern oder von Glucuronsäuren gebildet. Die verschiedenen Typen der Glykosaminoglykane unterscheiden sich durch die Zusammensetzung der Disaccharideinheiten. Ein Teil von ihnen wird nachträglich durch Anhängen von Sulfatgruppen modifiziert. Die Moleküle sind ähnlich wie die Kollagenmoleküle stäbchenförmig, binden durch den hohen Kohlenhydratgehalt sehr viel Wasser und tragen zahlreiche negative Ladungen, so daß Kationen wie z.B. Ca^{++} gebunden werden können. Fast alle Glykosaminoglykane werden schon in der Zelle während der Synthese kovalent an Peptidketten angebunden. Dadurch ist ein sogenanntes *Proteoglycan* entstanden. Die Peptidkette trägt wie ein Rückgrat in einem riesigen Molekül sehr zahlreiche Seitenketten der Polysaccharide, die den Charakter dieses Komplexes bestimmen (Bild 47). Davon abzugrenzen sind in ihren Eigenschaften die *Glykoproteine*, wie sie z.B. in der Zellmembran verankert sind. Hier trägt ein großes Proteinmolekül kurze Seitenketten aus verschiedenen Zuckern (Hetero-Oligosaccharide), die keine periodischen Wiederholungen in Form von Disacchariden aufweisen. Die wesentlichen Eigenschaften des Moleküls werden vom Protein bestimmt.

Die Proteoglycane binden durch elektrostatische Kräfte an mehreren Stellen an Kollagenmoleküle, und sie beeinflussen dadurch den Faserdurchmesser bzw. den Einbau von mineralisierten Skelettnadeln in das Kollagengerüst. Sie werden aber auch untereinander vernetzt, so daß ein molekulares Filter zwischen den Zellen ausgespannt wird. Die Netze der extrazellulären Moleküle im Bereich der Mikrovilli der Choanocyten ist ein solches typisches Filter. Aber auch die Bildung der Basalmembranen bei den Pinacocyten und die Zusammenfassung der Kollagenfasern zu Gerüststrängen (Spongin) im Schwammkörper gehen auf die Proteoglycane zurück.

Die Befestigung der Zellen im Fasergerüst ist keineswegs so einfach, wie man früher angenommen hat. Bei der amöboiden Bewegung benutzten die Zellen das Fasergerüst als Unterlage und fixieren kurzfristig den Zellkörper während des Bewegungsvorganges durch Haftpunkte (siehe Abschnitt 2.1. Rhizopoda). Zellen wie Pinacocyten, Lophocyten und die zu Strängen organisierten Zellkomplexe bleiben dagegen für längere Zeit an einem Ort im Fasernetz gebunden. Ihre Festheftung an das Kollagen und die Proteoglycane erfolgt durch ein spezifisches Glykoprotein, das *Fibronectin*. Es ist ebenfalls ein stäbchenförmiges, sehr großes Molekül (Bild 48), das von den Zellen dann synthetisiert wird, wenn es zu einer Aggregation untereinander oder zu einer Berührung mit Kollagen kommt.

Fibronectin bleibt nach der Ausschleusung an der Zelloberfläche, so daß die Zellen von einem Netzwerk aus Fibronectin bedeckt sind. Wahrscheinlich ist es das erste Glykoprotein, das nach der Aufnahme von Aggregationsfaktoren einen Zusammenhalt der Zellen durch direkte Vernetzung bewirkt. Fibronectin bindet direkt an Kollagen in bestimmten Positionen, nämlich zwischen den Aminosäuren 640 bis 820. Bei der Lösung der Zelle aus dem Faserverband wird das Fibronectin-Gerüst abgestoßen, und während der amöboiden Bewegung, d.h. intensiver Zellverformungen, ist es nicht vorhanden. Auch bei Zellteilungen verschwindet das Fibronectin von der Oberfläche.

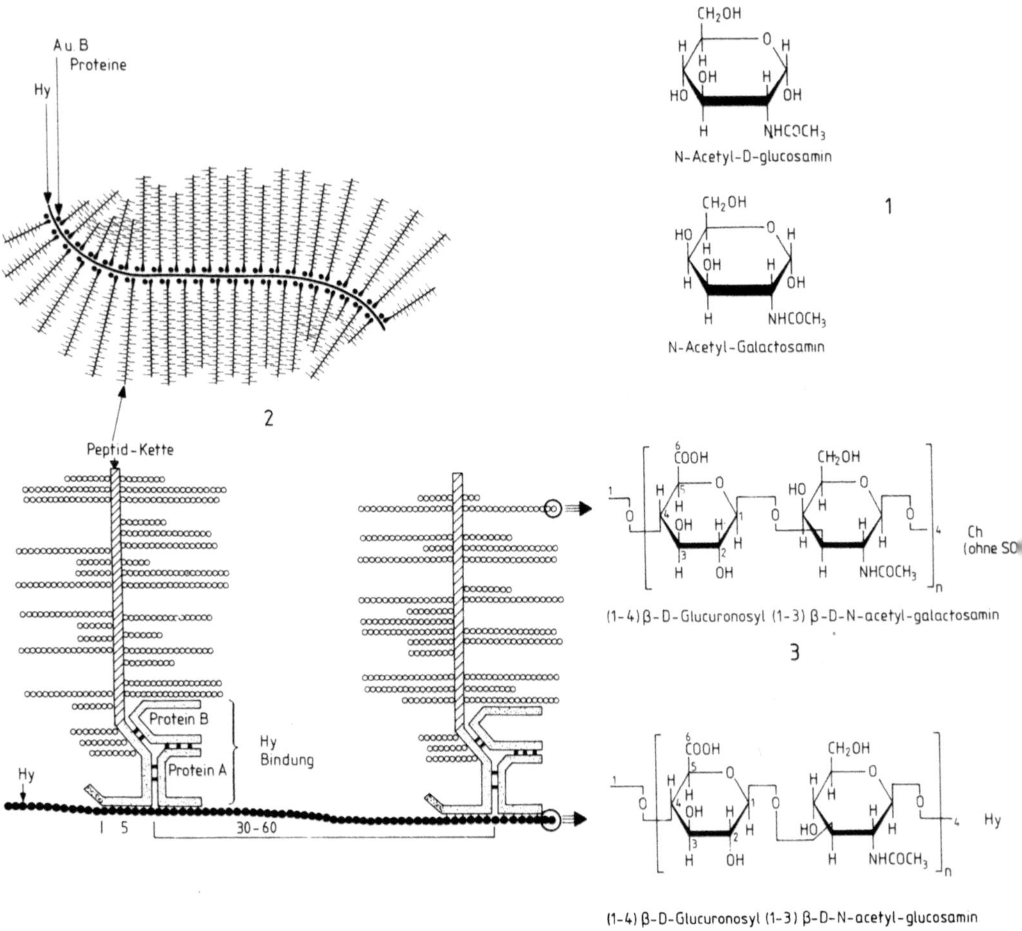

Bild 47

Einheiten von Glykosaminoglykanen und Proteoglykanen

1 Acetylierte Aminozucker
2 Proteoglykan: an einem Molekül Hyaluronsäure (Hy) sind in bestimmten Abständen über Halteproteine Peptidketten gebunden, an denen Polysaccharidketten sitzen
3 Disaccharideinheiten in den Wiederholungsketten von Chondroitin (Ch) ohne Sulfatreste und von Hyaluronsäure Hy

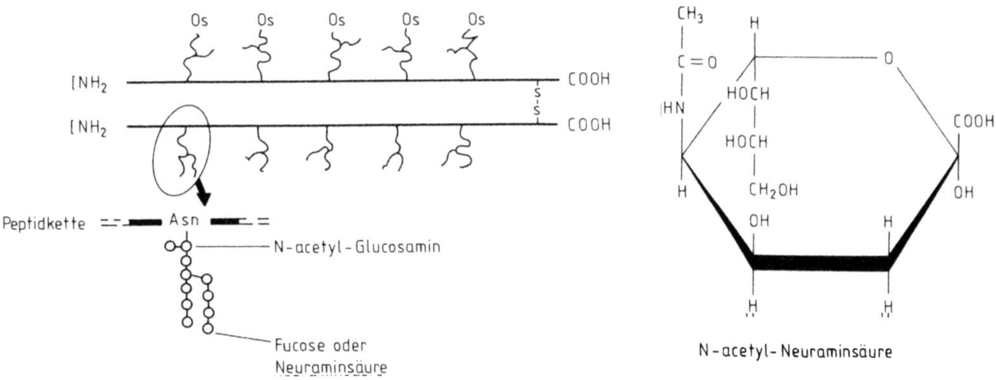

Bild 48

Fibronectin: zwei durch S-S Brücken gebundene Polypeptide tragen über Asparagin (Asn) Oligosaccharid-Seitenketten aus N-acetylglucosamin, Mannose und Galactose, an deren Ende Fucose oder Neuraminsäuren stehen

Zusammenfassung

Die Parazoa zeigen den Übergang der solitären Zelle zur Zellgemeinschaft in Form eines Gewebeverbandes. Sie haben die grundlegenden Erfindungen für das Überleben dieser Zellgemeinschaft gemacht und genetisch fixiert, denn sie haben als einzige Formengruppe aus dem Erdaltertum bis in die heutige Epoche überlebt. Fossile Reste zeigen, daß es noch andere Versuche zur Entwicklung vielzelliger Organismen gegeben hat. Im Cambrium haben einfache Organismen, die Archaeocyatha, trichterförmige, mit Poren durchsetzte Skelette aufgebaut. In den Einzelheiten erinnern sie an die Schalen der Foraminiferen. Möglicherweise haben sie durch die Form ihres Körpers bereits die Wasserströmungen ausgenutzt, wie es die heutigen Schwämme tun. Sie haben aber das Erdaltertum nicht überlebt.

Die heute lebenden Schwämme teilen mit allen anderen tierischen Organismen die folgenden Grundbedingungen zur Erhaltung eines vielzelligen Verbandes. Durch eine Zelldifferenzierung entsteht eine Arbeitsteilung und Funktionsdifferenzierung, wobei vom Genbestand nur noch eine beschränkte Anzahl von Informationen in den entsprechenden Zelltypen aktiv bleibt. Diese Sonderung in Zellstämme wird entweder aus der Zygote oder aus einer vegetativen Zellgruppe durch eine Embryonalentwicklung erreicht, deren Ergebnis eine Vervielfältigung von Zellen mit einer wechselseitigen Beeinflussung ist. Zur Ergänzung, d.h. physiologischen Regeneration der differenzierten Zelltypen müssen Stammzellen erhalten bleiben, die auch die Gameten und die vegetativen Fortpflanzungsknospen bilden können. Der funktionelle Zellverband wird durch Zellerkennung, Zellaggregation und evtl. unter Ausscheiden fremder Zellen mit anderem Genbestand aufgebaut. Die Synthese des Gerüstproteins Kollagen zur Stütze des Zellverbands und als Zellunterlage ist mehr als nur die Herstellung eines Proteins; der Aufbau des funktionsfähigen Fasersystems setzt eine Reihe von funktionierenden biochemischen Prozessen voraus, die auf eine sehr lange Entwicklung schließen lassen. Kollagen wird durch Proteoglycane ergänzt, und die Festheftung der Zellen untereinander und im Fasergerüst geschieht durch Fibronectin. Dennoch bleibt die Form des entstandenen Gewebes primitiv und der Stufe der Protozoen in vieler Hinsicht vergleichbar; das Gewebe kann nicht zu einem geschlossenen Verband organisiert werden, sondern muß für das durchströmende Wasser offengehalten werden, um die Nahrungszufuhr und den Gasstoffwechsel zu ermöglichen. Als Folgen sind die Osmoregulation mit kontraktilen Vakuolen, die Art der Nahrungsaufnahme und die intrazelluläre Verdauung der Nahrungspartikel sowie die permanente Bewegungsweise verschiedener Zelltypen noch nach dem Muster der Protozoen organisiert. Die Verteilung der Nahrung allerdings besteht in einer Weitergabe von Nahrungspartikeln durch spezielle Zellen, die nur aufgrund der Zellerkennung möglich ist. Nicht alle Zellen müssen daher Beute machen, sondern sie bekommen die Nahrung im Zellverband angeliefert.

3.2 Aufbau eines stabilen Zellkörpers: die Coelenterata als epitheliale Organismen

Die Coelenteraten dokumentieren einen anderen Versuch, durch den Zusammenschluß zahlreicher Zellen in einem Gewebeverband zu überlebensfähigen, vielzelligen Organismen zu kommen. Sie sind charakterisiert durch die Organisation ihrer Gewebe in Form von *Epithel.* Ein *Epithel* besteht aus einem lückenlosen und in einer Schicht angeordneten Verband von gleichartigen oder ähnlichen Zellen. Diese können sehr flach sein, sie können würfelförmig oder hochprismatisch geformt sein. Bei den wirbellosen Tieren sind Epithelien immer nur einschichtig; erst bei den Wirbeltieren werden mehrere Schichten dieser Zellen übereinander gelagert werden können, so daß mehr- oder vielschichtige Epithelien entstehen. Im Gegensatz zu den Pinacocyten der Schwämme können Epithelzellen nicht mehr in das Innere des Gewebes verlagert werden und dann ihre Zellfunktion verändern. Epithelien besitzen also eine gewisse Stabilität; bei Verletzungen können aber die Zellen wandern und sich ausbreiten und damit die Wunde verschließen. Absterbende Zellen werden aus dem Verband nach außen abgedrängt und durch Zellteilungen benachbarter Zellen ersetzt, so daß die Kontinuität der Zellschicht erhalten bleibt. Der Körper der Coelenteraten besteht aus zwei Epithelschichten, die eine Hohlform mit einem Zentralraum bilden, der in keiner Weise mit den Kanälen oder zentralen Räumen der Schwämme vergleichbar ist. Die nach außen gerichtete Epithelschicht ist das *Ektoderm*, die den Zentralraum auskleidende Epithelschicht das *Entoderm*. Die Wachstumsvorgänge der geschlossenen Epithelschichten sind nicht mehr zufällig, so daß eine anatomisch gegliederte *Körperform* zustandekommt, die bestimmte Symmetrieverhältnisse aufweist. Zugleich ergibt sich eine artspezifische *Körpergröße*, die nicht überschritten werden kann, weil nur begrenztes Wachstum erfolgt. Die Organismen haben entweder eine gestreckte, schlauchförmige Gestalt in Form eines sogenannten *Polypen*. Bild 49 gibt die Organisationsmerkmale wieder. Der zentrale Hohlraum wird an einer Seite durch den Mund geöffnet, der gegenüberliegende Pol des Körpers wird auf einer Unterlage der Umgebung festgeheftet. Der Name ist von den Tentakeln herzuleiten, die den Mund umgeben und radiärsymmetrisch angeordnet sind.

Der Aufbau von Ektoderm und Entoderm und die Form des Hohlkörpers können nur über die Embryonalentwicklung erreicht werden. Sie beginnt mit der Zygote, und durch die Zellteilungen entstehen sehr zahlreiche kleine Zellen, die sich zu zwei Zellschichten anordnen. Dieses Übergangsstadium schwimmt im Wasser, da die Zellen des Ektoderms begeißelt sind. Nach der Anheftung auf eine Unterlage werden dann durch Wachstumsvorgänge die Proportionen des Polypen ausgebildet. Wachstumszentren (*Knospen*) können zur Organisation neuer Individuen führen. Die Ansammlung von Zellen in einem solchen Wachstumszentrum stellt also eine Form der vegetativen Vermehrung dar.

Bei zahlreichen Gattungen entwickeln sich aus den Knospen neue Polypen, die mit dem älteren Tier in Verbindung bleiben: es entstehen *Polypenstöckchen* verschiedener Wachstumsformen. In den Knospen kommt es also zur Wechselwirkung zwischen Zellen und Zellschichten, die zum gleichen Ergebnis führen wie die Embryonalentwicklung aus der Zygote. Eine zweite Form der Knospenbildung dagegen liefert keine Polypen, sondern die *Medusen (Quallen)*. Sie stellen die sexuelle Generation dar und sind frei beweglich, können also für eine Verbreitung der Art sorgen. Durch einen besonderen Bewegungsmechanismus (siehe unten) können sie sich im Wasser fortbewegen. Die Organisation des radiärsymmetrischen Körperbaus gibt Bild 49c wieder. In den Medusen entwickeln sich die Gameten. Polyp und Meduse stellen die beiden Generationen in einem Generationswechsel dar, die sich morphologisch und in ihrer Lebensweise

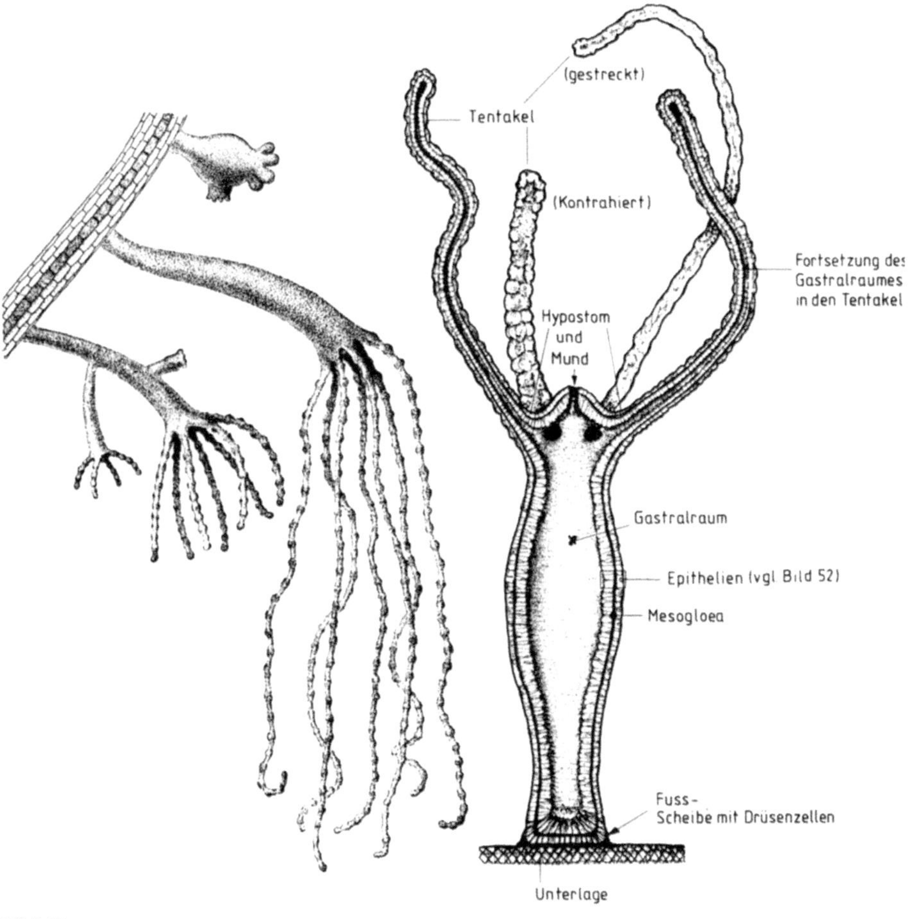

Bild 49

Organisation von Coelenteraten

a) Süßwasserpolyp Hydra, li.: Lebensbild von drei Exemplaren: kontrahiert, gestreckt und mit verschieden alten Knospen; re.: Längsschnitt (aus Günther, 1912 und verändert aus Gierer, 1974)

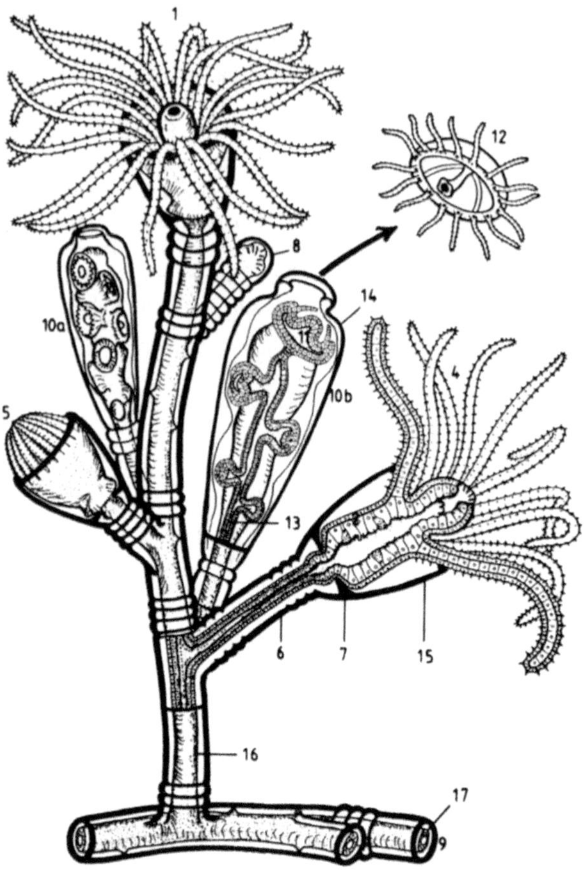

Bild 49

Organisation von Coelenteraten

b) Teil eines Polypenstöckchens (Obelia)

mit der Differenzierung von Freßpolypen und den knospenbildenden Blastozoiden, welche Medusen entstehen lassen; Stütze durch die Ausscheidung einer Cuticula (Periderm) (verändert nach Buchsbaum, 1946)

1 Freßpolyp (Hydranth)
2 Freßpolyp im Schnitt
3 Proboscis mit Mundöffnung = Manubrium
4 Tentakeln
5 Kontrahierter Polyp
6 Periderm (Cuticula)
7 Diaphragma
8 Knospe eines Hydranthen
9 Stolonen
10 Gonangium
a in Aufsicht
b im Schnitt
11 Medusenknospen (Gonophoren)
12 junge Meduse
13 Blastostyl
14 Gonotheca
15 Hydrotheca
16 Hydrocaulus
17 Coenosarc

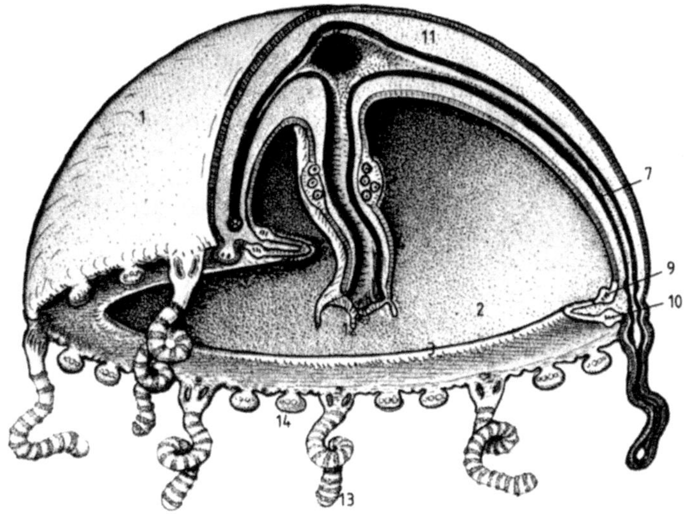

1 Exumbrella
2 Subumbrella
3 Velum
4 Manubrium
5 Gonade
6 Gastralraum
7 Radiärkanal
8 Ringkanal
9 innerer } Nervenring
10 äußerer } Nervenring
11 Mesogloea
12 Mund mit Tentakeln
13 Randtentakel
14 Statocyste
15 Manubrialtentakel
16 Gastraltasche
17 Gastralfilamente
18 Subgenitaltasche

Bild 49
Organisation von Coelenteraten
c_1) Ansicht und Schnitt durch eine Anthomeduse (Hydrozoa) (verändert nach Sherman, 1958)

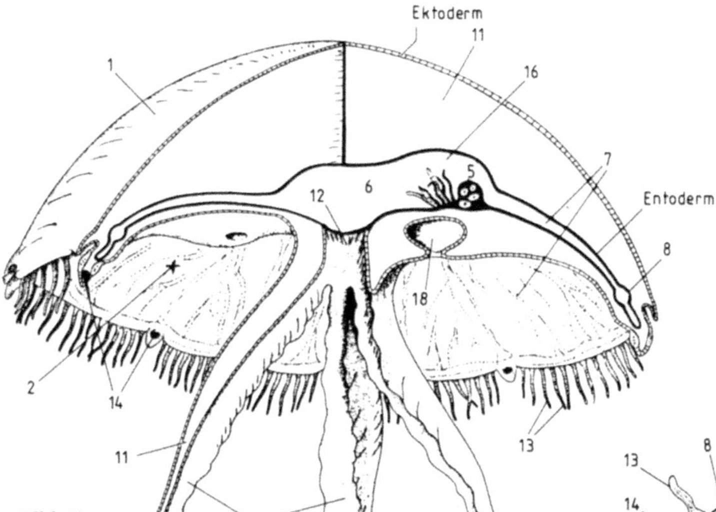

Bild 49c_2

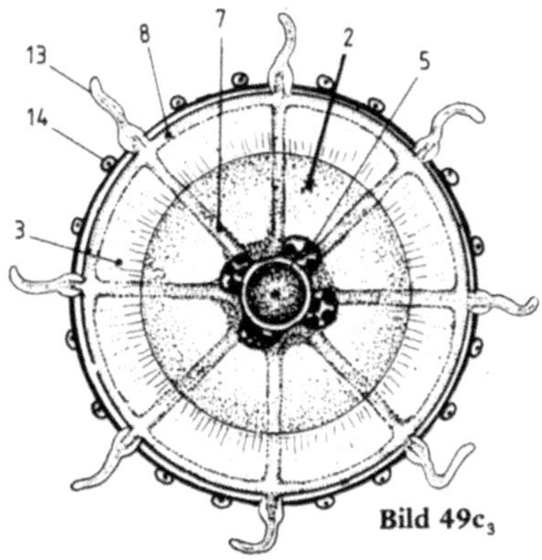

Bild 49c_3

Bild 49
Organisation von Coelenteraten
c_2) Ansicht und Schnitt durch eine Scyphomeduse (Scyphozoa); (verändert nach Günther, 1912)
c_3) Ventralansicht einer jungen Hydromeduse (verändert nach Remane, 1948)

erheblich unterscheiden (Bild 50). Wie immer in einer langen Stammesgeschichte, haben sich Modifikationen dieses Grundtypus entwickelt. Die Coelenteraten werden heute durch vier große Klassen repräsentiert: die Hydrozoa, die Scyphozoa, die Anthozoa (Korallen) und die Ctenophora (Rippenquallen). Bei den Cubomedusen entwickelt sich aus der Larve ein Polyp, der nach wenigen Tagen eine Umwandlung beginnt und sich direkt in eine Meduse umformt, die dann als sexuelle Generation Gameten produziert. Bei den Hydrozoa kann die sexuelle Generation der Meduse auf eine Knospe am Polypen reduziert sein, die nicht mehr frei wird und nur noch die Geschlechtszellen liefert. Schließlich, wie bei der einheimischen Hydra, werden die Geschlechtszellen direkt in den Geweben des Polypen reifen. Aber auch die Reduktion der Polypengeneration ist möglich; zahlreiche Medusenformen entwickeln sich direkt aus der Larve, der fest sitzende Polyp wird gar nicht mehr entwickelt. Bei den Korallen (Anthozoa) gibt es keine Medusenformen, nur die Polypen sind vorhanden. Sprossung in

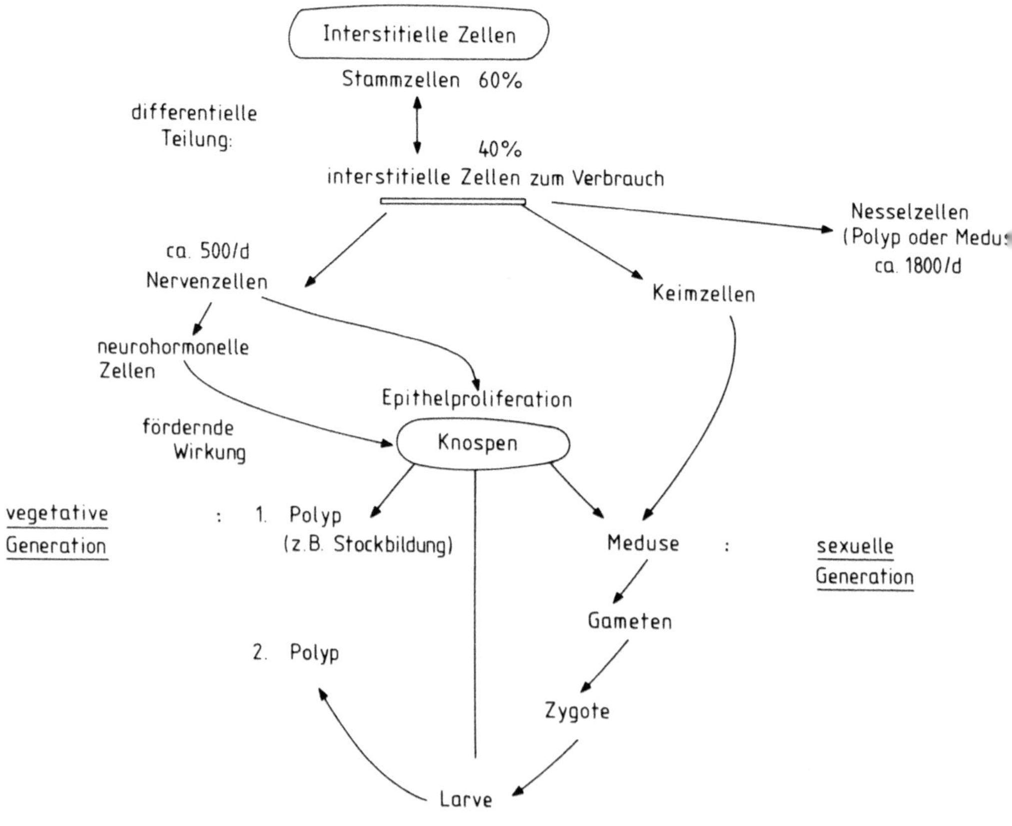

Bild 50
Generationswechsel der Coelenterata (Cnidaria)

Form von Knospen führt zur Entwicklung neuer Polypen, die als große Kolonien zusammenhängend bleiben können. Und auch die Gameten entstehen innerhalb des Polypen, die Larven werden wieder zu Polypen. Letzterer ist also gleichzeitig vegetative und sexuelle Generation. Die Korallen haben außerdem durch Vorschiebung von Trennwänden in den zentralen Raum eine innere, bilaterale Symmetrie des Körpers entwickelt, welche die ursprünglichere radiäre Symmetrie unterlagert. Die radiärsymmetrische Anordnung der Tentakeln um den Mund bleibt erhalten. Die Rippenquallen schließlich haben die Möglichkeit der vegetativen Fortpflanzung eingebüßt, eine Polypengeneration ist nicht vorhanden, und Fortpflanzung erfolgt nur durch Gameten und durch die Entwicklung der Larve zur typischen Grundform einer Rippenqualle. Auch die Bewegungsweise ist anders als bei den übrigen Medusen: es werden Reihen von Epithelzellen mit langen Geißeln auf der Körperoberfläche ausgebildet, so daß eine kontinuierliche Schwimmbewegung durchgeführt wird.

3.2.1 Die zweite Stufe der Erfindungen zur Organisation der Histozoa: der Epithelverband

Kennzeichnend für die Coelenteraten ist die Organisation der Gewebe in zwei Epithelschichten. Drei Voraussetzungen sind zu dieser Formbildung notwendig: die Zellen müssen zur Aggregation in einer Schicht fähig sein und sich als gleichartig erkennen können. Prozesse bei der Zellerkennung und der Zellaggregation müssen also genetisch fixiert sein. Die Zellen müssen durch Zellkontakte den Verband aufrechterhalten können, d.h. Desmosomen und gap junctions können gebildet werden. Und schließlich müssen sich die Zellen auf einer Unterlage verankern können; Kollagene und Glykosaminoglykane werden produziert, ausgeschieden und zu einer *Basalmembran* organisiert. Alle Epithelien benötigen eine solche Basalmembran. Diese Voraussetzungen waren bereits bei der Organisation der Parazoa Grundlage für den Gewebeverband (siehe S. 114), müssen also aus der gleichen Entwicklungsquelle stammen.

Die Konsequenzen aus der Anordnung in geschlossenem, einschichtigem Zellverband sind sehr weitgehend. Epithelzellen besitzen eine Polarität: eine basale Zone ist auf der Basalmembran verankert, grenzt also an den Innenraum; die distale Zone ist der Außenseite zugewandt, grenzt mit ihrer Zellmembran also an das Außenmedium. Eine Umkehrung der Polaritäten ist nicht ohne weiteres möglich, so daß die Zellen im Verband fixiert bleiben. In der apikalen Zone werden zusätzlich besondere Zellkontakte entwickelt, die *Zonula occludens (tight junction)*. In einer gürtelförmigen Region werden Kontakte mit allen benachbarten Zellen aufgenommen (Bild 51). Es werden einander gegenüberliegende Reihen von großen Molekülen in die Zellmembran eingebaut, die sich gegeneinander berühren. Dadurch wird der Zwischenraum zwischen den Zellmembranen überbrückt. Durch die komplizierten reihenförmigen Anordnungen der großen Moleküle entsteht ein Netz von Linien, in denen sich die Zelloberflächen direkt berühren. Dazwischen sind gekammerte Zwischenräume. Da die Zellen unterhalb dieser Spezialzone durch Desmosomen aneinander fixiert sind, ist mit der Zonula occludens eine Abdichtung gegen die Außenseite erfolgt. Es ist also eine undurchlässige Verschlußzone. Darunter können die Epithellzellen weite Spalträume offenhalten, die *Interzellularräume*. Sie sind zur Basalmembran hin geöffnet und bilden ein lakunenförmig verzweigtes System von Spalten. Diese Grundzüge der Organisation eines Epithels werden bei allen Eumetazoen beibehalten, unabhängig von den Funktionen, welche die in einem Epithel zusammengeschlossenen verschiedenen Zelltypen haben.

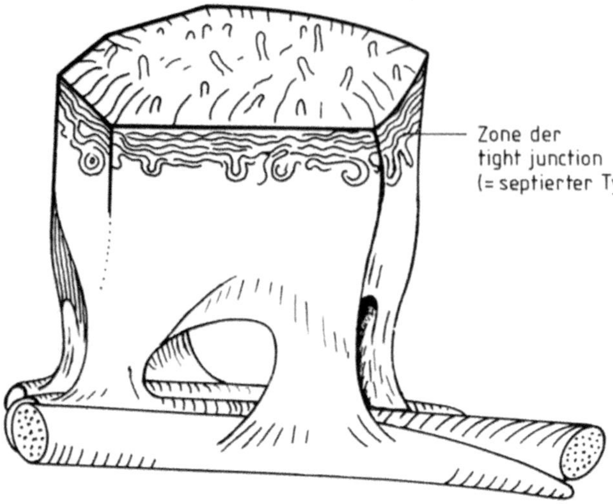

Bild 51a

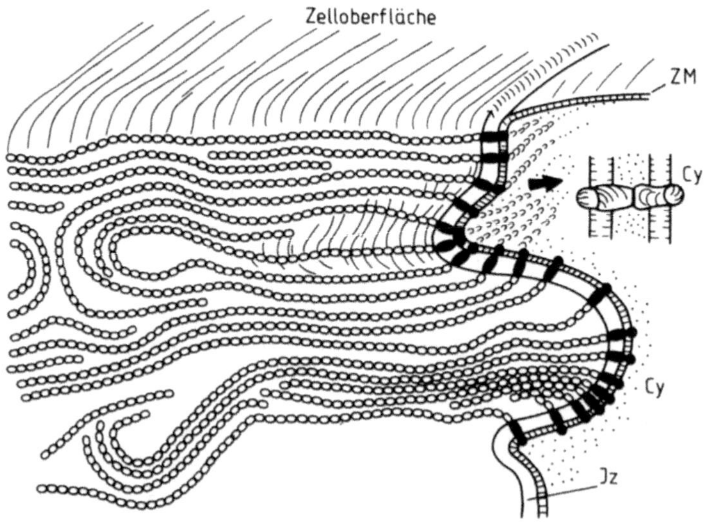

Bild 51b

Bild 51

Zonen der Abdichtung zwischen Zellen: tight junction

a) Epithelmuskelzelle von Hydra mit Lage der Zone der tight junction als Verschlußzone nach außen
b) Rekonstruktionsansicht aus a), zahlreiche parallele und spiralig verlaufende Leisten aus großen Zellmembran-Proteinen überbrücken den Interzellularraum (Iz); die regelmäßige Anordnung ergibt das Bild sog. septierter Desmosomen.
c) Gefrierätzungsbilder (Aufsichten) von tight junctions bei Säugetierzellen; unregelmäßige Anordnung der zu Leisten zusammengeschlossenen Membranproteine, oft im Zusammenhang mit gap junctions (aus Hull und Staehelin 1976; Unger und Dobbs, 1978).

E E-face: Aufsicht auf die Zellmembran vom Interzellular-Raum
P Plasma-face = Zellmembran auf der cytoprasmatischen Seite
TJ tight junction Leiste
GJ gap junction

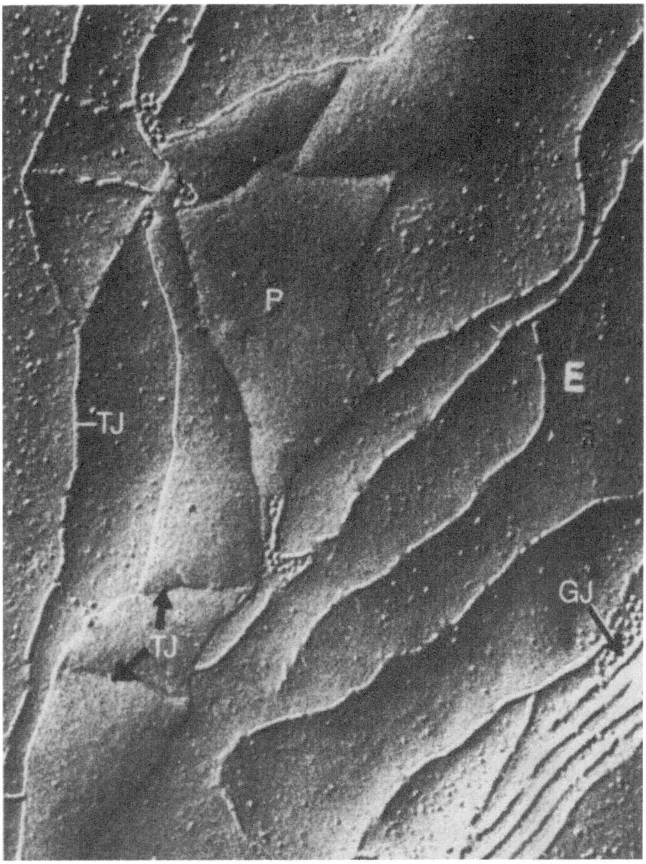

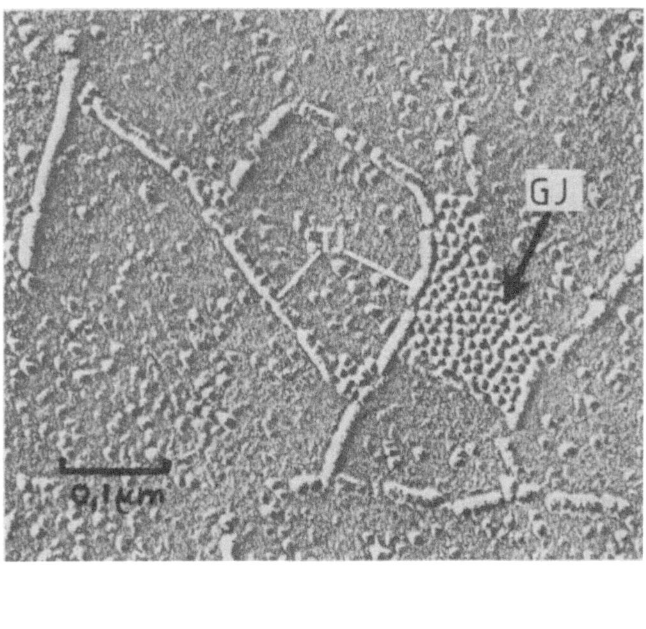

Bild 51c

Ektoderm und Entoderm umschließen bei den Coelenteraten also die Zonen ihrer aufeinander zugekehrten Basalmembranen. Zwischen den Epithelschichten ist ein Raum mit kollagenen Fasern und Grundsubstanz aus Proteoglykanen entstanden: die *Zwischenlamelle oder Mesogloea* (Abb. 52). Ihre Fasersysteme stützen den Körper und sind durch Zugfestigkeit einer der wichtigsten Faktoren bei der Erhaltung des Zellkörpers unter mechanischen Beanspruchungen wie z. B. beim Beutefang durch die Tentakel. Die Orientierung des Verlaufs der Faserschichten ergibt eine elastische Verschieblichkeit bei Krümmungen des Körpers. Die Makromoleküle der Grundsubstanz binden neben Ionen und größeren Molekülen vor allem Wasser, so daß sie eine turgeszente gelierte Masse bilden. Sie bilden auch den Inhalt der glockenförmigen Medusenschirme und haben eine wichtige mechanische Funktion (siehe unten).

Durch die Abdichtung der Epithelien nach außen ist mit dem Interzellularraum und der Mesogloea ein *isolierter Innenraum* vorhanden, in welchem die Konzentration der Stoffe, vor allem der Ionen, konstant gehalten werden kann: es ist die *Homöostase* entstanden. Darunter versteht man die Konstanz des inneren Milieus, d. h., die Gewebe- bzw. Körperflüssigkeiten werden hinsichtlich der Konzentration der in ihnen vorkommenden Moleküle innerhalb bestimmter Grenzen konstant gehalten. Der Zwischenraum der Mesogloea steht mit den Interzellularräumen in Verbindung. Zwischen den Epithelschichten ist also nicht nur eine eigene Unterlage in Form der Kollagene zur Stütze des Körpers und der Zellen entstanden, sondern auch ein abgeschlossener Flüssigkeitsraum, der vom Wasser der Umgebung nicht mehr durchströmt werden kann. Damit ist auch die Möglichkeit gegeben, Nahrungsbestandteile in gelöster Form in der Flüssigkeit des Innenraumes zirkulieren zu lassen und damit allen Zellen zugänglich zu machen. Ein Transport von geformten Nahrungspartikeln in Futtervakuolen ist unnötig geworden. Außerdem können jetzt *Wirkstoffmoleküle* in geringer Konzentration in diesen Flüssigkeitsraum abgegeben werden, um von anderen Zellen aufgenommen zu werden. Es entsteht ein *humorales System* zur *Regulation von Zellaktivitäten*. Es ergänzt die Kommunikation der Zellen durch Zellkontakte untereinander. Da die Epithelzellen nur mit einer kleinen Fläche an die Außenmedien angrenzen, wird auch die Osmoregulation völlig anders gelöst als bei den Protozoen und den Schwammzellen. Morphologisches Kennzeichen ist, daß in den Zellen der Coelenteraten keine kontraktilen Vakuolen mehr vorhanden sind. Die Osmoregulation erfolgt vielmehr durch Austausch von Ionen bzw. Wasser an die Flüssigkeit des Innenraumes der Mesogloea. Funktionell bedeutet das Fehlen der kontraktilen Vakuole eine Einsparung der komplizierten intrazellulären Membrankanäle und der Vakuole selbst. Die entsprechenden Transportaufgaben werden auf die Zellmembran übertragen, die bei besonderen Beanspruchungen durch Einfaltungen ins Innere in ihrer Oberfläche vergrößert werden kann (z. B. basale Einfaltungen).

Bei allen Zellen der Eumetazoa wird ab jetzt das System der kontraktilen Vakuolen aufgegeben; die entsprechenden Gene sind aus dem Genbestand offensichtlich entfernt worden. Denn kein Zelltyp ist mehr in der Lage, bei einer entsprechenden Änderung der Außenbedingungen und des Ionenmilieus noch einmal kontraktile Vakuolen aufzubauen.

Als eine der wesentlichsten Konsequenzen aus der Abschirmung des Innenraumes hat sich die Entwicklung von *Nervenzellen* ergeben. Ihre Funktionen hängen von der erweiterten Fähigkeit ihrer Membranen ab, durch Ionenporen und entsprechende Transportvorgängen sehr schnell Ionengradienten aufzubauen und damit elektrische Potentialgefälle zu erzeugen, die weitergeleitet werden können. Diese Möglichkeiten können nur genutzt werden, wenn die Konzentration der Ionen in der sie umgebenden Flüssigkeit einigermaßen konstant gehalten wird. Die speziellen Kontaktzonen, die sogenannten Synapsen, die Nervenzellen untereinander oder mit anderen Zellen verbinden, funktionieren nur in einem bestimmten Ionenmilieu. Die Einführung von Nervenzellen bedeutet eine dritte Ebene von Regulation und Koordination: die schnelle zelluläre Koordination mit zahlreichen Möglichkeiten zur Modulation der eigentlichen Informationsweitergabe.

3.2.2 Entstehung von Muskelfunktion und Verdauungssystem

Polypen und Medusen führen koordinierte Bewegungen aus, verfügen also über ein *Muskelsystem*. Die Epithelzellen besitzen basale Zellausläufer, in denen die Actin- und Myosinfilamente konzentriert sind. Man bezeichnet sie als *Epithelmuskelzellen*. Im Ektoderm sind die kontraktilen Ausläufer überwiegend in der Längsachse eines Polypen orientiert; im Entoderm wird eine zirkulär verlaufende Schicht der Zellausläufer gebildet. Durch ihre Anordnung wirken die beiden Schichten als *Antagonisten*. Wird eine Kontraktion im Ektoderm ausgelöst, so verkürzt sich der zylindrische Polyp; umgekehrt wird die Kontraktion im Entoderm die Körpersäule strecken und damit das System des Ektoderms dehnen (Bild 52b). Die Koordination dieser Bewegungen erfolgt durch das Nervensystem (siehe unten). Unterstützt wird das Kontraktionssystem durch die elastischen Eigenschaften der Mesogloea. Bei der völligen Entspannung der muskulären Anteile hält sie durch ihre visco-elastische Spannung die Körperform des Organismus aufrecht. Bei den Seerosen (Aktinien), die zu den Korallen gehören und deren Polykörper mehrere Zentimeter Durchmesser und Höhe erreichen kann, läßt sich die dicke Schicht der Mesogloea um mehr als das Doppelte der Ausgangslänge strecken. Nach Ende der Belastung wird in wenigen Sekunden die Ausgangsform wieder eingenommen. Die Belastungen, denen eine Aktinie beim Beutefang z.B. eines kleinen Fisches oder Krebses ausgesetzt ist, werden also vor allen Dingen durch die Fasernetze und die elastische Grundsubstanz der Mesogloea aufgefangen. Bei diesen großen Polypenformen übernimmt sie zum Teil die Funktionen des Antagonisten zur Muskulatur, indem sie für die Dehnung der erschlaffenden Muskelfortsätze sorgt. Obwohl bei allen Coelenteraten noch keine spezifischen Muskelzellen vorhanden sind, sondern die Epithelzellen in den basalen Anteilen die muskulären Funktionen übernehmen, wird bereits das Prinzip des Antagonismus notwendig. Die Verformung oder Bewegung durch ein muskuläres System muß durch einen Antagonisten mechanisch wieder rückgängig gemacht werden können, d.h. bei Entspannung werden die muskulären Anteile wieder gedehnt, bis der ursprüngliche Zustand erreicht ist. Bei den Polypenformen der kleineren Coelenteraten wirken die Schichten der muskulären Zellfortsätze des Ektoderms und des Entoderms als Antagonisten, da ihre Verlaufsrichtungen sich kreuzen. Beim Bewegungsvorgang der Medusen und bei den großen Polypen der Aktinien ist die Mesogloea der Antagonist zur ektodermalen Muskelschicht; ihre Elastizität stellt die Körperform in der Ruhelage wieder her, so daß beide Muskellagen entspannt sein können und keine zusätzliche Energie aufgewendet werden muß. Die Stützfunktion zur Stabilisierung des Körpers wird besonders deutlich bei den Staatsquallen (Siphonophoren). Es sind schwimmende Polypenstöckchen mit einer komplizierten Differenzierung der einzelnen Polypen. Teile des Stöckchens sind zu langen Fangfäden mit den Fangpolypen ausgebildet, die bei den größten Formen (z.B. portugiesische Galeere) 9 bis 13 m lang werden können. Die Zellkontakte in den Epithelschichten und die Muskelfortsätze könnten trotz des Auftriebs im Wasser das Gewicht und die Beanspruchung beim Beutefang nicht tragen.

Die Ektodermzellen synthetisieren in ihrem distalen Teil spezifische Proteoglykane mit einem hohen Anteil von N-acetylglucosamin; sie werden an der Oberseite der Zelle sezerniert und bedecken sie als eine dicke Schicht aus feinfibrillärem Material. Es ist eine Schutzschicht, denn sie hält Bakterien und Algen von den Zelloberflächen fern,

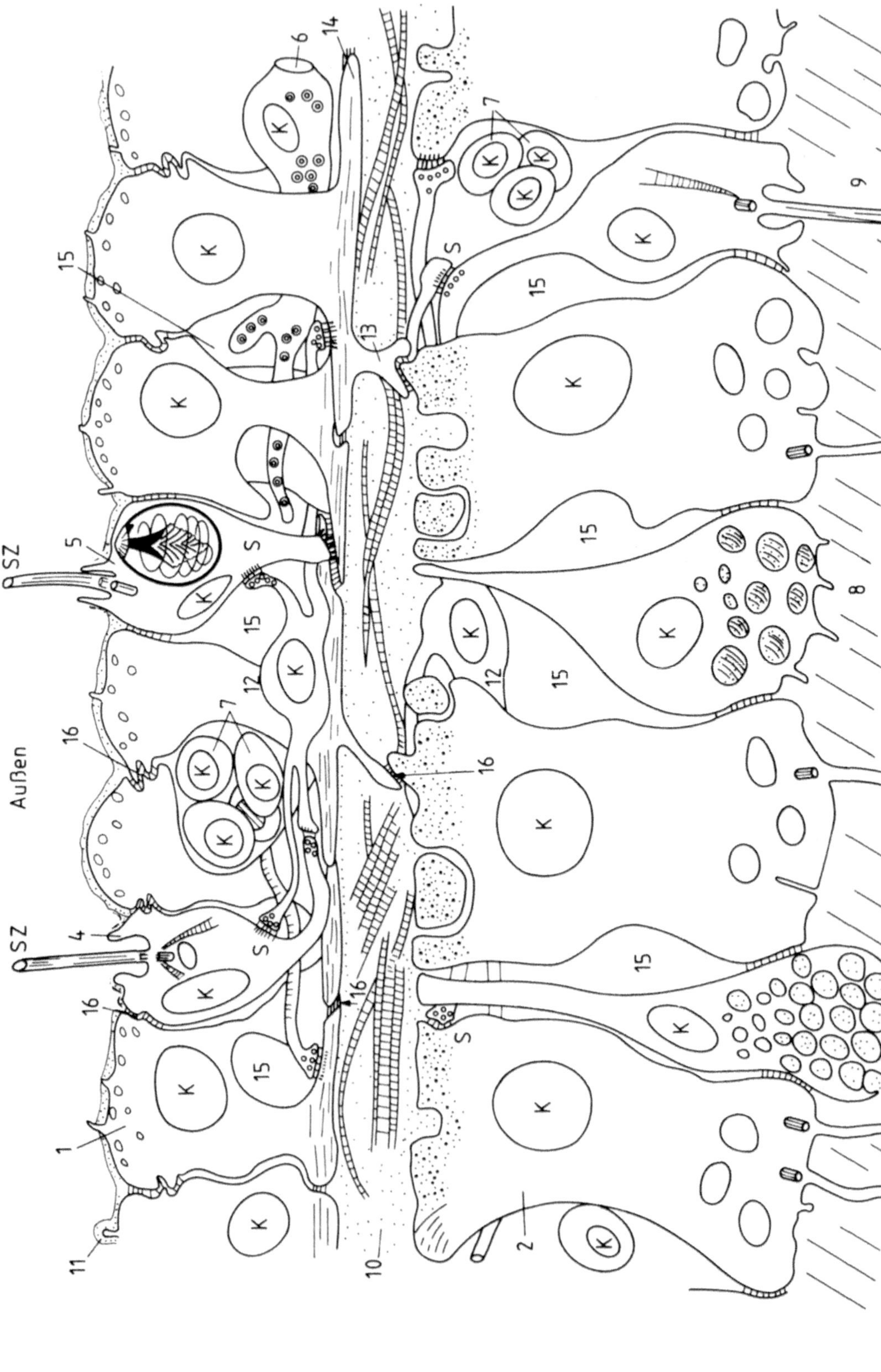

Bild 52a₁

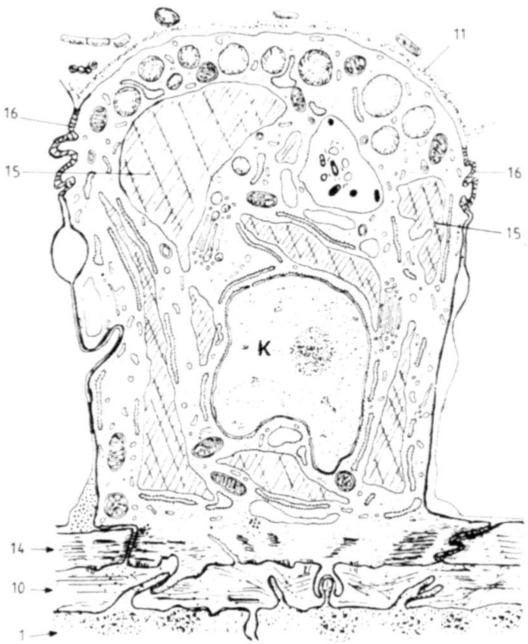

Bild 52a$_2$

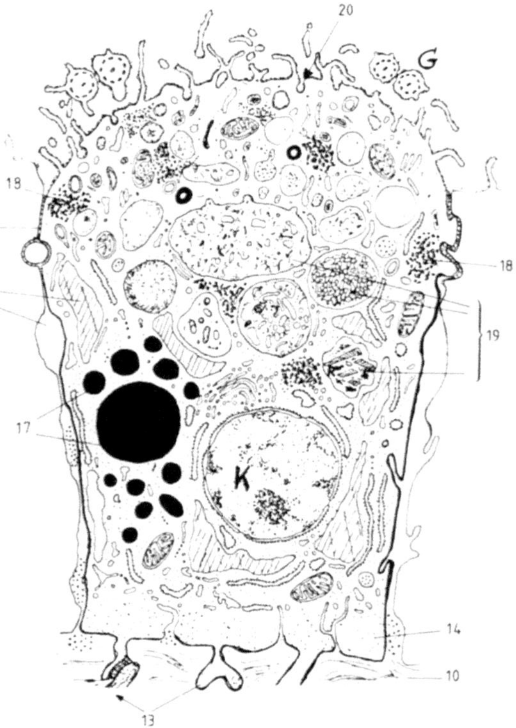

Bild 52a$_3$

1 Ektodermzelle
2 Entodermzelle
3 Schleim-Drüsenzelle
4 Sinneszelle
5 Nematocyte mit Cnide
6 Neurohormonelle Nervenzelle
7 interstielle Zellen
8 seröse Drüsenzelle
9 Sinneszellen im Entoderm
10 Basalmembran = Mesogloea mit Kollagenfasern
11 Glykokalix
12 Nervenzelle
13 Verbindung zw. Ektodermzelle und Entodermzelle
14 Kontraktiler Zellausläufer
15 Interzellular-Raum
16 versch. Formen von Zellkontakten
17 Lipid
18 Glykogen
19 verschiedene Heterophagolysosomen
20 Pinocytose

G Geißel
K Kern
SZ Sinnes-Cilie
S Synapse

Bild 52

a$_1$) Zellulärer Aufbau der Gewebe eines Coelenteraten mit Ektoderm, Entoderm, Mesogloea, Nervenzellen und Nesselzellen, vgl. Text.

a$_2$) Epithelmuskelzellen mit den Anteilen des Interzellularraumes (IZ)

a$_3$) Entodermzelle mit Nahrungsvakuolen (NV) (verändert nach Lentz, 1968)

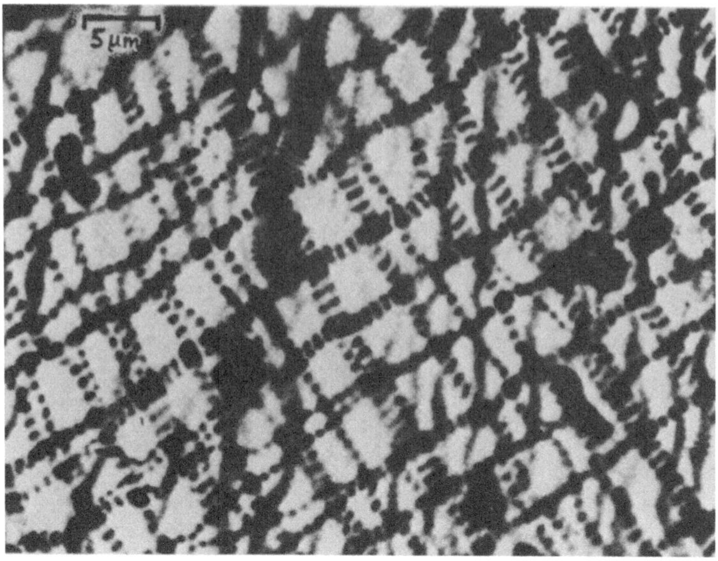

Bild 52a$_4$

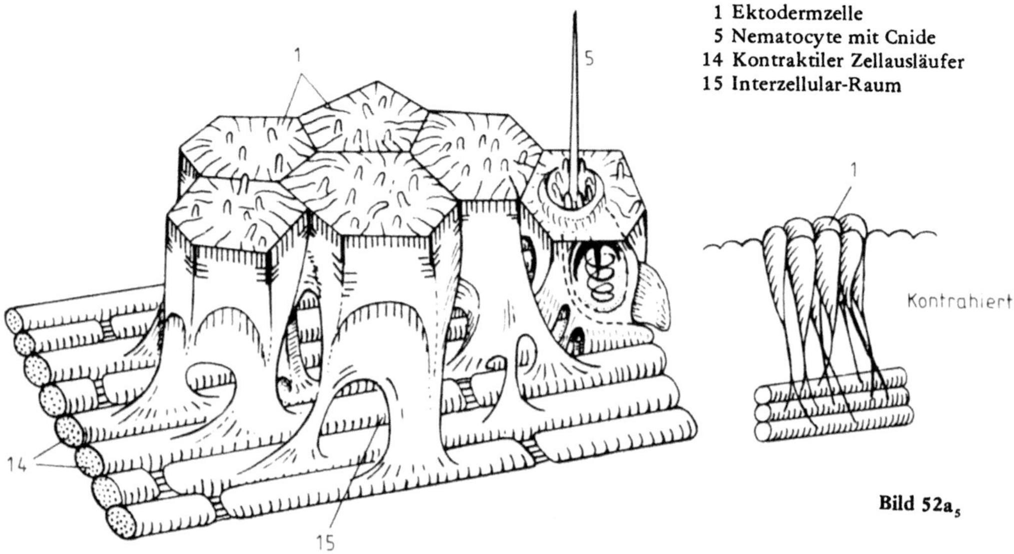

Bild 52a$_5$

Bild 52

a$_4$) Textur der Kollagenfasern in der Mesogloea

a$_5$) Rekonstruktion von Epithelmuskelzellen mit basalen Muskelfortsätzen und großen Interzellulärräumen und einer Nematocyte, re: Zustand bei Kontraktion

Bild 52

a$_6$) Nesselzelle (Cnidocyte), li. mit den Zellstrukturen, re. schematisch: geschlossen und geöffnet (verändert nach Mergner und Lentz)

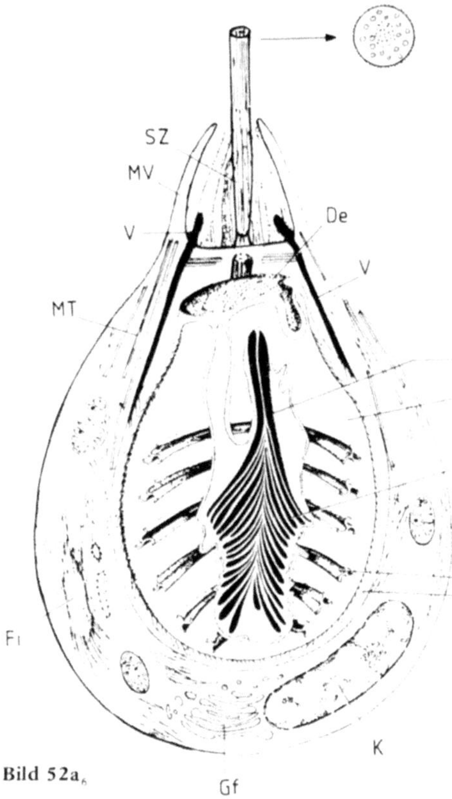

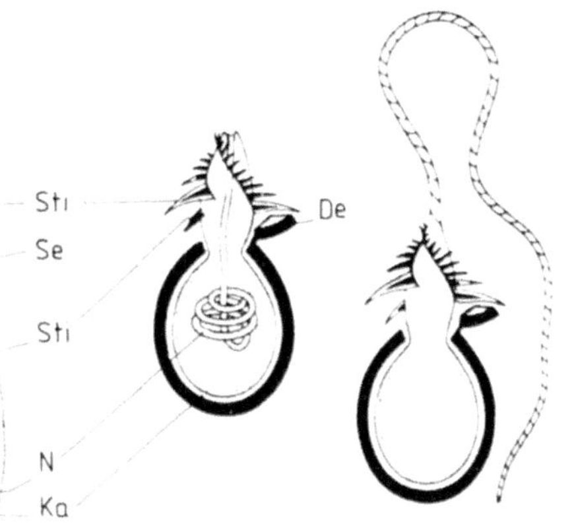

Bild 52a$_6$

De Deckel
Fi Filamente
Gf Golgi-Feld
K Kern
Ka Kapsel
MT Mikrotubuli
MV Mikrovilli
N Faden
Se Sekret
Sti Stilette
SZ Sinnescilie
V Verstärkungstrukturen

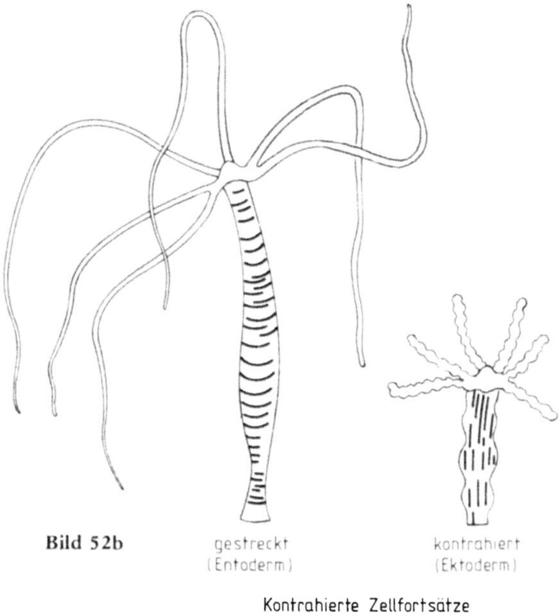

Bild 52b

Bild 52

b) Schema der antagonistischen Wirkung der muskulären Zellfortsätze des Ektoderms und Entoderms entsprechend ihrer Anordnung da die Ektodermzellen wegen ihrer Bindungen im Bereich der Zonula occludens an der Oberfläche keine Phagocytosen durchführen kann (vgl. Schwämme). Ektodermzellen sind also an zwei Seiten sekretorisch tätig: basal wird das Material für die Mesogloea, distal das Material für die Schutzschicht ausgeschieden. Bei Polypenstöckchen können die Proteoglykane in einer dicken Schicht als Cuticula, das *Periderm oder Perisarc*, die Außenfläche überziehen und eine Stützfunktion bekommen. Durch eine Quervernetzung der fadenförmigen Moleküle mit Chinonen (Bild 53) wird eine Härtung des Materials erreicht, die in dieser Form an Chitin erinnert. Ringförmige Faltenbildungen im Periderm ergeben in den Bewegungszonen der Polypen Elastizität und Biegefähigkeit. Die Verstärkung durch Proteoglykane wird auch bei der Anheftung der Polypen auf der Unterlage ausgenutzt; dort wird eine dicke Schicht durch Vernetzung gehärtet, so daß eine basale Platte zwischen der Unterlage und den Ektodermzellen entsteht. Bei den Korallen bilden die Proteoglykane die Kristallisationskerne für die Abscheidung von Calciumkarbonat. Die basalen Zellen an der Unterseite der Kolonien der riffbildenden Korallen haben die Fähigkeit, enzymatisch Calciumkarbonat aus dem Seewasser zu fällen. Sie bauen damit ein größeres Kalkskelett auf, das der Polypenkolonie als Unterlage dient. Solange die

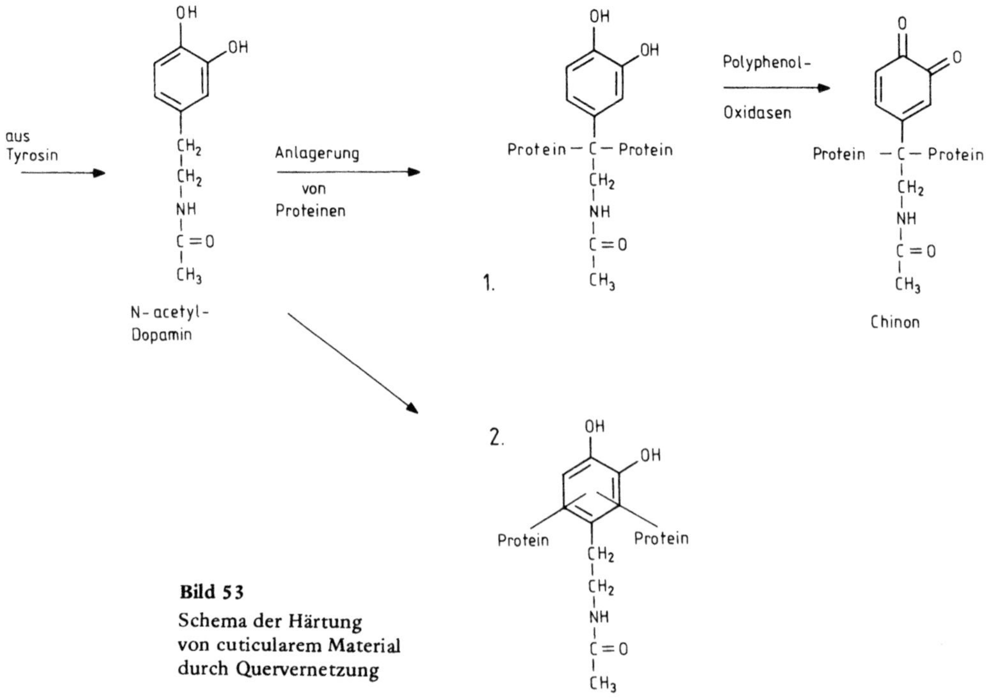

Bild 53
Schema der Härtung von cuticularem Material durch Quervernetzung

Polypen leben, wird an der Basis Kalk ausgefällt und das Exoskelett vergrößert. Dieser Vorgang ist von sehr großer ökologischer Bedeutung, weil erhebliche Mengen an Kohlenstoff dem Seewasser entzogen und bei der Riffbildung gebunden werden. Damit ist Kohlenstoff dem Kreislauf entzogen und in Form fossiler Riffkalke in die Gesteinsbildung einbezogen worden. Messungen an den heutigen Koralleninseln im Pazifik haben folgende Werte ergeben: in gut durchmischtem Seewasser werden 4 kg/m^2 Korallenkolonie im Jahr ausgeschieden. In weniger gut durchmischten Wasserzonen sinkt die Produktion bis auf etwa 1 kg pro Jahr ab. Die an fossilen Korallenkalken zu messenden Wachstumszonen ergeben eine zwei- bis dreifach höhere Ablagerungsrate in früheren Erdperioden. Das Calciumkarbonat kommt ausschließlich in der Kristallstruktur des Aragonits vor, weil die Steinkorallen nur in wärmeren Wasserzonen (ab 19 °C Wassertemperatur) lebensfähig sind. Nimmt man als Beispiel das große Barriere-Riff vor der Nordküste Australiens mit seiner Länge von 2000 km, nimmt eine durchschnittliche Breite von 100 m an und setzt eine mittlere Wachstumsgeschwindigkeit von 2 kg Calciumkarbonat/m^2 ein, so ergibt sich eine jährliche Ablagerungsrate von 400 t Calciumkarbonat. Bei einer für geologische Zeiträume relativ kurzen Zeit von 10000 Jahren werden im Bereich eines Riffes dieser Größenordnung etwa 4 Millionen Tonnen Calciumkarbonat fossil gebunden werden. Da riffbildende Korallen bereits seit dem Altertum ihre Skelette aufbauen, wurden unvorstellbare Mengen von Kohlenstoff in den Sedimentgesteinen allein auf diese Weise gebunden.

Wie bereits angegeben, hängt die Bewegungsfähigkeit des Körpers von der Ausbildung basaler Fortsätze der ektodermalen und entodermalen Zellen ab, in denen Actin-Myosin-Fibrillen organisiert sind. (Über den Bau dieser Moleküle und den Gleitmechanismus beim Kontraktionsvorgang siehe amöboide Bewegung S. 6). Durch die Fixierung der Epithelzellen im Verband bleiben nur die basalen Zonen frei, um Muskelproteine zur Wirkung zu bringen. Entscheidend ist die Organisation ihrer Anordnung. Die Filamente des F-Actins und die des Myosins können zu dauerhaften Strängen *(Myofibrillen)* zusammengeschlossen werden, da die Zellen keine wesentliche Formveränderung mehr durchführen. Entscheidend für die Wirkung der Myofibrillen ist die Art ihrer Organisation. Tatsächlich zeigen die Epithelmuskelzellen je nach ihrer Funktion und der Größe der basalen Fortsätze verschiedene Typen der Anordnung der Myofibrillen, wie sie in den speziellen Muskelzellen der Wirbellosen und auch der Wirbeltiere ebenfalls entwickelt werden. Die Organisation der für eine Kontraktion sehr wirkungsvollen Myofibrillen ist also nicht erst eine Erfindung von spezifischen differenzierten Muskelzellen, sondern eine bis in die Anfänge der Entstehung der Histozoa zurückreichende Erfindung. Da entsprechende Organisationsmuster von Myofibrillen bei den Zellen der Schwämme noch nicht vorhanden sind, muß diese Erfindung in ihrer genetischen Fixierung mit dem Aufbau einer festen Körpergestalt der Organismen zugleich erfolgt sein. Die Epithelmuskelzellen sowohl des Ektoderms als auch des Entoderms der Coelenteraten müssen also mehrere völlig verschiedene Funktionen gleichzeitig vornehmen: die Sekretion der Mesogloea-Substanzen, die Sekretion einer Schutzschicht nach außen und die Beweglichkeit in Form von muskulären Fortsätzen. Die einfachste Form der Organisation der Myofibrillen gleicht der von sogenannten *glatten Muskelzellen* (Bild 54). Durch α-Actinin (s. oben Cytoskelett) werden mehrere F-Actinfilamente zu einem kleinen Bündel zusammengeheftet, die seitliche Bindungen zu Myosinfilamenten haben. Die Anordnung wiederholt sich periodisch, so daß sich ein dünner Strang (Myofibrille) ergibt, der sich aus wiederholten Funktionseinheiten zusammensetzt. Der Gleitmechanismus zwischen F-Actin und Myosin wird im Zentrum dieser Funktionseinheiten vor sich gehen und die Myofibrille über die gesamte Länge verkürzen.

Bild 54a

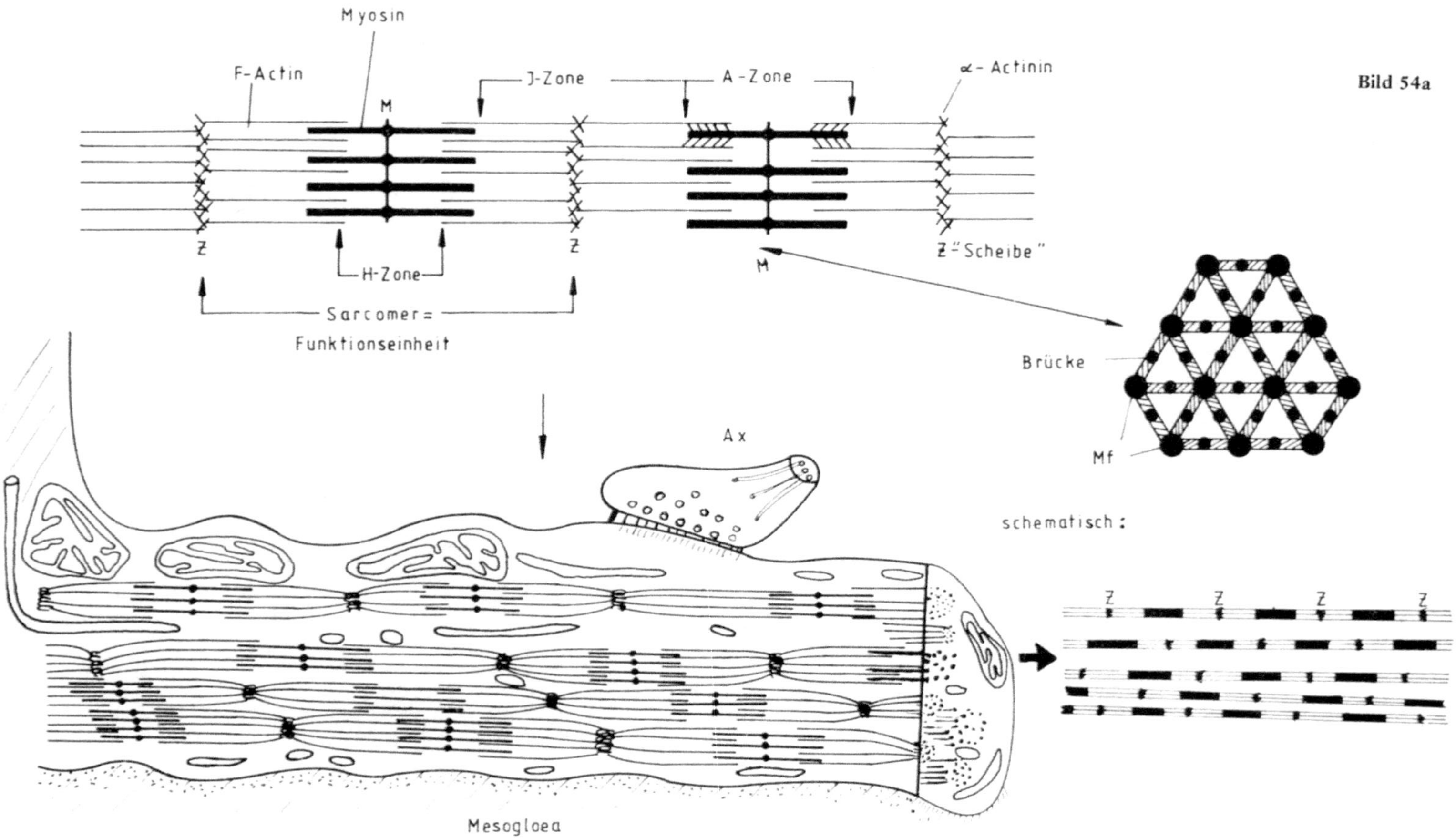

Bild 54

a) Anordnung von Myofibrillen in kontraktilen Zellausläufern; unten: Typ der glatten Muskelzelle, mit Endung eines moritischen Axons (Ax), Mitochondrien und glattem ER (= sarcoplasmatisches Reticulum), daneben die schematische Anordnung der Myofibrillenbündel; oben: das regelmäßige Anordnungsmuster der Myofibrille im Typ der quergestreiften Muskelzelle (vgl. Text), daneben die hexagonale Aufhängung im Bereich der M-Zone für die Myosin-Stäbe (Mf)

Bild 54b

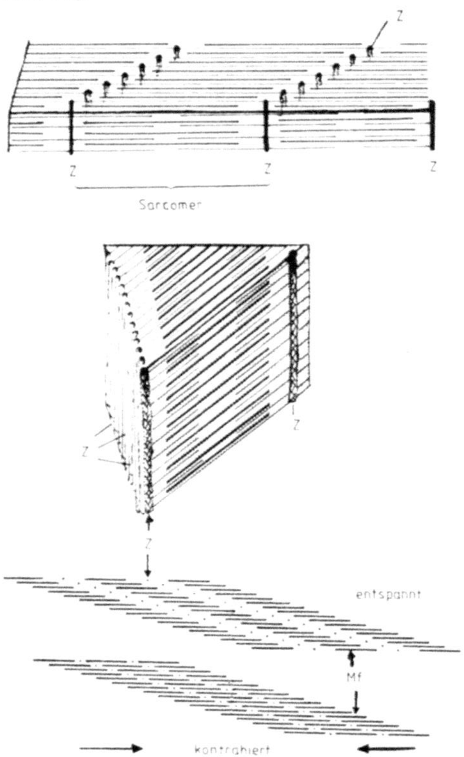

Bild 54c

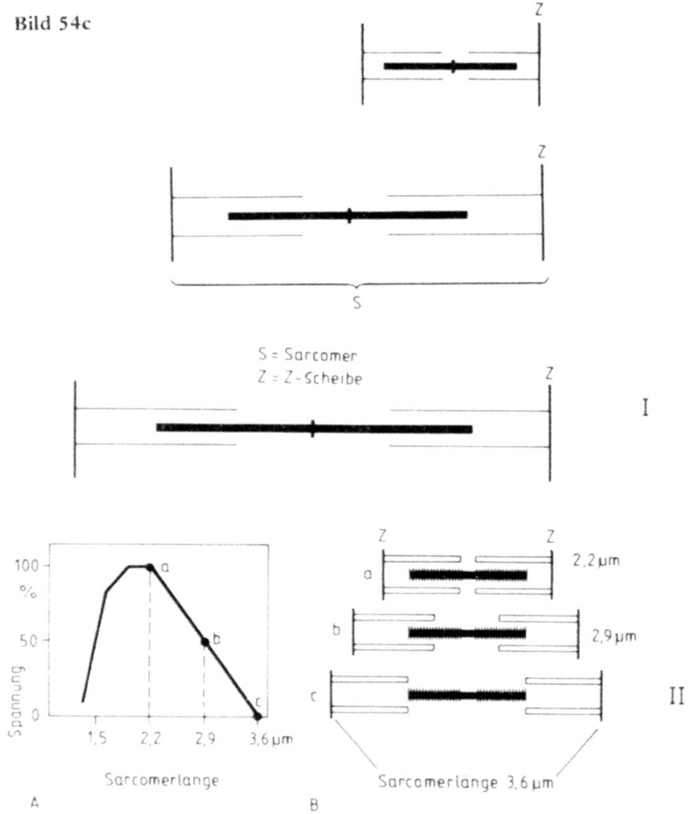

Bild 54

b) Anordnung in sog. schräggestreiften Muskelzellen; durch gesetzmäßige Anordnung von Z-stäben (Z) ergibt sich eine besonders starke Verschieblichkeit der Myosinfilamente (Mf) (z. T. nach Knapp und Mill, 1978)

c) Abhängigkeit der Kontraktion von der Länge des Sarcomers (I) und die Beziehung zwischen Muskelspannung und erfolgter Verkürzung der Sarcomeren bei der Kontraktion (II)

In der einfachsten Form sind die Verknüpfungszonen des α-Actinins die Vorläufer der Z-Scheiben. Da die Myofibrillen zwar alle parallel verlaufen, die Zonen ihrer Funktionseinheiten aber noch nicht durch eine transversale Ordnung auf gleicher Höhe liegen, werden in dieser Form der Myofibrillen noch keine dichteren Strukturen sichtbar. Die weitere Funktionsdifferenzierung geht zwei Wege. Durch die höhere Zahl der von α-Actinin gebundenen Actin-Filamente wird die Myofibrille zu einem dickeren Strang, entsprechend wird die Kontraktionskraft größer. Die Aufhängezonen mit α-Actinin werden als *Z-Scheiben* sichtbar und die Zone der Myosinfilamente als doppelbrechende Zone (anisotropes Band = A-Band) schon in der lebenden Zelle erkennbar, die dünneren F-Actinfilamente geben nicht den starken lichtbrechenden Effekt und wurden als isotropes Band = I-Band bezeichnet (Bild 54). Die zweite Entwicklung besteht darin, die dickeren Myofibrillen genau zu parallelisieren und die Funktionseinheiten so nebeneinander anzuordnen, daß ein gleichmäßiges Muster entsteht. Daraus ergeben sich die verschiedenen Formen der Anordnung von Z-Scheiben, die man in der lebenden Zelle bereits erkennen kann: es entsteht eine Schrägstreifung oder eine Querstreifung. Damit ist die am meisten effektive Form der Anordnung der Muskelproteine erreicht. Zwei wichtige Tatsachen müssen berücksichtigt werden: die Anordnung und die Organisation in Myofibrillen bleibt über längere Zeit in den Zellen konstant erhalten, es wird also nicht wie bei der amöboiden Zellbewegung ein schneller reversibler Auf- und Abbau der Filamentsysteme möglich. Und es werden spezifische Actine und Myosine verwendet, die sich in der Aminosäuresequenz von den Muskelproteinen für Zellbewegungen unterscheiden, also durch eigene Gene kodiert werden. Das sehr alte Funktionssystem wurde zwar übernommen, aber durch Genduplikationen einer weiteren Veränderung und Anpassung unterzogen, so daß besondere Proteine für die Organisation der dauerhaften Myofibrillen entstanden sind.

Der Effekt der Kontraktion wird bei diesen hochorganisierten Myofibrillen durch die Eigenschaften der Funktionseinheiten abhängen: die Region zwischen zwei Z-Scheiben ist ein *Sarcomer*. Da der Gleitmechanismus auf die Überlappungszone zwischen Actin und Myosin beschränkt ist, hängt die Kontraktionsmöglichkeit vom Aufbau und der Länge eines Sarcomers ab (Bild 54c). Mit der Methode der Organisation der Myofibrillen können daher in einem Organismus funktionell sehr verschiedene Muskelfortsätze aufgebaut werden: langsamere und schnellere, kräftigere und weniger kräftige. Dieser Vorteil beim Aufbau eines tierischen Körpers wird in der Stammesgeschichte nicht wieder aufgegeben. Die Koordination der Kontraktionen wird auf zwei Wegen erreicht:über die gap junctions durch einen Zell-zu-Zellkontakt und durch das übergeordnete Regulationssystem der Nervenzellen (siehe unten).

Der vom Entoderm umschlossene Hohlraum dient als Verdauungsorgan, ist also *Gastralraum*. Die Coelenteraten sind ausnahmslos Räuber. Die Körperbewegungen sind darauf ausgerichtet, Beute zu fangen. Beutetiere werden mit den Tentakeln festgehalten, durch die Aktion der *Nesselzellen (Cnidocyten)* gelähmt oder getötet und durch geordnete Bewegungen der Mundöffnung zugeführt und in das Innere des zentralen Raumes eingebracht. Die innere auskleidende Zellschicht, das Entoderm, besteht aus mehreren differenzierten Zelltypen. Sie enstehen als Zellstämme in der inneren Zellschicht der Larve, die den ursprünglichen Hohlraum auskleidet. Es sind zwei Typen von Drüsenzellen und die eigentlich resorptiv tätigen Zellen (sogenannte Nährzellen) vorhanden. Die Drüsenzellen besitzen an ihrer Basis keine Zellfortsätze mit Myofibrillen, während die resorptiven Zellen als Entodermmuskelzellen ausgebildet sind.

Die Drüsenzellen entsprechen in der Feinstruktur ihrer zellulären Organellen- und Membransysteme bereits völlig den Drüsenzellen der höher organisierten Eumetazoa und Wirbeltiere. Ein Typ von Drüsenzellen synthetisiert Proteoglykane in großer Menge, die in Vakuolen gespeichert und in den Gastralraum ausgeschüttet werden. Durch ihre hohe Wasseraufnahmefähigkeit werden die Proteoglykane als Schleimstoffe bezeichnet. Sie breiten sich auf der Oberfläche des Entoderms aus und schützen die übrigen Zellen vor den Verdauungsenzymen. Durch ihre Gleitfähigkeit wirken sie auch als mechanischer Schutz bei Bewegungen des Körpers und beim Ausstoßen unverdaulicher Bestandteile durch die Mundöffnung. Der zweite Drüsenzelltyp synthetisiert zahlreiche Verdauungsenzyme; Proteasen, die Ähnlicheit mit Trypsin und Chymotrypsin haben und zum Abbau von Eiweißkörpern dienen; Lipasen zum Abbau von Fetten, Chitinasen zum Abbau von Chitin und Chitobiasen zum Abbau der Untereinheiten des Chitins sind nachgewiesen. Die vorkommenden Proteasen gehören dem Typ der Serinproteasen an. Sie bilden eine *Enzymfamilie*, deren Funktion darin besteht, bestimmte Peptidbindungen innerhalb von Proteinen zu spalten. Die Funktionsgruppe besteht bei allen Enzymen aus den Aminosäuren Asparaginsäure, Histidin und Serin. Durch Abspaltung eines Moleküls Wasser wird eine Peptidbindung im Substrat gespalten (hydrolisiert), und damit zerfällt das Protein in zwei Fragmente. Die Faltung der Enzymmoleküle (Konformation) versteckt die Wirkungsgruppe in einer Tasche, in die ein Teil des zu zerstörenden Proteins hineinpassen muß. Deshalb werden nur bestimmte Peptidbindungen angegriffen, wenn sie zwischen entsprechend geformten Aminosäuren ausgebildet sind. Trypsin kann nur Peptidbindungen spalten, die zwischen Lysin oder Arginin mit einer anderen Aminosäure eingegangen wurden; Chymotrypsin spaltet Peptidbindungen, die sich an die großen hydrophoben Aminosäuren anschließen. Diese Enzymfamilie ist sehr alt und hat wahrscheinlich ihren Ausgang von Verdauungsenzymen genommen, wie sie bei den Coelenteraten vorhanden sind. Ihre Wirkungszone ist konservativ erhalten geblieben, denn ein Austausch einer der drei beteiligten Aminosäuren zerstört die katalytische Wirkung. Bei den höher organisierten Tieren haben sich dann weitere Enzyme daraus entwickelt, die bei der Gerinnung von Blutflüssigkeiten und dem Abbau der Gerinnsel ebenso beteiligt sind wie beim Komplementsystem der Immunvorgänge. Auch die bereits genannten Kollagenasen gehören zu dieser Familie sowie Enzyme, welche in Samenzellen lokalisiert sind und bei der Auflösung von Eihüllen gebraucht werden. Die Herstellung der Proteasen in den Drüsenzellen ergibt erhebliche Probleme für die Zelle selbst. Würden die Enzyme in aktiver Form synthetisiert, so könnten sie eigene Zellbestandteile, also die Zellmembran und Proteine des Cytoplasmas, angreifen. Daher werden solche Verdauungsenzyme in einer inaktiven Form hergestellt. Der Zyklus der Synthese geht folgendermaßen. Durch Ribosomen am endoplasmatischen Reticulum werden durch den Prozeß der Proteinsynthese die Enzymmoleküle aufgebaut und durch die Membran in das Innere des Kanalsystems des endoplasmatischen Reticulums gebracht (Bild 55a). Das Molekül wird sich entsprechend bestimmter Wechselwirkungen der Aminosäuren in eine Konformation falten. Es ist aber noch länger als das später wirksame Enzymmolekül, besitzt also mehr Aminosäuren. Diese können z.B. den Wirkungsort (mit den drei oben genannten Aminosäuren) zudecken. Die zweite verwirklichte Möglichkeit ist, daß die Faltung noch nicht vollständig ist und daher die für die Wirkung notwendigen Aminosäuren noch nicht in eine benachbarte Position gelangt sind. Die unwirksame Form ist ein *Proenzym* und wird ganz allgemein ein *Zymogen* genannt. Bei höher entwickelten Organismen hat sich gezeigt, daß eine große Anzahl biologisch sehr wirksamer Moleküle in einer inaktiven Vorstufe hergestellt wird (z.B. Peptidhormone, Blutgerinnungsfaktoren, eine große Anzahl von Verdauungsenzymen). Die Zelle kann also größere Mengen sehr wirksamer Moleküle auf Vorrat speichern. Die Synthesezone des endoplasmatischen Reticulums liegt bei Drüsenzellen in der Regel an der basalen Zellseite. Durch Membranfluß werden gefüllte Transportvakuolen in den distalen Bereich der

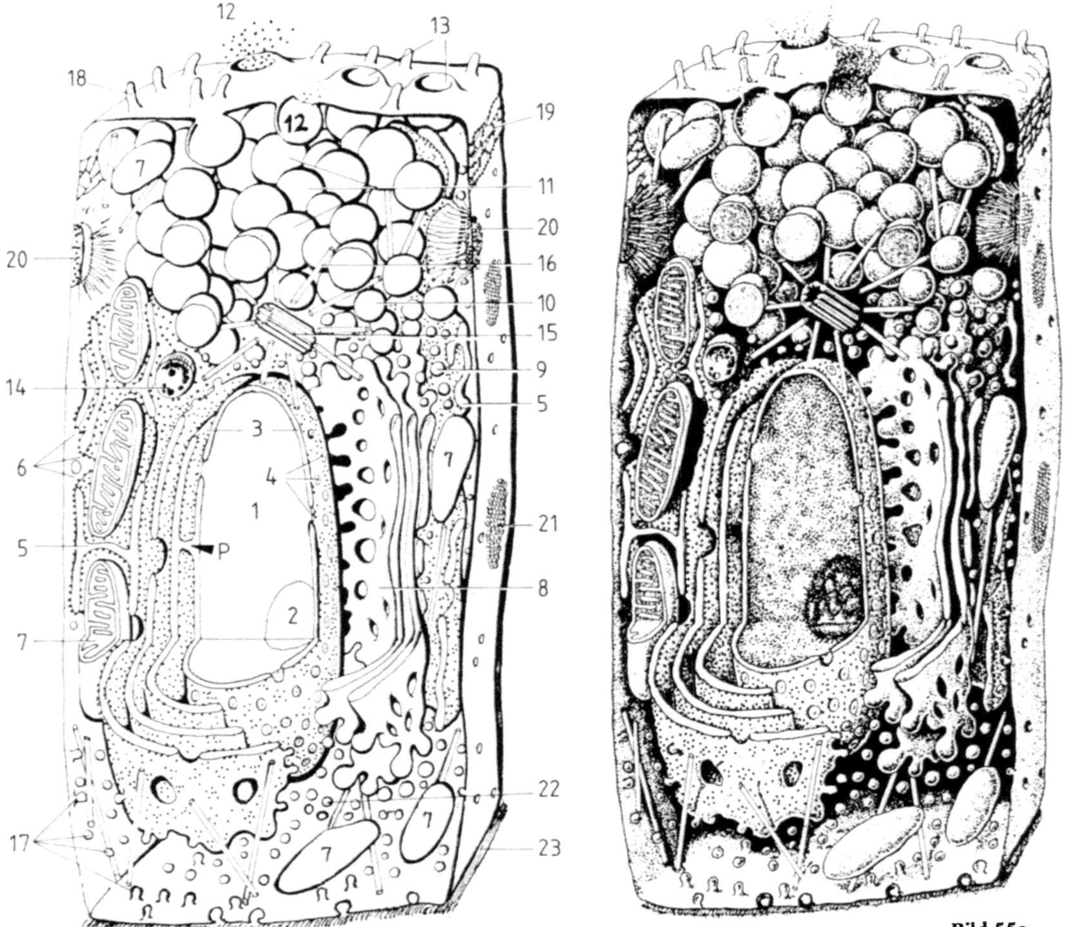

Bild 55a

1 Zellkern mit Poren (P) in der Kernhülle
2 Nukleolus
3 Kernhülle
4 Kernporen (auch bei P)
5 Endoplasmatisches Reticulum (granulär = rauhes ER)
6 Ribosomen
7 Mitochondrium
8 Dictyosom eines Golgi-Feldes
9 Vesikel der cis-Seite des Dictyosoms
10 und 11 Vakuolen mit Sekreten (Granula)
12 Exocytose von Sekretgranula an der Zelloberfläche
13 Aufsicht auf die exocytierten Vakuolen
14 Lysosom
15 Centriol
16 Mikrotubuli
17 Mikropinocytose
18 Mikrovilli (nicht resorptiv)
19 Zonula occludens (tight junction)
20 Desmosom
21 Nexus (gap junction)
22 Transportvesikel (ER – Dictyosom)
23 Basalmembran
24 Geißel

Bild 55

a) Schematisierte Rekonstruktion einer Drüsenzelle (verändert nach Krstic, 1976)

b) A Weg der Aminosäuren (Pfeile) in einer Schleimzelle, deren apikaler Pol mit zahlreichen Tropfen aus Mucopolysacchariden vollgestopft ist (verändert nach Leblond, 1975)
B Schleimzelle des Entoderms bei Hydra
C Drüsenzelle des Entoderms bei Hydra
(B und C nach Lentz)

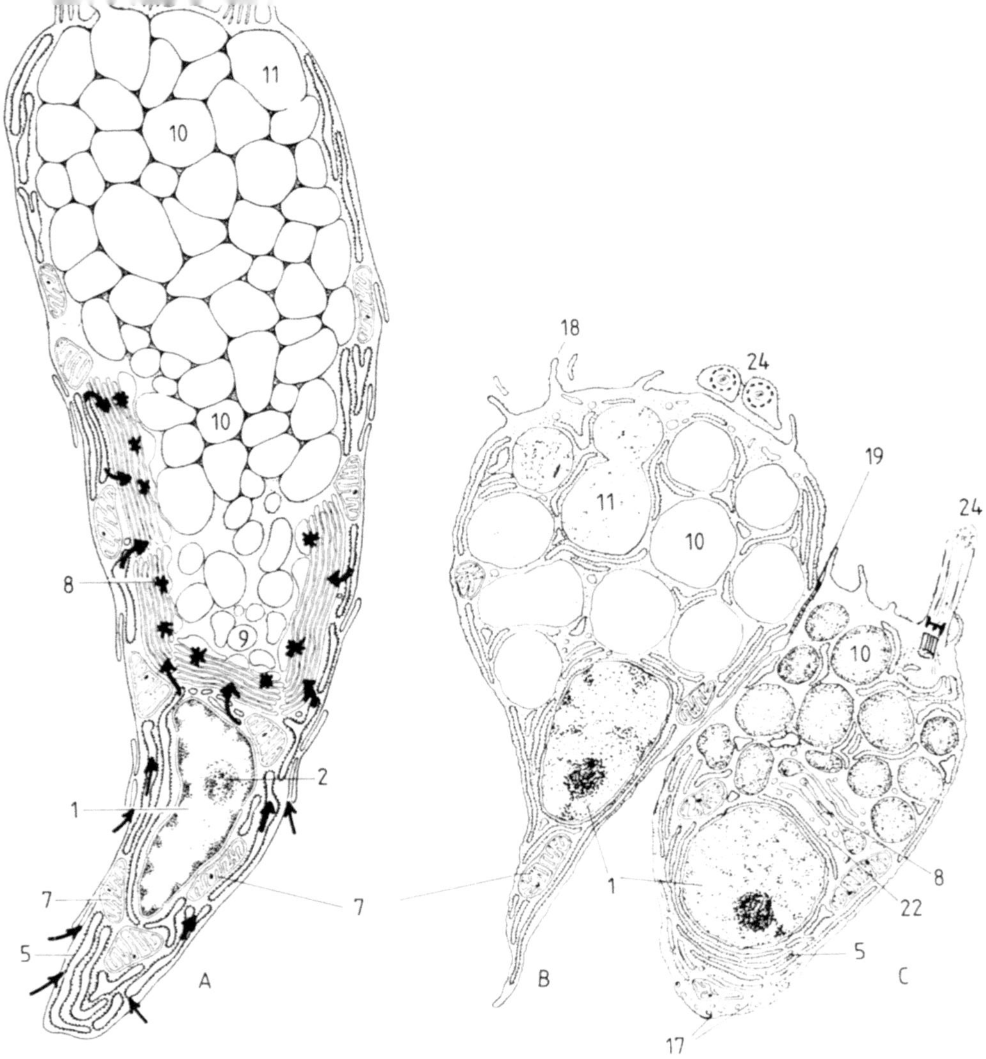

Bild 55b

Zelle und in das Golgi-Feld gebracht. Dort verschmelzen sie mit den Membranen des Golgi-Feldes, so daß sich das Material in dessen Zisternen ansammelt. An den distalen Seiten werden aus dem Golgi-Feld dann große Vakuolen mit dem Zymogen an die Oberfläche der Zelle transportiert, wo sie bei Bedarf auf ein Signal exocytiert werden.

Die Aktivierung der Vorstufen kann auf zwei Wegen erreicht werden. Durch eine begrenzte Zerstörung des Proteins (limitierte Proteolyse) werden durch Endopeptidasen spezifische Peptidbindungen aufgelöst. Dadurch werden die an einer Seite überschüssigen Aminosäuren abgetrennt (Aktivatorpeptid), und der Wirkungsort ist offengelegt. In anderen Fällen kann ein sehr großes Stück der Peptidkette herausgelöst werden, so daß zwei wirksame Fragmente, also zwei Proteine, aus dem Gesamtmolekül entstehen. Da die Herstellung einer Peptidbindung eine endergonische Reaktion ist, also Energie zugeführt werden muß, ist die Auflösung einer Peptidbindung nicht mehr rückgängig zu machen und das wirkungsvolle Molekül irreversibel in der Struktur verändert. Ist also ein Enzym aus dem Zymogen in den aktiven Zustand überführt worden, muß es ausgeschüttet werden. In der geballten Ladung von Verdauungsenzymen verschiedener Art in den Sekretgranula genügt die Aktivierung z.B. nur einer der Proteasen wie Trypsin, das im aktiven Zustand seinerseits die begrenzte Proteolyse an den anderen noch nicht aktivierten Enzymen vornehmen kann. So werden die Phospholipasen, welche Phospholipide von Membranen spalten, und die Carboxypeptidasen, welche Proteine vom Carboxyl-Ende her auflösen, aktiviert. Die Vorstufe des Chymotrypsins (Chymotrypsinogen) wird sogar ohne Abspaltung eines Aktivatorpeptids in die aktive Form umgewandelt, indem zwischen den Aminosäuren der Positionen 15 und 16 die Peptidbindung gespalten wird, wobei der abgespaltene Teil des Moleküls durch Disulfidbrücken gebunden bleibt. Teile des größeren Fragments können sich nun so umfalten, daß die aktive Zone wirksam wird. Diese Form des Enzyms ist aber noch nicht der endgültige Zustand; denn durch aktiviertes Chymotrypsin selbst wird bei anderen aktiven Chymotrypsinmolekülen zwischen den Positionen 146 und 149 noch einmal eine Spaltung vorgenommen, wobei drei Aminosäuren abgetrennt werden. Es enstehen also drei Molekülfragmente, eine A-, eine B- und eine C-Kette, die durch Disulfidbrücken zusammengehalten werden und die stabile aktive Form des Chymotrypsins darstellen.

Eine andere Möglichkeit, ein Zymogen zu aktivieren, ist die Modifikation durch Anlagerung von weiteren Gruppen an Aminosäuren. Im Falle des Prokollagens und der Entstehung von Hydroxyprolin (siehe S. 000), war dieser Vorgang bereits beschrieben worden. Außer den Hydroxylgruppen können auch Carboxylgruppen, Methylgruppen, Acetylreste oder Phosphatradikale angehängt werden. Diese chemischen Modifikationen sind nicht mehr rückgängig zu machen, d.h. die veränderten und in den Funktionszustand versetzten Zymogene müssen verwendet oder zerstört werden. Bei Verdauungsenzymen werden diese chemischen Modifizierungen nicht angewendet.

Die Vorgänge der *Verdauung* im Gastralraum der Coelenteraten finden in einer ersten Stufe extrazellulär statt. Die Auslösung zur Ausschüttung der Enzyme wird durch die Verletzungen des Beutetieres hervorgerufen, die durch die Nesselzellen entstanden sind. Zellsaft und Körperflüssigkeiten fließen aus und enthalten Glutathion (Bild 56). Dieses wichtige Tripeptid stammt nicht aus einer Abspaltung aus Protein und auch nicht aus der Proteinsynthese, sondern wird in allen tierischen Zellen aus Glutamat und Cystein und Glycin durch Enzymkatalyse zusammengesetzt. Es ist im Zellsaft in erheblichen Mengen vorhanden, weil es in der reduzierten Form sehr leicht dehydriert werden kann, also Wasserstoff abgibt. Es kann die Oxydation von Lipiden verhindern, in Proteinen die Cysteinreste in die reduzierte S-H-Form bringen und damit Disulfidbrücken aufbrechen und wird in der Zelle als ein leicht transportierbares Redoxpotential benutzt.

Bild 56

a) Formel von Glutathion

b) Der Zyklus zur Aufnahme von Aminosäuren durch die Zellmembran (sog. γ-Glutamylzyklus). (verändert nach Meister, 1973).

1 Abspaltungen von Glutamyl aus Glutathion und Bindung an die Aminosäure

2 Bindung des Komplexes an einen Carrier

3 Übernahme der Aminosäure ins Cytoplasma

4 Regeneration von Glutathion

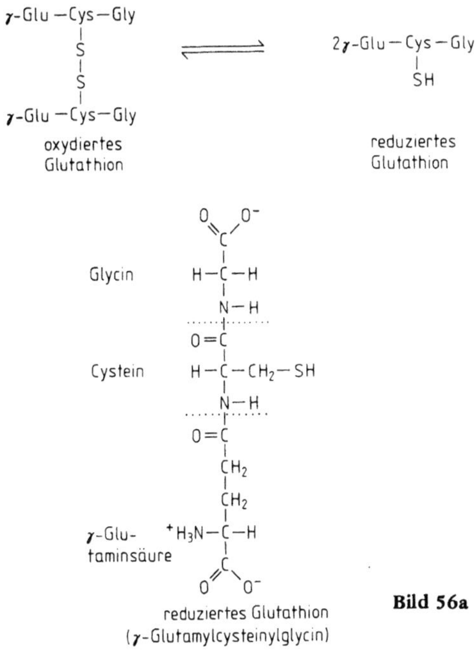

Bild 56a

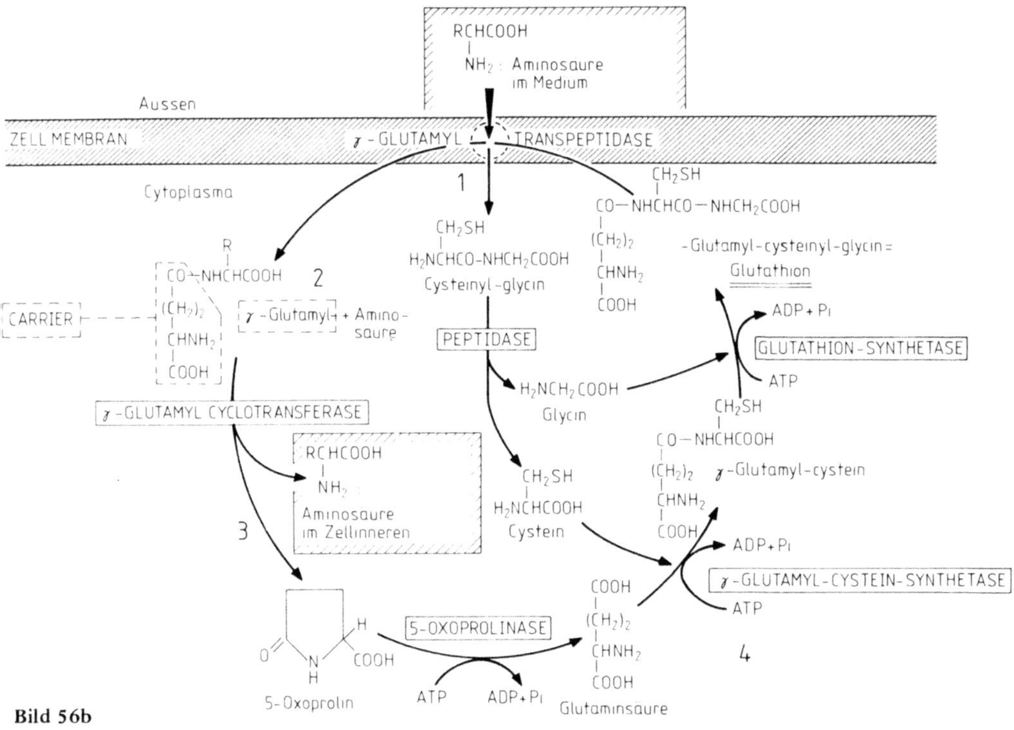

Bild 56b

Durch das Enzym Glutathion-Reduktase wird es unter Verwendung von NADPH als Wasserstoffdonator wieder in die reduzierte Form gebracht, kann daher immer wieder im Stoffwechsel verwendet werden. Die Sinneszellen (siehe unten: Nervensystem) der Coelenteraten sprechen mit einem Rezeptor auf Glutathion an, und auch die Zellen des Entoderms selbst haben solche Glutathion-Rezeptoren. Die Bindung an den Rezeptor löst das gesamte Freßverhalten aus, indem die Beute geordnet in den Mund eingeführt wird und der Mund danach geschlossen bleibt, damit der Verdauungssaft und die gelösten Nahrungsbestandteile nicht aus der Mundöffnung in das umgebende Wasser abfließen. Die großen Resorptionszellen bilden bei Berührung mit Glutathion zahlreiche Mikrovilli zur Vergrößerung der Zelloberfläche aus und beginnen mit Pinocytose und mit Phagocytose von Teilen der zerfallenden Gewebe der Beute. Die intrazelluläre Verdauung findet in Phagolysosomen statt, in denen durch die verschiedenen Enzyme die geformten Nahrungsbestandteile weiter abgebaut werden.

Aus dem Verdauungssaft des Gastralraumes werden gelöste Bestandteile durch Pinocytose und Resorption über die Membranen der Mikrovilli in die Zelle aufgenommen. Der Glutathionrezeptor steht in enger Beziehung mit dem Transport von Aminosäuren durch die Zellmembran auf dem Wege des γ-Glutamylzyklus (Bild 57). Die freie Aminosäure wird mit Glutathion durch das Enzym γ-Glutamyltransferase (γ-Glutamyltranspeptidase) unter Abspaltung des Cystein-Glycinrestes zu einer γ-Glutamyl-Aminosäurekombination verbunden. Da die Aminosäure aus dem extrazellulären Raum und aus den Tätigkeiten der Verdauungsenzyme stammt, das Glutathion aber auf

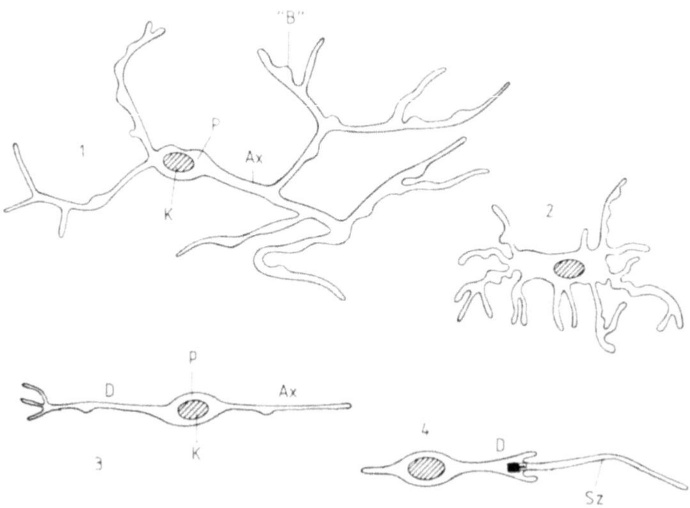

Bild 57

a) Verschiedene Typen von Nervenzellen von Coelenteraten, z.B. von Hydra

1	großes multipolares Neuron	Ax	Axon
2	kleines multipolares Neuron	B	Bouton oder Anschwellung
3	bipolares Neuron	D	Dendrit
4	Neurosensorische Zelle (= primäre Sinneszelle)	K	Zellkern
		P	Zellkörper = Perikaryon
		G	Geißel

der Innenseite der Zellmembran, also im Cytoplasma liegt, kann die gebundene Aminosäure durch die Membran geholt werden. Der Nachweis der Transpeptidase bei den Coelenteraten beweist, daß dieser Zyklus bereits bei den resorptiven Zellen dieser Tierformen existiert. Der weitere Verlauf des Zyklus und die beteiligten Enzyme gehen aus Bild 57 hervor.

Die resorptiven Zellen sind als einzige in der Lage, Reservestoffe in Form von Lipiden, Proteinen und Glykogen zu speichern. Sie stellen gewissermaßen das Stoffwechselorgan dar, mit dem während einer Zeit geringen Nahrungsangebots alle anderen Zellen kontinuierlich versorgt werden können. Die Zellen in der Mesogloea, die Drüsenzellen des Entoderms und die Zellen des Ektoderms werden durch die Weitergabe von Grundnahrungsstoffen nach der völligen Auflösung der Bestandteile in den Lysosomen über den Weg der Flüssigkeiten des Interzellularraumes versorgt. Sie können durch Pinocytose oder Membrantransport ihren Bedarf decken, ohne selbst zu phagocytieren und intrazelluläre Verdauung betreiben zu müssen. Das gilt vor allem für die Nervenzellen, die also in einem Bad von Nahrungsstoffen und Ionen eingebettet sind. Die Grundzüge der Verdauung sind bereits bis in die Einzelheiten den Vorgängen bei höheren Metazoen und auch bei den Wirbeltieren zu vergleichen. Die Ausscheidung von Verdauungsenzymen geschieht noch durch einzelne Zellen, die nicht zu einem Drüsenverband zusammengeschlossen sind, und die extrazelluläre Verdauung kann nicht vollständig durchgeführt werden, weil noch keine Einrichtungen zur Zerkleinerung der Nahrung vorhanden sind.

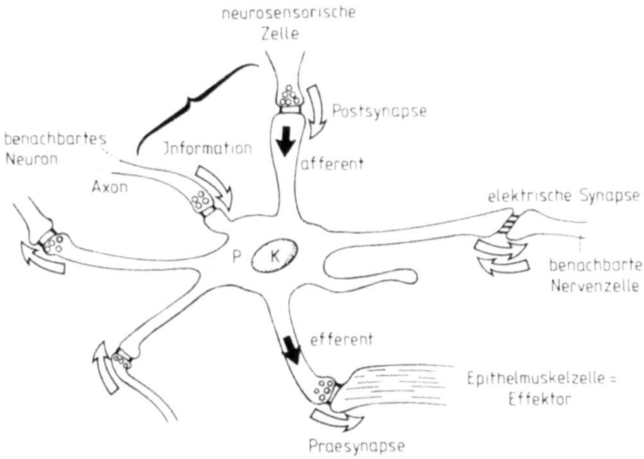

Bild 57

b) Schematisierte Darstellung von Nervenzellen (Neurone)

b_1) Funktionelles Schema: die vom Zellkörper (= Perikaryon P) ausgehenden Zellausläufer treten in Kontakt mit anderen Nervenzellausläufern oder mit Zellen als Effektoren; die Pfeile geben die Richtungen des Verlaufs von Erregungsprozessen an.

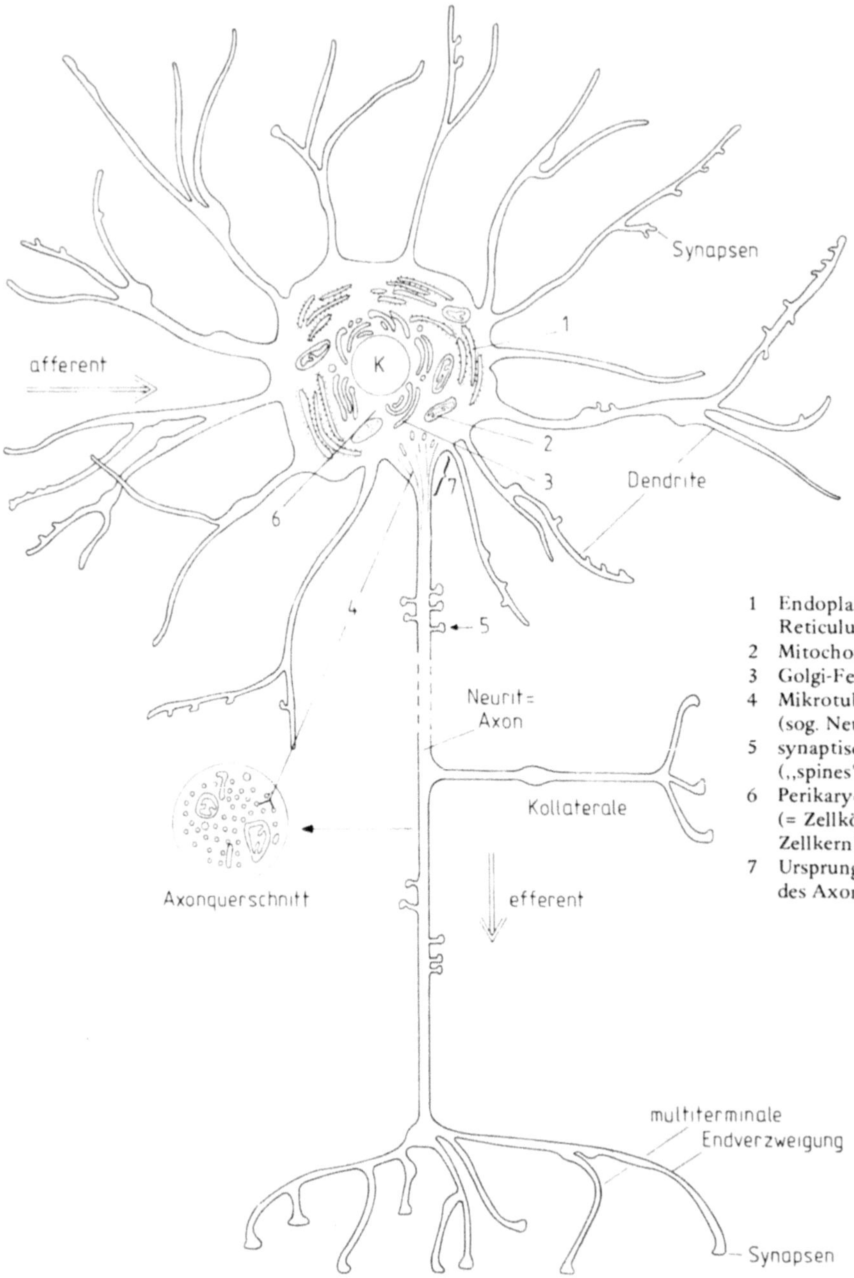

1 Endoplasmatisches Reticulum
2 Mitochondrien
3 Golgi-Feld
4 Mikrotubuli (sog. Neurotubuli)
5 synaptische Vorsprünge („spines")
6 Perikaryon (= Zellkörper mit Zellkern)
7 Ursprungskegel des Axons

Bild 57

b) Schematisierte Darstellung von Nervenzellen (Neurone)

b_2) Morphologisches Schema: K Zellkern

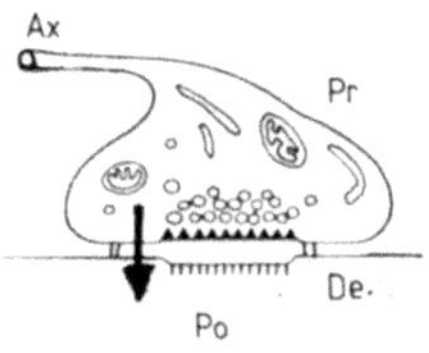

Bild 57c_1

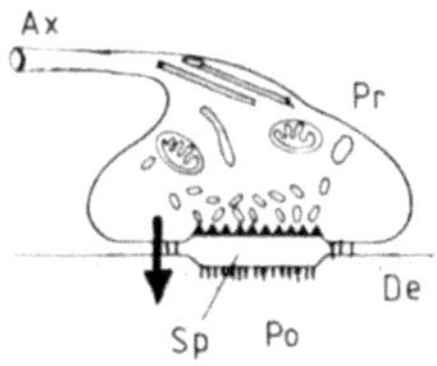

Bild 57c_2

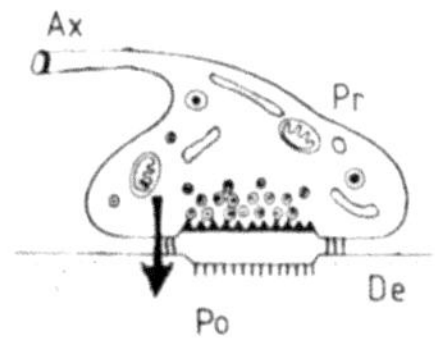

Bild 57c_3

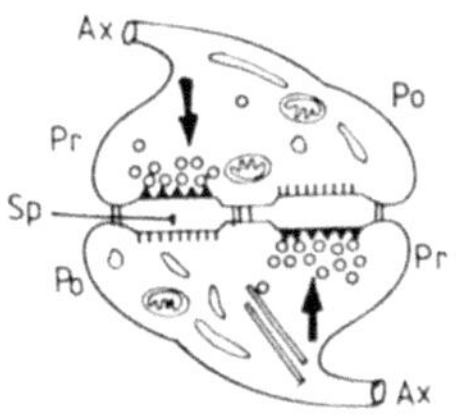

Bild 57c_4

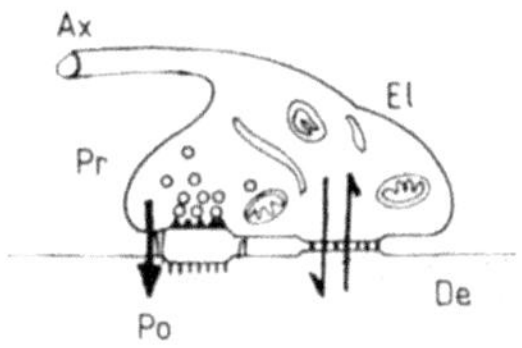

Bild 57c_5

Ax Axon
De Dendrit
Po Postsynapse
Pr Praesynapse
Sp Synaptischer Spaltraum = Interzellularraum
El elektrische Synapse

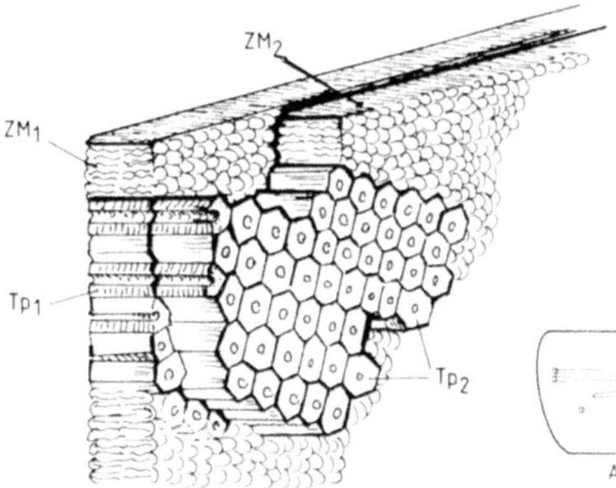

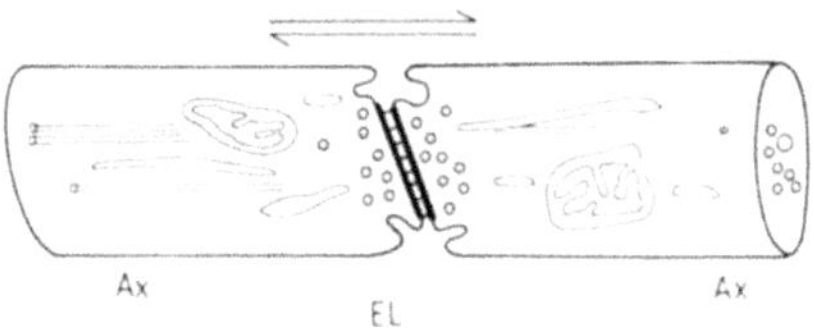

Bild 57c_6

Bild 57

c) Typen von Synapsen (vgl. auch Bild 59)
1–5 chemische Synapsen:
c_1) mit Acetylcholin als Neurotransmitter = excitatorische Synapse
c_2) mit γ-Aminobuttersäure (GABA) = inhibitorische Synapse
c_3) mit Katecholaminen = adrenerge Synapse
c_4) reziproke (axo-axonale) Synapsen zwischen Axonen = kombinierte Doppelsynapsen
c_5) kombinierte Synapse: chemische mit benachbarter elektrischer Synapse
c_6) Elektrische Synapse: Axone treffen in einer spezialisierten gap junction aufeinander, die Pfeile geben die Richtungen der Erregungsleitungen an; li. die Rekonstruktion der Zellmembranen (ZM_1 und ZM_2), die in der Berührungszone durch große Tunnelproteine (TP_1 bzw. TP_2) durchsetzt werden

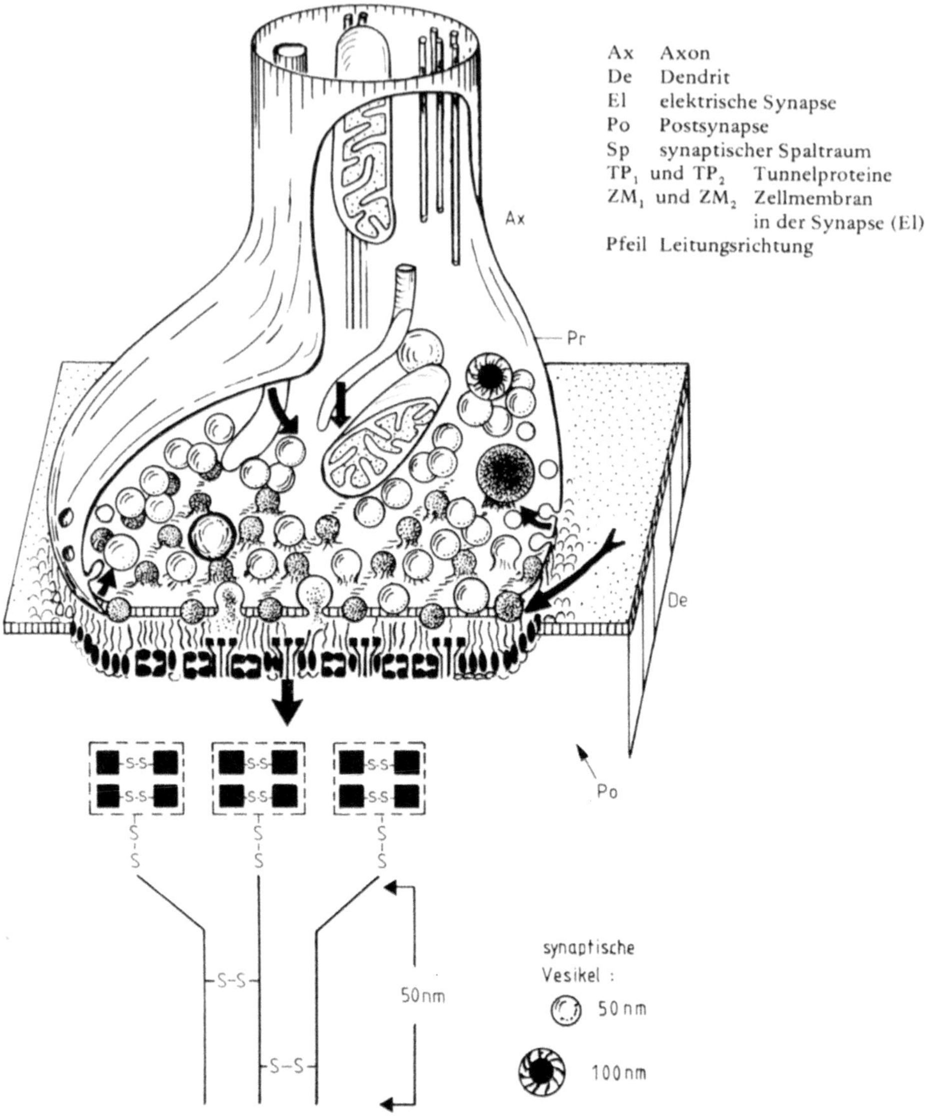

Bild 57

c) Typen von Synapsen (vgl. auch Bild 59)

c_7) Rekonstruktion einer chemischen Synapse: die Verdickung des Axons (Ax) im Bereich der Praesynapse (Pr) enthält die verschiedenen synaptischen Vesikel, die nur in bestimmten reihenförmigen Zonen mit der synaptischen Membran verschmelzen können, da große Membranproteine in regelmäßiger Anordnung darin eingelagert sind. Die Exocytose des Neurotransmitters erfolgt in dem synaptischen Spaltraum (re. Pfeil), in den die Rezeptorkomplexe der Membran der Postsynapse (Po) des Dendriten (De) hineinragen. Die Bestandteile der Rezeptoren werden durch S-S-Brücken zusammengehalten. An der Seite der Praesynapse erfolgt Endocytose (kleine Pfeile) der durch die Vesikel anfallenden Zellmembran.
Mikrotubuli, Mitochondrien und Kanäle des ER sind typische Bestandteile in der praesynaptischen Zone.

3.2.3 Die Nervenzellen und die Grundfunktionen eines Nervensystems

Die Nervenzellen sind dicht unter dem Ektoderm und unter dem Entoderm in der Mesogloea eingebettet und bilden morphologisch die Form eines Nervenzellnetzes. Beim einheimischen Süßwasserpolypen Hydra, der je nach Größe aus insgesamt 80 000 bis 120 000 Zellen besteht, sind zwischen 2 000 und 3 000 Nervenzellen vorhanden. Bei den Polypenformen ist im Bereich des Mundfeldes und der Tentakeln eine größere Dichte an Nervenzellen vorhanden als im übrigen Teil des Polypenkörpers. Die Medusen (siehe unten) haben die Nervenzellen in zwei Ringen zentralisiert, eine Anordnung, die in direkter Beziehung zum Bewegungsmechanismus steht. Obwohl morphologisch diese Nervensysteme noch sehr einfach zu sein scheinen, zeigen sie bereits alle Funktionen, welche Nervenzellen überhaupt ausführen können. Mit der Entstehung differenzierter Nervenzellen wird die volle Komplizierung der Funktionen erreicht, die alle Nervensysteme auszeichnet. Es gibt heute keine Übergangsformen auf zellulärer Ebene, die uns die Entstehung von Nervenzellen aus Vorstufen erkennen lassen. Werden bei der Organisation der größeren Histozoen immer kompliziertere Funktionen übernommen, so liegt das an der sogenannten Zentralisierung der Nervenzellen mit einer entsprechenden Zunahme der Zahl der Nervenzellen. Die Erfindung des Typus Nervenzelle ist ein ganz entscheidender Schritt bei der Organisation der Histozoa, der nur verwirklicht werden konnte, als durch einen Gewebeabschluß ein eigener Interzellularraum entstanden war. Der Typus Nervenzelle bedeutet funktionell mehr als nur die Zusammenfassung von Chemotaxis, Potentialgradientenaufbau an der Zellmembran und Weitergabe von Ionen bei einem Zell-zu-Zellkontakt. Die Komplizierung der Funktionen beginnt bereits mit der Form der Nervenzellen, mit ihrer Anordnung in unterschiedlichen Schichten für das Ektoderm und das Entoderm, und mit der Notwendigkeit, als abgeschirmte Zellen dennoch Informationen zu erhalten, welche die übergeordneten Kontroll- und Regulationsfunktionen ermöglichen.

Drei Typen von Nervenzellen sind vorhanden: *multipolare Nervenzellen* mit zahlreichen großen Zellausläufern, *bipolare Nervenzellen* mit nur zwei Zellausläufern an den entgegengesetzten Zellenden und *neurosensorische Zellen*, die eine modifizierte unbewegliche Cilie an einem Zellende tragen und einen Zellausläufer am entgegengesetzten Zellpol ausbilden können (Bild 57). Der zentrale Teil des Nervenzellkörpers enthält den Zellkern und heißt daher *Perikaryon*; dort befinden sich auch die Zellorganellen und die Membransysteme, die für den Stoffwechsel notwendig sind. An den Zellausläufern sind spezielle Kontaktzonen ausgebildet, die *Synapsen*. Sie unterscheiden sich von den anderen Zell-zu-Zellkontakten, können zwischen Nervenzellen, aber auch zwischen Nervenzelle und einem anderen Zelltyp ausgebildet werden. Der molekulare Aufbau bestimmt die Funktion der Kontaktzone und des nachfolgenden Teiles des Zellausläufers. Zwei Formen von Synapsen sind vorhanden.

a) Die elektrische Synapse

Sie hat sich sehr wahrscheinlich aus der gap junction entwickelt und besteht aus einer lokalen Membrandifferenzierung mit zahlreichen eingelagerten großen Tunnelproteinen, die in einem hexagonalen Muster angeordnet sind. Der Abstand zwischen den benachbarten Zellmembranen beträgt nur 10 bis 15 nm. Die Tunnelproteine ermöglichen als Poren den Durchtritt von Ionen, ähnlich wie bei der Funktion der gap junction. Dieser Typ der Synapse ist also symmetrisch gebaut, so daß der Ionentransport von einer Zelle in die andere und umgekehrt jederzeit möglich ist. Der Zwischenraum zwischen den Zellmembranen ist der synaptische Spalt; er wird durch Moleküle auf der Zellmembran gegen die umgebenden Anteile des Interzellularraumes abgeschirmt, so daß der Ionentransport nicht gestört wird. Entsteht in der einen Nervenzelle ein Membranpotential (siehe S. 83) durch die Öffnung der Natrium- und Kalium-Poren in der Zellmembran, so kann im Bereich der Synapse durch Ionentransport das Potentialgefälle auf die Nachbarzelle übertragen werden. Nervenzellmembranen haben die besondere Eigenschaft, ein lokal entstandenes Potentialgefälle an benachbarte Membranzonen weiterzugeben, indem diese ebenfalls die Ionen-Poren öffnen. Das Ergebnis ist, daß ein solches Membranpotential weiterläuft. Durch den passiven Einstrom von Ionen aus der extrazellulären Flüssigkeit in das Cytoplasma und durch den aktiven Transport von Ionenporen wird in der oberen Cytoplasmaschicht ein besonderes Konzentrationsverhältnis vor allem von K^+-, Na^+- und Cl^--Ionen eingestellt. Dadurch ergibt sich gegenüber den Konzentrationen der extrazellulären Flüssigkeit eine Potentialdifferenz von −60 bis −80 mV im Inneren der Zelle. Solange keine Veränderung der Permeabilität der Zellmembran erfolgt, wird dieses Potential aufrechterhalten. Es heißt daher das Ruhepotential. Durch die Tätigkeit der Ionen-Poren, die natürlich Energie verbraucht, werden Kalium-Ionen aus der extrazellulären Flüssigkeit in die Zelle hineintransportiert, so daß eine relativ hohe Konzentration von Kalium vorhanden ist. Umgekehrt wird die Konzentration an Natrium-Ionen im Inneren gering gehalten, und Natrium-Ionen werden aus der Zelle ausgeschleust, so daß in der extrazellulären Flüssigkeit eine sehr viel höhere Natrium-Ionen-Konzentration besteht als im Inneren der Zelle. Der aktive Transport des Einstroms von Kalium und des Ausstroms von Natrium kann nur unter Beteiligung eines spezifischen Enzyms, einer K-Na-ATPase, unter Spaltung von ATP aufrechterhalten werden. Dieses Enzym ist in der Membran verankert und den Ionen-Poren benachbart. Es ist ein zusammengesetztes Enzym aus verschieden großen Polypeptiden, von denen eines ein Glykoprotein ist. Das wirksame Enzym hat ein Molekulargewicht von 250000. Durch die Spaltung eines Moleküls ATP wird genügend Energie freigesetzt, um den Transport von 3 Na^+-Ionen und 2 K^+-Ionen durchzuführen. Die Reaktion verläuft in verschiedenen Schritten; das Enzym bindet ATP in Anwesenheit von Na^+-Ionen. Unter Hydrolyse von ATP werden drei Na^+-Ionen an die Proteine gebunden, und eine Konformationsänderung erfolgt durch die Bindung des freigewordenen Phosphatrestes. Die Na^+-Ionen werden an den Transportmechanismus der Membran weitergegeben, und im Austausch nimmt unter Abspaltung des Phosphatrestes das große Enzymmolekül zwei Ka^+-Ionen auf. Dadurch wird es zu seiner ursprünglichen Konformation zurückgebracht und Kalium in die Zelle transportiert. Werden im Bereich einer elektrischen Synapse Ionen durch die Kanäle transportiert, so verändert sich die Permeabilität der benachbarten Zellmembran: die Natrium-Poren werden geöffnet, wahrscheinlich durch eine Konformationsänderung der Proteine, und es kommt zu einem sehr schnellen erheblichen Einstrom von Natrium-Ionen. Dadurch wird lokal das Ruhepotential aufgehoben, indem die positiven Ladungen der Natrium-Ionen die Potentialdifferenz aufheben. Es erfolgt eine sogenannte *Depolarisierung*, und das Membranpotential wird auf 0 mV oder sogar auf +20 mV verändert. Möglicherweise wird die Konformationsänderung der Proteine der Natrium-Poren durch eine Freisetzung von Calcium in der Zelle bewirkt, das an Proteine in der Nachbarschaft gebunden ist, die primär auf die Veränderung des Potentials reagieren können. Die Permeabilitätsänderung mit dem Natrium-Einstrom kann nur einem Alles-oder-Nichts-Gesetz folgen, d.h. entweder wird die Permeabilitätsänderung in voller Stärke durchgeführt, oder die Membran reagiert gar nicht. Die für die Änderung notwendige Zeit liegt bei 1–2 ms. Der besondere Aufbau der Nervenzellmembran bedingt nun, daß durch die Depolarisierung die benachbarten Membranzonen ebenfalls reagieren, so daß ein entsprechender Natrium-Einstrom erfolgt. Depolarisation setzt sich also fort. Die ursprünglich reagierende Membranstelle dagegen schließt die Natrium-Poren wieder und organisiert in einigen Millisekunden erneut den Zustand des Ruhepotentials. Daraus ergibt sich, daß die Welle der Depolarisation als ein sogenanntes *Aktionspotential* von der Nervenzellmembran weitergeleitet wird. Betrachtet man die multipolare Nervenzelle und die elektrischen Synapsen zwischen zwei Nervenzellfortsätzen, so ergeben sich aus der Feinstruktur und aus der Anatomie dieser Zelle folgende Konsequenzen: durch eine Übertragung von Ionen im Bereich der Synapse entsteht an der Membran der Zellausläufer ein Aktionspotential, das sich nur in Richtung auf den Nervenzellkörper (Perikaryon) ausbreiten kann. Durch den symmetrischen Aufbau der Synapse kann dieser Vorgang von beiden Seiten aus in Gang gesetzt werden, die elektrische Synapse ist für beide Seiten durchgängig.

Die Geschwindigkeit des Ionentransportes bedingt, daß die Übertragung im Bereich der Synapse fast keine Zeitverzögerung mit sich bringt und daß auch kein Verlust (durch das Alles-oder-Nichts-Gesetz) eintreten kann. Wird ein Aktionspotential im Bereich des Zellkörpers erzeugt, so läuft das Potential über den Zellausläufer bis zur elektrischen Synapse, kann durch den Ionentransport in die andere Zelle vordringen und dort wieder ein Aktionspotential erzeugen, welches auf das Perikaryon der Nachbarzelle zuläuft. Die Zellausläufer von multipolaren Nervenzellen, die durch elektrische Synapsen verbunden sind, können also in beide Richtungen Aktionspotentiale weiterleiten: auf die Zelle zu = *afferent* oder von der Zelle weg in Richtung Synapse = *efferent*. Elektrische Synapsen stellen daher die für die speziellen Membranverhältnisse der Nervenzellen angepaßten gap junctions dar. Durch die hohe Zahl der Ionenporen wird der Vorgang der elektrischen Koppelung zwischen Zellen verstärkt und beschleunigt; die Weiterleitung eines Aktionspotentials in den Zellausläufern liegt bei den Coelenteraten zwischen 2 bis 12 m/s, je nach Größe und Form dieser Zellausläufer. Bei anderen wirbellosen Tieren, z.B. Arthropoden, ist eine besondere Form der elektrischen Synapsen vorhanden, die sogenannte verstärkende Synapse. Die eine der beiden Zellen im Synapsenbereich hat dort zahlreiche Vesikel zur Calcium-Speicherung angereichert; Freisetzung von Calcium hat ja wahrscheinlich mit der Konformationsänderung der Natriumporen zu tun. Im Bereich einer solchen spezialisierten Synapse wird durch einen sehr kleinen Ionenstrom, der bei anderen Synapsen kein Aktionspotential in der Nachbarzelle auslösen würde, die Ausschüttung der Ca-Vesikel und damit eine Verstärkung des ursprünglichen Effekts verursacht. Der geringe Ionenstrom stößt gewissermaßen einen massiven Ionenstrom durch die Membran. Damit wird ein Verstärkermechanismus erreicht, der in der Nachbarzelle ein Aktionspotential auslöst. Elektrische Synapsen sind nicht nur in Nervenzellen wirbelloser Tiere vorhanden, sondern auch im Bereich der großen Nervenzentren von Wirbeltieren bis einschließlich der Säugetiere und des Menschen. Sie sind meist in der Nachbarschaft anderer Synapsen angeordnet und stellen damit einen direkten Kontakt zwischen Nervenzellen her. Damit werden Gruppen von Nervenzellen zu Wirkungseinheiten zusammengefaßt und zu einer synchronen Leistung veranlaßt. Diese Verwendung elektrischer ursprünglicher Synapsen ist offenbar bei der Konstruktion großer Nervensysteme so vorteilhaft gewesen, daß dieses einfache Prinzip des Zellkontaktes zwischen Nervenzellen nicht mehr aufgegeben worden ist.

b) Die chemischen Synapsen

Eine zweite Form des speziellen Zellkontakts zwischen Nervenzellen und von Nervenzellen mit anderen Zellen sind die chemischen Synapsen; in ihnen werden anstelle der Ionen größere Moleküle als Überträgersubstanz, sogenannte *Neurotransmitter*, verwendet. Sie sind im Bereich der Synapsen in Membranvesikel eingeschlossen: Synaptische Vesikel oder *Synaptosomen*. Dadurch wird die Konstruktion der chemischen Synapsen asymmetrisch; die Seite mit den synaptischen Vesikeln ist die *Präsynapse*; die gegenüberliegende

Seite der anderen Zelle trägt die Rezeptoren für die Neurotransmitter und ist die *Postsynapse*. Die Zellmembranen dieser Kontaktzonen sind durch einen 20–30 nm weiten Spaltenraum, den *synaptischen Spalt*, voneinander getrennt. Der Durchmesser einer solchen Kontaktzone beträgt ein μm oder weniger, und die beiden gegenüberliegenden Membranen sind spezialisierte Membranen. In der Präsynapse sind in der aktiven Zone der Membran große Eiweißpartikel eingelagert, die als Ca-Poren funktionieren und in gleichmäßigen Reihen oder in hexagonaler Anordnung in die Membran eingesenkt sind. Mehrere hundert bis mehrere tausend synaptische Vesikel sind vorhanden, und einige hundert liegen zwischen den Calcium-Poren in der Nachbarschaft der Zellmembran. Auch Mitochondrien sind im Bereich der Präsynapse vorhanden, da bei den Funktionen der Erregungsübertragung Energie verbraucht wird, die durch die Spaltung von ATP freigesetzt werden muß. Die gegenüberliegende Seite der Kontaktzone der anderen Zelle, die Postsynapse, ist frei von synaptischen Vesikeln. Ihre aktive Zone der Zellmembran im Bereich des synaptischen Spaltes ist dicht besetzt mit speziellen Rezeptormolekülen, die in die Membran eingesenkt sind und nach außen in den extrazellulären Raum ragen. Der synaptische Spalt zwischen beiden Zellmembranen wird durch weitgespannte Moleküle überbrückt und gegen den übrigen Interzellularraum abgegrenzt. Ein Teil dieser Moleküle hat Enzymcharakter (siehe unten).

Eine chemische Synapse funktioniert folgendermaßen. Erreicht ein Aktionspotential die Synapse (Präsynapse), so erfolgt dort die Öffnung der Calciumporen und ein Einwärtstransport von Ca-Ionen in die Zelle. Die Ca-Ionen stammen möglicherweise aus einem Vorrat an gebundenem Calcium, der an den großen, den synaptischen Spalt überspannenden Molekülen im Ruhezustand angelagert ist. Diese Moleküle sind nämlich Glykolipide vom Typ der Ganglioside mit sehr zahlreichen endständigen N-acetyl-Neuraminsäureanteilen. Durch den Ausstrom von K-Ionen bei der Entstehung des Aktionspotentials wird das Ca mobilisiert und kann durch die Ca-Poren in die Zelle transportiert werden. Wahrscheinlich durch die Aktivierung der ATPase im Bereich der synaptischen Membran wird nun die unterste Lage von synaptischen Vesikeln mit der Membran in Kontakt gebracht, und es erfolgt eine Exocytose des Neurotransmitters in den synaptischen Spalt hinein. Dieser Vorgang dauert 1 bis 2 ms. Pro synaptischem Vesikel wird also ein bestimmtes Quantum an Neurotransmittern austreten. Durch die enge Nachbarschaft zur postsynaptischen Membran binden die Neurotransmittermoleküle an die entsprechenden Rezeptoren und lösen dort eine nicht näher bekannte Konformationsänderung aus. Je nach Größe der synaptischen Vesikel und der Art der Neurotransmittermoleküle werden durch ein Quantum mehrere Tausend Rezeptormoleküle der postsynaptischen Membran besetzt. Die Konformationsänderung führt zur Öffnung benachbarter Ionenporen der postsynaptischen Membran, es kommt zu einem Ionentransport. Der Effekt hängt von der Art der Rezeptoren und der Ionenporen ab (siehe unten). Die Funktion der chemischen Synapse ist also die eines Einwegsystems: eine Erregung der Nervenzellmembranen im Bereich der Präsynapse wird durch Neurotransmittermoleküle über die Kontaktzone auf die Membran der Postsynapse übertragen und löst dort eine neue Reaktion aus. Der umgekehrte Weg ist nicht möglich, da die Postsynapse keine entsprechenden Neurotransmitter besitzt. Die Funktionen der bei der Erregungsübertragung beteiligten Systeme brauchen Zeit, so daß es bei der Erregungsübertragung zu einer Verzögerung kommt. Ein Aktionspotential in einer Nervenendigung bewirkt nur die Exocytose von einem oder wenigen synaptischen Vesikeln, also nur die Ausschüttung einiger Quanten des Neurotransmitter. Durch die begrenzte Zahl der betroffenen Rezeptoren wird im Bereich der Postsynapse auch nur ein geringfügiger Effekt erzeugt (Minispike), der nicht ausreicht, um in der Zellmembran einen ausreichenden Ionentransport für die Entstehung eines Membranpotentials auszulösen; die übertragene Erregung erlischt also wieder im Bereich der Synapse. Wird dagegen in der präsynaptischen Zone durch eine anhaltendere Reizung der Nervenzelle eine Gruppe von Aktionspotentialen (spike train) ankommen, so werden Hunderte von synaptischen Bläschen zur Exocytose kommen, und die Bindung der Neurotransmitter an die zahlreichen Rezeptoren wird zur vollen Auslösung eines entsprechenden Potentials in der postsynaptischen Region ausreichen. Wird durch eine Dauerreizung der Nervenzelle eine Folge von Aktionspotentialen über relativ lange Zeit an der Präsynapse ankommen, so werden sehr zahlreiche synaptische Vesikel ausgeschüttet, und es kommt zu einer Dauererregung an der Postsynapse. Für den Bereich der Präsynapse ergeben sich daraus zwei Probleme: durch Membranfluß müssen die Membrananteile der synaptischen Vesikel wieder aus der Zone der Synapse herausgeholt werden und durch Endocytose an den Seiten der aktiven Zone in die Zelle zurückgeholt werden. Dies geschieht mittels des Transmembrancytoskelettes in Form besonderer Vesikel (coated vesicles); außerdem müssen durch einen Stoffstrom vom Zellkörper in die Nervenzellfortsätze die Materialien für die synaptischen Vesikel ersetzt werden (siehe unten).

Die chemische Natur der Neurotransmitter ist sehr verschieden. Tabelle 3 gibt eine Übersicht über einige der Verbindungen, die als wichtigste Neurotransmitter bekannt sind. Als weitere Transmittersubstanzen kommen Aminosäuren oder ihre direkten Derivate in Frage (Glutaminsäure, Asparaginsäure, Glycin, Histamin aus Histidin, DL-Octopamin). Damit eine Substanz als Neurotransmitter funktionieren kann, müssen folgende Vorgänge in der Zelle vorhanden sein und kombiniert werden können:

a) die Vorstufenmoleküle und die Enzyme zur Synthese des als Neurotransmitter wirkenden Moleküles müssen in der Nervenzelle vorhanden sein;
b) der Neurotransmitter muß in den präsynaptischen Zonen angereichert werden und und dort in Form von synaptischen Vesikeln zunächst von der Zellmembran isoliert bleiben;
c) der Neutrotransmitter muß durch die Ankunft von Aktionspotentialen in physiologisch wirksamen Mengen in den synaptischen Spalt entleert werden können;
d) in der postsynaptischen Membran müssen spezifische Rezeptoren vorhanden sein, die mit den Neurotransmittern reagieren;
e) die Bindung an den Rezeptor muß die Permeabilitätsänderung der postsynaptischen Membran bewirken;
f) ein inaktivierender Mechanismus, z.B. durch enzymatischen Abbau, muß die Wechselwirkung zwischen Neurotransmitter und Rezeptor beenden, so daß nicht eine Dauererregung der postsynaptischen Membran eintreten kann.

Die Erfindung der Verwendung von relativ kleinen Molekülen als Neurotransmitter muß also gekoppelt werden mit einer ganzen Reihe von anderen Neuerungen, wie z.B. dem Aufbau spezifischer Rezeptoren in der Postsynapse. Die chemische Synapse ist daher nicht eine einfache Weiterentwicklung der ursprünglichen gap junctions als Kontaktzone zwischen Zellen, sondern eine spezifische Neuerung, die mit der Differenzierung von Zellen zu funktionsfähigen Nervenzellen eingeführt worden sein muß; Nervenzellen ohne Synapsen würden wirkungslos bleiben.

Am Beispiel des Acetylcholins kann kurz die Synthese des Neurotransmitters und des entsprechenden Rezeptors dargestellt werden (Bild 58). Acetylcholin wird im Perikaryon synthetisiert und in die Präsynapsen transportiert, wo es gebraucht wird. Die Übertragung einer Acetylgruppe auf ein Molekül Cholin wird durch das Enzym Cholinacetyltransferase (Cholin-Acetylase) vorgenommen. Das Cholin stammt aus der Zellmembran, die durch Endocytose im Bereich seitlich der Synapsen zurückgeholt wird. Das Enzym ist im Cytoplasma vorhanden. Die Acetylgruppe stammt von Acetyl-CoA, welches

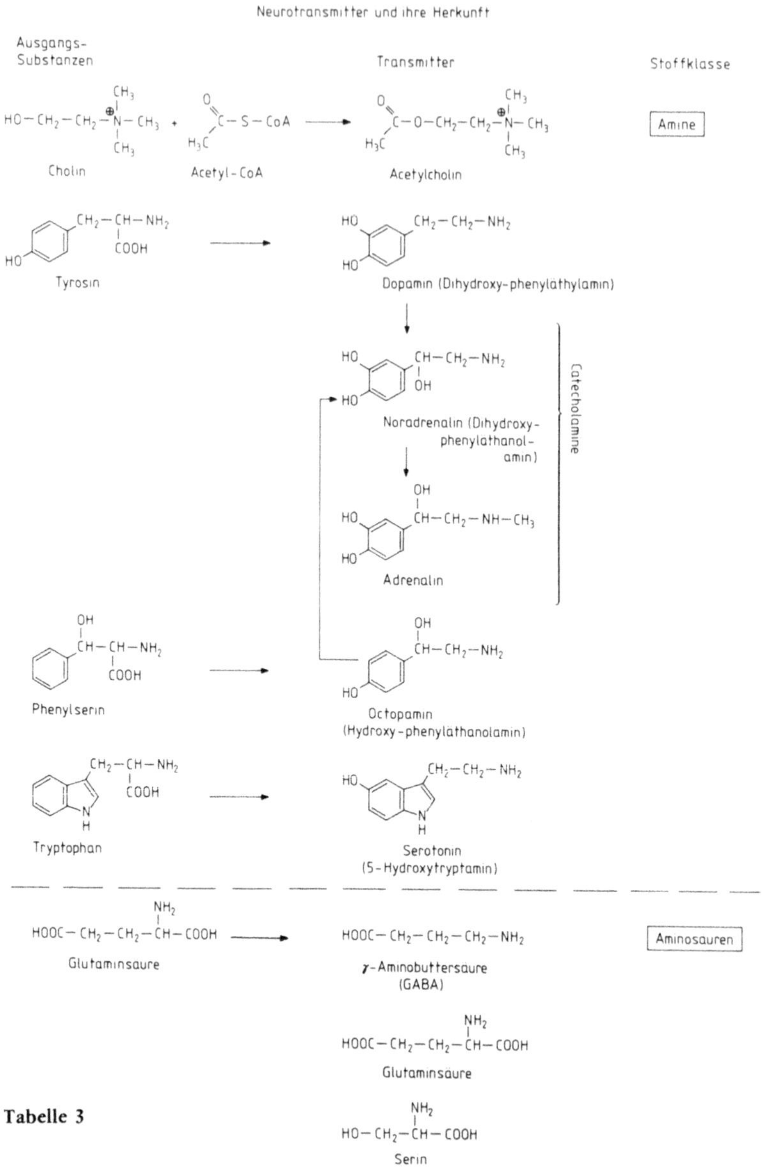

Tabelle 3

als Substrat für das Enzym funktioniert. Markierungsversuche mit C^{14}-Glucose haben ergeben, daß dieses Acetyl-CoA aus Glucose oder Pyruvat der Glykolyse stammt, wobei Pyruvat durch die Pyruvat-Dehydrogenase decarboxyliert wird (vgl. Bild 10). Dieser Enzymkomplex ist in anderen Zellen innerhalb der Mitochondrien lokalisiert, und Acetyl-CoA kann die innere Mitochondrienmembran nicht passieren. In den Nervenzellen dagegen wird Pyruvat durch den Pyruvat-Dehydrogenasekomplex auch im Cytoplasma zu Acetyl-CoA umgewandelt, und diese Verbindung ist dann Spender für die Acetyl-Gruppe

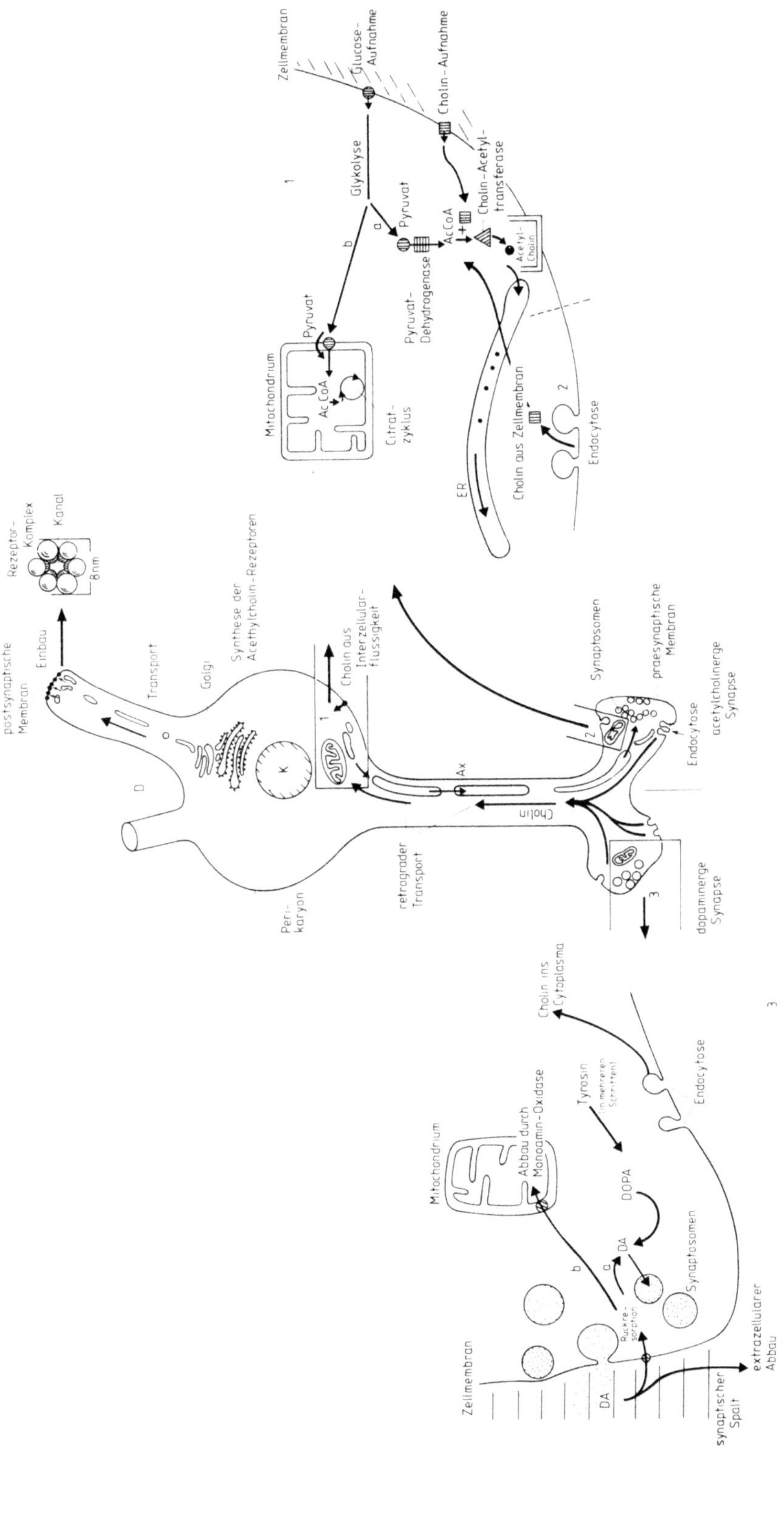

Bild 58
Schema einer Nervenzelle mit dem Kreislauf der Synthese und des recycling von Acetylcholin und Dopamin, vgl. Text

des Acetyl-Cholins. Die Nervenzellen haben also einen spezialisierten Stoffwechsel zur Herstellung des Neurotransmitters. Acetylcholin befindet sich entsprechend der Synthese zunächst im Cytoplasma und wird dann in den sich formierenden Membranvesikeln eingeschlossen. Nur die in den Synaptosomen vorhandenen Moleküle können in den synaptischen Spalt übertreten, das im Cytoplasma vorhandene Acetylcholin ist nicht am Prozeß der Erregungsübertragung beteiligt. In der postsynaptischen Membran sind die Rezeptoren für Acetylcholin verankert. Es sind große Glykoproteinmoleküle von einem Molekulargewicht von 40000, die nach ihrer Synthese im endoplasmatischen Reticulum zum Golgi-Feld transportiert werden und dort für einige Stunden verbleiben, wahrscheinlich werden sie dort zusammengesetzt und in die Membran eingebaut. Denn ein Rezeptorort besteht aus 5 oder 6 dieser Moleküle, die sich zu einem kreisförmigen Komplex von 8–9 nm zusammenschließen und im Zentrum einen Kanal enthalten. Durch Membranflußmechanismus gelangen sie aus dem Golgi-Feld in die postsynaptische Membran, wo sie zu mehreren Hundert bis mehreren Tausend (je nach Form der Synapse) pro μm^2 eingebaut sind. Die Rezeptor-Komplexe sind integrierte Membranproteine, die von der Außenseite der Zelle bis zur Innenseite zum Cytoplasma durchreichen. An ihrer Außenseite binden sie für 1–2 ms Acetylcholin; ob dabei der ringförmige Kanal geöffnet wird und als Ionenkanal dient oder ob von ihrer Bewegung eine Wirkung auf benachbarte Membranproteine ausgeübt wird, ist noch nicht bekannt. Ihr hoher Anteil (10–40% der Membranproteine im Bereich der Synapse) an der postsynaptischen Membran hat eine enge Packung und meistens ein regelmäßiges Muster der Anordnung der Rezeptorkomplexe zur Folge. In enger Nachbarschaft sind Enzymmoleküle, die Acetylcholinesterasen, vorhanden. Sie gehören zur alten Familie der Serin-Enzyme, die bereits bei den Verdauungsenzymen besprochen worden sind.

Die Katalyse des Acetylcholins geht nach folgendem Schema vor sich:

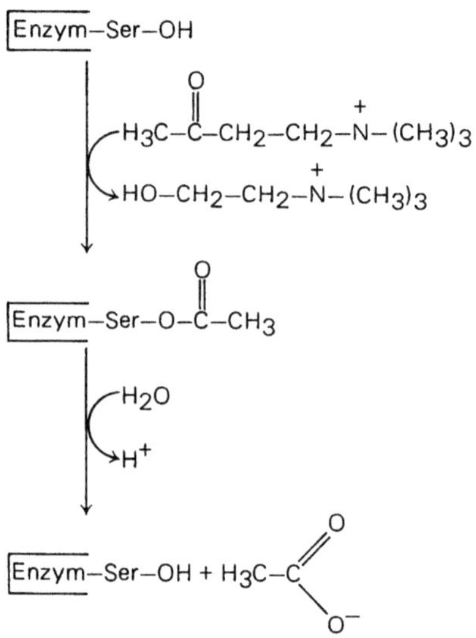

Die Katalyse wird in etwa 40 μs durchgeführt. Ähnlich wie beim Chymotrypsin wird im aktiven Zentrum das Acetylcholin an Serin gebunden; nach der erfolgten Spaltung steht der Rezeptor wieder zur Bindung eines neuen Acetylcholinmoleküls zur Verfügung, und das Enzym ist ebenfalls wieder aktiv. Durch die schnelle Zerstörung des Neurotransmitters ist also die Konstruktion der postsynaptischen Membran in der Lage, je nach Temperatur bis zu 1000-mal pro Sekunde den Rezeptor-Acetylcholin-Komplex zu bilden. Das Enzym ist kein integriertes Membranprotein, sondern wird von der Zelle in den synaptischen Spalt ausgeschieden, wo es an den überbrückenden Glykolipidmolekülen angeheftet wird. Es ist ein komplizierter Komplex aus wahrscheinlich zwölf Untereinheiten und spaltet bereits innerhalb des synaptischen Spaltes Acetylcholinmoleküle, die damit überhaupt nicht an die Rezeptoren gelangen. Das freigewordene Cholin wird durch die Zellmembran ins Zellinnere transportiert und steht für die neue Synthese von Acetylcholin zur Verfügung (s. oben).

Funktionell unterscheiden sich die chemischen Synapsen durch den Membraneffekt, der an der Postsynapse bei der Bindung des Neurotransmitters entsteht. Es gibt excitatorische und inhibitorische Synapsen. Bei den *excitatorischen Synapsen* wird durch die Bindung des Neurotransmitters und die Öffnung der Ionenkanäle eine Depolarisierung im Bereich der Nervenzellmembran erreicht, indem die Na- und K-Poren für sehr kurze Zeit geöffnet werden und das negative Membranpotential auf +10 bis +20 mV verändert wird. Es entsteht also eine Erregung, so daß die Depolarisation in Form eines Aktionspotentials von den benachbarten Zonen der Membran in Richtung auf den Nervenzellkörper weitergegeben wird. Das an der Postsynapse entstandene Potential wird EPSP = excitatorisches postsynaptisches Potential genannt. Typische erregende Postsynapsen sind die, bei denen Acetylcholin als Neurotransmitter funktioniert: Cholinerge Neurone, oder Catecholamine wie Noradrenalin oder Adrenalin: adrenerge Neurone. Die *inhibitorischen Synapsen* dagegen öffnen nach der Bindung des Neurotransmitters Ionenkanäle für K und Cl in der postsynaptischen Membran, so daß das Membranpotential weiter absinkt auf −80 bis −100 mV. Es erfolgt eine Hyperpolarisierung (IPSP = inhibitorisches postsynaptisches Potential). Damit wird die Entstehung eines Aktionspotentials durch Depolarisation verhindert (Inhibition); dieser Effekt kann ebenfalls über die Zellmembran bis in die Region des Zellkörpers weitergegeben werden und dort die Entstehung anderer Aktionspotentiale verhindern. Die synaptischen Vesikel in einer inhibitorischen Synapse sind in der Regel abgeflacht; die einer excitatorischen Synapse kugelig. Als Neurotransmitter für inhibitorische Synapsen sind vor allem γ-Aminobuttersäure (GABA) sowie Dopamin (dopaminerge Neurone) und Serotonin (tryptaminerge Neurone) bekannt geworden. Von der Embryonalentwicklung bei Wirbeltieren ist bekannt, daß die Differenzierung in den einen oder anderen Typ einer Nervenzelle mit bestimmten Neurotransmittern relativ frühzeitig festgelegt wird; damit wird auch die Funktion der Nervenzelle fixiert.

Die Lage der chemischen Synapsen als Kontaktstellen zwischen Zellen ist ebenfalls für die Funktion von entscheidender Bedeutung. Bild 59 gibt die verschiedenen verwirklichten Möglichkeiten von Synapsen zwischen Nervenzellen wieder. Bei der Bezeichnung folgt man der Lage der Prä- bzw. Postsynapse, eine axo-dendritische Synapse bedeutet also, daß das Axon die Präsynapse trägt und der Dendrit der Nachbarzelle die Postsynapse. Am einfachsten zu verstehen sind axo-dendritische und axo-somatische Synapsen (ein Axon trifft auf die Zone des Perikaryons einer anderen Nervenzelle). Sie sind funktionell leicht verständlich, indem sie einer direkten Erregungsübertragung von einer Nervenzelle auf eine andere dienen. Auch die axo-axonale bypass-Synapse, bei der benachbart verlaufende Axone sich in der Kontaktzone berühren, ohne besondere Zellausläufer dort zu bilden, ist gut verständlich. Die komplizierten serialen oder reziproken Synapsen weisen in der Regel eine Kombination von excitatorischen und inhibitorischen Typen auf, so daß bereits im Bereich dieser Synapsenzone eine Hemmung oder Förderung der Erregungsübertragung in der benachbarten Synapse erfolgen kann. Mit solchen Kombinationssynapsen können in zentralen Nervensystemen Gruppen von Zellen kurzge-

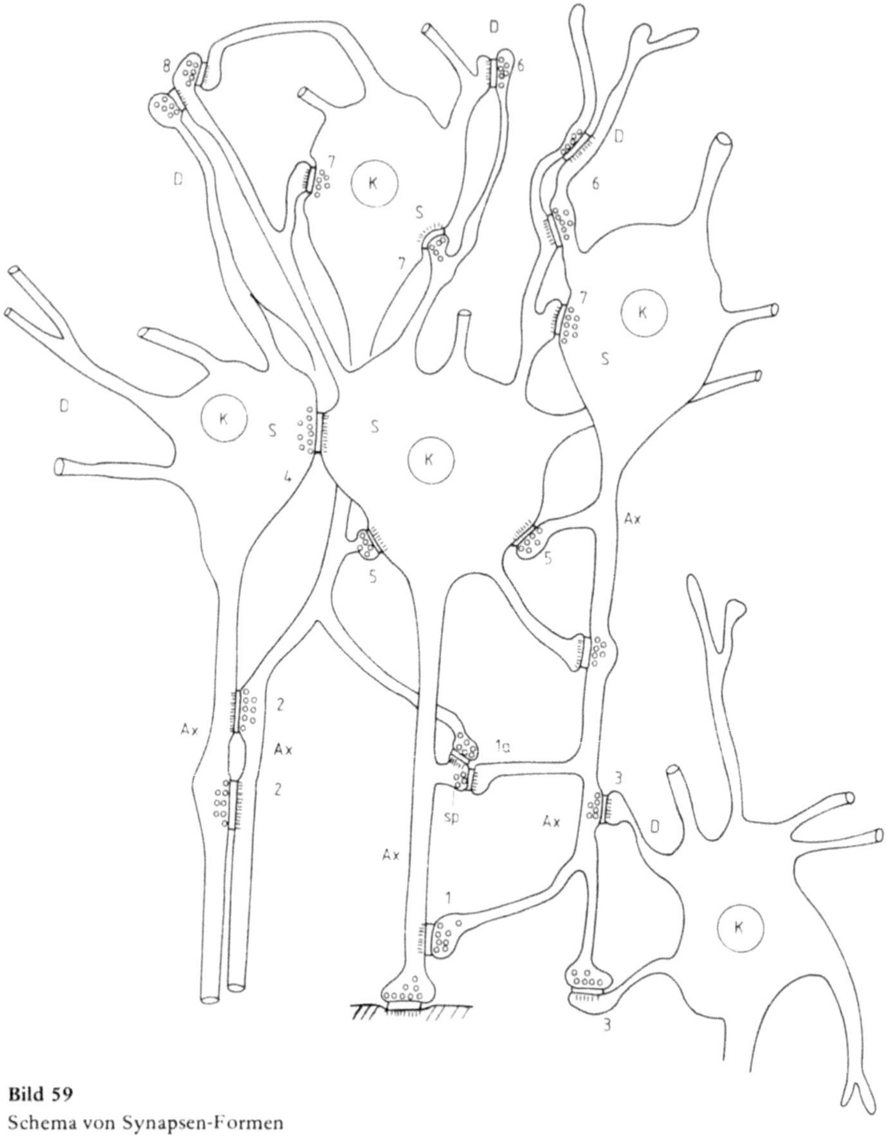

Bild 59
Schema von Synapsen-Formen

1	axo-axonale Synapse		Ax	Axon
1a	mit „spine" sp		D	Dendrit
2	axo-axonale Bypass-Synapse		K	Zellkern
3	axo-dendritische Synapse		S	Soma (= Perikaryon)
4	soma-somatische Synapse			
5	axo-somatische Synapse			
6	dendro-dendritische Synapse			
7	dendro-somatische Synapse			
8	seriale reziproke Synapsen			

schlossen werden. Die multipolaren Nervenzellen der Coelenteraten mit ihren zahlreichen elektrischen Synapsen zeigen wahrscheinlich einen ursprünglichen Typus, indem neben den chemischen Synapsen mit ihrer Einbahnrichtung die elektrischen Synapsen die Erregungsleitung in beiden Richtungen ermöglichen; der Begriff der Dendriten kann also die Funktionen der zahlreichen Zellausläufer nicht charakterisieren. Die später in der Stammesgeschichte mit der Entwicklung von massierten Ansammlungen von Nervenzellen in zentralen Nervensystemen zusammenhängende Komplizierung der Leistungen geht nicht nur auf die erhöhte Zahl der Nervenzellen zurück, sondern auf die außerordentlich große Kombinationsmöglichkeit verschiedener Typen von Kontaktstellen. Charakteristisch ist, daß die Axone größerer Nervenzellen zahreiche seitliche Ausstülpungen tragen (Varikosen oder butons), welche alle Synapsen darstellen. Entsprechendes gilt für große Dendriten. Benachbarte Nervenzellen können im Bereich ihres Zellkörpers durch somatosomatische Synapsen Kontakt haben.

Die zweite Möglichkeit für die Lage chemischer Synapsen ist der Kontakt mit nicht nervösen Zellen, nämlich den Sinneszellen (Rezeptorzellen), die eine Erregung in Nervenzellen weitergeben; und solchen Zellen, welche (z.B. Muskelzellen oder Drüsenzellen) eine Erregung von Nervenzellen übernehmen sollen. Letztere sind die Effektoren, weil durch ihre Funktion der Effekt der Nervenerregung erreicht wird, z.B. in einer Muskelkontraktion oder der Ausschüttung eines Sekretes. Die Rezeptoren müssen also mindestens eine präsynaptische Zone haben, damit sie die bei ihnen durch die Reizung entstandene Erregung in Form eines elektrischen Potentials auf einen Nervenzellfortsatz übertragen können, der an der Kontaktzone eine Postsynapse trägt. Bei den Effektoren muß der an sie heranreichende Fortsatz der Nervenzelle eine Präsynapse ausbilden, und an der entsprechenden Kontaktstelle muß die Effektorzelle eine postsynaptische Zone besitzen. Nach der funktionellen Lagebeziehung sind die chemischen Synapsen an Rezeptoren somato-dendritische Formen und die chemischen Synapsen an Effektoren axo-somatische Formen.

Die Zellausläufer einer Nervenzelle sind als die Träger zahlreicher Synapsen nicht mehr variabel und können nicht je nach Zustand der Zelle wie bei den Bindegewebszellen verändert werden. Die Form einer Nervenzelle bleibt also über lange Zeiten konstant und ist gewissermaßen Ausdruck ihrer Reichweite, der Beziehung zu anderen Nervenzellen oder Sinneszellen bzw. ihrer Zugehörigkeit zu Effektorzellen. Nach der Zahl und Form der Zellausläufer sind morphologisch folgende Nervenzelltypen zu unterscheiden: multipolare Zellen mit zahlreichen (mehr als 4) Fortsätzen; sie besitzen meist große Zellkörper, und die Fortsätze können mehrere mm lang sein. Bei Hydra, die etwa 1 300 funktionsfähige Nervenzellen besitzt, sind mehr als die Hälfte multipolare Nervenzellen. Zellen mit vier Fortsätzen sind tetrapolare, solche mit drei Fortsätzen tripolare Nervenzellen. Bei den bipolaren Zellen, d.h. Nervenzellen mit nur zwei Zellausläufern, die sich am Zellkörper gegenüberliegen, trägt ein Ausläufer bei den Coelenteraten sehr häufig eine Cilie, ist also eine neurosensorische Zelle. Unipolare Zellen haben nur einen Zellausläufer; sie tragen ebenfalls sehr häufig eine Cilie und gehören ebenfalls zur Gruppe der neurosensorischen Zellen. Auf ihre besondere Funktion wird weiter unten eingegangen. Die Stabilität der Zellausläufer wird durch zahlreiche, in der Längsachse verlaufende Mikrotubuli (Neurotubuli) aufrechterhalten. Parallel verlaufen 10 nm-Filamente im Cytoplasma (Neurofilamente), und die Ausbildung dieser Strukturen hat früher zu zahlreichen Spekulationen Anlaß gegeben. Sie sollten beim Transport von Stoffen vom Perikaryon in die Zellfortsätze beteiligt sein. Dieser Stoffstrom wird aber entweder durch einen Cytoplasmastrom oder durch Membranfluß in Form von Vesikeln durchgeführt. Tubuli und Filamente stellen also echte Bestandteile eines Cytoskelettes dar, um die Form und Länge der Ausläufer aufrechtzuerhalten.

Die Zellausläufer sind in der Regel sehr dünn und haben einen Durchmesser von 1–2 μm. Daher muß ihre Versorgung vom Zellkörper her folgen, so daß ein stetiger Stoffstrom in die Zellausläufer hinein erfolgt (anterograder Transport). Die Bestandteile für die Zellmembran im Bereich der Synapse, Enzyme wie Acetylcholinesterase, Neurotransmitter, wie Acetylcholin oder Adrenalin, Glucose, Aminosäuren für die Mitochondrien an den Synapsen werden in Richtung auf die Zellenden transportiert. Das Cytoplasma der längeren Zellausläufer ist frei von Zellorganellen (z.B. keine Ribosomen, keine Mitochondrien). Wahrscheinlich spielt das Cytoskelett eine Rolle bei der Fixierung dieser Organelle im Bereich des Zellkörpers. Umgekehrt wird auch ein Stoffstrom von den Zellausläufern in Richtung auf den Zellkörper (retrograder Transport) aufrechterhalten; vor allem Stoffwechselprodukte und Anteile der synaptischen Membran müssen in den Bereich des Zellkörpers zum Umbau oder zur Ausscheidung abtransportiert werden.

Die Weiterleitung eines einmal entstandenen Aktionspotentials durch die Membranvorgänge in einem Zellausläufer (Leitungsgeschwindigkeit) hängt von zwei Faktoren ab: einmal vom Ionengehalt der extrazellulären Flüssigkeit und zum anderen von der Kapazität der Membran zum Ionentransport und damit direkt von der Membranoberfläche. Im groben Durchschnitt sind also Zellausläufer größeren Durchmessers leistungsfähiger als Zellausläufer mit kleinem Durchmesser. Dicke Zellausläufer können Erregungen schneller leiten als sehr dünne Zellfortsätze. Bei den Coelenteraten liegt die Leitungsgeschwindigkeit entsprechend den verschiedenen Formen der Nervenzellen zwischen 4 cm/s und 16 cm/s. Bei den großen Nervenzellen der Quallen (siehe unten) werden als Leitungsgeschwindigkeiten sogar 50 bis 60 cm/s erreicht.

c) Neurosekretorische Zellen: Kombination von Funktionen

Neurosekretorische Zellen besitzen die Charakteristika von Nervenzellen, können also Aktionspotentiale aufbauen, haben Zellfortsätze verschiedenen Typs und sind durch Synapsen mit anderen Nervenzellen verbunden. Zusätzlich synthetisieren sie Wirkstoffe (*Neurohormone*), die in Membranvesikeln des Golgi-Feldes konzentriert werden und in einem gezielten Sekretionsprozeß durch Exocytose an die extrazellulären Flüssigkeiten abgegeben werden können. Durch die Verbreitung des Wirkstoffes werden Zellen getroffen, die mit der neurosekretorischen Nervenzelle nicht in direktem Kontakt stehen, die Wirkung unterscheidet sich also erheblich von der bei Neurotransmittern. Wahrscheinlich handelt es sich um den ältesten Typ der Differenzierung zur Nervenzelle, denn bereits bei den Porifera werden in einzelnen Zellen des Mesenchyms Catecholamine aufgebaut und in den Wasserstrom zeitweilig abgegeben, wodurch andere Zellen zur Kontraktion angereizt werden und die großräumigen rhythmischen Kontraktionswellen eines Schwammkörpers entstehen. Diese sekretorischen Zellen können durch bestimmte Pharmaka beeinflußt werden, deren Wirkung auch aus der Nervenphysiologie bekannt ist. Es ist möglich, daß sich aus dieser einfachen Form der Beeinflussung anderer Zellen durch Ausschüttung von Wirkstoffen ein differenzierter Zelltyp entwickelt hat, dessen vorläufigen Endzustand schließlich Nervenzellen darstellen. Das Neurohormon wird im Bereich des Zellkörpers synthetisiert (Bild 60), jedoch nicht in der Zone des Perikaryons ausgeschüttet. Die Vesikel werden durch das Axon transportiert und an dessen Endzone exocytiert. Anstelle des synaptischen Kontaktes mit anderen Nervenzellen oder mit einer Effektorzelle tritt also die Ausschüttung des Neurohormons. Die Tätigkeit der neurosekretorischen Zelle, vor allem Transport und Ausschüttung des Neurohormons, werden durch andere Nervenzellen auf dem Wege durch Synapsen beeinflußt. Bereits die Coelenteraten enthalten solche neurosekretorischen Zellen, und wahrscheinlich dient der Wirk-

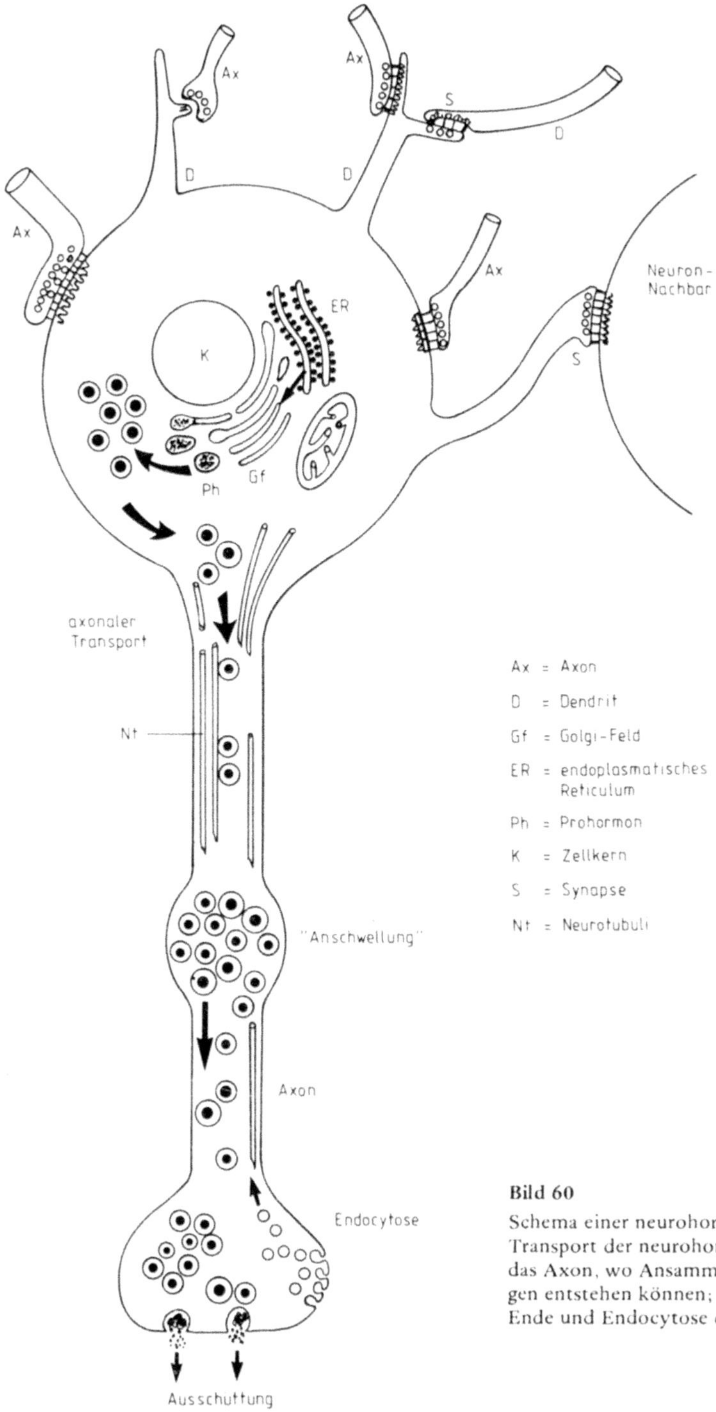

Bild 60

Schema einer neurohormonellen Nervenzelle. Transport der neurohormonellen Granula durch das Axon, wo Ansammlungen als Anschwellungen entstehen können; Ausschüttung am Axon-Ende und Endocytose der Membran

stoff zur Beeinflussung der Zelldifferenzierung während der Regeneration und der Knospenbildung. Auf die funktionelle Bedeutung von Neurohormonen wird bei den Tiergruppen im einzelnen eingegangen werden. Das Prinzip ist außerordentlich wirkungsvoll und wird bei allen wirbellosen Tieren und auch bei allen Wirbeltieren bis einschließlich des Menschen beibehalten.
Grundlegende Stoffwechselvorgänge können reguliert oder ausgelöst werden. Die Ausschüttung des Neurohormons erfolgt wie die eines Neurotransmitters im Bereich der Präsynapse. Durch das Aktionspotential im Axon wird der Einwärtstransport von Calcium in die Zelle ausgelöst und dadurch die Verschmelzung der Neurohormon enthaltenden Vesikel mit der Zellmembran bewirkt.

d) Spontane Aktivitäten von Neuronen: die Pace-maker (Schrittmacher)

Eine besondere Funktionsform von Nervenzellen sind die sogenannten *Pace-maker-Neurone*; sie sind außerordentlich wichtig. Diese Neurone zeigen spontan und rhythmisch eine Depolarisation ihres Membranpotentials, ohne daß über Synapsen von anderen Nervenzellen eine Erregung an sie weitergegeben worden ist. Die Zellmembran muß also zyklisch ihre Ionenporen öffnen, um eine Depolarisation zu erzeugen. Wie es zur spontanen Aktivität kommt, ist bisher nicht geklärt. In vielen Fällen wird bei den Pace-maker-Neuronen vor dem eigentlichen Aktionspotential noch ein kleineres Präpotential von nur etwa 0,3 bis 0,5 ms Dauer ausgebildet. Auch neurosekretorische Zellen können solche Pace-maker-Potentiale aufbauen und damit spontan zur Ausschüttung des Neurohormons kommen. Zwei Möglichkeiten für das Zustandekommen der spontanen Aktivität werden heute diskutiert. Durch die dauernde Synthese eines Stoffes, z.B. eines Catecholamines, und die Ausscheidung in die extrazelluläre Flüssigkeit kann das Neuron den eigenen Stoff an Rezeptoren der Zellmembran binden und über den Mechanismus des zyklischen AMP eine Kette von Reaktionen in Gang setzen, deren Ergebnis das Öffnen der Calcium-Poren ist. Mit dem Einstrom von Calcium werden dann die Membraneigenschaften so geändert, daß die Na- und K-Pumpen in Funktion kommen. Tatsächlich ist experimentell nachgewiesen, daß die Entstehung spontaner Aktionspotentiale nur bei Anwesenheit von Calcium in der extrazellulären Flüssigkeit möglich ist und daß ferner die Erhöhung der Konzentration von zyklischem AMP (cAMP) eine Membrandepolarisierung bewirkt.

Die zweite Möglichkeit betrifft die Wirkung von Peptiden. Auch sie werden in der Zelle hergestellt und wahrscheinlich von innen oder von außen in die Zellmembran eingebaut und beeinflussen die Form der Calcium-Poren. Die spontane Aktivität entsteht nicht in den Zellfortsätzen, sondern im Zellkörper (Perikaryon), und auch nach Abtrennung der Axone und Dendriten bleibt die spontane Aktivität erhalten. Bestimmte kleine Peptidhormone wie Vasopressin können auch bei wirbellosen Tieren spontane Aktivitäten in einem Pace-maker auslösen bzw. beschleunigen.

Drei funktionell verschiedene Typen von Pace-maker-Neuronen sind bisher bekannt (Bild 61). Die Entstehung der Aktionspotentiale kann in einem gleichmäßigen Rhythmus über lange Zeit wiederholt werden, die Pace-maker-Zelle gibt also in gleichmäßiger Reihenfolge Erregungen über ihre Synapsen an benachbarte Nervenzellen weiter. Die zweite Form der Pace-maker läßt in schneller Folge mehrere Aktionspotentiale (sogenannte bursts) entstehen, auf die eine längere Ruhephase folgt. In rhythmischer Folge werden diese bursts wiederholt. Bei der dritten Form erfolgt nur eine graduelle Depolarisation, ohne zu einem vollständigen Aktionspotential zu führen (non spiking cells). Diese sich wiederholenden und länger dauernden Depolarisationen verursachen in den benachbarten, über Synapsen angeschlossenen Nervenzellen Dauer-

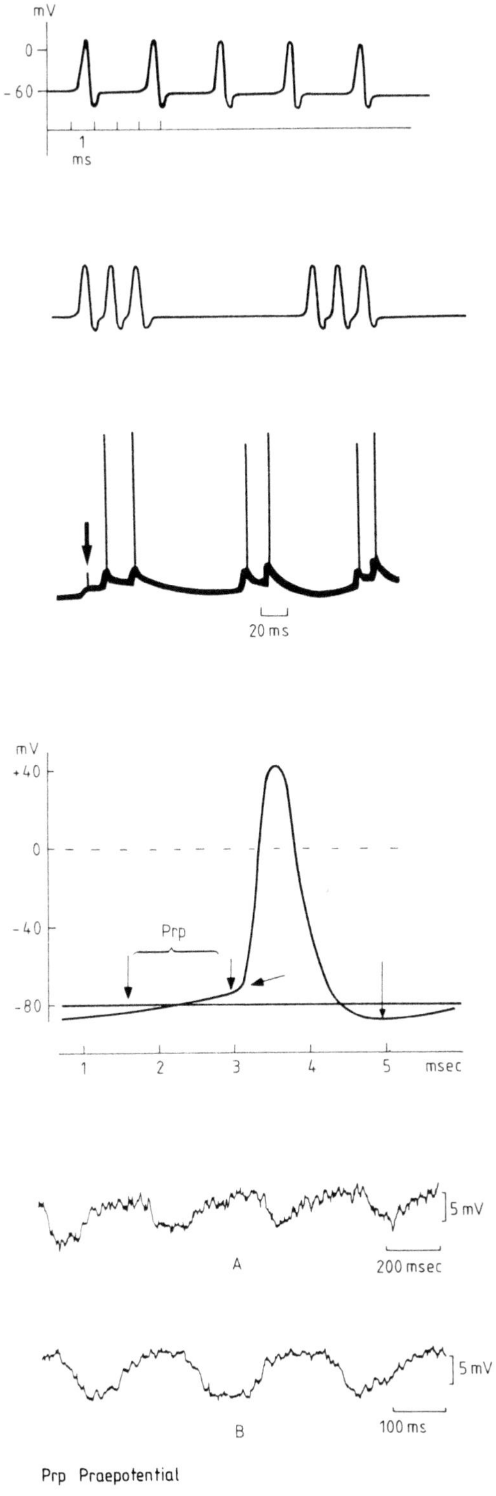

Bild 61

Verschiedene Formen von Aktionspotentialen in Nervenzellen

a) Regelmäßige Folge eines pace-maker Neurons

b) regelmäßige Folge mehrerer Potentiale (burst) eines pace-maker Neurons

c) extrem kurze Depolarisationen nach Reizbeginn, der eine Oscillation auslöst

d) „gedehnte", d.h. durch Meßtechnik auseinandergezogene Aufzeichnung eines typischen Aktionspotentials mit Praepotential (Prp) und kurzer Hyperpolarisation nach der Depolarisation

e) „non spiking" Interneurone als Oscillatoren mit wellenförmigen Potentialschwankungen

erregungen. Vor allem bipolare Neurone zeigen diese Funktionsweise, wobei keiner der Zellausläufer ein Axon ist, da keine vom Zellkörper nach peripher gerichteten Aktionspotentiale weitergeleitet werden. Die dendro-dendritischen Synapsen und die reziproken Synapsen funktionieren durch die graduelle Depolarisation ohne Aktionspotential.

Die Tätigkeit der Pace-maker-Neurone ist für die Nervensysteme von zentraler Bedeutung. Durch ihre rhythmische Aktivität werden benachbarte Nervenzellen zu einer rhythmischen Erregung angereizt, die sie wiederum auf die Effektoren wie z.B. Muskelzellen übertragen. So können rhythmische Aktivitäten zum Beispiel in Form von Schwimmbewegungen, von Laufbewegungen mit Extremitäten, von Atembewegungen in Gang gehalten werden. Aber auch zyklische Verhaltensweisen der Tiere bei einem circadianen Rhythmus (24h-Rhythmus) oder einem Tag-Nacht-Rhythmus werden durch zyklische Ausschüttung von Neurohormonen erzeugt. Rhythmische motorische Verhaltensweisen von Tieren gehen in der Regel auf die rhythmischen Spontanaktivitäten von Pace-maker-Neuronen zurück.

e) Die Integration des Nervennetzes mit den Effektoren und den Rezeptoren

Die Organisation der basalen Zellregionen der Epithelzellen zu einer geordneten Muskelschicht gibt bei den Coelenteraten die Möglichkeit, geordnete oder gezielte Körperbewegungen durchzuführen. Dabei ist die Aktivität der Nervenzellen unbedingte Voraussetzung. Im Experiment können durch Einwirkung von Colchizin Polypen durch eine mehrfach wiederholte Behandlung völlig frei von interstitiellen Zellen (siehe unten) gemacht werden, aus denen allein die Nervenzellen hervorgehen können. Das Ergebnis sind Polypen ohne Nervenzellen. Unter natürlichen Bedingungen kommen Mutationen vor, die defekte interstitielle Zellen verursachen und daher ebenfalls die Entwicklung von Nervenzellen verhindern. Die Polypenkörper sind bewegungslos, wenn auch in ihrer Form fast völlig normal; sie müssen künstlich gefüttert und die Nahrungsreste aus dem Gastralraum wieder entfernt werden. Die Polypen wachsen, und auch die vegetative Vermehrung durch Knospenbildung ist ungestört. Als einzige Bewegungen sind langsame rhythmische Kontraktionen möglich, die zur Auspressung der Flüssigkeit aus dem Gastralraum führen und durch die direkten Zellkontakte von Epithelzelle zu Epithelzelle weitergeleitet werden. Die nervenlosen Polypen haben ihre Chemotaxis verloren und reagieren nur noch auf sehr starke mechanische Reize mit langsamen Bewegungen. Vergleichbar den Verhältnissen bei den Schwämmen ist also beim Fehlen des Nervensystems nur noch die langsame Weitergabe der Erregungen über die Zellkontakte durch die Epithelien möglich; die schnellen Bewegungen beim Beutefang, bei der Fortbewegung und beim Freßvorgang sowie die Reaktionen auf Lichtreize oder chemische Reize fehlen vollständig. Die wesentlichen Aktivitäten eines Polypenkörpers werden also von den Nervenzellen erzeugt. Ihre Fortsätze stehen mit den muskulären Teilen der Epithelzellen durch Synapsen in Verbindung, als Neurotransmitter funktioniert Acetylcholin. Die Nervenzellfortsätze tragen die Präsynapse, und die Epithelmuskelzellen sind die Effektoren. Obwohl noch keine spezifisch differenzierten Muskelzellen ausgebildet sind, gibt es bereits zwei verschiedene Typen von Rezeptoren für Acetylcholin, wie sie für die Muskeln der Wirbeltiere oder höher organisierter wirbelloser Tiere bekannt sind. Der sogenannte nikotinische Typ reagiert auch auf Nikotin. Der zweite Typ reagiert auf das Pilzgift Muskarin und wird deshalb muskarinischer Typ genannt. Während die beiden Gifte die Wirkung des Acetylcholins imitieren, also zu einer Erregung der Muskelzelle und damit zur Muskelkontraktion führen, lassen sich die Rezeptoren durch andere Gifte besetzen und blockieren. Der nikotinische Typ wird durch

Curare blockiert, der muskarinische Typ durch Atropin. Da im Bereich der Synapsen keine Enzyme zur Zerstörung dieser Giftmoleküle existieren, bleiben die Rezeptoren dauerhaft blockiert, und die Muskulatur wird unerregbar, d.h. sie wird gelähmt. Diese Gifte stellen daher cholinerge Inhibitoren dar. Setzt man der Kulturflüssigkeit von Polypen Curare zu, so werden die Ektodermmuskelzellen gelähmt, d.h. die Polypen können keine Kontraktionen der Körpersäule mehr durchführen. Wird dem Wasser Atropin zugesetzt, so werden die Entodermmuskelzellen gelähmt, und es erfolgen schnelle rhythmische Kontraktionen, weil eine offenbar unter normalen Bedingungen bestehende Hemmung der Ektodermmuskelzellen fortfällt. Es kommt schließlich zur Dauerkontraktion des Polypenkörpers. Die Wirkungen der Gifte beweisen, daß nicht nur die Organisation der Myofibrillen in den Epithelmuskelzellen die gesamte Organisation von Muskelzellen überhaupt vorwegnimmt, sondern daß auch die Formen der Synapsen, wie sie von höher entwickelten Muskelsystemen bekannt sind, voll entwickelt vorliegen.

Diejenigen Nervenzellen, welche die Bewegungsaktivitäten hervorrufen, also die sogenannte *Motorik* auslösen, sind ihrer Funktion nach *Motoneurone*. Der Unterschied zu anatomisch gegliederten Muskelgruppen ist allein in der einfachen Schichtung der muskulären Zellfortsätze zu sehen. Bei den größeren Muskeln sind dagegen motorische Einheiten die funktionelle Grundstruktur, die aus einem neuralen Element mit seinen Synapsen und den dazu gehörigen Anteilen von Muskelzellen besteht. Eine solche motorische Einheit ist praktisch eine unteilbare Grundstruktur der Motorik anatomischer Muskeln, da sie ihre Erregung von einem axonalen Zellfortsatz beziehen und daher gleichzeitig die Auslösung der Kontraktionen erfolgt. In der Regel werden für anatomisch gegliederte größere Muskeln mehrere Motoneurone mit ihren Zellausläufern (Axonen) die motorischen Einheiten zu einem Territorium funktionell zusammenschließen, da sie untereinander in Verbindung stehen (siehe oben: Formen der chemischen Synapsen) und so die Synchronisation der Muskelkontraktionen gewährleisten. Die vergleichsweise geringe Zahl von Nervenzellen bei den Coelenteraten und die schichtenweise Gliederung der muskulären Zellausläufer lassen eine solche Komplizierung noch nicht zu.

Die Aktivitäten der ektodermalen und entodermalen Muskelfortsätze wird durch mehrere Pace-maker-Systeme ausgelöst. Sie werden überlagert von der eigenständigen Rhythmik der Epithelmuskelzellen, die sich an den nervenfreien Polypen zeigt und in einer langsamen Kontraktion des Körpers zum Auspressen des Gastralraumes besteht. Die Aktionen entstehen in den Entodermmuskelzellen, sie können also als myogene Aktionen bezeichnet werden und entsprechen dem bei elektrophysiologischen Ableitungen gefundenen slow system (SS). Die Aktivitäten der Pace-maker-Neurone dagegen verursachen bei den von ihnen innervierten Muskelfortsätzen eine rasche Aktion.

Das erste Pace-maker-System liegt an der Basis des Polypenkörpers und gibt im Abstand von einigen Sekunden einen burst von Aktionspotentialen an die Entodermmuskelzellen, so daß der Körper gestreckt wird (RP-System = rhythmic pulse contraction). Ein zweites System ist etwa in der Mitte der Körpersäule lokalisiert, und die Nervenzellen stehen mit den Ektodermmuskelzellen in Verbindung, geben im Abstand von einigen Sekunden einzelne Aktionspotentiale ab und bewirken eine Kontraktion des Polypenkörpers und vor allem ein Zusammenlegen der Tentakeln um den Mund (sog. Schließen der Tentakel). Das System wird je nach Polypenform verschieden benannt: CP-System = contraction pulse; oder HP-System = hydranth pulse. Das RP- und das HP-System können sich gegenseitig beeinflussen, vor allem durch präsynaptische Hemmung, je nach Reizen, die von außen durch die Sinneszellen registriert werden. Im Bereich des Mundes und der Tentakeln liegen weitere Pace-maker-Systeme. Das

DOS-System (distal opener system) bewirkt die Öffnung des Mundes und das Auswärtsbiegen der Tentakeln. Das NP-System (neck pulse system) dagegen bewirkt rasches Schließen der Tentakeln. Wird durch eine mechanische und chemische Reizung das DOS-System von seiner spontanen Aktivität zu einer Daueraktivität angereizt, so hemmen seine Neuronen für mehrere Sekunden die Pace-maker des NP- und HP-Systems. Dadurch werden die Tentakeln erst 4 bis 5 Sekunden nach dem auslösenden Reiz bei geöffnetem Mund geschlossen, und die Kontraktion des Körpers durch das HP-System wird für etwa 20 Sekunden völlig unterdrückt. Da durch die geringe Zahl von Nervenzellen und ihre Ausläufer nicht alle Epithelmuskelzellen gehemmt werden können, muß diese Hemmung tatsächlich die benachbarten Pace-maker-Neuronen treffen und dort eine Hyperpolarisierung erzeugen. Die Existenz von inhibitorischen Transmittern ist also von größter funktioneller Bedeutung. Eine weitere für die Rhythmik der Pacemaker sehr wichtige Erscheinung konnte registriert werden: mit dem Einsetzen des Reizes wird sofort das System der Phasenentwicklung, d.h. die Rhythmik umgestellt, und umgekehrt wird nach dem Erlöschen der Hemmung der Rhythmus der anderen Pace-maker so aufgenommen, als sei mit dem Erlöschen der Hemmung der Zeitpunkt Null gesetzt worden; die Rhythmik der Abgabe von Aktionspotential oder Gruppen von Aktionspotentialen beginnt mit diesem Zeitpunkt neu. Das oscillatorische System ist gewissermaßen hinsichtlich der Zeit neu eingestellt worden.

Die Aktionspotentiale der Pace-maker-Neuronen werden nicht nur auf die Effektoren, sondern durch die Synapsen auch auf andere Nervenzellen übertragen. Bei den Polypenstöckchen und den koloniebildenden Korallenpolypen werden Erregungen durch das ektodermale Nervennetz und Nervenzellen in der Mesogloea auch in die Nachbarpolypen weitergeleitet, und bei stärkeren Reizungen im Bereich des Tentakel-Kranzes werden die Pace-maker benachbarter Polypen aktiviert, und es kommt zu Aktionen dieser Polypen. Sie kann darin bestehen, daß koordinierte Suchbewegungen zum Fang von Beute ausgeführt werden; der Polyp kann aber auch durch ein Retraktor-pace-maker-System in die Skelettröhre oder die Hydrothek zurückgezogen werden, wenn bei einer Reizung durch die vorhergehende Erregung aus den Nachbarpolypen eine entsprechende Stimulierung dieses Systems gegeben war. Die Aufnahme von mechanischen oder chemischen Reizen oder auch von Licht erfolgt durch *Sinneszellen* im Ektoderm und im Entoderm (Bild 62). Sie sind durch die begleitenden Zellen weitgehend von der Oberfläche abgeschirmt und besitzen eine abgewandelte Geißel, die keine Beweglichkeit mehr hat: *Stereocilie*. Sie dient als Rezeptor und wird von einem Kranz von Mikrovilli umgeben. An der Basis sind Synapsen und Nervenzellfortsätze vorhanden, so daß die durch eine Reizung entstandenen Aktionspotentiale auf Neurone übertragen werden können. Eine geringe Reizintensität führt über die Neurone zu einer lokalen Bewegung, z.B. eines einzelnen Tentakels. Eine intensivere Reizung, länger anhaltende Reizwirkungen oder die Reizung von Gruppen von Sinneszellen führt dagegen zu stärkeren motorischen Reaktionen, weil mehrere Nervenzellen die Erregungen an die Epithelmuskelzellen weitergeben und die Pace-maker aktiviert werden können. Bei den mechanischen Reizen können nicht nur kurze direkte Berührungen der Stereocilien oder Dauerberührungen mit dem Untergrund wahrgenommen werden, sondern auch Vibrationen des Wassers, die durch schwimmende Tiere erzeugt werden.

Mit der Verformung des Körpers durch die Aktivität der Epithelmuskelzellen muß eine entsprechende Kontrolle zur Koordination der Bewegung möglich sein. Daher werden auch innerhalb der Gewebeschicht und der Mesogloea Sinneszellen eingelagert, die keine Verbindung nach außen haben. Es sind neurosensorische Zellen, also Nervenzellen mit 1 oder 2 Zellfortsätzen, die ähnlich wie die äußeren Sinneszellen eine unbewegliche Stereocilie zwischen die Muskelfortsätze bzw. in die Mesogloea senden

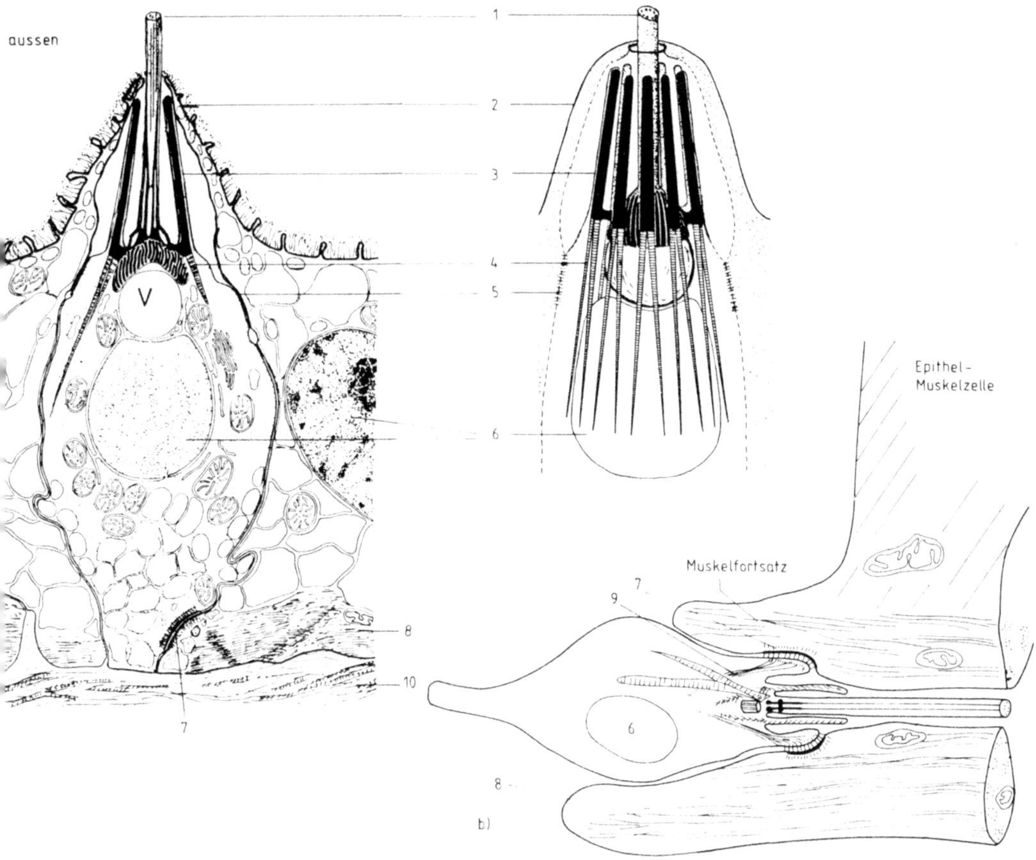

Bild 62 Sinneszellen bei Coelenteraten

a) Mechanorezeptorische Zelle mit Stereocilium bei Coryne; ein Kranz verstärkter Mikrovilli an der Basis unterstützt den Sinnesfortsatz (aus Tardent und Schmidt, 1972) li. Schnitt, re. Rekonstruktion

b) Neurosensorische Zelle als Proprioceptor mit Stereocilium zwischen Muskelfortsätzen

1 Geißel
2 Begleitzelle (Epithelmuskelzelle) mit Cuticula
3 Mikrovilli („Stereocilien")
4 Verankerungen
V Vakuole mit verändertem Basalkörper
5 tight junction (septiert)
6 Zellkerne
7 Desmosom
8 Myofilamente
9 verankernde 10 nm Filamente
10 Mesogloea

(Bild 62b). Sie sind durch Synapsen mit anderen Nervenzellen verbunden. Bei einer Kontraktion der Muskelfortsätze oder einer Verformung des Körpers wird die Cilie entsprechend mechanisch verbogen, und so entsteht eine Erregung in der Sinneszelle. Sie registriert den lokalen Zustand des Körpers und der Gewebe und ist ein sogenannter *Proprioceptor*. Die Verlagerung von Sinnesrezeptoren in den Körper zur Kontrolle von Spannungen im Gewebe, Verformungen oder Druckzuständen ist eine Erfindung, die bei der stammesgeschichtlichen Entwicklung von komplizierter gebauten Organismen nicht mehr aufgegeben wird. Die von einem Proprioceptor gelieferten Informationen können auf zwei Wegen wirksam weitergegeben werden. Einmal kann eine direkte Wirkung innerhalb eines lokal beschränkten Kreises von anderen Nervenzellen oder sogar auf Effektoren wie z.B. Muskelfortsätze übertragen werden. Die zweite Möglichkeit ist, daß die Informationen über weitere Nervenzellen (sogenannte *Zwischenneurone oder Interneurone*) an übergeordnete Nervenzellgruppen wie z.B. die Pace-maker oder direkt an andere Motoneurone weitergegeben werden. Im letzteren Fall entsteht eine lokale Reaktion, denn die beiden Muskelschichten des Ektoderms und des Entoderms wirken durch ihre Lage als Antagonisten, und die lokale Kontraktion in der einen Schicht muß zu einer entsprechenden Hemmung in der anderen Schicht führen. Doch ist über diese Vorgänge im einzelnen bei den Coelenteraten nichts bekannt. Auch über die Ausschüttung von Verdauungssekreten aus den Drüsenzellen im Zusammenhang mit der Chemotaxis oder dem Füllungszustand des Gastralraumes, d.h. dem Dehnungszustand der Gewebe und ihrer Beeinflussung durch Nervenzellen, ist nichts bekannt.

Die verschiedenen Formen von *Nesselzellen (Cniden)* stellen Effektoren mit einer besonders komplizierten funktionellen Beeinflussung dar, sie sind für den Beutefang sehr wichtig. Sie sind durch den Besitz einer nach außen gerichteten Stereocilie (Cnidocil) als Sinneszellen charakterisiert. An der Basis besitzen sie Prä- und Postsynapsen, sie werden also durch Nervenzellfortsätze inhibitorisch beeinflußbar. Eine mechanische Reizung allein des Cnidocils reicht nicht, um die Reaktion zum Ausschleudern des Nesselkapselinhalts auszulösen. Es muß ein chemischer Reiz vorher oder gleichzeitig vorliegen, um die explosionsartige Eröffnung der Kapsel auszulösen. Der gesamte Zustand des Tieres, d.h. die Füllung des Gastralraumes, die Zeit nach dem letzten Beutefang usw. beeinflußt den Empfindlichkeitszustand der Nesselzellen. Über die benachbarten Sinneszellen und über die Nervenzellen muß also die Reaktion der Nesselzellen fördernd oder unterdrückend beeinflußbar sein. Das ist biologisch außerordentlich sinnvoll, denn die Auslösung durch einen Wasserstrom oder durch die Berührung mit dem Untergrund würde zu einer sinnlosen Zerstörung der Nesselzelle führen. Wahrscheinlich führt auch die Stimulierung der Pace-maker im Tentakelbereich durch die Weiterleitung der Erregung zu einer erhöhten Reaktionsbereitschaft der Nesselzellen.

Zusammenfassung

Die heute bei den Coelenteraten entwickelten sogenannten einfachen Nervensysteme stehen am Ende einer sehr langen stammesgeschichtlichen Vorbereitung, deren einzelne Phasen und Zwischenstufen heute nicht mehr überprüfbar sind. Die heute vorhandene ausdifferenzierte Form einer Nervenzelle ist gebunden an einen geschlossenen Gewebeverband mit eigenem Ionenmilieu; die Zellen entwickeln verschiedene Formen von chemischen Synapsen und können gleichzeitig elektrische Synapsen besitzen; sie können spontan oder durch Anreiz Aktionspotentiale ausbilden und durch Zellausläufer weiterleiten; spontaner Aufbau von Aktionspotentialen und evtl. rhythmische Abfolge ist das Kennzeichen von Pace-maker-Neuronen; gleichzeitig mit den Nervenzellen entstehen Sinneszellen, die Reize der Außenwelt in Form von Erregungen in das Nervensystem eingeben können: Sinneszellen werden innerhalb des Körpers als Propriozeptoren entwickelt. Nervenzellen können Stoffe aufbauen, die als Neurohormone exocytiert werden und durch die Gewebsflüssigkeit auch an Zellen herangetragen werden, die mit den Nervenzellen nicht in direktem Kontakt stehen. Die Voraussetzungen, daß andere Zellen auf die Aktionspotentiale von Nervenzellen reagieren können, liegt in der Synthese von Rezeptormolekülen für die Neurotransmitter und ihre Einlagerung in die postsynaptische Zellmembran. Von besonderer Bedeutung ist, daß bei der Übertragung auf die Epithelmuskelzellen bereits zwei Typen von Acetylcholinrezeptoren (nikotinische und muskarinische) vorhanden sind, obwohl keine differenzierten Muskelzellen als eigener Zelltyp bei den Coelenteraten existieren. Daraus ergibt sich als Schlußfolgerung, daß die in der Phylogenie später entwickelten Tierstämme mit differenzierten Muskelzellen als eigenem Gewebetyp sich direkt von Coelenteraten ableiten müssen, weil sie die dort fixierten Gene für die Muskelrezeptoren übernommen und konserviert haben. Im weitesten Sinne entsprechen daher die Entodermmuskelschicht mit den darin eingelagerten Drüsenzellen und der Gastralraum dem Darmsystem mit dem Darmepithel, den Drüsen und der muskulären Wandung bei den höheren wirbellosen Tieren und den Wirbeltieren. Das sichtbare Verhalten der Coelenteraten ist das Resultat einer Motorik, die allein von den Nervenzellen ausgelöst und reguliert wird.

3.2.4 Stammzellen, Regeneration und Alterungsprozesse

Ein geschlossener Gewebeverband mit seinen differenzierten Zelltypen kann nur aufrechterhalten werden, wenn durch Zellteilungen die absterbenden Zellen ersetzt werden können (Regeneration) oder bei Wachstumsvorgängen die Ausdehnung der Gewebeschicht vergrößert werden kann. Die Zellen des Ektoderms und des Entoderms sowie die Drüsenzellen sind trotz ihrer hohen Zelldifferenzierung teilungsfähig, können also durch Wachstum und Zellteilung neue Zellen ihres Typs liefern. Dagegen sind die Nervenzellen und die verschiedenen Formen von Nesselzellen nicht teilungsfähig; sie müssen aus Reservezellen neu differenziert werden. Auch die Bildung der Geschlechtszellen geht von solchen Reservezellen und ihren Teilungen aus. Ganz allgemein werden solche Zellen, die noch weitgehend undifferenziert sind, sich in schneller Folge teilen können und eine bestimmte Entwicklungsrichtung einschlagen, als *Stammzellen* bezeichnet. Bei den Coelenteraten sind es die *interstitiellen Zellen (I-Zellen).* Sie kriechen amöboid durch die Lücken zwischen den Epithelzellen und die Fibrillen der Mesogloea. Sie stellen eine eigene Zellpopulation dar, deren schnelle Teilungsfolge (ca. 24 Stunden) in einer nicht hungernden Hydra die Zahl von ca. 3500 Zellen aufrechterhält. Etwa 60% dieser Zellen bleiben I-Zellen, stellen also ein Stammzellen-Reservoir dar. Die anderen aus den Teilungen hervorgehenden Zellen differenzieren sich dagegen zu Nervenzellen oder Cnidoblasten (Nematoblasten). Die Zellteilungen sind sogenannte differentielle Teilungen, wobei eine der Tochterzellen eine Stammzelle bleibt und die andere eine Zelldifferenzierung durchläuft. Durch das Wachstum des Organismus und das Absterben von Zellen entstehen täglich in einer Hydra etwa 500 neue Nervenzellen aus interstitiellen Zellen, wobei der Vorgang der Zelldifferenzierung etwa 18 Stunden dauert. Die Cnidoblasten liefern die verschiedenen Typen von Nesselzellen, wobei im Durchschnitt etwa 1700 neue Cnidoblasten pro Tag aus den Teilungen hervorgehen. Sie entwickeln sich nicht direkt zu Nesselzellen weiter, sondern lassen zunächst durch 3 bis 4 Vermehrungsteilungen eine Gruppe von Zellen entstehen, die durch Zellbrücken noch zusammenhängen und dadurch eine synchrone Zelldifferenzierung durchlaufen. Erst nach Abschluß der Teilungen werden im Bereich des Golgi-Feldes die komplizierten Strukturen der Nesselkapsel aufgebaut, und in dieser Form wandern die fast fertigen Nesselzellen zum Ort des Verbrauchs, also vor allem in die Tentakeln, wo sie im Gewebeverband zwischen die Epithelzellen eingebaut werden. Nur zu bestimmten Zeiten bzw. nur in den Medusenknospen differenzieren sich die interstitiellen Zellen auch zu Geschlechtszellen, ähnlich wie bei den Cnidoblasten werden aus Gruppen von Zellen mit synchroner Entwicklung nach den Reifeteilungen die Spermien. Eizellen entstehen dadurch, daß die zu Oocyten bestimmten Zellen ihre benachbarten interstitiellen Zellen phagocytieren und dadurch an Größe und Reservematerial zunehmen. Bei den Polypenstöckchen mit reduzierten Medusenknospen (Gonangien) bedeutet dies, daß nur männliche oder weibliche Knospen an einem Polypen gebildet werden. In anderen Fällen lagern sich die Oocyten an das Entoderm an und werden von dort direkt mit Material aus dem Gastralraum ernährt. Die Bestimmung des Geschlechts erfolgt wahrscheinlich bei den meisten Coelenteraten durch genetische Faktoren, d.h. durch die Weitergabe von chromosomalen Genen; die Mehrzahl ist getrenntgeschlechtlich, also männlich oder weiblich. Bei zahlreichen Arten kommt eine Geschlechtsumstimmung vor, so daß erst Spermien und dann später Eizellen oder umgekehrt erzeugt werden. Nur bei wenigen Arten werden Spermien und Eizellen gleichzeitig in einem Tier entwickelt. Über die Faktoren, welche im einzelnen die Entwicklung der interstitiellen Zellen zu den Gameten eines bestimmten Geschlechts beeinflussen, ist nichts bekannt. Bei der vegetativen Vermehrung durch Knospenbildung sind interstitielle Zellen nicht direkt beteiligt. Allein die Zellen der beiden Epithelien werden durch Zellteilung eine Knospenbildung einleiten und auch die neue Form und die Polarität der jungen Knospe bestimmen. Durch die inzwischen zahlreichen Methoden zur experimentellen Herstellung von Polypen ohne interstitielle Zellen (z.B. durch Einwirkung von Colchizin, Hydroxyharnstoff, durch Bestrahlung) und durch das Auffinden von zahlreichen Mutanten konnten die Funktionen und Beteiligungen der I-Zellen endgültig geklärt werden.

I-Zellen unterscheiden sich in ihren Funktionen wesentlich von den Archäocyten der Schwämme (siehe oben). Durch die Kombination von Zellen aus verschiedenen Mutationsformen lassen sich Chimären herstellen. Es sind Organismen, deren Gewebe sich aus Zellen verschiedener genetischer Konstitution zusammensetzen. Weder die Nervenzellen noch die interstitiellen Zellen haben einen Einfluß auf die wesentlichen Formgebungen beim Wachstum einer Knospe und auf die weitere Entwicklung von Ektoderm oder Entoderm. Auch die Polarität eines Polypen, d.h. Entstehung eines Mundfeldes mit Tentakelkranz bzw. einer Fußscheibe werden durch Stoffe der Epithelzellen determiniert und nicht durch die nachgewiesenen Neurohormone von Nervenzellen. Die interstitiellen Zellen sind zwar multipotent, d.h. noch zu verschiedenen Differenzierungsentwicklungen befähigt, aber die Wirkungsweise ihrer Gene ist bereits auf bestimmte Entwicklungsmöglichkeiten eingeschränkt, sie können nicht mehr die Aufgabe der Epithelzellen oder der Drüsenzellen übernehmen. Werden I-Zellen einer Mutante, deren Nervenzellen keine motorischen Synapsen bilden können und daher keine Koordination der Epithelmuskelzellen bewirken, auf einen im Experiment ohne I-Zellen aufgezogenen Polypen übertragen, so entstehen in diesem zwar neue Nervenzellen und auch wieder Nesselzellen, aber das Verhalten des Polypen wird nicht beeinflußt, da keine koordinierten Bewegungen von den neuen Nervenzellen ausgelöst werden können. Ein an den Tentakeln vorbeistreifendes kleines Beutetier wird abgetötet, aber nicht durch Bewegung in den Gastralraum eingeführt. Weder die Epithelzellen noch die interstitiellen Zellen in ihrer neuen Umgebung können den genetischen Defekt ausgleichen.

Für die Bildung der Geschlechtszellen ergibt sich aus den bisher bekannten Tatsachen über die I-Zellen ein Problem: es gibt anscheinend während der Embryonalentwicklung keine Ausprägung der Keimbahn, d.h. keine besondere Gruppe von Zellen wird isoliert, die als spätere Geschlechtszellen funktionieren sollen. Die Stammzellen in Form der interstitiellen Zellen liefern die Geschlechtszellen. Da aber bei der Entwicklung der Eizellen alle Gene zur Verfügung stehen müssen, also eine Einschränkung auf bestimmte Differenzierungsleistungen der Zelle noch nicht vorgenommen werden darf, müssen die zur Geschlechtszellbildung vorgesehenen I-Zellen eine andere Situation aufweisen. Das bedeutet aber, daß die Stammzellenpopulation in sich nicht einheitlich ist, oder daß durch besondere Einflüsse die Begrenzung der Genaktivierung in Richtung Nervenzellen oder Cnidoblasten aufgehoben werden kann und voll entwicklungsfähige Eizellen entstehen. Auch hier zeigt sich ein entscheidender Unterschied zu den Funktionen und Eigenschaften der Archäocyten.

Aufrechterhaltung und Wachstum des Gewebeverbandes wird durch die Zellteilungen der differenzierten Zellen bzw. durch den Nachschub aus der Quelle der interstitiellen Zellen, d.h. durch die Regeneration auf zellulärer Ebene, gewährleistet. Wenn eine Zelle altert und abstirbt, wird sie durch eine neue Zelle ersetzt. Dadurch entsteht ein Gewebefluß, der sowohl für die Epithelien als auch für die Zellen innerhalb der Mesogloea gilt. An den Tentakeln werden besonders viele Zellen verbraucht, und außer den einwandernden Nesselzellen schieben sich auch die Zellen des Ektoderms zu den Tentakeln vor. Es besteht also nur eine bestimmte *Lebensdauer* für eine Zelle mit differenzierten Zellstrukturen und einer starken Beanspruchung des Stoffwechsels. Diese begrenzte Lebensdauer kommt unter anderem dadurch zustande, daß durch Mutationen in der DNA des Kernes und der Mitochondrien allmählich immer mehr Veränderungen bei der Herstellung lebenswichtiger Enzyme auftreten, die schließlich an einzelnen Stellen eine verminderte Wirksamkeit und damit einen unvollständigen Stoffwechsel zeigen. Auch der Biosyntheseapparat für die Proteine kann durch Mutation etwa von tRNA, von Bestandteilen der Ribosomen oder der verschiedenen beteiligten Initiations- und Elongationsfaktoren betroffen sein. Diese Hypothese zur Klärung der *Alterung von Zellen* kann durch zahlreiche Beobachtungen belegt werden, ist aber sicher nicht die einzige Erklärungsmöglichkeit.

Bei den Coelenteraten tritt nun zum ersten Mal ein Alterungsprozeß auf, der als *programmierte Alterung* bzw. *programmierter Zelltod* bezeichnet wird. Nicht mehr einzelne Zellen, sondern ganze Zellgruppen, hier in Form von Polypen an einem Stöckchen, werden gleichzeitig von Abbauprozessen und vom Absterben betroffen. Normalerweise halten sich in einer aktiven Zelle die abbauenden Prozesse (Destruktion) von Zellorganellen oder Enzymmolekülen durch Autolysosomen und die aufbauenden Prozesse (Synthese) die Waage. Zyklische Wachstumsschwankungen oder Größenschwankungen von Zellen können durch Zunahme der Synthese oder die Zunahme der Destruktion reguliert werden. Beim programmierten Zelltod wird nach einer bestimmten Zeitspanne in zahlreichen benachbarten Zellen eine hohe Zahl von Autolysosomen gebildet, und die Destruktion überwiegt. Die Zellen lösen sich gewissermaßen nach einem bestimmen Zeitprogramm selbst auf. Bei den stöckchenbildenen Polypen (z.B. Campanularia) haben die einzelnen Hydranthen (vgl. Bild 49b) nach schnellem Wachstum nur eine Lebensdauer von etwa 7 bis 8 Tagen. Innerhalb von 3 Tagen werden in allen Zelltypen, also im Ektoderm, Entoderm und in Nervenzellen, sehr zahlreiche Autolysosomen gebildet, so daß schließlich die Zellen absterben, sich auflösen und in den gemeinsamen Gastralraum der Kolonie übernommen und verdaut werden. Da sich entsprechende Vorgänge bei vielen Tiergruppen bis hinauf zu den Wirbeltieren finden, müssen allgemein gültige Mechanismen vorliegen. Die gealterten Zellen produzieren vermehrt solche Membranen, welche durch Zusammenschluß in Form der Autolysosomen große Teile des Cytoplasmas mit Zellorganellen einschließen und durch die vorhandenen Enzyme verdauen können. Der Zelltod geht also nicht durch das Erlöschen von wichtigen Stoffwechselfunktionen, sondern durch die Produktion bestimmter Membranformen und der an ihnen fixierten Enzyme vor sich. Damit muß ein echtes Syntheseprogramm zu einem bestimmten Zeitpunkt ausgelöst werden, das in allen Zellen der Gewebe eines

Hydranthen gleichzeitig ablaufen soll. Das Ergebnis ist die Auflösung des Individuums an einer bestimmten Stelle der Kolonie, ohne daß die benachbarten Gewebe ebenfalls betroffen sind. Es werden also selektiv einzelne Teile aufgelöst. Dieser Prozeß kann durch die Bindung spezifischer Proteine an Rezeptoren in der Zellmembran ausgelöst werden, wobei eine Endocytose erfolgt. Dadurch nimmt die Zelle Peptidhormone, Neurohormone oder Glykoproteine auf (Internalisierung), durch welche die Regulation des Stoffwechsels bzw. Aktivierung bestimmter Gene in Gang gesetzt wird. Für die Coelenteraten sind diese Stoffe im einzelnen nicht bekannt, aber bei den Mollusken gibt es eine sogenannte Todesdrüse, deren Sekret bei den Weibchen nach der Eiablage ausgeschieden und von den Zellen anderer Organe aufgenommen wird, wobei der Abbau dieser Zellen und der Tod des Individuums beginnt. Vom programmierten Zelltod zu unterscheiden ist das *systemische Altern*; hierbei wird ein Organsystem, z.B. Nervensystem, Hormondrüsen oder Kreislaufsystem, durch das Absterben oder die Funktionsunfähigkeit ihrer Zellen wichtige Funktionen in einem Organismus beeinträchtigen, so daß es schließlich zum Tod des Individuums durch Ausfall dieses Systems kommt. Hierbei wird also nicht ein Programm abgewickelt, sondern die Regeneration erlischt, und die Lebensdauer der Zellen innerhalb des Organsystems bestimmt dann den Zeitpunkt des allmählichen Ausfalls.

3.2.5 Die Meduse als frei beweglicher Organismus

Ist ein Generationswechsel (vgl. Bild 50) bei den Coelenteraten vorhanden, so trägt eine Meduse (Qualle) immer die Geschlechtszellen. Zum ersten Mal wird hier bei den Histozoen eine Generation entwickelt, deren Individuen frei beweglich im Wasser schwimmen können und daher nicht mehr ortsgebunden (sessil) an einen eng begrenzten Lebensraum gebunden sind. Sie können als adulte Organismen ihre Art über weite Räume verbreiten, während bewegliche Larven als Embryonalstadien nur für kurze Zeit schwimmfähig bleiben, da sie nach dem Verbrauch von Reservestoffen zu einer Nahrungsaufnahme übergehen und sich zu einem adulten Organismus sessiler Formen weiterentwickeln.

Die *Medusen* (Quallen) können Nahrung aufnehmen, wachsen und schließlich große Geschlechtstiere mit weitem Bewegungsradius darstellen. Drei grundlegende Anpassungen sind Voraussetzungen für die Nutzung des neuen Lebensraumes; die Wahrnehmung der Lage des Körpers im Raum wird durch Sinnesorgane registriert; die Intensität der Belichtung im Wasser wird durch Lichtsinnesorgane registriert, und die Koordination der Muskelbewegungen in Form einer gerichteten Schwimmbewegung in Abhängigkeit von den beiden genannten Wahrnehmungen ist ausgebildet. Die Organisation des Körperbaus kann nur von den Zelltypen und von ihrem epithelartigen Zusammenschluß der Coelenteraten ausgehen. Durch die Ausweitung der extrazellulären Mesogloea mit den wasserbindenden Eigenschaften der dort vorhandenen Moleküle wird eine Glockenform erreicht, die der Qualle einen entsprechenden Auftrieb und damit eine passive Schwebfähigkeit im Wasser verleiht. Die Organisationsmerkmale sind in Bild 63 dargestellt. Der kompakte Polypenkörper hat nur einen geringen Auftrieb, also keine passive Schwebfähigkeit im Wasser. Die Glocke der Quallen dagegen hat durch den hohen Wassergehalt der Mesogloea insgesamt fast das spezifische Gewicht des Wassers und kann durch die selbsttragende Konstruktion ihrer Glocke, unterstützt durch die verfestigenden Fasern (siehe S. 149), erhebliche Größe erreichen: die Art Cyanea arctica kann einen Glokkendurchmesser von 2 m erreichen, Glockendurchmesser von 20 bis 80 cm sind typisch für verschiedene Arten und nicht selten. Der Beutefang geschieht wie bei den Polypen

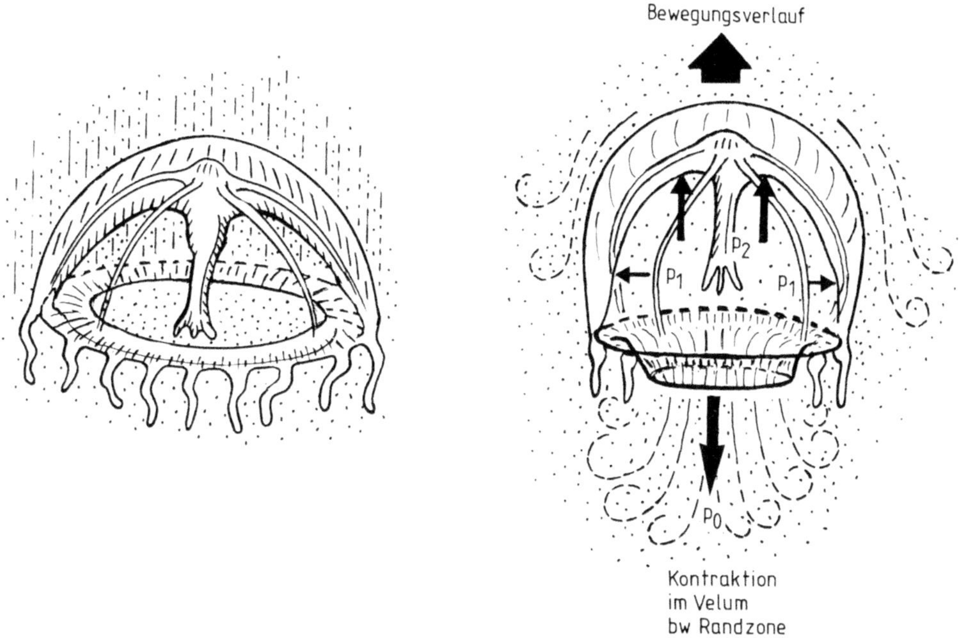

Bild 63

Fortbewegungsweise einer Hydromeduse: P_1 und P_2 = Drucke auf die Subumbrella bei Kontraktion des Velums. P_0 ist der geringste Druck (durch die Schirmöffnung); Vorwärtsbewegung durch die einzige wesentliche Differenz von Druck P_2 zu P_0. Die Drucke P_1 auf die seitlichen Teile der Subumbrella heben sich auf.

mit den Tentakeln. Je nach der Größe werden tierische Organismen des Planktons in den oberen durchlichteten Wasserschichten gefangen, z. B. Larven, kleine Crustaceen und Fischlarven oder kleine Fische. In den Buchten der flacheren Küstengewässer wie Nord- und Ostsee können die Quallen eine Bedrohung für die Fischbestände darstellen; so fressen heranwachsende Ohrenquallen in der Ostsee vor allem die frisch geschlüpften Heringslarven und verursachen eine erhebliche Dezimierung von wirtschaftlich wichtigen Fischbeständen.

Die Medusen führen eine koordinierte Schwimmbewegung durch: rhythmisch erfolgende und schnelle Kontraktionen des unteren Randes ziehen den glockenförmig elastischen Körper zusammen, und das Wasser aus dem Innenraum der Glocke wird herausgepreßt (Bild 63b). Durch die Differenzierung der Druckkräfte des nicht kompressiblen Wassers wird die Qualle nach dem Raketenprinzip vorwärtsgezogen. Bei den Hydromedusen wird der Effekt durch eine ringförmige Einfaltung der Subumbrella, das Velum, noch unterstützt. Nach etwa 4 bis 10 Kontraktionen tritt eine kurze Ruhepause ein, danach erfolgt wieder eine Serie von spontanen Kontraktionen. Durch diese Form der Schwimmbewegungen gleiten die Medusen langsam durch das Wasser. Werden sie jedoch durch intensives Licht oder durch mechanische Reize gestört, so erfolgt ein einziger intensiver Schwimmstoß durch eine sehr starke Kontraktion des Glockenrandes unter Beteiligung von Kontraktionen im Glockenkörper. Dadurch entsteht eine Fluchtbewegung, und die rhythmischen Kontraktionen werden durch diese Aktion völlig unterdrückt. Die Ektodermmuskelzellen des unteren Randes der Subumbrella haben sehr große Zellfortsätze, die zirkulär im Glockenrand der Subumbrella angeordnet sind und so ein Ringmuskelsystem aufbauen. Die elastische Mesogloea der Glocke wirkt als Antagonist und streckt die muskulären Fortsätze wieder bzw. stellt die ursprüngliche Form der Glocke wieder her. Die Anordnung der Myofibrillen in den Zellfortsätzen ist bereits so hoch organisiert, daß ihre Anordnung der im quergestreiften Muskel von Arthropoden bzw. Wirbeltieren entspricht. Auch das Leitungssystem der Membranen des sarcoplasmatischen Reticulums ist ausgebildet. Die Entstehung einer quergestreiften Muskulatur ist also nicht von der Organisationshöhe des Tieres, sondern von der Funktionsweise der muskulären Elemente abhängig. Die Anordnung der Myofilamente erlaubt die schnelle Kontraktion in Bruchteilen von Sekunden. Die Fortsätze der Ektodermmuskelzellen sind durch Zellkontakte miteinander verbunden (gap junctions); Desmosomen halten die Fortsätze zu einem einheitlichen Ringmuskel zusammen. Die Nervenzellen sind in den Medusen in zwei ringförmigen Zonen am Glokkenrand konzentriert: ein innerer Nervenring unter dem Ektoderm der Subumbrella; und ein äußerer Nervenring unter dem Ektoderm der Exumbrella.

Die Auslösung der rhythmischen Kontraktionen der Epithelmuskelzellen erfolgt durch große Nervenzellen des inneren Nervenringes. Sie bauen spontan als Pace-maker-Neuronen Erregungen auf, geben sie durch Synapsen an benachbarte Nervenzellen weiter und übertragen sie auch auf die Fortsätze der Ektodermmuskelzellen. Da wegen der geringen Zahl an Nervenzellen nicht jede Epithelmuskelzelle direkt erregt wird, übertragen bereits erregte Epithelzellen durch die Zellkontakte ihre Erregung auch auf die benachbarten Epithelzellen. Die Leitungsgeschwindigkeit innerhalb dieses Systems beträgt etwa 20 cm/s, im Nervensystem etwa 50 bis 80 cm/s. Durch die sich ausbreitende Erregung werden Ansätze anderer Pace-maker-Neurone unterdrückt, so daß eine typische Kontraktion des Muskelringes ausgelöst wird. Bei den kleineren Medusen erfolgt der Aufbau der Erregung tatsächlich nur an einer Stelle, d.h. in einem Pace-maker-Neuron. Bei den sehr großen Quallen sind die Erregungsvorgänge etwas komplizierter, so daß mehrere Pace-maker-Neurone in einer gewissen Entfernung voneinander synchronisiert werden. Nach einer starken mechanischen Reizung der auf der Oberfläche der Meduse verteilten Sinneszellen wird die Fluchtkontraktion ausgelöst. Die Zellen des äußeren Nervenringes stehen mit den verschiedenen Typen von Sinnesorganen (siehe unten) und auch mit den Cilien tragenden Mechanorezeptoren in Verbindung. Zahlreiche Axone verbinden die beiden Nervenringe durch die Mesogloea. Eine besonders große Form der Nervenzellen streckt sehr große und lange Axone, sogenannte Riesenfasern, mit einem Durchmesser bis zu 20 μm über die Ektodermmuskelzellen und über die Zellen der Radiärkanäle des Entoderms. Sie stellen ein übergreifendes Leitungssystem dar, das mit den von ihnen berührten Zellen in synaptischem Kontakt steht und dessen Leitungsgeschwindigkeit für Erregungen bei 200 cm/s liegt. Durch ihre Aktionen werden schlagartig im gesamten Ringsystem ohne Zeitverlust die Muskelfortsätze zur Kontraktion gebracht; durch die Verbindung mit den Entodermmuskelzellen werden gleichzeitig die radiär gestellten Muskelfortsätze dieses Systems sich kontrahieren und die gesamte Verformung der Glocke dadurch unterstützt. Es ist also eine Funktionsteilung und Zentralisierung des Nervensystems erfolgt, indem die Zellen des inneren Nervenringes die rhythmischen Schwimmbewegungen koordinieren, die Nervenzellen des äußeren Ringes für die Sinnesorgane vorhanden sind und das übergeordnete Fluchtsystem eine schnelle Aktion unabhängig vom inneren Ring durchführen kann.

Die Schwimmbewegungen können nur sinnvoll sein, wenn sie den Organismus in der nahrungsreichen, belichteten oberen Wasserzone halten und die Richtung des Schwimmvorganges überprüft werden kann. Zwei Formen von Sinnesorganen sind dazu am Rande der Glocke in serienmäßiger Anordnung vorhanden: *Lichtsinnesorgane* und

Schweresinnesorgane. Die Konstruktion der beteiligten Sinneszellen und ihre Anordnung ist so einfach und so wirkungsvoll, daß sie bei der Weiterentwicklung der Tierform bis hinauf zu den Wirbeltieren und bis zum Menschen ihre ursprüngliche Form beibehalten werden, und nur die Lage der entsprechenden Sinnesorgane und das Zubehör werden variiert. Die Wirkungsweise der Sinnesorgane wird zum ersten Mal bei den Coelenteraten erfunden und eingesetzt, da die von ihnen bezogenen Informationen nur durch ein Nervensystem ausgewertet werden können. Die Schwämme ohne Nervensystem können daher solche Sinnesorgane auch nicht entwickelt haben. Die Bedeutung des festen Gewebeverbandes und der Abschirmung eines Innenraumes für die Arbeit der Nervenzellen wird noch einmal besonders deutlich erkennbar.

Die *Lichtsinnesorgane* werden durch Gruppen von Sinneszellen aufgebaut, die im Epithelverband integriert sind. Benachbarte Epithelzellen funktionieren als Stützzellen. Die distale Rezeptorenseite der Sinneszellen ist durch eine modifizierte Cilie gekennzeichnet, die noch Mikrotubuli enthält und an der Basis ein Basalkorn besitzt. Die Oberfläche ist durch zahlreiche Mikrovilli vergrößert worden. Ihre Membranen sind spezialisiert und enthalten den lichtempfindlichen Farbstoff ***Rhodopsin*** (Bild 64). Es ist ein Chromoprotein, das aus dem Eiweiß Opsin und dem eigentlichen lichtempfindlichen Farbstoff, dem Chromophor Retinal, besteht. Das Opsin ist ein großes integriertes Membranprotein, in welches das Retinal eingeführt ist. Die Rhodopsinmoleküle liegen in der cytoplasmatischen Innenseite der Membran und werden von den Phospholipiden überdeckt bzw. voneinander getrennt. Der Durchmesser beträgt etwa 4,2 nm, und ihr Abstand ist etwa 7 nm. Dadurch ergibt sich eine außerordentlich dichte Lage der Rhodopsinmoleküle und eine hohe Konzentration der empfindlichen Photopigmente in einem Mikrovillus. Messungen an Lichtsinneszellen von Mollusken und Insekten geben ein Verhältnis von Phospholipidmolekülen zu Rhodopsin von etwa 60–80 : 1; ein Rhodopsinmolekül ist also von 60–80 Phospholipidmolekülen in der Membran umgeben. Der Anteil an Cholesterin ist dabei sehr hoch, so daß die Phospholipide miteinander vernetzt werden und eine laterale Beweglichkeit des Rhodopsins in diesen speziellen Mikrovilli fast nicht gegeben ist. Bei einer Länge von etwa 1 μm eines Mikrovillus sind etwa 1000 Rhodopsinmoleküle in der Membran eingebaut (Bild 64). Der lichtempfindliche Bestandteil des Moleküls, das Retinal, wird aus Vitamin A hergestellt. Ausgangspunkt ist das β-Carotin (Bild 65), dessen Spaltung zwei Moleküle Vitamin A liefert. Dieses enthält eine alkoholische OH-Gruppe und wird daher auch Retinol oder Axerophtol genannt. Das aus Isopren-Einheiten aufgebaute gestreckte Molekül (all-trans-Retinol) enthält auf einer Seite den β-Ionenring, auf der anderen Seite ein durch konjugierte Doppelbindungen gekennzeichnetes Polyen. Durch diese Struktur wird eine charakteristische Absorption von Licht verursacht, die für die Auslösung des Sehvorganges wichtig ist. Durch das Enzym Retinol-Dehydrogenase wird die Alkoholgruppe zu einem Aldehyd oxydiert, und in einem zweiten Schritt wird die Doppelbindung zwischen den Kohlenstoffatomen C 11 und C 12 durch die Retinal-Isomerase in die thermodynamisch instabile cis-Form überführt. Dieses wirksame 11-cis-Retinal kommt in zwei Formen vor (Bild 65) und außerdem in der Form ausgehend vom Vitamin A_2, das im β-Ring noch eine weitere Doppelbildung trägt.

Die Lichtabsorption von Rhodopsin liegt zwischen 345 und 620 nm Wellenlänge, je nach Pigment einer Tierart. Bei einer bestimmten Wellenlänge findet sich ein Absorptionsmaximum, z.B. bei 480 nm. Um das Rhodopsin zu charakterisieren, wird die Wellenlänge des Absorptionsmaximums beigefügt, also z.B. Rhodopsin 495.

Der Primärprozeß des Sehvorgangs besteht in einer lichtinduzierten Reaktion des cis-Retinals. Bei Absorption eines Lichtquants wird die instabile cis-Konformation

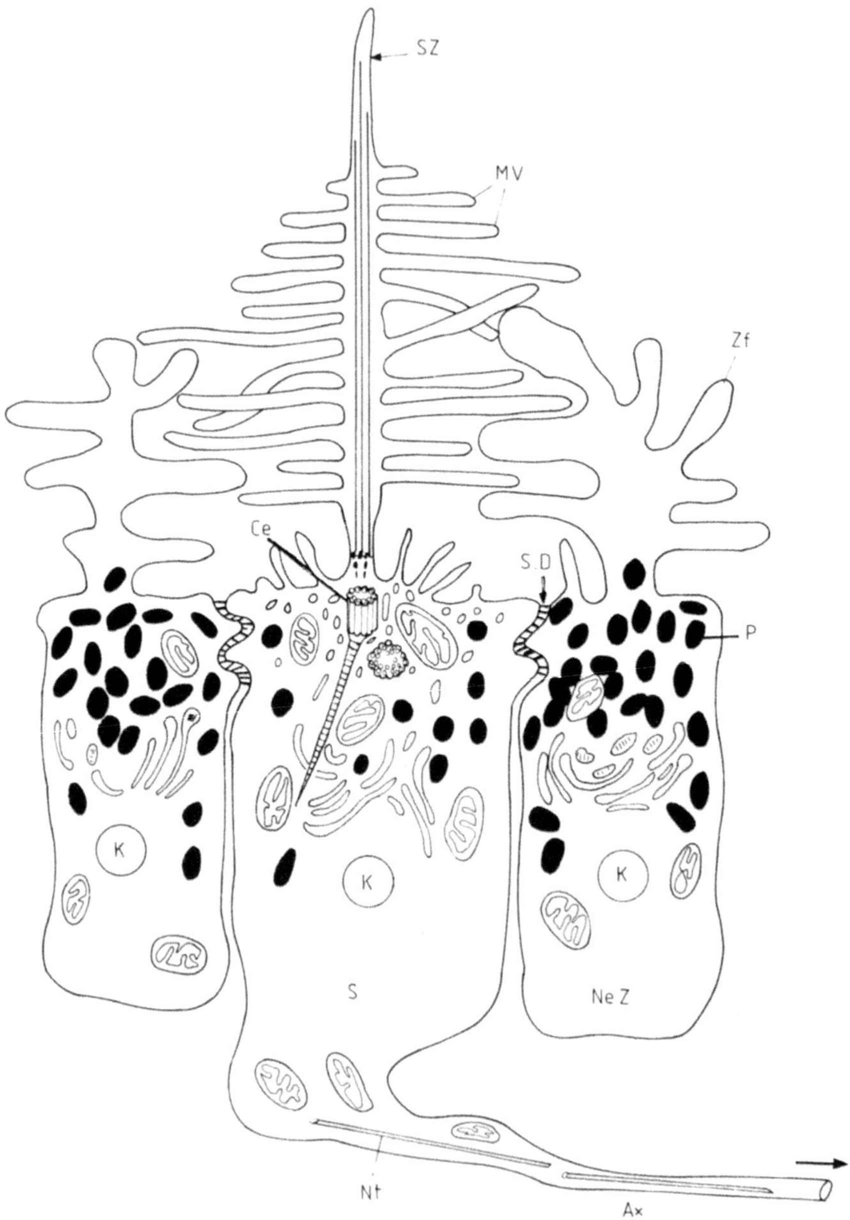

Bild 64

a) Lichtsinneszelle in einem Ocellus einer Meduse; eine Cilie hat zahlreiche Mikrovilli entwickelt, in deren Membranen das Rhodopsin eingelagert ist. Abschirmung der Zelle wird durch benachbarte Pigmentzellen erreicht. Ax = Axon der Sinneszelle

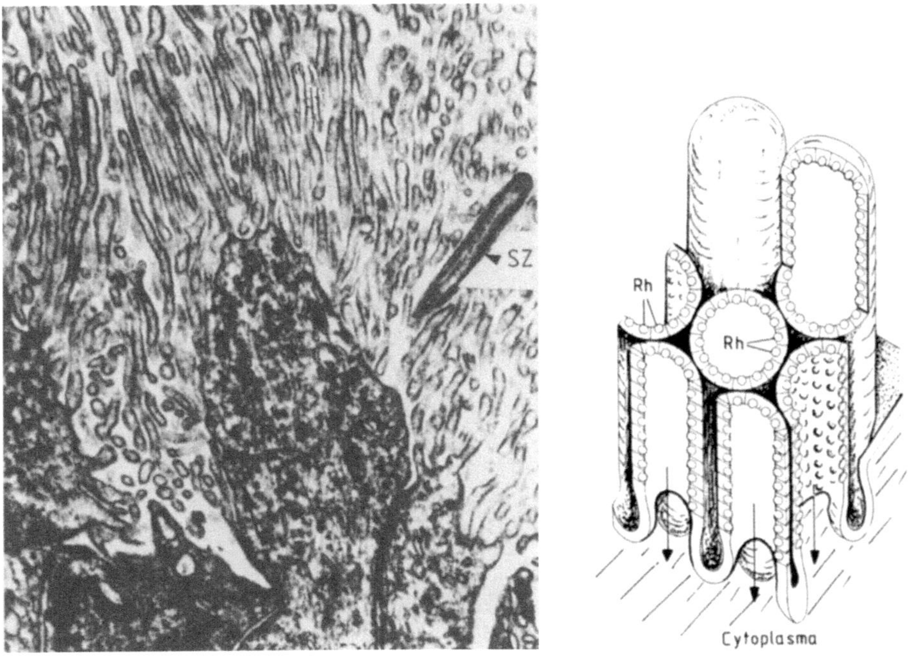

Bild 64

b) Rekonstruktionsschema von Mikrovilli mit Rhodopsin (Rh) in der Zellmembran. Das Photo zeigt die große Zahl und enge Lage von Mikrovilli einer Lichtsinneszelle wie bei a). (verändert nach Hamdorf, 1975)

Ax	Axon	NeZ	Nebenzelle
Ce	Centriol	S	Sinneszelle
K	Zellkern	SZ	Sinnescilie
MV	Mikrovilli	Zf	Zellfortsätze der Nebenzelle
Nt	Neurotubuli	S.D.	septiertes Desmosom (= tight junction)
P	Pigment	Rh	Rhodopsinmoleküle

in wenigen Millionstel Sekunden wieder in die trans-Konformation gestreckt. Die weiteren Veränderungen finden dann am Proteinmolekül statt, wo über verschiedene Zwischenstufen nach 2 bis 3 ms der stabile Zustand des Metarhodopsins erreicht wird (Bild 66). Dessen Absorptionsmaxima liegen bei 480 bis 580 nm, je nach der Tierart. Metarhodopsin liegt in zwei Formen vor, einer basischen und einer sauren, je nachdem, ob an der Bindungsstelle des Retinals mit einer Aminosäure des Opsins (unter Bildung einer sogenannten Schiffschen Base) ein Proton angelagert ist oder nicht. Das trans-Retinal löst sich aber nicht vom Opsin, während bei den Lichtsinneszellen der Wirbeltiere Retinal und Opsin getrennt werden. Ein Lichtquant reicht aus, um den Primärprozeß in Gang zu setzen; durch die Lage der Rhodopsinmoleküle in der Membran werden aber im Durchschnitt fünf Lichtquanten benötigt, damit eines auch wirklich ein Molekül trifft. Das entstandene Metarhodopsin gibt Energie ab, die zu einer Öffnung von Ionenporen in der Membran führt. Je nach Zustand der Membran werden zwischen

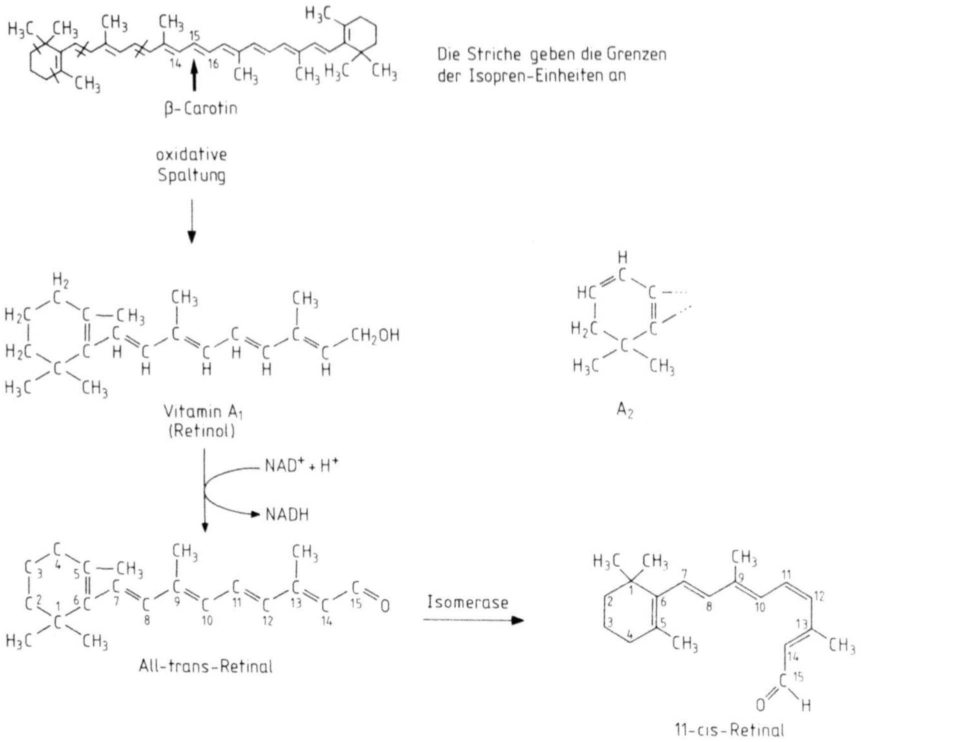

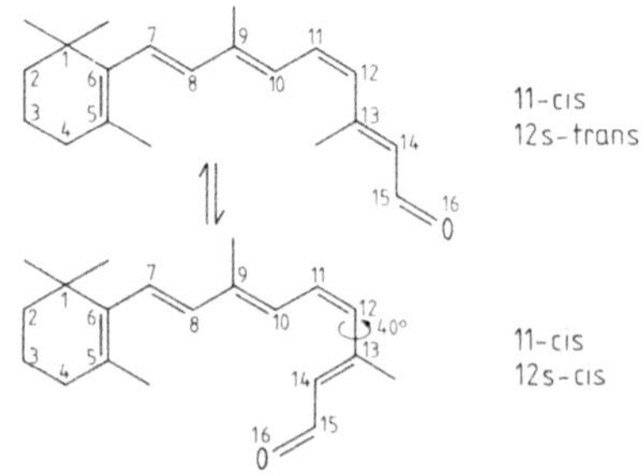

Bild 65

Carotin, Vitamin A und A_2 und verschiedene Formen von Retinal

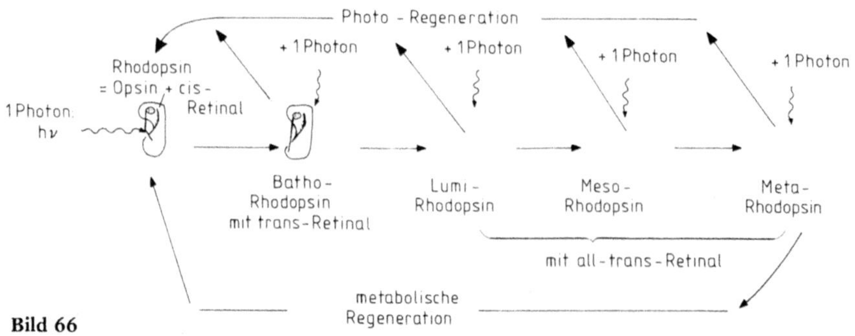

Bild 66

Umwandlungszyklus von Rhodopsin nach Belichtung

100 bis 10000 solcher Ionenporen geöffnet. Dadurch entsteht ein Einstrom von Na-Ionen, der wegen des Verstärkereffekts „quantum bump" genannt wird. Es ist nicht bekannt, wie dieser Verstärkungseffekt zustandekommt und welches die Membranproteine sind, die als Ionenkanäle funktionieren. Der Einbau von isoliertem Rhodopsin in künstlich hergestellte Phospholipidmembranen ergibt bei Belichtung einen sehr ähnlichen Effekt, d.h. einen Ionentransport durch die künstliche Membran. Es ist daher möglich, daß Rhodopsinmoleküle selbst durch Konformationsänderung oder durch eine Gruppenbildung diese Ionenporen bilden. Das Ruhepotential der Lichtsinneszellen liegt zwischen −60 und −80 mV; durch den Einstrom der Ionen erfolgt eine lokale Membrandepolarisation. Mehrere „bumps", also mehrere Primärprozesse durch eingefangene Photonen, kumulieren, und dadurch wird eine Depolarisation in der Sinneszelle bewirkt: das frühe Rezeptorpotential entsteht. Hat die Lichtintensität einen gewissen Schwellenwert überschritten, so bleiben durch die zahlreichen bumps die Ionenkanäle für längere Zeit (mehrere Sekunden) geöffnet; auch nach Aufhören des Lichtreizes bleibt die Erregung aufrechterhalten, und es ist ein Nachpotential entstanden. Die Regeneration des Sehfarbstoffes erfolgt auf zwei Wegen; durch die Zufuhr weiterer Photonen in das Metarhodopsin wird Energie zugeführt, mit der das trans-Retinal wieder in die cis-Form überführt werden kann. Aus dem Metarhodopsin wird wieder aktives Rhodopsin. Im Dunkeln wird der Stoffwechselweg beschritten, und unter Einwirkung des Enzyms Isomerase wird die cis-Form des Retinals wieder hergestellt. Die Regeneration durch Licht macht die Lichtsinneszellen der wirbellosen Tiere so außerordentlich wirkungsvoll, da sie auch bei länger andauernden und hohen Lichtintensitäten voll funktionsfähig bleiben.

Die Lichtsinneszellen sind sogenannte primäre Sinneszellen: sie besitzen wie Nervenzellen einen Zellausläufer als Axon, durch den das Rezeptorpotential in das benachbarte Nervensystem weitergeleitet wird. Man kann daher die Mikrovilli, oder auch die Cilien selbst, als Dendriten der Sinneszellen auffassen. Bei den Coelenteraten werden die Axone der Lichtsinneszellen in den inneren Nervenring der Subumbrella eintreten. Hört ein Lichtreiz auf, tritt also wieder völlige Dunkelheit ein, so werden die Ionen-Poren nach einigen Sekunden geschlossen. Einige Lichtsinneszellen von wirbellosen Tieren machen eine Ausnahme, die Öffnung von Ionenkanälen bewirkt eine Hyperpolarisation. Um das ursprüngliche Ruhepotential wieder zu erreichen, werden nach dem Einstrom der Na-Ionen die Ca-Kanäle geöffnet, und es kommt zum Ausstrom von Ca-Ionen. Mit dem Beginn der Lichtreaktionen wird in der Zelle aus den Ca-Depots das Calcium mobilisiert. Wahrscheinlich bindet Calcium an den Membranproteinen der Natriumporen, so daß sie durch Änderung ihrer Konformation geschlossen werden. Bei völligem Entzug von Calcium aus der Zellumgebung werden die Membranen unerregbar.

Bei den Medusen sind die Lichtsinneszellen durch ihre Anordnung im Epithel zu einem Sinnesepithel zusammengeschlossen. Durch Einsenkung und Kombination mit weiteren Zellen sind bei vielen Arten kleine *Augen (Ocelli)* mit verschiedenen Bautypen entstanden (Bild 67). Sie können bis zu mehreren Hundert am Schirmrand (meist an der Tentakelbasis) vorhanden sein. Im einfachsten Fall wechseln Sinneszellen und Stützzellen ab, und die Stützzellen synthetisieren ein dunkles, lichtundurchlässiges Pigment. Licht kann daher die Mikrovilli nur von einer Seite her erreichen. Wird das Sinnesepithel schalenförmig in den Glockenrand eingesenkt, so strecken die Sinneszellen ihre Mikrovilli in den entstandenen Hohlraum aus, der gleichzeitig von zahlreichen Mikrovilli der Stützzellen in Form einer Art Glaskörper erfüllt ist. Durch die Pigmentierung der Stützzellen wird der Lichteintritt auf die kleine Öffnung der Epithelgrube beschränkt; es kann ein Richtungssehen entstehen. Wird die Einsenkung des Sinnesepithels schließlich kugelförmig

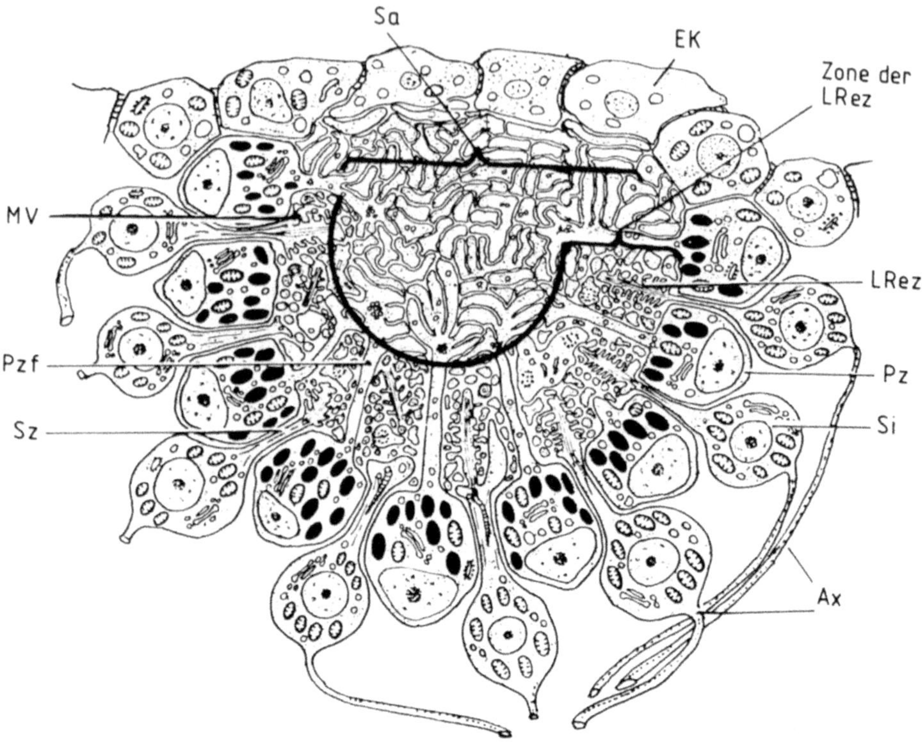

Bild 67

Ocelli vom eversen Typ bei Medusen

a) Bouginvillea

Unter dem Ektoderm bilden Zellfortsätze der Pigmentzellen eine kleine Sammellinse, darunter die Schicht der Lichtrezeptoren, die als Mikrovilli von Cilien der Rezeptorzellen ausgehen. (aus Singla, 1974)

Ax	Axon	Pz	Pigmentzellen
EK	Ektoderm	Pzf	Pigmentzellenfortsätze
Li	Linse (zellig)	Sa	Zone der Zellfortsätze als Licht-Sammelzone
LRez	Lichtrezeptoren	Si	Sinneszelle
MV	Mikrovilli	SN	Sehnerv
Neu	Nervenzellen	Sz	Sinneszilie
Ms	Mesogloea		

und gegen die Oberfläche abgeschlossen, so können durch Einbeziehung der Mesogloea des darüber liegenden Ektoderms und weiterer Ektodermzellen echte Linsenaugen entstehen. Das bedeckende Ektoderm bildet eine Kornea, die abgekapselten Zellen eine Linse, und die neben den Sinneszellen entstehenden Stützzellen bilden mit Mikrovilli einen Glaskörper. Auf diese Weise entsteht eine Retina, in der die Mikrovilli der Sinneszellen der Linse und damit dem Lichteinfall direkt entgegengestreckt sind: ein sogenanntes *everses Auge*. Andere Medusen haben ein sog. *inverses Auge* entwickelt; die Sinneszellen sind so angeordnet, daß sie nahe der Oberfläche liegen und ihre Mikrovilli vom Licht weg in die Tiefe der Grube strecken. Das Licht tritt also zuerst durch die Sinneszellen, ehe es die Rezeptorteile der Zelle treffen kann.

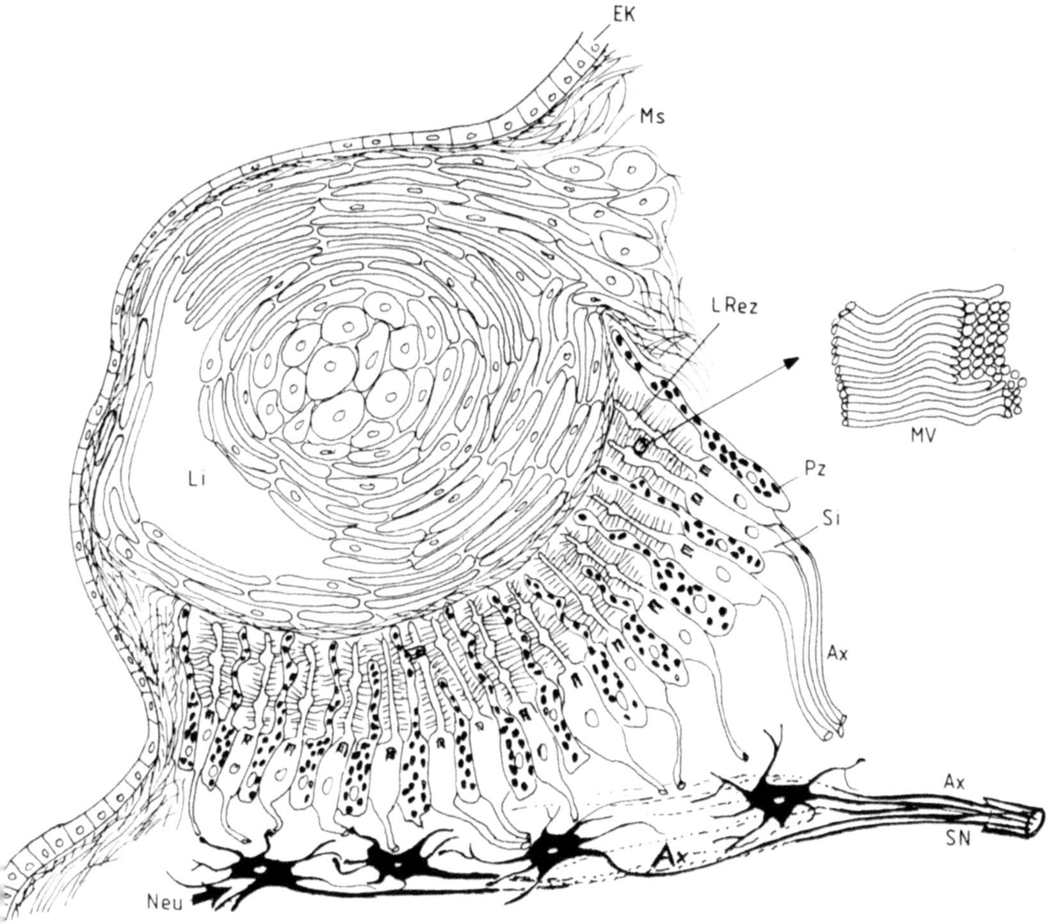

Bild 67

Ocelli vom eversen Typ bei Medusen

b) Carybdea; Zellen des Entoderms bilden eine Linse unter dem Ektoderm, das eine durchsichtige Cornea geworden ist. Die Rezeptorzellen tragen Mikrovilli auf den abgewandelten Cilien, die eine Schicht als Retina bilden. MV = Lagen dicht gepackter Mikrovilli, Ax = Axone der Rezeptorzellen. (verändert nach Yamasu, 1976)

Die Lichtsinnesorgane kontrollieren über den inneren Nervenring die Bewegungsaktivität der Medusen. Bei einer Abschattung wird eine verstärkte Schwimmbewegung ausgelöst, und durch eine teilweise Abschattung entsteht eine Bewegungsrichtung auf das Licht zu, da die am Glockenrand stehenden Augen verschieden belichtet werden und daher verschiedene Impulse abgeben. Bei Medusen ohne solche Lichtsinnesorgane sind einzelne Nervenzellen lichtempfindlich, wahrscheinlich durch intrazelluläre Membransysteme mit Rhodopsin, so daß bei Abschattung eine schnellere Schwimmbewegung induziert wird.

Die Orientierung der Lage des Glockenkörpers im Raum wird durch *Schweresinnesorgane: Statocysten* registriert. Sie funktionieren als Proprioceptoren, in denen die Gravitationskräfte benutzt werden, um Bewegungen des Körpers im Raum festzustellen. Die einfache Konstruktion ist so wirkungsvoll, daß der Aufbau dieser Sinnesorgane bis zu den Wirbeltieren hinauf ziemlich ähnlich bleibt und bei den Coelenteraten bereits voll entwickelt ist. Das Funktionsprinzip besteht darin, daß ein kleiner Körper aus schwerem Material (Statolith) von einer Gruppe besonderer Zellen (Lithocyten) in einem Hohlraum ausgeschieden wird. Diese Zellen besitzen Enzyme (z.B. Karboanhydrase), um an ihrer Zelloberfläche schwer lösliche Kristalle auszuscheiden, z.B. Calciumsulfat, Calciumphosphat. Die Auflösung des Statolithen durch Ionenaustausch im Wasser wird dadurch verhindert, daß der Statolith entweder durch die Zellen vollständig umschlossen wird oder in einem abgeschlossenen Hohlraum des Gewebes eingelagert wird, der nur für die Gewebeflüssigkeit zugänglich ist. Der Bau des Sinnesorgans muß dem Statolithen Gelegenheit geben, der Erdanziehung zu folgen und dadurch Sinneszellen zu reizen. Diese tragen immer eine Stereocilie, deren Abknickung durch die Einwirkung des Statolithen als mechanischer Reiz die Bildung eines Rezeptorpotentials auslöst. Zwei Grundtypen des Aufbaues sind entwickelt worden (Bild 68). In dem einen Fall wird ein Gewebestiel (Lithostyle) am Glockenrand ausgestülpt, in dessen Zentrum der Statolith liegt. Die Sinneszellen sind an der Oberfläche angeordnet und werden durch die Bewegung der Lithostyle an den benachbarten Flächen des Ektoderms anstoßen. Beim Kippen des Glockenrandes werden diese pendelförmigen Sinnesorgane durch das Gewicht des Statolithen abgebogen, und es kommt zur Abknickung der Stereocilien. Die Erregung der Sinneszellen wird in den äußeren Nervenring weitergegeben und beeinflußt von dort die Aktivität der Schwimmbewegung. Auch bei Wasserströmungen bzw. bei den durch die Schwimmbewegung selbst ausgelösten Strömungen werden diese Lithostylen abgeknickt und funktionieren damit gleichzeitig als Strömungssinnesorgane. Bei dem zweiten Grundtyp wird der Statolith in einen Hohlraum eingeschlossen, der durch Sinnesepithel ausgekleidet ist. Bei einer Veränderung der Lage des Körpers wird der Statolith seine Lage relativ gegenüber den Wandzellen verändern, und es werden eine Reihe von Stereocilien der Sinneszellen abgeknickt. Bei schnellen Bewegungen können die Statolithen durch ihre Trägheit ebenfalls zu einer Lageveränderung gebracht werden und entsprechend Sinneszellen reizen. Hier werden die so geformten Statocysten also als Propriozeptoren für die Richtung der Bewegung des Körpers zusätzlich eingesetzt. In beiden Fällen handelte es sich also um kombinierte Sinnesorgane, die nicht einfach als mechanische Rezeptoren zu klassifizieren sind. Durch die Kombination der Informationen aus den Lichtsinnesorganen und den Schweresinnesorganen wird die Kontraktion der zirkulär gerichteten Epithelmuskelzellfasern durch das Nervensystem variiert, so daß eine Seite stärker kontrahiert werden kann als die andere Seite und entsprechend gerichtete Schwimmbewegungen erfolgen. Das rhythmische Pacemaker-System wird also durch die Informationen aus verschiedenen Sinnesorganen koordiniert und modifiziert. Die Entstehung der Statocysten geht vielleicht auf die bei den Ciliaten beschriebenen intrazellulären Organellen zurück, bei denen ein Kristall innerhalb einer Vakuole bei Lageveränderung der Zellen verschiedene Zonen des Cytoplasmas berührt. Entsprechend aufgebaute Zellen sind nämlich bei stockbildenden Polypen gefunden worden, um die Orientierung der Wurzeln eines Stöckchens am Boden zu erleichtern. Dort sind entodermale Zellen mit einer großen Vakuole versehen, in der der Statolith eingeschlossen ist. Man kann es für wahrscheinlich halten, daß sich aus diesen intrazellulären Anfängen Sinnesepithelien gebildet haben, die schließlich die Kristalle extrazellulär abgeschieden haben und in Kombination mit einfachen mechanischen Rezeptoren, d.h. Stereocilien tragenden Sinneszellen zusammengefaßt wurden. Die Schweresinnesorgane bei den Medusen sind zahlreich und können ähnlich wie die Ocelli zu 100 oder mehr am Schirmrand vorhanden sein.

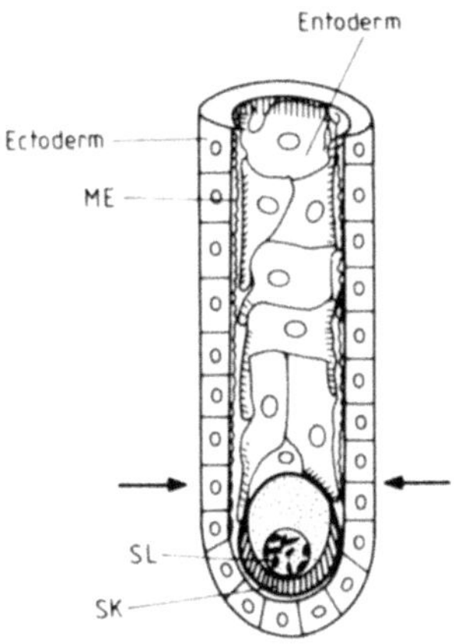

Bild 68a

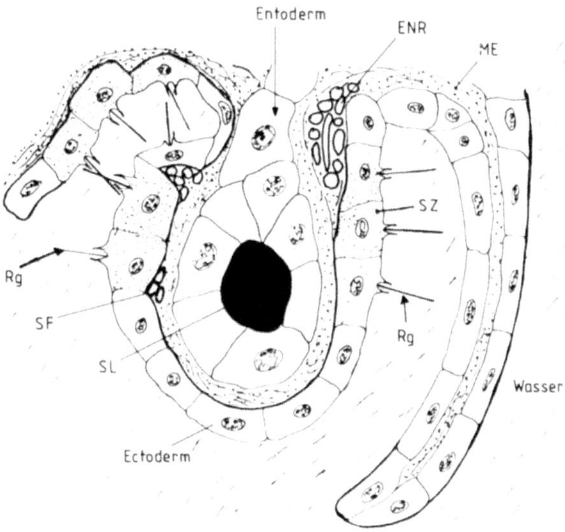

Bild 68b

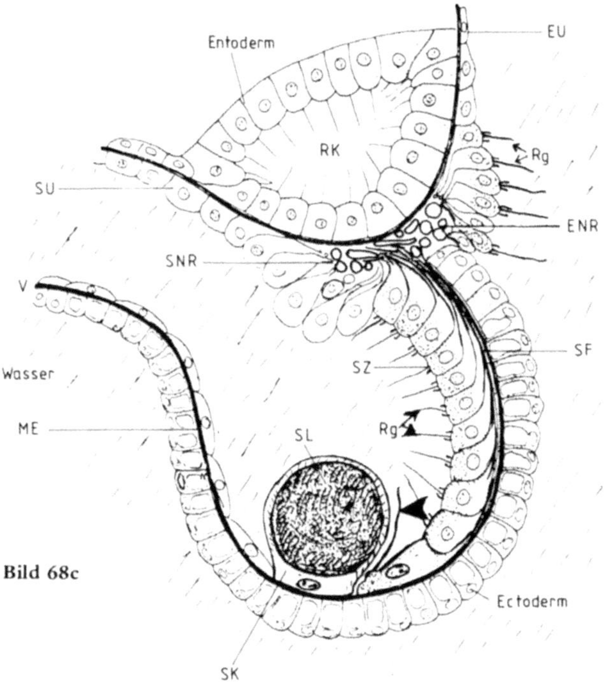

Bild 68c

ENR	Nervenring der Exumbrella
EU	Exumbrella
ME	Mesogloea
Rg	Rezeptorgeißel
RK	Ringkanal
SF	Fortsätze (Axone) der Sinneszelle
SK	Konkrementbildende Lithocyte
SL	Statolith
SNR	subumbrellarer Nervenring
SU	Subumbrella
SZ	Sinneszelle

Bild 68

Statocysten von Medusen

a) Endzone eines Stolon bei einem Polypenstöcken (Corymorpha) mit intrazellulärer Statocyste im Entoderm; Pfeile: Berührung durch gap junction zwischen Sinneszelle und Entodermzellen.

b) Nausithoe, sog. Tentaculocyte mit Gewebestiel, die Stereocilien der Sinneszellen liegen außen

c) Leptomeduse, offene Statocyste, jedoch Verlagerung des Sinneskomplexes in eine Höhlung, so daß die Stereocilien der Sinneszellen mit den Statolithen in Berührung kommen können. Am Pfeil: große Stereocilie der Nachbarzelle am Statolithen (b) verändert nach Horridge, 1969) (c) verändert nach Singla, 1975)

Die Lebensdauer der Medusen als Geschlechtstiere ist kurz. Während die Polypen und ihre Stöckchen mehrere Jahre überdauern können und durch die Knospenbildung aus ihrem Zellmaterial immer neue Individuen hervorgehen lassen, sterben die Medusen der meisten Arten mit dem Jahreszeitenwechsel oder nach der Ablage der Geschlechtsprodukte ab. Bei vielen Hydromedusen werden außerdem Knospen gebildet, die sich zu neuen kleineren Medusen entwickeln und dann später Geschlechtszellen zur Reifung bringen. Es ist also eine vegetative Vermehrung auch der Medusengeneration möglich. Es wird darin ein ursprünglicher Zustand gesehen, der erst allmählich durch den Generationswechsel ersetzt worden ist. Aus den Knospen entstehen aber, soweit man weiß, niemals Polypen. Das Problem ist klar: bei der vegetativen Vermehrung können aus den Zellen des Polypen über die Knospenbildung direkt Organismen mit einer andersartigen Organisation gebildet werden. Die Zellen des Organisationstyps Polyp werden direkt zu Zellen des Organisationstyps Meduse. Die spezifischen Zellkontakte führen vor allem zu einer anderen Anordnung der Nervenzellen mit hohen Leistungen, zur Ausbildung von komplizierten Sinnesorganen, die bei den Polypen niemals vorhanden sind, und zur Ausformung der Epithelmuskelzellen mit einer quer gestreiften Filamentanordnung. Alle diese Organisationsmerkmale sind genetisch fixiert und echte Neuerwerbungen, also Neoseme (siehe S. 51). Die Polypenzellen bieten ein genetisches Programm, das zu einem großen Teil unter den Entwicklungsbedingungen nicht abgerufen wird und erst unter uns nicht bekannten Voraussetzungen der Knospenbildung in Aktion treten kann. Dann allerdings wird das Polypenprogramm irreversibel stillgelegt, und die Medusen können keine Rückentwicklung durchmachen und sind daher nur kurzlebige Geschlechtstiere. Die Korallenpolypen (Anthozoa) sind in der Ausgestaltung des Polypenkörpers offenbar so kompliziert geworden, daß ein Dualismus des Übergangs in eine andere Organisation nicht möglich ist. Wenn es richtig ist, daß die Korallenpolypen die ursprüngliche Form der Coelenteraten sind, dann hat sich während der Evolution in diesem Tierstamm eine sehr starke Auseinanderentwicklung auf zellphysiologischer und genetischer Ebene vollzogen, deren Erfolg in der Schaffung der ersten nicht sessilen Organismen bestanden hat. Fossilfunde in Schichten des frühen Kambrium (ca. 530 Mill. Jahre alt) aus kanadischen Lagerstätten, die sich durch eine besonders gute Erhaltung auch der Weichteile der eingebetteten Organismen auszeichnen, zeigen ringförmig gestaltete Coelenteraten, die frei beweglich gewesen sind. Ob diese Formen in einer Beziehung zu heute überlebenden Coelenteraten stehen, ist allerdings bisher nicht bekannt.

4 Urformen der Histozoa? Die Mesozoa

Die erwähnten fossilhaltigen kanadischen Schichten des frühen Kambrium (530 Mill. Jahre alt) enthalten eine Reihe von Tierformen, die frühzeitig und vollständig ausgestorben sind und als Tierstämme aus der späteren Entwicklung nicht mehr bekannt sind.

Es hat sich bei der Evolution der Histozoa in einer relativ kurzen Zeit von etwa 100 Mill. Jahren eine sehr große Typenfülle entwickelt, von denen nur ein Teil über einen längeren erdgeschichtlichen Zeitraum überlebt hat. Neben den bis heute überlebenden Parazoa und Coelenterata, deren zelluläre Eigenschaften einer Analyse zugänglich sind, hat es mit Sicherheit weitere Versuche gegeben, Histozoa zu entwickeln. Zwei merkwürdige und sehr kleine Organisationsformen von Tieren sind heute noch vorhanden, die solche Versuche darstellen könnten und überlebt haben. Es sind die Mesozoa und die Form Trichoplax. Nur die Mesozoa können berücksichtigt werden.

4.1 Die Mesozoa als Besiedler einer ökologischen Nische

Die Mesozoa tragen diesen Namen seit ihrer Entdeckung im vorigen Jahrhundert, da sie ein Übergangsstadium zwischen den Protozoen und den vielzelligen Tieren darzustellen scheinen. Sie bestehen je nach der Art aus 20 bis 30 Zellen und sind 0,5 bis 7 mm groß. Sie leben als Endoparasiten in den Coelomräumen des Nephridialsystems von Cephalopoden, sind also an extreme Bedingungen angepaßt und nur in der stickstoffhaltigen Harnflüssigkeit dieser Mollusken lebensfähig. Für das phylogenetische Alter und ihre Verwandtschaft mit den Protozoen spricht nicht nur ihre zelluläre Organisation, sondern auch die Zusammensetzung der DNA der Zellkerne; vergleichbar den Verhältnissen bei Ciliaten ist ein auffallend geringer Anteil von Guanin und Cytosin mit ca. 23% des Gesamtanteils der Basen in der DNA vorhanden. Die Speicherung von Inositphosphat als Reservestoff erinnert an den Stoffwechsel von Protozoen. Da sich auch Ähnlichkeiten im Aufbau der ribosomalen RNA von Protozoen und Mesozoen ergeben haben, ist die alte Anschauung von einem Zwischenstadium zwischen Protozoen und Histozoen oder,genauer gesagt, von einem überlebenden Konstruktionsversuch beim Übergang zur Vielfältigkeit und Zelldifferenzierung wohl gerechtfertigt.

Die Organisation (Bild 69) besteht aus einer großen Axialzelle mit einem polyploiden Kern; sie wird umschlossen von etwa 20 bis 30 begeißelten Zellen, den Somatodermzellen. Der Vorderpol des Organismus wird durch eine Gruppe von acht Zellen mit sehr zahlreichen Cilien eingenommen, sie enthalten Glykogen als Reservestoff. Nervenzellen und typische Substanzen des Bindegewebes mit Kollagen fehlen. Die Zellen werden durch Zellkontakte zusammengehalten. Wegen seines wurmförmigen Aussehens wird das Tier als vermiformes Stadium bezeichnet.

Die Fortpflanzung der Mesozoen stellt einen Generationswechsel dar, der eine infektiöse Generation zur Verbreitung des Parasiten enthält und von einer besonders interessanten Zellform ausgeht, die den Übergang zwischen dem Generationswechsel von Protozoen und einer Sonderung der Keimbahn bei den Histozoen darstellt. Die Axialzelle umschließt in nischenförmigen Vertiefungen bis zu 100 sehr kleine Zellen, die Axoblasten. Es sind besondere Formen von Stammzellen, welche differentielle Teilungen durchführen können und zwei Entwicklungsmöglichkeiten haben: die vegetative Vermehrung und Bildung eines kleinen vermiformen Stadiums, oder die Entwicklung zu Eizellen und Samenzellen (Bild 69). Beide Entwicklungszyklen beginnen mit einer inäqualen und differentiellen Teilung eines Axoblasten. Die Entscheidung über

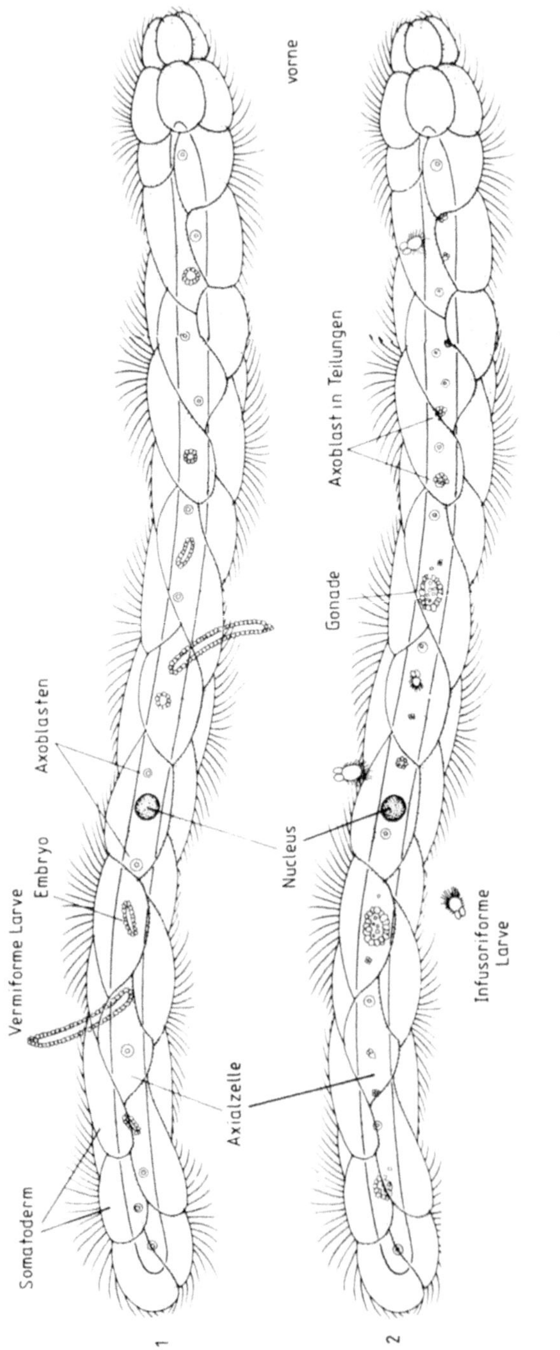

Bild 69
Organisation des Mesozoons Dicyema
a) adulter (vermiformer) Organismus, Länge je nach Art bis 10 mm

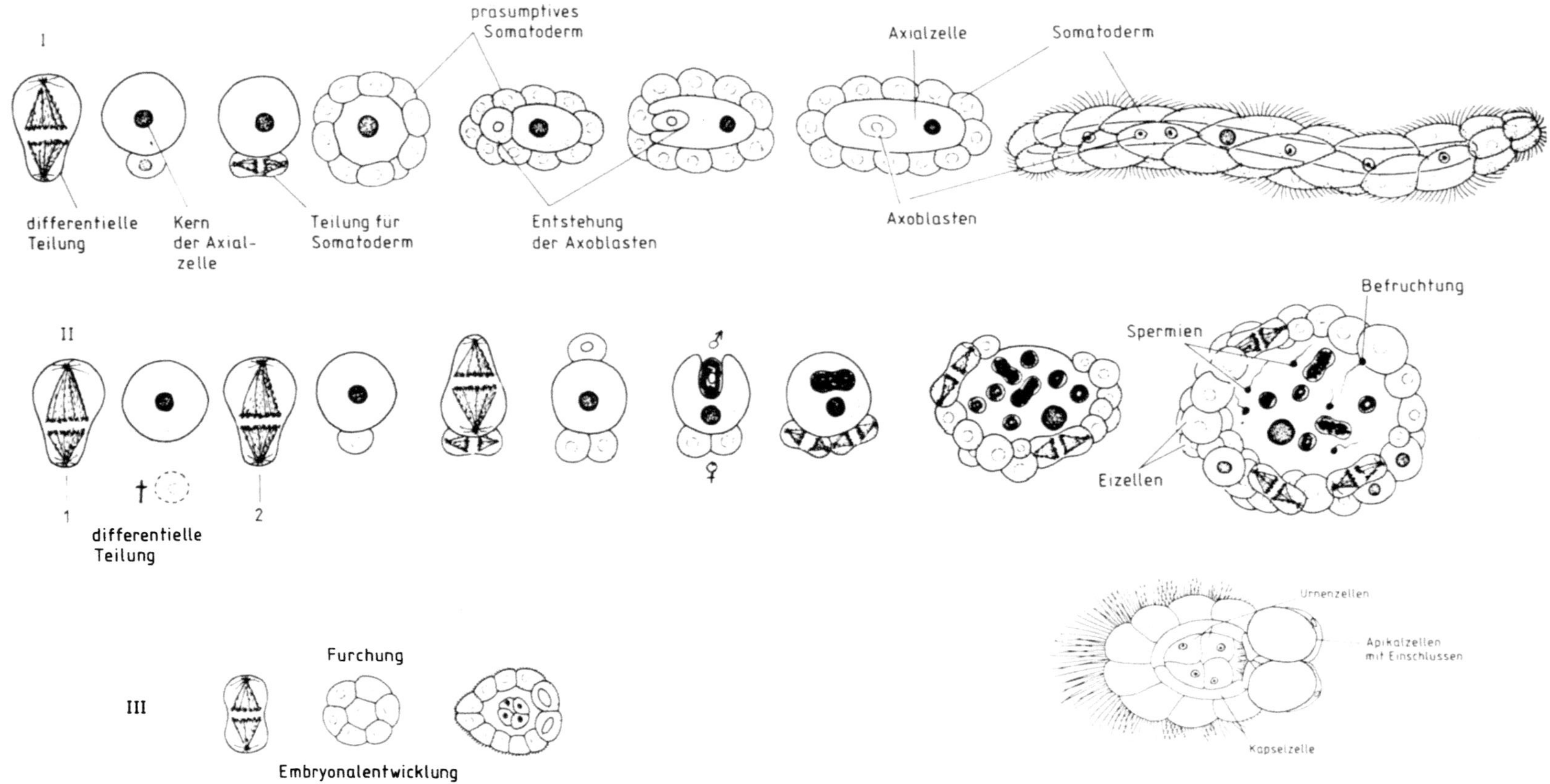

Bild 69
Organisation des Mesozoons Dicyema
b) Entwicklungszyklus: Bildung von Gameten, Entstehung der infusoriformen Larve (verändert nach Lapan und Morowitz, 1975)

vegetative oder sexuelle Fortpflanzung fällt durch die Außenbedingungen: hat die Zahl der parasitären Individuen in einem Nephridialsystem noch nicht einen kritischen Wert erreicht, so entwickelt sich aus dieser differentiellen Teilung ein neues vermiformes Stadium, es erfolgt also vegetative Vermehrung. Aus der kleineren Zelle werden durch weitere Teilungen die Somatodermzellen, und die größere Zelle im Zentrum der Zellgruppe wird zur Axialzelle. Durch eine erneute inäquale und differentielle Teilung auf einem frühen Entwicklungsstadium entsteht eine kleinere neue Stammzelle, der primäre Axoblast. Dieser teilt sich in den Nischen der sich streckenden Axialzelle zu weiteren Axoblasten. Die jugendlichen Organismen schlüpfen aus der Nische der Axialzelle und durch Lücken des Somatoderms in die Harnflüssigkeit des Nephridialsystems. Am apikalen Pol wird die Gruppe der besonders stark mit Cilien versehenen Zellen geschaffen, und das weitere Wachstum erfolgt durch Vergrößerung der Zellen und nicht mehr durch weitere Teilungen. Diese Art der Vermehrung kann als Agamogonie bewertet werden (vgl. S. 38), und die Axoblasten, von denen die Entwicklung ausgeht, sind Agamonten.

Die Auslösung der sexuellen Fortpflanzung erfolgt, wenn ein Nephridialsystem bereits durch zahlreiche Parasiten vollgestopft ist. Die Axoblasten machen wiederum eine inäquale und differentielle Teilung durch, wobei die kleinere Tochterzelle zugrunde geht. Wahrscheinlich handelt es sich um die erste Reifeteilung. Der zweite Teilungsschritt ist wieder inäqual und differentiell (Bild 69). Die große Zelle bleibt als Träger für die Entwicklung von Spermien; die kleinen Zellen teilen sich, und eine dieser Zellen wird von der großen Zelle in eine Nische aufgenommen. Die übrigen Zellen werden zu Oocyten und reifen Eiern, während sich die eingeschlossene kleine Zelle durch Teilungen zu Spermatocyten entwickelt. Es entsteht also ein organähnlicher Zellkomplex, bei dem die zentrale Zelle als Träger der Spermien funktioniert. Die gesamte Entwicklung findet in den Nischen der Axialzelle des vermiformen Individuums statt, das also ein Gamont ist. Die Verschmelzung von Ei und Samenzelle zur Zygote findet in der Gonade statt, und es entwickelt sich eine kleine Larve, die wegen ihrer Ähnlichkeit mit Ciliaten als infusoriforme Larve bezeichnet wird. Sie verläßt das Nephridialsystem des Wirtes, ist die infektionsfähige Generation und gelangt für kurze Zeit ins Meerwasser. Dort wird sie von solchen Cephalopoden aufgenommen, in deren Lebensweise die bodennahen Wasserschichten (Benthos) bevorzugt werden. Der Prozeß der Aufnahme der Larven und ihr Eindringen in das Nephridialsystem ist nicht bekannt. Die sexuell entstandene Generation unterscheidet sich also in ihrer Form und der Lebensweise ganz erheblich von der asexuellen Vermehrungsform, obwohl beide von denselben Stammzellen, den Axoblasten, ausgehen. Eine Trennung von Soma und Keimzelle ist noch nicht vollzogen, so daß die Fortpflanzung wie bei den Foraminiferen ablaufen, nur mit dem Unterschied, daß sich bei den Zellteilungen zur Herstellung der Agamonten oder der Gameten die Individuen nicht selbst aufzehren. Die aus 28 Zellen entstandene Larve wandelt sich im neuen Wirt zum vermiformen Stadium um, und der Zyklus und der Generationswechsel kann beginnen. Von entscheidender Bedeutung ist, daß sich keine Form der Sonderung von Ektoderm oder Entoderm findet, wie bei den Entwicklungen der Coelenteraten bzw. bei der Sonderung der Kragengeißelzellen der Schwämme. Beide Formen der Entwicklung bei Mesozoen gehen von einer Stammzelle aus, und es kommt niemals zur Sonderung vom Keimblättern wie bei den Larven der Coelenteraten und der Schwämme. Alle diese Eigentümlichkeiten lassen vermuten, daß hier ein fehlgeschlagener Konstruktionsversuch überlebt hat und durch frühzeitiges Einschlüpfen in eine gesicherte ökologische Nische bis heute überleben konnte.

5 Die Entstehung des Mesoderms und des bilateralen Körperbaus: die Parenchymia (Platyhelminthes)

Der entscheidende Fortschritt in der Evolution der Histozoa ist die Erfindung einer weiteren Aufgliederung der Zelldifferenzierung gewesen. Die wesentlichen Voraussetzungen, nämlich die Bildung von Zellkomplexen als Gewebeverband, die Herstellung echter Bindesgewebssubstanzen in Form von Kollagen und Bindegewebs-Mucopolysacchariden, die Zusammenfassung der Myofilamente des Cytoplasmas in Zellfortsätzen als muskuläre Elemente und die Differenzierung von Nervenzellen und Sinneszellen innerhalb des geschlossenen Gewebeverbandes haben die genetischen Grundlagen einer Weiterentwicklung geschaffen. Physiologische Regeneration differenzierter Zelltypen war durch die Population der Stammzellen gewährleistet, vielleicht aus solchen Stammzellen wird nun als wichtigstes Konstruktionsmerkmal eine dritte Zellgruppe zwischen dem bedeckenden Ektoderm und dem Entoderm des Verdauungstraktes geschaffen, *das dritte Keimblatt = Mesoderm.* Bei der Embryonalentwicklung, die sich an die Teilungsvorgänge der Zygote (Furchungsteilungen) anschließt, wird sehr frühzeitig eine Zellgruppe zwischen Ektoderm und Entoderm abgegliedert, daher ihre alte Bezeichnung Mesoderm. Im Programm ihrer Zelldifferenzierung werden vor allem solche Gene aktiviert, welche die Synthese der Bindegewebssubstanzen und der muskulären Elemente mit ihrem speziellen Stoffwechsel betreffen. Die Epithelzellen der äußeren Körperbedeckung und der inneren Verdauungszellen werden damit von zusätzlichen Aufgaben entlastet, Bindegewebsgrundlagen des Körpers herzustellen bzw. die Bewegung des Körpers durchzuführen. Gewissermaßen wesentlichstes Konstruktionsmerkmal wird also jetzt eine Zellmasse im Inneren des Körpers, deren Zellen einzelne Teile des Genprogrammes bevorzugt ausbilden und zu spezialisierten Zellen werden. Es entsteht ein eigenes Bindegewebssystem und ein eigenes Muskelsystem. Die Epithelzellen, die bei den wirbellosen Tieren durch die Art ihres Gewebezusammenhanges immer nur einschichtig sein können, werden damit von zahlreichen Aufgaben befreit und können ihrerseits neue Entwicklungen durchführen. Daraus geht schon hervor, daß die Erfindung des Mesoderms nur ein multipler Vorgang gewesen sein kann, der gleichzeitig die Inaktivierung bestimmter Genprogramme in den Epithelzellen erreicht hat.

Es ist unwahrscheinlich, daß z.B. das komplizierte Programm für die Synthese von Kollagen oder für die Anordnung der verschiedenen Filamente der muskulären Proteine zu einer quergestreiften Muskelfibrille mehrfach in der gleichen Weise erfunden sein kann; oder daß z.B. bei den Medusen die quergestreiften Anordnungen der Myofilamente in den Epithelmuskelzellen eine andere genetische Grundlage haben als die der quergestreiften Muskulatur der Würmer. Durch die erhebliche quantitative Vermehrung der DNA in den Zellkernen bei den Histozoen ist die Möglichkeit gegeben, Gene zu erweitern bzw. neue Gene entstehen zu lassen. Die heute bekannten komplizierten Strukturen von Genen und von repetitiver DNA zeigen, daß nur ein Bruchteil der Nukleotidsequenzen der DNA tatsächlich als direkte Geninformationen benutzt wird. Mit der Entwicklung des Mesoderms entstehen in einer relativ kurzen Evolutionsspanne neue Genprogramme, so daß sich immer neue differenzierte Zelltypen entwickeln. Die unmittelbare Konsequenz für die Organismen mit diesen Konstruktionsmerkmalen ist eine enorme Erhöhung der Zellzahlen pro Organismus und die Entstehung von soliden Körpern. Der Raum zwischen dem äußeren bedeckenden Ektoderm und dem inneren fressenden Entoderm wird nicht mehr von der Mesogloea, also Bindegewebssubstanzen mit hohem Wasserbindungsvermögen eingenommen, sondern von einer hohen Zahl von Zellen: *Parenchym*. Es entsteht durch die Teilungen der Zellen des *dritten Keimblattes (Mesoderm)*. Es entstehen neue Gewebeformen: Bindegewebe mit spezifischen Bindegewebszellen, die nicht mehr reversibel gegen andere Zellen austauschbar sind und vor allem die Produktion der extrazellulären Substanzen übernehmen; echte Muskelzellen, die sich zu Schichten anordnen können und fast ganz mit Myofilamenten angefüllt sind.

Die Organismen, deren Körper mit einem solchen Parenchym erfüllt ist, werden als *Parenchymia* zusammengefaßt und sind heute noch durch mehrere Tierstämme vertreten: Kamptozoa, Gnathostomulidae, Nemertini und Platyhelminthes. Die Entstehung von Bindegewebe und Muskelschichten hat eine weitere Konsequenz: Unter Beteiligung von Bindegewebszellen entstehen *echte Organe*. Ihre Lage wird im Körperbau an bestimmten Stellen fixiert, so daß es zu *anatomischen Beziehungen der Organe* untereinander und zur gesamten Körpergestalt kommt. Die Versorgung der Zellen im Inneren des Körpers mit Sauerstoff und Nahrungssubstanzen hat wahrscheinlich die Ausdehnung des Tierkörpers beeinflußt, indem die Zellen im Inneren abhängig wurden von ihrer Entfernung zum Oberflächenepithel und zum Darmepithel. Es sind daher primär flach gebaute Körper entstanden, wie sie heute noch von den Plathyhelminthes ausnahmslos dargeboten werden. Damit ergab sich für die Embryonalentwicklung die Verteilung der Mesodermzellen rechts und links von der Darmanlage. Die Verteilung der Zellen mußte in einer *bilateralen Symmetrie* erfolgen, mit dem Darm als zentrales Ernährungsinstrument. Infolgedessen sind dann auch die sich entwickelnden Organanlagen alle *bilateral symmetrisch und doppelt* in einem Organismus vorhanden. Die bilaterale Symmetrie des Bauplans wird mit der Entstehung des Mesoderms zwingend bei allen Organismen und bleibt auch für alle Wirbellosen und Wirbeltiere in der nachfolgenden Evolution erhalten. Darum beginnt mit den Parenchymia die große Gruppe der *Bilateria*, während die Coelenteraten radiärsymmetrisch und die Porifera amorph gebaut sind. Die zunehmende Zellzahl und Körpergröße und die Entstehung besonderer Muskelschichten hat eine Vermehrung auch der Nervenzellen zur Folge. Sie können jetzt nicht mehr frei zwischen den Bindegewebszellen bzw. den Muskelschichten verstreut liegen, sondern müssen aus dem Bewegungsapparat herausgenommen werden. Ihre Verteilung bei der Embryonalentwicklung folgt der bilateralen Symmetrie des Mesoderms, und so werden sie in einer paarigen Anlage zentralisiert. Da der Auftrieb des Körpers im Wasser durch die kompakte Bauweise mit Sicherheit nicht zu einem Schweben oder dauernden Schwimmen ausgereicht hat, ist der ursprüngliche Lebensraum dieser neu entstandenen Formen der Boden gewesen. Die Bedingungen der Nahrungssuche und die Berührungen mit dem Untergrund müssen dazu geführt haben, daß die Sinneszellen verschiedenen Typs vor allem auf der Unterseite des Körpers angeordnet werden. Die Fortbewegung erfolgt durch eine Kriech- oder Schwimmbewegung aufgrund der Verformung des Körpers durch die Muskulatur. Bei den ursprünglichen Formen ist das Körperepithel mit Cilien versehen, so daß die Bewegung durch den Cilienschlag unterstützt wird. Durch die gerichtete Bewegung zur Suche von Nahrung und günstigen Außenbedingungen (Belichtung, Sauerstoffgehalt des Wassers und anderes) ist ein *Vorderpol* des Körpers entstanden, der ebenfalls mit Sinneszellen und eventuell mit Sinnesorganen (Lichtsinnesorgane, Statocysten) besonders reich ausgestattet wird. Es entsteht ein *Kopf (Cephalisation)*. Konzentrierung der Nervenzellen in Relation zur Masse der Sinneszellen erfolgt daher auf der Unterseite des Körpers, d.h. unter dem Darmkanal. Bei allen wirbellosen Tieren bleibt diese Lage erhalten, und man faßt sie wegen dieser Lage des zentralisierten Nervensystems als *Gastroneuralia* zusammen. Die Ansammlung von Nervenzellen am Vorderpol bildet ein *Cerebralganglion oder Gehirn*. Die Zusammenfassung von Nervenzellen zu einer Gruppe wird allgemein als *Ganglion* bezeichnet. Das Nervensystem wird also mit Komplizierung des Körperbaus zentralisiert, und es entsteht ein *zentrales Nervensystem (ZNS)*. Bei den freilebenden (also nicht parasitären) Formen werden zum ersten Mal die Informationen aus den vier großen Sinnesbahnen: den Lichtsinnesorganen, den Statocysten, den chemischen Sinneszellen und den mechanischen Sinneszellen kombiniert und in eine kontrollierte Aktivität von zahlreichen spezifischen Muskelzellen umgesetzt. Damit ergeben sich auch zum ersten Mal Möglichkeiten, nach wiederholten Eindrücken von den Sinnesorganen *Erfahrungen* zu speichern und damit *Lernprozesse* aufzubauen. Durch die Lage des zentralisierten Nervensystems und der großen Sinnesorgane bekommt der Vorderpol des Körpers eine hervorgehobene Bedeutung und wird damit zum *Kopf*. Unter Beteiligung von Bindegewebszellen werden an bestimmten Stellen des Körpers Organe gebildet. Die Größe der Organismen und ihr kompakter zellulärer Aufbau machen einen Stoffstrom im extrazellulären Raum notwendig, um Ernährung und Exkretion der Zellen zu ermöglichen; es entstehen spezielle Organe für Osmoregulation und Exkretion.

5.1 Gewebedifferenzierung und Organentstehung bei den Platyhelminthes

Die *Platyhelminthes (Flachwürmer)* sind die erfolgreichste Gruppe der Parenchymia. Der alte Name bezieht sich auf ihre wurmförmige, flache Körpergestalt; neben den frei lebenden Formen sind zwei große Gruppen von Parasiten entstanden (Trematodes, Cestodes), die ausschließlich komplizierte Entwicklungszyklen mit Wirtswechsel ausgebildet haben. Die Körpergröße der Plathyhelminthes kann erheblich sein: Bei Landplanarien in feuchtem Laub oder in feuchtem Boden bis zu 30 cm Körperlänge bei den Saugwürmern mehrere Zentimeter und bei den Bandwürmern bis zu 10 m oder mehr. Sie alle besitzen ein kompliziertes System von Geschlechts- und Begattungsorganen, und die erfolgreiche Ausbreitung der Parasiten in Körperhöhlungen anderer Tiere steht in direktem Zusammenhang mit der Fortpflanzungsbiologie. Die Geschlechtszellen werden nicht in das Wasser oder in umgebende Flüssigkeiten abgegeben, sondern durch Begattungen immer in die Geschlechtswege des Tieres eingebracht. Da alle Formen zwittrig (hermaphrodit) sind, also Ei und Samenzellen in einem Tier produziert werden, kommt entweder eine wechselseitige Begattung vor, oder die Geschlechtszellen eines Tieres verschmelzen zu Zygoten (Selbstbefruchtung).

5.1.1 Die Gewebedifferenzierung und der Flüssigkeitsstrom

Der im Gegensatz zu den Schwämmen und den Coelenteraten massige Körperbau der Platyhelminthes wird von zwei Zelltypen beherrscht; 1. die Bindegewebszellen (Parenchym) und die von ihnen produzierten extrazellulären Substanzen, und 2. die Muskelzellen, die sich in Schichten oder Zellsträngen anordnen. Das Körperepithel besteht aus einer Zellschicht, die durch Schlußleistensysteme die Interzellularräume des Körpers gegen das Außenmedium abdichten (vgl. S. 145). Die Epithelzellen sind auf ihrer basalen Seite an einer dicken Basalmembran verankert, die aus den verschiedenen Mucopolysacchariden der Bindegewebsgrundsubstanz und aus kollagenen Fibrillen besteht (vgl. S. 129 ff). Diese Basalmembran wird aber nicht mehr von den Epithelzellen, sondern von den darunter gelegenen spezifischen Bindegewebszellen synthetisiert. Unter der Basalmembran folgen Schichten von Muskelzellen, die einen komplizierten *Hautmuskelschlauch* aufbauen (Bild 70a). Die Muskelzellen sind spindelförmig mit einzelnen endständigen Zellausläufern und erfüllt von den Myofilamenten. Die obere Lage unter der Basalmembran ist eine Ringmuskulatur, die Zellkörper sind also zirkulär um die Längsachse des Körpers angeordnet. Die tiefer liegenden Muskelzellen formen eine Diagonalschicht, und die innere Lage bildet eine Längsmuskelschicht. Alle Muskelzellen werden von kollagenen Fibrillen umhüllt, die sie wie ein Netz umspannen und untereinander verbinden. Die Muskelzellen sind also funktionell zu Gruppen oder Platten zusammengeschlossen; bei der Kontraktion von Muskelzellen wird die Verkürzung der spindelförmigen Zellkörper auf das zugfeste Netz der kollagenen Fasern übertragen. Aus dem Hautmuskelschlauch zweigen Zellstränge aus Muskelzellen

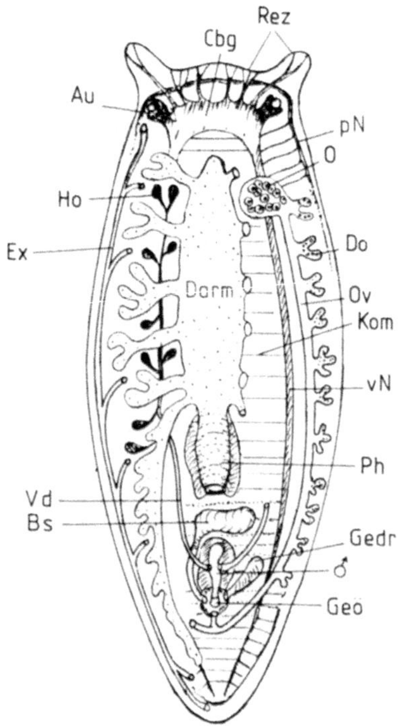

Bild 70

Organisation von Platyhelminthen

a) Schema der Lage von Organsystemen bei einem Turbellar

Au	Auge
BM	Basalmembran
Bs	Bursa seminalis
Cbg	Cerebralganglion
DiaM	Diagonalmuskeln
Do	Dotterstock
dors. vent. M	dorso-ventrale Muskeln
Dr	Drüsenzelle
Ent	Entoderm
Ep	Epithel
Ex	Exkretionskanal
Exkr.p.	Exkretionskanalporus
Gedr.	Genitaldrüse
Geö	Genitalöffnung
Ho	Hoden
HM	Hautmuskelschlauch
ZM	zirkuläre Muskeln
LM	Längsmuskeln
IZ	Interzellular-Raum
Kf	Kollagenfasern
Kom	Kommissur
N	Neoblast
Neu	Neuron
Nv_1	subepithelialer Nervenplexus
Nv_2	submuskulärer Nervenplexus
O	Ovarium
Ov	Oviduct
Pa	Parenchymzelle
Phag	Phagocytose
Ph	Pharynx
Pro	Protonephridium
pN	peripherer Nervenstrang
Rez	frontale Rezeptoren
Rü	Weg der Rückresorption
S	Synapse
SR	Sinnesrezeptor (Cilie)
tj	tight junction
Sch	Schleimsekretion
Vd	Vas deferens
Vn	Ventraler Nervenstrang

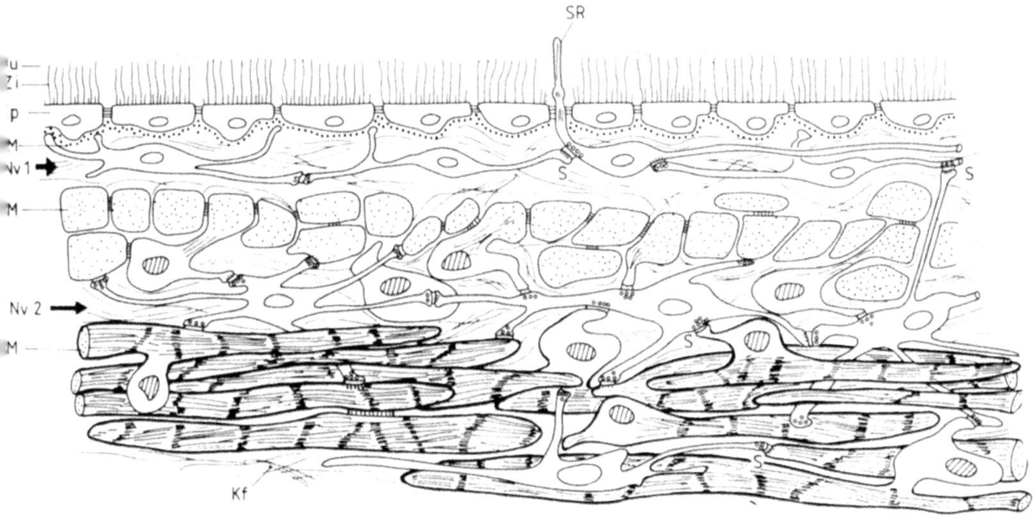

Bild 70b

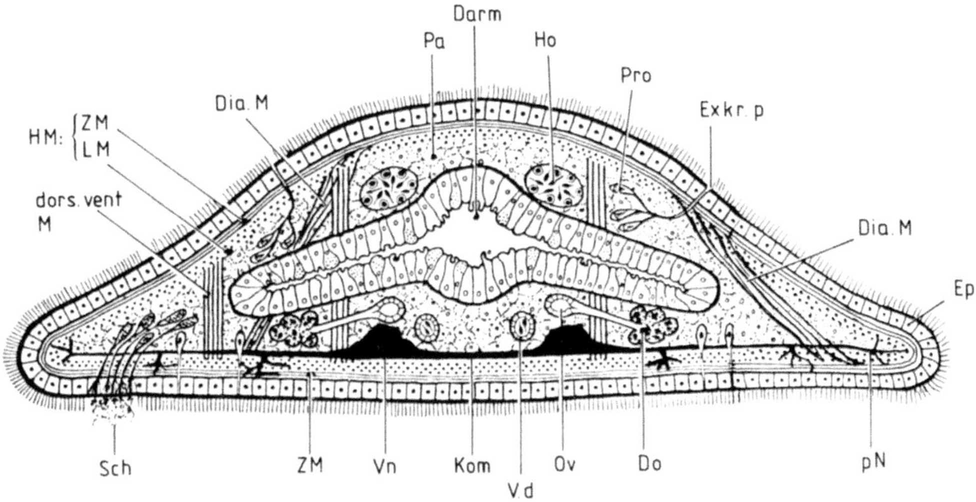

Bild 70c

Bild 70

Organisation von Platyhelminthen

b) Zone des Epithels und Hautmuskelschlauchs bei einem Turbellar

c) (Schnitt (quer) durch die mittlere Region (verändert nach Buchsbaum, 1948)
Doppelter Nervenplexus im oberen Hautmuskelschlauch bei einem Turbellar; das erste Netz aus Neuronen ist unter der Basalmembran gelegen und steht mit Sinneszellen der Oberfläche in Verbindung, Dendriten reichen auch in die Fasermasse des Interzellularraumes hinein. Das zweite Netz besteht aus multipolaren motorischen Neuronen in den Muskelschichten des Hautmuskelschlauchs.

von der Oberseite (dorsale Seite) zur Unterseite (ventrale Seite) des Tieres: dorsoventrale bzw. vertikale Muskeln. Andere Zellstränge verlaufen schräg durch den Körper oder sind diagonal angeordnet. Durch die Differenzierung des Zelltyps Muskelzelle aus dem dritten Keimblatt und der damit erfolgten Loslösung der kontraktilen Zellfortsätze aus dem Bereich der Epithelschichten können überall im Körper eigenständige Muskelgruppen angeordnet werden. Damit sind für die Organisation von Organismen unbeschränkte Möglichkeiten zur Herstellung von Bewegungssystemen geschaffen worden, die vergleichbar einem Baukastensystem in jeder Region des Körpers durch Mesodermzellen aufgebaut werden können.

Die Auslösung der Kontraktion im Hautmuskelschlauch erfolgt durch Axone von Nervenzellen, die mit Synapsen an die Zellmembran der Muskelzellen herantreten (vgl. S. 180ff.). Diese Nervenzellen bauen unter der Muskelschicht ein *Netzwerk (Plexus)* auf, der entsprechend der Form des Tieres einen dorsalen und einen ventralen Teil umfaßt. Ihre Zellfortsätze sind in zwei Strängen zusammengefaßt und führen ins Cerebralganglion (vgl. Bild 73). Die Bewegungsvorgänge der Muskelzellen (Motorik) werden also noch weitgehend selbständig von einem Nervennetz organisiert. Die Synapsen enthalten Acetylcholin oder Dopamin, so daß cholinerge und dopaminerge Nervenendigungen unterschieden werden können. Sie stellen innerhalb des Nervennetzes offenbar Antagonisten dar, denn nach der Durchtrennung der Verbindungen zum Cerebralganglion zeigen sich in der Motorik selbständige funktionelle Teilbereiche, wie Fressen, Nahrungssuche, Eiablage. Die einzelnen Aktivitäten werden also von den Zellen des Cerebralganglions koordiniert, aber nicht primär ausgelöst. Die relativ großen Entfernungen zwischen den Nervenzellen des muskulären Plexus und den Kontrollzellen im Cerebralganglion ergibt für die Zellausläufer, welche den Kontakt herstellen müssen, eine besondere Stituation. Auf ihrem Weg passieren sie Muskelzellen, Bindegewebszellen und andere zahlreiche Nervenzellausläufer, dennoch soll dort kein Membrankontakt stattfinden. Der Nervenzellausläufer muß auf seinem Weg also isoliert werden. Dies geschieht durch einen speziellen Zelltyp: die *Gliazelle*. Zum ersten Mal werden diese Zellen im Nervensystem der Parenchymia entwickelt. Gliazellen begleiten also die Neuriten oder Dendriten, indem sie durch ihre flache Zellform sich vollständig um den kabelförmigen Zellausläufer herumlegen und ihn gegenüber der Umgebung isolieren. Dadurch werden Zellkontakte verhindert und die Vorgänge der Membrandepolarisierung bei den Erregungsvorgängen der Nervenzelle abgeschirmt. Nervenzellfortsätze ohne Gliazellen werden als nackt bezeichnet. Die Gliazellen können sich bei den wirbellosen Tieren auch zu mehreren um einen Nervenzellausläufer legen, also dicke Schichten von mehreren Zellkörpern bilden. Zahlreiche Axone können durch die Umhüllung durch Gliazellen zu einem *Nervenstrang* zusammengefaßt werden und so, gegen die Umgebung abgegrenzt, als Bündel von Nervenzellfortsätzen durch den Körper begleitet werden. Im alten Sprachgebrauch wurden solche komplizierten Nervenzellstänge als „Markstränge“ bezeichnet.

Die Organisation der Muskelzellen gibt Bild 71 wieder. Muskelzellen sind dadurch gekennzeichnet, daß sie große Mengen an muskulären Eiweißen: Actin, Myosin, Troponin und Tropomyosin synthetisieren; und diese Moleküle werden im Cytoplasma zu komplizierten Myofilamenten und Myofibrillen angeordnet. Diese Anordnung ist funktionsspezifisch, so daß es verschiedene Muskelzelltypen gibt, die sich hinsichtlich ihrer Größe und der Anordnung der Myofilamente voneinander unterscheiden. An zwei Muskelzelltypen, die gewissermaßen extreme Formen der Entwicklung darstellen, soll die Organisation dargestellt werden.

Die sogenannten *glatten Muskelzellen*, wie sie im Hautmuskelschlauch vorhanden sind, sind spindelförmig, der Zellkern liegt zentral, und das Cytoplasma ist von kleinen

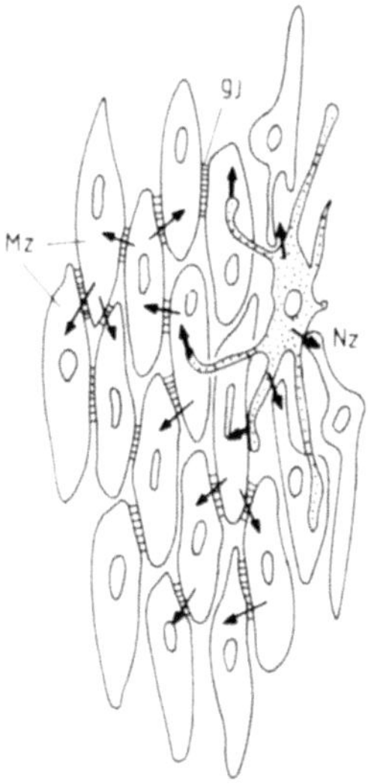

Bild 71a$_2$

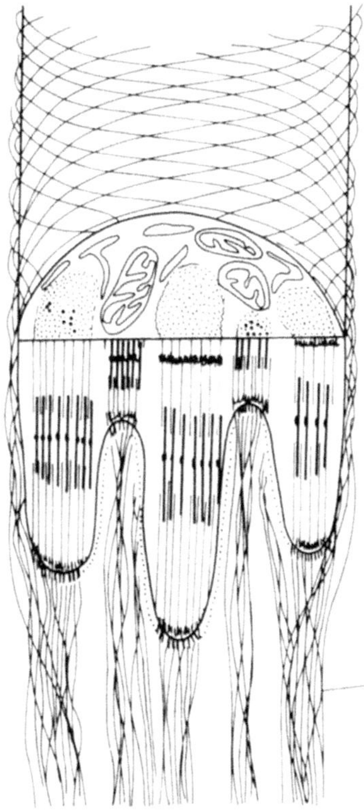

Bild 71a$_3$

Bild 71a$_1$

Bild 71

Anordnung und Feinstruktur von Muskelzellen

a_1) und a_2) Spindelförmige glatte Muskelzellen mit umhüllenden Kollagenfasern Kf (1) und Innervation (2): gap junctions (gj) verbinden zur Weitergabe des Reizes die Muskelzellen (Mz) zu Funktionsgruppen, das motorische Neuron (Nz) hat zahlreiche Axone zur Innervation mehrerer Muskelzellen.

a_3) Bildung einer Sehne aus den umhüllenden kollagenen Fasern am Ende einer quergestreiften Muskelfaser, die angeschnitten gezeichnet ist.

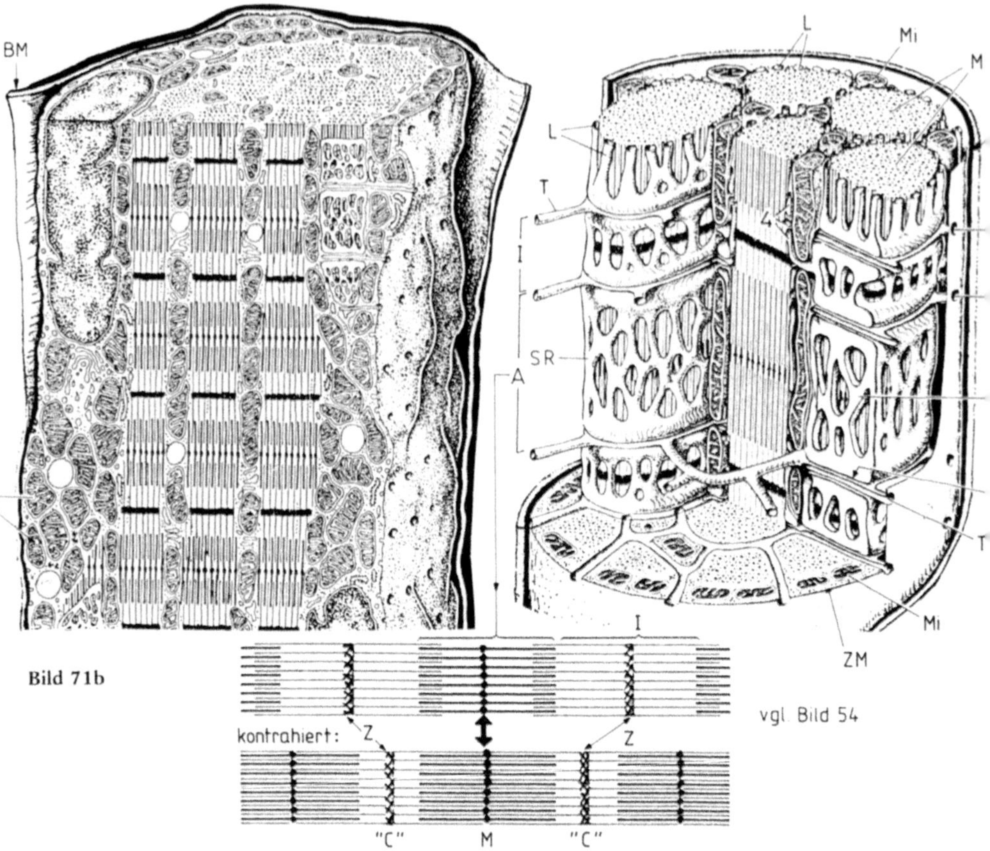

Bild 71b

A Anisotrope Zone
BM Bindegewebsmembran
„C" Kontraktionsstreifen
I Isotrope Zone
L Longitudinales System des sarcoplasmatischen Reticulum (SR)
M M-Zone des Myosins
Mf Myofilamente
Mi Mitochondrien
T tubuläres transversales System der Zellmembran (ZM)
Tri Triade
SR Sarcoplasmatisches Reticulum (= ER)
Z Z-Scheibe oder Z-Stäbchen
ZM Zellmembran
Zf Zellfortsatz

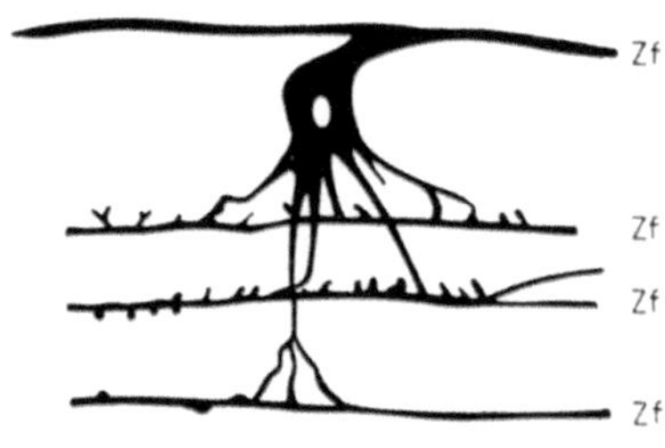

Bild 71c

Bild 71

Anordnung und Feinstruktur von Muskelzellen

b) Rekonstruktionszeichnungen einer typischen quergestreiften Muskelfaser, li. die Feinstruktur, re. das System des sarcoplasmatischen Reticulums, darunter die Anordnung von Actin und Myosin in einer Myofibrille im erschlafften und kontrahierten Zustand (verändert nach Krstic, 1976)

c) Muskelzelle des Hautmuskelschlauches eines Cestoden mit kontraktilen Zellausläufern (aus Schneider, 1908)

Myofilamenten-Bündeln durchzogen. Um einen Myosinstab sind mehrere Actin-Filamente angeordnet; der Gleitmechanismus ist bei der amöboiden Zellbewegung erläutert worden. Die Enden der Actin-Filamente sind in kleinen Gruppen untereinander durch α-Actinin in den sehr kleinen Z-Elementen miteinander verknüpft. Unter der Zellmembran werden die Actin-Filamente durch das α-Actinin an das Cytoskelett angeschlossen. Durch die Zellform ergibt sich, daß die verknüpfenden Z-Elemente nicht in einer Ebene liegen, sondern sehr verstreut im Zellraum verteilt sind. Daher lassen sich in der lebenden Zelle keine besonderen dichten oder weniger dichten Fibrillenzonen erkennen, man nannte die Muskelzelle also glatt. Die Zellmembran wird für die Ernährung der Zelle in zahlreiche Endocytoseblasen eingesenkt, deren Anordnung von der Lage der Myofilamente abhängt. Die zwischen den Myofilamenten verlaufenden röhrenförmigen Kanäle des endoplasmatischen Reticulums (sarcoplasmatisches Reticulum) dient zur Weiterleitung der Erregung und der Speicherung bzw. dem Transport von Calcium für die Auslösung des Gleitmechanismus. Die hierzu benötigte Erregung wird über Synapsen von Axonen der zugehörigen Nervenzellen ausgelöst; nicht jede Muskelzelle muß innerviert werden, denn durch gap junctions sind die glatten Muskelzellen untereinander verbunden. Dadurch kann die Erregung über die Zellkontakte an benachbarte Muskelzellen weitergegeben werden. Charakteristisch ist für glatte Muskelzellen, daß sie zu Funktionsgruppen zumeist in Schichten zusammengeschlossen sind und die Kontraktionen vergleichsweise langsam erfolgen.

Die sogenannten *quergestreiften Muskelzellen* enthalten die Myofilamente in einer serienmäßigen Anordnung, bis zu mehreren hundert Myofilamente sind zusammengefaßt und bilden, ähnlich wie ein Kabel, eine Myofibrille. Dadurch werden die Aufhängebänder für die Actinfilamente scheibenförmig ausgebildet: Z-Scheiben (Bild 71b). Durch die periodische Wiederholung der Z-Scheiben ist eine Myofibrille in gleichmäßige Funktionsabschnitte unterteilt, die Sarcomeren. Durch den Gleitmechanismus der Actin- und Myosinfilamente werden bei der Kontraktion die Sarcomeren verkürzt; die Länge eines Sarcomers ist daher für einen spezifischen Muskeltypus funktionell wichtig und für den Effekt des Muskels ausschlaggebend. Je größer die Sarcomerenlänge ist, umso mehr Platz für das Gleiten der Filamente ist vorhanden. Bei sehr kurzen Sarcomeren steht auch nur eine kurze Strecke für den Gleitmechanismus zur Verfügung. Je nach Größe der Muskelzellen werden viele Hundert oder Tausend der Myofibrillen parallel nebeneinander gelagert, so daß die Z-Scheiben alle in einer Ebene angeordnet sind. Durch den Unterschied in der molekularen Dichte sind daher die verschiedenen Zonen der Myofibrillen auch im lebenden Muskel sichtbar, und es entsteht eine optische Querstreifung. Durch einen Trick kann eine besonders große Länge der Myofibrillen erreicht werden: mehrere Muskelzellen verschmelzen im embryonalen Zustand miteinander und bauen so ein vielkerniges Riesengebilde auf, ein Syncytium. Dadurch kann diese Riesenzelle mehrere Millimeter Länge erreichen und eine besonders wirkungsvolle Masse von langen Myofibrillen enthalten. Die Zellkerne liegen am Rande des Zellkörpers, da die Bündel der Myofibrillen das Zentrum der Zelle ausfüllen. Die Form der hochorganisierten Ausrichtung der Myofibrillen mit Querstreifen war bereits bei den Coelenteraten (Medusen) bei den schnellen Epithelmuskelzellen des Schirmrandes ausgebildet. Die Mitochondrien als Lieferanten für ATP sind zwischen den Myofibrillen angeordnet. Wegen der Größe der Zellen oder Syncytien erhalten die Membransysteme eine besondere Bedeutung für die Fortleitung des Erregungsvorganges. Die Zellmembran wird in tief eingesenkten Kanälen in das Innere der Zelle vorgestülpt: T-System (= transversales System). Das endoplasmatische Reticulum (sarcoplasmatisches Reticulum) umgibt als röhrenförmiges Netzwerk die Myofibrillen: L-System = longitudinales System. Die Röhren der Zellmembran treffen an bestimmten Stellen auf das endoplasmatische Reticulum. Die Erregung wird von den zugehörigen Nervenzellen in sehr großflächigen Spezialsynapsen auf die Muskelmembranen übertragen, häufig an mehreren Stellen. Die Depolarisierung durch den Ionentransport der Zellmembran läuft dann über die Kanäle des T-Systems in das Innere der Zelle und wird auf die Membranen des L-Systems übertragen. Dadurch wird die Ausschüttung von Calcium aus den Speichern in die Region der Myofibrillen ausgelöst, und die ATPase wird aktiviert bzw. die Änderung der Konformation des Troponins und des Tropomyosins gibt die Wirkungsorte frei. Nach der Verteilung und Zahl der Mitochondrien, der Zahl der Myofibrillen und dem Gehalt an Glykogen oder Fett als Reservestoffen lassen sich funktionell zwei Typen von quergestreiften Muskelzellen unterscheiden: *langsame (tonische) Muskeln* und *schnelle Muskeln (Zuckmuskeln)*. Die langsamen Muskeln haben weniger Myofibrillen, und die Sarcomerenlänge ist groß. Durch die hohe Zahl von Mitochondrien und den hohen Gehalt an Reservestoffen sind sie weniger ermüdbar, also über lange Zeit leistungsfähig. Die schnellen Muskeln haben eine hohe Zahl von Myofibrillen, deren Sarcomerenlänge kürzer ist. Durch den Platzmangel enthalten sie weniger Mitochondrien und weniger Reservestoffe. Sie können eine sehr schnelle Kontraktion durchführen, ermüden aber auch schnell.

Durch die Abwandlung der serienmäßigen Anordnung der Myofibrillen in den Zellen gibt es eine Reihe von Modifikationen dieses quergestreiften Muskeltyps. So können die Z-Elemente nicht scheibenförmig, sondern stabförmig sein, die Myofibrillen also eigentlich Bänder darstellen. Eine andere Abwandlung ergibt sich aus der serialen Anordnung der Z-Elemente: sie können in einer Ebene angeordnet sein, die schräg zur Längsachse der Zelle gestellt ist: schräg gestreifte Muskulatur. Oder die Z-Elemente der benachbarten Myofibrillen werden in einer schraubigen (helicalen) Anordnung liegen, so daß die Muskelzellen nicht nur schraubig oder schräg gestreift, sondern oft gitterförmig gestreift aussehen. In der Funktion handelt es sich aber stets um den Typ der quergestreiften Muskelzellen mit den gleichen Funktionsprinzipien.

Auch die quergestreiften Muskelzellen können ihre Kontraktion nur über ein Fasernetz des Bindegewebes übertragen; sie sind also in einem Netz von kollagenen Fasern eingesponnen, das an den Enden der Muskelzellen durch Zellfortsätze noch besonders fest gebunden ist und zu Bündeln zusammengefaßt sein kann: *Sehnen*.

Kennzeichnend für die Gewebeorganisiation der Parenchymia sind die Bindegewebszellen, die den Körper zwischen Hautmuskelschlauch und Darmkanal ausfüllen. Sie haben drei Funktionen: Sie synthetisieren die extrazellulären Bindegewebssubstanzen; sie speichern Reservestoffe in Form von Glykogen und Lipiden, stellen also insgesamt das Speicherorgan des Organismus dar; und schließlich dienen sie als Druckpolster für die Muskelsysteme.

Die verzweigten und miteinander verzahnten Zellen lassen ein enges interzellulares Spaltraumsystem frei, in dem die Gewebsflüssigkeit zirkulieren kann. Die Zellen sind umgeben von einem Netz kollagener Fasern, die miteinander in Verbindung stehen und sich bis zu den Muskelschichten fortsetzen: es besteht also ein Kollagenskelett. Die Kontraktion von Muskelzellen wird also auf ein weit verzweigtes Netz zugfester Fasern übertragen, die ihrerseits auf einem druckfesten Polster von turgeszenten Zellen ruhen. Die Schichten des Hautmuskelschlauches haben im Bindegewebe ein festes Widerlager und gleichzeitig eine weitreichende Übertragungsmöglichkeit lokaler Kontraktionen auf andere Teile des Körpers.

Der *Stoffstrom in den Interzellularräumen* ist für alle Zellen im Inneren des Körpers die einzige Quelle für Ernährung und Gasaustausch, also von lebenswichtiger Bedeutung für den Organismus. Ein besonders abgegrenztes Lakunensystem für die Gewebeflüssigkeit z.B. in Form von Gefäßen gibt es noch nicht. Die Parenchymia sind gewissermaßen auf der Stufe nach der Erfindung des Mesoderms stehengeblieben, und die weiteren, sehr wesentlichen neuen Erfindungen, mit Mesodermzellen auch einige Hohlräume zu schaffen, ist bei ihnen nicht verwirklicht worden. Die Ernährung erfolgt über einen Darmkanal (Ausnahme: Cestoden, siehe unten). Es gibt nur eine Mundöffnung, der Darm ist also ein Blindsack. Die Muskelzellen des Hautmuskelschlauches bilden im Bereich der Mundöffnung bei den freilebenden Turbellarien einen komplizierten und sehr beweglichen Rüssel (Pharynx); bei den parasitären Trematoden ist es ein muskulärer Mundsaugnapf. Ein besonders dichtes Netz von Nervenzellen versorgt diese Muskelzellen und bildet einen intramuskulären Plexus; ihre Aktionen sind weitgehend vom Cerebralganglion unabhängig, sie stellen also ein *autonomes Nervensystem* dar. Weitere Nervenzellen umfassen die Region des Darmkanals, und das ganze verzweigte Nervennetz ist das sog. *stomatogastrische Nervensystem.* Wie beim Plexus des Hautmuskelschlauchs sind auch hier Zellfortsätze für die Verbindung mit dem Cerebralganglion als konzentrierte Nervenbahn vorhanden. Der Pharynx besteht aus fünf einzelnen Muskelschichten, die eine koordinierte Bewegungsfolge durchführen: nämlich die Öffnung des Mundes, seine Schließung und eine fortlaufende peristaltische Bewegung in Richtung auf den Darm. Die Muskelschichten bauen also die erste primitive Darmmuskulatur bei den Histozoen auf. Das Nervennetz arbeitet polarisiert, d.h. von der Mundöffnung in Richtung Darm, so daß durch eine Peristaltik die aufgenommene Nahrung in den Darmkanal befördert wird. Trennt man einen Rüssel vom Tier ab, so werden diese Bewegungen durch das autonome Nervensystem völlig unabhängig weiter durchgeführt, wenn entsprechende Reize gesetzt werden.

Das Darmsystem verläuft entweder in Form von paarigen Röhren durch den Körper (Trematoden) oder kann in wechselnder Weise mit seitlichen Aussackungen (Divertikeln) eine Vergrößerung der resorbierenden Oberfläche bzw. eine Aufgliederung der Verteilung der Nahrung im Körper zeigen. Das Entoderm (= Gastrodermis) setzt sich aus sehr großen Zellen zusammen, zwischen denen zahlreiche Drüsenzellen eingelassen sind. Sie enthalten Sekretgranula, die in das Darmlumen entleert werden und die verschiedensten Verdauungsenzyme enthalten. Die aufgenommenen Nahrungsteile werden also zum Teil extrazellulär im Darmraum verdaut. Die Gastrodermiszellen phagocytieren die zerfallenden Nahrungsbestandteile und schließen sie in den Phagolysosomen weiter auf. Resorption erfolgt aber auch durch Mikrovilli an den Zelloberflächen. Die Verdauungsprozesse laufen also teils extrazellulär, teils intrazellulär ab und unterscheiden sich damit nicht wesentlich von den Vorgängen bei den Coelenteraten.

Der Stoffstrom beginnt an der Gastrodermis (vgl. Bild 72b). Durch Exocytose werden Flüssigkeit und Nahrungsbestandteile durch die Basalmembran in die Interzellularspalten gedrückt. Der weitere Transport wird durch das Absaugen der Flüssigkeit an zahlreichen Stellen innerhalb des Gewebes durch spezialisierte Zellen, die *Reusengeißelzellen (Cyrtocyten)* in Gang gehalten. Sie entstehen wahrscheinlich aus Ektodermzellen, die in die Tiefe des sich differenzierenden Bindegewebes eingesenkt werden.

Die Grundzüge ihrer Konstruktion und die Funktion bleiben bei allen Abwandlungen in den Einzelheiten übereinstimmend erhalten (Bild 72); sie werden von höher entwickelten Tierstämmen übernommen und sind in verschiedenen Larvenformen vorhanden. An einer Seite der Zelle ist eine sehr lange Geißel vorhanden, oder es werden sehr zahlreiche Geißeln ausgebildet, die in einen röhrenförmigen Fortsatz der Zelle vorragen. Anschließend formen flache Zellen einen Kanal, der zwischen den Bindegewebszellen hindurch bis an die Oberfläche des Organismus führt und dort durch einen kleinen Porus zwischen den Ektodermzellen ausmündet. Da die Bewegung der Geißeln bei durchsichtigen Organismen im Leben zu sehen ist, wurden verschiedene Bezeichnungen für sie geprägt; Wimperflamme, Flammenzelle; da die Zelle sich am Ende des

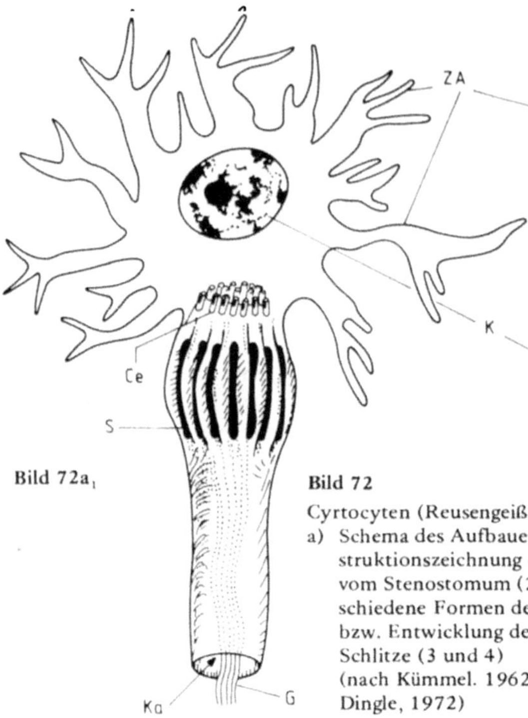

Bild 72a₁

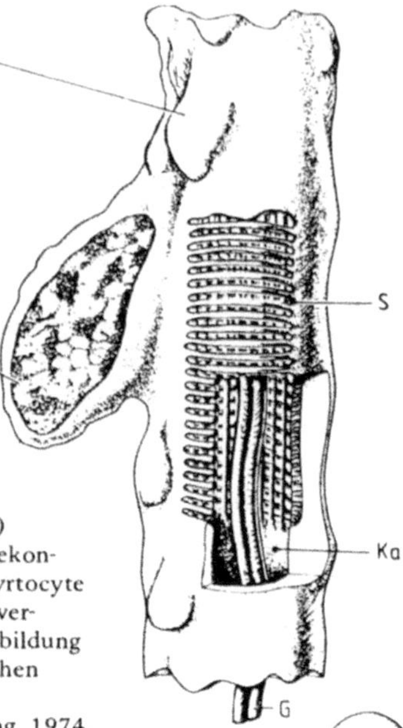

Bild 72a₂

Bild 72

Cyrtocyten (Reusengeißelzellen)

a) Schema des Aufbaues (1), Rekonstruktionszeichnung einer Cyrtocyte vom Stenostomum (2), und verschiedene Formen der Kanalbildung bzw. Entwicklung der typischen Schlitze (3 und 4)
(nach Kümmel. 1962, Wessing, 1974, Dingle, 1972)

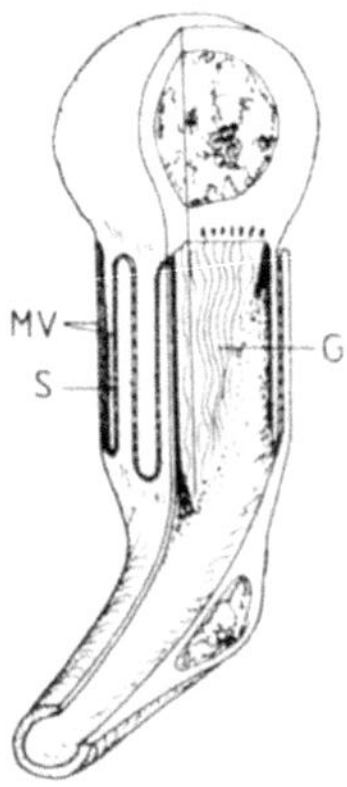

Ce	Centriole
G	Geißeln
K	Zellkern
S	Schlitze
Ka	Kanal
KaZ	Kanalzelle
MV	Mikrovilli
ZA	Zellausläufer

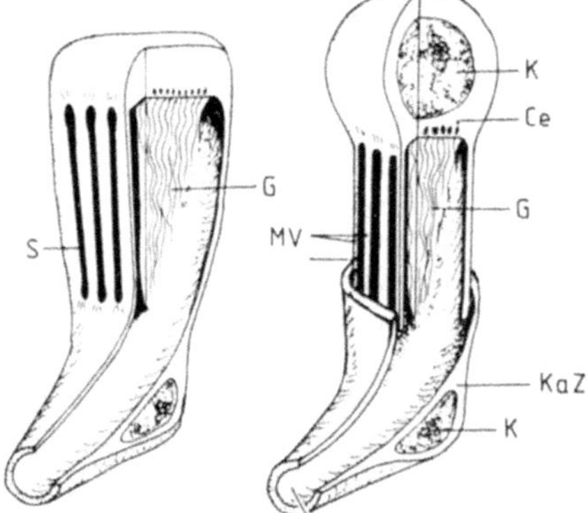

Bild 72a₃

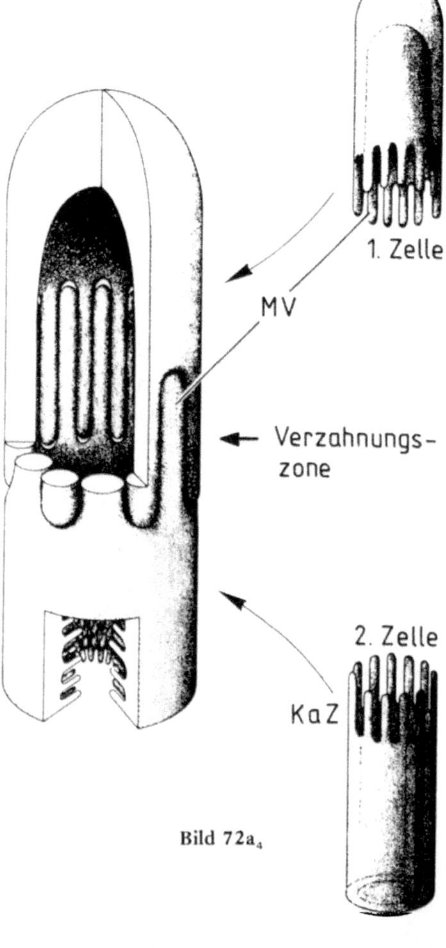

Bild 72a₄

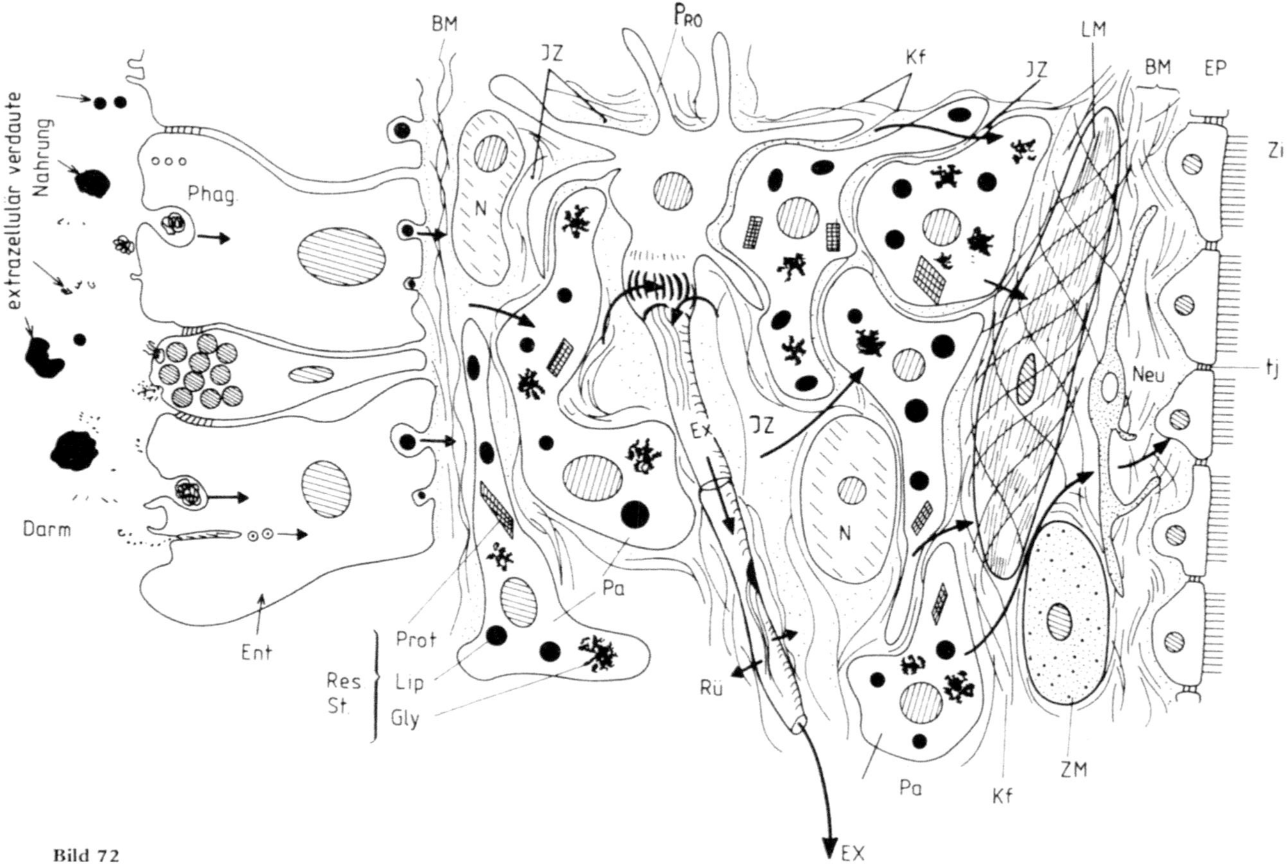

Bild 72
Cyrtocyten (Reusengeißelzellen)
b) Schema des Ernährungs-Stoffstromes im Parenchym (Pfeile)

BM	Basalmembran
Dr	Drüsenzelle
Ent	Gastrodermis = Entoderm
EP	Epithel der Körperoberfläche
Ex	Exkretionsfluß
G	Geißeln
IZ	Interzellularraum
Kf	Kollagenfasern
LM	Längsmuskel des Hautmuskelschlauches
N	Neoblast
Neu	Neuron
Pa	Parenchymzelle
Pro	Protonephridialzelle
RM	Ringmuskelzelle
RÜ	Rückresorptionsstrom
tj	tight junction
ZM	Zirkulärmuskulatur
Zi	Cilien
Res St.	Reservestoffe:
Gly	Glykogen
Lip	Lipid
Prot	Protein

Kanals befindet: Terminalzelle. Funktionell handelt es sich um ein sehr kleines Exkretions- und Osmoregulationsorgan, das zusammen mit dem funktionell zugehörigen Kanalsystem ein *Protonephridium* darstellt. In sehr verschiedener Weise wird der kanalförmige Hohlraum, der die Geißeln umschließt, mit einem Spaltensystem versehen. Dieses kann durch einen Kranz von Mikrovilli der Reusengeißelzelle oder durch Verzahnung mit der ersten Kanalzelle entstehen. Die dritte Möglichkeit ist komplizierter: der Zellkörper der Terminalzelle wird an einer oder mehreren Zonen in ein durchbrochenes Gitter umgewandelt, ein Vorgang, der bis heute in seiner Entstehung nicht verstanden ist. Die sehr engen Spalträume dieser Reusenapparate sind durch die Glykokalix der Zellmembranen mit einem molekularen Gitter versehen. Die Geißeln im Inneren des Hohlraumes bewegen sich synchron, sind durch die Glykokalix der Zellmembranen miteinander verklebt und stellen damit eine Funktionseinheit dar. Durch die schraubenförmige Bewegung wird die Flüssigkeit im Hohlraum des Kanalsystems wie mit einer Welle in Richtung auf die Öffnung gedrückt, so daß im Bereich der „Wimperflamme" Flüssigkeit nachgesaugt werden muß. Die Flüssigkeit in den Interzellularräumen wird durch die Reuse in das Innere des Kanalsystems des Protonephridiums gesogen. Damit entsteht also ein Flüssigkeitsstrom, der durch das Protonephridialkanalsystem den Körper des Organismus verläßt. Im einzelnen sind die anatomischen Anordnungen sehr verschieden; mehrere Terminalzellen können an Verzweigungen eines gemeinsamen Kanals anschließen, an bestimmten Stellen können die Kanalzellen ebenfalls Geißeln besitzen (Treibwimperflamme), die anatomische Verteilung innerhalb des Körpers kann sehr verschieden sein, und auch die Reusengeißelzellen selbst sind bei den verschiedenen Arten sehr unterschiedlich gestaltet.

Die primäre Funktion des Protonephridialsystems ist die Aufrechterhaltung eines Stroms von Gewebeflüssigkeit durch die Interzellularen. Das extrem dünne Molekularfilter der Glykokalix im Reusenapparat und dessen enges Spaltensystem halten geformte Teile der Bindegewebssubstanzen und auch die Makromoleküle zurück. In eingeschränktem Sinne liegt eine Ultrafiltration der Gewebeflüssigkeit vor. Im Lumen des Kanalsystems befindet sich damit eine Form des *Primärharns*. Die Zellen im Inneren des Organismus haben keine andere Möglichkeit, ihre Stoffwechselprodukte abzuführen, als durch Abgabe in die Gewebeflüssigkeit. Sie können aber auch ihre Nahrungsstoffe nur über diesen Weg erhalten. Und schließlich muß die Diffusion von Sauerstoff und Kohlendioxyd im Gasstoffwechsel durch den Flüssigkeitsstrom unterstützt werden, da die Parenchymia noch keine spezifischen Atmungsorgane entwickelt haben. Da im Reusensystem der Terminalzellen keine Auswahlmöglichkeit hinsichtlich der Zusammensetzung der Flüssigkeit besteht, enthält der Primärharn außer den Exkretstoffen (z.B. Harnstoff, Ammoniak) auch Nahrungssubstanzen: Aminosäuren, Glucose, Lipide. Die Zellen des Kanalsystems haben die Aufgabe, durch *selektive Rückresorption* diese für den Organismus wertvollen Stoffe wieder aufzunehmen. Zahlreiche Pinocytosekanäle und Mikrovilli an den Zelloberflächen dienen der Rückresorption.

Durch den Flüssigkeitsstrom im Gewebe ist gleichzeitig mit der Exkretion auch die Osmoregulation gegeben. Das mit der Nahrungsaufnahme in den Darm eingedrungene Wasser wird als Transportmittel benutzt und als Spülflüssigkeit für die Harnbildung ausgeschieden. Damit kann die innere *Homöostase* aufrechterhalten werden. Insbesondere bei den im Süßwasser lebenden Tierformen wird eindringendes Wasser durch die Tätigkeit der Protonephridien wieder entfernt. Bei den als Endoparasiten, also in Körperhöhlen anderer Tiere lebenden Platyhelminthen, liegen andere Verhältnisse vor; sie leben in isotonischen oder hypertonischen Medien. Durch die besonderen Stoffwechselverhältnisse der Parasiten müssen die Protonephridien die innere Homöostase auf besondere Weise aufrechterhalten (siehe unten). Die Exkretion bestimmter Stoffe ist

Hauptaufgabe dieser Organe. Bei den im Seewasser lebenden Formen wird die Ausscheidung der verschiedenen Salze im Zusammenhang mit der Osmoregulation zu einer der wichtigsten Funktionen der Protonephridien. Tatsächlich lassen sich die Bewegungsgeschwindigkeiten der Geißeln der Terminalzellen durch die Übertragung in Lösung verschiedener Osmolarität bzw. in destilliertes Wasser beeinflussen. In isotonischen Lösungen schlagen die Geißeln langsamer oder bleiben zeitweise unbeweglich, bei Belastung durch eindringendes Wasser dagegen schlagen sie schneller und werden nicht stillgelegt (Regulationsmechanismus der Geißelbewegung s. Ciliaten).

Bei den Endoparasiten lassen sich die Anpassungen an die Lebensweise besonders deutlich an den Zellen des Körperepithels, der Stoffaufnahme und des Stoffwechsels sowie der Exkretion aufzeigen. Man muß bedenken, daß die Lebensbedingungen und die Lebensweise der einzelnen Entwicklungsstadien im Generationszyklus bei Trematoden und Cestoden sehr verschieden sind und ihre Anpassungen im einzelnen hier nicht erörtert werden können. Bei den Trematoden z.B. werden die Larven aus dem Süßwasser in Körperhöhlen von Schnecken, wieder zurück ins Süßwasser, in ein Insekt und schließlich in ein Säugetier wechseln.

Nur an einem Beispiel sollen die Konsequenzen der parasitären Lebensweise gezeigt werden. Bei den Cestoden (Bandwürmern) hat die Veränderung des Körperbautypus ein Extrem erreicht. Sie leben als Endoparasiten ausnahmslos im Darmkanal, sind also mit einem enzymatisch aufgeschlossenen Nahrungsbrei versorgt. Daher fehlt allen Bandwürmern ein Darmkanal; ihre Fortpflanzung ist an keine klimaabhängige Periodizität gebunden. Sie haben eine besondere Form der vegetativen Fortpflanzung entwickelt. Durch das Wachstum der vorderen Körperzone werden gleichförmige Segmente gebildet (Proglottiden), die am Ende des Körpers abgestoßen werden (vegetative Vermehrung). Jedes Segment enthält einen vollständigen sexuellen Fortpflanzungsapparat, und die partielle vegetative Vermehrung dient zur Verbreitung der befruchteten Eier. Die Aufnahme der Nahrung erfolgt durch das bedeckende Körperepithel (Bild 73). Die Zellkörper sind unter dem Hautmuskelschlauch versenkt worden, und es bleibt nur eine dünne Schicht der Zellen auf der Oberfläche. Dort tragen sie Mikrovilli (etwa $60/\mu m^2$), je nach Länge und Dichte kann die Vergrößerung der Zelloberfläche das 3- bis 12-fache erreichen. Bei manchen Arten tragen die Mikrovilli noch eine spezielle Sekretkappe und werden als Mikrothrix bezeichnet. Die Glykokalix der Zellmembran überzieht die Mikrovilli in Form einer dicken Schicht als molekulares Filter. In den Zwischenräumen zwischen den Mikrovilli sind Pinocytoseblasen eingesenkt. Der Bereich der Mikrovilli und der Glykokalix hält eine Flüssigkeitsschicht fest, die gegenüber den bewegten Flüssigkeiten in einem Darmkanal ungestört sind. Dadurch kann in diesem Bereich die Diffusion von Molekülen ungestört erfolgen. Die Phagocytose von größeren geformten Bestandteilen ist ausgeschlossen. Die ungestörte Schicht der Glykokalix verhindert auch eine Verdauung des Parasiten durch Enzyme im Darmkanal. Die ungestörte Flüssigkeitsschicht und die Glykokalix enthalten Inhibitoren für Proteasen, z.B. Trypsin. Es sind Proteinmoleküle, die mit bestimmten Aminosäuren an den Aminosäuren des Wirkungsortes des Enzyms Wasserstoffbrücken bilden und damit das Enzym inaktivieren. Glykokalix und Zellmembran des Parasiten enthalten zahlreiche eigene Enzyme und Translokatoren. So wird Vitamin B12 vom Intrinsincfaktor abgetrennt und in die Epithelzellen aufgenommen. Die Darmepithelzellen bei den Wirbeltieren können das Vitamin B12 nur als Komplex mit dem Intrinsincfaktor aufnehmen. Translokatoren in der Zellmembran des Parasiten bewirken einen schnellen Membrantransport von Glucose und anderen Zuckern, von Aminosäuren und von Fettsäuren. Durch die Abflachung des spezialisierten distalen Teiles der Epithelzellen werden die Nahrungsbestandteile durch die Basalmembran direkt in das Innere des

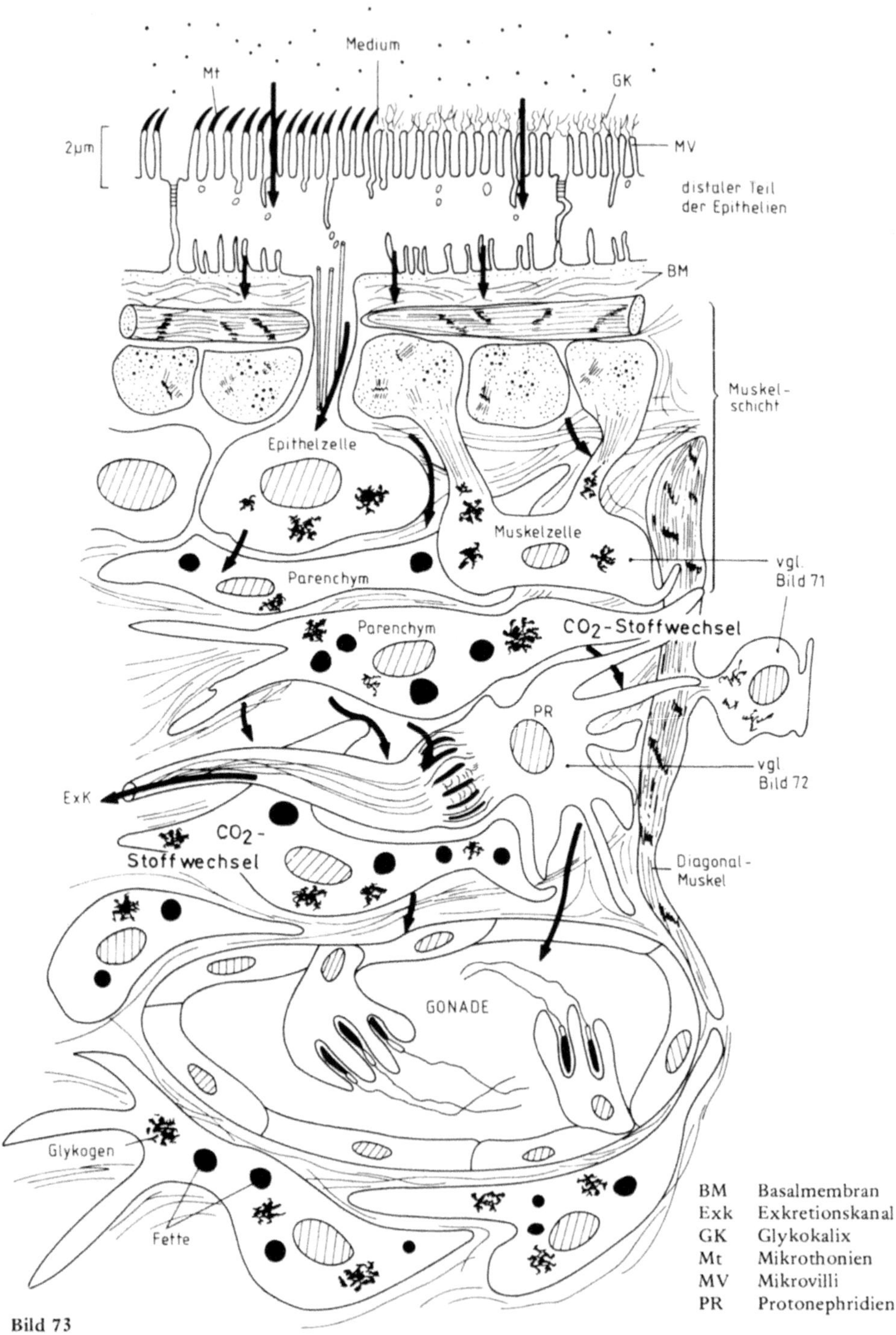

Bild 73

Schema des Ernährungs-Stoffstromes bei einem Cestoden (vgl. Text). Mehrfarbige Wiedergabe des Bildes auf Seite 430.

Parenchyms gebracht. Die Stoffwechselsituation der Bandwürmer wird durch den hohen CO_2-Gehalt des Darminhaltes bestimmt. Der Darminhalt bei den Säugetieren in den oberen Abschnitten des Darmes enthält noch wechselnde Mengen Sauerstoff (O_2-Spannung: bis 50/mm Hg). Im oberen Darmabschnitt kommt es zur Reaktion der Salzsäure aus dem Magen mit den an Bikarbonat reichen Drüsensekreten des Darmes. Das frei werdende CO_2 kann einen Partialdruck von 600 mm Hg erreichen. Dadurch diffundiert CO_2 sehr schnell und in großen Mengen in die Gewebe und die Flüssigkeiten des Parasiten. Dort verläuft die Reaktion:

$$CO_2 + H_2O \rightleftharpoons H_2CO_3 \rightleftharpoons HCO_3^- + H^+.$$

Durch das Freiwerden der Wasserstoffionen würde bei den infrage kommenden Mengen der pH-Wert der Gewebeflüssigkeit auf 1 bis 2 absinken, also eine extreme Ansäuerung erfolgen, wenn keine Gegenmaßnahmen vorhanden wären. Umgekehrt würde die Anwesenheit des Bikarbonations in großen Mengen die Osmolarität der Flüssigkeit extrem beeinflussen. Der bei den Cestoden, aber auch bei den Trematoden festgestellte anaerobe Stoffwechsel ist also weniger ein Problem des Sauerstoffmangels als des hohen Angebotes an HCO_3^- und des sauren pH-Wertes.

Eine Gegenmaßnahme wird von den Kanalzellen der Protonephridien durchgeführt: Sie sezernieren H^+-Ionen. Die zweite Gegenmaßnahme wird über den Stoffwechsel geleitet: CO_2 wird in bestimmten Verbindungen fixiert und steht damit für die Bildung des Bikarbonat-Ions nicht mehr zur Verfügung. Die Hauptenergiequelle für den Aufbau von ATP stammt aus der anaeroben Glykolyse der aufgenommenen Glucose oder anderer Hexosen. Der erste Schritt ist die Phosphorylierung zu Glucose-6-phosphat (G6P). Ist ein Überschuß vorhanden, so wird dieses Glucose-6-phosphat durch ein Enzym in Glucose-1-phosphat (G1P), das zusammen mit Uridintriphosphat (UTP) zur aktivierten Form der Glucose, nämlich UDP-Glucose (Uridindiphosphatglucose) verestert wird (vgl. Schema 3). Durch das Schlüsselenzym Glykogen-Synthase werden unter Abspaltung des UDP die Glucose-Moleküle zu den unverzweigten Strängen des Glykogens zusammengebaut; die Verzweigungsbildungen werden durch ein anderes Enzym katalysiert. Glykogen wird als Reservestoff in die Zellen eingelagert und kann bis zu 20% des Frischgewichts des Organismus ausmachen. Die Steuerung des Aufbaus liegt bei dem Schlüsselenzym Glykogen-Synthase. Es liegt in zwei Formen vor, die ineinander überführt werden können: 1. die D-Form (dependent), es ist das phosphorylierte Enzym und wird nur durch die Anwesenheit von Glucose-6-phosphat (G6P) aktiviert. Die zweite Form ist die I-Form (independent), sie wird durch verschiedene andere Zuckerphosphate, durch Mono- oder Triphosphatnucleoside wie z.B. UTP oder auch durch phosphorylierte Verbindungen des Glykolysestoffwechsels aktiviert. Je höher also die Konzentration der Vorstufenmoleküle für die Glykogensynthese ist, umso mehr Moleküle des Schlüsselenzyms werden spezifisch aktiviert. Auffallend ist, daß diese Vorgänge bei der Glykogen-Synthese in Wirbeltierzellen genau so abläuft. Der Regulationsmechanismus ist also uralt und unverändert weitergegeben worden.

Bei den Parasiten verläuft der anaerobe Abbau der Glucose, die entweder über das Körperepithel aufgenommen worden ist oder aus der Mobilisierung von Reserveglykogen stammt, in den üblichen Reaktionsschritten der Glykolyse (vgl. Schema 1 S. 67). Die entscheidende Anpassung an den hohen CO_2-Gehalt des Gewebes und der Konzentration der HCO_3-Ionen liegt in den Reaktionsschritten nach dem Erreichen des Phosphoenolpyruvats (PEP). Unter aeroben Bedingungen wird durch das Enzym Pyruvatkinase (PK) das PEP zu Pyruvat umgewandelt. Unter aeroben Bedingungen wird es zu Acetyl-CoA decarboxyliert und in den Zitronensäurezyklus der Mitochondrien eingeschleust (vgl. ATP-Herstellung, S. 23 f.). Unter Sauerstoffmangel, wie z.B. in einer stark belasteten Muskulatur, wird Pyruvat zu Lactat umgewandelt. Zahlreiche anaerobe Mikroorganismen machen durch ihre Gärungsenzyme aus Pyruvat Alkohol oder andere Endprodukte. In den Zellen der parasitischen Parenchymia dagegen wird durch die Anwesenheit des HCO_3-Ions und den niedrigen pH-Wert die Aktivität der Pyruvatkinase gehemmt. Stattdessen ist das Enzym Phosphoenolpyruvatkarboxylase (PECPK) aktiviert und katalysiert die Entstehung von Oxalacetat (vgl. Schema 3). So entsteht an dieser Stelle der Reaktionsschritte nur eine geringe Menge von Pyruvat. Aber aus dem Stoffwechsel bestimmter Aminosäuren (Alanin, Glycin, Cystein und Serin) und aus Malat (vgl. Schema), also aus drei Quellen wird weiterhin Pyruvat angeliefert. Über die Verbindung mit α-Ketoglutarat wird das gesamte anfallende Pyruvat zur Animosäure Alanin zusammengeschlossen und als Exkretionsprodukt durch die Protonephridien ausgeschieden. Damit ist das Pyruvat aus dem Stoffwechsel eliminiert. Der hohe Anteil von Alanin im Harn der Protonephridien ist also eine Folge eines spezifischen Exkretionsvorganges; Alanin wird daher auch nicht von den Kanalzellen wieder rücksorbiert. Die Bildung des Oxalacetats geht unter CO_2-Fixierung vor sich, und damit wird aus den Geweben CO_2 entfernt. Die weiteren Reaktionsschritte führen zu Malat, zu Fumarat und schließlich zu Succinat. Dabei wird erneut ATP gewonnen. Da aus dem Stoffwechsel von Aminosäuren (Asparaginsäure über Aspartat) weiteres Oxelacetat anfällt, kann überschüssiges Malat dazu verwendet werden, NADP zu NADPH zu reduzieren. Das dabei aus Malat entstehende Pyruvat wird wieder zu Alanin (siehe oben) umgewandelt. Die Trematoden (Saugwürmer), bei deren Lebensbedingungen nicht so sehr der hohe CO_2-Gehalt, sondern tatsächlich der Sauerstoffmangel vorherrscht, hat an der Stelle des Pyruvats eine weitere Variation des Stoffwechsels eingesetzt. In ihren Zellen ensteht aus Pyruvat auf normalem Wege das Acetyl-CoA, das dann weiter zu Acetat umgewandelt wird. Dabei wird ATP gewonnen und die Energieausbeute der Glykolyse erhöht. Das Acetat wird zum Aufbau von Fettsäuren benutzt und damit in den Lipidstoffwechsel einbezogen. Bei den Bandwürmern dagegen wird das gewonnene Succinat unter Verwendung des α-Ketoglutaraldehyds und des Thiolesters des Coenzyms A über weitere Zwischenstufen bis zum Propionat umgebaut (vgl. Schema). Dabei wird in den beiden Reaktionsschritten jeweils ATP gewonnen und das Propionat als Exkretstoff durch die Protonephridien ausgeschieden. Je nach Stoffwechsellage können auch geringe Mengen von Acetat und Succinat abgegeben werden. Das Ergebnis dieser Anpassung des Stoffwechsels ist insgesamt erstaunlich: durch die CO_2-Fixierung wird der überhöhte Gehalt des Gewebes an CO_2 so stark reduziert, daß im Harn nur noch ein CO_2-Partialdruck von ca. 160 mm Hg besteht. Die vergleichsweise hohe Konzentration an HCO_3^- wird zur Aktivierung eines Schlüsselenzyms benutzt, dessen Katalyse auf einen Weg zur weiteren Energiegewinnung führt. Diese Energiegewinnung in Form energiereicher Phosphate (ATP, GTP, ITP, vgl. Schema) beträgt das Vierfache von der Energiegewinnung bei der einfachen Glykolyse; und schließlich wird der Stoffwechsel der Aminosäuren über die Funktionen des α-Ketoglutarates in die Energiegewinnung durch die Glykolyse einbezogen. Bei allen Formen sind außerdem die Mitochondrien voll funktionsfähig, da die Gründe für den spezifischen Stoffwechsel der Glykolyse ja nicht so sehr im Sauerstoffmangel als im CO_2-Überschuß liegen. Bei einem Übergang in Bedingungen mit höherer Sauerstoffspannung und geringerem Anteil an CO_2 wird der Stoffwechsel auf die aeroben Bedingungen eingestellt, d.h., die Mitochondrien üben ihre Funktion zur ATP-Herstellung aus, und als Stoffwechselprodukt der Glykolyse wird Lactat als exkretionsfähiger Stoff durch die Protonephridien ausgeschieden.

Diese Anpassungsverhältnisse lassen erneut erkennen, wieviele einzelne Schritte in der Evolution an Genveränderungen oder Genkombinationen vor sich gehen müssen.

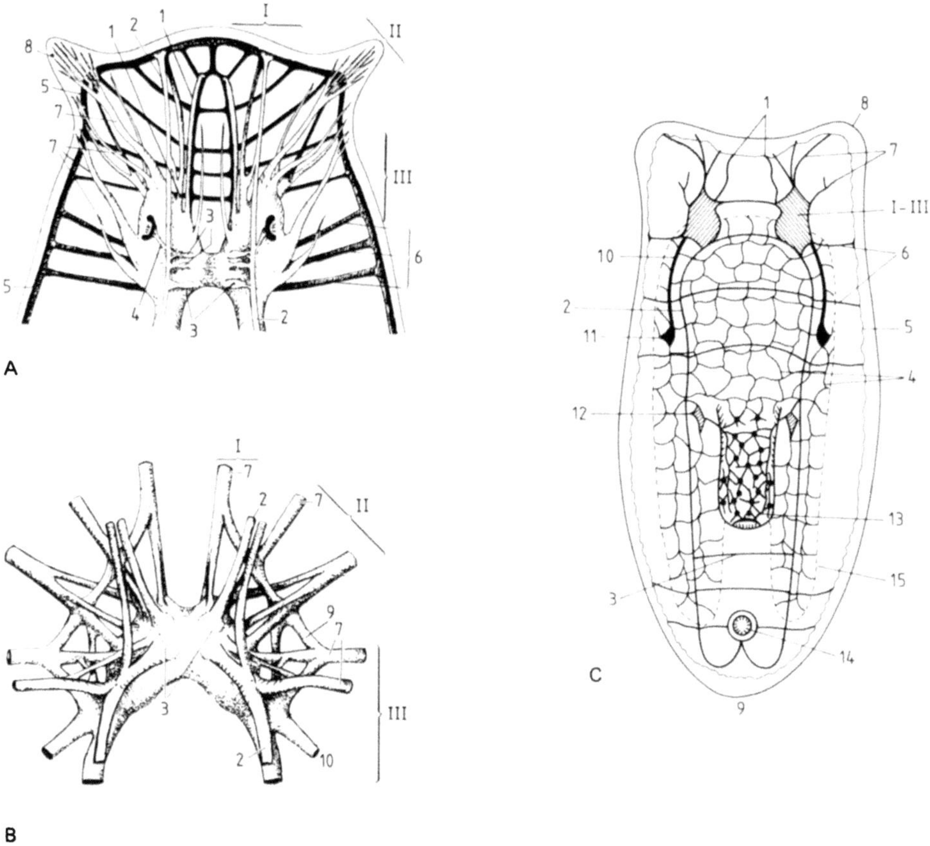

Bild 74

Nervensystem bei Platyhelminthen

A Cerebralganglion in situ mit terminalen (sensorischen) Nerven von dorsal, unterlagert vom peripheren Nervensystem (5 und 6) bei Planaria

B Cerebralganglion von Notoplana mit frei präparierten Nervensträngen (verändert aus Hyman, 1900)

C Schema des stomatogastrischen Nervensystems (verändert nach Reisinger, 1976)

I–III die drei zum Cerebralganglion verschmolzenen vorderen Ganglien

1 Verbindung der ventralen Nervenstränge zum Cerebralganglion
2 dorsaler Nervenstrang
3 Wurzeln der dorsalen Nervenstränge
4 Augennerv
5 ventraler Randplexus
6 Kommissuren zwischen Randplexus und ventralen Zentralnerven
7 sensorische Nerven zum Cerebralganglion
8 Aurikel
9 Kommissuren der sensorischen Nerven
10 Verbindung zum stomatogastrischen Nervensystem
11 Ganglion des stomatogastrischen Nervensystems
12 Ganglion des Pharynxnervensystems
13 Pharynx
14 Genitalöffnung
15 Umriß des Darmes

Hier sind die Umänderung des Epithels auf eine Resorption mit entsprechenden morphologischen Strukturen betroffen, ferner die Steuerung der Stoffwechselvorgänge zur Gewinnung energiereicher Phosphatverbindungen, und die Einbeziehung des Exkretionssystems in die besonderen Ergebnisse des Gasstoffwechsels.

Schema 3

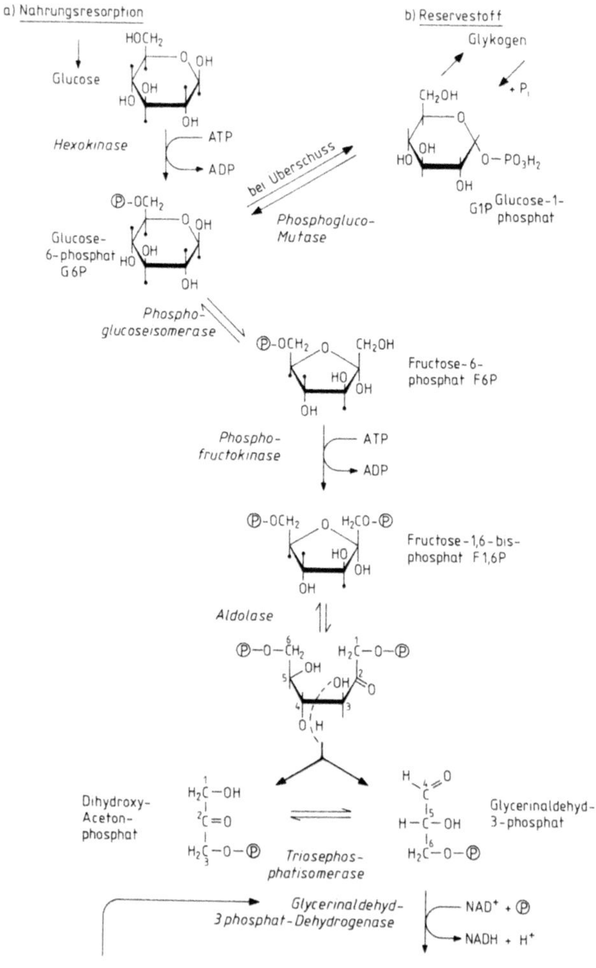

Fortsetzung des Schemas Seite 229 oben

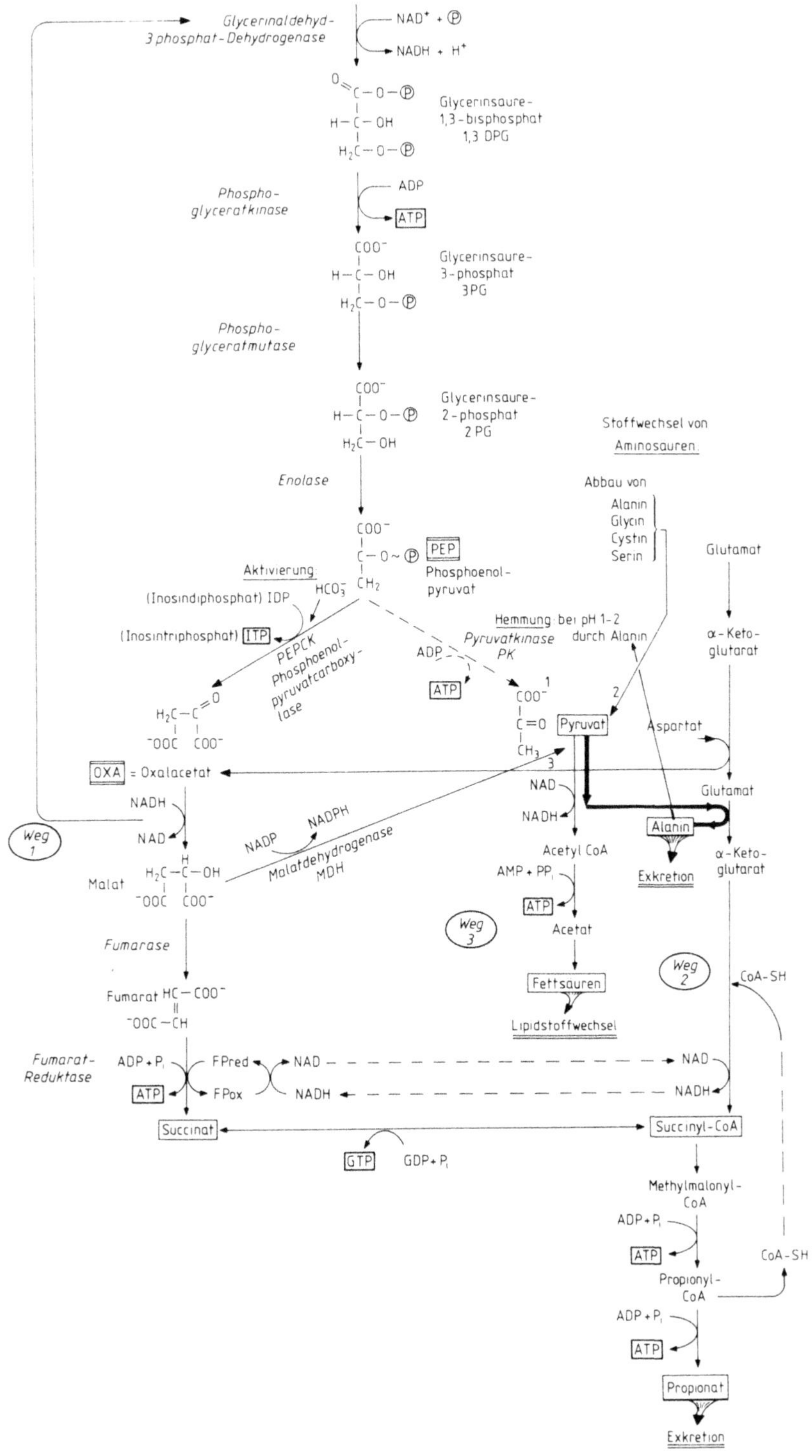
Glycerinaldehyd-
3 phosphat-Dehydrogenase
NAD⁺ + Ⓟ
NADH + H⁺
Glycerinsaure-
1,3-bisphosphat
1,3 DPG
Phospho-
glyceratkinase
ADP
ATP
Glycerinsaure-
3-phosphat
3PG
Phospho-
glyceratmutase
Glycerinsaure-
2-phosphat
2 PG
Enolase
PEP
Phosphoenol-
pyruvat
Aktivierung
(Inosindiphosphat) IDP
(Inosintriphosphat) ITP
PEPCK
Phosphoenol-
pyruvatcarboxy-
lase
Pyruvatkinase
PK
Hemmung: bei pH 1-2
durch Alanin
Stoffwechsel von
Aminosauren
Abbau von
Alanin
Glycin
Cystin
Serin
Glutamat
α-Keto-
glutarat
Pyruvat
Aspartat
OXA = Oxalacetat
NADH
NAD
Weg 1
Malat
NADP
NADPH
Malatdehydrogenase
MDH
Acetyl CoA
AMP + PPᵢ
Acetat
Alanin
Exkretion
Weg 3
Fettsauren
Lipidstoffwechsel
Weg 2
CoA-SH
Fumarase
Fumarat
Fumarat-
Reduktase
ADP + Pᵢ
FPred
FPox
Succinat
Succinyl-CoA
GTP
GDP + Pᵢ
Methylmalonyl-
CoA
Propionyl-
CoA
Propionat
Exkretion

5.1.2 Die Zentralisierung des Nervensystems

Die Platyhelminthen sind die ersten, heute noch lebenden Tiere, die den Übergang der Anordnung der Nervenzellen von einem Nervennetz in eine zentralisierte Anordnung zeigen (siehe oben). Die Feinstruktur der Nervenzellen und ihre Kontaktzonen (Synapsen) wurde bereits auf S. 165 ff. beschrieben, sie verändern sich durch die Zentralisierung nicht; nur die Anordnung der Nervenzellen zueinander, die daraus sich ergebende hohe Zahl von Kontakten und die hohe Zahl von Nervenzellen im Nervensystem ergeben die funktionellen Änderungen gegenüber den einfachen Nervennetzen. Durch eine Zentralisierung sind zwei anatomisch und funktionell verschiedene morphologische Strukturen entstanden:

1. Ganglien; ein *Ganglion* besteht aus zahlreichen (mehrere Hundert bis mehrere Millionen) Nervenzellen, die in einem Gewebe zusammengeschlossen sind. Die Zellkörper der Nervenzellen liegen sehr dicht beeinander, so daß der extrazelluläre Raum eng ist und außerdem kein Bindegewebsmaterial enthält. Nur spezifische Zellen, die Gliazellen, können sich zwischen die Nervenzellen einschieben. Als Kontaktzonen an den sehr zahlreichen Ausläufern der Nervenzellen überwiegen axo-axonale und axo-somatische Synapsen. Kleinere Gruppen von Nervenzellen können zu Funktionseinheiten zusammengeschlossen sein: sie bilden ein mikroanatomisches *Kerngebiet*, oder kurz *Kern (Nucleus)* genannt. Da die Ernährung und der Gasstoffwechsel durch die Gewebeflüssigkeiten aus dem umgebenden Bindegewebe erfolgen muß, sind die Nervenzellkörper in einer äußeren Schicht des Ganglions angeordnet. Diese periphere Zone kann durch Einfaltungen bzw. durch Vorwölbungen *(Lobi)* des Nervengewebes vergrößert werden. Die Fortsätze der Nervenzellen, also Axone oder Dendriten, werden vor allem in die Innenzone eines Ganglions verlaufen, da sie vom Zellkörper ernährt werden können. Diese Zone der Verflechtung sehr zahlreicher Nervenzellfortsätze ist das *Neuropilem (oder Neuropil)*. Durch die bilateralen Anlagen der Organisation ist auch die Anordnung der Nervenzellen in den Ganglien spiegelbildlich symmetrisch; kommt es zu einer Verschmelzung der Ganglien, so zeigen sie im Aufbau eine rechte und eine linke Seite.

2. *Nervenstränge* („Nerven"); die Zellausläufer der Nervenzellen werden zu Bündeln zusammengefaßt und verlaufen über längere Strecken gemeinsam als anatomisch sichtbare und in ihrer Lage weitgehend fixierte Nervenstränge. Relativ wenige Nervenzellen befinden sich innerhalb des Nervenstranges, Gliazellen umschließen einzelne der Nervenzellausläufer oder können mit ihren Zellfortsätzen zur Ernährung in die Tiefe eines Nervenstranges vordringen. Funktionell gleichen sie also Kabelsträngen, in denen entstandene Erregungen über eine längere Strecke weitergeleitet werden. Die Zellfortsätze sind entweder Neuriten (Axone), in denen die Richtung der Erregungsleitung efferent ist, d.h. von den Nervenzellen weg zu einem Effektor. Oder es handelt sich um Dendriten, die von Sinnesorganen, aus der Peripherie des Körpers, oder aus anderen Zentren des Nervensystems Erregungen übernehmen und an die Nervenzellkörper afferent weiterleiten. Die anatomische Anordnung der großen Nervenstränge ist ebenfalls bilateralsymmetrisch. Der Ursprung eines Nervenstranges aus einem Ganglion ist also die Fortsetzung eines Teiles des Neuropils; sein Ursprungsort kann durch eine Ansammlung von Nervenzellen gekennzeichnet sein und wird als *Wurzel (Radix)* bezeichnet. In der Peripherie des Körpers können sich Nervenstränge aufteilen und Verzweigungen bilden. Innerhalb großer Ganglien werden Gruppen von Nervenzellausläufern funktionell und anatomisch zusammengefaßt, entsprechen also den Nervensträngen, sind aber äußerlich als solche nicht zu sehen. Sie können verschiedene Nervenzellgruppen von Ganglien untereinander verbinden. Man bezeichnet solche Verbindungen als *Bahnen (Tractus)*. Über die Bahnen können sich die Nervenzellen anatomisch getrennter Gruppen untereinander beeinflussen (durch excitatorische oder inhibitorische Synapsen).

Bei den Platyhelminthen ist nur ein großes Ganglion im vorderen Körperabschnitt ausgebildet: das Cerebralganglion (Gehirnganglion, Bild 74), dessen Entstehung aus zwei Anlagen sichtbar bleibt. In seiner Nähe liegen die großen Sinnesorgane (Augen, Statocysten, Gruben mit Sinnesepithel für den Strömungssinn). In jeder Körperseite entspringt vom Cerebralganglion je ein dorsaler und ein ventraler Nervenstrang, bis in das Hinterende des Tieres reichend. Sie stehen durch zahlreiche Querverbindungen, *Kommissuren*, miteinander in Verbindung. In diesen Kommissuren verlaufen einzelne Axone von der einen zur anderen Seite, also von der rechten auf die linke Seite und umgekehrt. Außerdem enthalten sie einzelne Nervenzellen, die mit ihren Zellausläufern die Verbindung zwischen den rechten und linken Strängen herstellen. Damit wird ein Grundprinzip des Aufbaues der Nervensysteme sichtbar, welches eine Überbrückung der bilateralsymmetrischen Anlage gewährleistet: die Ausläufer von Nervenzellen einer Seite können auf die andere Seite überwechseln; die Nervenzellen liegen *contralateral*. Im Gegensatz hierzu bezeichnet man Nervenzellen, deren Ausläufer auf der gleichen Seite des Körpers verbleiben, als *ipsilateral*. Contralaterale Nervenzellen können entweder Informationen von Sinneszellen der einen Seite auf andere Nervenzellen der gegenüberliegenden Seite vermitteln. Kontralaterale Nervenzellen können aber auch direkt als effektorische Zellen z.B. auf Muskelzellen der anderen Seite übergreifen und damit eine Koordination von Bewegungen zwischen rechter und linker Körperseite herstellen. Diese Lage gilt auch für Nervenzellen im Ganglion, und das Prinzip ist das der *Überkreuzung (Chiasma) von Axonen*. Dieses Bauprinzip wird bei allen Formen der zentralisierten Nervensysteme beibehalten. Aus den großen Längsnervensträngen gehen zahlreiche kleine Verzweigungen in die Peripherie des Körpers. Dort stehen sie mit zwei Nervennetzen in Verbindung, die innerhalb der Gewebe gebildet werden. Das erste Nervennetz besteht aus Neuronen dicht unter dem Körperepithel, d.h. unter der Basalmembran. Dieses Netz übernimmt die Informationen aus den Sinneszellen an der Körperoberfläche. Das zweite Nervennetz ist zwischen den Muskelzellen des Hautmuskelschlauches angeordnet und ist für die Motorik zuständig. Da die Zahl der Neuronen in diesem Plexus relativ klein und die Zahl der Muskelzellen sehr groß ist, werden von den Muskelzellen besondere Kontaktfortsätze zu den Ausläufern der Nervenzellen geschickt. Die Muskelzellen holen sich gewissermaßen ihre Innervation selbst. Diese altertümliche Form der Zellkontakte Nerv/Muskel wird während der Evolution von anderen Tierstämmen extrem ausgebildet und benutzt (siehe unten, Nematoden). Ein drittes Nervennetz umgibt den Darmkanal: das *stomatogastrische* System. Dieser Nervenplexus steht durch zwei eigene Nervenstränge mit dem Cerebralganglion in direkter Verbindung.

Die anatomische Kombination im Nervensystem der Plathyhelminthen besteht also aus einem Zentralnervensystem, einem Nervennetz der Haut, einem Nervennetz der Muskulatur und einem Nervennetz des Darmkanals. Die alte und ursprüngliche Anordnung von Neuronen in einem Netz wird funktionell beibehalten, auf bestimmte Schichten des Körpers verteilt und gleichzeitig mit einer hohen Zahl von Nervenzellen in Form eines zentralisierten Systems verbunden. Diese Gliederung stellt ein erfolgreiches Grundschema dar, welches bei den höher entwickelten Tierstämmen beibehalten wird und im einzelnen auf die anatomische Lage der drei Systeme angepaßt ist.

Als Neurotransmitter sind im Cerebralganglion und in den peripheren Teilen des Nervensystems Acetylcholin, Noradrenalin, Serotonin und Dopamin nachgewiesen worden (Neurotransmitter, vgl. S. 171 f.). Die Verteilung der Transmitter in den Neuronen und die anatomische Anordnung des Nervensystems zeigen zwei Probleme:

Das Nervensystem entsteht während der Embryonalentwicklung im Bereich des späteren Cerebralganglions aus einer Gruppe von Zellen, die noch keine Dendriten und

Axone besitzen und deren Differenzierung zu Nervenzellen noch nicht vollzogen ist. Durch Auswanderung von Zellen und durch ein gerichtetes Auswachsen von Zellfortsätzen, vor allem der Axone, wird allmählich die Mikroanatomie eines gegliederten Nervensystems erreicht. Die verschiedenen Zellen und Gewebetypen des Körpers müssen also als Zielorgane auf die Nervenzellen einwirken, damit die richtige Verteilung der Zellausläufer bzw. die Anordnung in einem Plexus möglich ist. Die Kontakte zwischen den Neuronen und den von ihnen innervierten Zellen (z. B. Muskeln, Sinneszellen) sind also nicht zufällig entstanden, sondern durch gezielte Zellwanderung und das gerichtete Auswachsen von Zellfortsätzen. Die Zielzellen produzieren und scheiden bestimmte Wirkungsmoleküle aus, welche auf die embryonalen Nervenzellen, die sogenannten Neuroblasten, einwirken.

Bei den Wirbeltieren ist ein solcher spezifischer Wachstumsfaktor, der nerve-growth-factor (NGF), bekannt. Entsprechende Stoffe müssen auch bei wirbellosen Tieren vorhanden sein. Der NGF ist ein Protein aus 118 Aminosäuren (Bild 75), das von Zellen verschiedener Gewebetypen hergestellt und ausgeschieden wird. Die Neuroblasten tragen Rezeptoren auf der Zelloberfläche und binden den Faktor. Dadurch wird der Stoffwechsel erheblich gesteigert; die Rate der Protein- und Lipidsynthese steigt erheblich, und Mikrotubuli und Mikrofilamente werden in großer Menge aufgebaut. Danach beginnt das Auswachsen von Zellfortsätzen, in denen die Filamente und Tubuli als Neurofilamente und Mikrotubuli die stützenden Funktionen übernehmen. Der als Neurit bestimmte Fortsatz nimmt mit seiner Membran den Wirkungsstoff weiter auf und leitet ihn in Richtung auf den Zellkörper. Schließlich werden die Zielzellen erreicht, und es kommt zur Ausbildung der synaptischen Kontakte.

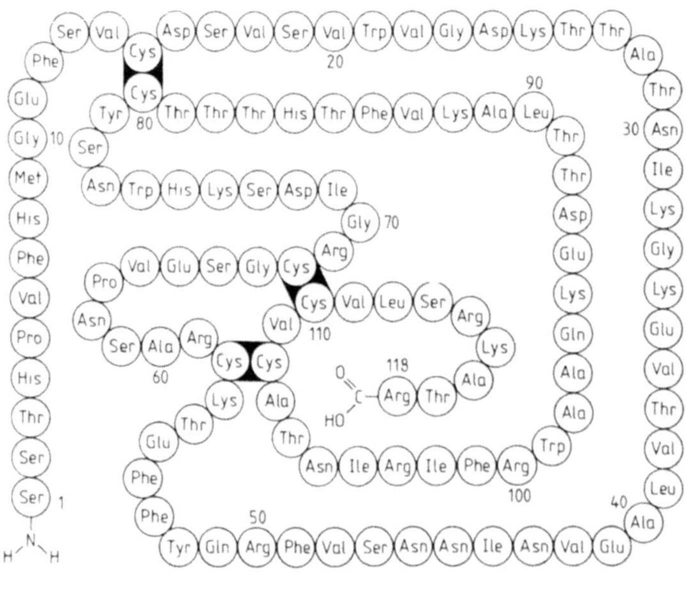

Bild 75

a) Aminosäuresequenz eines Nerve-growth-factor (aus Levi-Montalcini, 1975)

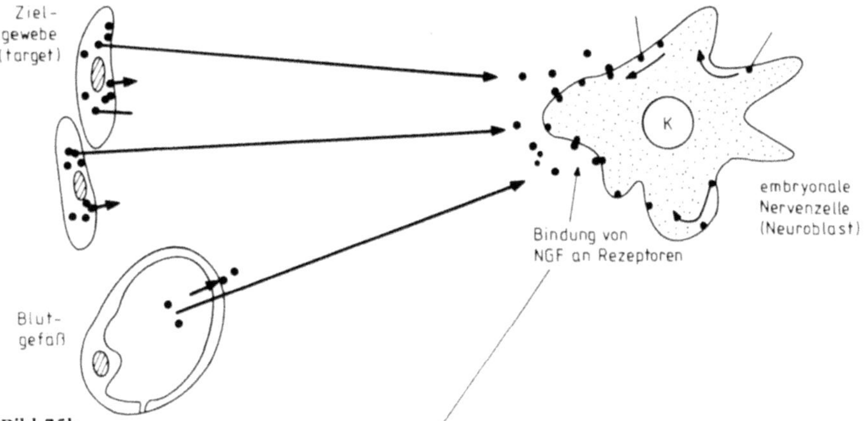

Bild 75b₁

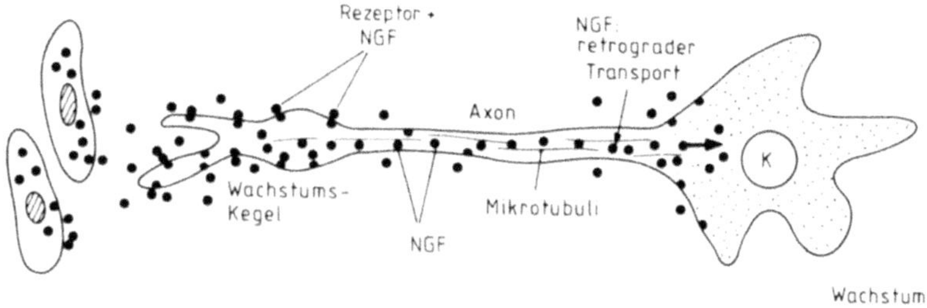

Bild 75b₂

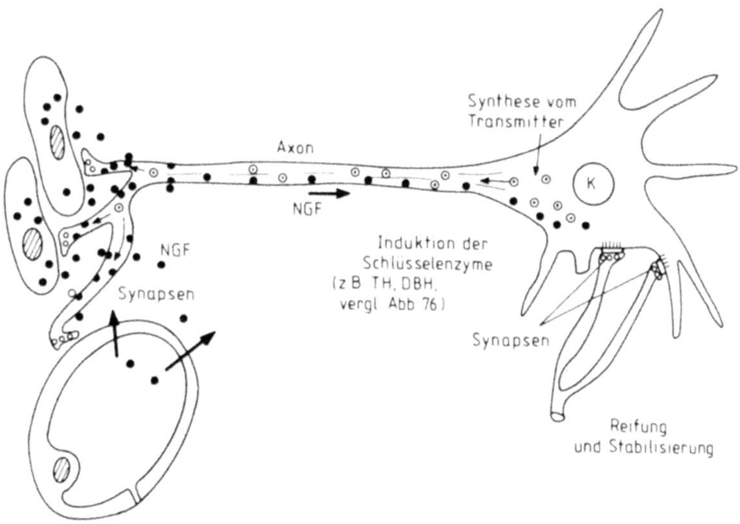

Bild 75b₃

Bild 75

b) Vereinfachtes Schema der Wirkungsweise eines Nerve-growth-factor während der embryonalen Differenzierung von Nervenzellen:

b_1) Zielgewebszellen produzieren den Faktor, der direkt oder auf dem Blutweg die differenzierungs- und wachstumsfähigen embryonalen Nervenzellen trifft

b_2) In Richtung Konzentrationsgefälle wächst ein Axon aus

b_3) Verzweigungen des Axon machen Zellkontakte (Synapsen) am Zielgewebe, wodurch die Synthese von Neurotransmittern im Perikaryon ausgelöst wird (in Anlehnung an Unsicker, 1980)

Das zweite Problem liegt in der Festlegung der Produktion bestimmter Neurotransmitter. Bestimmte Zellen oder Zellgruppen sollen als cholinerg, adrenerg, aminerg usw. funktionieren. Bei allen zentralisierten Nervensystemen bestimmen Lage (Topologie) und Chemismus der Transmittersubstanzen die Funktionen der Nervenzelle. Auch hier ist nur von den Wirbeltieren das Zusammenwirken mehrerer Faktoren für die Festlegung des Stoffwechsels der Zelle, d.h. die Beeinflussung der Zelldifferenzierung bekannt. Aber auch bei den wirbellosen Tieren müssen entsprechende Prozesse ablaufen. Die Neuroblasten bei der Anlage der Ganglien des Sympathicus synthetisieren unter der Einwirkung von NGF unter anderem die Schlüsselenzyme für die Katecholaminsynthese, nämlich Tyrosinhydroxylase und Dopamin-β-Hydroxylase; es wird Noradrenalin als Transmitter hergestellt (Bild 76). Werden die sich ausdifferenzierenden Nervenzellen dann in synaptischen Kontakt mit anderen Nervenzellen kommen und Depolarisierungen über die Synapsen einsetzen, so stabilisiert sich der Differenzierungszustand; die Synthese des Noradrenalins bleibt aufrechterhalten. Werden aber bisher nicht näher bekannte Wirkungsstoffe von benachbarten Zellen an die Neuroblasten herangebracht, so wird die Herstellung der Schlüsselenzyme gehemmt. Kommt es dann zu einem synaptischen Kontakt mit anderen Nervenzellen, so wird unter den Depolarisierungen die Synthese von Acetylcholin als Transmitter induziert. Ein anderer Zellkontakt, z.B. mit Muskelzellen, kann ebenfalls die Bildung von Acetylcholin auslösen. Der von den Zellen produzierte Faktor wird zunächst cholinerg-konditionierender Faktor genannt. Bei der Auslösung und der Determination der Zelldifferenzierung des Neuroblasten werden also mehrere Gewebefaktoren und der Reiz über Synapsen wirksam.

Die geordnete Zusammenfassung zahlreicher Axone in einem Nervenstrang oder in einem Tractus wird durch eine dauerhafte Bindung der Zelloberfläche der benachbarten Axone eingeleitet. Der Einbau eines besonderen Moleküls (CAM = cell adhesion molecule) präpariert die Zelloberfläche so, daß der Verband zu den Nachbaraxonen nicht mehr aufgehoben wird. Damit ist auch Gelegenheit gegeben, axo-axonale Synapsen aufzubauen.

Mehrer Gruppen von Neuronen im Cerebralganglion der Parenchymier synthetisieren *Neurohormone*. Diese Wirkstoffe werden im Golgi-Feld in Vesikel verpackt, im

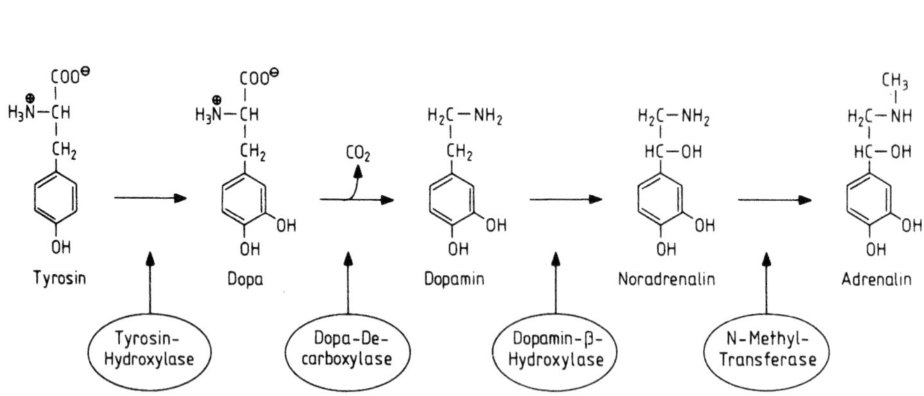

Bild 76

Schema der Synthese von Adrenalin aus Tyrosin, sowie die beteiligten Enzyme

Zellkörper gespeichert und durch die Axone der Nervenstränge bis in periphere Körperteile transportiert. Zwei Wirkungen sind einigermaßen sicher bekannt. Da noch kein eigenes Gefäßsystem für die Körperflüssigkeiten existiert, müssen die Axone bis an den Wirkungsort der Neurohormone herangebracht werden. So sind die Gonaden mit zahlreichen neurosekretorischen Axonen versorgt. Ein Neurohormon ist *gonadotrop*: es wirkt auf die Reifung der Geschlechtszellen und die Entwicklung der Geschlechtsorgane. Die Synthese von Neurohormon setzt erst mit der Geschlechtsreife ein und wird periodisch aktiviert, wenn bei freilebenden Formen eine durch die Lebensbedingungen diktierte Fortpflanzungssaison existiert.

Eine anderes Neurohormon wirkt auf die vegetative Fortpflanzung, indem das Wachstum und die Abtrennung der Proglottiden bei den Bandwürmern ausgelöst wird; bei nicht parasitären Arten, die zu einer vegetativen Teilung fähig sind (siehe unten), löst die Ausschüttung des Hormons die Abtrennung einer Zooids aus. Die Parenchymier weisen zum ersten Male zyklische Aktivitäten von Synthese und Ausschüttung der Neurohormone und direkte Beziehungen zu bestimmten Organen auf. Die Speicherung und der Transport von Neurohormonen ergeben zwei Notwendigkeiten: die Zelle selbst muß vor der Wirkung der Hormonmoleküle geschützt werden, und die hohe Konzentration in den Vesikeln darf osmotisch nicht wirksam sein; umgekehrt müssen die Wirkungsmoleküle vor der proteolytischen Aktivität von Enzymen geschützt werden, denn alle bisher untersuchten Neurohormone von wirbellosen Tieren sind Proteine, Glykoproteine oder kleine Peptide. Die Neurohormone werden daher als ein sehr viel größeres Molekül, das *Prohormon*, synthetisiert. Es besitzt noch keine Aktivität und ist wahrscheinlich durch seine Faltung osmotisch inaktiv, für die proteolytischen Enzyme nicht angreifbar und kann auch in dieser Form nicht durch die Golgi-Membranen ins Cytoplasma transportiert werden. Erst während des Transportes in den Axonen und kurz vor dem Ausschleusen wird das eigentliche Hormon aus dem großen Vorstufenmolekül herausgeschnitten und aus der Zelle ausgeschleust. Wahrscheinlich wird die Information für das gesamte große Prohormonmolekül in eine messenger-RNA übersetzt und damit in einem Schritt in der Proteinsynthese aufgebaut. Bei den Wirbeltieren hat diese Entwicklung dazu geführt, daß bei bestimmten Peptidhormonen (z.B. Oxytocin, Vasopressin) ein großes Trägermolekül, das Neurophysin und das kleine Peptidhormon entstehen. Auch sie werden durch einen gemeinsamen messenger codiert, dann jedoch auseinandergenommen und wieder zu dem unwirksamen Gesamtmolekül für den Transport zusammengeschlossen. Ein vergleichbarer Vorgang ist bei den wirbellosen Tieren bisher noch nicht gefunden worden, da die geringen Mengen an Hormonen eine biochemische Analyse sehr erschweren.

Mit dem Cerebralganglion stehen die Sinnesorgane des vorderen Körperabschnitts („Kopf") in direkter Verbindung. Als Schweresinnesorgane kommen Statocysten vor (vgl. S. 201). Sinneszellen mit Cilien sind verstreut im Körperepithel vorhanden und sprechen auf mechanische oder chemische Reize an. In eingesenkten Gruben können solche Sinneszellen zu Sinnesepithelien zusammengefaßt sein und als chemische Sinnesorgane fungieren. Eine besondere Abwandlung des urspünglichen Sinneszelltypus stellen die Rezeptoren für den *Strömungssinn (Rheozeptoren)* dar. Es sind große multipolare Sinneszellen (Bild 77); mehrere verzweigte Zellfortsätze werden zwischen die Epithelzellen bis zur Oberfläche gestreckt und tragen jeweils eine Cilie. Der alte bipolare Typ mit distalem Rezeptor und proximalem Zellfortsatz oder basalen Synapsen wird hier also zugunsten eines multiplen Systems von räumlich weiter getrennten Rezeptoren einer Zelle weiterentwickelt. Über den Aufbau der Erregung und die genauen Funktionen ist leider nichts bekannt.

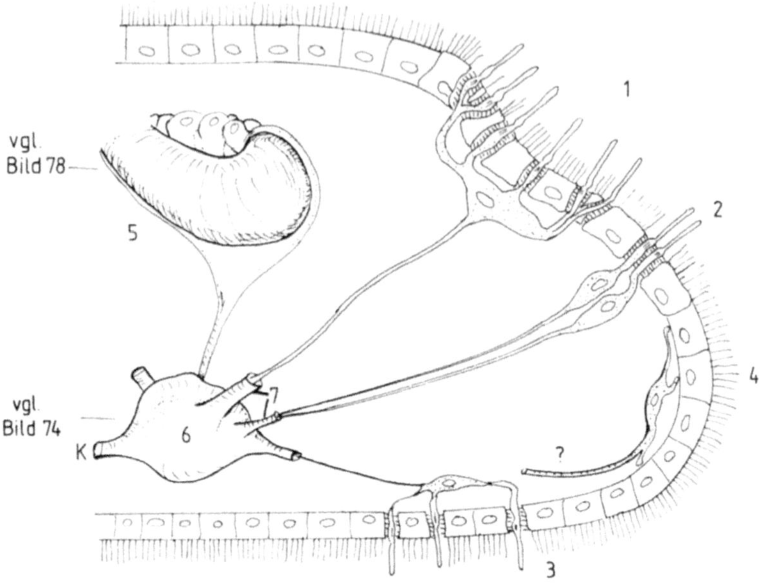

Bild 77

Vorderpol eines Turbellars mit verschiedenen Sinneszellen und Auge (vgl. Text)

1 Rheozeptor
2 Bipolare Chemorezeptoren
3 multipolarer Mechanorezeptor
4 Proprioceptor des subepithelialen Plexus
5 Teil des Auges
6 Teil des Cerebralganglions mit Kommissur K
7 sensorische Nerven

Lichtsinnesorgane sind bei den nicht parasitären Formen als *Augen* nicht mehr an der Oberfläche, sondern in die Tiefe des Gewebes versenkt worden (Bild 78). Es sind inverse Augen, die ein Richtungssehen ermöglichen. Die Dendriten der Sinneszellen sind vom Licht abgewendet und werden von einer schalenförmig angeordneten Schicht von pigmentierten Zellen umschlossen. Die Mikrovilli der Dendriten sind in einer hyalinen Masse der Bindegewebsgrundsubstanz eingebettet, in der keine Fasern vorkommen und die als Glaskörper wirkt. Ein dichtes Netz von kollagenen Fibrillen, durch das nur die Zellfortsätze hindurchdringen, schließt den Innenraum des Auges gegen das Parenchym ab. Licht kann nur durch die nicht vom Pigment umschlossene Seite der Schale eintreten und an den Sehfarbstoffen der Mikrovilli die primären Sehprozesse auslösen. Dadurch ist also ein Richtungssehen von Hell und Dunkel möglich. Die frei lebenden Larven der Saugwürmer (Miracidien) bauen diesen Augentyp gewissermaßen in Mikroformat auf (Bild 78b). Die wie ein Ocellus nur aus zwei oder vier Lichtsinneszellen bestehenden Augen imitieren den Effekt des Richtungssehens dadurch, daß zu jeder Lichtsinneszelle eine schalenförmige Pigmentzelle gehört, nach der sich die Mikrovilli orientieren; auch mehrere Lichtsinneszellen können zu einer Gruppe von Vieren und Zweien in dieser Form zusammengefaßt sein. Dieser Typ von Lichtsinnesorganen wird während der Evolution von einzelnen Tierstämmen übernommen und durch die Verteilung der Sinneszellen in der Haut, in bestimmten Gehirnabschnitten usw. als *nicht optischer Lichtsinn* eine Rolle spielen.

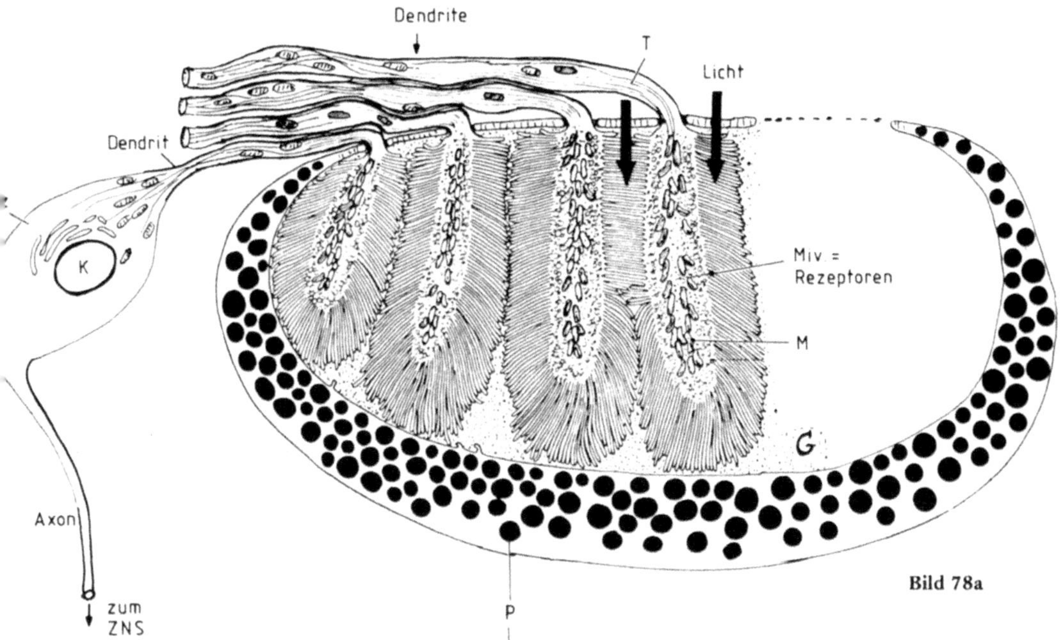

Bild 78a

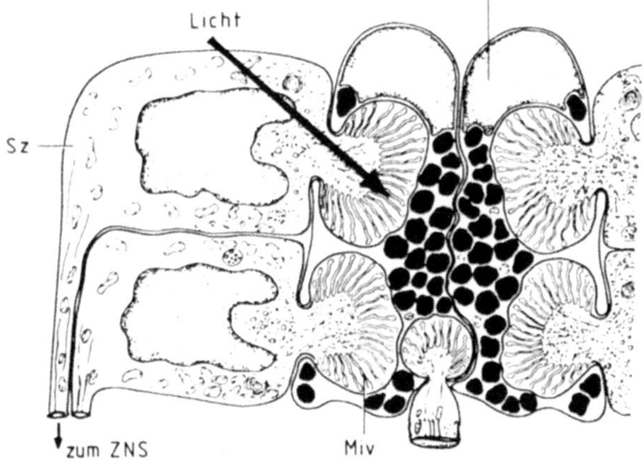

Bild 78b_1

Bild 78

Augentypen von Platyhelminthen

a) Inverses Pigmentbecher-Auge von Dendrocoelum (verändert nach Röhlich, 1961)

b_1) und

b_2) Augen bei Miracidien von Trematoden; wenigzellige larvale Augen zeigen hier im Prinzip den Pigmentbecher-Typ zum Richtungssehen

Ax 1–3 Axone der Sinneszellen
G Glaskörper
Miv Mikrovilli mit Rhodopsin
P Melaninpigment
SZ Sinneszellkörper
T Mikrotubuli

(aus Isserhoff, 1968)

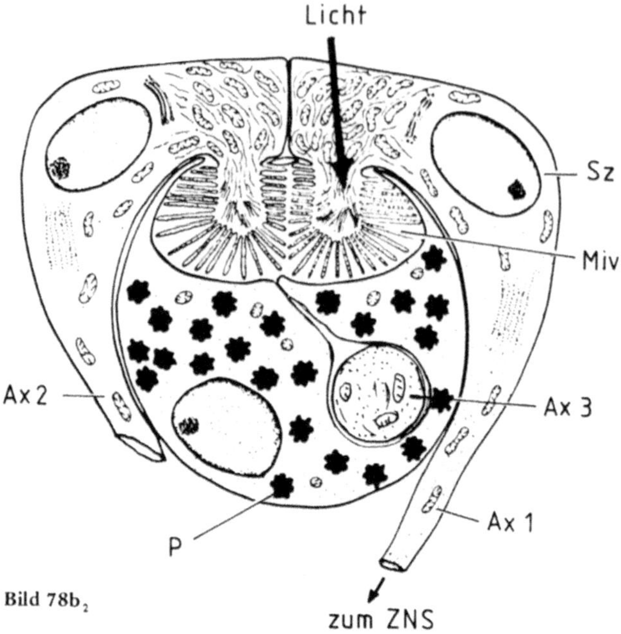

Ax	1–3 Axone der Sinneszellen
Miv	Mikrovilli mit Rhodopsin
P	Melaninpigment
SZ	Sinneszellkörper
T	Mikrotubuli
RH	Zone der Mikrovilli mit Rhodopsin
Pl	Plattenkristalle
PG	granuläres Pigment
SPC	Pigmentzellen
LE	linsenförmiger Körper

Bild $78b_2$

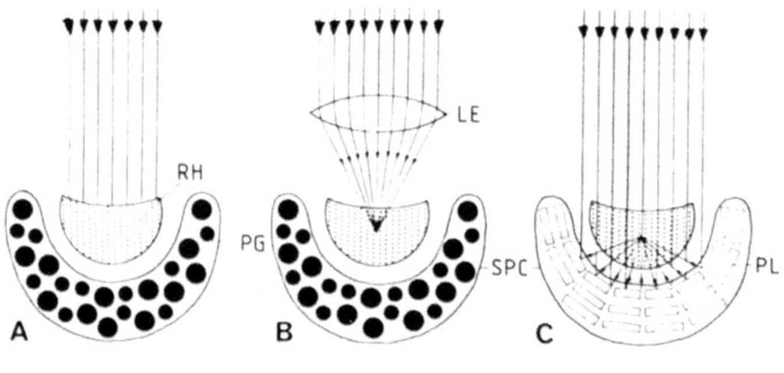

Bild 78c

Bild 78

Augentypen von Platyhelminthen

b_2) Augen bei Miracidien von Trematoden; wenigzellige larvale Augen zeigen hier im Prinzip den Pigmentbecher-Typ zum Richtungssehen

c) zusätzliche Effekte bei Pigmentbecheraugen
li.: der Ausgangszustand beim Richtungssehen
Mitte: Bindegewebszellen bauen einen linsenförmigen Körper auf
re.: plattenförmige Kristalle anstatt Pigment reflektieren Licht in die Mikrovilli
a) verändert nach Röhlich, 1961, b) aus Isserhoff, 1968, c) aus Singla, 1975

5.1.3 Der Aufbau von Organsystemen: die Geschlechtsorgane

Die Beteiligung der Zellen des Mesoderms an zusammengesetzten Gewebekomplexen gibt zum ersten Mal die Möglichkeit, geformte Organe in einer bestimmten anatomischen Lokalisierung zu entwickeln. Unter einem *Organ* versteht man ganz allgemein funktionell zusammengeschlossene und voneinander abhängige Gewebeverbände, die in einem Bauplantypus an einer bestimmten Stelle angelegt werden. Mesodermale Zellen sind immer in irgeneiner Form beteiligt, z.B. als Schichten von Muskelzellen, als stützendes Bindegewebe, als Zellen zur Abgrenzung von Hohlräumen und so weiter. Viele Organe werden mit zusätzlichen Einrichtungen kombiniert, die sich in ihrem geweblichen Aufbau erheblich unterscheiden können. Alle Teile bilden dann eine funktionelle Einheit, ein Organsystem.

Die *Fortflanzungsorgane* für die sexuelle Vermehrung der Parenchymier ist das erste Beispiel kompliziert gebauter Organsysteme, die nach einer langen Evolutionszeit entstanden sind. Die Fortpflanzungsorgane können in zahlreichen Variationen abgewandelt werden, bestehen aber immer aus folgenden Grundeinheiten: *Gonaden* als Zone der Reifung, für die Gameten, das System der *Ausführungsgänge*, und die *Kopulationsorgane*.

Die männlichen Geschlechtszellen (Spermien) werden durch Kopulation von einem Partner in die Fortpflanzungsorgane eines anderen Partners übertragen, so daß sich eine komplizierte Fortpflanzungsbiologie in Abhängigkeit von der Lebensweise ergibt. Bis auf wenige Ausnahmen enthalten die Tiere einen vollständigen männlichen und einen vollständigen weiblichen Fortpflanzungsapparat, sind also zweigeschlechtlich (hermaphrodit). Durch die Beeinflussung der Entwicklung der Fortpflanzungsorgane durch Neurohormone kann eine unterschiedliche Reifungszeit der männlichen und der weiblichen Anteile erreicht werden, so daß die Tiere z.B. zuerst männlich und dann weiblich differenziert sind. Der Grundtypus der Organisation der Fortpflanzungsorgane ist einheitlich, wird von den weiter entwickelten Tierstämmen in entsprechender Weise ebenfalls ausgebildet und gliedert sich wie folgt.

a) Die Geschlechtszellen

Sie stammen von *Urgeschlechtszellen (Gametogonien)* ab, die sich während der Embryonalentwicklung durch Zellwanderung an bestimmten Stellen des Gewebes einnisten. Durch Vermehrungsteilungen entstehen aus ihnen die männlichen Stammzellen, *Spermatogonien*, bzw. weibliche Stammzellen, *Oogonien*. Sie werden in einen Hohlraum aus spezialisierten Bindegewebszellen eingeschlossen und von ihnen ernährt. Diese Bildungsstätte der Keimzellen ist die eigentliche *Gonade* oder das *Germarium*. Die männlich determinierten Organe sind die *Hoden (Testes)*, in denen durch differentielle Teilungen aus den Spermatogonien *Spermatocyten* hervorgehen, die unter Reifeteilungen die befruchtungsfähigen *Spermien* entstehen lassen. Bei den weiblich determinierten Gonaden (Eierstock, *Ovar)* entstehen durch differentielle Teilungen die *Oocyten* und nach den Reifeteilungen die reifen Eizellen. Sie müssen die für die Entwicklung des Embryos notwendigen Reservestoffe mitbringen.

Zwei Wege für die Anhäufung von Reservestoffen sind verwirklicht. Die eine Möglichkeit ist die direkte Ernährung durch umgebende mesodermale Zellen, welche die reifende Eizelle in einen Mantel von *Hüllzellen (Follikelzellen)* einschließen und durch Aufnahme und Weitergabe von Nahrungsstoffen bzw. durch eigene Synthese die wachsende Eizelle füttern. Die zweite Möglichkeit besteht darin, daß das Germarium in zwei verschiedene Funktionsabschnitte geteilt wird, deren Zellen sich unterschiedlich weiterentwickeln. Der eine Teil bleibt Ovarium, der andere Teil liefert anstatt der Oocyten reservestoffreiche Zellen, die *Dotterzellen*. Damit ist ein *Dotterstock (Vitellarium)* entstanden, deren Zellen zusammen mit einer reifen Eizelle später in einer gemeinsamen Schale eingeschlossen werden (sogenanntes zusammengesetztes Ei) und zur Nahrung für die Eizelle dienen. Ähnliche Verhältnisse sind bei den Schwämmen vorhanden (siehe S. 120). In den Gonaden der höher entwickelten Tierstämme wird nur die Methode der Ernährung der Eizelle durch Follikelzellen übernommen und bis zu den höchsten Wirbeltieren beibehalten. Während die Ovarien in der Regel in Ein- oder Zweizahl vorkommen, können die Dotterstöcke durch Wachstum und Verlagerung große Ausdehnung erlangen und sehr verschieden angelegt werden.

b) Die Ausführungsgänge

Die reifen Keimzellen müssen aus den im Parenchym eingelagerten Hohlräumen der Gonaden nach außen gelangen können. Deshalb schließt sich an jede Gonade ein durch Kanalzellen abgegrenztes Gangsystem an, das durch Bindegewebe verstärkt oder durch Muskelzellen zu einem kontraktionsfähigen Schlauch ausgebildet wird. Bei den männlich determinierten Gonaden können zahlreiche einzelne Hodenbläschen angelegt werden, jedes mündet in einen Ausführungsgang *(Ductus efferens)*. Sie gehen in einen gemeinsamen Samenleiter, Vas deferens, über, der an seinem Ende an einen mit Drüsenzellen versehenen Hohlraum ausgeweitet sein kann *(Samenblase, Vesicula seminalis)*. Da die Übertragung der Spermien in der Regel periodisch erfolgt, müssen die sehr kleinen Spermien dort gespeichert und ernährt werden, ohne daß ihre Befruchtungsfähigkeit und ihre Beweglichkeit beeinträchtigt wird. Sie werden daher in besonderem Drüsensekret für längere Zeit in dieser Blase lebensfähig gehalten. Bei den weiblich determinierten Gonaden schließt sich an den Hohlraum des Ovars der *Eileiter (Ovidukt)* als eigenes Kanalsystem an. Der Transport der Eizellen kann durch Cilien tragende Epithelzellen oder durch peristaltische Kontraktionen einer dünnen Muskelzellschicht oder durch Kombination von beidem erfolgen. Der anschließende Kanalabschnitt ist der *Uterus*, der durch eine Reihe von zusätzlichen Drüsen und Hohlräumen variiert werden kann. Charakteristisch ist ein Hohlraum zur Aufnahme der bei der Begattung übertragenen Spermien als *Receptaculum seminis*. Nach einmal erfolgter Begattung werden dort Spermien gespeichert, so daß Eizellen nacheinander befruchtet werden können und danach in anderen Kanalabschnitten des Uterus mit einer Schale umhüllt werden. Das Schalenmaterial wird zum Teil von den Eizellen mitgebracht, zum anderen Teil entstammt es den Sekreten von Drüsenzellen, die als Anhangsorgane diesem Kanalabschnitt zugeordnet sind.

c) Die Kopulationsorgane

Die männlichen Organe beginnen an der Samenblase mit einem *Ductus ejaculatorius*, dessen Muskelschichten durch peristaltische Kontraktionen die Spermien zum Ausgang des Kanalsystems transportieren können. Meistens sind noch besondere Anhangsdrüsen in diesem Bereich vorhanden, die spezifische Transportflüssigkeiten liefern. Der Kanal durchzieht das muskuläre *Kopulationsorgan (Cirrus oder Penis)*, dessen Muskulatur eine komplizierte Bewegungsfähigkeit ermöglicht.

Die weiblichen Anteile beginnen mit einer Öffnung des Kanalsystems in der Körperwandung *(Porus genitale)*, die in den distalen Endabschnitt des Uterus führen. Dieser kann kompliziert gebaut sein und als *Bursa copulatrix* mit Anhangsdrüsen versehen und erweitert sein. Die übertragenen Spermien werden in das Receptaculum seminis transportiert, und die Vereinigung von Ei und Samenzelle erfolgt meist in einem ausgeweiteten speziellen Abschnitt, der mit zahlreichen Anhangsdrüsen versehen ist. Bei dieser sogenannten *inneren Besamung und Befruchtung* wird durch die Drüsensekrete ein flüssiges Medium geschaffen, in dem die Beweglichkeit der Spermien erhalten bleibt und die Reaktionsschritte der Anheftung des Spermiums an die Eihülle und deren lokale Auflösung erfolgen.

Die verschiedenen Abschnitte der Fortpflanzungsorgane haben zwar einen sehr unterschiedlichen Aufbau, sind aber funktionell aufeinander bezogen und stellen eine Einheit dar. Die Gonaden ermöglichen die Reifung und die Ernährung der Gameten, die ausführenden Kanäle mit ihren Anhangsdrüsen sind für den Transport und die Erhaltung der Lebensfähigkeit der Gameten notwendig, und die Kopulationsorgane ermöglichen die Übertragung, die Aufnahme und Weitergabe der männlichen Geschlechtszellen sowie in speziellen Abschnitten die Vereinigung von Ei und Samenzellen. Die Gameten kommen also überhaupt nicht mehr mit dem Außenmedium in Berührung, weder mit dem Wasser bei den freilebenden Formen noch mit den Körperflüssigkeiten der Wirte bei den parasitären Formen. Diese Art der Fortpflanzungsbiologie ist eine Sicherung und Rationalisierung der sexuellen Vermehrung. Die Ausschüttung der Geschlechtszellen in das umgebende Wasser oder in den Gastralraum, wie es bei den Schwämmen und den Coelenteraten erfolgt, wird durch ein gezieltes Fortpflanzungsverhalten in Form einer Begattung ersetzt. Voraussetzung zur Entwicklung der entsprechenden Motorik war die Komplizierung und Zentralisierung des Nervensystems; die Entwicklung eines solchen Fortpflanzungszyklus war die Voraussetzung für die Entstehung des Endoparasitismus von vielzelligen Organismen. Die extreme Entwicklung zeigt sich bei den Bandwürmern: die Subindividuen (Proglottiden) führen eine Selbstkopulation durch, der eine Selbstbefruchtung folgt. Aufgrund ihres Fortpflanzungsmodus haben weder Schwämme noch Coelenteraten bei ihrem Fortpflanzungsmodus eine endoparasitäre Lebensweise entwickeln können.

5.1.4 Regeneration und vegetative Vermehrung

Bei einem Teil der nicht parasitären Platyhelminthen ist in wechselndem Ausmaß die Fähigkeit zur Regeneration vorhanden; nach Verletzungen können zerstörte oder abgetrennte Teile des Körpers wieder ergänzt werden. Ganz allgemein wird unter *Regeneration* der Ersatz von Zellen, Organteilen oder Teilen des Körpers verstanden, die durch Zelltod oder gewaltsame Zerstörung verlorengehen. Über den Ersatz von Zellen war bei den Coelenteraten gesprochen worden (vgl. S. 189f.). Durch rigorose Eingriffe wie z.B. Zerschneiden eines Strudelwurmes kann die Regeneration von großen Teilen des Körpers ausgelöst werden (Bild 79). Bei verschiedenen Arten (nicht bei allen!) kann bei einer Durchtrennung des Körpers in der Mitte das eine Stück einen neuen Kopf, das andere Stück einen neuen hinteren Abschnitt des Körpers regenerieren. Zahllose Versuche mit den verschiedensten Methoden sind unternommen worden, um die bei der Regeneration vorsichgehenden zellulären Vorgänge zu klären, mit bisher geringem Erfolg. Man kann aber bestimmte Phasen im Ablauf der Regeneration feststellen. Zuerst muß ein Wundverschluß erfolgen, der durch Zellwanderung und in geringerem Maße durch Zellteilungen das Gewebe wieder gegen das Außenmedium abschließt. Die innere Homöostase und die Bedingungen des Stofftransportes (siehe oben) machen die Abschirmung des Gewebes zu einer absoluten Notwendigkeit.

Dieser Prozeß hat mit der Regeneration im eigentlichen Sinne nichts zu tun. In der Verletzungszone beginnen zwei wichtige zelluläre Prozesse; die differenzierten Zellen, z.B. die Muskelzellen, dedifferenzieren sich, d.h., sie lösen sich aus dem Gewebeverband und lösen über Autolysosomen einen Teil ihrer Zellstrukturen (Muskelfibrillen usw.) auf. Danach sind sie wieder teilungsfähig. Ein besonderer Zelltyp, die *Neoblasten*, wandern durch die Gewebe in die Zone der Verletzung ein und teilen sich. Die tatsächliche Rolle und die Eigenschaften dieser Neoblasten in den Parenchymieren sind umstritten. Trotz zahlreicher Untersuchungen ist keine eindeutige Klärung gelungen, ob es sich um embryonale Stammzellen handelt, die in gewisser Weise den interstitiellen Zellen der Coelenteraten vergleichbar sind. Ihre Anwesenheit scheint für die Regeneration notwendig zu sein; dieser Zelltyp ist aber nicht der alleinige Träger des Regenerationsvermögens oder die einzige Quelle neuer Gewebsbildungen. Aus den Neoblasten und den dedifferenzierten Zellen entsteht ein neuer Gewebeverband, das *Blastem*. Die Zellen ordnen sich zu den neuen Strukturen des Körperteils um, der regeneriert werden soll. Der Neuaufbau eines Körperteils aus einem Blastem ist die *Epimorphose*. Der neue Teil wird gewissermaßen auf den alten aufgesetzt. Da aber während der ersten Tage kein Wachstum stattfindet, muß die an das Regenerat anschließende Körperzone umgebaut werden. Es erfolgt eine Umorganisation der Lage der Zellen und ein Angleichen an den in der Epimorphose neu hergestellten Teil; dieser Umformungsprozeß ist die *Morphallaxis*. So kann z.B. je nach der Lage des Schnittes bei der Zerteilung des Wurmkörpers ein neuer Pharynx im Blastem entstehen, also durch Epimorphose; ist ein Teil des Pharynx aber unverletzt geblieben, so wird die gesamte Zone zu einem vollständigen, neuen, wenn auch kleineren Pharynx in der Morphallaxis umorganisiert.

Trotz einer sehr großen Anzahl von Untersuchungen über die Herkunft der Zellen im Regenerat, der Ursachen für die Umformungen und über die auslösenden Faktoren zur Bildung der verschiedenen Körperzonen werden die Vorgänge durch die bisher entwickelten Theorien keineswegs zweifelsfrei erklärt. Sicher ist nur, daß Teile des Nervensystems, neurosekretorische Zellen, Neoblasten in Anlehnung an bereits bestehende Gewebezonen notwendig sind, um bestimmte Polaritäten des Körperbaus im Regenerat enstehen lassen. Die Bedingungen zur Umformung eines neuproportionierten Körpers hängt nicht von der Nahrungsaufnahme ab. Durch immer wiederholte Zerteilungsversuche können schließlich die Regenerate auf ca. 1/80 des ursprünglichen Körpervolumens reduziert werden, trotzdem beginnen die Regenerationen immer wieder. Auch bei lang dauernden Hungerperioden von mehreren Wochen oder Monaten werden in unverletzten Tieren eine große Zahl von Muskelzellen, Bindegewebszellen und Zellen des Darmsystems sowie die Fortpflanzungsorgane durch die Wirkung von Autolysosomen verkleinert und schließlich gänzlich aufgelöst. Dabei bleiben die Proportionen des Organismus erhalten, der Körper schrumpft also. Auch hier sind die Vorgänge bei wieder einsetzender Nahrungsaufnahme und den folgenden Wachstumsvorgängen noch nicht geklärt, z.B. ob nun die Zahl der Zellen durch Zellteilungen der differenzierten Zellen oder durch die Neoblasten als Stammzellen wieder ansteigt.

Die bei vielen Arten vorhandene *vegetative Vermehrung durch Querteilung* des Körpers ist eine direkte Folge der Regenerationsfähigkeit. Sicher sind die im Zerschneidungsversuch gestellten Bedingungen unter natürlichen Umständen kaum verwirklicht. Die Zerteilung in zwei oder mehr Fragmente ist ein Extremfall, der die Fähigkeiten der Gewebe zur Regeneration zeigt und gleichzeitig den extremen Unterschied zu den Bedingungen bei den Coelenteraten sichtbar macht. Bei den Letzteren ist die Knospenbildung durch Zellteilungen die Methode zum allmählichen Aufbau eines neuen Individuums in Zusammenhang mit dem urspünglichen Muttertier. Die komplizierte Gewebeorganisation und die Organbildungen lassen aber bei den Parenchymiern diesen Weg unter Umgehung einer vollen Embryonalentwicklung offensichtlich nicht mehr zu. Vielmehr wird im hinteren Körperabschnitt durch die Umorganisation der Zellen eine Querwand gebildet, die äußerlich als eine Einschnürung sichtbar ist. Ein hinteres Segment des Tieres (sogenanntes *Zooid*) ohne Gehirn und große Sinnesorgane wird schließlich durch Hyperkinese der Muskulatur abgetrennt; diese Teilung geschieht unter Ausschüttung von Neurohormonen. Das unvollständige Zooid ergänzt durch die Regeneration den fehlenden vorderen Körperabschnitt. Durch schnelle Segmentierungsfolgen können ganze Ketten solcher Zooide im Zusammenhang bleiben (Bild 79), ein Vorgang, der auch bei den Anneliden noch vorkommt. Die Trennung der Teilstücke ist gewissermaßen eine Selbstamputation und kann nur bei entsprechendem Regenerationsvermögen zu lebensfähigen neuen Tieren führen.

Zwei Extremfälle haben sich daraus entwickelt. Bei den Bandwürmern ist es eine Wachstumszone hinter dem Kopf (Scolex), die nur segmentierte Körperabschnitte (Proglottiden) entstehen läßt. In jedem Segment werden die Geschlechtsorgane neu angelegt, so daß die auswachsenden Teile des Bandwurmes eine serienmäßige Wiederholung einer Folge von Geschlechtsorganen darstellen. Die Abtrennung am Ende des Gesamtkörpers erfolgt unter Ausschüttung von Neurohormonen. Die Nervenstränge wachsen ebenfalls und ziehen durch alle Proglottiden hindurch, ebenso der Hauptkanal des Protonephridialsystems. Jedoch unterbleibt die Regeneration des Kopfteiles und des Cerebralganglions, denn die Proglottiden können sich nicht zu neuen Würmern entwickeln und werden vom Wirtstier ausgeschieden. Sie dienen also nur der Verbreitung der befruchteten Eier und der sich darin entwickelnden Larven. Die Regenerationsfähigkeit ist auf das Wachstum des Parenchyms der Muskeln und des Körperektoderms und die entwicklungsfähigen Zellen der Fortpflanzungsorgane eingeschränkt. Der andere Extremfall ist bei einer nordamerikanischen Süßwasserplanarie verwirklicht. Der Wurmkörper zerteilt sich in zahlreiche kleine Stücke, die sich durch die mitgegebenen Drüsenzellen mit einer dichten festen Schleimkapsel umgeben. Innerhalb mehrerer Wochen werden aus den kleinen Stücken durch die Morphallaxis sehr kleine, aber vollständige Würmer, die in ihren Kapseln auch längere Trockenperioden außerhalb des Wassers überdauern können. Bei genügender Feuchtigkeit lösen sie die Kapsel auf, schlüpfen und werden später geschlechtsreife Planarien.

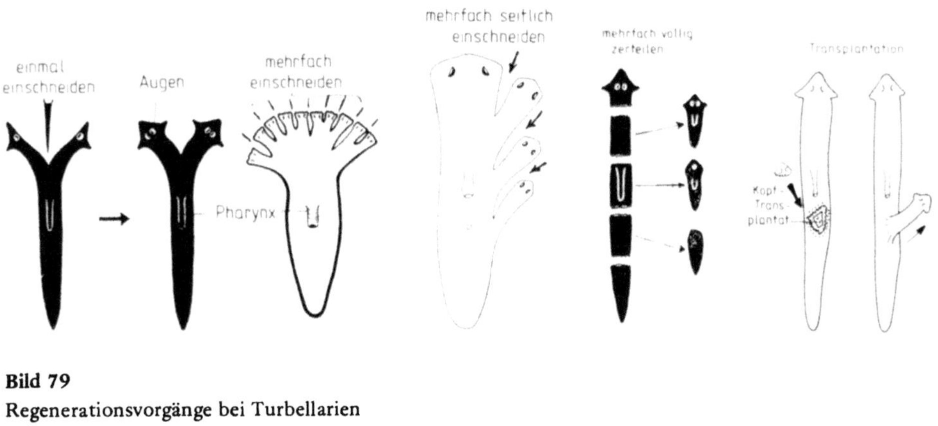

Bild 79
Regenerationsvorgänge bei Turbellarien
a) Verschiedene zusätzliche Kopfneubildungen (einschließlich Cerebralganglion und Augen)

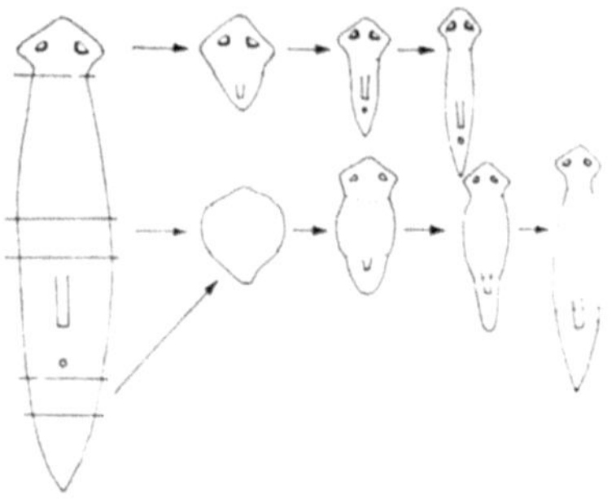

Bild 79
Regenerationsvorgänge bei Turbellarien
b) Umformungen (Morphallaxis) nach Zerteilung

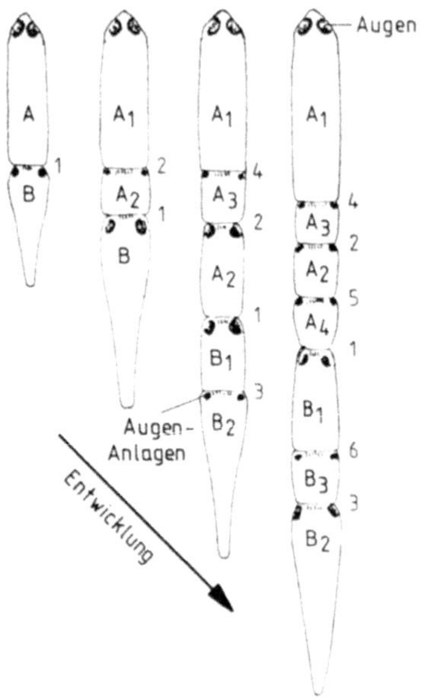

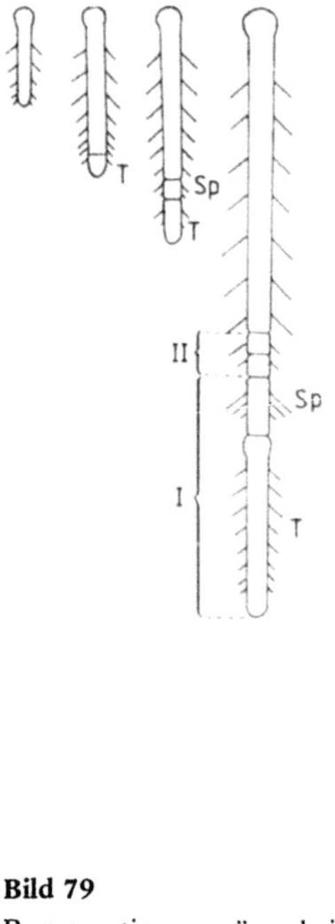

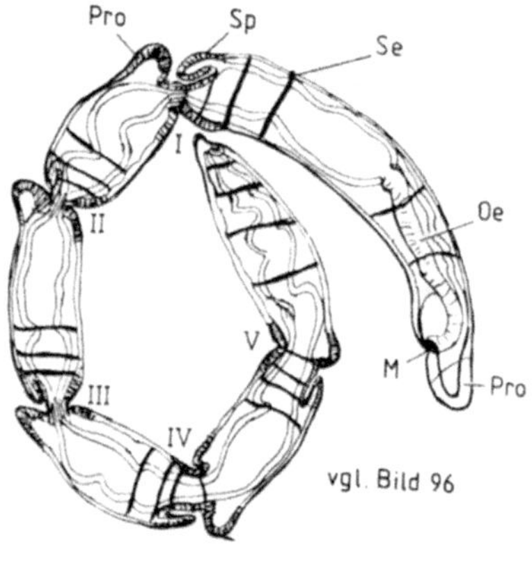

Bild 79
Regenerationsvorgänge bei Turbellarien
c) Sprossungsvorgänge als Form der vegetativen Vermehrung: Reihenfolge der Entstehung von Zooiden; B entsteht durch Sprossung an A, Reihenfolge der entstehenden Sprossungszonen: 1–6, so daß weitere A-Tiere und B-Tiere entwickelt werden.

Sp	Sprossungszone
T	terminale Zone
Se	Segment
Pro	Prostomium
Oe	Oesophagus
M	Mund

6 Die Aushöhlung des Körpers: die Entstehung der Coelomaten und der Nematoden

Die Füllung des tierischen Körpers mit Zellen in Form eines Parenchyms ist eine aufwendige Methode, den Körper größer zu gestalten, zu differenzieren und zu festigen. Die Biomasse muß ernährt werden; die Probleme des Stofftransportes und der Atmung sind oben dargestellt worden. Der Nahrungsbedarf ist hoch, gemessen am Volumen des Körpers; die nicht parasitären Formen der Parenchymier sind daher auf tierische Nahrung angewiesen, die eiweißreich und arm an Ballaststoffen ist. Pflanzliche Nahrung mit den zahlreichen, nicht aufschließbaren Anteilen reicht nicht aus, da der geschlossene Darmkanal dann eine periodische Entleerung notwendig machen würde.

Es werden daher zwei Methoden erfunden, die Körper durch Einlagerung von Flüssigkeit zu vergrößern, druckfest zu machen und die Masse der Zellen, also die eigentliche Biomasse, zu reduzieren. Beide Entwicklungen haben aber eine wichtige Voraussetzung hinsichtlich des Darmkanals; der Gastralraum muß mit zwei Öffnungen (zur Einfuhr und zur Ausfuhr) versehen sein, weil sonst durch die Druckverhältnisse innerhalb des Körpers bei der Nahrungsaufnahme und der allmählichen Füllung des Darmes Schwierigkeiten entstehen müssen. Der Darmkanal erhält verschiedene Funktionsabschnitte, und die Nahrung wird nicht einfach hineingestopft, sondern durch eine peristaltische Muskelbewegung von Abschnitt zu Abschnitt weitertransportiert. Damit erhält das stomatogastrische Nervensystem als Darmplexus die Rolle eines motorischen Systems für die Darmmuskulatur, beeinflußt die in den verschiedenen Abschnitten zusammengefaßten Anhangsdrüsen und kann durch Proprioceptoren über die Spannung der Darmmuskeln den Füllungszustand des Darms kontrollieren. Durch die Aushöhlung des Körpers und die Ansammlung von Flüssigkeit wird das Innere des Körpers mechanisch zu einer nicht kompressiblen Zone, auf die der alte Hautmuskelschlauch aufgelagert ist, so daß dessen Muskelpartien ein Druckpolster erhalten.

Das Flüssigkeitssystem wird daher nach seiner mechanischen Funktion als *hydrostatisches Skelett* bezeichnet. Diese Erfindung der Kombination von Druckkörper und Muskulatur hat eine außerordentliche Ausweitung des Lebensraumes der Tiere zur Folge: durch die Versteifung und Druckfestigkeit des Körpers kann jetzt auch die oberflächliche Bodenzone als Lebensraum angenommen werden. Nahrung kann in fast unbegrenzter Menge durch den Darmkanal geschleust werden, und damit werden auch pflanzliche Bestandteile verwertungsfähig. Erneut wird klar, daß die Erfindung und Ausbreitung eines neuen Bauplankriteriums mit einer Anzahl von Merkmalsänderungen zusammen fixiert werden muß, damit die Funktionsfähigkeit der Organismen erhalten bleibt und Vorteile, gemessen an seinen Bedingungen der Umgebung, gewonnen werden.

Die beiden möglichen Wege zur Aushöhlung des Körpers haben sehr verschiedenartige Organismentypen entstehen lassen, von denen eine Gruppe eine Sackgasse gewesen ist und die andere Gruppe zum totalen Erfolg einer Weiterentwicklung geführt hat. Der erste und einfachere Weg ist die Ausweitung der Interzellularräume im Parenchym durch Lakunenbildung. Diese Form der Aushöhlung wird heute noch von einem kleinen Tierstamm, den Akanthocephala, durchgeführt. Das Ergebnis ist schließlich das Zusammenfließen der Interzellularräume zu einem großen flüssigkeitsgefüllten Innenraum und die Verdrängung der Gewebe auf eine periphere Zone, die im wesentlichen vom Hautmuskelschlauch eingenommen wird. Der entstandene Innenraum ist also nicht unterteilt, nicht von einer eigenen Zellschicht umgeben und wird aufgrund der alten Untersuchungen als *Pseudocoel* bezeichnet. Die heute lebenden Formen der Tiere mit einem solchen Innenraum werden zur Gruppe der Aschelminthen, d.h. der schlauchförmigen Würmer, zusammengefaßt, deren größte und bedeutendste Gruppe die Fadenwürmer (Nematoda) sind. Sie stellen phylogenetisch eine Sackgasse dar, denn keine weiteren Tierstämme haben sich daraus entwickelt.

Der zweite Weg ist komplizierter und wird unter Benutzung der Transportvorgänge in Zellen und des Zusammenschlusses von Zellschichten in Geweben durchgeführt. Ein Teil der Zellen des Mesoderms hat die Eigenschaft, durch Cytopempsis Flüssigkeitsvakuolen von einer Seite der Zelle auf die andere Seite zu transportieren. Diese spezifischen Zellen schließen sich während der späten Embryonalentwicklung zu kleinen Zellgruppen zusammen, und durch die bilaterale Anlage des Organismus entstehen rechts und links vom zentralen Darmkanal reihenweise Zellpakete, die gegeneinander abgegrenzt bleiben (Bild 80). Schon im vorigen Jahrhundert ist theoretisch durchdacht worden, daß die Zellgruppen aus dem Parenchym der Platyhelminthen hervorgegangen sein könnten, weil die Verzweigungen des Darmkanals rechts und links Gruppen von Zellen voneinander trennen. Die Erweiterung des Interzellularraumes und seine Füllung mit Flüssigkeit sollte dann ein gegliedertes Kammersystem entstehen lassen. Wie immer diese Zustände auch entstanden sein mögen, bei den heute lebenden Formen werden die Zellgruppen des Mesoderms durch Wachstum und Teilungen von Urmesodermzellen geliefert, so daß über eine längere Entwicklungszeit am Hinterende der Larve eine Wachstumszone bestehen bleibt. Durch den Flüssigkeitstransport in einer Richtung (von außen nach innen) und den Zusammenhalt der Zellschicht wird ein Hohlraumsystem geschaffen, das aus einer Reihe von rechten und linken Kammern besteht. Es sind die *Coelomräume* (Räume der sekundären Leibeshöhlen). Das Ergebnis ist also eine Kammerung der Hohlräume im Tierkörper und damit die Möglichkeit, zahlreiche Abwandlungen vorzunehmen. Alle Tiergruppen mit einer sekundären Leibeshöhlenbildung werden als *Coelomata* zusammengefaßt. Fast unbegrenzte Möglichkeiten zum Umbau des Körpers und zur Modifikation des Grundtypus sind gegeben, und die Entwicklung hat bis zu den höchsten Wirbeltieren geführt.

6.1 Die Coelomaten: Träger von primär gegliederten Flüssigkeitskammern (sekundäre Leibeshöhle = Coelom).

6.1.1 Coelomaten mit segmentiertem Körperbautypus: die Articulata (Gliedertiere)

Als *Coelom* wird ein von Mesodermzellen umschlossener Hohlraum im Inneren des Körpers bezeichnet, der im Laufe der Embryonalentwicklung entsteht. Der Ausdruck sekundäre Leibeshöhle ist alt und bezieht sich auf den Gegensatz zur sogenannten primären Leibeshöhle; darunter wird der nach den Furchungsteilungen während der Embryonalentwicklung entstehende Hohlraum verstanden, der bei vielen Entwicklungstypen für kurze Zeit gebildet wird. Tatsächlich ergeben sich bei der Entstehung dieser *Furchungshöhle (= primäre Leibeshöhle)* die gleichen Probleme wie bei der Entstehung der Coelomkammern: die Furchungszellen (Blastomeren) werden durch Zellkontakte eine für kurze Zeit feste Gewebeschicht bilden und durch den polaren Transport von Flüssigkeiten von außen nach innen eine zentrale, mit Flüssigkeit gefüllte Druckkammer

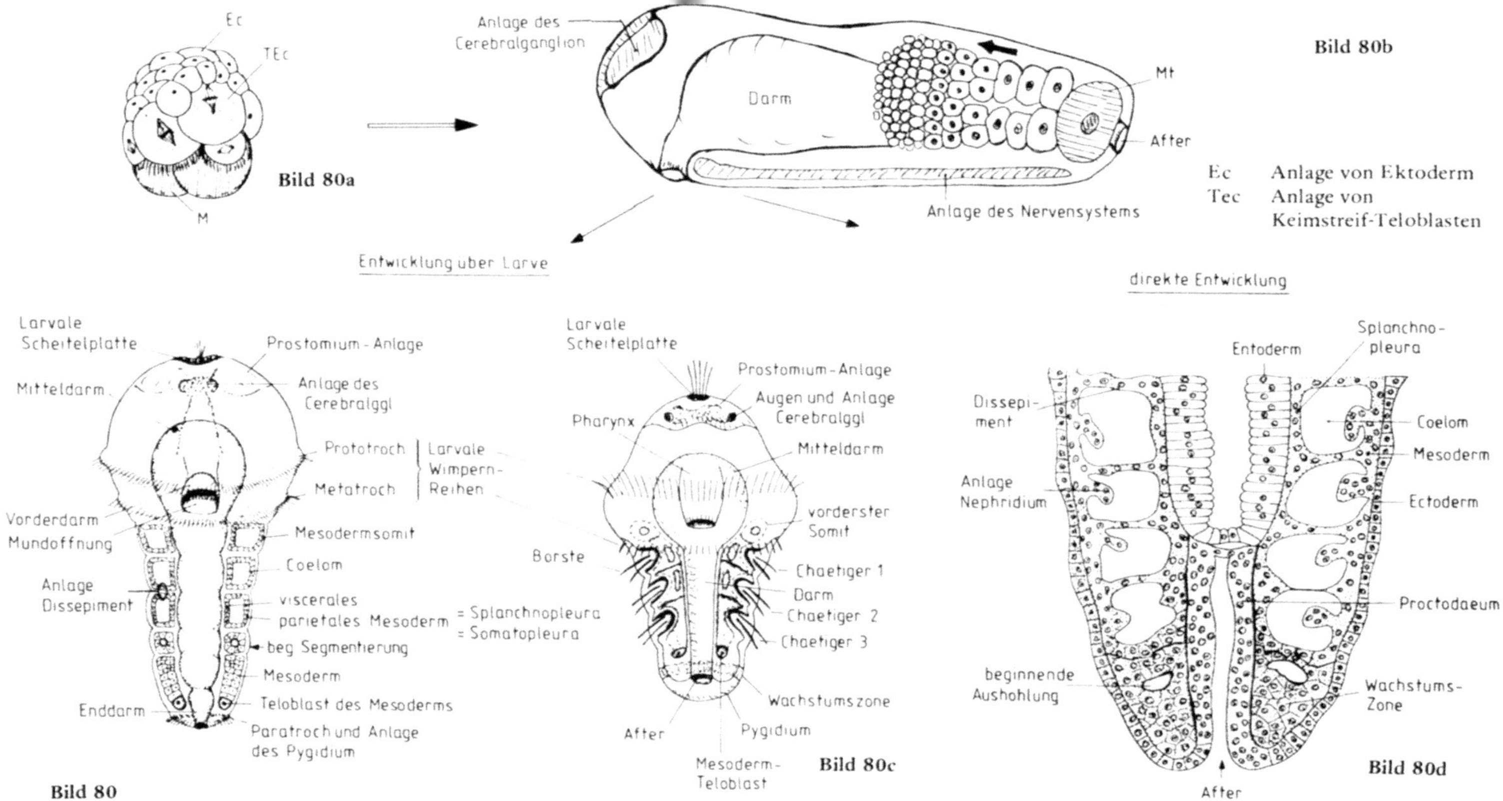

Bild 80

Entwicklung des Mesoderms bei Articulation am Beispiel der Anneliden

a) Eientwicklung und Festlegung von großen Mesodermzellen (M) bei Tubifex

b) Mesodermanlage zu Beginn der Körperorganisation nach der Embryonalentwicklung: vom großen Mesoteloblast (Mt) werden durch Zellteilungen Stränge von Mesodermzellen gebildet, die durch Teilungen kleiner werden und kompakte Zellgruppen bilden

c) Trochophora-Larven von Polychaeten, Entstehung der paarigen Coelom-Anlagen und teloblastisches Wachstum am Hinterende des Larvenkörpers. re.: Anlagen der Borsten in Abhängigkeit von der entstehenden Metamerie der Coelomanlagen

d) direkte Entwicklung ohne Larvenstadien bei Oligochaeten: Hinterende des jungen Wurmes mit Wachstumszone und metameren lateralen Coelomanlagen. (z.T. verändert nach Anderson, 1971 und 1976)

bilden. Aus zahlreichen genetischen Mutationen sind diese Vorgänge gut bekannt. Dieser Vorgang wird von spezifischen Mesodermzellen während der Entwicklung wiederholt, und es entstehen die bereits genannten Coelomkammern (vgl. Bild 80). Die primäre Segmentierung wirkt auf den gesamten Körperbau, so daß auch eine Segmentierung in der Anordnung von Teilen der Muskulatur, von Organen usw. die Folge ist: die Organisation des Körperbaues zeigt eine *Metamerie*. Sind die einzelnen *Segmente (Metameren)* weitgehend ähnlich oder völlig gleich, dann ist eine *Homonomie* oder *homonome Metamerie* ausgeprägt. Unterscheiden sich dagegen die Segmente durch besondere Organe, Abwandlungen der Körperwandung oder dergleichen, so liegt eine *Heteronomie* oder *heteronome Metamerie* vor. Die segmentale Gliederung ist auch äußerlich sichtbar und bedeutet eine *Kompartimentierung* des Körpers.

Jedes Segment muß aus bestimmten Zellgruppen während der Embryonalentwicklung angelegt werden, und in diesen Zellen müssen je nach der Lage bestimmte Sätze von Informationen (Genen) tätig werden. Die Zelldifferenzierung bekommt durch die *seriale Anordnung der Gewebekomplexe* eine ortsgebundene Eigenständigkeit, die bei den bisher besprochenen Tierstämmen nicht verwirklicht war. Jedes Segment hat eine gewisse Selbständigkeit; so sind schließlich die Fortpflanzungsorgane nur noch in bestimmten Segmenten vorhanden, die Exkretionsorgane in anderen Segmenten usw. Die Folge ist, daß durch zahlreiche Regulationsmechanismen eine Verklammerung der Funktionen erreicht werden muß. Es beginnt die außerordentliche Komplizierung der Nervensysteme und die Entwicklung von zahlreichen Wirkungsstoffen in Form von Hormonen. Der Ausbau dieser Regulationsmechanismen und die Möglichkeiten, Aufbau und Funktionen der einzelnen Segmente abzuwandeln, haben den großen Erfolg bei der Weiterentwicklung der Coelomaten bedingt.

6.1.2 Grundfunktionen bei gegliederten Coelomaten am Beispiel der Annelida (Ringelwürmer)

Der Grundplan des Körpers bei den Articulaten besteht aus folgenden Segmenten: einem *Prostomium* als erstem Segment vor der Mundöffnung; eine nach den Tiergruppen sehr wechselnde Zahl von *Rumpfsegmenten*; ein *Pygidium oder Telson*, in dem die neue Öffnung des Darmkanals am Ende des Tieres als *After (Anus)* liegt. Das zentralisierte Nervensystem beginnt mit einem großen *Cerebralganglion* (vgl. S. 231; Bild 81), das im ersten Segment, also noch vor der Mundöffnung, liegt und daher auch *Ganglion supraoesophagiale* heißt. Durch die paarige Anlage der Organe sind zwei Nervenstränge unter dem Darm, also auf der Ventralseite, vorhanden; in jedem Segment wird durch die Ansammlung von Nervenzellen ein Ganglion gebildet, wobei in der Regel die rechten und linken Anteile weitgehend verschmelzen. Die längs verlaufenden Nervenstränge zwischen den Ganglien werden auch als *Konnektive* bezeichnet. Da das Cerebralganglion vor dem Darmkanal, die übrigen Ganglien aber unter dem Darmkanal und hinter dem Mund liegen, werden Cerebralganglion und erstes Rumpfsegmentganglion durch zwei Nervenstränge verbunden, die den vorderen Darmabschnitt (Oesophagus) umfassen: die *Schlundkonnektive*. Das erste Rumpfsegmentganglion ist das *Ganglion suboesophagiale*. Bei der Abwandlung des Grundbauplans bei den höheren Coelomaten entsteht durch die Zusammenziehung des Prostomiums mit den ersten Rumpfsegmenten ein definitiver *Kopf;* dadurch verschmelzen auch die erstem Rumpfganglien; aber sie müssen durch die Lage des Mundes und des Oesophagus vom Cerebralganglion getrennt bleiben. Die Entwicklung eines größeren Gehirns kann daher nur durch die Vermehrung der Neurone im Cerebralganglion erreicht werden, nicht aber durch die totale Verschmelzung mit Ganglien der

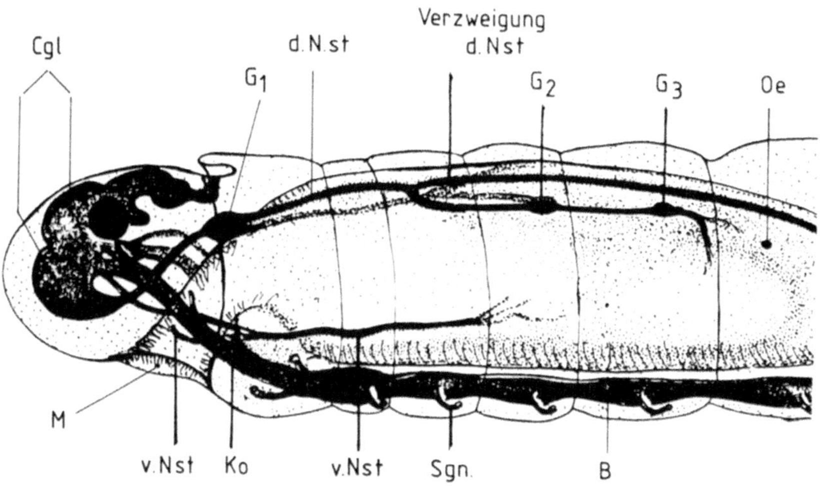

Bild 81

Kopfzone eines Anneliden (Eunice) mit der Verbindung des Stomatogastrischen Nervensystems mit einem dorsalen und ventralen Ast zum Cerebralganglion; Teile dieses vegetativen Nervensystems umgeben den Vorderdarm (aus Fauvel, 1959)

Cgl	Cerebralganglion	v Nst	ventraler Nervenstrang
B	Bauchmark	M	Mund
G 1–3	1.–3. Ganglion des Stomatogastrischen Systems	Oe	Oesophagus
d Nst	dorsaler Nervenstrang	Sgn	segmentale Nerven
		Ko	Kommissur

Rumpfsegmente. Das *stomatogastrische Nervensystem* umgibt den Darmkanal mit eigenen Ganglien und Nervensträngen, es steht mit dem hinteren Teil des Cerebralganglions oder den Schlundkonnektiven in Verbindung. Durch die paarigen Anlagen der Nervenstränge und die teilweise oder vollständige Verschmelzung der Ganglien erhält das Nervensystem morphologisch die Form eines sogenannten „*Strickleiternervensystems*". Es ist die Grundform, die bei allen segmentierten Coelomaten beibehalten und modifiziert wird.

Wie der Stammbaum auf S. 110 zeigt, gibt es noch eine andere Gruppe von Coelomaten: die *Archicoelomaten*. Sie haben eine primäre Dreigliederung der Coelomräume und damit auch des Körpers entwickelt, so daß ein Prosoma, ein Mesosoma und ein Metasoma als Grundbauplan des Körpers existiert. Sie haben sich aber bei der weiteren evolutionären Entwicklung gegen die übrigen Formen nicht durchsetzen können, und so sind sie heute nur in Formengruppen vorhanden, die man wegen ihrer geringen Artenzahlen als kleine Tierstämme bezeichnet. Die Organismen dieser Gruppe leben sehr häufig in speziellen ökologischen Nischen, so daß auch heute immer wieder neue Formen gefunden werden, die durch die Art ihres Körperbaues zu phylogenetischen Diskussionen reizen. Möglicherweise war der spezifische Nachteil der Dreigliederung die geringeren Möglichkeiten zur Abwandlung von Segmenten und damit die geringere Variationsfähigkeit zum Umbau des Körpers. Wenn es zutrifft, daß die genetische Kompartimentierung die Einteilung des Körpers in gleichwertige Segmente möglich gemacht hat, dann muß ein sehr tiefgreifender Unterschied bei der Entstehung der segmentierten Coelomaten und der Archicoelomaten entstanden sein. Die Möglichkeit, 20 oder mehr

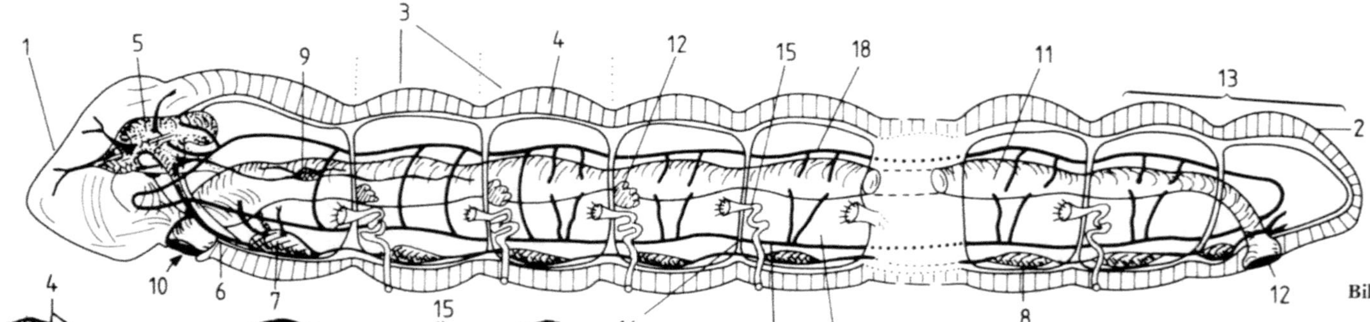

Bild 82a

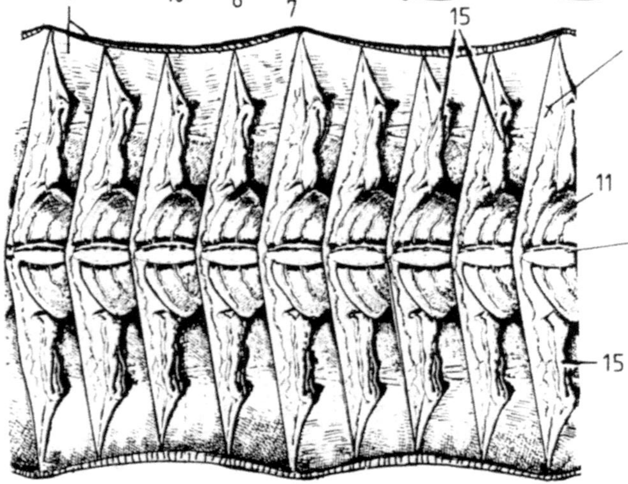

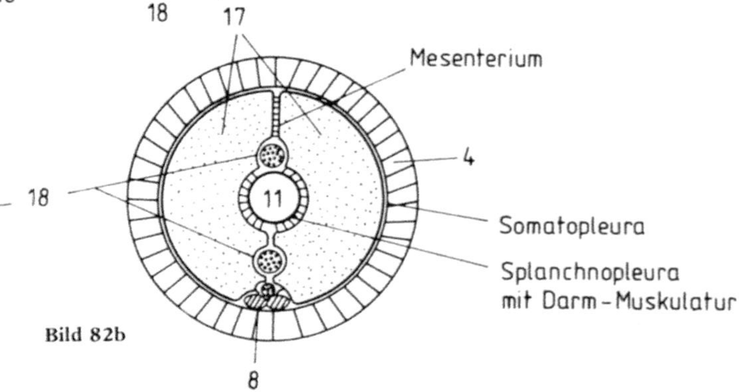

Bild 82b

Bild 82 (Mehrfarbige Wiedergabe s. S. 431)

a) Grundtypus des Bauplanes eines Anneliden mit segmentalen Abschnitten (Metameren); die Wände der Coelomkammern bilden die Dissepimente und Mesenterien, die darmseitige Splanchnopleura und die Somatopleura unter dem Hautmuskelschlauch

b) Teil eines geöffneten Regenwurmes mit der homonomen Rumpfsegmentierung, Blick auf das Dorsalgefäß und in die Coelomkammern (aus Jammes 1914)

1 Prostomium
2 Pygidium
3 Metamere
4 Hautmuskelschlauch
5 Cerebralganglion (supraoesophagiales Ggl)
6 Schlundkonnektiv
7 Ganglionsuboesophagiale
8 segmentales Ganglion des Bauchmarkes
9 stomatogastrisches System
10 Mundöffnung und Oesophagus
11 Darmkanal
12 After
13 Wachstumszone
14 Gonade
15 Nephridium
16 Dissepiment
17 Coelomkammer
18 Blutgefäße

Segmente mit je einem Gensatz weitgehend zu verändern, bedeutet ja schließlich, daß dieser einfache Gensatz pro abgewandeltem Segment vervielfacht werden mußte. Leider sind unsere Kenntnisse über diese Probleme lückenhaft.

Die innere Einteilung des Körpers in Coelomkammern dominiert über alle Strukturen des Körperbaus. Die Motorik und damit die Muskelsysteme und der neuronale Aufbau des zentralisierten Nervensystems, die Organe für Exkretion und Osmoregulation, die Anordnung der Gonaden, die Versorgung der Gewebe mit Nahrungsstoffen und auch der Gasaustausch werden in direkter Abhängigkeit von den Coelomkammern neu organisiert. Und nicht zuletzt ergibt sich das Problem, die in die großen Mengen von Coelomflüssigkeit eindringenden Mikroorganismen zu bekämpfen und eine Überschwemmung des Körpers zu verhindern; es entsteht eine echte *zelluläre Immunität.* Die wesentlichen Organisationsmerkmale eines Anneliden sind in Bild 82 zusammengefaßt.

Nur wenige Anneliden haben nach ihrer Embryonal- oder Larvenentwicklung schon die endgültige Zahl an Segmenten. Die weitaus meisten Formen wachsen, indem in einem Wachstumsgewebe des Hinterendes neue Segmente entstehen. Vergleichbar der Regeneration bei den Parenchymiern wird also eine Zone mit dem Charakter eines Blastems über längere Zeit aktiv bleiben. Während die vorderen Segmente bereits voll funktionsfähig sind, werden am Hinterende jugendliche und ausreifende Segmente nachgebildet. Diese Zone kann bei vielen Formen dazu benutzt werden, als vegetative Fortpflanzung neue Wurmkörper zu bilden (siehe unten).

Die Anneliden bestehen heute aus drei großen Formenkreisen: die *Polychaeten*; sie sind ausschließlich wasserlebende Tiere, deren Entwicklung über die in Bild 80 gezeigte Trochophora-Larve verläuft; die *Oligochaeten*, die im Wasser oder an Land leben und deren Entwicklung direkt ohne Trochophora-Larve verläuft; die *Hirudinea (Egel)*, sie haben sich relativ spät aus Oligochaeten entwickelt und werden zusammen mit diesen als Clitellata zusammengefaßt. In beiden Gruppen tritt das Clitellum bei der Geschlechtsreife an den Segmenten auf, die die Gonaden enthalten; das Sekret spielt eine Rolle bei der Aufnahme der Geschlechtszellen und der Bildung von Eikokkons.

6.1.2.1 Die Motorik: hydrostatisches Skelett, Muskulatur und Nervensystem als Einheit

Die Muskelzellen des peripheren Hautmuskelschlauchs bei den Anneliden sind in einer dünneren, äußeren Ringmuskelschicht und einer dickeren, tiefer gelegenen Schicht aus Längsmuskelsträngen angeordnet. Bei manchen Formen (z.B. Blutegel) können sich kreuzende Diagonalmuskeln zwischen die beiden Hauptschichten einlagern. Durch ein dichtes Netz von kollagenen und elastischen Fasern ist die Basalmembran des Körperepithels mit dem Hautmuskelschlauch verbunden; die stark entwickelten Fasernetze des Bindegewebes umschließen die Muskelzellen, und besonders die Längsmuskulatur kann durch Bindegewebssepten in Fächer unterteilt werden. Die Muskelzellen selbst sind vom schräg gestreiften Typus (Bild 83), bei dem die Z-Streifen (vgl. S. 155 ff.) stabförmig sind, so daß die Sarcomeren nicht dem Querschnitt eines Kabels gleichen, sondern plattenförmig sind. Bei der Kontraktion treten daher Verschiebungen auf, die eine besonders starke Verkürzung der Muskelzellen zur Folge haben. Sie ist weit größer, als es mit den Sarcomeren der quer gestreiften Muskulatur möglich wäre. Die schräg gestreiften Muskelzellen können eine Verkürzung von 40% bis zu 80% ihrer Ausgangslänge erreichen, infolgedessen kann der Hautmuskelschlauch in der Dicke um das 3- bis 4-fache zunehmen.

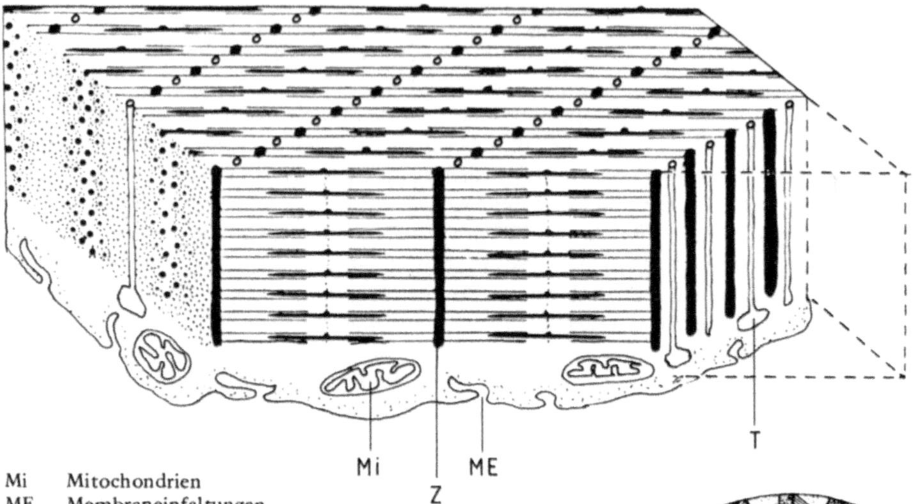

Mi Mitochondrien
ME Membraneinfaltungen
T tubuläres transversales Membransystem
Z Z-Stäbe

Bild 83a

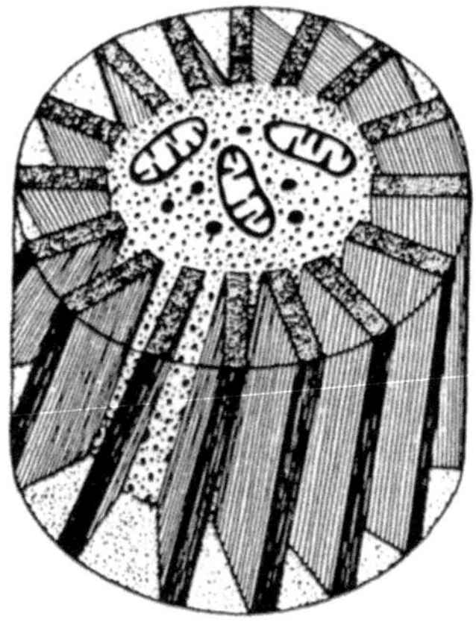

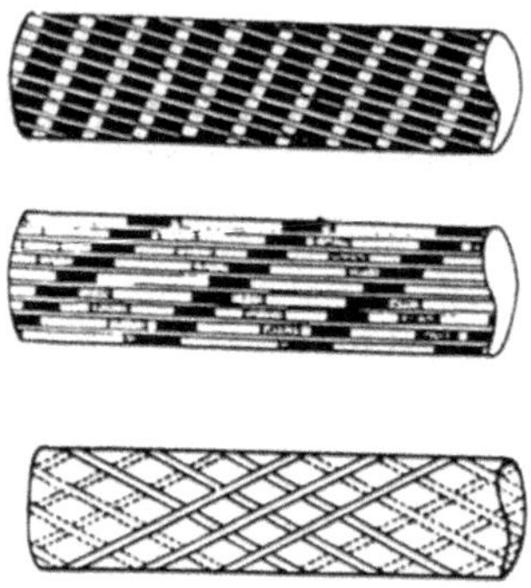

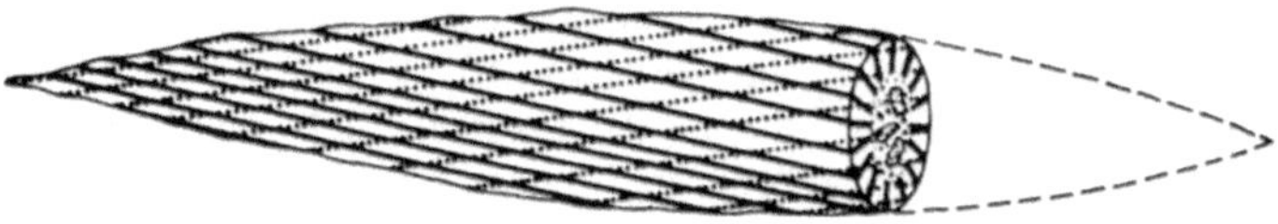

Bild 83b

Bild 83

Typische Formen von schräggestreiften Muskelzellen bei Anneliden

a) Rekonstruktionen mit Ausschnitt einer Zelle; die Anordnung der flachen bandförmigen Myofibrillen in der Peripherie der Zellen wird durch Z-Stäbe (Z) festgehalten, dazwischen die Membranen des transversalen Systems (T), die von Einstülpungen der Zellmembran (ME) ausgehen

b) Seitenansicht von Muskelzell-Abschnitten; durch die periphere Lage der Myofibrillen wird bei Durchsicht die „Schrägstreifung" bzw. „Doppelstreifung" vorgetäuscht (verändert nach Bowden und nach Knapp)

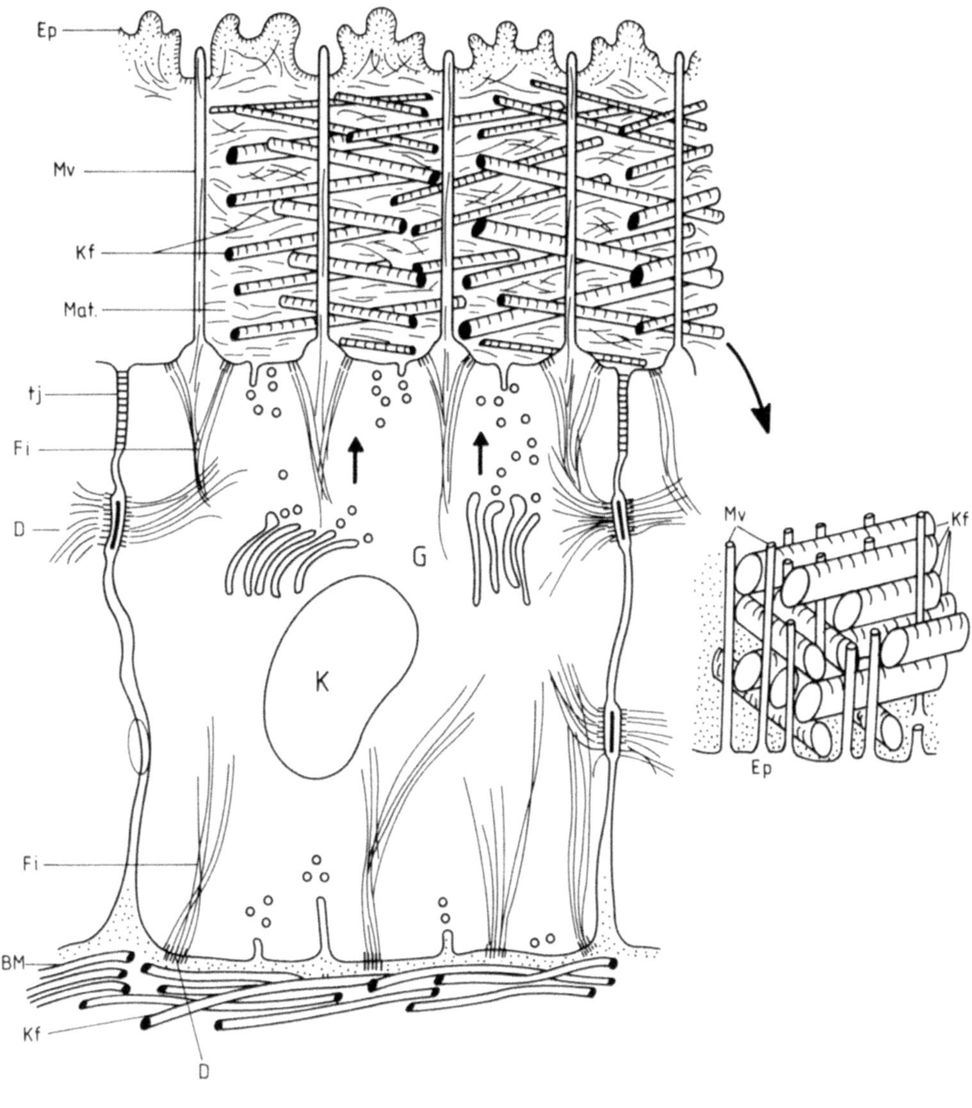

Bild 84

Cuticula eines Oligochaeten

Von den Epithelzellen gehen lange Fortsätze aus, die durch 10 nm-Filamente verankert sind; sie durchsetzen die regelmäßig angeordneten Lagen von Kollagenfibrillen, die durch Glykoproteine verklebt sind und an der Oberfläche eine faltige Epicuticula bilden. Material zur Synthese wird an der Zellbasis durch Pinocytose aufgenommen, über Golgi-Felder der apikalen Zone in die Matrix der Cuticula ausgeschieden.

BM	Basalmembran	Kf	Kollagenfibrillen
D	Desmosom	Mat	Matrixmaterial
Ep	Epithelzellen	Mv	Mikrovillus
Fi	10 nm-Filamente	tj	tight junction
G	Golgi-Feld		

Das bedeckende Körperepithel ist in besonderer Weise an die Bedingungen der starken Körperverformung und die Lebensweise am oder im Boden angepaßt. Zum ersten Mal wird eine extrazelluläre bewegliche Oberflächenschicht als *Cuticula* von den Epithelzellen ausgeschieden (Bild 84). Es handelt sich um zahlreiche Schichten von gekreuzten kollagenen Fibrillen, die in eine wasserdurchlässige Grundsubstanz eingebettet sind und an der Oberfläche durch eine sehr dünne Epicuticula abgedeckt werden. Die Anordnung der kollagenen Fibrillen erlaubt eine Verformung, und zugleich wird eine Schicht ungestörten Wassers in dieser Cuticula festgehalten. Sie dient zur Diffusion von Atemgasen (siehe unten). Bei den landlebenden Anneliden kann durch diesen ungestörten Wasserfilm die höhere Löslichkeit des Sauerstoffs in Wasser ausgenutzt werden. Schließlich dient die Cuticula zum mechanischen Schutz der Körperoberfläche beim Eingraben in den Boden bzw. bei der Bewegung auf festen Oberflächen.

Die motorische Innervation der Muskelzellen des Hautmuskelschlauches ist eine doppelte: excitatorische Axone und inhibitorische Axone treten an jede Muskelzelle heran. Da nur wenige motorische Neurone vorhanden sind, jedoch zahlreiche kompliziert gebaute Muskelzellen, wird das Problem der Innervation durch die Verzweigung der Axone gelöst: *multiterminale Innervation* (Bild 85b). Dadurch erhalten sehr zahlreiche Muskelzellen gleichzeitig einen Impuls zur Kontraktion. Die Anordnung der motorischen Neurone in den Ganglien (siehe unten) und ihre Axone ergeben pro Segment eine streifenförmige Wirkungszone im Hautmuskelschlauch: ein *motorisches Feld*. Ring- und Längsmuskelschicht können als Antagonisten wirken: Kontraktion der Ringmuskeln setzt die Coelomkammern unter Druck, Kontraktion der Längsmuskelschichten verdickt die Körperwandung und überträgt den Zug durch das kollagene Fasernetz auf die Nachbarsegmente. In jedem Falle wirken die Coelomkammern als druckfeste Widerlager,

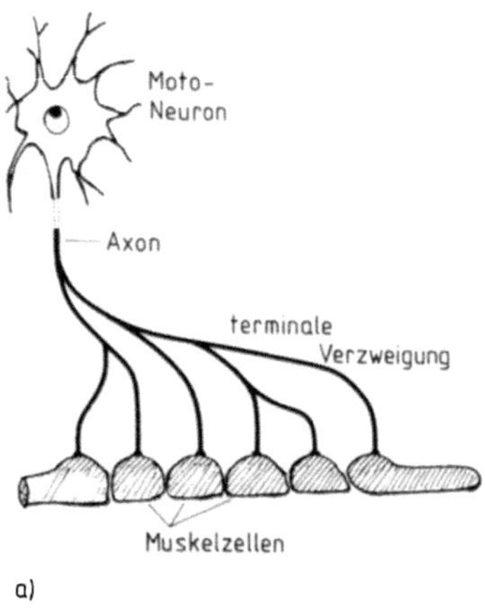

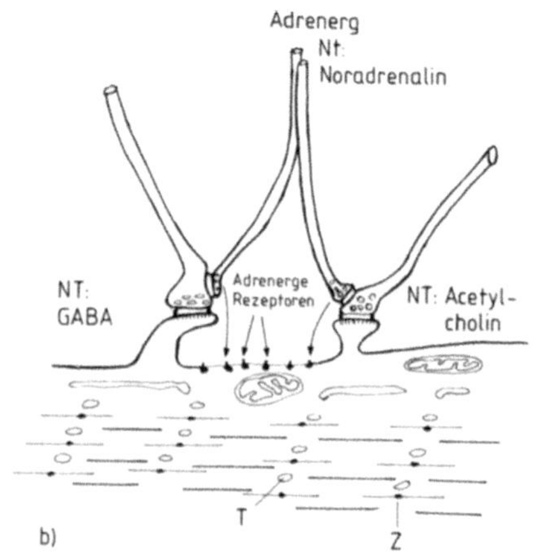

Bild 85

Schema der multiterminalen Innervation von Muskelzellen

a) Schema des Funktionsprinzips: das Axon eines motorischen Neurons teilt sich in zahlreiche Ausläufer, der jeder an eine andere Muskelzelle herantritt, es werden also von einem Impuls des Neurons zahlreiche Muskelzellen gleichzeitig getroffen

b) Präsynaptische Hemmung und Hemmung am Effektor: durch Kombination von Axonen mehrerer Neurone werden wechselweise hemmende oder erregende Impulse von Neuronen auf die Synapsen bzw. direkt auf Muskelzellen übertragen

die nicht ausweichen können; durch die Kontraktion der Ringmuskeln wird also nicht eine Einschnürung des Körpers erreicht, sondern eine Steigerung des Druckes im Coelom. In Ruhe beträgt der Druck in der Coelomflüssigkeit etwa 0 bis 1 mm Hg. Unter Kontraktion der Muskulatur kann beim Regenwurm (Lumbricus) der Druck auf 22 bis 54 mm Hg ansteigen; bei großen Polychaeten, die im Wasser leben und nur in lockerem Boden graben, ist der Druckanstieg sehr viel geringer und beträgt nur 1 bis 2 mm Hg. Eine Bewegung kommt folgendermaßen zustande: Durch Kontraktion der Längsmuskeln im Bereich einer oder mehrerer motorischer Felder wird die Körperwandung über ein Segment oder mehrere Segmente verdickt. In den anschließenden Segmenten wird durch die Kontraktion der Ringmuskulatur eine Versteifung des Körpers über den Coelomkammern erreicht. Die Kontraktion der Längsmuskeln wird als eine Kontraktionswelle von vorne nach hinten oder in umgekehrter Richtung über den Hautmuskelschlauch weitergeleitet. Dabei müssen die vor oder hinter der Kontraktionswelle gelegenen Abschnitte eine Erschlaffung bzw. eine erneute Kontraktionswelle der Ringmuskeln aufbauen. Dies geschieht durch die doppelte Innervation (siehe oben). Bei den größeren Anneliden, wie z.B. beim Regenwurm, werden mehrere Kontraktionswellen hintereinander gleichzeitig über den Körper laufen. Dadurch werden große Teile des Körpers über den Boden gehoben und durch die Kontraktionswellen nach vorne oder nach hinten transportiert. In den Wohnröhren im Boden wird der Körper durch die Wandberührung der verdickten Teile vorwärtsgeschoben. Das Eingraben in den Boden geschieht in entsprechender Weise. Diese Art der Bewegungsform ist gewissermaßen eine nach außen gekehrte Peristaltik. Es ist aber bisher nicht bekannt, durch welchen neuronalen Mechanismus die Entstehung und Fortleitung der Kontraktionswelle aufgebaut wird. Durch sekundäre Einschmelzung der Wände zwischen den Coelomkammern können große Abschnitte des Wurms einheitliche Flüssigkeitsräume werden oder wie z.B. bei Arenicola bis auf wenige Abschnitte der Körper eine große Coelomhöhle enthalten. Durch die Verschiebung der Flüssigkeit können damit extreme Verdickungen bestimmter Körperabschnitte erreicht werden, die durch Wandkontakt in der Wohnhöhle ein besonders intensives Festhalten des Körpers ergeben.

Bei den meisten Polychaeten mit ihren Körperanhängen (siehe unten) und bei den Blutegeln wird eine andere rhythmische Form der Bewegung ausgebildet, die eine Loslösung von der ursprünglichen Mechanik des hydraulischen Skeletts der Coelomkammern bedeutet. Es ist der erste Schritt zur Verselbständigung von Muskelgruppen und der Entstehung der Extremitäten. Die entscheidende Veränderung liegt aber nicht in der Anordnung der Muskulatur, sondern in der Verteilung der Neurone auf Anteile des Hautmuskelschlauchs (Bild 86b). Die Schwimmbewegung der Egel ist eine Wellenbewegung des Körpers. Durch die Anordnung der motorischen Neurone als Inhibitoren und Excitatoren für die dorsale und für die ventrale Längsmuskulatur kann eine wechselseitige Kontraktion der ventralen unter gleichzeitiger Erschlaffung der dorsalen Muskeln und umgekehrt erreicht werden; es erfolgt eine sinusförmige Verbiegung des Körpers. Das Coelom spielt keine Rolle mehr. Als Antagonisten wirken jetzt die dorsalen und die ventralen Partien der Längsmuskelschicht. Bei den Polychaeten werden die motorischen Neurone für rechte bzw. linke Partien der Längsmuskeln angeordnet, die S-förmige Verbiegung geht also in der Ebene der bilateralen Symmetrie vor sich. Dadurch können die seitlichen Körperanhänge auf dem Boden abgestützt werden, und durch die schlängelnde Bewegung des Körpers wird ein nach vorne gerichteter Transport erreicht (Bild 86c).

Die Organisation des Nervensystems vor allem im Bereich des Bauchmarks, also in der segmentalen Ganglienkette, weist zwei ganz wesentliche Merkmale auf. Erstens ist die Kompartimentierung in Segmente außerordentlich klar entwickelt; ein Ganglion gleicht hinsichtlich Zahl und Anordnung der Neuronen dem anderen. Nur im vorderen

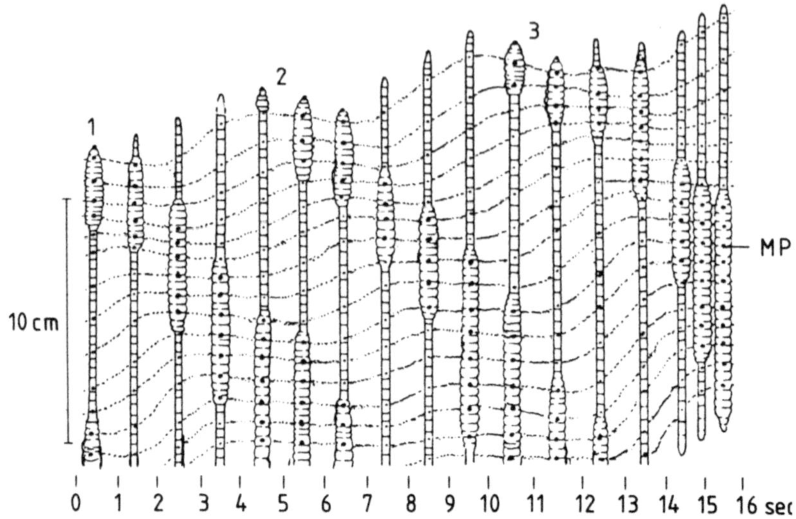

Bild 86a₁

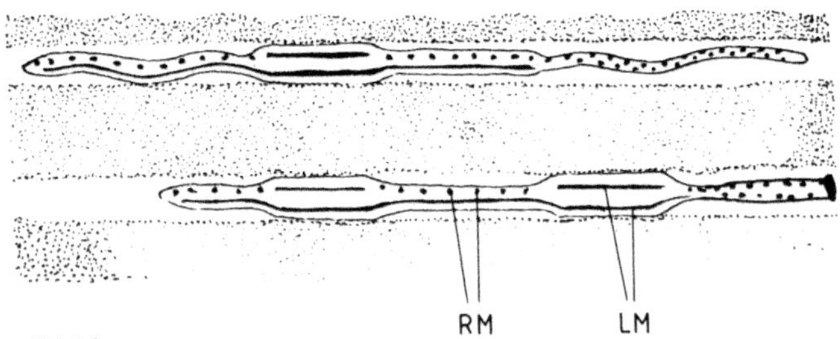

Bild 86a₂

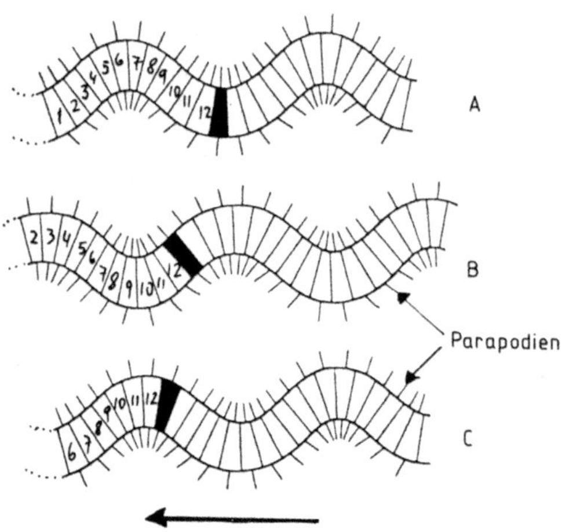

Bild 86

Bewegung bei Articulaten

c) Bewegungsweise von Polychaeten: durch die S-förmige Verbiegung des Körpers stützen sich die Parapodien auf den Boden und fixieren den Körper: Übertragung der Verbiegung auf die Seiten, die Segmentzahlen und der schwarze Block geben die Vorwärts-Verschiebung an.

◄ Bild 86

Bewegung der Articulaten

a_1) Kontraktionswellen des Hautmuskelschlauches beim Regenwurm (Lumbricus)
3 Wellen in Aufsicht auf den Körper vorne beginnend und zum Hinterende durchlaufend, MP = Markierungspunkte, deren Verlagerungen durch punktierte Verbindungslinien sichtbar sind

a_2) Ansicht in der Bodenröhre: Kontraktion der Längsmuskeln LM, Kontraktion der Ringmuskeln RM (verändert aus Edler, 1973)

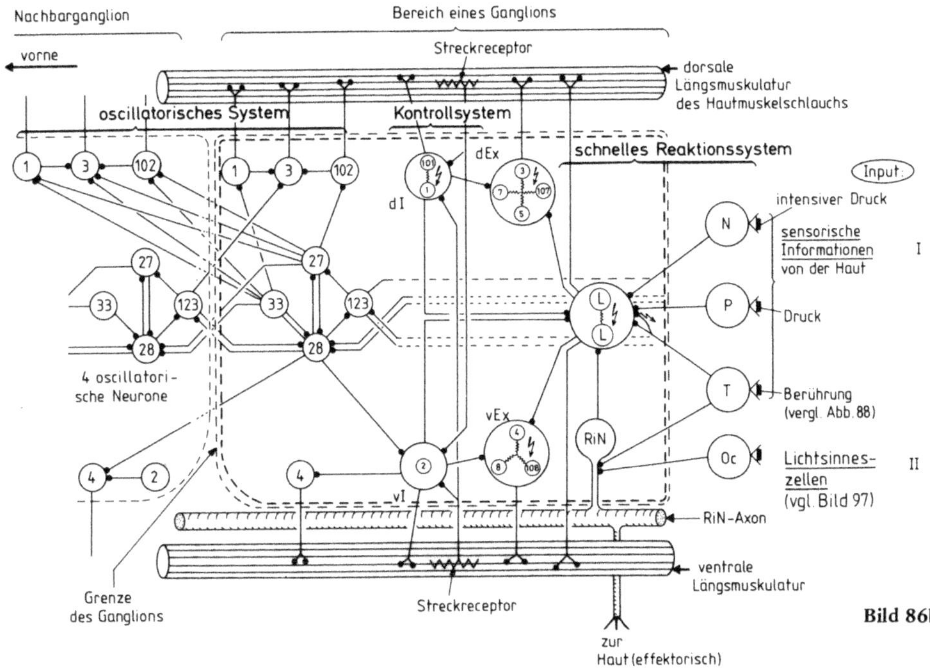

Bild 86b

Bild 86

Bewegung bei Articulaten

b) Schematische Darstellung der bei Bewegungsvorgängen beteiligten Neuronen im Ganglion des Blutegels (Hirudo). Über die Lage der Zellen vgl. Bild 88. Nur die eine Seite des Ganglions ist gezeichnet, ϟ = elektrische Synapse. Die als Einheit funktionierenden Neurone sind durch einen Kreis zusammengefaßt. Die Grenze des Ganglions ist gestrichelt. In jedem Ganglion liegen 8 oscillatorisch tätige Neurone (27, 28, 33 und 123 auf jeder Seite), die mit den entsprechenden Neuronen des vorhergehenden bzw. folgenden Ganglions in Verbindung stehen. Sie erregen motorische Neurone für die dorsale und die ventrale Längsmuskulatur. Als Kontrollgruppen für beide Muskelschichten sind dorsale inhibitorische (d I) und dorsale excitatorische (d Ex) Neurone bzw. entsprechende ventrale Neurone vorhanden, die über Streckrezeptoren in der Muskulatur Informationen über den Kontraktionszustand erhalten. Für schnelle (Flucht-)Reaktionen geben auf jeder Seite 2 große Motoneurone (L) Erregungen an die excitatorischen Neurone, das oscillatorische System wird dabei übergangen. Die direkte synaptische Verbindung von den sensorischen Neuronen (N, P und T, vgl. Bild 88) ergibt die direkte Reaktion der L-Neurone. Eingehängt ist das Riesenfasersystem (RiN = Neuron, RiN-Axon = dessen Axon), das von Lichtsinnesorganen und Mechanorezeptoren Informationen erhält und Impulse an die L-Zellen und an Drüsenzellen der Haut abgeben kann (unter Verwendung von Angaben aus: Stent, Kristan et al., 1978; Poon, Friesen et al., 1979)

Abschnitt, im Bereich der Fortpflanzungsorgane und am Hinterende wird diese Gleichförmigkeit durch eine erhöhte Zahl von Neuronen abgewandelt. Bei einem Regenwurm von ca. 150 Segmenten sind also 130 Ganglienpaare fast gleichartig aufgebaut. Zweitens wird ein wichtiges Funktionsmerkmal deutlich: nur eine geringe Zahl von Neuronen ist motorisch, d.h. für die Muskelbewegungen verantwortlich; der größte Teil der Nervenzellen dient der Übernahme der Erregungen von Sinneszellen, und der weitaus größte Teil der Neuronen sind sogenannte *Interneurone*, d.h. Nervenzellen, deren Zellausläufer das Nervensystem nicht verlassen, sondern für eine Verbindung zwischen Nervenzellen über längere Strecken hin dienen. Mit anderen Worten: die Aufnahme von Informationen, ihre Verarbeitung und regulierende Weiterleitung stehen im Vordergrund der Aufgabe des Nervensystems. Die Stufe der relativ selbständigen Nervennetze wird endgültig verlassen; und die verarbeiteten Erregungen werden auf relativ wenige motorische Einheiten verteilt, die noch relativ einfache Bewegungsformen ausführen. Die Komplizierung

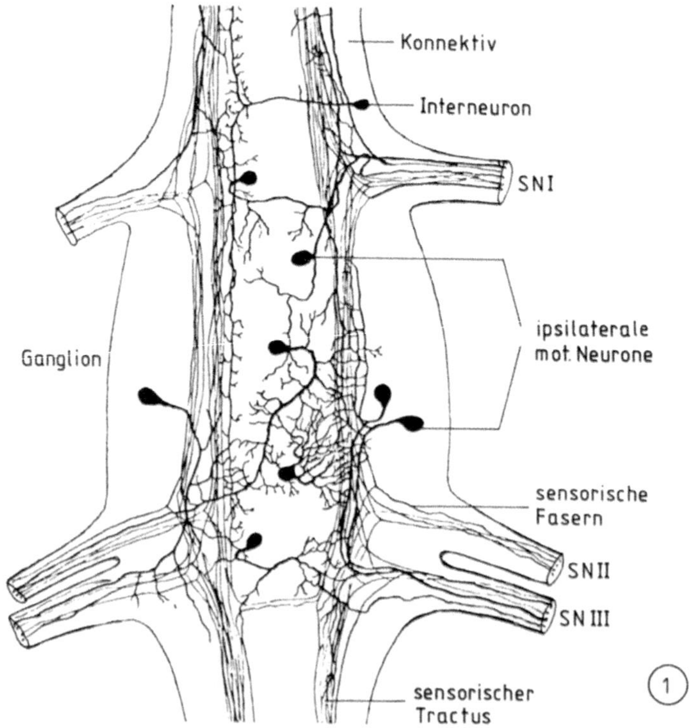

Bild 87

Nervensysteme von Anneliden

a) 1 und 2: Bauchmark des Regenwurmes (Lumbricus), Zone eines Ganglions mit den Segmentalnerven I–III. Darstellung der Nervenzellkörper nach Golgi-Imprägnierung, in den Zeichnungen sind verschiedene Typen von Interneuronen und alle Typen der Motoneurone eingezeichnet.

3: Ganglion des Blutegels (Hirudo); zwei ventral gelegene Rieseninterneurone (sog. Retzius-Zellen) senden Zellfortsätze in die Tractus und in die Segmentalnerven; vier Gruppen von Bindegewebsfasern umhüllte Neuronen, von denen nur ein Typ eingezeichnet ist, stellen Interneurone pro Segment. Vorderer (a = anterior) und hinterer (p = posterior) Segmentnerv enthalten die Nervenzellfortsätze für die Muskel- und Hautfelder. (1–3 aus Retzius)

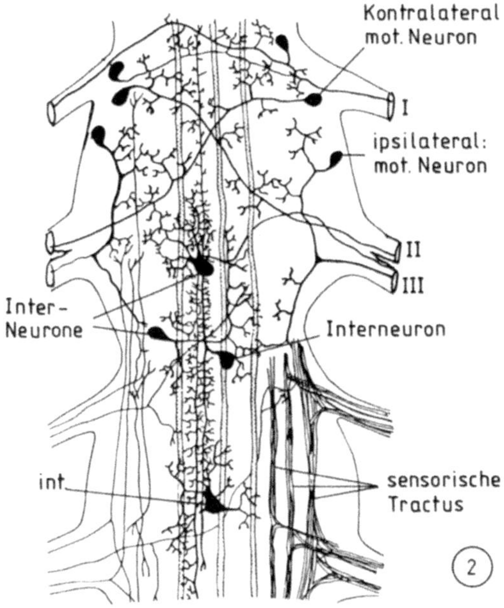

- Ax IN Axon eines Interneurons
- aBg vordere Bindegewebsabteilung
- cL Kontralaterale Neurone
- BM Bauchmark
- DML dorsale Mittellinie
- cg Cerebralganglion
- IN Interneuron
- RIN Riesen-Interneuron
- pBg hintere Bindegewebsabteilung
- pGd peripheres Ganglion dorsal
- pGv peripheres Ganglion ventral
- pr Prostomium
- SN segmentale Nerven I, II und III

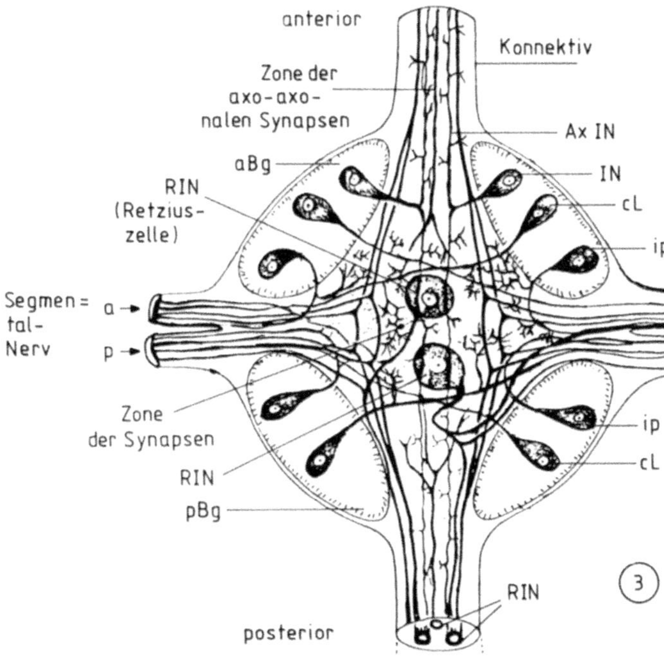

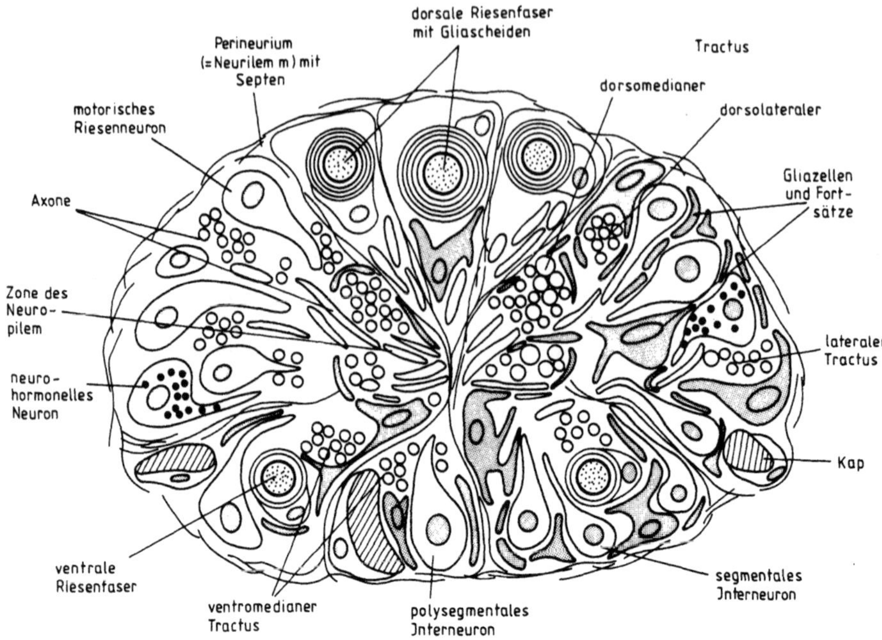

Bild 87

Nervensysteme von Anneliden

b) Schematischer Querschnitt durch das Bauchmark im Ganglionbereich beim Regenwurm. Bindegewebe umhüllt das Nervensystem und teilt im Inneren durch Septen mehrere Funktionszonen gegeneinander ab. Die Zellkörper der Neuronen liegen in der Peripherie, die Tractus im Zentrum: Neuropilem. Gliazellen umschließen mit ihren Zellausläufern die Neuronen und Bündel von Axonen. Dorsal und ventral die Querschnitte der Riesenaxone („Kolossalfasern") der Riesenneurone. (in Anlehnung an Zimmermann, 1968)

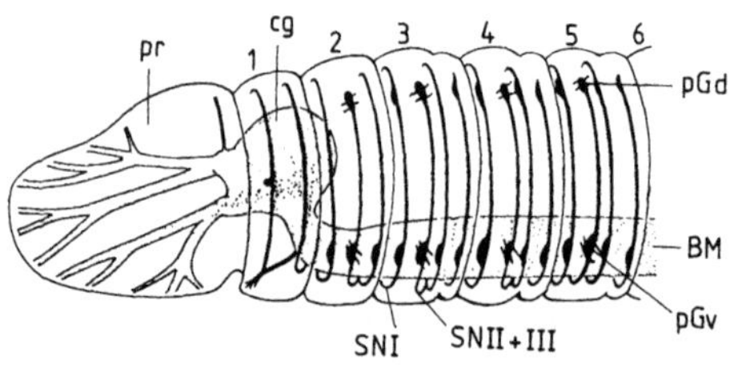

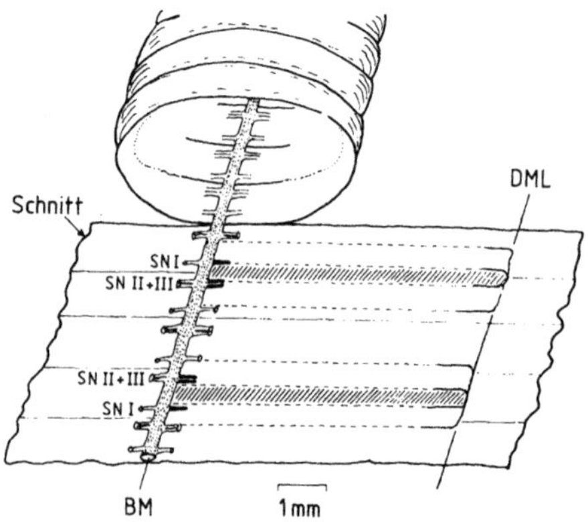

Ax IN Axon eines Interneurons
aBg vordere Bindegewebsabteilung
cL Kontralaterale Neurone
ip ipsilaterale Neurone
BM Bauchmark
DML dorsale Mittellinie
cg Cerebralganglion
IN Interneuron
RIN Riesen-Interneuron
pBg hintere Bindegewebsabteilung
pGd peripheres Ganglion dorsal
pGv peripheres Ganglion ventral
pr Prostomium
SN segmentale Nerven I, II und III

Bild 87

Nervensysteme von Anneliden

c) Die Beziehung der Segmentalnerven zum Bauchmark und ihre Lage im Hautmuskelschlauch (links) beim Regenwurm, rechts: geöffneter Hautmuskelschlauch mit den sich überlappenden (schraffiert) Innervationszonen der Segmentalnerven, so daß motorische Felder im Hautmuskelschlauch vorhanden sind. (aus Drewes, 1974)

des Nervensystems wird also nicht durch einen ausgedehnten Muskelapparat und eine damit notwendige Vermehrung motorischer Neurone erzeugt, sondern durch die Zunahme der Koordinationsaufgaben. Im zentralen Neuropilem des Bauchmarks sind die Bahnen (Tractus) aus den längs verlaufenden Axonen zusammengefaßt, die entweder den Interneuronen angehören oder aus dem Cerebralganglion über weite Strecken des Bauchmarks verlaufen. Beim Regenwurm sind je nach Körperregion zwischen 3 500 und 5 000 Axone vorhanden; sie werden durch die Fortsätze von Gliazellen zum Teil zu Bündeln zusammengefaßt. Diese Gliazellen liegen in der Peripherie des Bauchmarks und bilden dort zusammen mit einer fasrigen Bindegewebsscheide das Perineurium. Die Zellkörper der Nervenzellen liegen in der Rindenschicht (Cortex) des Bauchmarks und sind zu Zellgruppen zusammengefaßt. Beim Regenwurm sind in einem typischen Ganglion etwa 800 bis 900 Neuronen vorhanden, die Zahl kann bis auf 2000 in solchen Ganglien ansteigen, welche die Geschlechtsorgane versorgen. Bei noch größeren Würmern ist eine Zahl von 2000 bis 4500 Neuronen pro Ganglion ermittelt worden.

Die Konnektive sind fast völlig frei von Nervenzellkörpern. Nur eine relativ kleine Zahl von Neuronen entsendet ihre Axone aus dem Ganglion in die Peripherie des Körpers. Die Axone verlassen die Ganglien durch eine oder mehrere Segmentalnerven rechts und links (Wurzeln). Pro Ganglion sind es zwischen 80 und 120 Neurone, je nach der untersuchten Tierart. Die Axone verlassen entweder das Bauchmark ipsilateral, d.h. also auf der gleichen Seite, oder kreuzen zur anderen Seite hinüber: contralateral. Sehr wahrscheinlich kreuzen alle motorischen Neurone mit ihren Axonen contralateral auf die andere Seite. Die nicht motorischen Neurone sind entweder Proprioceptoren, welche die Muskelspannung überprüfen, oder sie sind sensorische Neurone, welche die Erregungen der peripheren Sinneszellen abnehmen. Die Gesamtzahl dieser Sinneszellen ist sehr hoch, bei einem kleineren marinen Polychaeten sind es insgesamt etwa 300000; beim Regenwurm wurden pro Segment 20000 Sinneszellen festgestellt. Daraus ergibt sich, daß entsprechend den motorischen Feldern auch rezeptorische Felder auf der Hautoberfläche ausgebildet sind, die von einem Neuron überwacht werden. Bei den mechanorezeptorischen Sinneszellen gibt es drei Typen. Alle Sinneszellen tragen in der üblichen Weise als Rezeptor eine starre Cilie. Die Tastrezeptoren reagieren auf eine Berührung mit geringem Druck (wenige mg); die Berührungsrezeptoren reagieren auch auf Berührung mit höherem Druck (einige g), und eine spezielle Rezeptorengruppe reagiert auf sehr starken Druck und starke Verformung der Körperoberfläche. Ihre Cilien sind umgebogen und liegen vollständig eingebettet in der Cuticula. Jeder Sinneszelltyp steht in Verbindung mit einem speziellen Neuron im segmentalen Ganglion. Beim Blutegel sind die Verhältnisse genau bekannt, da ein Ganglion nur ca. 350 Nervenzellen enthält. Nur sieben der sensorischen Neurone sind auf jeder Seite eines Ganglions vorhanden, insgesamt also 14 (Bild 88). Sie innervieren die Sinneszellen der Körperoberfläche so, daß rezeptorische Felder entstehen. Diese Felder überlappen sich für jede Qualität der Mechanorezeption, die gesamte Oberfläche des Körpers ist also außerordentlich empfindlich. Zwei weitere sehr große Neurone (sogenannte Retzius-Zellen) versorgen mit ihrem Axon eine ganze Segmentseite, und als Neurotransmitter funktioniert Serotonin. Sie veranlassen in den Drüsenzellen der Körperoberfläche die Ausschüttung der Sekrete. Überspitzt zusammengefaßt kann man die Funktionen des Nervensystems dieses Entwicklungsstandes folgendermaßen charakterisieren: Übernahme sehr zahlreicher Informationen von der Körperoberfläche durch wenige Neuronen, Übertragung der Informationen auf sehr zahlreiche Interneurone, wo ein „Nachdenken“ stattfindet, Übertragen der aus dem „Nachdenken“ resultierenden Reaktion auf wenige motorische Neurone und den Hautmuskelschlauch.

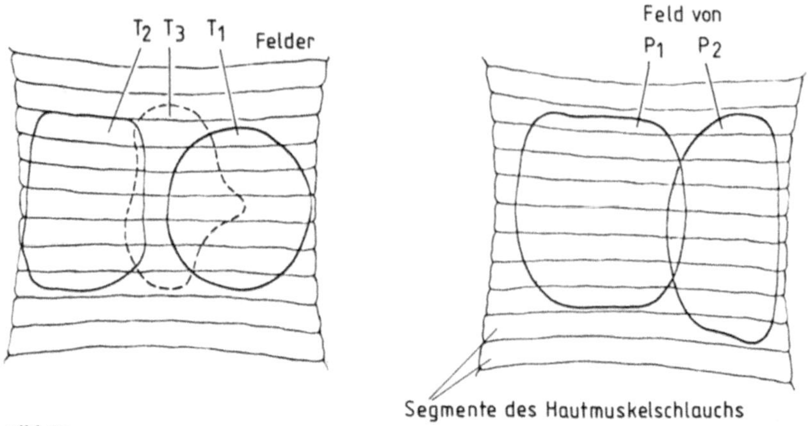

Bild 88

a) Sensorische Felder in der Haut des Blutegels (Hirudo), die den entsprechenden Neuronen des zugehörigen Ganglions zuzuordnen sind: T 1–3 „Berührungs-Zellen", P_1 und P_2 „Druck"-Zellen

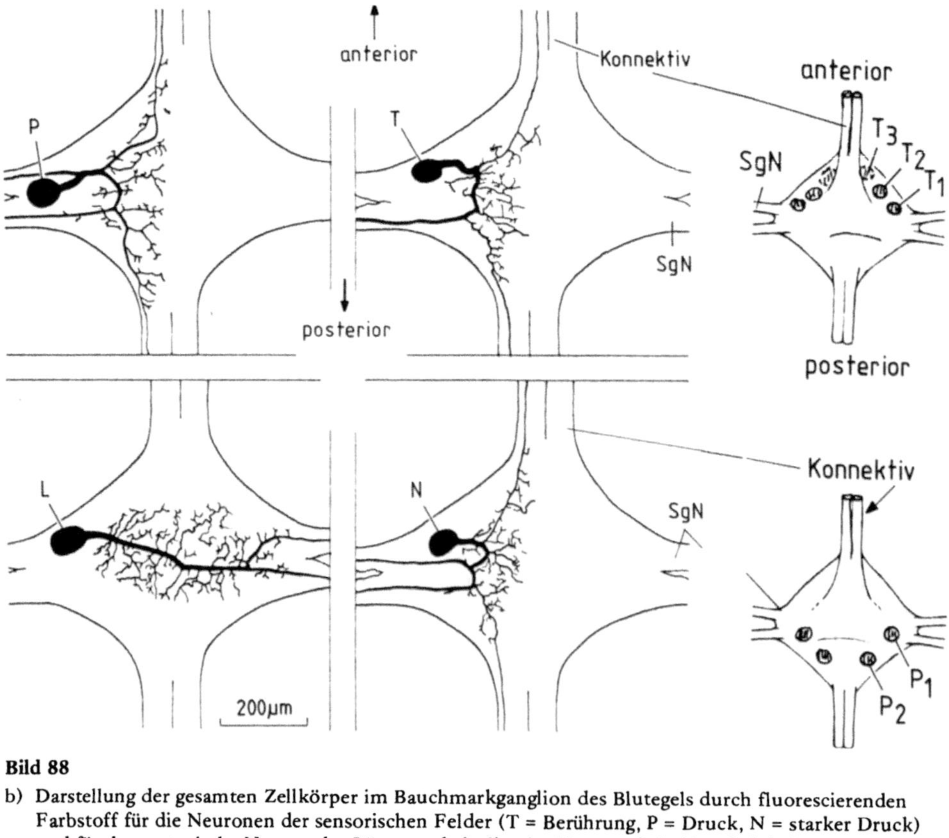

Bild 88

b) Darstellung der gesamten Zellkörper im Bauchmarkganglion des Blutegels durch fluorescierenden Farbstoff für die Neuronen der sensorischen Felder (T = Berührung, P = Druck, N = starker Druck) und für das motorische Neuron der Längsmuskelzellen im Hautmuskelschlauch (L); SgN = Segmentalnerv

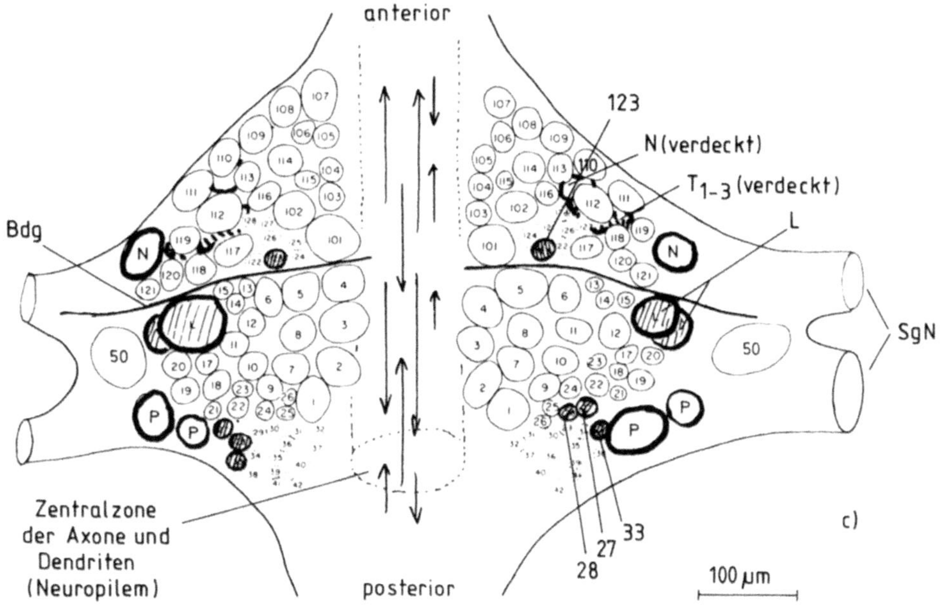

Bild 88

c) Die Neuronen eines Ganglions im Bauchmark des Blutegels (Hirudo); die vier Gruppen von Nervenzellen (vgl. Bild 87a$_3$) sind spiegelbildlich symmetrisch angeordnet und enthalten konstante Zahlen von Neuronen, die identifiziert worden sind (Zahlen); Aufsicht auf die dorsalen Gruppen. Die in Bild 88b genannten Zellen sind hervorgehoben. Bdg = Bindegewebsseptum (Verändert nach Nicholl et al. und Friese et al., 1974 und 1978)

Es treten aber Situationen auf, in denen ohne viel „Nachdenken" sofort die Motorik in Bewegung gesetzt werden muß. Es handelt sich um die *Fluchtreaktionen*, die bei den Polychaeten als Schreckreaktion in einer beschleunigten Fortbewegung, bei den Egeln als ein schnelles Zusammenziehen des Körpers und bei den Oligochaeten als ein schnelles Wegziehen des Körpers von der Reizquelle besteht. Dieses Fluchtsystem besteht aus einer Kette von wenigen sehr großen Neuronen: *Riesenneuronen*, deren Axone wegen ihres großen Durchmessers als *Riesenfasern oder Kolossalfasern* bezeichnet werden (Bild 89). Der Durchmesser der Axone beträgt je nach Art und Funktion der Riesenfaser zwischen 20 und 200 µm; entsprechend hoch ist die Leitungsgeschwindigkeit, die bis zu 40 m/s betragen kann. Der Aufbau einer Fluchtreaktion durch solche Riesenneurone wird bei den Anneliden zum ersten Male verwirklicht und ist bei den höher entwickelten Tierstämmen übernommen worden. Fast alle Arthropoden und auch ein Teil der schnellen Mollusken, bei den Wirbeltieren die Fische und die wasserlebenden Amphibien bzw. Amphibienlarven besitzen entsprechende Neurone und Fluchtsysteme. Es ist kaum anzunehmen, daß sich solche komplizierten neuronalen Kombinationen mehrfach und unabhängig voneinander entwickelt haben.

Bild 89

Das Riesen-Neuronen- und Riesenfaser-system des Fluchtsystems der Anneliden

a) Regenwurm

a_1) Übersicht über die Verteilung der Interneurone und Riesenneurone (motorisch) im Unterschlundganglion und den nachfolgenden Körpersegmenten.

a_2) Schema der Lage der Zellkörper der lateralen Riesenaxone und des medialen Riesenaxons

eS	elektrische Synapse
LRf	laterale Riesenfaser (= Axon)
LRN	Neuron der lateralen Riesenfaser
MRf	mediale Riesenfaser (= Axon)
RIN	Riesen-Interneuron
RMN	Riesen-Motoneuron
SN I–III	Segmentalnerven

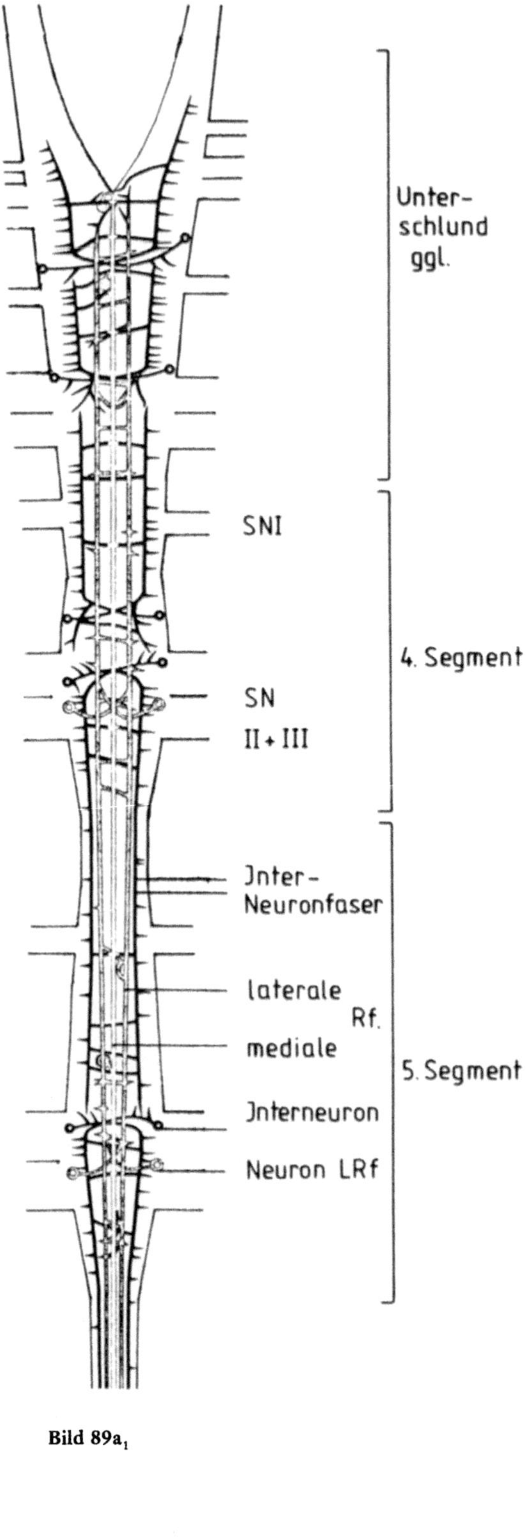

Bild $89a_1$

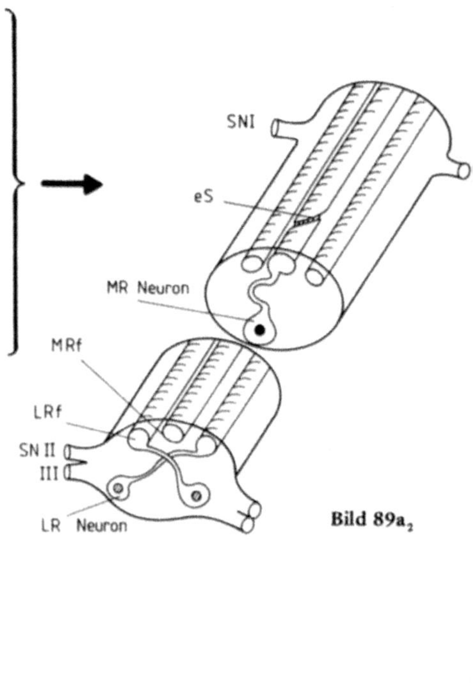

Bild $89a_2$

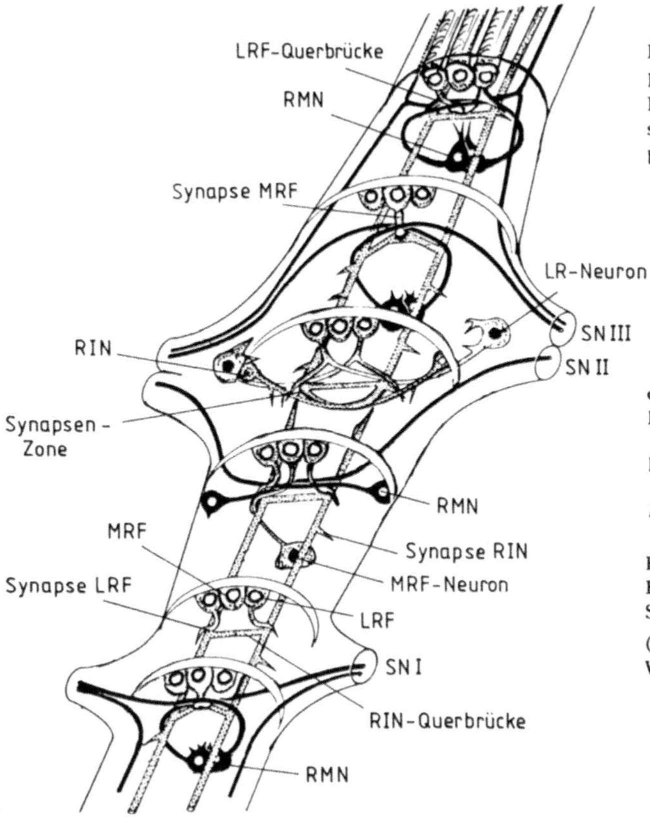

Bild 89

Das Riesen-Neuronen- und Riesenfasersystem des Fluchtsystems der Anneliden

b) Lage des dorsalen Kolossalfasersystems und der zugehörigen motorischen Neurone und Riesenneurone im Ganglion. Die bügelförmigen dorsalen Aufschnitte skizzieren die Lage der Kolossalfasern (vgl. Bild 89a$_2$) und ihrer Fortsätze in die Zellkörper

eS	elektrische Synapse
LRF	laterale Riesenfaser (= Axon)
LRN	Neuron der lateralen Riesenfaser
MRF	mediale Riesenfaser (= Axon)
RIN	Riesen-Interneuron
RMN	Riesen-Motoneuron
SN I–III	Segmentalnerven

(verändert nach Günther und Walther, 1971)

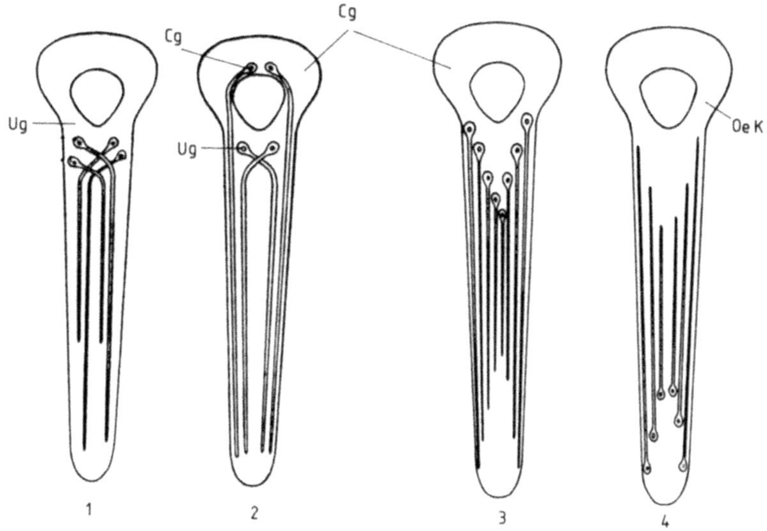

Bild 89

Das Riesen-Neuronen- und Riesenfasersystem des Fluchtsystems der Anneliden

c) Lage der Riesen-Neurone und Riesenfasern bei Polychaeten; 1: vier Neurone im Unterschlundganglion (Ug) von *Euthalennessa*; 2: je zwei Neurone im Cerebralganglion (Cg) und Unterschlundganglion von *Sigalion*; 3 und 4: dorsale und ventrale Neurone ohne segmentale Anordnung bei *Halla* (Nereiden) (aus Nicol, 1948). OeK = oesophagiales Konnektiv

Drei Schaltketten sind für die Fluchtreaktion zusammengefaßt worden. Ventral im Bauchmark gelegene Riesenneurone fassen pro Segment mit ihren Kollateralen die sensorischen Informationen zusammen, die von den sensorischen Neuronen von außen erfaßt worden sind. Sie geben die gesammelten Informationen an lateral im Bauchmark gelegene Rieseninterneurone weiter, deren Axone über ein ganzes Segment, also aus dem Ganglion über das Konnektiv bis in das nächste Ganglion, reichen. Die komplizierteste Struktur bilden dann die Riesenneurone des eigentlichen Kolossalfasersystems. Ihre Zellkörper können entweder im Unterschlundganglion liegen und die Axone sich durch das gesamte Bauchmark bis an das Hinterende des Tieres erstrecken. Oder aber (z.B. beim Regenwurm) die Riesenneurone liegen in jedem Segmentganglion, entsenden ihre Axone in eine bestimmte Zone bis zum nächsten Segment, wo sie durch eine elektrische Synapse mit dem Axon des nächstfolgenden Riesenneurons zusammentreffen. Dadurch entsteht ein segmentiertes, durch elektrische Synapsen verbundenes Riesenkabel. Im Bauchmark des Regenwurmes sind solche Axone als mediane und laterale Riesenfasern angeordnet. Die Axonkabel erhalten durch Synapsen die Informationen aus den Rieseninterneuronen oder in anderen Fällen direkt aus den sensorischen Riesenneuronen. Durch die hohe Leitungsgeschwindigkeit werden die Informationen in wenigen ms weitergegeben. Die Erregungen der Riesenfasern werden in einer sehr schnellen Folge von spikes (100 bis 500 pro Sekunde) weiterlaufen. Die dritte Schaltkette besteht aus einigen wenigen Riesenmotoneuronen pro Segmentganglion, deren Synapsen auf eine solche Folge von spikes ansprechen. Ihre Axone gehen contralateral auf die andere Seite und lösen die Kontraktion der Muskeln im Segment aus. Dieses System ist bei den Polychaeten modifiziert, da gleichzeitig mit der Fluchtreaktion auch die Muskeln in den Körperanhängen betätigt werden. Bei den Egeln ist das System noch stärker segmentbezogen (Bild 89c) und wird direkt über die sensorischen Neurone und in den folgenden Segmenten indirekt durch ein Riesenfasersystem gesteuert.

Bei vielen Polychaeten sind pro Segment paarige Körperanhänge vorhanden: die *Parapodien*. Sie bestehen aus einem dorsalen (*Notopodium*) und einem ventralen Teil (*Neuropodium*). Die Parapodien entstehen, wenn sich die Larve in einen Wurm umzuwandeln beginnt. Das laterale Körperepithel der Segmente bildet zwei Einsenkungen, deren Ektodermzellen Chitin und Proteine sezernieren und typische Borsten (Setae) bilden. Um diese Einsenkungen organisieren sich Stränge von Mesodermzellen, die damit aus dem Bildungsmaterial für den Hautmuskelschlauch und das Coelom abgezogen werden. Durch seitliches Auswachsen aus der Körperwand entstehen die beiden Anteile des Parapodiums, die an ihrer Spitze die ursprünglichen Borsten tragen. Durch einen zusätzlichen inneren Chitinstab (Aciculum) werden Notopodium und Neuropodium gestützt. Aus den Mesodermzellen entwickeln sich mehrere Muskelgruppen. Zwei dorsale und zwei ventrale Muskelgruppen können die Parapodien heben, nach vorne bzw. nach hinten ziehen; kleine Muskelgruppen sitzen an den Stützstäben und an den Borsten. Die zu den Muskeln gehörenden motorischen Neurone liegen an der Ventralseite der Parapodien in einem kleinen Ganglion, das durch einen Nervenstrang mit den Neuronen des Bauchmarks in Verbindung steht. Durch den Aufbau und die Nervenversorgung bekommen die Parapodien die Funktion von kleinen Extremitäten, und sie werden dementsprechend rhythmisch von vorn nach hinten bewegt. Die Koordination, d.h. die Reihenfolge der Parapodien im Bewegungsablauf, wird von den Ganglien des Bauchmarks aus vorgenommen. Durch den Bewegungsablauf der Parapodien erfolgt ein Vorwärtskriechen auf dem Boden. Sie kann durch entsprechende Verbiegung des Hautmuskelschlauchs (siehe oben) unterstützt werden. Drei wesentliche Entwicklungsschritte sind beim Bau der Parapodien vollzogen worden:

1. werden die genetischen Informationen zur Synthese des Chitins angewendet, um die Borsten zu bilden, obwohl bei allen Anneliden die Cuticula nur aus Kollagen besteht;

2. werden durch den Anreiz des Epithels während der Borstenbildung Mesodermzellen in Wechselwirkung angelockt; und es wird Muskulatur gebildet, die nicht mehr dem Hautmuskelschlauch angehört, also verselbständigt ist;

3. werden periphere Bewegungsganglien für die Parapodien geschaffen, welche die abgeteilte Muskulatur innervieren, wobei nur noch die Kontrolle des motorischen Rhythmus durch das zentrale Nervensystem erfolgt.

Die Bedeutung dieser Körperanhänge wird noch unterstützt durch eine außerordenlich hohe Zahl von Sinnesrezeptoren (Bild 90) und durch die Anwesenheit einer großen Zahl von Propriozeptoren, welche die Muskelspannungen zu überprüfen haben. Die Axone aller dieser Sinneszellen gehen durch den Nervenstrang direkt in das Bauchmark, mehr als 2000 Axone sind in diesen Nerven zusammengefaßt. Das bedeutet eine außerordentlich hohe sensorische Kontrolle im Bereich der Parapodien. Da auch die kleinen Muskelgruppen als Antagonisten angeordnet sind, ist die alte Ansicht völlig berechtigt, die Parapodien als den ersten Versuch zur Bildung von Extremitäten anzusehen. Die genetische Information, während der Embryonalentwicklung Zellen aus dem Verband des späteren Hautmuskelschlauches herauszulösen, zu neuen Muskelgruppen zu organisieren und durch das Einwachsen von Neuronen zu einer selbständigen Motorik zusammenzufassen, ist so eindeutig, aber auch so kompliziert, daß sie bei der Evolution nicht mehr aufgegeben wurde. Die sich später entwickelnden Tierstämme haben diese Informationen übernommen und die Körperanhänge zu leistungsfähigen Extremitäten ausgebaut. Damit ist nicht gesagt, daß die ursprünglichen Formen der Extremitäten genau so ausgesehen haben, wie die heutigen Parapodien es uns zeigen. Dieses Problem wird später (siehe S. 322) noch einmal aufgegriffen.

6.1.2.2 Die Trennung der Gewebeflüssigkeit von der Coelomflüssigkeit: die Entstehung des Blutkreislaufs und der Metanephridien

Die Aushöhlung der Zellmasse des Mesoderms durch die Flüssigkeitskammern des Coeloms hat eine wichtige Konsequenz. Die Flüssigkeit in den Räumen muß beschafft werden; dies kann nur durch den Darmkanal geschehen. Die Masse der Körpergewebe wird vor allem durch die straffen Muskelschichten gebildet, so daß kein Platz mehr für Protonephridien übrigbleibt. Obwohl alle Larvenformen funktionsfähige Protonephridien besitzen, gibt es diese Exkretionsorgane im erwachsenen Körper nicht mehr. Damit fällt auch der Flüssigkeitsstrom der Gewebeflüssigkeiten fort, und es muß ein Ersatzsystem für die Ernährung und den Gasstoffwechsel aufgebaut werden. Durch den bei jeder Bewegung notwendigen Druck in den Coelomkammern könnte die Flüssigkeit unter der Voraussetzung in die umgebenden Gewebe gedrückt werden, daß die umgebende Schicht der Mesodermzellen entsprechend durchlässig wäre. Aber ein solcher Abfluß für eine Zirkulation von Gewebeflüssigkeit ist nicht gegeben. Außerdem hätte die Gewebeflüssigkeit weitgehend die gleiche Zusammensetzung wie die Coelomflüssigkeit.

Aus dieser Situation gibt es nur einen Ausweg: ein Teil der Gewebeflüssigkeit wird in einem eigenen Kanalsystem konzentriert und zur Zirkulation gebracht. Die

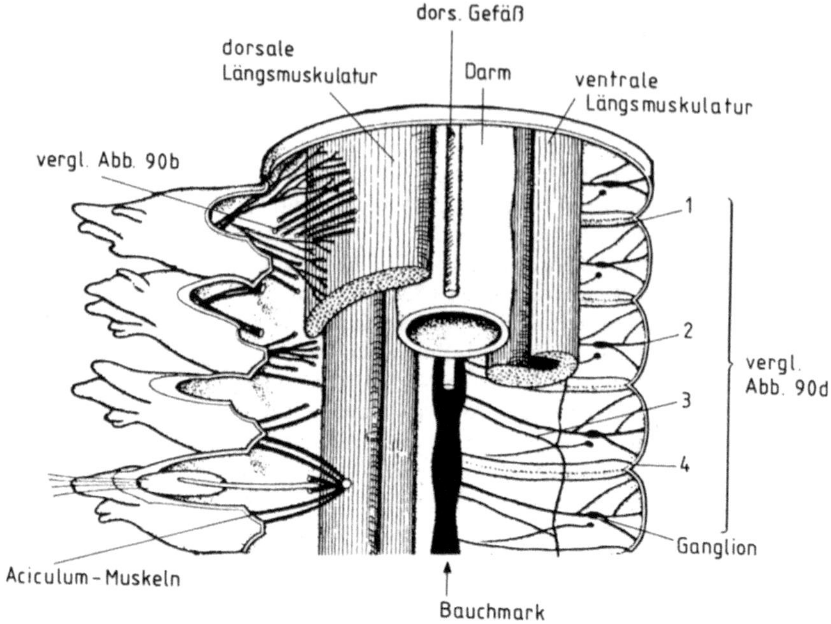

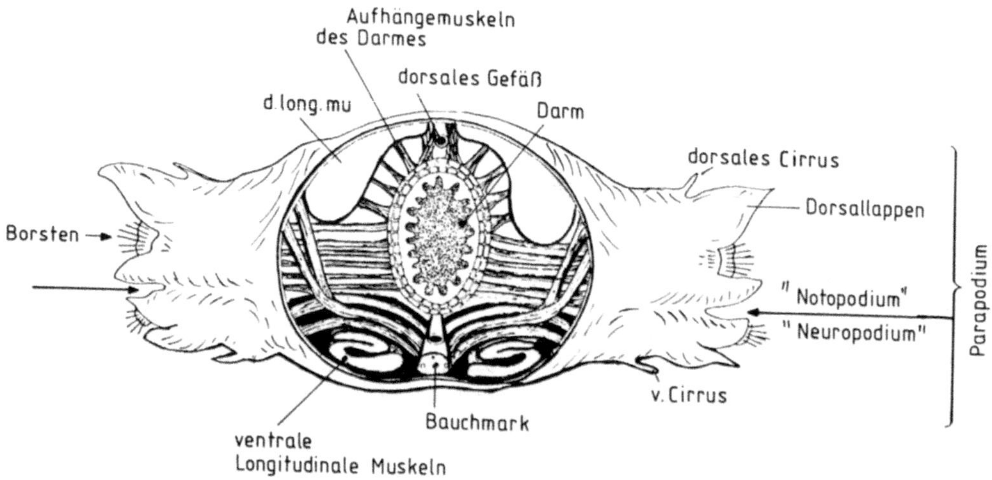

Bild 90

Parapodien und Hautmuskelschlauch bei Polychaeten

a) Parapodien in Totalansicht bei einem Querschnitt durch die mittlere Körperregion von Nereis; im Inneren ziehen die Septalmuskelbündel in den Hohlraum der Parapodien, der Hautmuskelschlauch besteht vor allem aus großen Längsmuskelbündeln. Die Parapodien bestehen aus zwei Anteilen: Notopodium dorsal und Neuropodium ventral. Oben: Rekonstruktion des geöffneten Körpers mit vier Parapodien, dorsale Längsmuskulatur (d. long. mu.) und Darm teilweise entfernt; links die geöffneten Parapodien mit einstrahlenden Muskeln, rechts die Segmentalnerven 1–4 mit peripheren Ganglien

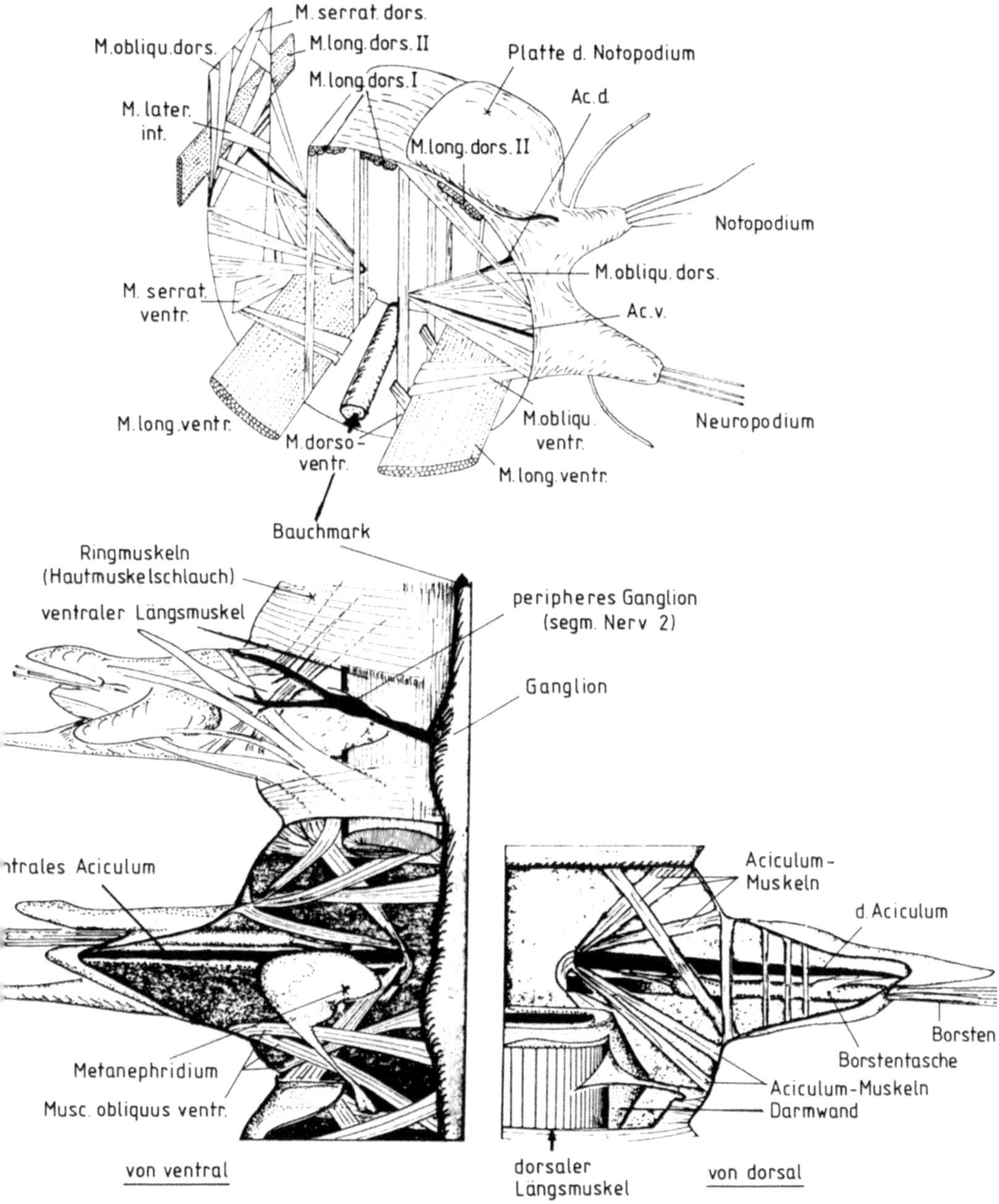

Bild 90

Parapodien und Hautmuskelschlauch bei Polychaeten

b) Die Muskulatur der Parapodien; für eine geordnete Bewegung und das Abstemmen auf dem Boden sind zahlreiche kleine Individualmuskeln entstanden, also wesentlich verschieden von den Schichten des Hautmuskelschlauches entwickelt worden. Teils setzen sie im Aciculum an, teils pressen sie als periphere Muskeln das Parapodium zu einer straffen Platte zusammen

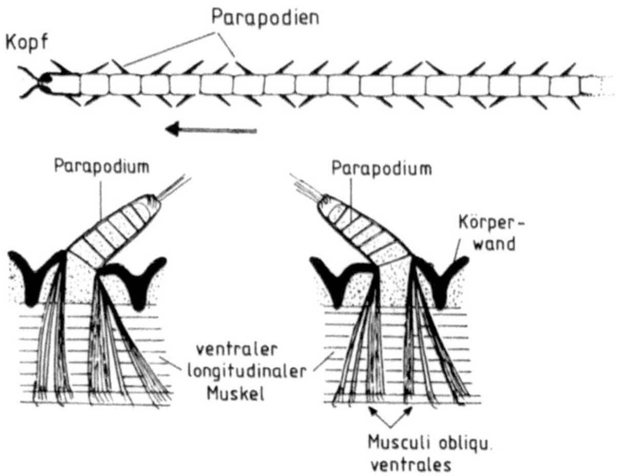

Bild 90

Parapodien und Hautmuskelschlauch bei Polychaeten

c) Bewegungsweise der Parapodien; oben: „schrittweises" Vor- und Zurücksetzen im vorderen Abschnitt ohne Verbiegung des Körpers (vgl. Bild 86c); unten: die durch Kontraktionen der Muskelbündel ausgelöste Bewegung der Parapodien auf der straffen Muskulatur der Körperwandung

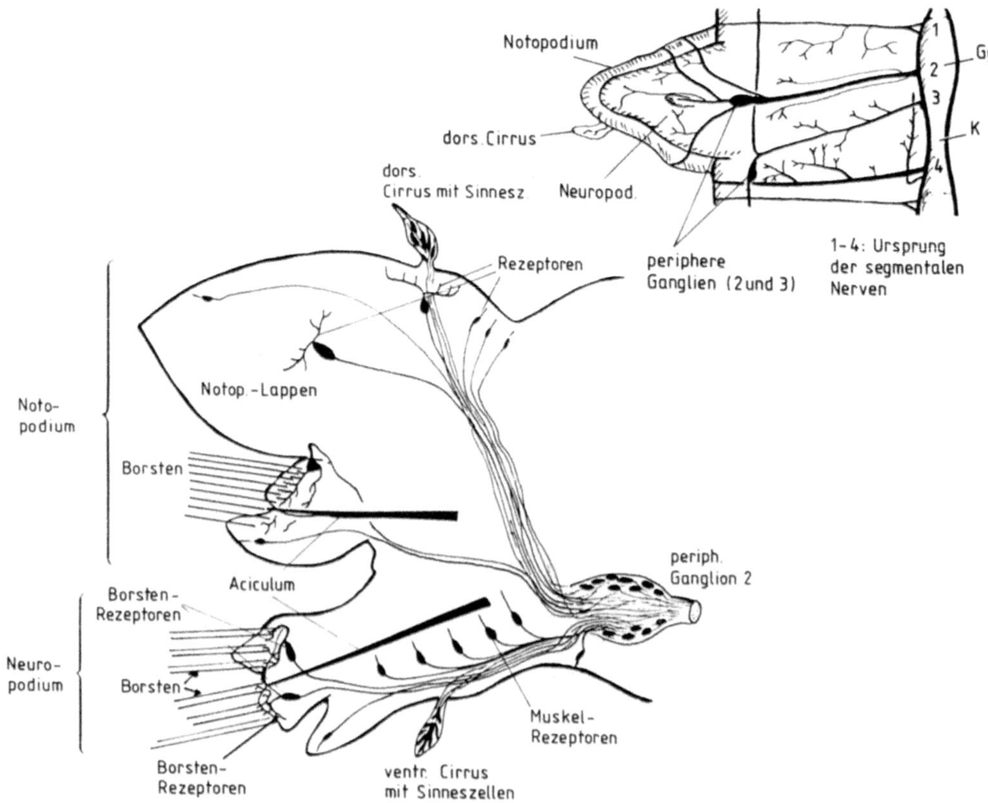

Bild 90

Parapodien und Hautmuskelschlauch bei Polychaeten

d) Die Innervation der Parapodien; oben: von ventral gesehen, vier Segmentalnerven aus dem zugehörigen Bauchmarkganglion ziehen in die Parapodienlappen, zwei periphere Ganglien enthalten zahlreiche sensorische Neurone; unten: Verteilung von Proprioceptoren an Muskeln und Borsten und peripheren Sinneszellen an der Oberfläche (verändert nach Dorsett, 1964; Fretter, 1978; Hauschild, 1969; Stolte, 1978; Mill, 1978; Storch, 1968; Smith, 1957)

Flüssigkeit im Kanalsystem ist die *Blutflüssigkeit (Hämolymphe)* und dient als übergeordnetes Regulationssystem zur Übertragung von Nahrungsstoffen, von Hormonen und von Atemgasen: Die Erfindung eines *Blutkreislaufes* ist gemacht. Die Entstehung des Röhrensystems erfolgt durch den Zusammenschluß von Zellen des Mesoderms, die durch Zellkontakte zusammengeschlossen werden und damit aus der Entwicklung der Coelomkammerung, der Körperwandung bzw. der Muskelwandung des Darms abgezogen werden. Dadurch ist es möglich, ein über die Segmentierung hinausgreifendes System zu schaffen. Die spezifischen Gefäßwandzellen weichen auseinander und bauen an einer Seite eine hochorganisierte Basalmembran auf, sind also polar differenziert. Ein Teil von ihnen kann sich durch die Anreicherung von Myofibrillen zu Gefäßwandmuskelzellen umformen. Das Röhrensystem ist im weiteren Sinne eine geordnete Erweiterung des Interzellularraums, und die innere Begrenzung der Gefäße wird durch die Basalmembran gebildet.

Das Gefäßsystem besteht aus funktionell sehr verschiedenen Abschnitten. Die übersegmentale Kontinuität wird durch mehrere große, in Längsrichtung des Tieres verlaufende Hauptgefäße gebildet (als wichtigste: Dorsalgefäß, Ventralgefäß, Subneuralgefäß, vgl. Bild 91). Peristaltische Kontraktionen der Muskelwände der Gefäße treiben die Blutflüssigkeit an; die Richtung der Zirkulation wird durch die Richtung der peristaltischen Wellen und durch Klappenapparate bzw. Ventile festgelegt (Bild 91b). Durch seitliche kontraktile Gefäßschlingen (Lateralgefäße) können bestimmte Abschnitte der Längsgefäße miteinander in Verbindung stehen. Drei segmental angeordnete Gefäßsysteme erhalten die Blutflüssigkeit aus den großen Längsstämmen. Das Gefäßsystem des Darmkanals (Bild 91a) besteht aus verzweigten Kanälen in der Darmwand und steht mit den ventralen und dorsalen Gefäßen in Verbindung. Flüssigkeit und die durch die Verdauungsprozesse aufgeschlossenen Nahrungsbestandteile werden von den Darmepithelzellen durch die Basalmembran der Gefäße in die Blutflüssigkeit eingebracht (Bild 91b). Die Gefäßwandzellen auf der Seite des Coeloms stellen keine geschlossene Schicht dar, sondern sind sogenannte *Podocyten* (Bild 91d), die mit Zellausläufern nur einen Teil der Basalmembran zudecken. Durch den höheren Druck in den großen Längsgefäßen wird daher Blutflüssigkeit durch die Basalmembran als ein Ultrafilter in die Coelomflüssigkeit gedrückt. Der Druck der Blutflüssigkeit liegt in den Gefäßen ohne peristaltische Kontraktionswelle zwischen 7 und 35 mm Hg, bei Kontraktionen dagegen zwischen 31 und 80 mm Hg. Es besteht also immer ein erheblicher Überdruck gegenüber der Coelomflüssigkeit. Das Druckgefälle zwischen Dorsal- und Ventralgefäß treibt auch die Blutflüssigkeit durch den segmentalen Darmkreislauf. Die auf der Darmwand sitzenden Zellen des Coelomepithels können als *Chloragogzellen* in ihrer Gesamtheit ein *Stoffwechselorgan* bilden. Durch ihre Lage erhalten sie als erste die mit der filtrierten Blutflüssigkeit austretenden Nahrungsstoffe. Das zweite segmental angeordnete Kreislaufsystem steht in Verbindung mit den Metanephridien (siehe unten) und wird durch die Ventroparietalgefäße gespeist. Es ist das zweite Glied in der Regulationskette für den Inhalt der Coelomkammern.

Sehr enge Röhren (Kapillaren) umschließen die Kanäle des Metanephridiums, so daß die dort rückresorbierte, von Exkretionsstoffen befreite Flüssigkeit in den Kreislauf zurückgebracht wird. Da diese Flüssigkeit ursprünglich Coelomflüssigkeit gewesen ist und die Kapillaren entsprechend ihrem geringen Querschnitt und der hohen Durchflußgeschwindigkeit einen niedrigen Druck aufweisen, wird im Bereich der Metanephridien die Blutflüssigkeit durch Coelomflüssigkeit ergänzt. Das dritte segmentale Kreislaufsystem führt von den Ventroparietalgefäßen in den Hautmuskelschlauch zur Versorgung der Muskelzellen und an die Körperoberfläche für den Gasstoffwechsel. In der Haut werden die Gefäßröhren wieder zu sehr kleinen Kapillaren aufgeteilt, so daß ein

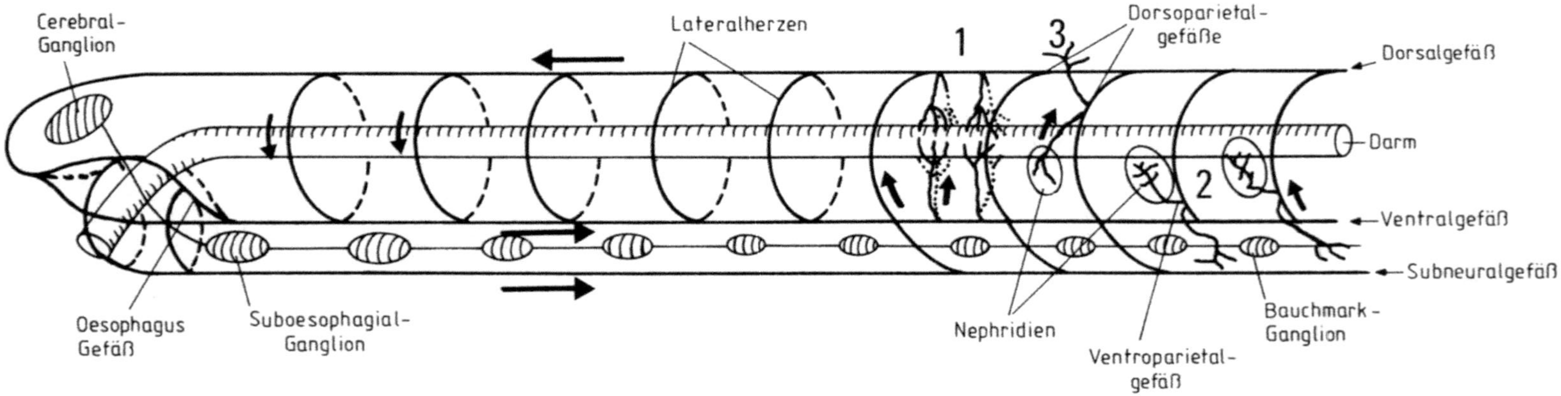

Bild 91 (Mehrfarbige Wiedergabe des Bildes s. S. 432)
Blutgefäßsystem der Anneliden (z. T. verändert nach Buchsbaum, 1948; Sherman, 1970)
a_1) Schema der Gefäße im vorderen Abschnitt des Körpers, wie sie bei Lumbricus oder Tubifex ausgebildet sind; 1 Darmkreislauf, 2 Nephridialkreislauf, 3 Haut- und Hautmuskelschlauchkreislauf;

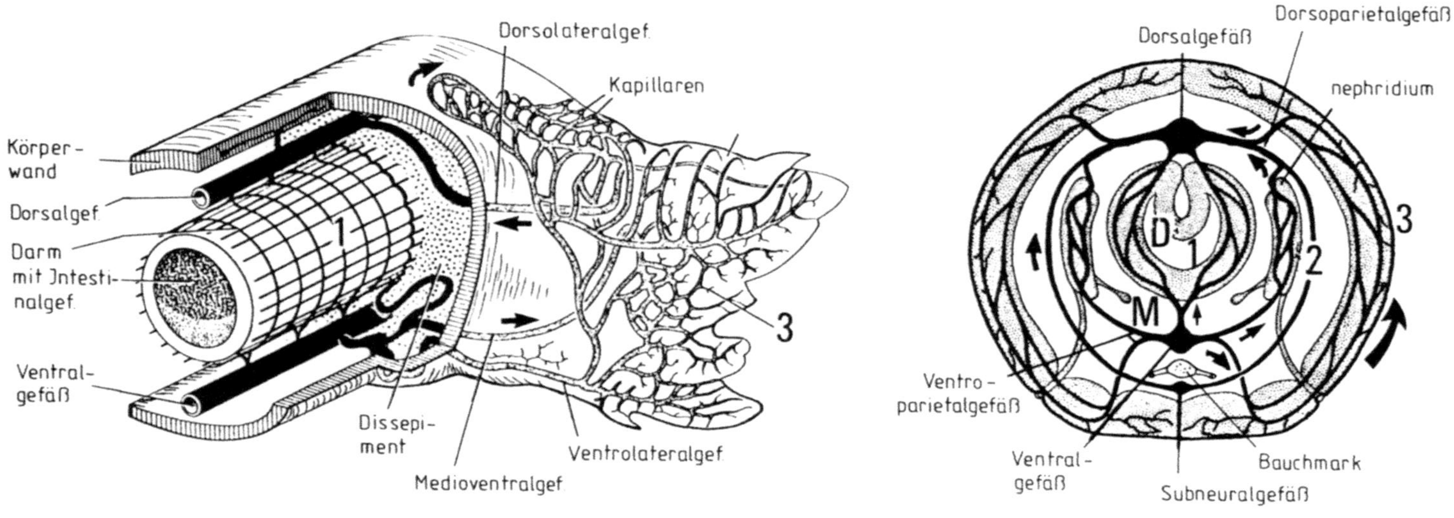

Bild 91 (Mehrfarbige Wiedergabe des Bildes s. S. 432)

a_2) Vergleich der Körperquerschnitte mit den Kreislaufsystemen eines Polychaeten mit Atmungskapillaren in der Haut der Parapodien (li.) und des Regenwurms (re.)

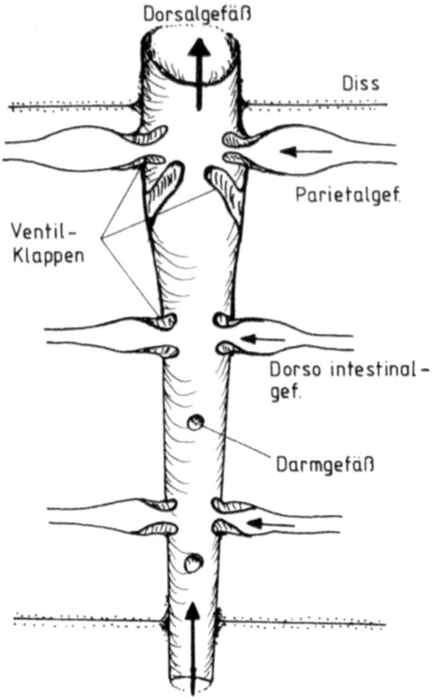

Bild 91

Blutgefäßsystem der Anneliden (z. T. verändert nach Buchsbaum, 1948; Sherman, 1970)

b) Dorsalgefäß mit Anordnung der Klappen (DISS = Dissepiment), daneben das System von dorsalen und ventralen Verschlußmuskelbündeln am Dorsalgefäß

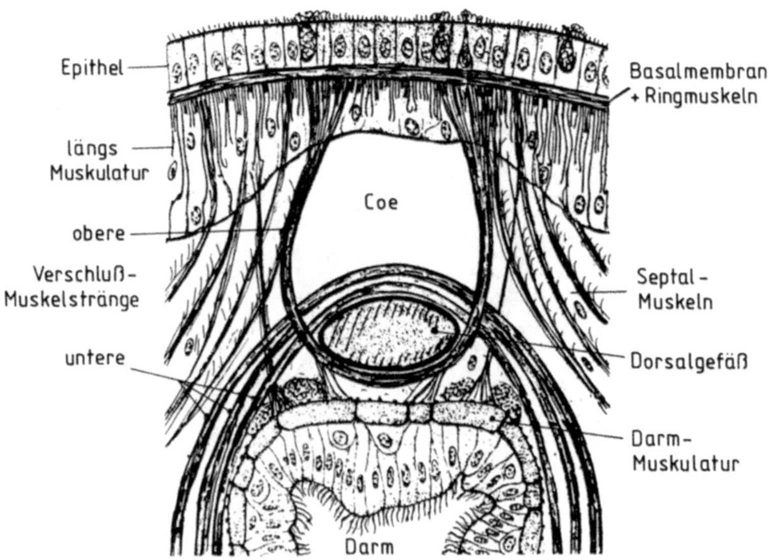

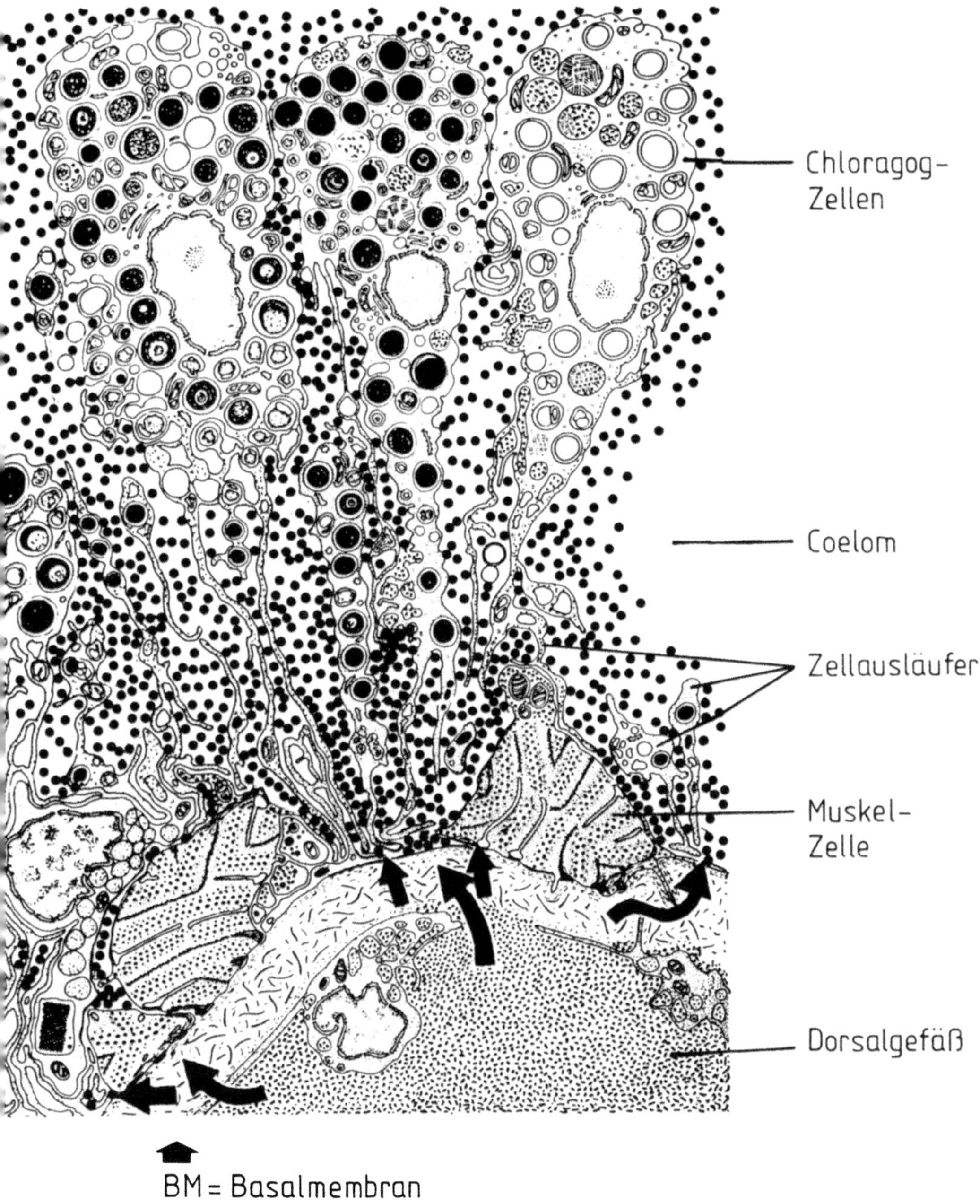

Bild 91 (Mehrfarbige Wiedergabe des Bildes s. S. 433)

Blutgefäßsystem der Anneliden

c) Ausschnitt aus der Wandung des Dorsalgefäßes, Pfeile geben den Stoffstrom durch die Lücken des Endothels und das Filter der Basalmembran in das Coelom an; Chloragogzellen mit typischen Einschlüssen, z. T. entstehendes Hämoglobin, sitzen mit stark verzweigten Zellfortsätzen der Basalmembran und den Muskelzellen des Gefäßes auf (verändert aus Lindner, 1965)

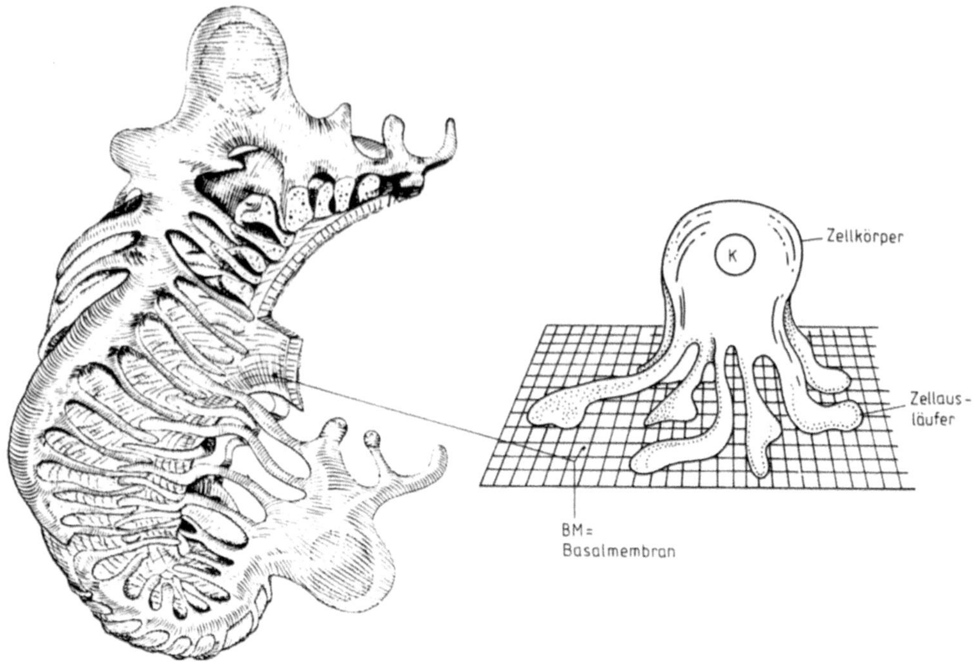

Bild 91

Blutgefäßsystem der Anneliden

d) Rekonstruktionsdarstellung von typischen Podocyten, die mit einander umgreifenden Zellausläufern auf der Basalmembran eines Blutgefäßes verankert sind und den Austritt gefilterter Flüssigkeit durch die Lücken ermöglichen

Teil der Epithelzellen unmittelbar an die Gefäße grenzt. Die oberflächliche Flüssigkeitsschicht in der Cuticula ermöglicht die ungestörte Diffusion von O_2 und CO_2. Die Parapodien der Polychaeten enthalten ein gut entwickeltes Kapillarnetz, so daß deren Hautflächen als Atmungsorgane benutzt werden können; bei manchen Formen werden dort auch Ausstülpungen der Haut als *Kiemen* entwickelt.

Die *Atmungspigmente* sind sehr große Proteine, die in ihrem aktiven Zentrum ein Metallatom (Eisen, Kupfer, Vanadium) als prostethische Gruppe in besonderer Form gebunden halten. Diese Metalle können reversibel Sauerstoff binden und unter bestimmten Bedingungen wieder abgeben. Bei den Anneliden kommt nur Eisen in den Atmungspigmenten vor. Nach der Bindung dieses Eisens und nach ihrer intrazellulären oder extrazellulären Verteilung lassen sich folgende *respiratorischen Proteine* unterscheiden:

1. Hämoglobine: Die Proteinmoleküle (Globine) tragen in einer spezifischen Faltung die prostethische Gruppe, das Häm: Ferro-Protoporphyrin IX (Bild 92). Ein Porphyrinring trägt das zweiwertige Eisen (Ferro) und wird über eine Aminosäure Histidin an einer bestimmten Position im Molekül des Globins festgehalten. Die Bindung des Eisens an die Aminosäure verhindert, daß das Eisenatom von der Zweiwertigkeit in den dreiwertigen Zustand (Ferri) übergeht und zusammen mit einem weiteren Häm den Sauerstoff irreversibel binden kann. Das zweiwertige Eisen kann O_2 reversibel binden: *oxygenierter Zustand*; bei einem geringen Sauerstoffpartialdruck im Milieu (siehe unten) wird der Sauerstoff vom Eisenatom an die Umgebung abgegeben: *deoxy-*

genierter Zustand. Anstelle des O_2 können dann zwei Protonen (H^+) reversibel gebunden werden. Hämoglobine tragen also alle die Hämgruppe, nur die Aminosäuresequenz der Proteine wird abgewandelt, doch bleibt die Zone um das aktive Zentrum unverändert. Hämoglobine sind sehr weit verbreitet; bei den Wirbeltieren sind sie die einzigen respiratorischen Proteine für den Blutkreislauf, bei wirbellosen Tieren sind sie bei den Anneliden, bei zahlreichen Gruppen der Arthropoden, bei Nematoden und bei den kleinen Tierstämmen vorhanden. Auch bei Protozoen sollen Hämoglobine als Sauerstoffspeicher im Cytoplasma vorkommen.

Die Hämoglobine können nach ihrer Synthese intrazellulär bleiben. Dort liegen sie in der Regel als einfaches Molekül (monomer) vor oder sind nur zu zwei oder vier Molekülen zu einer Wirkungsgruppe (dimer, tetramer) zusammengeschlossen. Dienen Zellen zur Sauerstoffübertragung im Blutkreislauf oder in Coelomflüssigkeiten, so bezeichnet man die Zellen als *Blutkörperchen (Erythrocyten, Coelomocyten)*, und das respiratorische Protein wird weiter als Hämoglobin bezeichnet. Ist die Funktion aber auf die Speicherung von Sauerstoff für die Zelle selbst beschränkt, so liegt ein *Myoglobin* vor. Vor allem Muskelzellen, aber auch die Zellen des Darms und der Coelomwandung können große Mengen an Myoglobinen als Sauerstoffspeicher enthalten.

Werden nach der Synthese die Hämoglobine aus den Zellen durch Exocytose in die Coelomflüssigkeiten bzw. die Hämolymphe abgegeben, die respiratorischen Atmungsproteine also extrazellulär vorkommen, so handelt es sich um *Erythrocruorine.* Die Globinmoleküle vereinigen sich zu riesigen Molekülkomplexen (Bild 92, Molekülgewicht bis zu 3 Mill.) und bekommen besondere Eigenschaften. Durch ihre Größe können sie nicht durch die Filter der Basalmembran hindurchtreten, gehen also nicht verloren und werden auch von den Einrichtungen der Exkretionsorgane zurückgehalten. Sie können bis zu 170 Hämgruppen tragen. Die Proteinmoleküle als Untereinheiten können verschiedene Aminosäuresequenzen haben, und sie werden in spezifischen Zellen (z.B. Chloragogzellen bei Oligochaeten) synthetisiert und dann durch Exocytose ausgeschleust. Das Molekulargewicht der einzelnen Moleküle liegt zwischen 13000 und 30000.

Ist das Porphyrinmolekül der Hämgruppe durch eine Formaldehydgruppe am Ring A modifiziert, so ist die Farbe des Häms grün, und es liegt *Chlorocruorin* vor. Diese Form wird nur extrazellulär gebraucht und färbt die Hämolymphe grünlich. Die Prozesse der reversiblen Sauerstoffbindung werden bei der Abwandlung des Porphyrinringes nicht betroffen.

2. Hämerythrine: In diesen respiratorischen Proteinen ist das Eisen direkt an Aminosäuren gebunden (Bild 92), sie besitzen also keine Hämgruppe. Je zwei Proteinmoleküle bilden eine Funktionseinheit, da die Eisenatome bei der Bindung des Sauerstoffs aus dem zweiwertigen in den dreiwertigen Zustand übergehen. Jeweils zwei Eisenatome binden also nur ein Molekül O_2. Die Reversibilität dieses Vorgangs ist durch den Zustand des Sauerstoffs in Form seines Peroxids O_2^{2-} gegeben. Lage und Funktion des Eisens als prostethische Gruppe ist also bei den Hämerythrinen anders als bei den Hämoglobinen. Die Wirkungseinheit besteht immer aus zwei direkt gebundenen Eisenatomen.

Die intrazellulären Hämerythrine bleiben in der monomeren Form und sind die *Myohämerythrine.* Sie dienen als Sauerstoffspeicher in der Zelle. Die extrazellulären Hämerythrine können in der Coelomflüssigkeit und in der Hämolymphe in verschiedener Form vorliegen und werden zumeist aus acht Untereinheiten (octamer) zusammengesetzt. Im deoxygenierten Zustand sind sie farblos, in oxygeniertem Zustand violett bis rot. Die Untereinheiten haben ein Molekulargewicht von etwa 13000. Das Atmungspigment kann (nicht bei den Anneliden) für den Sauerstofftransport in Erythrozyten eingeschlossen sein.

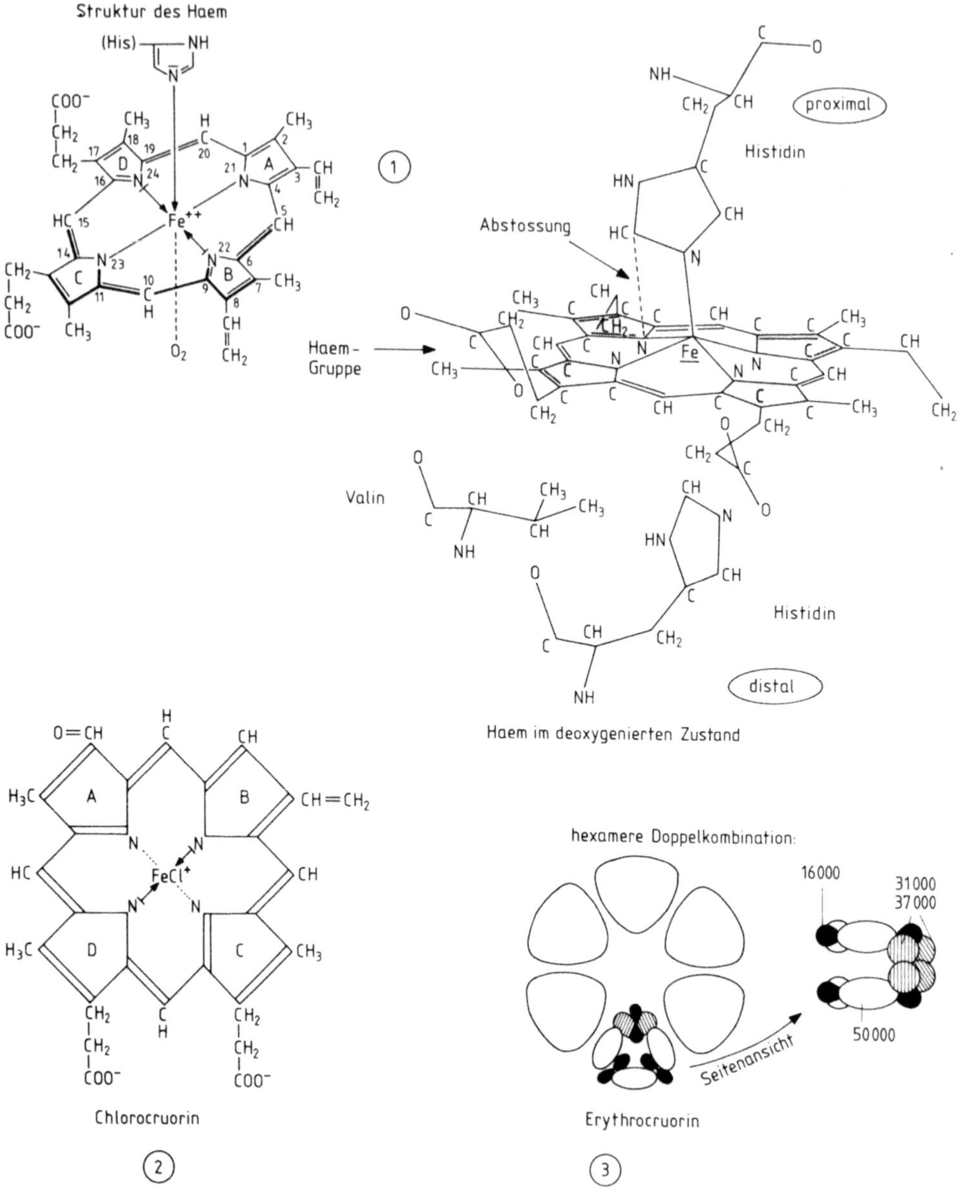

Bild 92

1 Struktur und Bezeichnung der Atome und Ringe im Häm-Molekül = Ferro-Protoporphyrin. Das Skelett ist das Ringsystem des Porphyrins (A–D); re.: deoxygeniertes Häm, das Fe-Atom hebt sich über den Ring, wird aber durch einen Teil des Histidin-Moleküls an der weiteren Bewegung gehindert. Die Aminosäuren Valin und distales Histidin sind nicht am Häm gebunden, nur das proximale Histidin hält den Porphyrinring

2 das abgewandelte Häm des Chlorocruorins

3 Struktur der Zusammenlagerung von Erythrocruorin-Untereinheiten zu großen plattenförmigen Komplexen

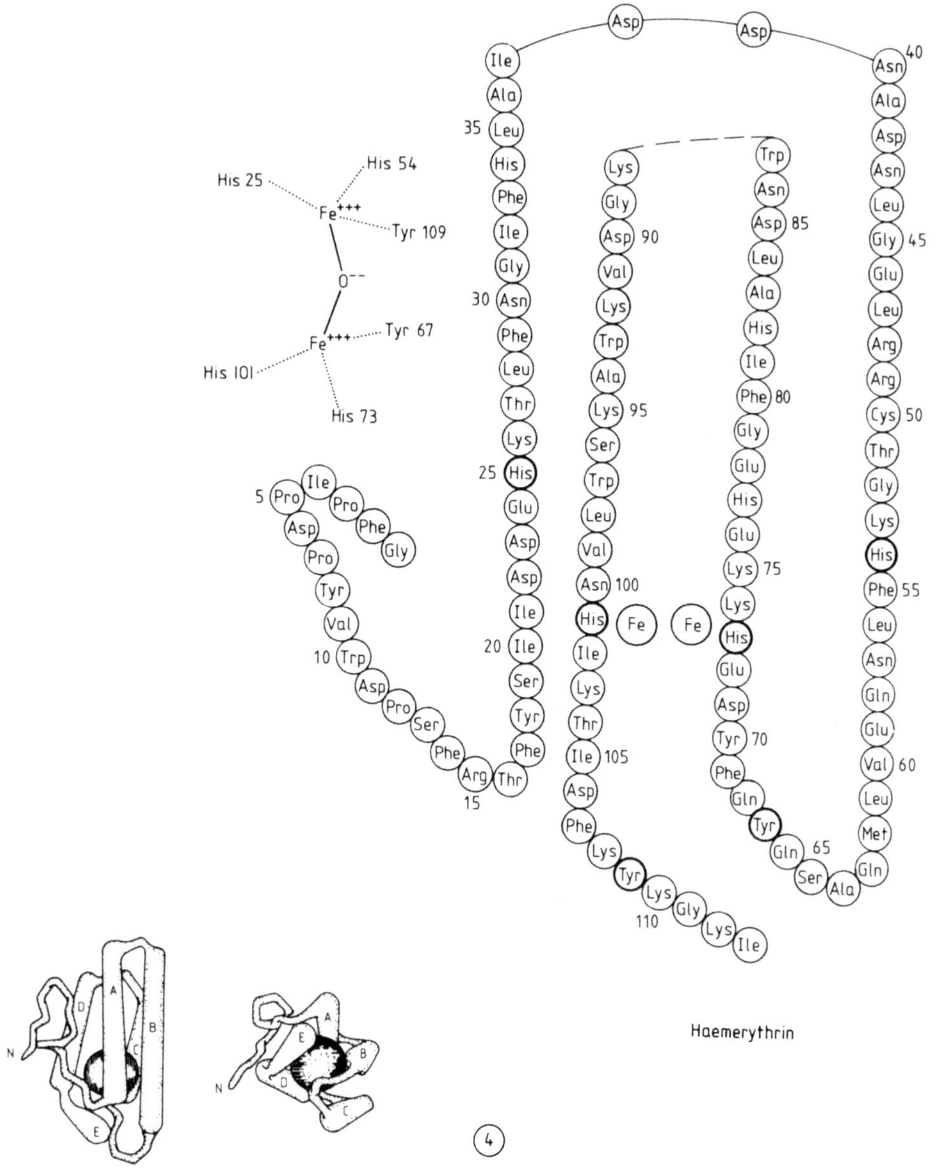

Bild 92

4 Struktur von Hämerythrin: zwei Eisenatome werden durch je drei Aminosäuren (oben li) in einem Proteinmolekül direkt gehalten, die in der Sequenz der Aminosäuren durch Markierung gekennzeichnet sind; li unten das Schema der Faltung in der Tertiärstruktur seitlich und von vorne, die zentralen Eisenatome als dunkle Kugel dargestellt. (Kombiniert und verändert nach C. M. Chung und Ellerton, 1979; I. M. Klotz et al., 1976; M. F. Perutz, 1978)

Der Gasstoffwechsel, also der Austausch O_2 gegen CO_2, läuft folgendermaßen ab. Drei Systeme sind bei den Anneliden vorhanden:
- die intrazellulären Atmungsproteine (Myoglobin oder Myohämerythrin),
- die in der Hämolymphe vorhandenen Atmungsproteine und
- die in der Coelomflüssigkeit vorhandenen Atmungsproteine.

Die Sauerstoffaffinitäten sind sehr verschieden und spezifisch je nach dem Aufbau der Moleküle. Die P_{50}-Werte, d.h. der Wert für den Sauerstoffpartialdruck, bei dem 50 % des Atmungspigments mit Sauerstoff beladen sind, liegen bei 15° und pH 7 bei 2,5 mm bis 30 mm Hg. Die intrazellulären Monomerenformen der respiratorischen Atmungsproteine haben eine noch höhere Sauerstoffaffinität (P_{50} bei 0,8 mm Hg). Ein kleiner P_{50}-Wert bedeutet also, daß schon bei Vorliegen eines geringen Sauerstoffangebots eine Halbsättigung erreicht wird, während hohe P_{50}-Werte einen hohen Sauerstoffpartialdruck voraussetzen, damit die Atmungsproteine abgesättigt werden.

Der Kreislauf der Hämolymphe in der Haut bzw. den Kiemen bringt die Atmungspigmente in die Nähe der Zone mit hohem Sauerstoffpartialdruck der Umgebung. Als Partialdruck eines Gases wird der Druck angegeben, der entsprechend dem prozentualen Anteil am Gesamtdruck eingenommen wird. In der normalen atmosphärischen Luft bei 760 mm Hg liegt der Partialdruck für Sauerstoff bei 155 mm Hg. Die Löslichkeit von O_2 unter diesem Partialdruck in Süßwasser beträgt bei 10° 0,8 % (d.h. 8 ml O_2/l Wasser), in normalem Seewasser dagegen nur 0,63 % (6,35 ml/l Wasser). Die Aufnahme des Sauerstoffs durch die Gewebe geschieht allein durch Diffusion, wobei sich die Gase in die Richtung des inneren Partialdrucks bewegen.

Die Geschwindigkeit des Transports hängt unter anderem direkt von der Fläche ab, durch welche die Diffusion geschehen kann. Da nun die Körperoberfläche recht begrenzt ist, wenn nicht besondere Atmungsorgane vorliegen, wird durch den Abtransport von Sauerstoff in den Atmungspigmenten eine erleichterte Diffusion geschaffen: durch die ungestörte Wasseroberfläche der Cuticula kann der Sauerstoff schneller nach innen diffundieren, weil der Partialdruck innerhalb des Gewebes durch den Abtransport sehr niedrig gehalten wird. Mit dem Kreislauf der Hämolymphe wird also nicht nur ein Sauerstofftransport erreicht, sondern auch eine gesteigerte Aufnahme des Sauerstoffs aus der Umgebung. Entsprechend der verschiedenen Sauerstoffaffinitäten geben die Atmungsproteine den Sauerstoff an die intrazellulären Myoglobine des Hautmuskelschlauchs bevorzugt weiter. Durch die periphere Lage der Muskelzellen werden sie also in der Sauerstoffversorgung besonders begünstigt. Das Myoglobin speichert den Sauerstoff und kann ihn im Bedarfsfall in der Zelle abgeben (siehe unten). Weiter wird Sauerstoff an die Zellen der Darmwandung abgegeben und schließlich an die Atmungsproteine in der Coelomflüssigkeit. Sie bilden mit ihren riesigen Komplexen einen Sauerstoffspeicher, von dem aus eine langsame Abgabe an die Gewebe erfolgen kann. Das Kreislauf- und Flüssigkeitssystem der Anneliden ist alles andere als primitiv.

Aus der Zellatmung entsteht CO_2 und bei starker Muskeltätigkeit Lactat. Beide Endprodukte tragen zur Sauerstoffübertragung bei. Die meisten der Atmungsproteine zeigen nämlich einen sogenannten Bohr-Effekt: die Erniedrigung des pH-Wertes, d.h. seine Verschiebung in den sauren Bereich und die Vermehrung der Protonen (H^+) fördern die Abgabe des Sauerstoffs. Die dem aktiven Zentrum nahestehenden Aminosäuren binden Protonen, und durch die Ladungsänderungen wird die Abgabe des Sauerstoffs gefördert. Das entstehende CO_2 reagiert spontan mit Wasser in folgender Weise: $CO_2 + H_2O \rightleftharpoons HCO_3^- + H^+$. Der Vorgang der Vereinigung zu Bikarbonat wird durch das Enzym Carboanhydrase in der Geschwindigkeit vertausendfacht. Die entstandenen Protonen fördern also die Sauerstoffabgabe, und das Bikarbonat ist in den Flüssigkeiten leicht löslich und wird abtransportiert. Außerdem wird CO_2 an den endständigen Aminosäuren der Atmungsproteine locker gebunden und damit ebenfalls abtransportiert. Bei der oben erwähnten Entstehung von Lactat in aktiven Muskelzellen tritt der entsprechende Effekt auf: das Lactat dissoziiert und gibt Protonen ab, die ihrerseits die Abgabe des Sauerstoffs aus den Atmungspigmenten beschleunigen. So wird durch das eigene Stoffwechselprodukt die Muskulatur für eine Zeitlang besser mit Sauerstoff versorgt. Gelangen die Atmungsproteine wieder an die Körperoberfläche mit hohem Sauerstoffpartialdruck, so werden unter Sauerstoffaufnahme die Protonen verdrängt. Dadurch entsteht ein Überschuß an Protonen in der Flüssigkeit, und die Reaktion wird in Richtung auf die Freisetzung von CO_2 umgekehrt. Da die CO_2-Konzentration in der Luft sehr viel geringer ist als die des Sauerstoffs bzw. die Löslichkeit von CO_2 im Wasser etwa 30-mal größer ist als die Löslichkeit von Sauerstoff, wird das CO_2 sehr rasch von der Körperoberfläche ausdiffundieren.

Konstruktion und Verteilung der respiratorischen Proteine geben zahllose Möglichkeiten zur Anpassung an bestimmte Umweltbedingungen. Die großen Sauerstoffspeicher der Coelomflüssigkeiten können die Tiere in den Stand setzen, z.B. in abgeschlossenen Wohnröhren der Brandungszone für längere Zeit ohne Frischwasserzufuhr auszukommen. Die Variationsmöglichkeiten der verschiedenen Proteinmoleküle ergeben verschiedene Polymerisationszustände und verschiedene Sauerstoffaffinitäten der Pigmente. Damit können Weitergabeketten für den Sauerstoff erreicht werden, die sehr genau auf den Sauerstoffpartialdruck der Umgebung angepaßt sind. Bei der Entstehung eines Blutkreislaufs sind daher drei Komplexe in einer Konstruktionseinheit zusammengefaßt worden: die Verschmelzung von Interzellularräumen und ihre Isolierung gegen die übrigen Gewebelücken als ein weit verzweigtes Röhrensystem; die Herstellung einer besonderen Blutflüssigkeit, die zu einer Zirkulation gebracht wird; und die extrazelluläre Ausscheidung von speziellen respiratorischen Proteinen, die ursprünglich intrazellulär gewesen sind. Diese Neuerwerbungen sind von der Mehrzahl der Tierstämme übernommen worden, und nur die Insekten haben einen anderen Versuch gemacht, den Gasaustausch durch eine direkte Luftzufuhr in die Nähe der Gewebe zu lösen.

Aus dem oben Gesagten ergibt sich, daß der pH-Wert der Blutflüssigkeit und der Coelomflüssigkeit kontrolliert werden muß, also eine Möglichkeit zur Pufferung bestehen muß. Tatsächlich scheinen spezifische Zellen oder sogar Drüsen, wie z.B. die Kalkdrüse beim Regenwurm im Bereich des vorderen Schlundes (Oesophagus), bestimmte Salze anzureichern und für eine Pufferung zu verwenden. Bei der Kalkdrüse werden Ca-Ionen gespeichert und bei Bedarf an die Blutflüssigkeit abgegeben, so daß überschüssiges HCO_3^- zu Ca-Karbonat umgesetzt werden kann. Tatsächlich findet sich ein großer Teil der Ca-Ionen in der Hämolymphe an Proteine gebunden. Genauere Kenntnisse über diese Mechanismen sind aber nicht vorhanden.

Die Zirkulation der Hämolymphe wird durch die kontraktionsfähigen Abschnitte der Gefäße in Gang gehalten. Die Muskelzellen der Gefäßwandung treiben durch peristaltische Kontraktionswellen die Hämolymphe in eine bestimmte Richtung; und die kontraktionsfähigen Abschnitte werden oft als Herzen (z.B. Lateral-Herzen) bezeichnet. Von röhrenförmigen echten Herzen unterscheiden sie sich aber dadurch, daß die Muskelzellen nicht zu Gruppen durch elektrische Koppelung zusammengefaßt sind und daß ferner keine muskulären Kammern gebildet werden, deren Flüssigkeitsvolumen durch die Kontraktion ausgepreßt wird. Die Auslösung der Kontraktionswellen und die Koordination der Kontraktionen von seitlich angeschlossenen Gefäßen wird durch wenige Motoneuronen in den Segmentalganglien durchgeführt. Sie innervieren ipsilateral die Muskelzellen der Gefäßwandungen und bauen in rhythmischer Folge Impulse auf, die an die Muskelzellen weitergegeben werden. Sie selbst sind aber nicht die Pace-maker, sondern sind sogenannte tonische Neurone, d.h. Nervenzellen, die Dauerfolgen von Impulsen aufbauen. Sie stehen unter dem Einfluß einer Kette von Interneuronen, mit denen sie durch inhibitorische Synapsen verbunden sind. Ihre spontane Daueraktivität wird also durch die Hemmung der Interneurone abgeblockt und nur in rhythmischen Abständen freigegeben. Da die Interneurone untereinander ebenfalls in Verbindung stehen und durch andere Neurone über die Aktivität der Muskulatur bzw. von den Informationen aus den Sinnesorganen wahrscheinlich beeinflußt werden, gehen die rhythmischen Kontraktionswellen und ihre Veränderungen auf die Erregungen dieser spezifischen Interneurone zurück. Mit dieser Methode der Kontrolle der Gefäßkontraktionen ist ein ganz wichtiges Prinzip bei der Tätigkeit von Neuronenketten im zentralen Nervensystem eingeführt worden. Das alte und einfache Pace-maker-System reicht nicht mehr aus und wird durch eine Art Regelkreis ersetzt. Das motorische Endglied stellen Neurone mit spontaner Dauererregung dar. Ihre Erregungen werden aber durch ein inhibitorisches Neuronensystem blockiert und nur für kurze Zeit jeweils freigegeben. Die einzelnen Zwischenneurone der Kette können ihre spontanen Erregungen nicht zufällig aufbauen, sondern sind durch die Verknüpfung mit excitatorischen und inhibitorischen Synapsen in einer Reihenfolge geschaltet. Dadurch kommt die rhythmische Erregungswelle zustande. Die Koordination der rechten und linken Seiten wird durch die synaptische Verbindung der rechten und linken Interneurone innerhalb eines Ganglions erreicht. Das Interessante an diesen Ketten ist, daß sie eine Art Motor enthalten. Zwar bauen die Interneurone spontan ihre Impulse auf, gleichen also den Pacemakern. Auf jeder Seite ist jedoch ein Neuronenpaar eingebaut, das wiederum tonische Eigenschaften hat, also Dauerimpulse spontan aufbaut. Durch die inhibitorischen Synapsen der benachbarten Interneurone jedoch wird auch diese Dauererregung in eine rhythmische Erregung zerhackt. Wenn also die rhythmischen Impulse in den Interneuronen erlöschen sollten, wird durch die Dauererregung dieser spezifischen Neurone die nachfolgende Neuronenkette in Gang gehalten. Es werden also Dauererregungen (spike-trains) an zwei Stellen durch die inhibitorischen Synapsen und die rhythmische Impulsfolge zerhackt: bei den Motoneuronen und innerhalb der Interneuronenkette.

Der Füllungszustand der Gefäße, d.h. *der Blutdruck*, wird nicht direkt wie bei den höheren Organismen, sondern auf einem relativ umständlichen und langsamen Weg über den Austausch von Flüssigkeiten geregelt. Die Bedeutung des Blutdrucks für den Kreislauf der Flüssigkeiten in den verschiedenen Systemen wurde oben dargestellt. Der Füllungszustand der Gefäße hängt von der Zufuhr der Flüssigkeit, dem Austausch mit der Coelomflüssigkeit und deren Abfluß durch die Exkretionsorgane (siehe unten) ab. Zwei wichtige Voraussetzungen gibt es bei der Regulation des Blutdruckes: die Anneliden können relativ große Schwankungen der Füllung des Coeloms ertragen, da durch die Anordnung der Muskelzellen in den Bindegewebsfasernetzen eine elastische Körperwandung mit einer Dehnungsfähigkeit vorliegt; jedoch kann der osmotische Druck der Coelomflüssigkeit, d.h. die Konzentration osmotisch wirksamer Stoffe bei den Flüssigkeitsschwankungen nicht konstant gehalten werden. Besonders bei den landlebenden Oligochaeten ist die Regulation der Wasserabgabe von lebenswichtiger Bedeutung. Beim Regenwurm (Lumbricus) ist ein Regelmechanismus unter Beteiligung von Propriozeptoren, Neuronen des Ober- und Unterschlundganglions und von neurohormonellen Zellen gebildet worden. Zahlreiche enge Gefäßschlingen (Kapillaren) dringen in das Nervengewebe des Oberschlundganglions vor und werden von Sinneszellen begleitet, die am Ende Stereocilien tragen. Durch die elastischen Eigenschaften der Basalmembran werden die Gefäße bei steigendem Blutdruck erweitert und drücken auf die Rezeptoren der Sinneszellen. Sinkt der Blutdruck, so schrumpfen die kapillaren Gefäße, und der Druck läßt nach. Die Impulse der Sinneszellen, die also als *Propriozeptoren* für die Füllung der Blutgefäße funktionieren, werden wahrscheinlich zu mehreren Nervenzentren im Oberschlundganglion weitergegeben, dort laufen auch die Bahnen von den peripheren Rezeptoren ein. Ein Teil dieser Kerne steht mit Neuronen des Unterschlundganglions in Verbindung. Als Transmittersubstanzen sind biogene Amine und Peptide (siehe S. 174) nachgewiesen worden. Beim Nachlassen des Füllungsdrucks der Gefäße werden von Nervenzellen aus drei Zentren Neurohormone an die Hämolymphe abgegeben. Durch die Zirkulation werden die Wirkstoffe durch den ganzen Körper getragen und an den für sie bestimmten *Zielzellen (target cells)* gebunden und ihre Wirkung ausüben. Obwohl es sich wahrscheinlich um zwei verschiedene Neurohormone handelt, ist nur die Wirkung von einem bekannt: sie setzt an den Zellen der Kanalsysteme der Exkretionsorgane an, um eine verstärkte Rückresorption von Wasser auszulösen. Dadurch wird in etwa 30 bis 60 Minuten der Wasserverlust stark gesenkt. Das andere Hormon beeinflußt möglicherweise die Zellen des Darms und der Haut, um z.B. durch Herabsetzung der Schleimsekretion aus den Drüsenzellen einen zusätzlichen Wasserverlust abzublocken.

Zum ersten Mal können also bei den Anneliden die Neurohormone als Wirkstoffe durch das Kreislaufsystem an alle Zellen des Körpers weitergegeben und nicht mehr lokal durch Axone direkt an den Wirkungsort gebracht werden. Zwei sehr wichtige Wirkungsprinzipien werden dabei verfolgt: einmal die direkte Abgabe im Bereich der sogenannten *Neurohämalorgane* an eine zirkulierende Gewebeflüssigkeit; zum anderen müssen die Zellen, die spezifisch auf das Neurohormon reagieren sollen, mit entsprechenden Rezeptoren der Membran versehen sein. Mit anderen Worten: extrazelluläre Flüssigkeitssysteme werden zu Trägern von Hormonen, Zellen ohne spezifische Rezeptoren können auf die zirkulierenden Wirkstoffe nicht reagieren. Der Ort der Synthese und der Ausschüttung der Hormone kann also weit vom Ort der eigentlichen Wirkung im Körper entfernt liegen. Damit ist der Grundsatz der *endokrinen Drüsen* erfunden worden, d.h. jener Drüsen, die ihre Produkte nicht durch Ausführungsgänge nach außen abführen, sondern direkt an die Blutbahn abgeben. Da die Anneliden aber solche Drüsen noch nicht besitzen, ist eine sehr große Zahl von neurohormonellen Zellen vorhanden, deren Wirkstoffe sehr viele Lebenserscheinungen (siehe unten) zyklisch regulieren. Man kann die zentralen neurohormonellen Kerne im Ober- und Unterschlundganglien von den peripheren neurohormonellen Zellen der Segmentalganglien unterscheiden.

Die Neurohämalorgane bestehen aus einzelnen Axonen oder Bündeln von Axonen (Bahnen) von neurohormonellen Zellen, die an der Basalmembran von Gefäßen oder an Aussackungen von Coelomräumen enden. Die Synthese der Neurohormone erfolgt also im Nervenzellkörper, die Produkte werden in Form von Granula durch die Axone transportiert und am Ende des Axons auf Anreize durch Exocytose ausgeschüttet. Durch die Basalmembran werden die Wirkungsstoffe in die Hämolymphe oder Coelomflüssigkeit diffundieren und von dort verteilt werden. Je nach der physiologischen Lage können große Mengen von Hormonen in den Axonen gespeichert sein, die Neurohämalorgane sind also nicht Orte der Synthese, sondern der Speicherung und Abgabe von Hormonen. Dieses Prinzip wird bei allen wirbellosen Tieren und zum Teil auch bei den Wirbeltieren beibehalten. Bild 93 zeigt die komplizierte Verteilung von neurohormonellen Zellen im Oberschlundganglion und die neurohämalen Organe.

Für die Exkretion und Osmoregulation sind neue Organe: die *Metanephridien* (Bild 94) entwickelt worden, die segmental angelegt werden. Es sind völlig neue Organe, welche sich als komplizierte Kanalsysteme in die Coelomräume öffnen. Sie entstehen während des embryonalen Wachstums und der Segmentierung des Körpers auf jeder Seite eines Segments aus einer einzigen Zelle, dem Nephridioblasten (Bild 94a). Sie ge-

Bild 93a

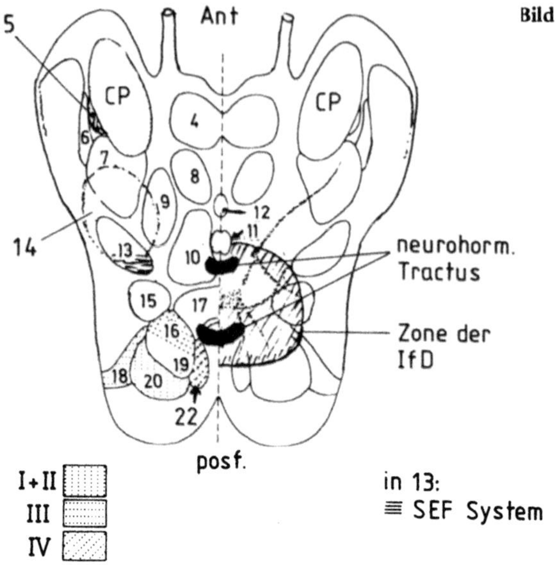

Bild 93b

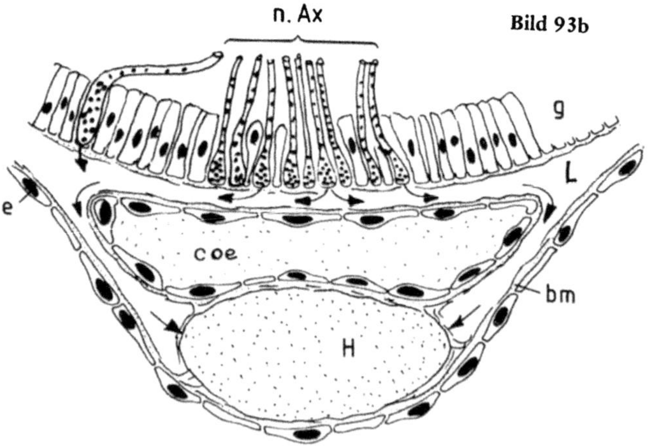

Bild 93

Zentren neurohormoneller Zellen und Schema eines Neurohämalorgans bei Anneliden (vgl. mit Bild 60)

a) Cerebralganglion eines Polychaeten (Nereis); in den Kerngebieten 4–22 finden sich eingestreute neurohormonelle Neurone, besonders dicht in den Kernen 16, 18, 19, 20 und 21. Diese Neurone können nach Größe und Art der Hormongranula in Typen (I–IV) differenziert werden. SEF-Neurone sind sensorische Neurone im Kerngebiet 13, die mit einem Dendriten in die Haut und mit dem neurohormonellen Axon in das Neuropilem reichen. Die zu zwei Tractus (schwarz) zusammengelagerten Axone eines Teiles der neurohormonellen Zellen reichen an die sog. Infracerebrale Drüse (IfD) unterhalb des Ganglions (vgl. Bild 93b).

b) Neurohaemales Organ: die unter dem Cerebralganglion liegende sog. Infracerebrale Drüse mit zahlreichen Axonenden

CP	Pilzkörper (Corporea pedunculata)	H	Blutgefäß mit Hämolymphe
e	Epithel der Drüsenkapsel	IfD	Infracerebrale Drüse
bm	Basalmembran	L	Lakune des Gewebes
coe	Coelom des Prostomiums	n.Ax	neurohormonelle Axone (vgl. Bild 93a der Tractus)
g	Gliazellen als Stützzellen am Boden des Ganglions		

(verändert nach Golding, 1977)

Bild 94a

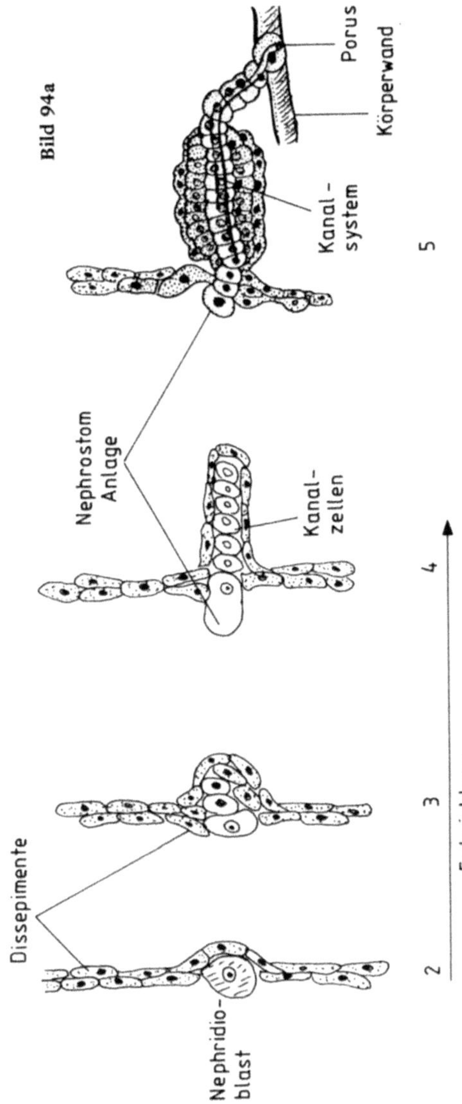

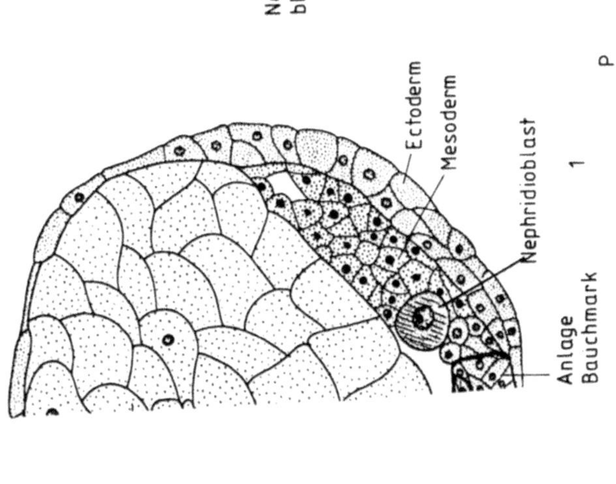

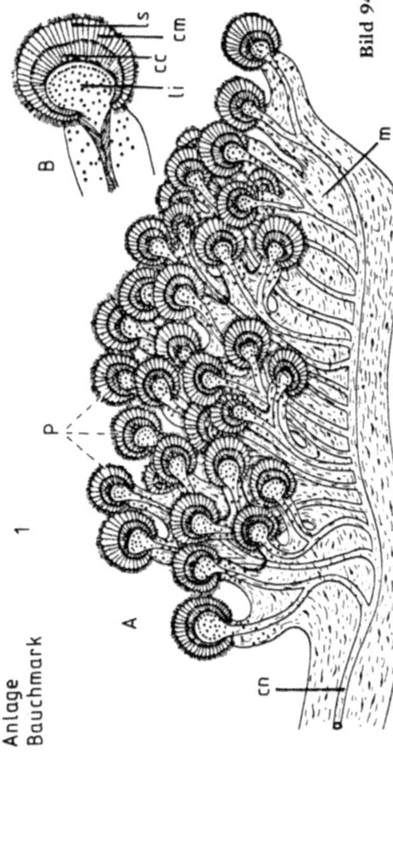

Bild 94b

cm mittlere Bandzellen
cn Kanal
m Mesoderm
P Wimpertrichter

Bild 94
Entwicklung und Aufbau von Metanephridien

a) Entwicklung des Nephridioblasten (1 und 2) im Dissepiment zur embryonalen Anlage des Metanephridialkanals (4 und 5) und Induktion im Mesoderm zur Bildung der umhüllenden Kapillarzone (5) bei Tubifex (aus Anderson, 1972)

b) durch Teilungsvorgänge entstandene multiple Metanephridien bei Thamnodrilus,
A) der gesamte Komplex auf dem Dissepiment mit ca. 35 Trichtern,
B) Wimpertrichter des Nephrostoms mit innerer Lippenzelle (li), aufsitzendem Coelomocyt (cc) und äußeren Randzellen (s) mit Wimperreihen (aus Bahl, 1947)

Schema des Nephridiums von Lumbricus:
ak, Anfangskanal; amp. Ampulle; drk, Drüsenkanal; flk, Flimmerkanal; hbl. Harnblase; P, Exkretionsporus; schlk, Schleifenkanal; stk, Stäbchenkanal; tr, Trichterapparat; Kw, Körperwand; O–A, Zone des Austauschs und Gegenstrom

A	Anlagerungen
d. Segm.	distales Segment
p. Segm.	proximales Segment
wsk	Wimpernschleifenkanal

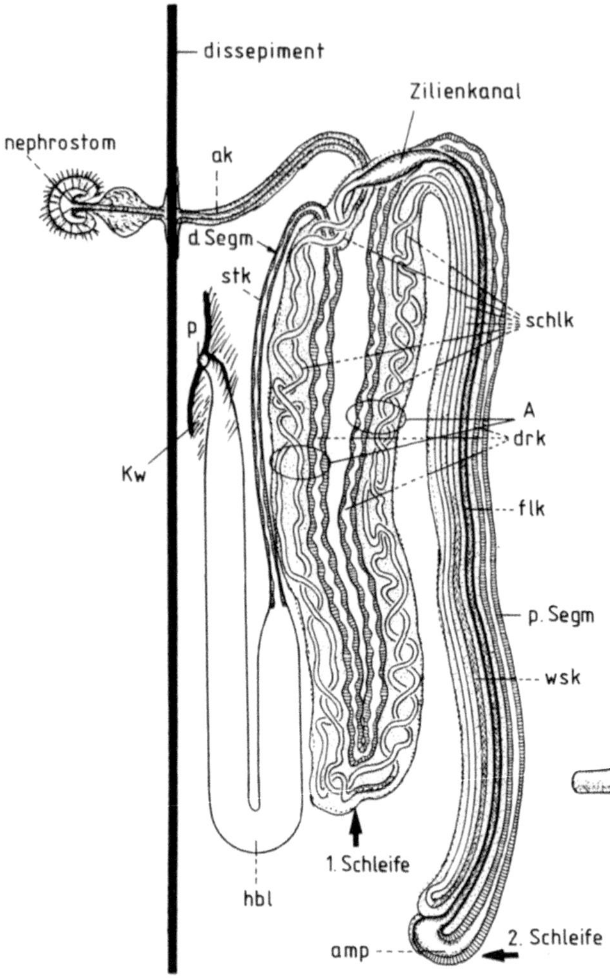

Bild 94c$_1$

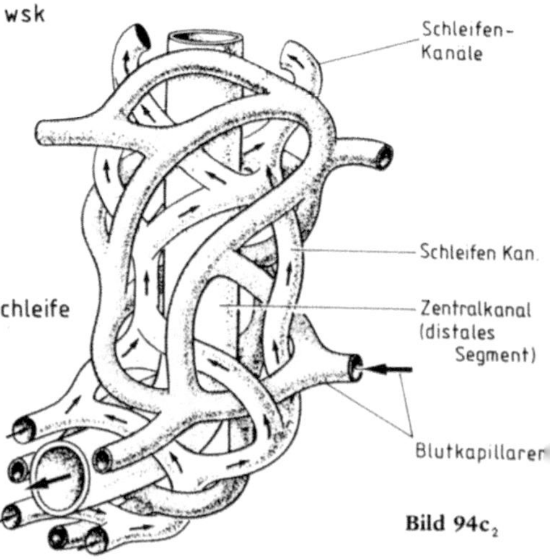

Bild 94c$_2$

Bild 94

Entwicklung und Aufbau von Metanephridien

c$_1$) Schema des Metanephridiums mit Nephrostom (= Nephridiostom), Dissepiment und den verschiedenen Kanalabschnitten beim Regenwurm; die Kanäle sind ohne umgebende Kapillaren gezeichnet und münden in einer Harnblase in der Körperwand (verändert nach Reisinger, 1939)

c$_2$) Das Kapillarnetz zwischen den Nephridialkanälen beim Blutegel, Pfeile geben die Strömungsrichtung des Harnes an; ein Teil der Kanäle bildet ein verzweigtes Netz. Der Übertritt von Flüssigkeit in das Blutgefäßsystem wird durch gefensterte Gefäßwandzellen (= Endothel mit Lücken) unterstützt (aus Zerbst-Boroffka und Haupt, 1974)

hören wahrscheinlich der äußeren Keimschicht, dem Ektoderm, an. Durch Zellteilungen wird ein Strang von Zellen in das mesodermale Gewebe vorwachsen, so daß später das Nephridium in der Trennwand zwischen den Coelomkammern liegt. Durch die Umformung der Zellen wird ein kompliziertes, mehrfach gewundenes Kanalsystem gebildet, das sich mit einem Wimpertrichter (Nephrostom) in die Coelomkammer öffnet. Die umgebenden Mesodermzellen der Coelomwandung lassen die Kapillaren des Blutgefäßsystems entstehen, die Anschluß an den gesamten Kreislauf erhalten. Durch den offenen Trichter wird durch die Aktivität von Cilien die Flüssigkeit in das Kanalsystem eingestrudelt, und an mehreren Stellen wird der Flüssigkeitsstrom durch Cilien der Kanalzellen aufrechterhalten. Durch Mikrovilli im Kanallumen resorbieren die Zellen Wasser und Ionen zurück, Einfaltungen der Zellmembran an der Basis der Zellen fördern den Rücktransport in die Gefäße und das Coelom. Durch die gegenseitige Verzahnung der Kanalzellen in den benachbarten Kanalabschnitten ist wahrscheinlich eine Mehrfachfiltration möglich. Die rückresorbierten Flüssigkeiten werden in die Kapillaren des Blutkreislaufs transportiert (siehe oben) und damit der Blutkreislauf aus dem Flüssigkeitsstrom der Nephridien mitgespeist. Der ausgeschiedene Harn ist hypoosmotisch, d.h. er enthält weniger Ionen als die Coelomflüssigkeit; die Coelomflüssigkeit im Kanalsystem kann als Primärharn angesehen werden. Die Beeinflussung durch die Neurohormone kann in zweifacher Weise erfolgen: Die Cilienbewegung wird beeinflußt, und die Vorgänge der Rückresorption werden gesteuert. Die Funktionen von Metanephridien werden dadurch kompliziert, daß symbiontische Bakterien in den Zellen bestimmter Kanalabschnitte und extrazellulär in erweiterten Kanalzonen vorkommen. Das Kanalsystem öffnet sich durch einen Nephridioporus in der Körperwandung, der durch einen kleinen Muskel verschlossen werden kann. Der letzte Abschnitt ist als eine Harnblase zur Sammlung des Urins ausgebildet. Die Metanephridien gehen nicht auf eine Weiterentwicklung der Protonephridien zurück. Der Mechanismus der Ultrafiltration wird verlassen, obwohl die Larvenform noch die Protonephridien als funktionsfähige Exkretionsorgane entwickeln und benutzen.

Die Öffnung der Coelomkammern durch das Metanephridialsystem nach außen und die Ansammlung von Bakterien in den Kanälen macht Abwehrmechanismen zur Entfernung von Mikroorganismen in der Coelomflüssigkeit notwendig. Die Lebensweise im Boden (marine Sedimente oder feuchte Erde) fördert zudem eine Infektion mit den dort vorhandenen Mikroorganismen. In Gewebestreifen des Coelomepithels reifen besondere Zelltypen, die *Coelomocyten*. Funktionell sind sie in verschiedene Gruppen differenziert. Phagocytierende Zellen mit Lysosomen fressen eingedrungene Bakterien und verdauen sie. Andere Coelomocyten reagieren auf Antigene, indem sie selbst entsprechende *Antikörper* bilden, die dann agglutinierende oder cytotoxische Wirkung haben. Sie sind damit Träger der *zellulären Immunität*, und unter ihnen gibt es auch sogenannte „memory cells“, die für längere Zeit die durch ein Antigen ausgelöste Information speichern. Daher kann besonders schnelle Reaktion eintreten, wenn das gleiche Antigen wieder auftritt. Die Grundlage der cytotoxischen Effekte ist also, daß bestimmte Oberflächenmoleküle als fremd erkannt werden können und daß die Zellen selbst spezifische Moleküle synthetisieren, welche auf die fremden Organismen schädigend wirken. Obwohl noch kein kompliziertes Immunsystem entwickelt worden ist, sind sozusagen schon die beiden Typen von Freßzellen und Immunzellen getrennt vorhanden, und ihre genetischen Informtionen über die Erkennung von Fremdmaterial müssen gespeichert sein. Bei einer Transplantation von Gewebe eines anderen Individuums in Anneliden kann dieses Gewebe zunächst einheilen, wird dann aber als fremd erkannt und durch den Angriff von zahlreichen Coelomocyten abgebaut (Transplantationsimmunität = Gewebeunverträglichkeit).

6.1.2.3 Die Fortpflanzung und ihre Abhängigkeit von Neurohormonen

Die meisten Anneliden sind getrenntgeschlechtlich, und ihre sexuelle Fortpflanzung erfolgt zyklisch, d.h. während einer bestimmten Fortpflanzungsperiode. Die Reifung von Gameten erfolgt daher über einen relativ kurzen Zeitraum der Lebensspanne, und die Ausschüttung der Gameten kann sich sogar auf wenige Stunden beschränken. Die Fortpflanzungsperiode kann sozusagen das Endstadium der Entwicklung der Individuen bedeuten, und nach der Abgabe der Gameten sterben die Tiere ab: *monotelische Formen*. Sie sind also durch nur eine Fortpflanzungsperiode gekennzeichnet.

Die Lebensdauer vieler Arten beträgt aber mehrere Jahre, und aus dem Laboratorium sind Lebensspannen von ca. 10 Jahren bekannt. Solche langlebigen Arten haben wiederholte Fortpflanzungsperioden: *polytelische Formen*. Innerhalb einer Art können sich männliches und weibliches Geschlecht sogar unterscheiden, indem die Weibchen monotelisch sind, die Männchen aber mehrere Fortpflanzungsperioden überleben. Die Lebensspanne ist also nicht durch äußere Umstände begrenzt, sondern wird genetisch festgelegt. Das Absterben des Individuums wird in der Regel durch weitgehenden Abbau der inneren Organe wie Darmkanal, Muskulatur usw. eingeleitet und steht offensichtlich unter hormonellem Einfluß.

Das Wachstum der Anneliden durch die Entstehung neuer Segmente am Hinterende bedingt eine Jugendphase der Individuen, deren Geschlechtsreife noch hinausgezögert werden muß. Die Regeneration steht unter dem Einfluß eines Neurohormons, das in Zellen des Cerebralganglions gebildet wird, und funktioniert gleichzeitig als *Juvenilhormon*. Es hemmt die Reifung von Geschlechtszellen und die Ausbildung sekundärer Geschlechtsmerkmale im Körperbau. Der Eintritt der Geschlechtsreife kann so bei verschiedenen Polychaetenarten bis zu drei Jahren verhindert werden. Mit zunehmender Körpergröße nimmt die Aktivität der neurohormonellen Zellen des Oberschlundganglions ab, so daß wahrscheinlich die Menge des zirkulierenden Hormons immer geringer wird. Die einsetzende Reifung der Gameten wird durch andere Neurohormone gesteuert, die als *gonadotrope Hormone* wahrscheinlich von anderen neurohormonellen Zellen des Cerebralganglions aufgebaut werden. Der Einbau radioaktiv markierter Aminosäuren und die Menge des in den Zellen gespeicherten Hormons geben einen Anhalt über die zeitweilig aktiven Zellen. Für mehrere Polychaeten (z.B. Nereis) ist wahrscheinlich, daß die verschiedenen Hormone auch in verschiedenen Zellgruppen gebildet werden (Bild 95). Die Hormone wirken nicht artspezifisch, sondern sind zwischen nicht verwandten Gruppen austauschbar; durch die Implantation von Cerebralganglien von einer Gattung in Tiere einer anderen Gattung lassen sich die gleichen Effekte erzielen.

Von der Wirkung der Hormone sind sehr verschiedenartige Zellen betroffen. Primär ist natürlich die Wirkung auf die Gametenreifung (gametotrope Wirkung). Bei den Spermatocyten werden die Bildung des Akrosoms und die Umformung der Zellen zu den kleinen reifen Spermien bewirkt. Bei den Oocyten sind wegen der Größe der Zellen die Wirkungen genauer erfaßbar. Der erste Effekt besteht in einer Steigerung der Transkription, so daß große Mengen von RNA synthetisiert werden und im Bereich des Nukleolus die Reifung von Ribosomen intensiviert wird. Die nächste Phase ist mit einer Größenzunahme der Oocyten verbunden und besteht in einer Beeinflussung der Membranen des Golgi-Feldes und des endoplasmatischen Reticulums; es wird Proteindotter eingelagert. Es erfolgt dann eine Umstellung des Stoffwechsels, indem vor allen Dingen Glykogen aufgebaut und als Reservestoff abgelagert wird, und schließlich werden Mucopolysaccharide zusammengebaut, die in den Rindengranula für die Reaktion nach der Besamung gesammelt werden. Wichtig ist, daß zwischen den Hormonen für Männchen

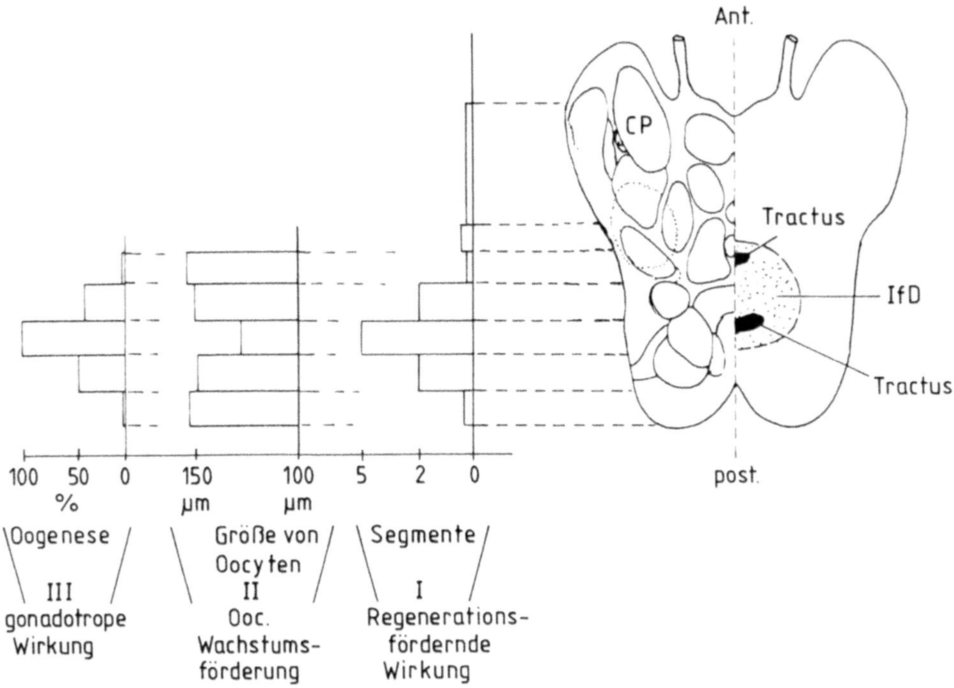

Bild 95

Beziehung der in Bild 93a gezeigten neurohormonellen Zellen zur endokrinen Wirkung. Die mikroskopisch erkennbare Syntheseaktivität und der Einbau von markierten Aminosäuren werden zu drei physiologischen Vorgängen in Beziehung gesetzt:

I das Nachwachsen von Segmenten nach dem Verlust von hinteren Körpersegmenten;
II das Wachstum der Oocyten zur befruchtungsreifen Größe während der Geschlechtsreife;
III die Entwicklung der Gonaden bei Eintritt der Geschlechtsreife. Das relative Maß der Aktivität ist bei den Prozessen in verschiedenen Zentren erhöht (verändert nach Golding, 1977)

und Weibchen kein Unterschied besteht, also keine geschlechtsspezifischen gonadotropen Hormone gebildet werden. Da es sich nicht um geschlechtsspezifische endokrine Drüsen, sondern um neurohormonelle Ganglienzellen handelt, ist ein solcher Unterschied auch nicht zu erwarten. Die komplizierte Trennung mit geschlechtsspezifischen Hormonen kann erst erfolgen, wenn spezifische endokrine Drüsen mit dem sekundären Geschlechtscharakter gekoppelt werden.

Die Gonaden selbst sind sehr einfach, werden segmental angelegt und sind je nach der Tierart auf bestimmte Segmente beschränkt. Die Urgeschlechtszellen treten immer in Beziehung zum Coelomepithel, so daß sich an bestimmten Stellen der Coelomwandung leistenförmige Anlagen der Gonaden bilden. Diese Lagebeziehungen werden bei allen höher entwickelten Tierstämmen beibehalten. Anlagen von Gonaden stehen von jetzt an immer in Beziehung zum Coelom und dessen mesodermalem Epithel. Die Ursachen der Ansiedlung der Urgeschlechtszellen an bestimmten Regionen sind nur von den Säugetieren genau bekannt; die Verhältnisse dürften aber bei allen übrigen Tierstämmen ähnlich sein.

Durch spezifische Gewebsverträglichkeitsantigene auf der Zellmembran (Histokompatibilität) können Urgeschlechtszellen nur mit solchen Coelomzellen in Kontakt kommen, welche entsprechende Antigene tragen. Andere Gewebezellen akzeptieren sie nicht, so daß keine Ansammlung von Urgeschlechtszellen möglich ist. Die Reifung der Gameten ist ja davon abhängig, daß Hilfszellen mit den reifenden Geschlechtszellen in Kontakt treten, um sie zu ernähren. In den jugendlichen Anneliden wird die Bildung differenzierter Gonaden durch das Juvenilhormon weitgehend unterdrückt. Erst mit dem Beginn des Reifungszustands werden einfache Säckchen aus Coelomepithel um eine Gruppe von reifenden Gameten gebildet. In vielen Fällen sind sogar die Gameten frei in der Coelomflüssigkeit vorhanden. Dort scheint sich auch die Wirkung des Neurohormons abzuspielen; in einem Falle eines Polychaeten sind zwei kleine Peptide in der Coelomflüssigkeit nachgewiesen, welche die Reifungsschritte der Oocyten auslösen. Sie wirken nur zusammen und stellen entweder die Neurohormone selbst dar, oder es ist Teil eines Sekrets anderer Zellen, die durch die Wirkung des gonadotropen Hormons entsprechende Substanzen aufbauen.

Die Ausführungsgänge für die Gameten sind ebenfalls außerordentlich einfach gebaut (sogenannte *Coelomodukte*). Sie entstehen aus Ansammlungen von Mesodermzellen in der Coelomwandung und sind ursprünglich von der Bildung der Metanephridien völlig unabhängig. Sie können in den jugendlichen Individuen noch fehlen. Unter der Einwirkung der gonadotropen Hormone entwickeln sich diese Ausführungsgänge, die mit einem offenen Wimpertrichter im Coelom beginnen. Kompliziertere Gangsysteme sind nur bei den lang lebenden Oligochaeten vorhanden, bei denen es durch die Fortpflanzungsbedingungen zu einer wechselseitigen Begattung kommt. Ein sehr wichtiger Vorgang ist bis heute ungeklärt: Die Coelomodukte akzeptieren nur reife Geschlechtszellen in ihren Wimperkanälen. Unreife Zellen werden nicht ausgeschleust. Auch hier müssen spezifische Eigenschaften der Zellmembranen die Reaktionen verursachen. In den meisten Fällen werden die Coelomodukte in eine Beziehung zu den bereits vorhandenen Kanälen der Metanephridien gebracht. Es kommt zu einer teilweisen oder vollständigen Verschmelzung beider Anteile. Im Extremfall ist das Ergebnis, daß in den Segmenten mit Gonaden nur noch ein rechter und linker Ausführungsgang vorhanden ist, der wahrscheinlich seine Funktionen als Metanephridium verloren hat. Im anderen Extremfall der Entwicklung werden überhaupt keine Coelomodukte mehr gebildet, und die Gameten werden durch den Darm, den Mund oder direkt durch Aufreißen der Körperwand in das umgebende Wasser entlassen.

Es ist ein wesentlicher Unterschied, ob eine monotelische oder eine polytelische Art Gameten bildet. Die Umformung des Körpers von der Jugendphase zum geschlechtsreifen Stadium ist bei den monotelischen Arten eine tiefgreifende Metamorphose. Sie wird durch die gonadotropen Hormone ausgelöst. Das am Boden lebende Jugendstadium ist die *atoke Form*; sie wandelt sich in die *epitoke Form* um, die als freischwimmender Wurm oft ein völlig anderes Aussehen hat (z.B. Nereis-Heteronereis), so daß sie früher als eine andere Art beschrieben wurde. Die Umwandlungen im Körperbau betreffen vor allem die Auflösung des Darmkanals, die Ausbildung großer Sinnesorgane (Augen) und die Umwandlung der Parapodien in breite, zum Schwimmen geeignete Extremitäten. Die Wirkung des Hormons betrifft auch die Muskelzellen; Längsmuskulatur wird abgebaut, und die starken Parapodialmuskeln wandeln sich in den Typ der schnellen (weißen) Muskelzellen um. Die Borsten werden abgeworfen und durch längere und dichter stehende Borsten ersetzt, so daß die Schwimmbewegung unterstützt wird.

Der Zeitpunkt der Umwandlung, d.h. der sexuelle Fortpflanzungszyklus wird durch eine Reihe von äußeren Faktoren ausgelöst: sogenannte Zeitgeber. Jahreszeitliche Schwankungen der Tageslängen, Lunarperiodik, klimatische Bedingungen und viele andere spielen hier eine Rolle. Sie lösen über Sinnesorgane die zyklischen Veränderungen bei den neurohormonellen Zellen aus und setzen also indirekt den Zeitpunkt für die Fortpflanzungsvorgänge fest. Das Ergebnis ist, daß zu bestimmten Zeiten innerhalb weniger Stunden die geschlechtsreifen Tiere schwimmen (sogenanntes Schwärmen) und beim Zusammentreffen verschiedener Geschlechtstiere die Gameten ausgeschüttet werden. Danach sterben die epitoken Formen ab.

Eine spezielle Strategie des Überlebens ist bei vielen Arten durch die Kombination der vegetativen Fortpflanzung in Form der Regeneration und der sexuellen Fortpflanzung erfolgt (Bild 96). Im einfachsten Falle wird unter der Wirkung des regenerationsfördernden Neurohormons eine Sprossungszone am Hinterende des Tieres beibehalten, so daß

Bild 96a

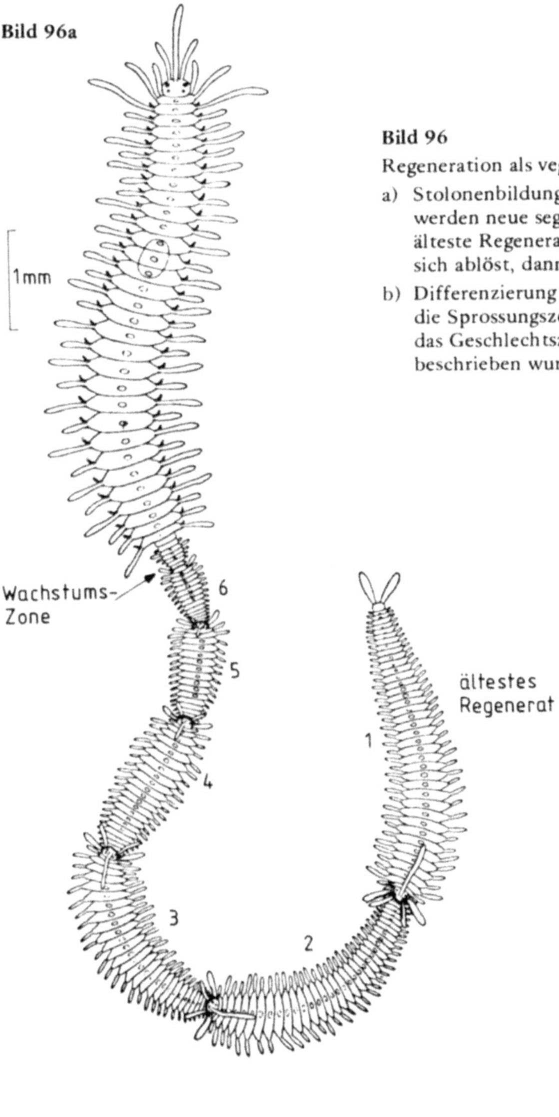

Bild 96

Regeneration als vegetative Fortpflanzung

a) Stolonenbildung bei Autolytus; in der Wachstumszone werden neue segmental gegliederte Tiere gebildet, das älteste Regenerat (1) bildet das Ende der Kette, bis es sich ablöst, dann folgt das nächstälteste Tier (2) usw.

b) Differenzierung in Körperform und Beborstung des durch die Sprossungszone entstandenen Regenerations-Tieres, das Geschlechtszellen bildet und als eine eigene Art beschrieben wurde

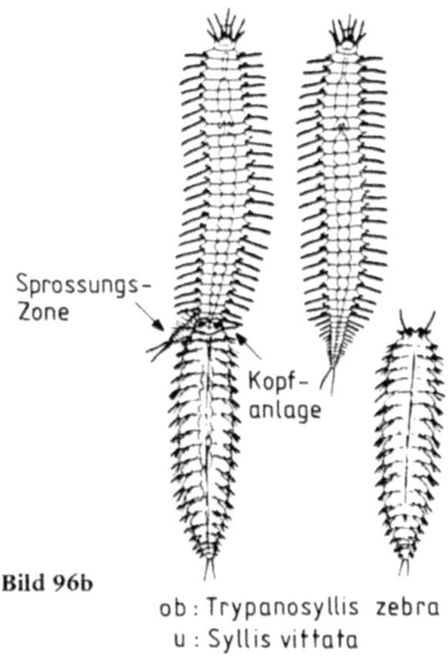

Bild 96b

ob: *Trypanosyllis zebra*
u: *Syllis vittata*

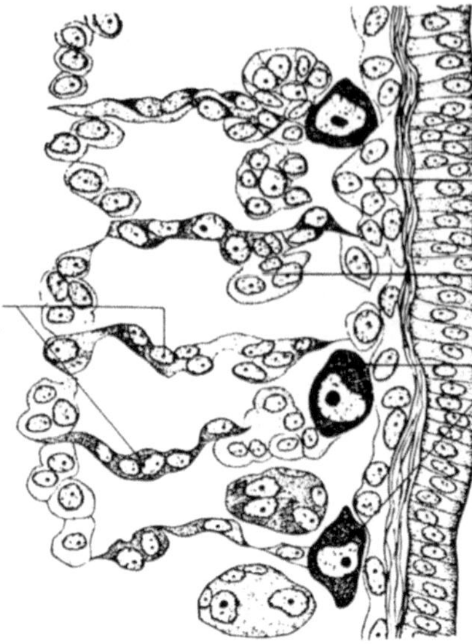

Bild 96
Regeneration als vegetative Fortpflanzung
c) Ausschnitt aus der Sprossungszone mit neu entstehenden Segmenten (aus Herlant-Meewis, 1946)

wie beim Embryonalzustand neue Segmente entstehen. Die Form des Wachstums unterscheidet sich aber von der bloßen Verlängerung eines Anneliden: es wird ein neues und vollständig segmentiertes Individuum abgegliedert. In ihm entwickeln sich die Geschlechtszellen, und es übernimmt durch Ablösung vom Muttertier gewissermaßen die Funktionen der epitoken Formen. Das ursprüngliche Tier bleibt steril und in der gewohnten Umgebung am Boden, während das abgestoßene neue Tier schwimmfähig ist und sich daher auch in der Form erheblich von dem ursprünglichen Tier unterscheidet; sie wurden früher als verschiedene Gattungen beschrieben. Die geschlechtliche Form hat ein Cerebralganglion mit neurohormonellen Zellen, damit die Reifung der Geschlechtszellen angeregt werden kann. Der Vorgang der Regeneration und die Bildung eines kompletten Geschlechtstieres kann im Laufe des Lebens eines atoken Tieres mehrfach wiederholt werden. Die Regenerationsfähigkeit ist in mehrere Richtungen zur extremen Ausnutzung weitergeführt worden. Beim Palolowurm werden nur die hinteren Segmente mit den Gameten abgeschnürt, die für einige Stunden ein Eigenleben führen und schließlich in die einzelnen Segmente zerfallen, so daß die Gameten freigesetzt werden.

Im anderen Extremfall (Syllis, Autolytus) wird die Regeneration am Hinterende des ausgewachsenen Tieres eine Kette von neuen kleinen Tieren entstehen lassen (*Stolonen*), die sich als Geschlechtstiere mit einem vollständigen Kopf weiterentwickeln, so daß Hunderte von neuen Individuen erzeugt werden. Es liegt wie im ersten Falle ein echter Generationswechsel vor. Alle Geschlechtstiere einer Kette haben das gleiche Geschlecht, sind also Männchen oder Weibchen; die Stammtiere sind also geschlechtsspezifisch determiniert.

Die Erfindung der Strategie einer Kombination von Regeneration und sexueller Fortpflanzung führt praktisch zur Umgehung der Monotelie. Zwar sterben die Geschlechtstiere nach der Abgabe der Gameten ab, doch durch den Ersatz aus dem Stammtier kann ein jahrelang andauernder Fortpflanzungszyklus aufrechterhalten werden.

Bei den polytelen Anneliden wird die Reifung von Geschlechtszellen innerhalb des Fortpflanzungszyklus immer erneut wiederholt. Während einer Fortpflanzungsperiode erfolgt über mehrere Wochen oder Monate hin der Ausstoß von Gameten; oder es können wiederholte Begattungen vorkommen. Die Ausbildung sekundärer Geschlechtsmerkmale und die Reifungsprozesse der Gameten stehen dabei unter Einfluß der gonadotropen Neurohormone. Auch hier werden durch verschiedene Zeitgeber äußerer Art die zyklischen Veränderungen in der Syntheseaktivität der neurohormonellen Zellen ausgelöst.

6.1.2.4 Die Entwicklung von Lichtsinnesorganen in Abhängigkeit von der Lebensweise

Die Anneliden kommen in Lebensräumen vor, die sich hinsichtlich ihrer physikalischen Bedingungen erheblich unterscheiden. Im Meer (400 bis 800 m), am Boden und im Boden von Gewässern, in Küstenzonen und in Wohnröhren auf dem Lande leben Anneliden.

Die hohe Zahl der an der Körperoberfläche befindlichen Rezeptoren wurde bereits erwähnt (vgl. S. 261). Eine besondere Informationsquelle stellen die Lichtverhältnisse dar, die ja zum Teil als Zeitgeber für die Fortpflanzungsperioden dienen. Die im Meer vorkommenden Formen müssen die geringen Lichtintensitäten ausnutzen können; und für die erdbewohnenden Oligochaeten ist es von lebenswichtiger Bedeutung festzustellen, ob sie bei Verlassen ihrer Röhren in hellem Licht oder bei Dunkelheit eine Ortsveränderung vornehmen. Zum Beispiel ist es für einen Regenwurm bei seiner grabenden Lebensweise sinnlos, Lichtsinnesorgane in Form von Augen zu besitzen. Dennoch muß er die Möglichkeit haben, Licht wahrzunehmen. In dieser Abhängigkeit von der Lebensweise finden sich bei den Anneliden Entwicklungen von Lichtsinnesorganen von einfachen Einzelzellen bis hin zu hochentwickelten Linsenaugen, wie sie in keinem anderen Tierstamm mehr in dieser Vielfalt und Verschiedenheit ausgebildet werden.

Bereits am Anfang dieses Jahrhunderts wurden sogenannte Lichtzellen in der Haut des Regenwurms gefunden, und die Empfindlichkeit vieler Tierformen ohne erkennbare Augen wurde als *Hautlichtsinn* bezeichnet. Tatsächlich sind bei vielen Anneliden einzelne Lichtsinneszellen in der Haut oder auch im Nervensystem eingelagert. Sie zeigen übereinstimmende Bauprinzipien, die in Bild 97a zusammengefaßt sind. Die Zellen umschließen in Form eines tiefen Bechers oder einer Kapsel einen sehr kleinen extrazellulären Raum, in den hinein sie ihre lichtempflindlichen Mikrovilli ausbilden; diese können von einer oder mehreren modifizierten Cilien ausgehen. Das extrazelluläre Material in dem umschlossenen Hohlraum kann eine stärkere Lichtbrechung aufweisen und wie eine Mikrolinse wirken. Diese Innenzone wird Phaosom genannt. Die Sinneszellen sind verstreut vorhanden, also nicht zu Zellgruppen zusammengeschlossen etwa in Form eines Ocellus.

Eine Komplizierung kann dadurch entstehen, daß zwei oder drei Zellen die Lichtsinneszelle begleiten (Bild 97b) und durch die Bildung einer kleinen Linse oder eines Pigmentbechers einen zusammengesetzten Photorezeptor mit Richtungssehen aufbauen.

Bild 97a₁

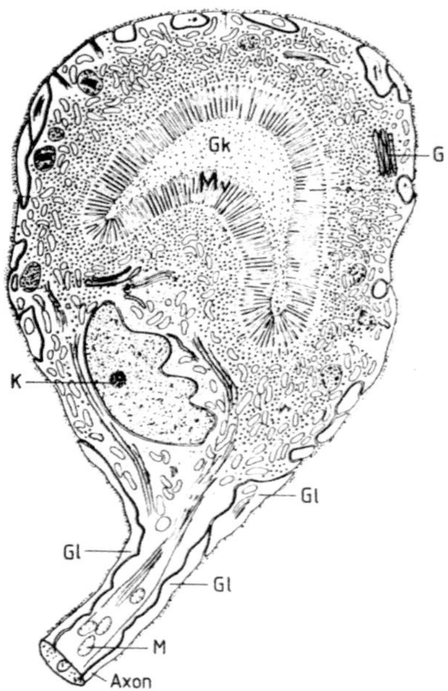

Bild 97a₂

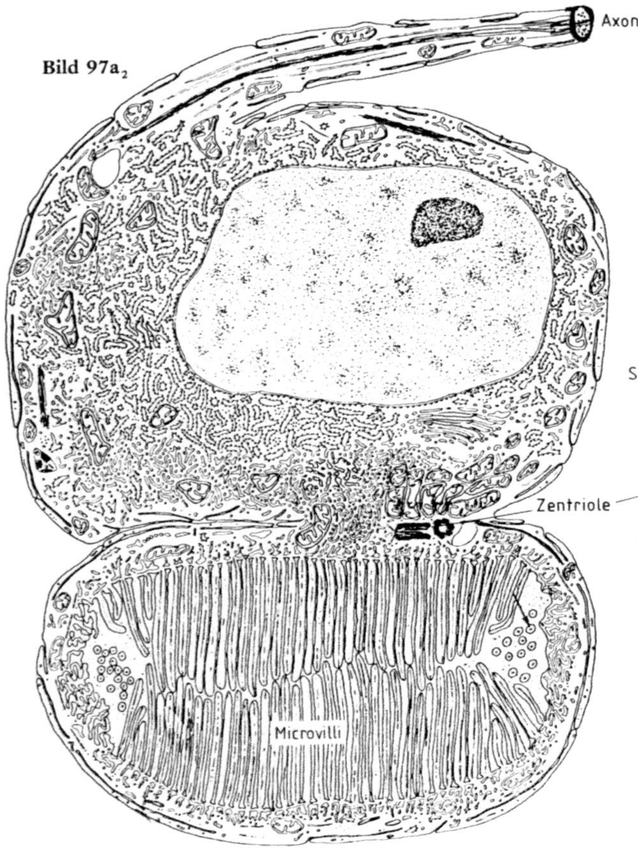

Bild 97a₃

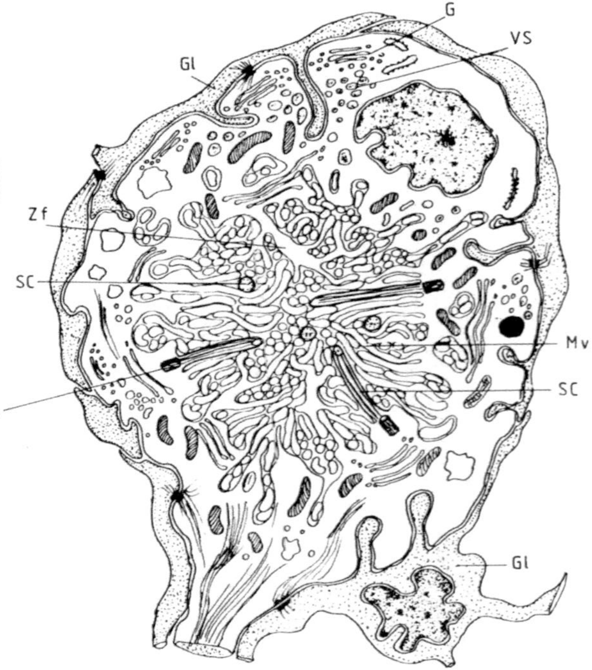

Bild 97

Lichtsinneszellen und Lichtsinnesorgane bei Anneliden

a) Lichtsinneszellen in der Haut

a_1) Hirudo: in einer Einfaltung der Zelloberfläche sind die lichtempfindlichen Mikrovilli in einem geschützten Hohlraum eingesenkt, der durch Material des Glaskörpers (GK) erfüllt wird;

a_2) Helobdella: eine sehr stark modifizierte Cilie, an deren Basis die Zentriolen vorhanden sind, bildet durch Einsenkung und Auffaltung einen Hohlraum, in den die dicht gepackten Mikrovilli vorragen, in deren Zellmembran Rhodopsin eingelagert ist;

a_3) Lumbricus: die mit Cilien versehene Zelloberfläche ist eingesenkt und trägt große Zellausläufer, von der lange Mikrovilli als

G	Golgi-Feld
Gk	Glykokalix
Gl	Gliazelle
K	Kern
M	Mitochondrien
Mv	Mikrovilli
SC	Sinnescilien
VS	Vesikel
Zf	Zellfortsatz

Bild 97

Lichtsinneszellen und Lichtsinnesorgane bei Anneliden

b) Lichtsinneszellen mit funktionell beteiligten Begleitzellen;

b_1) Armandia: die Sinneszelle mit den lichtempfindlichen Mikrovilli ist nach dem Typ eines inversen Rezeptors mit einer Pigmentzelle kombiniert, die eine schalenförmige lichtabschirmende Umhüllung bildet.

b_2) Dasychone: die basal gelegene Lichtsinneszelle bildet plattenförmige Zellausläufer in einen Glaskörper, der von einer distalen Drüsenzelle ausgeschieden wird; Abschirmung gegen seitlich einfallendes Licht erfolgt durch eine Pigmentzelle von becherförmiger Gestalt

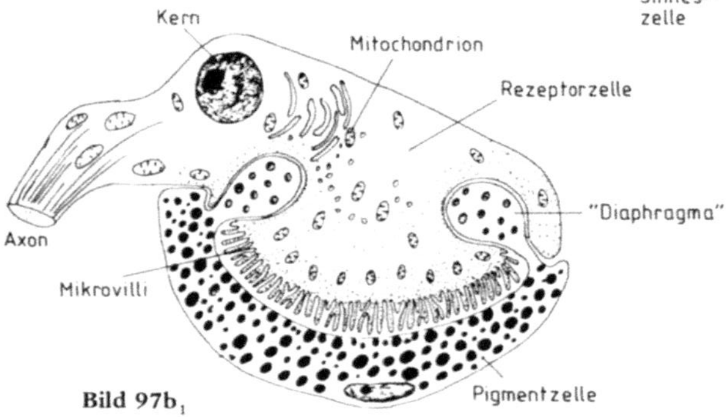

Bild 97b₁

Bild 97b₂

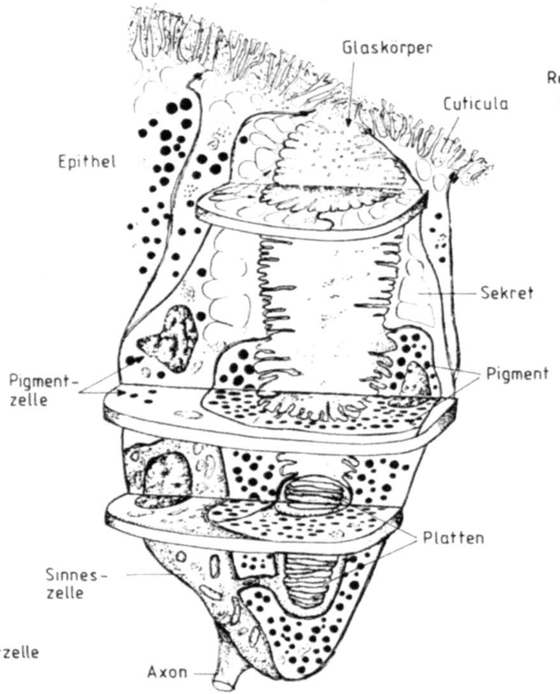

Bild 97b₃

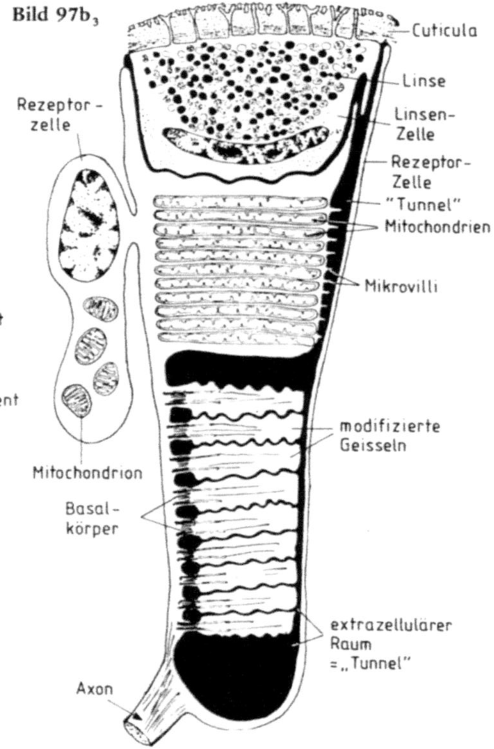

Bild 97

Lichtsinneszellen und Lichtsinnesorgane bei Anneliden

b_3) Branchiomma: Kombination der basal gelegenen Sinneszelle mit ca. 450 plattenförmigen Ausstülpungen an modifizierten Cilien und einer distal gelegenen Begleitzelle, die durch intrazelluläre Granula in eine Linsenzelle differenziert ist. Auch hier tritt Licht durch die verschiedenen Zonen der Sinneszelle mit ihren zahlreichen Mitochondrien hindurch, ehe die lichtempfindlichen Membranen erreicht werden. Diese Komplexe können zu größeren Augen an den Kiemen zusammengefaßt sein

Bild 97c₁

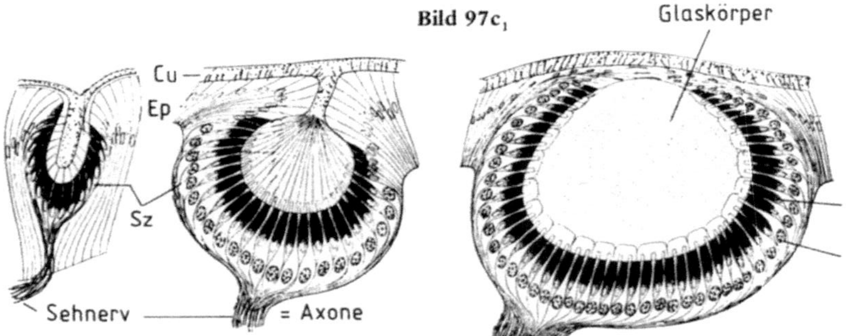

Bild 97c₂

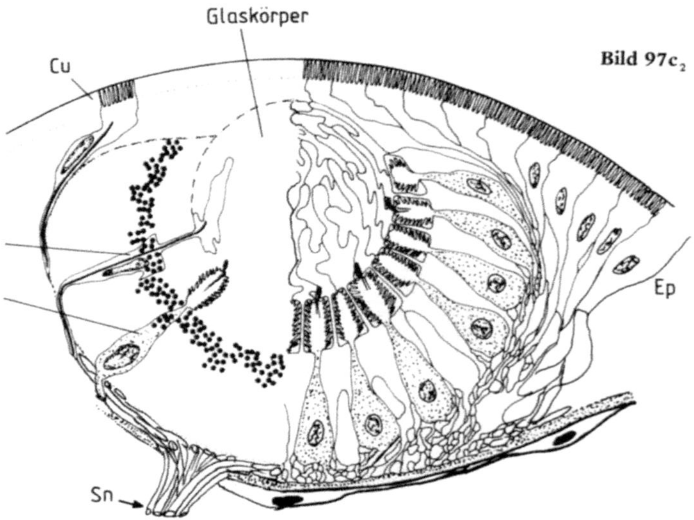

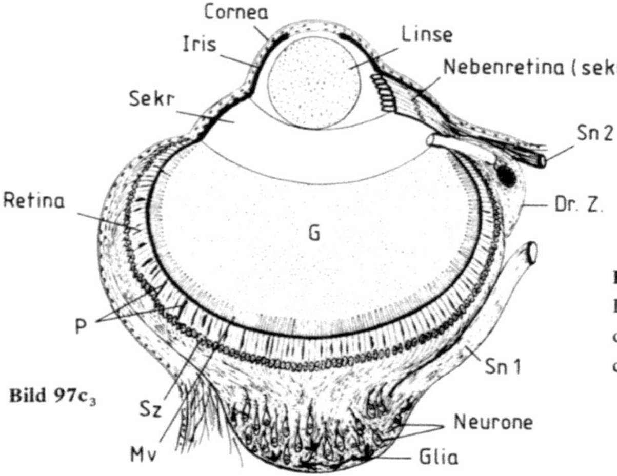

Bild 97c₃

Cu	Cuticula	Sz	Sinneszelle
Ep	Epithel	Dr.Z.	Drüsenzelle
Pz	Pigmentzelle	Sekr	Sekret
Sn	Sehnerven	Zf	Zellfortsatz
Mv	Mikrovilli		

Bild 97

Lichtsinneszellen und Lichtsinnesorgane bei Anneliden

c) Entwicklungsreihe verschieden komplizierter Augentypen

c_1) Grubenauge von Ranzania: Einsenkung der gesamten Zone mit Lichtsinneszellen und begleitenden Pigmentzellen, es entsteht eine kleine Retina
Blasenauge von Syllis: Vermehrung von Sinneszellen und Begleitzellen
Linsenauge von Nereis: Retina und optischer Apparat in Form eines großen Glaskörpers werden kombiniert

c_2) Linsenauge von Platynereis: das Epithel bildet Mikrovilli und stellt eine durchsichtige Cornea dar, der Glaskörper wird von unpigmentierten Zellfortsätzen der Begleitzellen gebildet

c_3) Linsenauge des Tiefsee-Polychaeten Alciopa mit Nebenretina für reflektiertes Licht: optischer Apparat in Linse und Glaskörper unterteilt, die durch eine glasklare Sekretzone getrennt sind (vgl. Text)

Dieser Zusammenschluß kann so einfach ein, daß nur die Lichtsinneszelle und eine Pigmentzelle ausreichen, um eine Richtung des einfallenden Lichtes festzulegen. Die Verteilung solcher Sinneszellen auf dem Körper ist Grundlage für eine regional unterschiedliche Empfindlichkeit auf Lichtreize: bei den Regenwürmern liegen auf dem Prostomium mehrere Hundert, auf den mittleren Körpersegmenten nur einzelne und auf den beiden letzten Segmenten wieder 50 bis 100 Lichtsinneszellen. Ihre Reizung hat eine negative Phototaxis zur Folge, d.h. das Tier zieht sich von der Lichtquelle zurück. Als ein weiterer Effekt wird ein Farbwechsel bei vielen marinen Polychaeten ausgelöst. Sie enthalten in der Haut Farbzellen (Chromatophoren), die in ihrem Cytoplasma Farbstoffgranula enthalten (schwarz, rot, gelb oder orange). Je nach der einfallenden Lichtintensität werden diese Farbstoffe in den Zellen bewegt, also entweder im Bereich des Zellkerns konzentriert oder in der Zelle verteilt. Durch die Kombination der verschiedenen Farbzellen in den Geweben und über die Konzentrierung bzw. Ausbreitung in bestimmten Zelltypen kommen je nach Lichtintensität wechselnde Farben des Körpers heraus. Die Augen sind an diesem Prozeß nicht beteiligt, das Licht wirkt über die Photorezeptoren der Haut. Dadurch wird ein Neurohormon ausgeschüttet, das auf die Farbzellen spezifisch wirkt. Die Einzelheiten dieses Wirkungskreises sind nicht bekannt.

Die Organisation von Lichtsinneszellen zu Organen ist nach zwei Konstruktionstypen erfolgt. Der eine Weg führt von den oben beschriebenen einzelnen Sinneszellen mit Phaosom; eine Zellgruppe wird in die tieferen Gewebeschichten versenkt und von einem Pigmentbecher umschlossen, so daß ein *Pigmentbecherocellus* entsteht (Bild 97a). Der zweite Weg geht von einem Sinnesepithel mit Lichtsinneszellen aus, das muldenförmig oder grubenförmig in das Gewebe eingesenkt wird: *Grubenaugen*. Diese Strukturen wurden bereits auf S. 199 besprochen. Die Sinneszellen wenden ihre Mikrovilli dem Licht zu (evers), und der zentrale Hohlraum kann durch einen Glaskörper mit stärker lichtbrechendem Material ausgefüllt sein.

Der Übergang zu einem echten *Linsenauge* (Bild 97c) wird durch eine Kombination von Lichtsinneszellen und Epithelzellen gebildet. Die Sinneszellen bilden ein Sinnesepithel in Form einer Retina und sind von epithelialen Stützzellen mit Pigment umschlossen. Die Fortsätze dieser Epithelzellen bilden im zentralen Raum eine zellig gegliederte Linse und als oberflächlichen Abschluß eine Cornea. Die Wirkung der Linse wird durch die intrazelluläre Speicherung lichtbrechender Tröpfchen gesteigert. Dieses Auge besitzt durch die Pigmentschicht eine Eintrittspupille, die durch die Kontraktion der fibrillären Elemente benachbarter Zellen je nach Lichteinfall verengt oder erweitert werden kann. Solche Augen liegen unmittelbar in Nachbarschaft des Cerebralganglions.

Hochleistungsfähige echte Linsenaugen sind bei den freischwimmenden Meeresformen verschiedener Polychaeten vorhanden (Bild $97c_3$). Diese komplizierten Augen haben etwa 0,5 bis 1 cm Durchmesser. Eine kugelförmige Linse liegt unter einer doppelschichtigen Cornea; sie kann durch die Einlagerung von reflektierenden Kristallen (Guanin) eine randständige Iris bilden, so daß für den Lichteinfall nur eine Pupillenöffnung bleibt. Der große Kammerraum des Auges wird von mehrschichtigen Glaskörpern eingenommen, die durch Drüsenzellen ausgeschieden werden. Das Sinnesepithel enthält etwa 10000 photorezeptorische Zellen und kleidet die Innenseite des Auges als eine Retina aus. Auch hier ist durch die Anordnung der lichtempfindlichen Mikrovilli der everse Augentyp entwickelt worden. Die neben den Lichtsinneszellen angeordneten Pigmentzellen tragen ein dunkel-orangefarbenes Pigment in Granulaform, so daß langwelliges Licht von der Pigmentschicht reflektiert wird. Nahe der Linse sind ein oder zwei Komplexe von Lichtsinneszellen als eine sekundäre Retina vorhanden, die durch ihre Lage kein direktes Licht von außen erhalten können (akzessorische Retina). Die Axone der Sinneszellen sind an der Basis der Retina zu einer Schicht mit Gliazellen zusammengefaßt und führen als ein Nervus opticus direkt in das Cerebralganglion. Der Aufbau des dioptrischen Apparates läßt vermuten, daß es sich nicht um einfache Lichtsammellinsen handelt, sondern um echte Abbildungslinsen, deren optische Eigenschaften zusammen mit den anderen Anteilen ein Bild auf die Retina projizieren. Die elektrophysiologischen Untersuchungen ergeben eine ganz erstaunliche Anpassung an die Lebensverhältnisse. Bereits die einfachen Grubenaugen und Linsenaugen (siehe oben) besitzen eine spektrale Lichtempfindlichkeit zwischen 400 und 540 nm; die maximale Lichtempfindlichkeit liegt bei 480 nm. Bei länger anhaltender Reizung durch Licht einer bestimmten Wellenlänge (monochromatisches Licht) stellt sich eine Adaptation ein: die Lichtempfindlichkeit der Rezeptoren für diese Wellenlänge läßt nach. Das kommt daher, daß ein größerer Anteil von Rhodopsinmolekülen umgeformt wird zu Metarhodopsin und die Regeneration des Farbstoffes nicht mehr schnell genug erfolgen kann. Lichtempfindlichkeit ist aber proportional der Rhodopsinkonzentration. Da die Adaptation für verschiedene Wellenlängen möglich ist, müssen auch mehrere Rezeptortypen (Multirezeptorsystem) in der Retina vorhanden sein. Bei den echten Linsenaugen der Tiefseeformen beginnt die spektrale Lichtempfindlichkeit bereits bei 340 nm, also im ultravioletten Bereich. Die maximale Empfindlichkeit liegt zwischen 420 und 440 nm. Die Empfindlichkeit ist also auf die Lichtqualität eingestellt, die in größeren Wassertiefen vorhanden ist, die langwelligen Strahlen des Sonnenlichtes werden stärker absorbiert als die kurzwelligen des grün-blau-violetten oder ultravioletten Bereichs. Die Sinneszellen der akzessorischen Retina dagegen haben eine maximale Lichtempfindlichkeit für langwelliges Licht (560 nm). Sie erhalten das aus der orangefarbenen Pigmentschicht reflektierte Licht geringer Intensitäten. Da mit zunehmender Tiefe das Wasser mehr langwelliges Licht als kurzwelliges Licht absorbiert, ergibt sich ein bestimmtes quantitatives Verhältnis zwischen den kurzwelligen und den langwelligen Anteilen des Lichtes je nach der Wassertiefe. Die Menge des reflektierten langwelligen Lichts im Auge steht also in einem gewissen Verhältnis zur Wassertiefe. Wahrscheinlich dienen diese akzessorischen Retinabereiche zu einer indirekten Tiefenmessung. Eine weitere physiologische Anpassung zeigt sich bei kurzen Lichtblitzen, die auf die Retina fallen. Bereits die erste Reizung steigert den Effekt der nachfolgenden Reizungen um 25 %. Statt einer Adaptation entsteht also eine Förderung der Erregung. Der Sinn kann so interpretiert werden: während der Dunkelheit sind die Anneliden auf die visuelle Orientierung gegenüber den Lichterscheinungen der Tiefseeorganismen angewiesen, also Lichtblitze von Tiefseefischen oder die Lichterscheinungen von kleinen Organismen, die ihnen zur Beute dienen können. Bei Helligkeit dagegen hat das Licht ihrer Umgebung überwiegend eine Wellenlänge zwischen 400 bis 480 nm, und gerade in diesem Bereich sind ihre Sinneszellen am leistungsfähigsten. Bewegte Schattenbilder oder Lichtreflexe durch die Oberflächen anderer Organismen wie z. B. die Schuppen von Fischen können besonders gut wahrgenommen werden.

Die Erfindung komplizierter und hochangepaßter Linsenaugen ist also sehr viel älter, als man bisher angenommen hat. Der bisher immer betonte Vergleich einer parallelen Entwicklung zwischen den Wirbeltieraugen und den großen Augen der Cephalopoden ist also fehlerhaft und unvollständig. Die genetischen Informationen über die Anordnung von Lichtsinneszellen in komplizierten Organen sind bei den Articulaten weitergegeben und bei den heutigen Formen bis zur Vollendung entwickelt worden. Da sich die Arthropoden und auch die Mollusken auf ursprüngliche Articulaten in ihrer Stammesgeschichte zurückführen, haben sie einen Satz von Grundinformationen mitbekommen, der im einzelnen dann weiter abgewandelt und erweitert werden konnte. Die Diskussion über sogenannte Konvergenzerscheinungen ist ganz einfach durch einen Mangel an grundlegenden Informationen über Aufbau und vor allem Funktion der verschiedenen Augentypen entstanden und fruchtlos weitergeführt worden.

6.2 Die Nematoden: der zweite Weg zur Aushöhlung des Körpers

Der zweite Weg, die Zahl der Zellen im Mesoderm durch Aushöhlung des Körpers zu verringern und dabei gleichzeitig ein hydrostatisches Skelett in Form einer Druckkammer zu erreichen, ist bei den *Aschelminthen (Rundwürmern)* entwickelt worden. Bei einem der dazu gehörenden kleinen Tierstämme, den Akanthocephala, läßt sich noch ablesen, wie die Vorgänge zur Aushöhlung des Körpers ursprünglich abgelaufen sein können. Ein Teil der Zellen des Mesoderms weicht vor allem in der Körperwandung auseinander, so daß weite extrazelluläre Lakunen entstehen. Sie sind mit einem System von einfachen Längs- und Zirkulärkanälen verbunden, die sich vor allem zwischen die Muskelzellen vorschieben. Innerhalb dieses Kanalsystems zirkuliert die extrazelluläre Flüssigkeit langsam durch den Körper. Charakteristisch für alle Aschelminthen ist dabei, daß keine segmentale Gliederung des Körpers entwickelt worden ist. Das Zusammenfließen der extrazellulären Räume erzeugt schließlich einen ungeteilten zentralen großen Flüssigkeitsraum: *Pseudocoel*, wie er charakteristisch für die Nematoden als dem größten Tierstamm dieser Gruppe ausgebildet ist. Es soll hier dargestellt werden, wie dieses Konstruktionsmerkmal der großen zentralen Druckkammer alle anderen Eigenschaften des Körperbaus notwendig gemacht hat.

6.2.1 Die Bedeutung des Pseudocoels als ungegliederte Druckkammer

Die fehlende Segmentierung des Körpers macht es unmöglich, daß einzelne Zonen des Hautmuskelschlauchs mit einzelnen Druckkammern zusammenwirken können. Kontraktionen der Muskulatur müssen einen Druckanstieg in der Flüssigkeit des gesamten Körpers erzeugen. Daraus hat sich eine Verdickung der Cuticula ergeben, die jetzt als fest umschließende elastische Hülle die Druckverhältnisse im Körper auffangen muß und damit zum Antagonisten der Druckkammer selbst und im weiteren Sinne als Antagonist zur Muskulatur wird. Die Aufrechterhaltung des Innendrucks ist von entscheidender Bedeutung.

Die Körpergröße der verschiedenen Nematodenarten ist von einer ungewöhnlichen Reichweite: 1–2 mm Körpergröße bis zu über 30 cm. Infolgedessen sind auch die Druckverhältnisse sehr unterschiedlich; je nach Körpergröße steht bei Ascaris (Pferdespulwurm) die Flüssigkeit des Pseudocoels unter einem Druck zwischen 70 mm und 225 mm Hg. Um ein Zerplatzen des Körpers zu verhindern, ist eine Verdickung der Cuticula zu einer druckfesten Hülle entstanden, die ungegliedert den ganzen Körper umschließt. Daraus ergeben sich verschiedene Probleme; die Cuticula darf die Bewegung des Körpers nicht verhindern, das Wachstum des Tieres muß an die Cuticula angepaßt werden, die Organisation des Hautmuskelschlauchs muß an die Eigenschaften der Cuticula angepaßt werden, Körperanhänge können nicht entwickelt werden, da sie Schwachstellen in der Cuticula darstellen würden. Infolgedessen können auch keine zusätzlichen Atmungsorgane entstehen, also muß die Cuticula ein Minimum an Gasaustausch ermöglichen. Organisation und Stoffwechsel der Nematoden ist daher vollständig an den hohen Innendruck und die sie umschließende Cuticula angepaßt worden. Die Organisation gibt Bild 98 wieder. Folgende charakteristische Merkmale haben sich aus dieser Abhängigkeit entwickelt: der Hautmuskelschlauch ist auf eine *Längsmuskel*schicht reduziert, zirkuläre Muskeln können keine Wirkung haben. Der Darmkanal muß mit einem komplizierten muskulären *Pharynx* beginnen, damit Nahrung gegen den Innendruck aufgenommen werden kann; eine eigene

Muskelschicht des Darms fehlt. Die Pseudocoelflüssigkeit enthält zur Sauerstoffspeicherung ein Hämprotein, und der Stoffwechsel ist weitgehend anaerob, so daß organische Säuren als Endprodukte entstehen. Die Exkretion darf weder offene Kanalsysteme noch eine Ultrafiltration benutzen, daher übernehmen einige große Zellen mit einem speziellen Mechanismus die Exkretion. Das Wachstum der Organismen kann nur schrittweise unter Abwerfen der Cuticula, d.h. *Häutungen*, geschehen; damit ist auch die Vermehrung von Zellen begrenzt, und die endgültige Körpergröße wird durch die *Zunahme der Zellgrößen* erreicht. Eine Folge davon ist eine *Zellkonstanz* des Organismus. Daraus ergibt sich eine Reduktion des Nervensystems und eine besondere Innervation der Muskelzellen. Das Nervensystem umfaßt nur noch einige hundert Zellen (oder weniger). Und schließlich ist auch die Bildung von Cilien an Zelloberflächen unterdrückt, so daß selbst die Spermien unbegeißelt sind; nur einige Sinneszellen haben noch Cilien als Rezeptoren. Große Sinnesorgane wie Augen oder Statocysten sind nicht vorhanden. Die Erfindung des ungekammerten Drucksystems des Pseudocoels hat auch die Entstehung von eigenen Kreislaufröhren und

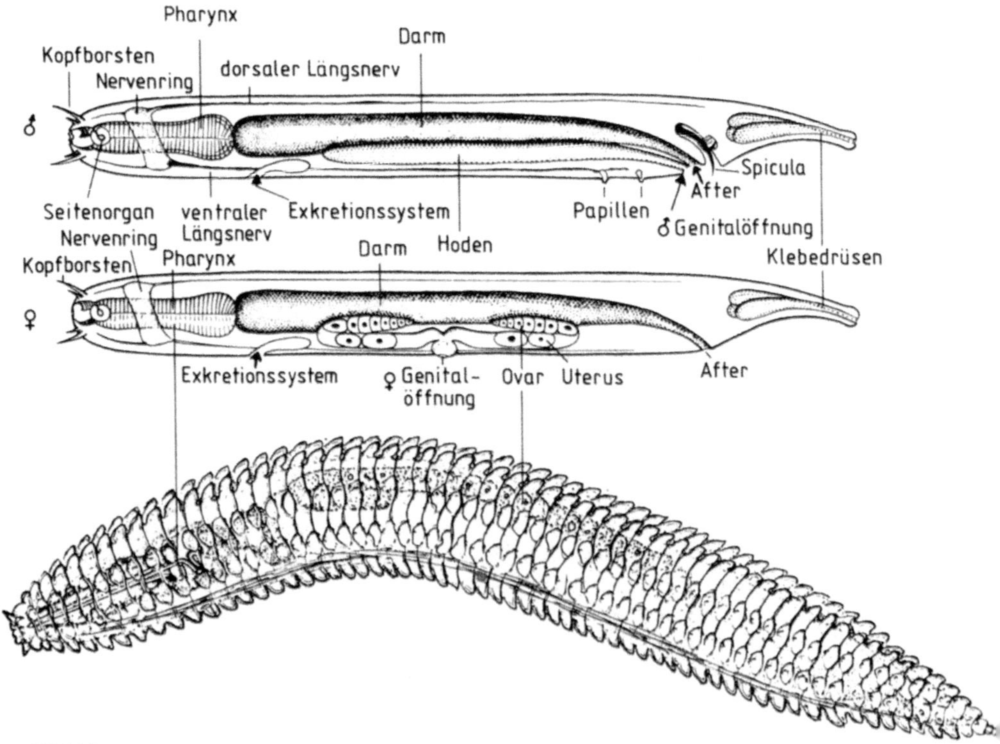

Bild 98

a) Organisationsschema von Männchen und Weibchen der Nematoden; darunter: Cuticulare Plattengliederung bei Criconema

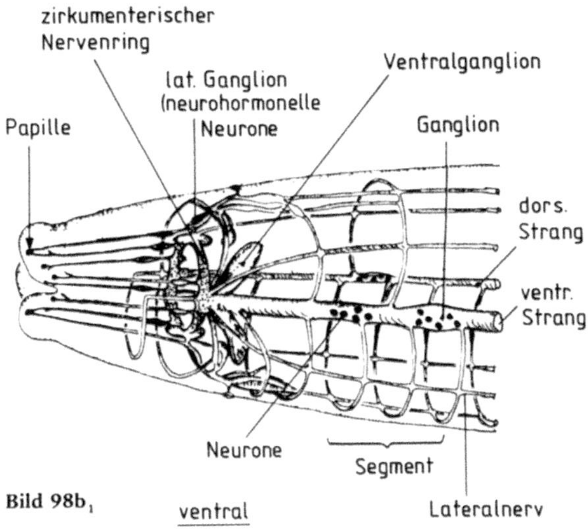

Bild 98b$_1$

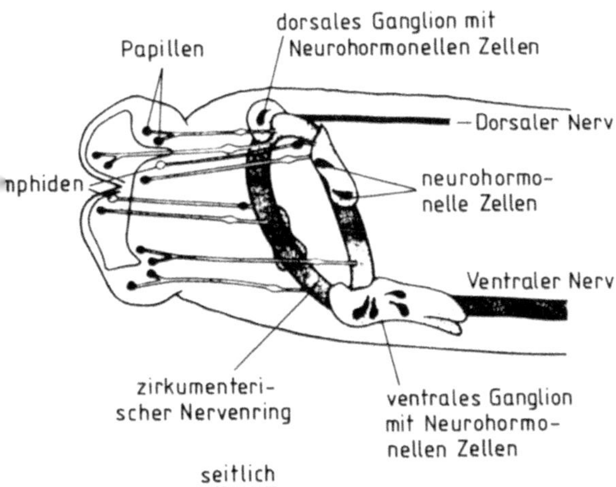

Bild 98b$_2$

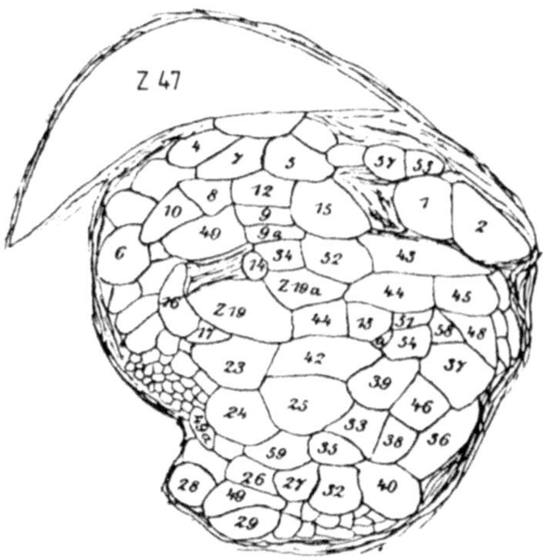

Bild 98b$_3$

Bild 98

b) Nervensysteme von Nematoden

b$_1$) Ascaris, vorderer Teil mit Nervenring und Ganglien von ventral, schwarz: neurohormonelle Zellen

b$_2$) Lage der neurohormonellen Zellen im vorderen Teil des Nervensystems von Phoconema

b$_3$) Schnitt durch den zirkumenterischen Nervenring, Numerierung der Axone (Zellkonstanz!) (verändert aus Bern, 1965; Davey, 1969; Goldschmidt, 1908)

damit eines Zirkulationssystems unmöglich gemacht. Eine geordnete Zirkulation der Pseudocoelflüssigkeit erfolgt nicht. Die Komplikationen, die sich aus der ungegliederten Druckkammer und der straffen Cuticula als Außenskelett für den Körperbau ergeben, sind so zahlreich, daß weitere größere Tierstämme sich aus diesem Typus nicht haben weiterentwickeln können; diese Bauplanerfindung stellt eine phylogenetische Sackgasse dar.

Die *Cuticula* besteht vor allem aus Kollagen und wird von den Zellen des Körperepithels hergestellt und ausgeschieden, so daß diese lückenlos von ihr bedeckt werden; daher wird das Körperepithel als Hypodermis bezeichnet. Sie kann bei einigen Formen Drüsenzellen enthalten, die ihre Sekrete durch Porenkanäle der Cuticula nach außen abgeben. Die innere Lage der Cuticula ist durch Hemidesmosomen an die Zellen der Hypodermis festgeheftet. Die Hypodermis bildet vier Zelleisten: zwei laterale sowie eine dorsale und eine ventrale Leiste. In die epidermalen Zellpolster sind die Axone der Nervenzellen des vorderen Nervenringes in Form von Längsnerven eingebettet, in den lateralen Leisten außerdem die speziellen Exkretionszellen. Die Hypodermis dient auch als Speichergewebe und enthält Lipide und Glykogen als Reservestoffe sowie ein Hämprotein zur reversiblen Speicherung von Sauerstoff. Die Cuticula besteht bei allen Nematoden aus drei Schichten, die bei den einzelnen Arten je nach der Lebenweise und der Größe der Organismen sehr stark modifiziert werden können. An der Oberfläche schließt eine komplizierte Membran aus Proteinen und Lipiden die nach innen folgenden fibrillären Schichten gegen die Außenmedien ab. Die obere fibrilläre Schicht ist die corticale Lage; sie kann sehr stark gefaltet sein oder in dachziegelartig übereinander gelegten Komplexen eine starke Verbiegung der Oberfläche zulassen. Nach innen folgt die mittlere Lage, die vor allem durch eine komplizierte Textur der Fibrillen gekennzeichnet ist. Die innere Lage (basale Schicht) grenzt an die Oberfläche der Hypodermis. Die Masse der kollagenen Fibrillen wird durch Proteine von nicht näher bestimmten Zusammensetzungen zusammengehalten.

Durch den Aufbau aus Fibrillen in verschiedenen Schichtenlagen besitzt die Cuticula eine hohe Zug- oder Druckfestigkeit, sie vermag also den Innendruck des Pseudocoels aufzufangen, zugleich ist sie biegsam, so daß Körperbewegungen möglich sind. Sie kann aber beim Wachstum eines Tieres nicht so weit umgebaut werden, daß ein Längenwachstum der Cuticula möglich wäre. Daher sind bei allen Nematoden bestimmte Wachstumsphasen vorhanden, vor denen die Cuticula abgestreift werden muß; es ist eine Häutung vorhanden (siehe S. 298). Zum ersten Mal muß also ein tierischer Organismus eine relativ große Menge von kostbaren, aber extrazellulären Proteinen wegwerfen, um die Entwicklung zum geschlechtsreifen Tier zu vervollständigen.

Die Häutungsperioden haben wahrscheinlich erzwungen, daß während der postembryonalen Entwicklung nur eine bestimmte Zahl von Zellteilungen erfolgen kann, also für jede Zelle nur eine begrenzte Vermehrungsrate durchsetzbar ist. Das schubweise Wachstum in Anpassung an die neue Cuticula erfolgt dann nur noch durch *Vergrößerung des Zellvolumens*. Daraus ergibt sich zwangsläufig eine *Konstanz der Zellzahlen*. Dies gilt zumindestens für die Nervenzellen, die Exkretionszellen und die Muskelzellen. Der Hautmuskelschlauch wird durch die Epithelleisten in vier Längsbänder geteilt, in denen die Muskelzellen eine für die Nematoden charakteristische Zellgestalt besitzen (Bild 99a). Ein großer Zellfortsatz, der 1 bis 2 mm Länge erreichen kann, enthält die Myofilamente in einer besonderen Anordnung. Der Zellkörper enthält den Zellkern und sehr zahlreiche Glykogeneinschlüsse als Energie liefernde Reservesubstanzen. Die Muskelzellen bilden ausschließlich eine Längsmuskulatur, da ihre Zellfortsätze nur in der Längsachse des Körpers ausgerichtet sind. Die geringe, festgelegte Zahl an Neuronen (siehe Tabelle 4) gibt die Möglichkeit, anatomisch und elektrophysiologisch die

Tabelle 4
Zahl der Neurone bei Ascaris lumbricoides

ZNS:	Papillen-Ganglien	36
	Amphidien Ganglien	22
	Zirkumenterischer Ring	4
	Lateralganglien	48
	Dorsalganglion	6
	Ventralganglien	33
	Retrovesikularganglion	13
Darmsystem:	Oesophagus	17
	Rectum	8
Hinterende:	Lateralnerven	6
	Lumbalganglion	6
	Präanales Ganglion	11
	prä- bzw. postanale sensorische Neurone (♂)	44

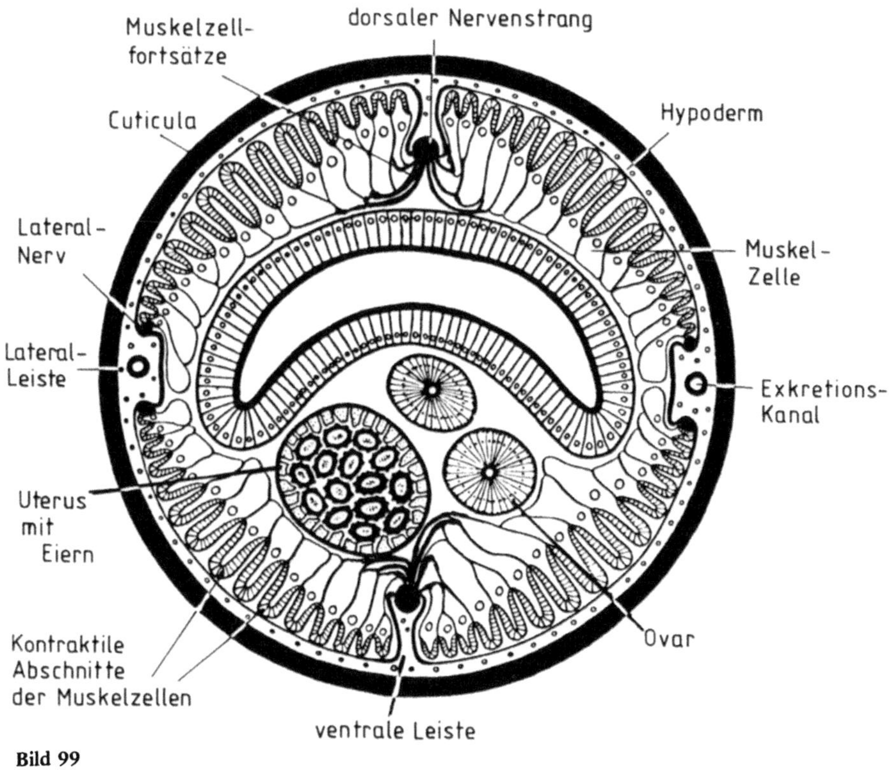

Bild 99
Organisation des Körperbaues von Nematoden
a) Körperquerschnitt von Ascaris

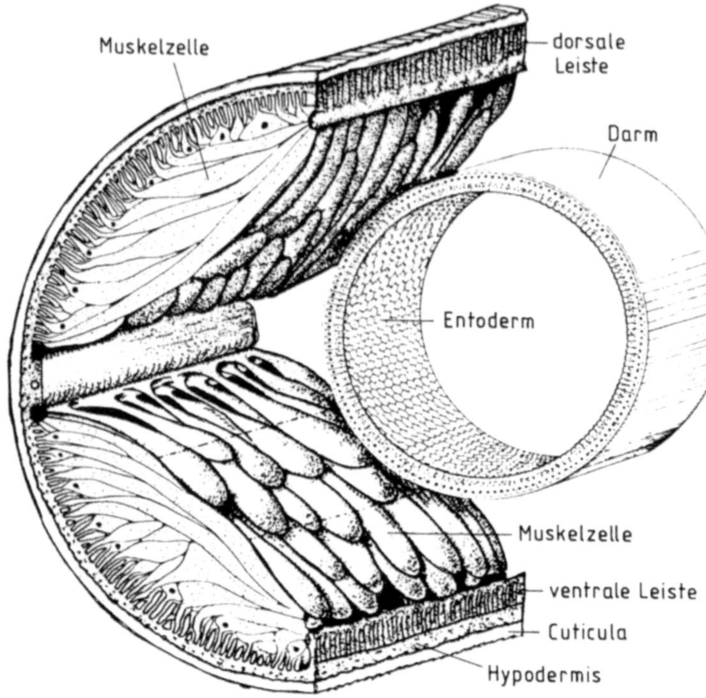

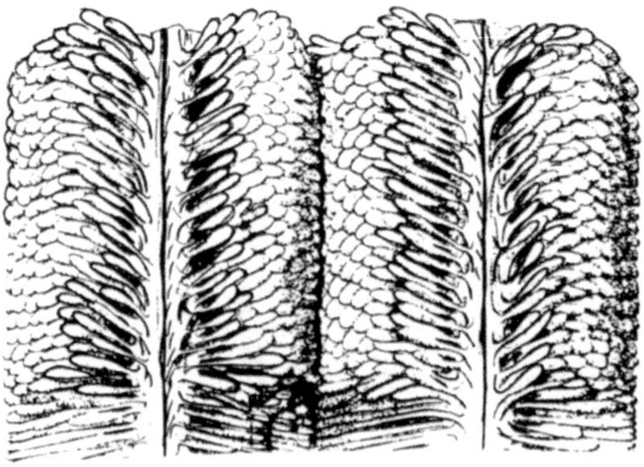

Bild 99

Organisation des Körperbaues von Nematoden

b) Muskelzellen der Körperwand in Rekonstruktionszeichnung

Bild 99

Organisation des Körperbaues von Nematoden

c) Schematische Darstellung einer typischen Nematoden-Muskelzelle, vgl. Text (verändert nach Buchsbaum, 1948; Jammes, 1914)

K Zellkern

Funktionen der einzelnen Nervenzellen zu überprüfen. Die Mehrzahl ist am Vorderende in einem Ganglienring zusammengefaßt. Nur sechs Nervenzellen (bei Ascaris) entsenden ihre Axone in den ventralen Nervenstrang durch die ganze Länge des Körpers. Sie sind ein übergeordnetes Zentrum zur Koordination von Bewegungen. Die motorischen Neuronen für den Hautmuskelschlauch liegen dagegen im ventralen und dorsalen Nervenstrang eingebettet und stellen bei Ascaris fünf Segmentalganglien zu je elf Zellen dar. Obwohl die Nematoden also im Körperbau keine Metamerie aufweisen, ist das Nervensystem funktionell und morphologisch segmental gegliedert. In jedem Ganglion sind exzitatorische und inhibitorische Neuronen zusammengefaßt. Die ventralen Nervenzellen besitzen laterale Zellausläufer, die durch die Hypodermis als Kommissuren mit Zellen des dorsalen Stranges Kontakt aufnehmen. Ebenso werden von den dorsalen Neuronen Kommissuren zu den ventralen Nervenzellen gebildet. Durch die Verbindungen werden die sechs im ventralen Strang liegenden Nervenzellen mit den fünf im dorsalen Strang liegenden Nervenzellen zu einer Funktionseinheit (Ganglion) zusammengeschlossen. Die längs verlaufenden Axone in den Nervensträngen stehen durch sehr zahlreiche axo-axonale Synapsen in Kontakt. Durch Dendriten stehen die ventralen inhibitorischen Neuronen mit den exzitatorischen dorsalen Neuronen in Verbindung, so daß eine direkte Beeinflussung möglich ist. Bei Aktivität der dorsalen Muskelzellen (siehe unten) werden die entsprechenden ventralen Muskelpartien gehemmt. Ein entsprechender Zusammenhang besteht zwischen den dorsalen inhibitorischen Neuronen und den ventralen exzitatorischen.

Die synaptischen Verbindungen zwischen Muskelzellen und Neuronen sind außergewöhnlich, da die geringe Zahl der Nervenzellen und die Lage der Axone in der Hypodermisleiste eine Verzweigung auf zahlreiche Muskelzellen unmöglich macht. Jede Muskelzelle besitzt einen langen Zellausläufer, der zu den Hypodermisleisten reicht und sich am Ende verzweigt. Dort sind sie mit den Zellfortsätzen anderer Muskelzellen durch gap junctions elektrisch gekoppelt (Bild 100). Kleine Gruppen von Muskelzellen stellen also Funktionseinheiten dar. Die Axone der motorischen Neurone besitzen in kurzen Abständen dornförmige Seitenfortsätze (sogenannte spines), welche zwischen Hypodermiszellen hindurchtreten und mit den Fortsätzen der Muskelzellen synaptische Kontakte haben. Während die Nervenzellen weitgehend von der Pseudocoelflüssigkeit isoliert bleiben, sind die Muskelzellen von dieser Flüssigkeit umspült.

Die Grundlage einer Bewegung stellen die spontanen und rhythmischen Aktionspotentiale dar, welche die Gruppen von elektrisch gekoppelten Muskelzellen durch Ionentransportvorgänge ihrer Membranen aufbauen. Die Erregung ist also myogen und besteht aus Aktionspotentialen, die bis zu 12-mal pro Sekunde aufgebaut werden. Werden durch die exzitatorischen motorischen Neurone mit ihren Synapsen diese Spontanerregungen verstärkt, so kommt es zur vollständigen Depolarisation der Muskelzellen und zu einer Kontraktion. Werden die Muskelzellen dagegen durch die inhibitorischen Synapsen zu einer Hyperpolarisierung führen, so können die spontanen Aktionspotentiale nicht zu einer Depolarisierung führen, und die Muskelzellen bleiben in Ruhe. Durch die anatomische Anordnung sind ventrale und dorsale Muskelfelder über den Kreis der Neuronen miteinander verknüpft, an einer Körperstelle kontrahiert sich also nur die ventrale oder die dorsale Muskulatur. Da mehrere segmentale Funktionsabschnitte existieren, kommt es damit zu einer schlangenförmigen Verkrümmung, einer schlängelnden Bewegung. Nematoden liegen daher in charakteristischer Weise auf der Seite. Eine weitere Möglichkeit der Bewegung ist nur noch die Kontraktion aller Muskeln einer Seite: es kommt zu einer Einrollung des Körpers. Wechseln solche Gesamtkontraktionen von der dorsalen und der ventralen Muskulatur in schneller Folge, so ergibt sich eine rasche peitschenförmige Bewegung. Die Muskulatur des Pharynx ist von den Körperbewegungen unabhängig, da die zugehörigen Neurone im Ganglienring des Vorderendes liegen. Anders

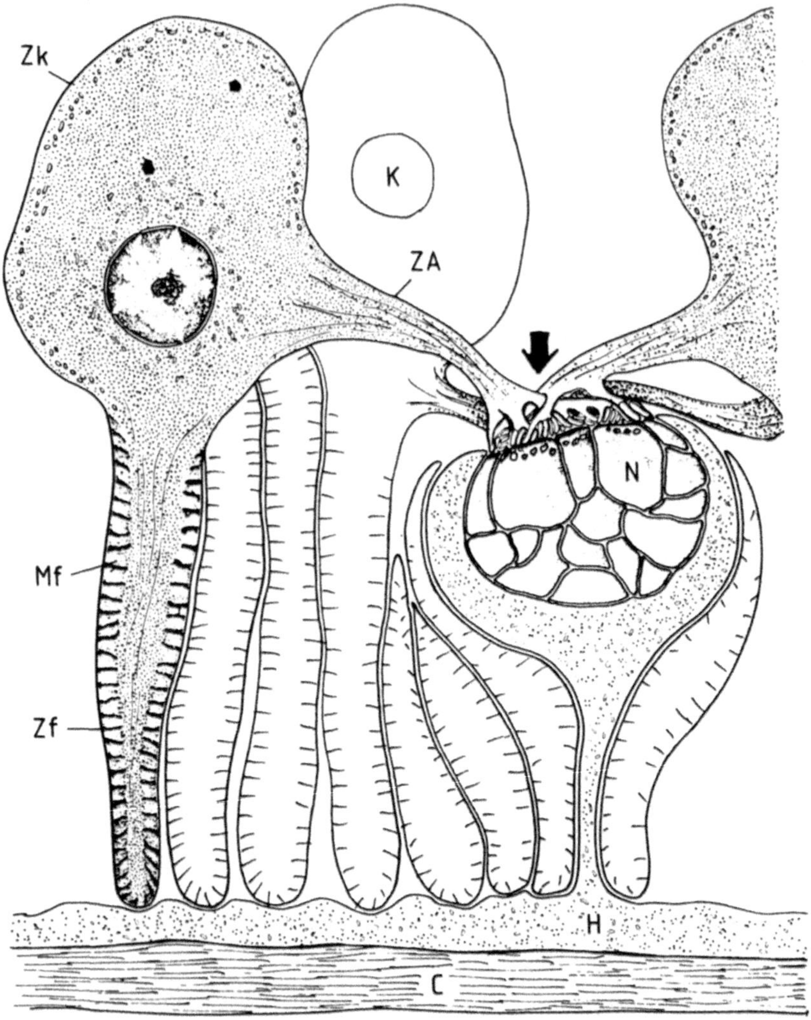

Bild 100

Rekonstruktion der Beziehung von Nematodenmuskelzellen zu Axonen und zu anderen Muskelzellen der Funktionsgruppe; vgl. Text

C Cuticula
H Hypodermis
K Zellkern
ZA Zellulärer Fortsatz zum Axon
Zk Zellkörper mit Glykogen
Zf muskulärer Zellfortsatz
N Nerv mit Axonen
Mf Myofibrillen
Pfeil: Zone der gap junction und der Synapsen

als bei Muskeln, die bei anderen Organismen zur Bewegung des Körpers dienen, ist bei den Nematoden die myogene Aktivität der ausschlaggebende Faktor, der durch neuronale Tätigkeit verstärkt oder gedämpft werden kann. Die Entspannung der Muskulatur, d.h. die Streckung des Körpers wird durch das System Pseudocoel/Cuticula als Antagonist zur Muskulatur bewirkt. Die Cuticula steht durch den Druck im Innenraum unter Spannung und nimmt nach einer Verbiegung sofort zum Kräfteausgleich die ursprüngliche gestreckte Form wieder an. Nur unter diesen Voraussetzungen hat die Reduktion des Hautmuskelschlauchs auf eine Längsmuskulatur erfolgen können.

Die Zellkonstanz, die sich aus den Problemen des Körperwachstums ergeben haben muß, wird bereits durch die Embryonalentwicklung festgelegt. Durch eine begrenzte Teilungsfolge entstehen aus der Eizelle eine festgelegte Zahl von Stammzellen, aus denen die Gewebe- bzw. die Organanlagen hervorgehen. Der Rhythmus der Teilung und die Teilungsebenen sind dabei genau festgelegt. Nach wenigen Teilungsfolgen erlischt die Teilungsfähigkeit, und die DNA im Kern wird bis zu 70 % abgebaut. Nur die Stammzellen für die Gameten in den Anlagen der Gonaden bleiben weiter teilungsfähig. Bei Nematoden von 1 mm Körperlänge besteht das erste Larvenstadium beim Schlüpfen aus der Eihülle aus 550 Zellen. Nach Abschluß der Entwicklung besteht das erwachsene geschlechtsreife Tier aus nur 800 Zellen, die Gonaden nicht eingerechnet. Dieser Entwicklungsablauf wurde bereits zu Beginn des Jahrhunderts erkannt, und der Begriff der Zellstämme und der Stammzellen, der heute eine so große Bedeutung hat, wurde damals an diesen Objekten zum ersten Mal definiert. Die Entwicklung verläuft sehr schnell und ist streng determiniert, d.h. der Verlust einzelner Zellen ist nicht durch andere Zellen oder durch Teilungen auszugleichen.

6.2.2 Die Häutung

Die Nematoden sind die ersten Organismen, die für das Wachstum des Individuums die selbst synthetisierten Proteine einer extrazellulären Cuticula wieder abwerfen müssen, um sie unter Anpassung an die Körpergröße durch eine neue Cuticula zu ersetzen. Der Materialaufwand und der Materialverlust sind erheblich, denn alle Nematoden führen viermal eine solche Häutung durch. Die Hypodermis muß also viermal programmiert werden, um in kurzer Zeit eine erhebliche Kollagensynthese zu leisten. Auslösung und Kontrolle dieser Prozesse erfolgen durch Neurohormone; die neurohormonellen Zellen liegen im vorderen Ring des Nervensystems. Die auslösenden Faktoren, die zur Synthese bzw. Ausschüttung der Neurohormone führen, sind bisher nicht bekannt.

Der Vorgang der Häutung läßt vier funktionelle Phasen unterscheiden. Zuerst wird die basale Schicht der Cuticula durch die Hypodermiszellen aufgelöst. Vor allem wird Leucinaminopeptidase unter dem Einfluß von Neurohormon in den Hypodermiszellen synthetisiert und auf ein unbekanntes zelluläres Signal an der Oberfläche abgegeben. Dadurch werden auch die zahlreichen Haftstellen gelöst. Die Muskelzellen sind über Desmosomen und 10 nm Filamente, welche die Hypodermiszellen durchsetzen, indirekt an den Haftstellen der Cuticula befestigt. Mit Beginn der Häutungsprozesse werden daher die Nematoden bewegungsunfähig. Das aufgelöste Material wird resorbiert. In den entstandenen Flüssigkeitsraum wird das Material für die neue Cuticula abgeschieden, wobei zuerst die dünne oberflächliche Grenzschicht organisiert wird und sich dann die Schichten der Cortex anschließen (Bild 101). Diese Zonen der neuen Cuticula weisen eine starke Faltenbildung auf, so daß beim einsetzenden Wachstum des

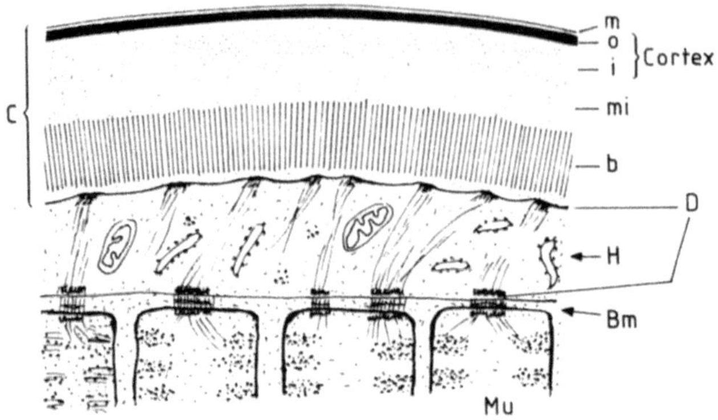

Bild 101

a) Cuticula der Nematoden

a_1) Schema der Grundstruktur: Die Muskelzellfortsätze (Mu) sind über Desmosomen (D) an der Basalmembran (Bm) mit den Zellen der Hypodermis (H) verbunden; 10-nm Filamente verbinden die Desmosomen an der Seite der Cuticula (C) mit denen an der Basalmembran. Dreischichtigkeit der Cuticula: basale Lage (b) mit gerichteten Kollagenfibrillen, mittlere Lage (mi) und Cortex aus innerer (i) und oberer (o) Lage; äußerer Abschluß bildet eine dichte mehrschichtige Membran (m)

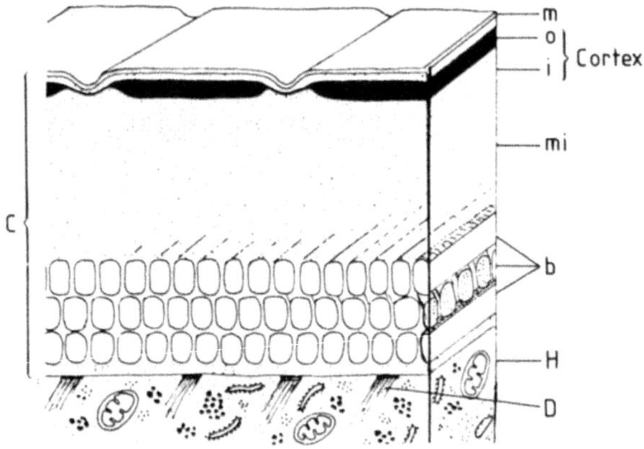

a_2) Cuticula bei Ascaris: dichte organisierte Lage der basalen Kollagenfibrillen

b basale Kollagenfibrillen
C Cuticula
D Desmosom
H Hypodermis
i Cortext aus innerer Lage
m Membran
mi Cortex aus mittlerer Lage
o Cortex aus oberer Lage

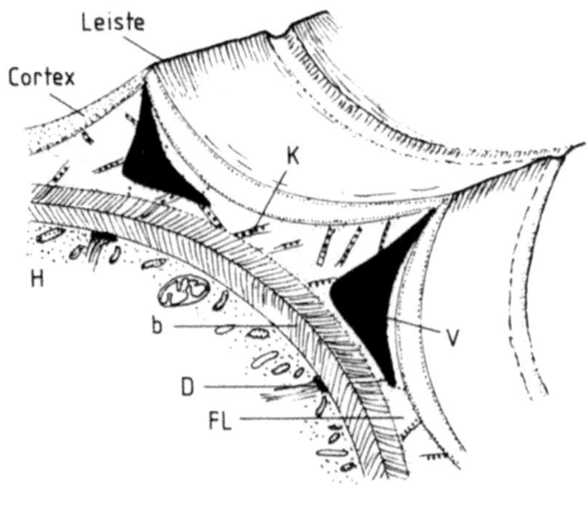

a_3) Cuticula bei Nippostrongylus: Verstärkungselemente (V) lassen Rippen entstehen, unter denen in einem Hohlraum (gestützt von kollagenen Fasern K) Pseudocoelflüssigkeit mit Hämoglobin zirkuliert, um den Gasaustausch zu ermöglichen (FL). (verändert aus Lee, 1977)

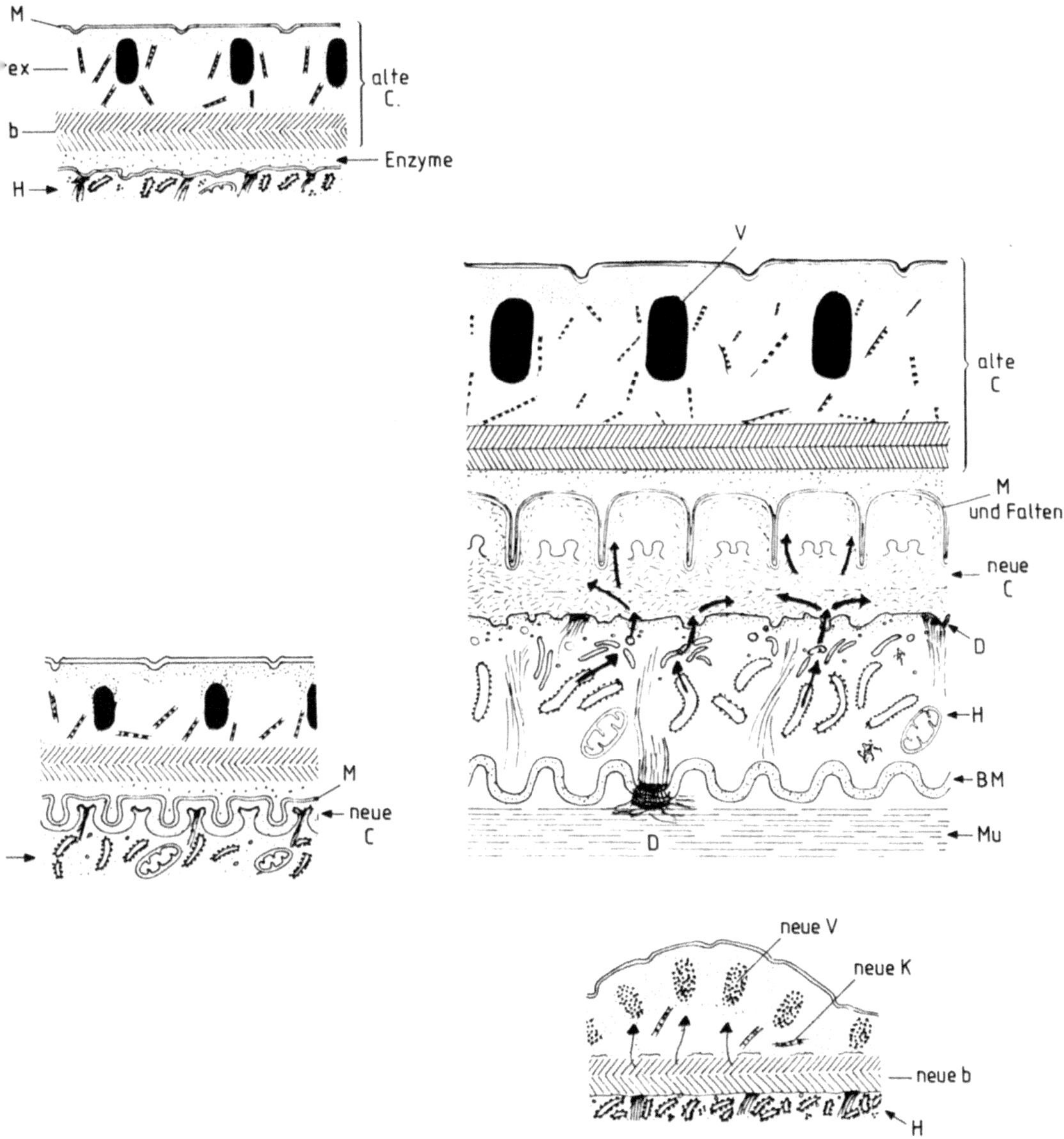

Bild 101

Cuticula der Nematoden

b) Häutung der Cuticula bei Nematoden am Beispiel von Nippostrongylus. Phasen der Auflösung der larvalen Cuticula und der Neubildung einer unterlagernden neuen Cuticula

BM	Basalmembran	b	basale Cuticula
C	Cuticula	Fl	Flüssigkeit
D	Desmosom	H	Hypodermis
M	Oberflächenmembran	K	Kollagenfasern
		Mu	Muskelzellen
		V	Verstärkungen

Körpers die Cuticula gestreckt werden kann. Wie diese komplizierte Anordnung zustande kommt, ist nicht geklärt. Bei den meisten Nematoden wird während dieser Phase durch das Einsetzen des Streckungswachstums (ohne Zellteilungen) die alte Cuticula aufgerissen und abgeworfen (Ecdysis). Danach wird die basale Schicht der Cuticula synthetisiert, die durch die Lagen größerer Fibrillenbündel gekennzeichnet ist. Erfolgt (wie bei Ascaris) noch ein Wachstum des adulten Tieres, so wird die noch nicht vollständig verfestigte Cuticula durch ein Dickenwachstum verstärkt. Durch die Bindung der Cuticula durch neu entwickelte Haftstellen wird auch die Übertragung der Kräfte der Muskelzellen wieder hergestellt, so daß die Würmer ihre volle Bewegungsfähigkeit wiedererlangen. Die notwendigen Stoffe für die Synthese werden der Hypodermis durch die Pseudocoelflüssigkeit angeboten; die Aminosäuren für die Kollagensynthese werden auf der basalen Seite der Hypodermis aufgenommen und in die Proteinbiosynthese eingeführt. Entsprechend dem sehr verschiedenen Aufbau einer Nematoden-Cuticula in Abhängigkeit von der Größe und den Lebensbedingungen der Tiere ist auch ihre Durchlässigkeit für Wasser, Sauerstoff oder Ionen sehr verschieden.

Die vier Funktionsphasen bei der Häutung sind also folgende: Synthese und Ausschüttung von Enzymen zur Auflösung eines Teiles der Cuticula; Massensynthese von Kollagen und anderen Proteinen sowie Ausscheidung für die neue Cuticula; Streckungswachstum und Abwerfen der alten Cuticula; Vervollständigung der Cuticula durch weitere Kollagensynthese. Kennzeichnend für diese Vorgänge ist die programmierte und schubweise Synthese bestimmter Stoffe, kombiniert mit einem Zellwachstum.

Mit jedem Häutungszyklus wird eine Annäherung an die Organisation des geschlechtsreifen, adulten Tieres erreicht. Denn gleichzeitig mit dem Wachstum wird durch ein weiteres Neurohormon die Reifung der Anlagen der Geschlechtsorgane angeregt. Durch Teilungsfolgen werden aus den vier Stammzellen der Gonadenanlagen die sehr einfach organisierten Geschlechtsorgane gebildet; die Stammzellen für die Gameten bleiben während des Lebens des Nematoden teilungsfähig. Die Häutungs- und Wachstumsvorgänge der Körperzellen sind gekoppelt, das Wachstum der Gonadenanlagen dagegen ist unabhängig, fällt aber zeitlich mit den Häutungszyklen zusammen.

Zahlreiche Arten von Nematoden sind Parasiten, vor allem im Magen-Darmtrakt, in Speicheldrüsen, in Blutgefäßen oder Hämolymphräumen. Die Häutungszyklen und damit die verschiedenen Larvenformen stehen in enger Beziehung zum Übertragungsmechanismus der Parasiten auf neue Wirte. In der Regel ist nur ein bestimmtes Larvenstadium infektiös, also übertragbar auf einen Wirt. Das kann durch direkte Aufnahme mit der Nahrung geschehen oder durch die Übertragung durch einen Vektor, z.B. eine Mücke.

Schema der Häutungsfolgen

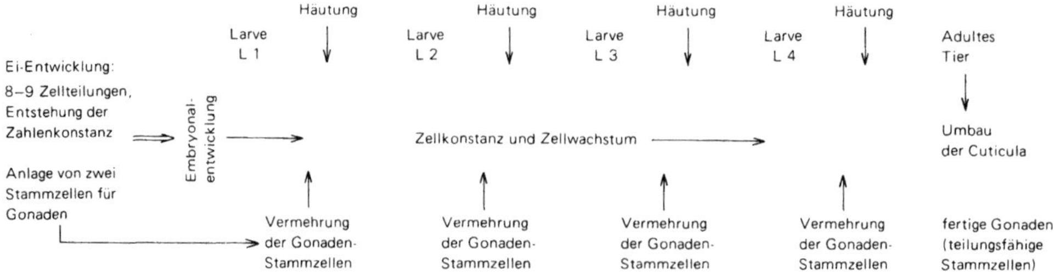

6.2.3 Die Exkretionszellen (H-Zellen) und der Stoffwechsel

Trotz ihres wenig modifizierbaren Körperbaues gehören die Nematoden neben den Insekten zu den Tierstämmen, deren Formen die größte Verbreitung in den verschiedensten Lebensräumen erreicht haben. Die parasitären Formen leben in Pflanzen, wirbellosen Tieren und Wirbeltieren; die frei lebenden Formen kommen im Boden vor, im Süßwasser und im Salzwasser. Der Grund für diese Verbreitung ist ihre Anpassungsfähigkeit im Stoffwechsel. Obwohl die Cuticula für Wasser, einige Ionen und andere Stoffe durchlässig sein kann, geht die Aufnahme von Nahrungsstoffen nur über den Darmkanal. Der Stoffstrom für die Körpergewebe verläuft also vergleichbar dem bei Parenchymiern: die Zellen des Darmkanals geben die Nahrungsstoffe an die Flüssigkeit des Pseudocoels weiter, und aus dieser Flüssigkeit müssen die Zellen die Nahrungsstoffe übernehmen. Umgekehrt werden die nicht mehr verwendungsfähigen Exkretstoffe in die Pseudocoelflüssigkeit zurückgegeben und müssen ausgeschieden werden. Durch den hohen Innendruck sind aber Exkretionsorgane vom Typ der Protonephridien mit Ultrafiltration oder der Metanephridien mit offenen Kanälen überhaupt nicht möglich. Zugleich muß ein Druckausgleich in der Pseudocoelflüssigkeit erreicht werden, da durch den Darmkanal Flüssigkeit in das Pseudocoel übertritt. Für die Aufrechterhaltung des Ionengleichgewichtes in der Pseudocoelflüssigkeit und die Abgabe überschüssiger Flüssigkeitsmengen sind bei vielen Nematoden ein oder zwei sehr große Zellen ausgebildet, die ihrer Form nach als *H- oder V-Zellen* bezeichnet werden. Sie liegen in der Hypodermis und bilden einen oder zwei lange Kanäle aus, die innerhalb der Lateralleisten verlaufen. Sie öffnen sich durch einen Porus in der Cuticula im vorderen Abschnitt des Körpers. Vor dieser Öffnung kann ein blasenförmiges Reservoir ausgebildet sein. Die Flüssigkeit in den Kanälen enthält vor allen Dingen Na- und K-Ionen und ist zur Pseudocoelflüssigkeit isoosmotisch. Die aus Zellfortsätzen gebildeten Kanäle sind vollständig geschlossen; die Pseudocoelflüssigkeit kann nur durch die Interzellularspalten der Hypodermis mit den H-Zellen in Kontakt kommen (Bild 102). Sie können außerdem Anschluß an zwei sogenannte Ventraldrüsen oder Renetten haben. Diese letzteren Zellen wurden lange als spezifische Exkretionszellen angesehen, sie sind aber echte Drüsenzellen. Ihre Sekrete sind unter anderem Enzyme für eine extrazelluläre Verdauung, die bei parasitären Formen beim Eindringen in die Gewebe eines Wirtstieres notwendig sind, oder es sind Sekrete mit entsprechenden Funktionsweisen je nach Lebensweise der Nematoden. Die H-Zellen haben durch komplizierte Einfaltungen ihrer Zelloberfläche an den Interzellularräumen die Möglichkeit, die dort zirkulierende Pseudocoelflüssigkeit aufzunehmen und intrazellulär weiterzuleiten. Auf der Seite des Kanals ist die Zelloberfläche durch breite Zellausläufer und tief eingezogene Kanälchen vergrößert, so daß Flüssigkeit durch Membrantransport in den zentralen Kanal abgeschieden werden kann; sie wird durch den Porus in der Cuticula nach außen gefördert.

Die Exkretion erfolgt über den Darmkanal. Er besteht aus einem einschichtigen Epithel, das nur von einer Basalmembran aus kollagenen Fibrillen umgeben ist. Die Oberfläche der Epithelzellen im Darmlumen ist durch einen dichten Besatz von Mikrovilli vergrößert. Wahrscheinlich besteht eine Differenzierung in drei Abschnitte: die Vorderregion hinter dem Pharynx sondert Verdauungsenzyme ab, der mittlere Abschnitt resorbiert, und der hintere Abschnitt scheidet die Exkretstoffe aus. Die Darmzellen geben die resorbierten und umgearbeiteten Nahrungsmoleküle an die Pseudocoelflüssigkeit ab: freie Fettsäuren, Aminosäuren und Zucker, vor allem Glukose. Bei Ascaris, aber wahrscheinlich auch anderen Nematoden, wird Glukose zu Trehalose zusammengebaut, die als die Transport- und Speicherform von Glukose in der Pseudocoelflüssigkeit und in den Muskelzellen funktioniert. Das Disaccharid wird durch Trehalase wieder in zwei

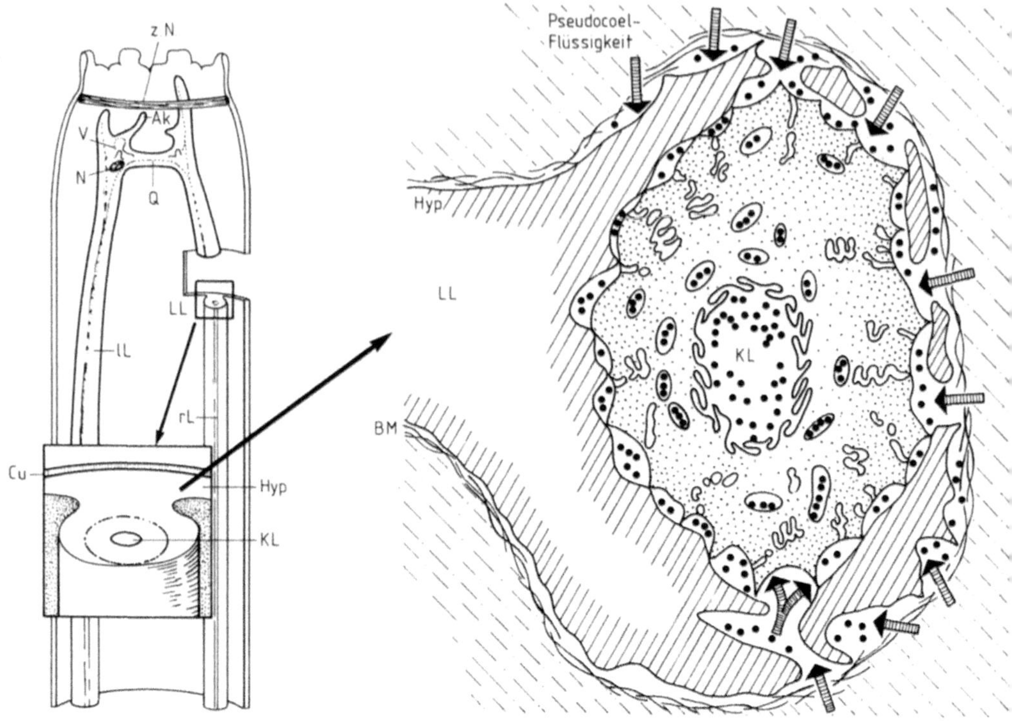

Bild 102
„Exkretionszelle" bei Ascaris (H-Zelle), vgl. Text (aus Dankwarth, 1971)

Ak	Ausführkanal
BM	Basalmembran
Cu	Cuticula
Hyp	Hypodermis
KL	Kanallumen
LL	laterale Leiste der Hypodermis
lL	linke Lateralleiste
rL	rechte Lateralleiste
N	Zellkern
Q	Querbrücke
zN	zentraler Nervenring

Pfeile:	geben den Strom des Filtrates aus Pseudocoelflüssigkeit an,
Punkte:	zellulärer Transport des Filtrates zum Kanal

Moleküle Glukose zerlegt und kann auch in phosphorylierter Form als Trehalosephosphat vorliegen. Die Hauptquelle zur Energiegewinnung geht von der Glukose aus, ist aber weitgehend unabhängig von anaeroben oder aeroben Bedingungen. Ähnlich wie bei den kompakten Geweben der Parenchymier ist nämlich vor allem der entstehende CO_2-Gehalt ein begrenzender Faktor. Auch bei dem im Darm lebenden Pferdespulwurm (Ascaris) ist in der Pseudocoelflüssigkeit eine Sauerstoffspannung pO_2 von 26–150 mm Hg vorhanden. Da aber keine besonderen Atmungsorgane oder durchlässige Hautanhänge ausgebildet sind, durch die CO_2 schnell und in großer Menge abgegeben werden kann, wird zunächst einmal CO_2 reversibel an Hämproteine gebunden. Die Glykolyse verläuft bis zum Phosphoenolpyruvat, das zur CO_2-Fixierung benutzt wird. Unter Herstellung von ATP entsteht so Oxalacetat, das über Malat und Fumarat zu Succinat ver-

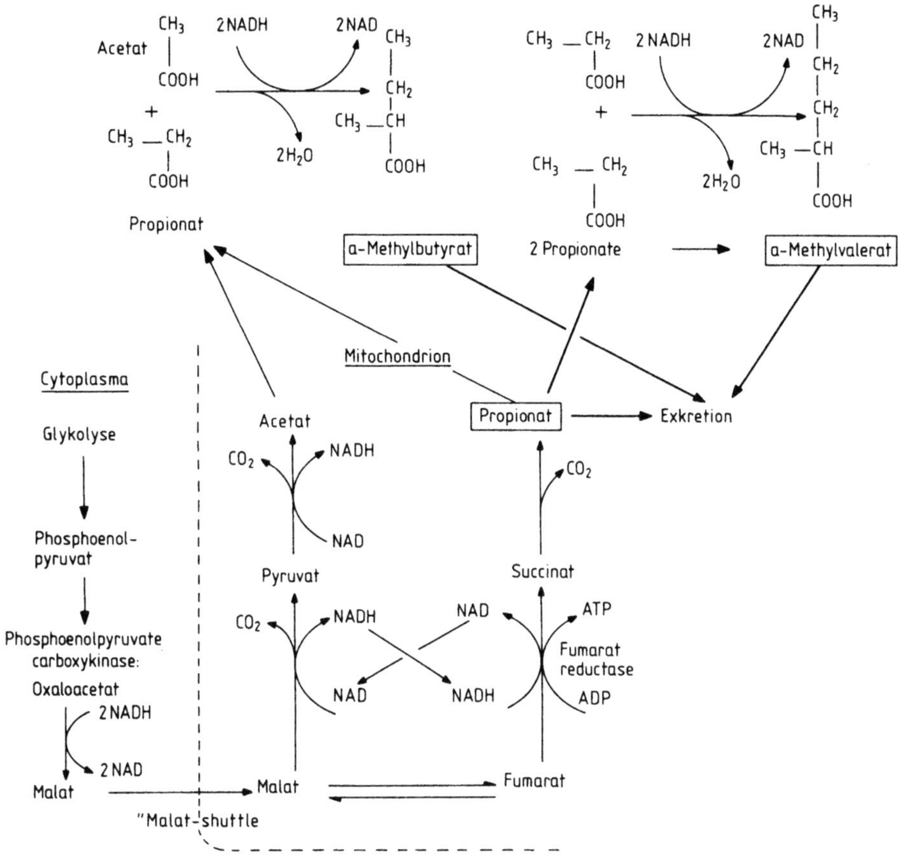

Bild 103
Spezielle Stoffwechselwege bei Nematoden, die in der Pseudocoelflüssigkeit vorhandenen Endprodukte sind umrandet

arbeitet wird. Die Lactatbildung und der Tricarbonsäurezyklus in den Mitochondrien spielen also eine völlig untergeordnete Rolle. Durch die CO_2-Fixierung nicht verbrauchtes Phosphoenolpyruvat wird über Pyruvatkinase zu Pyruvat zur Bildung von ATP umgesetzt. Das Pyruvat wird unter Gewinnung von ATP über Acetyl-CoA zu Acetat abgebaut. Succinat ergibt durch Decarboxylierung Propionsäure. Damit sind die Grundmoleküle für die Exkretion entstanden (Bild 103): aus Acetat und Proprionat werden in den Muskelzellen bzw. in der Pseudocoelflüssigkeit die Endprodukte α-Methylbuttersäure zusammengebaut. In geringerer Menge entstehen auch noch andere organische Säuren als Abbauprodukte. Aus diesem Energiestoffwechsel kann also an zwei Stellen auch der mitochondriale Zyklus eingeschaltet werden: Malat oder Acetyl-CoA können in die Mitochondrien hineingehen. Ihr jeweiliger Anteil hängt wesentlich von der Menge der CO_2-Fixierung ab.

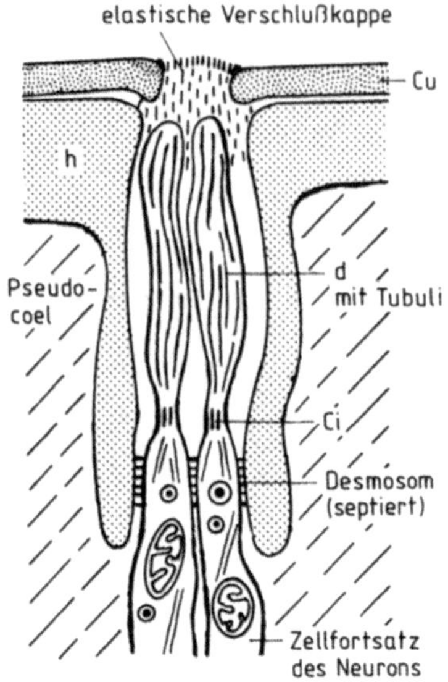

Bild 104a

Bild 104

Rezeptoren bei Nematoden

a) Modifizierte Cilien als Rezeptoren in den Papillen; Typ der neurosensorischen Zellen, deren mit zahlreichen Tubuli durchsetzten Cilien als Dendriten bezeichnet werden

b_1) Amphidie von Necator

b_2) Amphidie von Syngamus in der Entwicklung nach der letzten Häutung, starke Syntheseaktivität der begleitenden Drüsenzellen (verändert aus McLaren, 1974 und Jones, 1979)

ia innere Arkadenzelle
äa äußere Arkadenzelle
a Arkadenzelle (Hüllzelle)
Ci Rest der Cilienstruktur
Cu Cuticula
d Dendrit
dr Drüsenkanal
g Granula der Begleitzelle
h Hypodermis
P Porus
ret retikuläres Gangsystem der Begleitzelle

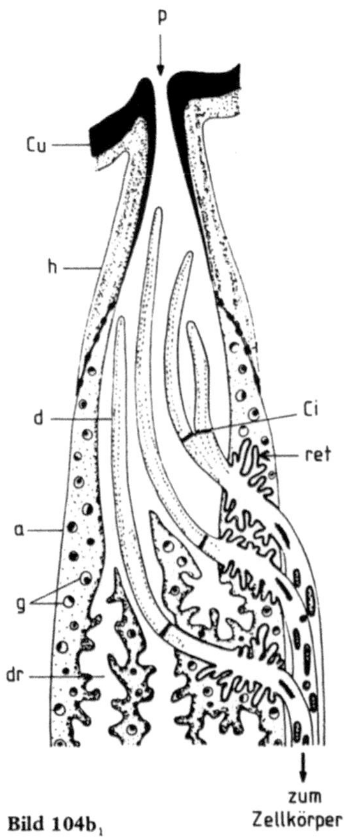

Bild 104b₁

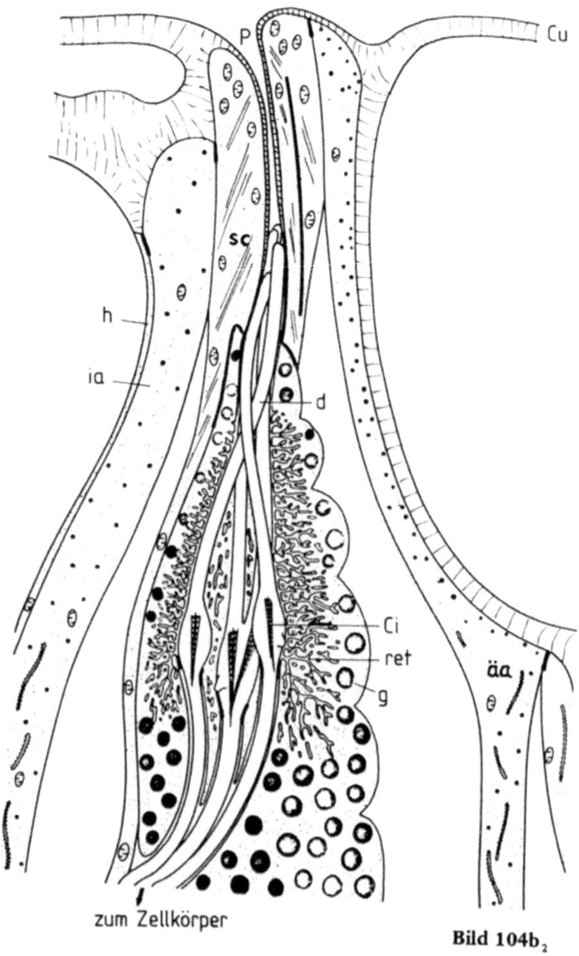

Bild 104b₂

Die organischen Säuren als Endprodukte des Energiestoffwechsels werden von den Darmzellen aus dem Pseudocoel aufgenommen und mit dem Darminhalt als Exkrete ausgeschieden. Aus dem Stoffwechsel der Aminosäuren wird vor allem Ammonium in Salzform gebildet, ebenfalls von den Darmzellen in das Darmlumen transportiert und über den Darm ausgeschieden. Das eigentliche Exkretionsorgan stellt also der Darmkanal dar.

6.2.4 Die Sinnesorgane

Die Nematoden haben keine großen, komplexen Sinnesorgane wie Augen oder Statocysten entwickelt. Als getrenntgeschlechtliche Organismen sind sie aber sehr stark auf chemotaktische Orientierung und auf Berührungsreize angewiesen, damit die Geschlechtspartner sich zur Paarung finden können. Neben der allgemeinen Orientierung kommt bei den parasitischen Formen das Auffinden des richtigen Wirtes hinzu. Rezeptoren für mechanische oder chemische Reize sind daher vor allem im Kopfabschnitt und um die Öffnungen der Geschlechtswege konzentriert. Die Rezeptoren sind modifizierte Cilien; nur für die Sinnesorgane ist also die totale Reduktion der Ausbildung von Cilien durchbrochen worden, die sonst für alle Zellen einschließlich der Spermien gilt. Das Festhalten der Cilie als Rezeptorfortsatz kann vielleicht damit erklärt werden, daß bei ihrem Fortfall ein völlig neuer Sinneszelltyp hätte entwickelt werden müssen. Nur zwei Typen von Sinnesorganen sollen hier besprochen werden: die Papillen und die Amphidien.

Die *Papillen* (Bild 104a) sind Mechanorezeptoren. Der Ausläufer einer Nervenzelle aus dem vorderen Nervenring dringt bis in die Cuticula, also zwischen die Hypodermiszellen vor und wird dort von Stützzellen abgeschirmt. Am Ende ist eine stark modifizierte Cilie mit dem distalen Ende in eine Ausdünnung der Cuticula eingelassen. Durch geringfügige Deformation der Cuticula in diesem Bereich werden die Cilien gereizt. Sie gleichen also in Aufbau und Funktion bestimmten Mechanorezeptoren der Insekten. Durch die Verschmelzung mehrerer Papillen können auch Gruppen von drei oder mehr Cilien in einem gemeinsamen Organ vereinigt sein. Die *Amphidien* dagegen sind Chemorezeptoren; sie stehen durch einen dünnen Kanal in der Cuticula mit dem Außenmedium in Verbindung. Sie können außerdem mit Drüsenzellen kombiniert sein, die zu bestimmten Zeiten des Lebenszyklus Sekret aus diesem Kanal ausschütten. Die Sinnesorgane bestehen aus einer Gruppe von Begleitzellen (Bild 104b), die den Cuticula-Kanal auskleiden. In den offenen Hohlraum werden mehrere modifizierte Cilien gestreckt, die als Fortsätze von Dendriten von Nervenzellen des Vorderringes entstehen. Die Begleitzellen dichten durch verschiedene Haftstellen die Interzellularspalten ab, so daß keine Pseudoflüssigkeit durch den Kanal nach außen dringen kann. Aus Versuchen über das Verhalten von Nematoden ist bekannt, daß die Amphidien auf Wechsel des pH-Wertes, auf Konzentrationsänderungen von CO_2, auf Geschlechtslockstoffe, Aminosäuren und bestimmte Ionen reagieren.

7 Die Cuticula als Exoskelett und die Reduktion des Coeloms: die Arthropoda

Mit der Erfindung einer verhärteten Cuticula auf der Körperoberfläche wird eine vollständige Umorganisation des Körperbauplanes eingeleitet. Mit der Benutzung einer harten Cuticula als Exoskelett beginnt die Entfaltung der erfolgreichsten Tiergruppe, der *Arthropoda*, deren Zahl an heute lebenden Tierarten weit mehr als 800000 umfaßt. Zählt man die in der erdgeschichtlichen Vergangenheit ausgestorbenen Arthropodenformen hinzu, so ergeben sich wahrscheinlich weit mehr als 1 Million Tierarten.

Eine „*Arthropodisierung*" des Körperbaues hat mit drei Merkmalsgruppen begonnen: der neuen Entwicklung einer Cuticula, die nicht mehr aus Kollagen besteht, sondern aus einem Zucker, der auch in der Glykokalix verwendet wird: dem N-acetyl-Glucosamin (korrekter: 3-(1,4)-2 acet-amido-2-deoxy D-Glucose). Er wird zu langen Fibrillen in Form des *Chitins* zusammengebaut (siehe unten), das durch Kombination mit anderen Stoffen außerordentlich viele Abwandlungsmöglichkeiten der Cuticula erlaubt. Die ursprüngliche Segmentierung der Coelomaten wird übernommen, aber dadurch abgewandelt, daß die einzelnen Segmente in immer stärkerem Maße ungleichwertig werden: heteronome Metamerie. Teile des alten Hautmuskelschlauches werden als übergreifende Längsmuskelstränge übernommen. Durch funktionelle Zusammenfassung mehrerer Segmente (Metameren) werden eindeutig funktionsbezogene Körperabschnitte, *sogenannte Tagmata*, anatomisch abgegrenzt. Das alte Merkmal der segmentalen seitlichen Körperanhänge (Parapodien) mit den zugehörigen Muskelgruppen wird übernommen und weiter entwickelt: es entstehen leistungsfähige *echte Extremitäten*.

Die neue Cuticula erhält eine bisher nicht dagewesene Festigkeit, so daß sie als *Exoskelett* zur mechanischen Stützung des Körpers und zum Ansatz der Muskelgruppe dient und in Leisten oder Zapfen tief in den Körper nach innen eingezogen werden kann. Sie bietet zugleich einen mechanischen Schutz und ist wegen ihrer Undurchlässigkeit eine Permeabilitätsbarriere. Die Cuticula überzieht auch weite Teile des Darmkanals und kann als schlauchförmiges Sekretionsprodukt bestimmter Epithelzellen in Form einer *peritrophen Membran* aus verflochtenen Chitinfibrillen als Filter die resorbierenden Zellen des Darmkanals schützen.

Wie bei den Nematoden erfolgt eine fast vollständige Reduktion der Bildung von Cilien, die nur noch bei Sinneszellen und Spermien vorhanden sind. Die unmittelbare Folge der Entwicklung des Exoskeletts sind starke Muskelgruppen und lange Extremitätenröhren, die den Körper vom Boden abheben und ihm eine bisher nicht vorhandene Mobilität verleihen. Die mechanische Stütze und die Undurchlässigkeit der Cuticula machen den Körper unabhängig von den Auftriebkräften im Wasser und schützen die Körperflüssigkeiten: die Eroberung des festen Landes beginnt, und die Mehrzahl der Arthropoden sind primär Landbewohner. Die Vorgänge der Respiration und der Exkretion müssen mit völlig neuen Organsystemen durchgeführt werden; durch die starke Entwicklung der Muskulatur werden die Coelomkammern bis auf wenige Reste reduziert, und die Körperflüssigkeit im Hämolymphsystem muß zusätzlich die Aufgaben der Coelomflüssigkeiten übernehmen. Daher beginnt das Kreislaufsystem mit einem deutlich gegliederten *kontraktilen Herzen*, jedoch nur wenige kurze Gefäßstämme sind als Kanalsystem ausgebildet. Die Hämolymphe zirkuliert in Hohlräumen oder Gewebespalten als ein *offenes Kreislaufsystem*. Ein Wachstum kann nur noch unter Abwerfen der alten Cuticula, also einer *Häutung*, vor sich gehen, und eine Vermehrung von Segmenten erfolgt in Form des „alten" teloblastischen Wachstums, d.h. der Anlage neuer Segmente zwischen dem Pygidium und den letzten bereits ausdifferenzierten Segmenten.

Die stammesgeschichtliche Entwicklung hat zur Entstehung von zwei großen Formkreisen der Arthropoden der Jetztzeit geführt: den *Uniramia* (siehe Stammbaum S. 110) und der *TCC-Gruppe* (Trilobiten-Crustaceen-Cheliceraten). Zu den Uniramia gehören: die kleine Gruppe der *Protracheata* mit sehr urspünglichen Merkmalen, die uneinheitliche Gruppe der *Myriapoda* und schließlich die *Insekten* oder *Hexapoda*. Letztere sind heute durch mehr als 700000 Arten repräsentiert. Bei der TCC-Gruppe sind die Trilobiten ausgestorben; die Crustacea umfassen mehr als 28000 Arten und die Chelicerata mehr als 47000 Arten. Einen Vergleich der Schemata des Körperbaues der drei großen Gruppen gibt Bild 105. Die segmentale Gliederung des Körpers wird auch auf die Cuticula übertragen: das Exoskelett ist in segmentale Felder gegliedert, die durch elastische verformbare *Gelenkhäute* und zum Teil durch *Gelenke* miteinander verbunden sind. Nur so ist eine eingeschränkte Beweglichkeit des Körpers möglich. Die Entwicklung der Tagmata kann eine Verschmelzung der Cuticula-Segmente zur Folge haben, so daß ehemals gegliederte Teile des Exoskeletts zu einer Kapsel verschmelzen.

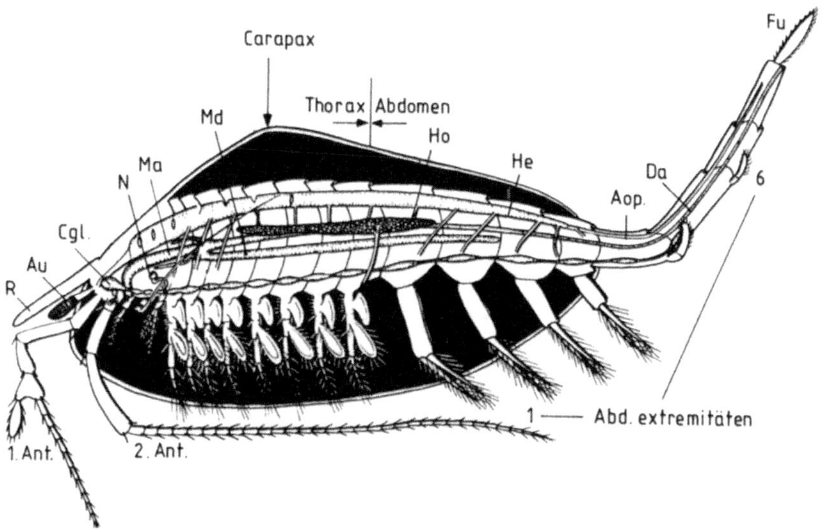

Bild 105/1
Phyllocaride

1. Ant.	1. Antenne				
2. Ant.	2. Antenne	Da	Darm	Ma	Magen
Aop.	Arteria posterior	Fu	Furka	Md	Mandibel
Au	Augen	He	Herz	N	Nephridium
Cgl.	Cerebralganglion	Ho	Hoden	R	Rostrum

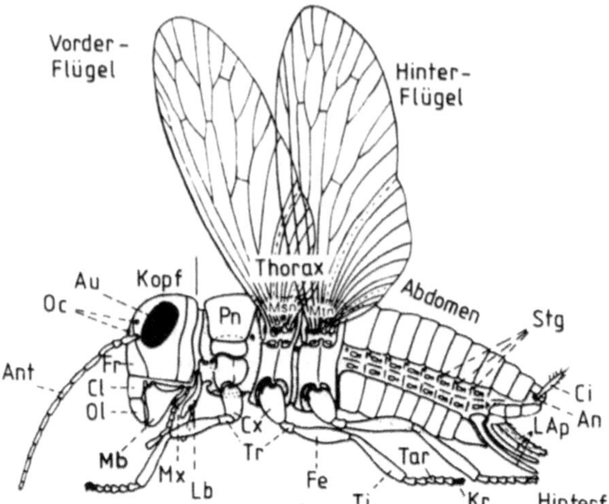

Bild 105/2a

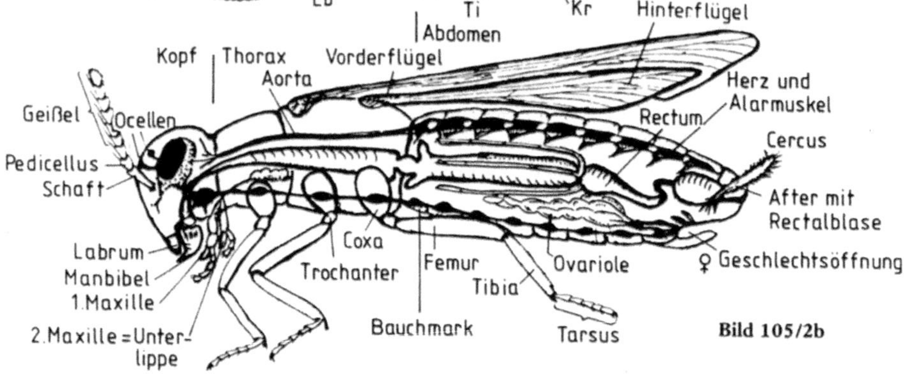

Bild 105/2b

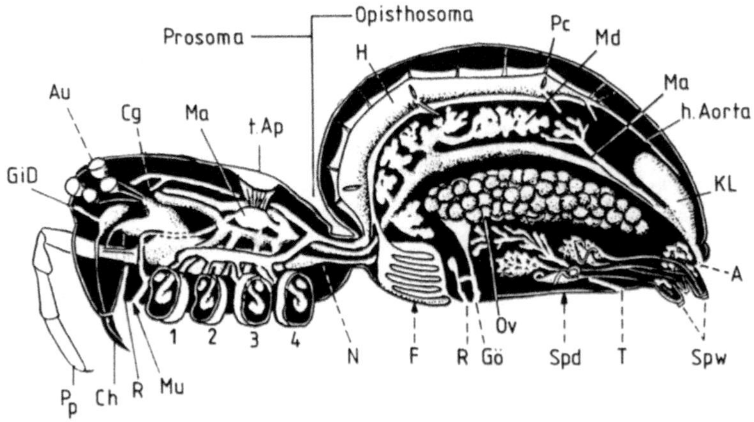

Bild 105/3

Bild 105

Vergleich der Organisation des Körpers von:
niedrigen Crustaceen (1 = Phyllocaride);
Insekten, äußere Gliederung (2a), Organe (2b);
Cheliceraten (3 = Spinne).
(verändert aus Kaestner, Siewing, Nachtigall)

Bild 105/2 und 105/3

A	After
An	After
Ant	Antenne
Au	Auge
Cg	Cerebralganglion
Ch	Chelicere
Ci	Cerci
Cl	Clupeus
Cx	Coxa
F	Fächerlunge
Fe	Femur
Fr	Frons
GiD	Giftdrüse
Gö	Genitalöffnung
H	Herz
KL	Kloake
Kr	Kralle
LAp	Legeapparat
Lb	Labium
Ma	Magen
Mb	Mandibel
Md	Mitteldarmdrüse
Mu	Mund
Mx	Maxille
N	Nervensystem
Oc	Ocellus
Ol	Oberlippe
Ov	Ovar
Pc	Pericardialsinus
Pn	Pronotum
Pp	Pedipalpus
R	Rostrum
Spd	Spinndrüse
Spw	Spinnwarzen
Stg	Stigmen
T	Tracheen
t. Ap	tergales Apodem
Tar	Tarsus
Ti	Tibia
Tr	Trochanter
h. Aorta	hintere Aorta
Msn	Mesonotum
Mtn	Metanotum

Die heute lebenden Formen der drei großen Unterstämme haben sich durch die lange stammesgeschichtliche Entwicklungszeit seit dem Kambrium (mehr als 600 Mill. Jahre) in der Organisation ihres Körperbaues sehr stark voneinander entfernt. Die Gliederung in Tagmata und die Zahl der in jedem Tagma zusammengefaßten Körpersegmente gibt Tabelle 5 wieder. Die Crustaceen weisen noch die meisten primitiven Merkmale der ursprünglichen Segmentierung auf; die Zahl der Segmente kann durch teloblastisches Wachstum bei den kleinen Formen bis auf insgesamt 40 erhöht werden. Charakteristisch ist ferner der Carapax, der als Hautfalte von der hinteren Grenze des letzten Kopfsegmentes auswächst und mit seiner Cuticula große Teile des Körpers überdecken kann. Auch die uneinheitliche Stammgruppe der Myriapoda (Hundertfüßler und Tausendfüßler), auf die hier nicht eingegangen werden kann, zeigt in der hohen Zahl ihrer Segmente und in der geringen Gliederung des Körpers zwei primitive Merkgruppen der ursprünglichen Arthropoden.

Tabelle 5 Körpergliederung (Tagmata) bei Arthropoda

Unsterstamm:	Tagma:	Segmente:
Crustacea	Caput (Kopf)	1 praeorales (Prostomium = praeantennales Segment = Akron)
		+ 5 Cephalomeren — insges. 6 Segmente → Carapax (als Hautfalte am hinteren Rand letztes Cephm.)
	Thorax (Brust)	11–15 Thoracomeren
	Abdomen = Pleon (Hinterleib)	22–6 Pleomeren + 1 postanales Segment = Pygidium (Telson)
Insecta	Caput	Prostomium (Akron) + 6 (oder 5) Cephalomeren
	Thorax	3 Thoracomeren (Pro-, Meso- und Metathorax)
	Abdomen	11 abdominale Segmente + 1 postanales Segment: Telson (Furka)
Chelicerata	Prosoma	Prostomium + 6 Extremitäten-Segmente
	Opisthosoma	12 Segmente + 1 Telson

7.1 Die Cuticula (Exoskelett) und die Mobilität des Körpers

7.1.1 Aufbau der Cuticula

Obwohl es entsprechend der großen Artenzahl der Arthropoden mehr als 1 Million spezielle Cuticulae gibt, sind sie nach einem gemeinsamen Grundplan aufgebaut. Nichts kann die Bedeutung der gemeinsamen Geninformationen für diese Merkmalsgruppe mehr unterstreichen, welche sie als neue Erfindung für die Entstehung der Arthropoden hat. Die Cuticula besteht aus vier Schichten (Bild 106). Die obere (periphere Lage) ist sehr dünn: die *Epicuticula*. Sie enthält kein Chitin und besteht aus mehreren sehr dünnen Schichten von Wachsen und Polyphenolen (Cuticulin). Die Epicuticula stellt eine der Hauptpermeabilitätsbarrieren dar; die Wachse sind undurchlässig für Wasser, die Cuticulinschicht für Gase (z.B. O_2). Die drei inneren Schichten (*Exocuticula, Mesocuticula und Endocuticula*) bestimmen die Dicke und die mechanischen Eigenschaften des Exoskelettes. Sie bestehen vor allem aus *Chitin* und den damit vernetzten Glykoproteinen. Chitin ist ein fibrilläres Homopolysaccharid, dessen Grundeinheit das Disaccharid Chitobiose ist (Bild 106). Sie wird durch das Enzym Chitinsynthetase aus Uridindiphosphat-N-acetyl Glucosamin (UDP-GlcNAc) durch β-1,4-glykosidische Bindung hergestellt und zu einer langen Fibrille verknüpft, die bis zu 1000 Untereinheiten enthalten kann.

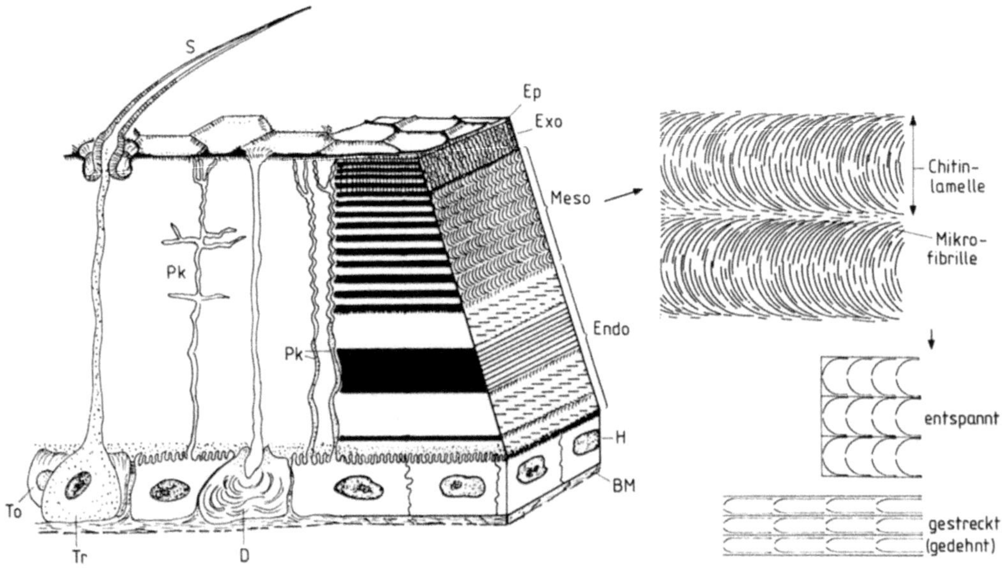

Bild 106

Schema vom Aufbau einer Arthropodencuticula

a) Schichten der Cuticula und durchsetzende Zellen. re: Faserverlauf von Chitinfilamenten

BM	Basalmembran	H	Hypodermis
D	Drüsenzelle	Meso	Mesocuticula
Ep	Epicuticula	Pk	Porenkanal
Exo	Exocuticula	To	tormogene Zelle
Endo	Endocuticula	Tr	trichogene Zelle

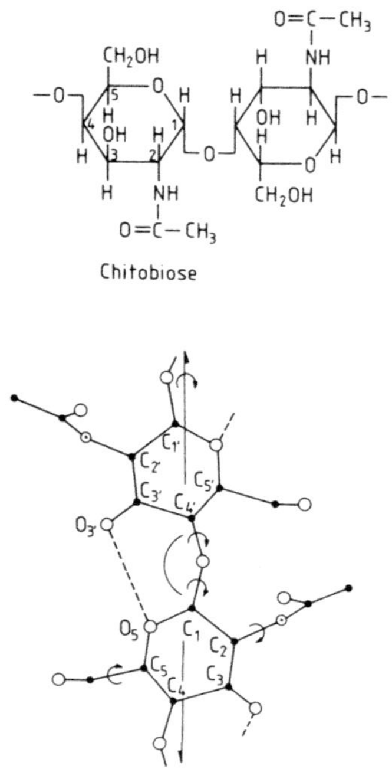

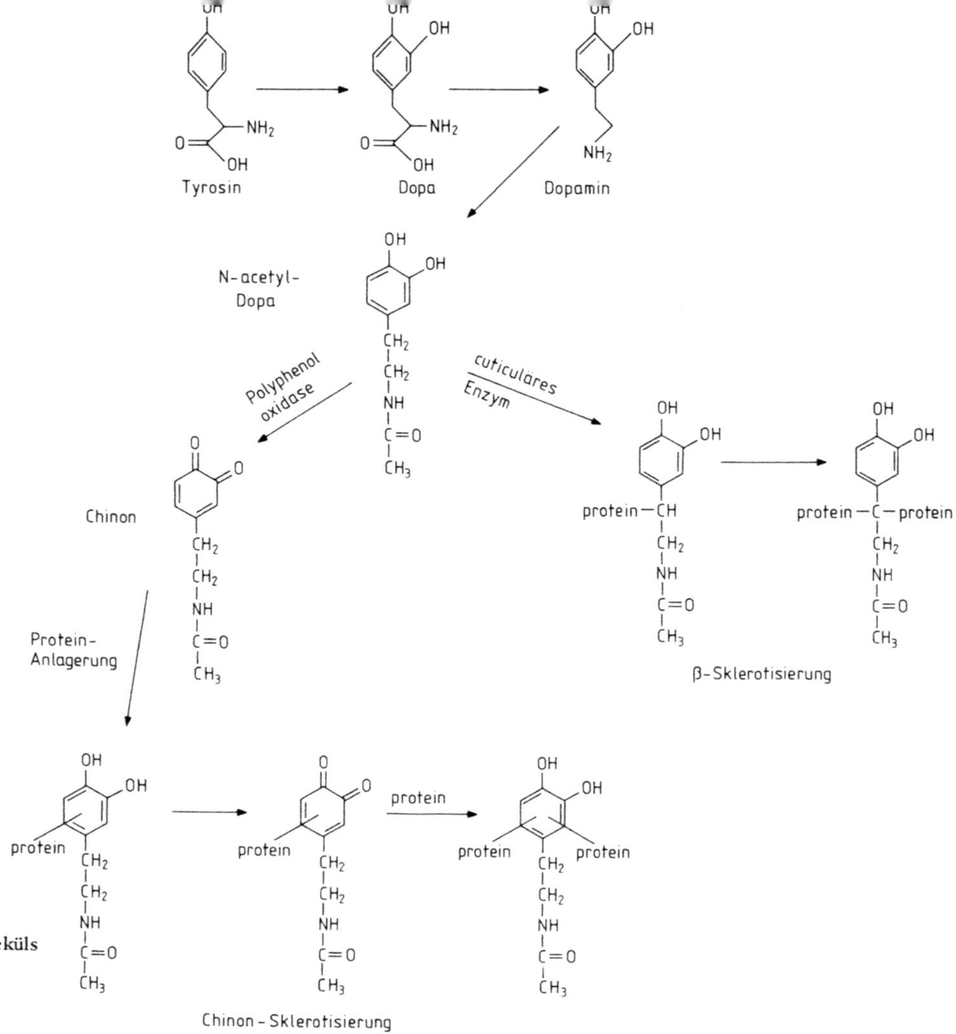

Bild 106
Schema vom Aufbau einer Arthropodencuticula
b) Formel und Achsendrehung des Chitobiose-Moleküls
Schema der Verhärtungsprozesse in der Cuticula

Die Fibrillen werden lagenweise zusammengeschichtet und durch Glykoproteine vernetzt. Alle Synthesen für die Stoffe der Cuticula und der beteiligten Enzyme werden von den Zellen des einschichtigen Körperepithels, der Hypodermis, geleistet. Die Chitinsynthetase sitzt in der Zelloberfläche an der Grenze zur Cuticula. Durch die Hemmung dieses Enzyms läßt sich die Ablagerung des Chitins verhindern und zeigen, daß die Proteine untereinander nicht stabilisiert werden können und damit auch für die Festigkeit der Cuticula direkt nicht verantwortlich sind. Von den Epidermiszellen können lange Mikrovilli beim Aufbau der Cuticula in das abgelagerte Material vorgestreckt werden, so daß sogenannte *Porenkanäle* entstehen. Die *Verhärtung (Sklerotisierung)* der Cuticula setzt an den Proteinen an. Die Epithelzellen scheiden Enzyme in das Gerüstwerk der Cuticula aus und ferner auch die Aminosäure Tyrosin. Daraus kann N-acetyldopamin entstehen (Bild 106). Von dieser Verbindung gehen zwei Wege der Sklerotisierung aus: durch die Einwirkung eines Enzyms werden die Proteine an das N-acetyldopamin gebunden und damit vernetzt (sogenannte β-Sklerotisierung); der zweite Weg geht über eine Veränderung des N-acetyldopamins durch Polyphenoloxidasen zu einer Chinonform, welche die Proteine im Ringsystem bindet. Die Sklerotisierung ist irreversibel. In den Gelenkhäuten dagegen erfolgt keine Sklerotisierung; ihre starke Elastizität und Biegbarkeit wird von allen Dingen durch die Einlagerung eines dimeren Proteins Resilin bewirkt, dessen spiralförmige Molekularstruktur die mechanischen Eigenschaften dieser Cuticula bestimmen.

Bei den Crustaceen kann bei den größeren Formen die Cuticula durch die Einlagerung von Ca-Salzen (Ca-Karbonat, Ca-Phosphat) mineralisiert werden; sie wird zu einem harten Panzer. Durch die Epicuticula wird der Ionenaustausch mit dem umgebenden Wasser verhindert, so daß keine allmähliche Auflösung der Salze in der Cuticula erfolgen kann.

Über einem Segment wird die Cuticula in Form mehrerer Platten ausgeschieden: Einer dorsalen Platte *(Notum oder Tergum)*, zwei laterale Platten *(Pleuriten)* und einer ventralen Platte *(Sternit)*. In den Pleuriten sind die Löcher für die Gelenke und den Durchtritt für die Muskeln, die Hämolymphspalten und die Nerven der Extremitäten.

7.1.2 Die Extremitäten

Die muskulösen seitlichen Körperanhänge sind von den Arthropoden zu langgestreckten Extremitäten weiterentwickelt worden. Zwei Formen sind heute verwirklicht.

Beide Strahlen des „Urparapodiums" sind erhalten geblieben, so daß eine zweistrahlige Extremität: *Schizopodium oder Spaltfuß* der Crustaceen (Bild 107) entsteht. Wird dagegen nur ein Strahl bevorzugt ausgebildet, so entsteht ein *Stenopodium* oder die *unirame Extremität*, wie sie bei den Protracheaten, den Myriapoden und den Insekten sowie bei den Laufbeinen der Spinnentiere vorhanden ist. Die Extremitäten sind Röhren (Podomeren) der Cuticula, die ineinander gesteckt sind, durch Gelenkmembranen verbunden bleiben und auf bestimmten *Gelenkflächen (Condylus)* beweglich aufeinander treffen. Die Achse durch die Condyli bestimmt die Bewegungsfähigkeit des Gelenks. Muskelgruppen ziehen aus dem Körper in diese Extremitätenröhren bzw. verbinden die verschiedenen Röhren untereinander. Vorsprünge des Exoskelettes nach innen sind die *Apodeme*, an denen die Muskeln ansetzen. Zwei antagonistische Muskelgruppen sind notwendig: *Flexoren* zur Beugung und *Extensoren* zur Streckung der Extremitäten. Nicht alle Segmente tragen bei den verschiedenen Unterstämmen der Arthropoden noch Extremitäten oder extremitätenähnliche Anhänge. Tabelle 6 gibt eine Übersicht über die Zahl der Extremitäten an den Tagmata. Bei allen Formen sind aber zwei funktionell unterschiedliche Extremitätenformen ausgebildet. Die an den vorderen Segmenten im Bereich der Mundöffnung angeordneten Extremitäten sind für die Aufgaben der Nahrungsaufnahme umgeformt; die übrigen Extremitäten werden in irgendeiner Form für die Fortbewegung (Schwimmen, Laufen, Springen) benutzt. Die Mobilität bei den Laufbewegungen wird durch das vollständige Abheben des Körpers vom Boden durch die Extremitäten außerordentlich verbessert. Je nach der Schwere des Körpers und der Länge der Extremitäten ergibt sich eine ziemlich direkte Abstützung oder eine

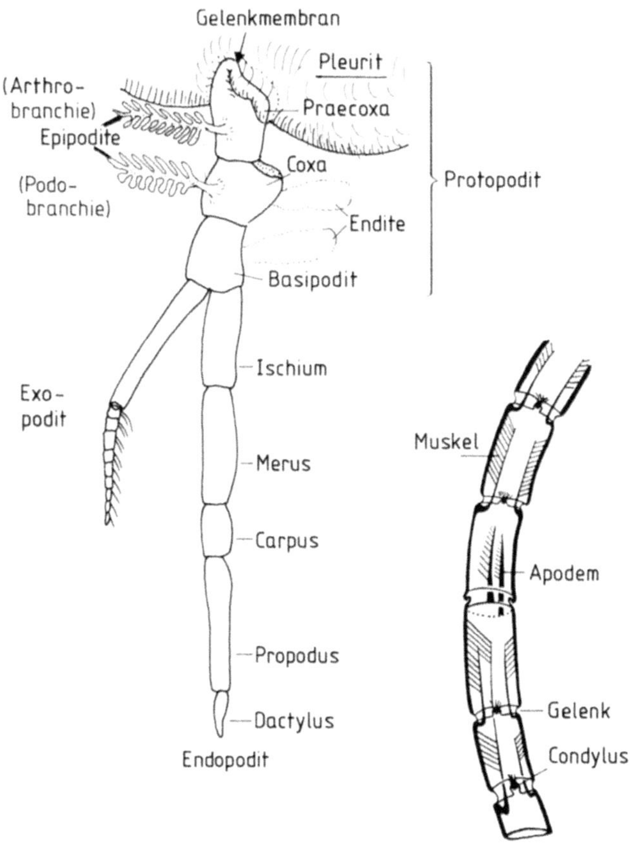

Bild 107
Extremitäten der Arthropoden
a) Schizopodium, Schema des Aufbaus;
re: Ansatz der Muskeln und Lage der Gelenke in den Röhren der Extremitätensegmente

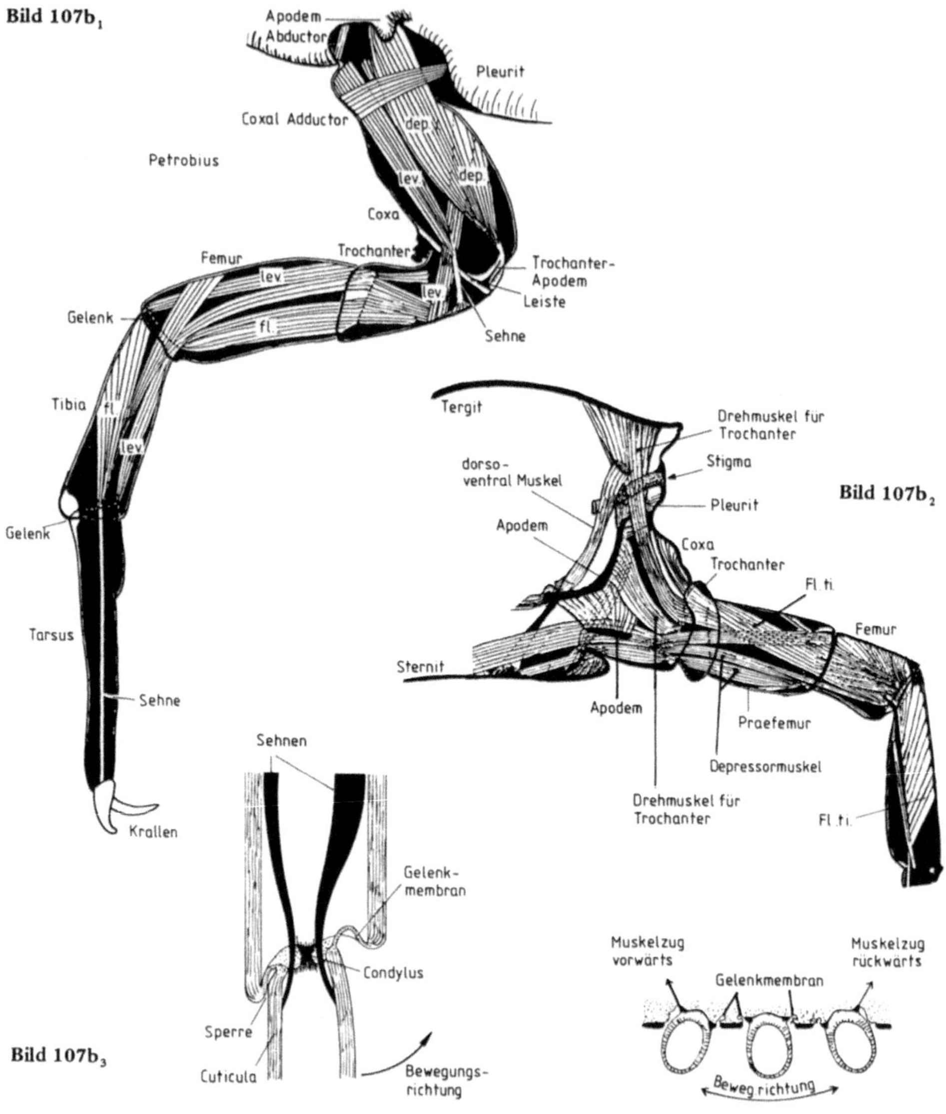

Bild 107

Extremitäten der Arthropoden

b) Uniramier-Extremitäten:

b$_1$) Typ einer undifferenzierten Insekten-Extremität; Ansatz am Körper und Lage der Muskeln
- lev Levator
- dep depressor
- fl flexor

b$_2$) seitliche Aufhängung am Körper und Muskelgruppen in einer Extremität bei Lithobius (Myriapoda).
Fl. ti. Flexor tibiae

b$_3$) Schema eines Gelenks und der Bewegungsfolgen einer Extremität in der Aufhängung über Gelenkmembranen an der Körperwand

(1 und 2 verändert aus Manton, 1977)

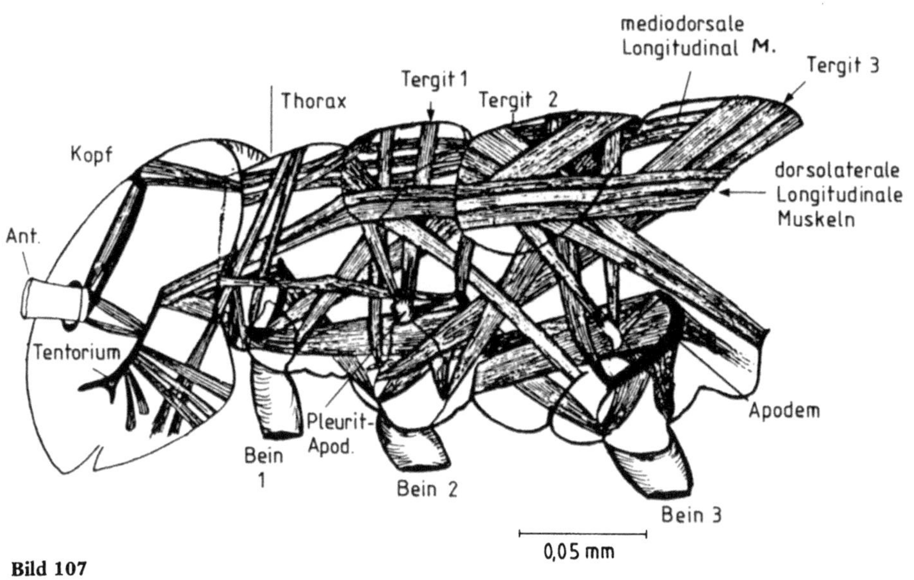

Bild 107
Extremitäten der Arthropoden

c) Zerteilung des ursprünglichen Hautmuskelschlauchs in zahlreiche individuelle Muskeln bzw. Muskelgruppen bei einem primitiven Insekt (Hanseniella); Kopf und Zone der Beine (verändert aus Manton, 1966)

Tabelle 6 Verteilung von Extremitäten auf die Tagmata

		Crustacea	Insecta		Chelicerata	
Akron		Augen	Augen		–	
Cephalothorax als wechselnd weitgehende Verschmelzung	Kopf	1. Antenne	Antenne		–	
	Kopf	2. Antenne	–	Prosoma	Chelicere	
	Kopf	Mandibel	Mandibel	Prosoma	Pedipalpus	
	Kopf	1. Maxille	Maxille 1	Prosoma	1. Beinpaar	Cerebralganglion
	Kopf	2. Maxille	Maxille 2 = Labium	Prosoma	2. Beinpaar	
				Prosoma	3. Beinpaar	Archicerebrum + Protocerebrum
	Thorax	je Segment:	3 Segmente: 1. Beinpaar	Prosoma	4. Beinpaar	Deutocerebrum
	Thorax	1 Paar	2. Beinpaar			Tritocerebrum
	Thorax	Pereiopoden	3. Beinpaar			
				Opisthosoma	(max. 12 Segmente) Beinanlagen als Fächerlungen	Ganglion sub-oesophagiale
	Abdomen	je Segment: 1 Paar Abdominal-extremitäten		Opisthosoma		
		Pleon mit Platten oder Furka	Cerci (Furka)		Telson	

stärker federnd elastische Aufhängung des Körpers (Bild 108). Für den Effekt des Laufens dagegen ist die Bewegungsfähigkeit der Extremitäten der entscheidende Faktor. Daher sind zwei Formen von Gelenken vorhanden; die *Zapfengelenke* ermöglichen eine Drehung, die *Scharniergelenke* nur eine Abwinkelung um eine Achse von zwei Podomeren gegeneinander. In der Laufbewegung wird das Bein in der ersten Phase in den körpernahen Gelenken gehoben und damit von der Unterlage entfernt und dann in den Zapfengelenken kreisförmig gedreht. In der zweiten Phase wird das Bein nach der Drehung wieder auf die Unterlage gesetzt, also gesenkt, und in der Stemmphase unter Streckung der Scharniergelenke (und damit Vergrößerung des Radius) wieder nach hinten gedreht (beim Vorwärtslaufen, Bild 108b). Die Drehung in den körpernahen Zapfengelenken und die Streckung in den Scharniergelenken ergeben also den aktiven Vorschub. Diese Form

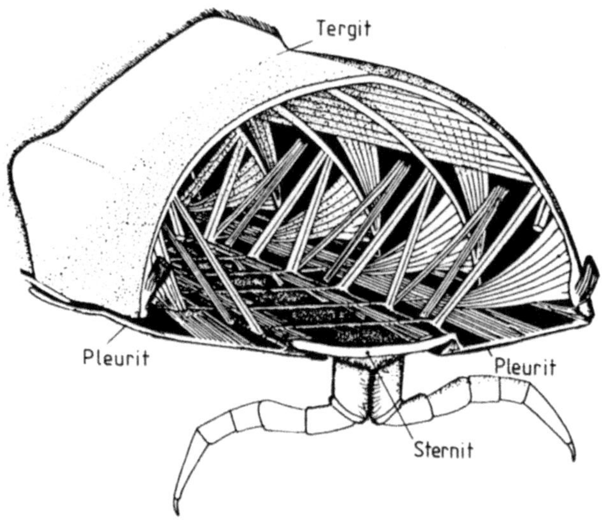

Bild 108

a) Vergleich der Abstützung des Körpers durch Extremitäten bei Arthropoden (z. T. verändert aus Manton, 1977; Foelix, 1979)

a_1) Landbewohner mit primitiver und direkter Unterstützung des Körpers, geringe Bewegungsweite der Extremitäten (Diplopode Siphonophera); Rekonstruktion eines Körpersegments mit den für die Skelettplatten wichtigen Muskeln, unirame Extremitäten

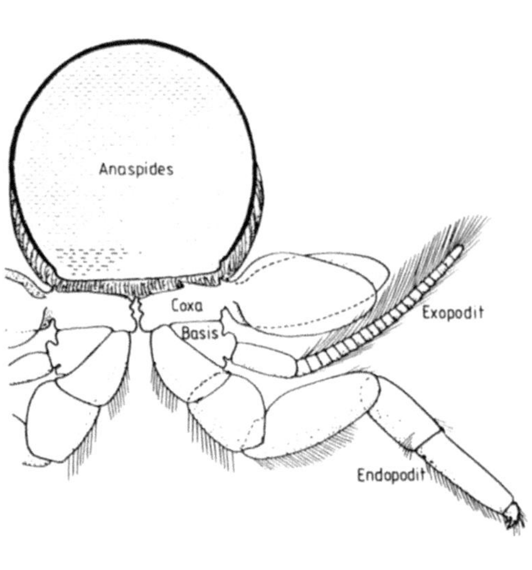

a_2) Wasserbewohner mit primitiver und direkter Unterstützung durch Schizopodium, nur der Endopodit als bewegungsfördernder Anteil ausgebildet (Crustacea, Anaspides)

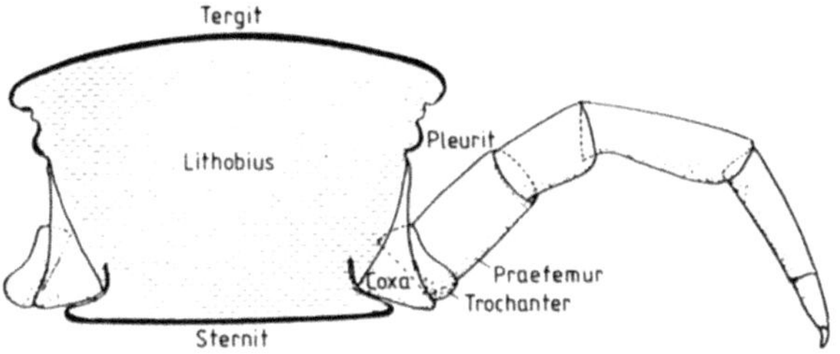

a_3) Landbewohner mit kräftiger, seitlich aufgehängter uniramer Extremität (Thoraxsegment des Chilopoden Lithobius), Coxa als einfaches Kugelgelenk mit Möglichkeit zur Hebung der Extremität, geringe Bodenfreiheit

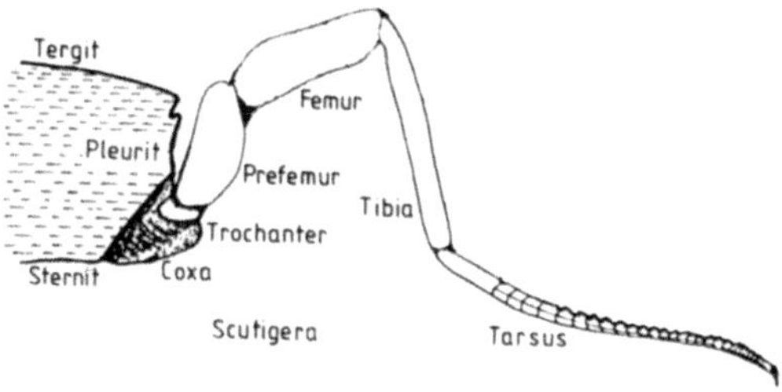

a_4) Zum Vergleich zu Bild a_3, Diplopode von geringer Segmentzahl und geringem Körpergewicht (Scutigera); Verlängerung des Extremitätenhebels und Vermehrung der Tarsusglieder, weite Bewegungsmöglichkeit

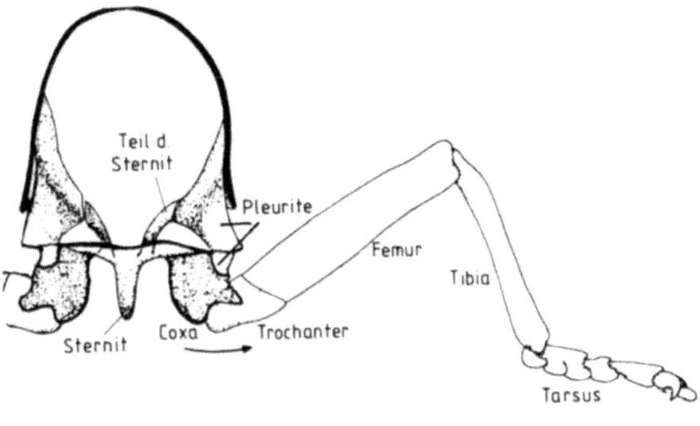

a_5) Landbewohnendes großes Insekt (Locusta: Heuschrecke), zweites Thoraxbein; ventral verlagertes Gelenk mit Verstärkungsteilen der Cuticula, dennoch weite seitliche Bewegungsmöglichkeit

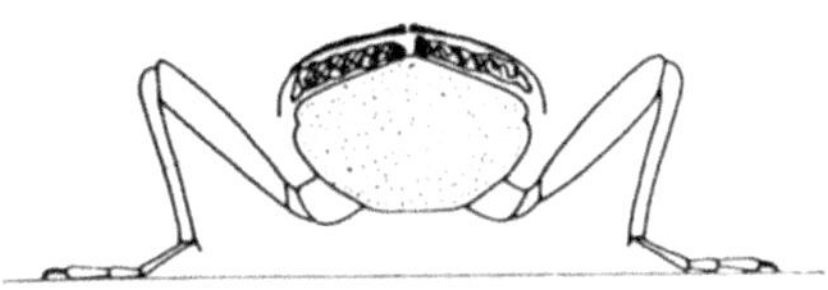

a_6) Landbewohnendes kleines Insekt (Forficula, Ohrwurm), letztes Thoraxsegment mit zusammengelegten Flügeln und Flügeldecken, federnde Aufhängung des Körpers, Ansatz als Kompromiß zwischen lateraler und ventraler Eingelenkung, große Bewegungsfreiheit der Extremität

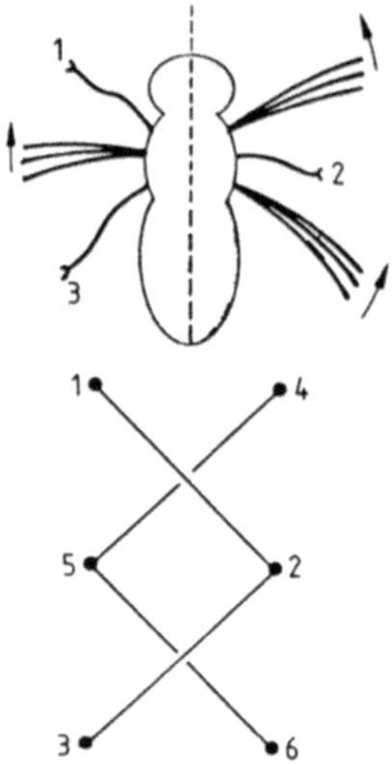

Bild 108b$_1$

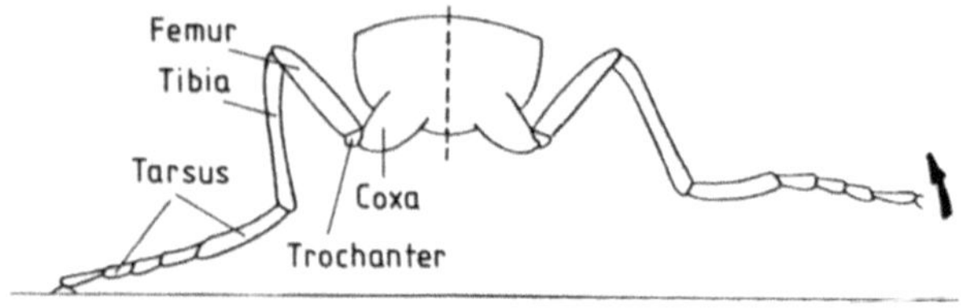

Bild 108

b) Extremitätenbewegung bei Arthropoden

b$_1$) bei einem Insekt; Diagonalreihenfolge und Dreipunktabstützung bei Heben und Schwenken der drei momentan bewegten Extremitäten

b$_2$) Bewegungsfolgen bei einer Spinne; oben: Die Schrittlänge der einzelnen Extremitäten

b$_3$) Die Schrittlängen beim Chilopoden Scutigera (vgl. Bild a$_4$) überlappen sich, der Körper wird durch die Longitudinalmuskeln in den Segment-Gelenkhäuten beim Bewegungsverlauf verbogen

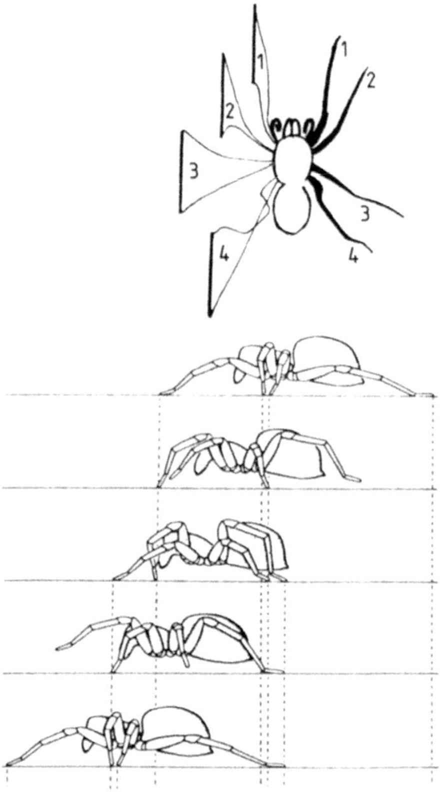

Bild 108b$_2$

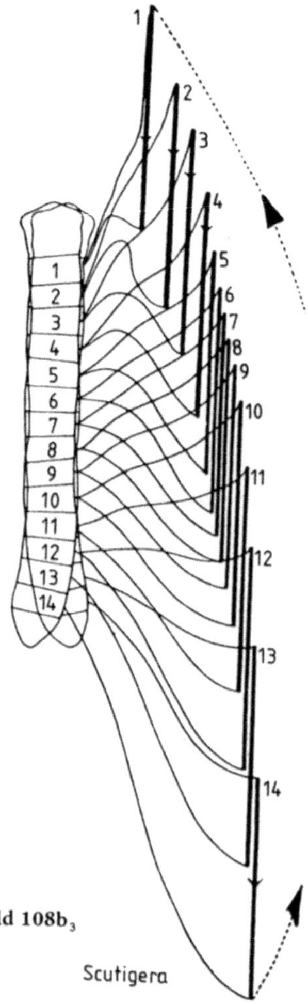

Bild 108b$_3$

der Extremitätenbewegung erfordert eine genaue neuronale Koordination der Aktivität der Muskelgruppen. Die Zusammenarbeit der Extremitäten muß zeitlich und räumlich genau aufeinander abgestimmt werden. Da bei den meisten Arthropoden der Körper nicht mehr seitlich verbogen werden kann, wird auch die Schrittlänge der Extremitäten nur auf einer Körperseite verändert werden, wenn eine Kurve gelaufen werden soll. Voraussetzung für die Koordination ist zugleich eine sehr genaue Kontrolle der Spannungszustände der Muskelzellen und der Stellung der verschiedenen Glieder der Extremitäten zueinander und der Extremität insgesamt gegenüber dem Körper. Dazu sind eine große Zahl von Propriozeptoren tätig (siehe unten). Der Vergleich von Bild 108 mit Bild 90 läßt sofort erkennen, daß bei der Theorie der Extremitätenentstehung die Parapodien der heute lebenden Anneliden nicht mit den Extremitäten der Arthropoden einfach vergleichbar sind; beide stehen am Ende einer langen Entwicklungsreihe. Die frühen, fossil überlieferten Arthropoden (Trilobiten, Myriapoden, Eurypteriden und Protracheaten) haben bereits alle Extremitäten, deren Gelenke in den unteren Teilen der Pleuren, also sehr weit ventral liegen. Gemeinsame, den Anneliden ähnliche Ausgangsformen sind bisher nicht bekannt geworden. Die Parapodien geben nur einen Anhalt, aus welchen Anfängen der Funktion sich Körperanhänge entwickelt haben können.

Bei den zur Fortbewegung dienenden Extremitäten sind hinsichtlich der Muskelaktionen zwei Funktionszustände zu unterscheiden. Einmal können die Extremitäten den Körper unbewegt über dem Untergrund stützen, der Körper befindet sich gewissermaßen in einer Ruhestellung. Die Körperhaltung wird wesentlich durch die Stellung der Extremitäten mitbestimmt. Soll der Körper bewegt werden, so müssen durch die verschiedenen Muskelspannungen Drehungen in den Zapfengelenken bzw. Abknickungen durch Strecken oder Beugen in den Scharniergelenken erzeugt werden.

Die *Muskeln der Arthropoden* weisen einige Besonderheiten auf. Sie werden in der Regel von mehreren Motoneuronen mit verschiedener Funktion versorgt, sind also polyneural innerviert. Die Axone haben zu jeder Muskelfaser mehrere synaptische Kontakte. Innerhalb eines anatomisch abgrenzbaren Muskels sind mehrere Muskelfasern durch einen gemeinsamen Ansatz am Exoskelett zu Muskeleinheiten zusammengefaßt. Die Zahl der motorischen Neuronen dagegen ist geringer, und ihre Anordnung in den segmentalen Ganglien wiederholt sich serienmäßig. Letzteres gilt vor allem bei den Arthropoden mit Extremitäten am Abdomen. Die einzelnen Neurone lassen sich in ihrer Entstehung bis zu den Neuroblasten in der embryonalen Anlage des Nervensystems zurückverfolgen. Mehrere Muskeln werden also von einem Motoneuron versorgt. Zwei Typen von excitatorischen Neuronen sind vorhanden: solche mit schnellen Axonen und solche mit langsamen Axonen. Jeder Muskel wird von beiden Typen innerviert. Die Erregung der schnellen Axone erzeugt eine sehr intensive Kontraktion in einer sehr kurzen Zeit (in 5 – 25 ms). Die Erregungen der langsamen Axone lösen eine geringe Kontraktion in einer relativ langsamen Zeitfolge aus. Als Neurotransmitter ist nicht Acetylcholin, sondern L-Glutamat vorhanden. Die Kontraktion der einzelnen Muskelfasern kann zwischen 2% und 20% betragen; der Unterschied wird durch das Maß der Verkürzung der einzelnen Sarcomeren in den Fasern verursacht. Als dritter Typ sind inhibitorische Motoneurone vorhanden, die ebenfalls alle Muskelgruppen versorgen. Die Synapsen enthalten γ-Aminobuttersäure (GABA), die in der Postsynapse eine Hyperpolarisierung auslöst. Eine Modulation der Aktivität im Bereich der Muskeln kann durch einen weiteren Typ von Neuronen erreicht werden, die als Neurotransmitter das Octopamin haben. Ihre Axone reichen direkt an die Muskelzellen heran, aber auch an die Präsynapsen der übrigen Motoneurone, deren Erregungen sie daher beeinflussen können.

Die Regulation der Muskelaktivitäten in den Extremitäten wird also nicht im zentralen Nervensystem vorgenommen, sondern im peripheren Bereich der Muskelzellen und der an ihnen ansetzenden Synapsen. Das ist ein wichtiger Unterschied gegenüber den Verhältnissen bei den Wirbeltieren, bei denen eine Koordination durch die Neuronen im Rückenmark erfolgt.

Bei der Ruhehaltung des Körpers, z.B. eines Insektes, berühren alle Beine den Boden und tragen das Gewicht des Körpers. In diesem Zustand sind die inhibitorischen Neurone und die Neurone mit den langsamen Axonen für die Extensormuskeln aktiv; die Neurone für die Flexoren sind inaktiv. Es werden also nur kleine Partien der Extensormuskeln in Dauerkontraktion gehalten, um das Gewicht aufzufangen. Entsprechendes gilt für die Muskelgruppen von Trochanter und Coxa, die als Adduktoren, Depressoren (Senkermuskeln) oder Levatoren (Hebemuskeln) an der Körperwandung ansetzen und die Drehbewegungen der beiden ersten Gelenkabschnitte der Extremität durchführen. Die Aktivität der beteiligten Neurone wird von den verschiedenen Propriozeptoren (siehe unten) beeinflußt. Vibrationen oder langsame Schrägneigung der Unterlage verändern die Aktivitäten und damit die Muskelspannungen.

Die *Laufbewegung* mit einem einfachen Bewegungsmuster der Extremitäten, wie z.B. bei der Schabe, der Stabheuschrecke oder einer Heuschrecke, wird durch Kommandoneurone ausgelöst. Es sind Interneurone, deren Neuriten an die motorischen Zellen heranreichen, während die Motoneurone untereinander nicht in direktem Kontakt stehen. In den Kommandoneuronen entstehen oscillatorische Veränderungen des Membranpotentials von etwa 200 bis 400 ms Dauer. Die einen Oscillatoren hemmen, die anderen erregen die Motoneuronen für die Flexormuskeln; entsprechend gibt es zwei Oscillatoren für die Motoneuronen der Extensormuskeln. Eine ähnliche Anordnung von Nervenzellen gibt es für die Muskelgruppen von Coxa und Trochanter. Beim Abheben des Beines und der Drehung nach vorne werden alle Flexoren gehemmt, umgekehrt werden beim Zurückholen des Beines unter Belastung die Flexoren, Adduktoren bzw. Depressoren betätigt (Bild 109). Bei langsamer Gangart alternieren die Extremitäten der linken und der rechten Seite in einer Diagonallinie, so daß immer drei Beine angehoben und drei Beine in Bodenberührung sind. Dieser regelmäßige Rhythmus kann aber bei schnellem Lauf verlorengehen. Der Rhythmus selbst ist segmentbezogen, also nicht von zentralen Kommandoneuronen abhängig. Die Art der Auslösung und die Beeinflussung aus den Informationen der großen Sinnesorgane muß jedoch von Neuronen des zentralen Systems ausgehen, sie sind aber nicht bekannt. Die Extremitätenbewegung selbst wird durch die Rückmeldung aus den zahlreichen Propriozeptoren direkt stark beeinflußt.

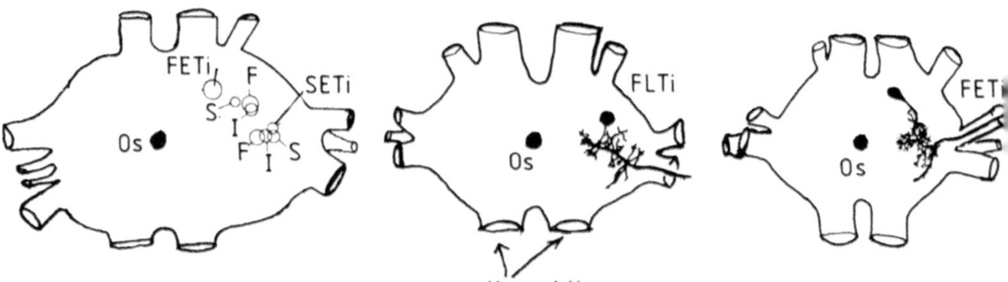

Bild 109a

Bild 109

a) Neuronen für die Laufbewegungen bei Arthropoden: Mesothorax-Ganglion der Heuschrecke Schistocerca; rechts: die identifizierbaren Zellkörper nach Anfärbung mit Procion-gelb sind mit Zahlen bezeichnet, stark umrandet sind die Neuronen für die Motorik der Laufbewegung; untere Reihe links u. rechts: die Lage einzelner motorischer Neurone und ihrer Dendriten bzw. des Axons, ganz rechts die Nerven 2–5 des Ganglions mit dem Austritt der Axone

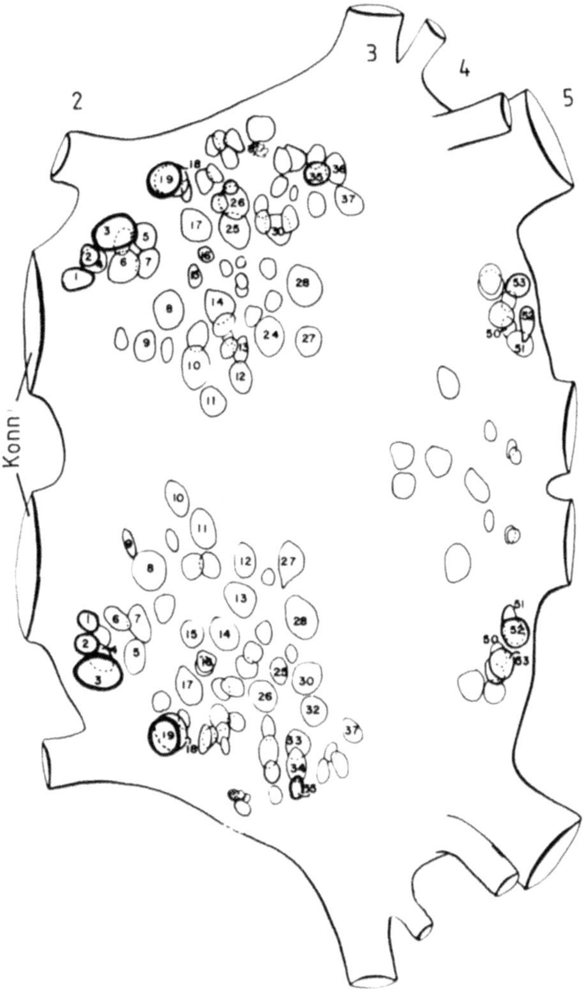

FETi schneller Tibia-Extensor
SETi langsamer Tibia-Extensor; 6 Tibia-Flexorneurone sind vorhanden

F schnell
I mittelschnell
S langsam
FLTi Tibia-Flexor
Os Oscillator-Neuron

(verändert nach Wilson und Hoyle, 1978; Burns und Usherwood, 1979)

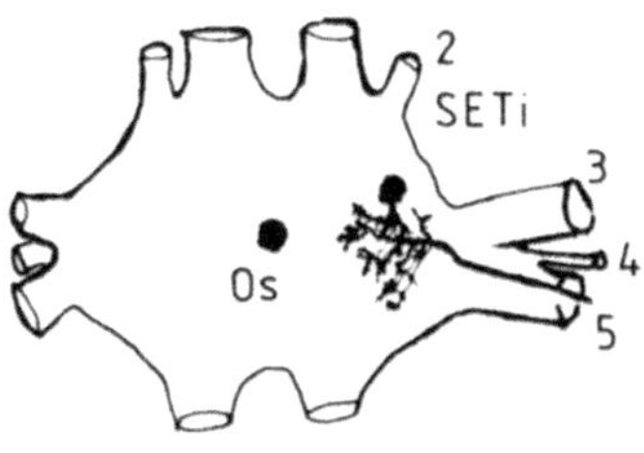

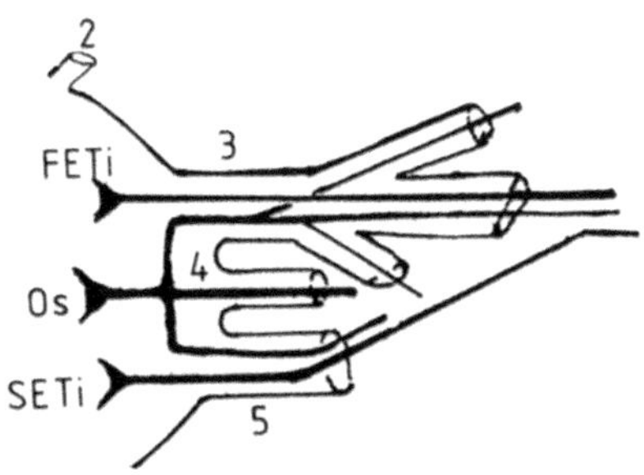

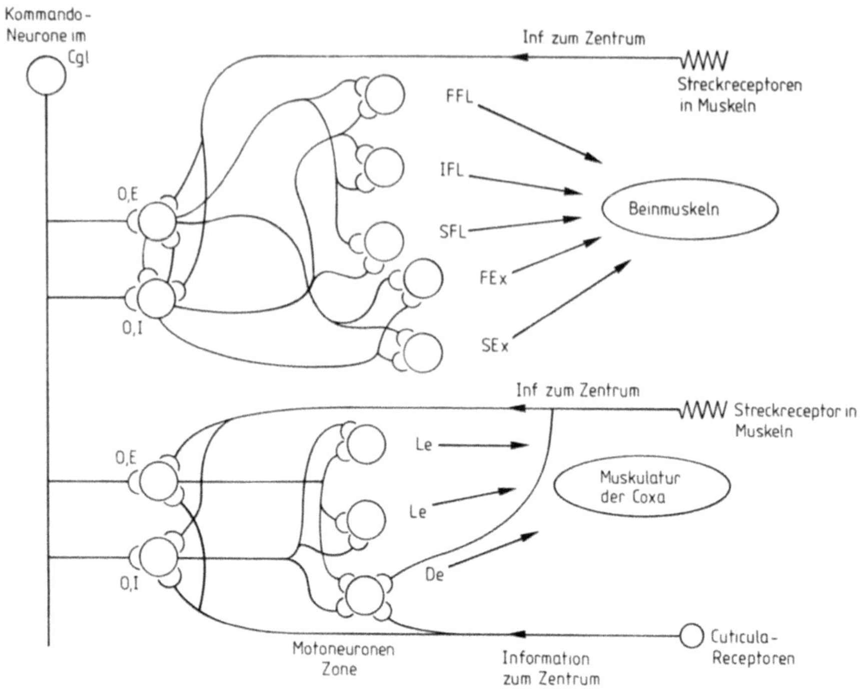

Bild 109

b) Schema der Neuronen-Anordnungen für die Laufbewegungen bei Insekten: Kommando-Neurone des Cerebralganglions stehen mit Oscillator-Neuronen der Thoraxganglien in Verbindung, die ihrerseits die Neuronen für den Levator (Le) und Depressor (De) in der Coxa und die für Flexoren und Extensoren der Beinmuskulatur beeinflussen. (in Anlehnung an Pearson, 1972, und Wilson und Hoyle, 1978)

Cgl	Cerebralganglion	Ex	Extensor
F	schnell	FL	Flexor
I	mittelschnell	O, E	excitatorischer Oscillator
S	langsam	O, I	inhibitorischer Oscillator

(verändert nach Wilson und Hoyle, 1978; Burns und Usherwood, 1979)

Die *Schwimmbewegung* von Crustaceen, z.B. von Garnelen, besteht in einer metachronen Bewegungsrhythmik der Abdominal-Extremitäten. Die Beine eines Segments werden gleichzeitig bewegt, und die metachrone Welle kommt durch zeitliche Phasenverschiebungen zwischen den Segmenten zustande. Im Prinzip wird ein ganz ähnliches System von Neuronen benutzt wie bei der Bewegung der Extremitäten auf dem Lande. Die segmentalen Ganglien sind in ihrem Aufbau hinsichtlich der Nervenzellen alle einander homolog und sehr ähnlich, wiederholen also serienmäßig eine bestimmte Ausstattung mit Neuronen. Die Aktivitäten der Motoneurone, welche die Kontraktion der Muskelgruppen und damit die Bewegung der Extremitäten auslösen, finden in den Segmenten nacheinander mit einer geringfügigen Phasenverschiebung statt (Bild 110). Der Unterschied beträgt etwa 0,25 s. Der Rhythmus auf beiden Körperseiten wird durch oscillatorische Neurone bestimmt (Bild 110b), die je nach Zuordnung die Erregung oder die Hemmung der Motoneurone auslösen (siehe oben). Durch Interneurone (sogenannte Koordinatoren) wird von Segment zu Segment die genaue Information über den Zustand des einen Oscillators an den nachfolgenden Oscillator übermittelt. Über

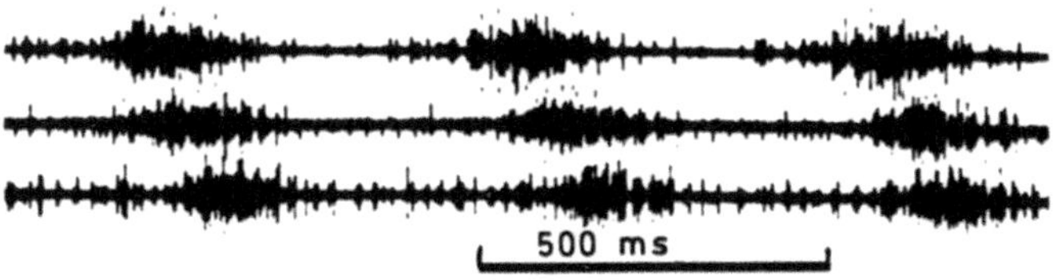

Bild 110

Neuronale Kontrolle der segmentalen Muskulatur für die abdominalen Schwimmbewegungen der Extremitäten bei Crustaceen

a) Aufzeichnungen der elektrischen Aktivitäten der Motoneurone in aufeinander folgenden Segmenten (von oben nach unten) während des Schwimmens, Phasenverschiebungen der rhythmischen Potentialtrains

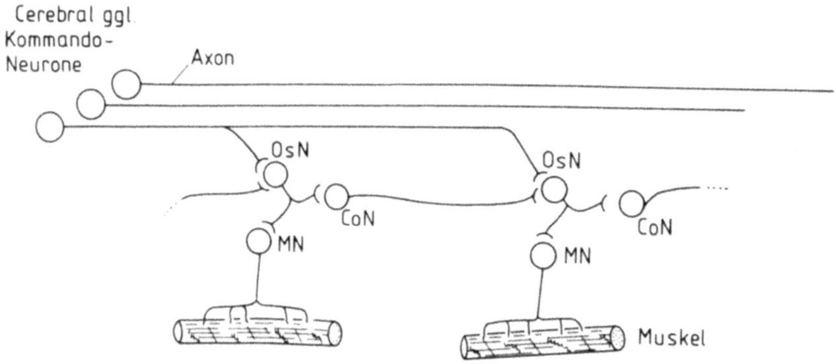

Bild 110

Neuronale Kontrolle der segmentalen Muskulatur für die abdominalen Schwimmbewegungen der Extremitäten bei Crustaceen

b) Schema der Anordnung der für die Schwimmbewegungen notwendigen Neurone in zwei aufeinander folgenden Segmenten

OsN segmentale Oscillator-Neurone
CoN intersegmentales Koordinations-Neuron
MN Motoneurone

die Synapsen der Interneurone wird entweder eine Verzögerung oder eine Beschleunigung der Oscillation erfolgen. Werden die Axone der Interneurone durchtrennt, so bleibt der Rhythmus der Oscillatoren zwar erhalten, aber die Koordination zwischen den Segmenten ist aufgehoben. Die Aktivität in einem Koordinationsneuron für die nächste schwanzwärts gelegene Extremität beginnt mit der Rückholbewegung der vorhergehenden Extremität. Der gesamte Vorgang wird von einzelnen großen Neuronen des zentralen Nervensystems, sogenannten Kommandoneuronen in Gang gesetzt. Sie liegen im vorderen Abschnitt des Nervensystems und erreichen mit ihren Axonen mehrere Segmente des Bauchmarks. Eine Gruppe ist für die hinteren, eine zweite Gruppe für die vorderen und eine dritte Gruppe für alle Extremitäten des Abdomes zuständig. Die Durchschneidung dieser Axone hebt zwar die Koordination und die Auslösung auf, aber der Oscillationsrhythmus eines einzelnen Segments läßt sich durch Reizung auslösen.

Eine Rückkehr zu dem alten Prinzip des hydrostatischen Innenskelettes und der *Hydraulik* ist durch sekundäre Anpassungen bei den echten *Spinnen (Arachnida)* unter den Cheliceraten erfolgt. Die vier Beinpaare der Spinnen sind extrem lang. Sie dienen entweder zu einer sehr schnellen Laufbewegung bei der Beutejagd, oder sie bedecken ein möglichst großes Areal in einem Spinnennetz, um das Gewicht zu verteilen. In den langgestreckten Extremitätenteilen sind nur noch Flexoren vorhanden, und zwar mehr als 30. Die Extensoren sind reduziert oder vielleicht in Flexoren umgeordnet worden. Die Muskeln gehören zum schnellen Typ, erlauben also eine blitzartige Bewegung, ermüden aber durch den geringen Bestand an Mitochondrien sehr schnell. Die Streckung der Extremitätenröhren wird durch die Hydraulik der Hämolymphe übernommen (Bild 111). Der Körper der Spinnen enthält relativ große Hohlräume, das *Schizozoel*, das durch die Erweiterung der Interzellularräume und aus Resten des Coeloms bei der Entwicklung entstanden ist. Bei der ca. 1,2 cm langen Finsterspinne (Amaurobius) beträgt das Volumen der Hämolymphe ca. 26 mm^3. Ein plötzlicher Druckanstieg wird durch die Kontraktion von starken Muskelgruppen im Prosoma verursacht, die den zu einem Carapax verschmolzenen dorsalen Teil ruckartig wie einen Topfdeckel herunterziehen. Die seitlichen Gelenkhäute lassen eine solche Bewegung zu. Die ausgedehnte Wandung des Opistosoma wird durch eine Serie von Wandmuskeln geschützt, durch deren Kontraktion die Erweiterung des Opistosoma oder ein Platzen verhindert wird. Dadurch wird die Hämolymphe in die am Prosoma ansetzenden Beine hineingedrückt und eine Streckung erreicht. Der Druck bei einer Vogelspinne – im Ruhezustand etwa 40 bis 60 mm Hg – schnellt während eines Laufvorgangs auf 100 mm Hg hoch und beim raschen Beutefang bis zu 480 mm Hg. (Zum Vergleich: Blutdruck des Menschen zwischen 80 und 120 mm Hg.) Auch hier muß eine neuronale Kontrolle die Synchronie der Muskelkontraktionen im Prosoma und des Wandfächers im Opistosoma gewährleistet sein. Die

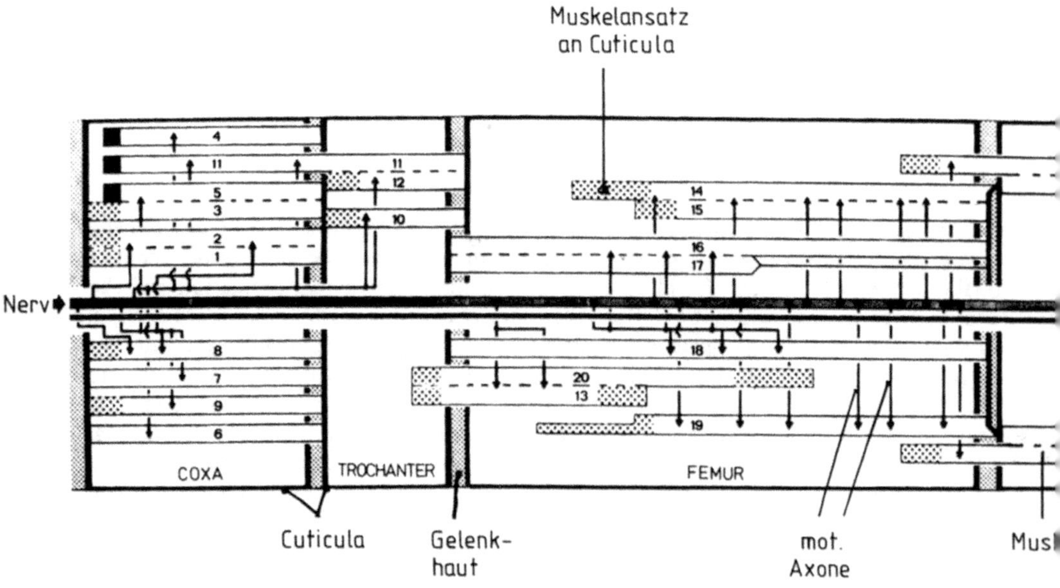

Bild 111b

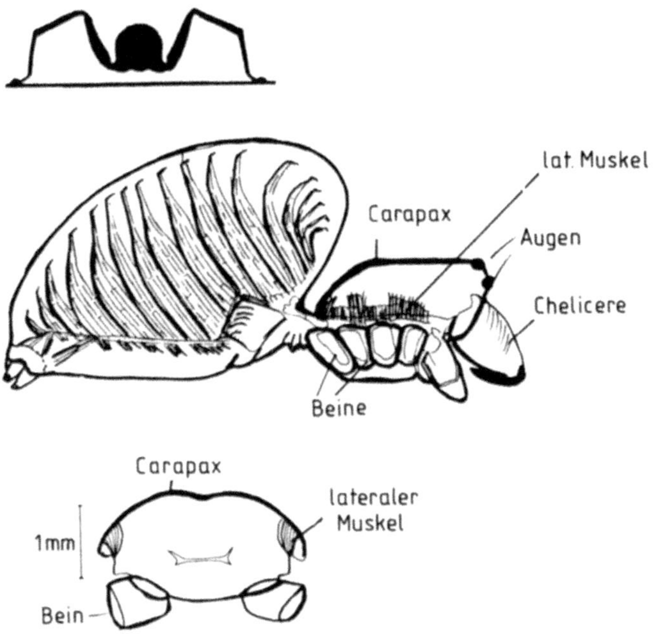

Bild 111

Extremitäten und Bewegung bei Spinnen

a) oben: Aufhängung des Körpers (vgl. Bild 113c) im Querschnitt, elastische Abwinkelung der Beine; mitte: Längsschnitt durch den Körper einer Kreuzspinne, Anordnung der subcuticularen lateralen Muskeln im Opisthosoma und der Lateralmuskelgruppen im Prosoma; unten: Querschnitt durch das Prosoma mit Ansatz der Lateralmuskeln zur Senkung des Carapax (verändert aus Wilson, 1970)

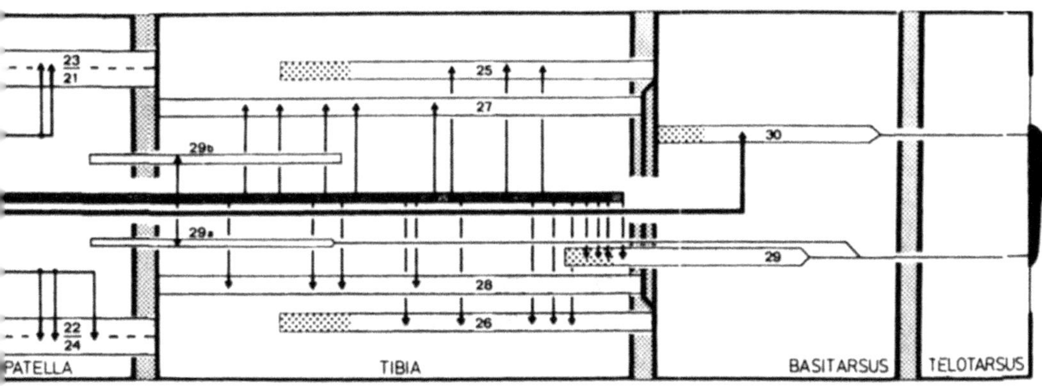

Bild 111

Extremitäten und Bewegung bei Spinnen

b) Anordnung der 30 Beinmuskeln bei der Vogelspinne, 29 werden von Axonen des Hauptnerven innerviert, nur der Klauen-Levator (30) erhält eine gesonderte Innervation von 9 Axonen, Länge des Beines ca. 6 cm. (aus Rathmayer, 1978)

rasche Ermüdung der Spinnen beim Beutefang erklärt sich auch daraus, daß durch den hohen Innendruck ein Herzstillstand ausgelöst und damit die Zirkulation der Hämolymphe mit den Atmungspigmenten unterbrochen wird. Die Bewegung der Beine entspricht dem Diagonalrhythmus und einem tripoden Aufsatz, dessen Zusandekommen oben beschrieben wurde.

Die altertümliche *Fluchtreaktion* durch die Aktivität von Riesenneuronen mit übergeordneter Wirkung auf zahlreiche Segmente ist bei den im Wasser lebenden Crustaceen erhalten geblieben. Sie drückt sich in Form einer ruckartigen Schwimmbewegung mit schnellem Schwanzschlag aus. Bei den höheren Krebsen (z.B. Garnelen, Flußkrebsen, Hummer) können durch die Panzerung die Segmente des Abdomens nur in der sagittalen Ebene nach innen eingekrümmt werden, besitzen also Schichten von Flexoren. Die Cuticula des Telson ist in mehrere Platten aufgeteilt, die durch zahlreiche Muskeln (mehr als 30) eine fächerförmige Spreizung dieses letzten Segments ermöglichen. Die normale Krümmung des Abdomens erfolgt durch segmental angeordnete langsame Flexoren, die jeweils durch 5 Motoneurone und 1 inhibitorisches Neuron innerviert sind. Die Fluchtmuskeln bestehen aus schnellen Flexoren, die als dicke Stränge segmental angeordnet sind und pro Ganglion durch eine eigene Gruppe von 6–10 Motoneuronen und ein inhibitorisches Neuron innerviert werden.

Die beiden Systeme sind also unabhängig voneinander. Die Axone der Riesenneurone sind als paarige mediane und laterale Riesenfasern im Bauchmark vorhanden und haben synaptische Verbindung zu den Motoneuronen des Fluchtsystems (Bild 112). Unter diesen Neuronen befindet sich eine motorische Riesenzelle, die mit allen schnellen Flexoren des Segments auf einer Seite in Verbindung steht. Bei einer normalen Körperhaltung und Körperbewegung sind diese am Riesenfasersystem angeschlossenen Motoneurone inaktiv, und nur das getrennte motorische System für die langsamen Flexoren ist aktiv. Vergleichbar den Verhältnissen bei den Anneliden sind die Riesenneuronen des Riesenfasersystems segmentale Interneuronen, deren Zellkörper im dorsalen Teil des Ganglions liegen und deren Axone im lateralen bzw. im ventralen Teil eine gemeinsame Leitungsbahn bilden; die Segmentgrenzen werden durch elektrische Synapsen überbrückt. Durch die Erregung von Sinnesorganen, etwa durch Wasserströmung, Vibration oder optische Reize, werden diese Kommandoneuronen aktiviert. Ihre Ausgangspotentiale gehen an die motorischen Neuronen des Fluchtsystems weiter und lösen die blitzartige Kontraktion aller schnellen Flexoren des Abdomens aus. Die Muskeln des Schwanzfächers werden über Motoneurone versorgt, die mit den seitlichen Riesenfasern in synaptischem Kontakt stehen. Die lateralen Riesenneurone werden vor allem durch Berührungsreize aus den Sinnesrezeptoren des Schwanzgebietes erregt, so daß der Schwanzfächer eine sinnvolle eigene motorische Reaktion im Fluchtsystem besitzt. Durch das Riesenfasersystem werden über Interneurone alle inhibitorischen Neurone des normalen langsamen Flexorsystems in Aktivität versetzt, so daß alle langsamen Flexoren während des schnellen Schwanzschlags inaktiv sind.

7.1.3 Die Propriozeptoren zur Kontrolle der Bewegungen

Die Propriozeptoren zur Kontrolle der Stellung von Gelenken, Platten des Exoskeletts, der Spannung in der Cuticula und der Muskelspannung sind mechanische Rezeptoren. Sie bestehen entweder aus den freien Dendriten eines Neurons, aus den Dendriten mit modifizierten Cilien, oder aus Sinneszellen mit modifizierten Cilien. Solche Sinneszellen können mit beweglichen cuticularen Haaren in Verbindung stehen, die

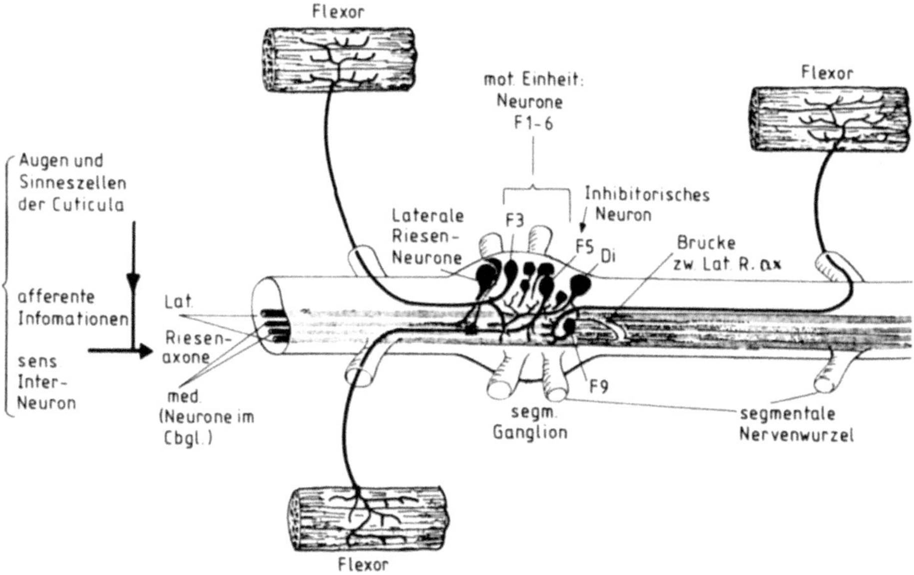

Bild 112

Riesenaxone des Fluchtsystems im Abdominalganglion bei Crustaceen

a) Schema der Verbindungen der sechs großen Motoneurone (z. B. F5, 6, 9) der Flexormuskeln mit den mittleren und lateralen Riesenaxonen der ventralen Bauchmarkzone; die Zellkörper der lateralen Riesenfasern liegen im Ganglion, und beide Axone sind durch segmentale Synapsenbrücken verbunden. Ein dorsales Interneuron (Di) erhält Informationen von Berührungsrezeptoren des Schwanzsegments (kombiniert nach Kennedy, 1969 und Kuwada, 1979)

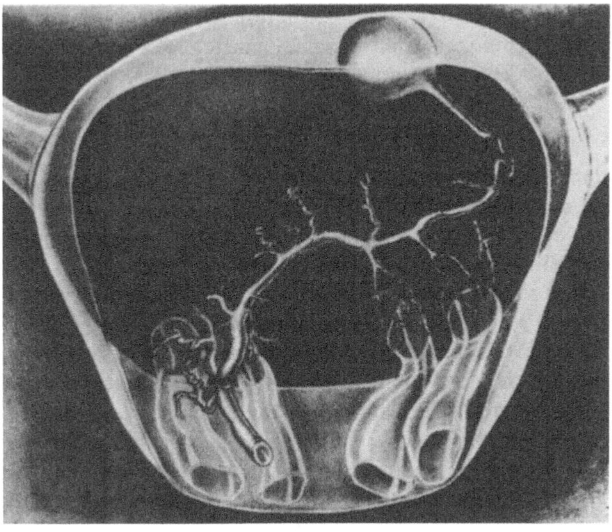

Bild 112

Riesenaxone des Fluchtsystems im Abdominalganglion bei Crustaceen

b) Rekonstruktion der Lage von Neuron F9 und seiner synaptischen Verbindungen zu den Riesenaxonen, dargestellt durch Procion-Gelb-Imprägnation (aus Kennedy, 1969)

auf der Außenseite in die Cuticula eingelassen sind (siehe unten). Die passive Bewegung eines solchen Haares wird durch die Cilie auf die Sinneszelle übertragen und löst die Aktivität aus. Es handelt sich eigentlich also um einfache Berührungsrezeptoren. Nur ihre Lage und Orientierung macht sie zu Propriozeptoren, weil sie an den Gelenkflächen, an Körperpartien, die gegeneinander reiben können usw. angeordnet sind. Im folgenden soll an einigen wenigen Bautypen der Sinnesorgane die verschiedenartige Funktion gezeigt werden: freie Nervenendigungen, Rezeptoren für die Verformung der Cuticula und der Apodeme, Streßrezeptoren in Muskeln und Bindegewebe, und die Sinneshaare in den Haarplatten.

a) Freie Nervenendigungen (Dendriten)

Der einfachste Weg zur Übertragung von Druckveränderungen oder Verformungen ist die direkte Übertragung auf freie Nervenenden. Periphere multipolare Neuronen entsenden Dendriten in die Basalmembran und in Einfaltungen der Epithelzellen unter der Cuticula, so daß bei kleinen lokalen Verformungen der Körperoberfläche der Druck durch die Epithelzellen oder das Netz der Basalmembran auf die Dendriten direkt übertragen wird. Die zahlreichen subepidermalen Neuronen bilden ein Netzwerk in der Körperwandung (Bild 113a) und könnnen bis zu 30 pro Körpersegment vorhanden sein (Fliegenlarve). Diese Neuronen geben kontinuierlich Aktionspotentiale in gleichmäßiger zeitlicher Reihenfolge ab, und die Reizung der Dendriten erzeugt eine schnelle Folge der Potentiale. Sie werden vom Perikaryon durch ein langes Axon über einen gemeinsamen Nerv in die Segmentalganglien geleitet, wo sie an Interneuronen Kontakt haben. Es sind also sogenannte *tonische Rezeptoren*, darunter versteht man Rezptorzellen (Sinneszellen oder Neurone), die ständig aktiv sind und in gleichmäßiger Reihenfolge bei gleichbleibenden Umgebungsbedingungen Aktionspotentiale aufbauen und weitergeben. Bei einer Änderung der Bedingungen, die als Reiz funktionieren, wird die Frequenz der Aktionspotentiale verändert. Die peripheren multipolaren Neurone geben also sinnvollerweise dauernd Information über den Zustand der Körperwandung; eine Änderung der Spannungsverhältnisse in kleinsten lokalen Bereichen wird durch die Frequenzänderung der Aktionspotentiale gemeldet.

b) Rezeptoren in der Cuticula

Um die Verformungen und Spannungen in der Cuticula registrieren zu können, sind die reizempfindlichen Teile der Sinneszellen in die Cuticula eingelassen. Diese ist im Bereich solcher Sinneszellen oder Sinnesfelder durch eine schichtenweise Anordnung wellenförmig verlaufender Mikrofibrillen spezialisiert und elastisch verformbar. Die Spannungskräfte, die gemessen werden sollen, bestehen in der Differenz zwischen der Anordnung der Mikrofibrillen vor und nach der Verformung. Es wird also eine Differenz zwischen der Länge der Cuticulastrecke in der Ruhe gegenüber der bei der Verformung registriert. Diese Längenänderungen können von außen durch Druck auf die Cuticula ausgelöst worden sein, sie können aber auch durch die Zugkraft von Muskeln, die in diesem Cuticulabereich ansetzen, verursacht werden. Als Beispiele werden die campaniformen Sensillen und die Spaltsinnesorgane der Spinnen besprochen. Bei der *campaniformen Sensille* (Bild 113b) ist ein Komplex aus drei Epithelzellen zu einer Funktionseinheit zusammengeschlossen. Die Sinneszelle entwickelt sich aus einer Epithelzelle und trägt an der Spitze ein langes modifiziertes Cilium, an dessen Basis ein stark abgewandeltes Centriol liegt. Die Mikrotubuli sind an der Spitze der Cilie vermehrt (bis zu 1000) und bilden den Tubularkörper. Diese Zone ist der eigentliche Rezeptor, und sie wird durch die Ausscheidung einer Kappe (durch eine 2. Zelle: die trichogene Zelle) an der Cuticula befestigt. Eine Aushöhlung und Aufwölbung der Cuticula ergibt um die Spitze der Sinneszelle einen kleinen Hohlraum, der durch die dritte Epithelzelle: die tormogene Zelle, mit einer spezifischen Lymphflüssigkeit gefüllt wird. Die trichogene und die tormogene Zelle umschließen die Sinneszelle an der Spitze vollständig und dichten den kleinen Lymphraum mit Zonulae occludentes ab. Durch sehr geringe Verbiegungen der spezialisierten Cuticula wird der Tubularkörper gequetscht, und ein Membranpotential in Form eines Aktionspotentials entsteht in der Cilie. Daher ist auch der umgebende spezielle Lymphraum notwendig, der mit seiner Ionenkonzentration überhaupt erst den Membrantransport für den Erregungsaufbau ermöglicht.

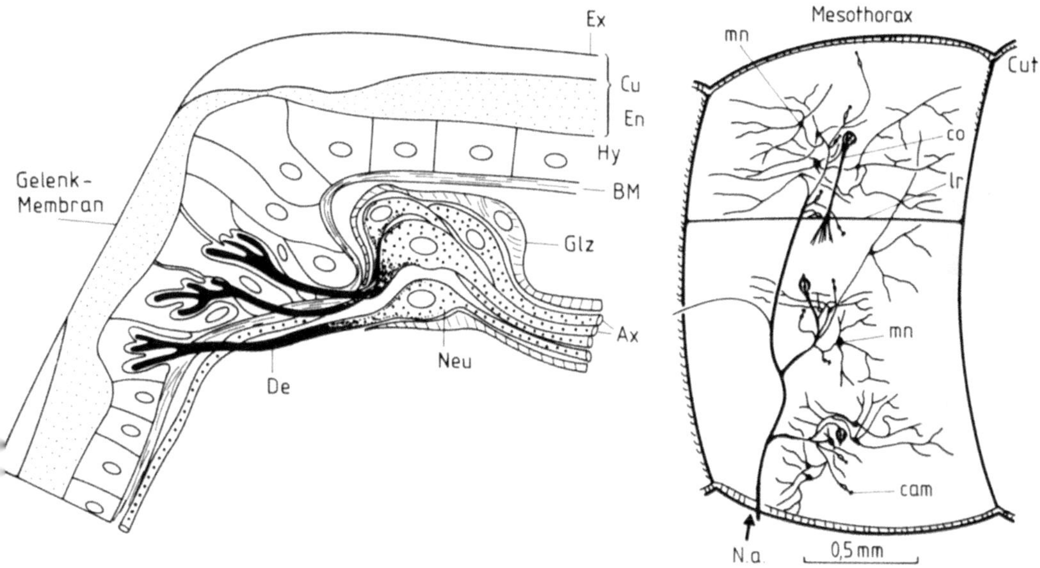

Bild 113

Typen von Propriozeptoren

a) re: Wand des Mesothorax einer Phormia-Larve mit multipolaren Neuronen (mn), campaniformen Sensillen (cam), Chordotonalorganen (co) und intersegmentalen lateralem Streckrezeptormuskel (lr) (verändert aus Osborne, 1963), li: Vordringen verzweigter Dendriten zwischen Hypodermiszellen der Gelenkzone bei einer Spinne umschlossen von Gliazellen zur Abschirmung gegen die Hämolymphe (in Anlehung an Foelix, 1980)

Ax	Axon
BM	Basalmembran
Cu	Cuticula
De	Dendrit
En	Endocuticula
Ex	Exocuticula
Glz	Gliazellen
Hy	Hypodermis
N.a.	Nervus afferens
Neu	Neuron

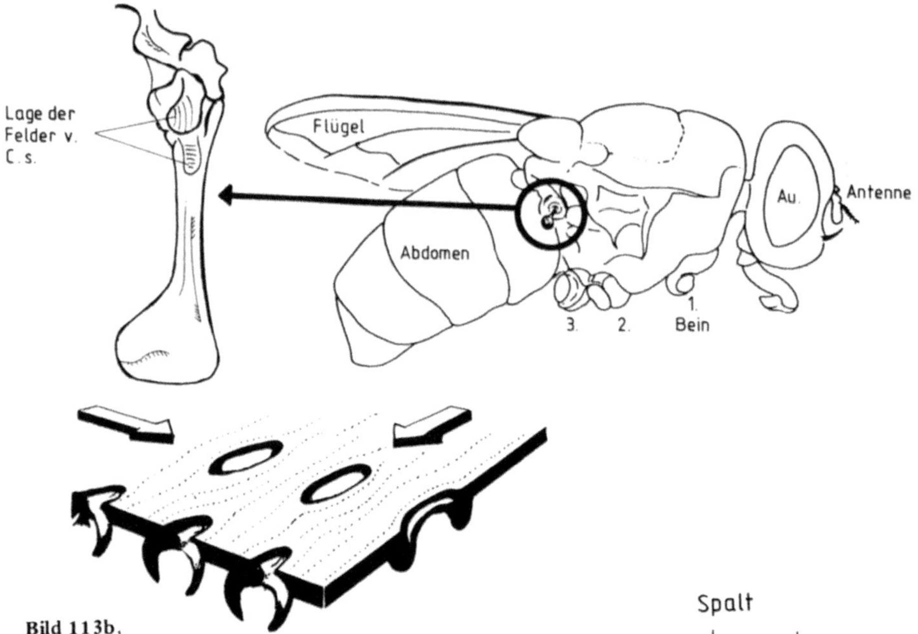

Bild 113b₁

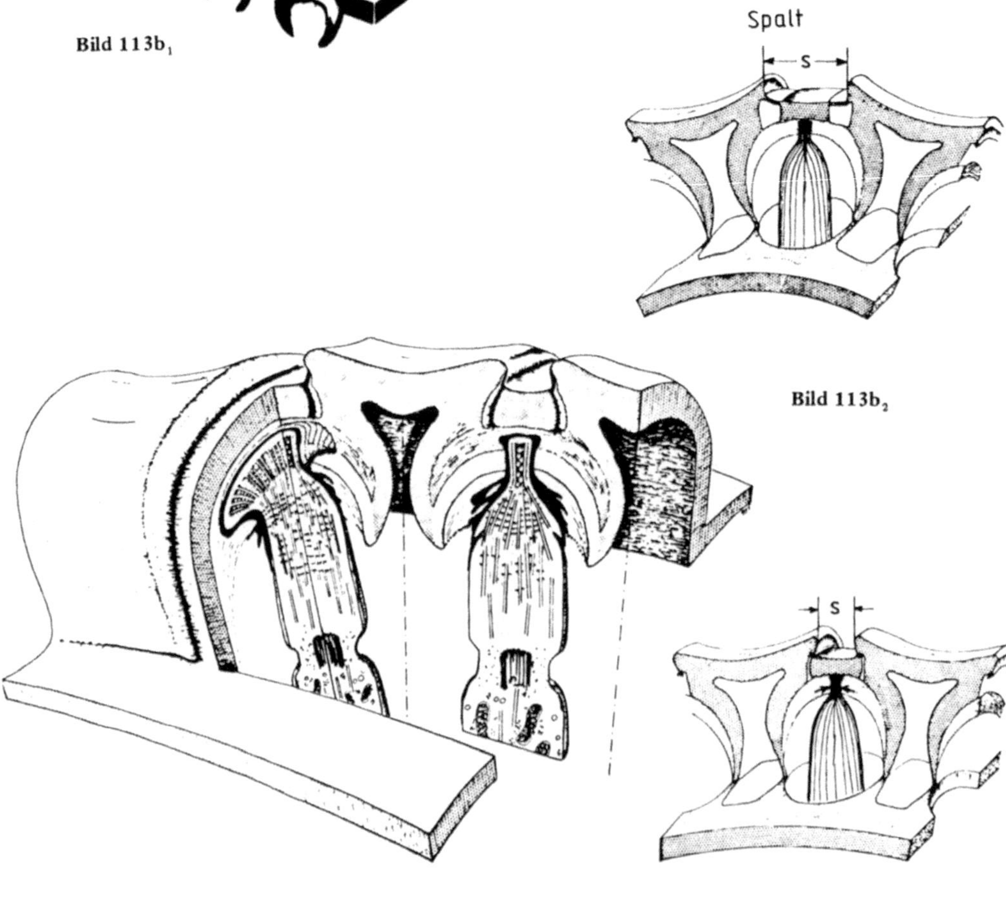

Bild 113b₂

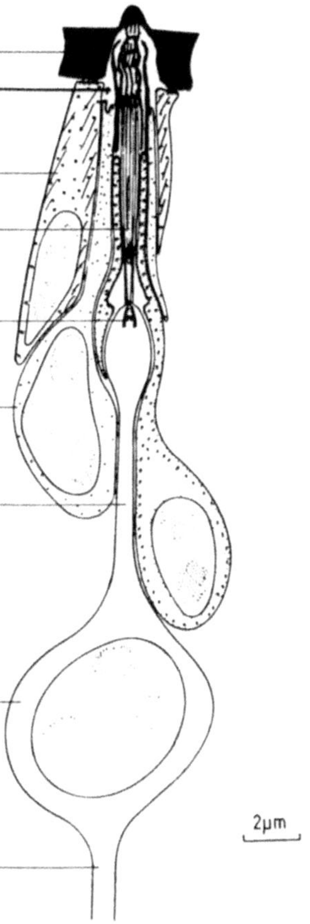

b_3

on Propriozeptoren
re an der Flügelbasis bei der Fliege Lucilia mit Feldern von campaniformen Sensillen in der ula des Stielabschnitts; darunter: die Anordnungen der Sinnesorgane in der Cuticula, Pfeile 1 die Verformungsrichtung an (Au = Auge) (aus Finlayson, 1968)

schematische Darstellung von campaniformen Sensillen eines Feldes wie bei b_1 von Calli- a in der Aufwölbung der Cuticula, daneben das Funktionsbild bei der Verformung des Cuti- paltes, in dem die Sinneszelle eingebettet ist, so daß eine Reizung des Dendriten erfolgt (aus m, Stadtler und Foelix, 1975)

dnung der Zellen beim Aufbau eines Rezeptororgans mit dem Typ einer Scolopalzelle an der :ula, vgl. Bild 113d_2 und d_3

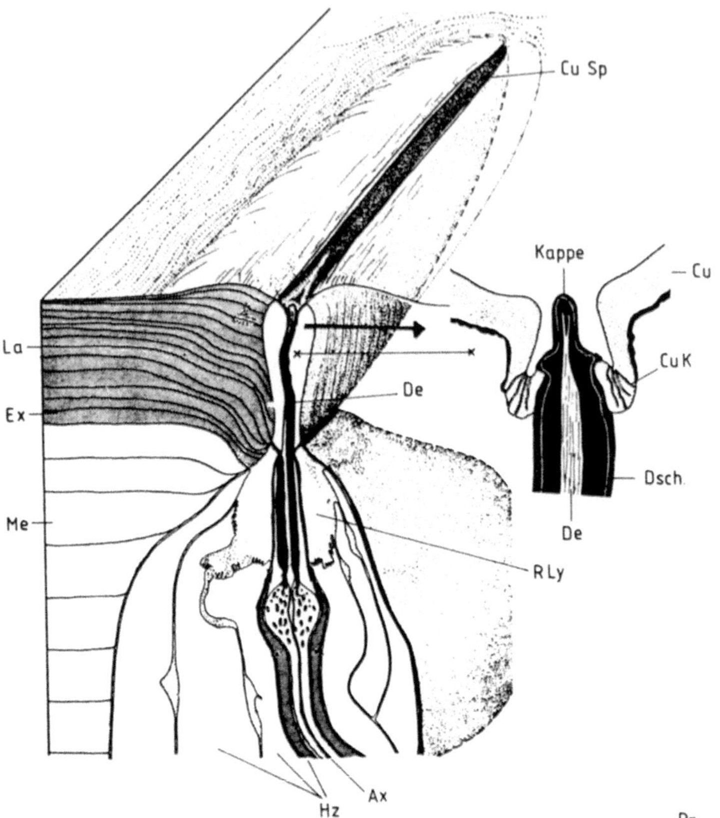

Ax	Axon
Cu	Cuticula
CuK	Cuticularkanäle
CuSp	Cuticularspalt
De	Dendrit
Dsch.	Dendritenscheide
Ex	Exocuticula
Hz	Hüllzellen
La	Lamellenzone des Spaltes
Me	Mesocuticula
RLy	Rezeptor-lymphraum

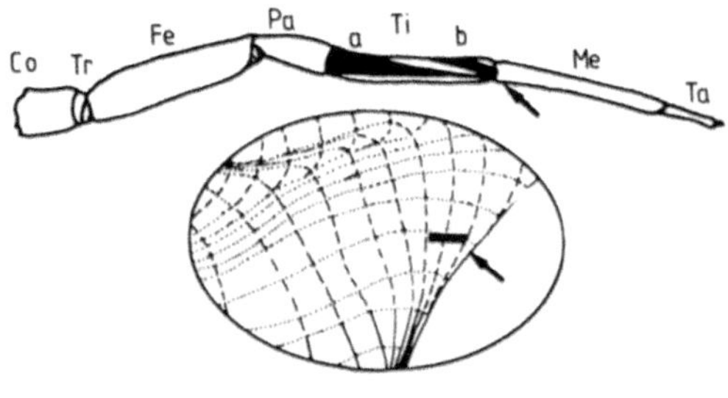

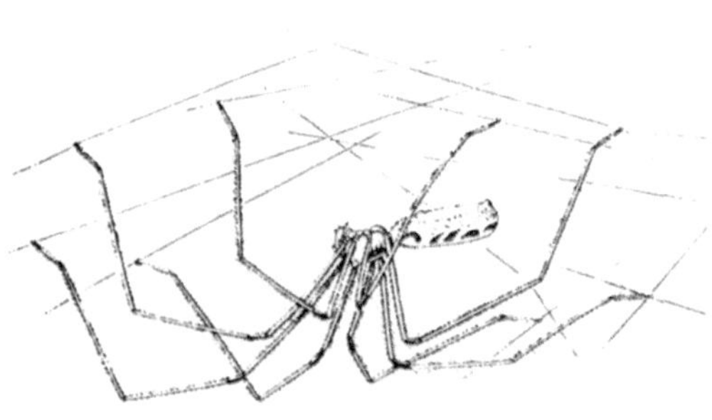

Pholcus phalangioides ♀

Bild 113

Typen von Propriozeptoren

c) Lyriforme Organe als Vibrationsrezeptoren an Extremitäten bei Spinnen; re: Netzspinne, die Extremitäten wirken als Hebel bei der Übertragung von Vibrationen der Netzfäden; Darüber: Stress-Linien in der Cuticula der Tibia über den Flexormuskeln (a und b), am Pfeil die Lage der Sinnesorgane. ganz oben: Bau des Sinnesorgans mit Cuticularspalt (aus Barth, 1978)

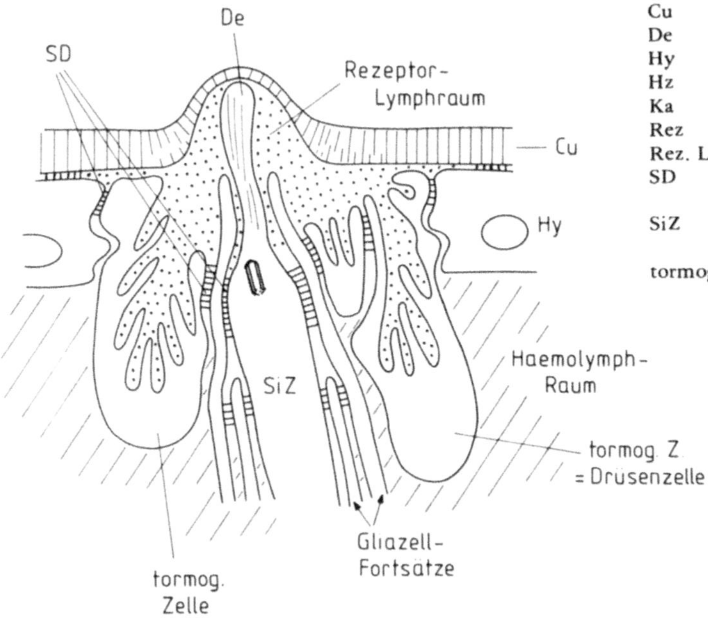

Cu	Cuticula
De	Dendrit
Hy	Hypodermis
Hz	Hüllzelle
Ka	Kappe
Rez	Rezeptor
Rez. Ly	Rezeptor-Lymphraum
SD	septierte Desmosome
SiZ	Sinneszellfortsatz
tormog. Z.	tormogene Zelle als Drüsenzelle für Ionentransport in den Rezeptorlymphraum

Bild 113

Typen von Propriozeptoren

d_1) Anordnung und Funktionsprinzip eines Arthropoden-Rezeptors in der Cuticula; ein Rezeptor-Lymphraum umgibt den reizaufnehmenden Teil des Dendriten, die Isolierung gegen die Hämolymphe erfolgt durch septierte Desmosomen (= tight junctions, SD) der umgebenden Zellen (verändert aus Thurm, 1970)

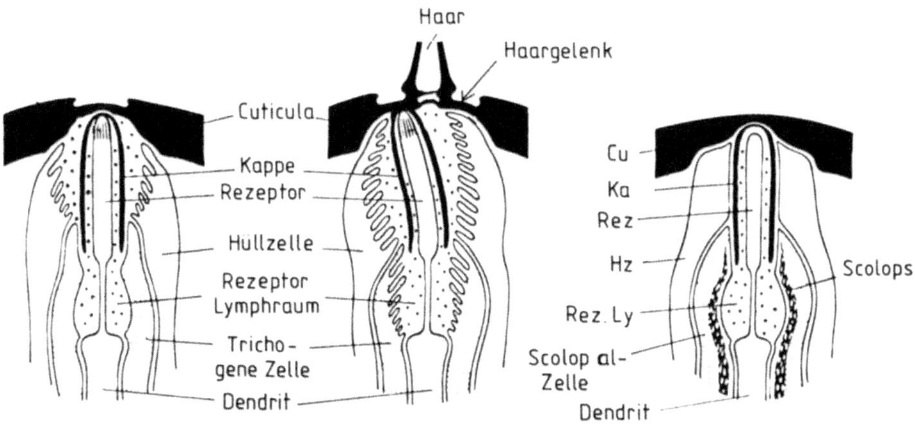

d_2) Vergleich der Anordnung der Dendriten von Sinneszellen der Arthropoden; von li. nach re.: campaniforme Sensille, Haarsensille, Scolopalorgan (aus Finlayson, 1968)

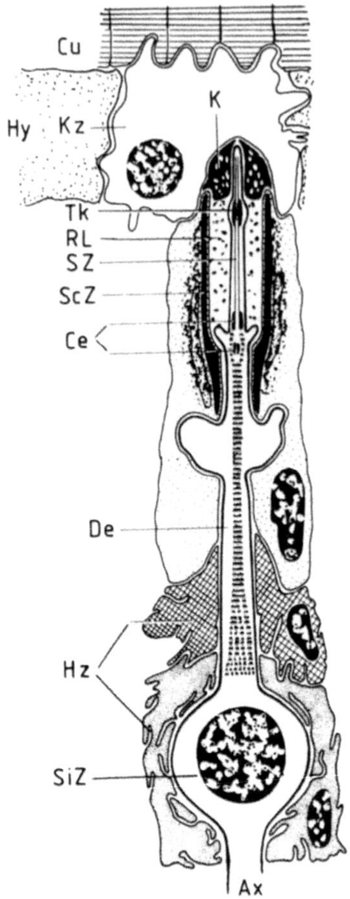

Bild 113

Typen von Propriozeptoren

d_3) Feinbau eines Scolopalorganes (aus Seiffert, verändert, 1975)

Ax	Axon
Ce	Centriol
Cu	Cuticula
De	Dendrit
Hy	Hypodermis
Hz	Hüllzellen
K	Kappe
Kz	Kappenzelle
RL	Rezeptor-Lymphraum
ScZ	Scolopalzelle
SiZ	Sinneszelle
SZ	Sinnescilie
Tk	Tubularkörper

Aus diesem Grunde wird auch durch die Schlußleistensysteme die Flüssigkeit von der Hämolymphe völlig abgesperrt. Bereits eine Verschiebung des Tubularkörpers kann die Erregung auslösen; die Sensillen sind also außerordentlich empfindlich. Durch die fibrilläre Konstruktion der Cuticula wird meistens nur eine Deformation in einer Richtung möglich sein; Bild 113 zeigt diese Verhältnisse für Sensillen der Schwingkölbchen. Die Erregung (Rezeptor-Potential) entsteht nur bei Reizung, es liegt also ein sogenannter *phasischer Rezeptor* vor, der nur eine Antwort gibt, wenn die Bedingungen am Rezeptor verändert werden.

Die *Spaltsinnesorgane* der Spinnen und Skorpione (Bild 113c) sind in der Cuticula der Extremitäten vorhanden; eine Wolfsspinne z.B. besitzt 3300 solcher Organe. An bestimmten Stellen sind zahlreiche solcher Spaltsinnesorgane zu einem Komplex zusammengezogen: die lyraförmigen Sinnesorgane. Sie funktionieren als außerordentlich empfindliche Vibrationsrezeptoren, die schon Verschiebungen der Extremitäten um 1 bis 2 nm registrieren können. Sie werden bei den netzbauenden Spinnen zur Wahrnehmung von Vibration der Seidenfäden benutzt. Der Bauplan ist der einer campaniformen Sensille vergleichbar, da ebenfalls die Sinneszelle mit zwei Epithelzellen zusammengefaßt ist und eine modifizierte Cilie an die Cuticula angeheftet wird. Meistens sind pro Organ zwei Sinneszellen vorhanden. Durch eine grubenförmige Aushöhlung der Mesocuticula und zwei Verstärkungsleisten in der Exocuticula darüber wird ein verbiegbarer schmaler Mittelstreifen geschaffen, der durch Scherkräfte sehr leicht verformt werden kann. Maximale Wirkung hat eine Kompression des Spaltes durch senkrecht zur Längsachse einwirkende Kräfte.

c) Scolopalorgane als Streckrezeptoren

Die Scolopalorgane (Scolopidien, stiftchenführende Organe) sind als Funktionseinheiten aus mehreren Zellen aufgebaut. Zentral liegen ein oder zwei primäre Sinneszellen, an deren Spitze wieder je eine Cilie hervorragt (Bild 113d). Sie können am distalen Ende zahlreiche Mikrovilli als Tubularkörper enthalten. Von einer Kappenzelle wird eine röhrenförmige feste Substanz über die Spitze der Cilie abgeschieden. Eine Scolopalzelle umschließt röhrenförmig den Cilienbereich, der nicht von der Kappe bedeckt ist, und grenzt damit wieder einen freien Rezeptorlymphraum ab. Im Inneren der Zelle werden ringförmige Verstärkungsstrukturen aus einem dichten eiweißhaltigen Material aufgebaut (Scolops), die bei einem Druck auf die gesamte Konstruktion den Lymphraum offenhalten. Die Sinneszellen sind von begleitenden Gliazellen gegen die Gewebe oder Flüssigkeiten der Umgebung abgeschirmt. Diese Scolopalorgane können nun an den verschiedensten Stellen verwendet werden, denn die Verformung der Kappe ist der adäquate Reiz für die Spitze der Cilie. Sie werden niemals fest in die Cuticula eingebaut, könnnen aber durch die Kappenzelle direkt unter der Cuticula aufgehängt sein. Sind sie an einer sehr dünnen schwingungsfähigen Membran angelagert, so liegen *Tympanalorgane* vor, die auf Vibrationen der Luft reagieren, also auf Schallwellen und damit zum Hören dienen. Die Anatomie fossiler Arthropoden hat ergeben, daß diese Form der Organe bereits vor 200 Mill. Jahren (Jura) vorhanden gewesen ist. Als Propriorezptoren sind diese Formen der Sinnesorgane in die Tiefe des Körpers verlagert worden und dienen in Kombination mit Bindegewebsfasern in Form der *Chordotonalorgane* als Streckrezeptoren. Es handelt sich also um dünne Ligamente aus Bindegewebe, welche Körperhöhlungen überspannen und in denen Scolopalorgane (bis zu 400) eingelagert sind (Bild 113d). Indem die Ligamente die Gelenke überspannen, also von einer Skelettplatte zur anderen oder einer Extremitätenröhre zur anderen reichen, werden sie im Verlauf der Bewegung gespannt bzw. wieder entspannt. (Bild 114). Die Straffung der zugfesten kollagenen Faserbündel wird als Druck auf die Kappe der Sinneszelle übertragen und löst dort die Erregung aus. Chordotonalorgane können auch an den Muskelsehnen sitzen und die Spannung der Sehne registrieren . Im einzelnen können die Scolopalorgane sehr unterschiedlich in der Rezeptorzone differenziert sein. Ein Chordotonalorgan kann daher tonische Rezeptoren enthalten, die durch ihre Dauersignale die Stellung eines Gelenks anzeigen; die phasischen Rezeptoren im gleichen Organ sprechen nur auf die Veränderungen der Spannungen an, geben also die Geschwindigkeit der Veränderung im Gelenkbereich an. Die tonischen Rezeptoren im Chordotonalorgan des Femurs bei der Heuschrecke zeigen bei einer Stellung des Femurs gegenüber der Tibia in einem Winkel von 90° die geringste Frequenz von Aktionspotentialen. Stehen die beiden Extremitätenteile in einem Winkel von 50° oder 30° oder 150° gegeneinander, so zeigen die Rezeptoren durch eine erhöhte Frequenz ihrer Aktionspotentiale die jeweilige Stellung an. Bei einer kontinuierlichen Bewegung gegeneinander reagieren die phasischen Rezeptoren: bei einer Veränderung der Spannung im Bindegewebe durch die Bewegung im Gelenkbereich geben sie etwa alle 10 ms ein Aktionspotential, solange diese Bewegung anhält.

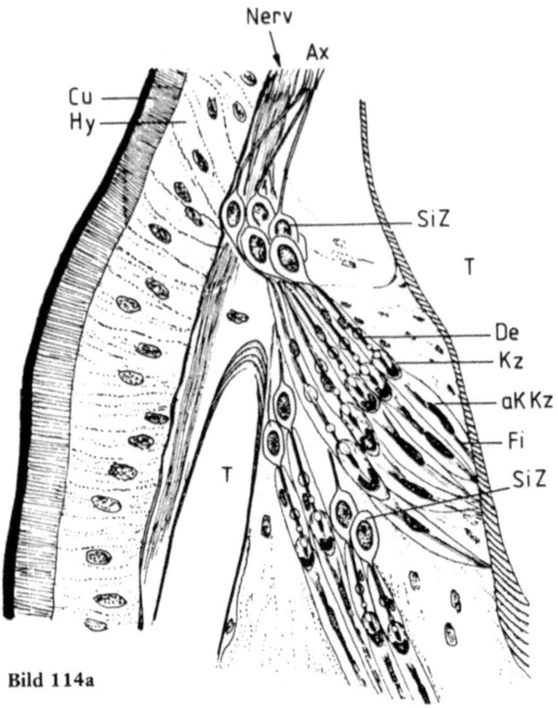

Bild 114a

Bild 114

Anwendung von Propriozeptoren bei Arthropoden

a) Küchenschabe, Subgenualorgan in der Extremität, zwischen Haupt- und Nebentracheen werden in einer Diaphragmamembran im Hämolymphraum zahlreiche Scolopalorgane aufgespannt, die auf Verformung der Membran reagieren (aus Schnorbus, 1971)

b) Verteilung von Propriozeptoren (R, keine Scolopalorgane) in den Gelenkzonen des Beines der Tarantel, laterale Ansicht (aus Rathmayer, 1970)

c) Übersetzung der Abknickung eines cuticularen Haares in der Statocyste beim Flußkrebs, drei Scolopalorgane werden durch Bindegewebsfasern verformt (aus Schöne, 1973)

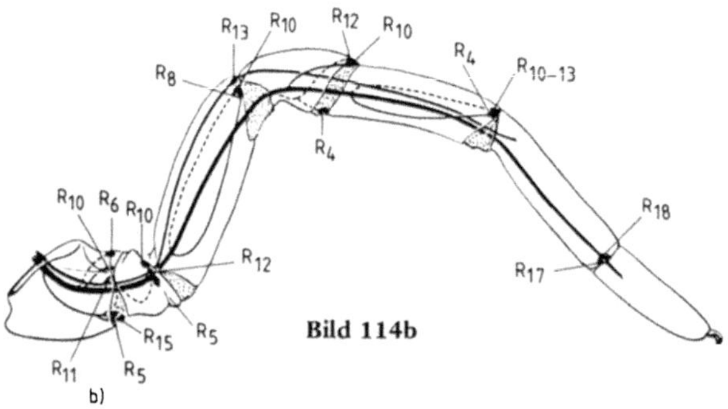

Bild 114b

Ax Axon
Ce Centriol
Cu Cuticula
De Dendrit
Fi 10 nm Filamente
Hy Hypodermis
Hz Hüllzellen
K Kappe
Kz Kappenzelle
aK Kz akzessorische Kappenzelle
RL Rezeptor-Lymphraum
SiZ Sinneszelle
ScZ Scolopalzelle
SZ Sinnes-Cilie
Tk Turbularkörper
T Tracheen

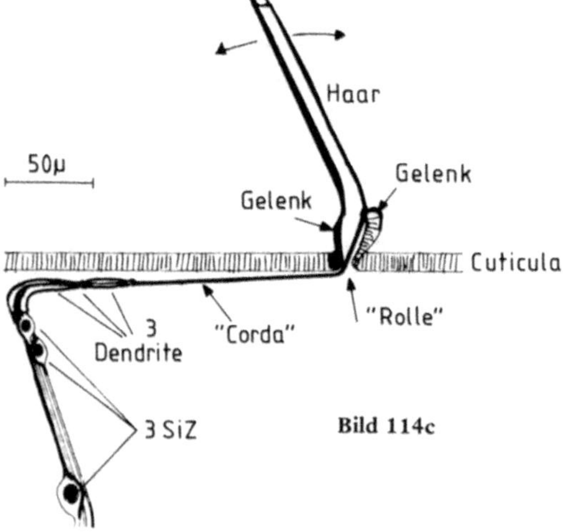

Bild 114c

d) Streckrezeptoren der Muskeln

Um eine schnelle und ausgewogene Bewegung durch Muskeln durchführen zu können, muß die Belastung der Muskeln und ihr Spannungszustand bei Beginn der Bewegung bekannt sein. Die ablaufenden Vorgänge zur Registrierung und Regulation müssen so schnell durchgeführt werden, daß ein langer Informationsweg über Sinneszellen oder Sinnesorgane in das Zentralnervensystem und eine Rückübersetzung über Kommandoneuronen nicht möglich ist. Daher sind für die Muskeln besondere Propriozeptorsysteme entstanden, die als Muskelrezeptororgane (MRO) und die darin vorhandenen Muskelzellen als Rezeptormuskeln (RM) bezeichnet werden (Bild 115). Am längsten sind diese Organe bei den Crustaceen bekannt. Sie sind aber auch bei Skorpionen, Myriapoden, Insekten und vor allem Insektenlarven vorhanden, überall dort also, wo Körpersegmente durch Muskelpartien verschoben werden können. Die MRO's gehören zu den Extensormuskeln der Segmente, sind bilateral verteilt, so daß jedes Segment zwei Organe besitzt; sie bestehen aus jeweils zwei Rezeptormuskelzellen und überspannen eine Gelenkfurche, indem sie an der Cuticula des vorhergehenden Segments ansetzen und bis zur Cuticula des nächstfolgenden Segments reichen. Die Befestigung an der Cuticula kann direkt sein (siehe oben) oder durch eine kurze Sehne vermittelt werden. Eine der Muskelfasern ist nach Feinbau und Physiologie ein langsamer Muskel, die andere ein schneller Muskel. Auch die großen zugehörigen Extensoren bestehen teils aus langsamen, teils aus schnellen Muskelfasern.

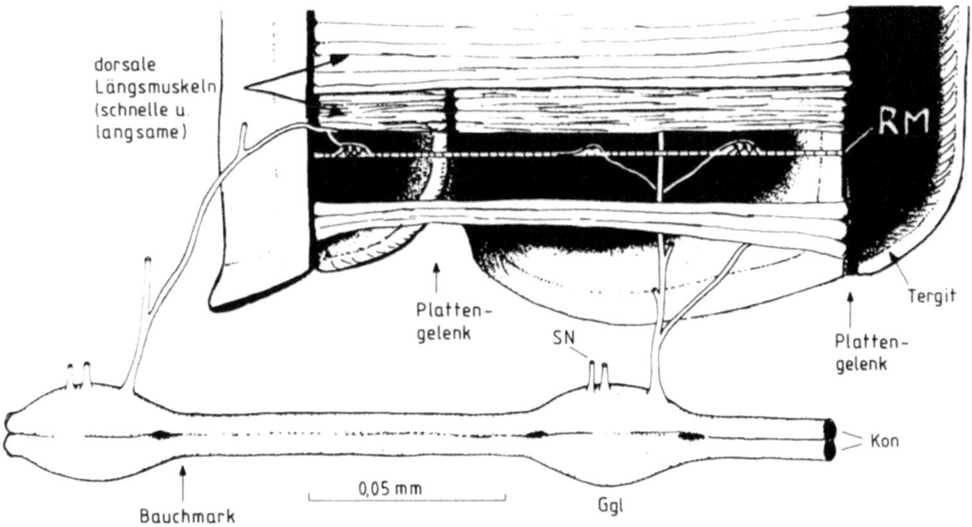

Bild 115

Streckrezeptoren bei Crustaceen

a) Lage der Rezeptormuskeln (RM) zwischen Intersegmentalmuskeln des Abdomens mit Ansatz an Tergiten, Innervation von Ganglien des Bauchmarks (Ggl = Ganglion, Kon = Konnektive, SN = Segmentalnerven) (verändert aus Finlayson, 1968)

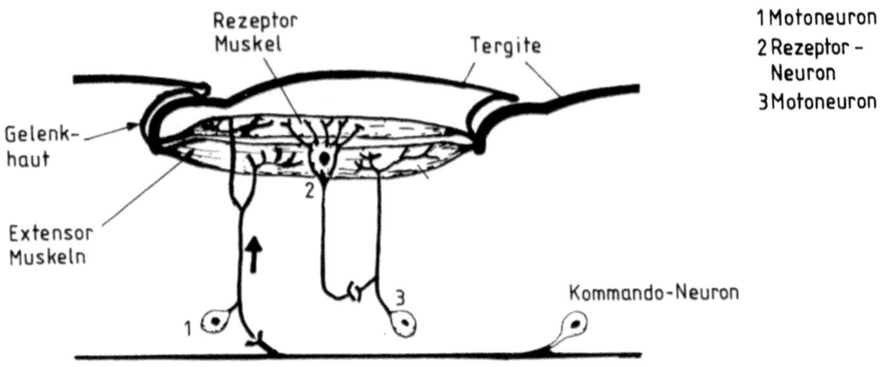

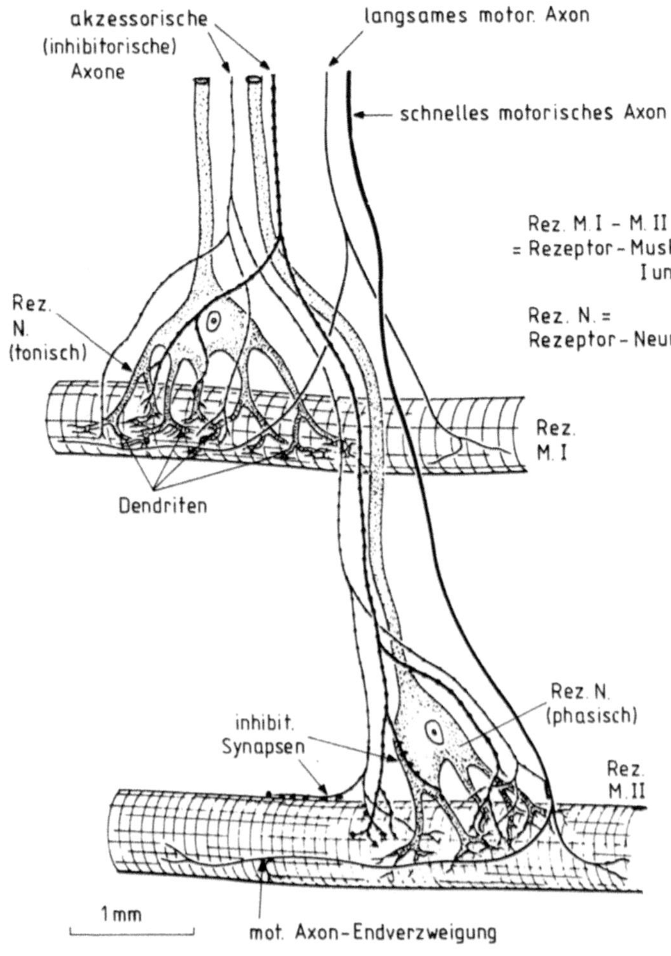

Bild 115

Streckrezeptoren bei Crustaceen

b) Die Rezeptormuskeln mit den zugehörigen Neuronen. Oben: Extensor- und Rezeptormuskel sind motorisch kombiniert. Unten: Propriozeptoren-Neurone am schnellen und am langsamen Rezeptormuskel mit den begleitenden Axonen (nach Alexandrowitz, 1967)

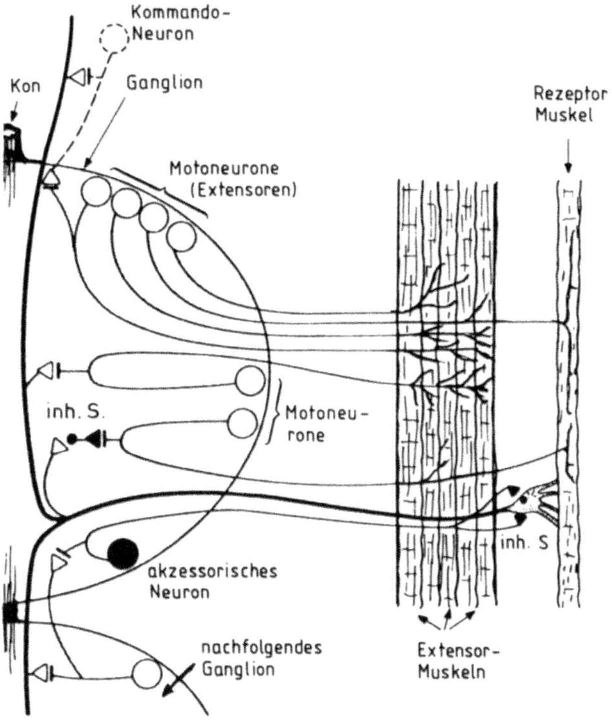

Bild 115

Streckrezeptoren bei Crustaceen

c) Segmentales System der Neuronen für das Extensorsystem mit Rezeptorenmuskeln, inh. S. = inhibitorische Synapse (verändert nach Finlayson, 1968)

Die Rezeptormuskeln werden vom gleichen Motoneuron innerviert wie die benachbarten Extensormuskelbündel, befinden sich also im gleichen Kontraktionszustand wie diese. Als eigentlicher Rezeptor ist in jedem RM ein großes Neuron angeschlossen, dessen Dendriten in einer kleinen Sehnenplatte etwa in der Mitte der Muskelfaser eingelassen sind. Bereits geringe Veränderungen der Muskelspannung durch Kontraktion oder durch passive Dehnung aufgrund einer Bewegung der Gelenkplatten wird durch die Sehnenplatte verstärkt auf die Dendriten übertragen, welche die eigentlichen Rezeptoren des Neurons darstellen. Durch die Quetschung erfolgt eine Depolarisation, die sich als Generatorpotential in das Neuron fortsetzt. Tatsächlich entspricht die Stärke dieses Potentials dem Ausmaß an Muskelspannung und der Geschwindigkeit, mit der sie sich verändert. Durch das Axon wird der Impuls in das segmentale Ganglion weitergeführt. Am langsamen Rezeptormuskel reagiert das Neuron in Form eines tonischen Rezeptors, gibt also rhythmische Potentiale, auch wenn der Zustand der Spannung gleichmäßig bleibt. Der andere Rezeptor ist vom phasischen Typ, gibt eine Frequenz von Aktionspotentialen nur bei Veränderung der Spannung und adaptiert sehr schnell auf eine gleichbleibende Spannung. Die intrazellulären Messungen haben ergeben, daß für dieses Verhalten die Dendriten mit ihren Generatorpotentialen verantwortlich sind, nicht der Zellkörper bzw. das Axon des Neurons. Die Rezeptorneuronen, und in vielen Fällen auch die Rezeptormuskeln, werden durch accessorische Axone innerviert, die eine Inhibition bewirken. Wahrscheinlich ist γ-Aminobuttersäure der Neurotransmitter. Die verzweigten Enden des Axons machen synaptische Kontakte mit dem Zellkörper des Neurons und mit den Muskelzellen. Die Wirkung des Neurotranmitters besteht in einer Hyperpolarisation durch erhöhten Ausstrom von K^+-Ionen, so daß die rezeptorischen Generatorpotentiale gedämpft werden. Die gesamte neuronale Verknüpfung zeigt Bild 115c. Der Sinn dieser komplizierten Anordnung ist, bei einer schnellen Bewegung durch die Flexoren eine Kontraktion der Extensoren zu verhindern bzw. die Ausgangsposition der einzelnen Segmente gegeneinander und die Spannung der Muskulatur bei Beginn einer Flexorenbewegung abschätzen zu können. Durch ein Kommandoneuron, das als Interneuron im Bauchmark die Motorik reguliert, wird die schnelle Bewegung ausgelöst. Sie muß von einer ebenso schnellen Streckung gefolgt werden, die über die entsprechenden Motoneurone der Extensoren in Abschätzung der bestehenden Muskelspannung und der Dehnungsverhältnisse geschieht. Entsprechend der Anordnung in langsame und schnelle Muskeln der Extensoren sind auch zwei Typen von Motoneuronen vorhanden, die von verschiedenen Kommandoneuronen innerviert werden.

e) Haarsensillen und Felder von Sinneshaaren

Bei den verschiedenen Formen der *Haarsensillen* als Mechanorezeptoren wird ein aus Cuticula-Material gebildetes Haar (Seta) als Übertragungshebel zur Reizung einer Sinneszelle benutzt (Bild 116). Das starre Haar wird von einer trichogenen Zelle gebildet und ist durch elastisch verformbare Teile mit der starren Cuticula gelenkig verbunden. Die Sinnesepithelzelle trägt eine modifizierte Cilie, deren Spitze an der Cuticula des Haares befestigt ist. Sinneszelle und Cilie werden von einer Hüllzelle umschlossen, die im Bereich des Ciliums den Rezeptorlymphraum bildet. Der eigentliche Rezeptor ist wieder die Spitze der Cilie, und ihre mechanische Verbiegung löst entsprechende Ionentransportvorgänge in der Zellmembran aus. Besonders zahlreich sind Haarsensillen auf den Antennen und den Cerci vorhanden. Die Sinneszellen sind in der Regel primär bipolare Zellen, und durch die Art der elastischen Einsenkung in die Cuticula dienen die Haare vor allem in einer bestimmten Ebene als Hebel. Durch die Anordnung in Reihen können daher bevorzugt bestimmte Richtungen des mechanischen Reizes registriert werden. Die Abknickung in einer Richtung bewirkt eine Depolarisation, und die in der umgekehrten Richtung eine Hyperpolarisation in der Sinneszelle, so daß auch die Einzelrichtung der einwirkenden mechanischen Kräfte registriert werden kann. Durch die verschiedene Länge der Haare ist auch die Möglichkeit gegeben, Luftstöße, d.h. Vibrationen verschiedener Frequenzen (zwischen 40 Hz bis 2 kHz) zu registrieren. Diese Sinnesorgane können also zum Hören benutzt werden, sind aber gleichzeitig Warnrezeptoren für Luftstöße sich annähernder anderer Tiere oder durch anfliegende andere Insekten. Als Propriozeptoren werden die Haarsensillen in der Regel zu einer Feldergruppe zusammengeschlossen, die dann an einer Gelenkfläche (einer Extremität oder des Kopfes oder der Antennen) angeordnet sind. Durch die Abknickung eines Teils der Haare im Bereich des Gelenks kann bei der Bewegung die Richtung und das Ausmaß der Bewegung genau registriert werden. Bild 116c zeigt die Lage eines solchen Feldes am Bein einer Küchenschabe. Die Fortsätze der Sinneszellen ziehen direkt zu

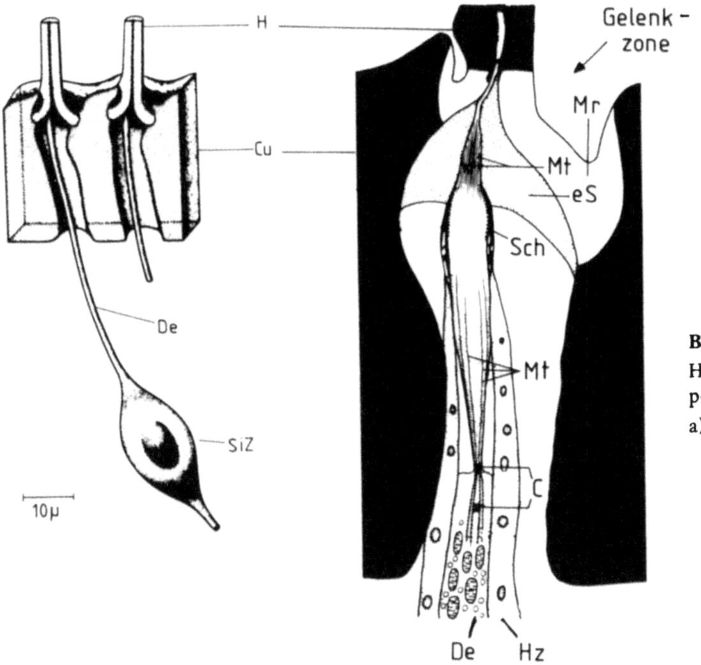

Bild 116
Haarsensillen bei Arthropoden

a) Anschluß von Sinneszellen mit Dendritenzone (modifizierte Cilie) an die Gelenkzone von cuticularen Haaren (aus Thurm, 1965)

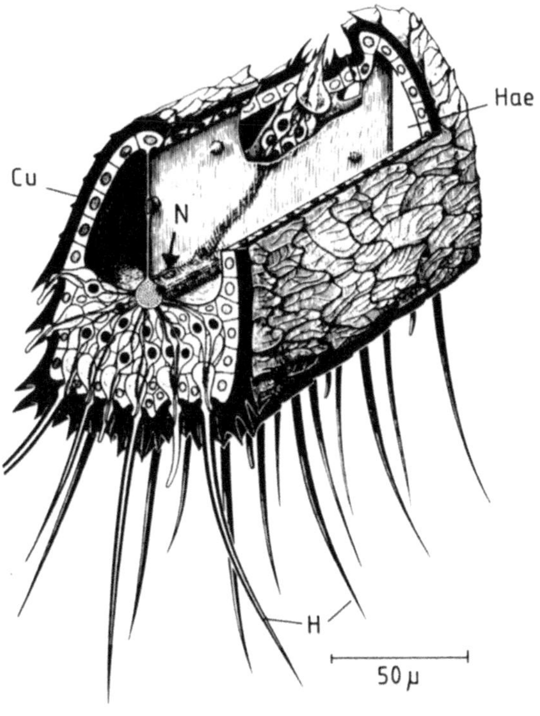

b) Ausschnitt von der Antenne des Seidenspinners mit zahlreichen Haarsensillen (aus Schneider und Kaißling, 1959)

eS	elastisches Material
Mr	Membranring
Mt	Mikrotubuli
Sch	Kutikulare Scheide
SiZ	Sinneszelle
C	Centriol
Cu	Cuticula
De	Dendrit
H	Haar
Hz	Hüllzelle
Hae	Hämolymphraum

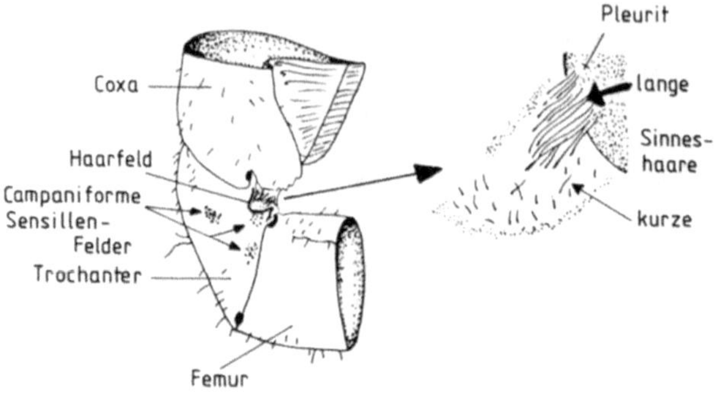

Bild 116
Haarsensillen bei Arthropoden
c) Felder von Haarsensillen am Bein der Küchenschabe (aus Wong und Pearson, 1976)

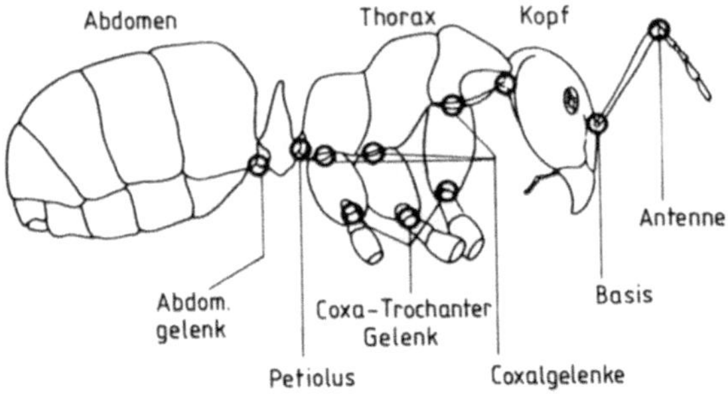

d) Übersicht über die Lage von Haarsensillen (Kreise) an Gelenkzonen bei der Ameise (aus Markl, 1976)

den Motoneuronen der Flexoren und Extensoren einer Extremität; mit nur einer sehr kurzen Latenzzeit von ca. 4 ms erregen sie über ihre Synapsen die Motoneuronen der einen und hemmem die Motoneuronen der anderen Muskeln. Es besteht also ein sogenannter monosynaptischer Reflexbogen. Damit werden die Bewegungen in der einen Richtung gestoppt und die Bewegung in der gegenläufigen Richtung ausgelöst. In den weiter peripher gelegenen Gelenken der Extremitäten werden durch die Chordotonalorgane (siehe oben) als Streckrezeptoren ebenfalls monosynaptische Reflexe ausgelöst. Funktionell ersetzen sie also die Felder von Haarsensillen.

7.1.4 Die Flügel der Insekten und die Flugmuskeln

Die extreme Ausschöpfung der Möglichkeiten des Gebrauchs der Cuticula ist bei den geflügelten Insekten erfolgt: Durch die Erfindung des Flugvermögens haben sie den Luftraum als Lebensraum erschlossen; für die Partnersuche zur Fortpflanzung, für Beutefang und Nahrungssuche sowie als Fluchtweg und Fluchtraum bietet die Luft hinsichtlich der Schnelligkeit bei der Fortbewegung und ihrer Reichweite praktisch keine Grenzen. Die explosive Entwicklung der Insekten mit heute mehr als 800000 Arten ist die Folge gewesen. Die neue Erfindung beruht auf der Entwicklung relativ weniger Gene, welche das Wachstum bestimmter Cuticulazonen, die Anordnung und den Stoffwechsel einiger Muskeln und die Zuordnung des alten Neuronenapparats betreffen. Die *Flügel* entstehen an zwei Abschnitten des Thorax (Meso- und Metathorax) und zwar als Hautfalten in der lateralen Zone des Tergums.

In der Embryonalentwicklung werden Epithelduplikaturen vorgestülpt, in welche der Hämocoelraum mitgenommen wird. An der Basis dieser Hautfalten wird die Cuticula in sehr zahlreiche Einzelfelder aufgeteilt, und ein kompliziertes Gelenk entsteht. Diese Zone der Cuticula wird durch sehr zahlreiche campaniforme Sensillen, multipolare Ganglienzellen und Chordotonalorgane kontrolliert, deren Sinneszellen in Form monosynaptischer Reflexe (siehe oben) die Tätigkeit der Flügelmuskeln regulieren. Die Anordnung der zugeordneten Muskeln erreicht an Komplexität einen Grad, der kaum zu überbieten ist. Die Muskeln können direkt an den Teilen der Gelenke und den kleinfeldrigen Cuticularplatten ansetzen und so die Stellung der Flügel während des Fluges regulieren, aber auch in der Ruhehaltung die Flügel zusammenfalten, anlegen, entfalten usw. Eine zweite Gruppe von *direkten Flugmuskeln* kann das Auf- und Niederbewegen der Flügel während des Fluges durchführen. Eine dritte Gruppe von Muskeln verursacht durch die Verbiegungen des Exoskelettes, also indirekt, eine sehr schnelle Bewegung der Flügel: die *indirekte Flugmuskulatur.*

Bei den *direkten Flugmuskeln* sind für die Auf- und Abbewegung der Flügel zwei antagonistische Muskelgruppen in Tätigkeit: die Hebemuskeln (Levatoren), und die Senker (Depressoren). Ihre Aktivität wird von Motoneuronen in den Thoraxganglien ausgelöst, die als oscillatorische Neurone eine schnelle Folge von Aktionspotentialen durch das Axon an die Muskelzellen weitergeben. Jedes Aktionspotential bewirkt über die Synapse eine Kontraktion der Muskelzellen. Da eine erregbare Membran nach dem Transport der Ionen für einige ms unerregbar ist (Refraktärstadium), ist damit der Zahl der Kontraktionen pro Sekunde und damit der Zahl der Flügelschläge eine Grenze gesetzt. Die Frequenz der Flügelschläge ist also Ausdruck der *Synchronie* zwischen Muskelkontraktion und Aktionspotential. Bis zu 40 Flügelschläge pro Sekunde sind mit dieser Mechanik möglich. Bei den meisten Schmetterlingen, den Libellen, Schaben und Heuschrecken werden die Flügel auf diesem direkten Wege bewegt. Die bewegenden Muskeln haben aber mit der Stellung der Flügel während des Fluges, bei der Landung usw. nichts zu tun. Sie wird durch zahlreiche weitere, kleinere, direkte Flügelmuskeln bewirkt.

Die *indirekte Flugmuskulatur* dagegen benutzt die elastischen Eigenschaften der Exocuticula, um durch außerordentlich schnelle Kontraktionen durch die Verbiegung des Tergums das Flügelgelenk umspringen zu lassen, so daß mit einem Klick-Mechanismus der Flügel nach oben bzw. nach unten gerissen wird. Nicht die Muskeln bewegen den Flügel, sondern die elastischen Verformungen der Cuticula. Es gibt Arten, bei denen mehrere Gelenkflächen vorhanden sind, die je nach Geschwindigkeit benutzt werden. Es besteht also eine Art Gangschaltung. Die Leistungsfähigkeit der Flügel hängt direkt von der Größe, d.h. der Fläche und dem erzeugten Winddruck ab. Die beim Austrocknen des Flügels zusammenklebende Ober- und Unterseite wird durch eine Reihe von Leisten verstärkt, so daß eine Wölbung des Flügels entsteht. Durch den von den direkten Flügelmuskeln erreichten Anstellwinkel wird also entsprechend der Flügelgröße, der Flügelform und der Geschwindigkeit des Flügelschlages ein Auftrieb erzeugt. Die mechanischen Teile können bei sehr kleinen Insekten mit einer Flügellänge unter einem Millimeter mikroskopisch winzige Dimensionen haben. Diese Tiere sind wegen der geringen Größe der Flügel auf einen sehr schnellen Flügelschlag angewiesen. Die Schlagfrequenzen betragen bei der Taufliege ca. 200 Hz, bei der Zuckmücke um 600 Hz, und bei kleinen Mücken bis zu 1000 Hz. Bei einer Schlagfrequenz von 600 Schlägen pro Sekunde müssen die indirekten Flugmuskeln den Kontraktions- und Erschlaffungszyklus innerhalb von 0,45 ms ausführen. Werden die Flügel oberhalb der Basis abgeschnitten, so daß die Belastung durch den Luftdruck fortfällt, so läßt sich die Bewegung der Flügelbasis bei der Mücke auf 2200 Hz steigern. Die Abhängigkeit der

Schlagfrequenz von der Größe der Flügel ist aber auch bei den durch direkte Flügelmuskeln, also synchrone Muskeln bewegte Flügel gefunden worden: bei sehr kleinen Motten liegt die Schlagfrequenz bei 95 Hz, und bei einer kleinen Hemiptere mit einer Flügellänge unter 1,5 mm bei 180 Hz. Mit diesen Schlagfrequenzen ist die obere Grenze dessen erreicht, was durch synchrone Muskeln erreicht werden kann.

Die indirekten Flugmuskeln für die hohen Schlagfrequenzen stellen hochspezialisierte Muskelzellen eines besonderen Bautyps dar: sogenannte *oscillatorische oder fibrilläre Muskeln*. Die Muskelzellen enthalten mehrere Kerne, sind für Insektenmuskeln ungewöhnlich lang (bis zu 1/2 mm) und reagieren auf Aktionspotentiale ihres zugehörigen Motoneurons nur mit langsamen Kontraktionen. Der eigentlich auslösende Faktor für eine schnelle Kontraktion ist eine Dehnung dieser Muskelzellen. Die Verteilung der Actin- und Myosinfilamente ist außerordentlich regelmäßig (Bild 117a), und die Sarcomerenlänge beträgt nur 2 bis 3 μm. Durch die unverhältnismäßig langen Actin- und Myosin-Filamente bleibt nur eine kurze Strecke für die Gleitbewegung übrig, so daß bei einer Kontraktion die Sarcomerenlänge nur um 2 % bis 3 % verkürzt wird. Das endoplasmatische Reticulum (sarcoplasmatisches Reticulum) ist nur gering entwickelt, dafür nehmen die Mitochondrien fast den gesamten Raum zwischen den Myofilamentbündeln ein. Dadurch und durch ihre radiär ausgerichtete sehr regelmäßige Anordnung wird das fibrilläre System in der Zelle besonders deutlich sichtbar. Die Aktionspotentiale der zugehörigen Neuronen können durch das gering entwickelte sarcoplasmatische Reticulum nur eine Vorbereitung für die Kontraktion liefern, die Kontraktion selbst wird durch eine Dehnung ausgelöst. Dabei wird die Lage der Actin-Filamente gegenüber den Brücken der Myosinfilamente verschoben, und die ATPase wird freigegeben. Durch die sehr hohe geometrische Ordnung der Fibrillen zueinander wird dann bei der Kontraktion der Ort der ATP-Spaltung wieder zugedeckt und die Muskelfaser erschlafft. Die erneute Dehnung öffnet wieder den aktiven Ort zur ATP-Spaltung usw. Tatsächlich beruht diese Eigenschaft allein auf der Konstruktion und Anordnung der Filamente. Da die Muskelkontraktionen nicht in zeitlicher Folge auf Aktionspotentiale der Motoneurone beruhen, heißen sie *asynchrone Muskeln*. In Glycerin extrahierte Muskelzellen können stundenlang mit hohen Frequenzen oszillieren, wenn man sie in ein geeignetes elastisches System zur Dehnung einspannt und in Lösung eintaucht, die Calcium und ATP in genügender Menge enthält. Jede Dehnung löst mit einer sehr geringen zeitlichen Verzögerung eine Kontraktion aus.

Das Dehnungssystem, das mit einer elastischen Eigenschwingung die indirekten Flugmuskeln zu den Kontraktionen veranlaßt, wird von den Skelettplatten des Thorax gebildet. Vier Gruppen von Muskeln (ca. 30 insgesamt) durchspannen den Thorax und nehmen etwa 80% des Raumes ein. Die beiden lateral gelegenen dorsalen Längsmuskeln setzen am hinteren Rand des Tergums im Thorax an und strahlen auf die vorderen Teile der Cuticula aus. Eine geringe Verkürzung dieser Muskeln verursacht eine Aufwölbung der verschmolzenen Tergiten (Notum): dadurch springt das Flügelgelenk um, und die Flügel werden mit vollem Schlag gesenkt. Die antagonistische Muskelgruppe besteht aus zwei Paketen dorsoventraler Muskeln, die von den ventralen Skelettelementen nach dorsal an den Tergiten ansetzen. Ihre Kontraktion zieht den gewölbten Deckel des Notums herunter: das Gelenk der Flügel springt um, und die Flügel werden nach oben geklappt. Die beiden Muskelgruppen wirken also gegeneinander als Antagonisten und halten das schwingende System der elastischen Cuticula in Gang, das durch seine Eigenfrequenz diesen Vorgang unterstützt. Die außerordentlich hohen Flügelschlagfrequenzen kommen also nur durch das Zusammenwirken der dehnungsaktiven Muskelzellen und der Schwingungen der cuticularen Skeletteile zustande. Durch die Anordnung des Gelenkes wird ein Verstärkungseffekt erzeugt, denn die geringen Verbiegungen

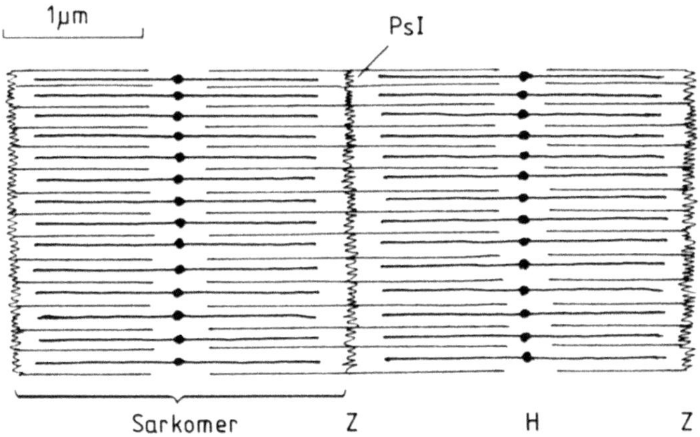

1

H H-Band
PsI Pseudo-I-Band
Z Z-Scheibe (vgl. Bild 54)

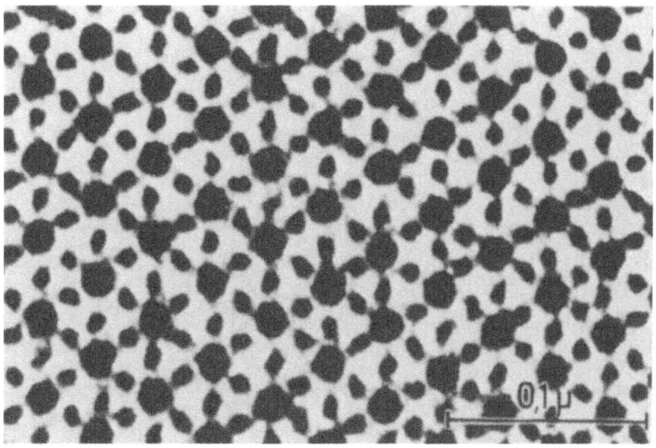

2

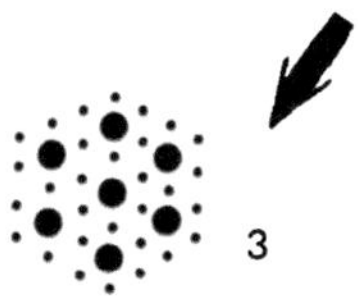

3

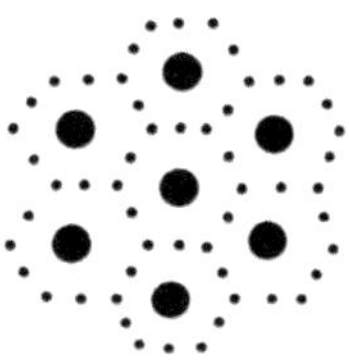

4

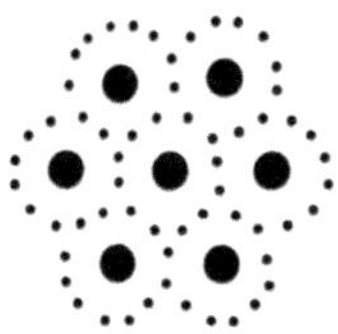

5

Bild 117

Flügel und Flugmuskulatur bei Insekten

a) Oscillatorische (asynchrone) Flugmuskeln, (1) Sarcomeren-Feinstruktur im Längsschnitt, (2) Anordnung der Actin- und Myosinfilamente im Querschnitt (aus Zebe, Meinrenken, Rüegg, 1968), (3) Verteilung der sechs Actinfilamente um den zentralen Myosinstab; dazu: (4) und (5) im maßstäblichen Vergleich die entsprechende Anordnung in Muskeln von Gliedmaßen bzw. Rumpfwand

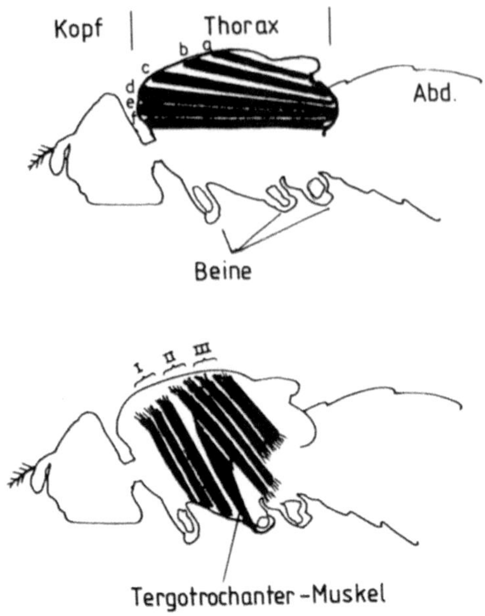

Bild 117

Flügel und Flugmuskulatur bei Insekten

b) Anordnung der sechs dorsalen indirekten Flugmuskeln einer Seite im Thorax der Fliege; darunter: die drei Gruppen der dorsoventralen indirekten Flugmuskeln, lateral von diesen Muskelgruppen liegt der Tergotrochanter-Muskel als Starter

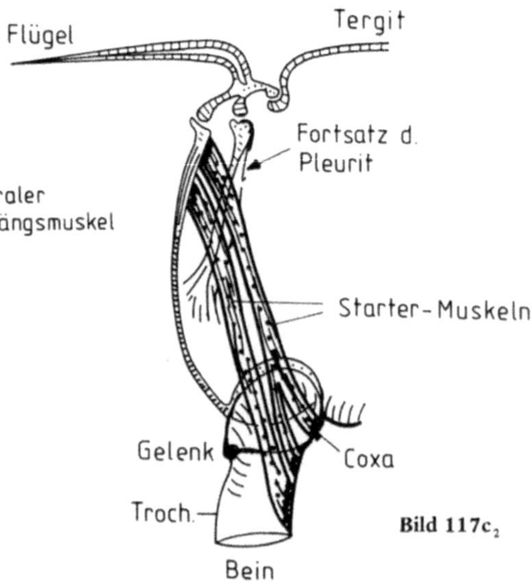

Bild 117c₂

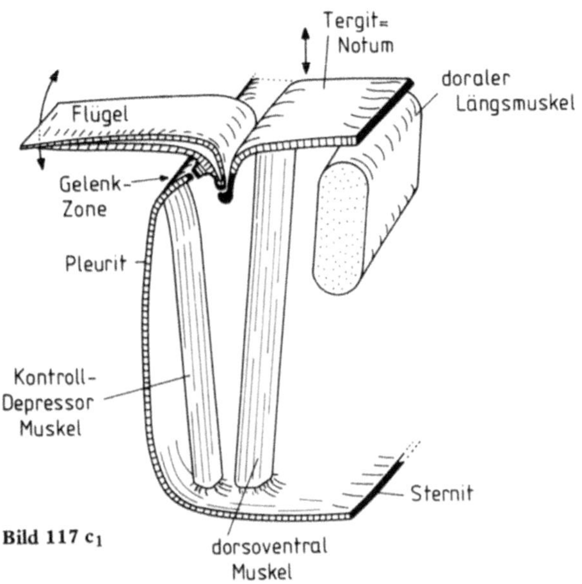

Bild 117 c_1

Bild 117

Flügel und Flugmuskulatur bei Insekten

c_1) Schematisierte Darstellung des Funktionsprinzips der Gelenkzone am Flügelansatz zum Körper

c_2) Lage des Startermuskels

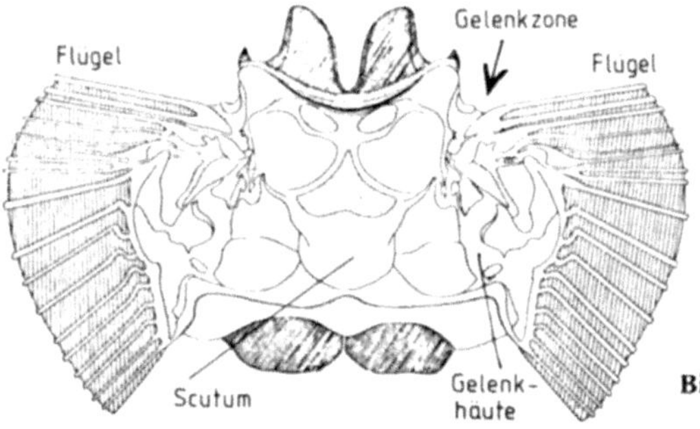

Bild 117c₃

Bild 117

Flügel und Flugmuskulatur bei Insekten

c_3) anatomische Struktur der Flügelbasis am metathorakalen Tergum bei der Wanderheuschrecke (aus Albrecht, 1953)

d) Zwei Aufnahmen der Flügelbewegung während des Fluges bei einer Zikade, aufgenommen mit Hochleistungszeitdehnung-Filmapparatur (aus Nachtigall, 1968)

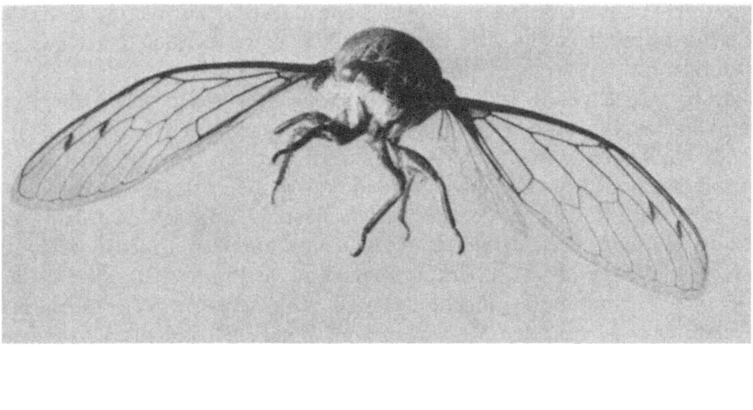

Bild 117d

der cuticularen Anteile schlagen in eine volle Flügelbewegung um. Durch die hohen Frequenzen der Kontraktionen sind die indirekten Flügelmuskeln außerordentlich stoffwechselaktiv und gehören zu den am stärksten belasteten Geweben tierischer Organismen überhaupt. Die Muskelzellen haben daher auch einen besonderen Stoffwechsel. Die außerordentlich enge Nachbarschaft der Mitochondrien zu den Myofilamenten verkürzt die Strecke für eine Diffusion von ATP. Dennoch muß die Diffusion beschleunigt werden, denn nur bei einer Temperatur von ca. 30° bis 35 °C erreicht genügend ATP die Myofilamente. Bei einer wesentlich niedrigeren Außentemperatur müssen die flugfähigen Insekten Wärme vorerzeugen, um die Flugmuskeln in die richtige Stoffwechselsituation für die Leistung zu bringen. Es erfolgt also eine echte Thermoregulation im Bereich des Thorax. Durch Muskelzittern ohne Flügelbewegungen werden in ein bis zwei Minuten Temperaturen um 30° bis 40 °C im Thorax erreicht, auch wenn der übrige Körper etwa 15 °C warm ist. Bei den synchronen direkten Flügelmuskeln werden die antagonistischen Muskelgruppen durch die neuronalen Impulse gleichzeitig zur Kontraktion gebracht, so daß sich ihre Wirkung aufhebt und die Flügel unbewegt bleiben. Das ist wegen der hohen Geschwindigkeiten bei der indirekten Flugmuskulatur nicht möglich, sie werden oszillieren, aber die Flügel werden durch die kleinen Gruppen der direkten Flugmuskeln festgehalten. Der für den Stoffwechsel notwendige Sauerstoff wird direkt vom Tracheensystem (siehe unten) durch Einfaltungen der Zellmembranen bis dicht an die Mitochondrien gebracht. Der Sauerstoffverbrauch während des Fluges kann das Zehnfache des Verbrauchs im Ruhezustand betragen und liegt je nach der Größe der Insekten zwischen 20 bis 90 ml O^2/ g Körpergewicht pro Stunde. Die Stoffwechselrate steigt um das 50- bis 100fache. Als Folge der direkten O_2-Zufuhr durch die Tracheen und die hohe Zahl an Mitochondrien arbeiten die Insektenflugmuskeln nur unter aeroben Bedingungen. Die Bildung von Lactat aus der Glykolyse unterbleibt fast vollständig, weil auch keine Lactatdehydrogenase zur weiteren Umsetzung zur Verfügung steht. Wichtige Schlüsselenzyme sind die cytoplasmatische und mitochondriale Glycerin-3-phosphat-dehydrogenasen (GDPH). Das Innere der Mitochondrien wird aus drei verschiedenen Zyklen mit Protonen angereichert, welche die Protonenpumpe für die Bildung von ATP aus ADP treiben (vgl. S. 29).

Der eine Zyklus ist der Glycerin-3-phosphat shuttle (Bild 118), der im Cytoplasma NAD^+ für die weitere Glykolyse zur Verfügung stellt und weiter beim Durchtritt durch die Mitochondrienmembran dort Elektronen abgeben kann für die Atmungskette und bei der Umwandlung in Dihydroxyacetonphosphat Protonen liefert.

Der zweite Weg ist die normale Glykolyse zu Pyruvat ohne die Entstehung von Lactat, weil aus dem ersten Zyklus genügend NAD^+ zur Verfügung steht.

Der dritte Zyklus geht von der Aminosäure Prolin aus, die aus dem Cytoplasma durch die Mitochondrienmembranen frei eindringen kann und dort auf dem in Bild 118 gezeigten Weg als α-Ketoglutarat in den Zitronensäurezyklus eingeht. Auch dabei werden Protonen gebildet und damit die Protonenpumpe zusätzlich gefüttert.

Die Mobilisierung der Glycerin-3-phosphat-dehydrogenase erfolgt durch die freigesetzten Ca-Ionen, die bei den Aktionspotentialen der Motoneuronen bei Beginn der Flugtätigkeit bzw. beim Aufwärmen durch Muskelzittern aus dem sarcoplasmatischen Reticulum freigesetzt werden. Die ursprüngliche Bedeutung dieser Ionen in der Muskelkontraktion ist also funktionell an den speziellen Zustand angepaßt worden. Als energieliefernde Substanz wird bei Beginn des Fluges ausschließlich Glucose benutzt, die in die Glykolyse eingeht und selbst aus der Trehalose stammt (siehe unten), die durch die zirkulierende Hämolymphe angeboten wird. Die schnelle Versorgung der Muskeln mit weiteren energieliefernden Molekülen wird hormonell gesteuert. Aus den Corpora cardiaca (vgl. Bild 121) wird ein Neurohormon ausgeschüttet, daß mit der Hämo-

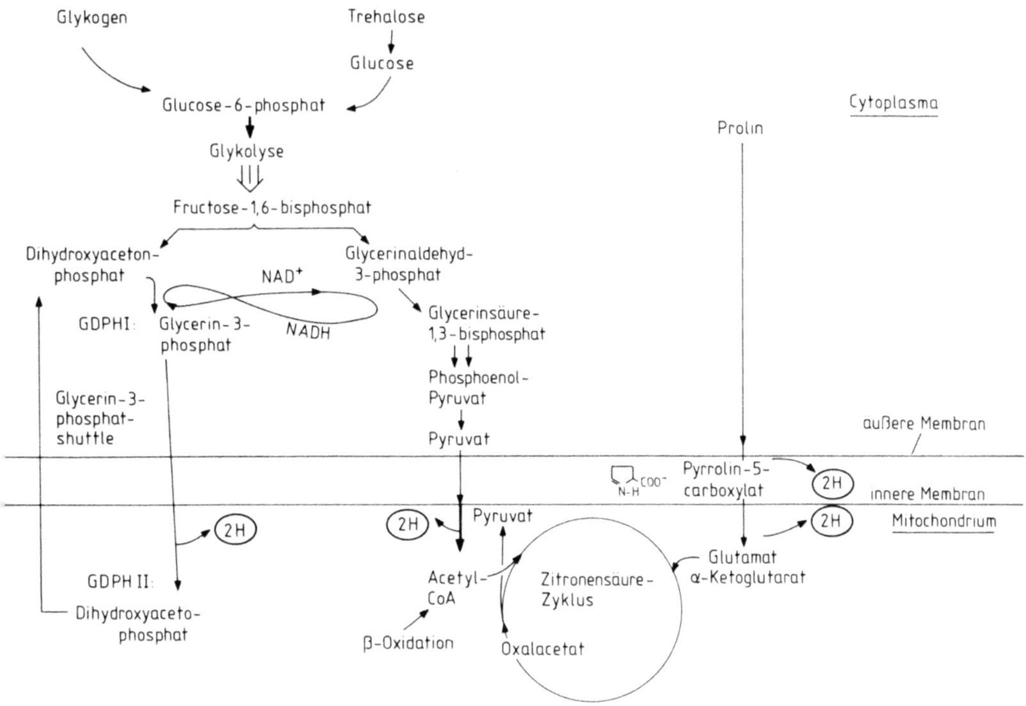

Bild 118
Schema der speziellen Austauschvorgänge im Stoffwechsel der indirekten Flugmuskeln bei Insekten

lymphe zu den eigentlichen Zielzellen, nämlich dem Fettkörper gebracht wird. Ein Teil der Corpora cardiaca sind echte Drüsenzellen, ein anderer Teil besteht aus einem neurohämalen Organ, in dessen Axonen Neurohormon aus den zugehörigen Neuronen des Gehirns gespeichert wird. Die Zellen des Fettkörpers mobilisieren unter Einwirkung des Hormons (Peptidhormon) ihre Reserveglykogene und geben Trehalose an die Hämolymphe ab. Daher heißt der Wirkstoff *hyperglykämisches Hormon*. Bei einem längeren Flug von mehreren Minuten wird aus den Corpora cardiaca ein anderes Hormon, das *adipokinetische Hormon* abgegeben. Es ist ein Peptidhormon, das am Anfang eine Pyrrolidoncarboxylgruppe trägt und folgende Zusammensetzung hat: PCA-Leu-Asn-Phe-Thr-Pro-Asn-Trp-Gly-Thr. Als Zielzellen reagieren Fettkörper und Flugmuskeln auf dieses Hormon; im Fettkörper werden die Lipide mobilisiert und als Diacylglyceride an die Hämolymphe abgegeben. Die Flugmuskeln nehmen die Fettstoffe auf und führen sie ihrem Energiestoffwechsel zu (vgl. Bild 118). Damit kann auf die energiereichste Reservestoffquelle zurückgegriffen werden.

Im einzelnen bestimmt natürlich die Lebensweise eines Insektes die Art der Reservestoffe, auf die zurückgegriffen werden kann. In der Regel wird bei einer kurz dauernden Flugaktivität nur Glucose verwendet, in den Muskelzellen gespeicherte Reserven reichen für den Start und den Flugbeginn aus. Je nach der Größe eines Insekts wird dann bei längerem Flug auf die Verwendung der Fettreserven übergegangen. Bei blutsaugenden Insekten dagegen ist die Hauptenergiequelle das Prolin, das aus den Aminosäuren der Blutmahlzeit speziell angereichert wird und beim Flug mobilisiert werden kann.

Da die asynchronen Flugmuskeln nicht durch die neuronale Aktivität gestartet werden können, muß ein besonderer *Startmechanismus* vorhanden sein. Dazu dient ein langgezogener Muskel, der auf beiden Seiten vom Tergum des Thorax in den Trochanter der Extremität des entsprechenden Segments zieht. Er gehört zur eigentlichen Stammuskulatur des Körpers und hat eine Funktion als Depressor des Trochanter für die Gliedmaße (tergaler Depressor des Trochanter). Es sind schnelle Zuckmuskeln, und sie werden auf jeder Seite ipsilateral von einem Riesenneuron im Gerhirn innerviert. Dieses steht durch Interneurone in Kontakt mit Nervenzellen der Augenganglien. Durch Aktionspotentiale des Riesenneurons werden die Depressormuskeln kontrahiert, und ein doppelter Effekt tritt auf: die Extremität wird blitzschnell gestreckt, das leichte Insekt schnellt also in einem Sprung hoch; zum zweiten wird das Tergum heruntergerissen, wobei die Flügel gehoben werden und die dorsale Längsmuskulatur gedehnt wird. Damit setzt ihre Oszillation ein und die Dorsoventralmuskulatur wird entsprechend angeregt: das System der indirekten Flugmuskeln ist in Gang gesetzt worden. Es findet gewissermaßen ein Katapultstart statt, bei dem während des Sprungs auch die Flügel anfangen zu arbeiten; schon der erste Flügelschlag beim Senken ergibt den ersten Auftrieb.

Ein anderes Startsystem ist bei größeren Insekten ausgebildet; unter den Dorsoventralmuskeln befinden sich einige schnelle, synchrone Zuckmuskeln, welche durch Aktionspotentiale ihrer Neurone eine Kontraktion vollziehen und damit das Tergum herunterziehen, also die Flügel heben, die dorsale Längsmuskulatur dehnen und dadurch die indirekten Flugmuskeln zur Oszillation bringen.

7.1.5 Hormone für Wachstum und Häutung

Die Einhüllung des Körpers in eine harte Cuticula setzt für das Wachstum enge Grenzen. Die Größenzunahme während der Entwicklung kann daher nur über Larven und Jugendstadien führen, die mit periodischem Abwerfen der Cuticula jeweils einen Wachstumsschub und eine Umänderung der Körperform vollziehen. Es werden also *periodische Häutungen* notwendig, deren Bedeutung bei den Nematoden schon erörtert wurde. Die Zahl der Häutungen ist bei den verschiedenen Formen der Arthropoden sehr unterschiedlich. Bei den Crustaceen werden zunächst Larven entwickelt, die Larvenhäutungen durchführen. Die daraus hervorgehenden Jungtiere können dem endgültigen adulten Stadium in der Körperform schon sehr ähnlich sein, aber durch eine große Zahl von Häutungen periodisch wachsen. Auch die adulten Tiere können weiter Häutungen durchführen und damit noch über mehrere Jahre Körperwachstum aufweisen. Bei den Cheliceraten werden zehn bis zwölf Häutungen durchgeführt, und auch die erwachsenen Tiere können durch ihre Häutung noch an Größe zunehmen. Bei den Insekten schließlich kann dieser primitive Zustand von zahlreichen Häutungen erhalten geblieben sein, so daß Jungtiere (sogenannte Nymphen) von Häutung zu Häutung größer werden, dem erwachsenen Tier ähnlicher sind und die Flügelanlagen immer stärker ausbilden. Aber auch extreme Umwandlungen (Metamorphosen) von Larvenstadien (Raupen) über weitere Ruhephasen (Puppen) bis zur vollständig fertigen Imago (dem adulten Tier) werden durch die Häutungszyklen durchgeführt. Dennoch sind die Grundvorgänge und ihre Auslösung bzw. Regulation durch die Hormone überall ähnlich.

Die Häutung selbst betrifft alle Teile der Cuticula, also auch die komplizierten Sinnesorgane und die Extremitäten.

Synthese und Aufbau einer neuen Cuticula ist also nicht nur ein Problem der Herstellung entsprechender Stoffe, sondern auch ein Problem der Formbildung auf zellulärer Ebene. Die Auslösung der komplizierten Häutungsvorgänge wird durch Neurohormone eingeleitet. Sie werden von großen Neuronen im Gehirn synthetisiert; bei den Crustaceen liegen diese Neurone (ca. 100) in der Nähe der optischen Ganglien und bilden das X-Organ. Bei den Cheliceraten ist ihre Lage unbekannt, bei den Insekten sind zwei Zellgruppen im Protocerebrum und eine im Tritocerebrum vorhanden (Bild 119). Die Axone sind Leitungsbahnen für die Hormone. Ihre Enden dienen als Speicherstellen und sind mit Hämolymphräumen zu neurohämalen Organen zusammengefaßt: die Sinusdrüse bei den Crustaceen und die Corpora cardiaca bei den Insekten. Die Ausschüttung eines Hormons an die Hämolymphe wird durch verschiedene endogene Faktoren bestimmt. So kann der durch die Augen wahrgenommene Tag/Nachtrhythmus bei einer bestimmten Tageslänge der Zeitgeber für die Ausschüttung sein; es können Füllungszustände des Magen-Darmkanals bei blutsaugenden Insekten, das Gewicht des Körpers, die Temperatur oder Temperaturänderung und viele andere Faktoren über das Nervensystem die Ausschüttung der Neurohormone bewirken. Das Hormon wirkt auf die eigentliche endokrine Drüse zur Herstellung des Häutungshormons selbst und wird daher ecdysiotropes Hormon oder prothorakotropes Hormon genannt und ist ein Peptidhormon. Es wird über die zirkulierende Hämolymphe an endokrine Drüsenzellen herangebracht, in denen es über zyklisches AMP (cAMP) die Synthese der RNA für das Häutungshormon induziert.

Das Häutungshormon ist eine Steroidhormon (Bild 120), das aus Cholesterin als Grundsubstanz über mehrere Schritte synthetisiert wird und als *α-Ecdyson* an die Hämolymphe abgegeben wird. Bei den Insekten sind es die Prothoraxdrüsen, und bei den Crustaceen die im Prothorax liegenden Y-Organe, welche die Ecdysteroide aufbauen können. Es handelt sich um echte endokrine Drüsen, die aus Epitheleinfaltungen zwischen den Anlagen der Mundwerkzeuge während der Embyonalentwicklung in die Tiefe versenkt werden und ohne Ausführungsgang bleiben. Eine Speicherung des Hormons findet in der Regel nicht statt, sondern erst auf Anreiz durch das ecdysiotrope Hormon wird die Synthese eingeleitet. Das α-Ecdyson wird von den Zellen aller Gewebe aufgenommen und dort zu der eigentlichen hochwirksamen Form des β-Ecdysons durch ein Enzym (C-20-Hydroxylase) umgewandelt. Eine ganze Reihe von abgewandelten Ecdysonmolekülen ist bekanntgeworden, die aber nicht die Wirksamkeit des β-Ecdysons besitzen und deren physiologische Bedeutung unbekannt ist. Als Steroide können die Ecdysonmoleküle ungehindert durch die Zellmembran in das Zellinnere gelangen, wo sie an Proteinen mit einer sehr hohen Affinität für das Hormon als Rezeptoren gebunden werden. Der Hormon-Rezeptor-Komplex wirkt im Zellkern durch Genaktivierung, also durch Stimulierung der Transkription.

Bei der Entdeckung dieser Wirkung wurde zum ersten Mal die Theorie formuliert, daß *Hormone durch Genaktivierung*, also *über die Transkription wirken* können. Diese Theorie hat auch für die Aufklärung der Wirkung von Hormonen bei Wirbeltieren eine große Bedeutung erlangt. Da sich neben der Häutung auch zumeist tiefgreifende Veränderungen bei den übrigen Geweben des Körpers im Verlauf der Umwandlung der Körperstruktur ergeben, sind die Effekte des Ecdysons in den verschiedenen Geweben sehr vielfältig. Der Begriff des Häutungshormons gibt nur die auffallendste Wirkung, nämlich den Aufbau einer neuen Cuticula und die teilweise Auflösung der alten Cuticula wieder (Bild 121). Die erste Wirkung des Häutungshormons besteht in einer Ablösung

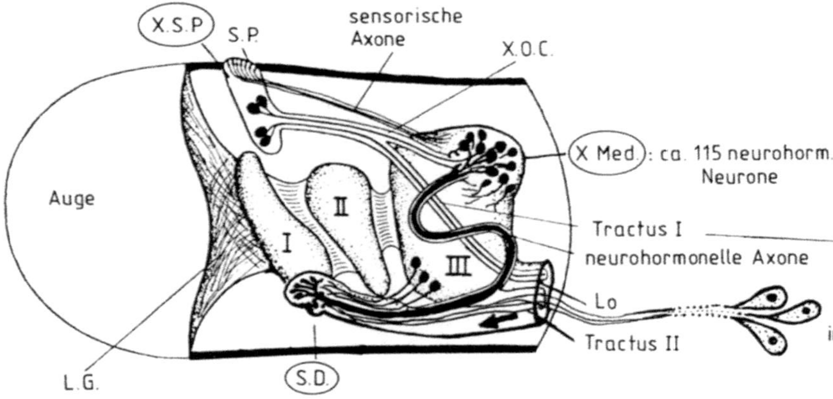

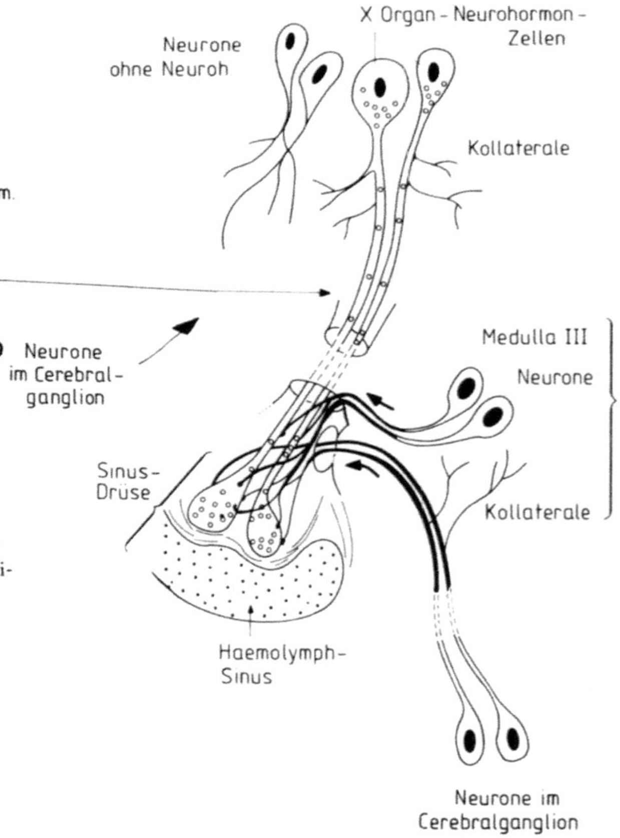

Bild 119
Produktionssorte von Neurohormonen

a) Crustaceen; Augenstiel mit Topographie der neurohormonellen Zellgruppen und der zugehörigen neurohämalen Organe beim Flußkrebs. re.: Ausschnitt, Lage der synaptischen Verbindungen der neurohormonellen Zellen mit nicht hormonellen Neuronen (in Anlehnung an Andrew et al., 1978)

Neurohormoneller Anteil:

XSP	X-Organ der Sinnespapillen
XMed	Medulla X-Organ
XOC	Konnektiv zwischen den X-Organen
SD	Sinusdrüse = Neurohämales Organe
Tractus I	Nervenstrang von den X-Organen zum Cerebralganglion
Tractus II	Nervenstrang von der Sinusdrüse zum Cerebralganglion

Neuronaler Anteil:

I–III	Medulla (= Ganglion) I–III
LG	Laminaganglionaris
Lo	Verbindung des Lobus opticus zum Cerebralganglion
SP	Sinnespapillen

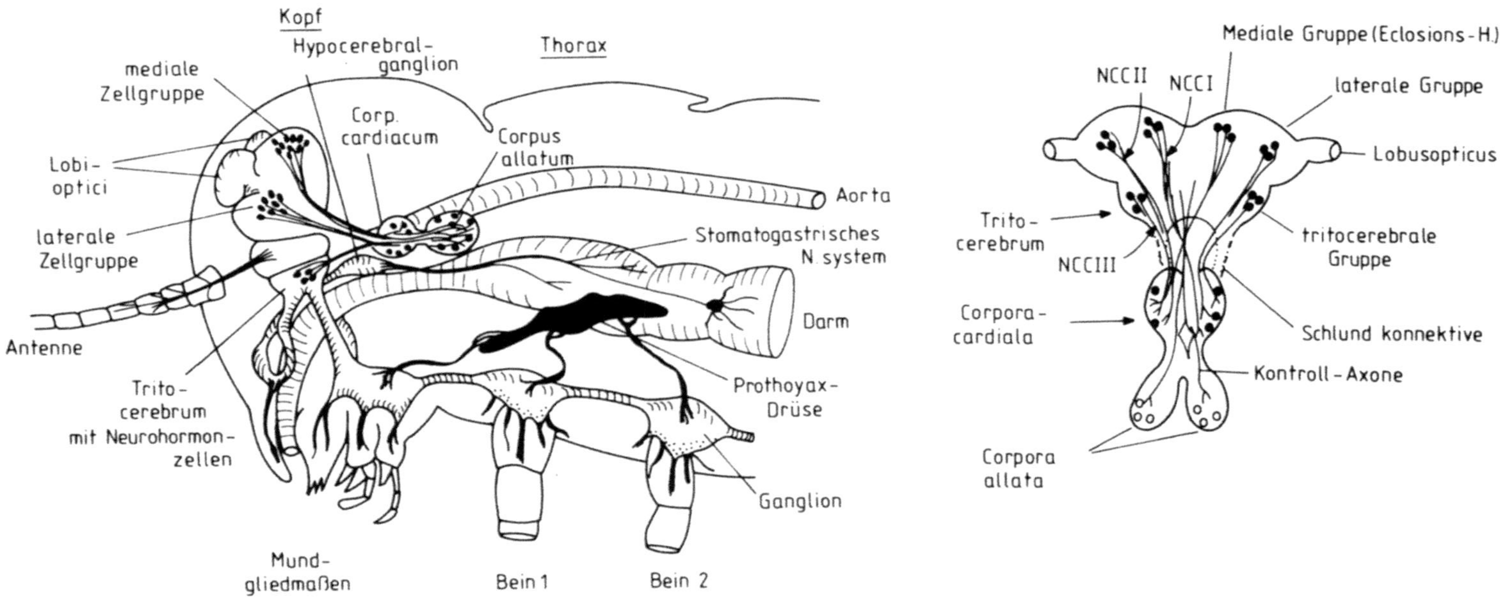

Bild 119

Produktionssorte von Neurohormonen

b) Insekten: Topographie von Kopf und Thorax mit Lage der neurohormonellen Zellen und ihrer Beziehungen zu den Corpora cardiaca und Corpora allata sowie Innervation der Prothoraxdrüse; re.: Dorsalansicht von Cerebralganglion und C. cardiaca und C. allata mit den Neuronengruppen und ihrer Axone für die neurohämalen „Drüsen" (I–III Neurosekretorische Bahnen) (verändert aus Seiffert, 1975)

der Zellen der Hypodermis von der Cuticula (Apolysis) und der Ausscheidung einer viskösen Flüssigkeit (Häutungsgel) in dem entstandenen Zwischenraum. Die Epithelzellen führen Zellteilungen durch, so daß es zur Oberflächenvergrößerung mit Einfaltung des Epithels kommt. Bei den flügeltragenden Insekten wird in den entsprechenden Stadien auch das Wachstum der Flügelanlagen einsetzen. Danach beginnt die Bildung einer neuen Epicuticula mit mehreren Schichten, durch die hindurch Chitinasen und Chitobiasen in das verflüssigte Häutungsgel abgeschieden werden. Die unteren Schichten der Endocuticula werden durch diese Enzyme abgebaut und die freien Aminosäuren und Aminozucker von den Epidermiszellen der neuen Cuticula mitverwendet. Unter

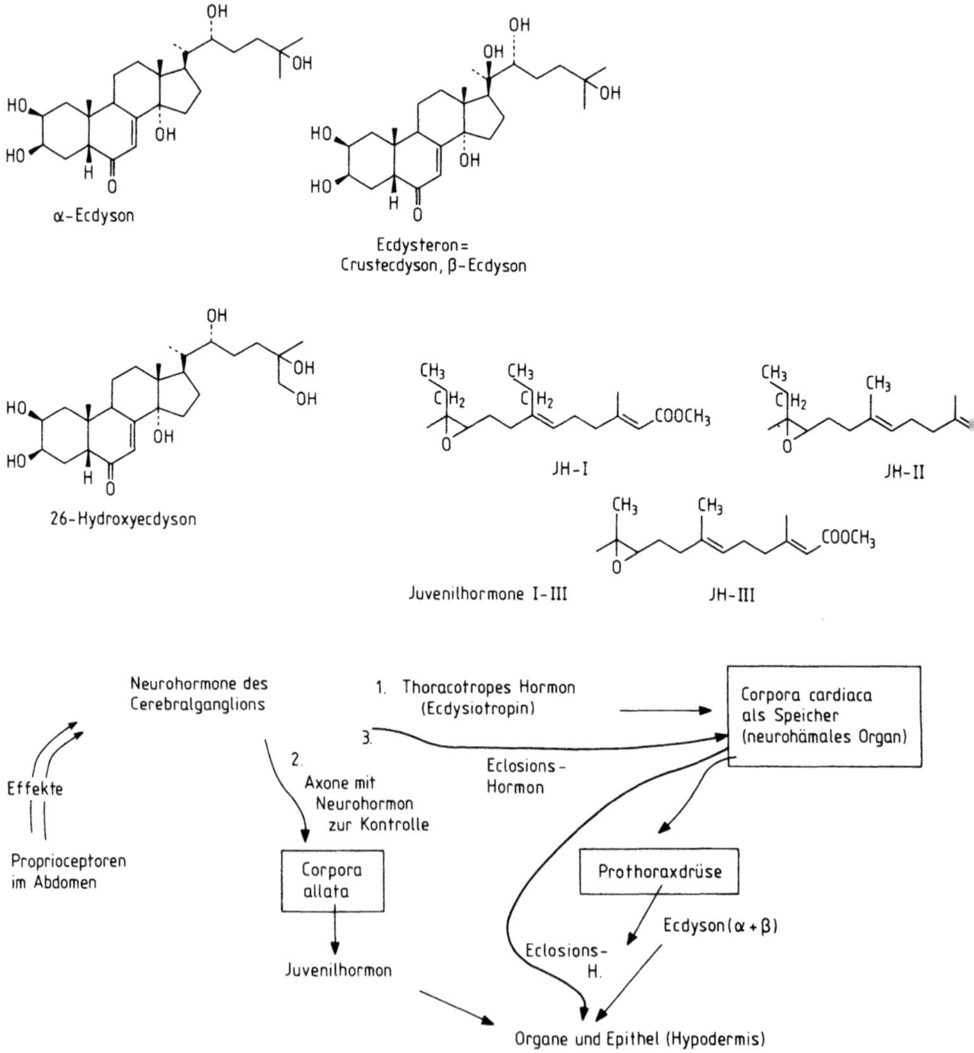

Bild 120
Häutungs- und Juvenilhormon (vgl. Text)

der neuen dünnen Epicuticula, die sich ebenfalls zu verändern beginnt, werden die Schichten einer dicken Exo- und Endocuticula abgelagert. Auch die trichogenen und tormogenen Zellen der Sinnesorgane sind in diesen Stadien aktiv und bilden die komplizierten cuticularen Teile der Sensillen. Bei den Panzern der Crustaceen wird ein Teil des Ca-Carbonats und Ca-Phosphat ebenfalls resorbiert und unter der Wirkung des Ecdysons in der Mitteldarmdrüse und bei den großen Krebsen als die sogenannten Gastrolithen in besonderen Drüsenzellen der Magenwandung abgelagert.

Die neu entstandene Cuticula ist noch weich und farblos. Der Entwicklungszustand des Tieres (frühe oder späte Larve usw.) benötigt aber verschiedene Ausbildungen

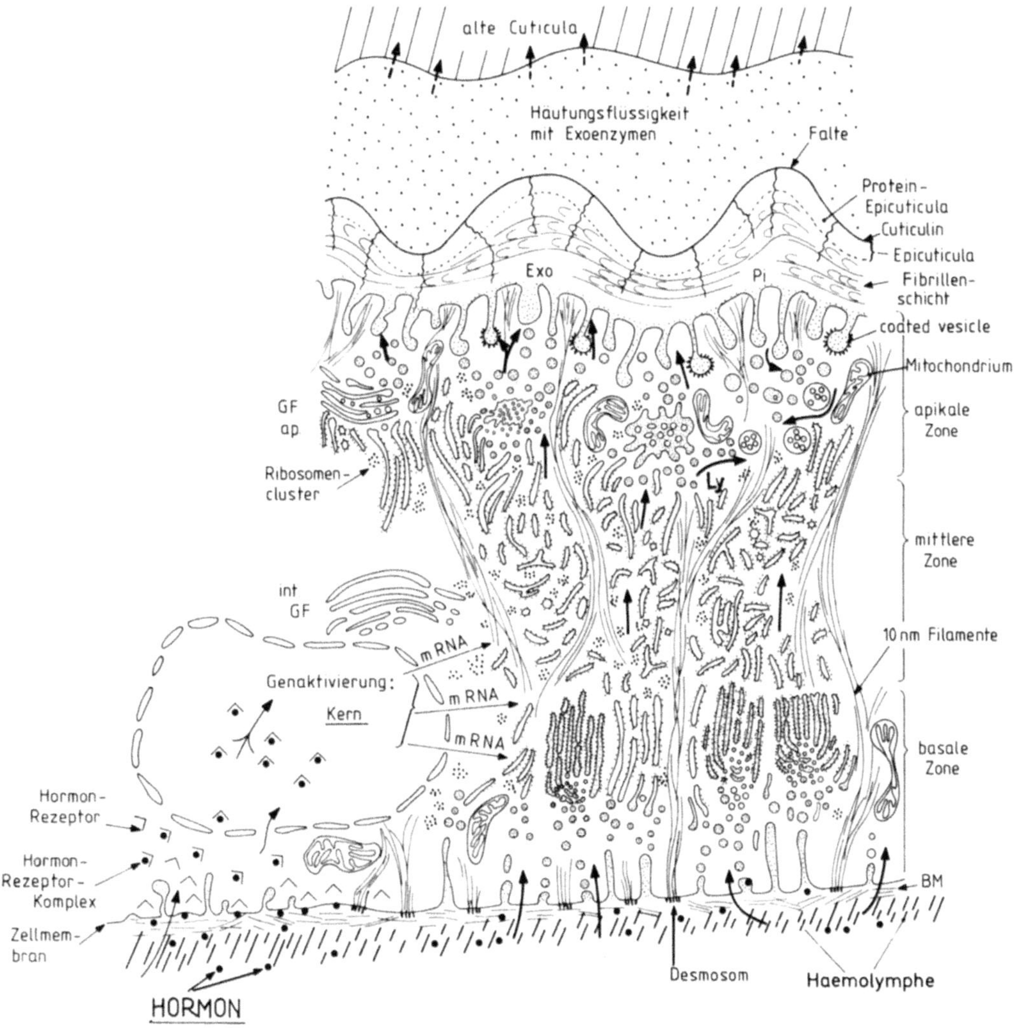

Bild 121 (Mehrfarbige Wiedergabe des Bildes s. S. 436)
Feinstruktur einer Hypodermiszelle während der Resorption der Häutungsflüssigkeit und der Produktion und Ausschleusung von Material für die neue Cuticula bei einem Insekt (in Anlehnung an Locke, 1970)

der Cuticula bzw. einen unterschiedlichen Ausbildungsgrad der Organe. Die Beeinflussung der Wirkung des Ecdysons wird durch die *Juvenilhormone* (Bild 120) reguliert. Sie werden in den Zellen der Corpora allata synthetisiert, ebenfalls endokrine Drüsen, die aus dem Epithel zwischen den Mundgliedmaßenanlagen entwickelt werden. Die Ausschüttung erfolgt auf Anreiz durch Kontrollneurone, deren Synapsen an Drüsenzellen Serotonin abgeben und die Exocytose der Hormongranula auslösen. Die Juvenilhormone werden an die Hämolymphe abgegeben und dort durch spezifische Lipoproteine als Träger gebunden. Ähnlich wie beim Ecdyson haben sie zahlreiche Zielorgane. Je mehr an Juvenilhormon vorhanden ist und von den Zellen aufgenommen werden kann, umso stärken bleibt der larvale Charakter des Körpers erhalten. Mit abnehmendem Gehalt an Juvenilhormon von Häutung zu Häutung wird immer stärker der Charakter der älteren Stadien bis zum adulten Tier ausgeprägt. Tatsächlich wird die Menge der zur Verfügung stehenden Juvenilhormone auf einem komplizierten Weg reguliert. Die hormonbildenden Lipoproteine der Hämolymphe werden von den Zellen des Fettkörpers hergestellt und an die Hämolymphe abgegeben. Mit einer zeitlichen Verzögerung synthetisieren sie aber auch verschiedene Typen von Esterasen, welche die Juvenilhormone zerstören. Die eine Form kann auch die an Lipoprotein gebundenen Hormone angreifen, die andere nur die freien (noch nicht gebundenen) Hormonmoleküle. Durch einen nicht bekannten Mechanismus wird also die Menge der hormonbindenden Proteine und die Mengen der verschiedenen Esterasen in ein Gleichgewicht gesetzt, so daß weniger die Synthese der Corpora allata, sondern die Synthesen der Fettkörperzellen darüber entscheiden, wieviel Juvenilhormon für die Zielzellen übrigbleibt.

Die eigentliche *Häutung (Ecdysis)*, d.h. das Sprengen und das Ausschlüpfen aus der durch den Abbau verdünnten alten Cuticula wird durch ein anderes Hormon, das *Schlüpfhormon (Eclosionshormon)* ausgelöst. Es ist wieder ein Neurohormon, das als Peptid von den bereits genannten neurohormonellen Zellen des Gehirns systhetisiert und über die Neurohämalorgane an die Hämolymphe abgegeben wird. Kurz vor dem Schlüpfen erfolgt eine stärkere Wasseraufnahme, so daß die Menge der Hämolymphe zunimmt, die Falten der Epidermis werden gestreckt und die größer gewordenen Körperanhänge durch das Vollpumpen mit Hämolymphe voll entfaltet. Zugleich wirkt dieses Hormon auf bestimmte Zellen des zentralen Nervensystems, so daß über bestimmte Muskelgruppen eine typische Schlüpfmotorik entsteht. Bei einer stärkeren Umwandlung der Körperformen gibt das Hormon auch den Anstoß zur Auflösung bestimmter larvaler Muskeln, die nicht mehr benötigt werden, und dementsprechend wird in den segmentalen Ganglien auch eine große Zahl von motorischen Neuronen degenerieren (Bild 122). Auch die Hälfte der Interneurone wird abgebaut.

Die nach dem Schlüpfen noch weiche Cuticula muß schnell gehärtet werden, damit die ansetzenden Muskeln die normale Bewegungsaktivität gewährleisten. Durch die Wirkung von Ecdyson ist die Mobilisierung von Ca-Salzen bei den Crustaceen erfolgt, und für die Sklerotisierung der Cuticula (siehe S. 320) muß das Schlüsselenzym für die Herstellung der Chinone, die Dopadecarboxylase, synthetisiert werden. Durch Mobilisierung von Proteinen aus den Fettkörperzellen und einem damit verbundenen speziellen Transport durch Zellen der Hämolymphe (Hämocyten) wird die Verhärtung der Cuticula vorbereitet. Sie beginnt aber erst nach der Ausschüttung eines weiteren Neurohormons, des *Bursicons*. Es entsteht in neurohormonellen Zellen der Bauchmarkganglien und wird über den Perivisceralsinus abgegeben. Es handelt sich um ein relativ großes Protein, über das noch wenig bekannt ist. Wahrscheinlich wirkt es über cAMP auf die Mobilisierung der Proteine in den Fettkörperzellen und auf den Stoffwechsel der Hämocyten. Letztere nehmen Tyrosin auf und geben es als Dopamin an die Epithelzellen weiter. Dort entsteht durch die Decarboxylase das N-acetyldopamin. Außerdem

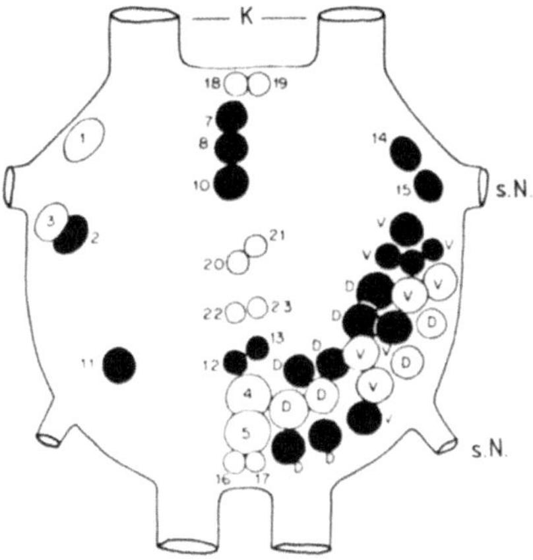

Bild 122
Wirkung von Ecclosionshormon auf Nervenzellen und Muskeln bei der Metamorphose von Insekten
li: Abdominalganglion von Manduca, die mit Intravitalfärbung identifizierbaren Neuronen lassen sich bei der Umformung der Larve wiederfinden, die schwarz gezeichneten Zellen sterben ab
unten: Abdominalmuskulatur der Fliege Sarcophaga, Reduktion der Muskelgruppen in den ersten Tagen nach dem Schlüpfen der Fliege, Innenseite der Segmente, Kombinationszeichnung von zwei Altersstufen (aus Cottrell, 1965; Taylor und Truman, 1974)

D Neurone für den dorsalen segmentalen Nerv
K Konnektive
sN segmentale Nerven
V Neurone für den ventralen segmentalen Nerv
schwarz: Neurone, die abgebaut werden

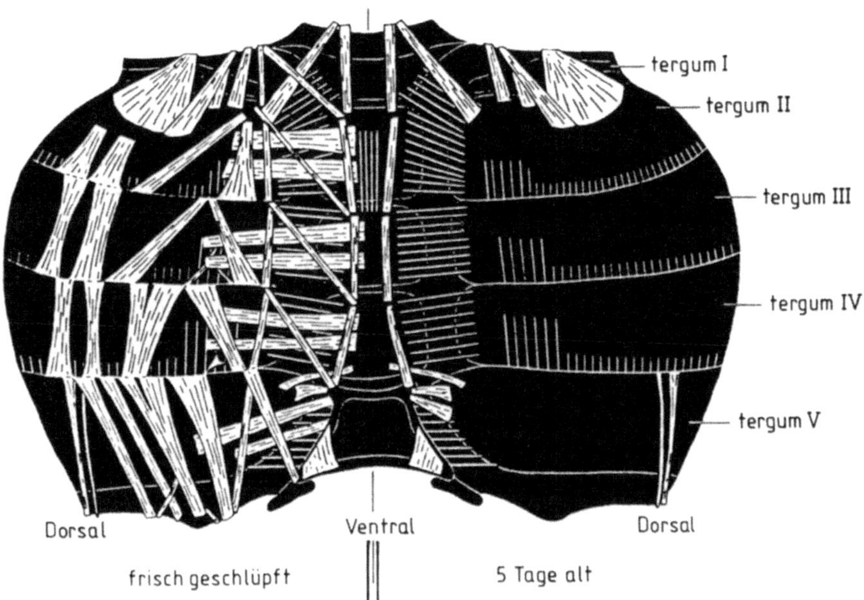

werden die in der Cuticula benötigten Proteine aus der Hämolymphe durch Pinocytose von den Epithelzellen aufgenommen und weitertransportiert.

Insgesamt sind also die Häutungsvorgänge, das damit verbundene Wachstum sowie die Veränderungen der Körpergewebe und der Körperformen von einem zeitlichen Ineinandergreifen von verschiedenen Neurohormonen und endokrinen Drüsen abhängig. Zellen reagieren als Zielzellen durch die Aufnahme der Hormone mit bestimmten

Stoffwechselvorgängen. Das gesamte System muß in einer sehr langen Entwicklungsphase entstanden sein, denn bereits die ersten typischen Arthropoden (Trilobiten) müssen diese Häutung durchgeführt haben. Wenn bei ihnen auch der Wechsel in der Körpergestalt nicht tiefgreifend war, so sind die Ansätze zu dem periodischen Abwerfen der Cuticula doch gegeben. Die Arthropodisierung besteht also nicht nur in der Ausbildung der Cuticula und der Körperanhänge als Extremitäten, sondern ist nur in Kombination mit den entsprechenden physiologischen Vorgängen der Häutung und der damit verbundenen Wachstumsvorgänge zu verstehen. Aber alle neuen Merkmalsgruppen, die als erfolgreiche Erfindungen fixiert und weitergegeben worden sind, beruhen auf der Grunderfindung der Cuticula als starres Exoskelett.

7.2 Die Funktionseinheit Kreislaufsystem – Exkretion – Atmung

Die Arthropoden besitzen durch die starke Entwicklung der Muskulatur nur wenig Bindegewebe, dessen Zellen als Speicherorgane benutzt werden könnten. Auch die Muskelzellen sind wegen ihrer hohen Aktivität nicht geeignet, größere Mengen von Reservestoffen aufzubauen und zu lagern. Daher sind zum ersten Mal echte Speicher- und Stoffwechselorgane entstanden. Bei den Crustaceen und den Cheliceraten werden sie durch das Wachstum des Mitteldarmepithels als sogenannte *Mitteldarmdrüsen* oder Darmdivertikel gebildet, deren Hohlräume mit dem Darmlumen in Verbindung stehen. Drüsenzellen, Resorptionszellen, Speicherzellen und Regenerationszellen bilden die einschichtige Wand dieser Organe, in denen Verdauung und Resorption stattfindet. Auf nervösen oder hormonellen Reiz geben die Drüsenzellen ihre Sekrete ab, und die aufgeschlossenen Nahrungsbestandteile werden von den Resorptionszellen phagocytiert bzw. durch Membrantransport aufgenommen und weitergegeben oder gespeichert. Die Zerkleinerung der Nahrung findet entweder durch die Injektion von Enzymen in die Beute, wie bei den Spinnen, bereits außerhalb des Darmkanals statt, so daß nur flüssige Nahrung eingesaugt wird. Oder die Zerkleinerung erfolgt durch Mundwerkzeuge und wird durch den Vorderdarm, der aus Ektoderm entstanden ist und dessen Zellen daher eine dünne oder verstärkte Cuticula ausscheiden, fortgesetzt. Komplizierte Magenapparate wie bei den großen Krebsen können mit Reibplatten und anderen Einrichtungen das Zermahlen der Nahrung fortsetzen; entsprechende Muskelgruppen sorgen für die Bewegung dieser Zerkleinerungsapparate und werden daher von einem eigenen Nervensystem, dem stomatogastrischen System koordiniert. Entsprechendes gilt für den Saugvorgang der Cheliceraten, die eine Saugpumpe des Vorderdarms besitzen. Die Aktionen dieser Muskeln werden vollständig von den Aktionen für die Bewegung abgetrennt, so daß im stomatogastrischen System weitgehende Autonomie gegenüber der Motorik des Körpers herrscht. Die Zellen des relativ kurzen Mitteldarms tragen Mikrovilli zur Resorption von Flüssigkeiten und werden daher bei den Crustaceen und bei den Insekten gegen unverdauliche harte Bestandteile in der Nahrung durch die sogenannte peritrophische Membran geschützt. Es ist ein mehrschichtiges Filter aus Chitinfibrillen, die von den Epithelzellen des inneren Randes des Vorderdarms synthetisiert und ausgeschieden werden. Wie ein Filterpapier läßt diese peritrophische Membran die gelösten Stoffe durch die Lücken zwischen den Fibrillen an die Darmzellen herantreten, hält aber alle gröberen Bestandteile vom Mikrovillisaum fern.

Bei den Insekten sind die *Fettkörper* das eigentliche Stoffwechselorgan. Sie entstehen aus Mesodermzellen der Coelomanlagen, sind also ursprünglich segmental gegliedert und werden den Darmzellen dicht aufgelegt. Sie bilden also keine Hohlräume, die mit dem Darmrohr in Verbindung stehen könnten. Die Weitergabe der Nahrungsbestandteile erfolgt aus den Darmzellen direkt an die aufgelagerten Fettkörperzellen oder auf dem Umweg über die Hämolymphe, aus der die Fettkörperzellen diese Bestandteile wieder aufnehmen. Zwei Typen von Fettkörperzellen gibt es: die Trophocyten und die Uratzellen. Die Trophocyten speichern Glykogen und Trehalose, Lipide und Proteine. Je nach Bedarf werden unter Hormoneinwirkungen diese Stoffe mobilisiert und an die Hämolymphe weitergegeben, so daß alle Gewebe des Körpers eine entsprechende Versorgung erhalten. Die Fettkörperzellen sind also Zielzellen für mehrere Hormone. Das adipokinetische Hormon (siehe oben) löst die Aufbereitung der Lipide und ihre Ausschleusung in Form von Lipoproteinen in die Hämolymphe aus. Weitere Neurohormone aus dem Corpora cardiaca sind die Peptidhormone, die als hyperglykämisches Hormon und als ein sehr kurzlebiges Hormon mit einer Wirkung auf das Phosphorylasesystem (zum Abbau von Glykogen in Trehalose) die Ausschüttung der Trehalose in die Hämolymphe verursachen (Bild 123). Ein weiteres Peptidhormon, das eine Ähnlichkeit mit dem Insulin der Wirbeltiere hat, wirkt als hypoglykämisches Hormon und kann rapide den Trehalosespiegel der Hämolymphe wieder senken. Wahrscheinlich wird die Dauer der Trehaloseausschüttung und die Einstellung einer bestimmten Trehalosekonzentration in der Hämolymphe durch diese drei Hormone in einer Balance beeinflußt.

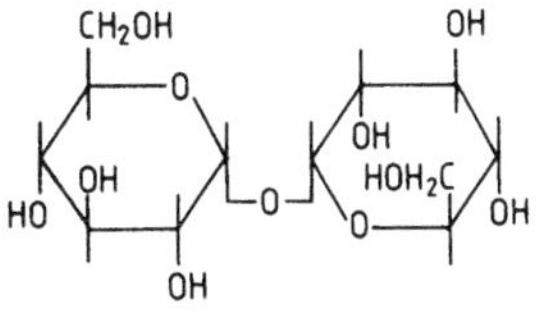

α, α - Trehalose
(α-D-glucopyranosyl-α-D-glucopyranoside)

Bild 123

Trehalosezyklus bei Insekten:
Schema der Einflüsse beim Abbau und der Abgabe in die Hämolymphe bzw. bei der Speicherung und Polymerisierung zu Glykogen (verändert nach Friedman, 1978)

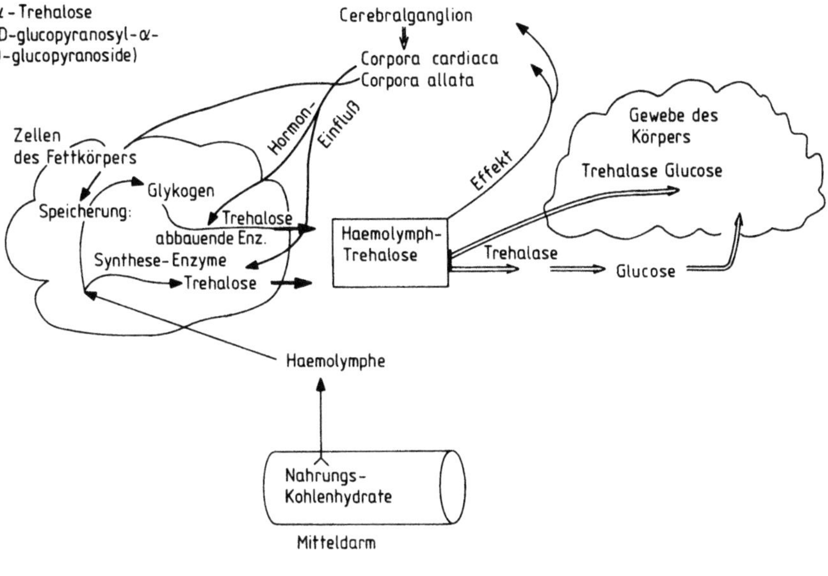

Die Fettkörperzellen zeigen aber auch eine wesentliche eigene Synthese. Sie stellen nämlich die verschiedenen Proteine des Hämolymphplasmas her, die als Träger für Hormone und als Lipoproteine für die mobilisierten Lipide dienen. Außerdem werden Proteine zur Abwehr eingedrungener Bakterien hergestellt. Unter dem Einfluß des Juvenilhormons (siehe oben) wird bei den weiblichen Tieren auch das Vitellogenin aufgebaut, das von den Oocyten während des Wachstums aufgenommen und gespeichert wird. Es sind kombinierte Lipoglykoproteine, die zum Teil Cholesterin und Carotinoide einschließen. Bei einigen Larven werden Atmungspigmente (verschiedene Hämoglobine, z.B. bei der Zuckmücke Chironomus) während bestimmter Larvenstadien in den Trophocyten synthetisiert, die nach der Metarmorphose nicht mehr aufgebaut werden. Es handelt sich also um zeitweilige Genaktivierungen. Auf die Wirkung des Ecdysons zur Vorbereitung der Häutung wurde bereits eingegangen. Bei den großen Crustaceen wurden die hypo- und hyperglykämischen Hormone als Peptide aus den neurohämalen Organen des Augenstieles abgegeben; sie wirken in erster Linie auf die Muskelzellen selbst und nur in weniger drastischer Weise auf die Speicherzellen der Mitteldarmdrüsen.

Einen zweiten Typ der Fettkörperzellen stellen die Uratzellen dar. Sie sind eine Anpassung an die landbewohnende Lebensweise der Insekten und der meisten heute lebenden Cheliceraten. Sie enthalten als Endprodukte des Purin- und Aminosäurestoffwechsels Kristalle aus Guanin oder Uraten; sie können an verschiedenen Stellen des Körpers konzentriert werden. Sie nehmen die Endprodukte aus der Hämolymphe auf und konzentrieren sie in Form der Kristalle. Eine weitere sehr wichtige Aufgabe aller Fettkörperzellen ist die Entgiftung der aus dem Stoffwechsel anfallenden Endprodukte, die ausgeschieden werden sollen, wie auch solcher Stoffe, die als Fremdstoffe mit der Nahrung oder durch Kontakt aufgenommen werden. Durch Enzymsysteme werden die Stoffe in ihrer Molekularstruktur so verändert, daß sie ihre giftige Wirkung verlieren und gleichzeitig so wasserlöslich sind, daß sie ausgeschieden werden können. Auf diesem Wege werden auch *Insecticide* abgebaut; die Zunahme der Aktivität bei bestimmten Enzymsystemen ist der Grund dafür, warum Insekten gegen bestimmte Bekämpfungsmittel *resistent* werden können. Wahrscheinlich sind die Enzymsysteme ursprünglich gegen die in der Nahrung vorkommenden giftigen sekundären Pflanzenstoffe wie Alkaloide, Terpene und andere Substanzen gerichtet gewesen. Vor allem die Hydroxylasen des endoplasmatischen Reticulums mit Cytochrom P 450 verändern durch Oxydation die Moleküle derart, daß sie durch weitere Enzyme (Arylhydroxylasen, Epoxidhydrasen u.a.) zerstört werden können. Esterverbindungen werden hydrolysiert, womit vor allen Dingen Phosphorsäureester abgebaut werden. Die zweite Gruppe der Möglichkeiten ist, die Moleküle durch Konjugation mit einem anderen zur Verfügung stehenden Molekül zu entgiften. Dazu werden vor allen Dingen Gluthation, Aminosäuren und Sulfatgruppen verwendet. Aber auch die glykosidische Bindung an Zucker oder an Glukuronsäure erhöht die Löslichkeit so stark, daß eine schnelle Ausscheidung möglich ist.

Die *Hämolymphe* und ihre *Zirkulation* stellt also den zentralen Übertragungs- und Verteilungsmechanismus dar, mit der die verschiedenen Wirkstoffe an die Zielzellen herangebracht werden und die Verteilung von Nahrungsstoffen auf die Gewebe erfolgt. Die Hämolymphe hat einen sehr hohen Gehalt an verschiedenen Ionen, freien Aminosäuren, an verschiedenen Proteinen und Lipoproteinen sowie an Kohlenhydraten. Durch die Auflösung der Coelomräume bei den Arthropoden ist ein *offenes Gefäßsystem* entstanden; die Hämolymphe strömt direkt durch die Interzellularräume und umspült damit direkt die Zellen, von denen sie nur durch dünne, durchlässige Basalmembranen getrennt ist. Die angebotenen Nahrungs- und Wirkstoffe können von den Zellen direkt aufgenommen werden. Ein eigenes Röhrensystem in Form von Kapillaren bestehen also nicht. Nur im Bereich der Cerebralganglien kommt es zum Aufbau einer *Bluthirnschranke* durch die Gliazellen, so daß der Ionenhaushalt der Nervenzellen abgeschirmt wird. Auch die großen Ganglien des Thorax und die konzentrierten Nervensysteme der Cheliceraten werden durch eine Bluthirnschranke abgeschirmt. In Anpassung an den Körperbautypus werden große Hämolymphräume gebildet, die für die Atmung, Exkretion und auch für die Bewegung (siehe oben: Cheliceraten) benutzt werden.

Die Zirkulation wird durch ein hoch entwickeltes *Herz* erzeugt und wird bei den größeren Formen durch ein *zusätzliches Frontalherz* bzw. durch *pulsierende Ampullen* an der Basis der Extremitäten unterstützt. Als Herz bezeichnet man einen aus Muskelzellen aufgebauten Hohlkörper, dessen Zellen elektrisch gekoppelt sind, so daß durch geordnete Kontraktionen ein bestimmtes Volumen an Hämolymphe aus dieser Kammer herausgepumpt werden kann (Bild 124). Wird der Rhythmus der Kontraktionen, also die Erregungen in den Muskelzellen selbst aufgebaut und nur durch exzitatorische oder inhibitorische Axone moduliert, so ist es ein *myogenes Herz*. Wird dagegen der Kontraktionsrhythmus durch Nervenzellen mit ihren Axonen in den Muskelzellen ausgelöst, bedarf es also für jede Kontraktion eines entsprechenden exzitatorischen Impulses, so ist es ein *neurogenes Herz*. Die Zuführung von Hämolymphe in die Herzen erfolgt direkt aus einem Pericardialsinus. Durch ein dorsales Diaphragma oder Horizontalseptum, das aus Resten von Coelomwandungen entsteht, wird im dorsalen Körperbereich dieser Blutraum abgegrenzt, in dem sich Hämolymphe sammelt. Durch Öffnungen in der Muskelwandung der Herzen (Ostien) wird die Hämolymphe aus dem Pericardialsinus direkt in das Herz eingesaugt. Bei der Kontraktion (Systole) schließen sich die Klappen der Ostien, so daß kein Blut zurück in den Pericardialsinus gelangen kann. Bei den Crustaceen wird ein Rest des Coeloms zum geschlossenen Pericardialsinus, der die Hämolymphe direkt aus den großen Kiemengefäßen erhält. Eine geordnete Zirkulation kann durch die Ausbildung von Scheidewänden in den Extremitäten und damit der Regulierung eines Zu- und Abflusses sowie durch ventrale Diaphragmen zur Abtrennung eines Ventralsinus unterstützt werden. Das Herz der Insekten ist myogen, denn die Muskelzellen reagieren auf Dehnung als Reiz zur Kontraktion, wie es bereits bei der indirekten Flugmuskulatur besprochen wurde. Der Herzschlauch ist am dorsalen Diaphragma durch kleine Muskelgruppen aufgehängt: die Alarmuskeln (Flügelmuskeln); sie sind an der Cuticula befestigt. Der bei den Larven zunächst unregelmäßige Herzschlag pendelt sich allmählich ein. Die myogene Kontraktion dehnt die Fasern der Flügelmuskeln, die sich darauf kontrahieren. Ihre Kontraktion dehnt den Herzschlauch zur Diastole, worauf die Muskeln des Herzschlauches zur Kontraktion angeregt werden. Die Beeinflussung der Frequenz des Herzschlages erfolgt über direkte synaptische Kontakte mit inhibitorischen Axonen an den Muskelzellen, wobei die Nervenzellen in den Thoraxganglien, bei den abdominalen Teilen des Herzens in den Abdominalganglien liegen. Der zweite Weg der Beeinflussung ist der über Neurohormone; sie werden aus Axonen freigesetzt, die in der Nähe der Herzmuskelzellen enden. Andere Neurohormone werden in den Corpora cardiaca (daher der Name) gespeichert, also in den neurohormonellen Zellen des Gehirns hergestellt und unter Gehirnkontrolle an die Hämolymphe ausgeschüttet. Bei den flugfähigen Insekten muß die Frequenz des Herzschlags sehr stark an die Aktivität angepaßt werden, weil zum Beispiel auch bei der Erwärmung der Thoraxmuskeln auf 40° bis 42 °C eine entsprechende stärkere Umwälzung der Hämolymphe erforderlich ist. Bei einer Hausfliege sind etwa 300 Schläge pro Minute die normale Herzfrequenz; sie kann auf 350 bis 500 gesteigert, aber auch bis auf wenige Schläge

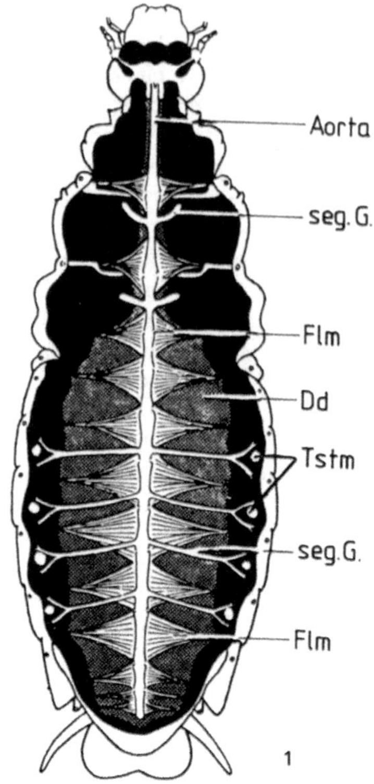

1

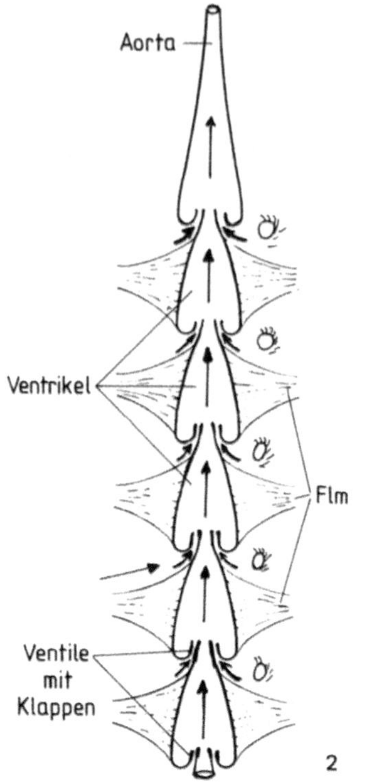

2

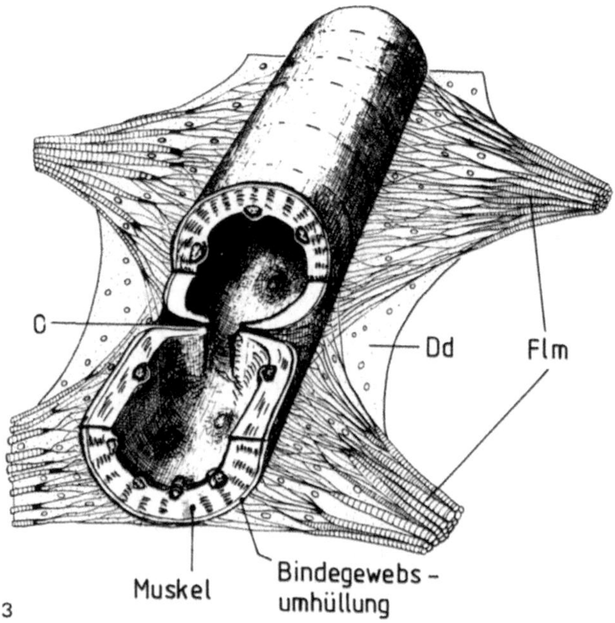

3

Bild 124

Arthropoden-Herzen

1–3 Insekten:

1 Küchenschabe, dorsal durch Alarmuskel aufgehängter Herzschlauch in situ

2 Schema der Anordnung der Ostien und Ventile

3 räumliche Darstellung einer Zone des Herzmuskelschlauchs mit Ostien und Ansatz der Alarmuskelbündel (komb. nach Grasse, 1976; Seiffert, 1975)

Dd	dorsales Diaphragma
Flm	Flügelmuskeln
O	Ostium
seg. G.	segmentale Gefäße
Tstm	Tergo-sternal-Muskeln

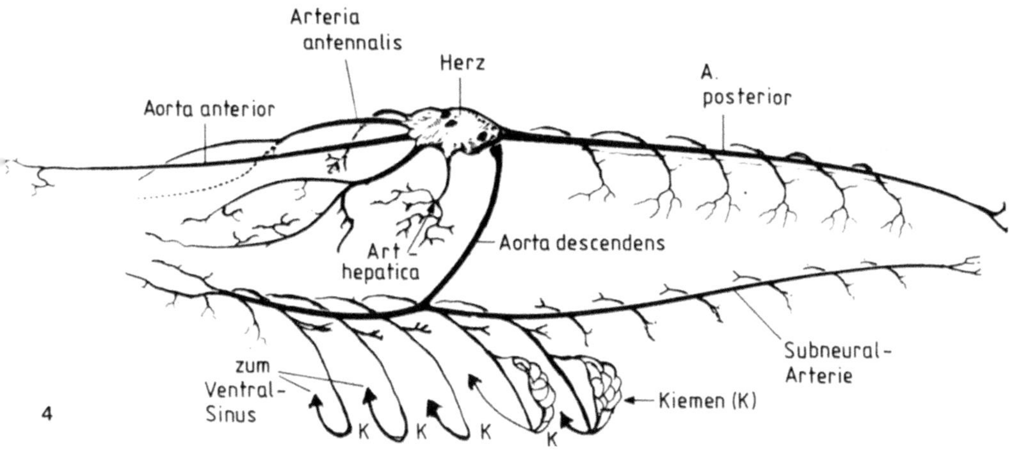

4

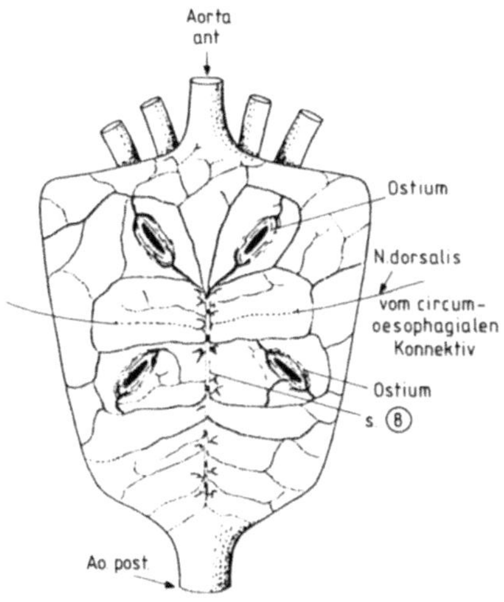

5

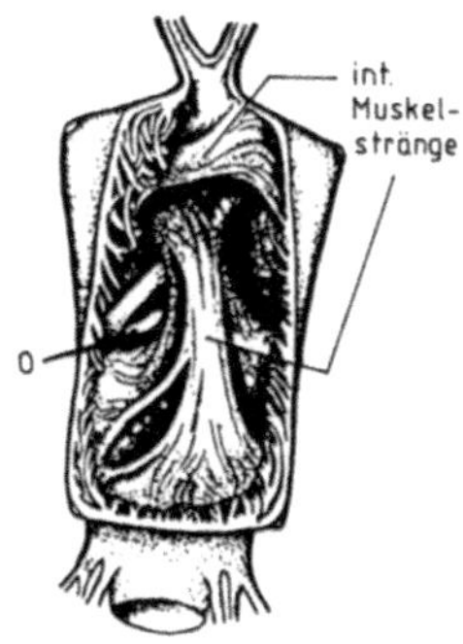

6

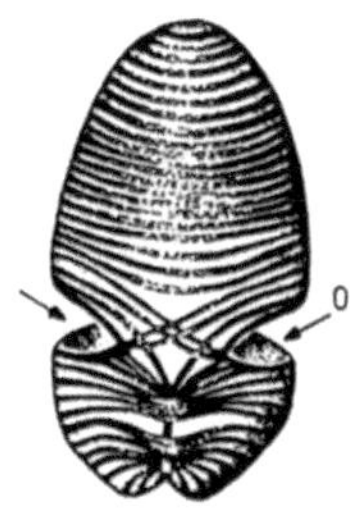

7

Bild 124

Arthropoden-Herzen

4–6 Crustaceen:

4 Herz und Gefäßsystem beim Flußkrebs (verändert aus Jammes, 1901)

5 Herz mit Innervation bei Palinurus

6 geöffnetes Herz des Flußkrebses, die Herzkammer wird von Muskelbündel durchzogen, Länge ca. 1 cm (aus Maynard, 1960)

7 Herz des Flohkrebses Calanus (Länge ca. 330 µm) mit der Lage der Muskelfasern in der äußeren Wandschicht, O = Ostium (aus Maynard, 1960)

8

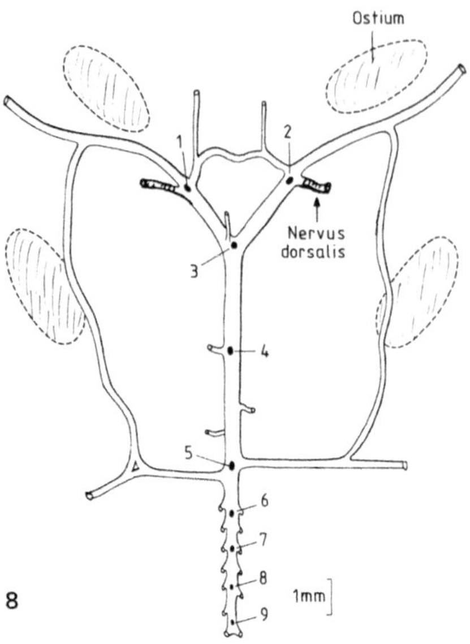

Bild 124

Arthropoden-Herzen

8 Innervation des Herzens beim Hummer (vgl. 5), das Herzganglion besteht aus neun Neuronen: fünf motorische und vier oscillatorische (= Schrittmacher), Einfluß über inhibitorische und fördernde Axone aus dem circumösophagialen Ganglion (aus Hartline, 1967)

pro Minute abgesenkt werden. Die Kontrolle des Blutdrucks erfolgt durch Scolopidialorgane, die damit als Propriozeptoren für Druckunterschiede funktionieren (Bild 125). Sie sind in Bindegewebsmembranen so angeordnet, daß durch den Füllungszustand des Blutsinus die Wand vorgewölbt wird und damit die Reizung der Sinneszellen erfolgen kann. Die Herzen der Crustaceen und der Spinnen sind neurogen und werden von einem entsprechenden Cardialganglion innerviert. Oscillatorische Pace-maker-Neurone geben ihre Impulse an die motorischen Neurone für die Herzmuskeln weiter, so daß ein rhythmischer Herzschlag entsteht. Große Vogelspinnen haben eine Herzfrequenz von 30 bis 40 Schlägen pro Minute, kleinere Spinnen in Ruhe bei 100 Schlägen pro Minute und in Aktivität bis zu 200 Schlägen pro Minute. Die Herzfrequenzen bei großen Krebsen wie beim Hummer und beim Flußkrebs liegen zwischen 60 bis 100 Schlägen pro Minute; bei den kleinen Formen wie z.B. Wasserfloh, Flohkrebs u.a. liegt die Schlagfrequenz zwischen 200 und 500. Der Blutdruck bei der Systole beträgt beim Hummer während der Ruhe etwa 12 bis 17 cm H_2O und kann bei Aktivität auf 37 cm ansteigen. Im offenen Gefäßsystem ist aber die Druckverteilung innerhalb des Körpers sehr verschieden (Bild 126). Die Motorik des Herzens ist am besten von den großen Krebsen bekannt. In dem Cardialganglion sind fünf motorische Neurone vorhanden, deren Axone die Herzmuskelzellen innervieren. Der Rhythmus der Kontraktionen wird von vier kleineren Pace-maker-Neuronen ausgelöst; eine dieser Nervenzellen dominiert und baut in rhythmischen Abständen in ihrem Axon ein Aktionspotential auf. Durch Synapsen wird es auf die übrigen Pace-maker-Neurone übertragen, so daß diese mit einer sehr kurzen Verzögerung ebenfalls aktiviert werden. Durch die synaptische Übertragung auf die Motoneurone wird deren Impuls ausgelöst. Die Pace-maker-Neurone haben Dendriten zwischen den Herzmuskelzellen, die wie bei Propriozeptoren durch die Dehnung aktiviert werden. Für die Beeinflussung des Herzschlags kommt mindestens ein Neurohormon infrage, welches vom Pericardialorgan in die Hämolymphe abgegeben wird und auch die Atmung beeinflußt.

Da die Hämolymphe die Zellen durch die Interzellularräume umspült, schafft sie auch die ausgeschiedenen exkretfähigen Stoffe fort, die dann in besonderen *Exkretionsorganen* gesammelt und nach außen transportiert werden. Zwei extreme Formen von Exkretionsorganen sind entwickelt worden.

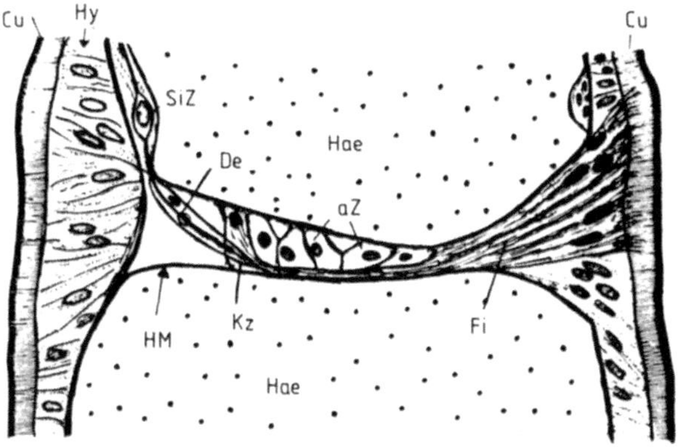

Bild 125

Blutdruck-Kontrolle bei der Schabe, Scolopalorgane sind in der Extremität in einem Septum eingelagert (aus Schnorbus, 1971)

Cu	Cuticula
De	Dendrit
Hae	Hämolymphraum
HM	Hüllmembran
Hy	Hypodermis
aZ	akzessorische Stützzellen
Fi	10 nm Filamente
Kz	Kappenzelle
SiZ	Sinneszelle

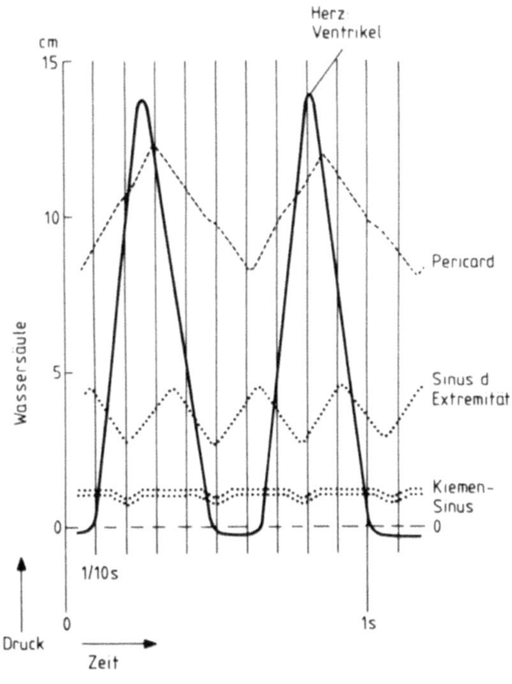

Bild 126

Vergleich des Hämolymphdruckes in verschiedenen Zonen des Kreislaufs bei der Krabbe Carcinus während zweier Systolen der Herzkammer (= Ventrikel) (aus Blatchford, 1971)

Bei den Crustaceen bleiben Reste der Coelomhöhlen im Kopfbereich als sogenannte *Antennendrüsen* oder *Maxillendrüsen* erhalten. Dort entsteht der Primärharn aus der Hämolymphe als ein Ultrafiltrat. Das Coelomepithel bildet Podocyten, deren Zellfortsätze von der Hämolymphe nur durch eine komplizierte Basalmembran getrennt sind. Diese umschließt die extrazellulären Spalten mit der Hämolymphe; eigene Gefäßwandzellen sind nicht vorhanden. Zwischen den Zellfortsätzen der Podocyten ist die Glykokalix zu einem spezialisierten Diaphragma umgewandelt, das nur sehr enge, schlitzförmige Öffnungen freiläßt. Durch den Blutdruck werden Flüssigkeit und kleinere Moleküle durch dieses Doppelfilter hindurchgepreßt und gelangen damit in den Raum des Coelomsacks. Die großen Moleküle der Atmungspigmente (siehe unten) können dieses Ultrafilter nicht passieren. Ähnlich wie bei den Metanephridien schließt sich an den Coelomsack ein aus verschiedenen Funktionsabschnitten zusammengesetztes Kanalsystem an, dessen Epithelzellen Rückresorptionen, aber auch Sekretionen vornehmen können. Die Rückresorption betrifft vor allem Wasser und Natrium-Ionen, die Sekretion besteht in der Ausschleusung von lysosomalen Vakuolen, die in das Lumen abgegeben werden. Die Ausscheidung von Stickstoff in Form von NH_4 spielt keine Rolle, da die Abgabe von Ammoniak durch Diffusion aus den Kiemen an das umgebende Wasser erfolgt. Für die Osmoregulation sind die Exkretionsorgane nur eine der zahlreichen Möglichkeiten (unter anderem Darmkanal, Kiemen), um den Gehalt an Wasser und Ionen zu regulieren. Die Wasseraufnahme zur Vorbereitung der Häutung (siehe oben) sowie die Anpassungsfähigkeit an Wasser mit verschiedenem Salinitätsgehalt sind zwei Beispiele für die hohe osmoregulatorische Anpassungsfähigkeit der Crustaceen. Es gibt mehrere Neurohormone, von denen eines oder zwei auf die Exkretionsorgane einwirken; entweder indirekt durch Steigerung des Blutdrucks, so daß die Menge des Ultrafiltrats zunimmt, oder direkt auf die Kanalzellen der Ausführungsgänge, indem die Rückresorptionstätigkeit gesteigert wird. Diese Neurohormone entstehen in den Nervenzellen des Gehirns und werden über die neurohämalen Organe der Augenstiele an die Hämolymphe abgegeben.

Bei den Insekten und Cheliceraten als primär landlebende Tiere hat eine völlig andere Entwicklung von Exkretionsorganen stattgefunden, welche dem Festhalten von Flüssigkeiten Rechnung trägt: die *Malpighischen Gefäße*. Bei den Crustaceen sind die Exkretionsorgane aus dem alten Bestand der Coelomhöhlen, den Metanephridien und anschließenden Coelomodukten entstanden. Die Malpighischen Gefäße dagegen sind völlig neue Entwicklungen. Sie entstehen bei den Insekten als geschlossene Epithelschläuche aus dem Ektoderm an der Grenze vom Enddarm zum Mitteldarm; bei den Cheliceraten werden sie vom Entoderm des hinteren Darmabschnitts gebildet. In den meisten Fällen schwimmen die Malpighischen Gefäße frei in der Hämolymphe, aus der sie Stoffe entnehmen, die als Exkrete ausgeschieden werden sollen. Die Länge und die Zahl variiert bei den verschiedenen Gruppen von Insekten und Spinnen sehr stark und kann zwischen zwei und 150 betragen. Sie weisen drei oder vier verschiedene Funktionsabschnitte auf (Bild 127); die Epithelzellen besitzen entsprechend ihrer Transportfunktion eine sehr deutliche Polarität in der Feinstruktur. Drei Funktionen werden wahrgenommen: Exkretion, Speicherung und Osmoregulation. Der Primärharn entsteht im oberen, blind geschlossenen Schlauchabschnitt. Durch das Filter der Basalmembran nehmen die Zellen die Flüssigkeit der Hämolymphe auf und transportieren sie entweder durch Cytopempsis oder durch Membrantransport im basalen Labyrinth, d.h. tiefen Einfaltungen der Zellmembran weiter durch die Kanäle des endoplamatischen Reticulums in den Hohlraum des Epithelschlauchs. Ein Teil der aufgenommenen Stoffe wird zusammen mit Mucopolysaccariden zu geschichteten Konkrementen zusammengeschlossen, die verschiedene kristalline Formen haben können. Ein wichtiges Endprodukt ist die darin enthaltene Harnsäure. Der Membrantransport ist vor allem mit

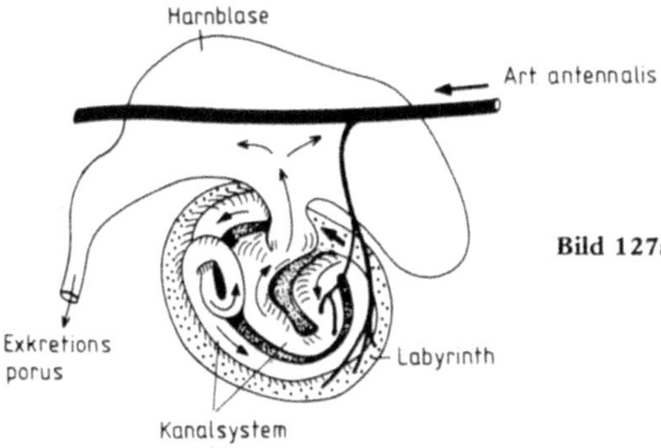

Bild 127a₁

BM Basalmembran
A Zellausläufer der Podocyten

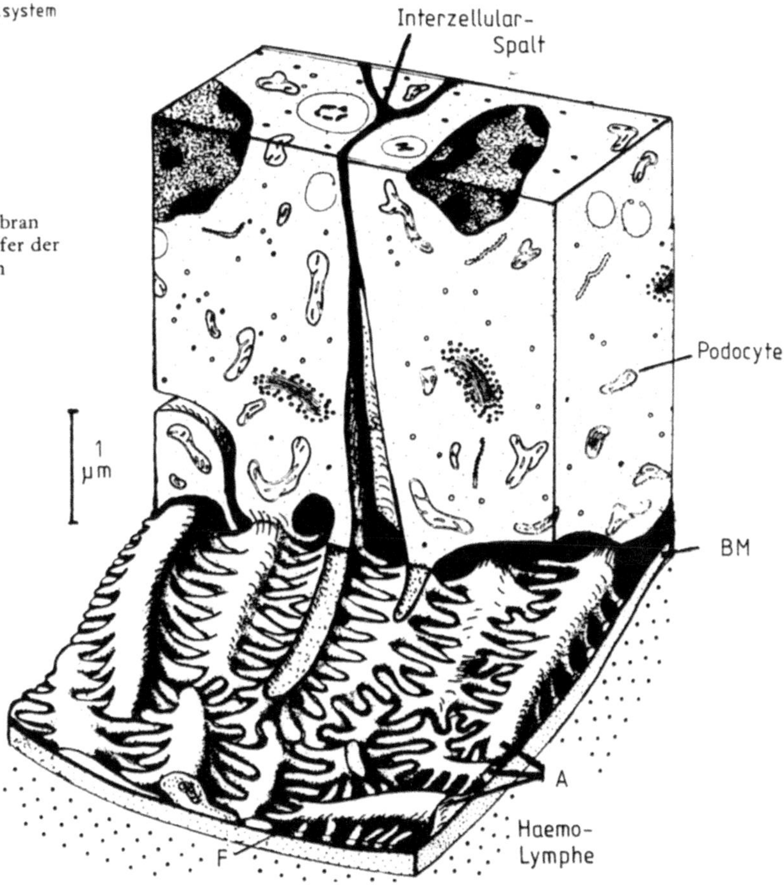

Bild 127a₂

Bild 127

Exkretionsorgane von Arthropoden

Antennendrüse des Flußkrebses:

a_1) gesamtes Organ, Lage des Coelomsäckchens mit den anschließenden Kanälen und den Gefäßen zur Versorgung des Sinuslabyrinths

a_2) Ausschnitt aus der Wandung des Coelomsäckchens, die Epitzelzellen sitzen als Podocyten mit komplizierten basalen Fortsätzen auf der Basalmembran des Hämolymphraumes auf (nach Kümmel, 1965)

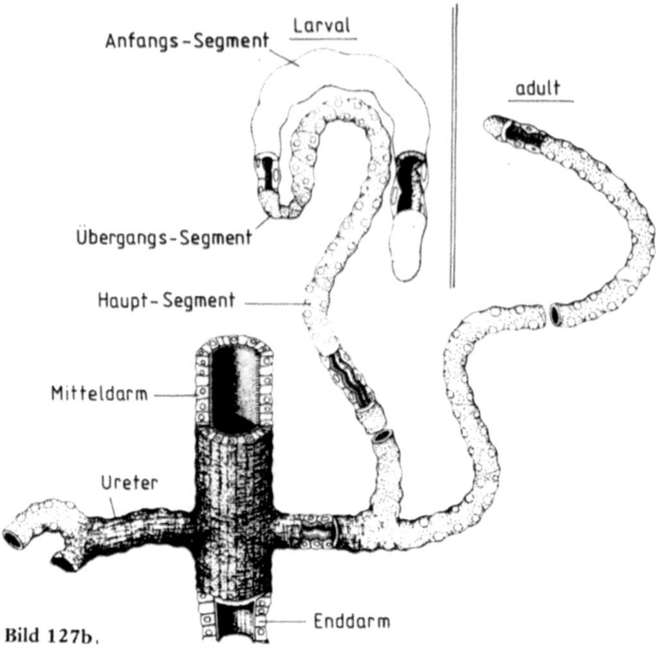

Bild 127b₁

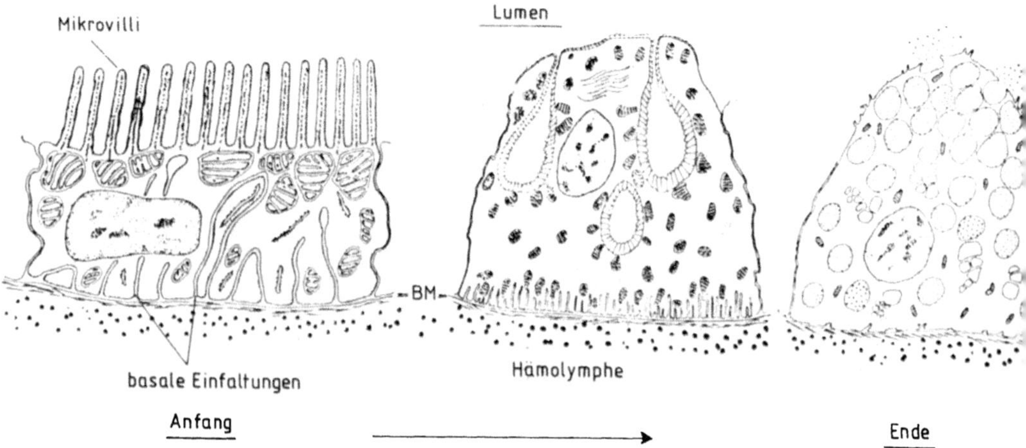

Bild 127b$_2$

Bild 127

Exkretionsorgane von Arthropoden

Malpighi-Gefäße bei Insekten:

b$_1$) Lage und Form bei Larve und Imago von Drosophila (aus Wessing, 1978).

b$_2$) Struktur der Zellen in verschiedenen Abschnitten der Malpighi-Schläuche bei Macrosteles, Charakteristika für Resorption bzw. verschiedene Formen der Exocytose von Material unterscheiden die Zellen in der Feinstruktur (aus Smith und Littau, 1960)

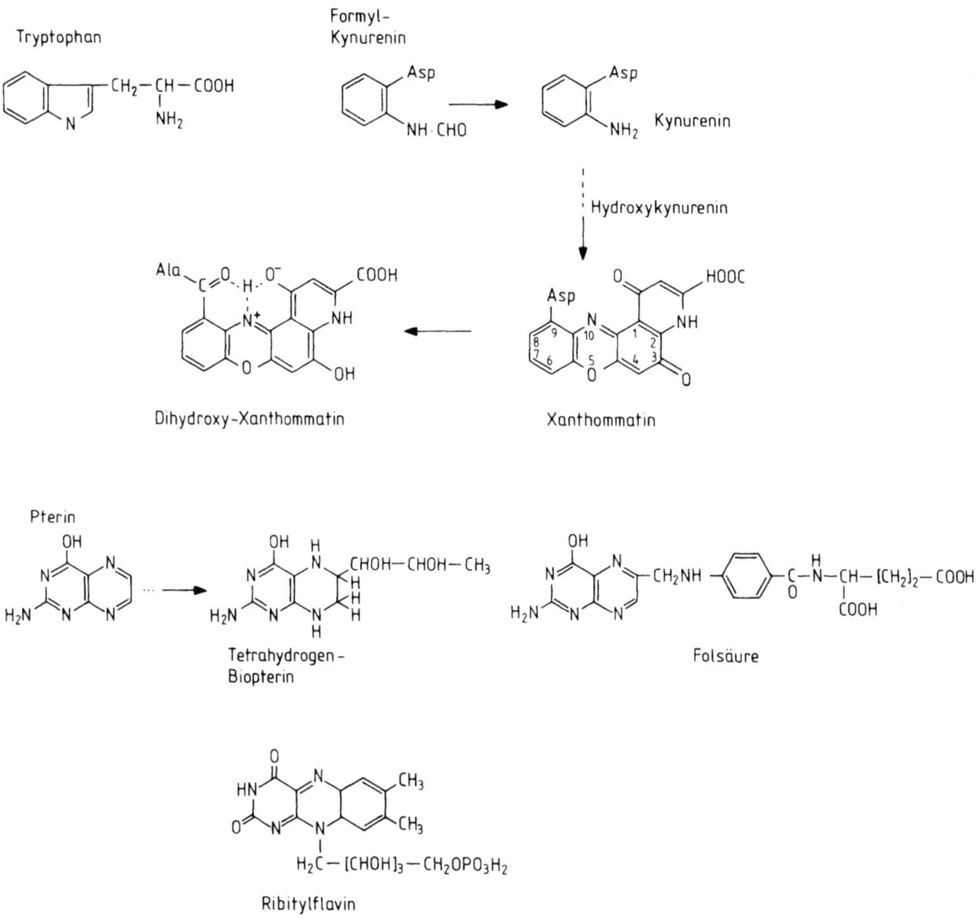

Bild 127
Exkretionsorgane von Arthropoden
c) einige wichtige Verbindungen des Stoffwechsels der Malpighischläuche (vgl. Text)

einem starken Kaliumtransport verbunden, so daß die Kaliumkonzentration im Primärharn das Dreifache von dem in der Hämolymphe beträgt. Für die wichtigen Blutzucker Glukose und Trehalose dagegen besteht eine Transportbarriere in den Zellen. In den anschließenden Abschnitten tragen die Zellen Mikrovilli und können die Konkremente wieder abbauen oder umbauen, so daß ein Teil der Stoffe, vor allem Aminosäuren und Ionen rückresorpiert werden. Durch Wasserresorption kann der Primärharn eingedickt und damit hyperosmotisch gegenüber der Hämolymphe werden. In den Zellen des letzten Abschnitts nahe dem Ausgang in den Darm werden Speichergranulate gebildet. Sie enthalten vor allem folgende Stoffe: 3-Hydroxykynurenin, Pterine und Riboflavine (Bild 127c). Der erste Stoff entsteht aus Tryptophan, das von den Insekten nicht vollständig abgebaut werden kann. Das 3-Hydroxykynurenin ist Vorstufe für die verschiedenen Ommochrome, die unter anderem als Augenfarbstoffe wichtig sind. Pterine entstehen aus dem Purinstoffwechsel, nämlich aus Harnsäure oder Guanosintriphosphat und stellen die zweite Gruppe physiologisch wichtiger Farbstoffe für die Insekten dar. Das Ribitylflavin wird mit der Nahrung aufgenommen, gespeichert und für die Herstellung der Flavoproteinenzyme benutzt. So entsteht das Flavinmononucleotid (FMN) als protethische Gruppe der NADH-Dehydrogenase direkt aus Ribitylflavin. Bestimmte Zellen der Malpighigefäße halten also nicht nur wichtige Stoffe aus der Nahrung fest, sondern bauen auch aus exkretfähigen Stoffen neue verwendungsfähige Farbstoffe auf.

Die Kontrolle der Flüssigkeitsabgabe und damit ein Teil der Osmoregulation wird vom *diuretischen Hormon* reguliert. Es ist ein Peptid, wird in den Corpora cardiaca gespeichert und von Nervenzellen der Thoraxganglien hergestellt. Die kurzfristige, schnelle Regulation der Flüssigkeitsabgabe durch die Malpighigefäße ist vor allem bei solchen Formen wichtig, die zur Nahrung größere Mengen von Pflanzenmaterial aufnehmen oder als blutsaugende Formen bei einer Mahlzeit große Flüssigkeitsmengen aufnehmen. Die Ausdehnung des Magen-Darmkanals und die Volumenzunahme beim Übergang der aufgenommenen Flüssigkeit in die Hämolymphe können bis zu einem gewissen Grad durch die Dehnung der Intersegmentalhäute aufgefangen werden, müssen aber schnell wieder rückgängig gemacht werden können. Daher wird über Dehnungsrezeptoren in der Muskulatur die Ausschüttung des Neurohormons in die Hämolymphe ausgelöst, es verursacht an den distalen Abschnitten der Malpighigefäße einen sehr intensiven Flüssigkeitstransport. Dagegen muß zwischen solchen Mahlzeiten der Flüssigkeitsstrom eingedämmt werden und die Insekten müssen mit ihrem Wasservorrat haushalten. Ein zweites Neurohormon, das *antiduretische Hormon* vermindert den Flüssigkeitstransport in den Malphighigefäßen, erhöht aber die Rückresorption von Wasser aus dem Enddarm. So wird ein extrem hyperosmotischer Harn erzeugt, der fast nur noch aus kristallinen Substanzen besteht und mit dem Kot vermischt wird.

Die *Atmung* ist nur bei den Crustaceen und den Cheliceraten an die Hämolymphe mit ihren *Atmungspigmenten* gebunden. Sie sind wie bei den Anneliden zu großen Molekülkomplexen polymerisiert und nicht in Blutzellen eingeschlossen, sondern frei in der Hämolymphe verteilt. Bei den niederen Krebsen sind Hämoglobine vorhanden, bei den höheren Krebsen und bei den Cheliceraten wie Skorpionen, Pfeilschwanzkrebsen und Spinnen, sind Hämocyanine vorhanden. Bei diesen Atmungspigmenten sind zwei Kupferatome an die Proteine direkt gebunden und können reversibel ein Sauerstoffmolekül binden. Die Proteine bilden sehr große röhrenförmige Aggregate, deren Grundeinheit aus sechs Molekülen zu bestehen scheint. Im oxygenierten Zustand sind die Pigmente bläulich, in deoxygeniertem Zustand farblos. Es wird in besonderen Zellen, den Cyanoblasten, synthetisiert und dort in kristallinem Zustand abgegeben. Bei den Crustaceen zirkuliert die Blutflüssigkeit durch dünne Kiemenplatten, in denen der Gasaustausch stattfinden kann, so daß Hämocyanin mit Sauerstoff beladen wird. Bei hoher Konzentration an Atmungspigment wird nicht jedes Molekül oxygeniert, da der durch Diffusion zur Verfügung stehende Sauerstoff nicht ausreicht. Die vollständige Beladung mit Sauerstoff hängt also von einer intensiven Zufuhr von Atemwasser an den Kiemen ab. Bei den kleineren Crustaceen wird dies durch die Beinbewegungen erreicht, auf denen als Epipoditen die Kiemen aufsitzen. Bei den großen Krebsen ist der Zusammenhang zwischen Sauerstoffbedarf und Atemwasserdurchfluß untersucht worden. Das Atemwasser wird durch einen Anhang der zweiten Maxille, den beweglichen Scaphognathiten, durch eine röhrenförmige Öffnung im Carapax eingesaugt und kann dadurch an den Kiemen vorbeiströmen. Die Bewegung wird durch vier Muskelgruppen vorgenommen, die in einer genauen Kontraktionsfolge den Scaphognathiten in eine rhythmische Pumpbewegung versetzen. Diese Kontraktionen werden durch ein oscillatorisches Neuron auf jeder Seite im Unterschlundganglion ausgelöst. Zahlreiche mechanorezeptorische Propriozeptoren registrieren die Abfolge der Bewegungen. Bei einer Aktivität durch Körperbewegungen beschleunigen sich auch die Bewegungen der Scaphognathiten und damit steigt der Durchfluß von Atemwasser in den Kiemen (bis auf das Zweibis Vierfache). Damit gekoppelt ist eine Erhöhung der Herzschlagfrequenz, die in einer deutlichen Beziehung zur Schlagfrequenz der Scaphognathiten steht. Damit wird die Zirkulation beschleunigt und in der Zeiteinheit mehr Hämocyanin durch die Kiemen geschickt. Tatsächlich erhöht sich dadurch die Sauerstoffaufnahme auf das Vierfache. Auch das Herzschlagvolumen ist vergrößert worden, so daß pro Herzschlag mehr Hämolymphe ausgepumpt wird. Da sich aber bei einer Daueraktivität die Geschwindigkeit der Bewegung der Scaphognathiten nicht mehr erhöhen läßt und damit der Durchfluß an Atemwasser und damit auch die Sauerstoffaufnahme einen nicht mehr zu erhöhenden Maximalwert erreicht haben, ist eine Anpassung an eine länger dauernde Aktivität nicht möglich; es kommt zu einer Anreicherung von Lactat in der Hämolymphe und damit zu einer metabolischen Acidose.

Bei den landbewohnenden Cheliceraten müssen Atmungsorgane für die Luftatmung entwickelt werden, damit die Atmungspigmente mit Sauerstoff abgesättigt werden können. Aus den Anlagen der ersten Beinpaare am Hinterkörper (Opisthosoma) entwickeln sich *Fächertracheen (Buchlungen*, Bild 128). Es sind gewissermaßen nach innen eingefaltete Kiemen, durch deren Spalten die Hämolymphe fließt. Die Zellen der Hypodermis, welche eine dünne Cuticula aufbauen, sind als säulenförmige Zellen zur Stütze der inneren Spalträume ausgespannt. Zahlreiche Stäbchen der Cuticula schützen die Spalten mit der Atemluft vor dem Zusammenpressen durch den Druck der Hämolymphe, der bei den Bewegungen auftritt (siehe oben). Der Gasaustausch beruht allein auf Diffusion, Atembewegungen können mit diesen Organen nicht ausgeführt werden. Die schnelle Ermüdung der Spinnen während hoher Aktivitäten beruht unter anderem auf der relativ geringen Leistungfähigkeit dieser Atmungsorgane.

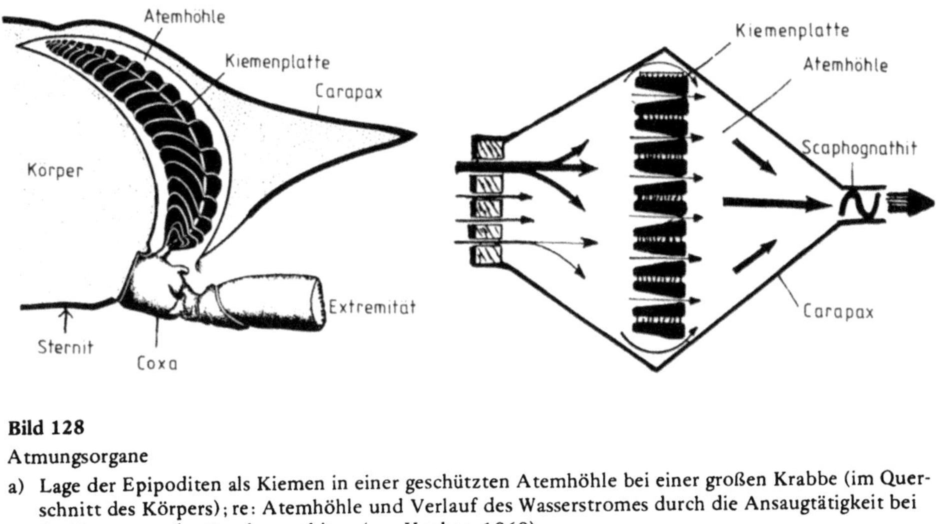

Bild 128

Atmungsorgane

a) Lage der Epipoditen als Kiemen in einer geschützten Atemhöhle bei einer großen Krabbe (im Querschnitt des Körpers); re: Atemhöhle und Verlauf des Wasserstromes durch die Ansaugtätigkeit bei der Bewegung des Scaphognathiten (aus Hughes, 1969)

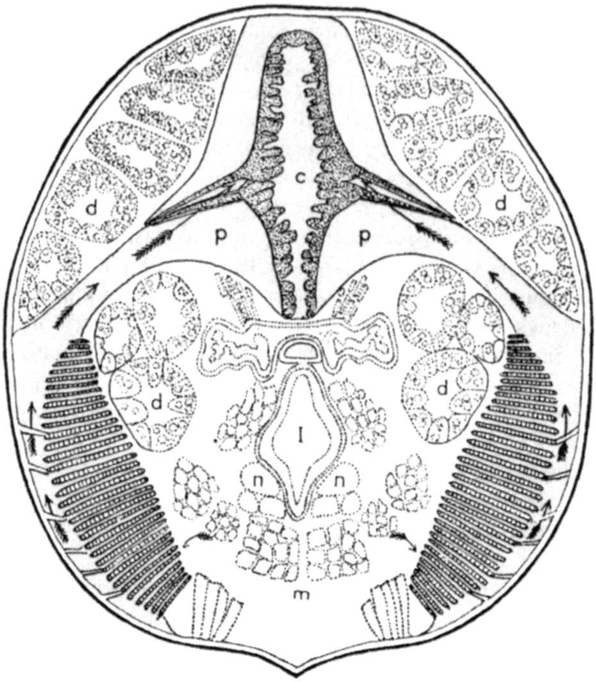

c Herz
d Mitteldarmdrüse
I Darm
m Leibeshöhle
n Nervenstränge
p Pericardialsinus

Bild $128b_1$

Bild 128

Atmungsorgane

Fächerlungen der Chelicerata; (kombiniert aus Grasse, 1970; Peters, 1967; Siewing, 1967):

b_1) Querschnitt, Lage der Fächerlungen-Falten im Hämolymphraum bei der Hausspinne (Tegenaria)

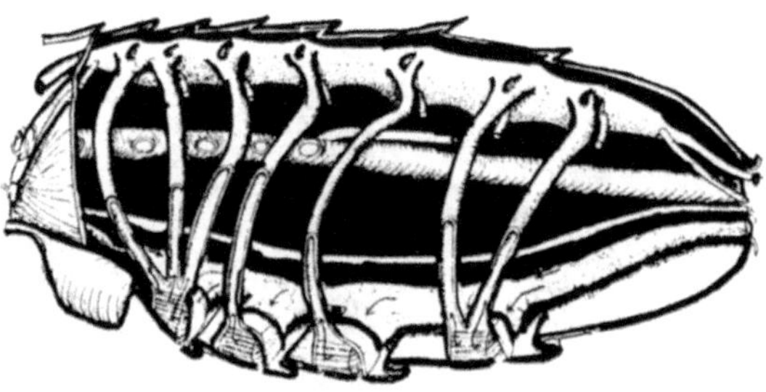

b_2) Skorpion, die Fächerlungen werden an Gefäße angeschlossen, welche die Hämolymphe aus den Sinus übernehmen und zum Herzen leiten

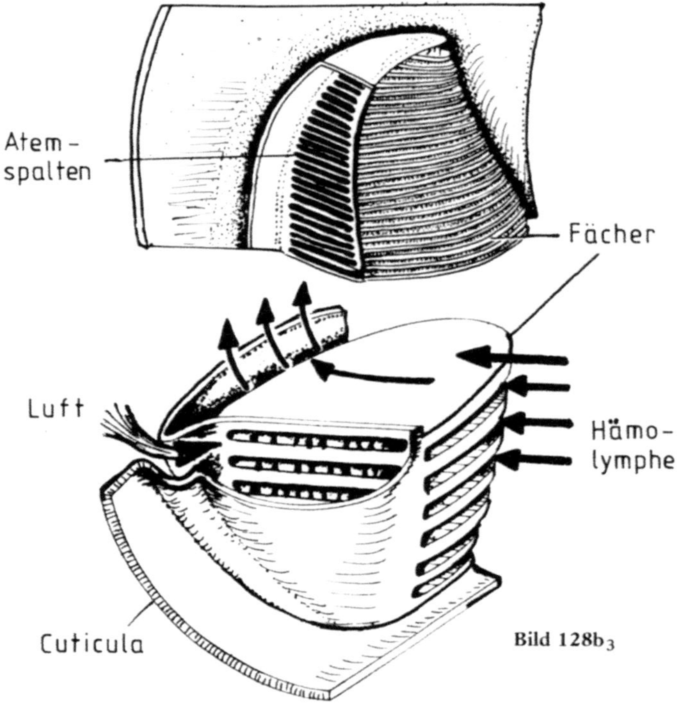

Bild 128b₃

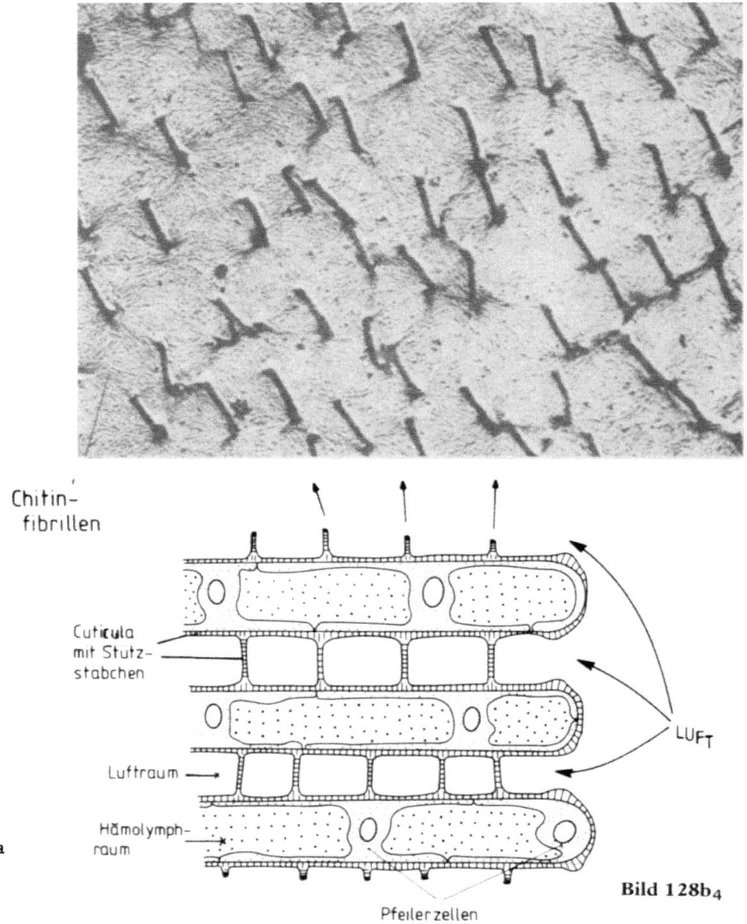

Bild 128b₄

Bild 128

Fächerlunge der Chelicerata

b_3) Topographie der Fächerlunge als Einsenkung der Extremitätenanlage an der lateralen Wand des Opisthosoma

b_4) Struktur der Fächerlunge (Vogelspinne); oben: Aufsicht auf die Cuticula des Luftraums mit den Stützstäbchen, darunter schematisierter Schnitt durch die Fächer, Wechsel von Lufträumen mit Sinus des Hämolymphraumes

Die Insekten mit ihrer hohen Bewegungsaktivität haben ein völlig anderes System der Sauerstoffversorgung erfunden. Atmungspigmente in der Hämolymphe sind nicht mehr vorhanden; nur bei einigen Larvenformen (z.B. der Zuckmücke) werden noch Hämoglobine benutzt. Stattdessen wird durch ein nach außen geöffnetes Röhrensystem, die *Tracheen*, der Luftsauerstoff direkt bis an die Zellen in den Geweben herangeführt (Bild 129). Außer bei den Insekten sind sie auch bei den Protracheaten (heute lebende Gruppe: Onychophora), bei den Myriapoda und verschiedenen Gruppen der Cheliceraten vorhanden. Sie entstehen als segmentale schlauchförmige Einstülpungen des Körperepithels und sind daher mit Cuticula ausgekleidet. Die großen Tracheenstämme tragen noch alle drei Schichten der Cuticula und sind durch spiralig verlaufende oder ringförmige Verdickungsleisten wie Druckschläuche konstruiert. Sie verzweigen sich in kleine Luftsäcke oder kleine Tracheenbäume und dringen als feine Röhren in alle Gewebe vor. Durch Verschmelzungen während der Entwicklung können große Längsstämme entstehen; die ursprüngliche Metamerie kann weitgehend aufgehoben werden. Am Ort des eigentlichen Gasaustausches in den Geweben wird der Durchmesser der Röhren auf weniger als 1μm reduziert: Tracheolen; am Ende steht eine modifizierte Epithelzelle, die Tracheenendzelle. Ihre Zellausläufer enthalten die feinen, blind geschlossenen Endröhren der Tracheolen. Diese Zellausläufer treten in Kontakt mit den zu versorgenden Zellen. Durch tiefe Einfaltungen ihrer Zellmembran nehmen sie die Ausläufer der Tracheenendzellen auf und führen damit indirekt die Röhren bis in unmittelbare Nähe von Mitochondrien (Bild 129).

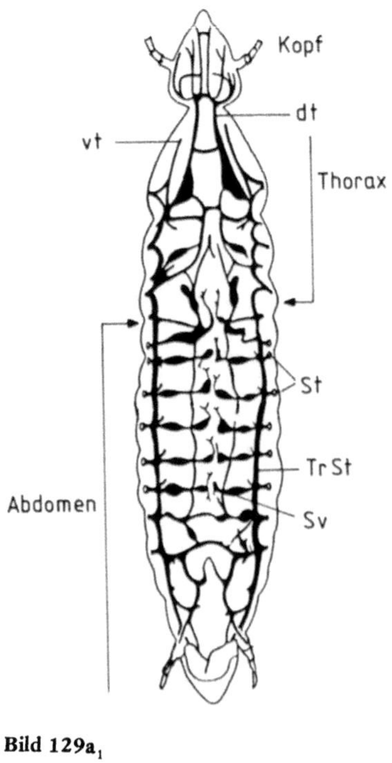

Bild 129a$_1$

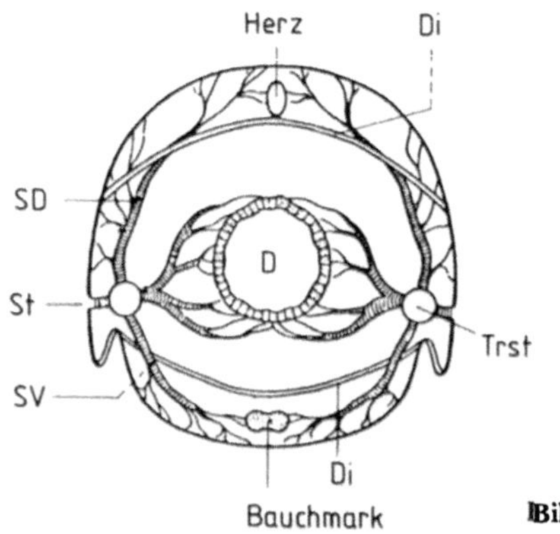

Bild 129a$_2$

Bild 129
Tracheen der Insekten
Verteilung der Tracheenstämme (Trst):
a$_1$) Dorsalansicht bei der Schabe, nur die dorsalen Stämme sind gezeichnet
a$_2$) Querschnitt in der Region des Stigmenpaares
dt Dorsaltracheen
Sv Segmentalsäckchen

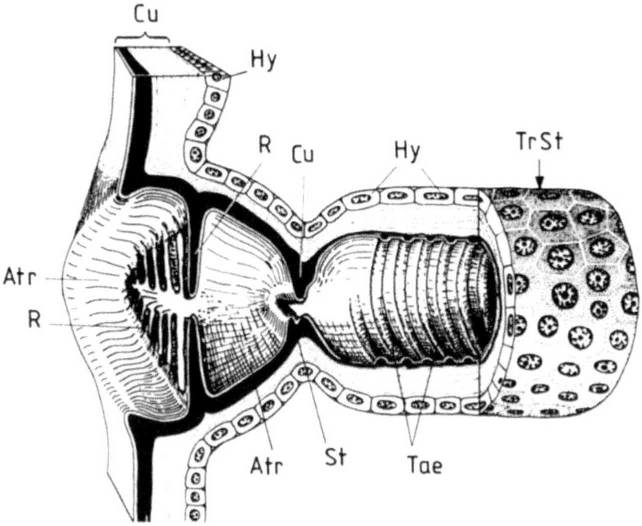

Bild 129

Tracheen der Insekten

a_3) Bau eines Stigma mit Reuse und Beginn des Tracheenstammes

Atr	Atrium
BM	Basalmembran
Cu	Cuticula
Di	dorsales und ventrales Diaphragma
D	Darm
dt	dorsaler Tracheenstamm
Hy	Hypodermis
K	Kern
Mf	Myofibrillen
Mit	Mitochondrien
R	Reusen
SD	segmentale dorsale Tracheen
St	Stigma
SV	segmentale ventrale Tracheen
T.Ez	Tracheen-Endzelle
Tae	Taenien
T	Tracheole
TrSt	Tracheenstamm
vt	ventraler Tracheenstamm
ZMM	Zellmembran der Muskelzelle

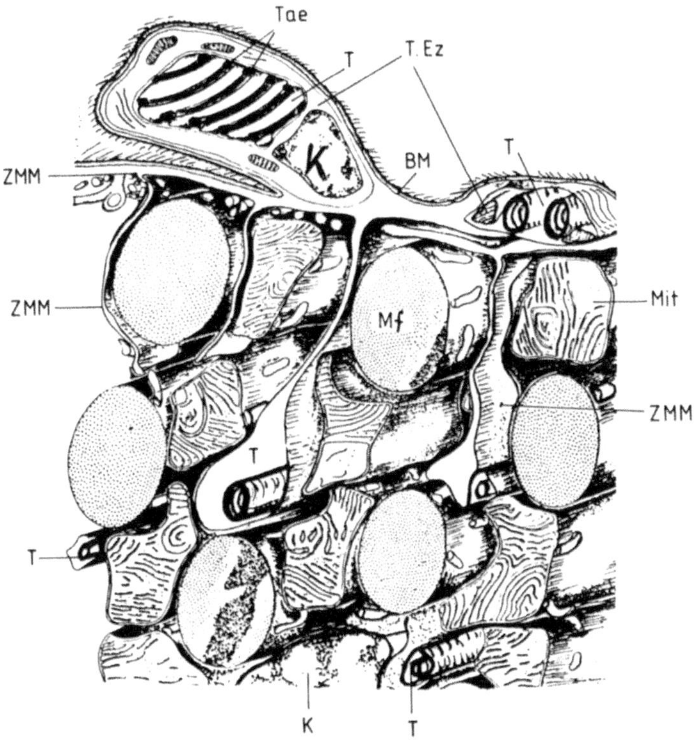

a_4) Insektenmuskel, Verteilung der Tracheen-Endzellen und Vordringen der Tracheolen in die Einstülpungen der Muskelzellen bis dicht an die Mitochondrien. (kombiniert aus Guthrie, 1968; Grasse, 1976; Seiffert, 1975; Smith, 1960)

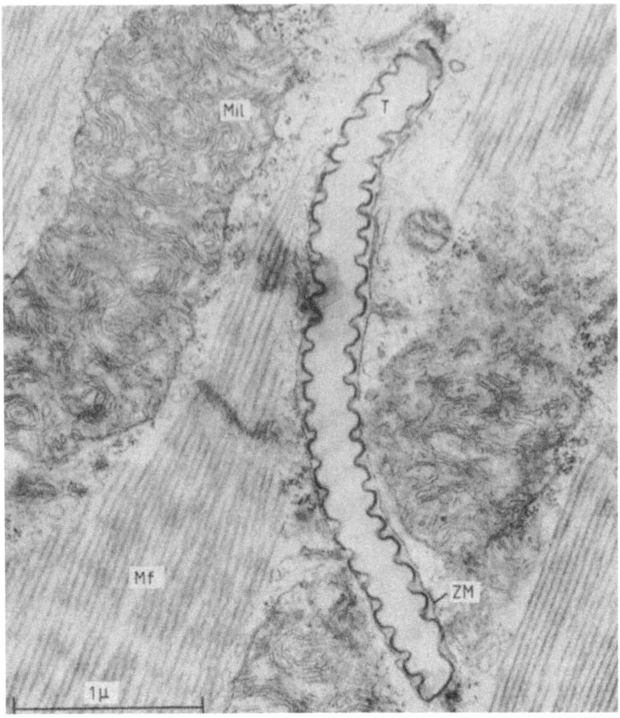

Bild 129

Tracheen der Insekten

b) Elektronenmikroskopisches Bild: Tracheole im Flugmuskel der Heuschrecke neben den Mitochondrien und Muskelfilamenten (aus Vogell, 1967)

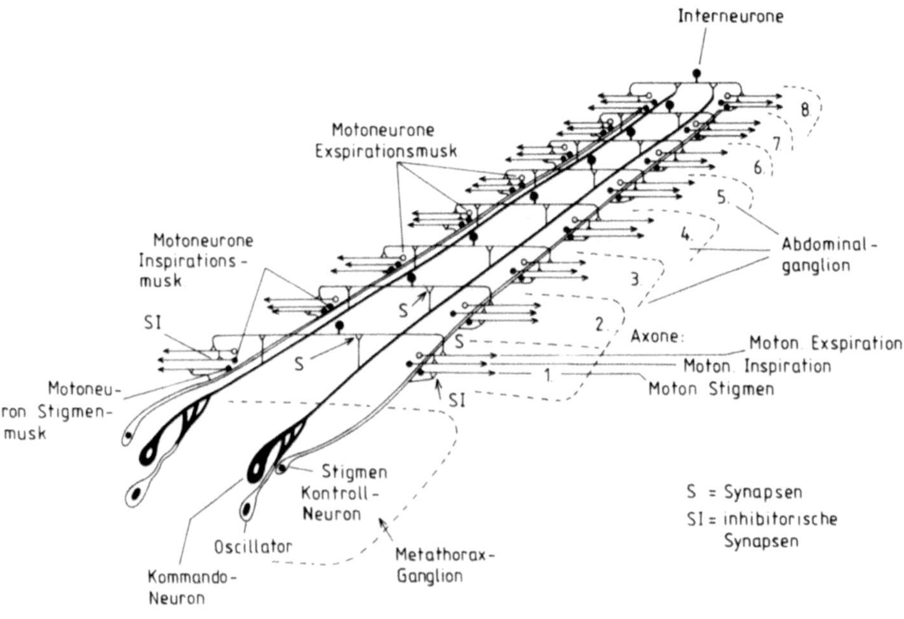

c) Kontrolle der Atembewegungen bei Insekten: Schema der Anordnung beteiligter Neurone im Bauchmark des Metathorax und des Abdomens und ihrer Verbindungen (verändert nach Miller, 1965)

Die Diffusion der Atemgase hat also folgende Barrieren zu durchdringen: Cuticula der Tracheole, innere und äußere Zellmembran der Tracheenendzelle, Zellmembran der Verbrauchszelle. Der Austausch der Atemluft wird über Ventilationsbewegungen durchgeführt; die großen Tracheenstämme sind durch die Stigmen nach außen geöffnet. Da bei den Insekten der Thorax durch die starkte Cuticula weitgehend unbeweglich ist, werden Ventilationsbewegungen von Muskeln des Adomens durchgeführt. Sie werden ausgelöst durch CO_2-empfindliche Nervenzellen in den Thoraxganglien bzw. im Cerebralganglion. Sie beeinflussen durch Kommandoneurone die oscillatorischen Pace-maker in den Thorax- und Abdominalganglien (Bild 129). Dadurch wird eine synchrone Inspirationsbewegung der Muskeln im Abdomen bzw. eine ebenso synchrone Expirationsbewegung mit Öffnen der Stigmen reguliert. Unter dem Einfluß der Abdomenbewegungen kommt es zur Umkehr des Herzschlags, so daß vor allem bei den großen Insekten die Hämolymphe zwischen Thorax und Abdomen hin und her pendelt. Da bei der Inspirationsbewegung das Volumen des Abdomens zunimmt, strömt die Hämolymphe im ventralen Sinus aus dem Thorax in das Abdomen. Bei der Expirationsbewegung unterstützt der steigende Hämolymphdruck im Abdomen das Auspressen der CO_2-haltigen Atemluft, und ein besonderes Ventil verhindert das Rückströmen der Hämolymphe in den Thoraxraum, die also nur durch die Herzaktivität wieder zurückgeführt werden kann. Durch die komplizierten Bewegungsvorgänge wird ein sehr effektiver Austausch der Atemluft durchgeführt.

7.3 Die Komplexaugen der Arthropoden

Das spezielle Auge der Arthropoden setzt sich aus einer großen Anzahl von *Einzelaugen (Ommatidien)* zusammen, ist also ein *Komplexauge* mit einem mosaikartigen Charakter von Einzelsinnesorganen. Durch diese Konstruktion läßt es sich hervorragend in der Ausdehnung und in der Form an die zur Verfügung stehenden Flächen der Kopfkapsel anpassen. Es ist bereits bei den Trilobiten vollständig vorhanden, also eine sehr alte Entwicklung, die mit der Erfindung der Cuticula gekoppelt gewesen sein muß.

Obwohl es heute ca. 1 Million verschiedener Typen von Komplexaugen gibt, weisen sie alle gemeinsame Grundzüge der Organisation und der Physiologie auf. Bild 130 gibt zwei Grundtypen von Komplexaugen wieder. Drei funktionelle Anteile sind vorhanden. Ein *optischer Apparat*; er besteht aus der *Cornea* als durchsichtiger Cuticula, einem *Kristallkegel*, der sich in einen langen Lichtstab fortsetzen kann und von vier Kristallkegelzellen (Semper-Zellen) gebildet wird. Bei den Pfeilschwanzkrebsen ist die primitive Situation noch gekennzeichnet durch eine große Zahl von Kristallkegelzellen, die übereinander geschichtet sind und deren Proteine eine durchsichtige Masse bilden. Die zweite Funktionseinheit ist eine Schicht von *Pigment* führenden Zellen, welche die Einzelaugen gegeneinander abgrenzen und durch Verschiebungen der Pigmentgranula den Eintritt von Licht regulieren können. Die dritte funktionelle Einheit sind dann die Sinneszellen, deren Axone durch die Basalmembran das Auge verlassen und in das zentrale Nervensystem führen. Die Sinneszellen tragen auf den einander zugekehrten Seiten zahlreiche Mikrovilli in Form eines *Stäbchensaumes (Rhabdomer)*, in deren Membranen das Rhodopsin eingelagert ist. Da jede Sinneszelle in gewissem Sinne eine kleine Retina trägt, heißen sie auch *Retinulazellen*. Die Gesamtheit der aufeinander zugekehrten

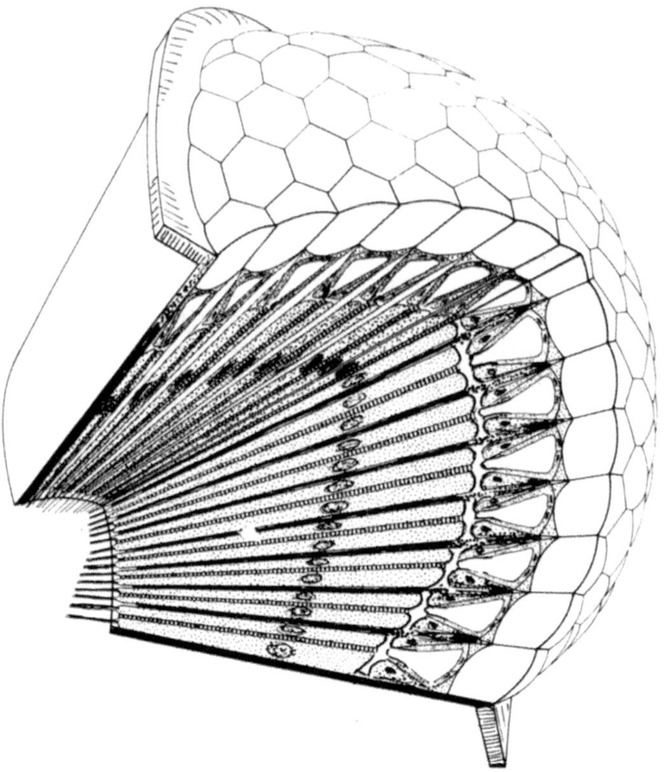

Bild 130
Komplexauge (Facettenauge) der Arthropoden
a_1) Schema eines geöffneten Auges mit der Kopfkapsel; die Cuticula ist an der Oberfläche zu kleinen polygonal geformten Corneaflächen ausgeformt worden, vgl. Text

a_2) Oberflächenbild der Cornea im Scanning-Elektronenmikroskop bei der Motte Erebus: zur Verminderung der Lichtreflexion sind reihenweise kleine Vorsprünge der Cuticula ausgebildet, die eine „Entspiegelung" bewirken (aus Miller et al., 1965)

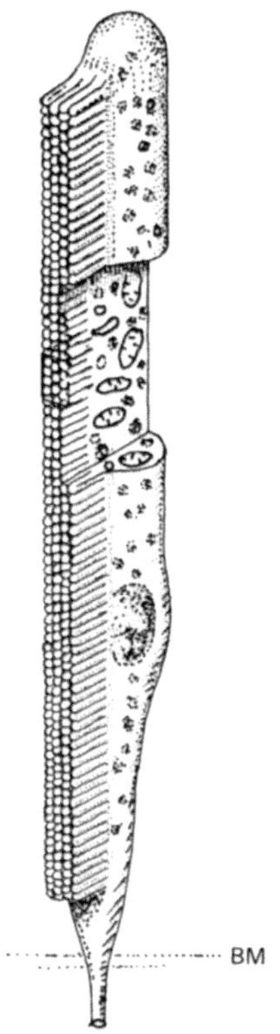

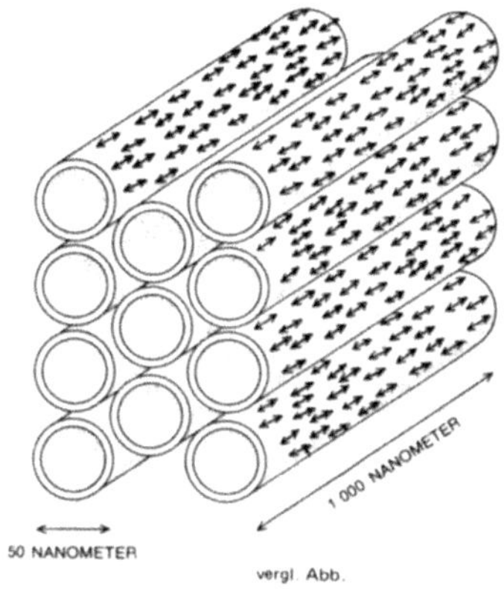

Bild 130

Komplexauge (Facettenauge) der Arthropoden

a_3) Lichtsinneszellen in schematisierter Rekonstruktion; Mikrovilli an einer Zellseite bilden das Rhabdomer einer Retinulazelle, die Zellmembranen enthalten Rhodopsin, durch eine gerichtete Einlagerung der Moleküle (Pfeile) kann die Schwingungsrichtung von polarisiertem Licht wahrgenommen werden (aus Wehner, 1978)

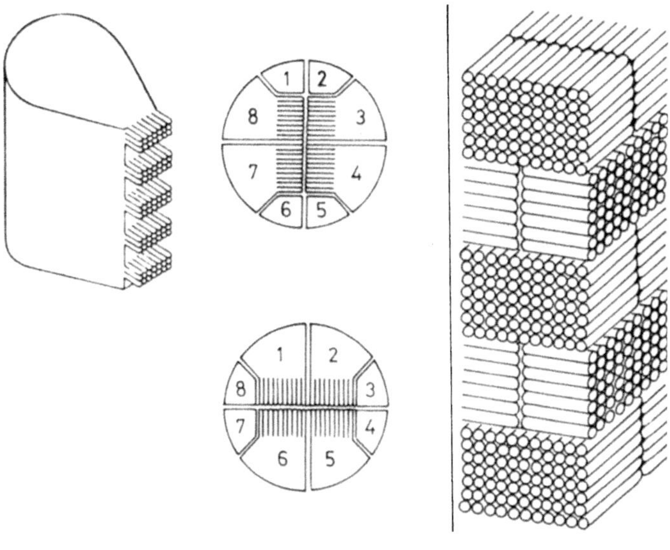

a_4) Durch Packungen von Mikrovilli in abwechselnden Lagen können die Retinulazellen (hier bei einem Krebs) Schichten von gerichteten Rhodopsinmolekülen in den Strahlengang halten, so daß von einzelnen Sinneszellen verschiedene Schwingungsrichtungen bei polarisiertem Licht analysiert werden können (aus Eguchi und Waterman, 1965)

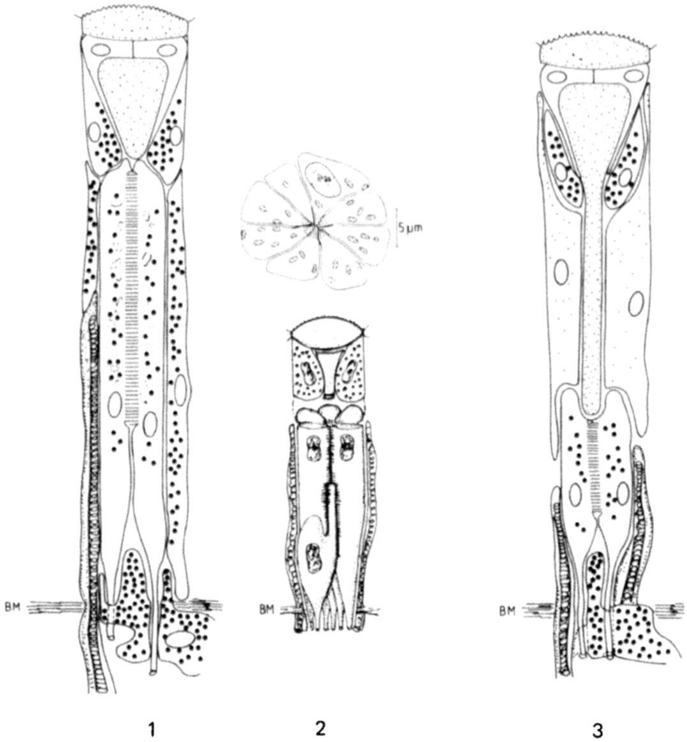

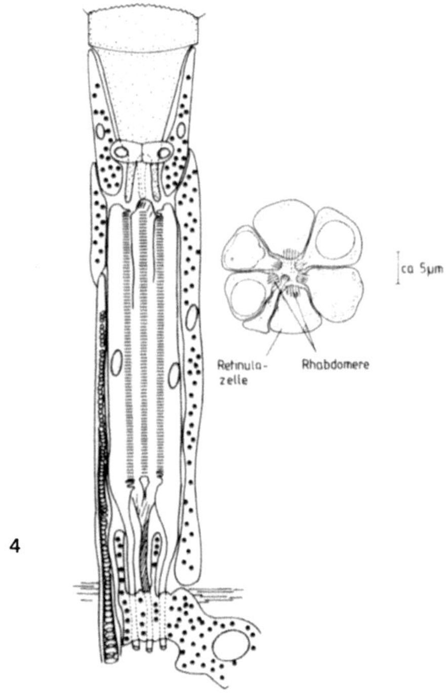

Bild 130

Komplexauge (Facettenauge) der Arthropoden

b) Verschiedene Typen von Ommatidien mit Formen von Kristallkegeln und unterschiedlicher Anordnung der Retinulazellen:
   1–3 fusionierte Rhabdome und Querschnitt dazu
   4 nicht fusioniertes Rhabdom mit Lage der Rhabdomer-Mikrovilli im Querschnitt

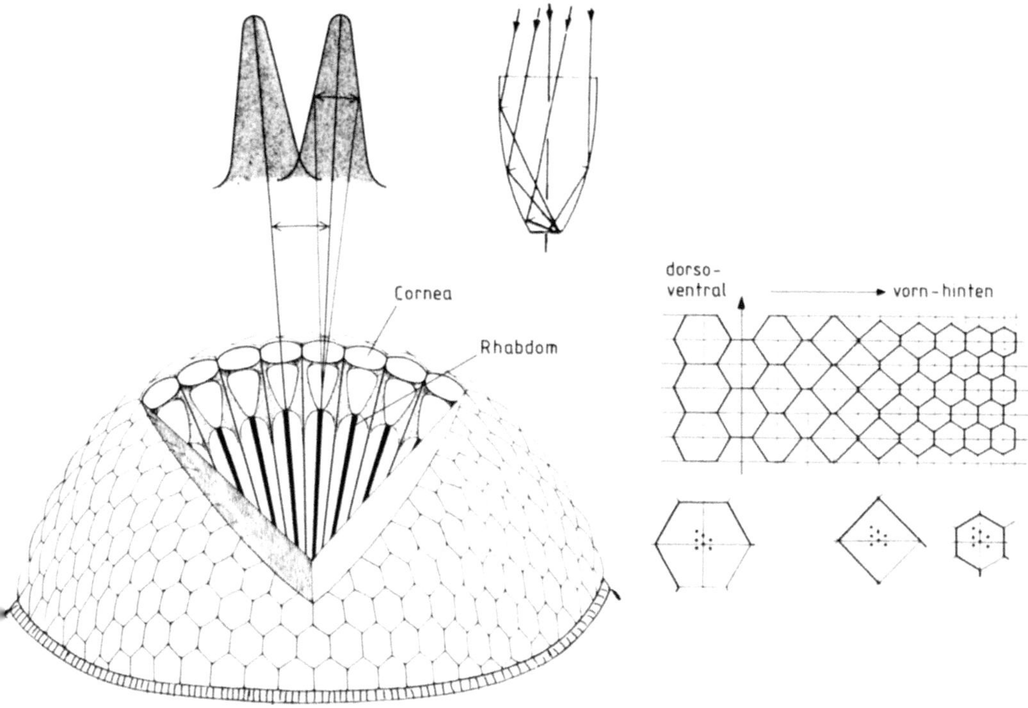

Bild 130

Komplexauge (Facettenauge) der Arthropoden

c) Schematisiertes Diagramm eines geöffneten Augenkegels, darüber die Sehfelder von zwei Ommatidien, die durch die Einfallwinkel der Lichtstrahlen und (re) der inneren Reflexion an den Grenzflächen des Kristallkegels bedingt werden. Daneben: das durch die Form der Augenoberfläche in der Kopfkapsel ausgebildete Muster der Cornealinsen über den Ommatidien bei der Fliege; vergrößert darunter: die eingezeichnete Lage der Rhabdomeren im nicht fusionierten Rhabdom ist unabhängig von der Form der Cornea (aus Stavenga, 1975)

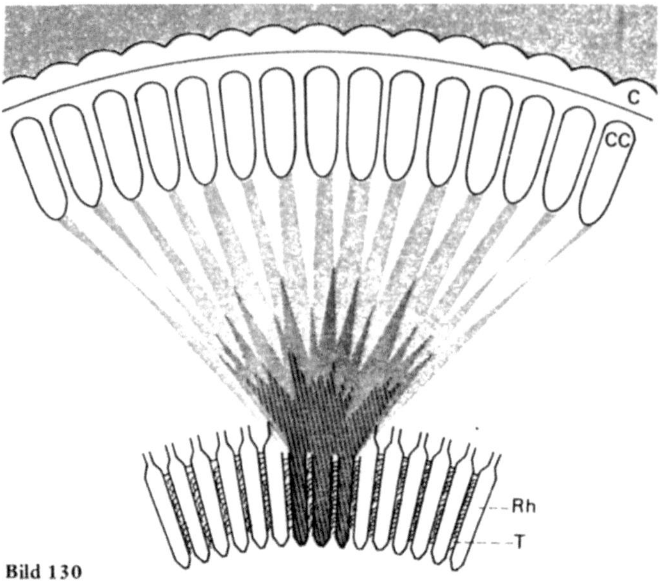

C Cornea
CC Kristallkegel
Rh Rhabdom
T Tapetum

(aus Cleary, 1977)

Bild 130

Komplexauge (Facettenauge) der Arthropoden

d_1) Superpositionsauge von Ephestia, parallel einfallendes Licht wird von zahlreichen Kristallkegeln in wenige Rhabdome geleitet und vom Tapetum reflektiert

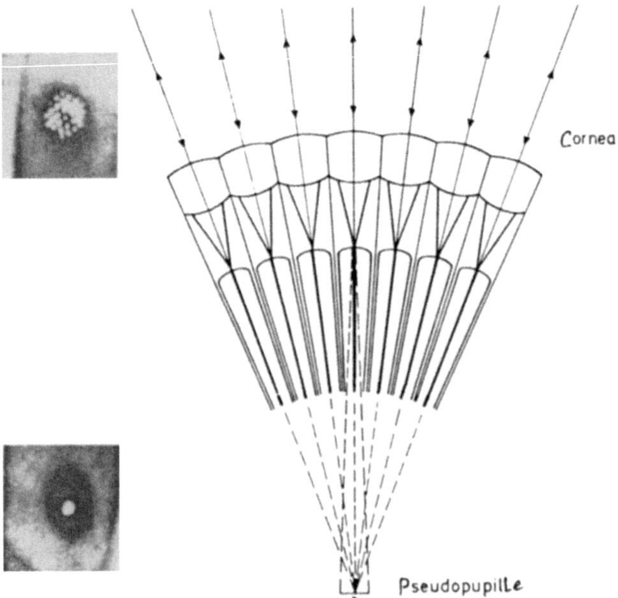

d_2) Aufleuchten und Phänomen der Pseudopupille beim Auge des Schmetterlings Erina, die fusionierten Rhabdome lassen Licht bis zum Tapetum durch, dort wird es reflektiert, entsprechend entsteht in der tiefen Schicht die Pseudopupille (li unten), in der Corneazone (oben) das punktförmige Aufleuchten (aus Stavenga, 1978)

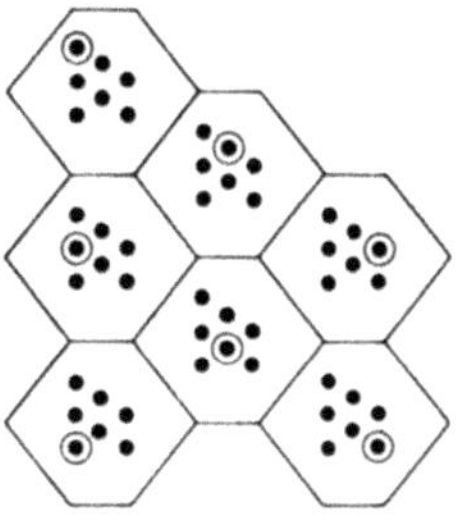

Bild 130
Komplexauge (Facettenauge) der Arthropoden
d_3) Lage der Rhabdomeren (Punkte) in sieben benachbarten Ommatidien bei der Fliege Musca, die umrandet gezeichneten Rhabdomeren erhalten Licht vom gleichen Punkt (aus Kirschfeldt, 1967)

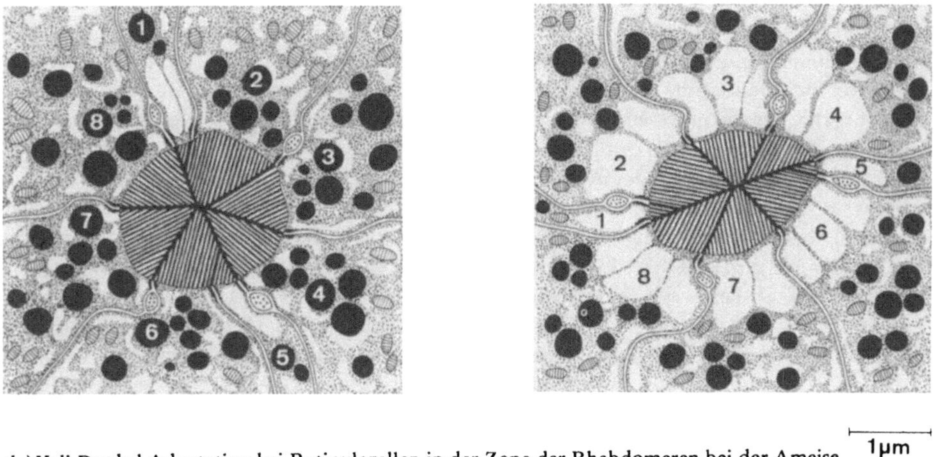

d_4) Hell-Dunkel-Adaptation bei Retinulazellen in der Zone der Rhabdomeren bei der Ameise Cataglyphis; re: im Dunkel, Vakuolen des endoplasmatischen Reticulums isolieren die Mikrovilli; li: Helligkeit, die Vakuolen sind reduziert worden, statt dessen werden Pigmentgranula unter die Mikrovilli transportiert; 1–8 die Retinulazellen (aus Wehner, 1976)

Mikrovilli der Rhabdomeren bilden das *Rhabdom*. An ihrer Basis setzt sich jede Retinulazelle in ein langes Axon fort, das in die Synapsenzone der *optischen Ganglien* eintritt. Eine dünne Basalmembran grenzt die Zone des Auges gegen den Innenraum der Kopfkapsel ab. Durch sie treten nur die Fortsätze der Tracheenendzellen mit ihren Tracheolen bis an die untere Zone der Retinulazellen ein. Die Schicht der Tracheolen kann als sogenanntes *Tapetum* durch seine Feinstruktur Licht zurückwerfen und damit eine bessere Ausnutzung der einfallenden Lichtmenge verursachen. Verschiedene Typen von Gliazellen, die reflektierendes Pigment enthalten können, dichten den Raum des Auges im Bereich der Basalmembran vollständig gegen die Hämolymphe des Körpers ab. Es besteht also ähnlich wie im Bereich der großen Ganglien eine *Blut-Retinaschranke*. Durch spezielle Oberflächenkontaktzonen (septierte Desmosomen) werden die Zellgrenzen der Axone und der eintretenden Tracheenendzellen abgedichtet, und die

Hämolymphe wird unter der Basalmembran durch ein enges Netz von gesonderten Kanälen abgeleitet (Bild 131).

Die Reaktion auf die Absoption von Lichtquanten bedeutet für die Membran der Retinulazellen einen Ionentransport (vgl. S. 197). Die Flüssigkeit des extrazellulären Raumes in den Einzelaugen beträgt etwa 2% bis 3% des Gesamtvolumens. Tatsächlich ist hier ein so hoher Gehalt an Natrium-Ionen vorhanden, das ein ungestörter Ionentransport für die Erregungsvorgänge der Lichtzellen stattfinden kann. Durch die Ausrichtung der Mikrovilli am Bereich der Rhabdomeren in bestimmten Richtungen und die Festlegung der Rhodopsinmoleküle in der Membran kann bei einem Teil der Arthropoden-Augen auch die Schwingungsrichtung des Lichtes analysiert, also polarisiertes Licht wahrgenommen werden. Für die großen Einzelaugen der Pfeilschwanzkrebse ist nachgewiesen, daß mit dem Wechsel von Licht zu Dunkelheit ein rhythmischer Abbau der Membranen der Mikrovilli erfolgt und mit beginnender Belichtung eine Neukonstruktion der Mikrovilli einsetzt. Die Membranen werden in Vakuolen im Cytoplasma abgebaut; da auch für die Augen von Krebsen und Insekten im Verlauf einer sogenannten Adaption bei Belichtung Vakuolen im Cytoplasma sichtbar werden, ist wahrscheinlich der Vorgang der Membranerneuerung für den Sehvorgang bei allen Komplexaugen verwirklicht.

Für die Funktionen der Augen sind natürlich die Konstruktionen des dioptrischen Apparates und der Aufbau und die Zusammenfassung der Sinneszellen von entscheidender. Bedeutung. Die Länge der Rhabdomeren kann je nach Augentyp zwischen 50 μm und 1000 μm liegen (Bild 130). Die Rhabdomeren der Sinneszellen können so dicht zusammengefaßt sein, daß ein *fusioniertes Rhabdom* vorliegt. Dabei können die Mikrovilli als Pakete alternierend übereinandergeschichtet sein (Bild 130b). Bleiben dagegen die Rhabdomeren durch einen breiten Interzellularspalt voneinander getrennt, so liegt ein *nicht fusioniertes Rhabdom* vor. Jedes Rhabdom wirkt als ein Lichtleiter, in dem eintretendes Licht durch innere Reflektionen im Bereich der Mikrovilli bis an die Basis weitergeleitet wird.

Die fusionierten Rhabdome wirken als einheitlicher Lichtleiter. Die Unterscheidung von Farben, d.h. die Wahrnehmung von verschiedenen Wellenlängen des einfallenden Lichtes, wird durch verschiedene *Sehpigmente* ermöglicht, die für eine bestimmte Wellenlänge des Lichts ein Absorptionsmaximum besitzen. Voraussetzung ist, daß nur immer eine Retinulazelle ein bestimmtes Pigment enthält und daß sie mit der benachbarten Retinulazelle nicht elektrisch gekoppelt sein darf. Es erfolgt also eine funktionelle und meist auch morphologische Differenzierung der Retinulazellen untereinander in einem Ommatidium.

Die Menge und die Richtung des Lichts, die den Retinulazellen zugeführt wird, hängt von der Organisation und Beschaffenheit des *dioptrischen Apparates* ab. Die Cornea kann über jedem Ommatidium eine Krümmung haben und damit als kleine Linse wirken. Sie ist häufig auf der Oberfläche „entspiegelt“: ein regelmäßiges und sehr feines Muster von Fortsätzen der Cuticula verhindert die Lichtreflektion. Der darunter folgende Kristallkegel hat eine bestimmte Lichtbrechung, die nicht in allen Zonen gleich sein muß. Dadurch kann Licht direkt auf die Retinulazellen gesammelt werden. Oder der Kristallkegel kann sich in einen langen Kristallstab fortsetzen, der als innerer Lichtleiter durch Innenreflektion das Licht bis an die Rhabdomeren führt. Der Öffnungswinkel, d.h. der Winkel. in dem die einfallenden Lichtstrahlen noch gebündelt werden können, bestimmt das Sehfeld des Ommatidiums. Ist er sehr eng, so besitzen die nebeneinander liegenden Ommatidien ein sehr hohes Auflösungsvermögen für Detailstrukturen. Bei großen Komplexaugen ist die Konstruktion solcher Ommatidien auf eine bestimmte Zone beschränkt, wo ein ideales hexagonales Muster der Ommatidien möglich ist; in

Anlehnung an das Wirbeltierauge wird diese Zone des besonders scharfen Sehens die Fovea genannt. Durch die Reflektion von Licht im Bereich der Basalmembran kann auch wieder Licht aus den Augen austreten: es entsteht das Phänomen der Pseudopupille; um ein Zentrum von mehreren leuchtenden Ommatidien ergibt sich ein dunkler Ring derjenigen Ommatidien, die durch den Einfallswinkel des Lichts nicht erfaßt werden. Durch innere Reflektion im Bereich des Kristallkegels kann fast das gesamte einfallende Licht in das Rhabdom weitergeleitet werden. Bei nicht fusioniertem Rhabdom ergibt sich die Möglichkeit, durch ein geringes Wandern des Lichteinfalls auch einen Wechsel in der Belichtung der einzelnen Retinulazellen zu erreichen; der Lichtstrahl springt gewissermaßen von einer Retinulazelle zur anderen. Dadurch können außerordentlich effektiv Bewegungen erfaßt werden, da durch die optischen Verhältnisse in benachbarten Ommatidien verschiedene Retinulazellen gereizt werden.

Die Abschirmung der Ommatidien gegeneinander wird durch die Pigmentzellen erreicht. Auch die Retinulazellen können Pigmentgranula besitzen. Durch eine Kombination von Eigenschaften des dioptrischen Apparats und der Möglichkeit, das Pigment in Form von Granula in den Zellen zu bewegen (durch Mikrotubuli und Mikrofilamente) werden zwei verschiedene Funktionstypen von Augen in Anpassung an die Lebensweise geschaffen. Grundlage ist eine verschiedenartige Ausnutzung des Lichts und eine starke Anpassung an die Menge des einfallenden Lichts. Beim sogenannten ***Appositionsauge*** sind die Öffnungswinkel des dioptrischen Apparats eng, und die Bewegungen des Pigments in den Pigmentzellen ist nur geringfügig. Auch bei schräg einfallendem Licht bleiben also die Ommatidien voneinander isoliert. Die Retinulazellen können sich aber durch die Verschiebung ihres Pigments an die Lichtmengen anpassen, bei schwachem Lichteinfall konzentrieren sie die Pigmentkörper hinter dem Rhabdom, so daß dessen

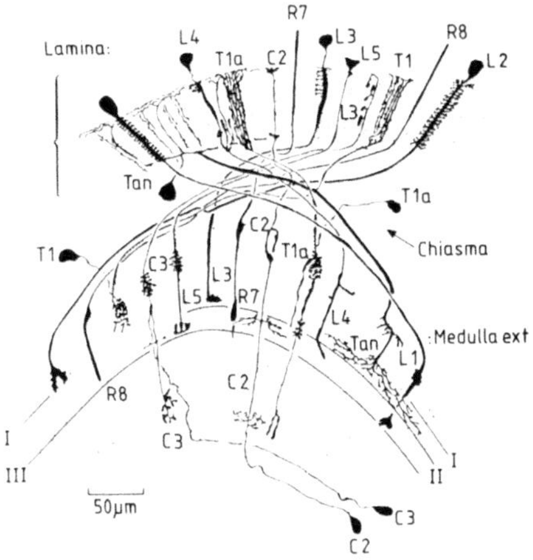

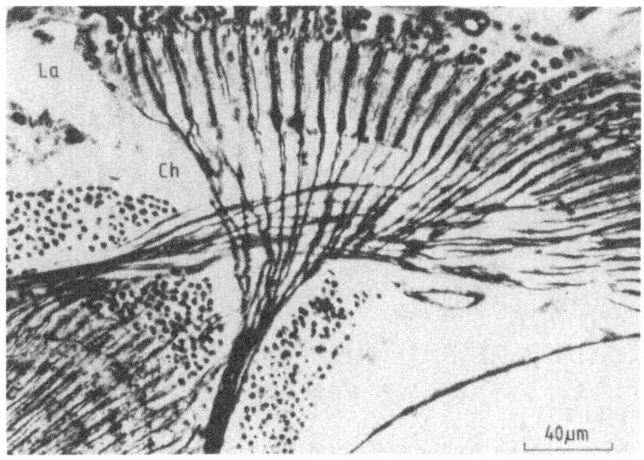

Bild 131

Neurone des Augenstiels und Axone der Retinulazellen beim Komplexauge von Insekten

a) Stubenfliege, Organisation des Augenstiels mit Lamina zur Aufnahme der Retinula-Axone und Überkreuzungsaxone (Chiasma) der Axone aus der Lamina zur Medulla externa; re: Mikrophoto der versilberten Axone der Chiasmazone. Die Bezeichnungen der Neurone entspricht der Darstellung in Bild 131c.

Bild 131b

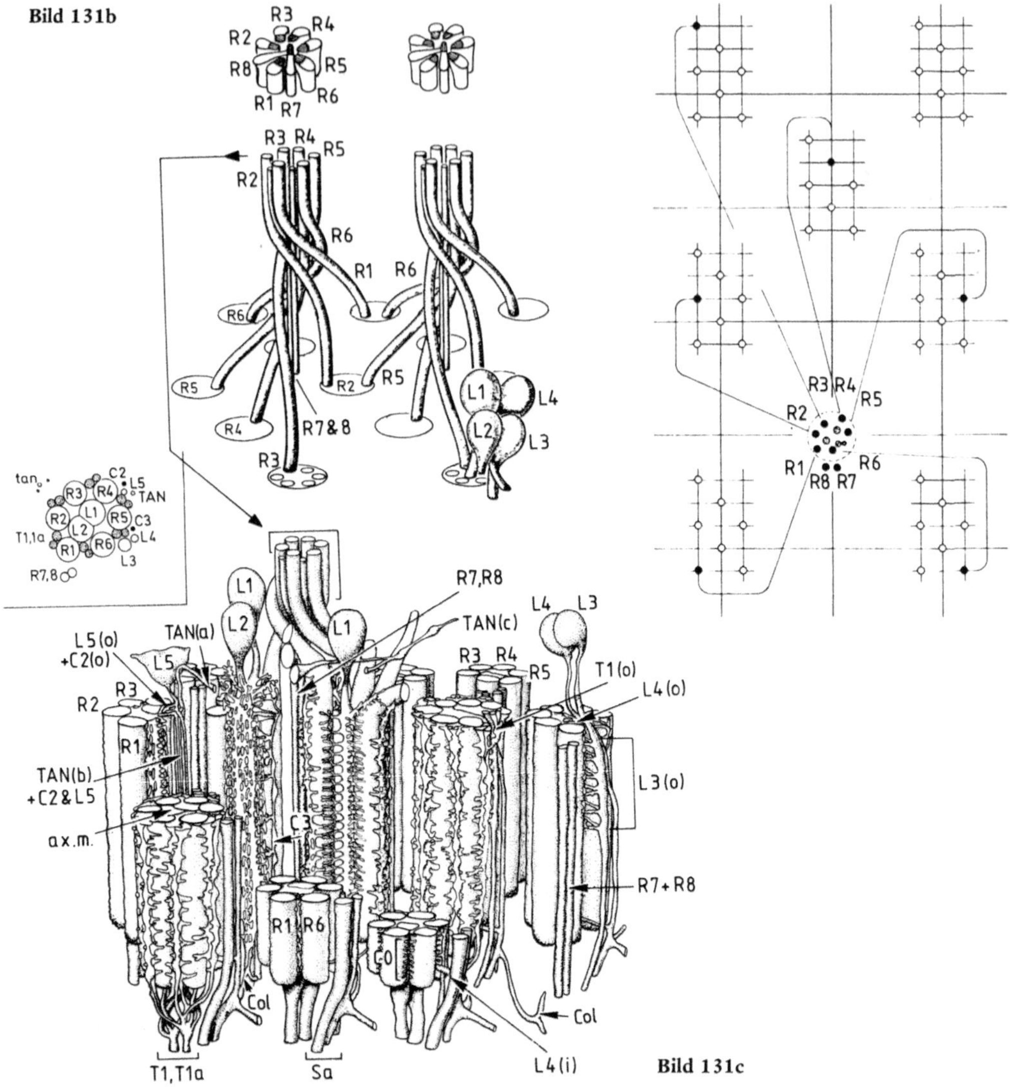

Bild 131c

Bild 131

Neurone des Augenstiels und Axone der Retinulazellen beim Komplexauge von Insekten

b) Rekonstruktion des Verlaufs der Retinula-Axone 1–8 beim Übergang in die Lamina und Verteilung auf die Lamina-Neurone (L); re: Diagramm der Verteilung der Retinula-Axone eines Ommatidiums auf räumlich weit getrennte Lamina-Neurone (vgl. Text); die Lamina-Neurone kombinieren die Retinula-Axone aus sieben Ommatidien

c) Zone der Synapsen der Lamina-Neurone (L 1–5), vgl. auch Bild 131a; elf „optical cartrigdes" sind in der Rekonstruktionszeichnung erfaßt; Retinulazellaxone 7 und 8 (R 7 + R 8) durchlaufen diese Zone direkt. TAN = tangentiale Neurone unter der Lamina entsenden Fortsätze in die Medulla und in die Lamina; Neurone in der peripheren Zone der Medulla (T) und in der basalen Zone (C) senden Zellfortsätze in die Lamina. Die amakrinen Zellen zur Querverbindung in der Lamina sind nicht eingezeichnet. Col = Kollateralen (vgl. Bild 131d; a)–c) aus Straussfeld, 1971)

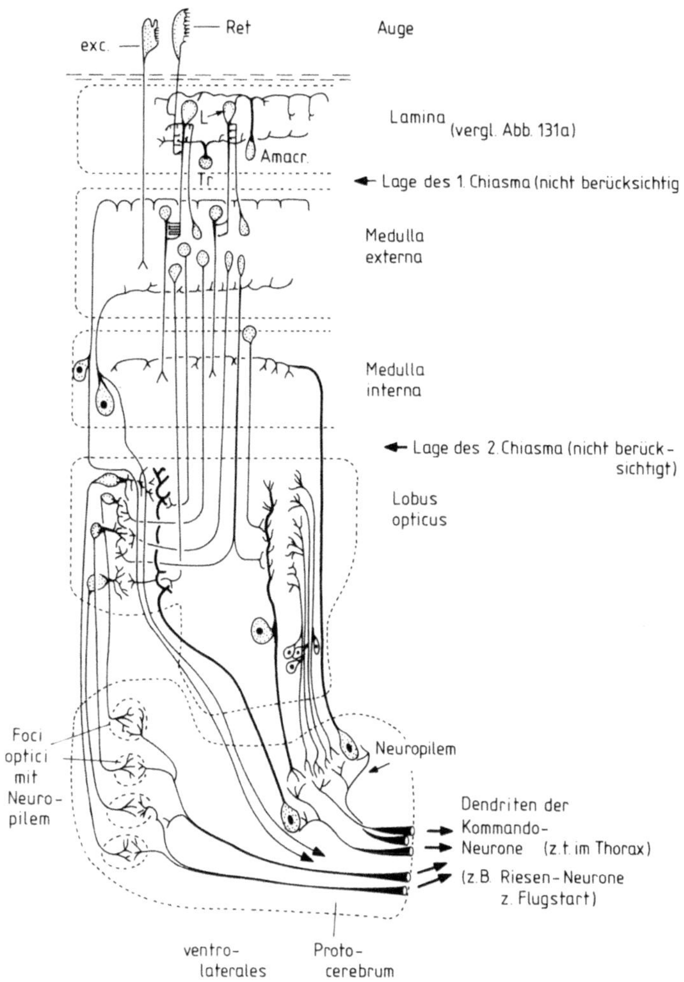

Amacr	amakrine Zelle der Lamina
exc	excentrische Retinulazelle
L	Neuron 1. Ordnung für die optische Retinula-Einheit („cartrigde“)
Ret	Retinula-Zelle
Tr	Transversales Neuron der Lamina

Bild 131

Neurone des Augenstiels und Axone der Retinulazellen beim Komplexauge von Insekten

d) Vereinfachtes Schema der Übertragung der Erregungen aus den Retinulazellen des Auges in das Nervensystem der optischen Ganglien und des Protocerebrum bei einem zweiflügeligen Insekt.
Eine weibliche Fliege hat ca. 340 000 Neuronen in ihrem Gehirn, davon entfallen ca. 76 % (ca. 260 000) auf die optischen Ganglien, auf einer Seite also 130 000 Neuronen. Von der excentrischen Retinulazelle führt die direkte Verbindung ins Neuropilem der Medulla externa. Die anderen Retinulazellen werden mit ihren Axonen durch die großen L-Neuronen 2. Ordnung in der Lamina zu optischen „Kanälen“ zusammengefaßt. Die horizontale Verklammerung wird durch Interneurone vorgenommen, die entweder im entsprechenden Ganglion liegen oder Axone von tiefer gelegenen Teilen aussenden. Auch die Übernahme durch Neurone 3. Ordnung in der Medulla externa behält die Kanalisierung noch bei, so daß bis hierher ein optisches „Mosaik“ vorliegt.
Im Bereich der Medulla interna, der Lobula und der Lobulaplatte wird durch die Interneurone dieses Mosaik beim Übergang zum Protocerebrum aber aufgelöst. Die Rieseninterneurone dienen zur Wahrnehmung von Bewegungsvorgängen, die über mehrere Ommatidien abgebildet werden (in Anlehnung an Straussfeld, 1976)

Lichtleitereffekt durch Veränderung des Brechungsindex erhöht wird. Beim *Superpositionsauge* wird auch Licht mit flacherem Einfallswinkel aufgenommen und weitergeleitet. Durch Verlagerung des Pigments in der Längsachse der Ommatidien kann die obere Zone freigegeben werden, so daß Licht auch in Nachbar-Ommatidien einfällt. Dadurch kommt es vor allem beim Dämmerungssehen oder in größeren Wassertiefen zu einer Ausnutzung der geringen Lichtintensität.

Die Zahl der Ommatidien in einem Komplexauge kann außerordentlich verschieden sein. Bei sehr kleinen Insekten können nur 10 bis 20 Ommatidien angeordnet sein; bei der kleinen Taufliege Drosophila sind es bereits 770 Ommatidien. Der Flußkrebs besitzt ca. 2000 Ommatidien, die Honigbiene 5500 Ommatidien; beim Kohlweißling sind es 6900 und bei den großen Nachtschmetterlingen bis zu 30000 Ommatidien. Nach der Form der Kopfkapseln und der Vorwölbung des Auges ergeben sich damit für die Ommatidien erhebliche Unterschiede in der Form der Facetten, ihrer Größe und Richtung, in welche gesehen wird. Daraus kann sich ein echtes binokulares und stereoskopisches Sehen ergeben. Bei vielen Augen sind mehrere Foveae vorhanden, so daß die Distanz zur Beute abgeschätzt werden kann. Auch für die schnelle Bewegung beim Abflug und bei der Landung oder im Wasser bei Schwimmbewegungen ist die Abschätzung der Distanz zu Objekten und ihre dreidimensionale Erfassung von lebenswichtiger Bedeutung. Da bei vielen Arthropoden der Kopf gegenüber dem Körper nicht gedreht werden kann, werden entweder, wie bei vielen Crustaceen, die Augen selbst bewegt, oder es werden durch schnelle, ruckartige Positionsänderungen des Körpers die Sehfelder verändert und damit die Umgebung abgetastet.

Durch die verschiedenen Oberflächenformen der Augenzonen kann das Muster und die Größe der Ommatidien wechseln (Bild 130c). In den zentralen Teilen können außerdem durch Einlagerung von löslichen Pigmenten in die Cornea (gelb oder orange) echte Lichtfiltersysteme vorhanden sein, die bei der Physiologie der Adaptation der Sehzellen auf längere Belichtung eine wichtige Rolle spielen. Ein Teil der streifen- oder fleckenförmigen Farbmuster der Augen beruht auf einer solchen Einfärbung der Linsen. Die Farben werden von den Zellen der Hypodermis (corneagene Zellen) bei der Synthese der Cuticula ausgeschieden.

Die Fortsätze (Axone) der Retinulazellen treten durch die Basalmembran in das zentrale Nervensystem ein. Unter dem Auge ist es in einem Augenstiel organisiert und besteht dort aus mehreren Zentren von Neuronen mit zugehörigem Neuropil. Dicht unter dem Auge liegt die Lamina ganglionaris, nach innen gefolgt von der Medulla externa, der Medulla interna und schließlich ganz innen dem Lobus opticus. Die Axone der Retinulazellen bleiben schon in der Lamina nicht vereint, sondern werden auf verschiedene Neurone und auf verschiedene Schichten verteilt. Die Fortsätze von ein oder zwei Retinulazellen laufen durch die Lamina bis in die Medulla externa, und dort enden sie in Synapsen an Neuronen zweiter Ordnung. Die Axone von sechs oder sieben Retinulazellen dagegen enden bereits in der Lamina, wo große monopolare Neuronen liegen (Bild 131c). Die Zahl dieser großen Ganglienzellen entspricht der Zahl der Ommatidien, gibt also ein neuronales Muster des Komplexauges in der Lamina ganglionaris wieder. Sechs oder sieben Axone aus einem Ommatidium verteilen sich auf sechs oder sieben verschiedene große monopolare Neurone (Bild 131c). Jedes monopolare Neuron erhält Axone aus sechs bzw. sieben Ommatidien und bildet damit eine Grundeinheit (optical cartridge). Die Verteilung geschieht nach einem festgelegten Muster, das je nach der Anordnung der Ommatidien im Auge wechseln kann. Sechs oder sieben Einzelaugen sind damit über je eine Sinneszelle zu einer Einheit zusammengefaßt worden: sogenanntes *neuronales Superpositionsauge*. Die Lichtsinneserregung endet also bereits in der Lamina ganglionaris an den Neuronen zweiter Ordnung. Diese großen monopolaren Neuronen stehen untereinander in einem regelmäßigen Muster durch Synapsen in Kontakt, werden durch horizontale Interneurone (Amacrine Zellen) untereinander verbunden und erhalten schließlich noch von Nervenzellen der Medulla externa zentrifugale Axone, werden also von hier aus beeinflußt. Die Weitergabe an die Zellen der nachfolgenden Ganglienschichten gibt Bild 131d schematisch wieder. In der Medulla externa sind die Neuronen 3. Ordnung in Säulen angeordnet, die den Funktionseinheiten der „optical cartridges" entsprechen.

Die Anordnung der neuralen Superposition ist nur bei solchen Ommatidien möglich, bei denen die Retinulazellen ihre Rhabdomere weitgehend getrennt halten, also bei nicht fusioniertem Rhabdom. In den Augentypen mit fusioniertem Rhabdom, wie z.B. bei der Honigbiene, wo alle Sinneszellen gleichzeitig vom Licht getroffen werden, verlaufen die Axone von sechs Retinulazellen auf eine große monopolare Nervenzelle in der Lamina. Nur ein Axon zieht zum benachbarten Neuron, und eine bzw. zwei Axone gehen direkt zur Medulla externa. Die Anordnung der Interneurone und der Nervenzellen in den folgenden Ganglien bzw. dem Protocerebrum sind aber bei allen Formen ähnlich.

8 Reduktion der Metamerie durch Bildung einer Mineralschale: die Mollusca

Die dominierende Erfindung der Mollusken ist die Abscheidung einer Mineralschale auf der Körperoberfläche, die durch Ausdehnung und Gewicht den ganzen Körperbau bestimmt und umgeändert hat. Ursprünglich stammen sie von den Articulaten ab, doch ist die Segmentierung unter dem Einfluß der Schalenbildung fast vollständig verloren gegangen. Mit Ausnahme der kleinen Gruppe der landlebenden Schnecken ist ihr Lebensraum das Wasser geblieben; sie sind neben den Arthropoden der erfolgreichste Tierstamm, der heute etwa 115000 Arten umfaßt. Die lange Stammesgeschichte hat zu sehr verschieden geformten Körperbautypen geführt (Bild 132).

Bei einigen heute lebenden Formen sind auch die Schalen reduziert worden (Amphineuren, Cephalopoden und bei den Nacktschnecken). Alle besitzen aber gemeinsame Körperbaumerkmale.

Das äußere Körperepithel bildet mit einer dünnen Bindegewebs- und Muskelschicht den sogenannten *Mantel (Pallium)*, der an den Seiten den Körper in einer *Mantelfalte* überdeckt und damit eine *Mantelhöhle* umgrenzt. Das Mantelepithel scheidet die *Mineralschale* aus (siehe unten). In der Mantelhöhle sind die *Atmungsorgane* als Kiemen untergebracht; bei den landlebenden Schnecken ist ein Teil der Wand der Mantelhöhle durch eine dichte Gefäßversorgung zu einer Lunge modifiziert worden. Als Atmungspigment ist Hämocyanin vorhanden, das in der Hämolymphflüssigkeit gelöst ist. Die Organe sind zentral im *Eingeweidesack* unter der Schale verborgen und enthalten die Gonaden, den Magendarmkanal mit einer großen Anhangsdrüse als Stoffwechselorgan, das Herz und die zu Exkretionsorganen umgeformten Coelomreste. Es schließen sich Coelomodukte als Nierengänge an. Die Exkretionsorgane entsprechen also den Metanephridien. Aber ihre Funktionsweise ist verändert worden. Durch die Entwicklung von Podocyten wird ein Ultrafiltrat der Hämolymphe gebildet, und die anschließenden Kanalabschnitte, die sehr stark modifiziert sein können, sezernieren bzw. resorbieren und stehen in enger Lagebeziehung zu Blutgefäßen. Der *Blutkreislauf* ist offen, so daß die Hämolymphe ähnlich wie bei den Arthropoden durch die Zwischenzellräume fließen kann. An verschiedenen Stellen sind große Hohlräume (Sinus) entstanden, die für die Bewegung (siehe unten) eine neue hydrostatische Funktion bekommen haben. Die Coelomkammern sind wie bei den Arthropoden fast vollständig aufgelöst worden, da die große Mineralschale die Stütze des Körpers übernommen hat. Die Masse der Muskeln ist nach der Aufhebung der Metamerie an der Basis des Körpers zum sogenannten *Fuß* zusammengezogen worden, der als Bewegungsorgan unter der Schale hervorgestreckt werden kann. Bei den Cephalopoden ist der Fuß gegliedert worden und bildet die Fangarme sowie den für die Schwimmbewegung wichtigen Trichter. Der Vorderpol des Körpers bleibt als Kopf erhalten, der bei den Muscheln vollständig in den Eingeweidesack zurückverlagert wird, da die geteilte Mineralschale so ausgedehnt ist, daß sie den Körper beim Schließen der Schalenhälften vollständig umschließen kann. An großen Sinnesorganen sind Statocysten und Augen von verschiedenem Bautyp vorhanden, unter denen die besonders leistungsfähigen großen Linsenaugen der Cephalopoden bekannt sind. Das Nervensystem ist ursprünglich eine Ganglienkette mit segmentalem Charakter. Durch die Umwandlung des Körpers nach einem massigen Bauplan wird auch eine Konzentration auf wenige große Ganglienpaare erreicht, die bestimmte Körperzonen innervieren. Extremitäten sind niemals ausgebildet worden, so daß auch keine Mundwerkzeuge zur Verfügung stehen. Als Zerkleinerungsorgan in der Mundhöhle ist die charakteristische Radula ausgebildet, die als eine komplizierte Reibplatte funktioniert und bei den Cephalopoden zu hornigen Kiefern umgewandelt sein können. Die Muscheln besitzen keine Radula mehr, sondern haben im Bereich ihrer Kiemen einen Filtrierapparat entwickelt, in dem der Wasserstrom durch Cilienbewegung der Epithelien getrieben wird, so daß die Nahrungsbestandteile abfiltriert und dem Mund zugeführt werden können.

8.1 Der Mantel und die Schalenbildung

Anstelle einer elastischen Cuticula aus Kollagen oder aus Chitin und Proteinen wird von den Zellen des Mantelepithels eine mehrschichtige Kalkschale aufgebaut. Ihre Ausdehnung, das Gewicht und die offenbare Unmöglichkeit, sie in beweglichen Platten anzuordnen, hat drei Konsequenzen gehabt: die segmentale Gliederung mußte aufgegeben werden, das Abwerfen der Mineralschale bei einer Häutung ist unmöglich, und daher muß ein kontinuierliches Wachstum der Schale an den Rändern mit dem allgemeinen Körperwachstum Schritt halten. Die Masse des Schalenmaterials wird am besten in den extremen Entwicklungsfällen deutlich: die großen Ammoniten der Kreidezeit mit ihrer eingerollten Schale konnten 1 bis 2,5 m Durchmesser erreichen, und ihre Schale muß mehrere Zentner bis zu einer Tonne gewogen haben. Eine Art der heute lebenden Muschelgattung Tridacna ist eine Riesenmuschel mit einer Schalengröße bis 1,3 m Länge, das Gewicht der Schale beträgt etwa 250 kg. Das Epithel des Mantelrandes an der Mantelfalte (Bild 133) ist der Ort des Schalenwachstums und der Neubildung von Schalenmaterial. Eine schmale Zone aus Drüsenzellen bildet Glykoproteine, die ausgeschieden werden und an der Oberfläche der Mikrovilli als *Periostrakum* polymerisieren. Durch ebenfalls ausgeschiedene Phenoloxidasen werden Ortho-Chinone aufgebaut, welche die Proteine vernetzen und damit eine Sklerotisierung des Periostrakums bewirken (vgl. Cuticula Arthropoden). Im Schutz dieser unlöslichen organischen Schicht kann die Kristallisation von Calciumkarbonat erfolgen. Zwischen Epithelzellen und Periostrakum bildet sich ein enger Flüssigkeitsraum, in den hinein von den nachfolgenden Drüsenzellen des Mantelrandes verschiedene Proteine sezerniert werden. Sie dienen als Kristallisationskerne für die Ablagerung von Calciumkarbonat. Die Zellmembranen enthalten als integriertes Membranprotein auch das Enzym Karboanhydrase. Es katalysiert die Reaktion $H_2CO_3 \leftrightharpoons CO_2 + H_2O$, ist also ursprünglich ein für den Gasstoffwechsel und die Entfernung von CO_2 aus dem Gewebe benutzes Enzym. Die Mantelepithelzellen dagegen benutzen dieses Enzym, um das aus der Hämolymphe angelieferte CO_2 bzw. Bikarbonation möglichst schnell in den Flüssigkeitsraum unter dem Periostrakum zu transportieren und dort das chemische Gleichgewicht so einzustellen, daß durch Verschiebung des pH-Werts die Bildung von Calciumkarbonat beschleunigt wird. Das Calcium stammt bei den Seewasserformen vor allem aus dem Wasser, bei den Süßwasserformen und den landlebenden Schnecken zum großen Teil aus der Hämolymphe. Durch eine rhythmische Sekretion der Proteine werden bestimmte Formen von Kristallen gebildet, deren Wachstum durch Umschichtung mit Proteinen begrenzt bleibt. Die unmittelbar unter dem Periostrakum ausgefällten Kristalle stellen aufrechte Prismen dar, es ist die *Prismenschicht oder Porzellanschicht*. Nach innen können verschiedene dünne Schichten von plattenfömigen Kristallen folgen (Blätterschichten, Lamellenschichten), deren Abfolge für eine

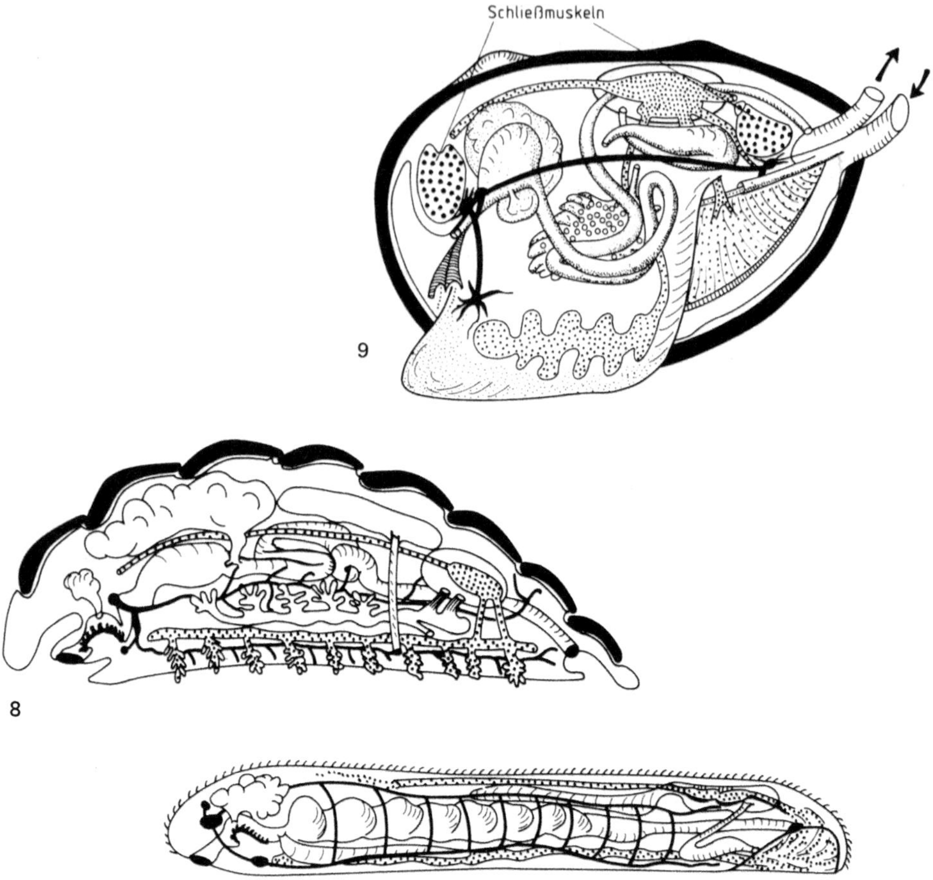

1

unbekanntes „Urmollusk“: Coelom, seriale Nephridien, Gonaden und Kiemen der Parenchymia: tetraneurales Nervensystem, Muskelmassen

Bild 132 (Mehrfarbige Wiedergabe des Bildes s. S. 434/435)

a) Baupläne von Mollusken; ausgehend von der unbekannten Form des Urmollusks haben sich sehr divergente recente Bauplantypen entwickelt: Blutgefäßsysteme sind punktiert, Organe vgl. Bild 134

2 Monoplacophora mit segmentalen Nephridien, Kiemen und Retraktor-Schalenmuskeln
3 Gastropoda
4 Scaphopoda, im Untergrund eingegraben
5 Cephalopoda: Nautilus mit Schale
6 Cephalopoda: Sepia mit reduzierter Schale
7 Solenogastres mit segmentalem Nervensystem
8 Polyplacophora mit gegliederter Schale in Platten
9 Bivalvia

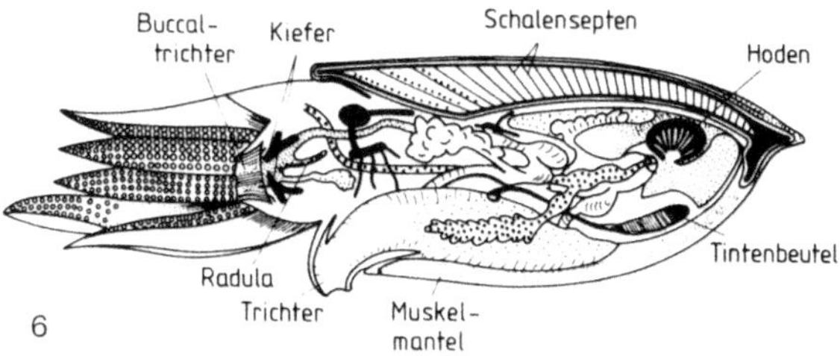
Buccal-
trichter
Kiefer
Schalensepten
Hoden
Tintenbeutel
Radula
Trichter
Muskel-
mantel
6

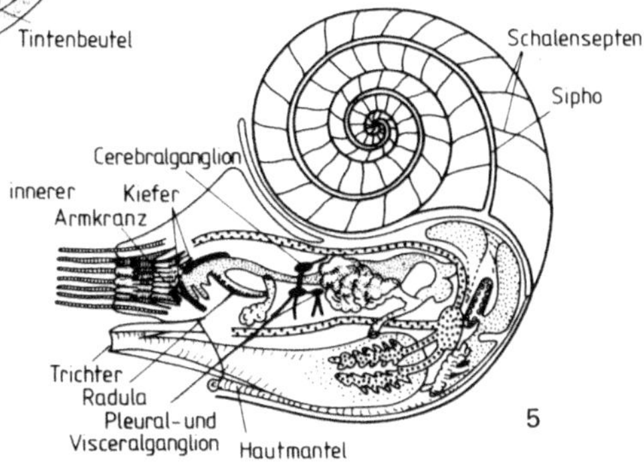
Schalensepten
Sipho
Cerebralganglion
innerer
Armkranz
Kiefer
Trichter
Radula
Pleural-und
Visceralganglion
Hautmantel
5

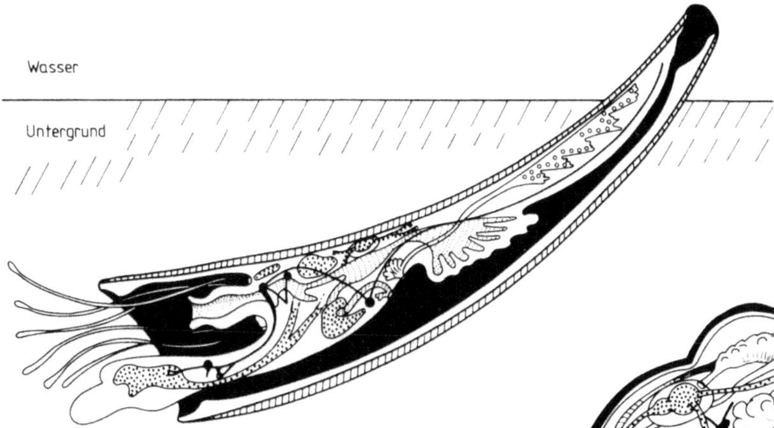
Wasser
Untergrund

4

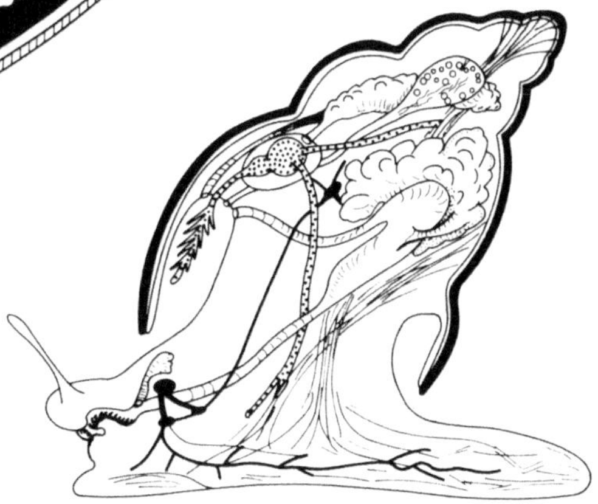

3

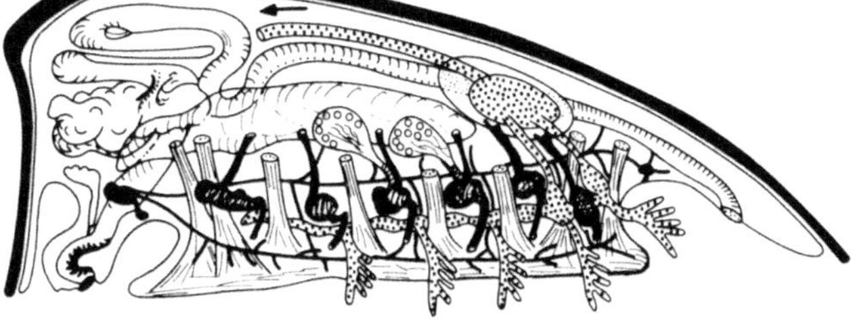

2

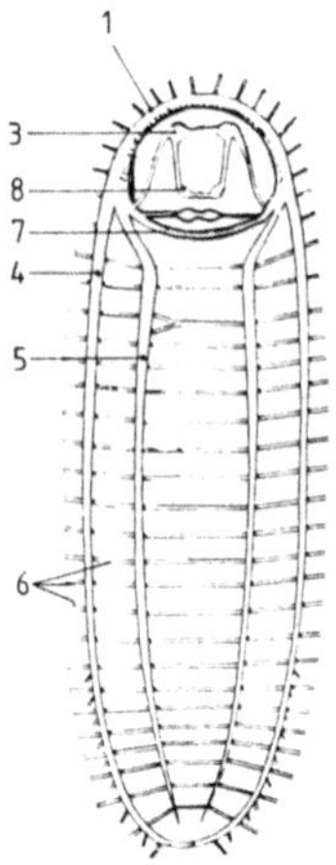

Bild 132b$_1$

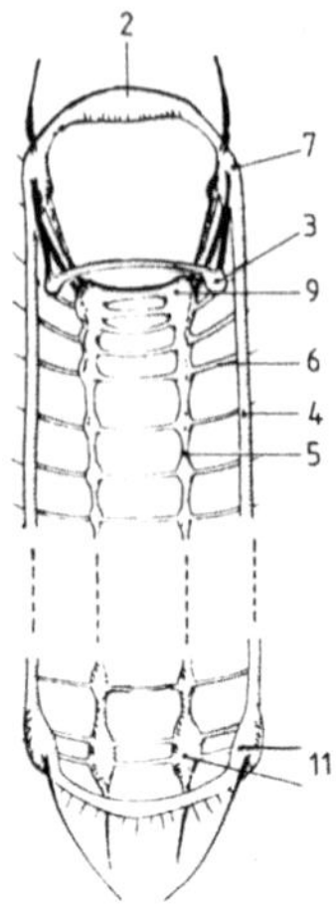

Bild 132b$_2$

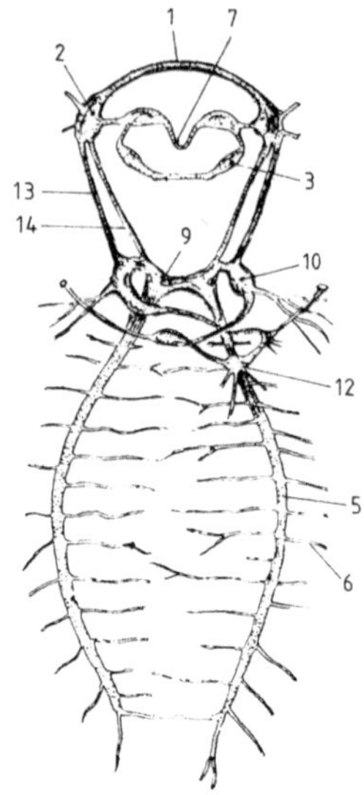

Bild 132b$_3$

Bild 132b

Morphologie der Nervensysteme von Mollusken mit zunehmender Konzentration: Reduktion der ursprünglichen Segmentalnerven zwischen den beiden lateralen Nervensträngen und Zunahme der Zahl der Neuronen in den Ganglien; Verlagerung von Ganglien und Bildung gehirnähnlicher Komplexe in der Vorderdarm-Region als Ganglienring

b$_1$ Polyplacophora: Ischnochiton
b$_2$ Aplacophora: Neomenia
b$_3$ Gastropoda: Patella

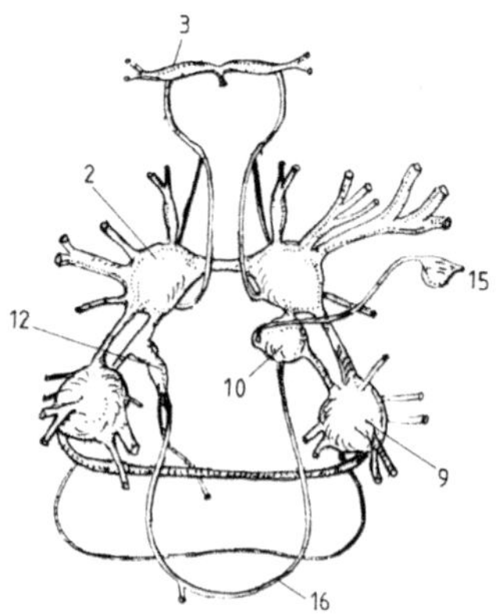

Bild 132b$_4$

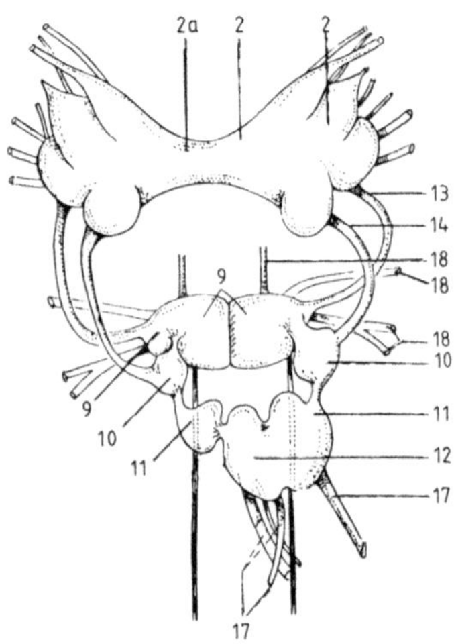

Bild 132b$_5$

b$_4$ Gastropoda: Gastropteron (Nacktschnecke mit Schwimmlappen)
b$_5$ Gastropoda: Stenogyra

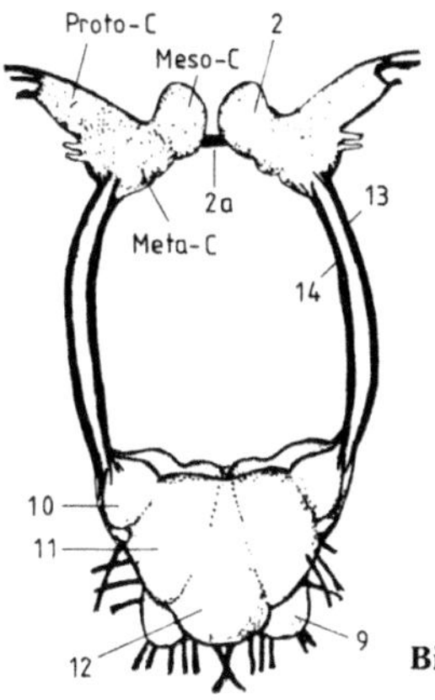

Bild 132b₆

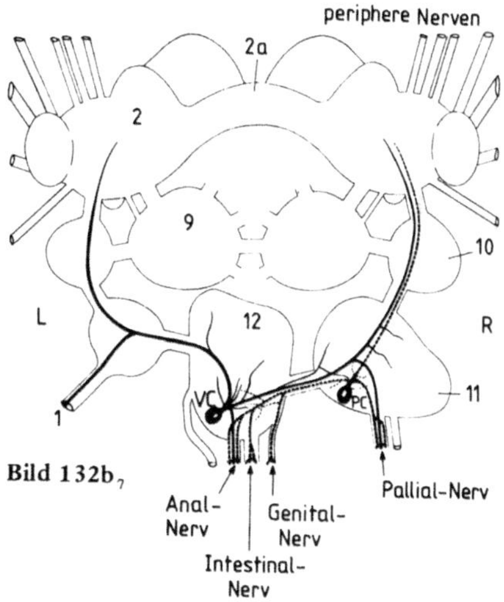

Bild 132b₇

Bild 132b
Morphologie der Nervensysteme von Mollusken mit zunehmender Konzentration

b_6 Gastropoda: Helix
b_7 Gastropoda: Limnaea, die beiden Riesenneuronen in Visceral- und Parietalganglien mit ihren Zellausläufern reichen in das Neuropilem der anderen Ganglien, enthalten Peptidhormon und sind elektrisch gekoppelt, R = rechts, L = links

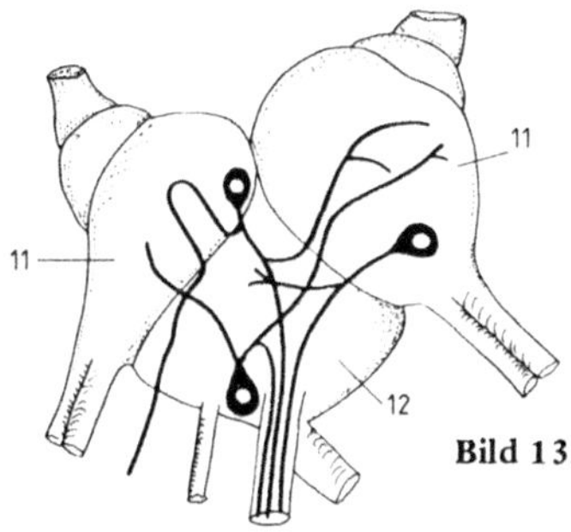

Bild 132b₈

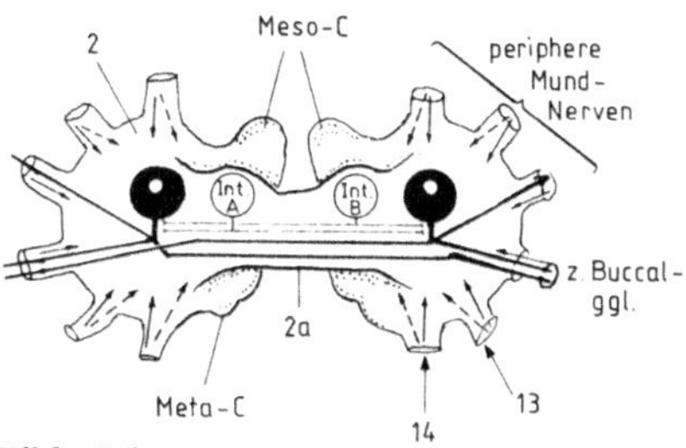

Bild 132b₉

b_8 Helix (vgl. 6), die verschmolzenen Parietal- und Visceral-(= Abdominal-)ganglien enthalten große Neurone, die mit Prociongelb dargestellt werden können, ihre Zellausläufer reichen in andere Teile der Ganglien und der efferente Nervenzellausläufer zieht durch einen Nerven in den Körper
b_9 Helix (vgl. 6), Cerebralganglion, Lage der beiden Riesenneurone (schwarz) mit contralateral und ipsilateral austretenden Axonen; durch Interneurone (A und B) wird zur Koordination eine wechselseitige Verbindung hergestellt

1 Cerebralring
2 Cerebralganglion
2a Cerebralkommissur
Meso-C = Meso-Cerebrum }
Meta-C = Meta-Cerebrum } Teil des C.ggl.
Proto-C = Proto-Cerebrum }
3 Buccalganglion
4 Lateralstrang
5 Pedalstrang
6 segmentale Nerven
7 Schlundkonnektiv
8 Subradularganglion
9 Pedalganglion
10 Pleuralganglion
11 Parietalganglion
12 Visceralganglion
13 Cerebropedalkommissur
14 Cerebropleuralkommissur
15 Osphradialganglion
16 Pleuro-Visceralkommissur
17 Visceralnerv
18 Pedalnerv

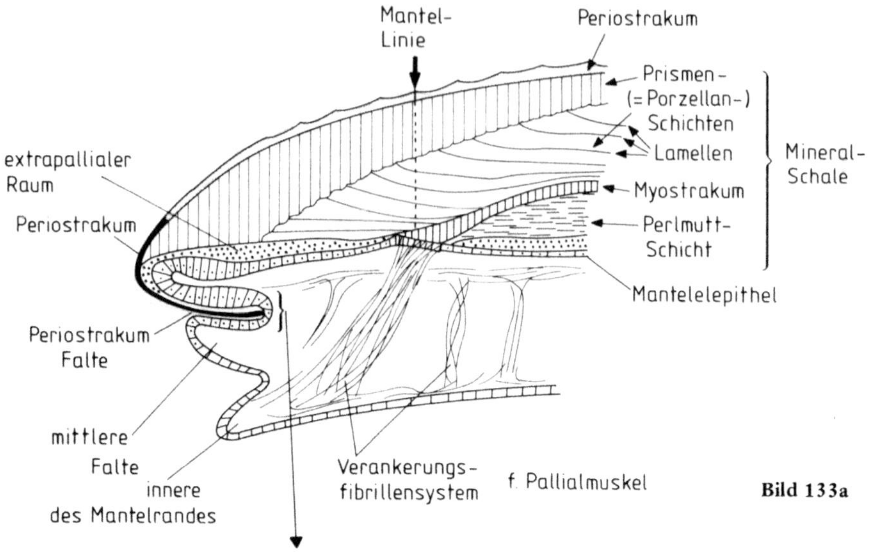

Bild 133a

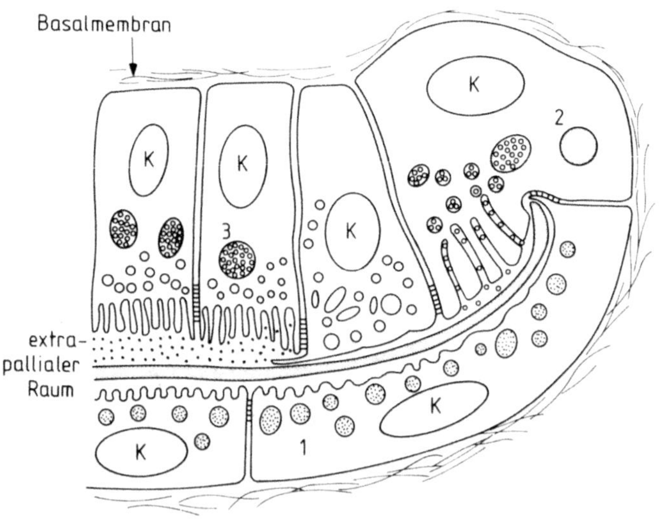

Bild 133b

Bild 133

Schalenbildung und Schalenstruktur bei Mollusken

a) Mantelrand mit der Schalenbildung und Schichtung der Schale sowie ihre Befestigung durch einzementierte kollagene Fasersysteme

b) Ausschnitt aus der Periostrakum-Falte einer Muschel (Astarte) in der Orientierung von a)
   1 Mantelepithel der mittleren Falte; Synthese und Ausscheidung von Glykoproteinen
   2 Beginn der Periostrakum-Falte; Zellen: Synthese weiterer Glykoproteine
   3 Epithelzellen mit Flüssigkeitsvakuolen für den extrapallialen Raum, Oberfläche mit Mikrovilli bedeckt, Verschlußsystem durch tight junctions, Vakuolen mit kristallinen Einschlüssen (verändert aus Salleudin, 1975)

Bild 133
Schalenbildung und Schalenstruktur bei Mollusken
c) Schalenstrukturen

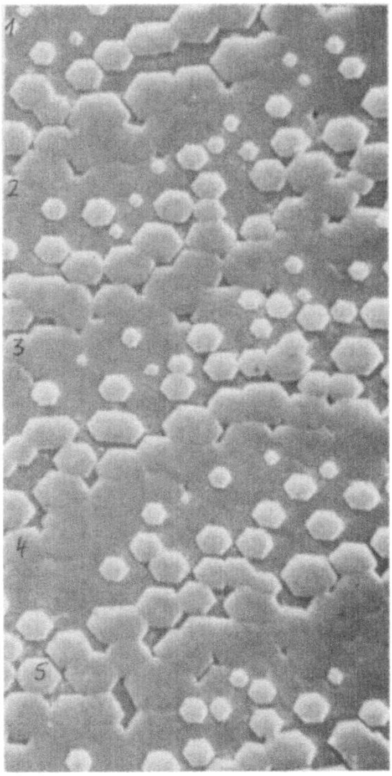

c_1) **Wachstumsoberfläche der Porzellanschicht** bei der Muschel Pinctada, 1–5 Schichten mit zusammenwachsenden Kristallen

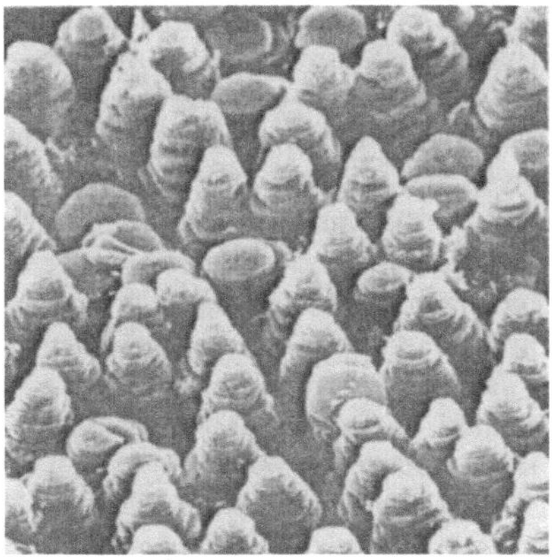

c_2) **Wachstumsoberfläche der Prozellanschicht** bei der Schnecke Cittarium, Kristalle in Türmen angeordnet

c_3) **fertige Kristallplättchen** aus der mittleren Prozellanschicht bei der Schnecke Haliotis

c_4) **Tafelförmige Kristalle** aus der Perlmutterschicht der Muschel Pinctada (aus Wise, 1970)

bestimmte Molluskenart typisch ist. Nach innen folgt eine dicke Schicht von flachen Platten, die *Perlmutterschicht*. Durch ihre Lage und ihre Dicke entstehen durch Absorption von Licht Interferenzfarben, welche den irisierenden schillernden Glanz dieser Schalenschicht bedingt. Sie heißt Perlmutter, weil sie die äußere Schicht von *Perlen* darstellt. Wenn Fremdkörper oder Parasiten in den Flüssigkeitsraum oberhalb des Mantelepithels gelangen, so werden sie von diesen inneren Kristallschichten umschlossen und bilden mehr oder weniger regelmäßige perlfömige Schalenbildungen, die den Fremdkörper umschließen.

Durch die Zonenbildung verschiedener Drüsenzellen und die Verwendung der Karboanhydrase sowie die rhythmische Sekretion von bestimmten Proteinen in der Wachstumszone wird die sehr widerstandsfähige Schale durch gesteuerte Kristallbildungen aufgebaut. Die Mantelfalte selbst hält mit dem Körperwachstum Schritt. Dadurch können Wachstumsringe der Schale gebildet werden, welche den Perioden erhöhter Stoffwechselaktivitäten entsprechen. In den gemäßigten Zonen sind es Jahresringe entsprechend den klimatischen Temperaturschwankungen des Wassers. Das Mantelepithel bleibt zeitlebens aktiv, so daß die älteren Teile der Schale durch eine Modellierung verdickt oder teilweise aufgelöst werden können.

Bei den Muscheln hat die Schale auch noch einen tiefgreifenden Einfluß auf den Stoffwechsel. Durch ein längeres Schließen der beiden Schalenhälften wird der Zufluß des Atemwassers unterbrochen und damit auch die Sauerstoffzufuhr. CO_2 kann nicht in ausreichender Menge abgegeben werden. Es entstehen also extreme anaerobe Bedingungen. Insbesondere bei Muscheln in der Gezeitenzone müssen die Schalen sechs Stunden oder noch länger geschlossen bleiben. Unter diesen anoxischen Verhältnissen wird die Glykolyse bis zum Phosphoenolpyruvat vorgenommen (siehe Schema 3), die Endprodukte sind dann aber Alanin und Succinat. Die Pyruvatkinase wird durch Alanin gehemmt, und durch das Succinat erfolgt eine starke Ansäuerung der Gewebe und der Gewebsflüssigkeiten einschließlich der Hämolymphe. Dadurch wird am Mantelrand Calciumcarbonat aufgelöst und zur Pufferung der Flüssigkeiten verwendet. Der Calciumspiegel innerhalb der Gewebsflüssigkeiten steigt rapide an, und die Pufferung durch Bikarbonat läßt den pH-Wert wieder in physiologische Werte ansteigen. Die Auflösungserscheinungen sind am Mantelrand in der Mikrostruktur der Schale deutlich zu erkennen. Erst bei geöffneten Schalen und Zufuhr von Sauerstoff kann erneut der Prozeß umgekehrt werden und Calciumkarbonat zum Schalenwachstum eingelagert werden. Die Wachstumsringe solcher Muschelschalen entsprechen also den äußeren Bedingungen als rhythmischen Zeitgebern und geben damit keineswegs die Wachstumsvorgänge des Körpers wieder.

8.2 Der Fuß und die Hydraulik der Hämolymphe

Der Fuß besteht aus einem komplizierten Geflecht von Muskelbündeln. Dadurch werden sehr verschiedene Bewegungen möglich; der Fuß kann als Kriechsohle mit wellenförmigen Kontraktionen benutzt werden, er kann das Tier samt Gehäuse hochstemmen; bei den in Brandungszonen lebenden Mollusken kann er wie ein flacher Saugnapf ausgehöhlt werden und damit die Tiere auf der Unterlage festhalten. Ein Teil der Muskelbündel setzt an der Schale an, so daß eine feste Verbindung besteht. Dadurch kann der Fuß und damit auch die übrigen Teile des Körpers in die Schale zurückgezogen werden. Um aber wieder ein Ausstrecken zu erreichen, fehlt ein muskulärer Antagonist. Daher werden das Gefäßsystem und die Hämolymphe als ein Hydraulikapparat benutzt, um den Fuß durch Füllung von großen Bluträumen wieder vorzuwölben und durch Sperrung des Abflusses in diesen Bluträumen auch eine feste hydrostatische Unterlage für die Muskelbewegungen zu erhalten. Ein Visceralsinus und ein Pedalsinus (Bild 134) können unter Erhöhung der Herzschlagfrequenz relativ schnell gefüllt werden und damit die Muskeln des Fußes und den Kopf wieder aus der Schale herausdrängen. Durch Klappenapparate bzw. Muskelringe kann der Pedalsinus abgesperrt werden, so daß die Flüssigkeitskammer ähnlich wie beim urspünglichen Coelom als hydrostatisches Drucklager für die Muskeln bestehen bleibt und z.B. ein Einbohren durch den Fuß in den Untergrund möglich wird. Das Blutgefäßsystem ist zwar halboffen, hat aber ganz andere Funktionen als bei den Arthropoden. Der Raum des Pericards sammelt nicht die zurückströmende Hämolymphe, sondern ist als *Renopericardialraum* der Beginn des Nierensystems. Durch seine Auskleidung mit Podocyten kann hier die Hämolymphe als Ultrafiltrat übertreten und den Primärharn bilden. Das Herz selbst enthält meist mehrere Funktionsabschnitte und geht in einige große Gefäßstämme über, die durch Gefäßwandzellen (Endothel) ausgekleidet sind. Diejenigen Gefäße, welche Hämolymphe vom Herzen wegtransportieren, sind *Aorten und Arterien*; die Gefäße mit dem Rückstrom aus dem Körper in das Herz sind die *Venen*. Der Atmungskreislauf in die Kiemen bzw. die Wandungen der Mantelhöhle als Lungen sind vollständig geschlossen. Die den Körper versorgenden großen Arterien verzweigen sich, bis schließlich die Endstrecken der Gefäße als *terminale Strombahn* nur noch lückenhaft von Endothelzellen ausgekleidet sind und sich in die Zwischenzellräume der Gewebe öffnen. Die großen Bluträume erhalten eine eigene Gefäßzufuhr und können gesperrt oder geöffnet werden. Entsprechend dieser Verteilung der Hämolymphe werden auch die Strömungsverhältnisse durch die Bewegung der Muskulatur nur unerheblich beeinflußt; die Druckwelle, die durch den Herzschlag ausgelöst wird, kann in gedämpfter Form die Hämolymphe durch den ganzen Körper weitertreiben. Bei der starken Bewegungsfähigkeit der muskulösen Anteile ist eine solche hydrodynamische Lösung notwendig, da es sonst zu einer starken Beeinträchtigung der Versorgung der Gewebe kommen würde. Dementsprechend ist das Herz neurogen, wird also in der Herzschlagfrequenz von Nervenzellen reguliert.

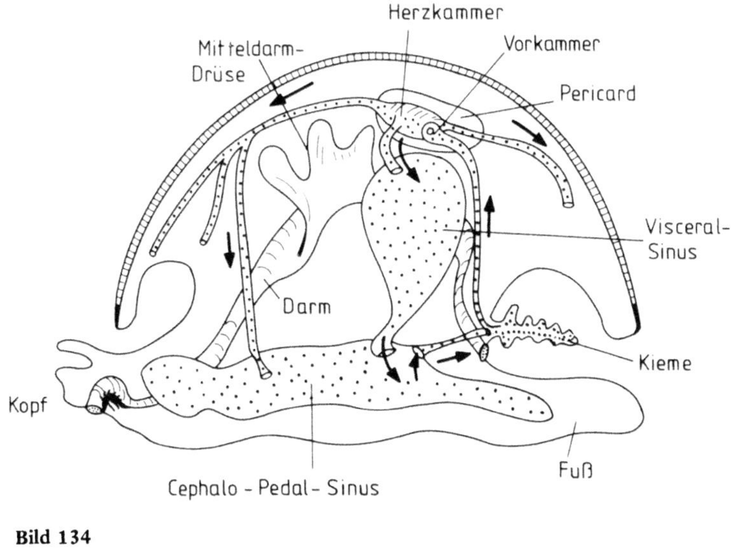

Bild 134
Schema der Organisation des Blutkreislaufs und der Hämolymph-Sinus am Beispiel einer Schnecke; Pfeile geben die Strömungsrichtungen an

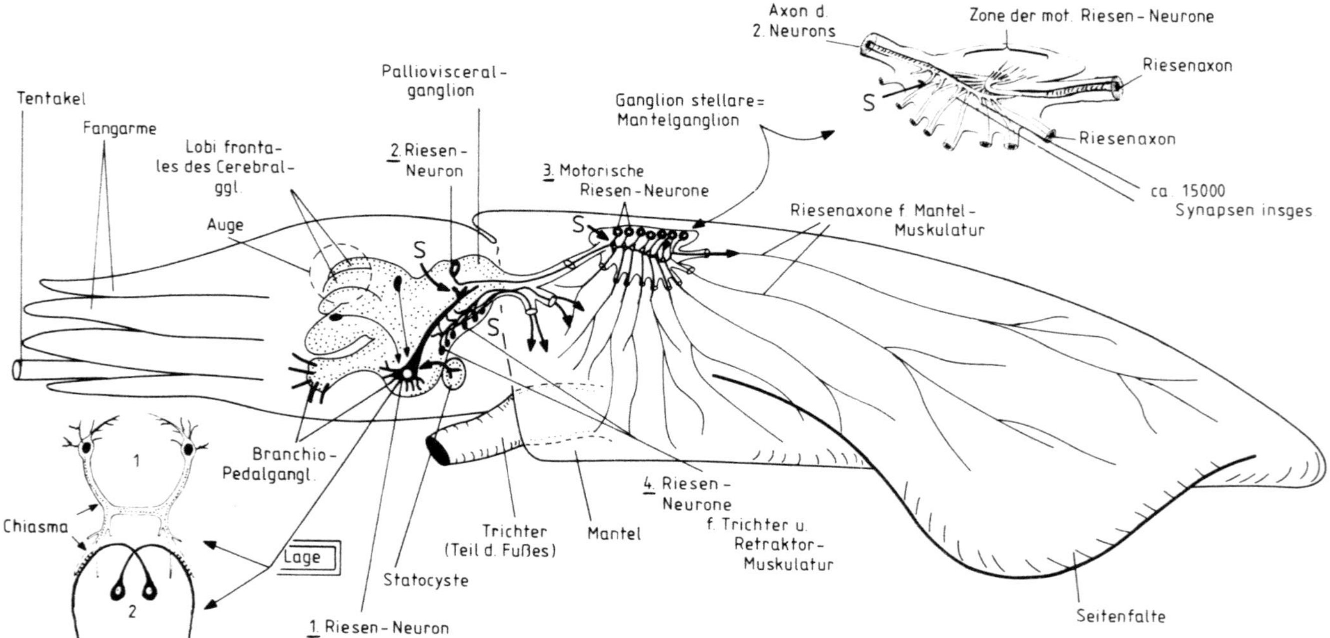

Bild 135a

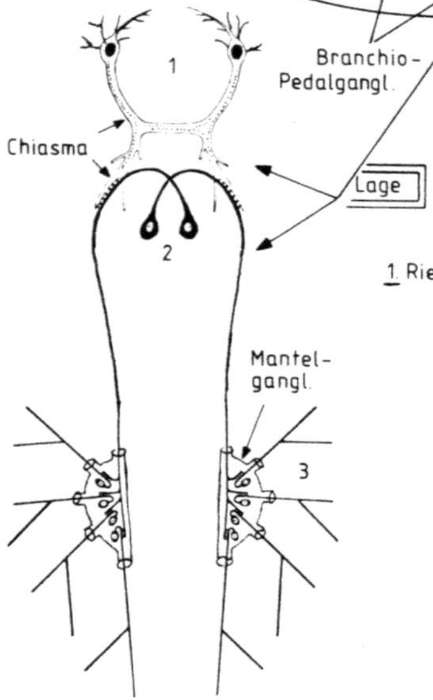

Bild 135

a) Riesen-Neuronen-Fluchtsystem eines Cephalopoden, vgl. Text

b) Koordination der Informationen aus den Sinnesorganen bei der Nacktschnecke Hermissenda. Augen und Statocysten bestehen nur aus wenigen Sinneszellen, das optische Ganglion für das rechte und das linke Auge aus je 13 Neuronen, von denen je 2 durch elektrische Synapsen (ES) gekoppelt sind; die Sinneszellen eines Sinnesorgans besitzen axo-axonale hemmende Synapsen, eine zweite Gruppe von Synapsen besteht zwischen den Axonen der Sinneszellen beider Sinnesorgane. Neurone des optischen Ganglions greifen mit einer dritten Gruppe von Synapsen auf die Axone aus beiden Sinnesorganen ein und werden umgekehrt von dort beeinflußt (verändert nach Alkon, 1979)

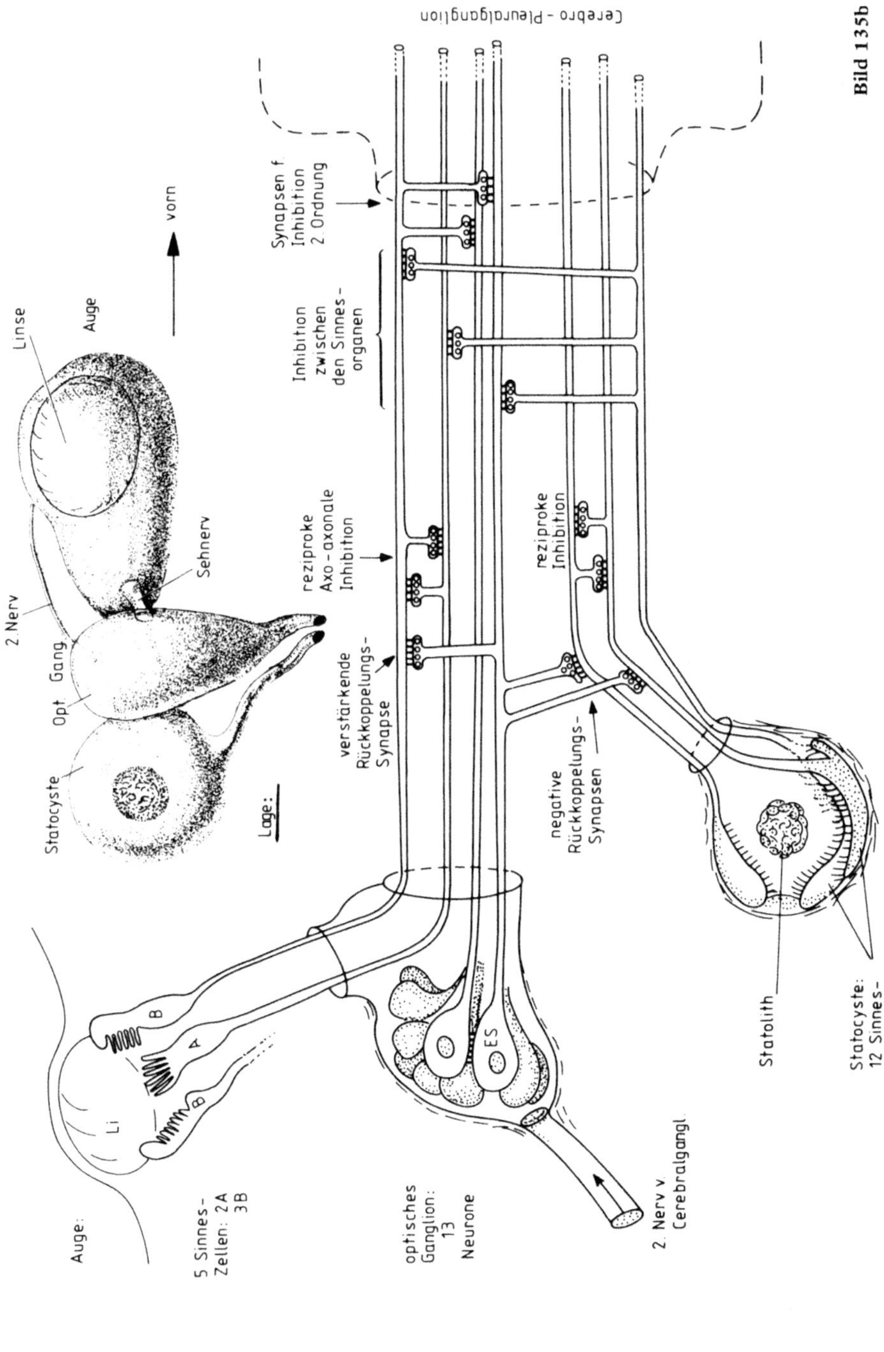
Cerebro - Pleuralganglion
Synapsen f. Inhibition 2. Ordnung
vorn
Linse
Auge
Inhibition zwischen den Sinnes-organen
Sehnerv
2. Nerv
Opt. Gang.
Statocyste
Lage:
reziproke Axo-axonale Inhibition
reziproke Inhibition
verstärkende Rückkoppelungs-Synapse
negative Rückkoppelungs-Synapsen
B
A
Li
ES
Auge:
5 Sinnes-Zellen: 2A 3B
optisches Ganglion: 13 Neurone
2. Nerv v. Cerebralgangl.
Statolith
Statocyste: 12 Sinnes-zellen

Bild 135b

8.3 Die Fluchtreaktion bei schalenlosen Cephalopoden

Da die Bewegungsfähigkeit der schalentragenden Mollusken eingeschränkt ist, wird das alte Fluchtsystem durch rasche Muskelreaktion aufgrund von Aktionen der Riesenneuronen völlig aufgegeben. Die Flucht besteht in dem Zurückziehen in das Gehäuse. Mit der Reduktion der Schale bei den meisten Cephalopoden werden wieder schnelle Schwimmbewegungen möglich, so daß ein neues Fluchtsystem mit Riesenneuronen entwickelt wird.

Die normalen Schwimmbewegungen eines Tintenfisches (z.B. Sepia, Loligo) erfolgt durch zwei seitliche, bandförmige Vorwölbungen der Körperwandung, die als Flossensaum wirken und durch undulierende Bewegungen ein Vorwärts- oder Rückwärtsschwimmen verursachen. Sie sind ein Teil des Mantels, der als mächtig entwickelter Muskelmantel den Körper mit Ausnahme des Kopfes einhüllt. Die Mantelhöhle enthält das Atemwasser für die Kiemen und wird durch rhythmische Kontraktionen durch einen trichterförmig umgestalteten Teil des Fußes entleert und gefüllt.

Auch bei den Kraken (z.B. Octopus), bei denen der Körper ohne Schalenreste ist und nur noch einen rundlichen Eingeweidesack darstellt, sind Trichter und Atemhöhle ähnlich gestaltet. Die Trichteröffnung liegt unterhalb des Kopfes (Bild 135). Dieses Wasserhöhlensystem mit den umgebenden Muskeln wird für die schnelle Fluchtbewegung benutzt und entspricht in der Fortbewegung dem Raketenprinzip der Quallen.

Die Ganglien des Nervensystems sind bei den Cephalopoden so verschmolzen, daß ein gehirnähnlicher Komplex entstanden ist. Der größte Teil der Nervenzellen hat aber seine funktionelle Gliederung entsprechend der Zugehörigkeit zum Ganglion beibehalten. Die beiden Riesenneurone liegen in dem Teil des Nervensystems, der dem Palliovisceralganglion entspricht, und erhalten sehr zahlreiche Synapsen aus Nervenzellen der optischen Ganglien, der Statocysten, der Pedalganglien, der Haut und der Cerebralganglien, welche die Kommandoneurone für die Motorik der Tentakeln enthalten. Rechtes und linkes Riesenneuron stehen durch gegenseitige Synapsen in Verbindung. Die beiden Riesenaxone werden von einer zweiten Gruppe von Riesenmotoneuronen des gleichen Ganglions synaptisch abgegriffen; ihre Axone ziehen in die Muskulatur des Kopfes und des Trichters. Zwei oder drei dagegen reichen mit ihren Axonen in das sogenannte Ganglion stellare am dorsalen Mittelrand und innervieren durch ihre Synapsen mehrere hundert dort liegende motorische Neurone für die Mantelmuskulatur.

Insgesamt sind also drei Neuronengruppen erster, zweiter und dritter Ordnung vorhanden. Bei der Auslösung der Fluchtreaktion stellen die beiden ersten Riesenneurone die Kommandozentrale dar, von der aus die Aktivitäten der übrigen Riesenmotoneurone ausgelöst werden kann. Deren Aktionspotentiale werden auf die Muskelzellen übertragen, so daß geordnet und schlagartig ein Zusammenlegen der Fangarme, ein Öffnen des Trichters und eine heftige Kontraktion des Mantels erfolgen. Dadurch wird das Wasser durch den weit geöffneten Trichter stoßartig aus der Mantelhöhle heraustransportiert, und das Druckgefälle innerhalb der Mantelhöhle treibt das Tier schnell rückwärts. Damit kann der Ausstoß einer melaninhaltigen Flüssigkeit aus dem sogenannten Tintenbeutel verbunden werden, so daß die Fluchtbahn durch den Farbstoff völlig undurchsichtig verdunkelt wird.

Bei der einfacheren Form des Nervensystems bei der Nacktschnecke (Hermissenda) läßt sich die Verknüpfung der Sinnesorgane und der chemosensorischen Rezeptoren zur Beurteilung einer Situation zeigen (Bild 135b). Die Auslösung einer Fluchtreaktion kann nicht nur durch starke mechanische Berührungsreize ausgelöst werden; eine ganze Reihe von Bedingungen der Umgebung gehen als Erfahrungswerte in die Reaktion ein. Hier kann zum ersten Male nachgewiesen werden, daß mehrere wichtige Sinneseindrücke kombiniert werden und sich in ihren Auswirkungen gegenseitig beeinflussen müssen. Mit anderen Worten: ein *Lernvermögen* ist Voraussetzung. Auf die komplizierten Vorgänge während des Lernens gerade bei den großen Mollusken kann hier nicht eingegangen werden.

Literatur zu den Bildern

Adelstein, R. S., E. Eisenberg: Regulation and kinetics of the actin-myosin ATP interaction. Ann. Rev. Biochem. **49**, 921–956 (1980)

Adams, E.: Invertebrate collagens. Science **202**, 591–598 (1978)

Aikawa, M., C. G. Huff, H. Sprinz: Comparative fine structure study of the gametocytes of avian, reptilian, and mammalian malarial parasites. J. Ultrastr. Res. **26**, 316–331 (1969)

Aikawa, M., L. H. Miller, J. Johnson, J. Rabbege: Erythrocyte entry by malarial parasites. J. Cell Biol. **77**, 72–82 (1978)

Albrecht, F. O.: The anatomy of the migratory locust. The Athlone Press, Univ. of London, 1953

Alexandrowicz, J. S.: Receptor organs in the thoracic and abdominal mucles of Crustacea. Biol. Rev. **42**, 288–326 (1967)

Alkon, D. L.: Voltage-dependent calcium and potassium ion conductance: a contingency mechanism for an associative learning model. Science **205**, 810–816 (1979)

Almassy, R. J., R. E. Dickerson: Pseudomonas cytochrome c_{551} at 2.0 Å resolution: enlargement of the cytochrome c family. Proc. Nat. Acad. Sci. **75**, 2674–2678 (1978)

Anderson, D. T.: Embryology and phylogeny in Annelids and Arthropods. Pergamon Press, Oxford, New York, Braunschweig, 1975

Andrew, R. D., I. Orchard, A. S. M. Saleuddin: Structural re-evalution of the neurosecretory system in the crayfish eyestalk. Cell. Tissue Res. **190**, 235–246 (1978)

Aufderheide, K. J., J. Frankel, N. E. Williams: Formation and positioning of surface-related structures in Protozoa. Microbiol. Rev. **44**, 252–302 (1980)

Baba, S. A., Y. Hiramoto: A quantitative analysis of ciliary movement by means of high-speed microcinematography. J. Exp. Biol. **52**, 675–690 (1970)

Baccetti, B.: The evolution of the acrosomal complex. In: The Spermatozoon, ed. D. W. Fawcett, J. M. Bedford. p. 305–327, Urban & Schwarzenberg, München 1979

Barth, F. G.: Der sensorische Apparat der Spaltsinnesorgane (Cupiennus salei Keys., Araneae) Z. Zellf. **112**, 212–246 (1971)

Barth, F. G.: Slit sense organs: "strain gauges" in the arachnid exoskeleton. Symp. Zool. Soc. London, **42**, 439–448 (1978)

Blanton, W. E., C. L. Villemez: Molecular size and chain length distribution in Acanthamoeba cellulose. J. Protozool. **25**, 264–267 (1978)

Bloeser, B., J. W. Schopf et al.: Chitinozoans from the late precambrium Chuar group of the Grand Canon, Arizona. Science **195**, 676–679 (1977)

Brill, B.: Untersuchungen zur Ultrastruktur der Choanocyte von Ephycatia fluviatilis (L.). Z. Zellf. **144**, 231–245 (1973)

Bridgwater, D., J. A. Allart, J. W. Schopf et al.: Microfossil-like objects from the archaean of Greenland: a cautionary note. Nature **289**, 51–53 (1981)

Brokaw, C. J.: CO_2 inhibition of the amplitude of bending of triton-demembranated sea urchin sperm flagella. J. exp. Biol. **71**, 229–240 (1977)

Buscema, M., D. De Sutter, G. Van De Vyver: Ultrastructural study of differentiation processes during aggregation of purified sponge archaeocytes. Wilh. Roux Arch. **188**, 45–53 (1980)

Buchsbaum, R.: Animals without backbones. Univers. of Chicago Press 1948

Burns, M. D., P. R. N. Usherwood: The control of walking in Orthoptera. II. Motor neuron activity in normal free-walking animals. J. exp. Biol. **79**, 69–98 (1979)

Campbell, R. D.: Statocyst lacking cilia in the coelenterate Corymorpha palina. Nature **238**, 49–51 (1972)

Chapman, D. M.: Cnidarian Histology. In: Coelentarate Biology, ed. L. Muscatine H. M. Lenhof, p. 1–92, Academic Press, New York, San Francisco, London, 1974

Chung, M. C. M., and H. D. Ellerton: The physicochemical and functional properties of extracellular haemoglobins and chlorocruorins. Prog. Biophys. mol. Biol. **35**, 53–102 (1979)

Clark, A. W.: The fine structure of the eye of the leech. J. Cell. Sci. **2**, 341–348 (1967)

Dankwarth, L.: Funktionsmorphologie des Exkretionsorgans des Spulwurms Ascaris lumbricoides L.; Z. Zellf. **113**, 581–608 (1971)
Davey, K. G.: Neurosecretion and molting in some parasitic nematodes. Amer. Zool. **6**, 243–249 (1966)
Dickerson, R. E.: Cytochrome c and the evolution of energy metabolism. Scient. Amer. **242**, 99–110 (1980)
Dorsett, D. A.: The structure and function of proprioceptors in soft-bodied invertebrates. In: Structure and function proprioceptors in the invertebrates, p. 443–483, ed. P. J. Mill, Chapmann and Hall, London (1976)
Drewes, C. D., R. A. Pax: Neuromuscular physiology of the longitudinal muscle of the earthworm, Lumbricus terrestris, III. Mapping of motor fields. J. exp. Biol. **60**, 469–475 (1974)
Drewes, C. D., K. B. Landa, J. L. McFall: Giant nerve fibre activity in intact, freely moving earthworms. J. exp. Biol. **72**, 217–227 (1978)
Dubey, J. P.: Toxoplasma, Hammondia, Besnoitia, Sarcocystics, and other tissue cyst-forming Coccidia of man and animals. In: Zool. Parasites III. p. 102–225, ed. K. Kreier, Academic Press, New York, San Francisco, London, 1977
Dute, R., C. Kung: Ultrastructure of the proximal region of somatic cilia in Paramaecium tetraurelia. J. Cell. Biol. **78**, 451–464 (1978)
Eguchi, E., T. H. Waterman: Fine structure patterns in crustacean rhabdoms. In: The functional organization of the compound eye. p. 105–124, ed. C. G. Bernhard, Pergamon Press, Oxford, London, Braunschweig, 1966.
Elder, H. Y.: Direct peristaltic progression and the functional significance of the dermal connective tissues during burrowing in the polychaete Polyphysia crassa (Oersted). J. exp. Biol. **58**, 637–655 (1973)
Elliot, A.: Structure of molluscan thick filaments: a common origin for diverse appearance. J. mol. Biol. **132**, 323–341 (1979)
Engelman, D. M., G. Zaccai: Bacteriorhodopsin is an inside-out protein. Proc. Nat. Acad. Sci. **77**, 5894–5898 (1980)
Euteneuer, U., C. Winter: The abdominal muscle receptor organ in Astacus leptodactylus (Crustacea). A fine structural analysis. Cell Tiss. Res. **202**, 41–61 (1979)
Eyre, D. R.: Collagen: molecular diversity in the body's protein scaffold. Science **207**, 1315–1322 (1980)
Fauvel, P.: Classe des Annélides Polychétes (Annelida Polychaeta). In: Traité de Zoologie V/1, ed. P. P. Grassé, p. 14–196, Masson & Cie., Paris, 1959
Fields, H. L.: Crustacean abdominal and thoracic muscle receptor organs. In: Structure and function of the proprioceptors in the invertebrates, p. 65–114, ed. P. J. Mill, Chapman & Hall, London, 1976
Finlayson, L. H.: Abdominal and thoracic receptors in insects, centipedes and scorpiones. In: Structure and function of the proprioceptors in the invertebrates, p. 153–211, ed. P. J. Mill, Chapman & Hall, London, 1976
Fischer, A., J. Brökelmann: Das Auge von Platynereis dumerilii (Polychaeta). Sein Feinbau im ontogenetischen und adaptiven Wandel. Z. Zellf. **71**, 217–244 (1966)
Franzén, A.: Phylogenetic aspects of the morphology of spermatozoa and spermiogenesis. In: Comparative spermatology, ed. B. Baccetti, p. 30–45, Academic Press, New York and London, 1970
Fretter, V., A. Graham: A functional anatomy of invertebrates. Academic Press, London, New York, San Francisco, 1976
Friedman, S.: Trehalose regulation, one aspect of metabolic homeostasis. Ann. Rev. Entomol. **23**, 389–407 (1978)
Foelix, R. F.: Biologie der Spinnen. Thieme Verlag, Stuttgart, 1979
Fox, G. E., E. Stackebrandt et al.: The phylogeny of prokaryotes. Science **209**, 457–463 (1980)
Gierer, A.: Hydra as a model for the development of biological form. Scient. Amer. **231**, 44–54 (1974)
Golding, D. W., A. C. Whittle: Neurosecretion and related phenomena in Annelids. Int. Rev. Cytol. Suppl. **5**, 189–302 (1977)
Goldschmidt, R.: Das Nervensystem von Ascaris lumbricoides und megalocephala. Z. Wiss. Zool. **90**, 73–136 (1908)
Grell, K. G.: Studien zum Differenzierungsproblem bei Foraminiferen Nat. wiss. **45**, 25–32 (1958)
–: The Protozoan Nucleus. In: The Cell, p. 1–79, Vol. VI, ed. J. Brachet, A. E. Mirsky, Academic Press, New York and London, 1964

Günther, J., J. B. Walther: Funktionelle Anatomie der dorsalen Riesenfaser-Systeme von Lumbricus terrestris L. (Annelida, Oligochaeta). Z. Morphol. Tiere **70**, 141–182 (1971)

Günther, J., F. W. Schürmann: Zur Feinstruktur des dorsalen Riesenfasersystems im Bauchmark des Regenwurms. II. Synaptische Beziehungen der proximalen Riesenfaserkollateralen. Z. Zellf. **139**, 369–396 (1973)

Guthrie, D. M., A. R. Tindall: The Biology of the Cockroach. E. Arnold Publ. London, 1968

Haberey, M.: Räumliche Anordnung von Plasmafilamenten bei Thecamoeba sphaeronucleus. Cytobiol. **8**, 61–75 (1973)

Hamdorf, K.: The physiology of invertebrate visual pigments. In: Handbook of sensory Physiology VII/6A, ed. H. Autrum.; Comp. Physol. Evol. Vision in Invertebrates, p. 145–224. Springer Verlag, Berlin, Heidelberg, New York, 1979

Hauenschild, C.: Die Beteiligung endokriner Mechanismen an der geschlechtlichen Entwicklung und Fortpflanzung von Polychaeten. Verh. Dtsch. Zool. Ges. 1974, p. 292–308

Hitchcock, S. E., C. J. Zimmerman: Study of the structure of troponin-T by measuring the relative reactivities of lysines with acetic anhydride. J. Mol. Biol. **147**, 125–151 (1981)

Horridge, G. A.: The compound eye of insects. Scient. Amerl. **237**, 108–120 (1977)

Hughes, G. M., B. Knights, C. A. Scammel: The distribution of P_{O2} and hydrostatic pressure changes within the branchial chambers in relation to gill ventilation of the shore crab Carcinus maenas L. J. exp. Biol. **51**, 203–220 (1969)

Hull, B. E., L. A. Staehelin: The terminal web. A reevalution of its structure and function. J. Cell. Biol. **81**, 67–82 (1979)

Isserhoff, H., R. M. Cable: Fine structure of photoreceptors in larval trematodes. A comparative study. Z. Zellf. **86**, 511–534 (1968)

Jurand, A., G. G. Selman: The anatomy of paramaecium aurelia. St. Martin's Press, New York, 1969

Jones, G. M.: The development of amphids and amphidial glands in adult Syngamus trachea (Nematoda: Syngamidae). J. Morphol. **160**, 299–322 (1979)

Keeton, K. S., N. C. Jain: Eperythrozoon Wenyoni: a scanning electron microscope study. J. Paras. **59**, 867–873 (1973)

Kilejian, A.: Stage-specific proteins and glycoproteins of Plasmodium falciparum: identification of antigens unique to schizonts and merozoites. Proc. Nat. Acad. Sci. **77**, 3695–3699 (1980)

Klee, C. B., T. H. Crouch, P. G. Richman: Calmodulin. Ann. Rev. Biochem. **49**, 489–515 (1980)

Klotz, I. M., G. L. Klippenstein, W. A. Hendrickson: Hemrythrin: alternative oxygen carrier, Science **192**, 335–344 (1976)

Krasne, F. B., P. A. Larence: Structure of the photoreceptors in the compound eyespots of Branchiomma vesiculosum. J. Cell. Sci. **1**, 239–248 (1966)

R. V. Krstić: Ultrastruktur der Säugetierzelle. Springer, Berlin, New York, Heidelberg, 1976

Kümmel, G.: Das Cölomsäckchen der Antennendrüse von Cambarus affinis Say (Decapoda, Crustacea). Zool. Beitr. **10**, 227–252 (1964)

–: Zwei neue Formen von Cyrtocyten. Z. Zellf. **57**, 172–201 (1962)

–: Druckfiltration als ein Mechanismus der Stoffausscheidung bei Wirbellosen. In: Organisation der Zelle II. Sekretion und Exkretion (Moosbach Colloq. Biochem. Ges.), p. 203–227, Springer Verlag Berlin, Heidelberg, New York, 1965

Kunze, P.: Apposition and superposition eyes. In: Handbook of sensory physiology VII/6A, ed. H. Autrum; Comp. Physiol. Evol. Vision in Invertebrates, p. 441–502, Springer Verlag, Berlin, Heidelberg, New York, 1979

Kuwada, J. Y., J. J. Wine: Crayfish escape behaviour: commands for fast movements inhibit postural tone and reflexes, and prevent habituation of slow reflexes. J. exp. Biol. **79**, 205–224 (1979)

Ladda, R., M. Aikawa, H. Sprinz: Penetration of Erythrocytes by merozoites of mammalian and avian malarial parasites. J. Parasit. **55**, 633–644 (1969)

Land, M. F.: The optical mechanism of the eye of Limulus. Nature **280**, 396–397 (1979)

Lane, N. J.: Tight junctions in arthropode tissues. Int. Rev. Cytol. **73**, 243–318 (1981)

Lanzavecchia, G.: Morphological modulations in Helical muscles (Ashelminthes and Annelida). Int. Rev. Cytol. **51**, 133–186 (1977).

Langenbruch, P. F.: Die Entstehung der Gemmula-Schalen bei Spongilla fragilis Leidy (Porifera). Zoomorph. **99**, 221–234 (1982)

Langreth, S. G., A. E. Balber: Protein uptake and digestion in bloodstream and culture forms of Trypanosoma brucei. J. Protozool. **22**, 30–53 (1975)

Langreth, S. G., J. B. Jensen, R. T. Reese, W. Trager: Fine structure of human malaria in vitro. J. Protozool. **25**, 443–452 (1978)

Lapan, E. A., H. Morowitz: The Mesozoa. Scient. Amer. **227**/6, 94–101 (1972)
–: The dicyemid mesozoa, as an integrated system for morphogenetic studies, I. Description, isolation and maintenance. J. exp. Zool. **193**, 147–160 (1975)
Lee, D. L.: The nematode cuticle. In: Comparative Biology of Skin, p. 150–178. Symp. Zool. Soc. London, 39, ed. R.I.C. Spearman, Academic Press, London, New York, San Francisco, 1977
Lentz, T. H.: The cell biology of Hydra. North Holland Publ. Comp. Amsterdam, 1966
Levi-Montalcini, R., P. Calissano: The nerve-growth factor. Scient. Amer. **240**, 44–53 (1979)
Levine, N. D.: Uniform terminology for the protozoan subphylum Apicomplexa. J. Protoz. **18**, 352–355 (1971)
Liebich, H. O.: The ultrastructure of the heart of Oniscus asellus L. and Asellus aquaticus L. (Crustacea, Isopoda). Cell Tissue Res. **214**, 43–50 (1981)
Lindner, E.: Ferritin und Hämoglobin im Chloragog von Lumbriciden (Oligochaeta). Z. Zellf. **66**, 891–913 (1965)
Litchfield, C., R. W. Morales: Are Demospongiae membranes unique among living organisms? In: Aspects of Sponge biology, ed. F. W. Harrison and R. R. Cowden, p. 183–200, Academic Press, New York, San Francisco, London, 1976
Locke, M.: The structure of an epidermal cell during the development of the protein epicuticle and the uptake of molting fluid in an insect. J. Morphol. **127**, 7–40 (1970)
Machemer, H.: Analyse kurzzeitiger Bewegungserscheinungen des Ciliaten Stylonychia mytilus Ehrenberg. Arch. Prot. kunde **108**, 153–190 (1965)
Machemer, H., J. de Peyer: Swimming sensory cells: electrical membrane parameters, receptor properties and motor control in ciliated Protozoa. Verh. Dtsch. Zool. Ges. 1977, 86–110. Fischer Verlag, Stuttgart.
McLaren, D. J.: Nematode sense organs. Adv. Parasitol. **14**, 195–265 (1976)
Makoff, A. J., A. R. Radford: Genetics and biochemistry of carbamoyl phosphate biosynthesis and its utilization in the pyrimidine biosynthetic pathway. Microbiol. Rev. **42**, 307–328 (1978)
Manton, S. M.: The Arthropoda: habits, functional morphology and evolution. Oxford University Press, Oxford, 1977
Markl, H.: The perception of gravity and of angular acceleration in invertebrates. In: Handbook of sensory physiology VI/1, p. 17–74. ed. H. H. Kornhuber, Springer Verlag, Berlin, Heidelberg, New York, 1974
Martin, R.: The giant nerve fibre system of cephalopods, recent structural findings. Symp. Zool. Soc. London 38, The Biology of Cephalopods, p. 261–275 (1977)
Maynard, D. M.: Circulation and heart function. In: The physiology of Crustacea, I, p. 161–226, ed. T. H. Waterman, Academic Press, New York, London, 1960
Mehlhorn, H., A. Haberkorn, W. Peters: Electron microscopic studies on developmental stages of Trypanosoma cruzi and their surface coat within the heart and skeletal muscle of experimentally infected mice. Protistol. **13**, 287–298 (1977)
Meister, A.: On the enzymology of amino acid transport. Science **180**, 33–39 (1973)
Mergner, H.: Unsere Kenntnisse über Bau und Funktion der Nesselzellen bei Hydroiden. Natur und Museum, 15–32 (1964)
Miller, P. L.: The regulation of breathing in insects. Adv. Insect Physiology 3, ed. J. W. L. Beament et al., p. 279–354, Academic Press, New York, London, 1966
Miller, W. H., A. R. Møller, C. G. Bernhard: The corneal nipple array. In: The functional organization of the compound eye, p. 21–33, ed. C. G. Bernhard. Pergamon Press, Oxford, London, Braunschweig, 1966
Miyake, A.: Cell communication, cell union, and initiation of meiosis in ciliate conjugation. Curr. Topics in Dev. Biol. **12**, 37–82 (1978)
Mornet, D., R. Bertrand, P. Pantel, E. Audemard, R. Kassab: Structure of the actin-myosin interface. Nature **292**, 301–306 (1981)
Morris, S. C.: The burgess shale (middle Cambrian) fauna. Ann. Rev. Ecol. Syst. **10**, 327–349 (1979)
Morris, S. C., H. B. Whittington: The animals of the Burgess Shale. Scient. Amer. **241**, 110–120 (1979)
Myers, E. H.: The life history of Spirillina vivipara Ehrenb. with notes on morphogenesis. J. Roy Microc. Soc. **56**, 120–146 (1936)
Nachtigall, W.: Gläserne Schwingen. H. Moos Verl. München, 1968
Netzel, H.: Die Struktur des Plättchengehäuses von Euglypha rotunda (Rhizopoda, Testacea). Arch. f. Prot.kunde **119**, 191–216 (1977)
Nicholls, J. G., D. Van Essen: The nervous system of the leech. Scient. Amer. **230**/1, 38–48 (1974)
Nicol, J. A. C.: The giant axons of annelids. Quart. Rev. Biol. **23**, 291–323 (1948)

Noirot-Timothée, C., C. Noirot: Septate and scalariform junctions in Arthropoda. Int. Rev. Cytol. **63**, 97–140 (1980)

Nutting, W. L.: A comparative anatomical study of the heart and accessory structures of the orthopteroid insects. J. Morphol. **89**, 501–597 (1951)

Omoto, C. K., C. Kung: Rotation and twist of the central-pair microtubules in the cilia of Paramaecium. J. Cell. Biol. **87**, 33–46 (1980)

Ott, H. A., N. Rieder: Reiz- und Erregungsleitung und Ort des Primärprozesses bei den Müllerschen Organellen von Loxodes-arten (Ciliata, Holotricha). Verh. Dtsch. Zool. Ges. 1978, 296, Fischer Verlag, Stuttgart

Paulus, H. F.: Eye structure and the monophyly of the Arthropoda. In: Arthropod phylogeny, p. 299–383, ed. A. P. Gupta, Van Nostrand Reinhold Comp., New York, London 1979

Peck, R. C.: Morphology and morphogenesis of Pseudomicrothorax, Glaucoma, and Dexiotricha, with emphasis on the types of stomatogenesis in holotrichous ciliates. Protistologia **10**, 333–369 (1974)

Perutz, M. F.: Hemoglobin structure and respiratory transport. Scient. Amer. **239**/6, 68–86 (1978)

–: Regulation of oxygen affinity of hemoglobin: influence of structure of globin on the heme iron. Ann. Rev. Biochem. **48**, 327–386 (1979)

Poon, M., W. O. Friesen, G. S. Stent: Neuronal control of swimming in the medicinal leech, V. Connections between the oscillatory interneurones and the motor neurones. J. exp. Biol. **75**, 45–63 (1978)

Quayle, J. R., T. Ferenci: Evolutionary aspects of autotrophy. Microbiol. Rev. **42**, 251–273 (1978)

Rathmayer, W., J. Koopmann: Die Verteilung der Proprioceptoren im Spinnenbein. Z. Morph. Tiere **66**, 212–223 (1970)

Rathmayer, W.: Postsynaptische und präsynaptische Hemmung an Skelettmuskeln von Crustaceen. Verh. Dtsch. Zool. Ges. 1976, 111–122, Fischer Verlag, Stuttgart

Reisinger, E.: Zur Evolution des stomatogastrischen Nervensystems bei den Plathelminthen. Z. zool. Syst. Evolut. f. **14**, 241–253 (1976)

Remane, A.: Arthropoda-Gliedertiere. Handb. Biol. Bd. VI, ed. L. von Bertalanffy. Akad. Verlagsges. Athenaion, Konstanz, 1952

–: Porifera-Coelenterata-Vermes-Tentaculata. Handb. Biol. Bd. VI, ed. L. Von Bertalanffy, Akad. Verlagsges. Athenaion, 1948

Reynolds, S. E., P. H. Taghert, J. W. Truman: Eclosion hormone and bursicon titres and the onset of hormonal responsiveness during the last day of adult development in Manduca sexta (L.). J. exp. Biol. **78**, 77–86 (1979)

Röhlich, P., L. J. Török: Elektronenmikroskopische Untersuchungen des Auges von Planarien. Z. Zellf. **54**, 362–381 (1961)

Rosenbluth, J.: Ultrastructure of somatic muscle cells in Ascaris lumbricoides. J. Cell Biol. **26**, 579–591 (1965)

Ruhland, M., W. Rathmayer: Die Beinmuskulatur und ihre Innervation bei der Vogelspinne Dugesiella hentzi (Ch.) (Araneae, Aviculariidae). Zoomorphol. **89**, 33–46 (1978)

Saleuddin, A. S. M.: An electron microscopic study of the formation and structure of the periostracum in Astarte (Bivalvia). Canad. J. Zool. **52**, 1463–1471 (1974)

Satir, P.: Basis of flagellar motility in spermatozoa: current status. In: The Spermatozoon, ed. D. W. Fawcett, J. M. Bedford, p. 81–90, Urban & Schwarzenberg, München 1979

Satow, Y., C. Kung: Membrane currents of pawn mutants of the PWA group in Paramaecium tetraurelia. J. exp. Biol. **84**, 57–71 (1980)

Schneider, C.: Histologisches Praktikum der Tiere. Fischer Verlag, Jena, 1908

Schneider, D., K. E. Kaißling: Der Bau der Antenne des Seidenspinners Bombys mori L., III. Das Bindegewebe und das Blutgefäß. Zool. Jahrb. Abt. Ontogenie Tiere **77**, 11–132 (1959)

Schnorbus, H.: Die subgenualen Sinnesorgane von Periplaneta americana: Histologie und Vibrationsschwellen. Z. vergl. Physio. **71**, 14–84 (1971)

Scholtyseck, E.: Fine structure of parasitic protozoa. Springer Verlag, Berlin, Heidelberg, New York, 1979

Scholtyseck, E., H. Mehlhorn: Elektronenmikroskopische Befunde ändern das System der Einzeller. Nat. wiss. Rundschr. **26**, 420–427 (1973)

Schopf, J. W.: The evolution of the earliest cells. Scient. Amer. **239**, 84–102 (1978)

Schwartz, V.: Vergleichende Entwicklungsgeschichte der Tiere. Thieme Verlag Stuttgart, 1973

Seifert, G.: Entomologisches Praktikum. Thieme Verlag Stuttgart, 1975

Selverston, A. I., D. Kennedy: Struktur und Funktion identifizierter Nervenzellen bei einem Flußkrebs. Endeavour **28**, 107–113 (1969)

Shafer, M. R., R. L. Calabrese: Similarities and differences in the structure of segmentally homologous neurons that control the hearts in the leech, Hirudo medicinalis. Cell. Tiss. Res. **214**, 137–153 (1981)
Siewing, R.: In: A. Remane, Arthropoda-Gliedertiere. Handb. Biol. VI s. dort
Singla, C. L.: Ocelli of Hydromedusae. Cell. Tissue Res. **149**, 413–429 (1974)
–: Statocysts of Hydromedusae. Cell Tissue Res. **158**, 391–407 (1975)
Stavenga, D. G.: Pseudopupils of compound eyes. In: Handbook of sensory physiology VII/6A, ed. H. Autrum; Comp. Physiol. Evol. Vision in Invertebrates, p. 357–439. Springer Verlag, Berlin, Heidelberg, New York, 1970
Stent, G. S., W. B. Kristan jr., W. O. Friesen et al.: Neuronal generation of the leech swimming movement. Science **200**, 1348–1357 (1978)
Stockem, W.: Endocytose und intrazelluläre Verdauung. Biol. in uns. Zeit **3**, 67–77 und 94–97 (1973)
Stockem, W., K. E. Wohlfarth-Bottermann, M. Haberey: Pinocytose und Bewegung von Amöben, V. Konturveränderungen und Faltungsgrad der Zelloberfläche von Amoeba proteus. Cytobiol. **1**, 37–57 (1969)
Storch, V.: Zur vergleichenden Anatomie der segmentalen Muskelsysteme und zur Verwandschaft der Polychaeten-Familien. Z. Morph. Tiere **63**, 251–342 (1968)
Strausfeld, N. J.: The organization of the insect visual system (light microscopy). Z. Zellf. **121**, 377–441 (1971)
–: Mosaic organizations, layers and visual pathways in the insect brain. In: Neural principles in vision, p. 245–279, ed. F. Zettler, R. Weiler; Springer Verlag, Berlin, Heidelberg, New York, 1976
–: The Golgi method: its application to the insect nervous system and the phenomenon on stochiastic impregnation. in: Neuroanatomical techniques. Insect nervous system, p. 131–203. ed. N. J.Strausfeld, T. A. Miller, Springer Verlag, New York, Heidelberg, Berlin, 1980
Tamm, S. L., T. M. Sonneborn, R. V. Dippell: The role of cortical orientation in the control of the direction of ciliary beat in Paramaecium. J. Cell. Biol. **64**, 98–112 (1975)
Tardent, P., V. Schmidt: Ultrastructure of the mechanoreceptors in the polyp Coryne pintneri. Exp. Cell Res. **72**, 265–275 (1972)
Taylor, K. A., L. A. Amos: A new model for the geometry of the binding of myosin crossbridges to muscle thin filaments. J. Mol. Biol. **147**, 297–324 (1981)
Thauer, R. K., G. Fuchs: Methanogene Bakterien. Nat. wiss. **66**, 89–105 (1979)
Thurm, U.: Untersuchungen zur funktionellen Organisation sensorischer Zellverbände. Verh. Dtsch. Zool. Ges. 1970, 79–88, Fischer Verlag, Stuttgart
Thurm, U., A. Stedtler, R. F. Foelix: Reizwirksame Verformungen der Terminalstrukturen eines Mechanorezeptors. Verh. Dtsch. Zool. Ges. 1975, 37–41, Fischer Verlag, Stuttgart
Unger, R. H., R. E. Dobbs: Insulin, glucagon, and somatostatin secretion in the regulation of metabolism. Ann. Rev. Physiol. **40**, 307–343 (1978)
Unsicker, K., B. Krisch, U. Otten, H. Thoenen: Nerve growth factor-induced fibre outgrowth from isolated rat adrenal chromaffine cells: impairment by glucocorticoids. Proc. Nat. Acad. Sci. **75**, 3498–3502 (1978)
Van Valen, L. M., V. C. Maiorane: The archaebacteria and eukaryotic origins. Nature **287**, 248–250 (1980)
Varela, F. G.: Fine structure of the visual system of the honey bee. J. Ultrastr. Res. **31**, 178–194 (1970)
Vickerman, A.: On the surface coat and flagellar adhesion in trypanosomes. J. Cell Sci. **5**, 163–193 (1969)
–: The mode of attachment of Trypanosoma vivax in the proboscis of the Tse tse fly Glossina fuscipes. J. Protozool. **20**, 394–404 (1973)
–: Antigenic variation in trypanosomes. Nature **273**, 613–617 (1978)
Vogell, W.: Zeiss Informationen zum EM 9A (Elektronenmikroskop), Carl Zeiss, Oberkochen, 1967
Wehner, R.: Structure and function of the peripheral visual pathway in Hymenopterans. In: Neural principles in vision, p. 280–333, ed. F. Zettler, R. Weiler; Springer Verlag, Berlin, Heidelberg, New York, 1976
–: Polarized-light navigation by insects. Scientif. Amer. **238**, 106–115 (1978)
Weissenfels, N.: Bau und Funktion des Süßwasserschwammes Ephydatia fluviatilis L. (Porifera). Z. Morph. Tiere **81**, 241–256 (1975)
–: dito, Teil III. Nahrungsaufnahme, Verdauung und Defäkation. Zoomorph. **85**, 73–88 (1976)
Wessing, A.: Funktionsmorphologie von Exkretionsorganen bei Insekten. Zool. Anzg. Suppl. **31**, 633–682 (1968)

Wessing, A., A. Polenz: Structure, development and function of the protonephridia in trochophores of Pomatoceros triqueter (Annelida, Polychaete, Sedentaria). Cell Tissue Res. **156**, 21–33 (1974)

Whittington, H. B.: The significance of the fauna of the Burgess Shale, middle Cambrian, British Columbia. Proc. Geol. Assoc. **91**, 127–148 (1980)

Wilbur, K. M.: Shell formation and regeneration. In: Physiology of Mollusca, 1, ed. K. M. Wilbur, C. M. Yonge, p. 243–282, Academic Press, New York, London, 1964

Wilson, R. S.: Some comments on the hydrostatic system of spiders (Chelicerata, Araneae). Z. Morph. Tiere **68**, 308–322 (1970)

Wilson, J. A., G. Hoyle: Serially homologoes neurons as concomitants of functional specialisation. Nature **274**, 377–378 (1978)

Wilson, R. A., L. A. Webster: Protonephridia. Biol. Rev. **49**, 127–160 (1974)

Wise, S. W.: Microarchitecture and deposition of gastropod nacre. Science **167**, 1486–1487 (1970)

Wong, R. K. S., K. G. Pearson: Properties of the trochanteral hair plate, and its function in the control of walking in the cockroach. J. exp. Biol. **64**, 233–249 (1976)

Wood, R. L.: The fine structure of the hypostome and mouth of Hydra. Cell and Tissue Res. **199**, 319–338 (1979)

Yamasu, T., M. Yoshida: Fine structure of complex ocelli of a cubomedusan, Tamoya bursaria Haeckel. Cell. Tissue Res. **170**, 325–339 (1976)

Young, J. Z.: The 'cerebellum' and the control of eye movements in cephalopods. Nature **264**, 572–574 (1976)

Zebe, E., W. Meinrenken, J. C. Rüegg: Superkontraktion glycerinextrahierter asynchroner Insektenmuskeln in Gegenwart von ITP. Z. Zellf. **87**, 603–621 (1968)

Zerbst-Boroffka, I., J. Haupt: Morphology and function of the metanephridia in annelids. Fortschr. Zool. **23**, 33–47, 1975

Ziegler, B., S. Rietschel: Phylogenetic relationships of fossil calcisponges. In: The Biology of the Porifera, p. 23–40, ed. W. G. Fry, Symp. Zool. Soc. London 25 (1970)

Zillig, W., R. Schnabel und J. Tu: The phylogeny of Archaebacteria, including novel anearobic thermoacidophiles in the light of RNA polymerase structure. Nat. wiss. **69**, 197–204 (1982)

Zimmermann, P.: Struktur, Verteilung und Funktion der Kontaktzonen im Bauchmark von Lumbricus terrestris L. Licht- und elektronenmikroskopische Studien. Z. Zellf. **87**, 137–158 (1968)

Sachwortverzeichnis

Abdomen *Tab. 5, Bild 105*
Acetylcholin 173 ff, *Bild 58*
Actin 6 ff, 156 ff, *Bild 3, 54*
Adduktormuskel 330
Adipokinetisches Hormon (Insecta) 359, 369
Adrenalin 234, *Bild 76*
afferent 171
Agameten 44
Agamont 38, 87, *Bild 13, 30*
Agamogonie 38, 44, *Bild 14*
Aggregation 122 ff
Aggregationsfaktoren 123 ff
Aktionspotential 171, *Bild 61*
Altern 191 ff
Amöbe 5 ff., *Bild 2, 4*
–, Bewegungsformen 11, *Bild 4, 5*
Amöbocyten 119
Amöboide Bewegung 3ff, 10 ff., *Bild 2, 3, 4,*
– Adhäsion 14, *Bild 6*
Amphidien 315
Anabolismus 27, *Bild 10b*
Anaerober Stoffwechsel 226, 311, 408, *Bild 103, Schema 3*
Anopheles 92
Anneliden 248 ff
–, Organisation *Bild 81, 82*
–, Nervensystem 258 ff, *Bild 87–89*
Antagonisten 149, 307 (s. a. Bewegung, Hautmuskelschlauch)
Antennendrüse 376, *Bild 127*
Antidiuretisches Hormon 380
Apodeme 322, *Bild 107a*
Aposeme 51
Apicomplexa 87 ff
Appositionsauge 395
Archaebacteria 1, *Tab. 1*
Archareocyten 120
Archicoelomata 249, *Bild 39*
Arterie 409
Arthropoda 316 ff, *Bild 39, 105*
Articulata 246 ff
Ascaris 297, *Bild 99a*
–, Stoffwechsel 311 ff, *Bild 103*
Aschelminthes 299, *Bild 39*
asynchrone Muskeln, s. indirekte Flugmuskeln
Atmungsketten-Enzyme 28
Atmungspigmente 276 ff, 380, *Bild 92*
atoke Anneliden 290
ATP 23, *Bild 8*
– bei Geißelbewegung 57
– Synthese in Atmungskette s. dort, *Bild 8*
Augen 199, 236 ff, 293 ff, *Bild 67, 78, 97c, 130* (s. auch Lichtsinneszellen)
–, everse 200
–, inverse 200
– bei Arthropoden 387 ff
Axialzelle (Mesozoa) 205, *Bild 69*
Axoblast 206, *Bild 69*
Avoidance reaction 84, *Bild 28*
Axon 169, 263, 283, *Bild 57b, 93*
Axonema 57

Bahnen (im Nervensystem) 230
Basalmembran 114, 145, 212, *Bild 40b, c*
Bauchmark (Anneliden) *Bild 87*
Blastem 242
Bilateria 210, *Bild 39*
Blutdruck *Bild 125, 126*
– bei Anneliden 282
– bei Arthropoden 374
– bei Spinnen 334
Blut-Hirnschranke 371
Blutkreislauf
– bei Anneliden 271 ff, *Bild 91*
– bei Arthropoden 371 ff
– bei Mollusca 400, *Bild 134*
Blutkörperchen 277
Blut-Retinaschranke 393
Bradyzoiten 106
Bursa copulatrix 240
Bursicon 366

Calmodulin 10 ff, *Bild 3*
Campaniforme Sensillen 338 ff, *Bild 113*
Carapax 319, 324, *Tab. 5, Bild 105a, 111a*
Cephalisation 210 ff
Cerebralganglion 211, 223, 231, 361, *Tab. 6, Bild 70, 73, 119b, 132*
Cestodes 224 ff, *Bild 74*
– Stoffwechsel 226
Chagas-Krankheit 69 ff
Chelicerata 317, 33, *Bild 39, 105c*
Chelicere 335, *Bild 105c, 111a, Tab. 6*
Chemotherapeutika b. Malaria 95, 100
Chemoorganotroph 24
Chemokinese 16
Chemotaxis 14, 16 ff
–, chemosensorische Leistung 16
–, Rolle der Methylierung 17
Chiasma bei Nervensystem 231
Chitin 316, 320, 364, *Bild 106a*
Chitinozoa 3, *Bild 1*
Chitobiose 320, *Bild 106*
Chloragogzellen 271, *Bild 71c*
Chlorocruorin 277, *Bild 92*
Choanocyten 115 ff, *Bild 40*
Chordotonalorgane 345, *Bild 114*
Ciliata 71 ff, *Bild 25*
Cilien 51 ff, 71 ff, *Bild 18, 19, 25*
–, Metachronie *Bild 25*
–, Rezeptoren bei Sinneszellen 195 ff
Cirrus 240
Clitellata 251
Cnidocyten 188, *Bild 52*
Coelenterata 140 ff
Coelom 246 ff, 267
–, Druckverhältnisse 255, 282
–, als hydrostatisches Skelett 254
–, Reste 400
Coelomata 246 ff, *Bild 39*
Coelomocyten 277, 287
Coelomoducte 289, 400
Cornea 387 ff, *Bild 130*
Corpora allata 366, *Bild 119, 120*
– Cardiaca 361, 369, 371, *Bild 119, 120*
Crustacea 319, 332, *Tab. 5, Bild 39,* 195a
–, Augenstiel *Bild 119*
–, Schizopodium 322, *Bild 107*
Condylus 322, *Bild 107*
Cuticula
– bei Annelida 356, *Bild 84*
– bei Arthropoda 320, *Bild 106*
– bei Nematoda 302, 307, *Bild 101*
Cyclose 19, 71, 75, *Bild 25a*
Cyrtocyte, s. Reusengeißelzelle
Cytochrome 30 ff, *Bild 11*
Cytopharynx 58, 72, *Bild 25*
Cytostom 58, 72, *Bild 21, 25, 31, 33*

Dendrit 177, 236, 338, *Bild 57, 59, 113*
Depolarisation 84, 170 ff
Depressormuskel 330
Desmosom 117, 124 ff, 393, *Bild 43*
Dictyosom 20, *Bild 7a*
Dioptrischer Apparat (im Komplexauge) 394, *Bild 130c, d*
Diplophase 39, *Bild 14, 15*
Dotterstock 240, *Bild 70*
Drüse, endokrine 283, 361
Drüsenzelle 158 ff, *Bild 55*
Ductus efferens 240
Dynein 54, *Bild 19*

Ecclosionshormon 366
Ecdysis, s. Häutung
Ecdysone 361 ff, *Bild 120*
Effektoren 184 ff
Efferent 171
Ektoderm (bei Coelenterata) 140 ff
Ektoplasma 10, *Bild 2*
Embryonale Induktion 123
Endocuticula 320, *Bild 106*
Endocytose 17
Endodyogenie 105, *Bild 38*
Endoparasitismus 63 ff, 89, 124 *Bild 33–35*
Endoplasma 10, *Bild 2*
Entoderm 140, 159, 219, *Bild 52, 72*
Enzyme 159 ff
Epicuticula 320, *Bild 106*
Epimorphose 242
Epithel (Definition) 140, *Bild 52*
Epithelmuskelzellen 149 ff, 184, *Bild 51a, 52, 54*
Epitoke Anneliden 290
Erythrocruorin 277, *Bild 92*
Eukaryonten 2, 3, 37, *Tab. 1*
Eumetazoa 112

Exkretion 222, 224, 229, 311, 376, *Bild 72, 74, 102, 103, 127*
Exoerythrocytäre Stadien 92, *Bild 32*
Exoskelett 316 ff, 32 ff
Extensormuskel 323, *Bild 107b*
Extremität 316, 322 ff, *Bild 107, 108, Tab. 6*
– bei Spinnen 335, *Bild 111*

Facettenauge, s. Komplexauge
Fächertracheen 381, *Bild 128*
Fettkörper 369 ff
Fibrilläre Muskeln, s. indirekte Flugmuskeln
Fibronectin 137, *Bild 48*
Flagellen, s. Cilien
Flagellaten 58 ff
Flexormuskel 323, *Bild 107b*
– bei Chelicerata 334, *Bild 111b*
Fluchtsystem
– bei Anneliden 263
– bei Crustaceen 336
– bei Mollusken 410, 412
Flugmuskeln
–, direkte 353
–, indirekte 353 ff, *Bild 117, 118*
–, Startermuskel 360, *Bild 117c*
–, Stoffwechsel 358
Flügel 352, *Bild 105, 117*
Flügelgelenke 354
Fortpflanzung
–, sexuelle 38 ff, 121
–, vegetative 38, 120, 241, 291
Fortpflanzungsorgane 239 ff
Follikelzellen 239
Formaldehyd 48, *Bild 16*
Furchungshöhle 246
Fuß (bei Mollusca) 400, 408, *Bild 134*

Gameten
– bei Protozoen 37 ff
– bei Sporozoa 100, *Bild 32*
– bei vielzelligen Tieren 239 ff
–, Reifungsbeeinflussung 288
Gamone 79 ff, *Bild 27*
Gamogonie 38, 87 ff, *Bild 32*
Gamont 38, 100, *Bild 13*
Ganglion (Begriff) 211, 230
– suboesophagiale 248, *Bild 82*

Gap junction, s. Nexus
Gasstoffwechsel bei Anneliden 280
Gastralraum 158 ff, 162, *Bild 49*
Gastrodermis 219
Gastrolithen 365
Gastroneuralia 211
Gefäßsystem *Bild 91, 124*
– bei Anneliden 271 ff
– bei Arthropoden 370 ff
– bei Mollusken 408 ff
Geißelbewegung 56 ff, *Bild 19, 20* (s. auch Cilie)
Gelenke (Arthropoda) 317, 326, *Bild 107*
Gemmula 121
Generation 38, 90
Generationswechsel 38 ff
– bei Coelenterata *Bild 50*
– bei Foraminifera 42, *Bild 14, 15*
–, haplophasisch 39
–, heterophasisch 39
– bei Schwämmen 121, *Bild 42*
– bei Sporozoa 82 ff, *Bild 30, 32*
Genom 5
Geotaxis 87
Germarium = Gonaden
Gliazellen 214
Geschlechtszellen, s. Gameten
Glutathion 162, *Bild 56*
Glykoproteinen 137
Glykokalix 20, 66, 70, 222, 224, *Bild 22*
Glykosaminoglykane 137, *Bild 47*
γ-Glutamylzyklus 164, *Bild 56b*
Gonaden 239, 287
gonadotrope Wirkung (v. Hormon) 235, 288, *Bild 95, 96*

Haarsensillen (bei Arthropoden) 350 ff, *Bild 116*
Hämocyanin 380, 400
Hämerythrin 277, *Bild 92*
Hämoglobin 276 ff, *Bild 92*
Hämolymphe 271 ff, 366, 369 ff, 384, 408
Häutung 60
– bei Arthropoda 360 ff, *Bild 121*
– bei Nematoda 300, 307, *Bild 101*
Häutungshormon, s. Ecdysone
Haplophase 39, *Bild 14, 15*
Hautlichtsinn 293, *Bild 97*

Hautmuskelschlauch 212, 215, 251, *Bild 70b, c*
Hermaphrodit, s. zwittrig
Heterophagolysosomen 19
Herzschlag-Frequenz 374, 381, 409
Herzschlag-Umkehr (bei Insecta) 387
Herztypen 371 ff, *Bild 91, 124*
Hirudinea (Egel) 251
–, Ganglion 259
–, neuronale Bewegungskontrolle *Bild 86*
Histozoa 108, 122 ff
Hoden 239
Homöostase 22, 148, 222
Hyaluronsäure 138
Hydraulik der Hämolymphe 333, 408
Hydrostatisches Skelett (Coelom, Pseudocoel) 245, 251
– bei Arachnida 333 ff
Hyperglykämisches Hormon 359, 369, *Bild 123*
Hyperpolarisation 84
Hypodermis 302, 307, 322, 364, 398, *Bild 99, 101, 106a, 121*
H-Zelle (Nematoda) 311 ff, *Bild 102*

Immunität 123
–, zelluläre 251, 287
Innervation: multiterminale 254, *Bild 85*
Insecta 317, 352, *Bild 39, 105b*
Insecticide (Abbau) 370
Interneuron 188, 258, 282, *Bild 87, 89*
Interstitielle Zellen 189 ff, *Bild 52a*
Interzellularräume 145 ff, 218, *Bild 72b*
Ionenporen 125, 170, *Bild 43b*

Juvenilhormon
– bei Annelida 288
– bei Insecta 366, *Bild 120*

Kapillaren 271, 282, 408, *Bild 91, 94*
Karyogamie 37, 39
Katabolismus 24 ff, 28, *Bild 9*
Kerne (im Nervensystem) 230
Keimbahn 39
Kiemen 380, *Bild 128a*
Kinetoplast 62 ff, *Bild 21, 22*
Kinocilie, s. Cilie
Knospenbildung
– bei Coelenterata 140, *Bild 49*
– bei Schwämmen 120

Kolossalfasern 263, *Bild 87b, 89*
Kollagen 114, 117, 129 ff, 212, 254, *Bild 45, 46, 84, Tab. 2*
Kollagenase 135
Komplexauge 387 ff
Konjugation 77 ff
Konnektive 248, 261, *Bild 82, 87*
kontraktile Vakuole 22
Kontraktionswelle im Hautmuskelschlauch 255, *Bild 86a*
Kopf 248, 400, *Bild 105, Tab. 5*
Kopulationsorgane 239, 240
Korallen 155
Kristallkegel 387, *Bild 130*

Laufbewegung bei Arthropoden 330 ff, *Bild 108, 109*
Levatormuskel 330
Lichtsinnesorgane, s. Augen
Lichtsinneszellen 194 ff, 293 ff, 387 ff, *Bild 64, 67, 97, 130*
Lophocyten 117, *Bild 40*
Lyriforme Organe (= Spaltsinnesorgane) 344, *Bild 113c*
Lysosomen 19

Malaria 91 ff, *Bild 32, 33*
Malpighi Gefäße 376 ff, *Bild 127*
Makronukleus 78
Mandibel 325, *Bild 105, Tab. 6*
Mantel (= Pallium) 400, 401 ff, 412
Mantelfalte 400, 401 ff, *Bild 133*
Mantelhöhle 400
Mastigonten = Cilien
Maxille 325, *Tab. 6*
Maxillendrüse 376, *Bild 127*
Meduse 141, 192 ff, *Bild 49c, 63*
–, Schwimmen 193
Membranfluß 14, 20, *Bild 7*
Membranpotential 83, 170
Merogonie 87
Merozoit 87, 97, 100, 106, *Bild 31, 33, 38*
Mesocuticula 320, *Bild 106*
Mesoderm 209, 246, *Bild 80*
Mesozoa 265 ff, *Bild 69*
Metagenese, s. Generationswechsel
Metamerie 248
–, heteronome 248, 316
–, homonome 248
Mesogloea 148 ff, 192, *Bild 52*

Mesohyl 115, 117
Metamorphose 360, *Bild 122*
Metanephridien 283 ff, *Bild 94*
Mikronukleus 78
Mikrotubili 15 ff, 28, *Bild 104, 113, 116*
– in Geißel 54 ff
– in Sinnesrezeptoren 338
Mikrovilli 14, 195 ff, 222, 224, 236, 387, *Bild 2, 64, 67, 72, 130*
Mitochondrien 27 ff, *Bild 10, 118*
– in Flugmuskeln 358
Mitteldarmdrüse 368, 409
Mollusca 400 ff
–, Klassen und Organisation *Bild 132*
Monotelische Anneliden 288, 293
Motoneuron 185, 330 ff
Motorik 185
– bei Arthropoda 330 ff
– bei Nematoda 305
Motorisches Feld
– bei Annelida 254, *Bild 87c*
– bei Nematoda 305
Morphallaxis 242, *Bild 79*
Mucopolysaccharide 137
Muskel
–, tonisch 218
–, Zuckmuskel 218
Muskelrezeptororgane 347 ff, *Bild 115*
Muskelzellen 155 ff, 214 ff, 217 ff, 251, 329, *Bild 54, 71, 83*
– bei Nematoda 299 ff, *Bild 99, 100*
Myofibrillen 155 ff, 355, *Bild 54*
– bei Flugmuskeln *Bild 117*
Myosin 6 ff, 156 ff, *Bild 3, 54, 117*

Nadeln bei Schwämmen 117, *Bild 40d*
Nematoda 299 ff, *Bild 98*
Neoblasten 243
Neoseme 51
Nephrostom 287
Nervenstrang 214, 230
Nervensystem 230
–, autonomes 219
–, contralaterale Neurone 231, *Bild 87*
–, ipsilaterlae Neurone 231, *Bild 87*
–, stomatogastrisches 219, 231, *Bild 73, 81*
–, Organisation bei Annelida *Bild 87*
–, – bei Mollusca 404, *Bild 132*
–, – bei Parenchymia *Bild 73*
Nervenzellen 148, 169 ff, *Bild 57*
–, Zellausläufer 179 ff
–, Zahlen bei Hydra 189
–, – bei Anneliden 261
–, – bei Ascaris *Tab. 4*
Nesselzellen, s. Cnidocyten
Neurohormon 180 ff, 245, 288, 361 ff
Neuron = Nervenzelle
Neurohämalorgan 283, 361, *Bild 93, 119*
Neuronales Mosaik des Komplexauges 398, *Bild 131*
Neuropilem 230, *Bild 87b*
Neuropodium 266, *Bild 90*
Neurosekretorische Zellen 180, 361, *Bild 52a, 60, 93, 95, 98, 119*
Neurotransmitter 171, 231, 234, *Bild 57, 58, 76, Tab. 3*
Nexus (= gap junction) 125 ff, *Bild 43b*
NGF = Nerve growth factor 232, *Bild 75*
Notopodium 266, *Bild 90*
Notum = Tergit

Ocellus 199, 297, *Bild 64, 67, 97a*
Oligochaeten 251, 255, 258, 263, *Bild 86*
Ommatidium 387, 398, *Bild 130b*
Ontogenese 108, 112, 113
Ookinet 101, *Bild 32*
Oocyste 102, 104, *Bild 32*
Oocyte 239
Opisthosoma 318, 334, 381, *Bild 105c*
Optische Ganglien 393 ff, *Bild 131*
Organ, Begriff 239
Oscillatoren (Neurone) 330, 332, *Bild 61e, 86b, 109, 110*
Oscillatorische Muskeln, s. indirekte Flugmuskeln
Osculum 114, 115, *Bild 40a, 41*
Osmoregulation 20, 283, 311, 380
Ostien, s. Herz
Ovar 239
Oviduct 240
Oxidative Phosphorylierung 23, 27 ff, *Bild 10*

Paarungstypen (bei Ciliaten) 81
Pace-maker (Neurone) 182 ff, 185, 194
Pallium = Mantel (Mollusca)
Papille (Nematoda) 315
Parapodien 255, 266, *Bild 90*
Parasitämie 63

Parasitophore Vakuole 92, 106, *Bild 33*
Parenchym 210 ff, *Bild 70*
Parazoa = Porifera 111 ff, *Bild 40–42*
Pedipalpus 318, *Bild 105c, Tab. 6*
Pellicula 71, *Bild 25*
Peptidhormon 235, 359, 366
Pericard 409, *Bild 105a, 134*
Pericardialsinus 371
Periderm (= Perisarc) 154, *Bild 49b, 53*
Perikaryon (bei Neuron) 169, 171, *Bild 57*
Periplast (Flagellata) 58, *Bild 22*
Periostrakum 411, *Bild 133*
peritrophe Membran 316, 368
Perlmutterschicht 408, *Bild 133*
Phagocytose 17, 18 ff, *Bild 4c*
Phagokinese 16
Phagolysosom 19
Phagosom 17
Pharynx
– bei Nematoda 299, *Bild 98*
– bei Parenchymia 219, *Bild 70, 73*
Pinacocyten 114 ff, 137, *Bild 40*
Pinocytose 19
Pigmentzellen 199, 297, 387, 395, *Bild 64, 97, 130*
Plasmodium 91 ff, *Bild 32–35*
Platyhelminthes 211 ff, *Bild 70*
Pleurit 320, *Bild 107, 108*
Plexus (bei Nervenzellen) 214
Pleomorphismus 68
Plesioseme 48
Präsynapse 171 ff, *Bild 57*
Primärharn 222, 276, 284
Prismenschicht 401, *Bild 133*
Proglottiden 243
Prohormon 235
Prokaryoten 1, *Tab. 1*
Prokollagen 129, *Bild 45*
Propriozeptoren 187, 282, 329, 336 ff, 374, *Bild 113, 125*
Prosoma 318, 334, *Bild 105c*
Prostomium 248, 319, *Bild 82*
Proteoglykane 137, 149, 154, *Bild 47*
Protonephridien 222 ff, *Bild 72*
Protracheata 384, *Bild 39*
Podocyten 271, 376, 400, *Bild 91d, 127*
Polarisiertes Licht 397, *Bild 130a*
Polychaeten 251, 255, 266, *Bild 90*
Polymorphismus 69
Polyp 140 ff, *Bild 49*
Polypenstöckchen 141 ff, 191, *Bild 49b*
Poren für Ionen 83
Porifera = Parazoa = Schwämme
Porus genitale 240
Polytelische Anneliden 287, 293
Postsynapse 172 ff, *Bild 57*
Pseudocoel 246, 299 ff
Pseudopodien 5, *Bild 2*
Pseudopupille 322, *Bild 130d*
Pygidium = Telson

Radix (= Wurzel) im Nervensystem 230
Radula 401, *Bild 132a*
Receptaculum seminis 240
Regeneration 71, 189 ff, 241 ff
Reifeteilungen (= Meiose) 39, *Bild 13*
–, gametische 40
–, zygotische 40
Renopericardialraum 409
Reservestoffe 24, 226, 302, 369, *Bild 70, 72, 123*
Retina 200, *Bild 67*
Retinulazelle 387 ff, *Bild 130a, b*
Reusengeißelzelle 219 ff, *Bild 72*
Rezeptor
– für Neurotransmitter 173, *Bild 58*
–, Sinnesrezeptoren phasisch 338
–, – tonisch 344
Rezeptorpotential 84
Rhabdom 393
–, fusioniert 394
Rhabdomer 387 ff, *Bild 130*
Rheozeptor, s. Strömungssinn
Rhizopoda 5 ff
Rhodopsin 32 ff, 195 ff, 389, *Bild 11, 65, 66, 130a*
Riesenfasern (= Kolossalfasern) 263, *Bild 87b, 89, 112*
Riesenneurone
– bei Annelida 263 ff
– bei Crustacea 336, *Bild 112*
– bei Mollusca 412, *Bild 135*
Rindenschicht (Cortex) im Nervensystem 261, *Bild 87b*
Rückresorption 222, 283, 376

Sarcomer 158, 354, *Bild 54, 117a*
Schalen
– bei Mollusca 400, 401 ff, *Bild 133*
– bei Protozoa 35 ff, *Bild 12*
Schwimmbewegung bei Crustaceen 330 ff, *Bild 110*
Schizocoel 337
Schizogonie 44, 87 ff, *Bild 35*
Schizopodium 322, *Bild 107*
Scolex 243
Scolopalorgane 345 ff, *Bild 113, 114*
Schweresinnesorgane 86, 201, *Bild 29, 68*
Segmente 248, 261, 316 ff
Sehne 218, *Bild 71*
Sensorische Felder 262, *Bild 88*
Sinneszelle 186, 194 ff, 199, 202, 236, 261, 315, *Bild 52a, 62, 68, 77, 78, 104*
–, primäre 199
Skleroblasten 117, *Bild 40*
Sklerotisierung 154, 322, 364, *Bild 106b*
Somatoderm (bei Mesozoa) 205, *Bild 69*
Somatopleura *Bild 81, 82*
Spermatocyte 239
Spermatogonie 239
Spermium 52, 239, *Bild 18*
Spinnen (Arachnida) 333 ff, *Bild 105c, 111*
Splanchnopleura *Bild 81, 82*
Spongin 117, 137
Spongioblasten 117
Sporogonie 87 ff, 92, *Bild 32*
Sporozoa 87 ff
Sporozoit 92, 102, *Bild 30, 32*
Sprossung 244
S-system (Muskelzelle) 217, *Bild 71b*
Strömungssinn 235, *Bild 77*
Stammbaum der Tiere 110, *Bild 39*
Statocyste 201 ff, *Bild 68*
Statolith 201, *Bild 68*
Stenopodium 320 ff, *Bild 108*
Stercoraria (bei Trypanosomen) 69
Stereocilie 186, 202, 315, *Bild 62, 104*
Sternit 320, *Bild 107, 108*
Stigma 385, *Bild 129*
Stolone
– bei Polypenstöckchen *Bild 49*
– bei Anneliden 292, *Bild 96*
Streckrezeptoren 345, 347, *Bild 114, 115*
Strickleiternervensystem 249
Stromatolithen 1
Subdermalraum 114, *Bild 40, 41*
Substratphosphorylierung 24
Superpositionsauge 398, *Bild 130d*
Symmetrie (bilaterale) 210 ff
Synapse (bei Neuronen) 169 ff, *Bild 57, 59*
–, chemische 171 ff
–, elektrische 169 ff
–, excitatorische 177
–, inhibitorische 177
Synaptischer Spalt 172
Synaptosomen 171, *Bild 57, 58* (s. auch Neurotranmitter)
Syngen (bei Ciliaten) 81

Tachyzoite 105
Tagma 316, *Bild 105, Tab. 5*
Tapetum (Arthropoden-Auge) 393
Tastrezeptoren 261
TCC-Gruppe 317, *Bild 39*
Telson (= Pygidium) 248, 319, *Bild 82, 105*
Tergit (= Notum) 322, 354, *Bild 107, 108, 117c*
terminale Strombahn 409
Testes = Hoden
Thorax *Bild 105, Tab. 5*
tight junction 145, *Bild 51*
Toxplasma 103 ff, *Bild 37, 38*
Tracheen 384 ff, *Bild 129*
Tracheolen 384, 393, *Bild 129*
Tractus (im Nervensystem) 230, 261
Trehalose 369, *Bild 123*
Trichocysten 77, *Bild 25c*
Trochophora Larve 247, 251, *Bild 80*
Trophocyten 119
Trophozoit 90, 92, *Bild 32, 35*
Tropokollagen 133, *Bild 46a, c*
Tropomyosin 10, *Bild 3*
Troponin 10, *Bild 3*
Trypanosoma 58 ff
–, epimastigote Form *Bild 21*
–, mikromastigote Form *Bild 24*
–, trypomastigote Form 65, *Bild 22*
–, Polymorphismus 69
–, Stoffwechsel 66 ff, *Schema 1, 2*
–, Speicheldrüsentrypanosomen 63
–, Stercoraria 69

Trypanosoma
–, Pleomorphismus
–, –, LS-Form 65, *Bild 23*
–, –, SS-Form 67, *Bild 23*
Tryptophol 66
Tse-tse-Fliege als Vektor 58
T-System (in Muskelzellen) 217, *Bild 71b*
Tubuline 54, *Bild 19*
Tunnelproteine 125, *Bild 43b*
Tympanalorgan 345

Unirame Extremität = Stenopodium
Urgeschlechtszellen 38, 239, 290
Uterus 240, *Bild 70*

Vakuole, kontraktil 22
(s. auch Osmoregulation)
Vene 409
Vektor 63
Vesicula seminalis 240

Wurzel (Radix) im Nervensystem 230

X-Organ 361, *Bild 119a*

Zellkonstanz 300, 302, *Tab. 4*
Zellmembran
–, Erregungsfähigkeit 83
–, Membranpotential 83, 170 ff
–, Fettsäuren bei Porifera 127
Zellkontakte 124 ff, 140, 145 ff, *Bild 43, 51*
Zelltod 191
Zielzelle (target cell) 283
Zirkulation (der Hämolymphe) 281, 398 ff, *Bild 91*
ZNS = Zentralnervensystem 211, 230 ff, *Bild 70a*
Zonula occludens 145, *Bild 51*
Zooflagellata 58 ff
Zoomastigonten = Zooflagellata
Zooid 243, *Bild 79*
Zoonosen 62 ff
Z-Scheibe (in Muskelzelle) 158, 217, *Bild 54, 71*
zwittrig (= hermaphrodit) 211
Zygote 37, 101, 108, 140, *Bild 13, 14, 32*
Zymogen 159 ff
Zyste bei Protozoen 34 ff
Zytoskelett 15

Farbteil

Zur besseren Anschaulichkeit sind hier einige wichtige Bilder, die im Text einfarbig sind, im Dreifarbendruck wiedergegeben.

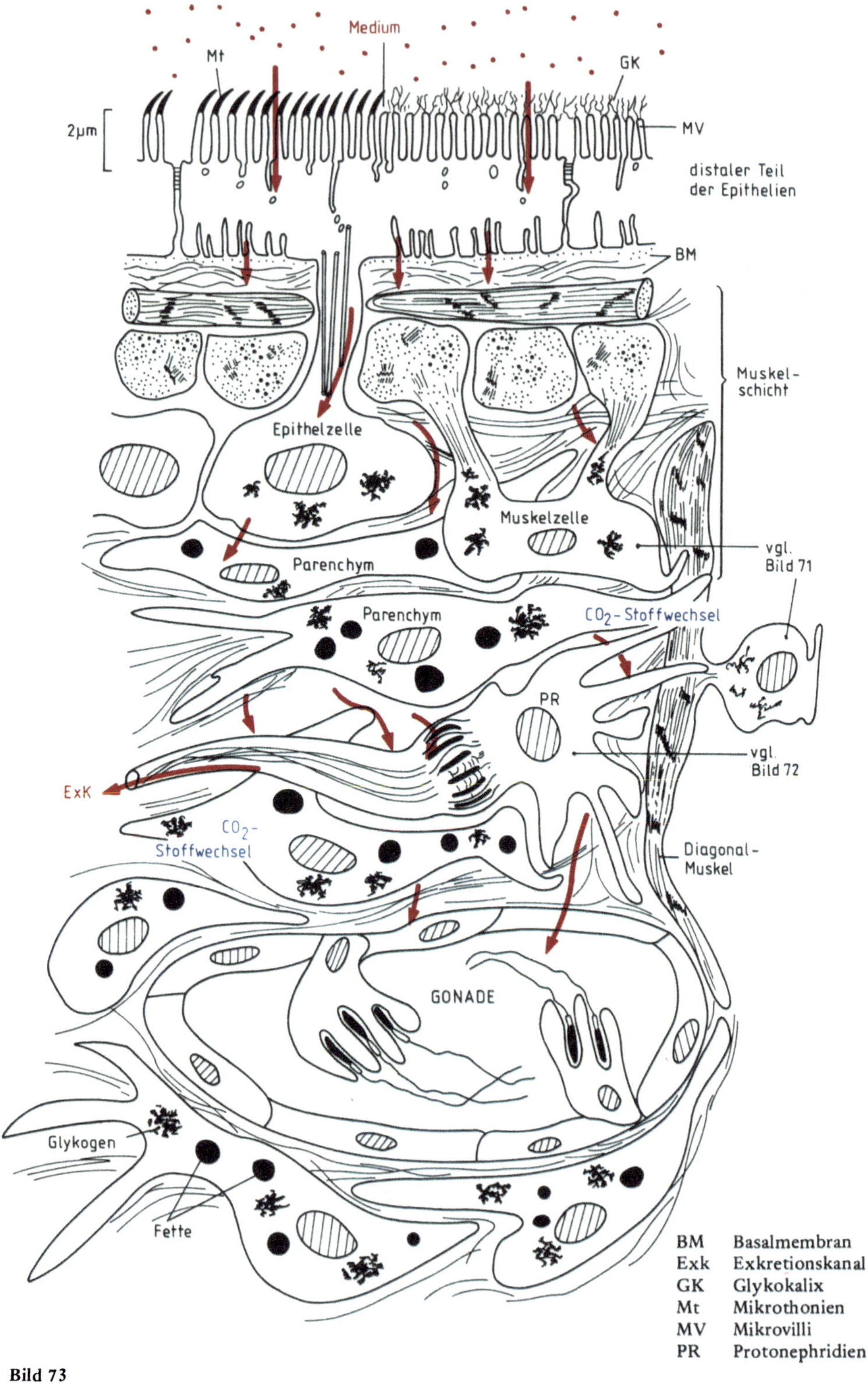

Bild 73
Schema des Ernährungs-Stoffstromes bei einem Cestoden (vgl. Text).

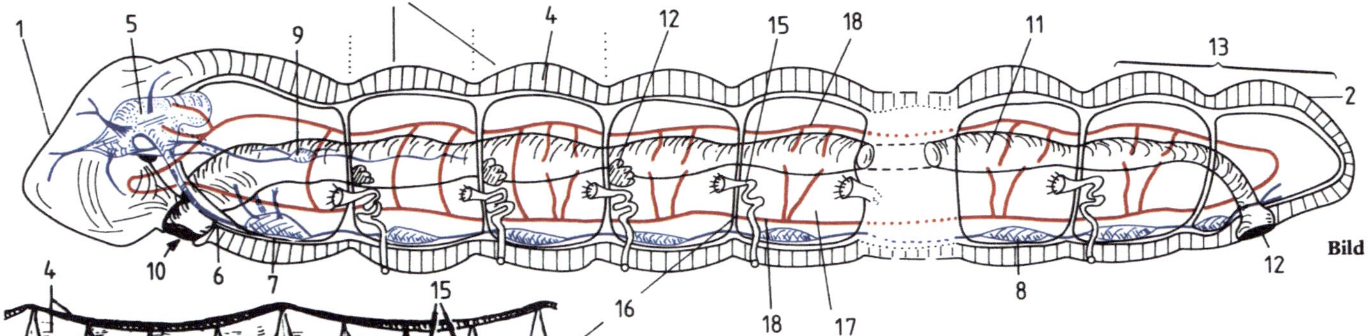

Bild 82a

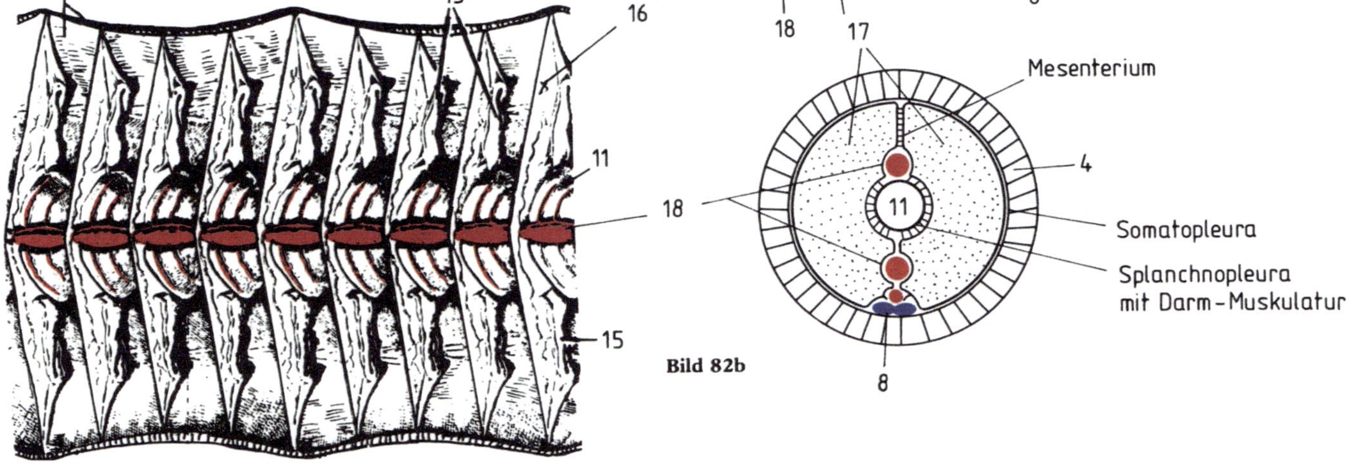

Bild 82b

Bild 82

a) Grundtypus des Bauplanes eines Anneliden mit segmentalen Abschnitten (Metameren); die Wände der Coelomkammern bilden die Dissepimente und Mesenterien, die darmseitige Splanchnopleura und die Somatopleura unter dem Hautmuskelschlauch

b) Teil eines geöffneten Regenwurmes mit der homonomen Rumpfsegmentierung, Blick auf das Dorsalgefäß und in die Coelomkammern (aus Jammes, 1914)

1 Prostomium
2 Pygidium
3 Metamere
4 Hautmuskelschlauch
5 Cerebralganglion (supraoesophagiales Ggl)
6 Schlundkonnektiv
7 Ganglionsuboesophagiale
8 segmentales Ganglion des Bauchmarkes
9 stomatogastrisches System
10 Mundöffnung und Oesophagus
11 Darmkanal
12 After
13 Wachstumszone
14 Gonade
15 Nephridium
16 Dissepiment
17 Coelomkammer
18 Blutgefäße

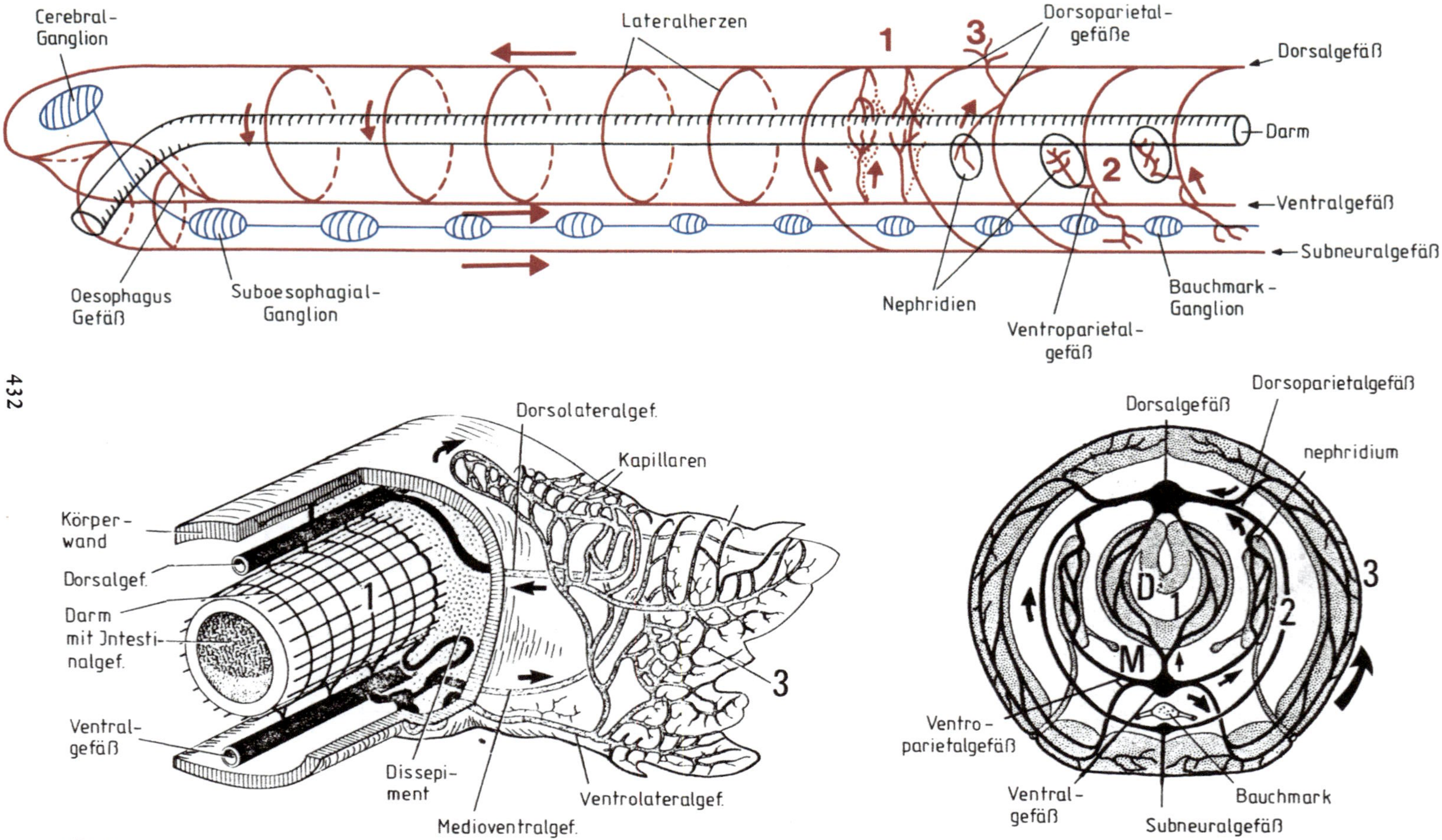

Bild 91

Blutgefäßsystem der Anneliden (z. T. verändert nach Buchsbaum, 1948; Sherman, 1970)

a_1) Schema der Gefäße im vorderen Abschnitt des Körpers, wie sie bei Lumbricus oder Tubifex ausgebildet sind; 1 Darmkreislauf, 2 Nephridialkreislauf, 3 Haut- und Hautmuskelschlauchkreislauf;

a_2) Vergleich der Körperquerschnitte mit den Kreislaufsystemen eines Polychaeten mit Atmungskapillaren in der Haut der Parapodien ...

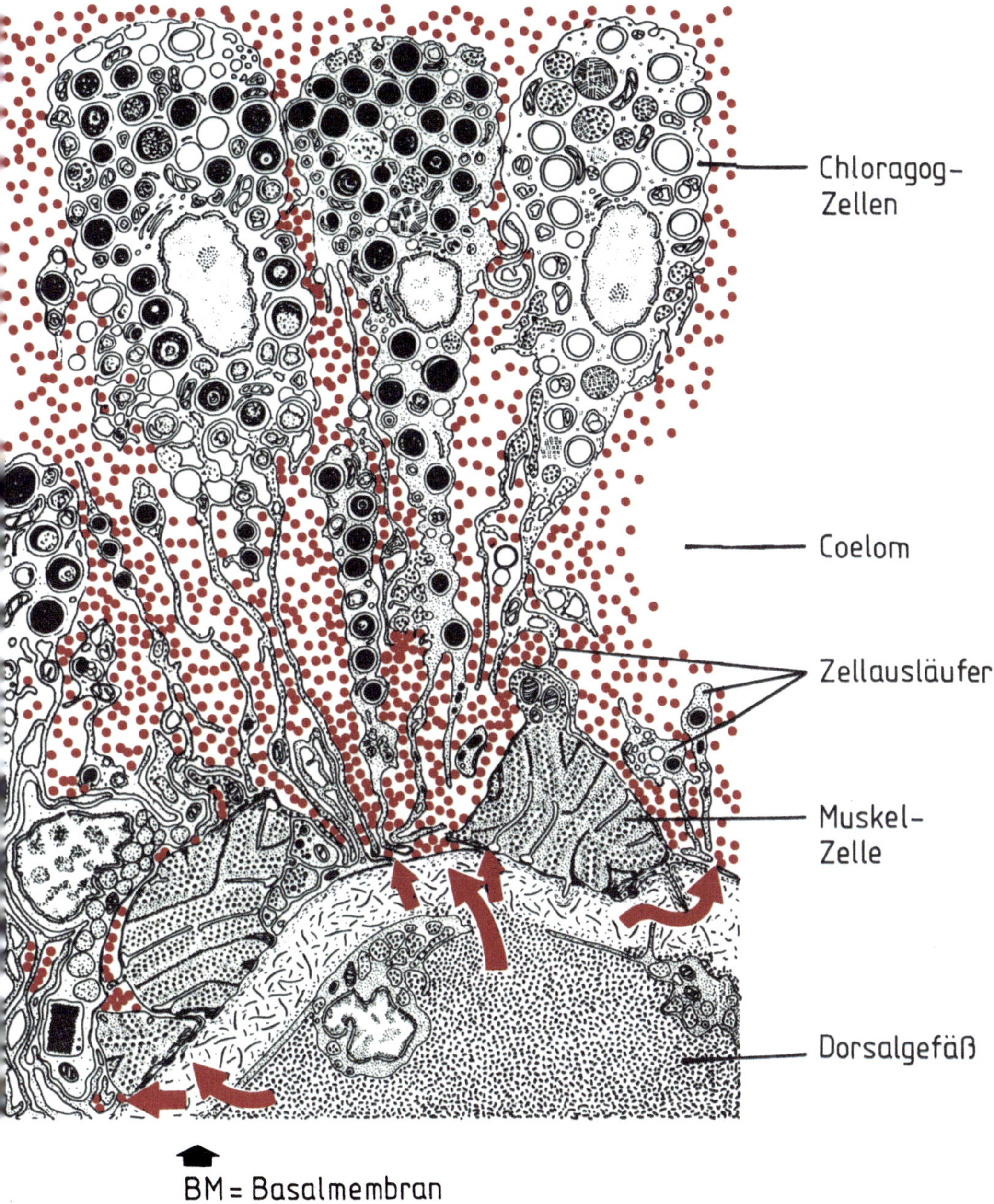

Bild 91

Blutgefäßsystem der Anneliden

c) Ausschnitt aus der Wandung des Dorsalgefäßes, Pfeile geben den Stoffstrom durch die Lücken des Endothels und das Filter der Basalmembran in das Coelom an; Chloragogzellen mit typischen Einschlüssen, z. T. entstehendes Hämoglobin, sitzen mit stark verzweigten Zellfortsätzen der Basalmembran und den Muskelzellen des Gefäßes auf (verändert aus Lindner, 1965)

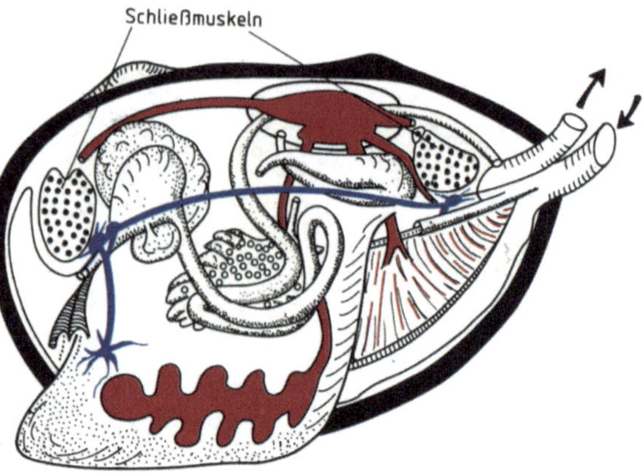

9

8

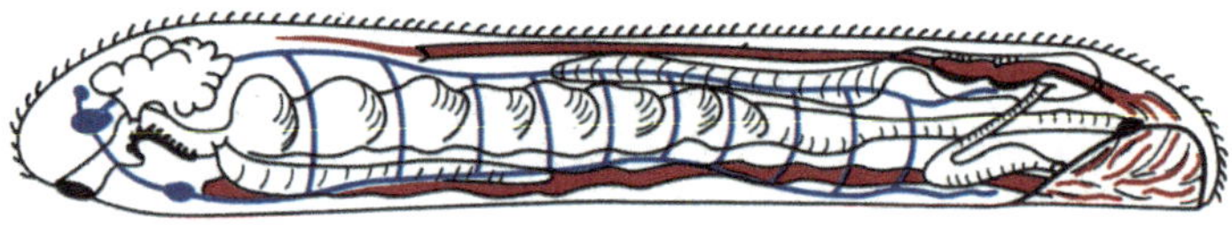

1

unbekanntes „Urmollusk": Coelom, seriale Nephridien, Gonaden und Kiemen der Parenchymia: tetraneurales Nervensystem, Muskelmassen

Bild 132

a) Baupläne von Mollusken; ausgehend von der unbekannten Form des Urmollusks haben sich sehr divergente recente Bauplantypen entwickelt: Blutgefäßsysteme sind punktiert, Organe vgl. Bild 134

2 Monoplacophora mit segmentalen Nephridien, Kiemen und Retraktor-Schalenmuskeln
3 Gastropoda
4 Scaphopoda, im Untergrund eingegraben
5 Cephalopoda: Nautilus mit Schale
6 Cephalopoda: Sepia mit reduzierter Schale
7 Solenogastres mit segmentalem Nervensystem
8 Polyplacophora mit gegliederter Schale in Platten
9 Bivalvia

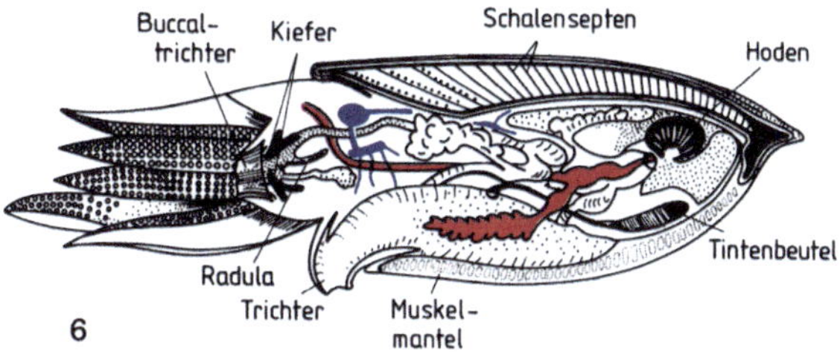
Buccal-
trichter
Kiefer
Schalensepten
Hoden
Radula
Trichter
Muskel-
mantel
Tintenbeutel

6

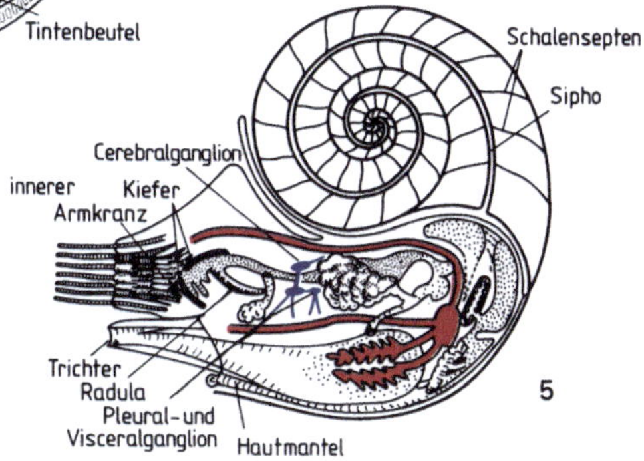
Schalensepten
Sipho
Cerebralganglion
innerer
Armkranz
Kiefer
Trichter
Radula
Pleural-und
Visceralganglion
Hautmantel

5

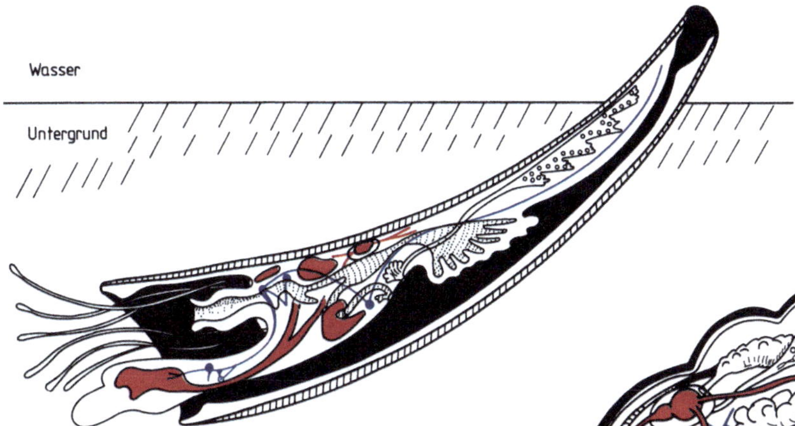
Wasser
Untergrund

4

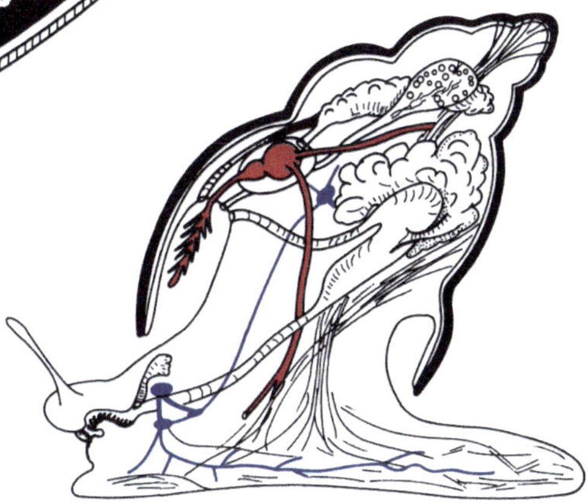

3

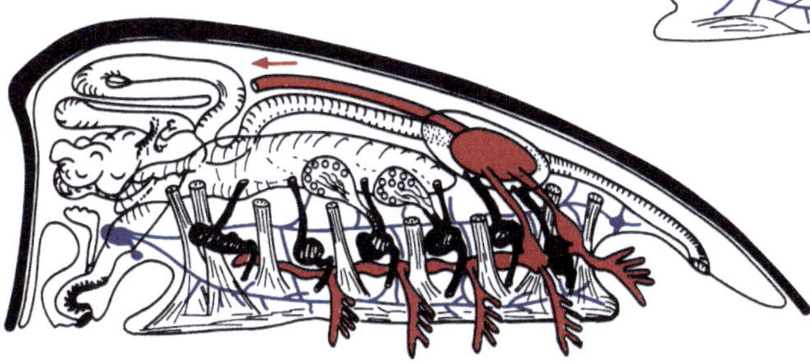

2

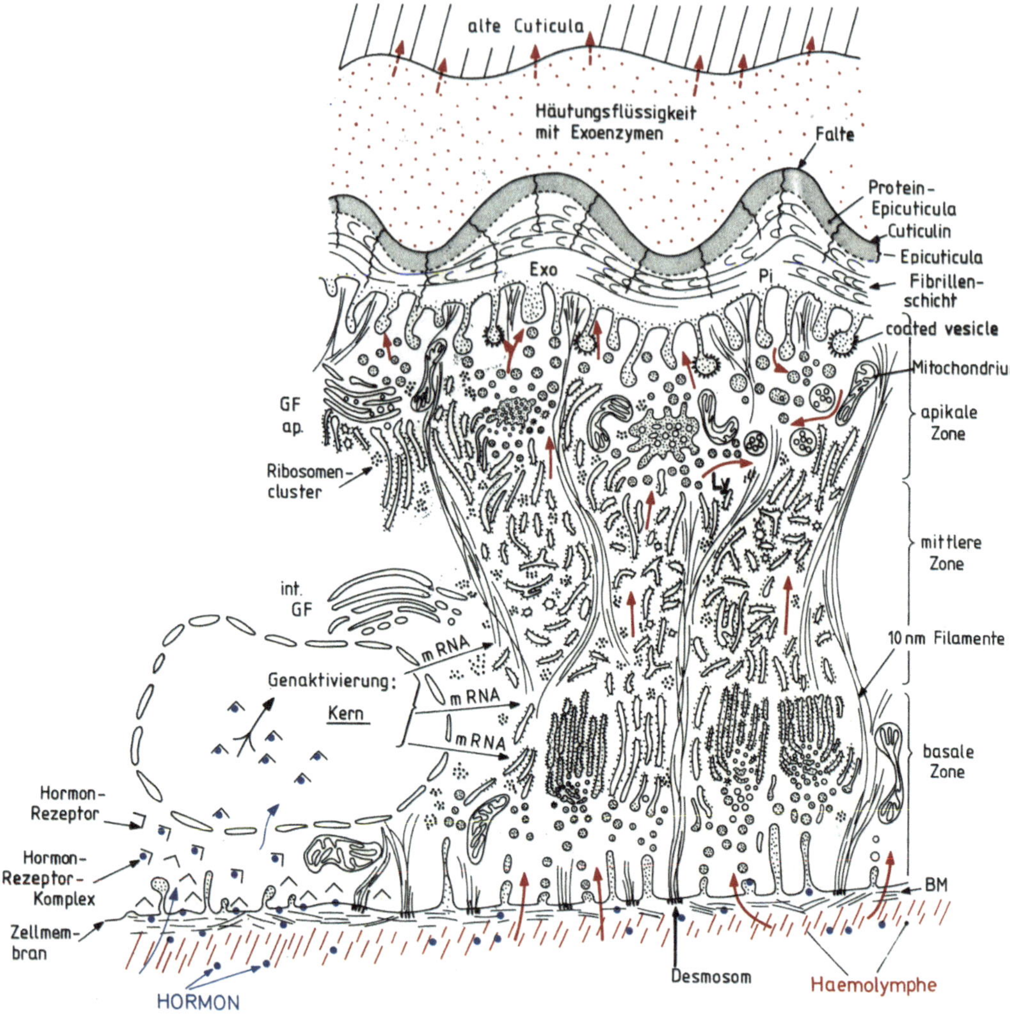

Bild 121

Feinstruktur einer Hypodermiszelle während der Resorption der Häutungsflüssigkeit und der Produktion und Ausschleusung von Material für die neue Cuticula bei einem Insekt (in Anlehnung an Locke, 1970)

GPSR Compliance

The European Union's (EU) General Product Safety Regulation (GPSR) is a set of rules that requires consumer products to be safe and our obligations to ensure this.

If you have any concerns about our products, you can contact us on ProductSafety@springernature.com

In case Publisher is established outside the EU, the EU authorized representative is:

Springer Nature Customer Service Center GmbH
Europaplatz 3
69115 Heidelberg, Germany

Batch number: 10577878

Printed by Printforce, the Netherlands